Nr. 46
S. 14611–14930

1959
18. November

Chemisches Zentralblatt

Vollständiges Repertorium für alle Zweige der reinen und angewandten Chemie

1830 gegründet. 1897—1945 von der Deutschen Chemischen Gesellschaft fortgeführt. Im Auftrage der Deutschen Akademie der Wissenschaften zu Berlin, der Chemischen Gesellschaft in der DDR, der Akademie der Wissenschaften zu Göttingen und der Gesellschaft Deutscher Chemiker (in der BRD)

herausgegeben von Prof. Dr. Heinrich Bertsch und Prof. Dr. Dr. h. c. Wilhelm Klemm

130. Jahrgang

1959

Chefredakteure: Dr. Eugen Klever und Dr. Heinz Walter

Akademie-Verlag GmbH., Berlin — Verlag Chemie, GmbH., Weinheim/Bergstr.

Inhalt

Postverlagsort: Berlin

Namenregister

Patentregister

Nr.	Seite	Nr	Seite	Nr.	Seite	Nr.	Seite
Italienische Patente (It.P.)		**Japanische Auslegeschriften (Jap.A.S.)**		**Österreichische Patente (Oe.P.)**		**Schweizer Patente (Schwz.P.)**	
It.P. 487857	14849	Jap.A.S. 1140/1958	14897	Oe.P. 188515	14873	Schwz.P. 312984	14930
It.P. 492447	14874	Jap.A.S. 1250/1958	14818	Oe.P. 189400	14873	Schwz.P. 313777	14846
It.P. 493311	14896	Jap.A.S. 1645/1958	14893	Oe.P. 189401	14873	Schwz.P. 330913	14872
It.P. 494104	14889			Oe.P. 198584	14875	Schwz.P. 333497	14850
It.P. 494109	14892						

Chemisches Zentralblatt

1959 Nr. 46 18. November

A. Allgemeine, physikalische und anorganische Chemie.

O. Ramírez-Torres, *Stabilität der 1s-Bahn und das chemische Verhalten im Wasserstoff. Neue Stellungen für Wasserstoff und Helium in einem Fünfblock-Periodischen System.* Auf Grund einer ausführlichen Diskussion der Stabilität der 1s-Bahn u. des chem. Verh. von H schlägt Vf. das folgende Period. Syst. vor: der erste oder 1s-Block enthält H und He, da nur diese beiden Elemente 1s-Elektronen in der äußersten Schale ihrer Atome in ihren Grundzuständen enthalten können; der zweite oder (n-1)s-Block enthält die Alkali- u. Erdalkalimetalle; im dritten oder p-Block stehen die *B, C, N, O, F* u. *Ne*-Gruppen, der vierte oder d-Block enthält die Übergangsmetalle u. in dem fünften oder f-Block stehen die Lanthan- u. Actiniumreihen der Elemente. (J. chem. Educat. **32.** 451—55. Sept. 1955. Rio Piedras, Puerto Rico, Univ.) C. Gottfried. 10

S. F. Edwards, *Die Kollektivbehandlung eines Fermi-Gases.* 1. Mitt. Zunächst behandelt Vf. ein eindimensionales Fermi-Gas ohne Wechselwrkg., das sich exakt durch Kollektivkoordinaten beschreiben läßt. Selbst ohne Wechselwrkg. stellen die langwelligen Fluktuationen der D. gute Systemkoordinaten dar u. haben z. B. eine wohl definierte kinet. Energie. Die Betrachtungen werden auf den dreidimensionalen Fall u. die Ggw. von Wechselwrkgg. erweitert, wobei bes. gezeigt wird, wie die Statistik die Fluktuationsfrequenz beeinflußt. Abschließend wird die Berechnung gemischter Integrale bei der Verwendung überlappender Systeme von Freiheitsgraden diskutiert. (Proc. physic. Soc. **72.** 685—93. 1/11. 1958. Birmingham, Univ., Dep. of Mathem. Phys.) D. Jörchel. 10

A_1. Kernphysik und Kernchemie.

M. Grilli, L. Guerriero, M. Merlin, Z. O'Friel und **G. A. Salandin,** *Vorläufige Ergebnisse über K^+-Wechselwirkung bei hohen Energien (200—350 MeV).* Mehrere Stapel von 240 Ilford G5-Schichten wurden dem doppelfokussierten K^+-Bündel (625 MeV/c) des Berkeley-Bevatrons ausgesetzt. Die möglichen Wechselwirkungsreaktionen werden interpretiert. (Nuovo Cimento [10] **9.** 358—61. 16/7. 1958. Padova, Univ., Ist. di Fis., INFN.) G. Kurdal. 90

M. Deutschmann, M. Cresti, W. D. B. Greening, ,L. Guerriero, A. Loria und **G. Zago,** *Über Winkelkorrelationen bei Zerfällen vom V^0-Typ.* (Vgl. C. **1957.** 2901.) Vff. geben einen Überblick über die Messungen des vereinigten Versuchsprogramms der Nebelkammergruppen von Padua u. Göttingen. Bei den Verss. wird nach einer Beziehung zwischen der Ebene, die das auftreffende Primärteilchen u. das ausgelöste V^0-Teilchen (Erzeugungsebene) enthält, u. der Ebene der beiden Zerfallsprodd. (Zerfallsebene) gesucht. 24 Ereignisse werden beobachtet; für jedes dieser Ereignisse werden der Winkel zwischen den Erzeugungs- u. Zerfallsebenen u. auch die Azimutwinkel β u. γ, welche die Normalen zu diesen beiden Ebenen in Bezug auf die Kammerebene bilden, gemessen. Die Verteilung der Ereignisse in Ausdrücken des Winkels (Korrelationskurve) sowie die entsprechende Verteilung der $|\beta-\gamma|$-Differenz (azimutale Korrelationskurve) werden graph. wiedergegeben. Aus den Ergebnissen läßt sich die Wahrscheinlichkeit schätzen, daß die Korrelation von einer statist. Schwankung in der Verbindung von β u. γ herrührt. (Suppl. del Nuovo Cimento Nr. 2 (zu [10] **4**). 333—36. 1956. Göttingen, MPI für Phys.; Padova, Univ., Ist. Naz. di Fis. Nucl., Sez. di Padova.) Gerhard Schmidt. 90

V. S. Barashenkov und **V. M. Maltsev,** *Mehrfacherzeugung instabiler Teilchen bei Pion–Nucleon-Stößen.* Vff. zeigen, daß die Ergebnisse der Theorie mit dem Experiment übereinstimmen, wenn angenommen wird, daß die fremdartigen Teilchen in einem anderen Raumelement erzeugt werden als die alten Teilchen. (Acta physica polon. **17.** 177—82. 1958. Joint Inst. for Nucl. Res.) G. Kurdal. 90

Shoji Ozaki, *Über eine nichtadiabatische Näherungsmethode in der nichtlinearen Wechselwirkungstheorie.* Da die Störungsrechnung in der Quantenfeldtheorie auf divergente Potenzreihen führt, die von einer Nichtlinearität der Wechselwirkungs-Hamilton-Funktion infolge der Forderung der Impulserhaltung herrühren, entwickelt Vf. eine nichtadiabat. Meth., bei der die Feynmansche Meth. der Funktionalintegrale verwendet wird. Um die von der Potenzreihe u. die von den unendlichen Freiheitsgraden des Feldes herrührenden Divergenzen zu trennen, wird ein anharmon. Oscillator mit dem Wechselwirkungsterm λq^4 betrachtet. (Progr. theoret. Physics [Kyoto] **20.** 239—41. Aug. 1958. Fukuoka, Kyushu Univ., Phys. Inst. [Orig.: engl.]) D. JÖRCHEL. 90

L. C. Biedenharn und **H. B. Willard,** *Eigenphasenverschiebungen nach der Wignerschen Kernreaktionstheorie.* Eigenphasenverschiebungen u. Eigenvektoren der Kernstreuung werden, nach Separierung der Potentialstreuung, mit Hilfe der WIGNERschen Mehrniveaunäherung konstruiert. Der Zweiniveau-Fall wird diskutiert. Auf der Grundlage des Eigenphasenverschiebungsformalismus wird eine einfache Näherung vorgeschlagen. (Proc. physic. Soc. **72.** 874—79. 1/11. 1958. Univ. of Manchester; Oak Ridge Nat. Labor.) D. JÖRCHEL. 90

G. Hartwig und **H. Schopper,** *Die zirkulare Polarisation der inneren Bremsstrahlung beim K-Einfang von ^{37}Ar.* Für 6 verschied. Bereiche von Photonenenergien zwischen 85 u. 800 keV wurde die zirkulare Polarisation der Bremsstrahlung durch Vorwärtsstreuung an magnetisiertem Fe bestimmt. Im untersuchten Spektralbereich ergab sich innerhalb der Meßfehler eine vollständige Polarisation mit dem Mittelwert $P_c = +1{,}03 \pm 0{,}04$. Dieses Ergebnis zeigt, daß auch beim K-Einfang die Parität maximal verletzt ist. (Z. Physik **152.** 314—18. 5/9. 1958. Mainz, Univ., Inst. für Kernphys.) D. JÖRCHEL. 90

F. Boehm, *Zirkulare Polarisation der einigen erst verbotenen β-Übergängen folgenden γ-Strahlen.* Mit Hilfe der Meth. der Zirkularpolarisationskorrelation wurden die verbotenen β-Übergänge von ^{76}As, ^{86}Rb u. ^{198}Au untersucht. Aus den gefundenen Anisotropien der Zirkularpolarisation (Anisotropiekoeff. $A = +0{,}03 \pm 0{,}12$ für ^{76}As, $+0{,}08 \pm 0{,}09$ für ^{86}Rb u. $+0{,}45 \pm 0{,}06$ für ^{198}Au) ergaben sich unter der Annahme von maximaler Interferenz zwischen FERMI- u. GAMOW–TELLER-Anteilen der Wechselwrkg. Werte für eine Kombination von verbotenen Matrixelementen. (Z. Physik **152.** 384 bis 386. 5/9. 1958. Pasadena, Calif., California Inst. of Technol., Norman Bridge Labor. of Phys.) D. JÖRCHEL. 90

Giiti Iwata, *Bahnen eines Elektrons in statischen elektromagnetischen Feldern.* 1. Mitt. Mathemat. Ableitung der diesbezüglichen HAMILTON–JACOBI-Gleichungen. (Progr. theoret. Physics [Kyoto] **15.** 513—22. Jun i1956. Tokyo, Univ. of Tokyo, Dep. of Phys.) GERHARD SCHMIDT. 90

L. R. B. Elton, B. J. Hiley und **R. Price,** *Über die Verteilung der Protonen im Nuclid ^{12}C.* Vff. berechnen in BORNscher Näherung den differentiellen Wirkungsquerschnitt für die Streuung schneller Elektronen an ^{12}C für eine Protonenverteilung vom FERMI-Typ u. bestimmen durch Vgl. mit den Meßergebnissen die beiden Parameter dieser Verteilung. (Proc. physic. Soc. **73.** 112—14. 1/1.1959. London, Battersea Coll. of Technol., Dep. of Phys.; King's Coll., Wheatstone Labor.) D. GEISSLER. 90

H.-J. Gerber, M. Brüllmann und **D. Meier,** *Streuung von 3,27 MeV-Neutronen an Deuteronen.* Vff. messen die Polarisation $P_2(\vartheta)$ für elast. Streuung von 3,27 MeV-Neutronen an Deuteronen beim Streuwinkel $\vartheta = 53^0$ (im Schwerpunktssyst.) mittels Flugzeitverfahren zu $(+15 \pm 8)\%$. Der elektron. Teil der Meßapparatur wird beschrieben. (Helv. physica Acta **31.** 580—83. 31/10. 1958. Zürich, ETH, Phys. Inst.) D. GEISSLER. 90

A. K. Walter, I. Ja. Malachow, P. W. Ssorokin und **A. Ja. Taranow,** *Elastische Streuung von Protonen durch ^{28}Si-Kerne. Spin und Parität der 4,31 und 4,73 MeV-Niveaus des ^{29}P-Kerns.* Die elast. Streuung von Protonen an ^{28}Si-Kernen wurde unter den Winkeln von 75, 90, 125 u. 151^0 im Schwerpunktssyst. u. im Energieintervall von 1,5—3,1 MeV untersucht. Zum Nachw. diente ein CsJ-Scintillator. Beobachtet wurde eine Resonanz bei den Protonenenergien von 1,65 u. 2,08 MeV mit Halbbreiten von 50 bzw. 14 keV. Hieraus ergibt sich für das 4,31 MeV-Niveau von ^{29}P Spin u. Parität $3/2^-$ oder $1/2^-$ u. für das 4,73 MeV-Niveau $1/2^+$. (Известия Академии Наук СССР, Серия Физическая [Nachr. Akad. Wiss. UdSSR, physik. Ser.] **22.** 871—76. Juli 1958. Physik.-techn. Inst. der Akad. der Wiss. der UdSSR.) M. WIEDEMANN. 90

C. J. Batty, W. O. Lock und **P. V. March,** *Kleinwinkelstreuung von 970 MeV-Protonen an Kohlenstoff.* Vff. messen die Winkelverteilung von 967 ± 10 MeV-Protonen aus einem Synchrotron nach Streuung an C-Targets mit Hilfe von ILFORD G_5-Platten zwischen 1,5 u. 5^0 (im Labor.-Syst.) sowie die Asymmetrie zwischen 2 u. $4{,}5^0$. Die Meßergebnisse werden an Hand des opt. Modells analysiert. (Proc. physic. Soc. **73.** 100—09. 1/1. 1959. Birmingham, Univ., Dep. of Phys.; Glasgow, Univ., Dep. of Natural Philos.) D. GEISSLER. 90

Ryozi Suzuki, *Photozertrümmerung des Deuterons bei hohen Energien.* Theoret. Unters. des Zertrümmerungsprozesses unter Berücksichtigung der Mesonenstreuung in den intermediären Zuständen mit Hilfe der TAMM–DANCOFF-Meth., welche die p-Wellen-

Wechselwrkg. virtueller Mesonen einschließt. (Progr. theoret. Physics [Kyoto] **15.** 536—44. Juni 1956. Tokyo, Tokyo Coll. of Sci., Dep. of Phys.) GERHARD SCHMIDT. 90

Toshio Marumori, Shōta Suekane und **Atsuko Yamamoto,** *Oberflächensteife und Schalenstruktur von Kernen.* Theoret. Diskussion der Beziehung zwischen der Oberflächensteife des Kernrumpfes (Core) u. dessen Schalenstruktur. (Progr. theoret. Physics [Kyoto] **15.** 582—83. Juni 1956. Kyoto, Kyoto Univ., Res. Inst. for Fundament. Phys. and Dep. of Phys.; Nagoya, Nagoya Univ., Inst. for Theoret. Phys.) GERHARD SCHMIDT. 95

Toshio Marumori, Shōta Suekane und **Atsuko Yamamoto,** *Kernquadrupolmoment und Steife des nuclearen Core.* (Vgl. vorst. Ref.) Theoret. Analyse der elektr. Quadrupolmomente der Kerne vom Typ Core $\pm$ ein Extrateilchen unter Verwendung der Ergebnisse von l. c. (Progr. theoret. Physics [Kyoto] **15.** 584—85. Juni 1956.) GERHARD SCHMIDT. 95

L. E. H. Trainor, A. B. Bhatta und **P. C. Sood,** *Ein Quasigittermodell der Kernmaterie.* Mit Hilfe des von GAMMEL u. THALER vorgeschlagenen Nucleon–Nucleon-Wechselwirkungspotentials wurde in Verb. mit der WIGNER–SEITZ-Meth. ein Quasigittermodell für die Kernmaterie entworfen. Das Verf. liefert die Energie des niedrigsten Einteilchenzustandes als eine Funktion der internucleon. Separation. Für die Kerndichte sowie für die Bindungsenergie pro Nucleon wurde Übereinstimmung mit dem Experiment erzielt. (Nuclear Physics **9.** 287—95. Dez. 1958. Edmonton, Univ. of Alberta.) G. KURDAL. 95

A. M. Baldin, *Elektrische Polarisierbarkeit von Atomkernen.* Abschätzung der Effekte, die von einem tensoriellen spinabhängigen Teil der elektr. Polarisierbarkeit der Atomkerne abhängen. (Nuclear Physics **9.** 237—41. Dez. 1958. Moscow, USSR Acad. of Sci., P. N. Lebedev Phys. Inst.) G. KURDAL. 95

Henry E. Duckworth, *Massenspektroskopische atomare Massendifferenzen.* 2.Mitt. (1. vgl. C. **1955.** 11146). Tabellar. Zusammenstellung aller seit der 1. Mitt. bis Juni 1957 veröffentlichten, nach massenspektroskop. Methoden gemessenen Massendifferenzen. Auch die Substandards sind in die Tabelle eingearbeitet. Vorangestellt ist eine Tabelle der neuesten, für die M. ^{12}C massenspektroskop. u. aus Kernrkk. erhaltenen Werte. Die Diskrepanz zwischen beiden Methoden ist von ca. 40μME auf ca. 15μME zurückgegangen. (Rev. mod. Physics **29.** 767—72. Okt. 1957. Hamilton, Ont., McMaster Univ., Hamilton Coll., Dep. of Phys.) R. CONRAD. 95

J. H. Carver und **W. Turchinetz,** *Kerndeformation und die Riesenresonanzen beim Photozerfall.* An 7 Isotopen mit $82 \leqslant N \leqslant 108$ wurden durch Messung der (γ, n)-Querschnitte die Einfll. der Kerndeformation u. des Schalenabschlusses auf die den Photozerfall begleitenden Riesenresonanzen untersucht. Die Resonanzbreite bei der $^{181}Ta(\gamma,n)$-Rk., die auf das isomere 8,15 Std.-Niveau des ^{180}Ta führt, betrug 5,3 MeV u. zeigte keine Aufspaltung in 2 Komponenten, wie auf Grund theoret. Aussagen über den Photozerfall sphäroider Kerne zu erwarten war. Dagegen stimmt die beobachtete Verbreiterung bei den anderen verzerrten Kernen (^{150}Nd 5,7 MeV, ^{154}Sm 6,5 u. ^{160}Gd 5,3) mit der der Theorie qualitativ überein. An ^{141}Pr, ^{142}Nd u. ^{144}Sm wurden Breiten von 4,3, $<$5,0 u. 4,0 MeV beobachtet. (Proc. physic. Soc. **73.** 69—80. 1/1. 1959. Canberra, Austral. Nat. Univ., Res. School of Physic. Sci.) D. JÖRCHEL. 95

William E. Kreger und **Bernard D. Kern,** *$^{12}C(n, p)^{12}B$-Querschnitte für 14,9 bis 17,5 MeV-Neutronen.* Die Neutronen zur Best. des Querschnittes für die Rk. ^{12}C(n, p)^{12}B werden aus der Rk. ^{3}H(d, n)^{4}He erhalten, die Neutronenflußdichte wird durch Zählung der Rückstoß-α-Teilchen oder durch direkte Zählung der Neutronen mit einem ^{6}LiJ(Eu)-Scintillationszähler bestimmt. Ein zylindr. Plaste-Zähler (5 in. Durchmesser u. 3 in. Länge) dient hierbei als das C-enthaltende Target u. erlaubt die Zählung des ^{12}B-Zerfalls in 9 aufeinanderfolgenden 7 msec-Intervallen. Der Querschnitt steigt leicht oberhalb der Reaktionsschwelle bei 13,6 MeV zu einem Wert von 29,09 $\pm$ 4,36 mbarn bei 17,5 MeV an. Die Halbwertszeit des β-Zerfalls von ^{12}B wird zu 18,87 $\pm$ 0,50 msec neu bestimmt. (Physic. Rev. [2] **113.** 890—94. 1/2. 1959. San Francisco, Calif., U. S. Naval Radiolog. Defense Labor.) GERHARD SCHMIDT. 103

J. L. Weil und **K. W. Jones,** *Die Reaktionen $^{14}N(d,n)^{15}O$ und $^{15}N(d\,n)^{16}O$.* Das für die Verss. verwendete Deuteronenbündel aus einem VAN DE GRAAFF wird magnet. analysiert ($\pm$ 0,1% in der Energie). Kleine Plaste-Scintillatoren werden als Protonenrückstoßzähler zum Nachw. der Neutronen verwendet. Absol. Querschnitte für die Rkk. ^{14}N(d, n)^{15}O u. ^{15}N(d, n)^{16}O werden bei 0° zu dem einfallenden Deuteronenbündel von 0,6—5,3 MeV Beschußenergie gemessen. Beide Anregungskurven zeigen starke Resonanzstruktur u. besitzen maximale Querschnitte von $\sim$ 6 mbarn/Raumwinkel. Für die Rk. ^{15}N(d, n)^{16}O werden 8 Winkelverteilungen an Stellen der Maxima u. jenseits dieser

Stellen in der Anregungskurve gemessen. Eine gute Anpassung an die Winkelverteilungen wird bei Verwendung der Austausch-Abstreiftheorie von Owen u. Madansky erhalten. (Physic. Rev. [2] **112.** 1975—81. 15/12. 1958. New York, N. Y., Columbia Univ.) Gerhard Schmidt. 103

J. W. Butler, L. W. Fagg und **H. D. Holmgren,** *Energieniveaus in* ^{19}F *aus der Reaktion* $^{18}O(d, n\gamma)^{19}F$. Die für die Verss. verwendeten Deuteronen werden im Van de Graaff beschleunigt. Die Targets werden durch Oxydation dünner Ni-Folien (10 μin.) in einer an ^{18}O angereicherten Atmosphäre hergestellt. Im E_d-Bereich von 1,55—3,36MeV wird das γ-Schwellenverf. auf die Rk. $^{18}O(d, n\gamma)^{19}F$ angewandt. γ-Schwellen werden bei 1,85 ± 0,05, 2,15 ± 0,05, 2,64 ± 0,03 u. 3,16 ± 0,03 MeV beobachtet, die angeregten Zuständen in ^{19}F bei 7,40 ± 0,05, 7,67 ± 0,05, 8,11 ± 0,03 bzw. 8,58 ± 0,03 MeV entsprechen. (Physic. Rev. [2] **113.** 268—72. 1/1. 1959. Washington, D. C., U. S. Naval Res. Labor., Nucleon. Div.) Gerhard Schmidt. 103

Ss. Ss. Wassiljew und **L. Ja. Schawtwalow,** *β-Spektren der kurzlebigen Isotope* ^{28}Al *und* ^{17}F. Durch Beschuß mit 4 MeV-Deuteronen wurden die entsprechenden Nuclide erhalten, ^{28}Al nach (d, p) u. ^{17}F nach (d, n). Mittels eines β-Spektrometers mit magnet. Linse u. eines γ-Luminescenzspektrometers wurden die Spektren aufgenommen. Die obere Grenze des β-Spektr. von ^{28}Al lag bei 2820 ± 50 keV, die Halbwertszeit betrug 2,1 ± 0,2 Min., wahrscheinlich existiert noch eine Strahlung mit 6 MeV u. 25 ± 20 Sek. Halbwertszeit. ^{17}F hat eine Maximalenergie von 1700 ± 15 keV u. eine Halbwertszeit von 71 ± 5 Sekunden. (Известия Академии Наук СССР, Серия Физическая [Nachr. Akad. Wiss. UdSSR, physik. Ser.] **22.** 788—90. Juli 1958. Moskau, Lomonossow-Univ., Forsch.-Inst. für Kernphysik.) M. Wiedemann. 103

J. W. Olness, W. Haeberli und **H. W. Lewis,** *Niveaus von* ^{33}Cl *aus* $^{32}S(p,p)^{32}S$ *und* $^{32}S(p, p'\gamma)^{32}S$. Vff. bestimmen die differentiellen Querschnitte für die elast. Streuung von Protonen an ^{32}S für Streuwinkel (Schwerpunktssyst.) von 167,8, 141,0, 125,5, 92,0 u. 63,9° für Protonenenergien zwischen 1,5 u. 4,0 MeV (Labor.-Syst.). Die Messungen erfolgen mit einer Streukammer, deren zylindr. Körper das Targetgas (H_2S) enthält. Die Querschnitte für unelast. Streuung zum 2,237 MeV-Niveau von ^{32}S werden für Protonenenergien zwischen 2,7 u. 3,8 MeV untersucht. Diese Daten werden mit Hilfe der Einniveau-Approximation der Dispersionstheorie analysiert. Die Ergebnisse liefern die folgenden Resonanzenergien in MeV u. Zuordnungen von Spin u. Parität für die Niveaus des Compoundkerns ^{33}Cl: 1,900 ($3/2^-$), 2,310 ($1/2^-$), 2,578 ($5/2^-$, $7/2^-$), 2,810* ($3/2^-$), 2,895 ($1/2^-$), 2,902* ($5/2^-$,$7/2^-$), 2,917* ($3/2^+$), 3,094* ($5/2^-$), 3,195* ($5/2^+$), 3,273 ($1/2^+$), 3,379* ($7/2^-$), 3,480 ($3/2^-$), 3,570 ($1/2^+$) u. 3,716* ($5/2^-$). Die Analyse der Winkelabhängigkeit der unelast. Querschnitte stützt die Zuordnung 2^+ für den ersten angeregten Zustand von ^{32}S. (Physic. Rev. [2] **112.** 1702—16. 1/12. 1958. Durham, N. C., Duke Univ.) Gerhard Schmidt. 103

R. E. Segel, *Neutroneneinfang-γ-Strahlen in* ^{36}Cl. Mit aus NaJ(Tl)-Kristallen zusammengesetzten Dreikristall-Paarspektrometern untersucht Vf. die γ-γ-Koinzidenzen an den γ-Strahlen beim Einfang therm. Neutronen in ^{35}Cl. Werden die Ergebnisse mit den aus der Rk. $^{35}Cl(d, p)^{36}Cl$ bekannten Energieniveaus in ^{36}Cl u. dem γ-Spektr. aus der Rk. $^{35}Cl(n, \gamma)^{36}Cl$ kombiniert, so läßt sich ein Zerfallsschema konstruieren, welches eindeutig die meisten der bekannten γ-Strahlen in ^{36}Cl festlegt. Die red. Breiten der γ-Strahlen aus dem einfangenden Zustand werden untersucht, wobei sich zeigt, daß die red. Breiten für γ-Strahlen gleicher Multipolarität über einen weiten Bereich schwanken können u. daß diese Schwankungen nicht in Beziehung gebracht werden können zu der Konfiguration des Endzustands-Schalenmodells. Die red. Breiten für El- u. Ml-Übergänge aus dem einfangenden Zustand sind bedeutend kleiner als diejenigen, die sich aus der Einteilchenschätzung berechnen lassen, die El-Übergänge sind intensiver als die Ml-Übergänge u. zwar um einen Faktor 4. Es wird der Nachw. erbracht, daß in einigen der höher angeregten Zustände in ^{36}Cl Kollektivbewegung vorliegt. (Physic. Rev. [2] **113.** 844—51. 1/2. 1959. Dayton, O., Wright-Patterson Air Force Base, Aeronaut. Res. Labor.) Gerhard Schmidt. 103

Kazumasa Kamada, Tomoyuki Teranishi und **Yasukazu Yoshizawa,** *β- und γ-Spektroskopie von* ^{60}Co. Mit einem doppelfokussierenden β-Spektrometer wurden die Maximalenergie der β-Strahlen, die Konversionskoeffizienten u. die K/L + M-Verhältnisse bestimmt u. tabelliert. Während die Konversionskoeffizienten in Übereinstimmung mit der Theorie sind, gilt dies nicht für das Schalenverhältnis. Die Diskrepanz dürfte dadurch entstehen, daß eine Abweichung zwischen den theoret. und experimentellen Konversionskoeffizienten der M-Schale existiert. (J. physic. Soc. Japan **13.** 763—64. Juli 1958. Osaka, Osaka Univ., Dep. of Phys. [Orig.: japan.; Auszug: engl.]) G. Kurdal. 103

R. S. Scalan und **R. W. Fink,** *Aktivierungsquerschnitte für Reaktionen von Chlor und Kupfer mit 14,8 MeV-Neutronen.* Vff. messen mittels Proportionalzähler die β-Aktivität von C_6Cl_6- u. Cu-Targets, die mit 14,8 MeV-Neutronen beschossen wurden, u. bestimmen durch Vgl. mit der Rk. $^{63}Cu(n, 2n)^{62}Cu$ den absol. Aktivierungsquerschnitt. Dabei werden folgende Rkk., Halbwertszeiten u. Wirkungsquerschnitte beobachtet: $^{37}Cl(n, p)^{37}S$, 5,0 Min., 25,4 $\pm$ 2,1 mbarn; $^{37}Cl(n, \alpha)^{34}P$, 12,5 Sek., 43,8 $\pm$ 6,9 mbarn; $^{35}Cl(n, \alpha)^{32}P$, 14,5 Tage, 122 $\pm$ 56 mbarn; $^{35}Cl(n, 2n)^{34m}Cl$, 32,4 Min., 5,6 $\pm$ 2,0 mbarn; $^{35}Cl(n, 2n)^{34}Cl$ (Grundzustand), 1,5 Sek., 2,8 $\pm$ 0,5 mbarn; $^{65}Cu(n, p)^{65}Ni$, 2,56 Std., 31 $\pm$ 13 mbarn. Die Ergebnisse werden mit der Compoundkern-Theorie verglichen. (Nuclear Physics **9.** 334—36. Dez. 1958. Fayetteville, Ark., Univ. of Arkansas, Dep. of Chem.) D. GEISSLER. 103

Je. A. Cholnowa, *Bestimmung der Zahl der γ-Quanten beim Zerfall von ^{140}La.* Durch calorimetr. Best. der Wärmemenge bei der Absorption von γ- u. β-Strahlung u. unter Verwendung der relativen Intensitäten der einzelnen Linien (in keV) wurde die Zahl der γ-Quanten je Zerfall von ^{140}La bestimmt: 323 (0,20), 400 (0,028), 491 (0,40), 748 (0,432), 815 (0,186), 868 (0,050), 923 (0,091), 1597 (0,95), 2343 (0,0074), 2515 (0,035), 2890 (0,0008). (Известия Академии Наук СССР, Серия Физическая [Nachr. Akad. Wiss. UdSSR, physik. Ser.] **22.** 848—49. Juli 1958. Mendelejew-Forsch.-Inst. für Metrologie.) M. WIEDEMANN. 103

J. H. Carver und **W. Turchinetz,** *Die (γ,n)- und (γ,2n)-Reaktionen in ^{141}Pr.* Die Messungen liefern Informationen über die relative Häufigkeit der direkten Emission u. der Compoundkernbildung. Die Ergebnisse der Unterss. am Photozerfall von ^{141}Pr deuten darauf hin, daß die direkte Emission mit einer größeren Wahrscheinlichkeit im Falle geschlossener Schalenkerne auftritt. (Proc. physic. Soc. **73.** 110—12. 1/1. 1959. Canberra, Austr. Nat. Univ., Res. School of Phys. Sci.) G. KURDAL. 103

O. I. Grigorjew, B. Ss. Kusnetzow, N. Ss. Schimanskaja und **I. A. Jutlandow,** *Bestimmung des L/K-Verhältnisses für ^{159}Dy und ^{165}Er und Beurteilung der Energie der Übergänge $^{159}Dy \rightarrow {}^{159}Tb$ und $^{165}Er \rightarrow {}^{165}Ho$.* Die Energie u. Intensität der Röntgen K- u. -L-Strahlen von ^{159}Dy u. ^{165}Er wurden mittels eines γ-Spektrometers mit Proportionalzählern gemessen. Die L/K-Verhältnisse ergaben sich zu 1,0 $\pm$ 0,3 bzw. 1,2 $\pm$ 0,4, woraus sich unter Verwendung der Werte für die relativen Elektronendichten in der L- u. K-Schale für die Energien der Übergänge durch Elektroneneinfang 79 (+ 10, — 5) u. 82 (+ 10, — 5) keV ergeben. (Известия Академии Наук СССР, Серия Физическая [Nachr. Akad. Wiss. UdSSR, physik. Ser.] **22.** 850—60. Juli 1958. Chlopin-Strahlungsinst. der Akad. der Wiss. der UdSSR.) M. WIEDEMANN. 103

K. Ja. Gromow, B. Ss. Dshelepow und **B. K. Preobrashenski,** *Konversionselektronen von ^{169}Yb.* Durch Beschuß von *Ta* mit Protonen wurde ^{169}Yb nach chromatograph. Abtrennung erhalten u. auf Al als Quelle im magnet. Spektrometer mit 0,6% Auflösungsvermögen benutzt. Das Spektr. der Konversionselektronen ist von 5 bis 306 keV angegeben, das Termschema wird diskutiert. Aus einem Vgl. der theoret. u. experimentellen Konversionskoeffizienten werden folgende Multipolaritäten den einzelnen γ-Linien (in keV) zugeordnet: 63 El, 93 Ml, 109 Ml (+10% E2), 118 E2, 130 E2, 177 M1 + E2 (über 20%), 198 M1 + E2 (über 20%), 261 El, 308 E2. (Известия Академии Наук СССР, Серия Физическая [Nachr. Akad. Wiss. UdSSR, physik. Ser.] **22.** 775—84. Juli 1958. Chlopin-Strahlungsinst. der Akad. der Wiss. der UdSSR.) M. WIEDEMANN. 103

A. I. Lebedew, A. N. Ssilantjew und **I. A. Jutlandow,** *γ-Spektrum von ^{171}Lu.* Ta wurde mit Protonen beschossen u. ^{171}Lu durch chem. u. chromatograph. Verff. abgetrennt. Die Halbwertszeit lag bei 8 Tagen. Das γ-Spektr. wurde mittels eines Scintillationsspektrometers aufgenommen. Es wurden die folgenden Linien (in keV) mit den angegebenen relativen Intensitäten gemessen: 20 (30), 52 (180), 75 (16), 90 (2), 180 (7), 270 (4), 450 (9), 550 (9), 650—730 (100), 860 (17), 1050 (24), 1250 u. 1500. (Известия Академии Наук СССР, Серия Физическая [Nachr. Akad. Wiss. UdSSR, physik. Ser.] **22.** 839—40. Juli 1958. Chlopin-Strahlungsinst. der Akad. der Wiss. der UdSSR.) M. WIEDEMANN. 103

G. M. Gorodinski, A. N. Murin, W. N. Pokrowski und **B. K. Preobrashenski,** *Über das Lutetiumisotop mit der Massenzahl 173.* Ta wurde mit 660 MeV-Protonen beschossen u. ^{173}Lu chromatograph. aus der Gesamtheit der Seltenen Erden abgetrennt bzw. aus Hf gewonnen. Die Halbwertszeit lag bei 200 Tagen, die γ-Spektren entsprachen einander. Es wurden die folgenden Energien (in keV) u. relativen Intensitäten ermittelt: 79 (1), 101 (0,52), 175 (0,425), 274 (1,85), 345 (0,0113), 570 (0,15) u. 630 (0,26). Auch γ-γ-Koinzidenzen wurden gemessen. Das Termschema ist wiedergegeben. (Известия

Академии Наук СССР, Серия Физическая [Nachr. Akad. Wiss. UdSSR, physik. Ser.] **22.** 818—20. Juli 1958. Chlopin-Strahlungsinst. der Akad. der Wiss. der UdSSR.) M. WIEDEMANN. 103

G. Cortini, C. Milone, A. Rubbino und **F. Ferrero,** *Energiespektren der Photoneutronen aus Cr und Ta.* Vff. untersuchen die Energiespektren der Photoneutronen, die unter 90° von Cr u. Ta mit der Bremsstrahlung von 20 u. 30 MeV emittiert werden, mittels der Rückstoßprotonen in ILFORD C2-Emulsionen (200 μm). Die Ausbeuteschwankungen sind im Einklang mit dem 2. Maximum im Querschnitt (vgl. FERRERO u. Mitarbeiter, Nuovo Cimento [10] **6.** [1957.] 385). Die Darst. des zweiten Maximums auf der Grundlage eines Quasi-Deuteron-Absorptionsprozesses scheint ausgeschlossen zu sein. Eine versuchsweise Erklärung der experimentellen Ergebnisse wird diskutiert. (Nuovo Cimento [10] **9.** 85—98. 1/7. 1958. Catania, Univ., Ist. di Fis., Centro Sicil. di Fis.; Torino, Univ., Ist. di Fis., Ist. Naz. di Fis. Nucl., Sez. di Torino.) GERHARD SCHMIDT. 103

A. W. Gneditsch, L. N. Krjukowa, W. W. Murawjewa, W. Ss. Schpinel und **W. I. Schumschurow,** *Über die Doppler-Verbreiterung der Linien der Konversionselektronen, die durch Rückstoßbremsstrahlen der Kerne emittiert werden.* Die Form der Konversionslinie beim Übergang vom 40 keV-Niveau des ^{208}Tl(ThC″) wurde mittels eines β-Spiralspektrometers vermessen. Als Quelle diente der aktive Nd. von Th. Der DOPPLER-Effekt führt zu einer Verbreiterung der Linie nach der Seite der hohen Energie. Zum Vgl. wurde auch das Konversionsspektr. von ^{144}Ce vermessen, bei dem kein DOPPLER-Effekt beobachtet wurde. (Известия Академии Наук СССР, Серия Физическая [Nachr. Akad. Wiss. UdSSR, physik. Ser.] **22.** 867—70. Juli 1958. Moskau, Lomonossow-Univ.) M. WIEDEMANN. 103

A. G. Ssergejew, E. M. Krissjuk, G. D. Latyschew, W. D. Worobjew und **T. I. Koltschinskaja,** *Über das Niveauschema von ^{208}Tl.* Aus dem Spektr. der Konversionselektronen des akt. Nd. von RaTh wurden die einzelnen γ-Linien beim Übergang ^{212}Bi $\rightarrow$ ^{208}Tl ermittelt u. ihnen Multipolaritäten zugeordnet. Ferner wurde die relative Intensität der einzelnen α-Übergänge berücksichtigt. Den einzelnen Niveaus (in keV) von ^{208}Tl wurden folgende Spins u. Paritäten zugeordnet: 0 5^+; 40 4^+; 328 5^+, 4^+; 473 4^+, 5^+; 493 3^+ u. 619 6^+. (Известия Академии Наук СССР, Серия Физическая [Nachr. Akad. Wiss. UdSSR, physik. Ser.] **22.** 785—87. Juli 1958. Leningrad, Obraszow-Inst. für Eisenbahningenieurwesen, Lehrstuhl für Physik.) M. WIEDEMANN. 103

B. Ss. Dshelepow, N. N. Shukowski, I. F. Utschewatkin und **Ss. A. Schesstopalowa,** *Neue Daten über die relativen Intensitäten der γ-Linien des Ra im Gleichgewicht mit den Zerfallsprodukten.* (Vgl. C. **1958.** 14217.) Unter Verwendung einer Quelle von 2 g $RaBr_2$ wurde das Spektr. von Ra im Gleichgewicht mit seinen Zerfallsprodd. zwischen 240—2450 keV aufgenommen. Benutzt wurde ein Elotron, die Zähler waren mit Ar-Methan von 100 mm Hg-Druck gefüllt. Die γ-Linien u. ihre relativen Intensitäten sind tabelliert. (Известия Академии Наук СССР, Серия Физическая [Nachr. Akad. Wiss. UdSSR, physik. Ser.] **22.** 841—47. Juli 1958. Mendelejew-Forschungsinst. für Metrologie, Chlopin-Strahlungsinst. der Akad. der Wiss. der UdSSR.) M. WIEDEMANN. 103

R. Constant, *Herstellung von ^{131}J ohne Träger aus Tellursäure.* H_6TeO_6 wird als Target zur Herst. von ^{131}J im Kernreaktor verwendet. Dabei genügt es zur Überführung von J^- in J_2, das Target in Ggw. einer starken Säure in dest. W. zu lösen u. zu destillieren. Das Verf. vermeidet die Schwierigkeiten, die mit der bisher üblichen Auflösung des Targets aus elementarem Te in Chromschwefelsäure u. einer anschließenden Red. durch Oxalsäure verbunden sind u. erlaubt die Gewinnung eines sehr reinen Destillats nach einer leicht durchzuführenden Trennung. Die Bestrahlung erfolgte im BR 1-Reaktor. mit einem therm. Fluß von ca. $10^9 - 2 \cdot 10^{12}$ Neutronen/cm²sec bei Tempp. unter 90°. Der Valenzzustand des dest. J scheint vom Fluß u. vom integrierten Fluß, dem das Target ausgesetzt wird, unabhängig zu sein. (J. inorg. Nuclear Chem. **7.** 133—39. Aug./Sept. 1958. Mol-Donk, Centre d'Étud. Nucl.) D. JÖRCHEL. 104

Christopher Hinton, *Industrielle Energieerzeugung der Zukunft.* Vortrag mit Diskussion über die industrielle Entw. der Kernenergie. (J. Roy. Soc. Arts **106.** 529—46. Juni 1958.) GERHARD SCHMIDT. 110

G. R. Jasny, J. R. Barkman, T. P. Sprague und **R. P. Smith,** *Rückgewinnung von Uran aus unbestrahlten Brennelementabfällen.* Vff. diskutieren die Möglichkeiten zur Rückgewinnung von U aus bei der Herst. von Brennelementen anfallenden Abfällen. Die chem. Prozesse entsprechen den bei der Aufarbeitung bestrahlter Brennelemete üblichen. Beschrieben wird u.a. der Auflösungsprozeß für Abfälle aus Legierungen des U mit Zr, Al oder rostfreiem Stahl. Die Abtrennung des U aus den dabei anfallenden Lsgg. erfolgt durch Extraktion mit Dibutylcarbitol. Die techn. Durchführung der

Prozesse u. ihre Anpassung an die jeweilig vorliegenden Ausgangsstoffe wird behandelt. Während mehrmonatigem Betrieb einer Anlage wurden durchschnittliche Dekontaminierungsfaktoren (in bezug auf Zr) von $3 \cdot 10^5$ erreicht. (Ind. Engng. Chem. **50.** 1777—80. Dez. 1958. Oak Ridge, Tenn., Union Carbide Nucl. Co.) H.-U. WOELK. 110

Edwin J. Hart und **John Terandy,** *Eine α-Bestrahlungsapparatur.* Für die Unters. strahlungschem. Vorgänge in Fll. wurde eine Bestrahlungsapparatur entwickelt, die bis zu vier ^{210}Po-Quellen enthält. Jede der Quellen besteht aus der Quellensubstanz u. einem Kollimator für das α-Bündel sowie einer Haltevorrichtung für die Bestrahlungszelle. Die Energie der Strahlenquelle wird mit einem Ferrosulfat-Dosimeter bestimmt. (Rev. sci. Instruments [N. S.] **29.** 962—65. Nov. 1958. Lemont, Ill., Argonne Nat. Labor.) G. KURDAL. 112

F. J. M. Farley, *Eine Methan-Hochdruck-Ionisationskammer.* Es wird eine Ionisationskammer beschrieben, die mit fraktioniert dest. Methan bis zu einem Druck von 40 at gefüllt ist u. bei 12 kV einen Wirkungsgrad von 12% für die Zählung von 3 MeV-Neutronen aufweist. (J. sci. Instruments **33.** 276—78. Juli 1956. Harwell, A.E.R.E.) G. KURDAL. 112

H. D. Sharma, *Das Schwellenpotential für die niederfrequente elektrische Entladung in Luft bei Verwendung eines Maze-Zählers.* Der Luftdruck variierte im Bereich zwischen 1 u. 300 mm Hg. Das Schwellenpotential zeigt keine lineare Abhängigkeit vom Druck. Für einen gegebenen Drahtdurchmesser steigt das Schwellenpotential mit dem Durchmesser des äußeren Glaszylinders. Bei den MAZE-Zählern, deren Drahtelektrode mit einem Glasmantel umgeben ist, erstreckt sich das Plateau über einen größeren Potentialbereich als bei GEIGER-Zählern. (Acta physica polon. **17.** 183—86. 1958. Saugor (M.P.), Univ., Dep. of Phys.) G. KURDAL. 112

S. Lovett, *Die Verwendung von Argon bei Atmosphärendruck als Zählgas für einen fensterlosen Geiger-Zähler.* Beschreibung der Anordnung eines fensterlosen Durchfluß-GEIGER-Zählers. (J. sci. Instruments **35.** 422—23. Nov. 1958. Porton, Salisbury, Wilts., Ministry of Supply, Mikrobiol. Res. Est.) G. KURDAL. 112

Fazle Hosain, *Über die Wahl von Plättchen für die Herstellung radioaktiver Proben bei Traceruntersuchungen mit geringer Aktivität.* Runde mkr. Deckgläser mit verschied. Umfang wurden als ebene Plättchen im Antikoinzidenz-Gasdurchflußzähler gezählt; die Zählrate lag um 1,5—7 über dem Nulleffekt von 2,6 cpm in Abhängigkeit vom Umfang, der Dicke u. der Herkunft der Deckgläser. Der Vorteil bei der Verwendung dieser Deckgläser besteht darin, daß bei biol. Proben (Blut, Plasma) eine gleichmäßige Dicke erreicht werden kann. (Naturwissenschaften **46.** 139. 2. Febr.-H. 1959. Calcutta, Inst. of Nucl. Phys.) W. KARCHER. 112

K. van Duuren, *Eine einfache und kompakte Anordnung zur Messung schwach radioaktiver Präparate.* Es wird ein Schutzzählrohr zur Best. kleiner β-Aktivitäten beschrieben. Das Zählrohr hat den Vorteil gegenüber den üblichen Apparaten, daß die Ansprechempfindlichkeit für andere Strahlenarten klein ist. Dies wird durch das Zählrohr erzielt u. nicht durch eine aufwendige Antikoinzidenzmethode. Durch die verkleinerte Länge des Rohres konnte die Ansprechempfindlichkeit für γ-Strahlen stark herabgesetzt werden. Der Nulleffekt ist um den Faktor 30 kleiner als bei den üblichen Zählrohren. (Philips' techn. Rdsch. **20.** 179—81. 1958/59. Eindhoven, N. V. Philips' Gloilampenfabr.) G. KURDAL. 112

William Imhof, Ralph Kalibjian und **Victor Perez-Mendez,** *Ein stabiler Mehrkanal-Detektor für positive Pionen.* Es wird über die Entw. eines π-μ-Zerfalls-Zählers berichtet, der für die Zählung positiver Pionen bei einigen Synchrotron- u. Cyclotron-Verss. benutzt wurde. Der Zähler arbeitet in Verb. mit getrennten Zählrohren selbst bei schlechtem Signal/Rauschverhältnissen sehr stabil. (Rev. sci. Instruments [N. S.] **29.** 476—79. Juni 1958. Berkeley, Calif., Univ., Radiat. Labor.) G. KURDAL. 112

Kazimierz W. Ostrowski und **Leszek Turek,** *Über die Strahlung, die unechte Impulse in einem Geiger-Müller-Zähler auslöst.* Die unechten Impulse, die durch UV-Strahlung in GEIGER-MÜLLER-Zählern ausgelöst werden, wurden mit einem photoempfindlichen Zähler mit Quarzfenstern untersucht. Es konnten zwei derartige Komponenten festgestellt werden: eine starke Komponente, die innerhalb der Grenzen von 0—2 μsec (Direktstrahlung) auftritt u. eine um eine Größenordnung schwächere Strahlung, die mit einer Verzögerung von 2—300 μsec auftritt. Die erstere hat ihr Maximum bei 2700 Å u. ist eine Rekombinationsstrahlung der Ar-Ionen. Die zweite Strahlung ist stark von der Zählerspannung abhängig. Ihre maximale Intensität erscheint nach ca. 50 μsec. Die Strahlung rührt von den metastabilen Ar-Moll. her. (Acta physica polon. **17.** 97—109. 1958. Cracow, Inst. of General Phys. Mining and Metallurgy Acad.) G. KURDAL. 112

S. Colombo, E. Gatti und **M. Pignanelli,** *Genauigkeitsgrenzen bei der Messung von Zeitintervallen, die durch Impulse von Scintillationszählern definiert werden.* Theoret. Unters. über die Genauigkeitsgrenzen der Zeitmessung, wobei die Zeitintervalle durch die Ausgangsimpulse von Multipliern definiert werden. Für das Auflösungsvermögen liefert die nichtlineare Theorie ein besseres Ergebnis, dagegen kann mit der linearen Theorie auf eine Amplitudendiskriminierung der Impulse verzichtet werden. (Nuovo Cimento [10] **5.** 1739—62. 1/6. 1957. Milano, Labor. CISE e Politecn.)
G. KURDAL. 112

P. Görlich, A. Krohs, H.-J. Pohl, R. Reichel und **L. Schmidt,** *Über das Auflösungsvermögen von Scintillationsvervielfachern und dessen Beeinflussung durch verschiedene Parameter.* Durch günstigste Wahl der Parameter, die für die Energiemessung mit Scintillations-Multipliern bestimmend sind, kann das Auflösungsvermögen gesteigert werden. Vff. entwickeln einen solchen Multiplier u. beschreiben auch die Analysatoren, die für die Messungen benutzt wurden. (Z. angew. Physik **19.** 303—09. Juli 1958. Jena, Univ.) G. KURDAL. 112

L. E. Beghian, G. H. R. Kegel und **R. P. Scharenberg,** *Ein schnelles NaJ-Spektrometer und seine Anwendung auf die Zeitmessung im mμsec-Bereich.* Entw. eines Scintillationszählers, der einen NaJ-Kristall benutzt, der auf die Temp. des fl. N_2 gekühlt wird. Zwischen Scintillator u. Photomultiplier liegt eine Quarz-Lichtleitung. Die Abklingzeit der Fluorescenzstrahlung liegt bei 27 mμsec. Für schnellere Vorgänge wurde ein Zeit-Impulshöhenkonverter entwickelt, der im Bereich zwischen 0 u. 100 mμsec arbeitet. Der Konverter arbeitet in Verb. mit 2 Plaste-Scintillatoren. Die Zeitauflsg. für den Nachw. der Vernichtungs-γ-Strahlen wurde zu 2,3 mμsec bestimmt. (Rev. sci. Instruments [N. S.] **29.** 753—57. Sept. 1958. Cambridge, Mass., MIT, Phys. Dep. and Labor. for Nucl. Sci.) G. KURDAL. 112

J. L. Brown, D. A. Glaser und **M. L. Perl,** *Eine Blasenkammer mit flüssigem Xenon.* Vff. untersuchen die Eigg. von Blasenkammern, die mit fl. Xe gefüllt sind. Derartige Xenonkammern haben ähnliche Eigg. wie Kernemulsionen, jedoch sind die Streumessungen genauer auszuführen als mit Kernemulsionen. (Physic. Rev. [2] **102.** 586—87. 15/4. 1956. Ann Arbor, Mich., Univ. of Michigan, Harrison M. Randall Labor. of Phys.) G. KURDAL. 112

F. W. Bullock, C. Dodd, C. Henderson und **G. Kalmus,** *Betriebseigenschaften einer Flüssiggas-Blasenkammer.* Vff. bestimmen den Einfl. der Temp. auf die Empfindlichkeit einer Blasenkammer, die mit Lsgg. verschied. Konz. von Methangas in fl. Propan gefüllt war. Mit steigender Methan-Konz. wächst der Arbeitsdruck bei vorgegebener Empfindlichkeit um ca. 0,3 at pro 1° erfolgter Temperaturabnahme an. (Nuovo Cimento [10] **6.** 334—38. Aug. 1957. London, Univ. Coll., Phys. Dep.) W. KERNCHEN. 112

E. G. Beltrametti und **S. Vitale,** *Die Bestimmung der zirkularen Polarisation der β-Bremsstrahlung mit einem neuen γ-Polarimeter.* Die Messungen der zirkularen Polarisation der durch die β-Strahlen von ^{32}P erzeugten Bremsstrahlung wurden mit einem von BEARD u. ROSE vorgeschlagenen Analysator ausgeführt. Die Ergebnisse über den Grad der Polarisation stimmen mit den theoret. Voraussagen überein. (Nuovo Cimento [10] **9.** 289—94. 16/7. 1958. Genova, Univ., Ist. di Fis., INFN.) G. KURDAL. 112

L. Bianchi, E. Cotton und **C. Mileikowsky,** *Spektrometer für schwere Teilchen.* Für Rkk. leichter Kerne hängt die Energie des emittierten Teilchens merklich von dem Emissionswinkel mit einem doppelfokussierenden Spektrometer bei Verwendung eines großen Öffnungswinkels ab, die Variation kann mehrere % betragen. Vff. prüfen diese Verbesserung der Energieauflsg. mit dem astigmat. Syst. ($n = 0{,}57$) u. mit einem veränderlichen Winkel des Austrittsschlitzes. (Nuclear Instruments [Amsterdam] **3.** 69—72. Aug. 1958. Saclay, Centre d'Étud. Nucl.) GERHARD SCHMIDT. 112

L. H. Th. Rietjens, O. M. Bilaniuk und **W. C. Parkinson,** *Ein Geschwindigkeitsfilter für die Kernspektroskopie.* Vff. setzen zwischen die Ionenkammer u.den magnet. Analysator ein Geschwindigkeitsfilter, das aus gekreuzten elektr. u. magnet. Feldern besteht. Die Dimensionierung u. Anordnung des Filters werden erörtert. Nach Einsatz des Filters konnte z.B. die Winkelverteilung der Rk. $^{10}B(d, p)^{11}B$ bis herunter auf 1,6 Winkelgrade ausgemessen werden. (Rev. sci. Instruments [N. S.] **29.** 768—69. Sept. 1958. Ann Arbor., Mich., Univ. of Michigan, Randall Labor. of Phys.)
G. KURDAL. 112

E. A. Day, R. P. Featherstone, L. H. Johnston, E. E. Lampi, E. B. Tucker und **J. H. Williams,** *Der 10, 40 und 68 MeV–Protonen-Linearbeschleuniger von Minnesota.* Gegenüber dem Berkeley-Beschleuniger weist der entwickelte Beschleuniger folgende Änderungen auf: 1) Drei getrennte Hohlraumresonatoren, die in Reihe liegen u. Protonen von 10, 40 u. 68 MeV liefern; 2) ein 500 kV-Wechselstrominjektor; 3) ein 200 MHz-Verstärkersystem mit drei isolierten Ausgangsstufen, die 0,6, 2,2 und

3,2 MW Impulsleistung abgeben; 4) automat. Frequenzkontrolle u. 5) Phasendetektoren sowie Phasenschieber. (Rev. sci. Instruments [N. S.] **29.** 457—76. Juni 1958. Minneapolis, Minn., Univ., School of Phys.) G. Kurdal. 112

B. G. Goldring und **R. P. Scharenberg,** *Flüssigkeitstarget-Halter für die Verwendung mit getrennten Isotopen.* Für die Messung des gyromagnet. Verhältnisses kurzlebiger Kernzustände verwenden Vff. einen solchen Halter, der in Verb. mit Hochspannungs-Beschleunigern benutzt wird. Das Target ist mit einer konz. wss. Lsg. von Nitraten der Seltenen Erden gefüllt u. wird einem Protonenbündel von weniger als 0,3 μA (bei 2 MeV) ausgesetzt. Die Betriebsdauer beträgt 15 Stunden. (Rev. sci. Instruments [N. S.] **29.** 532. Juni 1958. Cambridge, Mass., MIT, Phys. Dep. and Labor. for Nucl. Sci.) G. Kurdal. 112

P. H. Rose, *Eine variable Radiofrequenz-Induktivität für das Birmingham-Protonensynchrotron.* Es wird eine variable Induktivität beschrieben, deren Wert innerhalb des Bereiches von 26 bis 0,033 μH verändert werden kann. Die Induktivität wird für die Abstimmung der Dosen des Protonensynchrotrons benutzt, wobei der Frequenzbereich von 0,3 bis 9,6 MHz zu überstreichen ist. Die Betriebsleistung beträgt 40 kVA. (J. sci. Instruments **35.** 399—402. Nov. 1958. Birmingham, Univ., Dep. of Phys.) G. Kurdal. 112

I. T. Myers, *Ein verbessertes Verfahren in der γ-Calorimetrie.* Die Widerstandsänderung, die durch Änderung der Temp. hervorgerufen wird, wird mit einer Fünfdekaden-Wheatstone-Brücke gemessen. Die kleinste nachweisbare Temperaturänderung beträgt $3 \cdot 10^{-4}$ °C. Die verwendeten Thermistore zeigen eine hohe Stabilität u. werden auch durch hohe Strahlungsleistungen (10000 r/h) nicht beschädigt. Mit dem Calorimeter wurde die Aktivität einer 2 c ^{60}Co-Quelle mit einer Genauigkeit von $\pm$ 0,67% bestimmt. (Rev. sci. Instruments [N. S.] **29.** 758—61. Sept. 1958. Richland, GEC, Hanford Laborr. Operat.) G. Kurdal. 112

H. Bildstein, *Strahlendosimetrie auf chemischem Wege.* Die Eichung chem. Dosimeter in Einheiten der Energiedosis wird durch calorimetr. Vergleichsmessungen durchgeführt, als Einheit bedient man sich zweckmäßig der G-Einheit in der besonderen Form des G_{rep} (Mikromol/l · 1000 rep), das ist die Konzentrationsänderung der Dosimeterlsg. pro 1000 rep absorbierter Energie. Es werden die verschied. Dosimetersysteme, ihre Grundlagen u. Ausgangssubstanzen u. die Analyse der durch die Strahlenwirkung erzeugten Prodd. besprochen: 1. Oxydation von Ferrosulfat (Fricke-Dosimeter). Die Gesamtausbeute der Oxydation von Fe^{2+} durch die elektromagnet. Strahlung beträgt 15,6 Moll./100 eV. Die obere Gesamtdosisgrenze beträgt 40000 rep, unter O_2-Druck von 6 bis 14 at 10^6 rep, bei Zugabe von Cu^{2+}-Ionen zur Lsg. liegt die obere Dosisgrenze noch höher. 2. Red. von Cerisulfat. Die Ausbeute beträgt hier 3,0 $\pm$ 0,2 Moll./100 eV, die obere Meßgrenze liegt bei 10^7 rep. 3. Red. des o-Phenantrolin-Fe^{3+}-Komplexes. Die Ausbeute erreicht hier 9,35 Moll./100 eV. 4. Einwrkg. auf chlorhaltige Verbb. (Chloroform, Chloralhydrat, Tetrachloräthylen mit Bromkresolpurpur, Phenolrot oder Chlorphenolrot in wssr. Lsg. als Indicator). Die Ausbeute bewegt sich dabei in den Grenzen 0,05 bis 0,07 Mikroäquivalent/l · rep für zweiphasige, 0,025 Mikroäquivalent/l · rep für einphasige Systeme. 5. Zers. von Oxalsäure. Der Dosismeßbereich liegt hier zwischen 10^5 u. 10^7 rep, die Ausbeute beträgt 4,9 Moll./100 eV. 6. Einwrkg. auf Methylenblau in wssr. Lsg. oder in Form einer Dispersion als Gel. — Neben den fl. Systemen sind feste Stoffe als Dosimetersubstanzen verwendbar. 7. Glasdosimeter. Der Anwendungsbereich erstreckt sich von 10^4 bis 10^6 rep. 8. Verschiebung der UV-Absorptionskante bei Plasten, wie z. B. rot gefärbtem Polymethyl-Methacrylat oder Plexiglas oder PVC-Folien. 9. Als einziges gasförmiges Syst. wird N_2O herangezogen u. die strahlungsinduzierte Bldg. von NO_2 u. N_2 bzw. O_2 gemessen. Für die Neutronenmessung werden stark neutronenabsorbierende Stoffe beigegeben. — 50 Literaturzitate. (Atompraxis **4.** 163—67. 1958. Wien, Österr. Studienges. für Atomenergie GmbH.) W. Reusse. 112

K. Becker, *Grundlagen und Möglichkeiten der Filmdosimetrie.* Zusammenfassende Darst. der Vorzüge des Filmdosimeterverf., sowie der photograph. u. photochem. Prozesse. — 64 Literaturhinweise. (Atompraxis **4.** 168—75. 1958. Leverkusen-Bayerwerk, Wissenschaftl.-Photograph. Labor. der Agfa A.G.) W. Reusse. 112

J. Benisz und **C. Borowczak,** *Eine neue Methode für die schnelle Messung des Schrumpffaktors einer Kernemulsion.* Vff. geben ein geeignet ausgebildetes Pyknometer an, mit dem der Schrumpffaktor bestimmt werden kann. Die Ergebnisse stimmen mit denen anderer Methoden innerhalb der Fehlergrenzen überein. (Acta physica polon. **17.** 203—05. 1958. Katowice, Higher Pedagogical School.) G. Kurdal. 112

H. Dreiheller und **E. H. Graul,** *Verwendung abziehbarer Lacke zum Schutz gegen radioaktive Verseuchung.* Es wird ein als „Stripping-Lack" für die Entseuchung heißer Laborbestandteile geeigneter Speziallack auf Plastebasis IST beschrieben, dessen Eigg.

(chem. Beständigkeit, Gasdichtigkeit, Alterungsbeständigkeit usw.) den Anforderungen der Technik angepaßt sind. Zahlreiche Verwendungsbeispiele – auch mit Mehrfachschichten – werden mitgeteilt. (Atompraxis **4.** 177—79. 1958. Marburg, Univ., Strahlenklinik, Abt. für Strahlenbiol.) W. Reusse. 112

C. B. Amphlett, *Untergrundeinleitung radioaktiver Abwässer.* Chem. werden die radioakt. Abwässer beim Versickern durch Adsorption, Abscheidung unlösl. Bestandteile u. durch Ionenaustausch, je nach dem p_H des Bodens u. des W., weitgehend verändert: bei hohem p_H werden bestimmte Kationen als Hydroxyde, bzw. in Ggw. von gelöstem CO_2 als bas. Carbonate ausgefällt. Die Reihenfolge der Fällung von Spaltprodd. ist ungefähr: Zr, Nb, Fe^{3+}, UO_2^{2+}, Al, Seltene Erden. Sr wird am besten durch PO_4^{3-}- oder SO_4^{2-}-haltige Gesteinsarten zurückgehalten. PO_4^{3-} im Abwasser fällt nur in alkal. Böden als Ca-Phosphat aus. Durch Adsorption können Ce u. Cs aus dem W. entfernt werden. Als natürliche Ionenaustauschstoffe im Boden gelten *Huminsäuren, Tone,* Silicate, wie *Glaukonit, Vermiculit* u.a. Beispiele für die Beseitigung der Radioaktivität des Cs, Sr u. Pu in Ggw. von $NaNO_3$, PO_4^{3-} bzw. NH_4-Salzen u. in Abhängigkeit von der Zus. des W. u. seines p_H werden gegeben. (Atomics **9.** 194—97. Juni. 242—44. Juli 1958. Harwell, A.E.R.E.) H. Eckstein. 112

H. Schulz, *Probleme des Strahlenschutzes.* Allg. Übersicht. (Chem. Rdsch. [Solothurn] **12.** 21—22. 15/1. 1959. Grenchen.) F. O. W. Meyer. 112

J. Ambrosen, *Der radioaktive Fallout aus Kernwaffen.* Übersicht unter Berücksichtigung dän. Messergebnisse. (Fysisk Tidsskr. **56.** 1—24. 1958.) Gerhard Schmidt. 112

A₂. Optisches Verhalten der Materie.

G. Ss. Badaljan, *Über die Entstehung des interstellaren, neutralen Wasserstoffs und der galaktischen Cepheide.* Die Parallelität in der Verteilung des interstellaren, neutralen Wasserstoffs u. der Cepheiden in der Galaxis wird unterstrichen u. auf Beziehungen in der Entstehung von beiden hingewiesen. (Доклады Академии Наук Армянской ССР [Ber. Akad. Wiss. ArmenSSR] **27.** 13—22. 1958. Bjurakanski, astrophysik. Observ. der Akad. der Wiss. der ArmenSSR.) M. Wiedemann. 113

Jean Dufay und **Mao-Lin Tcheng,** *Über die Höhe der die Linien [OI]5577 Å, [OI] 6300 Å und [NaI] 5892 Å emittierenden Schichten der Atmosphäre.* Ältere Messungen der Linien des Nachthimmels werden mit geänderten Faktoren neu diskutiert. Dabei ergeben sich, wenn man ausschließlich mol. Diffusion u. Absorption durch das O_3 der Atmosphäre berücksichtigt, folgende Höhen für die emittierenden Schichten: 195 km für 5577 Å, 200 oder 230 km für 5892 Å u. 280 km für 6300 Å. Eine dünne Nebelschicht in der Atmosphäre mit einer zusätzlichen opt. Dichte von 0,005 würde alle Werte um 30 km reduzieren. (Ann. Géophysique **11.** Nr. 4. 387—98. Okt./Dez. 1955. Observ. de Haute-Provence et Observ. de Lyon.) C. Reuber. 113

Helen B. Pettit und **Edward Manring,** *Intensitäts-Schwankungen der Linien [OI] 5577 und NaD im Leuchten des Nachthimmels.* Die über 18 Monate erstreckte automat. Beobachtung der [OI] 5577-Linie im Leuchten des Nachthimmels in Neumexiko (N 32°47′, W 105°48′) zeigte drei verschied. Abhängigkeiten von der Nachtstunde: In 54% der Nächte findet man zu Mitternacht ein Maximum, in 36% der Nächte ein Minimum u. in 10% keine merkliche Änderung. Die angegebene Breite der Station dürfte also eine untere Grenze für eine mögliche Zone eines mitternächtlichen Maximums sein. Die entsprechenden Beobachtungen der NaD-Linie zeigten keine Unterschiede gegenüber älteren Messungen. (Ann. Géophysique **11.** Nr. 4. 377—86. Okt./Dez. 1955. Cambridge, Airforce Res. Center.) C. Reuber. 113

Pierre St. Amand, *Einige mögliche Beziehungen zwischen dem Nachtleuchten und der Ionosphäre.* Es werden Ionosphären-Daten einer Station in N 37° 26′ W 122° 10′ mit Daten über das Leuchten des Nachthimmels von einer Station in N 36° 05′ W117°49′ verglichen. Dabei erweist sich der nächtliche Verlauf der 5577-Intensität dem Verlauf der Höhe der F-Schicht ähnlich. Die Helligkeit der [OI]-Linien 6300 u. 6364 verläuft ähnlich wie die Elektronendichte in der F-Schicht. (Ann. Géophysique **11.** Nr. 4. 450—60. Okt./Dez. 1955. China Lake, Calif., U. S. Naval Ordnance Test Stat.) C. Reuber. 113

T. J. M. Boyd und **A. Dalgarno,** *Ladungsübergang der Protonen in angeregtem atomaren Wasserstoff.* Es werden die Resonanzladungsübergangsquerschnitte für Protonen im atomaren H im Grundzustand u. in den beiden ersten angeregten Zuständen berechnet. Es zeigt sich, daß die Querschnitte eines angeregten Atoms nahezu um eine Größenordnung größer als die für den Grundzustand sind. (Proc. physic. Soc. **72.** 694—700. 1/11. 1958. Belfast, Queen's Univ., Dep. of Appl. Mathem.) D. Jörchel. 114

Ajit Kumar Dutta, *Emissionsspektroskopie weicher Röntgenstrahlen von Graphit und der Vorschlag einer geeigneten Brillouin-Zone für ihn.* Unterss. des Vf. ergaben, daß eine Brillouin-Zone mit 4 Elektronen u. den Grenzflächen ($2\bar{2}00$) u. (0002) am geeignetsten für Graphit ist. (Indian J. Physics Proc. Indian Assoc. Cultivat. Sci. **32**(**41**). 397—99. Aug. 1958. Calcutta, Indian Assoc. for the Cultivat. of Sci., Dep. of Magnetism.) C. Gottfried. 116

R. S. Crisp, *Das Emissionsspektrum der weichen Röntgen–L_{23}-Linie des Magnesiums von festen oder aufgedampften Targets.* Vf. berichtet über eine genaue Unters. der Mg–L_{23}-Emissionsbande bei 250 Å. (Austral. J. Physics **11.** 449—52. Sept. 1958. Nedlands, Univ. of Western Australia, Dep. of Phys.) C. Gottfried. 116

R. W. Hendrick, *Spektrales Reflexionsvermögen fester Stoffe für Aluminium–K-Strahlung.* Der Anteil der an *Glas-*, *Mg-*, *Al-*, *Cu-*, *Ag-* u. *Au-*Oberflächen reflektierten Al–K-Strahlung wurde als Funktion des Winkels des streifenden Einfalls bis zu 90 mrad gemessen. Die Anordnung, bestehend aus Röntgenröhre mit Al-Draht-Anode, Absorptionsfilter, CeBr(Tl)-Scintillator, gekühltem 6199 Photovervielfacher, reflektierender Oberfläche u. Verdampfungsgut, waren in einer Vakuumkammer untergebracht. Die reflektierenden Oberflächen waren direkt auf die zu Reflexionsmessungen justierten Glasplatten aufgedampfte Filme. Der zu messende Lichtanteil fiel immer auf das gleiche Gebiet des Scintillators. Die Messungen zeigen, daß die krit. Winkel im wesentlichen mit den mit Hilfe der Fresnelschen Reflexionsgleichung berechneten übereinstimmen, unter der Annahme, daß die Filme eine etwas geringere D. als das kompakte Material haben. Die Absorption liegt um 28% oberhalb der berechneten Werte, was auf einfache Weise nicht erklärt werden kann. Die Lage der durch Reflexion an Al-Filmen hervorgerufenen Inteferenzextrema stimmt mit der Theorie überein. (J. opt. Soc. America **47.** 165—71. Febr. 1957. Stanford, Calif., Stanford Univ., Dep. of Phys.) H. Lindberg. 116

E. Baranger und **E. Gerjuoy,** *Einige Folgerungen aus dem Compoundionenmodell.* Die Querschnitte für die Anregung atomarer Niveaus durch Elektronen als Funktion der Energie zeigen häufig in der Nähe der Schwellenenergie scharfe Änderungen, als ob sie sich mit einem Zustand des Compoundions in Resonanz befänden. Allg. Folgerungen aus diesem „Compoundionenmodell", das eine Analogie zum Compoundkernmodell darstellt, werden diskutiert. Bes. wird gezeigt, daß man aus Messungen der Winkelverteilung u. der Polarisation des einer Anregung auf strahlende Zustände folgenden emittierten Lichts auf die Gültigkeit dieses Anregungsmodells schließen kann. Mögliche Anwendung auf *Hg* u. *He* werden erörtert. (Proc. physic. Soc. **72.** 326—36. 1/9. 1958. Pittsburgh, Pa., Univ. of Pittsburgh and Westinghouse Res. Labor.) D. Jörchel. 118

S. Nikitine, *Experimentelle Untersuchungen der Excitonenspektren in Ionenkristallen* Überblick über die eigenen experimentellen Ergebnisse seit 1953, wobei bes. die Linienspektren an Cu_2O, *CuCl*, *CuBr*, *CuJ*, *AhJ*, HgJ_2, PbJ_2, *TlCl*, *TlBr* u. *TlJ* in Emission u. Absorption behandelt werden. (Philos. Mag. [8] **4.** 1—31. Jan. 1959. Strasbourg, Univ., Inst. de Phys., Labor. de Spectroscop. et d'Opt.) E. Hahn. 118

Rudolf Penndorf, *Tabellen des Brechungsindex von Standard-Luft und der Rayleighkoeffizient im Spektralgebiet von 0,2—20,0 μ und ihre Anwendung auf die atmosphärische Optik.* Für Standard-Luft (trockene Luft, die 0,03 Vol.% CO_2 bei 760 mm Hg Druck u. 15° enthält) werden im Gebiet von 0,2—20,0 μ (0,2 (0,01) 0,8, 0,8 (0,1) 2,0, 2,0 (0,5) 10,0, 10 (1) 20 μ) Brechungsindex (nach der Formel von Edlén), Rayleigh-Streuung, Streuquerschnitte sowie Massen- u. Volumenstreukoeff. angegeben. Weiter werden die opt. Dicke u. Durchlässigkeit sowie der mittlere Streukoeff. für visuelle Beobachtungen $\beta_0 = 1{,}23 \cdot 10^{-7}\ cm^{-1}$ bei 0° u. 1013,25 mb mitgeteilt. (J. opt. Soc. America **47.** 176—82. Febr. 1957. Cambridge, Mass., Air Res. and Devel. Demand, Air Force Cambridge Res. Center, Geophys. Res. Directorate.) H. Lindberg. 119

Kazuo Shibata, *Eine einfache absolute Methode zur Messung der diffusen Reflexionsspektren.* Die einfache Meth. stellt ein neues, unabhängiges Mittel zur Messung der absol. Werte der diffusen Reflexion dar. Statt der üblichen integrierenden Kugel wird eine kleine Opalplatte zur Streuung des Lichtes, bevor es auf das zu untersuchende Objekt fällt, benutzt. Nach der Theorie von Channon u. Mitarbeiter (J. opt. Soc. America **58.** [1918.] 121); Benford (J. opt. Soc. America **36.** [1946.] 524); Kubelka (C. **1955.** 8310) wird eine einfache Gleichung zur Berechnung der absol. diffusen Reflexion abgeleitet. Messungen an *MgO* zeigen gute Übereinstimmung mit der Theorie. (J. opt. Soc. America **47.** 172—75. Febr. 1957. Stanford, Calif., Carnegie Inst. of Washington, Dep. of Plant. Biol.) H. Lindberg. 119

R. Englman, *Das Absorptionsvermögen anisotroper Metalle.* Es werden Ausdrücke für die beiden opt. Hauptabsorptionen A_1 u. A_2 (definiert analog den beiden Hauptoberflächenwiderständen) eines Metall-Einkristalls angegeben, dessen FERMI-Fläche aus einer Anzahl von Ellipsoiden besteht, dessen ebene Grenzfläche senkrecht beleuchtet wird u. dessen Hauptachse einen Winkel ψ mit der Normalen der Ebene bildet. Die für *Sn* abgebildeten beiden Kurven $A_1(\psi)/A_1(\pi/4)$ u. $A_2(\psi)/A_2(\pi/2)$ zeigen, daß A_1 stark anisotrop ist; die relative Änderung ist doppelt so groß wie die sonst ähnliche Änderung des Oberflächenwiderstandes. Die A_2-Kurve weist (wie der entsprechende Oberflächenwiderstand) nur einen geringen Anisotropiegrad auf. (Proc. physic. Soc. **72.** 277—78. 1/8. 1958. Bristol, Univ., H. H. Wills Physic. Labor.) D. JÖRCHEL. 119

Marisa Scrocco und **Jean-Paul Mathieu,** *Untersuchung des Streuspektrums von Anglesit.* Vff. untersuchten das Streuspektr. des Anglesits u. verglichen es mit den von COUTURE (vgl. Ann. Physique **5.** [1947.] 5) erhaltenen Spektren von Baryt u. Colestin. Tabellar. sind die Wellenzahlen, die relativen Intensitäten, die Depolarisationsfaktoren, die Symmetrietypen u. der Ursprung der 24 gefundenen Linien zusammengestellt. Aus dem Vgl. der 3 Spektren folgte, daß die SO_4''-Ionen im Anglesit stärker deformiert sind als im Baryt u. etwas weniger stark als im Colestin. (Ann. Physique [13] **3.** 463—67. Juli/Aug. 1958. Paris, Sorbonne, Labor. des Recherches phys.) C. GOTTFRIED. 119

Tadatosi Hibi und **Kazuo Ishikawa,** *Elektronenmikroskopische Beobachtung von verfärbten und gebleichten Alkalihalogenidkristallen.* Elektronenmikroskopaufnahmen an *NaCl-* u. *KBr*-Einkristallen zeigen, daß mit der Verfärbung der Kristalle durch Röntgenstrahlen eine Ausbldg. kleiner Kristallite (Höhe 2500—3000 Å) auf der bestrahlten Frontfläche sowie auf den nahen Bezirken der Seitenflächen verbunden ist. Auch im Kristallinnern wird – vornehmlich an Kristallstufen – Kristallitbldg. beobachtet. Umgekehrt verschwinden die Kristallite bei der Entfärbung wieder. Verfärbung sowie Entfärbung sind demnach offenbar mit einer Diffusion von Ionen verbunden. (J. physic. Soc. Japan **13.** 709—16. Juli 1958. Sendai, Tohoku Univ., Res. Inst. for Sci. Measurem. [Orig.: engl.]) J. RUDOLPH. 119

Georg Hass und **Alan P. Bradford,** *Optische Eigenschaften und Oxydation von aufgedampften Titan-Filmen.* Es wurden die opt. Konstanten n u. k sowie Reflexionsvermögen R u. Durchlässigkeit D von auf amorphen Quarz bzw. Glas aufgedampften Ti-Filmen gemessen. Der Aufdampfdruck war $< 5 \cdot 10^{-6}$ mm Hg, die Aufdampfgeschwindigkeit > 40 Å/sec. n u. k wurden mit der polarimetr. Meth. von DRUDE aus undurchsichtigen Filmen bei den Wellenlängen 0,436, 0,546, 0,578 u. 0,650 μ bestimmt. Die aus n u. k berechneten R stimmen mit den direkt gemessenen überein. Gemessen wurde R im Bereich von 900 Å bis 10μ. 100—300 Å dicke Ti-Filme zeigten im ganzen sichtbaren Gebiet ein einheitliches D. Die Oxydation der Ti-Filme in Luft wurde auf drei opt. Wegen gemessen. Bei Zimmertemp. wurde eine Oxydationsgeschwindigkeit von 35 Å pro Monat (17 Å nach 2 Std.) fast wie bei Al festgestellt. Mit waschsender Temp. nimmt sie jedoch schneller als bei Al zu. (J. opt. Soc. America **47.** 125—29. Febr. 1957. Fort Belvoir, Va., Engng. Res. and Developm. Labors.) H. LINDBERG. 119

Per-Olof Kinell, Ingvar Lindqvist und **Margareta Zackrisson,** *Über die relative Donatorenstärke von $POCl_3$ und $PO(CH_3)_3$. Eine Raman-spektroskopische Untersuchung.* Mit Hilfe der RAMAN-Spektroskopie-Meth. untersuchen Vff. die Acceptoren- u. Donatoren-Stärke von $POCl_3$ u. $PO(CH_3)_3$ in folgenden Lsgg.: $POCl_3$ (0,10), $PO(CH_3)_3$ (0,10), $SbCl_3 + POCl_3$ (0,10 + 0,10), $SbCl_5 + PO(CH_3)_3$ (0,02 + 0,20) u. $SbCl_5 + POCl_3 + PO(CH_3)_3$ (0,02 + 0,02 + 0,02). Die Lsg. von $SbCl_5 \cdot POCl_3$ ist übersättigt. Die Spektren dieser angeführten Lsgg. wurden durch die 4358 Å Hg-Linie angeregt. Die Ergebnisse bestätigen, daß $PO(CH_3)_3$ ein besseres Donatormol. als $POCl_3$ in der Rk. mit $SbCl_5$ ist. (Acta chem. scand. **13.** 190—91. 1959. Oslo, Univ., Dep. of Biochem.) D. HAHN. 120

T. S. Moss und **T. D. H. Hawkins,** *Das Infrarotemissionsvermögen von Indiumantimonid und Germanium.* Die mitgeteilten Meßergebnisse zeigen, daß sich das IR-Emissionsvermögen von *InSb-* u. *Ge*-Einkristallen – wie nach der Theorie zu erwarten – im Gebiet der Absorptionskante stark ändert. Die Temperaturverschiebung dieser Emissionskanten beträgt für InSb ca. $-3 \cdot 10^{-4}$ eV/°C u. für Ge ca. $-5 \cdot 10^{-4}$ eV/°C. Während die minimale relative Emission von InSb auf der langwelligen Seite der Emissionskante 28% der maximalen Emission auf der kurzwelligen Kantenseite beträgt, liegt sie für Ge bei tiefen Tempp. nur bei ca. 5%, steigt jedoch oberhalb 200° beträchtlich an (bei 235° 12%). Das absol. Emissionsvermögen bei kurzen Wellenlängen für InSb streut bei Tempp. von 90—100° im Bereich 63—72%, was mit dem aus opt. Konstanten berechneten Wert von 64% übereinstimmt. (Proc. physic. Soc. **72.** 270—73. 1/8. 1958. Farnborough, Hants., R. A. E., Radio Dep.) D. JÖRCHEL. 120

Kazuo Nakamoto, Paul J. McCarthy und **Arthur E. Martell,** *Metall-Sauerstoff-Valenzschwingungsfrequenzen in Metallchelatverbindungen von β-Diketonen.* In den IR-Spektren der Metallchelatverbb. von β-Diketonen sind die Metall (M)–O-Valenzschwingungsfrequenzen von bes. Interesse, da sie Aufschluß über die Stabilität des Chelats geben. Jedoch sind diese Banden schwierig zu messen, da sie außerhalb des NaCl-Bereichs liegen u. ferner starke Kopplung mit anderen Schwingungen eingehen können. Vff. nahmen die IR-Spektren von 32 Verbb. des nebenst. Typs im Bereich 1700—280 cm^{-1} mit NaCl-, KBr- u. CsBr-Prismen auf. Bei den Chelaten von *Acetylaceton* u. *Benzoylaceton* verschiebt sich die genannte Bande über den Bereich 420—480cm^{-1} nach höheren Frequenzen u. nimmt an Intensität zu in folgender Reihe von M: $Co^{2+} < Ni^{2+} < Cu^{2+} < Pd^{2+}$ parallel mit der Stabilität der Komplexe. In den Cu^{2+}- u. Ni^{2+}-Chelaten der folgenden β-Diketonen steigt die Frequenz (445—463 bzw. 427 bis 460 cm^{-1}), ebenfalls parallel zur Stabilität, in folgender Reihe von R_1, R_2: CF_3, $CF_3 < CF_3$, $CH_3 < CH_3$, $CH_3 < C_6H_5$, $CH_3 < C_6H_5$, C_6H_5. (Nature [London] **183.** 459. 14/2. 1959. Worcester, Mass., Clark Univ., Dep. of Chem.) VOLKMAR SCHMIDT. 120

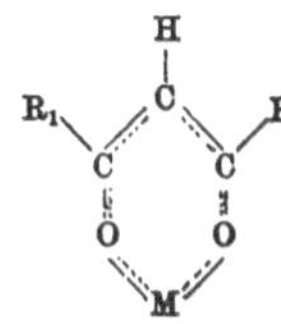

H. G. Dehmelt, *Spinresonanz freier Elektronen.* Freie therm. Elektronen werden durch Stoß mit orientierten Alkaliatomen orientiert, durch Spinresonanz wieder umorientiert u. geben bei einem zweiten Stoß ihre neue Orientierung an Alkaliatome ab. Aus der Messung der Umorientierung dieser Atome mittels ihrer geänderten Absorption erhält man den Wirkungsquerschnitt für Spinaustausch zwischen Na u. Elektron zu größer als $2{,}3 \cdot 10^{-14}$ cm². Weitere Variations- u. Anwendungsmöglichkeiten der Meth. werden diskutiert. (J. Physique Radium **19.** 866—71. Nov. 1958. Seattle, Wash., Univ. of Washington, Dep. of Phys.) H. C. WOLF. 121

A. M. Portis und **Dale Teaney,** *Mikrowellen-Faraday-Drehung: Bau und Analyse eines Hohlraumresonators für zwei Frequenzen.* Beschreibung eines in zwei Schwingungsformen anregbaren Hohlraumresonators zur Unters. des FARADAY-Effektes im Mikrowellenbereich. Die Kopplungs-Eigg. des Resonators werden berechnet u. mit dem Experiment verglichen. Mit der Elektronenresonanz von $CuSO_4 \cdot 5\,H_2O$ im X-Band erhält man gute Übereinstimmung. Der Resonator wird als empfindlicher Empfänger für Überlagerungsempfang empfohlen. (J. appl. Physics **29.** 1692—98. Dez. 1958. Berkeley, Calif., Univ. of California, Dep. of Phys.) H. C. WOLF. 121

Stanley Ruthberg, *Eine Mikrowellen-Doppelmodulationsmethode zur Untersuchung zeitabhängiger Hohlraumresonator-Charakteristiken.* Zeitabhängige Charakteristiken von Hohlraumresonatoren ergeben sich bei der Messung mit Gasentladungen. Zu ihrer Messung hat sich eine Doppelmodulationstechnik bewährt, wobei Signal u. Empfänger moduliert werden. Außer der Resonator-Resonanz kann man den Reflexionskoeff. u. die Frequenzverschiebung sehr genau bestimmen. (Rev. sci. Instruments [N. S.] **29.** 999—1003. Nov. 1958. Washington, D. C., Nat. Bureau of Stand.) H. C. WOLF. 121

S. N. Kalra, R. Bailey und **H. Daams,** *Cäsiumstrahl-Frequenzstandard.* Mit einem Gerät, das nach der RAMSEY-Technik (Physic. Rev. [2] **78.** [1950.] 695) arbeitete, wurde die Resonanzkurve des (F = 4, m = 0 ←→ F = 3, m = 0)-Übergangs in Cs aufgenommen. Die Breite der Resonanz beträgt ca. 290 Hz bei der Frequenz $9{,}2 \cdot 10^9$ Hz. Das Verhältnis von Resonanzfrequenz zur Kristalloscillatorfrequenz läßt sich nach dieser Meth. mit einer Genauigkeit von besser als $1:10^9$ bestimmen. Zur Definition der Resonanzfrequenz dieses Übergangs in absol. Größen muß die Sek.-Zeiteinheit (üblicherweise in UT2 gemessen) genau bekannt sein. Vor Angabe des Frequenzwertes soll zunächst eine Veröffentlichung der UT2-Sek. abgewartet werden. (Canad. J. Physics **36.** 1442—43. Okt. 1958. Ottawa, Nat. Res. Council, Div. of Appl. Phys.) D. JÖRCHEL. 121

B. Cagnac, *Optische Beobachtung der magnetischen Kernresonanz von Quecksilber 201.* (Vgl. C. **1959.** 8049.) Mit der Meth. des opt. Pumpens u. opt. Nachw. wurde das ^{201}Hg-Isotop im Grundzustand ausgerichtet u. seine magnet. Resonanz gemessen. Durch Bestrahlung mit dem Licht einer ^{198}Hg-Lampe erregt man nur die 3/2-Komponente von ^{201}Hg, mit ^{204}Hg-Licht erregt man die Komponente 5/2. Die magnet. Resonanz liegt bei 10 kHz u. 35,6 Gauß mit einer Breite von ca. 10 Gauß. (J. Physique Radium **19.** 863 bis 865. Nov. 1958. Paris, E.N.S., Labor. de Phys.) H. C. WOLF. 121

Weston A. Anderson und **Lawrence H. Piette,** *Verbotene $\Delta m_s = \pm 1$, $\Delta m_I = \mp 1$-Übergänge in einem Vanadyl-Chelat.* An *Vanadylacetylaceton* wurde das den verbotenen Übergängen $\Delta m_s = \pm 1$, $\Delta m_I = \mp 1$ des VO^{2+}-Ions entsprechende Spektr. beobachtet. Die relativen Intensitäten dieser verbotenen Linien im Verhältnis zu den Intensitäten der den n. Übergängen $\Delta m_s = \pm 1$, $\Delta m_I = 0$ entsprechenden Linien sind mit der Theorie in guter Übereinstimmung. (J. chem. Physics **30.** 591—92. Febr. 1959. Palo Alto, Calif., Varian Assoc., Instrum. Div.) D. JÖRCHEL. 121

Seymour P. Keller, *Anregung von Sm-Zentren in SrS-Phosphoren zur Infrarot-emission.* Frühere Unterss. der beiden Leuchtstoffsysteme SrS,Ce,Sm u. SrS,Eu,Sm haben ergeben, daß 2 Energieniveaus innerhalb der verbotenen Zone dem Sm zuzuordnen sind. Unter gewissen Bedingungen erwartet man, daß ein Übergang zwischen diesen beiden Niveaus desselben Zentrums eine IR-Emission ergeben würde. Diese Emission, die bei Zimmertemp. nicht beobachtet wurde, konnte jedoch kürzlich bei 77° K unter den dynam. Bedingungen einer gleichzeitigen Bestrahlung mit UV u. sichtbarem Licht erhalten werden. Es wird eine Beziehung zwischen der beobachteten Emission u. der früher vorgeschlagenen vereinfachten Theorie des Bändermodells angegeben. (Physic. Rev. [2] **113.** 1415—16. 15/3. 1959. Poughkeepsie, N. Y., IBM Corp., Res. Labor.) W. Kernchen. 125

A. Halperin und **H. Arbell,** *Emissionsspektren und Temperaturabhängigkeit der Luminescenz von ZnS-Einkristallen.* Die Luminescenz (L) von *ZnSCl-* u. *ZnSCuCl-*Einkristallen wurde im Temperaturbereich 80—500° K bei verschied. Wellenlängen des anregenden Lichtes gemessen. Die Temperaturabhängigkeit der L zeigte Abweichungen von dem in der Literatur bekannten Verlauf bei pulverförmigen Phosphoren. Die Emissionsspektren wurden für grüne u. blaue L-Banden erhalten. Sie erwiesen sich als eine Anhäufung kleiner Banden, die sich bei der Temperaturänderung nicht verschoben. Die relative Intensität der Banden in der Nähe der Absorptionskante des Kristalls wechselte jedoch mit der Temp. u. zwar infolge Verschiebung des L-Maximums in diesem Wellenlängengebiet. (Physic. Rev. [2] **113.** 1216—21. 1/3. 1959. Jerusalem, Hebrew Univ., Dep. of Phys.) W. Kernchen. 125

A_3. Elektrizität. Magnetismus. Elektrochemie.

J. S. Bell, *Mehrkörperproblem mit Einkörperkräften.* Bei der Behandlung von Mehrfermionen-Problemen mit Zweikörperkräften treten mit der Wechselwrkg. zweier Teilchen nahe der Fermi-Fläche zusammenhängende Singularitäten auf, deren physikal. Bedeutung zweifelhaft ist. Daß es sich tatsächlich um rein mathemat. Effekte infolge Verwendung unzweckmäßiger Näherungsfolgen handeln kann, wird am einfachen Problem des Grundzustandes eines Fermi-Gases mit einem eingebetteten Einteilchen-streuzentrum, das auf Grund seiner geringen Stärke keine gebundenen Zustände haben soll, veranschaulicht. Während die exakte Lösung zeigt, daß die Einteilchenwellenfunktion keine Besonderheiten nahe der Fermi-Fläche aufweist, liefert die Störungsrechnung auf Grund gewisser Terme höherer Ordnung eine Singularität. (Proc. physic. Soc. **73.** 118—19. 1/1. 1959. Harwell, Berks., AERE.) D. Jörchel. 130

H. B. Gilbody und **J. B. Hasted,** *Massenabhängigkeit unelastischer atomarer Stöße.* An Hand vorliegender experimenteller Daten über Querschnitte für unelast. Stöße werden 3 Typen von Rkk. diskutiert, die sich nicht nach der adiabat. Theorie behandeln lassen, weil ihre Querschnitte weder klein sind, wenn $\Delta E \sqrt{m_1}$ groß ist (ΔE = Energiedefekt des Prozesses, m_1 = M. des auftreffenden Ions), noch die typ. Energieabhängigkeit zeigen: I. $X^- + Y \rightarrow X + e + Y - \Delta E$; II. $X^+ + Y \rightarrow X^+ + Y^+ + e - \Delta E$ u. III. $X + Y \rightarrow X^+ + Y + e - \Delta E$. Der maximale Wert Q_m der bisher bekannten I-Querschnitte (der bei F^-, Cl^-, Br^- u. J^- in H_2, He, Ne, Ar, Kr u. Xe bei ca. 1800 eV liegt) ist für schwere einfallende Ionen proportional $\varrho = m_2/(m_1 + m_2)$, ($m_2$ = M. des gestoßenen Ions). Die Steigung der Q_m–ϱ-Geraden ist proportional m_1. Eine ähnliche Beziehung gilt für die II-Querschnitte, wenn man mangels bekannter Q_m (die unter 40 keV noch nicht erreicht wurden) Querschnitte bei der willkürlichen Energie von 10 keV betrachtet. Nichtlinearitäten treten für $m_1 \leqslant 4$ u. für die III-Querschnitte auf. (Proc. physic. Soc. **72.** 293—96. 1/8. 1958. London, Univ. Coll.) D. Jörchel. 131

V. M. Martin, M. J. Seaton und **J. B. G. Wallace,** *Über die Verwendung der adiabatischen Theorie bei Berechnungen der Elektron–Atom-Stöße.* Die adiabat. Theorie berücksichtigt die Störung des Atoms beim Elektronenstoß, indem sie das stoßende Elektron als eine feste Punktladung behandelt. Im Grenzfall großer Abstände sind die berechneten Wellenfunktionen exakt, wie an Hand numer. Ergebnisse für die s- u. p-Phasen bei Elektron–H-Stößen gezeigt wird. Die Störungseffekte des Atoms werden jedoch für Abstände von der Größenordnung einer atomaren Einheit überschätzt, bes. stark kann der Fehler für die s-Welle werden. (Proc. physic. Soc. **72.** 701—09. 1/11. 1958. London, Univ. Coll., Dep. of Phys.) D. Jörchel. 131

Michel Cloupeau, *Untersuchung der Stoßwellen in Entladungslampen.* In Fortsetzung früherer Unterss. (vgl. C. **1958.** 321) untersuchte Vf. mit Hilfe eines rotierenden Spiegels die kondensierten Entladungen einer mit Xe unter einem Druck von 10 mm Hg gefüllten Entladungsröhre. (C. R. hebd. Séances Acad. Sci. **244.** 2033—36. 8/4. 1957.) C. Gottfried. 131

A. Dalgarno und **A. Williams,** *Die zweite Näherung zur Ionenbeweglichkeit in Gasen.* Der in der Theorie von CHAPMAN u. ENSKOG (vgl. KIHARA, C. **1955.** 7148) im Ausdruck für die Diffusionskonstante D bei der Bewegung eines Ions der M. M_1 in einem Gase aus Teilchen der M. M_2 auftretende kleine Korrekturterm ε_0 wurde als Funktion der Stoßintegrale für den allg. Fall eines zu R^{-n} proportionalen Wechselwirkungspotentials exakt, für die Fälle Li^+ in He u. He^+ in He näherungsweise berechnet. Für Li^+ in He liegt ε_0 unterhalb 600° K unter 0,2%, dürfte jedoch bei sehr hohen Tempp. auf ca. 1% ansteigen. Die Korrekturen haben die gleiche Größenordnung wie die für die Diffusionskoeffizienten neutraler Atome. Für He^+ in He liegen die ε_0-Werte höher, dürften jedoch selbst bei höchsten Tempp. nicht 1,7% übersteigen. (Proc. physic. Soc. **72.** 274—76. 1/8. 1958. Belfast, Queen's Univ., Dep. of Appl. Mathem.) D. JÖRCHEL. 131

Leonard B. Loeb, *Die Bedeutung der Aufbauzeit bei Durchschlägen in Gasen.* Die Unters. von Aufbauzeiten bei Gasdurchschlägen wird für zwei Entladungsarten analysiert. 1) Die Zündspannung, bestimmt durch die TOWNSEND-Beziehung, in vielen Fällen schwer zu finden. Sie zeigt in ihrem zeitlichen Verlauf den gesicherten atomphysikal. Mechanismus. 2) Die funkenähnlichen Durchschläge mit negativer Widerstandscharakteristik bedingt durch die Veränderungen des Gases, der Elektroden oder der Raumladungsanordnung von unbestimmbarem Charakter. Auf dieser Grundlage werden die bekannten Durchschlagserscheinungen hinsichtlich ihrer Brauchbarkeit für Aufbauzeitunterss. zusammengestellt. Es wird weiter gezeigt, daß im Gegensatz zu Aufbauzeitunterss. die schnelle oscillograph. Analyse von Durchschlägen, mit deren Hilfe Strom, Potential u. Leuchterscheinungen in Abhängigkeit von Entladungsraum u. Zeit ermittelt werden, von großem Wert sein kann. Die Gebiete, die diese Untersuchungsmeth. erfordern, werden aufgezeigt. (Physic. Rev. [2] **113.** 7—12. 1/1. 1959. Berkeley, Calif., Univ. of California, Dep. of Phys.) G. LEHMPFUHL. 131

H. Wroe, *Die magnetische Stabilisierung von Niederdruckgleichstrombögen.* Vf. untersuchte sich selbst erhaltende Gleichstrombogenentladungen zwischen festen Metallelektroden bei Drücken bis zu 10^{-4} mm Hg u. entwickelte u. beschreibt eine magnet. Stabilisierung der Entladung, die eine deutliche Zusammenhaltung der positiven Säule verursachte; verwendet wurde ein axiales magnet. Feld von wenigstens 500 Gauß. (Brit. J. appl. Physics **9.** 488—91. Dez. 1958. Manchester, Metropolitan-Vickers Electrical Co. Ltd.) C. GOTTFRIED. 131

H. Fröhlich, *Debye-Verluste in Ionenkristallen.* Die in einigen Ionenkristallen beobachteten dielektr. Verluste des DEBYE-Typs sind mit dem Vorhandensein von Elektronen verknüpft, die an bestimmte Fehlstellen gebunden sind. Vf. zeigt, daß man nur dann eine vernünftige Größenordnung der Aktivierungsenergien (u. damit der Relaxationszeiten) erhält, wenn man das Kristallgitter in der Umgebung der Fehlstelle nicht als starr behandelt, sondern dessen Deformationen durch das Elektron u. durch die Nullpunktsschwingungen mit berücksichtigt. (Arch. des Sci., Sonderh. **10(162).** 5—6. 1957.) W. MAIER. 132

J. Barriol, *Bemerkung über die statistische Bedeutung der Formel von Fröhlich.* Die grundlegende Formel von FRÖHLICH verknüpft die DK einer Substanz mit dem Schwankungsquadrat $\overline{M^2}$ des elektr. Moments eines makroskop. Bereichs. Vf. berechnet $\overline{M^2}$ für den Spezialfall eines Ionenkristalls unter Berücksichtigung der Polarisierbarkeit der Ionen. (Arch. des Sci., Sonderh. **10(162).** 7—9. 1957.) W. MAIER. 132

F. Bruin, *Einfache Approximation einer dielektrischen Relaxationskurve.* Vf. betrachtet den allg. Fall einer komplexen Relaxationszeit τ u. zeigt, daß man mit der Transformation $z = (1 - w)/(1 + w)$, $w = j\omega\tau$, eine Darst. erhält, die sowohl den DEBYE-Halbkreis wie auch den COLE-Kreis als Sonderfälle mit enthält. (Arch. des Sci., Sonderh. **10(162).** 10—11. 1957.) W. MAIER. 132

J. S. Dryden, *Neue Arbeiten über die dielektrischen Absorptionseigenschaften bestimmter Festkörper.* (Vgl. C. **1959.** 12451.) Die durch zweiwertig-positive Fremdionen in Alkalihalogenidkristallen hervorgerufenen dielektr. Verluste erzeugen $(\varepsilon_0 - \varepsilon_\infty)$-Werte von der Größenordnung 0,025, während sich bei den nicht-stöchiometr. Bariumtitanaten infolge der extrem großen Fehlstellendichte Werte bis zu $\varepsilon_0 - \varepsilon_\infty = 45$ ergeben. Die krit. Frequenzen liegen hier in der Gegend von 5 MHz, die Aktivierungsenergie beträgt 0,17 eV. (Arch. des Sci., Sonderh. **10(162).** 12—13. 1957.) W. MAIER. 132

J. Meinnel und **R. Clinet,** *Untersuchung der Änderungen der dielektrischen Eigenschaften in Ionenkristallen bei einem Ordnungs-Unordnungs-Übergang.* Vff. berichten über Messungen von ε' bei 1 MHz an NH_4Cl, NH_4Br, NH_4J, $AgNO_3$, $NaNO_3$, KNO_3, $TlNO_3$, $RbNO_3$ u. $CsNO_3$ über einen größeren Temp.-Bereich. In allen Fällen ergab sich eine starke Zunahme der DK beim Übergang Ordnung → Unordnung. Die mit fallender Temp. aufgenommenen Kurven differieren erheblich von den mit steigender Temp. gewonnenen. Die Unterschiede hängen bei den Ammoniumhalogeniden stark vom Trocknungszustand ab. Bei KNO_3 u. $TlNO_3$ scheinen Zwischenphasen zu existieren. (Arch. des Sci., Sonderh. **10(162).** 14—17. 1957.) W. MAIER. 132

Jean Meinnel und **Fernand Trigolet,** *Einfluß physikalischer und chemischer Faktoren auf die dielektrischen Eigenschaften des hexagonalen Selens.* Vff. haben ε'' bei Tempp. von 80 bis 420° K u. Frequenzen von 100 Hz bis 3 MHz an hochgereinigtem u. an Tl-dotiertem Se gemessen. Während das reine glasige Se zwischen 80 u. 320° K keine Absorption zeigt ($\varepsilon'' < 10^{-4}$), weist das krist. Se eine starke Absorption ($\varepsilon'' \approx 0{,}5$) auf, deren zugehörige Aktivierungsenergie je nach der Kristallisationstemp. bei 0,15 eV (483° K) oder 0,25 — 0,30 eV (363° K) liegt. Strahlung von 0,5 bis 1,4 μ Wellenlänge ruft eine Verschiebung des ε''-Maximums nach höheren Frequenzen hervor. Längerwellige Strahlung ist unwirksam. Die Frequenzverschiebung ist eine lineare Funktion des log der eingestrahlten Leistung. (Arch. des Sci., Sonderh. **10(162).** 30—33. 1957.) W. MAIER. 132

A. Dalgarno, *Die Polarisation heliumähnlicher Atome.* In der Literatur angegebene, nach verschied. Verfahren berechnete Werte der Dipol- u. Quadrupolpolarisierbarkeiten des *He*, *Li*⁺ u. *Be*²⁺ werden mit Ergebnissen nach der von STERNHEIMER (C. **1955.** 10921) verwendeten Näherungsmeth. verglichen. Die Fehler dieser Meth. sind nur gering. Ferner werden die numer. Werte $V(r)/(-\alpha/r^4)$ (α = Dipolpolarisierbarkeit) für r = 0 bis 10, ebenfalls für He, Li^+ u. Be^{2+}, mitgeteilt, die nach der exakt gelösten, in erster Ordnung gestörten Gleichung (C. **1959.** 12751) für ein 1s-Elektron-Atom beliebiger Ladung ohne Entw. des Wechselwirkungspotentials V(r) berechnet wurden. Mit Ausnahme bei kleinen r, wo andere als Polarisationseffekte wirksam werden, führt diese Dipolnäherung auf einen Fehler von höchstens 15%. (Proc. physic. Soc. **72.** 889—91. 1/11. 1958. Belfast, Queen's Univ., Dep. of Appl. Mathem.) D. JÖRCHEL. 132

W. M. Kasakowa und **Ja. K. Ssyrkin,** *Dielektrische Polarisation der Molekularverbindungen von Jod und Brom.* Untersucht wurde die dielektr. Polarisation der nachstehenden Verbb. mit J_2 bzw. Br_2 als Acceptor u. Bzl. als Lösungsm.: *γ-Picolin, Chinolin, Acridin, Pyridin, Azobenzol, Zimtsäure, Diäthyläther, Thiophen, Triäthylamin* (nur mit J_2), *Antipyrin* (nur mit J_2), *o-Hydroxychinolin* (nur mit J_2) u. *Naphthalin,* außerdem das Syst. *Anilin + Nitrobenzol* in Benzol. Auf Grund der Abweichungen der Versuchswerte der Polarisation von den additiven werden Schlußfolgerungen über die Wechselwrkg. zwischen den Komponenten gezogen. Verschiedentlich wird die Bldg. von beständigen Molekülverbb. hoher Polarität durch die Donator-Acceptorbindung festgestellt. Bei der Rk. mit den N-haltigen Verbb. ist Br_2 der stärkere Acceptor, bei der Rk. mit den aromat. KW-stoffen dagegen J_2. Die die Donatoreigg. der untersuchten Basen charakterisierende Reihe deckt sich nicht mit der Reihe der Basizität. (Известия Академии Наук СССР, Отделение Химических Наук [Nachr. Akad. Wiss. UdSSR, Abt. chem. Wiss.] **1958.** 673—78. Juni. Lomonossow-Inst. für chem. Feintechnol.) O. LEBTAG. 132

L. Heroux, *Dielektrische Relaxationsspektren von Lithiumborosilicatgläsern.* An 5 Lithiumborosilicatgläsern wurden die dielektr. Relaxationsspektren in dem Frequenzbereich von 0,01 Hz bis 500 KHz u. Tempp. zwischen 25 u. 350° untersucht. Die Zuss. der Gläser lagen zwischen 69,3 u. 64,2 Gew.-% SiO_2, 28,2 u. 25,6 B_2O_3 u. 1,2 u. 8,9 Li_2O. Es wurde gefunden, daß für eine gegebene Temp. die DK. monoton mit zunehmender Frequenz von einem Wert niedriger Frequenz K_s bis zu einem Hochfrequenzgrenzwert K_∞ abnimmt. Über den gleichen Frequenzbereich zeigt der Verlustfaktor ein Absorptionsmaximum. Für alle Proben nahmen die totale Dispersion in der DK. (K_s–K_∞) u. der Verlustfaktor mit zunehmender Li-Konz. zu. Die mittlere Relaxationsfrequenz, die an dem Maximum des Verlustfaktors u. an der Mitte der Dispersion in der DK. liegt, nimmt mit der Temp. zu. Für Proben mit niedrigem Li_2O-Geh. ist die Höhe des Maximums des Verlustfaktors temperaturabhängig, für die anderen Proben dagegen nicht. Die Aktivierungsenergien, die mit der mittleren Relaxationsfrequenz des Li-Ions u. mit der Gleichstromleitfähigkeit des Li-Ions in Zusammenhang stehen, sind mit der Temp. konstant; ihr Unterschied für jede Probe scheint auf die Verteilung der Aktivierungsenergien in der Probe hinzuweisen. Die experimentellen Ergebnisse zeigten, daß eine von WAGNER (Ann. Physik **40.** [1913.] 817) vorgeschlagene analyt. Funktion die Verteilung der Relaxationszeiten, die mit dem Li-Ionenrelaxationsprozeß in dem Glasnetzwerk in Zusammenhang stehen, gut wiedergibt. Die Verteilung ist auf eine Streuung in den Aktivierungsenergien für niedrige Li-Konzz. u. eine Streuung in der Schwingungsperiode der Li-Ionen um ihre Gleichgewichtslagen bei höheren Li-Konzz. zurückzuführen. (J. appl. Physics **29.** 1639—45. Dez. 1958. Corning, N. Y., Corning Glass Works.) C. Gottfried. 132

M. A. Melnikow, *Untersuchung des Impulsdurchschlages bei einigen Polymeren und Glimmer.* Bei den Verss. wurden techn. *Polystyrol, Styroflex* (Polystyrolfilm), *Fluoroplast-4* (Film u. Blatt) *organ. Glas* u. *Muskovitglimmer* bei einer Spannungsdauer von $5 \cdot 10^{-9}$ bis 10^{-6} Sek. Impulsdurchschlägen unterworfen. Die Streuung der Festigkeitswerte (gegenüber einem Mittelwert) war bei allen Spannungsdauern annähernd die gleiche u. unabhängig von der Spannungsdauer. Die Filmpräpp. wiesen eine höhere Festigkeit auf als die Blattpräpp., jedoch war bei $5 \cdot 10^{-9}$ Sek. Spannungsdauer keine Abhängigkeit der Festigkeit bei Fluoroplast-4 von der Dicke (40—120 μ) zu beobachten. Je höher die Spannung, um so geringer war die Verzögerung des Durchschlages, der als Zerreißung des Dielektrikums durch Stoß-Ionisation gedeutet wird. Formeln, Kurvenbilder u. Tabellen belegen die Ausführungen. Rand- u. Oberflächen-Entladungen traten nicht auf. (Электричество [Elektrizität] **1959.** Nr. 2. 64—66. Febr.) A. v. Wilpert. 132

Flore Lasbleis, André Le Traon und **Pierre Sauvaget,** *Dipolabsorption und Phasenumwandlungen von Titanaten und Zirkonaten.* Vff. haben ε' u. ε'' im Temp.-Bereich von 4 bis 250° K bei Frequenzen von 100 Hz bis 1 MHz an den *Titanaten* von *Ba, Sr, Ca, Mg* u. *Pb* sowie an $PbZrO_3$ u. $BaSnO_3$ gemessen. In der ferroelektr. Tieftemp.-Phase (zwischen 4 u. 60° K) der Titanate tritt ein ausgeprägtes Verlustmaximum auf, während ein solches bei dem antiferroelektr. $PbZrO_3$ u. dem nicht-ferroelektr. $BaSnO_3$ nicht zu beobachten ist. Die Temp.-Abhängigkeit von ε'' entspricht derjenigen der ferroelektr. Hysterese. Die aus den Frequenzen der ε''-Maxima errechneten Aktivierungsenergien sind von der Größenordnung 10^{-3} bis 10^{-2} eV. Sämtliche Substanzen zeigen einen zweiten Absorptionsbereich zwischen 100 u. 250° K, der Gitterfehlern zugeschrieben wird, mit einer Aktivierungsenergie von ca. 0,63 eV bei $BaTiO_3$, $CaTiO_3$ u. $PbTiO_3$, sowie $BaSnO_3$. (Arch. des Sci., Sonderh. **10(162).** 21—25. 1957.) W. Maier. 132

M. Prutton, *Der Prozeß der Polarisationsumkehr in ferroelektrischen Einkristallen.* Vf. weist zunächst auf einige Unverträglichkeiten zwischen den theoret. Vorstellungen verschied. Autoren über den Mechanismus der Umpolarisierung u. der Keimbldg. in ferroelektr. Einkristallen u. experimentellen Beobachtungen hin u. erörtert dann die Möglichkeit, daß für die Entstehung kleiner Umpolarisierungskeime dünne Oberflächenschichten verantwortlich sein könnten. Elektronen- u. Ionenleiter zeigen nämlich Oberflächenbereiche mit Dicken von ca. 10^{-6} cm, in denen wegen der Ggw. Tammscher Energieniveaus oder Schottkyscher oder Frenkelscher Gitterstörungen hohe Feldstärken der Größenordnung 10^5 V/cm vorherrschen. (Proc. physic. Soc. **72.** 307—08. 1/8. 1958. London, Birkbeck Coll., Dep. of Numer. Automat.) D. Jörchel. 133

John W. Taylor und **Paul L. Hartman,** *Photoelektrische Effekte an gewissen Alkalihalogeniden im Vakuum-Ultraviolett.* Eine ausgedehnte Suche nach einer inneren Photoleitfähigkeit bei *NaCl, KCl, KJ* u. *LiF* als Folge einer Absorption von Licht einer Wellenlänge, die kleiner ist als die der Grundgitterabsorptionskante, hat negative Ergebnisse ergeben. Die benutzten Photonenenergien reichten von 6 eV bis 21 eV. Rechnungen auf Grund von Strommessungen beim äußeren photoelektr. Effekt ergaben eine sehr geringe Quantenausbeute von 10^{-8} Elektronen pro einfallendes Photon. Messungen der Quantenausbeuten für äußere Photoemission an einigen der Kristalle unterstützten die Behauptung von Phillip u. Taft (Physics Chem. Solids **1.** [1956.] 159), daß die Valenzbänder von *CsJ* u. KJ 6,0 bzw. 7,2 eV unter dem Vakuumpotential liegen. Für NaCl und KCl ergab sich der Wert $8{,}3 \pm 0{,}1$ eV, für LiF ungefähr 13 eV. Die Energieverteilungskurven der aus NaCl u. KCl befreiten Photoelektronen (Photonenenergie 10 bis 21 eV) weisen einen ähnlichen Verlauf auf wie die von Cs_3Sb bekannten u. zeigen, daß Photoelektronen mit zur Ionisierung von Valenzelektronen nicht ausreichender Energie nur verhältnismäßig wenig Energie bei ihrer Befreiung verlieren. (Physic. Rev. [2] **113.** 1421—35. 15/3. 1959. Ithaca, N. Y., Cornell Univ., Phys. Dep.) W. Kernchen. 134

M. Schtenbek und **P. I. Baranski,** *Untersuchung des Peltier-Effektes und der thermoelektromotorischen Kräfte bei Germanium.* Vgl. auch C. **1958.** 13960. (Известия Академии Наук СССР, Серия Физическая [Nachr. Akad. Wiss. UdSSR, physik. Ser.] **20.** 1491—93. Dez. 1956. Akad. der Wiss. der UkrainSSR, Physik. Inst. — C. **1957.** 8421.) R. K. Müller. 134

J. A. Champion, *Die gitteremittierenden Eigenschaften von Titan.* Vf. verglich die Emission dünner Ba- u. BaO-Filme auf Ti mit der gleicher Filme auf W. In dem untersuchten Temperaturbereich von 700—1000° war die Emission von Ba u. BaO auf Ti sehr viel geringer als auf W. Oberhalb 900° wird die Emission einer benachbarten Oxydkathode durch die Verdampfung von Ti vergiftet, zwischen 700 u. 900° jedoch besitzt

Ti gute Unterdrückungseigg. der Gitteremission. (Brit. J. appl. Physics **9.** 491. Dez. 1958. Wembley, General Electric Co. Ltd., Res. Labor.) C. GOTTFRIED. 134

A. B. McFarlane, *Die Bewegung des zweiten Crossover-Potentials von Isolatoren.* In der Kurve des Sekundäremissionskoeff. δ von Metallen u. Isolatoren als Funktion der prim. Elektronenenergie V_s gibt es zwei Punkte, in denen $\delta = 1$ ist, das erste u. zweite Crossover-Potential. In einer Kathodenstrahlröhre, wo der Luminescenz-Schirm ein Isolator ist, zeigt diese Kurve $\delta = f(V_s)$ das höchste Potential an, auf welches der Schirm gebracht werden kann, sie liegt bei oder nahe beim zweiten Crossover. Es werden Wege angegeben, wie der Schirm behandelt werden kann, damit die Helligkeit des Schirmes u. die Höhe der anlegbaren Spannung nicht vom Crossover-Effekt begrenzt werden. (Brit. J. appl. Physics **8.** 248—52. Juni 1957. High Wycombe, Bucks., Electron. Tubes.) D. HAHN. 134

Venanzio Andresciani und **Giancarlo della Pergola,** *Experimentelle Bestimmung der mittleren Lebensdauer der Minoritätsträger in Halbleitern.* Zur Messung der mittleren Lebensdauer τ der Minoritätsträger in einem Halbleiterkristall wird ein kontinuierliches konstantes Potential zwischen den Enden der Probe (Parallelepiped) verwendet. Das Bild der Oberfläche wird durch einen Spalt senkrecht zur Längsachse beleuchtet, der Widerstand mit WHEATSTONEscher Brücke als Funktion der Lage der beleuchteten Zone gemessen. Aus einer Kurve wird τ graph. ermittelt. Die Meth. ist bes. für techn. Messungen brauchbar. (Ricerca sci. **27.** 2663—73. Sept. 1957. Roma, Ist. sup. Poste Telecom. Fondaz. Ugo Bordoni.) G. PLATZER. 135

M. A. Lampert und **A. Rose,** *Das Durchgangsverhalten des ohmschen Kontaktes.* Unter bestimmten Bedingungen kann bei einem Festkörper die Reaktionszeit für Stromdurchgänge besser aus den Eigg. des injizierenden Kontaktes als aus denen des Grundmaterials bestimmt werden. Dabei handelt es sich um die Zeit, die zur Wiederherstellung der Raumladungsschicht am Kontakt benötigt wird, von der der neue stationäre Strom ausgeht. Der krit. Parameter zur Best. der Reaktionszeit des Kontaktes ist der Gesamtbetrag der überschüssigen Ladung innerhalb einer DEBYE-Länge des Potentialminimums der Raumladungsschicht. Sowohl getrapte wie auch freie Überschußladungen müssen bei der Berechnung der DEBYE-Länge berücksichtigt werden. Das Produkt der Verstärkung (G) u. der Bandbreite $(1/\tau_0)$ eines Photoleiters, dessen Reaktionszeit kontaktbestimmend ist, wird erhalten u. in der Form $G/\tau_0 = M/\tau_r$ ausgedrückt, wobei τ_r die dielektr. Relaxationszeit unter Arbeitsbedingungen u. M ein Materialfaktor des die Reaktionszeit bestimmenden Kontaktes ist. (Physic. Rev. [2] **113.** 1236—39. 1/3. 1959. Princeton, N. J., RCA Labors.) W. KERNCHEN. 135

W. A. Tschujenkow, *Verhalten von Valenzkristallen vom Germaniumtyp in starkem elektrischem Feld.* Mathemat. Betrachtung der Energie des Leitfähigkeitselektrons des Ge-Kristalls in schwachem, mittlerem u. starkem elektr. Feld. — Der Vgl. der berechneten Größen bei Ge u. Si (E_1, E_2, V, m*) zeigt gute Übereinstimmung mit prakt. ermittelten Werten. (Известия Академии Наук СССР, Серия Физическая [Nachr. Akad. Wiss. UdSSR, physik. Ser.] **22.** 363—68. April 1958. Moskau, Akad. der Wiss. der UdSSR, Lebedew-Inst. für Physik.) H. TŮMA. 135

H. E. Spencer, *Der Einfluß der Dicke dünner Bleisulfidschichten auf die spektrale Quantenausbeute der Photoleitfähigkeit.* Die spektrale Abhängigkeit der Quantenausbeute von *PbS*-Schichten verschied. Stärke wurde zwischen 1,6 μ u. 3,1 μ gemessen. Der Einfl. der Reflexion der durch die Zelle hindurchgelassenen Strahlung an der Rückwand wurde quantitativ untersucht. Die Anteile des reflektierten u. hindurchgelassenen Lichtes wurden ebenfalls gemessen. Es wurde gefunden, daß die Ausbeute pro absorbiertes Quant unabhängig von der Wellenlänge ist. Einfache Deutungen der Absorption gelten nicht für diese Schichten, vielleicht infolge Streuung der Strahlung auf Grund ihrer mikrokrist. Struktur. (Physic. Rev. [2] **113.** 1417—20. 15/3. 1959. Rochester, N. Y., Eastman Kodak Comp., Navy Ordnance Div.) W. KERNCHEN. 135

Toshiyuki Nishiyama, *Äquivalente Hamilton-Funktion eines Elektronengases bei hoher Dichte.* Im Unterschied zu der von WENTZEL (C. **1958.** 7672) benutzten SAWADAschen Theorie (C. **1957.** 13559), nach der als Wechselwrkg. zwischen Elektronen u. Phononen die BLOCHsche Wechselwrkg. sowie die gegenseitige COULOMB-Wechselwrkg. der Elektronen in expliziter Form angenommen wurde, betrachtet Vf. entweder bei Annahme einer BLOCHschen Wechselwrkg. eine abgeschirmte Form der Elektronenwechselwrkgg. oder aber bei Annahme einer expliziten COULOMB-Wechselwrkg. ein anziehendes COULOMB-Potential zwischen Elektronen u. Ionen. Ferner werden die Dämpfung der Phononen sowie die Änderung der GELL-MANNschen Korrelationsenergie durch die Ionenschwingung erörtert. (Progr. theoret. Physics [Kyoto] **20.** 245—46. Aug. 1958. Osaka, Univ., Dep. of. Phys. [Orig.: engl.]) D. JÖRCHEL. 136

E. H. Sondheimer, *Elektron–Phonon-Gleichgewicht und die Transporterscheinungen in Metallen bei tiefen Temperaturen.* (Vgl. C. **1956.** 7449, 7458.) Vortrag auf der Internat. Konferenz über Electron Transport in Metals and Solids, Ottawa, 10. bis 14. 9. 1956. Vf. behandelt theoret. die Streuung von Phononen an Phononen, an Leitungselektronen u. Punktstörungen sowie an den Korngrenzen u. den äußeren Grenzen der Einkristallproben. Numer. Ergebnisse werden für *Na* mitgeteilt. (Canad. J. Physics **34.** Nr. 12. A. Suppl. 1246—55. Dez. 1956. London, Queen Mary Coll., Dep. of Mathem.) D. JÖRCHEL. 136

J. Korringa, *Über die Widerstandsanomalien in einigen verdünnten Legierungen.* Vortrag auf der Internat. Konferenz über Electron Transport in Metals and Solids, Ottawa, 10.—14/9. 1956. Vf. diskutiert die von GORTER u. SCHMITT auf dieser Konferenz mitgeteilten experimentellen Ergebnisse über die Leitfähigkeit verd. Legierungen von *Mn* in *Cu.* Danach wird die Vermutung, alle beobachteten Eigg. könnten durch einen einfachen Streumechanismus gedeutet werden, nicht bestätigt. (Canad. J. Physics **34.** Nr. 12 A. Suppl. 1290—98. Dez. 1956. Columbus, O., Ohio State Univ., Dep. of Phys.) D. JÖRCHEL. 136

H. Benoit, P. Grivet, L. Guibe und **M. Sauzade,** *Ein Maser mit doppelter Kernresonanz.* Zur Messung u. Stabilisierung von Magnetfeldern mit höchster Genauigkeit wurde eine einfache Maser-Anordnung mit fließendem W als akt. Substanz gebaut. Die Fließgeschwindigkeit durch das Magnetfeld (50 cm/sec) ist so auf dessen Gradienten abgestimmt, daß ein zusätzliches, zum Magnetfeld senkrechtes H-Feld (3 Gauß, 28,7 MHz) zur Spinumkehr nach dem Prinzip des adiabat. raschen Resonanzdurchganges führt. Damit ist ein emissionsfähiger Zustand erreicht, der in einer Detektoranordnung seine Energie als Oscillator bei 29,4 MHz abgibt. (J. Physique Radium **19.** 905—09. Nov. 1958. Fontenay-aux-Roses, Labor. d'Électron. et de Radioélectric.) H. C. WOLF. 137

C. R. Ditchfield und **P. A. Forrester,** *Maserbetrieb in der Gegend von 60° K.* Mit Rubin (0,1% Cr) als akt. Material gelang der Betrieb eines Masers bei 60° K. Die Signalfrequenz lag bei 9290—9520, die Pumpfrequenz bei 23500—24000 MHz. Bei 78° K ließ sich der Übergang noch nicht vollständig sättigen. Als Oscillator leistete die Anordnung 50 μW bei einer Pumpleistung von 50 mW. (Phys. Rev. Letters **1.** 448—49. 15/12. 1958. Great Malvern, Worcs., Royal Radar Establ.) H. C. WOLF. 137

Ludwig Mayer, *Magnetisches Schreiben mit einem Elektronenstrahl.* Vf. zeigt, daß ein magnet. Schreiben mit einem Elektronenstrahl in der Weise prinzipiell möglich ist, daß ein vormagnetisierter dünner ferromagnet. Film durch örtliches u. zeitliches Erwärmen über den CURIE-Punkt ummagnetisiert wird. Durch Ausnutzung der Streuenergie des fokussierten Elektronenstrahls für diese Erwärmung konnten an dünnen MnBi-Schichten scharfe Ummagnetisierungskonturen experimentell verwirklicht werden. Diese Konturen waren dementsprechend durch Magnetisierung auszulöschen. Bei diesen ersten Versuchen konnten Schreibgeschwindigkeiten von $3 \cdot 10^4$ Silben/sec u. Informationsdichten von 10^5 Silben/cm^2 erreicht werden. Sehr viel höhere Schreibgeschwindigkeiten u. auch größere Informationsdichten sind nach Ansicht des Vf. erreichbar. Ferner wird gezeigt, wie die magnet. Schrift mit einem Elektronenspiegel-Mikrograph zweckmäßig zu lesen ist. Auch zur Bildschreibung unbegrenzter Lebensdauer ist die Methode sehr geeignet. (J. appl. Physics **29.** 1454—56. Okt. 1958. Minneapolis, Minn., General Mills, Inc., Mech. Div.) H. FAHLENBRACH. 137

Nguyen-Van-Dang, *Über den Einfluß der Temperatur auf die Reptation unsymmetrischer Hystereseschleifen.* Unter Reptation R_n^A bzw. R_n^B versteht man die Änderung der Magnetisierung bei der Feldstärke H_A bzw. H_B, wenn eine unsymmetr. zum B=H=O-Punkt zwischen H_A u. H_B verlaufende Hystereseschleife beim n-maligen Durchlaufen wieder zur Ausgangsfeldstärke zurückkehrt. Eine solche Reptation wird bei Tempp. von 290, 77 u. 20° K bei Stahl u. Weicheisen untersucht. Dabei wird gefunden, daß bei allen drei Tempp. das Verh. im Prinzip das gleiche ist u. mit den gleichen Gesetzen beschrieben werden kann. Diese Reptation kann nach einer Theorie von NÉEL durch eine Wechselwrkg. zwischen den Elementarbereichen formal beschrieben werden u. hat nichts mit den therm. Schwankungen zu tun, die bei der Diskussion von Nachwirkungserscheinungen von Bedeutung sind. (C. R. hebd. Séances Acad. Sci. **247.** 56—59. 7/7. 1958. Grenoble, Univ., Labor. d'Électrostat. et de Phys. du Métal.) H. FAHLENBRACH. 137

C. D. Graham jr., *Die Oberflächenenergie einer 90°-Elementarbereichwand bei Eisen.* (Vgl. C. **1958.** 12023.) Für kub. kristallisierende Stoffe mit $K_1 > 0$ (z.B. Fe) wird die relative Oberflächenenergie einer 90°-BLOCH-Wand für alle möglichen Wandorientierungen ausgerechnet. Dabei wird gezeigt, daß beim Durchgang einer Wand durch eine {110}-Ebene die Minimumenergiebetrachtung von einer Rechtshanddrehung der Atommomente zu einer Linkshanddrehung wechselt. Dieses führt zu einem scharfen Anstieg der Energie in Abhängigkeit vom Orientierungswinkel. Die Betrachtungen werden auf Fe-Whiskers angewandt, bei denen man damit eine stabile Wandstellung vorhersagen kann. Es wird gezeigt, daß diese Vorhersage in befriedigender Übereinstimmung mit der Erfahrung ist. (J. appl. Physics **29.** 1451—53. Okt. 1958. Schenectady, N. Y., Gen. Electr. Res. Labor.) H. FAHLENBRACH. 137

D. E. O'Reilly, *Erratum: Paramagnetische Resonanz von Vanadylätioporphyrin I.* Erratum zur C. **1959.** 6034 referierten Arbeit. (J. chem. Physics **30.** 591. Febr. 1959.) D. JÖRCHEL. 137

G. W. Series und **M. J. Taylor,** *Optisches Pumpen paramagnetischer Ionen in Festkörpern.* Verss. zur Ausriehtung von Atomen oder Ionen in Festkörpern durch opt. Pumpen setzen eine lange Relaxationszeit u. eine große Oscillatorenstärke voraus. Es werden einige Systeme diskutiert, bei denen opt. Pumpen Erfolg haben könnte, so Eu^{2+} im $^8S_{7/2}$-Zustand u. Mn^{2+} im $^6S_5/_2$-Zustand. (J. Physique Radium **19.** 901—04. Nov. 1958. Oxford, Clarendon Labor.) H. C. WOLF. 137

D. F. Evans, *Die Bestimmung der paramagnetischen Susceptibilität gelöster Substanzen durch kernmagnetische Resonanz.* Die durch die Anwesenheit paramagnet. Substanzen verursachte Verschiebung der Protonenresonanzlinien inerter Bezugs-Moll. wird durch den theoret. Ausdruck $\Delta H/H = (2\pi/3) \cdot \Delta_K$ (Δ_K = Änderung der Volumensusceptibilität) exakt wiedergegeben. Als geeignete Bezugssubstanz läßt sich *tert. Butylalkohol* (**I**) verwenden, der der wss. Lsg. des paramagnet. Stoffes zu 2% zugesetzt wird. Das Protonenresonanz-Spektr. dieser Lsg. wird mit dem einer 2%ig. wss. **I**-Lsg. verglichen. Die Susceptibilitätsänderung der gelösten Substanz durch den **I**-Zusatz ist zu vernachlässigen. Auf diese Weise gemessene Susceptibilitätswerte von $NiCl_2$, $CuSO_4$, $K_3[Fe(CN)_6]$, $NH_4[Cr(CNS)_4(NH_3)_2]$ u. *Diphenylpikrylhydrazyl* stimmen mit den Literaturdaten gut überein. Zur Unters. einer verd. Lsg. sind weniger als 0,03 ml erforderlich. Anstelle von **I** sind auch *Aceton, Dioxan* oder (für nichtwss. Lsgg.) *Cyclohexan* oder *Tetramethylsilan* verwendbar. (J. chem. Soc. [London] **1959.** 2003—05. Juni. London, Imp. Coll., Inorg. Chem. Res. Labors.) H.-J. OSTMANN. 137

B. N. Figgis und **C. M. Harris,** *Magnetochemie.* 3. Mitt. *Kupfer(II)-Verbindungen.* (2. vgl. C. **1959.** 10801.) Vff. messen die Temp.-Abhängigkeit der magnet. Susceptibilität folgender Cu(II)-Verbb. im Bereich von 80—300° K (in Klammern die magnet. Momente μ_{eff} bei 90 u. 300° K in BOHRschen Magnetonen): $Cu(o\text{-}Phenanthrolin)_3(ClO_4)_2$ (1,96, 1,91) $Cu(Dipyridyl)_3(ClO_4)_2$ (1,91 1,96), $CsCuCl_3$ (1,93, 1,95), $Cu(o\text{-}Phenanthrolin)_2 \cdot BrClO_4$ (1,68, 1,72), $Cu(o\text{-}Phenanthrolin)_2Br_2$ (1,74, 1,75), $Cu(Acetylacton)_2$ (1,89, 1,90), $Cu(Dimethylglyoxim)Cl_2$ (1,84, 1,85), $Cu(o\text{-}Phenanthrolin)_2(ClO_4)_2$ (1,94, 1,89), Cs_2CuCl_4 (1,99, 2,00). Die Werte der WEISS-Konstanten Θ sind durchweg gering u. betragen in keinem Falle mehr als 9°. Das magnet. Moment von Cs_2CuCl_4 (einzige Verb. mit tetraedr. Ligandenanordnung um das Cu) unterscheidet sich von denen der Verbb. mit oktaedr. oder ebener Anordnung nur unwesentlich; das CURIE-Gesetz wird gut befolgt (mit $\Theta = 1°$). Vff. halten die von RAY u. SEN (J. Indian chem. Soc. **25.** [1948.] 473) angegebene Zuordnung einer tetraedr. Stereochemie für eine Reihe von Cu(II)-Verbb. für wahrscheinlich nicht gerechtfertigt, da die magnet. Eigg. der untersuchten Komplexe mit einer oktaedr. oder deformierten oktaedr. Ligandenanordnung im Einklang stehen u. das CURIE-Gesetz auch bei annähernd tetraedr. Struktur gut erfüllt wird. Die Richtigkeit vieler der hohen Θ-Werte von RAY u. SEN wird angezweifelt. Aus dem Verlauf der magnet. Susceptibilitäten bei höheren Tempp. wird auf das Vorliegen eines temperaturunabhängigen Paramagnetismus der für $K_2Cu(SO_4)_2 \cdot 6H_2O$ u. $CuSO_4 \cdot 5H_2O$ bekannten Art bei den meisten der untersuchten Verbb. geschlossen. (J. chem. [London] **1959.** 855—60. März. London, Univ. Coll., William Ramsay and Ralph Forster Labors.; New South Wales, Univ. of Sydney.) H.-J. OSTMANN. 137

L. L. Dekabrun und **A. P. Purmal,** *Indizierung von Radikalen durch die Kernresonanz-Methode.* Die Indizierung der freien Radikale mit der Kernresonanz ist dadurch möglich, daß beim schnellen Durchgang der Nachw. des Protonensignals nur möglich ist, wenn paramagnet. Substanzen zugefügt werden. Beim Fehlen anderer paramagnet. Ionen u. des gelösten Sauerstoffs ist es möglich, geringe Konzz. der freien Radikale dadurch nachzuweisen. Der Effekt wird an H_2O_2 demonstriert. (Доклады Академии Наук СССР [Ber. Akad. Wiss. UdSSR] **116.** 983—85. 21/10. 1957. Moskau, Inst. für chem. Physik der Akad. der Wiss. der UdSSR.) G. SCHOFFA. 137

J. P. Barrat, *Die Breite der magnetischen Resonanzlinien des 6^3P_1-Zustandes von Quecksilber und die mehrfache Diffusion von Photonen mit 2537 Å.* Messungen der Lebensdauer t des 6 $^3P_1$-Zustandes von Hg-Atomen ergaben eine druckabhängige Kohärenzdauer T, größer als t, wobei T = t für sehr kleine Dampfdrucke wird. Dieser Effekt des „Strahlungseinfanges“ bei mehrfacher Diffusion der Photonen im Dampf wird theoret.

untersucht u. mit dem Experiment verglichen. Messungen für verschied. Hg-Isotope u. alle Hyperfeinkomponenten sowie der Form der magnet. Resonanzlinien geben gute Übereinstimmung mit der Theorie. (J. Physique Radium **19.** 858—62. Nov. 1958. Paris, E. N. S., Labor. de Phys.) H. C. WOLF. 137

Ss. I. Kritschmar, *Anordnung zur Messung der elektrischen Leitfähigkeit bei technischer Frequenz ohne Anwendung platinierter Elektroden.* In 2 übereinander angeordneten, durch ein Capillarrohr verbundenen Glaskugeln sind 2 glatte (nicht platinierte) Pt-Elektroden angeordnet. Die Messung erfolgt auf Grund der Phasenverschiebung mittels eines Kathodenoscillographen (Abb. u. Schaltschema). Die Vorr. eignet sich auch zu techn. Zwecken, z. B. zur Best. der Salzverluste in der Düngemittelfabrikation. (Журнал Физической Химии [J. physik. Chem.] **31.** 2361—63. Okt. 1957. Dnepropetrowsk, Univ.) R. K. MÜLLER. 138

B. F. Markow und **L. A. Schumina,** *Über die Konzentrationsabhängigkeit der elektrischen Leitfähigkeit binärer Salzlösungen.* Für die nachstehenden bin. Systeme wurden die experimentellen Werte der elektr. Leitfähigkeit mit den theoret. Werten aus der Gleichung von MARKOW (vgl. C. **1958.** 1209) verglichen: $PbCl_2$-$PbBr_2$; $NaNO_3$-KNO_3; KCl-KJ; $LiCl$-$CdCl_2$; $CdCl_2$-CdJ_2; $LiCl$-KCl; $CaCl_2$-$NaCl$; $AgCl$-$TlCl$; $NaCl$-$MgCl_2$; KCl-$CaCl_2$; KCl-$MgCl_2$; $NaCl$-KCl; $LiNO_3$-$RbNO_3$. Die Abweichungen von den theoret. Werten werden erklärt. In der Regel nehmen die Abweichungen beim Übergang von lückenlosen festen Lsgg. zu den Systemen mit kongruent schmelzenden Verbb. zu. Die einfachsten Schmelzen bilden die Systeme, deren Komponenten feste Lsgg. bilden, wie NaCl-KCl u. $NaNO_3$-KNO_3. In einigen Fällen zeigen die eutekt. Systeme starke Abweichungen, wie LiCl-KCl. Die kongruent schmelzenden Verbb. lassen sich manchmal nach der elektr. Leitfähigkeit nicht nachweisen ($LiNO_3$-$RbNO_3$), manchmal dagegen sehr deutlich, wie KCl-$CaCl_2$. (Журнал Физической Химии [J. physik. Chem.] **31.** 1767—73. Aug. 1957. Kiew, Inst. für allg. u. anorg. Chem. der Akad. der Wiss. der UkrainSSR.) O. LEBTAG. 138

I. A. Mjassnikow, *Untersuchung der Beziehungen zwischen der elektrischen Leitfähigkeit, den Adsorptions- und sensibilisierenden Eigenschaften von Zinkoxyd.* 1. Mitt. *Elektronenerscheinungen in ZnO bei der Adsorption von Sauerstoff.* (2. vgl. C. **1958.** 11461.) Die elektr. Leitfähigkeit σ dünner Filme (10 μ) von ZnO auf Quarz mit Gleich- u. Wechselstrom wird im Vakuum, in O_2-Atmosphäre u. unter den Bedingungen der Dehydrierung u. Oxydation von Isopropylalkohol bestimmt. In O_2 ist σ kleiner als im Vakuum, die Differenz verringert sich aber bei hoher Frequenz. Bei Zunahme des O_2-Drucks von p = 0,001 (mm Hg) auf 1 nimmt σ bei Gleichstrom ab nach $(\sigma/\sigma_0)^2 = k/p$ (Gleichung A, σ_0 in Vakuum, $k = 55 \cdot 10^{-5}$ at bei 620°, $1{,}3 \cdot 10^{-6}$ bei 250°); bei —80° wird σ von O_2 nicht beeinflußt. Für die Abhängigkeit von der Zeit t (Sek.) gilt, außer in den ersten 0,05 Sek., $\sigma_0/\sigma = k_1't + \text{const.}$ (Gleichung B) mit $k_1' = 6 \cdot 35\ sec^{-1}$ bei 412° (zunehmend mit p). Bei der Desorption nimmt σ zu nach $\ln[1-(\sigma/\sigma_0)] = -k_2t + \text{const.}$ (Gleichung C), $k_2 = 0{,}0024\ sec^{-1}$ bei 412°, unabhängig von p; ln k_1 u. ln k_2 sind der absol. Temp. umgekehrt proportional. Gleichung A gilt unter der Annahme, daß die sorbierte O_2-Menge proportional p u. die Konz. des Komplexes $Zn^+O_2^-$ annähernd gleich der Konz. der Zn^+-Ionen vor der Sorption ist; ähnliche Voraussetzungen gelten für Gleichung B u. C. Die Aktivierungsenergie beträgt für die Adsorption 8, für die Desorption 23 kcal, die Reaktionswärme nach Gleichgewichtsdaten 10—12 kcal. Die Chemisorption von O_2 an ZnO wird durch elektrostat. Kräfte bewirkt. (Журнал Физической Химии [J. physik. Chem.] **31.** 1721—31. 1 Tafel. Aug. 1957. Moskau, Phys.-chem. Karpow-Inst.) R. K. MÜLLER. 138

K. C. Mital und **Abani K. Bhattacharya,** *Elektrochemische Untersuchungen an keramischen Tonen.* Gereinigter RAJMAHAL-Ton wurde durch 0,02 n HCl in die H-Form gebracht, säurefrei gewaschen, in Leitfähigkeitswasser suspendiert (5 g je 50 ml), während 8 Std. bis zur Erreichung des konstanten p_H 4,7 geschüttelt u. die Suspension mit 0,01 n NaOH konduktometr. u. potentiometr. titriert. Die potentiometr. Titrationskurve zeigte bei p_H 5,5 u. 6,9 je einen scharfen, bei p_H 8,1 einen schwachen Wendepunkt, die als Schnittpunkte auch in der konduktometr. Kurve erschienen. Den beiden ersten Punkten kommen im Verhältnis 2:1 stehende Basenaustauschkapazitäten von 1,2 bzw. 2,4 Millival NaOH zu, woraus Vff. schließen, daß der untersuchte Ton aus Kaolinit u. dessen Folge-Prodd. besteht. Der dritte Punkt konnte nicht gedeutet werden. (J. prakt. Chem. [4] **9 (281).** 92—96. 1959. Agra, Agra Coll., Chem. Labor.) A. BLASCHETTE. 138

Florent Heitz, *Aktivitätskoeffizient und Aktivitätswinkel von Ionen.* Vf. berechnete den Aktivitätskoeff. f aus der Differenz der freien Energie für die Lsg. des Elektrolyten im idealen u. dissozierten Zustand. Mit der elektrostat. Energie $W_i = -e^2/2Dr$ u. der elektromagnet. Energie $W_j = 1/kT \cdot W_i^2/1 + K\mathring{a}$ wird über die Gleichung $RT \cdot \log f = W_i + W_j$ für den Aktivitätskoeff. in guter Annäherung $f = \cos\omega$ erhalten. Für sehr verd.

Lsgg. ist $\omega = \sqrt{K \cdot e^2/DkT}$; für konzentriertere Lsgg. $\omega = \sqrt{e^2 \cdot K/DKT(1 + K å)}$, wobei $1/K$ = Radius der Ionenatmosphäre u. å = minimaler Ionenabstand. ω wird als Aktivitätswinkel bezeichnet; die Einführung eines Aktivitätswinkels ω kann auch auf Lsgg. partiell dissozierter Elektrolyte ausgedehnt werden. (C. R. hebd. Séances Acad. Sci. **248.** 2575—77. 4/5. 1959.) W. Karcher. 139

L. I. Kadaner und **W. M. Zukernik,** *Stromverteilung an flachen parallelen Elektroden in rechtwinkligen Elektrolyseuren.* Es wird eine Meth. zur Berechnung (mathemat. u. graph.) von Stromdichten an der Kathode in dem Falle vorgelegt, wenn sich zwei parallele Elektroden von ungleicher Größe in einem rechtwinkligen Elektrolyseur gegenüber stehen; es werden Stromdichten ohne u. mit Polarisation der Elektroden erwogen. — Die Berechnungen sind zu Stromdichtebestt. in galvan. Bädern geeignet; bei Cu- u. Ni-Bädern wurde gute Übereinstimmung der berechneten u. gemessenen Werte gefunden. (Журнал Физической Химии [J. physik. Chem.] **31.** 2253—59. Okt. 1957. Charkow, Inst. für sowjet. Handel.) H. Tůma. 141

Motoo Watanabe und **Seitaro Fukushima,** *Untersuchungen über die elektrolytische Raffinierung von Zink.* 2. Mitt. *Kathodischer Niederschlag von in dem Zinkelektrolyten gelöstem Blei.* (1. vgl. C. **1959.** 6396.) Vff. untersuchten unter verschied. Elektrolysebedingungen bei der Zn-Elektrolyse den Pb-Geh. der Zn-Kathode infolge Absetzens des im Zn-Elektrolyt gelösten Pb. Es wurde gefunden, daß kein Unterschied in der Menge des abgesetzten Pb auf jedem Teil der Kathode vorhanden ist, während die Stromverteilung auf der Kathodenoberfläche groß an den Rändern u. klein im Zentrum ist. Erhöhung der Stromstärke bedingt Abnahme des Pb-Geh., der Einfl. der Elektrolytbewegung durch die an beiden Elektroden entwickelten Blasen wird durch die Erhöhung der Stromdichte erhöht. Die Beziehung zwischen dem Verhältnis des Pb-Geh. u. der Stromdichte hat daher hyperbol. Charakter. Der Einfl. der H_2SO_4-Konz. bezieht sich nicht nur auf die Pb-Konz. im Elektrolyten, sondern auch auf die Viscosität des Elektrolyten. Der Einfl. der Zn-Konz. auf den Pb-Nd. steht prinzipiell mit der Viscosität des Elektrolyten in Zusammenhang, ist jedoch nicht so ausgeprägt wie der der Stromdichte oder der H_2SO_4-Konzentration. Es erwies sich als unmöglich, den Pb-Geh. nur durch Kontrolle der Elektrolysebedingungen zu senken, solange der Elektrolyt reich an Pb ist; es ist notwendig, das Pb aus dem Zn-Elektrolyten zu entfernen, da die Pb-Ionen bevorzugt an der Kathode entladen werden. (Bull. Res. Inst. Mineral Dressing Metallurgy, Tohoku Univ. **12.** Nr. 1. 47—56. Juni 1956. [Orig.: japan., Auszug: engl.]) C. Gottfried. 141

I. I. Dslijew, *Über die Elektrolyse von Cadmium in Bädern mit rotierenden Kathoden.* Die Anwendung von rotierenden Kathoden (ca. 65 Umdrehungen/Min.) bei der Cd-Elektrolyse erlaubt ein Erhöhen der Stromdichte auf 250—350 A/m² u. ein Erhöhen der Stärke der ausgeschiedenen Cd-Schicht auf einige mm. — Tl muß vor der Elektrolyse unbedingt beseitigt werden; ein größerer Zn-Geh. (80—90 g/Liter) verursacht dendrit. Struktur, so daß der Zn-Geh. 40—45 g/Liter nicht überschreiten soll. Ni geht nicht in die Cd-Schicht über, zeigt auch sonst keinen störenden Einfl. u. kann deshalb period. nach größerer Anhäufung im Bad beseitigt werden. (Цветные Металлы [Nichteisenmetalle] **31.** Nr. 12. 24—28. Dez. 1958.) H. Tůma. 141

L. N. Antipin und **Ss. F. Washenin,** *Der Einfluß von CaF_2 und MgF_2 auf die elektrische Leitfähigkeit des Systems: „kohlenstoffhaltige Elektrode–Kryolithschmelze–gelöstes Aluminium“.* Es wurde die Leitfähigkeit der Kryolithschmelze für die Al-Elektrolyse nach Zugabe verschied. CaF_2- u. MgF_2-Mengen untersucht; gemessen wurde mit Hilfe von zwei Graphit-Elektroden, da sich Pt-Elektroden in diesem Falle als ungeeignet zeigten. 7—9% CaF_2 erhöhen die Leitfähigkeit des Syst. Graphitelektrode–Kryolithschmelze, während ein weiteres Steigen des CaF_2-Geh. diese herabsetzt. Ein Zusatz von MgF_2 erniedrigt sie bis zu einem NaF/AlF_3-Verhältnis 2,5 linear, während bei höheren Verhältnissen bei 5—6% MgF_2 ein Minimum erscheint. Im Syst. Graphit–Kryolith–gelöstes Al wird die Leitfähigkeit bis zu einem bestimmten, vom Verhältnis NaF/AlF_3 abhängigem Geh. an CaF_2 nicht verändert, sodann vermindert. Bei Zusatz von MgF_2 wird sie bei jedem Kryolithverhältnis linear vermindert. — Die spez. Leitfähigkeit bei allen Proben u. Verhältnissen bewegt sich zwischen 1 u. 6 $\Omega^{-1} \cdot cm^{-1}$. (Цветные Металлы [Nichteisenmetalle] **31.** Nr. 12. 56—60. Dez. 1958.) H. Tůma. 141

Yasuichi Shibasaki, *Mechanische Spannung bei der elektrolytischen Abscheidung von Bleidioxyd.* 16. Mitt. *Wirkung von Nickelsalzen auf den mechanischen Abscheidungs-Stress von elektrolytischem Bleidioxyd.* (15. vgl. C. **1959.** 12131.) Ggw. von *Ni* bis zu 0,5 g-Atom Ni/Liter hat keinen merkl. Einfl. auf den Abscheidungsstress bei der elektrolyt. Abscheidung von PbO_2. (J. chem. Soc. Japan, ind. Chem. Sect. [Kōgyō Kagaku Zassi] **58.** 179—80. März 1955. Yokohama, Staatl. Univ. [Orig.: japan.]) L. Schuler. 141

Yasuichi Shibasaki, *Mechanische Spannung bei der elektrolytischen Abscheidung von Bleidioxyd.* 17. Mitt. *Zusammenfassung.* (16. vgl. vorst. Ref.) Kurze Zusammenfassung der bisher mitgeteilten Ergebnisse. — 9 Elektrolysediagramme. (J. chem. Soc. Japan, ind. Chem. Sect. [Kogyo Kagaku Zassi] **58.** 180—81. März 1955. [Orig.: japan.])
L. SCHULER. 141

A. L. Schulz und **G. A. Zyganow,** *Verteilungskoeffizient bei gleichzeitiger Entladung von Nickel- und Wasserstoffionen.* Bei der Elektrolyse schwefelsaurer $NiSO_4$-Lsgg. erweist sich der Begriff des „Verteilungskoeff." α als zweckmäßig, der aus den Stromausbeuten η u. den Äquivalentkonzz. (in eckigen Klammern) errechnet wird: $\alpha = \eta_{H_2} \cdot [Ni]/\eta_{Ni} \cdot [H_2]$. In einem großen Aciditätsbereich ist α unter gleichen Bedingungen weitgehend konstant. Die Abhängigkeit der α-Werte von der Gesamtkonz. an Elektrolyt u. den Elektrolysebedingungen ist im wesentlichen dieselbe wie bei der gemeinsamen elektrolyt. Abscheidung der Metalle der Fe-Gruppe. Es ist zweckmäßiger, α aus der Säurekonz. im Elektrolyt zu berechnen als aus dem p_H. Durch Zusatz von Na_2SO_4, NaCl oder H_3BO_3 wird α herabgesetzt, was auf die geringere Dissoziation der H_2SO_4 zurückgeführt wird. Eine starke Abnahme von α bei $p_H = 4$ wird mit der abnehmenden Aktivität der H^+ erklärt. (Известия Академии Наук УзССР, Серия Химических Наук [Nachr. Akad. Wiss. UsbekSSR, Ser. chem. Wiss.] **1957.** Nr. 2. 33—46.)
R. K. MÜLLER. 141

A. N. Frumkin, *Über die Untersuchung des Mechanismus der elektrolytischen Wasserstoffentwicklung mittels der Methode der Einführung zusätzlicher Mengen atomaren Wasserstoffs auf die Elektrodenoberfläche.* Aus den Verss. von LEWINA u. KALISCH (C. **1958.** 3802) u. von BAGOTZKAJA (C. **1957.** 13887; C. **1958.** 1493) über die H_2-Überspannung η an einer polarisierten Kathode bei stationären Elektrolysebedingungen u. konstanten Änderungen der Stromdichte bei zusätzlicher H_2-Zufuhr zur Elektrodenoberfläche wird eine quantitative Theorie entwickelt. Wird H_2 durch elektrochem. Desorption bei niedrigen η aus einer homogenen Elektrodenoberfläche entfernt, dann ist eine Zunahme von η zu erwarten, wenn die Oberflächenbedeckung Θ_s mit adsorbiertem H_2 mit steigendem η zunimmt. Bei hohem η u. nicht zu hohem Θ_s muß atomarer H zu Abnahme von η führen. Bei einem Rekombinationsmechanismus führt Entfernung von atomarem H stets zu höheren η, u. zwar bei kleinen η umgekehrt proportional dem Austauschstrom der 2. Stufe. (Журнал Физической Химии [J. physik. Chem.] **31.** 1875—90. Aug. 1957. Inst. für physik. Chem. der Akad. der Wiss. der UdSSR.) R. K. MÜLLER. 142

D. W. Kokoulina und **B. N. Kabanow,** *Über den negativen Differenzeffekt auf Magnesium.* Aus der Best. des Potentials der Mg-Elektrode u. der Geschwindigkeit der H_2-Abscheidung in der Lsg. von $MgSO_4$ (I) bei Anwendung eines rechteckigen anod. Impulsstromes geht hervor, daß das Elektrodenpotential starken Schwankungen unterworfen ist, deren Amplitude von der Impulsfrequenz abhängig ist. Die Geschwindigkeit der H_2-Abscheidung ist bei kontinuierlichem u. Impulsstrom die gleiche, unabhängig von der Impulsfrequenz, dem Potential u. der I-Konz., jedoch abhängig von der Stromdichte. Hierin sehen Vff. einen Beweis dafür, daß bei der anod. Auflösung von Mg als elektrochem. Elementark. der Einelektronenübergang unter Bldg. von Mg^+ (oder MgOH-Radikal) anzusehen ist. Die Geschwindigkeit der H_2-Abscheidung bei der anod. Polarisation von Mg in verschied. Lsgg. zeigt in Ggw. von NH_4Cl u. HCl mit zunehmender Stromdichte eine Abnahme (positiver Differenzeffekt), dann ein Minimum der Geschwindigkeit und schließlich eine Umkehrung des Differenzeffektes. Die H_2-Abscheidung ist hierbei ähnlich der in neutraler Lösung. Vff. nehmen an, daß die H_2-Abscheidung an der Mg-Elektrode sowohl durch die chem. Oxydation von Mg^+ durch H_2O wie durch die Selbstauflsg. der Anode bedingt ist, wobei die Geschwindigkeit der ersten Rk. der Geschwindigkeit der Mg-Auflösung proportional und unabhängig von der Konz. u. Zus. der Lsg. u. vom Elektrodenpotential ist, während die Geschwindigkeit der zweiten Rk. von der Oberflächenbeschaffenheit u. Zus. der Lsg. sowie vom Elektrodenpotential abhängig ist. (Доклады Академии Наук СССР [Ber. Akad. Wiss. UdSSR] **112.** 692 bis 695. 1/2. 1957. Inst. für physik. Chem. der Akad. der Wiss. der UdSSR.)
O. LEBTAG. 142

M. K. Turapow und **A. M. Murtasajew,** *Elektrochemisches Verhalten einer metallkeramischen Eisenelektrode in Alkalilösungen.* Durch therm Zers. von $Fe(CO)_5$, Lösen in HNO_3, Glühen des Nitrats an der Luft u. Red. des Fe_2O_3 mit H_2 bei 500° wird Fe-Pulver erhalten, aus dem durch Sintern in H_2-Atmosphäre eine metallkeram. Fe-Elektrode hergestellt wird. Die Unters. der H_2-Abscheidung an einer solchen Fe-Elektrode bei der Elektrolyse von KOH verschied. Konz. zeigt, daß der Mechanismus der H_2-Überspannung gemischter Natur ist, analog wie bei Ni u. Co. Durch Vgl. der H_2-Überspannung an einer glatten u. einer metallkeram. Fe-Elektrode ergibt sich, daß diese bei 0,0355 g M. eine 22,5 mal größere Oberfläche hat, bei 1 g M. eine 635 mal größere

Oberfläche. (Известия Академии Наук УзССР, Серия Химических Наук [Nachr. Akad. Wiss. UsbekSSR, Ser. chem. Wiss.] **1957.** Nr. 2. 53—59.) R. K. Müller. 142

M. K. Turapow und **A. M. Murtasajew,** *Einfluß oberflächenaktiver Substanzen auf die Kinetik der Elektrodenprozesse an Eisen in Alkalihydroxydlösungen.* (Vgl. vorst. Ref.) Bei der Elektrolyse von 1n KOH mit metallkeram. Fe-Elektrode zeigt Harnstoff oder Pyridin keinen Einfl. auf den kathod. u. anod. Prozeß, Thioharnstoff setzt die H_2-Überspannung ($ÜS_H$) herab u. verschiebt das stationäre Fe-Potential nach der positiven Seite; in geringerem Ausmaß ist dies auch bei Anabasin (I) der Fall, das die anod. Auflsg. des Fe verzögert (mit anod. Stromdichte zunehmend), also einen Inhibitor darstellt. Ähnlich ist die Wrkg. von $[(n\text{-}C_4H_9)_4N]_2SO_4$. I-Hydrojodid zerfällt in der Lsg., unter dem Einfl. von J^- erhöht es $ÜS_H$, ebenso wirkt KJ-Zusatz; dagegen setzt KSCN $ÜS_H$ herab, vielleicht durch Bldg. einer Oberflächenverb. mit Fe. Na_2S erhöht $ÜS_H$, verschiebt das stationäre Potential des Fe nach der negativen Seite u. beschleunigt die anod. Auflsg. des Fe. (Известия Академии Наук УзССР, Серия Химических Наук [Nachr. Akad. Wiss. UsbekSSR, Ser. chem. Wiss.] **1957.** Nr. 2. 61—68.) R. K. Müller. 142

A. M. Murtasajew und **Ss. G. Awakjanz,** *Über die Wasserstoff- und Sauerstoffüberspannung an schwefelhaltigem Nickel.* (Vgl. vorst. Ref.) Es wird gezeigt, daß der Wert der Überspannung bei der O-Abscheidung aus 7 n KOH-Lsg. an Ni-Anoden, die durch Behandlung der Anode im Elektrolyten mit KSCN Zusätzen entstehen, beträchtlich niedriger ist im Vgl. zu gewöhnlichen Ni-Elektroden. Der Effekt ist größer als an schwefelhaltigen Nickelelektroden, die durch Elektrofällung des Ni aus Bädern mit KSCN-Zusatz, die gewöhnlich der Vernicklung dienen, gewonnen sind. Die Erniedrigung der Überspannung resultiert nicht nur aus der Bldg. der Elektrodenoberfläche bei der anod. Behandlung, sondern hauptsächlich infolge der Oxydation des KSCN. Bei fehlendem KSCN-Zusatz wird keine Erniedrigung der Überspannung erzielt. (Узбекский Химический Журнал [Usbek. chem. J.] **1958.** Nr. 4. 21—24. Taschkent, Pharm. Inst.) A. Kunze. 142

A. W. Sakrshewskaja und **G. A. Zyganow,** *Wasserstoff- und Sauerstoffüberspannung an Nickel in Zusätze von verschiedenen Erdalkalisalzen enthaltenden Kaliumhydroxydlösungen.* In 7n KOH, der $Me(OH)_2$, $MeCO_3$, $MeCl_2$ oder $MeSO_4$ (Me = Mg, Ca, Sr, Ba) bis zur Sättigung bei 30° zugesetzt wurde, wird die H_2- u. O_2-Überspannung ($ÜS_H$ bzw. $ÜS_O$) an Ni bei 30° untersucht. Der Einfl. der Zusätze auf $ÜS_H$ u. $ÜS_O$ hängt vor allem von Anion des Zusatzes ab; in den meisten Fällen tritt eine Erhöhung ein, ohne daß sich der Verlauf in Abhängigkeit von der Stromdichte wesentlich ändert. Es wird angenommen, daß die Zusätze nicht in Form ihrer Ionen, sondern als undissoziierte Moll. wirken u. an der Anode Dipolschichten bilden, die die ÜS erhöhen. Ähnlich wirken Zusätze von K_2CO_3, KCl u. K_2SO_4. (Известия Академии Наук УзССР, Серия Химических Наук [Nachr. Akad. Wiss. UsbekSSR, Ser. chem. Wiss.] **1957.** Nr. 2. 13—25.) R. K. Müller. 142

A. W. Sakrshewskaja und **G. A. Zyganow,** *Wasserstoff- und Sauerstoffüberspannung an Nickel in Zusätze von Kaliumhalogeniden enthaltenden Kaliumhydroxydlösungen.* (Vgl. vorst. Ref.) Zusätze von KBr oder KJ zu 7n KOH setzen die H_2-Überspannung ($ÜS_H$) bei 30° herab, erhöhen aber die O_2-Überspannung ($ÜS_O$). Zusätze von NaF erniedrigen sowohl $ÜS_H$ als auch $ÜS_O$. Es wird angenommen, daß KBr u. KJ die Auflsg. des Oxydfilms der Anode verzögern, die Anodenoberfläche passivieren oder möglicherweise auf der Anode stabilere gemischte Halogen–Oxyd-Filme bilden; im Falle des NaF wären solche Filme wenig beständig. (Известия Академии Наук УзССР, Серия Химических Наук [Nachr. Akad. Wiss. UsbekSSR, Ser. chem. Wiss.] **1957.** Nr. 2. 27—31.) R. K. Müller. 142

Ju. W. Plesskow und **B. N. Kabanow,** *Oxydation des zweiwertigen Vanadins an der Germaniumanode.* Es wurden die Polarisationskurven der Oxydation des zweiwertigen V an der rotierenden Ge-Scheibenanode in der Lsg. von 2,2 mol. H_2SO_4 + 0,9 mol. $ZnSO_4$ + 0,067 mol. VSO_4 ermittelt. Die Rotationsgeschwindigkeit der Elektrode betrug 2550/Min. Die Geschwindigkeit der Oxydation des zweiwertigen V an der Germaniumanode wie auch an der Pt-Anode, wurde durch die Diffusionsgeschwindigkeit der V(II)-Ionen aus dem Lösungsvol. zur Elektrodenoberfläche ermittelt. Die Halbleitereigenschaft der Ge-Anode wirkt sich nicht auf die Kinetik der Oxydation des V(II) aus. (Доклады Академии Наук ССР [Ber. Akad. Wiss. UdSSR] **123.** 884—86. 11/12. 1958.) A. Kunze. 142

Ss. I. Kritschmar und **W. P. Galuschko,** *Experimentelle Untersuchungen der Glättungsprozesse beim elektrochemischen Polieren.* (Vgl. C. **1958.** 8256 u. 13093.) Bei der anod. Lsg. von Cu in Lsgg. mit verschied. Mengen H_3PO_4 u. Cu ist die Grenzstromdichte i_0 eine lineare Funktion der Cu-Konz., es liegt also Konzentrationspolarisation vor. Die

Dicke δ der Diffusionsschicht an einer Cu-Anode in H_3PO_4 wird opt. bestimmt, sie beträgt in 5(15) mol. H_3PO_4 0,014 (0,007) cm. Wenn man auf der Cu-Oberfläche mittels Feile ein Mikrorelief mit Erhebungen von der Höhe $H_0 = 7$—$10\,\mu$ erzeugt, dann anod. polarisiert, nimmt H_0 auf H ab nach $\ln(H_0/H) = M \cdot i_0 \cdot \tau/n\varrho F \cdot \delta_0$ (M = Mol.-Gew. des Cu, τ = Min., n = Valenz, ϱ = D., F = FARADAY-Zahl); die danach berechneten δ sind von der Größenordnung der experimentell gefundenen. Nahe den Kanten wird rascher poliert als im Zentrum der Anode. Für 99% Beseitigung der Erhebungen ist τ ca. $4,3 \cdot 10^7 \cdot a^2/i_0$ (a = Durchmesser der ursprünglichen Erhebungsbasis = 0,9—2,4). (Журнал Физической Химии [J. physik. Chem.] **31.** 1762—66. 1 Tafel. Aug. 1957.) R. K. MÜLLER. 142

I. L. Rosenfeld und **I. K. Marschakow,** *Mechanismus der Metallkorrosion in engen Fugen und Spalten.* 3. Mitt. *Korrosion von Aluminium und einigen seiner Legierungen.* (2. vgl. C. **1959.** 9134.) Die Korrosionsgeschwindigkeit von Al, Al-Legierungen u. Al-Überzügen auf Legierungen (D-16, B-95) in 0,5 n NaCl-Lsg. ist in engen Spalten (<0,4 mm) um etwa 1 Zehnerpotenz größer als bei freiem Kontakt von Lsg. u. Metall. Als Ursache wird der verschied. Zutritt von O_2 zum Metall im freien Vol. u. im Spalt angenommen, der zur Ausbldg. eines galvan. Elements zwischen Metall im Vol. u. Metall im Spalt führt. Auch der p_H-Wert im unmittelbaren Kontakt mit dem Metall während der Polarisation spielt eine Rolle. Der Differenzeffekt erreicht bei Al 40—47%; er ist offenbar durch Hydrolyse der Prodd. der anod. Rk. unter Säurebldg. erhöht. (Журнал Физической Химии [J. physik. Chem.] **31.** 2328—35. Okt. 1957. Moskau, Akad. der Wiss. der UdSSR, Inst. für physik. Chem.) R. K. MÜLLER. 143

I. L. Rosenfeld, F. I. Rubinstein und **W. W. Shebrowski,** *Über die passivierenden Eigenschaften von Pigmenten.* (Vgl. vorst. Ref.) Untersucht wurden die irreversiblen Elektrodenpotentiale von Stahl in $165\,\mu$ dicken Schichten der wss. Auszüge folgender Pigmente: $ZnCrO_4$ (**I**; 22,0% CrO_3, 58,6% ZnO), $SrCrO_4$ (**II**; 48,5% CrO_3), techn. Gemisch von $BaCrO_4$ u. K_2CrO_4 (**III**; 38,3% CrO_3, 4,6% $BaSO_4$, 1,6% CaF_2, 1,6% SiO_2, 0,6% Fe_2O_3, 1,2% $CaCO_3$, 0,2% MgO, 0,5% MnO_2, 0,13% Na) u. Gemisch von $BaCrO_4$ u. K_2CrO_4 aus den chem. reinen Präpp. (**IV**; 45% CrO_3). Das irreversible Elektrodenpotential des Stahls ist in den wss. Auszügen um 200—300 mV nach positiveren Werten verschoben u. ist zeitlich beständig. Das Potential ist stark abhängig von der Natur des Pigmentes. Nach der passivierenden Wrkg. bilden die Pigmente die folgende Reihe **III** > **IV** > **II** > **I**. Der starke Unterschied der passivierenden Wrkg. beruht auf der verschied. Löslichkeit des passivierenden Anteils der Pigmente. Die CrO_3-Konz. ist in den Auszügen von **III** u. **IV** mit 10—13 (g/Liter) viel höher als bei **I** u. **II** (0,5). (Известия Академии Наук СССР, Отделение Химических Наук [Nachr. Akad. Wiss. UdSSR, Abt. chem. Wiss.] **1958.** 679—83 Juni. Inst. für physik. Chem. der Akad. der Wiss. der UdSSR; Forschungs- u. Projektierungs-Inst.) O. LEBTAG. 143

B. A. Purinš und **L. K. Liepina,** *Über das elektrochemische und Korrosionsverhalten von Eisen in wäßrigen Elektrolytlösungen.* 3. Mitt. *Elektrodenpotential und Korrosionsgeschwindigkeit von Eisen in sauren Elektrolytlösungen.* (*HCl, HCl + NaCl, HCl + $CaCl_2$, H_2SO_4 + K_2SO_4*). (2. vgl. C. **1958.** 931.) Die Änderung des Elektrodenpotentials E u. der Korrosionsgeschwindigkeit V in den untersuchten Lsgg. von Säuren, Säure–Salz-Gemischen u. stark hydrolysierten Salzen mit der Zeit t zeigt in allen Fällen etwa denselben Verlauf, u. zwar wird E in der Anfangsperiode um 20—30 mV positiver u. nimmt dann einen stationären Wert an, V nimmt zunächst bis zu einem Minimum ab, dann wieder zu. Es besteht ein Übergangstyp zwischen dem Verh. von E u. V in neutralen u. sauren Lsgg., der durch die Änderung des p_H bei der Korrosion u. die Bldg. unlösl. Prodd. bestimmt wird. Der Verlauf der Kathoden-Rkk. $H^+ + e \rightarrow H$ u. $Fe^{3+} + e \rightarrow Fe^{2+}$ erleichtert den kathod. Prozeß der Depolarisation der Elektronen, womit die Zunahme von V bei konstantem E erklärt werden kann. (Известия Академии Наук Латвийской ССР [Nachr. Akad. Wiss. LettSSR] **1957.** Nr. 12. 141—50. Akad. der Wiss. der LettSSR, Chem. Inst.) R. K. MÜLLER. 143

A$_4$. Thermodynamik. Thermochemie.

W. W. Wood, F. R. Parker und **J. D. Jacobson,** *Neue Monte Carlo-Berechnungen der Zustandsgleichung von Lenard-Jones und der Moleküle aus harten Kugeln.* Kurze Wiedergabe der Arbeiten von WOOD u. PARKER (vgl. C. **1958.** 3227) u. von WOOD u. JACOBSON (vgl. C. **1958.** 9136). (Suppl. del Nuovo Cimento Nr. 1 (zu [10] **9**). 133—43. 1958. Los Alamos, N. Mex., Los Alamos Sci. Labor.) C. GOTTFRIED. 146

A. Michels, *Einige Bemerkungen über Versuche im dichten Zustand.* Thermodynam. Überlegungen. (Suppl. del Nuovo Cimento Nr. 1 (zu [10] **9**). 152—62. 1958. Amsterdam, Gemeente Univ., Van der Waals Labor.) C. GOTTFRIED. 146

G. Borelius und **A. Sandin,** *Über Dichteschwankungen in festen Körpern und Flüssigkeiten.* (Vgl. C. **1958.** 9145.) In Fortsetzung früherer Unterss. von BORELIUS (vgl. C. **1950/54.** 704 S. u. früher) geben Vff. eine quantitative Behandlung der Dichteschwankungen in festen Körpern u. Fll. u. leiten einfache Beziehungen her zwischen der Volumenänderung mit dem Druck, für das Verhältnis der Energie- u. Volumenzunahme bei tiefen Tempp. u. beim Schmelzpunkt. Die Beziehungen wurden mit Daten aus der Literatur verglichen. (Ark. Fysik **10.** Nr. 17. 187—96. 1956. Stockholm, Royal Inst. of Technol., Phys. Dep.) C. GOTTFRIED. 148

H. N. V. Temperley, *Die Zustandsgleichung eines nichtidealen Gases von elastischen Kugeln.* (Vgl. C. **1959.** 2711.) Theoret. Untersuchung. (Suppl. del Nuovo Cimento Nr. 1 (zu [10] **9**). 163—65. 1958. Aldermaston, Atomic Weapons Res. Establ.) C. GOTTFRIED. 149

H. von Ubisch, *Über die Theorie des Temperatursprunges in einem verdünnten Gas und ihr experimenteller Beweis.* Vf. nimmt Bezug auf frühere Messungen an einatomigen Gasen (vgl. C. **1954.** 4329), bei denen keine Übereinstimmung mit der klass. Theorie des Temperatursprunges gefunden worden war, während Messungen an zweiatomigen Gasen mit der WEBERschen Version dieser Theorie (1939) übereinstimmten. Die Messungen an atomaren Gasen dagegen stürzen die von WELANDER (vgl. C. **1955.** 5487) entwickelte genauere Theorie, während des Verh. von zweiatomigen Gasen in diesem Fall zweifelhaft ist. (Ark. Fysik **10.** Nr. 14. 157—63. 1956. Stockholm, AB Atomenergi, Phys. Dep.) C. GOTTFRIED. 149

W. P. Skripow, *Einstellung des Gleichgewichtes in der Nähe des kritischen Punktes und die Rolle der Gravitation.* Vf. diskutiert das in den letzten Jahren viel behandelte Problem, ob die T-ϱ-Kurve bei der krit. Temp. ein Maximum hat oder einen flachen Verlauf zeigt. Seine theoret. Betrachtungen u. Schlußfolgerungen über den Einfl. der Gravitation sind ähnlich denen von BAEHR (C. **1955.** 26) u. von MURRAY u. MASON (C. **1956.** 13329). (Журнал Физической Химии [J. physik. Chem.] **32.** 712—16. März. 1958. Swerdlowsk, Ural. Polytechn. Kirow-Inst.) E. KORDES. 150

R. Ss. Fraiman, *Zur Kinetik des Rektifikationsprozesses.* Durch theoret. Betrachtungen über die Arbeit einer Rektifikationskolonne, wenn die Arbeit adiabat. verläuft, am Anfang die Konz. der Fl. in der Blase der Kolonne die gleiche wie auf den Böden ist u. wenn schließlich das Gemisch dem RAOULTschen Gesetz gehorcht, wird eine Gleichung zur Best. der Zeitdauer bis zur Einstellung des Gleichgewichtes abgeleitet, die für eine Kolonne mit viel Fl. in der Blase Gültigkeit hat. Für Kolonnen, die in ihrer Leistung 50 u. 100 theoret. Böden entsprechen, wird nach dieser Formel die Zeit für die Einstellung des Gleichgewichtes für das Gemisch aus Heptan u. Methylcyclohexan berechnet u. mit dem Wert aus der Formel von COULSON (J. Soc. chem. Ind., Chem. and Ind. **64.** [1945.] 101) verglichen. Die Werte nach COULSON sind immer niedriger als die des Verfassers. Eine Verdoppelung der Kolonnenhöhe führt zu einer Zunahme der Anlaßzeit. Eine Abnahme der Anfangskonz. von 0,5 auf 0,1 bewirkt eine fast 20-malige Verlängerung dieser Zeitdauer. Eine Verringerung der vom Aufsatz zurückgehaltenen Fl. verkürzt die Dauer der nichtstationären Arbeit der Rektifikationskolonne. (Журнал Прикладной Химии [J. angew. Chem.] **30.** 1763—69. Dez. 1957.) O. LEBTAG. 150

F. Bošnjaković, *Halbwertgröße als Bemessungseinheit bei stationärem Austausch.* An den Beispielen Verdunstung, Ammoniak-Synth. u. Vergasung wird gezeigt, wie solche Vorgänge mit Hilfe des Enthalpie-Diagramms verfolgt werden können. Mit Benutzung von Halb- u. Dreiviertelwertsflächen kann der Zustandsverlauf noch vor der Festlegung der App.-Abmessungen dimensionslos ermittelt werden. (Chemie-Ing.-Techn. **29.** 187—97. März 1957. Braunschweig, TH, Wärmetechn. Inst. u. Maschinenlabor.) E. ROEDER. 156

Ss. M. Arija und **M. P. Morosowa,** *Eigenschaften salzartiger Verbindungen wechselnder Zusammensetzung und Vorstellungen über ihre chemische Struktur.* (Vgl. C. **1956.** 5203.) Vff. untersuchen die Form der Abhängigkeit einiger Eigg., vor allem der thermodynam. Kennzahlen (Bildungsenthalpie, Molvol., Entropie) von der Zus. bei bin. Systemen vom Typ $MeO_{1,00}$–MeO_{1+x} ($x \leqslant 0,50$), z. B. $TiO_{1,00}$–$TiO_{1,20}$, $VO_{1,00}$–$VO_{1,27}$, $FeO_{1,04}$–$FeO_{1,11}$, also Systemen, die „Verbb. variabler Zus." (VVZ) enthalten. Die Gleichheit der Bildungsenthalpie mit derjenigen entsprechender Verbb. $MeO_{1,00}$–$MeO_{1,50}$ ist eine Folge von Struktureigentümlichkeiten der Gitter der VVZ, in denen eine Trennung zu „submikroheterogenem Bau" stattfindet. Auch die Unters. der magnet. Susceptibilität u. der elektr. Leitfähigkeit u. eine statist.-thermodynam. Betrachtung bestätigt diese Annahme. In welchem Grade diese Erscheinung eintritt, hängt von der Natur der Verb., der Temp. u. dem Grad der Abweichung der VVZ von der stöchiometr. Zus. ab. Die Bldg. von AB_{1+x} aus $AB_{1,00}$ u. $AB_{1,50}$ erfolgt offenbar ohne Änderung der Enthalpie. (Журнал Общей Химии [J. allg. Chem.] **28(90)**. 2617—23. Okt. 1958. Leningrad, Univ.) R. K. MÜLLER. 156

Fredrik Gronvold und **Edgar F. Westrum jr.**, *Tieftemperaturwärmekapazitäten und thermodynamische Eigenschaften der Eisenselenide $Fe_{1,04}Se$, Fe_7Se_8 und Fe_3Se_4 von 5 bis 350° K.* Im angegebenen Temp.-Bereich wurden die Wärmekapazitäten von 3 Einphasen-Proben des Syst. *Fe–Se*, u. zwar der tetragonalen *FeSe*-Phase mit der Zus. $Fe_{1,042}Se$ (entspr. $Fe_{0,5103}Se_{0,4897}$) sowie den hexagonalen bzw. monoklinen $Fe_{1-x}Se$-Phasen mit NiAs-Struktur u. den Zuss. Fe_7Se_8 bzw. $Fe_{0,875}Se$ (entspr. $Fe_{0,4667}Se_{0,5333}$) u. Fe_3Se_4 bzw. $Fe_{0,750}Se$ (entspr. $Fe_{0,4286}Se_{0,5714}$) gemessen u. daraus Cp-, $S^0—S^0_0$- u. $H^0—H^0_0/T$-Werte tabellar. berechnet. Bei 298,15° K betragen die Entropien $S^0—S^0_0$ 8,437 ($Fe_{1,04}Se$), 9,780 (Fe_7Se_8) u. 9,554 (Fe_3Se_4) Entropieeinheiten. In der Cp–T-Kurve des letzteren ergibt sich bei etwa 307° K ein λ-förmiges Maximum, das vermutlich einem ferro → paramagnet. Übergang zuzuordnen ist. Das Entropieinkrement dieses Überganges beträgt etwa 2 cal/Mol · Grad. (Acta chem. scand. **13**. 241—48. 1959. Blindern, Norway, Oslo Univ., Kjemisk Inst. A; Ann Arbor, Mich., Univ. of Michigan, Dep. of Chem.) WOLFGANG WAGNER. 156

Cecil E. Boord, *Kalte Flammen und der organische Reaktionsmechanismus bei ihrer Bildung.* Übersicht über den Rk.-Vorgang, Tabellen u. Kurven. — 43 Literaturangaben. (Advances Chem. Ser. Nr. **20**. 5—14. Febr. 1958. Columbus, O., Ohio State Univ.) G. CHALLIER. 157

Virginia D. Hogan und **Saul Gordon**, *Vorentzündungs- und Entzündungsreaktionen des Systems Bariumperoxyd–Magnesium–Calciumresinat.* Um die Rkk. des Syst. *Bariumperoxyd*(**I**)/*Mg*/*Ca-Resinat*(**II**), das als Zünder für Feuerwerkskörper verwandt wird, bzgl. seiner Eigg. beim Zünden u. Weiterbrennen sowie seines Reaktionsmechanismus zu untersuchen, wurden verschied. Mischungsverhältnisse **I**/Mg, **I**/**II** sowie Mg/**II**, ferner das tern. Syst. 81% **I**/17% Mg/2% **II** zur Entzündung gebracht u. die Rk. in der Zeit bis zur Entzündung thermogravimetr. u. mit thermoanalyt. Methoden verfolgt. Bei der thermogravimetr. Meth. wurden die Proben (ca. 200 mg) in einem Ofen entweder 1) kontinuierlich während der gleichmäßigen Erwärmung (15°/Min.) gewogen, bzw. 2) bei Halten auf konstanter Temp. die Abhängigkeit des Probengew. von der Zeit festgestellt. Bei reinem **I** beginnt Gew.-Verlust bei 600° wegen Abgabe eines O-Atoms einzusetzen. Mg zeigt Gew.-Zunahme wegen Bldg. von MgO u. Mg-Nitrid(**III**) über 600°. **II**, als Naturprod. mit dem Resination $(C_{20}H_{29}O_2)^-$, zeigt Gew.-Verlust zwischen 110 u. 560° mit merkl. Geschwindigkeitsänderungen zwischen 350 u. 450°. Der Verlust erstreckt sich bis 800°, wobei noch 12% Rückstand verbleiben. Therm. Effekte zeigt **I** nur unter 100° wegen Feuchtigkeitsverlust. Mg weist bei 496° ein exothermes Maximum auf, wahrscheinlich wegen Bldg. von **III** oder wegen Rk. mit der Glaswand. Über 496° folgt der endotherme Vorgang des Schmelzens u. ein zweites exothermes Maximum wegen Bldg. von MgO aus dem geschmolzenen Mg. **II** zeigt zunächst eine endotherme Spitze wegen W.-Abgabe (bis 109°), dann zunehmende exotherme Eigg. mit einer Einbuchtung bei 214°. Bei den höheren Tempp. werden weiße Dämpfe abgegeben u. eine gelbe Fl. fließt vom oberen Ende des Rk.-Gefäßes herab. Bei 420° wird der Vorgang wieder mehr endotherm, **II** fängt an zu sieden u. schließlich, am Ende des Vers. bei 690°, zu verkohlen. Das Syst. **I**/Mg entzündet sich bei den Vers.-Bedingungen nach 1) bei 540° unter Wärmeabgabe, wobei während der Vorentzündungsperiode bei 78° ein endothermes (W.-Abgabe!), bei 465° ein exothermes Maximum vorausgeht. Die bin. Mischung Mg/**II** zeigt beim Erwärmen zunächst exotherme Eigg. unter Bldg. eines gelben, verkohlenden Kondensats. Bei 578° tritt ein exothermes Maximum auf, darüber wirkt das Gemisch wegen Schmelzens des Mg mehr endotherm, d. h. **II** zersetzt sich ohne Rk. mit dem Mg, wobei sogar Mg vor der Rk. mit Luft geschützt wird. Das bin. Gemisch **I**/**II** entzündet sich bei 278°. Wegen W.-Verlust ergibt sich bei 90° ein leicht endothermer Effekt. Hinter der Hauptentzündung folgt nochmals ein endothermer Vorgang bei 368°. Das tern. Syst. **I**/Mg/**II** entzündet sich bei 299° u. zeigt keine therm. Effekte vor der exothermen Vorentzündungsreaktion. Beim Gemisch **I**/Mg wird sicher die Rk. durch den Vorgang Mg + BaO_2 → MgO + BaO eingeleitet. Aus den Ergebnissen des tern. Syst. folgt, daß hier die Entzündung erfolgt, nachdem sich **II** zersetzt hat, aber bevor **I** u. Mg therm. Rkk. eingehen. Beim Auftragen des Logarithmus der bei 2) ermittelten Zeit bis zur Entzündung gegen die reziproke Entzündungstemp. läßt sich die Aktivierungsenergie E der einzelnen Rkk. berechnen, die sich beim tern. Gemisch zu 13 kcal/Mol ergab. Beim Gemisch **I**/**II** ergab sich im Temp.-Bereich 280—350° E = 23, im Bereich 350—440° E = 12 kcal/Mol. Bei Mg/**I** ergab sich für 530—650° E = 37 kcal/Mol. Ausführliche Überlegungen werden über den sich aus den Verss. ergebenen Rk.-Mechanismus des tern. Syst. angestellt, wobei das Entstehen verschied. Zers.-Prodd.

aus **II** angenommen wird. (J. physic. Chem. **61.** 1401—05. Okt. 1957. Dover, N. J., Picatinny Arsenal, Pyrotechn. Chem. Res. Labor.) E. ROEDER. 157

R. Englman, *Die Transporttheorie der Temperaturwellen in Isolatoren.* Die Erwärmung einer Isolatoroberfläche durch eine rasch fluktuierende Quelle ergibt im Festkörper eine Temperaturverteilung, die bei nicht zu hohen Frequenzen üblicherweise durch eine gedämpfte Welle beschrieben wird. Für hochfrequente Fluktuationen gibt Vf. eine strenge Lösung der BOLTZMANNschen Gleichung an u. berechnet ferner die Temp. an der Oberfläche des Festkörpers u. den Energiefluß durch die Oberfläche als Funktion der Phononenquelle, ihrer Frequenz u. des Reflexionskoeff. der Phononen an der Grenzfläche. (Proc. physic. Soc. **72.** 391—400. 1/9. 1958. Bristol, Univ., H. H. Wills Phys. Labor.) D. JÖRCHEL. 158

K. N. Baranski, *Anregung von Hyperschallschwingungen in Quarz.* Inhaltlich im wesentlichen mit der C. **1959.** 3044 referierten Arbeit identisch. (Кристаллография [Kristallographie] **2.** 299—302. 1 Tafel. 1957. Moskau, Lomonossow-Univ.) R. K. MÜLLER. 159

R. B. Gordon, *Schallfortpflanzung in flüssigen Metallen: Die Schallgeschwindigkeit in Blei und Zinn.* Vf. bestimmte die US-Geschwindigkeit in fl. Pb u. Sn bei den Tempp. 328—370° bzw. 230°—335° (akust. Frequenz 5 MHz.). Die Schallgeschwindigkeit bei den FF. betrug 1776 $\pm$ 4 bzw. 2464 $\pm$ 4 m/Sekunde. Die Schallgeschwindigkeit erwies sich als eine lineare Funktion bis zum E. u. unterhalb des Erstarrungspunktes; Vorverfestigungserscheinungen wurden nicht beobachtet. Die Ergebnisse lassen sich befriedigend durch das Lochmodell des fl. Zustandes von FRENKEL erklären; dieses Lochmodell beschreibt Diffusion in fl. Metallen durch einen Mechanismus, der dem Leerstellenmechanismus in festen Metallen analog ist. Die Theorie des freien Vol. von EYRING u. HIRSCHFELDER (J. physic. Chem. **41.** [1937.] 249) ist auf fl. Metalle nicht anwendbar. (Acta metallurg. [New York] **7.** 1—7. Jan. 1959. New Haven, Conn., Yale Univ., Hammond Labor.) C. GOTTFRIED. 159

A₅. Kolloidchemie. Grenzschichtforschung.

I. Je. Ampilogow, A. N. Charin und **I. Ss. Kurotschkina,** *Untersuchung des longitudinalen Transports bei der Bewegung von Lösungen durch eine nichtsorbierende Schicht.* Nach einer eingehend beschriebenen Meth. wurde der Koeff. der Längsbewegung von wss. Lsgg. der Essig- u. Buttersäure bei verschied. Geschwindigkeit der Zugabe der Lsg. u. verschied. Korngröße der Glasschicht bestimmt. Für beide Säuren wurden die gleichen Werte erhalten. Es wird eine Gleichung mitgeteilt, welche die Beziehung zwischen dem Koeff. der Längsbewegung, der Korngröße u. der linearen Geschwindigkeit der Fl. herstellt. (Журнал Физической Химии [J. physik. Chem.] **32.** 141—45. Jan. 1958. Krasnodar, Pädagog. Inst.; Taganrog, Radiotechn. Inst.) O. LEBTAG. 173

Shigeo Shionoya und **Tsuyoshi Ishikawa,** *Über den Aggregationszustand in Lösungen und die Teilchenverteilung von Phosphoren.* 3. Mitt. *Aggregation von Teilchen von Phosphoren in Lösungen organischer Hochpolymerer.* (2. vgl. J. chem. Soc. Japan, ind. Chem. Sect. [Kōgyō Kagaku Zassi] **57.** [1954.] 179.) In 10%-ig. Polyäthylenlsg. in Bzl. wird der Aggregationsgrad von *ZnCdS-Ag-Phosphor* (**I**) u. in 4%-ig. Butylacetatlsg. von Nitrocelluslose der von $CaWO_4$(**II**) nach dem Sedimentationsverf., wie in früheren Mitteilungen, bestimmt. Bei **I** wird mit nichtion. Detergentien oder mit 1% *Palmitinsäure* günstige Dispersion der Teilchen erzielt. Bei Proben mit kleineren Teilchendurchmessern ist die Neigung zu Aggregation größer. Bei **II** ist die Verwendung eines Schmelzmittels wie NH_4Cl bei der Darst. von Einfl. auf die Aggregationsneigung. Teilchendurchmesser u. Aggregationsfaktor sind von Einfl. auf die Empfindlichkeit von sensibilisierten Papieren haben aber keine Beziehung zur Schärfe der Röntgenbilder. (J. chem. Soc. Japan, ind. Chem. Sect. [Kōgyō Kagaku Zassi] **58.** 640—43. Sept. 1955. Yokohama, Staatl. Univ. [Orig.: japan.]) L. SCHULER. 175

G.-M. Schwab und **E. Schneck,** *Über Farbverschiebungen durch Adsorption.* Das in Reflexion gemessene Absorptionsspektrum der Verbb. *p-Dimethylaminoazobenzol, p-Aminoazobenzol, p-Dimethylaminobenzophenon, Thioindigo, p-Nitranilin, p-Nitrodimethylanilin, Aminoanthrachinon* verschiebt sich bei Adsorption an festen Oberflächen von *Silicagel, Quarzpulver,* SiO_2 in verschied. Form, Al_2O_3, *Bentonit* nach längeren Wellenlängen. Die Verschiebung ist um so größer, je stärker der saure Charakter des Adsorbens u. der bas. Charakter des Adsorbates ist. Polarisierende u. polare Adsorption sowie BRÖNSTED- u. LEWIS-Säuren zeigen keinen wesentlichen Unterschied. (Z. physik. Chem., Frankf. Ausg. [N. F.] **18.** 206—22. Nov. 1958. München, Univ., Inst. für physikal. Chem.) H. C. WOLF. 176

I. Je. Starik und **I. A. Skulski,** *Adsorption von Mikromengen radioaktiver Elemente an Ionen nicht austauschenden Adsorbentien.* Es wird die Absorption von ^{95}Zr, ^{95}Nb, ^{234}Th, ^{233}Pa u. ^{137}Cs an der hydrophoben Oberfläche von Fluoplast-4 u. Paraffin aus wss. Lsg. in Abhängigkeit von der HNO_3-Konz. untersucht. Aus an HNO_3 0,1 bis 3—5 n Lsgg. werden Zr, Nb, Th u. Pa zu 2—6% (aus 1 ml Lsg. pro 1 cm^2 des Absorptionsmittels) absorbiert, wobei die absorbierte Menge durch Zusatz von NH_4NO_3 oder KNO_3 erhöht werden kann. Bei Erhöhung der HNO_3-Konz. auf 12 n verringert sich die Absorption von Nb u. Pa kaum, die von Zr u. Th geht gegen Null. — Vff. betrachten die „spezif." Absorption als eine molekulare, wobei die Bldg. neutraler Komplexe des Typs $[Me(OH)_x(NO_3)_y]^0$ in der wss. Phase entscheidend ist. — Cs u. Tl, die nicht absorbiert werden, vermögen wegen ihrer großen Basizität unter den genannten Bedingungen keine ungeladenen Komplexe zu bilden. (Известия Академии Наук СССР, Отделение Химических Наук [Nachr.Akad. Wiss. UdSSR, Abt. chem. Wiss.] **1958.** 1278 bis 1279. Okt. Chlopin-Radioinst. der Akad. der Wiss. der UdSSR.)

HELMUT SCHÄFER. 176

M. M. Dubinin und **Je. G. Shukowskaja,** *Über die Adsorptionseigenschaften von Kohleadsorbenten.* 2. Mitt. *Untersuchung der Adsorptionseigenschaften von aktiven Kohlen mit Benzoldämpfen und Stickstoff.* (1. vgl. C. **1958.** 13704.) Die Unters. der Adsorption u. Desorption der Dämpfe von *Bzl.* bei 20° u. von N_2 bei —195° an verschied. Aktivkohlen der Marke *AU* (Nr. 1—9) wurde festgestellt, daß sowohl bei Bzl. wie bei N_2 die Adsorption auf einer Dispersionsrk. zwischen den Moll. des Dampfes u. der Kohleoberfläche beruht. Die in der Arbeit wiedergegebene Gleichung erweist sich in einem weiten Bereich der relativen Drucke als brauchbar. Der Affinitätskoeff. der Gleichung für die charakterist. Kurven wird für N_2 berechnet. Ggw. u. Charakter der Hystereseschleife sind nach Ansicht der Vff. vor allem vom Vol. der Übergangsporen u. von der Verteilung der Porengrößen abhängig. Wegen der geringen Größe der N_2-Moll. im Vgl. zu prakt. interessierenden Dämpfen macht sich bei feinporigen Aktivkohlen der Effekt der Ultraporigkeit stark bemerkbar, so daß mit N_2 ein überhöhter Wert für das Adsorptionsvol. an der beginnenden Hysterese der Isotherme erhalten wird. (Известия Академии Наук СССР, Отделение Химических Наук [Nachr. Akad. Wiss. UdSSR, Abt. chem. Wiss.] **1958.** 535—44. Mai. Inst. für physik. Chem. der Akad. der Wiss. der UdSSR.)

O. LEBTAG. 176

A. A. Issirikjan und **A. W. Kisselew,** *Maxima der Adsorptionswärmen beim Abschluß der Capillarkondensation von Dämpfen.* Die Unterss. über die Abhängigkeit der Differentialadsorptionswärme (DAW) der Dämpfe von n-Heptan bei der Adsorption bis zur Sättigung an grobporigem (A) u. feinporigem Silicagel (B) ergab, daß bei A die Adsorptionsisotherme zunächst wenig, dann sehr steil ansteigt, dann fast parallel zur p/p_s-Achse verläuft. Bei B steigt die Adsorptionskurve zunächst sehr steil u. verläuft dann in einem sehr weiten p/p_s bis $p/p_s = 1$ fast parallel. Die Hysterese ist hier nur gering. Die Kurve der DAW fällt bei A zunächst sehr stark, dann weniger ab. In der Nähe der Monoschichtvollendung zeigt die Kurve einen treppenförmigen Abfall. Sodann nimmt im weiten Gebiet der capillaren Kondensationshysterese die DAW nur sehr wenig ab. Nach der Hysterese durchläuft die Kurve ein starkes Maximum. Auch die Desorption weist ein sehr starkes Maximum auf. Bei B verläuft die Kurve der DAW stetiger. Auch hier gibt es im Gebiet der abgeschlossenen Adsorption ein sehr starkes Maximum. Sowohl bei A wie bei B fällt nach diesem Maximum die DAW bis zum n. Wert der Kondensationswärme. Auf Grund der Ergebnisse unterscheiden Vff. 3 Gebiete des Sorptionsprozesses: 1) reine Adsorption (prakt. bis zur beginnenden Hysterese); 2) Capillarkondensation im Gebiet der Hysterese; 3) Gebiet der Vollendung der Capillarkondensation ohne Hysterese. Die Ergebnisse werden theoret. gedeutet. (Доклады Академии Наук СССР [Ber. Akad. Wiss. UdSSR] **110.** 1009—12. 21/10. 1956. Moskau, Lomonossow-Univ.)

O. LEBTAG. 176

A. P. Karnauchow und **A. W. Kisselew,** *Zur Theorie der Korpuskularstruktur der Adsorbenten. Capillarkondensation und Sorptionshysterese in den Zwischenräumen zwischen den regulär gepackten Kugeln.* (Vgl. vorst. Ref.) Die Unterss. über die Capillarkondensation in Modellsystemen aus regelmäßig gepackten Kugeln mit den Koordinationszahlen 4, 6, 8 u. 12 ergaben, daß in Systemen mit sich berührenden spär. Teilchen die Capillarkondensation im wesentlichen in der Kondensation des Dampfes an den Berührungsstellen der Kugeln u. in der sprunghaften Besetzung der verengten Räume zwischen den Teilchen besteht. Diese Besetzung erfaßt sodann die übrigen Räume. Bei der Packung mit der Koordinationszahl 4 ist die Capillarkondensation (ohne polymol. Kondensation) allein durch die umkehrbare Besetzung des Raumes um die Kontaktstelle der Kugeln begrenzt. Die Entstehung einer Hysterese bei der Kondensation des Dampfes u. der Verdampfung der Fl. wird theoret. gedeutet. Für N_2-Dämpfe in Packungen aus spär. Teilchen von SiO_2 vom Durchmesser 100, 200 u. 400 Å mit den Koordinationszahlen 4, 6, 8 u. 12 werden die Isothermen der Capillarkondensation berechnet. Es zeigt sich, daß für die Hysteresepackungen mit abnehmender Koordinationszahl u. steigendem Teilchendurchmesser die Hystereseschleife nach rechts verschoben u. in der Breite verringert wird. Für eine gegebene Koordinationszahl ist das maximale Kondensatvol. konstant u. unabhängig von der Teilchengröße der Packung. Dies wird damit erklärt, daß mit steigender Teilchengröße das Vol. der Teilchen u. das Vol. des Raumes zwischen den Teilchen in gleicher Weise zunehmen. (Журнал Физической Химии [J. physik. Chem.] **31.** 2635—43. Dez. 1957.) O. LEBTAG. 176

A. W. Kisselew, W. W. Chonina und **Ju. A. Eltekow** (unter Mitarbeit von **A. L. Kljatschko-Gurwitsch**), *Absorption des Gemisches von Toluol und Heptan an Silicagelen und Rußen.* (Vgl. vorst. Ref.) An feinporigem *Silicagel KSM-2*, grobporigem *KSK-1* u. gemischtporigem *Silicagel T* wurde die Adsorption von *Toluol* (**I**) aus Lsgg. in *n-Heptan* (**II**) untersucht. Danach beträgt die Dicke der monomol. Adsorptionsschicht von **I** 3,7 Å. Die **I**-Moll. sind an der Oberfläche des Silicagels flach orientiert. Eine Abnahme der Porengröße von 104 auf 30 Å erhöht das Adsorptionspotential u. die Adsorption von **I** im Gebiet der geringen Konzz. u. verschiebt das Maximum der Isotherme am feinporigen Silicagel nach geringeren Konzentrationen. Die bevorzugte Adsorption der aromat. KW-stoffe u. Olefine an Silicagel aus gesätt. Lsgg. beruht auf der intensiven Rk. zwischen den aromat. Kernen u. den Hydroxylgruppen der Kieselsäure u. auf dem Einfl. der Substituenten, welche die vom Mol. auf dem Silicagel besetzte Gesamtfläche erhöhen u. die Adsorption an der sauren Oberfläche verringern. An Ruß mit saurer Oberfläche wird **I** aus Lsgg. von **II** positiv im gesamten Konzentrationsbereich adsorbiert, jedoch schwächer als an Silicagel. Eine Graphitierung des Rußes verringert die **I**-Adsorption; im Gebiet der hohen **I**-Konzz. wird sie negativ. (Известия Академии Наук СССР, Отделение Химических Наук [Nachr. Akad. Wiss. UdSSR, Abt. chem. Wiss.] **1958.** 664—72. Juni. Moskau, Lomonossow-Univ.; Inst. für physik. Chem. der Akad. der Wiss. der UdSSR.) O. LEBTAG. 176

Ch. A. Grigorjan, Al. M. Kulijew, S. E. Alijew und **B. A. Pinsker,** *Abnahme der Adsorptionsfähigkeit von Silicagel als Folge der Polymerisation von Propylen auf dessen Oberfläche.* Die Aktivität von Silicagel nimmt bei Beladung mit Propylen durch Bldg. von Polymerisat (im Mittel ca. 2%) nach 15- bzw. 30-Std. Versuchsdauer um 25—44 bzw. 68% ab. Nach der Regeneration durch Behandeln mit Luft bei 550° konnten bei kurzer Versuchsdauer 75—98% der anfänglichen Aktivität wiederhergestellt werden. Das sorgfältig getrocknete Ausgangssilicagel hatte eine Aktivität von 4,05 g/100 g', die Gasgeschwindigkeit betrug 0,1 Liter/Min. bei 200°. (Азербайджанское Нефтяное Хозяйство [Erdöl-Wirtsch. Aserbaidshan] **37.** Nr. 10. 33—35. Okt. 1958.) A. HELMS. 176

A. M. Rubinstein, Ju. A. Eltekow und **K. I. Slowetzkaja,** *Über die Chemisorption von Isopropylalkohol an Ferroalumogelen als Katalysator.* Die Unters. der Adsorption von *Isopropylalkohol* (**I**) an bei 40 u. 600° geglühten *Alumogelen* (**II**) in Abhängigkeit von der therm. Behandlung u. der Zus. der **II** ergab, daß die Zus. von **II** bei 30° die **I**-Adsorption wenig beeinflußt. Bei höherer Glühtemp. nehmen sowohl die Gesamt- wie die Chemisorption ab. Die feste **I**-Adsorption zeigt, daß an der Oberfläche ein Alkoholat des Typs R–O–Me entsteht, das bei erhöhter Temp. zersetzt werden kann, wobei Propylen entsteht. Die Menge des chem. sorbierten **I** bleibt mit ca. 4 μMol/m² prakt. unverändert u. ist in erster Näherung unabhängig von der Zus. u. der therm. Behandlung von **II**. Die Konz. der OH-Gruppen beträgt bei 600° 6,7 μval/m² u. ist ebenfalls unabhängig von der Zus. von **II**. Bei dem bei 400° geglühten **II** nimmt die OH-Konz. mit steigendem Fe_2O_3-Geh. ab u. ist größer als bei 600°. Dies ist ein Beweis dafür, daß an der **II**-Oberfläche genügend OH-Gruppen für die Chemisorption vorhanden sind. Aus der Gegenüberstellung der effektiven Querschnitte von **I** (40 Å) u. der OH-Gruppe (12 Å) ergibt sich, daß selbst bei 60%ig. Entfernung der OH-Gruppen von der **II**-Oberfläche das chemisorbierte **I** die gesamte Oberfläche besetzen kann. (Доклады Академии Наук СССР [Ber. Akad. Wiss. UdSSR] **122.** 86—89. 1/9. 1958. Zelinsky-Inst. für organ. Chem. der Akad. der Wiss. der UdSSR.) O. LEBTAG. 176

N. N. Kawtaradse, *Über die Natur des Maximums auf den Adsorptionsisobaren des Wasserstoffs an Nickel, Platin, Eisen, Chrom und anderen Metallen.* Die Vorstellungen von TAYLOR (J. Amer. chem. Soc. **53.** [1931.] 578) u. BEECK (Proc. Roy. Soc. [London], Ser. A. **177.** [1940.] 62) über die Natur der Maxima auf den Adsorptionsisobaren von H_2 an Ni, Pt, Fe, Cr u. ähnlichen Metallen werden als nicht den Versuchsergebnissen entsprechend abgelehnt. Vf. erörtert die von ihm bereits früher (C. **1959.** 3391) aufgestellte Theorie, wonach diese Maxima dadurch erklärt werden können, daß sich ein Gleichgewicht zwischen atomarer u. mol. Chemisorption einstellt. Danach verursacht eine Temperaturerhöhung bei sehr niedrigen Drücken ein Absinken der Adsorptionsisobare. Bei hohem Druck steigen die Isobaren mit steigender Temp. zunächst an, gehen durch ein Maximum u. nehmen dann ab. Mit steigendem Druck wird das Maximum nach höheren Tempp. verlagert; die dem Maximum entsprechende Adsorption nimmt zu. Die Theorie des Vf. wird thermochem. u. thermodynam. begründet. (Известия Академии Наук СССР, Отделение Химических Наук [Nachr. Akad. Wiss. UdSSR, Abt. chem. Wiss.] **1958.** 1045—53. Sept. Inst. für physik. Chem. der Akad. der Wiss. der UdSSR.) O. Lebtag. 176

A. A. Morosow und **Ss. N. Stawrow,** *Einfluß der Kationen auf die Eigenschaften des Schwarzmeer-Agaroides.* Das Schwarzmeer-Agaroid aus *Phyllophora nervosa* (I), ein unvollständiger Polysaccharidschwefelsäureester, ist ein natürlicher Kationenaustauscher. Untersucht wurden Li-, Na-, K-, Ca- u. Ba-Austauschprodukte. Die Leitfähigkeit derselben nimmt in obiger Reihenfolge ab, wobei das I zwischen K u. Ca steht. Die Viscosität, Schubspannung u. Quellung der verd. Lsgg. ist um so größer, je größer der Dissoziationsgrad ist, desto geringer ist aber die Fähigkeit zur Solbildung. Die wichtigsten physikal.-chem. u. physikal.-mechan. Eigg. der I-Extrakte sind durch die Anzahl der SO_4-Gruppen pro Gewichtseinheit der Substanz bedingt. Das Kation bedingt die Dissoziation u. beeinflußt die Größe der Ladung des hochmol. Anions. (Коллоидный Журнал [Kolloid-J.] **20.** 194—98. März/April 1958. Odessa, Metschnikow-Univ.; Tschernowitz, Univ.) J. v. Schroeder. 177

G. L. Natansson, *Fällung von Aerosolteilchen auf einen umströmten Zylinder unter der Einwirkung der elektrostatischen Anziehung.* Theoret. Betrachtungen über die Bedingungen der Aerosolfällung bei geladenem Zylinder u. geladenen bzw. nicht geladenen Teilchen sowie bei nicht geladenem Zylinder u. nicht geladenen Teilchen u. über die van der Waalssche Wechselwrkg. zwischen dem Zylinder u. den Teilchen. (Доклады Академии Наук СССР [Ber. Akad. Wiss. UdSSR] **112.** 696—99. 1/2. 1957. Physikal.-Chem. Karpow-Inst.) O. Lebtag. 180

James A. Browning, *Erzeugung und Messung von einzelnen Tropfen, Sprays und festen Suspensionen.* Erzeugung einzelner u. Strömen gleichförmiger Tröpfchen. Produktion von Aerosolen u. festen Suspensionen. Mechan., physikochem., opt. u. elektr. Messung. Größenverteilung, Form, Fluß u. Aggregation der Teilchen. — 275 Literaturangaben. (Advances Chem. Ser. Nr. **20.** 136—54. Febr. 1958. Hannover, N. H., Dartmouth Coll., Thayer School of Engng.) G. Challier. 180

A$_6$. Strukturforschung.

I. Ss. Sheludew, *Symmetrie der Skalaren, Vektoren und Tensoren zweiten Ranges.* Auf Grund der Überlagerung der Elemente von symm. u. antisymm. Teilen werden für die Symmetrie der polaren u. axialen Ergebnisse erhalten, die mit früher auf analyt. Wege erhaltenen übereinstimmen. Bei einer neuen Symmetriegruppe des antisymm. axialen Tensors wird gezeigt, daß dieser einen polaren Vektor bestimmt u. dessen Symmetrie hat (∞. m). Aus der Überlagerung der Symmetrieelemente eines polaren u. eines axialen Tensors bes. Art ergibt sich eine neue Symmetriegruppe $\bar{4}$. Insgesamt existieren, einschließlich der Kombinationen, 17 Gruppen von polaren u. axialen Tensoren. (Кристаллография [Kristallographie] **2.** 207—16. 1957. Akad. der Wiss. der UdSSR, Inst. für Kristallogr.) R. K. Müller. 181

H. T. Closson, W. E. Danielson und **R. J. Nielsen,** *Automatische Messung kleiner Abweichungen in periodischen Strukturen.* Vff. beschreiben ein neu konstruiertes, automat. registrierendes Instrument – das Mikrodeviometer – zur genauen Messung period. Abstände. Mit dem Instrument läßt sich z. B. eine Helix mit mehreren Hundert Windungen mit einer Genauigkeit von 1 μ ausmessen. Auch Gitterstrukturen sehr feiner Drähte mit mehr als 1000 Drähten pro in. lassen sich schnell u. genau messen. (Rev. sci. Instruments [N. S.] **29.** 855—59. Okt. 1958. Murray Hill, N. J., Bell Telephone Labors., Inc.) C. Gottfried. 181

G. L. Rogers, *Eine einfache Methode zur Berechnung von Moiré-Diagrammen.* Beschreibung der Meth., die auf der Verwendung des Ewaldschen reziproken Raumes beruht. (Proc. physic. Soc. **73.** 142—44. 1/1. 1959. Birmingham, College of Technol.) C. Gottfried. 181

Natsu Uyeda, *Kristallstrukturanalyse mit Hilfe der Nebenmaxima von Elektronenbeugungsdiagrammen.* Vf. beschreibt eine neue Meth. zur Best. von Kristallstrukturen, die ausschließlich auf der Messung der linearen Komponenten der Elektronenbeugungsdiagramme anstatt auf der Intensität der Interferenzen beruht. Die linearen Komponenten waren die der Nebenmaxima der Interferenzflecken. Gemäß der dynam. Theorie der Elektronenbeugung gibt die Verschiebung des Nebenmaximums von der

Hauptinterferenz das FOURIER-Potential V_{hkl} des period. Feldes des Kristallgitters, das seinerseits Kenntnis über den Strukturfaktor des Kristalls liefert. Es wird eine Meth. zur Analyse der Nebenmaxima zur Berechnung des FOURIER-Potentials beschrieben. Als Anwendungsbeispiel wurde der Br-Parameter von *$CdBr_2$* gebracht; der Parameter ergab sich zu 0,25. (Bull. Inst. chem. Res., Kyoto Univ. [Kagaku Kenkyusho Hokoku] **35.** 105—22. Nov. 1957. Suito Labor.) C. GOTTFRIED. 181

K. Das Gupta und **N. Pan,** *Eine neue experimentelle Technik für die Röntgenbeugungsuntersuchung.* Vff. beschreiben eine neu konstruierte Röntgenkamera vom Fokussierungstyp, bei der sich der photograph. Film, die Probe u. die Antikathode in einem Hochvakuum von etwa 10^{-6} mm Hg befinden. (J. sci. ind. Res. [New Delhi], Sect. B **17.** 131—33. März 1958. Calcutta, Univ. College of Sci., Khaira Labor. of Phys.) C. GOTTFRIED. 181

Edwin M. Larsen und **James J. Leddy,** *Einfache Handhabungshilfe für Röntgencapillaren.* Vff. beschreiben eine einfache Vorr. zum Füllen von Capillaren in wasserfreier Atmosphäre, in N_2 oder Ar oder in dem „Trockenschrank". (Rev. sci. Instruments [N. S.] **29.** 736. Aug. 1958. Madison, Wis., Univ. of Wisconsin, Dep. of Chem.) C. GOTTFRIED. 181

Göran Wassberg und **Kai Siegbahn,** *Kleinwinkelröntgenstreuung.* Vff. beschreiben einen neu konstruierten App. zur Unters. der Kleinwinkelröntgenstreuung, mit dem man eine zweidimensionale Fokussierung der Röntgenstrahlen erhält u. damit einen scharfen punktförmigen Brennfleck des monochromat. Strahles. Sehr befriedigende Unterss. mit dem App. wurden an einem Polystyrol-Latex erhalten, der aus gleichmäßig großen Kugeln mit einem Durchmesser von 3400 Å u. einer mittleren Abweichung von 52 Å bestand. (Ark. Fysik **14.** 1—15. 1958.) C. GOTTFRIED. 181

W. L. Bond, *Röntgenröhre mit Germaniumantikathode.* Beschreibung der Darst. der Ge-Anode. Die charakterist. Strahlung ist $K\alpha_1 = 1{,}25401$ Å u. $K\alpha_2 = 1{,}25796$ Å. (Rev. sci. Instruments [N. S.] **29.** 899—900. Okt. 1958. Murray Hill, N. J., Bell Telephone Labors.) C. GOTTFRIED. 181

W. Heitler, *Die Theorie der chemischen Bindung.* Überblick über die Theorie der kovalenten chem. Bindung u. ihrer Hauptentwicklungsstadien. (Ark. Fysik **10.** Nr. 13. 145—56. 1956. Zürich, Univ., Seminar für theoret. Phys.) C. GOTTFRIED. 182

Y. P. Varshni, *Über die Wu-Yangsche Potentialenergiefunktion.* Eine Gegenüberstellung der theoret. nach der von WU u. YANG (J. physic. Chem. **48.** [1944.] 295) angegebenen Potentialfunktion $U = a\,\exp(-mr) - b/r^n$ berechneten α_e- u. $\omega_e x_e$-Werte für 11 zweiatomige Moll. mit den experimentellen Daten zeigt, daß die Annahme, n, m u. b seinen für verschied. Zustände der verschied. zweiatomigen Moll. einer mol. Periode Konstanten, nicht nur außerhalb des Bereichs $r = r_e$, sondern auch für $r = r_e$ falsch ist. (Proc. physic. Soc. **73.** 119—21. 1/1. 1959. Allahabad, Allahabad Univ., Dep. of Phys.) D. JÖRCHEL. 182

Monique Roux, *Untersuchungen über die Verteilung der Elektronendichte in den Molekülen.* 3. Mitt. *Einfluß der Natur der molekularen Wellenfunktion auf die Vorstellung des Einflusses der chemischen Bindungen.* (2. vgl. C. **1958.** 3232.) Theoret. Untersuchung. (J. Chim. physique Physico-Chim. biol. **55.** 754—57. Okt. 1958. Centre de Mécan. Ondulat. Appl.) C. GOTTFRIED. 182

T. K. Rebane, *Über die Kontinuitätsbedingungen im Metall-Modell des Moleküls.* Unter Anwendung der Symmetrieeigenschaften der HAMILTON-Funktion in der Gleichung von SCHRÖDINGER für das H-Atom werden 6 quantenmechan. Integrale der Bewegung erhalten. Die zusätzliche Degeneration für das diskrete Spektr. hängt mit der Geschlossenheit der Bewegungsbahn eines Teilchens in einem COULOMBschen Feld zusammen. (Вестник Ленинградского Университета, Серия Физики и Химии [Nachr. Leningrader Univ.] **12.** Nr. 10 [Ser. Physik Chem.] Nr. 2. 11—20. 1957.) R. K. MÜLLER. 182

E. Bright Wilson jr., *Bestimmung der Anordnung von Atomen in einem linearen Molekül.* Vf. zeigt, wie man mit Hilfe von aus IR- oder RAMAN-Spektren einer genügenden Anzahl von isotopen Arten bestimmten Kraftkonstanten eine Unterscheidung zwischen möglichen Anordnungen von Atomen in einem linearen Mol. treffen kann. (Spectrochim. Acta [London] **12.** 1—3. März/April 1958. Cambridge, Mass., Harvard Univ., Mallinckrodt Chem. Labor.) C. GOTTFRIED. 182

G. Pilcher und **H. A. Skinner,** *Valenzzustände in Titan und Vanadin.* Auf der Grundlage der SLATER-GORDON-Theorie der atomaren Spektren u. unter Verwendung empir. bestimmter spektraler Parameter werden die Anregungsenergien vom Grundzustand des *V* bzw. des *Ti* zu den Valenzzuständen berechnet, die sich aus den 8 Konfigurationen d^5, d^4s, d^4p, d^3sp, d^3p^2, d^2sp^2, d^2p^3 u. dsp^3 bzw. d^4, d^3s, d^3p, d^2sp, d^2p^2, dsp^2, dp^3 u. sp^3 ableiten. Aus einer Betrachtung 1. der zur Erreichung eines Valenzzustandes erforderlichen Energie, 2. des „Bindungsvermögens" der atomaren Bahnen, die zu diesem Valenzzustand gehören, u. 3. der „geometr. Stabilität" der gebildeten Mol.-Struktur wird auf das Vermögen der einzelnen Valenzzustände zur Bldg. stabiler Verbb. VX_5 bzw. TiX_4 geschlossen. Es zeigt sich, daß die trigonale, bipyramidale Struktur für VX_5, die sich im wesentlichen aus der d^3sp-Konfiguration des V, u. die tetraedr. Struktur für TiX_4, die sich im wesentlichen aus der d^3s-Konfiguration des Ti ableiten, begünstigt sind. Jedoch scheint ein V-Atom in einer „isovalenten hybriden" Konfiguration aus einer d^3sp–dsp^3-Mischung ein größeres „Bindungsvermögen" zu haben als jede der beiden reinen Konfigurationen. Das Analoge gilt für eine d^3s–sp^3-Mischung des Ti. Die veränderliche Dissoziationsenergie bei der stufenweisen Zers. von *$TiCl_4$* wird in Verbindung mit den vorgeschlagenen Valenzkonfigurationen des Ti in $TiCl_4$, *$TiCl_3$*, *$TiCl_2$* u. *TiCl* erörtert. Danach nimmt die zur Erreichung des Valenzzustandes erforderliche Anregungsenergie in der Reihe $TiCl_4$ → TiCl ab, gleichzeitig wird die effektive Elektronegativität des Ti kleiner. (J. inorg. Nuclear Chem. **7.** 8—26. Aug./Sept. 1958. Manchester, Univ., Chem. Dep.) D. JÖRCHEL. 182

Hisao Kuroya, Yoshihiko Saito, Akitsugu Nakahara, Yoshimichi Komiyama und **Kazumi Nakatsu,** *Der räumliche Aufbau des Äthylendiaminmoleküls in Metallchelatverbindungen.* Durch Röntgenunterss. der Chelate $[Coen_2Cl_2]^+$ u. $[Co\,en_3]^{3+}$ wurde deren Struktur aufgeklärt. Es wird ein nichtebener Aufbau des en-Mol. angenommen, bei dem die Abstände Co–N 2,00 Å, N–C 1,47 Å, C–C 1,54 Å u. N–N 2,83 Å u. die Winkel CoNC 104° u. NCC 109,5° betragen. Da durch Drehung der $C_{(2)}$–$N_{(2)}$-Bindung um die $C_{(1)}$–$C_{(2)}$-Achse 2 opt. isomere Formen auftreten können, wird für trans$[Co\,en_2Cl_2]^+$ das Auftreten von 3 isomeren Formen (dd, ll u. dl) u. für $[Co\,en_3]^{3+}$ das Auftreten von 4 Paaren opt. Isomerer (Dlll–Llll, Dlld–Llld, Dldd–Lldd, Dddd–Lddd) gefordert, wobei sich D u. L auf die opt. Isomerie beziehen, die sich aus dem Aufbau des ganzen Mol. ergibt. (J. Inst. Polytechn., Osaka Univ., Ser. C **5.** 1—6. April 1956. Osaka, Univ., Fac. of Sci. [Orig.: engl.]) H. PLUSKAL. 182

Kumar Krishna Chatterjee, *UV-Absorptionsspektren des 8-Hydroxychinolins und seines Kupferchelats.* Der Vgl. der UV-Absorption des *8-Hydroxychinolins* (**I**) u. seines *Cu-Chelats* (**II**) wird zur Strukturaufklärung von **II** benutzt. Die Absorptionsmaxima sind für **I** in 95%ig. alkohol. Lsg. 242 (mμ) u. 310; **I** in 95%ig. alkohol. Lsg., die 1 n an KOH ist, 256 u. 340—370 (verwaschen); **I** in 95%ig. alkohol. Lsg., die 0,1 n an $HClO_4$ ist, 255, 310, 320 u. 370; **II** in 95%ig. alkohol. Lsg. 258 u. 395. Vf. schließt aus der Lage der Absorptionsbanden, daß **II** weder ionisiert noch eine einfache kovalente Cu–O-Bindung haben kann. Er nimmt eine ebene Struktur mit einer Doppelbindung zwischen Cu u. O an, die mit den Doppelbindungen des Ringsyst. in Konjugation steht. Der Bindungszustand des Cu ist eine hybridisierte dsp^2-Bindung, eine zusätzliche $p\pi$–$d\pi$-Bindung stabilisiert die ebene Struktur. (Analytica chim. Acta [Amsterdam] **20.** 232—35. 1959. Calcutta, Univ., Coll. of Sci., Dep. of Chem.) W. BETCKE. 182

A. R. Rosenfield, *Erneute Berechnung von Deformationszwillingssystemen.* Die bereits früher (vgl. C. **1959.** 2724) an Hand von sterograph. Projektionen durchgeführten Berechnungen von Deformations-Zwillingssystemen wurden nochmals nachgeprüft. (J. appl. Physics **29.** 1771. Dez. 1958. Cambridge, Mass., MIT, Dep. of Metallurgy.) C. GOTTFRIED. 190

A. Halperin, *Ein ungewöhnlicher Wachstumstyp in Diamant.* In Fortsetzung der Unterss. von TOLANSKY u. Vf. (vgl. C. **1950/54.** 59 S.) berichtet Vf. über weitere Unterss. an dem gleichen Diamanten. Mittels Mehrfachstrahlinterferometrie u. Phasenkontrastmikroskopie wurden Wachstumserscheinungen beobachtet, die sich als „Terrassen" von den Kanten von Wachstumsschichten aus auf den Oktaederflächen erstrecken. Eine dieser Terrassen war außerordentlich flach über die ganze Fläche hinweg, wahrscheinlich herab bis zu atomaren Dimensionen. Zur Erklärung wird angenommen, daß in der letzten Wachstumsstufe des Diamants, wenn Dreiecke auf der Oberfläche gebildet werden, die Wachstumsschichten „einfrieren" u. Wachstum nur noch zu den festliegenden Kanten zu fortschreitet. (Philos. Mag. [8] **3.** 1057—60. Okt. 1958. Englefield Green, Roy. Holloway Coll.) C. GOTTFRIED. 190

S. Amelinckx, W. Maenhout-Van der Vorst und **W. Dekeyser,** *Hohlraumbildung in Alkalihalogeniden mit Nitratzusatz.* Vff. stellten nach der Meth. von CZOCHRALSKY *KCl*-Einkristalle her, welche 0,75% AgCl + Spur $AgNO_3$, 0,75% AgBr + Spur $AgNO_3$, 0,75% Ag_2O, 0,90% $AgNO_3$ oder 0,70% KNO_3 enthielten. Spaltungsparallelepipede wurden hierauf in O_2-freiem H_2 2 Std. bei 750° angelassen, langsam abgekühlt u. ultramkr. untersucht. Es wurde beobachtet, daß sich durch das Glühen in den Kristallen mit Gas gefüllte Hohlräume gebildet hatten, die sich entlang von Versetzungen ausgeschieden hatten. Die Gase bestanden, wie die massenspektroskop. Unterss. ergaben, aus O_2 u. N_2 u. bilden sich durch die Rk. $2\,Ag^+ + 2\,NO_3^- \rightarrow 2\,Ag^0$

$+ N_2 + 3 O_2$. Die Ausscheidung findet nur statt, wenn genügend Aktivierung vorhanden ist, um eine Diffusion zu ermöglichen. Diese Diffusion wird durch die Bldg. von kleinen Agglomeraten aus einigen Gasmoll. u. einer Anzahl von Leerstellen erleichtert. (Acta metallurg. [New York] **7.** 8—17. Jan. 1959. Gent, Labor. voor Kristalkunde.) C. Gottfried. 190

P. R. Moran, *Versetzungsätztechniken für einige Alkalihalogenidkristalle.* Vf. entwickelte neue Ätzmittel für *NaCl* (**I**), *KCl* (**II**), *KBr* (**III**) u. *KJ* (**IV**), speziell zur Unters. der relativen Versetzungsdichten in diesen Kristallen. Für **I** besteht das Ätzmittel aus absol. A. unter Zusatz von 3 g HCl pro Liter Alkohol. Die Ätzfl. für **II** besteht zu 95 Vol.-% aus zu 25% mit $BaBr_2$ gesättigtem A. u. zu 5 Vol.-% aus Methylalkohol, der pro Liter 100 g $BaBr_2$ enthält. **III** wird am besten mit Eisessig angeätzt u. hierauf mit CCl_4 abgespült. Als Ätzmittel läßt sich auch das für **II** verwendete Mittel unter nachfolgendem Abspülen mit CCl_4 verwenden. **IV** gibt gute Ätzbilder mit Isopropylalkohol u. anschließendem Abspülen mit CCl_4. (J. appl. Physics **29.** 1768—69. Dez. 1958. Pittsburgh, Pa., Westinghouse Res. Labor.) C. Gottfried. 190

C. P. Slichter, *Magnetische Resonanzuntersuchungen der Selbstdiffusion in einfachen festen Körpern.* Vf. gibt zunächst einen Überblick über die theoret. Grundlagen zur Unters. von Diffusionsgeschwindigkeiten in einfachen festen Körpern durch Messung der Breiten der Kernresonanzlinien u. bespricht hierauf an Hand von experimentellen Daten aus der Literatur ihre Anwendung auf die Unterss. der Selbstdiffusion. (Suppl. del Nuovo Cimento Nr. 1 (zu [10] **9**). 104—11. 1958. Urbana, Ill., Univ.) C. Gottfried. 190

Robert Englman, *Über das Entweichen von Verunreinigungen aus festen Körpern.* Vf. zeigt auf theoret. Wege, daß man die Verteilung von Verunreinigungen in einem halbunendlichen Festkörper aus Beobachtungen der Entweichungsgeschwindigkeit durch die Oberfläche bestimmen kann. (Philos. Mag. [8] **3.** 1081—88. Okt. 1958. Bristol, Univ., H. H. Wills Phys. Labor.) C. Gottfried. 190

L. I. Tatarinowa, *Elektronographische Untersuchung von amorphem Antimonsulfid.* Die Analyse der Elektronogramme von amorphem Sb_2S_3 auf Grund der Kurve der radialen Verteilung ergibt für die Atomabstände $r_1 = 2{,}33$, $r_2 = 3{,}42$ u. r_3 ca. 4,0 Å. Jedes Sb-Atom ist von ca. 6 (errechnet 5,7) S-Atomen, jedes S-Atom von ca 4 (3,8) Sb-Atomen umgeben. Für hexagonales Gitter errechnet sich für die Fläche unter dem 2. u. 3. Maximum der Kurve der radialen Verteilung 166,5 Å^2, während der Vers. 159,2 ergibt. Die Atome im amorphen Sb_2S_3 erscheinen locker gepackt, jedoch mit dem Bestreben nach dichterer Packung. (Кристаллография [Kristallographie] **2.** 260—67. 1957. Akad. der Wiss. der UdSSR, Inst. für Kristallogr.) R. K. Müller. 195

G. Ss. Shdanow, N. N. Shurawlew, A. A. Stepanowa und **M. M. Umanski,** *Kristallchemie der Metallhexaboride.* Die Gitterparameter der Hexaboride MeB_6 ordnen sich in verschied. Kurven für 2-, 3- u. 4-wertiges Me. Die therm. Ausdehnungskoeffizienten für CaB_6 u. SiB_6 bis 700 bzw. 800° werden in einem Diagramm wiedergegeben. Ein Diagramm zeigt entsprechende Werte für BaB_6, LaB_6 u. CeB_6 in Abhängigkeit vom Atomdurchmesser im Vgl. mit CaB_6 u. SiB_6; CeB_6 liegt außerhalb der die anderen MeB_6 verbindenden Geraden. (Кристаллография [Kristallographie] **2.** 289—90. 1957. Moskau, Univ.) R. K. Müller. 195

P. A. Akischin, W. P. Spiridonow, G. A. Ssobolew und **W. A. Naumow,** *Elektronographische Untersuchung der Molekularstruktur.* 7. Mitt. *Strontiumhalogenide.* (6. vgl. C. **1959.** 11488.) Die Streuung von schnellen Elektronen an dampfförmigem SrX_2 (X = F, Cl, Br, J) ergibt in allen Fällen lineare Mol.-Struktur. Die Atomabstände sind: Sr–F 2,20 (Å); Sr–Cl 2,68; Sr–Br 2,82; Sr–J 3,03; F–F 4,40; Cl–Cl 5,30; Br–Br 5,61; J–J 6,08; der Valenzwinkel beträgt jeweils 180°. (Журнал Физической Химии [J. physik. Chem.] **31.** 1871—74. Aug. 1957. Moskau, Lomonossow-Univ.) R. K. Müller. 195

R. C. Ropp, M. A. Aia, C. W. W. Hoffman, T. J. Veleker und **R. W. Mooney,** *Röntgenstrahlen-Pulver-Beugungsaufnahmen von Strontiumphosphaten.* Für folgende 12 Strontiumphosphate: $Sr(H_2PO_4)_2$ [**I**, aus SrO, $Sr(OH)_2$ oder $SrCO_3$ durch Zufügen zu 50% überschüssiger konz. H_3PO_4], $SrH_2P_2O_7$, γ-, β-, α-$Sr(PO_3)_2$ (aus **I** durch Erhitzen auf 250°, 320°, 420° bzw. 850°), α-$SrHPO_4$ [**II**, a) aus verd. wss. **I**-Lsg. durch Erhitzen über 60°; b) durch Fällen aus einer Sr^{2+}-Lsg. mit $(NH_4)_2HPO_4$ oberhalb 60°], β-$SrHPO_4$ [**III**, a) aus verd. wss. **I**-Lsg. durch Zugabe von NH_4OH bei 25°; b) wie vorst. unter b) bei 15—20°], $Sr_2P_2O_7 \cdot 1/2 H_2O$ (aus **III** durch Erhitzen auf 300°), β-$Sr_2P_2O_7$ (aus **II** oder **III** durch Erhitzen auf 200° bzw. 575°), α-$Sr_2P_2O_7$ (aus vorst. Verb. durch Erhitzen auf 760—800°), $Sr_3(PO_4)_2$ (**IV**, aus $Sr_2P_2O_7$ u. $SrCO_3$ durch Entzünden), $Sr_{10}(PO_4)_6(OH)_2$ (**V**, aus $SrHPO_4$ u. $SrCO_3$ durch Entzünden oder durch Hydrolyse von $SrHPO_4$ → **IV** → **V**) wurden nach der Meth. der Röntgenstrahlenbeugung an Pulvern die Diffraktionsspektren aufgenommen. Die Linien u. ihre Intensitäten werden tabellar. mitgeteilt. 21 Literaturstellen. (Analytic. Chem. **31.** 1163—66. Juli 1959. Towanda, Pa., Sylvania Electr. Products, Inc., Chem. and Metallurg Div.) E. RIEDEL. 195

Eiji Suito und **Eiichi Sekido,** *Die Dimorphie und der Kristallhabitus von Kupferoxinatniederschlägen.* In Fortsetzung der Unterss. von ISHIBASHI u. Mitarbeitern (vgl. J. chem. Soc. Japan, pure Chem. Sect. [Nippon Kagaku Zassi] **77.** [1956.] 1836), welche Dimorphie von Kupferoxinat beobachtet hatten, untersuchten Vff. die Bildungsbedingungen der beiden Formen. Danach bildet die Verb. direkt nach dem Ausfällen grüne Nadeln (α-Form), die sich beim Stehen in grüne Blättchen (β-Form) umwandeln. Aus der chem. Analyse folgte, daß die Zus. der beiden Formen gleich ist; das Verhältnis Kupfer: Oxin ist 1:2. Außerdem besitzen beide Formen 2 Moll. Kristallwasser. Verschieden sind dagegen die Pulverdiagramme. Die stabile β-Form erwies sich als monoklin mit a = 13,01 Å; b = 5,56 Å; c = 11,38 Å; β = 106,1°; Raumgruppe $P2_1/c$, die instabile α-Form als tetragonal mit a = 9,57 Å u. c = 15,56 Å. (Proc. Japan Acad. **33.** 196—200. April 1957. Kyoto, Univ., Inst. for Chem. Res. [Orig.: engl.]) C. GOTTFRIED. 195

Ja. Ja. Bleideliss, *Kristallstruktur von cis-*$[Pt(NH_3)_2(SCN)_2]$. (Кристаллография [Kristallographie] **2.** 278—80. 1957. Akad. der Wiss. der LettSSR, Chem. Inst. — C. **1958.** 10290.) R. K. MÜLLER. 195

Ja. Ja. Bleideliss und **G. W. Boki,** *Kristallstruktur des trans-Diammindirhodanids des zweiwertigen Platins.* (Vgl. vorst. Ref.) (Кристаллография [Kristallographie] **2.** 281—83. 1957. — C. **1958.** 12038.) R. K. MÜLLER. 195

Günther Schneider, *Die Epitaxie — ein mineralogisches Problem, mit Hinweisen auf ihre Anwendung zur Erörterung metallkundlicher Fragen.* Begriff der Epitaxie (gesetzmäßige Verwachsung von Kristallen verschied. Art), Erklärung des Zustandekommens orientierten Stoffabsatzes, Systematik der orientierten Verwachsungen, Herst. orientierter Verwachsungen, Beispiele für die Bedeutung der Epitaxie. (Bergakademie [Freiberg] **10.** 527—33. Okt. 1958. Karl-Marx-Stadt, Hochschule für Maschinenbau, Inst. für Werkstofftechnik.) W. WESLY. 196

A. Goswami, *Extrareflexion durch dynamische Streuung.* Vf. nimmt Bezug auf eine eigene frühere Unters. (vgl. C. **1959. 403**), bei der das Auftreten von durch den Strukturfaktor verbotenen Elektronenbeugungsinterferenzen orientierter Filme, von Ag {111} auf Cu der Bldg. von nach {111} verzwillingten Kristalliten zugeschrieben worden war, u. stellt auf Grund weiterer Überlegungen fest, daß diese Erklärung nicht richtig ist. Die Extrainterferenzen sind vielmehr sekundärer dynam. Streuung zuzuschreiben. (J. sci. ind. Res. [New Delhi], Sect. B **17.** 133—35. März 1958. Poona, Nat. Chem. Labor.) C. GOTTFRIED. 196

V. R. Guru Moorti und **M. K. Gharpurey,** *Die Textur von auf frischen Spaltflächen von Glimmer niedergeschlagenen Zink- und Cadmiumfilmen.* Auf Paare von frischen Spaltflächen wurde gleichzeitig bei einem Vakuum von etwa 10^{-4} mm Hg Zn oder Cd aufgedampft. Es wurden 2 verschiedene Glimmer benutzt, ein sog. „gefärbter" Glimmer, der viele Streifen enthielt, u. ein vollkommen durchsichtiger u. gleichmäßiger „klarer" Glimmer. Die Ndd. von Zn u. Cd auf den beiden Oberflächen des „gefärbten" Glimmers waren durchweg nicht gleichmäßig, die Ndd. waren jedoch auf beiden Seiten vollkommen symmetrisch u. spiegelbildgleich. Die Textur des Nd. änderte sich im allgemeinen plötzlich beim Überschreiten einer Spaltstufe; auch in diesem Fall waren die entsprechenden Stellen auf beiden Seiten ähnlich. Hatten sich einzelne Kristallite gebildet, dann hatte jeder Kristallit auf der anderen Seite an dem gleichen Platz einen zweiten Kristallit. Die Kondensation des Zn-Nd., zusammen mit dem 1:1-Übereinstimmen der Kristallite auf den 2 Flächen, zeigt an, daß in diesem Fall das Absetzen auf den Oberflächen akt. Keimzentren zuzuschreiben ist u. nicht dem FRENKELschen Mechanismus der homogenen Keimbildung. Auf dem „klaren" Glimmer waren die Ndd. gleichmäßiger u. ebenfalls auf beiden Seiten spiegelbildgleich. (Canad. J. Physics **36.** 1319 bis 1322. Okt. 1958. Poona, India, Nat. Chem. Labor.) C. GOTTFRIED. 196

E. Grunbaum, R. C. Newman und **D. W. Pashley,** *Die Anfangsstadien des Wachstums von orientierten Kupferkeimen auf Einkristalloberflächen von Silber.* Innerhalb einer Elektronenbeugungskamera dampften Vff. Schichten von Cu mit einer mittleren Dicke < 1 Å auf (111)-Oberflächen von Ag auf. Aus den Elektronenbeugungsaufnahmen ergab sich, daß ein Beugungsdiagramm von orientierten Cu-Keimen plötzlich bei einer krit. Dicke auftritt. Diese krit. Dicke nimmt mit zunehmender Temp. der Unterlage ab; sie beträgt bei Zimmertemp. etwa 0,9 Å u. bei 300° 0,2 Å. Vff. diskutieren hierauf die Frage, welche Form die Anfangsschichten besitzen, so daß kein Beugungsdiagramm auftreten kann, u. ferner, was für Änderungen bei der krit. Dicke auftreten. Es werden 2 Möglichkeiten diskutiert: der Anfangs-Nd. hat die Form kleiner kristalliner Inselchen monoatomarer Dicke, die dieselbe seitliche Ausdehnung haben wie die des

Ag-Substrats, oder er besteht aus einzelnen Cu-Atomen, die in der Lage sind, über die Ag-Oberfläche zu diffundieren. In jedem Augenblick ist die Lage jedes einzelnen Atoms nur durch das Substrat bestimmt u. wird nicht durch benachbarte Cu-Atome beeinflußt; die Cu-Atome können als ein zweidimensionales Gas angesehen werden. Diskutiert wird der Einfluß der Temp. des Substrats. (Philos. Mag. [8] **3.** 1337—41. Dez. 1958. London, Imp. Coll., Phys. Dep.) C. GOTTFRIED. 196

John G. Fletcher und **David C. Larson,** *Einfluß von Elektronenwechselwirkungen auf metallische Eigenschaften.* (Vgl. C. **1959.** 2042.) Berichtigung einer Gleichung u. der $\Delta^{(1)}$- u. Δ-Werte für K, Rb u. Cs in der l. c. referierten Arbeit. (Physic. Rev. [2] **112.** 2139. 15/12. 1958.) HERBERT WEBER. 197

J. P. Hirth und **F. C. Frank,** *Über die Stabilität von Versetzungen in Metallbärten.* Vff. untersuchten theoret. die Möglichkeit von therm. aktiviertem Gleiten von Versetzungen aus Metallbärten heraus. Solch ein Vorgang liefert einen Mechanismus für das Aufhören des Bartwachstums. Es zeigte sich, daß eine einzelne axiale Versetzung in einem instabilen elast. Gleichgewicht ist, wenn sie eine Kantenkomponente besitzt, die mit Bezug auf die Bartachse größer ist als ein krit. Wert. Metastabile Zersetzungen mit Kantenkomponenten kleiner als dieser krit. Wert haben die Möglichkeit des Herausgleitens aus dem Bart, u. zwar in Abhängigkeit von dem Bartradius, der Temp. u. den elast. Eigg. des Bartmaterials. Diskutiert wird der durch diesen Mechanismus zu erwartende Einfl. auf die Morphologie der Bärte. (Philos. Mag. [8] **3.** 1110—16. Okt. 1958. Bristol, Univ., H.H. Wills Phys. Labor.) C. GOTTFRIED. 197

F. R. N. Nabarro und **P. J. Jackson,** *Das Klettern einer Versetzung in einem verdrehten Bart.* Vff. beziehen sich auf eine Unters. von GOMER (vgl. C. **1958.** 11741), der beobachtet hatte, daß verdrehte Hg-Bärte period. Unvollkommenheiten haben, die durch Abstände getrennt sind, die in enger Beziehung zu der Steigung der Verdrehung stehen, u. geben hierzu eine Erklärung, deren Grundidee die ist, daß ein durch Sublimation gewachsener Bart eine Konz. von Gitterleerstellen besitzt, die größer ist als der Gleichgewichtswert. Die Schraubenversetzung entlang der Achse neigt dazu, eine Schraubenform anzunehmen u. Leerstellen durch Klettern zu absorbieren. Die geometr. gerade, aber exzentrische Versetzung parallel zu der Achse eines verdrehten Bartes ist tatsächlich eine Schraubenversetzung in Gitterkoordinaten. (Philos. Mag. [8] **3.** 1105—09. Okt. 1958. Johannesburg, Univ. of Witwatersrand, Dep. of. Phys.) C. GOTTFRIED. 197

A. I. Bublik, *Elektronographische Untersuchung der Struktur dünner flüssiger Zinnfilme.* Von fl. Sn in dünner Schicht (2—3 · 10^{-6} cm) werden Elektronogramme nahe dem F. (bei 235°) u. bei 300° aufgenommen. Sie zeigen 2 deutlich ausgeprägte Maxima von sin ϑ/λ u. 2 schwächere. Für die radiale Verteilung errechnet sich bei 235° für die 1., 2. u. 3. Koordinationssphäre R = 3,4, 3,95 u. 4,75 Å, entspr. 7, 6 u. 8 Teilchen, bei 300° für die 1. Koordinationssphäre R = 3,6 (11,5 Teilchen). Beim F. ähnelt die Struktur von fl. Sn der des festen (weißen) Sn; bei steigender Temp. strebt die Lage der Atome nach dichterer Packung, die bei ca. 300° erreicht wird, bei noch höheren Tempp. nimmt die Verteilungsdichte wieder ab. (Кристаллография [Kristallographie] **2.** 249—54. 1957. Charkow, Gorki-Univ.) R. K. MÜLLER. 197

G. J. Dienes und **A. C. Damask,** *Durch Strahlung erhöhte Diffusion in festen Körpern.* Vff. entwickelten eine einfache Theorie der durch Strahlung erhöhten Diffusion, die die Abhängigkeit dieser Erhöhung vom Strahlungsfluß u. der Temp. unter Gleichgewichtsbedingungen beschreibt. Die theoret. Unterss. ergaben weiter, daß man durch Messen der erhöhten Temp. in Abhängigkeit von der Temp. einen Einblick in den Mechanismus erhält, durch den Gitterfehler aus dem Gitter entfernt werden. Durch Messen der Änderungen des elektr. Widerstandes, der mit Änderungen der Nahordnung in Zusammenhang steht, wurde die erhöhte Diffusion in α-Messing während der Bestrahlung in einem Reaktor bei Tempp. zwischen 0 u. 190° untersucht. In sehr guter Übereinstimmung mit der Theorie wurde hierbei beobachtet, daß die Erhöhung von 0—150° unabhängig von der Temp. ist, u. zwar für den Fall, in dem durch Strahlung induzierte Gitterfehler an den inneren Oberflächen verschwinden. (J. appl. Physics **29.** 1713—21. Dez. 1958. Upton, N. Y., Brookhaven Nat. Labor.) C. GOTTFRIED. 197

J. Spreadborough, *Das Auftreten von Packungsfehlern in metallischen Systemen.* Vf. nimmt Bezug auf eine Unters. von ALTMANN u. Mitarbeitern (vgl. C. **1958.** 10575) u. zeigt, daß es bei einer Erweiterung der dort entwickelten Vorstellungen möglich ist, qualitativ das Auftreten von Packungsfehlern in Metallen u. Legierungen sowie in Gleichgewichtsdiagrammen einiger einfacher binärer Systeme zu deuten. Als Beispiele werden *Ca, Sc, Ti,* die ε-Phase des Syst. *Fe–Mn* sowie feste α-Lsgg. des *Cu* u. *Ag* mit verschiedenen Elementen der Untergruppe B (*Al, Zn, Ga, Ge, Si* u. *Sn* für *Cu* u. *In, Sn, Sb* u. *Zn* für Ag) besprochen. Kurz eingegangen wird noch auf den Einfl. der Temp. auf

Hybride. (Philos. Mag. [8] **3.** 1167—73. Okt. 1958. Oxford, Univ. Museum, Dep. of Metallurgy.) C. GOTTFRIED. 197

Sakae Takeuchi und **Toshio Honma,** *Untersuchungen über die β-ε-Umwandlung in Kobalt-Nickel-Legierungen.* 1. Mitt. *Fortpflanzungsprozeß der Umwandlung.* Inhaltl. ident. mit der C. **1959.** 9495 referierten Arbeit. (Sci. Rep. Res. Inst. Tôhoku Univ., Ser. A **9.** 492—507. Dez. 1957. Res. Inst. for Iron, Steel and Other Metals. [Orig.: engl.]) C. GOTTFRIED. 197

Sakae Takeuchi und **Toshio Honma,** *Untersuchungen über die β-ε-Umwandlung in Kobalt-Nickel-Legierungen.* 2. Mitt. *Mikrostruktur des Umwandlungsreliefs.* (1. vgl. vorst. Ref.) Inhaltl. ident. mit der C. **1958.** 5601 referierten Arbeit. (Sci. Rep. Res. Inst. Tôhoku Univ., Ser. A **9.** 508—19. Dez. 1957. [Orig.: engl.]) C. GOTTFRIED. 197

D. Hull, *Einleitung von Sprüngen durch den Schnittpunkt von Zwillingen in α-Eisen.* Einkristalle von Fe mit 3% Si wurden so geschnitten, daß die Würfelkanten der raumzentriert-kub. Struktur parallel zu den Kanten der Probe u. die Würfelfläche in der Ebene der Probe lag. Diese Kristalle wurden entlang der [001]-Achse durch Zug verformt. Bei den bei 78° K durchgeführten Verss. brachen die Kristalle, ohne meßbare Verformung zu zeigen. Die Unters. der Proben nach dem Bruch zeigte, daß sich {112}-Zwillinge gebildet hatten, eine Gleitung jedoch nicht nachweisbar war. Der endgültige Bruch bestand aus {001}-Spaltflächen u. unregelmäßigen Sprüngen entlang hervorragenden Zwillingen. Die Sprünge waren nicht auf den Hauptbruch beschränkt, denn es konnten noch wenigstens 10 kleinere Sprünge in anderen Teilen der Probe beobachtet werden. Offensichtlich hatten sich der Hauptbruch u. die anderen Brüche an dem Schnittpunkt von Zwillingen gebildet. In einem Fall hatte sich der Sprung entlang einer {001}-Spaltebene an dem Schnittpunkt von 2 {112}-Zwillingen, in einem anderen Fall an dem Zusammenstoßpunkt eines der {112}-Zwillinge mit dem anderen gebildet. In beiden Fällen war der {001}-Spaltebenensprung in beiden Richtungen des Schnittpunktes gewachsen. (Philos. Mag. [8] **3.** 1468—69. Dez. 1958. Harwell, Atomic Energy Res. Establishm., Metallurgy Div.) C. GOTTFRIED. 197

D. P. Koistinen und **R. E. Marburger,** *Eine allgemeine, das Ausmaß der Austenit-Martensit-Umwandlung in reinen Eisen-Kohlenstoff-Legierungen und einfachen Kohlenstoffstählen beschreibende Gleichung.* Röntgenograph. verfolgten Vff. die Umwandlung Austenit-Martensit in einer Reihe von Fe-C-Legierungen mit 0,37—1,10% C, die zunächst 20 Min. auf 960° erhitzt u. hierauf auf Tempp. von 24°; —24° u. —79° abgeschreckt worden waren u. dann 30 Min. bei 150° angelassen wurden. Aus den erhaltenen Ergebnissen sowie aus Beobachtungen von anderen Seiten konnte die folgende Gl. hergeleitet werden: $V_\gamma = \exp\,[-1{,}10 \cdot 10^{-2}(M_s - T_q)]$ mit $M_s > T_q > -80°$, wo $V\gamma$ den Volumenanteil zurückgebliebenen Austenits u. T_q die tiefste beim Abschrecken erreichte Temp. bedeutet. (Acta metallurg. [New York] **7.** 59—60. Jan. 1959. Detroit, Mich., General Motors Corp., Res. Staff.) C. GOTTFRIED. 197

C. E. Mavrocordatos, *Isotherme Umwandlung in Beziehung zur Wärmebehandlung von Stahl.* Zusammenfassender Überblick über die theoret. Grundlagen der Umwandlung von Stählen. (J. South African Inst. Mining Metallurgy **57.** 305—27. Dez. 1956. **57.** 733—38. Juli 1957.) C. GOTTFRIED. 197

K. J. Irvine und **F. B. Pickering,** *Die Metallographie von niedrig gekohlten bainitischen Stählen.* (Vgl. C. **1958.** 7252.) Eine bes. Unters. wird über die Metallographie von Stählen mit Zwischenstufengefüge durchgeführt, deren Ergebnis die Ableitung einer Beziehung zwischen der Zugfestigkeit (oder Umwandlungstemp.) u. der Gefügeausbldg. ermöglicht. Ferner wird hierdurch eine Vorstellung über den Mechanismus der Zwischenstufengefügebldg. gegeben, der ähnlich dem zuvor von COTTRELL u. KO vermuteten ist. Bei hohen Tempp. nahe der Bainitbildungstemp. von 600° beginnt die Rk. durch Bldg. von Ferritstreifen. Diese Streifen bilden sich durch Schub, sind kohärent u. nehmen langsam zu, wenn der C aus der Ferrit/Austenit-Zwischenfläche fort diffundiert. Die Ferritstreifen verschwinden unter Bldg. großer Ferritflächen, u. schließlich scheidet sich C als Bainitcarbid aus.Die endgültige Feinstruktur besteht daher aus Flächen von kleinen bainit. Ferritstreifen. die durch dichte Flächen großer Carbidteilchen umgeben sind. Bei etwas geringeren Tempp. (z. B. 500°) kann C nicht so leicht fortdiffundieren u. wird als große Carbidplatten ausgeschieden; dabei nimmt das Wachsen der Ferritstreifen kontinuierlich zu. Die sich hierbei bildende Struktur besteht aus dünnen gestreckten Ferritstreifen mit einer feinen Verteilung von Carbidteilchen. Mit abnehmender Temp. (bis zum M_s-Punkt bei etwa 400°) nimmt die Ferritstreifengröße ab, u. die Carbidteilchen werden kleiner u. sind auch noch mehr verteilt. Es wird angenommen, daß bei hohen Umwandlungstempp. die Festigkeit durch die feine Korngröße der bainit. Ferritstruktur bedingt wird, daß aber bei abnehmender Umwandlungstemp. die Festigkeit infolge der Verteilung der Carbidteilchen zunimmt.

(J. Iron Steel Inst. **188.** 101—12. Febr. Iron and Steel **31.** 247—55. Discussion 289—91. 21/5. 1958. United Steel Co. Ltd.) H. HOCHSTEIN. 197

Je. I. Urjupina und **A. F. Likina,** *Die σ-Phase im Austenitstahl EI448.* Es wird die Möglichkeit eines Nachw. der σ-Phase durch chem. Analyse der elektrolyt. Ndd. von Stahl festgestellt. Die Best. des Fe-Geh. gibt eine Vorstellung über die Menge der σ-Phase. Diese Phase bildet sich im Stahl EI448 bei der Alterung bei 800° (100—500 Std.). Bei Erhöhung der Alterungsdauer wächst die Menge der σ-Phase. Nach einem Altern bei 575° im Laufe von 6000 Std. wurde keine σ-Phase nachgewiesen. Durch magnet. Analyse von bei 800° gealtertem EI448 ist keine σ-Phase gefunden worden, die offenbar unmittelbar aus Austenit entsteht u. stark die Schlagzähigkeit sowie die Verjüngung bei Zimmertemp. u. höheren Prüftempp. herabsetzt. Die Ggw. der σ-Phase im Stahl verringert bei der Prüfung auf Dauerfestigkeit nicht die Zeitspanne bis zum Bruch, die Größe der Gesamtausdehnung u. die relative Verjüngung. (Металловедение и Обработка Металлов [Metallkunde u. Metallverarb.] **1958.** Nr. 6. 37—41. Juni. Allunions Wiss. Forschungsinst. für Technol. des Maschinenbaues.) E. v. PEZOLD. 197

V. Havel und **M. Zezulová,** *α- und σ-Phasenverhältnis in austenitischen Mn–Cr-Stählen und die Unterscheidung dieser Phasen durch magnetische Suspensionen.* Vorhandensein, Verteilung, Mengenverhältnis u. Reversibilitätsgrad von α- u. *σ-Phase* in *Mn–Cr-Stählen* lassen sich nach der Meth. der magnet. Suspension, ergänzt durch chem. Ätzen, zuverlässig verfolgen. Auf diesem Wege wird gefunden, daß die bei der α → σ-Umwandlung neu entstehende Phase die Form u. Verteilung der α-Phase im Austenit behält. (Hutnické Listy **10.** 400—03. Juli 1955. Praha, Ocel. výzk. úst.) E. ROTTER. 197

Josef Čadek, *Über zwei Typen der perlitischen und ferritischen Reaktion in legierten Stählen.* (Vgl. C. **1958.** 5796.) In thermomagnetometr. Unterss. der Kinetik der isothermen Rk., deren Prod. der *Paraperlit* (nach HULTGREN) bzw. die perlit. Rk. bei niedriger Temp. ist, wird gefunden, daß die HULTGRENsche Erklärung nicht mit den Ergebnissen übereinstimmt. Der Mechanismus dieser Rk. unterscheidet sich wesentlich von jenem bei hoher Temp.; die Menge des bei niedriger Temp. entstehenden Perlits ist temperaturabhängig u. zeigt ein Maximum. Das gleiche gilt für eine neue Art bei niedriger Temp. entstehenden *Ferrits.* Der isotherme Zerfall von Austenit in vielen legierten Stählen ist ein komplexer Vorgang, an dem bis zu 5 Rkk. beteiligt sind. (Hutnické Listy **10.** 409—14. Juli 1955.) E. ROTTER. 197

Ss. T. Kischkin, A. A. Klypin und **A. M. Ssulima,** *Der Einfluß plastischer Deformationen auf die Hitzebeständigkeit der Legierung EI437.* Plast. Deformationen üben einen starken Einfl. auf die Zerreißfestigkeit der hitzebeständigen Legierungen vom Typ EI437 aus, indem diese bei 700—800° stark verringert wird. Dies hängt mit einer Beschleunigung der Diffusionsprozesse zusammen, die der Dispersionshärtung zugrunde liegen. Bei niedrigen Tempp., wo die Diffusionsprozesse nur wenig beschleunigt werden, ist die Korngrößenabnahme der entscheidende Faktor, während bei höheren Tempp. starke Abnahme der Zerreißfestigkeit zu beobachten ist. Dieser Effekt tritt merklich in der Nähe der Korngrenzen auf, wo bei langer Arbeit oft eine Zerstörung des Materials stattfindet. (Металловедение и Обработка Металлов [Metallkunde u. Metallverarb.] **1958.** Nr. 6. 18—21. Juni.) E. v. PEZOLD. 200

N. J. Petch, *Der Übergang duktil–spröde beim Bruch von α-Eisen.* 1. Mitt. (Vgl. C. **1958.** 8271.) Vf. untersuchte theoret. den Übergang in der Bruchart von duktil nach spröde für Bruch an einer Kerbe bei α-Fe. Einige entsprechende Ausdrücke werden hergeleitet. Es zeigte sich, daß die Temperaturabhängigkeit dieses Übergangs mehr von der Spannung abhängt, die notwendig ist, eine freie Versetzung in α-Fe zu bewegen, als von der Temperaturabhängigkeit des Sperrens einer Versetzungsquelle. Aus Messungen der unteren Streckgrenze an einem weichen Stahl bei 18, —23 u. —79° in Abhängigkeit von der Korngröße wurde gefunden, daß die Übergangstemp. eine Funktion der Korngröße, der Reibung an einer freien Versetzung, der Stärke der Versetzungssperrung, des Grades der Dreiachsigkeit der angewandten Spannung u. der elast. Konstanten ist. (Philos. Mag. [8] **3.** 1089—97. Okt. 1958. Leeds, Univ., Houldsworth School of Appl. Sci., Metallurgy Dep.) C. GOTTFRIED. 200

J. Heslop und **N. J. Petch,** *Der Übergang duktil–spröde beim Bruch von α-Eisen.* 2. Mitt. (1. vgl. vorst. Ref.) Verss. an einem weichen *Stahl* mit 0,11(%) C; 0,51 Mn; 0,02 Si; 0,05 S; 0,03 P; 0,008 N u. verschied. Korngrößen zeigten eine gute Übereinstimmung mit den l. c. entwickelten Ausdrücken für den Übergang duktil–spröde an einer Kerbe von dem obigen Stahl. Es wird angenommen, daß Verformung u. Verformungsalterung die Übergangstemp. erhöhen, u. zwar infolge größerer Zugfestigkeit, die beim Bruch für die Fortpflanzung eines Versetzungssprunges verfügbar ist. (Philos. Mag. [8] **3.** 1128—36. Okt. 1958.) C. GOTTFRIED. 200

N. Louat, *Die Temperaturabhängigkeit der Streckgrenze in Eisen.* Vf. nimmt Bezug auf Unterss. von ERICKSON u. LOW (vgl. C. **1958.** 5893) u. eigene Unterss. (vgl. C. **1957.** 13264) u. stellt fest, daß, wenn man die Ergebnisse von ERICKSON u. LOW gegen 1/T graph. aufträgt, aus den erhaltenen Kurven zu ersehen ist, daß der bei 140° K beobachtete Übergang einer Verzwillingung als Initiator der Verformung anzusehen ist, während der bei 83° K auftretende Übergang der l. c. modifizierten Theorie des Vf. folgt. — In einer kurzen Gegenerklärung stellen **I. S. Erickson** u. **I. R. Low jr.** fest, daß sie sich mit der Auffassung von LOUAT nicht einverstanden erklären können. (Acta metallurg. [New York] **7.** 57—58. Jan. 1959. Melbourne, Aeronautical Res. Labor.)
C. GOTTFRIED. 200

P. A. Flinn, *Legierungsverfestigung dichtest gepackter fester Lösungen.* Vf. untersuchte quantitativ den Beitrag der Nahordnung u. der Anreicherung gelöster Atome an ausgedehnten Versetzungen zur Streckgrenze dichtest gepackter fester Lsgg., für den 2 Mechanismen, von SUZUKI (vgl. Sci. Rep. Res. Inst. Tôhoku Univ., Ser. A **4.** [1952.] 455) u. von FISHER (vgl. C. **1950/54.** 1494. S.), u. a. vorgeschlagen worden sind. Es wurde gefunden, daß die beiden Einflüsse etwa von der gleichen Größenordnung sind, doch dürfte in einer bestimmten Legierung einer von beiden überwiegen. Die berechneten Streckgrenzen von *Ag–Au-*, *Cu–Au-* u. *Cu–Zn*-Legierungen standen in guter Übereinstimmung mit experimentellen Ergebnissen aus der Literatur. (Acta metallurg. [New York] **6.** 631—35. Okt. 1958. Pittsburgh, Pa., Westinghouse Electr. Corp.)
C. GOTTFRIED. 200

C. J. Osborn, *Die Natur der Reckalterungs-Versprödung.* Die in Stahl während der Alterung nach einer plast. Verformung auftretende Versprödung kann mittels Kerbschlagprüfungen untersucht werden, vorausgesetzt, daß die Bedingungen dieser Prüfung sorgfältig ausgewählt u. überwacht werden. Die das Fortschreiten der Versprödung in Abhängigkeit von der Alterungszeit eines niedrig gekohlten Stahles bei 30° u. bei 80° zeigenden Kurven gleichen sehr den entsprechenden Reckalterungskurven, u. es wird angenommen, daß sowohl Versprödung als auch Härtung von demselben Grundprozeß herrührten. Es wird gezeigt, daß dieser Vorschlag nicht mit den experimentellen, durch frühere Forscher veröffentlichten Ergebnissen unvereinbar ist. Die Aktivierungsenergie für die Reckalterungs-Versprödung wird auf etwa 20000 cal/Mol berechnet, was auch gleich dem Wert für die Reckalterung ist. (J. Iron Steel Inst. **188.** 97—101. Febr. 1958.)
H. HOCHSTEIN. 200

D. I. Schilkrut, *Zur Theorie der Entwicklung von realen Mikrorissen in festen Körpern beim Deformationsprozeß.* Auf Grund einer krit. Sichtung des Literaturmaterials, vor allem der Arbeiten von REHBINDER u. Mitarbeitern, kommt Vf. zu der Schlußfolgerung, daß die lokale plast. Deformation eine doppelte Wrkg. auf die Mikrorisse hat: zunächst Blockierung, sodann Förderung der Rissebildung. Die Entblockungsprozesse sind abhängig von der Temp. u. der Zeit. Für jeden Körper gibt es eine krit. Temp. T_0, bei welcher ein dynam. Gleichgewicht zwischen Blockierung u. Entblockung der Rissebldg. eintritt. Bei $T < T_0$ gibt es eine ungefährliche Belastung bei der stat. Ermüdung des festen Körpers. Die Vorstellungen von GRIFFITH [1920.] über die realen (inneren u. Oberflächen-)Risse werden abgelehnt. (Доклады Академии Наук СССР [Ber. Akad. Wiss. UdSSR] **122.** 69—72. 1/9. 1958. Lwow, Forsttechn. Inst.)
O. LEBTAG. 200

J. Weertman, *Versetzungsmodell des Tieftemperaturkriechens.* Vf. untersuchte krit. eine Reihe von Beobachtungen von anderen Seiten über die temperaturunabhängige Aktivierungsenergie bei Tieftemperaturkriechunterss. u. entwickelte zu ihrer Erklärung ein Versetzungskriechmodell vom Erschöpfungstyp (exhaustion type). Wenn man eine Verteilungsfunktion von FRANK–READ-Quellen annimmt, die zu logarithm. Kriechen führt, dann ist die experimentell bestimmte Breite der Verteilungsfunktion verständlisch. Die Theorie ist unter einfachen Gleitbedingungen anwendbar, jedoch nicht, wenn doppeltes Gleiten auftritt. Das Modell läßt sich auf den Temperaturbereich des fl. He anwenden, wenn man die Theorie unter Verwendung des quantenmechan. Versetzungstunneleffekts von GLEN (vgl. C. **1957.** 6074) u. MOTT (vgl. C. **1957.** 8444) erweitert. (J. appl. Physics **29.** 1685—89. Dez. 1958. Washington, D. C., U.S. Naval Res. Labor.)
C. GOTTFRIED. 200

Anthony Kelly, *Die Festigkeit von Aluminium–Silber-Legierungen.* Vf. nimmt Bezug auf Beobachtungen von anderer Seite, wonach Einkristalle einer Al–Ag-Legierung mit 6 Atom-% Ag nach Abschrecken aus dem δ-Phasenfeld u. Altern bei Zimmertemp. bis 0° eine krit. aufgelöste Scherspannung von 7—8 kg mm^{-2} haben u. daß sich dieser Wert zwischen 77° u. 373° K um nicht mehr als 10% ändert. Der obige Wert der krit. aufgelösten Scherspannung ist um 2 Größenordnungen größer als der von reinen Al-Einkristallen. Vf. zeigt theoret., daß man fast zu dem gleichen Wert wie oben kommt, wenn man die Röntgenunterss. von GEROLD (vgl. C. **1956.** 10328) an der gleichen Legierung zugrunde legt, wonach sich beim Altern bei Zimmertemp. Zonen entwickeln, die aus kugelförmigen Haufen von Atomen bestehen, eine hohe Konz. von Ag enthalten u. von einer an Al-Atomen reichen kugelförmigen Schale umgeben sind. (Philos. Mag. [8] **3.** 1472—74. Dez. 1958. Evanston, Ill., Northwestern Univ., Dep. of Metallurgy.) C. GOTTFRIED. 200

Katsuzi Takeuchi, *Die Einflüsse von Kaltbearbeitung und Glühen auf die Ermüdungsfestigkeit einiger Kupferlegierungen.* 2. Mitt. (1. vgl. Nippon Kinzoku Gakkai-Si [J. Japan Inst. Metals] **20.** [1956.] 666.) Unterss. über die Einfll. der Querschnittsverminderung beim Kaltziehen (KZ) u. der Glühtemp. auf die Ermüdungsfestigkeit (EF) von *Rotguß* mit 90,01(%) Cu, 0,03 Fe, Rest Zn, *Albrac* mit 78,10 Cu, 2,09 Al, 0,22 Si, 0,05 As, 0,01 Sb, 0,01 Fe, Rest Zn u. *Messing* mit 69,87 Cu, 0,01 Fe, Rest Zn bei 10^7 Lastwechseln zeigen: KZ erhöht, übermäßige Bearbeitung vermindert die EF (Diagramm). Glühen bei niedriger Temp. nach dem KZ ist zur Erhöhung der EF wirksamer. Die durch Kaltbearbeitung erhöhte EF wird nicht oder nur wenig durch Glühen bis zur Rekristallisations-Temp. (RT) beeinflußt u. fällt durch Glühen oberhalb der RT. Die durch übermäßige Kaltbearbeitung verminderte EF steigt durch Glühen bis zur RT u. fällt durch Glühen oberhalb der RT. (Nippon Kinzoku Gakkai-Si [J. Japan Inst. Metals] **21.** 375—77. Juni 1957. [Orig.: japan.; Auszug: engl.]) W. WESLY. 200

Katsuzi Takeuchi, *Die Einflüsse von Kaltbearbeitung und Glühen auf die Ermüdungsfestigkeit einiger Kupferlegierungen.* 3. Mitt. (2. vgl. vorst. Ref.) Unterss. über die Beziehungen zwischen Ermüdungsfestigkeit (EF) u. mittlerer Korngröße von *Rotguß, Albrac* u. *Messing* (Drehstabdauerfestigkeits-Prüfung mit 10^6 bis $2 \cdot 10^7$ Lastwechseln) zeigen: Die EF hängt von der mittleren Korngröße (KG) ab; Proben mit größerem Korn haben niedrigere EF. Für die Beziehung zwischen EF u. KG wird eine Exponentialgleichung abgeleitet. (Nippon Kinzoku Gakkai-Si [J. Japan Inst. Metals] **21.** 396—98. Juni 1957. [Orig.: japan.; Auszug: engl.]) W. WESLY. 200

D. H. Niblett und **J. Wilks,** *Die innere Reibung von angelassenem Kupfer bei tiefen Temperaturen.* An polykristallinem 99,999%ig. Cu, das bei 600° K in Ar-Atmosphäre angelassen worden war, wurde die innere Reibung in Abhängigkeit von der Verformungsamplitude zwischen 20 u. 300° K gemessen. Es wurde hierbei beobachtet, daß sowohl die amplitudenabhängigen als auch amplitudenunabhängigen Beiträge zu dem Dekrement mit steigender Temp. in dem gesamten Bereich zunehmen. Die beobachtete Abhängigkeit der Reibung von der Verformungsamplitude u. der Temp. läßt sich durch die allgemein bekannten Theorien nicht erklären. (Proc. physic. Soc. **73.** 95—99. 1/1. 1959. Oxford, Clarendon Labor.) C. GOTTFRIED. 200

Ss. T. Kischkin und **W. W. Nikolenko,** *Hitzebeständigkeit und Einfluß des Mediums.* In Verss. mit der Legierung EI-437 A (I), bestehend aus 0,05(%) C, 0,29 Si, 0,26 Mn, 0,005 S, 0,007 P, 20,90 Cr, 75,0 Ni, 0,34 Fe, 2,4 Ti, 0,8 Al, 0,03 Cu, 0,01 Ce, <0,0005 Pb, betrug in Ggw. von fl. Pb–Sn (40% Pb u. 60% Sn) bei einer Dauerbelastung bei 280° die Einengung 12,6% gegenüber 34,9% in Ggw. von Luft, bei der Legierung EI-437 B (II), die sich von I durch einen zusätzlichen Geh. von 0,02% B unterschied, dagegen 28,8 gegen 31,1%. Diese positive Wrkg. des B-Zusatzes hängt mit einer Änderung der Oberflächenenergie u. einer Verzögerung der Diffusion u. der Risse-Bldg. an den Korngrenzen zusammen. Die Abnahme der Oberflächenenergie beim Kontakt mit fl. Metallen ist bei Dauerbelastung stärker als bei kurzzeitiger Belastung. So wird bei 100 std. Belastung die Festigkeit beim Kontakt mit der eutekt. Schmelze von 43,5%Pb u. 56,5% Bi von 40 auf 7 kg/mm² gesenkt. Bei Erhöhung der Alterungsdauer von EI-437A bei 700° von 10 auf 100 Std. nimmt im Pb–Bi-Medium die Festigkeit von 60 auf 35 kg/mm² ab u. stabilisiert sich kurz darauf beim Wert von 30 kg/mm². (Доклады Академии Наук СССР [Ber. Akad. Wiss. UdSSR] **110.** 1018—21. 21/10. 1956. Moskau, Ordshonikidse-Inst. für Luftfahrt.) O. LEBTAG. 200

K. U. Snowden, *Korngrenzenextrusion und Verformung während der Ermüdung von Blei in einem Teilvakuum.* Streifen von 99,999%ig. Pb, die bei 100° angelassen u. chem. poliert worden waren, wurden bei kleiner cycl. Verformung im Biegevers. in einem Vakuum von etwa $5 \cdot 10^{-3}$ mm Hg u. Zimmertemp. bei einer Geschwindigkeit von 500 Cyclen pro Min. ermüdet u. laufend mkr. untersucht. Beobachtungen auf der polierten Oberfläche zeigten, daß der anfängliche Effekt der cycl. Verformung Gleitung u. etwas Korngrenzenwanderung verursachte. Nach etwa 10^4—10^5 Cyclen nahm die Wanderungsgeschwindigkeit ab u. hörte fast ganz auf. Nach etwa $8 \cdot 10^5$ Cyclen wurden an einigen Korngrenzen bartähnliche Extrusionen beobachtet, die sich nach $2 \cdot 10^6$ Cyclen zu richtigen Bärten entwickelt hatten. Die Bärte hatten eine Länge bis zu 50 µ u. einen Durchmesser von etwa 1 µ. Zuweilen konnte eine Feinstruktur — Verdrehung

oder Knickung — beobachtet werden. (Philos. Mag. [8] **3.** 1411—12. Dez. 1958. Melbourne, Univ., Baillieu Labor.; Broken Hill Assoc. Smalters Pty. Ltd.)
C. GOTTFRIED. 200

W. Je. Kotschnow, *Inhomogenität der Spannungsverteilung in einem Polykristallkorn im Anfangsstadium des plastischen Deformationsprozesses.* Das Anfangsstadium der plast. Deformation von AgCl-Polykristallen wird bei Belastungen von 35 bis 45, 70—80 u. 95—100 g/mm² untersucht. Dabei wird in den Körnern Inhomogenität des Spannungszustandes beobachtet. Die Spannungen sind an den Korngrenzen konz.; die Richtung der größten wirkenden Kräfte bestimmt die Richtung der entstehenden Doppelbrechungsbanden. (Кристаллография [Kristallographie] **2.** 303—04. 1957. Moskau, Stahlinst.) R. K. MÜLLER. 200

L. W. Gold, *Einige Beobachtungen über die Abhängigkeit der Verformung von der Belastung für Eis.* Zwischen 0° u. —40° wurde an 5 · 10 · 20 cm großen Proben von poly- u. monokristallinem Eis die longitudinale u. transversale Verformung bei Belastungsgeschwindigkeiten von 2 kg/cm² · sec bis zu einer Maximalbelastung von 10 kg/cm² bei einer Belastungsdauer von $<$10 Sek. gemessen. Ganz allg. ergab sich, daß sich das Eis unter diesen Bedingungen elast. verhielt. Während bei dem polykristallinen Eis sowohl longitudinale als auch transversale Verformung beobachtet werden konnte, tritt bei dem einkristallinen Eis nur transversale Verformung auf. Aus den Beobachtungen wurde geschlossen, daß die bei dem polykristallinen Eis auftretenden 2 Verformungsquellen Deformation der Körner u. Gleiten an den Korngrenzen sind. Da sich die beobachteten Werte für den YOUNGschen Modul nicht änderten, wenn die Belastungsgeschwindigkeit verdoppelt oder halbiert wurde, entsprechen diese Werte Bedingungen maximal erlaubter Relaxation der Scherspannungen an den Korngrenzen. Das Ausmaß der Gleitung, die an den Korngrenzen auftreten kann, hängt von der Temp. u. der Größe der angewandten Belastung ab. (Canad. J. Physics **36.** 1265—75. Okt. 1958. Ottawa, Nat. Res. Council, Div. of Building Res.) C. GOTTFRIED. 200

A₇. Gleichgewichte. Kinetik.

W. Ja. Anossow, *Zur Arbeit von A. W. Storonkin: „Kritik einiger Prinzipien und Begriffe der physikalisch-chemischen Analyse.“* In der von STORONKIN (C. **1957.** 2410) vorgeschlagenen Best. der Phase sieht Vf. einen „circulus vitiosus“ u. lehnt die daraus gezogenen Schlüsse ab. Die Auffassung von KURNAKOW über die singulären Punkte von Zustandsdiagrammen als 2 Zweigen derselben Kurve zugehörige Punkte wird bekräftigt. Auch die Anwendbarkeit der Prinzipien der Kontinuität u. der Analogie auf die Bldg. nichtdissoziierter Verbb. wird mit gewissen Einschränkungen anerkannt. (Журнал Физической Химии [J. physik. Chem.] **31.** 1900—05. Aug. 1957. Moskau, Akad. der Wiss. der UdSSR, Kurnakow-Inst. für allg. u. anorg. Chem.) R. K. MÜLLER. 221

Brita Hök-Bernström, *Untersuchungen über die Extraktion von Metallkomplexen. 16. Mitt. Verteilungsuntersuchungen über die Komplexbildung von U(VI) mit Salicylsäure und Methoxybenzoesäure.* (15. vgl. C. **1955.** 10458.) Die Komplexbldg. von UO_2^{2+} u. *Salicylsäure* (H_2A) wurde bei 25° in dem Lösungsmittelsyst. *Methylisobutylketon* (**I**)/ 0,1 mol. $NaClO_4$ untersucht. Es wurde mit UO_2^{2+}-Konzz. zwischen 10^{-3} u. $5 \cdot 10^{-5}$ mol. gearbeitet, während die Konzz. von H_2A zwischen 1 u. 10^{-2} mol. verändert wurden. Die Verteilungsunterss. zeigen, daß in der **I**-Phase die Komplexe $UO_2(H_2A)_2(H^+)_{-2}$ u. $UO_2(H_2A)_3(H^+)_{-2}$ vorherrschen. In der wss. Phase scheinen sich im p_H-Bereich 3—5 die Komplexe $UO_2(H_2A)(H^+)_{-1}$ u. $UO_2(H_2A)(H^+)_{-2}$ in merklichen Mengen zu bilden. Vergleichsexperimente wurden mit Methoxybenzoesäure (HB) durchgeführt, wobei der extrahierbare Komplex $UO_2(HB)_2$ ist, während sich in der wss. Phase offensichtlich $UO_2(HB)(OH)$ bildet. Die Gleichgewichtskonstanten für die Bldg. der Komplexe des U(VI) mit H_2A u. HB werden mitgeteilt. (Acta chem. scand. **10.** 163—73. 1956. Sundbyberg, Res. Inst. of Nat. Defence, Dep. 1, FOA 1; Stockholm, Univ., Inst. of Inorg. and Phys. Chem.) L. WIESNER. 224

Brita Hök-Bernström, *Untersuchungen über die Extraktion von Metallkomplexen. 23. Mitt. Über die Komplexbildung von Thorium mit Salicylsäure, Methoxybenzoesäure und Zimtsäure.* (22. vgl. C. **1958.** 950; vgl. auch vorst. Ref.) Die Extraktion von Th mit Salicylsäure (H_2A), Methoxybenzoesäure u. Zimtsäure wurde bei 25° in den Lösungsmittelsystemen *Methylisobutylketon* (**I**)/0,1 mol. wss. $NaClO_4$ u. Chlf./0,1 mol. wss. $NaClO_4$ untersucht. Die Verteilung des Th. zwischen organ. u. wss. Phase wurde radiometr. unter Benutzung von ^{234}Th als Indicator bestimmt. In der wss. Phase läßt sich die Komplexbildung des Th mit den organ. Säuren durch 2 Parameter beschreiben, für die numer. Werte angegeben werden. Für den Th-Komplex in der **I**-Lsg. der H_2A wird die Formel $Th(HA)_4 \cdot H_2A$ angenommen, während über die Chlf.-Lsg. wegen der geringen

Löslichkeit des Salicylatkomplexes keine exakten Angaben gemacht werden können. (Vgl. auch C. **1958.** 1786 u. C. **1959.** 11850.) (Acta chem. scand. **10.** 174—85. 1956.) L. WIESNER. 224

David Dyrssen, Franc Krašovec und **Lars Gunnar Sillén,** *Über die Komplexbildung des Nickels mit Dimethylglyoxim.* Vff. untersuchten die Verteilung von $^{63}Ni^{2+}$ zwischen Chlf. u. 0,1 mol. wss. Perchlorat-Lsgg. in Abhängigkeit von den Konzz. an H^+ u. *Dimethylglyoxim* (HA) in der wss. Phase bei 25°. Es bestehen folgende Gleichgewichte: $NiA_{2,wss.} \rightleftharpoons NiA_{2,Chlf.}$ mit dem Verteilungskoeffizienten log $\lambda_2 = 2{,}51 \pm 0{,}10$; $Ni^{2+} + 2HA \rightleftharpoons NiA_{2,Chlf.} + 2H^+$ mit log $K = -1{,}17 \pm 0{,}10$. Die Meßergebnisse geben keinen Hinweis auf die Anwesenheit merklicher Mengen von NiA^+. Ihre graph. Auswertung liefert die Beziehung log $K_1 \leqq$ log $K_2 - 1{,}2$ für $K_1 = [NiA^+]/[Ni^{2+}][A^-]$ bzw. $K_2 = [NiA_2]/[NiA^+][A^-]$. Für $\beta_2 = K_1K_2$ ergibt sich der Wert $17{,}24 \pm 0{,}07$. — In die Rechnungen wurden auch ältere Löslichkeits- u. p_H-Messungen am Syst. NiA_2/HA (vgl. CHRISTOPHERSON u. SANDELL, C. **1954.** 5956, sowie CHARLES u. FREISER, C. **1950/54.** 1997 S.) einbezogen. Aus ersteren erhält man für β_2 in guter Übereinstimmung den Wert $17{,}23 \pm 0{,}05$. (Acta chem. scand. **13.** 50—59. 1959. Stockholm, Roy. Inst. of Technol., Dep. of Inorg. Chem.) R. GELIUS. 224

Ss. W. Markewitsch, *Nochmals über eine Gleichung der Kinetik von Reaktionen fester Substanzen.* (Vgl. C. **1957.** 7870) Die Einwände von PAWLJUTSCHENKO (C. **1957.** 10954) gegen die Kritik des Vf. werden zurückgewiesen. (Журнал Физической Химии [J. physik. Chem.] **31.** 2763—64. Dez. 1957. Akad. der Wiss. der BelorussSSR, Chem. Inst.) R. K. MÜLLER. 225

M. M. Pawljutschenko, *Nochmals über die Bemerkungen von Ss. W. Markewitsch.* Gegenüber MARKEWITSCH (vorst. Ref.) weist Vf. auf eine Bestätigung seiner Ausführungen von dritter Seite hin u. berichtigt einen Druckfehler seiner früheren Arbeit (C. **1955.** 11530). (Журнал Физической Химии [J. physik. Chem.] **31.** 2765. Dez. 1957. Minsk, Beloruss. Lenin-Univ.) R. K. MÜLLER. 225

G. Ss. Berger, *Graphisch-analytische Methode der Feststellung der Ordnung irreversibler Reaktionen für äquivalente Mengen der reagierenden Stoffe.* Die Gleichung für die Beziehung zwischen der Geschwindigkeit v irreversibler Rkk., Konz. c, Zeit t u. Reaktionsordnung n ist bei äquivalenten Konzz. der reagierenden Stoffe $v = -dc/dt = kc^n$. Daraus folgt für eine Rk. 1. Ordnung $\ln c_0/c_t = k_1t$, 2. Ordnung $(c_0/c_t) - 1 = k_2t$, 3. Ordnung $(c_0/c_t)^2 - 1 = k_3t$. Vf. zeigt, daß sich auf Grund dieser Beziehungen die Reaktionsordnung nach einem Diagramm ermitteln läßt, in dem $\ln c_0/c_t$ (Ordinate) gegen t (Abszisse) aufgetragen ist, u. zwar genügt hierfür ein Versuch. Die Anwendung des Verf. wird an 3 Beispielen erläutert. (Журнал Физической Химии [J. physik. Chem.] **31.** 2571—74. Nov. 1957. Karaganda, Kohle-Inst.) R. K. MÜLLER. 225

W. J. Svirbely, *Die Kinetik von Folgereaktionen 2. Ordnung, deren drei Schritte Konkurrenzreaktionen darstellen.* In Fortführung der C. **1958.** 13445 referierten Arbeit leitet Vf. die Lsg. der Geschwindigkeitsgleichungen für Rkk. der Art $A + B \xrightarrow{k_1} C + E$; $A + C \xrightarrow{k_2} D + E$; $A + D \xrightarrow{k_3} F + E$ ab; als Spezialfall wird dabei behandelt $K_2 = 2\,K_3$. (J. Amer. chem. Soc. **81.** 255—57. 20/1. 1959. College Park, Md., Univ., Chem. Dep.) G. KRESZE. 225

James C. Keck, *Statistische Theorie der Geschwindigkeit chemischer Reaktionen.* Vf. schildert die Berechnungsgrundlagen für die Rekombinationsgeschwindigkeit v in Ggw. 3. Körper nach der Gleichung $A + B + C \rightleftharpoons A \cdot B + C$; angenommen wird dabei, daß zwischen C u. A bzw. B nur Abstoßung herrscht u. Elektronenübergänge während der Umsetzung nicht auftreten. Die Rekombinationswahrscheinlichkeit wird hier statist. unter der Voraussetzung abgeschätzt, daß die D. (im Phasenraum) der reagierenden Systeme, die den „Stoßkomplex" (A) verlassen, einheitlich ist u. unabhängig von der D. der Systeme, die A erreichen. — Für die Grenzfälle, daß die therm. Energie sehr klein bzw. sehr groß im Vgl. zur Bindungsenergie von A—B ist, u. für die von WIGNER (J. chem. Physics **7.** [1939.] 646) abgeleitete obere Grenze von v ergeben sich Ausdrücke für v, die gut mit den nach früheren Theorien berechneten übereinstimmen. Gute Übereinstimmung mit dem Experiment zeigen auch die explizit errechneten relativen v-Werte für die Rekombination von *Jodatomen* in Ggw. von Edelgasen. (J. chem. Physics **29.** 410—15. Aug. 1958. Everett, Mass., Arco Res. Labor.) G. KRESZE. 225

Adolf Anzelius, *Bimolekulare Reaktion von zwei in Mischung vorliegenden Substanzen mit einer dritten Substanz.* Verf. leitet 2 nichtlineare Differentialgleichungen ab, aus denen der Gesamtumsatz bei einer bimol. Rk. zweier Substanzen mit einer dritten als Funktion der Zeit berechnet werden kann. Das Anfangsverhältnis zwischen den beiden Substanzen in der Mischung wird aus Diagrammen graph. ermittelt. (Chalmers Techn. Högskolas Handl. **1956.** Nr. 173. 1—8. Gothenburg, Chalmers Univ. of Technol.) P. SCHARNER. 225

Izaak M. Kolthoff, *Induzierte Reaktionen.* Rkk., die allein nur sehr langsam ablaufen, können durch andere, gleichzeitig ablaufende induziert werden. Der Vorgang muß von der Katalyse unterschieden werden, da die induzierenden Komponenten verbraucht werden. Der Mechanismus induzierter Rkk. wird durch Annahme einer schnellen Rk. einer Zwischen-Verb. der induzierenden Rk. mit den Komponenten der induzierten Rk. erklärt. Die Oxydation von *Mn(II)* durch *Cr(VI)* verläuft allein sehr langsam, in Ggw. von *arseniger Säure* verläuft sie stöchiometr.: Cr(VI) + As(III) + Mn(II) → Cr(III) + As(V) + Mn(III). Es wird der Mechanismus: Cr(VI) + As(III) → As(V) + Cr(IV) (schnell); 2 Cr(IV) + As(III) → As(V) + 2 Cr(III) (langsam); Cr(IV) + Mn(II) → Mn(III) + Cr(III) (schnell) vorgeschlagen. — Die Oxydation organ. Verbb. durch H_2O_2 wird stark durch Fe induziert. Für die A.-Oxydation wird ein Kettenmechanismus mit OH-Radikalen vorgeschlagen. 6 u. mehr Mol A. werden pro Mol Eisen oxydiert. (Nucleus **35.** 200. 8/5. 1958. Minnesota Univ.) P. SCHARNER. 225

R. A. W. Hill, *Eine Diffusionskettentheorie der Zersetzung anorganischer Feststoffe.* Es wird mathemat. begründet, daß die Beweglichkeit von Ionen u. Atomen bei Feststoffzerss. in Rechnung gestellt werden sollte u. daß die Diffusion einiger weniger Atome bzw. Ionen des Rk.-Prod. durch das Gitter des Reaktanten infolge Keimbildungserscheinungen zur Erklärung exponentieller Rk.-Zeit-Kurven dienen kann. (Trans. Faraday Soc. **54.** 685—90. Mai 1958. Stevenson, Imp. Chem. Ind. Ltd., Nobel Div., Res. Dep.) P. SCHARNER. 225

G. S. Annis, H. Clough und **D. D. Eley,** *Reaktionen von Parawasserstoff und Deuterium mit Glasoberflächen.* An der Oberfläche von Borosilicatgläsern findet langsam ein Deuteriumaustausch u. eine ziemlich schnelle Parawasserstoffumkehrung statt. Der D_2-Austausch ist eine Rk. 1. Ordnung, wahrscheinlich nach folgendem Mechanismus: D_2 + G*H → G*D + HD; G*H bedeutet wahrscheinlich eine isolierte Si–OH-Gruppe innerhalb der Glasstruktur. Die Aktivierungsenergie beträgt E = 21,5—23,6 kcal/Mol bei 350°. Die p-H_2-Umkehr bei 350° ist eine Rk. 1. Ordnung, E = 6,5—13,1 kcal/Mol. Wahrscheinlicher Mechanismus: p-H_2 + 2G → 2GH → 2G + o-H_2. Der Anteil der akt. Gruppen an der Gesamtoberfläche beträgt $1/10^7$. Bei 530° beteiligen sich schon Austausch- u. a. homogene Rk.-Mechanismen an der Umkehrung. (Trans. Faraday Soc. **54.** 394—99. März 1958. Pontypool, Brit. Nylon Spinners; Billingham, Imp. Chem. Ind. Ltd.; Nottingham, Univ., Chem. Dep.) P. SCHARNER. 225

John H. Sullivan, *Reaktionsgeschwindigkeit von Wasserstoff mit Jod im Gleichgewicht.* Mit Hilfe der zusätzlichen Rk.-Folge J + H_2 → HJ + H (1), H + HJ → H_2 + J (2), H + J_2 → HJ + J (3), J + HJ → J_2 + H (4) deutet Vf. den Befund von ROSENBAUM u. HOGNESS (J. chem. Physics. **2.** [1934.] 267), daß in Gleichgewichtsmischungen von H_2, J_2 u. HJ die Umwandlung p-H → o-H etwa doppelt so schnell als entspr. p-H_2 + J_2 $\overset{(5)}{\rightarrow}$ 2 HJ $\overset{(6)}{\rightarrow}$ o-H_2 + J_2 verläuft. Die aus Gleichgewichtsdaten ermittelten k-Werte der geschwindigkeitsbestimmenden Teil-Rkk. (5) u. (1) sind ident. mit denen in weit vom Gleichgewicht entfernten Systemen. Durch Bestimmung ihrer oberen Geschwindigkeitsgrenzen wird gezeigt, daß die Rkk. p-H_2 + J → o-H_2 + J (7) u. p-H_2 + HJ → o-H_2 + HJ (8), die eine Umwandlung durch paramagnet. J-Atome bzw. durch Austausch eines H-Atoms bewirken, zur Deutung des genannten Befundes nicht geeignet sind; die Stoßausbeute (collision efficiency) von (7) beträgt höchstens $2,5 \cdot 10^{-12}$, die Aktivierungsenergie von (8) wenigstens 47 kcal. Die Rk. von H_2 mit J-Atomen u. -Moll. verläuft in Pyrexgefäßen bei 693° K homogen. (J. chem. Physics **30.** 1577—80. Juni 1959. Los Alamos, N. Mex., Univ. of California, Sci. Labor.) A. BLASCHETTE. 225

Ss. I. Papko, *Kinetik der Ammoniakoxydation durch Ozon in wäßrigen Lösungen.* (Vgl. C. **1957.** 9853.) Lsgg. von NH_3 u. O_3 werden aus WULFFschen Flaschen (5 Liter) abgehebert u. treten gemischt in ein Reaktionsrohr ein, aus diesem in vorgelegte H_2SO_4. Aus der zum Durchlaufen des Reaktionsrohres bei 6—33° benötigten Zeit ergibt sich, daß eine Rk. 2. Ordnung vorliegt, deren Aktivierungsenergie 22300 cal/Mol beträgt. Für die Abhängigkeit der Geschwindigkeitskonstanten k von der Temp. (T°K) gilt: $2,303 \cdot \log k = -(11231/T) + 42,27$. Der präexponentielle Faktor ist ungewöhnlich hoch (Größenordnung 10^{18}), woraus auf eine hohe Aktivierungsentropie geschlossen wird. (Журнал Физической Химии [J. physik. Chem.] **31.** 1636—39. Juli 1957. Moskau, Inst. für Transportwesen.) R. K. MÜLLER. 225

J. Jach, *Die Gasphasenreaktion zwischen Stickstoffmonoxyd und Distickstoffpentoxyd.* Vf. untersucht den Einfl. des Fremdgaseffektes auf die Rk. N_2O_5 + NO → 3 NO_2 (1) in Verb. mit einer Prüfung der LINDEMANN-Theorie der Stoßaktivierung bei monomol. Reaktionen. Unter bestimmten Bedingungen kann (1) als monomol. Rk. bzgl. N_2O_5 angesehen werden. Im Bereich 1—15 mm N_2O_5 steigt $k_{25°}$ bei Abwesenheit von Fremdgas mit dem N_2O_5-Druck. In Übereinstimmung mit der Theorie bleibt $k_{25°}$ bei hohem Fremdgasdruck (*CO_2, SF_6, N_2, NO, CF_4*) vom N_2O_5-Druck unabhängig. (Trans. Faraday Soc. **53.** 41—43. Jan. 1957. Oxford, Phys. Chem. Labor.) P. SCHARNER. 225

H. Martin und **E. Köhnlein,** *Die Reaktion des Chlordioxyds mit Nitrosylchlorid in der Gasphase.* In Ggw. von NO_2 setzen sich die Gase ClO_2 u. NOCl bis zum vollständigen Verbrauch der unterschüssigen Komponente nach der Bruttogleichung: $2\,NOCl + ClO_2 = NO_2Cl + NO_2 + Cl_2$ um. Die autokatalyt. Rk. ist (in Quarzgefäßen) homogen u. gehorcht dem Zeitgesetz $-d(ClO_2]/dt = k_a[NOCl][NO_2] + k_b[ClO_2][NO_2]$ mit $k_a = 7{,}9 \cdot 10^{-4}$, $k_b = 1{,}5 \cdot 10^{-4}$ $Torr^{-1} \cdot Min^{-1}$ bei 0°. Im Gemisch der reinen Ausgangsgase kommt die Rk. erst nach einer längeren Induktionsperiode in Gang; durch Vergrößerung der Gefäßoberfläche läßt sich die Induktionsperiode verkürzen, durch Zugabe von wenig NO_2 aufheben. Die Rk. läßt sich bis in alle Einzelheiten durch die simultanen Rk.-Folgen $NO_2 + NOCl \xrightarrow{k_1} NO + NO_2Cl$, $NO + ClO_2 \xrightarrow{schnell} NO_2 + ClO$ und $NO_2 + ClO_2 \xrightarrow{k_2} NO_3 + ClO$, $NO_3 + NOCl \xrightarrow{schnell} NO_2 + NO_2Cl$ mit der gemeinsamen schnellen Folgerk. $ClO + NOCl \xrightarrow{schnell} NO_2 + Cl_2$ kinet. deuten, wobei die bimol. Konstanten k_1 u. k_2 mit den empir. Konstanten k_a u. k_b im Geschwindigkeitsausdruck zu identifizieren sind. Für Aktivierungsenergie, Reaktionsenthalpie, Gleichgewichts- u. Geschwindigkeitskonstante der Rk. $NO_2 + NOCl = NO + NO_2Cl$ werden die Werte $e = 10{,}0$ kcal, $\Delta H = +3{,}1$ kcal, $K = 9{,}1 \cdot 10^{-5}$ (0°) gefunden u. $k_1 = k_a = 1{,}92 \cdot 10^{10} \cdot e^{-10\,000/RT}$ $cm^3 \cdot Mol^{-1} \cdot sec^{-1}$. (Z. physik. Chem., Frankf. Ausg. [N. F.] **17.** 375—98. Kiel, Univ., Inst. für Physikal. Chem.) M. SCHENK. 225

Jesse S. Binford jr., *Kinetik bei der Oxydation von Graphit.* Chem. Kinetik in hohen u. niedrigen Temp.-Bereichen. Prim.-Prodd. der Rk. von Graphit mit O_2, Wasserdampf, CO_2. Angaben über verschied. physikal. Messungsmethoden. — 79 Literaturangaben. (Advances Chem. Ser. Nr. **20.** 39—48. Febr. 1958. Austin, Tex., Univ.) G. CHALLIER. 225

Bernard E. Saltzman, *Kinetische Untersuchungen über die Bildung atmosphärischer Oxydantien.* Da vermutlich Augenreizungen u. Pflanzenschäden weitgehend durch instabile, durch photochem. Wrkg. des Sonnenlichtes auf NO_2 bei Ggw. von KW-stoffen entstandene Zwischenprodd., wie O_3 u. organ. Peroxyde, hervorgerufen werden, wie sie sich in den Abgasen von Motoren bilden, untersuchte Vf. zunächst die Rkk. 1) $NO_2 + h\nu \rightarrow NO + O$ u. 2) $O + O_2 \rightarrow O_3$ auf ihre Abhängigkeit vom jeweiligen Sonnenstand. Aus kinet. Daten ergibt sich dabei, daß unter den möglichen Rkk. von NO bzw. NO_2 nur die Rk. 3) $O_3 + NO \rightarrow O_2 + NO_2$ zur Berechnung des kinet. Gleichgewichts wichtig ist u. nicht etwa 4) $O_3 + 2\,NO_2 \rightarrow O_2 + N_2O_5$ mit vorausgehendem $2\,NO + O_2 \rightarrow 2\,NO_2$, da die Geschwindigkeitskonstante von 4) nur 0,4% der von 3) beträgt. Die Geschwindigkeitskoeffizienten ergeben jedoch, daß die Verbrauchsgeschwindigkeit an Oxydantien $v_{Verbr.}$ wesentlich die Bildungsgeschwindigkeit $v_{Bldg.}$ derselben übersteigt; um die Mittagszeit verhält sich sogar $v_{Verbr.} : v_{Bldg.} = 30:1$. Als weitere Möglichkeit zur Bldg. von Oxydantien kommt die Mitwrkg. organ. Verbb. in Betracht, die nach den Reaktionsgleichungen entstehen können: 5) $R\cdot + O_2 \rightarrow RO_2\cdot$ mit anschließendem 6) $RO_2\cdot + O_2 \rightarrow RO\cdot + O_3$ bzw. 7) $RO\cdot + RH \rightarrow ROH + R\cdot$ oder 8) $RO_2\cdot + RH \rightarrow ROOH + R\cdot$, d.h., daß oxydierte KW-stoffe wie Alkohole, Ketone, Hydroperoxyde u. Persäuren als Oxydantien wirken. Dabei ist die Bldg. oder der Verbrauch freier organ. Radikale von Wichtigkeit, die durch die Rkk. 9) O_3 + Olefine → Oxydantien oder 10) $O + RH \rightarrow R\cdot + \cdot OH$ bzw. 11) $\cdot OH + RH \rightarrow R\cdot + H_2O$ entstehen können. Der Einfl. der Rk. 9) erscheint am wichtigsten. Daher untersuchte Vf. massenspektrograph. u. jodometr. die Rk. O_3 + *Hexen-(1)* (**I**) bes. im Hinblick auf instabile Zwischenprodd. mit Halblebensdauern unter 1 Std. bei 25° u. der im Rauch auftretenden Konzz. von 1000 p.p.m. Als Lebensdauern des **I** ergeben sich in Mischungen mit O_3 bei diesen Konzz. u. Tempp. aus den Literaturwerten 2,5 sec; da aber nie bei Ggw. von O_3 nichtreagiertes **I** oder C-Ketten mit 4 oder 5 C-Atomen gefunden wurden, muß bei diesen Bedingungen auf Lebensdauern des **I** unter 1,4 sec geschlossen werden. Daraus folgt, daß O_3 nicht nur die Doppelbindung des **I** angreift, sondern auch andere Bindungen. Gefunden wurden als Prodd. bei Ggw. von O_3 ionisiertes C_4H_9CHO, C_4H_9CO, C_3H_7COOOH, C_3H_7COOO, $C_3H_7CH_2OOH$, C_3H_7CO, C_3H_3 (**II**), C_3H_5 (**III**), C_2H_3 (**IV**), C_2H_2, CH_3O_2, CO_2 CH_3O, HCHO, O_3, H_2O. Bei der Photolyse des **I** bei Abwesenheit des O_3 wurden als Prodd. außer **II**, **III** u. **IV** noch gefunden: **I**, C_5H_9, C_4H_8, C_4H_7, C_4H_5, C_4H_4, C_3H_7, C_3H_2, nicht aber die übrigen, die bei Ggw. von O_3 beobachtet wurden. Weitere Unterss. an **I** bei Konzz. zwischen 1 u. 10 p.p.m. ergaben bisher wegen der nichtstöchiometr. Natur der Rk. **I** + O_3 u. wegen mehrerer, nebeneinander verlaufender Rkk. keine eindeutigen Ergebnisse, zeigten aber, daß **I** mit O_3 viel schneller reagiert, als bisher angenommen wurde. (Ind. Engng. Chem. **50.** 677—82. April 1958. Cincinnati, O., U. S. Dep. of Health, Educ. and Welfare, Public Health Serv., Occupational Health Progr.) E. ROEDER. 226

L. L. van Reijen und **G. C. A. Schuit,** *Das Potenzgeschwindigkeitsgesetz in der heterogenen Katalyse und absolute Reaktionsgeschwindigkeiten.* Auf der Grundlage der Theorie der absoluten Geschwindigkeit von chem. Rkk. von EYRING (vgl. J. chem. Physics **3.** [1935.] 107 u. einer Gleichung von LAIDLER (vgl. „Catalysis" Vol. **1.** [1954.] 75, New York) diskutieren Vff. die quantitative Kinetik in der heterogenen Katalyse, wobei jedoch nur homogene Oberflächen berücksichtigt wurden. Es wurden einfache Ausdrücke für den absoluten Wert des Frequenzfaktors einerseits u. für die Beziehung zwischen den kinet. Parametern u. den den Reaktionsmechanismus bestimmenden Parametern anderseits hergeleitet. Die Ergebnisse wurden mit experimentellen Daten aus der neueren Literatur verglichen. (Bull. Soc. chim. belges **67.** 489—505. Juli/Aug. 1958. Amsterdam, Koninklijke/Shell-Labor.) C. GOTTFRIED. 227

Shin-ichi Kondō, Masuo Shindō, Kumao Ōhashi und **Masaharu Hasegawa,** *Über die Reaktionsgeschwindigkeit der Ammoniaksynthese mit Uhde-Katalysatoren.* Aus 1 (Mol) $K_4Fe(CN)_6$ u. 0,8 $AlCl_3$ + 0,2 $FeCl_3$ werden 2 Arten von UHDE-Katalysatoren (UK) hergestellt u. bei 300—550° u. verschied. Raumgeschwindigkeiten die Geschwindigkeit (G) der NH_3-Synth. verglichen mit 2 Arten Schmelzkatalysatoren (SK), bestehend aus 94 (Gew.-%) $FeSO_4$, 3—4 Al_2O_3, 1 CaO u. 1—2 K_2O. Die Gleichung der G für UK war ähnlich der für SK, aber die G der NH_3-Synth. ist mit UK geringer als mit SK. Die Aktivierungsenergie für UK ist 20,84—25,21, für SK 16,98—19,61 kcal/Mol. — 4 Diagramme. (J. chem. Soc. Japan, ind. Chem. Sect. [Kōgyō Kagaku Zassi] **58.** 166—68. März 1955. Nagoya, TH. [Orig.: japan.]) L. SCHULER. 227

P. P. Dmitrijew und **N. D. Rjabowa,** *Erhöhung des Austauschvermögens und der katalytischen Aktivität des Dshebel Oglanlin-Bentonits.* Das Austauschvermögen u. die katalyt. Aktivität (beim Cracken von Ligroin bei 450°) der untersuchten Bentonite werden durch Behandlung mit $Ca(OH)_2$, dann mit Al-Salzen, z. B. $Al_2(SO_4)_3$, erhöht. Die Eigg. der so erhaltenen Prodd. (auch die therm. Stabilität) stehen denjenigen eines synthet. techn. Al-Silicatkatalysators nahe. (Известия Академии Наук УзССР, Серия Химических Наук [Nachr. Akad. Wiss. UsbekSSR, Ser. chem. Wiss.] **1957.** Nr. 2. 47—52.) R. K. MÜLLER. 227

A_8. Präparative anorganische Chemie. Komplexverbindungen. Metallorganische Verbindungen.

Julius L. Jackson, *Stabilisierte freie Radikale.* Übersicht über die Stabilisierung einfacher Radikale durch tiefe Tempp. u. deren Nachweis. 26 Literaturstellen. (J. Washington Acad. Sci. **48.** 181—85. Juni 1958. Washington, D. C., Nat. Bur. of Standards.) P. WARNECK. 228

Tatsuo Yokoyama, *Herstellung von Calciumchlorat durch Elektrolyse einer $CaCl_2$-Lösung mit einer amalgamierten Kathode.* Eine 3,2 n $CaCl_2$-Lsg. wird zwecks Chloratgewinnung bei 50—60° elektrolysiert. Zur Aufrechthaltung eines leicht sauren p_H wird a) CO_2 eingeblasen, b) von Zeit zu Zeit HCl zugesetzt. Als Kathode dient ein Pt-Blech, als Anode ein amalgamierter Cu-Draht (**I**) bzw. Pt-Draht oder Cu-Draht. **I** ist bei a u. b günstig. Die Stromausbeute für Chlorat ist bei a 61—66, bei b 70—78%. Die ungünstigere Ausbeute bei a wird der Bldg. von $CaCO_3$ zugeschrieben. Erörterung des Elektrolysechemismus. (J. chem. Soc. Japan, ind. Chem. Sect. [Kōgyō Kagaku Zassi] **58.** 647—49. Sept. 1955. Takaoka, Toyama Univ. [Orig.: japan.]) L. SCHULER. 247

W. Gerrard, M. F. Lappert und **H. B. Silver,** *Weitere Untersuchungen über das System Butenyl–Bortrichlorid.* (Vgl. C. **1957.** 10956 u. 7889.) Die Rkk. mit *Borsäure-tris-[1-methylallylester]* (**III**) u. *-tris-[3-methylallylester]* (**IV**) (Hydrolyse, Alkoholyse, Einw. von HCl u. BCl_3) zeigen, daß die 1-Methyl- u. 3-Methylallylgruppe Elektronendonatoreigg. besitzen (3- > 1-CH_3) u. hierbei zwischen typ. sek. u. tert. Alkylgruppen stehen. Zum Vgl. wurden analoge Rkk. mit Buten-(3)-yl-Verbb. durchgeführt. Die olefin. Doppelbindung in 3-Stellung hat jedoch wenig Einfl. auf die Reaktionsfähigkeit des C-(1)-Atoms. Die Buten-(3)-ylgruppe besitzt kaum stärkere Elektronendonatoreigg. als die n-Butylgruppe. Die beschriebenen Rkk. werden mit ähnlichen Rkk. des gesätt. Syst. verglichen. Die relative Zus. der bei den Rkk. mit **III** u. **IV** auftretenden Methylallylchloride ist konstant u. unabhängig vom Ausgangsprodukt. Es wird aus **III** sowohl *1-Methylallylchlorid* (**XIII**) als auch *3-Methylallylchlorid* (**XII**) gebildet. Umgekehrt gibt **IV** nicht nur **XII**, sondern, auch **XIII. XIII** u. **XII** treten in beiden Fällen in gleichanteiliger Menge auf. Dies erklärt sich aus der Tatsache, daß bei den Rkk. eine C–O-Spaltung eintritt u. ein mesomeres Carboniumkation intermediär entsteht: CH_3—CH=CH—CH_2^+ → CH_3—$\overset{+}{C}H$—CH= CH_2. Verss., bei denen keine C–O-Spaltung, sondern B–O-Spaltung auftritt (Hydrolyse, Alkoholyse, Veresterung), führen nicht zu solchen Umlagerungsprodukten. Eine Ausnahme bildet hierbei die Alkoholyse von **IV** mit Octanol-(1). Nach Annahme der Vff. tritt in diesem Fall auch C–O-Spaltung in geringem Ausmaß ein. Die Best. von **XIII** u. **XII** im Gemisch erfolgte mit Hilfe der Brechungsindices nach EISNER (J. Amer. chem. Soc. **63.** [1941.] 2113), die von 1- u. 3-Methylallylalkohol durch Infrarotspektroskopie.

Versuche: *3-Methylallylalkohol* (**I**) wurde nach NYSTROM u. BROWN (J. Amer. chem. Soc. **69.** [1947.] 1197) dargestellt. *Buten-(3)-ol-(1)* wurde in geringer Ausbeute durch Einleiten von Formaldehyddampf in Allyl-MgBr erhalten. — Darst. der Borsäuretriester: Eine Mischung von 3 Mol des Alkohols u. 1 Mol Borsäure (**II**) wird verestert u. entstandenes W. azeotrop mit Bzl. abdestilliert. *Tris-[1-methylallyl]-borsäureester* (**III**), $Kp._{10}$ 78°, n_D^{20} 1,4177, $D.^{18}$ 0,8717, 73% (Ausbeute). — *Tris-[3-methylallyl]-borsäureester* (**IV**), $Kp._9$ 112°, n_D^{25} 1,4428, $D.^{15,5}$ 0,9160, 81% (Ausbeute). — Rkk. zwischen Alkoholen u. BCl_3 (**V**): 1 Mol **V** in n-Pentan (— 35°) wird zu jeweils 3 Mol Alkohol in n-Pentan bei — 80° gegeben. a) Buten-(3)-ol-(1). Nach Entfernen der flüchtigen Anteile bei 20°/15 mm liefert die Dest. *Tris-[buten-(3)-yl-(1)]-borsäureester* (**VI**), $Kp._{15}$ 112°, n_D^{20} 1,4332, $D.^{22}$ 0,8925, 94%.— b) 1-Methylallylalkohol (**VII**). Die flüchtigen Anteile werden bei 20°/15 mm entfernt. Die Dest. gibt unreines **III** (4,6%), als Rückstand bleibt **II**. Werden die flüchtigen Anteile gleich entfernt, so beträgt die Ausbeute an **III** 15,1%. Wird außerdem ohne Lösungsm. gearbeitet, ist die Ausbeute 58%. — c) 3-Methylallylalkohol. Der Alkohol wird zu **V** gegeben. Bei der heftigen Rk. entweicht **V**. *Butenylchlorid* (**VIII**), n_D^{25} 1,4263, 70% wird als Kondensat bei —80° aufgefangen, Rückstand von **II** (98%) bei 18°/5 mm. — Chem. Eigg. der Borsäuretriester. a) Hydrolyse. Gibt man 1 Mol W. zu jeweils 3 Mol **III** u. **IV** u. evakuiert bei 20°/0,01 mm, so erhält man den entsprechenden Alkohol als Kondensat bei — 80°. (96,3% u. 99%), **II** (100%) als Rückstand. — b) Alkoholyse. 3 Mol Octanol-(1) werden zu jedem Borsäuretriester hinzugegeben. **III** gibt **VII** (97%) als Kondensat u. *Tri-n-octyl-borsäureester* (**IX**), $Kp._{28}$ 222°, 72,3%. **IV** gibt Butenylalkohol (87%) u. **IX** (92%). — Dealkenylierung: **III** wird quantitativ zurückerhalten nach Einleiten von HCl bei 18° (1 Std.) u. dann bei 120° (4 Std.). **IV** reagiert nicht bei 15°, bei 110° (4 Std.) bleibt **II** zurück, **VIII** wird bei — 80° in der Kühlfalle aufgefangen. — Rkk. zwischen Trialkenylborsäureestern u. BCl_3. a) Buten-(3)-yl. Gibt man 1 Mol **V** zu 2 Mol **VI** bei — 80°, so erhält man quantitativ *Monochlorborsäuredibuten-(3)-ylester* (**X**), $C_8H_{14}BClO_2$, $Kp._{0,2}$ 47°, n_D^{20} 1,4338, $D._4^{23}$ 0,9745.—Aus 2 Mol **V** u. 1 Mol **VI** entsteht *Dichlorborsäure-buten-(3)-ylester* (**XI**), $C_4H_7BCl_2O$, $Kp._{15}$ 36°, n_D^{20} 1,4261. — b) 1- u. 3-Methylallyl. Verss. zur Darst. von Mono- u. Dichlorborsäureestern waren infolge des schnellen Zerfalls dieser Verbb. erfolglos. 3 $BCl(OR)_2$ → 3 RCl + B_2O_3 + $B(OR)_3$. 3 BCl_2OR → 3 RCl + B_2O_3 + BCl_3. 1 Mol **III** u. 2 Mol **V** geben außer **V** einen braunen Rückstand, der wahrscheinlich durch Polymerisation von 1-Methylallylchlorid unter Einfl. von **V** gebildet wird. — Pyridinkomplexe von Mono- u. Dichlorborsäuremethylallylestern. 3 Mol Pyridin in n-Pentan werden zu 2 Mol **III** u. 1 Mol **V** in n-Pentan bei — 80° gegeben. Man erwärmt auf 20° u. entfernt flüchtige Anteile bei 20°/15 mm. Als Rückstand bleibt ein unreiner, fester Komplex zwischen Pyridin u. Monochlorborsäure-bis-[1-methylallylester] (1:1), $C_{13}H_{19}BClNO_2$, 77%. Dichlorborsäure-1-methylallylester u. Mono- u. Dichlorborsäure-3-methylallylester geben keine Pyridinkomplexe. — Zerfall von Monochlorborsäure-bis-[methylallylestern]. a) Das 1-Isomere. 1 Mol **V** (— 80°) wird zu 2 Mol **III** bei — 80° hinzugefügt. Man erwärmt auf 20°. In Verb. mit einer Kühlfalle von — 80° wird die Mischung 1 Std. auf 135° erwärmt, dann auf 20° abgekühlt und bei 20°/20 mm evakuiert. **VIII** (62%) wird in der Kühlfalle aufgefangen, der Rückstand gibt bei der Dest. **III** (85%), Rest B_2O_3. — b) Das 3-Isomere. 2 Mol **IV** werden bei — 80° zu 1 Mol **V** gegeben. Nachdem man das Gemisch 20 Std. bei 20°/15 mm gehalten hat, ist **VIII** (74%) in der Kühlfalle von — 80° kondensiert worden. Als Rückstand bleiben **IV** u. B_2O_3. Stabilität von **X** u. **XI**. **X** ist nach 22 Std. kaum verändert (Zerfall < 1%). **XI** ist nach 3 Std. zu 11% nach 21 Std. zu 92% zerfallen. — Rk. zwischen Bis-[3-methylallyl]-äther u. BCl_3. 3 Mol des Äthers werden zu 2 Mol **V** bei — 80° gegeben. Man hält die Mischung 3,5 Std. auf 20°/10 mm. **VIII** wird bei — 80° aufgefangen, als Rückstand bleibt B_2O_3. — Einw. von BCl_3 auf 3-Methylallylchlorid. (**XII**). **XII** wird nicht angegriffen von einer Spur **V** in 1 Std. bei Raumtemperatur. Eine größere Menge von **V** bewirkt Additionspolymerisation. **XII** u. **V** werden bei — 80° zusammengegeben. Die Mischung wird in Verb. mit einer Kühlfalle von — 80° auf Raumtemp. erwärmt. Man erhält eine gelbe Fl., welche schnell dunkelt u. nach 1 Std. zu einem braunen Gummi geworden ist. Dieser ist lösl. in Ae., Bzl., CCl_4, A., unlösl. in W., Mol.-Gew. **1448**. (J. chem. Soc. [London] **1957.** 1647—52. April. London, Northern Polytechn.) B. HOFFMANN. 258

Stephan Pawlenko, *Binäres System Borfluorid–Wasser.* Ergänzend zu den Gleichgewichtsmessungen von WAMSER (C. **1953.** 6440) werden im bin. Syst. BF_3—H_2O Erstarrungspunkte (> 55 Gew.-% BF_3) u. Dichten (< 80% BF_3) bestimmt. Das F.-Diagramm weist ein Eutektikum zwischen $BF_3 \cdot H_2O$ [$H(BF_3OH)$; I] u. $BF_3 \cdot 2\,H_2O$ [$H_3O(BF_3OH)$; II] bei 73,7% BF_3 u. — 44° auf. Die Dichtemessungen ergeben oberhalb von 55% BF_3 einen konvexen, unterhalb davon einen konkaven Ast der $D._4^t$-Kurve. Die Ergebnisse werden mit Bezug auf mögliche Hydrolysegleichgewichte, bes. die von WAMSER gemessenen, diskutiert. I, durch Sättigen von II mit BF_3 bei 7°, F. 6,0°, $D._4^t$ = 1,7907 — 1,46 · 10^{-3} (t — 15); **II**, durch Sättigen von gekühltem W. mit BF_3 u. Versetzen der analysierten ca. 67%ig. Lsg. mit der theoret. W.-Menge, F. 6,1—6,15°, $D._4^t$ = 1,6256 — 1,38 · 10^{-3} (t — 25). Die Existenz eines $BF_3 \cdot 3\,H_2O$ (A. P. 2 135 454; C. **1939. I.** 1019) wird nicht bestätigt. (Z. anorg. allg. Chem. **300.** 152—58. 1959. Bergkamen/Westf., Chem. Werke Bergkamen.) A. BLASCHETTE. 258

Takashi Mukaibō und **Yoshio Yamanaka,** *Untersuchung über Calciumcarbid. 7. Mitt. Bedingungen für die Darstellung von Calciumcarbid durch Reaktion in fester Phase.* (6. vgl. C. **1959.** 12161.) *CaO* u. *Holzkohle* (CaO:C = 1:3) werden als Pulver (< 180 Maschensieb) bei 50 at brikettiert u. im elektr. Ofen verschied. hoch (1500—1800°) 10—70 Min. bei 30—40 mmHg erhitzt. Die Gewichtsabnahme der Probe im Laufe der Rk. wird bestimmt. Die CaC_2-Ausbeute ist deutlich vom *CO*-Druck im Ofen abhängig. Nach einer bestimmten Rk.-Zeit, abhängig von der Temp., wird die Ausbeute konstant; je höher die Temp., um so kürzer die Rk.-Dauer. Erörterung des Rk.-Chemismus. Vf. nehmen an, daß die Rk. weitgehend von der Diffusion des CO in die Preßmasse bestimmt wird. (J. chem. Soc. Japan, ind. Chem. Sect. [Kōgyō Kagaku Zassi] **58.** 643—47. Sept. 1955. Tokyo Univ. [Orig.: japan.]) L. SCHULER. 260

R. Klement und **H. Bär,** *Das Verhalten von Amidophosphaten beim Erhitzen.* (Vgl. C. **1956.** 7168, 10878.) Phosphoroxytriamid $OP(NH_2)_3$ (**I**) bildet beim Erhitzen Gemische von chromatograph. nachgewiesenen *Imidophosphorsäureamiden* $P_nO_n(NH)_{n-1}(NH_2)_{n+2}$, deren Kondensationsgrad von Temp. u. Erhitzungsdauer abhängt. In siedendem Bzl. bildet sich neben nicht umgesetztem **I** das *Imidodiphosphorsäuretetramid* (n = 2), $(NH_2)_2PONHPO(NH_2)_2$, in Mischungen von Bzl. u. Toluol (Kp. 95—105°) weiterhin das *Diimidotriphosphorsäurepentamid* (n = 3), $(NH_2)_2PONHPO(NH_2)NHPO(NH_2)_2$, in reinem Toluol reagiert **I** vollständig, u. es finden sich zusätzlich Homologe mit n = 3 u. 4. Einheitliche Verbb. wurden nie erhalten. Im Vakuum bei 140° liefert **I** hochkondensierte, in W. unlösl. Prodd., bei 1000° u. 1 Torr im Quarzrohr *Phosphorylnitrid*, $(OPN)_x$, sowie flüchtige, rotbraune bis gelbe, an der Luft nach Phosphin riechende Verbb. mit niederwertigem P. Ein Gemisch homologer Natriumdiamidoimidophosphate, aus wasserfreiem $NaPO_2(NH_2)_2$ bei 160° u. 1 Torr erhalten, reagiert mit Luftfeuchtigkeit oberhalb 250° unter NH_3-Abgabe u. Ersatz der NH- durch O-Brücken; bei 900° entsteht eine N-freie, zu einem in W. lösl. Glas erstarrende Schmelze von $(NaPO_3)_n$. Wasserfreies $Na_2PO_3NH_2$ (**II**) verhält sich oberhalb 450° analog u. liefert bei 1000° eine N-freie, krist. erstarrende Schmelze von wasserlösl., papierchromatograph. u. röntgenograph. nachweisbarem $Na_4P_2O_7$. Zers. von **II** bei 1000° u. 1 Torr führt ebenfalls zu dem vorst. erwähnten Prod. mit niederwertigem P. (Z. anorg. allg. Chem. **300.** 221—24. 1959. München, Univ., Inst. für Anorgan. Chem.) A. BLASCHETTE. 264

Ss. S. Makarow und **W. N. Tschamowa,** *Untersuchung von Systemen mit konzentriertem Wasserstoffperoxyd. 14. Mitt. Löslichkeitsisothermen des ternären Systems K_2CO_3–H_2O_2–H_2O.* (13. vgl. C. **1958.** 9712.) Durch Unters. des Syst. K_2CO_3 (**I**)–H_2O_2–H_2O bei 20,0 u. — 10° nach der Meth. der Löslichkeit wird die Ggw. folgender stabiler fester Phasen nachgewiesen: $K_2CO_3 \cdot 6\,H_2O$ (**II**), $K_2CO_3 \cdot 4\,H_2O$ (**III**) u. $K_2CO_3 \cdot 3\,H_2O_2$ (**IV**). **III** ist ein bisher unbekanntes **I**-Hydrat. In dem aus den Gleichgewichtsdaten ermittelten Gebiet der stabilen Konz. von **I** zu H_2O_2 läßt sich **IV** ohne Entmischung der fl. Phasen isolieren. Die Verb. $K_2CO_3 \cdot 1{,}5\,H_2O$ (**V**) ist eine metastabile Phase, die bei der Einw. von H_2O_2 in **IV** übergeht. Das breite Übersättigungsgebiet zwischen **V** u. **III** erklärt die Schwierigkeiten bei der synthet. Herst. von **IV**, die mit der Entmischung der gesätt. Lsgg. u. mit der Dauer der Umwandlung von **V** in **IV** zusammenhängen. Für **III** ist eine starke Erhöhung der Löslichkeit mit steigendem Geh. an H_2O_2 in der fl. Phase charakteristisch. Bei 0° steigt sie von 15,00 auf 38,24%. Als Ausgangsmaterial der Unterss. dienten **II, IV** u. **V**. (Известия Академии Наук СССР, Отделение Химических Наук [Nachr. Akad. Wiss. UdSSR, Abt. chem. Wiss.] **1958.** 1025—30. Sept. Kurnakow-Inst. für allg. u. anorg. Chem. der Akad. der Wiss. der UdSSR.) O. LEBTAG. 275

Yolande Bianco, *Basische Magnesiumchloride und -bromide.* Vf. untersuchte die Einw. von MgO auf $MgCl_2$ u. $MgBr_2$ in Abhängigkeit von der Zeit, der Temp. u. der

Konz. der Rk.-Partner. Die dabei aufgefundenen festen Phasen wurden analyt. u. röntgenograph. untersucht, ihre Zus. u. ihr Bldg.-Bereich best. u. ihre Eigg. ermittelt.

Versuche: Aus Darst.-Verss. bei 0, 25, 50 u. 70° mit Konzz. zwischen 1,5 u. 4,5 Mol/1000 g wurde der W.-Geh. der Verbb. $MgCl_2 \cdot 3\,Mg(OH)_2$ u. $MgCl_2 \cdot 5\,Mg(OH)_2$, der bisher mit 7 bis 9 angegeben wurde, zu 8 H_2O bestimmt. An neuen Verbb. wurden zwischen 75 u. 175° die Salze *$MgCl_2 \cdot 2\,Mg(OH)_2 \cdot 2\,H_2O$* (**I**) u. *$\cdot 4\,H_2O$* (**II**) (lange Nadeln) u. *$MgCl_2 \cdot 3\,Mg(OH)_2$* (**III**) in konz. Lsgg. (**I** bei 125—175°, **II** bei 75—100° u. **III** bei 175°) u. *$MgCl_2 \cdot 9\,Mg(OH)_2 \cdot 5\,H_2O$* (lange Nadeln) im Bereich mittlerer Verdünnungen bei 100—175° aufgefunden. Alle Verbb. weisen ein charakterist. Röntgenspektr. auf. Auf gleiche Weise (langsame Fällung aus $MgCl_2$- bzw. $MgBr_2$-Lsg. mit MgO) wurden einige neue bas. Mg-Bromide erhalten. Zwischen 0 u. 50° fällt *$MgBr_2 \cdot 5\,Mg(OH)_2 \cdot 8\,H_2O$* (**VI**) (instabil in absol. A.) aus; die Verb. *$MgBr_2 \cdot 2\,Mg(OH)_2 \cdot 2\,H_2O$* (**IV**) entsteht zwischen 150 u. 175°, im gleichen Temp.-Bereich bildet sich mit MgO, das geringe Mengen W. enthält, das entsprechende 4-Hydrat (**V**) (beide Verbb. krist. in Form kurzer Nadeln). In verdünnteren Lsgg. fällt zwischen 75 u. 175° $MgBr_2 \cdot 9\,Mg(OH)_2 \cdot 5\,H_2O$ (lange Nadeln) aus; das Röntgenspektr. ist, wie bei den Verbb. **IV** u. **V**, analog dem des entsprechenden Chlorids. Bei der Einw. von absol. A. auf $MgBr_2 \cdot 3\,Mg(OH)_2 \cdot 8\,H_2O$ u. **VI** entsteht *$3\,MgBr_2 \cdot 13\,Mg(OH)_2 \cdot 24\,H_2O$* (charakterist. Röntgendiagramm) bzw. *$MgBr_2\ 7\,Mg(OH)_2 \cdot 10\,H_2O$* (Diagramm von **VI**). Analog den Verhältnissen bei $MgCl_2$ wurde für die Verb., der TASSILLY die Formel *$MgBr_2 \cdot 3\,Mg(OH)_2 \cdot 9\,H_2O$* zuschrieb, die Zus. *$MgBr_2 \cdot 3\,Mg(OH)_2 \cdot 8\,H_2O$* abgeleitet. Alle bas. Verbb. des $MgCl_2$ u. $MgBr_2$ sind in ihren Mutterlaugen schwach löslich u. in absol. A. im allg. stabil; von W. u. W.-haltigen A. werden sie in $Mg(OH)_2$ u. lösl. Halogenide zersetzt. Die Netzebenenabstände wurden best. u. das Vorliegen einer Isomorphie zwischen den entsprechenden Chloriden u. Bromiden nachgewiesen. (Ann. Chimie [13] **3**. 370—404. Mai/Juni 1958. Paris, Fac. des Sci., Labor. de Chim. C.) W. KARCHER. 282

Heinz Dietzel, *Physikalisch-chemische Studien an Magnesiumchloridlösungen zwischen 20 und 200°*. Kurzer Bericht über Löslichkeits-, Leitfähigkeits-, Röntgen-, D.- u. Viscositäts-Unterss. im System *$MgCl_2$–H_2O*. (Bergakademie [Freiberg] **10**. 214—15. März. 1958. DAW Berlin, Arbeitsstelle für Mineralsalzforsch.) W. WAGNER. 282

Gérard Montel, *Ein Beitrag zur Untersuchung des Bildungsmechanismus des Fluorapatits*. Bei der Unters. zahlreicher Synth.-Rkk. des *Fluorapatits* (**I**) in Ggw. von W. bei Zimmertempp. u. auf trockenem Wege wurde festgestellt, daß die Zus. von **I** merklich von den Darst.-Bedingungen abhängig ist. In Ggw. von W. führen alle Systeme, die ein Ca-Orthophosphat (Mono-, Di- oder Tri-) u. CaF_2 bzw. NaF enthalten, unter geeigneten Bedingungen zu **I**. Die Rk. beruht auf der bemerkenswerten Affinität des CaF_2 gegenüber dem ausgefallenen Hydrat des *Tri-Ca-Phosphats* (**II**); das Schütteln einer Suspension der beiden Verbb. in W. genügt, um CaF_2 in das Gitter von **II** gemäß der Rk. $Ca_9(PO_4)_6 \cdot {}^1/_2H_2O + x\,CaF_2 = Ca_{9-x}(PO_4)_6F_{2-x}$ ($0 < x \leqslant 1$ einzubauen. Bei der Einw. auf *$CaHPO_4 \cdot 2H_2O$* (**III**) bewirkt CaF_2 eine Aufspaltung in lösl. Mono-Ca-Phosphat u. **I**. Eine Lsg. von NaF führt zur Hydrolyse von **II**; durch Verschiebung des Hydrolysegleichgewichts entstehen gemischte Fluorhydroxylapatite, deren Zus. von der Konz. der ursprünglichen F^--Lsg. abhängig ist. Aus zahlreichen chem. u. physicochem. Verss. geht hervor, daß eine schwache Bindung zwischen **II** u. mitausgefallenem $CaCO_3$ besteht. Beim Erwärmen einer Suspension von **III** in W. auf 40° entsteht krist. **II** ($a = 9{,}420 \pm 0{,}005$ u. $c = 6{,}860 \pm 0{,}005$ kX); aus Dehydrationsverss. geht hervor, daß das dabei erhaltene **II** wahrscheinlich Zeolith-W. enthält. Auf trockenem Wege reagieren *$Ca_2P_2O_7$* (**IV**) u. *$Ca(PO_3)_2$* (**V**) u. selbst $P_2O_5 > 600°$ mit CaF_2; dabei entsteht **I** u. ein flüchtiges Prod., vorwiegend POF_3. Bei der Rk. von P_2O_5 mit CaF_2 entsteht nacheinander **V**, **IV** u. W.-freies Tri-Ca-Phosphat u. **I** nach den Rkk. $4P_2O_5 + 3CaF_2 \rightarrow 3Ca(PO_3)_2 + 2POF_3$, $5Ca(PO_3)_2 + 3CaF_2 \rightarrow 4Ca_2P_2O_7 + 2POF_3$, $6Ca_2P_2O_7 + 3CaF_2 \rightarrow 5Ca_3(PO_4)_2 + 2POF_3$ u. $3Ca_3(PO_4)_2 + CaF_2 \rightarrow Ca_{10}(PO_4)_6F_2$. Beim Erhitzen von **I** mit P_2O_5 auf ca. 650° entsteht **V** bzw. **IV**. Die chem. Zus. des entstehenden **I** schwankt u. weicht manchmal merklich von der stöchiometr. Zus. ab (F^--Überschuß, Ca-Unterschuß, geringere D.). Vf. nimmt an, daß die Abweichungen auf den Einbau von PO_3F^{2-}-Gruppen in **I** zurückzuführen sind. Bei der Rk. zwischen **IV** u. CaF_2 spielt die Na-Konz. ($\leqslant 1\%$) eine bedeutende Rolle: bei sehr kleinen Na-Konzz. (0,05%) ist für die Kinetik der Rk. offenbar die Diffusion maßgeblich; bei höheren Na-Konzz. (1%) beginnt die Rk. bereits bei tieferen Tempp. u. die Kinetik wird nicht von der Diffusion beherrscht. (Ann. Chimie [13] **3**. 313—69. Mai/Juni 1958. Paris, Fac. des Sci.) W. KARCHER. 283

Horst Peters und **Hans-Georg Wiedemann**, *Untersuchung des thermischen Zerfalls von Calciumoxalat und Calciumcarbonat auf einer Thermowaage hoher Genauigkeit*. Vff. nehmen zur Genauigkeitsprüfung einer Thermowaage (vgl. C. **1959**. 10673) nach einer modifizierten Duval-Meth. die thermogravimetr. Zers.-Kurven von *Ca-Oxalat* [I, therm. Zerfall nach $Ca(COO)_2 \cdot H_2O \rightleftharpoons Ca(COO)_2 + H_2O$, $Ca(COO)_2$ (II) $\rightarrow CaCO_3 + CaO$, Meth. der isothermen Erhitzung] u. von $CaCO_3$ [a) aus I, Gewicht konstant ab 550°; b) gefälltes Prod., Gewicht konstant nach 24 std. Trocknen bei 105°, Erhitzen in reinem CO_2 auf 400—800° u. Abkühlen auf 625°. Therm. Zerfall nach (**A**) $CaCO_3 \rightleftharpoons CaO + CO_2$, nach gemischter Meth. durch Erhitzen um 2°/Min. mit zeitweilig isothermen Stufen] auf u. berechnen das At.-Gew. von Ca aus den nach **A** gefundenen $CaCO_3$:CaO-Gew.-Verhältnissen. Unter Berücksichtigung des temperaturabhängigen Auftriebs von Substanz, Tiegel u. Tiegelträger wird für eine einzelne Wägung ein mittlerer Fehler von nur $\pm 0{,}08$ mg ermittelt. Da **II** bereits ab 300° unter Bldg. von CO irreversibel zers. ist, kann der therm. Zerfall von **I** nicht zur Genauigkeitsbestimmung nach dieser Meth. herangezogen werden. (Z. anorg. allg. Chem. **300.** 142—51. 1959. Rostock, Univ., Inst. für Physikal. Chem.) Eberhard Riedel. 283

Hiromu Imai, *Reaktionen von Zinkstaub mit Wasser und mit Kaliumdichromat.* In dest. W. werden bei 25° 0,0032 Mol-% Zn/Tag oxydiert, unter Entw. von H_2. In Ggw. von $NaNO_2$ bilden sich erhebliche Mengen NH_4^+. In Ggw. von $K_2Cr_2O_7$ scheint sich auf dem Zn ein Film von $ZnCrO_4$ zu bilden, da im Zn-Staub sich 0,08% Cr nachweisen lassen. (J. chem. Soc. Japan, ind. Chem. Sect. [Kōgyō Kagaku Zassi] **58.** 735—38. Okt. 1955. Osaka, Jap. Asiat. Chem. Ind. A.G. [Orig.: japan.]) L. Schuler. 288

Taichi Satō, *Untersuchung über die Hydrolyse von Natriumaluminatlösungen.* 14. Mitt. *Wirkung des Zusatzes von calciniertem Tonerdetrihydrat auf die Hydrolyse von Natriumaluminatlösungen.* (13. vgl. J. chem. Soc. Japan, ind. Chem. Sect. [Kōgyō Kagaku Zassi] **57.** [1954.] 355.) *Na-Aluminat*-Lsg, (**I**) mit 140 g NaOH u. 105 g Al_2O_3/Liter ($Na_2O/Al_2O_3 = 1{,}70$) wird mit 5 Gew.-% an *Tonerdetrihydrat* (**II**) (4 Arten, vgl. frühere Mitt.), das auf 400, 600, 1050 u. 1300° erhitzt war, beimpft u. der Grad der Zers. je Zeiteinheit, bis 200 Std. bei 30° bestimmt; Vgl. mit der Zers. von **I** allein. Die Hydrolyse von **I** wird durch **II** erheblich gefördert. Bei höher erhitzten **II** ist die Aktivität gering; der Unterschied wird der Veränderung des krist. Zustands bzw. der Oberflächenstruktur von **II** durch das Calcinieren zugeschrieben, (J. chem. Soc. Japan, ind. Chem. Sect. [Kōgyō Kagaku Zassi] **58.** 325—30. Mai 1955. Tokio, Staatl. Chem. Ind. Forsch.-Inst. [Orig.: japan.]) L. Schuler. 294

Charles Eyraud und **Pierre Lanaspèze,** *Struktur und Entwicklung von Natriumaluminatlösungen.* Aus Bestimmungen des Diffusionskoeff. der Translation, der kinemat. Viscosität, des Koeff. von Rayleigh u. Aufnahmen des Raman-Spektr. durch verschied. Autoren wird geschlossen, daß das Alumination nur wenig kondensiert vorliegt. Die Abscheidung von Tonerde aus Na-Aluminatlsgg. (**I**) wurde mit Hilfe der mol. Diffusion des Lichts u. einer Zentrifugenmeth. untersucht. Der Meridian der Diffusion für eine Lsg. von **I** mit einem Molverhältnis $NaOH/Al(OH)_3 = 1{,}30$ u. 1 Mol $Al(OH)_3$/Liter ist, bezogen auf die Normale des einfallenden Strahls, symm.; der Rayleigh-Faktor ($1{,}2 \cdot 10^{-6}$ cm^{-1}) u. der Depolarisationsfaktor sind sehr klein. Vor der makroskop. Nd.-Bldg. wird eine Bldg. von sphär. Teilchen mit einem Durchmesser von 200—600 Å (ca. 100/cm^3) angenommen. Es handelt sich dabei nicht um die spontane Bldg. einer festen Phase bei 25°, sondern um die Entw. sehr feiner Keime. Durch Abzentrifugieren der ausgewachsenen Teilchen wird eine **I**-Lsg. erhalten, die bei 25° vollkommen stabil ist. In diesen stabilisierten Lsgg. wird beim Impfen mit chem. inakt. Staub (Durchmesser 50—300 Å) u. bei γ-Bestrahlung (10000r) keinerlei Keimbildung beobachtet. Dagegen wird eine bedeutende Ausfällung von mikrokrist. Tonerde durch einen ganz in fester Phase ablaufenden Prozeß bei —78° festgestellt. Der Prozeß verläuft in 2 Etappen: 1. Bldg. mikrokrist. Elementarkeime aus $Al(OH)_4^-$-Ionen durch Polykondensation u. 2. Entw. der Keime in fester bzw. fl. Phase. (C. R. hebd. Séances Acad. Sci. **248.** 2592—94. 4/5. 1959. Lyon, Fac. des Sci., Centre de III. cycle de Chim. gén., Labor. de Chim. minér.) W. Karcher. 294

André Chrétien und **Michel Capestan,** *Thermolyse der Amidosulfonate von Lanthan, Cer, Neodym und Samarium.* Die Amidosulfonatdihydrate $Me(NH_2SO_3)_3 \cdot 2\,H_2O$ (**I**) werden durch Eindampfen der Lsgg. von $Me(OH)_3$ in wss. NH_2SO_3H (Me = La, Nd, Sm) bzw. durch doppelte Umsetzung von $Ce_2(SO_4)_3$ mit $Ba(NH_2SO_3)_2$ dargestellt. Dietherm. Zers. der vier Verbb. verläuft nach chem. u. röntgenograph. Unterss. über jeweils analoge Zwischenstufen (Tempp. auf Me = La bezogen): bei 100—120°: 1. **I** $\rightarrow Me(NH_2SO_3)_3 \cdot H_2O$ (**II**); bei 120—320°: 2. 6 **II** $\rightarrow Me_2(SO_4)_3$ (**III**) $+ 3\,(NH_4)_2SO_4$ (**IV**) $+ 4\,Me(NH_2SO_3)_3$ (**V**), 3. **III** + 3 **IV** $\rightarrow Me_2(SO_4)_3 \cdot 3\,(NH_4)_2SO_4$ (**VI**); bei 320—375°: 4. 2 **V** $\rightarrow$ **III** $+ 3\,SO_2 + 4\,NH_3 + N_2$, 5. **VI** + 2 **III** $\rightarrow 3\,Me_2(SO_4)_3 \cdot (NH_4)_2SO_4$ (**VII**); > 450°: 6. **VII** $\rightarrow$ **III**. Die Rkk. 2., 3. u. 5. treten im Gewicht-Temp.-Diagramm nicht in Erscheinung. (C. R. hebd. Séances Acad. Sci. **248.** 3176—78. 1/6. 1959.) A. Blaschette. 308

W. A. Schubin und **W. A. Pasuchin,** *Über die Bildung der primären Salzschmelzen und Absetzungen bei der Reduktion von $TiCl_4$ durch Natrium.* Die Vorgänge bei der Red. von $TiCl_4$ mittels Na wurden mit Hilfe einer eigens konstruierten App. untersucht, bei welcher Na im fl. Zustand von oben durch eine porenreiche Ti-Platte, $TiCl_4$-Dämpfe von unten in einen Reaktor so eingebracht werden, daß die Hauptrk. ohne räumliche Beengung der reagierenden Komponenten ablaufen kann. Das Ti u. ein Teil der schwerschmelzenden Salze setzten sich an der Ti-Platte ab, während die leichtschmelzenden Salze in einem daruntergestellten Tiegel gesammelt wurden. Die Verss. wurden bei 750 u. 800 ± 20° durchgeführt. Aus der Analyse der Ablagerungen u. der herabgetropften Salze geht hervor, daß die Red. von $TiCl_4$ mittels Na über niedrigere Chloride der Reihe $TiCl_4 \rightarrow TiCl_3 \rightarrow TiCl_2 \rightarrow$ Ti verläuft. Das abgesetzte Ti ist fast frei von Chloriden. (Цветные Металлы [Nichteisenmetalle] **31.** Nr. 12. **44**—50. Dez. **1958.** Minist. für Buntmetalle u. Gold.) H. TŮMA. 321

K. Issleib und **H. O. Fröhlich,** *Beiträge zur Komplexchemie tertiärer Phosphine und Phosphinoxyde.* 2. Mitt. *Phosphinkomplexe des 2- und 3wertigen Chroms.* (1. vgl. C. **1959. 4411.**) W.-freies $CrCl_3$ reagiert mit *tert. aliphat. Phosphinen* (**I**) in Bzl. bzw. Toluol (auch ohne Lösungsm.) unter N_2 zu grünen Zweikernkomplexen der allgemeinen Zus. $[(R_3P)_2CrCl_3]_2$, für die durch Leitfähigkeitsmessungen u. Mol.-Gew.-Bestt. Nichtelektrolytcharakter bewiesen wurde. Durch Erhitzen auf ca. 110—120° in der Schmelze bzw. im geeigneten Lösungsmitteln lassen sich die Verbb. in vermutlich isomere Komplexe von violetter Farbe überführen. Tert. aromat. bzw. hydroaromat. Phosphine setzen sich lediglich im Schmelzfluß bei höheren Tempp. etwa im Verhältnis 1:1 um. Aus W.-freiem $CrBr_3$ u. **I** resultieren rotbraune Komplexverbb. der Zus. $CrBr_3 \cdot 2PR_3$. Lediglich **I** setzen sich mit $CrCl_2$ (im Molverhältnis 2:1) unter Bldg. blauer Komplexe der allgemeinen Formel $[CrCl_2(PR_3)_2]$ um. Die Verbb. sind sehr instabil u. geben unter Bldg. farbloser Addukte (Molverhältnis $CrCl_2:PR_3 = 1:1$) Phosphin ab; für die Addukte wird ein polymerer Aufbau gemäß $[CrCl_2 \cdot PR_3]_n$ wahrscheinlich gemacht wird. Die gleichen Verhältnisse wurden bei der Einw. von **I** auf $CrBr_2$ beobachtet.

Versuche: Darst. von $[CrCl_3\{P(C_2H_5)_3\}_2]_2$ durch Erhitzen von 4 g $CrCl_3$ in 40 ml trockenem Bzl. mit 6 g $(C_2H_5)_3P$ (**II**) am Rückflußkühler unter N_2 u. Extraktion des nichtumgesetzten $CrCl_3$. Beim Abkühlen dunkelolivgrüne Kristalle, F. 167° 85% (Ausbeute); lösl. in Bzl., *Toluol* (**III**), *Tetrahydrofuran* (**IV**), *Acetophenon* (**V**), *Aceton* (**VI**) u. Chlf., unlösl. in Ae., schwerlösl. in A. u. unter Zers. lösl. in *Dioxan* (**VII**), *Äthylenbromid* (**VIII**) u. CCl_4; $\mu_{eff} = 3,8 \pm 0,1\ \mu_B$ bezogen auf 1 Cr^{3+}. — $[CrCl_3\{P(CH_3CH_2CH_2CH_2)_3\}_2]_2$ auf ähnliche Weise aus **III**; grüne Kristalle; F. 134°, 54%, lösl. in Bzl., A., **IV** u. *Acetonitril* (**IX**); schwerlösl. in Ae., PAe. u. W. In **IX** keine Leitfähigkeit, in **VI** bei 18° 105 $cm^2 \cdot Mol^{-1} \cdot Ohm^{-1}$ (0,002 mol.), Dipolmoment 8,00 Debye. — $CrCl_3 \cdot P(C_6H_5)_3$ durch Erhitzen von 5 g Triphenylphosphin mit 3 g $CrCl_3$ auf 240—260° unter N_2, Extraktion mit Ae., Lösen des Rückstandes in **VII** u. Einengen im Vakuum. Hellviolette Kristalle, F. 149°, hydrolyseempfindlich, lösl. in A., **VI, VIII, VII** u. schwer lösl. in Bzl., Chlf. u. Toluol. — $CrCl_3 \cdot P(C_6H_{11})_3$ auf gleiche Weise (Lösen in **VIII**), hellviolette Verb., Zers. bei 104°, lösl. in A., **V, VI** u. **VII**; unlösl. in Bzl., Ae. u. Xylol. — $CrBr_3 \cdot 2P(C_2H_5)_3$ durch Kochen von 4 g $CrBr_3$ u. 5 g **II** in absol. Bzl., hellbraune Verb., Zers. ab 168°, lösl. in A., **IX** u. Chlf., unlösl. in Bzl., **III**, CCl_4 u. Ae. u. schwerlösl. in **VII, IV, VIII** u. **VI**. — $CrCl_2 \cdot P(C_2H_5)_3$ aus 2,46 g $CrCl_2$ in 35 ml **IV** bzw. Bzl. u. 4,73 g **II** u. Eindampfen unter N_2. Das weiße Prod. ist unlösl. in **IV**, Bzl., Xylol, PAe., Ae., **VI** u. **VII**; unter Zers. lösl. in W., A. u. Dimethylformamid; bei höheren Tempp. unter Phosphinabspaltung zersetzlich. — $CrCl_2\{P(C_2H_5)_3\}_2$ nur in Lösung. (Z. anorg. allg. Chem. **298.** 84—99. Jan. 1959. Jena, Friedrich-Schiller-Univ., Inst. für anorg. Chem.) W. KARCHER. 335

Howard Cox und **A. K. Schellinger,** *Ein Weg zum Molybdänoxyd über den Ionenaustausch.* Die günstigsten Bedingungen zur Gewinnung von Mo aus Erz (0,015% MoS_2), Cu-Konzentrat (1,05% MoS_2) u. Mo-Konzentrat (63% MoS_2) bestehen in 30 Min. langem Auslaugen mit 3% NaClO-Lsg. von 80° F: $7NaClO + MoS_2 + 4e \rightarrow MoO_4^{2-} + S_2O_3^{2-} + 7NaCl$. Zur Anreicherung führt man die erhaltene Lsg. über einen stark bas. Anionenaustauscher (Amberlite IRA-400, Cl-Form) u. eluiert mit 8%ig. NaOH, worauf der Austauscher wieder in die Cl^--Form übergeführt wird. Aus dem Eluat fällt man MoO_3 mit HNO_3 oder als $CaMoO_4$ mit $CaCl_2$. Ausbeuten von 90—99%. (Engng. Mining J. **159.** Nr. 10. 101—03. Okt. 1958. Hayden, Ariz., Kennecott Copper Corp., Ray Mines Div.; Stanford Univ., School of Mineral Sci.) W. WESLY. 336

W. P. Griffith, J. Lewis und **G. Wilkinson,** *Infrarotspektren von Stickoxydkomplexen der Übergangsmetalle.* 4. Mitt. *Pentacyanonitrosylkomplexe von Chrom und Molybdän.* (3. vgl. C. **1959. 4414.**) Vff. stellen ***Kaliumpentacyanonitrosylchromat(I)**-monohydrat* (**I**) $K_3[Cr(CN)_5NO] \cdot H_2O$ dar durch Behandlung einer einen KCN-Überschuß enthaltenden Lsg. von CrO_3 in KOH mit $[NH_3OH]Cl$, 2-std. Erhitzen (W.-Bad) u. Eingießen (nach Abkühlung) in 95%ig. A., Wiederauflösen des Nd. in W. u. erneute Ausfällung durch Äthanol. Die in großen grünen Kristallen anfallende Verb. wird mit 20% Ausbeute erhalten. Die zwischen 85 u. 295,6° K durchgeführte Messung ihrer magnet. Susceptibilität ergibt ein magnet. Moment von 1,87 BOHRschen Magnetonen; die WEISS-Konstante beträgt —7°. Die polarograph. Red. des Komplexes ergibt eine gut ausgebildete Stufe bei —0,93 V (gegen Normal-Kalomelelektrode); das wahrscheinliche Red.-Prod. $K_4[Cr^0(CN)_5NO]$ konnte jedoch nicht isoliert werden. Das IR-Spektr. von I zeigt eine starke NO-Bande bei 1625 (oder 1645) cm^{-1}. Die IR-Spektren von $K_4[Mo(OH)_2 \cdot (CN)_5NO]$, $K_4[Mo(OH)_4(CN)_4]$, $K_3[Mo(OH)_4(CN)_4] \cdot 2\,H_2O$, $K_4[Mo(OH)_3(CN)_5] \cdot nH_2O$, $K_4[Mo(CN)_8] \cdot 2H_2O$, $K_3[Mo(CN)_8] \cdot 2H_2O$, $Na_2MoO_4 \cdot 2H_2O$ u. $K_2MoO_4 \cdot 5H_2O$ werden angeführt. Aus den Spektren sowie den chem. u. magnetochem. Eigg. wird abgeleitet, daß das früher beschriebene $K_4[Mo^0(CN)_5NO] \cdot 2H_2O$ richtiger als $K_4[Mo^{II}(OH)_2(CN)_5NO]$ zu formulieren ist; ebenso muß $K_3[Mo^{IV}\,(OH)_3(CN)_4H_2O] \cdot 2H_2O$ besser als $K_3[Mo^{V}(OH)_4(CN)_4] \cdot 2H_2O$ wiedergegeben werden, wobei aber auch eine Formulierung als $K_3[Mo^{V}\,O_2(CN)_4(H_2O)_2] \cdot 2H_2O$ mit den Eigg. in Einklang steht. (2 vgl. **1959.** 14003) (J. chem. Soc. [London] **1959.** 872—75. März. London, Imp. Coll., Inorg. Chem. Labors.; Univ. Coll., William Ramsay and Ralph Forster Labors.) H.-J. OSTMANN. 336

H. A. Levy, P. A. Agron und **M. D. Danford,** *Struktur der Wolframatokieselsäure in wäßriger Lösung.* Röntgenbeugungsmessungen (Mo-Kα-Strahlung) an einer 0,3095 mol. wss. Lsg. von $12\,WO_3 \cdot SiO_2 \cdot 2\,H_2O$ bestätigen das Vorliegen individueller komplexer Moll. oder Ionen mit je 12 W-Atomen, $H_4SiW_{12}O_{40}$ bzw. $SiW_{12}O_{40}^{4-}$, entspr. der Struktur der krist. Verbindung. Jedes der in der Punktsymmetrie 43 m angeordneten W-Atome ist im Abstand von 3,36, 3,71 u. 5,01 Å von je 2, im Abstand von 6,13 Å von 4 u. im Abstand von 7,07 Å von 1 W-Atom umgeben. (J. chem. Physics **30.** 1486—88. Juni 1959. Oak Ridge, Tenn., Nat. Labor., Chem. Div.) A. BLASCHETTE. 337

Donald H. Brown und **John A. Mair,** *Heteropolywolframsäuren und Heteropolywolframate.* 3. Mitt. *12-Wolframatozinksäure und ihre Salze, und einige 12-Wolframato-3-zinkate.* (2. vgl. J. chem. Soc. [London] **1950.** 2372.) Zn bildet mit W zwei Heteropolysäuren: eine 3:12-Säure u. eine 1:12-Säure. Sie werden in Lsg. dargestellt durch Zusatz von $Zn(NO_3)_2$ zu Natriumparawolframat-Lsg. oder Umsetzung von ZnO mit Natriummetawolframat-Lsg. bei 80—90°. Die *12-Wolframato-3-zinksäure* (I) wird nur durch ihre Salze identifiziert; ein Vers. zu ihrer Rein-Darst. aus dem Na-Salz durch Kationenaustausch blieb erfolglos. Ihre Salze zeigen beim Erwärmen kontinuierliche W.-Abgabe. Die *12-Wolframatozinksäure* (II) kann aus den Mutterlaugen in Form ihres *Ae.-Additionsprod.* isoliert werden. Ihre Löslichkeit ist der der Metawolframsäure vergleichbar. Aus einer potentiometr. Titration wird ein Äquivalentgewicht von 572 ermittelt; aus der Zus. $ZnO \cdot 12WO_3 \cdot 29H_2O$ ergibt sich unter Annahme einer 6-basigen Säure ein solches von 565. II u. ihre Salze sind der *12-Wolframatophosphorsäure* (III) ähnlich; durch Röntgenunters. des Cs-Salzes wird gezeigt, daß es kub. Struktur mit einer Elementarzelle von 11,86 Å besitzt (Cs-Salz von **III**: 11,83 Å) u. die Intensitäten mit einer Struktur ähnlich der des **III**-Salzes, aber mit Zn als Zentralatom, übereinstimmen.

Versuche: *12-Wolframatozinksäure* (II) $ZnO \cdot 12WO_3 \cdot 29H_2O$, durch Extraktion der Mutterlaugen mit Ae. u. 12 n H_2SO_4, Zusatz von W. zur abgetrennten Ae.-Schicht, Entfernung des Ae. u. mehrfaches Eindampfen der wss. Lsg. sowie Filtration der abgeschiedenen Wolframsäure, Einengen über H_2SO_4 unter vermindertem Druck, gelb. — Salze: *Ammoniumsalz* $(3NH_4)_2O \cdot ZnO \cdot 12WO_3 \cdot 15H_2O$, aus heißen konz. Lsgg. von NH_4Cl u. **II**, Filtration u. Kühlung des Filtrates, farblos, umkrist. aus W. — *Bariumsalz* $3BaO \cdot ZnO \cdot 12WO_3 \cdot 28H_2O$, durch Neutralisation einer **II**-Lsg. mit $BaCO_3$, farblos, aus W. — *Guanidinsalz* $3(CH_6N_3)_2O \cdot ZnO \cdot 12WO_3 \cdot 6H_2O$, aus 5%ig. wss. Lsg. von Guanidinhydrochlorid u. **II**-Lsg., weiß, aus Wasser — Salze der *12-Wolframato-3-zinksäure* (I): *Ammoniumsalz* (**IV**) $4(NH_4)_2O \cdot 3ZnO \cdot 12WO_3 \cdot 11H_2O$, aus heißen Lsgg. von NH_4Cl u. des Natriumsalzes von I, farblos, aus Wasser — *Nickelsalz* $4{,}5NiO \cdot 3ZnO \cdot 12WO_3 \cdot 39H_2O$, durch Zusammengeben heißer **IV**- u. $Ni(NO_3)_2$-Lsgg., grün, aus W. — *Guanidinsalz* $4{,}5(CH_6N_3)_2O \cdot 3ZnO \cdot 12WO_3 \cdot 12{,}5H_2O$, aus verd. **IV**-Lsg. u. 5%ig. wss. Guanidinhydrochlorid-Lsg. bei 80°, farblos, nur wenig lösl. in Wasser. (J. chem. Soc. [London] **1958.** 2597—99. Juli. Glasgow, Univ., Chem. Dep.) H.-J. OSTMANN. 337

Arnulf Muan, *Vom Eisenoxyd zum metallischen Eisen.* Die Gleichgewichtsbeziehungen in den Systemen Fe–O–H u. Fe–O–C werden in Abhängigkeit von den zur Erzielung von metall. Fe notwendigen Bedingungen der Temp.- u. Gaszus. erörtert. Es werden kinet. Unterss. der Eisenoxyd-Red. angestellt. Die Theorie von Gitterfehlern in kristallinen Materialien wird auf diese Red.-Prozesse angewendet u. die experimentellen Werte können auf dieser Basis erklärt werden. Es wird gezeigt, daß die Red.-Geschwindigkeiten von Magnetit stark von der Diffusion der Fe-Ionen u. Elektronen in dem mit Fehlern behafteten Gefüge der Wüstitphase, welche als Zwischenprod. während der Red. gebildet wird, bestimmt werden. Es scheint daher offensichtlich zu sein, daß die Kenntnis der Fehlstellen u. anderer feinen Struktureinzelheiten für die Fe-Erzeugung von großer Bedeutung ist. (Mineral Industries, Pennsylvania State Univ. **28.** 1. 4—6. 8. April 1959.) H. HOCHSTEIN. 354

E. T. Turkdogan und **Patricia M. Bills.** *Thermodynamische Untersuchung der Systeme Fe–Ca–P–O, Fe–Ca–Si–P–O und einiger komplexer geschmolzener Silicat–Phosphat-Systeme.* (Vgl. C. **1957.** 11803 u. C. **1958.** 7994.) Die Rk. dreiwertiges–zweiwertiges Fe wurde durch Gleichgewichtsunterss. in den reinen Fe–Ca–P–O– u. Fe–Ca–Si–P–O-Systemen unter CO_2–CO-Gasgemischen bekannter Zuss. bei 1550° untersucht. Die Abhängigkeit des Verhältnisses von drei- zu zweiwertigem Fe in den Vier- u. Fünfstoffsystemen von der Zus. wird ermittelt u. der Einfl. des O-Potentials auf die Mischungslücke im Syst. Fe–Ca–P–O festgestellt. Auch wird der Zusammenhang zwischen dreiwertigem Fe-, P- u. dem S-Geh. ermittelt u. die Wrkg. zweiwertiger Ionen auf den Geh. an dreiwertigem Fe untersucht. Hierbei zeigte sich, daß in dem Fe–Ca-Phosphat-System eine große Mischungslücke bei $p_{CO_2}/p_{CO} = 11{,}4$ besteht, jedoch bei höheren O-Potentialen der Zus.-Bereich dieser Mischungslücke abnimmt. Ein Vgl. dieser Ergebnisse am Fe–Ca–P–O-System mit den verfügbaren Werten am Fe–Ca–Si–O-System ergibt eine einfache Beziehung zwischen der Atomkonz. des dreiwertigen Fe u. den Atomkonzz. von Si u. P. Bei niedrigen O-Potentialen schwankt bei gegebenem p_{CO_2}/p_{CO}-Verhältnis die Atomkonz. des dreiwertigen Fe allein mit der Summe der Atomfraktionen $4 N_{Si} + 5 N_p$ ohne Rücksicht auf die relativen Anteile von Si u. P. Es wird ferner gezeigt, daß unter bestimmten Bedingungen zweiwertige Kationen Ca^{2+}, Mg^{2+}, Mn^{2+} u. Fe^{2+} in ihren Auswrkgg. auf die dreiwertige Fe-Konz. äquivalent sind. Es wird eine Meth. vorgeschlagen, durch die die O-Potentiale eines weiten Bereiches der bas. Stahlerzeugungsschlacken mit ziemlichem Genauigkeitsgrad für den Temp.-Bereich zwischen 1500 u. 1700° geschätzt werden können. (J. Iron Steel Inst. **188.** 143—53. Febr. 1958.) H. HOCHSTEIN. 354

Ernst Otto Fischer und **Christof Palm,** *Über Aromatenkomplexe von Metallen. 17. Mitt. Cyclopentadienyl-metall-carbonyle des Nickels.* (16. vgl. C. **1959.** 5730; vgl. auch C. **1959.** 11835.) *Bis-[cyclopentadienylnickelcarbonyl]* (**I**) wird durch Umsetzung von *Dicyclopentadienylnickel* (**II**) mit *$Ni(CO)_4$* (**III**) in niedrig polaren Lösungsmitteln unter Luftabschluß gewonnen. Monomere Derivate von **I** sind vermutlich unbeständig; *Cyclopentadienylnickelcarbonyljodid* (**IV**) läßt sich aus **I** und J_2 in *n-Hexan* (**V**) gewinnen. *Tricyclopentadienyltrinickeldicarbonyl* (**VI**) wird sowohl durch Umsetzung von **II** mit **III** bei höherer Temp. als auch durch therm. Zers. von **I** oder durch Red. von **I** mit Na-Amalgam dargestellt.

V e r s u c h e : *Bis-[cyclopentadienylnickelcarbonyl]* **I**, $[C_5H_5NiCO]_2$, zu **II** in absol. Bzl. wird im N_2-Strom unter Rühren **III** gegeben u. 3 Std. bei 70°, dann 12 Std. bei höherer Temp. gerührt. Anschließend werden Bzl. u. restliches **III** bei 30° abgezogen u. **I** im Hochvakuum zunächst bei 80°, dann bei 105° sublimiert, dunkelgrüne Kristalle; 50% (Ausbeute); D. (Schwebemeth. in $ZnCl_2$) $\gamma_{20°}$ 1,76 g · cm^{-3}; magnet. Suszeptibilität $\chi_{Mol}^{289°K}$ —175 · 10^{-6} cm^3 · Mol^{-1}, $\chi_{Mol}^{90°K}$ —107 · 10^{-6} cm^3 · Mol^{-1}; Dipolmoment in Bzl. $\mu_{20°}$ 0 ± 0,38 Debye. **I** ist luftbeständig, mit roter Farbe in organ. Lösungsmitteln lösl., in W. unlöslich. Die Kristalle zers. sich unter N_2 bei 139°, an der Luft bei 136°. Bindungsverhältnisse u. Struktur werden diskutiert; aus dem IR-Spektr. resultiert Ketostruktur der CO-Banden. — *Cyclopentadienylnickelcarbonyljodid* **IV**, C_5H_5NiCOJ, unter Rühren wird zu **I** in absol. **V** bei —15° im N_2-Strom J_2 in **V** innerhalb 2 Std. gegeben. Nach weiterem 2-std. Rühren u. Filtration wird bei 1 Torr eingeengt unter Lichtabschluß u. nach Filtration im Hochvakuum getrocknet, schwarzviolette Kristalle; 28%. **IV** ist empfindlich gegen Luft, Feuchtigkeit, Licht, Wärme; in organ. Lösungsmm. mit olivbrauner Farbe mäßig lösl., oberhalb 20° Zersetzung. — *Tricyclopentadienyltrinickeldicarbonyl* **VI**, $(C_5H_5)_3Ni_3(CO)_2$. a) Unter N_2 wird **I** in absol. Methanol innerhalb 2 Std. unter Rühren u. Kühlung mit Na-Amalgam reduziert. b) Im Einschlußrohr wird **II** in absol. Bzl. mit **III** bei 105° 60 Std. umgesetzt. Unter Luftausschluß wird abfiltriert u. mit Cyclohexan gewaschen; dunkelgrüne Kristalle. Sublimation 140—190°. D. (Schwebemethode in $ZnCl_2$) $\gamma_{21°}$ 1,38 g · cm^{-3}; magnet. Susceptibilität $\varkappa_{Mol}^{289°K}$ + 1232 · 10^{-6} cm^3 · Mol^{-1}, $\varkappa_{Mol}^{200°K}$ 1710 · 10^{-6} cm^3 · Mol^{-1}, $\varkappa_{Mol}^{90°K}$ + 3294 · 10^{-6} cm^3 · Mol^{-1}. **VI** ist luftbeständig, in organ. Lösungsmitteln schwerlösl. mit tiefbrauner Farbe, die Lsgg. sind luftempfindlich. Bei 200° Zers. der Kristalle im Vakuum. Bindungsverhältnisse u. Struktur werden diskutiert; das IR-Spektrum ergibt Keto-Struktur der CO-Banden. (Chem. Ber. **91.** 1725—31. 28/8. 1958. München, Univ., Anorgan.-Chem. Inst.; TH, Anorgan.-Chem. Labor.) W. LEONHARDT. 356

Basudeb Das Sarma, *Die Struktur von Kupfermonoglutamat.* Die bes. Eigg. der Cu-Glutaminsäurekomplexe werden beschrieben u. ihre Konst. diskutiert. Der n. Komplex *[CuG]* · $^1/_2$ *H_2O* **(III)** ist dimer mit einer Wasserbrücke zwischen 2 Cu-Atomen. Die verhältnismäßig ungewöhnliche Wasserbrücke wird durch den Ersatz von W. durch D_2O u. das IR-Spektr. bewiesen. Zum gleichen Typ gehört auch Diammin-bis-glutamato-Cu. Dagegen haben die Na-, Ba-, Co- u. Ni-Salze von Cu-Glutamat die Form Me (II) · $[CuG_2]$.

Versuche: *[CuG]* · *$2H_2O$* **(I)** aus 8,5 g $CuCl_2$, 4 g NaOH u. 7,5 g *l-Glutaminsäure* **(II)** in 100 ccm H_2O, blaue rechtwinklige Prismen. — [CuG] · 1/2 H_2O **III** aus vorst. Verb. durch Erhitzen auf 90—95°, blaues Pulver. — *$[Cu(NH_3)G_2(NH_3)Cu]$* aus **III** u. trockenem NH_3, tiefblaue Masse. — *$Ba[CuG_2]$* · *$4H_2O$* **(IV)** aus 8,7 g **III**, 3,3 g $Ba(OH)_2$ · $8H_2O$ u. 1,47 g **II** in 200 ccm H_2O, blauviolette Kristalle. — *$Ba[CuG_2]$* **(V)** aus vorst. Verb. durch Erhitzen auf 90—95°, blaues Pulver. — *$Co[CuG_2]$* aus **V**, $CoSO_4$ u. Methanol, leicht blau-violette Masse. *$Ni[CuG_2]$* aus **V**, $NiSO_4$ u. Methanol, grünlich-blaues Pulver. — $Na_2[CuG_2]$ · nH_2O aus **V** u. Na_2SO_4. — *$Na_2[CuG_2]$* aus vorst. Verb. durch Erhitzen auf 95°, blaues Pulver. — 0,049 g **V** in 1 ccm D_2O u. 0,016 g $CuSO_4$ in 1 ccm D_2O werden 10 Min. gerührt u. vom $BaSO_4$ filtriert. Eindampfen, trocknen; IR-Spektr. in Nujol zeigt eine starke Bande bei 2400 cm^{-1}, eine bei 2455 cm^{-1} u. 2 schmale Buckel bei 2320 u. 2350 cm^{-1}. In der Literatur wird für die n. O–D-Schwingung 2666—2784 cm^{-1} angegeben. Die Bande 2455 entspricht der N–D-Bindung zwischen der Aminogruppe u. gebundenem Wasser. (J. Amer. chem. Soc. **78.** 892—94. 5/3. 1956. Urbana, Ill., Univ. of Illinois, Noyes Chem. Labor.) Helmut Koch. 358

W. F. Borodkin und **K. W. Ussatschewa,** *Chlorierung von Kupferphthalocyanin.* (Vgl. C. **1958.** 1283.) Die Chlorierung von *Kupferphthalocyanin* **(I)** bei 130—200° in Ggw. von $AlCl_3$ unter Verwendung von Trichlorbenzol, Bromnaphthalin, Nitrobenzol, Essigsäure, Äthylenglykol oder Cl-Derivv. von Äthan verläuft nach den Versuchsergebnissen nur in den 3 erstgenannten Lösungsmitteln, jedoch ungenügend. Hierbei verläuft die **I**-Chlorierung bis zum Eintritt von 4—6 Cl-Atomen rasch, dann viel langsamer. Es gelingt nicht, alle H-Atome durch Cl zu ersetzen. Gleichzeitig mit der Chlorierung von **I** erfolgt die Bldg. von Cl-Derivv. des Lösungsmittels. In den Rk.-Prodd. sind immer auch Cl-Derivv. von Phthalimid nachweisbar. Das Phthalimid entsteht durch die vom W. begünstigte Zerstörung von **I** u. seinen Cl-Derivaten. In Ggw. von H_2O wirkt Cl_2 oxydierend, bes. stark bei der Chlorierung in Nitrobenzol. Unbefriedigend verläuft die **I**-Chlorierung auch in den Schmelzen von p-Toluolsulfochlorid, Phthalsäureanhydrid, Phthalsäureanhydrid + p-Toluolsulfochlorid u. Phthalsäureanhydrid + Chlorphthalsäureanhydrid. In der Schmelze von $AlCl_3$ + NaCl verläuft die **I**-Chlorierung bei 200° in den ersten 10 Std. sehr intensiv, wobei 10 H-Atome durch Cl ersetzt werden. Es erfolgt später eine fast vollständige H-Substitution durch Cl. Das so erhaltene chlorierte Prod. von **I** enthält 48% u. mehr Cl u. kann als grünes Pigment ohne zusätzliche Reinigung u. Umfällung aus Säuren zwecks Verbesserung der Dispersität verwendet werden. (Журнал Прикладной Химии [J. angew. Chem.] **29.** 1383—87. Sept. 1956. Iwanowo, Chem.-Technol. Inst.) O. Lebtag. 358

Chr. Klixbüll Jørgensen, *M. Delépines Nitrido-iridium(III, IV)-sulfatkomplexe mit an drei Iridiumatome gebundenem Stickstoff.* Die Unters. der Absorptionsspektren der grünen Ir-Komplexe von Delépine, für die bisher die Formel $K_4H_2[N\{Ir(H_2O)(SO_4)_2\}_3]$ angenommen wurde, ergab, daß in der Verb. Ir(IV) neben Ir(III) vorliegt; Vf. ordnet ihr daher die Formel *$K_4[N\{Ir(H_2O)(SO_4)_2\}_3]$* **(I)** zu. Die Verb. ist reduzierbar durch V(III), metall. Zn in H_2SO_4 sowie U(III) in 2n HCl; durch H_2O_2 wird **I** aus den Red.-Prodd. zu mindestens 90% zurückgebildet. Das N-Atom in **I** dürfte nahezu koplanar mit den Ir-Atomen sein unter Bldg. einer Struktur vom Triphenylamintyp, ohne Tendenz zur Koordinierung einer 4. Gruppe. (Acta chem. scand. **13.** 196—98. 1959. Copenhagen, Techn. Univ., Chem. Dep. A.) M. Schenk. 367

G. W. Ssamssonow, Die Sillicide und ihre Anwendung in der Technik. Kiew: Akad. der Wiss. der UdSSR. 1959. (204 S. m. Abb.) 7 Rbl. 75 Kop. [russ.].

A9. Mineralogische und geologische Chemie.

S. Coppolino, *Über Art und Möglichkeit der Anwendung der elektrochemischen Prospektierungsmethode (künstliche Polarisation).* Durch Messung der Polarisation des Stromes zwischen 2 Sonden ist es möglich, auf Chemismus und Verbreitung von Mineralien zu schließen. Vff. beschreiben die App. u. die Arbeitsmethodik an einigen Beispielen. (Ind. mineraria [2] **10.** 159—64. März 1959.) G. Meinhard. 370

F. Mosetti und **A. Tiberio,** *Einige geophysikalische und geochemische Untersuchungen zur Geländeaufnahme von Calcit-Ablagerungen im Triestiner Karst.* Übersicht über die zur Aufnahme der Calcitablagerungen im Triestiner Karst ausgeführten geochem. u. -elektr. Unterss. (Widerstandsfähigkeitsmessung u. CO_2-Verteilung). (Ind. mineraria [2] **9.** 88—92. Febr. 1958. Triest, Osservatorio Geofis.) G. Platzer. 378

Shuji Ôhashi, Hisao Mabuchi und **Yukio Murakami,** *Einige Betrachtungen über die Verteilung von Sp in Verbindung mit der Verteilung einiger chemischer Elemente in der Oberflächenschicht eines negativen Zentrums und der es umgebenden Gebiete.* Vff. untersuchten ein negatives Zentrum der Tsuchihata-Grube, unter der ein Gang sichergestellt worden war, auf die Verteilung von Sp hin u. zwar mit spezieller Berücksichtigung einiger chem. Elemente. Es wurden zu diesem Zweck **44** 80—120 cm tiefe Bohrungen gemacht, die das ellipsenförmige negative Zentrum durchquerten. In jeder Bohrung wurden schichtweise Sp sowie Fe^{2+}, Fe^{3+} u. Gesamt-Fe bestimmt. Außerdem wurden Blätter von Quercus glandulifera, die nahe den Bohrlöchern wuchsen, auf ihren Geh. an Cu u. Zn untersucht. Es wurde gefunden, daß die Verteilung von Sp u. der chem. Elemente sehr ähnlich ist; Sp nimmt beträchtlich von 0—20 oder 30 cm zu, von da an langsamer. Auf der Oberfläche der dicht unterhalb der Oberfläche liegenden Schicht wird der Grad der vertikalen Zunahme der Sp-Werte in einem Bohrloch nach dem Zentrum des negativen Bezirks, bis zu dem sich der vermutete Gang erstreckt, größer. (J. Mining metallurg. Inst. Japan **74.** 351—58. Juni 1958. [Orig.: japan.; Auszug: engl.]) C. Gottfried. 378

Miyoji Sambonsugi, *Dem Indialith strukturell verwandter eisenreicher Cordierit.* Vf. beschreibt Art des Vork., die opt. u. chem. Eigg. des in einem Pegmatit bei Sugama gefundenen Fe-reichen Cordierits. Die mineralog. Zus. des Pegmatits wird beschrieben, die chem. Analyse eines in dem Pegmatit vorkommenden *Granats* mitgeteilt. Das Mineral ist tiefgrün mit Seidenglanz auf frischer Bruchoberfläche. Die Brechungsindices sind $\alpha = 1{,}560$; $\beta = 1{,}574$; $\gamma = 1{,}578$; (—) $2V = 55^0$; Härte 4,5; D. 2,659. Die chem. Analyse lieferte die folgenden Werte: SiO_2 44,64 (%); Al_2O_3 29,96; Fe_2O_3 2,72; FeO 11,02; MnO 1,86; CaO 0,02; MgO 3,08; Na_2O 2,05; K_2O 0,75; H_2O^+ 3,85. Hieraus ergibt sich die Zus. des Minerals zu $(Mg, Fe^{2+})_2Al_3(Al, Si_5)_6O_{18}$ mit $Mg:Fe^{2+} = 1:2$ u. $Al:Si = 1:5$. Diese Zus. erhält man, wenn man einen Teil der Mg-Komponente des Mg-Cordierits durch die Fe^{2+}-Komponente ersetzt. Vergleicht man Teilröntgendiagramme von Indialith, von typ. Cordierit u. dem zur Unters. vorliegenden Mineral, dann läßt sich beobachten, daß bei Indialith ein einzelnes Maximum bei etwa 29^0 auftritt, bei dem typ. Cordierit 2 deutliche Maxima, während bei dem obigen Mineral dieses Maximum einen intermediären Charakter besitzt. Es wird darauf hingewiesen, daß dies der erste Fall ist, bei dem ein dem Indialith strukturell ähnlicher Cordierit beobachtet werden konnte. (Proc. Japan Acad. **33.** 190—95. April 1957. Fukushima, Univ., Fac. of Arts and Sci., Geol. Inst. [Orig.: engl.]) C. Gottfried. 380

H. Lapeyre, *Die Erze und Nichteisenmetalle im französischen Hoheitsgebiet.* Übersicht über die Geschichte u. Entw. der Erze u. Nichteisenmetalle des französ. Hoheitsgebietes u. über die Erzgewinnung u. Metallurgie der Nichteisenmetalle u. deren wichtigste Erze im Mutterland (Pb-, Zn-, Cu-, Sn-, Sb-, W-, Au-, As- u. Bi-haltige Erze, Uranerz, Bauxit, Pyrite, S, Asbest, Asphaltgestein, Flußspat, Talk u. Steinsalz), deren Prodd. (Pb, Zn, Sb, Cd, Ni, Co, Al u. Mg); über die Erzgewinnung in Algerien u. Marokko (Pb, Zn, Sb, Fe, Mn, Cu, Co, Phosphate, Asbest u. Baryt. (Ind. mineraria [2] **9.** 71—87. Febr. 1958. Fédération des Chambres Syndicales des Minerais et Métaux Bruts.) G. Platzer. 380

Je. A. Leontjew, W. M. Lukjanowitsch und **S. Ja. Ssokalski,** *Elektronenmikroskopische Untersuchung polnischer Kieselerden aus dem Vorkommen des Sandomir-Gebietes.* Vff. beschreiben die elektronenmikr. Unters. einer poln. Kieselerde mit 90,10% SiO_2, 4,02% Al_2O_3, 2,31% Fe_2O_3 u. Spuren CaO u. MgO. Das Ausgangsprod. besteht aus dünnen, halbdurchsichtigen Plättchen mit wahrscheinlich schichtartigem Aufbau u. stark reliefartig ausgebildeter Oberfläche; es besitzt hydrophilen Charakter u. wird bei W.-Einw. leicht peptisiert. Durch Behandlung mit 1%ig. KOH wird die Oberflächenstruktur stark verändert: nach sorgfältigem Auswaschen mit W. werden rundgeformte Teilchen von 100—200 Å Durchmesser beobachtet; sie bestehen aus SiO_2-Gel, das durch Hydrolyse der durch die Alkalibehandlung entstandenen Alkalisilicate gebildet worden ist. Dieser je nach der Bearbeitung mehr oder weniger weitgehenden Oberflächenumwandlung des SiO_2 in Kieselgel wird wesentliche Bedeutung im Hinblick auf die Eigg. der Katalysatoren auf SiO_2-Basis zugeschrieben. (Известия Академии Наук СССР, Отделение Химических Наук [Nachr. Akad. Wiss. UdSSR, Abt. chem. Wiss.] **1956.** **1168**—70. Okt. Inst. für Phys. Chem. der Akad. der Wiss. der UdSSR; Gliwice, Polytechn. Inst.) H.-J. Ostmann. 380

Sergio Cecconi, *Tonmineralien der roten Erde des Mittelmeergebiets.* (Vgl. C. **1955.** 11536 u. C. **1957.** 4054.) Die Röntgenanalyse der aus verschied. italien. roten Erden erhaltenen Tonfraktionen ergibt *Illit* als wichtigste Siallitkomponente, in den meisten Fällen zusammen mit *Kaolinit* (**I**); dagegen fehlen prakt. ganz die Montmorillonitmineralien. Die Unters. von 2 typ. Lateriten zeigt **I** als Haupttonmineral. Die Ergebnisse werden durch Best. des Kationenaustauschs, des austauschbaren u. des gesamten K_2O ergänzt u. bestätigt. Ähnliche Zus. ergibt die Röntgenanalyse der Kalkmuttergesteine einiger roter Erden. (Ann. Sperimentaz. agrar. [N.S.] **9.** LXXVII—LXXXVI 1955. Firenze, Univ., Ist. di Chim. forestale.) R. K. MÜLLER. 385

Teresio Micheletti, *Hypothesen über paragenetische Zusammenhänge zwischen dem metasomatischen lombardischen Siderit und des „dolomia cariata" von Werfeniano.* Besprechung verschied. Vorkk. dieser Gesteine u. der dabei auftretenden Zusammenhänge. (Ind. mineraria [2] **10.** 153—58. März 1959.) G. MEINHARD. 385

C. C. Patterson, *Das Alter der Meteoriten und der Erde.* (Vgl. C. **1957.** 12105.) Wenn man annimmt, daß in den Meteoriten eine Reihe von U–Pb-Systemen mit bestimmten Eigenschaften vorliegt, kann man eine genaue Altersbest. der Meteorite vornehmen. Das Alter der Erde kann ebenfalls erhalten werden, wenn ihr U–Pb-System zur Reihe der meteorit. Systeme gehört. Diese Verhältnisse werden formelmäßig erfaßt unter der Annahme, daß die Meteorite zur selben Zeit gebildet wurden, daß sie als isolierte u. geschlossene Systeme existieren, daß sie ursprünglich Pb gleicher Isotopenzus. enthielten u. daß sie U mit der gleichen Isotopenzus. wie die Erde enthalten. (Nat. Acad. Sci. — Nat. Res. Council, Publ. Nr. **19.** 157—59. 31/7. 1956. California Inst. of Technol.) HILLER, J.-E. 388

W. I. Kassatotschkin und **O. I. Silberbrand,** *Über die chemische Struktur von Schieferkerogen.* Durch Unters. der Röntgen- u. IR-Spektren des Kerogens der Wolga- u. estn. Schiefer sowie die techn. u. Elementaranalyse der durch Behandlung mit HCl u. HF demineralisierten Proben wird gezeigt, daß das Kerogen keine endständigen CH_3-Gruppen enthält. Nach Behandlung mit $Ba(OH)_2$ verschwindet beim Kerogen des Wolga-Schiefers die Bande 5,95 μ, bedingt durch den Übergang der Carbonylgruppe in die Ionenform $\left[C\begin{smallmatrix}O\\OH\end{smallmatrix}\right]^-$. Hieraus wird geschlossen, daß im Unterschied zum estn. Schiefer hier die Gruppe $C=O$ vorwiegend in den Carbonylgruppen enthalten ist. Sehr charakterist. für die IR-Spektren ist die starke Absorption bei 8—10 μ, die den Schwingungen von C–O in verschied. Atomgruppen entspricht. Die Carbonylgruppe ist direkt an die aromat. Ringe entweder in Form von Arylketonen oder in Form von Carboxylen der aromat. Säuren oder Ester gebunden. In den Spektren fehlt die Absorptionsbande 3,25 μ, die für die Schwingung von C–H in der aromat. Gruppe charakterist. ist. In den aromat. Ringen ist demnach H weitgehend substituiert. Unter den Substituenten befinden sich auch aliphat. Gruppen. Größere Mengen an kondensierten aromat. Gruppen fehlen. (Доклады Академии Наук СССР [Ber. Akad. Wiss. UdSSR] **111.** 1031 bis 1034. 11/12. 1956. Inst. für fossile Brennstoffe der Akad. der Wiss. der UdSSR.) O. LEBTAG. 390

O. A. Alekin und **N. P. Moritschewa,** *Über die Stabilität von Carbonatsystemen in natürlichen Wässern.* (Vgl. C. **1958.** 4431.) Im W. der Flüsse Don u. Wolga erfolgt trotz des hohen Geh. an $CaCO_3$ (**I**) keine Ausfällung der festen Phase. Aus den Unterss. über die Abhängigkeit der **I**-Ausfällung aus den Lsgg. von $Ca(HCO_3)_2$(**II**), von **II** u. $CaSO_4$(**III**) oder von **II, III** u. $CuSO_4$ vom Geh. an organ. Substanz (wss. Torfextrakt) geht hervor, daß die Geschwindigkeit der Trübung dem Geh. an organ. Substanz proportional ist. Die Zersetzungsprodd. von Flußplankton bewirken fast keine Verzögerung der **I**-Fällung. Am wirksamsten sind die Humusstoffe pflanzlichen Ursprunges. Die hemmende Wrkg. der organ. Stoffe auf die **I**-Ausfällung beruht auf der Sorption auf der **I**-Oberfläche. (Доклады Академии Наук СССР [Ber. Akad. Wiss. UdSSR] **117.** 1030—33. 21/12. 1957.) O. LEBTAG. 393

O. A. Alekin und **N. P. Moritschewa,** *Einfluß des Carbonatsystems in Naturwässern auf den Gehalt an organischen Substanzen.* Nachdem Vff. früher (vgl. vorst. Ref.) den stabilisierenden Einfl. organ. Stoffe auf das Carbonatsyst. natürlicher Gewässer festgestellt hatten, wird hier der Einfl. von gelöstem (übersätt.) $Ca(HCO_3)_2$ auf den Geh. an organ. Stoffen in Naturwässern untersucht, u. zwar an künstlichen Gemischen, bei denen Humusstoffe in Form von wss. Torfauszügen verwendet wurden. Dabei zeigte es sich, daß, entgegen den üblichen Annahmen, die Farbigkeit dieser Torfauszüge stärker abnimmt, wenn die Lsgg. keinen Zusatz an Meersalzen erhalten, die ja nur die Übersättigung an $Ca(HCO_3)_2$ senken. In Abwesenheit von $Ca(HCO_3)_2$ bleibt die Färbung stabil u. auch bei wechselndem p_H (5—8) konstant. Die Farbigkeit der organ. Lsgg. wird demnach nur durch die Ggw. von $Ca(HCO_3)_2$ rasch vermindert (Mitfällung). (Доклады Академии Наук СССР [Ber. Akad. Wiss. UdSSR] **119.** 322—25. 11/3. 1958. Hydrochem. Inst. der Akad. der Wiss. der UdSSR.) A. v. WILPERT. 393

Edward D. Goldberg, *Die Prozesse, die die Meerwasserzusammensetzung regulieren.* 1. Anorgan. Prozesse: Erörterung der Löslichkeitsverhältnisse des Ca, der Mineralbldg. durch Kationenaustausch mittels Tonsubstanzen (z. B. Ersatz des Na durch K u. anschließend durch Mg), Sorptionsvorgänge (Mn, Ni, Co, Zn, Cu u. a., die bes. an Fe–Mn-Mineralien u. Apatiten angereichert werden). Kurze Besprechung des Anionenaustausches im Meerwasser. — 2. Biochem. Prozesse: Einfl. der Photosynthese; es zeigt sich, daß Phosphate, NO_3^-, NO_2^-, NH_4^+ u. Silicat in Regionen des Pflanzenwachstums in viel geringerem Maße im W. enthalten sind als im Tiefenwasser, das außerhalb der photosynthet. Einw. liegt. Von weiteren biol. Prozessen werden die Aufnahme von Schwermetallen aus dem Meerwasser durch Knochenabbauprodd. (Apatite) sowie physikal. Einfll. besprochen. — Veränderungen der Meerwasserzusammensetzung in Abhängigkeit von den geol. Zeiten u. Tempp., bes. bzgl. des Geh. an O_2, Ca u. a., werden besprochen. (J. chem. Educat. **35.** 116—19. März 1958. La Jolla, Calif., Univ. of California, Scripps Inst. of Oceanography.) H. ECKSTEIN. 393

Joseph Shapiro, *Gelbe Säurekationenkomplexe im Teichwasser.* Die Gelbfärbung natürlicher Teichwässer, die bisher auf die Ggw. von Huminsäuren oder Gerbsäuren zurückgeführt wird, wurde näher untersucht u. dabei festgestellt, daß die färbenden Stoffe aus UV-fluorescierenden Substanzen vom Typ aliphat. Hydroxydicarbonsäuren mit dem annähernden Mol.-Gew. von 450 bestehen. Sie sind wahrscheinlich ungesättigt u. enthalten keinen N, sondern nur C, H u. O. — Sie kommen in Mengen von > 5 mg/*l* im Teichwasser vor, fördern das Wachstum gewisser limnet. Algen u. besitzen Eigg., die chelatometr. genutzt werden können: sie binden z. B. *Fe* bei p_H 9,5 einige Wochen lang als unlösl. u. nicht fällbare Verbindung. — Beispiele für die chromatograph. Best. der gelbfärbenden Substanzen. — (8 Abb. der Chromatogramme.) (Science [Washington] **127.** 702—04. 28/3. 1958. Scattle, Wash., Univ., Dep. of Zoology.) H. ECKSTEIN. 393

S. Miholić und **K. Mirnik,** *Das Heilbad Vrućica in Bosnien. Eine geochemische Untersuchung.* Analysentabelle des Ionengeh. im Thermal-W. von Vrućice. Neben den üblichen Salzen enthält das W. geringe ($<$ 0,0000 g/kg) Mengen Mn, Zn, Cu, Ni u. Co. Die Metallisation hängt im wesentlichen von 3 Faktoren ab: 1. Metallisation in Abhängigkeit von regionalen tekton. Bedingungen; sie ist häufig über weite Gebiete ziemlich einheitlich. 2. Mineralisation, die vom geolog. Charakter der durchflossenen Schichten abhängt; sie kann über recht kurze Entfernungen variieren. 3. Radioaktivität, die von den Oberflächenformationen u. oft auch von den Ablagerungen der Wässer selbst abhängig ist; sie kann für das gleiche W. beträchtlich variieren. (Croat. chem. Acta **30.** 35—38. 1958. Zagreb, Balneolog. u. klimatolog. Inst. der Jugoslav. Akad. der Wiss. u. Künste.) A. v. WILPERT. 393

Hans Kiefer und **Ruprecht Maushart,** *Die Ablagerung von Strontium 90 auf der Erdoberfläche.* Im Raum Karlsruhe–Bruchsal–Pforzheim wurden an verschied. Stellen seit Mai 1957 Bodenproben auf ihren Geh. an ^{89}*Sr* untersucht. Die halbjährlich entnommenen Proben von 200 cm² Oberfläche u. 10 cm Tiefe wurden getrocknet, von biolog. Bestandteilen durch grobes Sieben gereinigt u. nach Zugabe von Sr- bzw. Y-Träger in Anlehnung an die Harwell-Vorschrift verarbeitet. Die Zugabe von Trägersubstanz erwies sich zur Best. des chem. Wirkungsgrades notwendig, der zwischen 30 u. 80% schwanken kann. Die Y-Aktivität wurde im Methan–Durchfluß-Zähler bestimmt. Zur Vermeidung stat. Aufladung wurde über das Filter ein weitmaschiges Gitter dünner Messingdrähte gelegt. Infolge der Anreicherung von Sr in Pflanzen u. Gräsern zeigen bewachsene Bodenflächen geringere ^{90}Sr-Gehalte als freie Flächen. Die Einzelbestimmungen schwanken von 3,5 bis 25,3 mC ^{90}Sr/km² im Mai 1958. Die Mittelwerte über alle Probenentnahmestellen betrugen für Mai 1957, November 1957 u. Mai 1958 4,8; 9,0 u. 11,7 mC ^{90}Sr/km², die Mittelwerte der Aktivitäten der gesamten Erdalkali-Auszüge 12,2; 19,3 u. 32,8 mC/km². Kurven für die Aktivität des Erdalkaligehaltes im freien Gelände u. im bewachsenen Boden von 1957—1958 werden wiedergegeben. (Naturwissenschaften **46.** 102—04. 1. Febr.-H. 1959. Karlsruhe, Kernreaktor-Bau- u. Betriebs-GmbH., Strahlenschutz-Meßabt.) B. STEIN. 396

B. Allgemeine und theoretische organische Chemie.

V. Santhamma, *Verschiebungen der Wellenzahl bei Elektronenübergängen infolge Substitution — für Furan, Pyrrol und Thiophen.* Vf. berechnete die Verschiebungen der Wellenzahlen der Elektronenübergänge in α- u. *β-Methylfuran, -pyrrol, -thiophen,* α- u. *β-Fluorfuran, -pyrrol, -thiophen* sowie *α.α'-Dimethylfuran* im Vgl. zu den nicht substituierten Verbb. unter der Annahme, daß die Wanderung der Ladung nur von dem Substituenten in den Ring erfolgt. Die Ergebnisse sind tabellar. angegeben. Ein Vgl. mit experimentellen Daten war nicht möglich, da experimentelle Bestimmungen noch nicht vorliegen. (Proc. nat. Inst. Sci. India, Part A **23.** 522—29. 26/11. 1957. Waltair, Andhra Univ., Dep. of Phys.) C. Gottfried. B 114

Josette Kahane-Paillous und **Sydney Leach,** *Elektronenspektren von monosubstituierten Benzolderivaten.* 1. Mitt. *Emissionsspektrum des Toluols.* Vff. untersuchten das Emissionsspektr. des *Toluols.* Zwischen 2590 u. 2820 Å treten 180 Banden auf, die zugeordnet werden. Die 0—0-Bande liegt bei 37474 cm^{-1}. Die einzelnen Frequenzwerte der Schwingungsarten werden in bezug auf ihre Rolle in den spektralen Übergängen untersucht u. ein Vgl. mit dem Emissionsspektr. des Bzl. gezogen. (J. Chim. physique, Physico-chim. biol. **55.** 439—53. Juni 1958.) M.-L. Klaar. B 118

V. Santhamma, *Das Absorptionsspektrum von Furfurol im nahen Ultraviolett.* Es wurde das Absorptionsspektr. von *Furfurol* in dem Gebiet zwischen 3700 u. 2450 Å im Dampfzustand untersucht. Ein Syst. mit insgesamt 163 intensiven Banden wurde zwischen 2800 u. 2450 Å u. ein zweites diffuses Syst. mit nur 11 Banden zwischen 3800 u. 3300 Å erhalten. Die erhaltenen Zuordnungen des gesamten Bandensyst. sind tabellar. zusammengestellt. (Proc. nat. Inst. Sci. India, Part A **22.** 256—66. 26/7. 1956. Waltair, Andhra Univ., Dep. of Phys.) C. Gottfried. B 118

R. C. Hirt, *Ultraviolettabsorptionsspektren von gasförmigem Pyrazin und Chlorpyrazin.* Vf. bestimmt die UV-Absorptionsspektren von gasförmigem *Pyrazin* (I) u. *2-Chlorpyrazin* (II) u. analysiert sie in Termen der Schwingungsfrequenzen von Elektronengrund- u. -anregungszuständen sowie ihrer Kombinationen. Untersucht werden die „scharfen" Bandensysteme von I u. II (n → π-Übergänge des freien Elektronenpaars des heterocycl. N-Atoms), u. bei I das diffuse Bandensyst., welches dem π → π-Übergang zuzuordnen ist. In Lsg. u. in fl. Zustand treten bei niedrigeren Energien extrem schwache Banden auf, die eine Blauverschiebung beim Übergang von I nach II zeigen. Sie gehören danach einem n → π-Singulett–Triplett-Übergang an. Zum Vgl. mit den UV-Banden werden die IR- u. Raman-Daten von II angegeben. An 0—0-Banden werden angegeben: im diffusen Bandensyst. des I 28763 [cm^{-1}], im scharfen Bandensyst. des I 30879 u. des II 32068. (Spectrochim. Acta [London] **12.** 114—26. Sept. 1958. Stamford, Conn., Amer. Cyanamid Co., Res. Div.) M.-L. Klaar. B 118

J. Buur Jensen, *Infrarotspektroskopische Untersuchungen einiger Hydrazide.* Im 6μ-Gebiet wurden die IR-Absorptionsspektren der folgenden Hydrazide im festen Zustand u. in Chloroformlsg. untersucht: *Essigsäure-, Buttersäure-, Phenylessigsäure-, Phenylpropionsäure-, Benzoesäure-* u. *Zimtsäurehydrazid.* Im festen Zustand wurden charakterist. Frequenzen bei 1630—1660, 1620 u. zwischen 1570 u. 1530 cm^{-1} gefunden. Die entsprechenden Banden in den Lsgg. liegen bei ca. 1670, 1620 u. 1500 cm^{-1}. Die Zuordnung der Banden wird diskutiert. Aus Unterss. an Phenylessigsäurehydrazid im 3μ-Gebiet ist ersichtlich, daß H-Bindung im festen Zustand u. in konzentrierteren Lsgg. auftritt. Aus einer Unters. des Spektr. von *3-Phenylpyrazolidon-(5)* folgt, daß es sich bei dem Prod. von Muckermann (vgl. Ber. dtsch. chem. Ges. **42.** [1909.] 3449) nicht, wie angenommen, um Zimtsäurehydrazid handelt, sondern um das obige Pyrazolidon. (Acta chem. scand. **10.** 667—72. 1956. Copenhagen, Leo Pharmaceutical Prod.) C. Gottfried. B 120

K. Lunde, *Infrarotkonformationsanalyse von 1.2-Dichlor-4.5-dibromcyclohexan (a.a–e.e ⇌ e.e–a.a).* Vf. nimmt Bezug auf röntgenograph. Unterss. von Hassel u. Mitarbeitern (vgl. C. **1954.** 8773) an *1.2-Dichlor-4.5-dibromcyclohexan,* die gefunden hatten, daß sich die Br-Atome in e.e-Stellung befinden. Nach Elektronenbeugungsaufnahmen von Bastiansen u. Hassel (vgl. C. **1953.** 3377) an derselben Verb. im Dampfzustand hat das Mol. auch im Dampfzustand den gleichen Molekülbau wie im festen Zustand. Diese letztere Beobachtung konnte durch IR-spektroskop. Unterss. bestätigt werden, unter der Annahme, daß keine große Verschiebung in dem Konformationsgleichgewicht bei dem Übergang von der Dampfphase zu der fl. Phase zu erwarten ist. Es wurde gefunden, daß die IR-Spektren der festen Verb. u. die der in CS_2 gelösten Verb. prakt. ident. sind. (Acta chem. scand. **10.** 690. 1956. Blindern-Oslo, Univ., Kjem. Inst.) C. Gottfried. B 120

E. A. H. Roberts, *Die Konformation der Catechine und Gallocatechine.* (Vgl. auch C. **1956.** 7482.) Diskussion unter Bezug auf die Arbeiten von KING u. Mitarbeitern (J. chem. Soc. [London] **1955.** 2948) u. CLARK-LEWIS (C. **1959.** 5743). (Chem. and Ind. **1955.** 1551. 26/11. London, Indian Tea Ass., Butler's Wharf.) A. SCHMIDPETER. B 123

Ottó Clauder und **Kamilla Mazán,** *Raumstruktur und Umlagerung von Dihydrotriazinderivaten.* Durch Dehydrierung von $N_{(1)}$-[p-Chlorphenyl]-$N_{(5)}$-isopropylbiguanidin können *1-[p-Chlorphenyl]-2.2-dimethyl-4.6-diamino-1.2-dihydro-1.3.5-triazin* (I) u. das isomere *2.2-Dimethyl-4-amino-6-[p-chloranilino]-1.2-dihydro-1.3.5-triazin* (II) entstehen. Beide Verbb. werden auch aus $N_{(1)}$-[p-Chlorphenyl]-biguanidin durch Kondensation mit Aceton erhalten, I in Ggw. von HCl als Kondensationsmittel, II bei Verwendung von Essigsäure. Analog wird *1-Phenyl-4.6-diamino-1.2-dihydro-1.3.5-triazin-2-spirocyclopentan* dargestellt. Die Dihydrotriazine liegen in einer Halbsesselform vor, die möglichen Konformationen werden diskutiert, ebenso die Durchschwingfähigkeit des N-Atoms durch die „Ringebene" in diesem System. Für die Umlagerung der I-Typ-Verbb. in Verbb. des II-Typs in Alkali nehmen Vff. Protonenaddition an das N u. intermediäre Ringsprengung an. Die physiol. Wrkg. der Verbb. wird untersucht. (Magyar Kémiai Folyóirat [Ung. Z. Chem.] **64.** 310—13. Juli/Aug. 1958. Budapest, Orvostudományi Egyetem Gyógyszerészi Kar Szerves Kémiai Intézet.) G. HALMI. B 123

László Ötvös und **Gábor Fodor,** *Einige neue Anwendungen der Konstellationsanalyse in der Kohlenhydratchemie.* Vff. berichten an Hand von Literaturdaten 1. über die Stereospezifität der Entacetylierung von O-Acylaminozuckern, 2. über eine theoret. Auswertung der Dehnungsverschiebung von vicinalen OH-Gruppen bei der Acetalbldg., 3. über eine stereochem. Erklärung der Oxydation von Zuckern nach BERTRAND. (Magyar Kémiai Folyóirat [Ung. Z. Chem.] **64.** 298—301. Juli/Aug. 1958. Budapest, M. Tud. Akad. Sztereokémiai Kutató Csoport.) G. HALMI. B 123

Kenneth A. Allen, *Ein vereinfachter Ausdruck für die Molpolarisation gelöster Stoffe.* Vf. leitet zur Berechnung von extrapolierten Werten für die Mol-Polarisation P_2 von gelösten Stoffen auf unendliche Verdünnung die Beziehung $P_2 = (P_1\, M_2/M_1) + (a\, M_1 - b\, P_1)/d_1$ ab (es wird gesetzt $(\varepsilon_{12} - 1)/(\varepsilon_{12} + 2) = [(\varepsilon_1 - 1)/(\varepsilon_1 + 2)] + a\, x_2$ u. $d_{12} = d_1 + b\, x_2$; x_2 = Mol-Bruch des Gelösten), die auf der linearen Abhängigkeit der Funktion $(\varepsilon_{12} - 1)/(\varepsilon_{12} + 2)$ von der Konz. basiert. Der vorgeschlagene Ausdruck ist dem von HALVERSTADT u. KUMLER (J. Amer. chem. Soc. **64.** [1942.] 2988) äquivalent, besitzt jedoch eine einfachere Form u. ist leichter zu berechnen. (J. physic. Chem. **62.** 363—64. März 1958. Oak Ridge, Tenn., Nat. Labor.) K. FRENKLER. B 132

J. S. Cook und **R. J. Meakins,** *Dielektrische Absorption bei kristallinen langkettigen Methyläthern.* Vff. untersuchen die dielektr. Eigg. von *Methyl-n-eikosyl-* (I, F. 40,4°), *Methyl-n-dokosyl-* (II, F. 47,8°) u. *Methyl-n-octadecyläther* (III, F. 31,4°) sowie von *Methyl-n-pentadecyl-* ($CH_3COC_{15}H_{31}$, F. 46°) u. *Methyl-n-tridecylketon* ($CH_3COC_{13}H_{27}$, F. 37,5°) bei Frequenzen zwischen 5 u. $2{,}4 \cdot 10^{10}$ Hz u. verschied. Tempp. zwischen —40 u. +30°. Die Verbb. I, II u. III weisen bei 24,5, 32,4 bzw. 10,6° einen α.β-Phasenübergangspunkt auf. Die untersuchten Ketone besitzen keinen Umwandlungspunkt im festen Zustand u. zeigen im untersuchten Frequenzbereich keine dielektr. Absorption. In der β-Phase weisen die untersuchten Äther im Radiofrequenzbereich ein Absorptionsmaximum auf; die Absorption im Mikrowellenbereich ist breiter u. zeigt eine komplexere Struktur. Nimmt man ein einfaches Modell an, worin die Dipole Übergänge von einer Gleichgewichtslage in die andere unter Überspringen einer Potentialschwelle durchlaufen, dann kann aus den Ergebnissen im Radiofrequenzbereich die Höhe dieser Schwelle beim I zu 12,5, beim II zu 13,7 kcal/Mol berechnet werden. Die Ergebnisse aus der Analyse im Mikrowellenbereich sind schwieriger zu deuten. Sie zeigen jedoch, daß aus dem Vorhandensein eines einfach gebauten Dipols nicht ohne weiteres auf einen einfachen Absorptionsmechanismus geschlossen werden kann. Aus dem kleinen Wert für ΔE von 2—3 kcal/Mol kann auf einen Mechanismus geschlossen werden, der aus einer unabhängigen Orientierung der Dipole besteht. In der α-Phase zeigen die Verbb. I, II u. III im Mikrowellenbereich ein ähnliches Verh., wobei mit zunehmender Kettenlänge sich die Absorption nach niedrigeren Frequenzen verschiebt. Wie in der β-Phase ist keine Beziehung zwischen ΔE, den Häufigkeitsfaktoren u. der Molekülkettenlänge vorhanden. Mit Ausnahme des II zeigen die untersuchten Äther eine weitere dielektr. Absorption bei sehr niedrigen Frequenzen. Die experimentellen Werte für die Gesamtabsorption stehen in guter Übereinstimmung mit den aus den Dipolmomenten berechneten Werten, woraus geschlossen werden kann, daß im Gegensatz zu den Ergebnissen aus der Unters. des Verh. in der β-Phase alle Moll. einen Anteil zur Gesamtabsorption beitragen. (J. chem. Physics **30.** 787—90. März 1959. Sydney, Commonwealth Scient. and Ind. Res. Organizat., Div. of Electrotechnol.) K. FRENKLER. B 132

A. H. Price, *Die dielektrischen Relaxationszeiten von einigen Aminen, Dimethylthianthren, Dibenzothiophen, Triphenylphosphin und Triphenylarsin.* Vf. untersucht das dielektr. Verh. von *Diäthylanilin* (III; η_{20} 2,16 cP; n_D^{20} 1,543, dielektr. Relaxationszeit τ [$\cdot 10^{12}$ sec] 70 ± 2), *Triisoamylamin* (IV; η_{21} 2,61; n_D^{21} 1,433; τ 120 ± 3), *Tribenzylamin* (I), *N-Methyldioctylamin, N-Methylcarbazol, Tri-n-propylamin* (II; η_{22} 0,66; n_D^{22} 1,418; τ 24 ± 1), *Triphenylarsin* (V), *Triphenylphosphin* (VI), *Dimethylthianthren* (VII; η_{20} 2210; n_D 1,675; τ 28300 ± 300) u. *Dibenzothiophen* (VIII) im Frequenzbereich $3 \cdot 10^4$ bis 10^8 Hz. Die vorst. Verbb. werden sowohl rein als auch in C_2Cl_4, Xylol bzw. Nujol gelöst untersucht. Bei den Aminen ergeben sich im vorst. Frequenzbereich keine Anhaltspunkte für einen möglichen Inversionsprozeß. Mit Ausnahme des **I** verhalten sie sich effektiv als starre Körper. Die τ-Werte für die reinen fl. Verbb. **II, III** u. **IV** nehmen mit wachsender Mol.-Größe zu. Das gleiche gilt auch für die in C_2Cl_4, Xylol u. Nujol gelösten Verbindungen. Das Verhältnis der mkr. zu den makroskop. Viscositäten in C_2Cl_4- u. Xylollsg. ist ca. 0,2. Auch für **V, VI, VII** u. **VIII** muß aus den Untersuchungsergebnissen geschlossen werden, daß diese Verbb. als starre Körper vorliegen. (J. physic. Chem. **62.** 773—77. Juli 1958. Aberystwyth, Wales, Univ. Coll., Edward Davies Chem. Labor.) K. FRENKLER. B 132

Sephali Guha und **Sadhan Basu,** *Eine Additivitätsregel für die π-Elektronensuszeptibilität aromatischer Verbindungen.* Vff. leiten unter der Voraussetzung, daß das Überlappungsintegral einen konstanten Wert besitzt, eine semiempir. Beziehung zwischen der mittleren Bindungsladung einer Bindung ij u. der Bindungsordnung p_{ij} ab, die eine Abschätzung der diamagnet. Anisotropie $\Delta\chi$ erlaubt, die für aromat. Verbb. bes. groß u. charakterist. ist. Es ergibt sich $\Delta\chi = \Sigma\, \delta\, p_{ij}/\delta\, \beta_{ij} = \Sigma\pi_{ij,ij} = \Sigma$ Bindungs-Bindungsselbstpolarisierbarkeit; β_{ij} ist das Resonanzintegral der Bindung. Für *Bzl., Naphthalin, Anthracen, Phenanthren, Biphenyl, trans-Stilben, Chrysen, Pyren* (I), *Terphenyl* (II), *Perylen* (III) u. *Fluoranthen* (IV) wird mittels vorst. Beziehung $\Sigma\pi_{ij,ij}/(\Sigma\pi_{ij,ij})_\beta$ berechnet u. mit den experimentellen Werten $\Delta\chi/(\Delta\chi)_\beta$ verglichen. Die Übereinstimmung zwischen beiden Werten ist im allg. gut. Größere Abweichungen ergeben sich bei **I, II, III** u. **IV**, was darauf zurückgeführt wird, daß bei diesen Verbb. die Konjugation zwischen den Bindungen des Zentralringes nur sehr gering ist. (Naturwissenschaften **45.** 539. 2. Nov.-H. 1958. Calcutta, Univ. Coll. of Sci. and Technol., Dep. of Chem.) K. FRENKLER. B 137

Shin-ichi Ono, *Elektrolytische Reduktion aromatischer Carbonsäuren.* 7. Mitt. *Elektrolyse von Zimtsäure, deren Ester und von Zimtaldehyd bei konstantem Potential.* (6. vgl. J. chem. Soc. Japan, pure Chem. Sect. [Nippon Kagaku Zassi] **75.** [1954.] 1195; 5. vgl. C. **1950/54.** 3083 S.) In acetatgepufferter Lsg. (WALPOLE-Puffer) zeigt das Polarogramm von *Zimtsäure* (I) bei p_H 3,6—5,6 eine Stufe (Halbstufenpotential $E^1/_2$ —1,4 bis —1,6 V). Die Red. ist bei konstantem Kathodenpotential (—1,5 V) u. 0,75 A/dm² eine Einelektronenred. u. ergibt 75,4% *β.γ-Diphenyladipinsäure* (II), F. 265°. — In ungepufferter wss. $CaCl_2$-Lsg. zeigt das Polarogramm von **I** 2 Stufen ($E^1/_2$ —1,55 u. —1,89 V). Die Red. von **I** bei —1,65 V Kathodenpotential liefert 48,7% **II**, bei —1,95 V aber 74% *β-Phenylpropionsäure* u. wenig **II**. — Danach wird die 1. Stufe der Bldg. eines freien Radikals, die 2. der Red. der Doppelbindung zugeordnet. — Das Polarogramm von *Zimtaldehyd* (III) zeigt 2 Stufen (entsprechend einer Einelektronenred.). Die 2. Stufe ist p_H-unabhängig, die 1. umgekehrt proportional dem p_H. In stark saurer, neutraler u. bas. Lsg. beobachtet man nur die 1. Stufe. Dies kann auf der Maskierung durch eine Protonenstufe in stark saurer Lsg. beruhen, wobei die beiden Stufen in neutraler u. bas. Lsg. überdeckt werden. Die Red. von **III** in alkoh. Pufferlsg. (p_H 1,4) bei —0,68 V Kathodenpotential u. 0,75 A/dm² ergibt *α.β-Distyryläthylenglykol* (IV), F. 155°. Bei p_H 7,75 u. —1,28 V gibt **III** *Zimtalkohol* u. wenig **IV**. Dies entspricht den Verhältnissen bei **I**. — 0,176 g *Äthylcinnamat* (V) in wss.-alkoh. (1 : 4) 0,1 n $CaCl_2$-Lsg. gibt eine Stufe ($E^1/_2$ —1,66 V u. 6,8 μ A) im Polarogramm. Die Red. von **V** bei —1,8 V (Kathode) liefert *β-Phenylpropionsäureäthylester,* $Kp._{10}$ 110—112°. (J. chem. Soc. Japan, pure Chem. Sect. [Nippon Kagaku Zassi] **76.** 631—35. Juni 1955. Sakai, Naniwa Univ. [Orig.: japan.]) L. SCHULER. B 142

Werner Schulze, *Binäre Flüssigkeitsgemische.* 4. Mitt. *Volumeneffekte äthanolhaltiger Systeme.* (3. vgl. C. **1957.** 4348.) Es werden Dichtemessungen bei 25 u. 30° an den Systemen *A.–Toluol, A.–Chlorbenzol* u. *A.–Brombenzol* mitgeteilt u. die daraus erhaltenen Kurven für die Überschußvoll. an einfachen Modellen diskutiert. Weiter werden Zusammenhänge zwischen Überschußvol. u. therm. Ausdehnungskoeff. aufgezeigt. Je höher die positive Abweichung des Ausdehnungskoeff. von der Mischungsregel ist, um so positiver ist das Überschußvol. der alkoh. Mischung. (Z. physik. Chem., Frankf. Ausg. [N. F.] **13.** 12—20. Okt. 1957. Berlin, FU, Anorgan.-chem. Inst.) W. NIEMITZ. B 150

W. J. Thomas und **Stanislaw Portalski,** *Die Thermodynamik der Methanolsynthese.* Vf. beschreibt ein Verf. zur Berechnung der optimalen Bedingungen bei der Methanolsynth. auf Grund thermodynam. Daten. Das Verf. beruht auf der Best. der Druck- u. Temperaturabhängigkeit der Reaktionswärme u. des chem. Gleichgewichts. Das Ausmaß der Rk. u. damit die Exothermie steigen mit dem Druck stark an. Bei 250 at ist die Reaktionswärme prakt. unabhängig von der Temperatur. Ein Arbeiten bei diesem Druck u. Tempp. von ca. 300° wird von Vff. für bes. vorteilhaft gehalten. (Ind. Engng. Chem. **50.** 967—70. Juni 1958. London, England, Battersea Coll. of Technol.) Gerhard Günther. B 156

Ervin Wolfram, *Die Haftfähigkeit von Flüssigkeiten an festen Oberflächen.* Es wurde mit der Abreißwinkelmeth. die Haftfähigkeit des W. u. wss. Elektrolyt-Lsgg. an Paraffinoberflächen gemessen. Für die Konstante k der bereits früher bestätigten Gleichung $\sin\alpha = k \cdot 2\,r\,\pi/mg$ gilt danach die folgende Beziehung: $k + 1/2\,\sigma_{lg}\,|\cos\Theta_2 - \cos\Theta_1|$, wobei σ_{lg} die Oberflächenspannung der Fl., Θ_1 den Rückzugskontaktwinkel u. Θ_2 den Vorrückkontaktwinkel bedeuten. Der Abreißwinkel nimmt unter sonst gleichen Bedingungen mit der Zunahme der Oberflächenrauheit zu. Neutralsalze beeinflussen nur in geringerem, aber doch feststellbarem Maße die Haftfähigkeit des Wassers. Die k-Werte nehmen mit der Elektrolytkonz. in um so kleinerem Maße zu, je größer die Wertigkeit des Kations ist. (Magyar Kémiai Folyóirat [Ung. Z. Chem.] **64.** 258—60. Juli/Aug. 1958. Budapest, Eötvös Loránd Tudományegyetem Kolloidkém. és Kolloidtechnol. Intézete.) G. Halmi. B 166

Ferenc Tüdős und **Mária Azori,** *Untersuchung einiger stabiler freier Radikale.* Unterss. über *1.1-Diphenyl-2-[2.4-dinitrophenyl]-hydrazyl* (I, aus 1.1-Diphenylhydrazin u. 2.4-Dinitrofluorbenzol in Ggw. von $NaHCO_3$ bei 78° u. Oxydation des in 89% Ausbeute gebildeten *Hydrazins,* F. 118—119°, mit PbO_2 oder Ag_2O) u. dessen Stabilität in Abhängigkeit von Konz. u. Temp. wurden durchgeführt. Es wurde nachgewiesen, daß der Zerfall des I ein bimol. Vorgang ist, u. daß die Zers. des Radikals *N-[3-(N-Hydroxyanilino)-1.3-dimethylbutyliden]-anilinoxyd* dagegen autokatalyt. erfolgt. Ferner wurde festgestellt, daß reaktionsfähige freie Radikale [z. B. Benzoyloxy, 2-Cyanpropyl-(2)] im allg. H-Atome aus *1.1-Diphenyl-2-pikrylhydrazin* abspalten; diese Rk. kann unter besonderen Umständen auch quantitativ vor sich gehen. Dies kann zur Best. der Dissoziationsgeschwindigkeit von Verbb., die in Radikale zerfallen, benutzt werden, wie am Beispiel des *Tetraphenylhydrazins* gezeigt wurde. (Magyar Kémiai Folyóirat [Ung. Z. Chem.] **64.** 305—06. Juli/Aug. 1958. Budapest, M. Tud. Akad. Központi Kémiai Kutató Intézet.) G. Halmi. B 182

J. R. Brathovde und **E. C. Lingafelter,** *Die Kristallstruktur von Decansäureamid. Decansäureamid* krist. aus n-Butylacetat bei Zimmertemp. in monoklinen, dünnen Täfelchen nach (0 0 1). Weissenberg-Aufnahmen ergaben die Elementarzelle $a = 9{,}830 \pm 0{,}013$; $b = 5{,}555 \pm 0{,}003$; $c = 21{,}224 \pm 0{,}033$ Å; $\beta = 103^0\,27' \pm 6'$. Raumgruppe ist C_{2h}^5 — $P\,2_1/a$; $Z = 4$. Die Struktur wurde mittels zweidimensionaler Elektronendichteprojektionen aufgeklärt. Die folgenden Parameter wurden bestimmt: $C_{(1)}$ (x =) 0,0917; (y =) 0,2827; (z =) 0,0645; $C_{(2)}$: 0,1639; 0,4682; 0,1096; $C_{(3)}$: 0,0663; 0,6095; 0,1384; $C_{(4)}$: 0,1481; 0,7801; 0,1913; $C_{(5)}$: 0,0530; 0,9471; 0,2223; $C_{(6)}$: 0,1346; 0,1110; 0,2760; $C_{(7)}$: 0,0369; 0,2619; 0,3075; $C_{(8)}$: 0,1203; 0,4208; 0,3624; $C_{(9)}$: 0,0237; 0,5737; 0,3925; $C_{(10)}$: 0,1100; 0,7397; 0,4446; O: —0,0380; 0,2243; 0,0507; N: 0,1711; 0,1460; 0,0375. Die gefundene Struktur weicht nicht merklich von der von Turner u. Lingafelter (vgl. C. **1956.** 11952) bestimmten Struktur des Tetradecanamids ab. Der mittlere Abstand C—C [mit Ausnahme der Abstände $C_{(1)}$—$C_{(2)}$ u. $C_{(2)}$—$C_{(3)}$] beträgt 1,534 Å, der mittlere C—C—C-Valenzwinkel 111,9°. Die N—H···O—H-Bindungen mit 2,88 bzw. 2,90 Å sind etwas kürzer als in Tetradecanamid. Der Abstand $C_{(1)}$—$C_{(2)}$ mit nur 1,472 Å läßt sich durch die Wechselwrkg. mit der Amidgruppe erklären; dagegen kann für den kurzen Abstand $C_{(2)}$—$C_{(3)}$ mit 1,478 Å noch keine Erklärung gegeben werden. (Acta crystallogr. [Copenhagen] **11.** 729—32. 10/10. 1958. Washington, D. C., Univ., Dep. of Chem.) C. Gottfried. B 195

C. Dean, M. Pollak, B. M. Craven und **G. A. Jeffrey,** *Eine Kernquadrupolresonanz- und Röntgenuntersuchung der Kristallstruktur von 1.2.4.5-Tetrachlorbenzol.* 1.2.4.5-Tetrachlorbenzol krist. monoklin mit der Elementarzelle $a = 3{,}850 \pm 0{,}005$; $b = 10{,}602 \pm 0{,}05$; $c = 9{,}725 \pm 0{,}005$ Å; $\beta = 103{,}28^0 \pm 5'$. Raumgruppe ist $P2_1/c$; $Z = 2$. Mit Hilfe einer Kernquadrupolresonanzanalyse wurden an Einkristallen die C—Cl-Bindungsrichtungen bestimmt. Mit ihrer Hilfe wurden die Phasen für die (0 *kl*) -Strukturamplituden direkt bestimmt u. anschließend eine Fourier-Analyse durchgeführt. Folgende y- u. z-Parameter wurden dadurch festgelegt: $Cl_{(1)}$ (y =) 0,2805; (z =) 0,0915. $Cl_{(2)}$ 0,0690; 0,2985. $C_{(1)}$ 0,125; 0,038. $C_{(2)}$ 0,029; 0,132. $C_{(3)}$ —0,092; 0,083. Die durch die Röntgenanalyse u. die Kernquadrupolresonanzanalyse erhaltenen Bindungsorientierungen stimmten innerhalb 1—2° überein. Der Winkel zwischen benachbarten C—Cl-Bindungen im Mol. beträgt 63° ± 1°. (Acta crystallogr. [Copenhagen] **11.** 710—18. 10/10. 1958. Pittsburgh, Pa., Univ.) C. GOTTFRIED. B 195

A. W. Hanson und **F. R. Ahmed,** *Die Kristallstruktur und absolute Konfiguration der monoklinen Form von d-Methadonhydrobromid.* Methadon tritt in einer rechts- u. einer linksdrehenden Form auf. Kristalle von d- u. *l*-Methadonhydrobromid krist. aus wss. Lsg. bei Zimmertemp. entweder triklin oder monoklin. Es wurde die Struktur der monoklinen Form bestimmt, die sich als die d-Form erwies. Die monokline Elementarzelle hat die Dimensionen a = 10,69 ± 0,03; b = 8,74 ± 0,02; c = 10,74 ± 0,03 Å; β = 94,6 ± 0,2°. Raumgruppe ist $P2_1$; Z = 2. Die Parameter werden mit Hilfe von dreidimensionalen FOURIER-Synthesen bestimmt u. mittels Differentialsynthesen verfeinert. Folgende Parameter werden festgelegt: Br (x =) 0,9197; (y =) 0,2500; (z =) 0,1082. O 0,5840; 0,4169; 0,0838. N 0,8091; 0,7296; —0,0040. $C_{(1)}$ 0,5900; 0,1342; 0,2179. $C_{(2)}$ 0,5577; 0,2911; 0,2809. $C_{(3)}$ 0,5893; 0,4330; 0,1961. $C_{(4)}$ 0,6131; 0,5892; 0,2579. $C_{(5)}$ 0,6556; 0,7074; 0,1628. $C_{(6)}$ 0,7956; 0,6862; 0,1338. $C_{(7)}$ 0,8879; 0,7963; 0,2086. $C_{(8)}$ 0,7583; 0,6111; —0,0936. $C_{(9)}$ 0,7622; 0,8807; —0,0496. $C_{(10)}$ 0,4774; 0,6313; 0,2919. $C_{(11)}$ 0,3913; 0,6962; 0,2019. $C_{(12)}$ 0,2645; 0,7180; 0,2272. $C_{(13)}$ 0,2265; 0,6748; 0,3456. $C_{(14)}$ 0,3111; 0,6107; 0,4326. $C_{(15)}$ 0,4369; 0,5821; 0,4089. $C_{(16)}$ 0,7104; 0,5891; 0,3732. $C_{(17)}$ 0,7083; 0,6997; 0,4620. $C_{(18)}$ 0,8059; 0,7104; 0,5584. $C_{(19)}$ 0,9010; 0,6023; 0,5665. $C_{(20)}$ 0,9033; 0,4910; 0,4781. $C_{(21)}$ 0,8055; 0,4816; 0,3836. Die absol. Konfiguration — in diesem Falle die d-Konfiguration — wurde durch Messen des Einfl. des imaginären Teils der Dispersion der Cu-Strahlung durch das Br-Atom bestimmt. (Acta crystallogr. [Copenhagen] **11.** 724—28. 10/10. 1958. Ottawa, Canada, Nat. Res. Council, Div. of Pure Phys.)

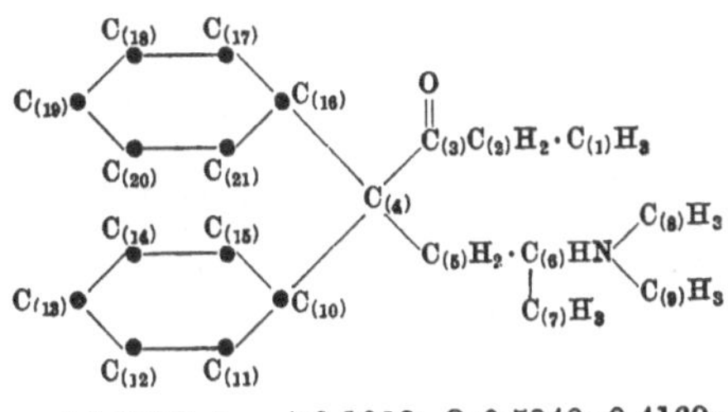

C. GOTTFRIED. B 195

N. Ss. Dokunichin, G. A. Golder und **G. Ss. Shdanow,** *Röntgenographische Untersuchung von 1.4-Dianilinoanthrachinon und 1.4-Dimesidinoanthrachinon.* (Vgl. C. **1958.** 12094.) Zur Prüfung der Coplanarität der substituierenden Benzolringe mit dem Anthrachinonmol. werden *1.4-Dianilinoanthrachinon* (I) u. *1.4-Dimesidinoanthrachinon* (II) der Röntgenunters. unterworfen. Es ergibt sich für I a = 12,2, b = 8,73, c = 17,8 Å; β = 108°, D. 1,52 (pyknometr. 1,51), Z = 4; für II a = 7,98, b = 19,8, c = 17,2 Å; β = 103°, D. 1,28 (1,20), Z = 4; für beide: Raumgruppe $C_{2h}^5 = P2_1|c$. Bei I ist also die b-Achse, bei II die a-Achse die kürzeste. Bei I ist eine Lage der 4 Moll. der Elementarzelle in zur b-Achse senkrechten Schichten anzunehmen, d. h. nur geringe Drehung des Benzolringes gegenüber dem übrigen Mol.; bei II entspricht die Länge der a-Achse etwa den Dimensionen des Benzolringes u. der ihm angelagerten CH_3-Gruppen, dichte Packung u. Symmetrie sind nur bei Drehung der Benzolringe um ca. 90° zum übrigen Teil des Mol. möglich, wodurch eine (durch spektrograph. Unters. bestätigte) Schwächung der intramol. Bindung bedingt ist. (Доклады Академии Наук СССР [Ber. Akad. Wiss. UdSSR] **119.** 87—89. 1/3. 1958. Wiss. Woroschilow-Forschungsinst. für Zwischenprodd. u. Farbstoffe; Wiss. physik.-chem. Karpow-Forschungsinst.)
R. K. MÜLLER. B 195

M. Ch. Glusman, *Reaktionen unter Beteiligung fester organischer Substanzen. 10. Mitt. Methode zur Aufstellung von Zustandsdiagrammen organischer Systeme, in deren Schmelzen Konsekutivreaktionen möglich sind.* (9. vgl. Журнал Прикладной Химии [J. angew. Chem.] **31.** [1958.] 657; vgl. C. **1958.** 8291.) Bei der Rk. zwischen Säureanhydriden organ. 2bas. Säuren mit Aminen nach RHEINBOLDT [1926] entstehen N-Alkyl- bzw. N-Arylamidsäuren, die beim weiteren Erhitzen zu Imiden cyclisiert werden. Vf. modifiziert die Meth. durch Beobachtung des Tauens u. Schmelzens eines innigen Gemisches fester pulverförmiger Substanzen u. Ausdehnung auf Systeme aus N-Arylamidsäure–Anhydrid- u. N-Arylamidsäure–Amin-Gemischen; die so erhaltenen Taupunkte liegen auf den Waagerechten des Eutektikums, aus den FF. erhält man stetige Liquiduslinien. Als Beispiele werden in Diagrammen die Systeme des *Phthalsäureanhydrids* mit *p-Toluidin, p-Chloranilin, o-, m-* u. *p-Nitroanilin, 4-Aminoantipyrin, 2-Aminothiazol, α-Naphthylamin, o-* u. *p-Aminobenzoesäure* u. des *Succinanhydrids* mit *m-* u. *p-Aminobenzoesäure* dargestellt. Sie entsprechen Systemen A—AB—B (AB = N-Arylaminosäuren). (Журнал Физической Химии [J. physik. Chem.] **32.** 388—93. Febr. 1958. Charkow, Gorki-Univ.) R. K. MÜLLER. B 221

E. A. Halevi und **M. Nussim,** *Sekundäre Isotopeneffekte des Wasserstoffs und Verschiebung der Schwingungsbanden.* Vff. haben die IR-Spektren von *Hexamethylbenzol* (I) u. seinem *Chloranilkomplex* (II) in KBr aufgenommen. Die ν (CH)- u. δ (CH_3)-Frequenzen liegen in II höher als in I, obwohl — infolge der Elektronenabgabe durch die CH_3-Gruppen im Komplex — nach STREITWIESER u. Mitarbeitern (J. Amer. chem. Soc. **80.** [1958.] 2326) eine Verschiebung zu niedrigeren Frequenzen beim Übergang I → II auftreten sollte. Die von Vff. (Bull. Res. Council Israel, Sect. A **7.** [1958.] 230) beobachtete Verringerung der Gleichgewichtskonstante bei der Komplexbldg. von *Toluol* bzw. *α-Trideuterotoluol* tritt auf t r o t z u. nicht w e g e n der Bandenverschiebung. (Tetrahedron [London] **5.** 352—53. Febr. 1959. Haifa, Israel, Israel Inst. of Technol., Chem. Dep.) D. PALM. B 223

András Messmer und **Oszkár Szimán,** *Über die Struktur von pseudoaromatischen Chelaten.* Die Geschwindigkeit der Oxydation von *1-[p-R-Benzolazo]-2-[p-R'-anilino]-naphthalinen* mit Tetrabromphenol zu 1.2-Diarylnaphthotriazolen wurde bei 24° u. 49° bestimmt, die Konstanten [Liter/Mol·Sek.] betragen für R = R' = CH_3 97 u. 240; R = CH_3, R' = *H* 35 u. 121; R = *H*, R' = CH_3 21 u. 79; R = R' = *H* 9,7 u. 37; R = *Cl*, R' = *H* 8,0 u. 34; R = *H*, R' = *Cl* 8,7 u. 31; R = NO_2, R' = *H* 5,4 u. 30. Aus den Ergebnissen schließen Vff. auf das Auftreten von σ-Resonanz bei den pseudoaromat. Chelaten, die zwei Doppelbindungen in einem 6gliedrigen Chelatsyst. enthalten u. deren H-Brücke eine NH···N-Brücke ist. Diese Feststellung steht im Einklang mit den UV-spektroskop. Eigg. der Verbb., weicht aber von der rein elektrostat. Struktur ähnlicher, eine O—H···N-Brücke enthaltender Chelate ab. Die O—H···N- u. N—H···N-Brücken enthaltenden pseudoaromat. Chelatverbb. besitzen also eine Struktur mit grundsätzlich verschied. H-Brücke. (Magyar Kémiai Folyóirat [Ung. Z. Chem.] **64.** 290—92. Juli/Aug. 1958. Budapest, M. Tud. Akad. Központi Kémiai Kutató Intézet.) G. HALMI. B 223

M. I. Gorjajew, W. Ss. Wolkowa und **G. A. Tolstikow,** *Über die Wasserstoffbindung in der Mekonsäure.* Die kryoskop. Best. des Mol.-Gew. von *Komensäure* (II)-*äthylester* spricht für eine bedeutende Assoziation dieser Verb. im Vgl. zum Äthylester der *Mekonsäure* (I); in letzterem liegt vermutlich eine intramol. H-Bindung vor. An Mol.-Modellen wird an Hand der Valenzwinkel errechnet, daß bei einem 6-gliedrigen Chelatring im Mol. der I (H-Bindung zur 2-ständigen Carboxylgruppe) der Abstand zwischen O u. H um 0,4 Å geringer ist als bei der Ausbildung eines Fünferringes (H-Bindung zum Carbonyl-O). Die Dissoziationskonstante von *Pyromekonsäure* [III; *3-Hydroxypyron-(4)*] beträgt nach potentiometr. Messungen $2{,}2 \cdot 10^{-8}$, d. h. III ist eine 100mal stärkere Säure als Phenol, was auf die Ggw. des Heteroatoms zurückgeführt wird. Die zweite Dissoziationskonstante von II (K_1 $1{,}7 \cdot 10^{-2}$; K_2 $3{,}6 \cdot 10^{-8}$) ist von der der III nur wenig verschieden; die Bindung des phenol. H ist demnach in beiden Verbb. analog. Für I wurden gemessen: K_1 $6{,}4 \cdot 10^{-2}$ bis $2{,}5 \cdot 10^{-1}$; K_2 $1{,}6 \cdot 10^{-2}$; K_3 $1{,}5 \cdot 10^{-10}$. Danach liegt im Mol. der I tatsächlich eine H-Bindung zwischen dem phenol. OH u. der 2-ständigen Carboxylgruppe vor, wodurch diese stärker u. das Hydroxyl schwächer saurer wird. Während sich II-Äthylester glatt mit CH_2N_2 methylieren läßt, reagiert I-Diäthylester unter gleichen Bedingungen nicht; eine Alkylierung gelang nur mit Äthyljodid in Ggw. von Ag_2O. Ähnlich konnte kein Benzoat von I-Diäthylester erhalten werden. I wird bereits bei 120°, II erst bei 300° decarboxyliert; aus Chelidonsäure, die kein OH enthält, wird oberhalb 200° CO_2 abgespalten. Auch diese Ergebnisse bestätigen die Struktur von I.

V e r s u c h e: *3-Methoxypyron-(4)-carbonsäure-(6)-äthylester,* $C_9H_{10}O_5$, F. 156 bis 157° (Bzl.), aus II-Äthylester u. CH_2N_2 in Äther. — *3-Äthoxypyron-(4)-dicarbonsäure-(2.6)-diäthylester,* F. 60—61° (absol. A.), durch Erhitzen von I-Diäthylester mit Äthyljodid u. Ag_2O auf dem Wasserbad bis zum Aufhören der AgJ-Bldg. u. Ausäthern. — *3-Benzoyloxypyron-(4)-carbonsäure-(6)-äthylester,* F. 115—116° (aus A. Nadeln), aus II-Äthylester a) nach SCHOTTEN-BAUMANN 80% (Ausbeute), b) nach SPASSOW mit Benzoylchlorid in Ggw. von Mg bei 110—120° (4 Std.); 80%. (Журнал Общей Химии [J. allg. Chem.] **28** (**90**). 2102—07. Aug. 1958. Kasach. Univ.) H.-E. TOUSSAINT. B 223

Jayanti Nag Chaudhuri und **Sadhan Basu,** *Ladungsübertragungswechselwirkung zwischen Jod und Azaaromaten.* Nach dem Verf. von MULLIKEN (vgl. C. **1954.** 4102) wurde durch Best. der Gleichgewichtskonstanten K die Wechselwrkg. zwischen J_2 u. folgenden Heterocyclen bei 28° in Chlf. untersucht: *Pyridin* [log K] 1,64, [Blauverschiebung der J_2-Bande bei 520 mμ] 115 [mμ], *α-Picolin* 1,70, 123, *2.6-Lutidin* (I) 1,42, 125, *2.4.6-Kollidin* (II) 1,72, 150, *Chinolin* 1,84, 158, *Isochinolin* 1,60, 130, *Phenanthridin* 1,56, 125. Es bilden sich 1:1-Komplexe. Die log K-Werte sind angenähert proportional den pK-Werten vorst. Verbb., mit Ausnahme von I u. II, deren log K-Werte offenbar infolge der ster. Wrkgg. der Methylgruppen in 2- u. 6-Stellung abweichen. Dieser ster. Effekt wird dafür verantwortlich gemacht, daß im Syst. *7:8-Benzochinolin*–J_2 keine Komplexbldg. auftritt. Infolge Bldg. eines lösl. Komplexes konnte das Syst. *Acridin*–J_2 nicht untersucht werden. (Trans. Faraday Soc. **55.** 898—902. Juni 1959. Calcutta, Univ. Coll. of Sci. and Technol., Dep. of Chem.) B. GNAUCK. B 223

Joe L. Roberts und **H. H. Jaffé,** *Induktive Effekte bei Seitenkettenreaktionen substituierter Benzolderivate.* Vff. untersuchten die Anwendbarkeit der Beziehung von TAFT u. LEWIS (J. Amer. chem. Soc. **80.** [1958.] 2436) für die induktiven Effekte bei Seitenketten-Rkk. substituierter Benzolderivv. (Hydrolysen u. Dissoziationsgleichgewichte von Säuren, Phenolen u. Aniliniumsalzen): $\log k_m/k^0 = \alpha (\log k_p/k^0) - \sigma_I (\varrho_I' - \alpha \varrho_I)$, wobei σ_I, ϱ_I u. ϱ_I' die induktiven Substituenten- bzw. Reaktionskonstanten sind u. α die konstante Beziehung zwischen m- u. p-Resonanzeffekten wiedergibt. Herangezogen wurden die Literaturangaben der Kinetik bzw. Gleichgewichtsdaten von Rkk. solcher Verbb., die den selben Substituenten in m- bzw. p-Stellung besitzen. Vff. zeigen, daß durch geeignete Wahl des Wertes für α die Übereinstimmung der experimentellen Daten mit der obigen Gleichung erheblich verbessert werden kann. Einbezogen wurden in die Unters. auch Rkk., die über freie Radikale verlaufen. Hier ist die Übereinstimmung weniger gut als bei den polaren Rkk. u. die α-Werte sind größer. (J. Amer. chem. Soc. **81.** 1635—38. 5/4. 1959. Cincinnati, Ohio, Univ. of Cincinnati, Dep. of Chem.) B. GNAUCK. B 225

Arthur Lüttringhaus und **Werner Reif,** *Der Chemismus der Varrentrapp-Reaktion. Die basenkatalysierte Isomerisierung von Monoolefinen und Monoolefincarbonsäuren.* Der Mechanismus der VARRENTRAPP-Rk. [1840] (Umwandlung von Ölsäure in Palmitin- u. Essigsäure in der Alkalischmelze) wird am Beispiel von Undecen-(10)-säure-(1) (I) untersucht. Unter milden Bedingungen lassen sich eine Reihe isomerer (Δ^7-, Δ^8- u. Δ^9)-*Undecensäuren* fassen, deren Analyse durch Ozonisation, reduktive Spaltung der Ozonide, Oxydation der Aldehydsäuren u. Chromatographie der letztlich entstehenden Dicarbonsäuren erfolgt. Der Einfl. von Temp., Konz. u. Art der Base sowie der Einfl. des Lösungsm. auf die Rk. wird untersucht. Der Mechanismus wird durch basenkatalysierte Verschiebung der Doppelbindung von Δ^{10} nach Δ^9 beschrieben, auf die eine langsamere, zunächst statist. verteilte reversible Verschiebung in das Ketteninnere folgt. Nach Erreichen der β-Stellung laufen die Rkk. rasch u. teils irreversibel ab. Dieser Mechanismus wird außerdem mit einer Reihe früherer Olefin-α-metallierungen belegt. — *10.11-Dihydroxyundecansäure-(1),* F. 84,5—86°, aus I ($Kp._{0,15}$ 107—108°) in 98—99%ig. Ameisensäure u. 30%ig. H_2O_2 durch 4std. Erwärmen auf 40°, Gießen in W., Verseifen des mit Ae. ausgezogenen Rückstandes, Verseifen mit methanol. KOH u. Ansäuern mit n-HCl bei <20°; 85% (Ausbeute). (Liebigs Ann. Chem. **618.** 221—40. 26/11. 1958. Freiburg/Br., Univ., Chem. Labor.) H.-P. FARO. B 225

Vernon F. Raaen und **Clair J. Collins,** *Der Kohlenstoffisotopeneffekt bei der Pinakon–Pinakolin-Umlagerung. Eine erneute Untersuchung.* Anders als DUNCAN u. LYNN (Austral. J. Chem. **10.** [1957.] 7) fanden Vff. für die Umlagerung von $^{14}C_{(2)}$*-2.3-Dimethylbutandiol-(2.3)* (I) u. von $^{14}C_{(2-CH_3)}$*-2.3-dimethylbutandiol-(2.3)* (II) einen kinet. Isotopeneffekt k*/k in 0,295n HCl bei 100° bei I von 1 u. bei II von 0,97%. Das frühere Ergebnis soll durch Nichtberücksichtigung der Keto–Enol-Tautomerie im Prod. verfälscht gewesen sein. (J. Amer. chem. Soc. **80.** 4432—33. 20/8. 1958. Erratum: **80.** 6703. 20/10. 1958. Oak Ridge, Tenn., Nat. Labor.) I. PAETZKE. B 225

E. J. Corey und **R. W. White,** *Kationische Verdrängung von Wasserstoff durch Sauerstoff an einem gesättigten Kohlenstoffatom. 1.3.3-Trimethylcyclohexylhydroperoxyd* [III, durch Einw. von Freon–24%ig. H_2O_2 auf 1.3.3-Trimethylcyclohexanol in 50%ig. H_2SO_4; 70% Ausbeute. *p-Nitrobenzoylderiv.*, F. 113,5—114° (Zers.)] lieferte durch Rk. mit p-Nitrobenzolsulfochlorid in kaltem Pyridin (I)-CH_2Cl_2 *7-Oxa-1.5-dimethylbicyclo-[1.2.3]-octan* (II, $Kp._{31}$ 66,5—67°; n_D^{20} 1,4466), das auch durch Red. von 1-Hydroxy-1.3-dimethylcyclohexancarbonsäure-(3)-lacton mit $LiAlH_4$ zu *1-Hydroxy-1.3-dimethyl-3-hydroxymethylcyclohexan* (F. 78—78,5°) u. folgende Cyclisierung mit p-Toluolsulfochlorid in I erhalten werden konnte. Die Struktur von II wurde IR-spektroskop., gaschromatograph. u. durch Aufnahme des kernmagnet. Resonanzspektr. festgelegt. Vff. nehmen an, daß die Umwandlung III → II über einen kation. Übergangszustand verläuft. II konnte nicht durch therm. oder photochem. Zers. von III oder dessen p-Nitrobenzoat dargestellt werden. (J. Amer. chem. Soc. **80.** 6686. 20/12. 1958. Urbana, Ill., Univ. of Illinois, Dep. of Chem.) B. GNAUCK. B 225

B. G. Freidin, *Zur Kinetik der oxydativen Umwandlung von Kohlenwasserstoffen in flüssiger Phase. 2. Mitt. über einige Besonderheiten der durch Metallsalze initiierten Oxydation von Kohlenwasserstoffen in flüssiger Phase.* (1. vgl. C. **1959.** 6758.) Die Unters. der Oxydation von *n-Tridecan* u. *n-Tetradecan* (I) bei 130° in Ggw. von 0,3%

Mn-Stearat (II) ergibt konstante Umwandlungsgeschwindigkeit (UG) bis zu ca. 50% Rk. mit 0,10 Mol-% Umsatz/Min.; analog verhält sich Synthin. Die Unters. erfolgt durch direkte Best. der nichtumgesetzten KW-stoffe durch chromatograph. Adsorptionsanalyse an Silicagel. Zusatz von 0,75% Cetylalkohol zu I verkürzt die Induktionsperiode (IP). In allen Fällen ist die UG nach durchlaufener IP unabhängig von dem schon erzielten Umwandlungsgrad. Die Aktivierungsenergie (untersucht zwischen 125 u. 170°) beträgt bei der Oxydation von I in Ggw. von II im Anfangsstadium 24, im Stadium konstanter UG 21 kcal/Mol. Für die UG ergibt sich $w = 3{,}7 \cdot 10^6 \exp(-21000/RT)$·Mol-% Umsatz/Sek., für die Dauer der Induktionsperiode $1/\tau = 1{,}1 \cdot 10^9 \exp(-24000/RT)$ sec^{-1}. (Журнал Прикладной Химии [J. angew. Chem.] **31.** 881—87. Juni 1958. Leningrad, Wiss. Forschungsinst. für Erdölverarb. u. Darst. künstl. fl. Brennstoffe.)
R. K. Müller. B 225

A. C. Chatterji und **V. Antony,** *Der Mechanismus der Chromsäureoxydationen. 5. Mitt. Einfluß von Substituenten auf die Geschwindigkeit der Oxydation von Alkoholen und Aldehyden durch Chromsäure.* (4. vgl. C. **1959.** 8504; vgl. auch C. **1959.** 13121.) Es werden die Geschwindigkeitskonstanten der Oxydation von *n-*, *sek.-* u. *Isobutylalkohol,* u. *Isopropylalkohol, sek.-Hexylalkohol, Acetaldehyd, n-* u. *Isobutyraldehyd* durch Chromsäure in Ggw. von $HClO_4$ bei konstanter Ionenstärke (0,4) u. Tempp. von 35 bzw. 45° gemessen. Aus diesen Werten werden die relativen freien Energien, Entropien u. Aktivierungsenergien, bezogen auf die Rk. mit Isopropylalkohol, berechnet u. die Ergebnisse auf der Grundlage elektr. Effekte diskutiert. (Z. physik. Chem. **210.** 103—07. März 1959. Lucknow, Indien, Univ., Chem. Dep.) M. Schenk. B 225

H. T. Liang und **Paul D. Bartlett,** *Kinetik und Mechanismus der Reaktionen von β-Isovalerolacton in Wasser. β-Isovalerolacton* (I), das in nichtpolaren Lösungsmitteln stabil ist, decarboxyliert in W. 100mal schneller als β-Propion- (II) u. β-Butyrolacton, in Alkali dagegen langsamer. Die Summe v der Geschwindigkeiten der Decarboxylierung u. der Hydrolyse ist konstant. In $HClO_4$-Lsgg. (0—4 Mol/Liter) ist die Hydrolysengeschwindigkeit linear abhängig von der Aciditätsfunktion H_0. Der Einfl. von Neutralsalzen ist von der gleichen Größenordnung, aber nicht linear abhängig von v. In W. entstehen 37% CO_2, 37% Säure, 50% Isobutylen u. Spuren von tert.-Butylalkohol u. Diisobutylen. Ein Mechanismus mit einer ion. Spaltung am tert. C-Atom wird diskutiert. — Na-Benzolthiosulfonat in Methanol oder in Dimethylformamid gibt bei n. Temp. keine Rk. mit I, während mit II in Methanol in 74% Ausbeute *β-Carboxyäthylbenzolthiosulfonat* ($C_9H_{10}O_4S_2$, F. 74—75°, aus Ligroin) entsteht. Leitet man Sauerstoff durch eine alkal. Lsg. des Esters, so entsteht zu 91% *Bis-β-carboxyäthyldisulfid* (F. 154—156°). — Der Einfl. eines β-Substituenten im β-Propiolacton auf die Reaktionsgeschwindigkeit mit Thiosulfat im Gemisch 75% Dimethylformamid u. 25% W. wurde bestimmt: *β-Caprolacton*: $1{,}39 \cdot 10^{-3}$ u. II 1,1 [Liter/Mol·Sek.]. (J. Amer. chem. Soc. **80.** 3585—90. 20/7. 1958. Cambridge, Mass., Harvard Univ., Converse Mem. Labor.) I. Paetzke. B 225

L. D. C. Bok und **O. A. Swanepoel,** *Wasserstoffaustausch in wässerigen Lösungen der Thiodiglykolsäure und der Glutarsäure.* (Vgl. C. **1959.** 5724.) Für die *Thiodiglykolsäure* (I) ergeben sich folgende Geschwindigkeitskonstanten 1. Ordnung für den Austausch der α-ständigen H-Atome gegen D in D-haltigen wss. Lsgg.: 89,3° k = 0,203 [$Std.^{-1}$]; 100° k = 0,283; 110° k = 0,383. Der Austausch der α-ständigen H-Atome der *Glutarsäure* (II) ergibt unter gleichen Bedingungen: 92,0° k = 0,00464; 101,0° k = 0,00977; 108,5° k = 0,0171. Für den Austausch der α-deuterierten Verbb. I u. II ergeben sich die Werte: 89,3° k = 0,151; 100° k = 0,215; 110° k = 0,287 u. entsprechend 90° k = 0,00184; 101,5° k = 0,00471; 109,5° k = 0,00847. Die Dicarbonsäuren tauschen wie erwartet, schneller aus als die vergleichbaren Monocarbonsäuren. (Z. physik. Chem., Frankf. Ausg. [N. F.] **19.** 89—93. Jan. 1959. Bloemfontain, Univ. of the O. F. S., Chem. Dep.) D. Palm. B 225

Omar W. Steward und **Ogden R. Pierce,** *Die Wirkung von Fluoralkylsubstituenten auf die alkalikatalysierte Hydrolyse von Silanen.* Die durch KOH katalysierte Hydrolyse folgender Silane in 93,7%ig. A. bei 0° wird gasvolumetr. (Best. des entbundenen H_2) verfolgt: *4.4.4-Trifluorbutyldimethyl-* [k_2] 0,100—0,108 [Liter/Mol·Min.], *3.3.4.4.4-Pentafluorbutyldimethyl-* 1,06—1,23, *Bis-[3.3.3-trifluorpropyl]-methyl-* 32,9—35,9, *Propyldimethyl-* 0,0118—0,0121, *3.3.3-Trifluorpropyldimethylsilan* (I) 0,703—0,990 bei KOH-Konzz. von 0,335—0,0389 Mol/Liter. Die Rk. von I folgt bei I/KOH-Verhältnissen von 1:1 bis 1:3 zuerst einer Kinetik 1. Ordnung, im späteren Verlauf wechselt die Kinetik zur 2. Ordnung über. Beim I/KOH-Verhältnis von 1:9 oder höher folgt die Rk. von Anfang bis Ende der 1. Ordnung. Die Abweichungen von der 1. Ordnung bei geringen Basenkonzz. wird mit dem Auftreten des sauren Prod., 3.3.3-Trifluorpropyldimethylsilanol, in Zusammenhang gebracht. Die allg. beobachtete Zunahme der k_2-Werte mit abnehmender Basenkonz. wird auf den Salzeffekt zurückgeführt. Folgende relative Reaktionsgeschwindigkeiten wurden berechnet (in obiger Folge) 8,3, 83, 2100, 1,0 bzw. 59. Überraschend ist die Wrkg. der F-Atome trotz ihrer Entfernung vom Si-Atom. Es wird daher geschlossen, daß die induktive Wrkg. der CF_3-Gruppe ziemlich große ist, vermutlich weil das Si-Atom durch stark polare Substituenten leicht polarisiert wird.

Versuche: *3.3.4.4.4-Pentafluorbuten* (II), Kp. 5—6°, nach MCBEE u. Mitarbeitern (C. **1953**. 6223). — *3.3.3-Trifluorpropyldimethylchlorsilan* (VI), $C_5H_{10}ClF_3Si$, Kp. 118°, durch Addition von 3.3.3-Trifluorpropen (III) an Dimethylchlorsilan (IV); n_D^{25} 1,3727; $D.^{25}_4$ 1,113. — *3.3.3-Trifluorpropylmethyldichlorsilan* (V), Kp. 122°, aus III u. Methyldichlorsilan; n_D^{25} 1,3817. — *3.3.4.4.4-Pentafluorbutyldimethylchlorsilan* (VII), C_6H_{10}·ClF_5Si, Kp.$_{750}$ 129°, aus II u. IV; n_D^{25} 1,3608; $D.^{25}_4$ 1,199; 39% (Ausbeute). — *Bis-[3.3.3-trifluorpropyl]-methylchlorsilan* (VIII), $C_7H_{11}ClF_6Si$, Kp.$_{40}$ 88°, durch Zugabe von 3.3.3-Trifluorpropyl-MgBr in Ae. zu V in Ae. unter Eiskühlung u. Rühren (1 Nacht); n_D^{25} 1,3666; $D.^{25}_4$ 1,289; 20%. — *Triäthylsilan*, Kp.$_{750}$ 109°, durch Red. von Triäthylchlorsilan mit $LiAlH_4$ nach WEST (C. **1955**. 9534); n_D^{25} 1,4092; 76%. Analog: *3.3.3-Trifluorpropyldimethylsilan* (I), $C_5H_{11}F_3Si$, Kp.$_{748}$ 80°, aus VI; n_D^{25} 1,3485; $D.^{25}_4$ 0,954; 72%. — *3.3.4.4.4-Pentafluorbutyldimethylsilan*, $C_6H_{11}F_5Si$, Kp.$_{743}$ 94°, aus VII; n_D^{25} 1,3387; $D.^{25}_4$ 1,078; 73%. — *Bis-[3.3.3-trifluorpropyl]-methylsilan*, $C_7H_{12}F_6Si$, Kp.$_{40}$ 64°, aus VIII; n_D^{25} 1,3500; $D.^{25}_4$ 1,163; 49%. — *4.4.4-Trifluorbutanol-(1)*, Kp.$_{745}$ 126°, aus 1.1.1-Trifluorpropyl-MgBr u. festem CO_2 über γ.γ.γ-Trifluorbuttersäure, Veresterung mit A. (→ *Äthylester*, Kp.$_{750}$ 128°; n_D^{25} 1,3500; $D.^{25}_4$ 1,160; 57%) u. Red. mit $LiAlH_4$; n_D^{25} 1,3410; $D.^{25}_4$ 1,217; 78%. — *4-Brom-1.1.1-trifluorbutan*, $C_4H_6BrF_3$, Kp.$_{751}$ 105°, aus vorst. Verb. u. PBr_3 nach GAVLIN u. MAGUIRE (A. P. 2 827 471; C. **1959**. 11068); n_D^{25} 1,3800; $D.^{25}_4$ 1,577; 79%. — *4.4.4-Trifluorbutyldimethylsilan*, $C_6H_{13}F_3Si$, Kp.$_{756}$ 105°, durch Zugabe von 4.4.4-Trifluorbutyl-MgBr in Ae. zu IV in Ae.; n_D^{25} 1,3612; $D.^{25}_4$ 0,950; 52%. Analog: *n-Propyldimethylsilan*, $C_5H_{14}Si$, Kp.$_{750}$ 74°; n_D^{25} 1,3884; $D.^{25}_4$ 0,692; 46%. (J. Amer. chem. Soc. **81**. 1983—85. 20/4. 1959. Midland, Mich., Dow Corning Corp.) B. GNAUCK. B 225

Joseph Epstein und **David H. Rosenblatt**, *Kinetik von einigen durch Metallionen katalysierten Hydrolysen des Methylphosphonsäureisopropylesterfluorids* (*GB*) *bei 25°*. Die Hydrolyse von *GB* in W. wird positiv katalysiert durch Ce^{3+}-, Mn^{2+}- u. Cu^{2+}-Ionen. Als aktive Form wird $M(OH)(H_2O)_{x-1}^{z-1}$ (M = Metall) angenommen. Die Rk. ist 1. Ordnung in bezug auf jeden Reaktanten. k_1 ändert sich bei Variation des p_H u. der Metallionenkonz., während $k_1[H_3O^+]/[\mu]$ ungefähr konstant bleibt, wobei $[\mu]$ die Gesamtkonz. der Metallionen bedeutet. (J. Amer. chem. Soc. **80**. 3596—98. 20/7. 1958.) I. PAETZKE. B 225

Herbert C. Brown und **Leon M. Stock**, *Geschwindigkeiten der Chlorierung von Benzol, Toluol und Xylolen. Partielle Geschwindigkeitsfaktoren für die Chlorierungsreaktion. Richteffekte bei der aromatischen Substitution.* 18. Mitt. (17. vgl. C. **1958**. 10898.) Bei der nichtkatalysierten Chlorierung von *Toluol* (I) in Essigsäure bei 25° entsteht das o-Isomere zu 59,78%, das m-Isomere zu 0,48% u. das p-Isomere zu 39,74%. Das Geschwindigkeitsverhältnis bei der Konkurrenzchlorierung von *Bzl.* u. I beträgt unter diesen Bedingungen 1 : 344. Aus den Daten wird abgeleitet, daß die partiellen Geschwindigkeitsfaktoren für die nichtkatalyt. Chlorierung von I o_f = 617, m_f = 4,95 u. p_f = 820 betragen. Folgende relative Chlorierungsgeschwindigkeiten (k/k_0) in Essigsäure wurden für 25° berechnet (Bzl. = 1): *o-Xylol* 2,37·10³; *m-Xylol* (II) 2,32·10⁵; *p-Xylol* 2,04·10³; *Hemimellitol* 8,37·10⁵; *Pseudocumol* 7,34·10⁵; *Mesitylen* 1,56·10⁸; *Prehnitol* 4,13·10⁶; *Isodurol* 5,15·10⁸; *Durol* 3,11·10⁶; *Pentamethylbenzol* 1,27·10⁹. Zwischen der gemessenen u. der berechneten Chlorierungsgeschwindigkeit der isomeren Xylole wurde ausgezeichnete Übereinstimmung festgestellt. Bei der Chlorierung von II entsteht zu 23% 2- u. zu 77% 4-Chlor-1.3-dimethylbenzol. Der geringe Unterschied zu den berechneten Werten (27,3% bzw. 72,7%) wird auf den doppelten Orthoeffekt zurückgeführt, der bei der Substitution in 2-Stellung auftritt. — Daten der Prodd.: *o-Chlortoluol*, Kp.$_{747}$ 158°, F. — 35,59°, n_D^{20} 1,5258. — *m-Chlortoluol*, Kp.$_{738}$ 162°, F. 48,89°, n_D^{20} 1,5218. — *p-Chlortoluol*, F. 7,20, n_D^{20} 1,5208. — *2-Chlor-1.3-dimethylbenzol*, Kp.$_{750}$ 183,9°, F. — 34,96°, n_D^{20} 1,5268. — *4-Chlor-1.3-dimethylbenzol*, Kp.$_{740}$ 185,1°, F. — 32,49°, n_D^{20} 1,5235. (J. Amer. chem. Soc. **79**. 5175—79. 5/10. 1957. Lafayette, Ind., Richard B. Wetherill Labor. of Purdue Univ.) J. MATTNER. B 225

Myron L. Bender und **William A. Glasson**, *Die Kinetik der gleichzeitigen Hydrolyse und Alkoholyse von Estern in wässerigen Alkohollösungen.* Die Kinetik der alkal. Hydrolyse von *Phenylacetat* (I) wurde bei 24,6° in W. (k_H 1,25 Liter/Mol·Sek.) sowie die Phenolyse von I bei 25,0° in W. (k_P 2,79 Liter/Mol·Sek.) verfolgt, wobei zur Best. des Ausmaßes der Phenolyse im Phenylrest mit ^{14}C markiertes I benutzt wurde. Das Verhältnis k_P/k_H betrug 0,020 ± 0,003. Untersucht wurde ferner die Kinetik der durch CH_3O^- katalysierten Methanolyse von *¹⁴C-Acetyl-L-phenylalaninmethylester* (II) in wss. Methanol (III) bei 25,0°. Folgende Daten wurden ermittelt: in 15 Vol.-% ig. III [10^2 k_H]

158 [Liter/Mol·Sek.], [10^2 k_M der Methanolyse] 276 [Liter/Mol·Sek.]; 30 Vol.-% ig. **III** 125, 200; 50 Vol.-% ig. **III** 55,7, 124; 80 Vol.-% ig. **III** 24,4, 60. Für die analoge Rk. von *^{14}C-Acetyl-L-phenylalaninäthylester* (**IV**) in wss. A. wurde bestimmt: in 30 Vol.-% ig. A. 21,8, 84,8; 50 Vol.-% ig. A. 12,4, 48,6; 80 Vol.-% ig. A. 9,13, 24,5. 40—85% des Lösungsmitteleffekts (Einfl. des Wassergeh.) bei den Rkk. von **II** u. **IV** wird auf eine Beeinflussung des Gleichgewichts zwischen Alkylation u. OH^- zurückgeführt, der Rest gibt die direkte Beeinflussung der k-Werte durch das Medium wieder. **III** übt demnach im gesamten untersuchten Bereich einen starken Einfl. auf das Gleichgewicht aus, A. dagegen erst von der 80% ig. Lsg. ab. Durch Extrapolation der Methanolysen- u. Äthanolysendaten auf ein rein wss. Medium wurden die relativen Angriffsgeschwindigkeiten von OH^-, CH_3O^- u. $C_2H_5O^-$ auf einen Ester zu 1 : 1,59 : 4,17 berechnet. Diese Reihenfolge der nucleophilen Eigg. entspricht nicht den relativen Basizitäten dieser Ionen, sie läuft aber parallel mit den durch die Gleichung von EDWARDS (C. **1957**. 6067) berechneten relativen Nucleophilitäten. (J. Amer. chem. Soc. **81**. 1590—97. 5/4. 1959. Chicago, Ill., Illinois Inst. of Technol., Dep. of Chem.) B. GNAUCK. B 225

H. P. Crocker und **Brynmor Jones**, *Der kumulative Effekt von Substituenten auf die Reaktion von N.N-Dimethylanilinen mit Allylbromid.* Die Kinetik der Rk. zwischen 0,1 mol. *Allylbromid* (I) u. 0,2 mol. substituiertem N.N-Dimethylanilin wurde zwischen 0,0 u. 35,0° in 25% ig. wss. Aceton titrimetr. verfolgt. Folgende Daten wurden ermittelt: mit *p-Äthoxy-* [E] 11320 [cal/Mol], [log PZ] 5,85 [Liter/Mol·Sek.], *p-Methoxy-* 11260, 5,85, *p-Methyl-* 11710, 5,86, *m-Methyl-N.N-dimethylanilin* 12060, 5,83, *N.N-Dimethylanilin* 12130, 5,78, *p-Fluor-* [10^4 k_2 bei 19,75°] 5,24, *m-Methoxy-N.N-dimethylanilin* 12350, 5,80, *N.N-Dimethylnaphthylamin-(2)* 12410, 5,82, *p-Chlor-* 12880, 5,81, *p-Brom-* 12980, 5,79, *p-Jod-* 1,25, *m-Fluor-* 13470, 5,91, *m-Chlor-* 13310, 5,73, *m-Brom-* 13540, 5,85 u. *m-Nitro-N.N-dimethylanilin* (**X**) 0,134, *N.N-Dimethylnaphthylamin-(1)* (**XII**) ca. 0,02, *o-Methoxy-* 12540, 6,33, *3-Brom-5-methyl-* 0,744, *3-Brom-4-methyl-* 1,65, *4-Brom-3-methyl-* 1,82, *3-Chlor-5-methyl-* 0,776, *3-Brom-5-methoxy-* 0,418, *3-Chlor-4-methyl-* 12650, 5,69, *4-Chlor-3-methyl-* 2,23, *3-Chlor-5-methoxy-* 13550, 5,74, *4-Chlor-3-methoxy-* (**II**) 1,48, *3.5-Dimethyl-* 11960, 5,85, *3.4-Dimethyl-* (**III**) 16,4, *3.4-Dimethoxy-* (**XI**) 5,94 (bei 0,0°), *3-Methyl-5-methoxy-* 4,92 (bei 19,75°), *4-Methyl-3-nitro-* 0,360, *3-Brom-4-methoxy-* (**IV**) 11770, 5,55, *3-Chlor-4-methoxy-* (**V**) 11650, 5,47, *3-Fluor-4-methoxy-* (**VI**) 11500, 5,35, *3-Jod-4-methoxy-*(**VII**) 11560, 5,48, *3-Nitro-4-methoxy-*(**VIII**) 12460, 5,48, *2-Methoxy-4-chlor-* 12970, 6,23, *-5-chlor-* 13060, 6,04, *-5-methoxy-* 12790, 6,39, *-5-fluor-* 12740, 5,90, *-5-jod-* 13260, 619, *-5-methyl-* 12810, 6,59, *-5-nitro-* 13990, 6,17 u. *-3-chlor-N.N-dimethylanilin* (**IX**) 0,101. Unter den Reaktionsbedingungen war zwischen 15 u. 65% ig. Umsatz keine Einstellung eines Gleichgewichts zu beobachten, die Hydrolyse von I ($k = 1,71 \cdot 10^{-7}$ bzw. $8,52 \cdot 10^{-7}$ sec^{-1} bei 20 bzw. 35°) war zu vernachlässigen. Doch konnten die k-Werte für die wenig reaktiven Verbb. **XII**, **IX** u. **X** nicht genau bestimmt werden. Da die k-Werte im Verlauf der Rk. um ca. 5% zunehmen, wurden sie auf Anfangswerte umgerechnet. Die Folge der Reaktivitäten ist in Übereinstimmung mit der HAMMETTschen Gleichung u. mit früheren Ergebnissen (vgl. JONES u. Mitarbeiter, J. chem. Soc. [London] **1958**. 4064 u. früher). Die k-Werte sämtlicher 3.5-disubstituierter Amine sind in guter Übereinstimmung mit Berechnungen unter der Annahme einer additiven Wrkg. beider Substituenten (vgl. JONES u. ROBINSON, C. **1956**. 7760 u. früher). Dies gilt auch für **III**. Die k-Werte der Toluidinderivv. sowie von **XI** u. **II** liegen ca. 10 bis 30% höher als die berechneten Daten, dies wird auf eine Wechselwrkg. der Substituenten miteinander zurückgeführt, wodurch eine stärkere Elektronenabgabe der 3.4-Substituenten resultiert. Die Daten von **IV**—**VIII** u. **X** weichen wegen der erheblichen Gruppenwechselwrkg. stark von einer additiven Beziehung ab. Dies gilt in erhöhtem Maße auch für die entsprechenden Daten der Hydrolyse ähnlich substituierter Benzoesäureester. Es scheint, daß die gegenseitige Beeinflussung der Substituenten weniger eine ster. Ursache hat, als durch polare Effekte bedingt ist. Vff. fanden eine Parallelität zwischen der Abweichung der berechneten von den experimentellen k-Werten 3 substituierter p-Anisidine u. den Wechselwirkungsmomenten der p-substituierten Anisole von LEONARD u. SUTTON (J. Amer. chem. Soc. **70**. [1948.] 1564). — Folgende disubstituierte N.N-Dimethylaniline wurden durch Methylierung des entsprechenden Anilins mit Methylphosphat nach THOMAS u. Mitarbeitern (J. Amer. chem. Soc. **68**. [1946.] 895) dargestellt: *m-Chlor-*, $Kp._2$ 90°, 70% (Ausbeute), [F. des *Pikrats*] 144°; *p-Chlor-*, F. 33°, 70%; *m-Brom-*, $Kp._{14}$ 126°, 65%, 136°; *m-Fluor-*, $Kp._{15}$ 82°, 45%, 181°; *p-Fluor-*, F. 35°, 45%; *m-Jod-*, F. 34,5°, 80%, 148°; *o-Methoxy-*, $Kp._6$ 93°, 65%, 145°; *m-Methoxy-*, $Kp._6$ 118°, 60%, 144°; *p-Methoxy-*, F. 47°, 70%; *5-Chlor-2-methoxy-*, $C_9H_{12}ClNO$, $Kp._2$ 100°, 60%, 190°; *2.5-Dimethoxy-*, $C_{10}H_{15}NO_2$, $Kp._{15}$ 123°, 70%, 186°; *3.4-Dimethyl-N.N-dimethylanilin* (**III**), $Kp._{19}$ 102°, 55%, 165°; *N.N-Dimethylnaphthylamin-(1)* (**XII**), $Kp._{12}$ 136°, 85%, 145° u. *-(2)*, F. 45,5°, 60%. — *p-Äthoxy-N.N-dimethylanilin*, F. 34°, durch Einw. von NaOH auf p-Äthoxyphenyltrimethylammoniumjodid in sd. Amylalkohol. — *4-Brom-3-methyl-N.N-dimethylanilin,* F. 53—53,5°, nach VON BRAUN u. KRUBER [1913]. — *4-Methoxy-3-nitro-N.N-dimethylanilin* (**VIII**), F. 45,5°, durch Nitrierung von N.N-Dimethyl-p-anisidin mit HNO_3 (D. 1,4). Analog: *4-Methyl-3-nitro-N.N-dimethylanilin,* F. 35,5°, aus N.N-Dimethyl-p-toluidin. — *2-Methoxy-5-nitro-N.N-dimethylanilin,* F. 37,5°. — *p-Jod-N.N-dimethylanilin,* F. 79°, durch Rk. von Dimethylanilin mit J_2 u. gelbem HgO in Methanol. — Aus den entsprechenden Nitroanilinen wurden über die Halogennitrobenzole nach SANDMEYER u. Red. mit $SnCl_2$ u. N-Methylierung erhalten: *4-Chlor-3-methyl-,* F. 40°, *3-Chlor-4-methyl-,* F. 33°, *4-Chlor-3-methoxy-* (**II**), F. 49°, *3-Chlor-4-methoxy-* (**V**), F. 63,5°, *3-Brom-4-methoxy-* (**IV**), F. 66,5°, u. *3-Brom-4-methyl-N.N-dimethylanilin,* F. 33°. — Durch stufenweise Red. u. N-Methylierung der entsprechenden Nitrobenzole: *3-Fluor-4-methoxy-* (**VI**), F. 28°, [F. des *Pikrats*] 145°; *5-Fluor-2-methoxy-,* $Kp._{13}$ 98°, 164°; *3-Chlor-2-methoxy-* (**IX**), $Kp._{13}$ 110°, 133°; *2-Methoxy-5-methyl-,* $Kp._{23}$ 120°, 194°; *3.4-Dimethoxy-* (**XI**), F. 41,5°; *2-Methoxy-5-jod-,* F. 34,5°, 191°; *3-Jod-4-methoxy-* (**VII**), F. 54°; *3.5-Dimethyl-,* $Kp._{14}$ 98°, 186°; *3-Chlor-5-methyl-,* $Kp._{14}$ 124°, 174°; *3-Brom-5-methyl-,* $Kp._{15}$ 140°, 182°; *3-Chlor-5-methoxy-,* F. 29°; *3-Brom-5-methoxy-,* F. 30°, u. *3-Methoxy-5-methyl-N.N-dimethylanilin,* $Kp._6$ 116°. — Durch Nitrierung von p- bzw. o-Fluoranisol nach ELDERFIELD u. Mitarbeitern (J. Amer. chem. Soc. **68.** [1946.] 1584): *5-Fluor-2-,* F. 61°, u. *3-Fluor-4-methoxy-1-nitrobenzol,* F. 104°. Analog: *3-Chlor-2-methoxynitrobenzol,* F. 56° (A.), aus o-Chloranisol. — *2-Methoxy-5-methyl-1-nitrobenzol,* durch Nitrierung von o-Kresol mit verd. HNO_3 u. Methylierung mit Methylsulfat u. 10%ig. wss. KOH. — *3.4-Dimethoxynitrobenzol,* durch Nitrierung von Veratrol mit verd. HNO_3 (1:1); Red. zum Anilin erfolgte mit Na_2S. — Durch direkte Jodierung von o- bzw. p-Nitroanisol in konz. HNO_3 bei 15°: *5-Jod-2-,* F. 96,5°, u. *3-Jod-4-methoxy-1-nitrobenzol,* F. 94°. — *3-Brom-* u. *3-Chlor-5-methoxy-1-nitrobenzol,* durch partielle Red. von 3.5-Dinitroanisol zur 3-Aminoverb. mit NaS_x u. SANDMEYER-Reaktion. — *4-Amino-3.5-dinitrotoluol,* F. 168° (A.), durch Zugabe von Acetyl-p-toluidin zu HNO_3 (D. 1,5) in Acetanhydrid bei 0—10°; 67%. — *3.5-Dinitrotoluol,* F. 90—90,5°, durch Zugabe von Eisessig zur Diazoniumlsg. vorst. Verb. in konz. H_2SO_4 unter 15° u. Zugabe zu Cu_2O in eiskaltem absol. A.; 70%; lieferte mit Na_2S_x *3-Amino-5-nitrotoluol,* F. 98°, 88—92%. — *4-Chlor-2-methoxyanilin,* F. 57° (A.), durch Acetylierung von 2-Amino-5-nitroanisol, Red. durch Fe-Staub, konz. HCl in sd. wss. A., Diazotierung, Einw. von Cu_2O in konz. HCl bei 30° u. 30 Min. kochen; 53%. — *4-Chlor-2-methoxy-N.N-dimethylanilin,* $C_9H_{12}ClNO$, $Kp._{12}$ 124°, durch Methylierung vorst. Verb.; 53%; *Pikrat,* F. 131°. (J. chem. Soc. [London] **1959.** 1808—16. Mai. Hull, Univ.) B. GNAUCK. B 225

Margarita Karelsky und **K. H. Pausacker,** *Arylierung aromatischer Verbindungen.* 5. Mitt. *p-Dichlorbenzol mit Benzoylperoxyd, Jodosobenzoldibenzoat und Bleitetrabenzoat; Diphenyl mit Benzoylperoxyd.* (4. vgl. Austral. J. Chem. **10.** [1957.] 329.) Bei der Arylierung von p-Dichlorbenzol (**V**) mit Benzoylperoxyd (**I**), Jodosobenzoldibenzoat (**II**) oder Pb-Tetrabenzoat (**III**) entsteht *2.5-Dichlordiphenyl* (**IV**) neben *Benzoesäure* (**VI**), CO_2, *Phenolen* u. einem hochsd. Rückstand. Es wird angenommen, daß die Phenylierung von **V** nach vorhergehender Radikalbldg. der Phenylierungsreagentien erfolgt. Die Wirksamkeit von **I, II** u. **III** läßt sich nicht vergleichen, da trotz bes. Vorsichtsmaßnahme eine Hydrolyse von **II** u. **III** zu Benzoesäure nicht verhindert werden konnte. Bei Durchführung der Phenylierung unter Zusatz von W. wird die Menge an **IV** stark herabgesetzt, während die Menge an **VI** steigt. Zusatz von Trichloressigsäure verursacht ein Sinken der Ausbeute an **IV** u. ein Ansteigen der Ausbeute an **VI**. Jedoch führt die Anwendung von **II** u. **III** zu einer geringeren Bldg. des hochsd. Rückstandes bei einer Temp. von 130°. Bei Durchführung der Verss. mit **I** bei erhöhter Temp. wächst die Ausbeute an **IV**, während die Menge an **VI** abnimmt. **VI** entsteht vermutlich z. T. durch Oxydation des zu Anfang gebildeten Adduktes von Phenylierungsreagens u. **V**, während der hochsd. Rückstand vermutlich durch Disproportionierung des zu Anfang gebildeten Adduktes u. Polymerisation entsteht. Das nebenher durch Benzoyloxylierung entstehende Prod. fällt in geringer Menge an u. kann nicht genau bestimmt werden. Durch Erhitzen von Diphenyl mit **I** bilden sich analog *Diphenylbenzole* (gegenüber **IV** allerdings in größeren Mengen). (Austral. J. Chem. **11.** 39—45. Febr. 1958. Melbourne, Univ., Chem. Dep.) H. KNIESZ. B 225

R. A. Shaw, *Siliciumverbindungen.* 2. Mitt. *Die Reaktion von Halogensilanen mit Diazoalkanen.* (1. vgl. C. **1959.** 5114.) Vff. untersuchten an Hand von Literaturangaben u. eigenen Verss. den Reaktionsmechanismus der Alkylierung von Halogensilanen, diskutiert werden ein Radikalmechanismus u. ein polarer Mechanismus. Bei der Rk. von $SiCl_4$ mit CH_2N_2 in Ae. mit u. ohne Cu-Katalysator wurde in guter Ausbeute $Si(CH_2Cl)\cdot Cl_3$ erhalten, bei Verwendung von BF_3 als Katalysator nur Polymethylen (**I**). Die Rk. in Pentan verlief sehr langsam u. ergab ebenfalls **I**. Diese Ergebnisse stimmen überein mit einem polaren Mechanismus: dafür spricht auch ein Vgl. der Reaktionsfähigkeit von

$Si(CH_2Cl)Cl_3$ u. *$(CH_3)SiCl_3$*, wobei die letzte Verb. wegen der höheren Elektronendichte am Si den Angriff des nucleophilen CH_2N_2 erschwert u. langsamer reagiert. Ferner spricht für einen polaren Mechanismus, daß *$HSiCl_3$* mit CH_2N_2 $(CH_2Cl)SiCl_2H$ ergibt: die Si—H-Bindung reagiert unter diesen Bedingungen nicht, weil die Ablösung des H als H^- schwerer vor sich geht als die des Cl^-. Eine Tabelle der Bindungsenergien der homöopolaren u. der ion. Bindung von Si-Halogen, Si—S, Si—O, Si—C u. Si—H wird angegeben. — Der Verlauf der Rk. von *Trimethylchlorsilan* mit *9-Diazofluoren* mit u. ohne Cu-Bronze als Katalysator bestätigt die Analogie zwischen Si-Haliden u. Acylhaliden. Die Rkk. begannen erst nach Zusatz von Cu-Bronze; beim Arbeiten in Ae. wurde Difluorenyliden-(9.9′) (F. 189—190°) isoliert; in Pyridin wurden Fluorenonazin (F. 271—272°) u. Dipyridinkupfer(II)-chlorid, $C_{10}H_{10}Cl_2CuN_2$, erhalten. (J. chem. Soc. [London] **1957.** 2831 bis 2833. Juni. London, Birkbeck Coll.) W. R. Kroll. B 225

Ernest M. Hodnett und **Charles F. Feldman jr.**, *Kinetik der Friedel-Crafts-Äthylierung von Benzol mit Äthylen und mit ^{14}C-Äthylen.* Bei einem Verhältnis von *Bzl.*: *Äthylen* (I): *$AlBr_3$* = 100:10:1 wurde die obige Rk. bei 9,2° manometr. verfolgt. Das Gemisch ist zunächst homogen, später wird es durch Bldg. des öligen Prod. heterogen. Beim Auftragen des I-Drucks gegen die Zeit wurden ähnliche Kurven erhalten, wie Jungk u. Mitarbeiter (C. **1957.** 1392) bei der Rk. von Bzl. mit C_2H_5Br in Ggw. von $AlBr_3$ gefunden hatten. Die Rk. folgt der 1. Ordnung bzgl. I u. $AlBr_3$; k_2 1,19—1,64·10^{-3} Liter/Mol·Sekunden. Ein Isotopeneffekt wurde nicht gefunden. Die Beteiligung von I an der Rk. erfolgt also nicht im geschwindigkeitsbestimmenden Schritt der Umsetzung. Die Darst. von ^{14}C-I erfolgte aus $^{14}CO_2$ über $CH_3{}^{14}COOH$ u. $CH_3{}^{14}CH_2OH$. (J. Amer. chem. Soc. **81.** 1638—40. 5/4. 1959. Stillwater, Okla., Oklahoma State Univ., Dep. of Chem.) B. Gnauck. B 225

Yoshiro Ogata und **Masaru Tsuchida**, *Kinetik der Knoevenagel-Kondensation von Benzaldehyden mit Diäthylmalonat.* Die Kinetik der Kondensation von *Malonsäurediäthylester* (I) mit folgenden Benzaldehyden in Ggw. von Piperidin (II)–Benzoesäure (III) in Kerosin (IV) bei 99,5° bzw. in Isopropylalkohol (V) bei 83° wurde UV-spektroskop. verfolgt: *Anisaldehyd* (Anfangsgeschwindigkeit in IV) 1,63 (in 10^6 Mol/Liter·Sek.), 11,3 (in V), *p-Toluylaldehyd* 1,65, 11,6, *Benzaldehyd* 2,56, 19,5, *p-Chlor-* 2,19, 15,5 u. *p-Nitrobenzaldehyd* 1,52, 9,1. Bei nicht zu hohen Konzz. gilt für die Reaktionsgeschwindigkeit v = k [Benzaldehyd] [I] [II] [III]. Abweichungen treten bes. bei höheren Konzz. an II auf. Die Rk. wird schon durch kleine Mengen an III beschleunigt, ohne III verläuft die Rk. äußerst langsam, dagegen führt die Anwendung eines Überschusses an Säure zu einer Verzögerung. Die Abweichungen von vorst. kinet. Beziehung sind bes. in V groß. Die beschleunigende Wrkg. von III ist bei den Rkk. in V viel geringer als in IV. — *p-Chlorbenzylidenmalonsäurediäthylester*, F. 34—35°. — *p-Methylbenzylidenmalonsäurediäthylester*, $C_{15}H_{18}O_4$, F. 43—43,5°. (J. Amer. chem. Soc. **81.** 2092—94. 5/5. 1959. Kyoto, Japan, Kyoto Univ., Fac. of Engng., Dep. of Ind. Chem.) B. Gnauck. B 225

Gabriel Chuchani, *Tritylierung ortho-disubstituierter Benzole. Systematische Differenzen in der Aktivierung von ortho- und paradirigierenden Gruppen.* Einige aromat. Verbb. wurden mit Triphenylmethanol umgesetzt. Die relative Richtwrkg. von Substituenten bei der Tritylierung nimmt in der Folge OH > NH_2 > $NHOCH_3$ > OCH_3 > CH_3 ab. Sie entspricht den Verhältnissen bei der anorgan. elektrophilen Substitution von Aromaten, außer, daß dort NH_2 > OH gilt. Diese Abweichung kommt wohl von der Verminderung der Konz. an freiem Amin durch die Salzbildung. — Einzelergebnisse bei den Rkk. (A) in Ggw. von konz. H_2SO_4, (B) in Ggw. von konz. HCl + Eisessig, (C) ohne Katalysator: o-Kresol [(Reaktionsbedingungen) 3 Tage beim Kp. (B) bzw. 1 Tag bei n. Temp. (A), (Prod.) *2-Methyl-4-tritylphenol* (F. 182—183°, 87 bzw. 84% (Ausbeute)]; o-Toluidin, 6 Std. beim Kp. (B) bzw. 2 Std. beim Kp. (A) *2-Methyl-4-tritylanilin* (I, F. 215—216°, 79 bzw. 76%); o-Acettoluidid 2 Tage beim Kp. (B) I (84%) bzw. 7 Tage bei 70—75° (A) *2-Methyl-4-tritylacetanilid* (F. 261—262°, 51%; auch durch Acetylieren von I durch 6std. Kochen mit Acetanhydrid–Essigsäure; 82%) bzw. 2 Std. bei 80 bis 85° (A) *Triphenylmethan* (II; F. 93°, 42%); o-Methylanisol 4 Tage beim Kp. (B) bzw. 2 Tage bei 80—85° (A) *2-Methyl-4-tritylanisol* (F. 165—166°, 86 bzw. 92%); o-Acetanisidid (III) 3 Tage beim Kp. (B) *2-Methoxy-4-tritylanilin* (V; F. 184—185°, 83%) bzw. 4 Tage bei 65° (A) II (36%); o-Anisidin (IV) 3 Tage beim Kp. (B) bzw. 4 Std. beim Kp. (A) bzw. IV-Hydrochlorid 4 Tage beim Kp. V (80, 65 bzw. 74%); Guajacol 4 Tage beim Kp. (B) bzw. 1 Tag bei n. Temp. (A) *4-Tritylguajacol* [$C_{26}H_{22}O_2$, F. 188—189° (Essigsäure), 76 bzw. 81%; auch aus V durch Zugabe von konz. H_2SO_4 zur Lsg. in wss. Aceton, Diazotierung u. 1std. Verkochen in Ggw. von H_2SO_4; 30%]; o-Aminoacetanilid (VI) 4 Tage beim Kp. (B) *9-Phenylfluoren* [F. 144—145° (A.), 47%; auch ohne VI] bzw. 2 Tage bei 65° (A) II (33%); o-Hydroxyacetanilid 2 Tage beim Kp. (B) *2-Amino-*

4-tritylphenol [**VII**, $C_{25}H_{21}NO$, F. 286—288° (Xylol), 82%; auch aus 2-Nitro-4-tritylphenol durch 8std. Kochen in Ggw. von Sn + konz. HCl in A., 70%, oder durch Hydrolyse von 2-Hydroxy-5-tritylacetanilid (**VIII**) mit 20% ig. wss. NaOH, 79%] bzw. 4 Tage bei 65—72° (A) **VIII** [$C_{27}H_{23}NO_2$, F. 272—273° (Bzl.), 36%]; o-Aminophenol (**IX**) 2 Tage beim Kp. (B), 3 Tage beim Kp. (A) bzw. **IX**-Hydrochlorid 4 Tage beim Kp. (C) **VII** (85, 71 bzw. 76%); o-Phenylendiamin 2 Tage beim Kp. (A) *4-Trityl-o-phenylendiamin* [C_{25}·$H_{22}N_2$, F. 256—257° (A.), 77%; auch durch Hydrolyse von 2-Amino-5-tritylacetanilid (**X**), 64%, oder durch 4std. Erhitzen von 2-Nitro-4-tritylanilin mit Zn-Staub in 20% ig. wss. alkoh. NaOH, 79%]. — *4-Trityl-o-acetanisidid*, $C_{28}H_{25}NO_2$, F. 206—207° (Essigsäure), a) durch 8std. Erhitzen von Triphenylmethylchlorid (**XI**) mit **III** auf 135—140°; 76%; b) durch Acetylieren von **V**; 77%; liefert durch Hydrolyse **V**. — *2-Amino-5-tritylacetanilid* (**X**), $C_{27}H_{24}N_2O$, F. 297—299° (Toluol), durch 22std. Erhitzen von **XI** mit **VI** auf 155—160°; 48%. — *m-Tritylanisol*, $C_{26}H_{22}O$, F. 168—169° (Essigsäure), a) durch Zugabe von etwas überschüssigem $NaNO_2$ zu **V** in 50% ig. hypophosphorige Säure + Aceton in Ggw. von konz. HCl bei 0—2°, 4std. Rühren u. Stehen über Nacht bei 0°; 58%; b) aus der GRIGNARD-Verb. von m-Bromanisol durch Kondensation mit **XI** unter N_2; 46%. — *m-Tritylacetanilid*, $C_{27}H_{23}NO$, F. 167—168° (Toluol), a) durch Acetylieren von m-Tritylanilin; 86%; b) durch Desaminierung von **X**; 54%. (J. chem. Soc. [London] **1959**. 1753—56. Mai. Caracas, Venezuela, Inst. de Investigac. Médias, Fundación „Luis Roche", Chem. Dep.) B. GNAUCK. B 225

Yoshiro Ogata und **Yasuo Takagi**, *Kinetik der Kondensation von Anilinen mit Nitrosobenzolen unter Bildung von Azobenzolen.* Die durch Essigsäure katalysierte Kondensation von *Anilin* (**I**) mit substituierten Nitrosobenzolen (**A**, *m-*, *p-CH_3*, *m-*, *p-Cl*) bzw. von substituierten Anilinen (*ö*, *o-*, *p-CH_3*, *o-*, *m-*, *p-Cl*, *m-*, *p-NO_2*, *o-*, *p-COOH*) mit *Nitrosobenzol* (**II**) wurde spektrophotometr. in 94 Vol.-% A. bei 72,5° untersucht. Mit starken anorgan. Säuren tritt Verharzung ein. In Acetat-gepufferten Lsgg. ist die Rk. 2. Ordnung. In ungepufferter Lsg. gilt das Zeitgesetz 2. Ordnung annähernd in bezug auf beide Reaktanten, wenn mehr als 2 Äquivalente **I** gegenüber **II** eingesetzt werden. k_2 wird kleiner mit steigender Anfangskonz. von **I**. Bei einem großen Überschuß an **I** gilt die 2. Ordnung nicht mehr, sondern wird kleiner. Die Rk. genügt in gepufferter Alkohollsg. der HAMMETTschen Gleichung mit ϱ-Werten von +1,22 für substituierte **A** u. mit —2,14 für substituierte **I** (bei Berücksichtigung von p-Aminobenzoesäure —2,04). Bei *o-Chlor-* u. *o-Methylanilin* ist die Rk. langsamer als bei den entsprechenden p-Verbb., während aber *o-Aminobenzoesäure* schneller als die p-Verb. reagiert. Messungen bei 40 u. 56° führten zu den Aktivierungsenergien E u. -entropien $\Delta S^{\neq}$. Für die Rk. von **I** u. **II** ist E 5,83 [kcal·Mol^{-1}] u. $\Delta S^{\neq}$ —55,6 [cal $Grad^{-1}$·Mol^{-1}], für die substituierten **A** gilt E = 5,8 —5,2·σ u. für entsprechende **B** E = 5,8 + 6,9 σ. Zwischen E u. $\Delta S^{\neq}$ besteht lineare Abhängigkeit. — Als Mechanismus wird vorgeschlagen, daß neben der Rk. der konjugierten Säure von **II** auch der Komplex mit Essigsäure im geschwindigkeitsbestimmenden Schritt mit dem N-Atom des freien Anilins reagiert. (J. Amer. chem. Soc. **80**. 3591—95. 20/7. 1958. Kyoto, Japan, Univ., Fac. of Engng., Dep. of Ind. Engng.) I. PAETZKE. B 225

Geoffrey Gee, W. C. E. Higginson, P. Levesley und **K. J. Taylor**, *Polymerisation von Epoxyden.* 1. Mitt. *Einige kinetische Aspekte der durch Natriumalkoholate katalysierten Addition von Alkoholen an Epoxyde.* Die durch die entsprechenden Na-Alkoholate katalysierte Addition von Alkoholen an *Äthylenoxyd* (**I**) wurde bei 29,8° dilatometr. untersucht. Folgende k_2-Werte (in 10^5 Liter/Mol·Sek.) wurden ermittelt: *Methylalkohol* (**II**) 21,4, *A.* 55,0, *n-Propyl-* (**III**) 58,5, *n-Butylalkohol* (**IV**) 47,1, *Äthylenglykol* 21,1, *1.3-Propylenglykol* 63,6, *Äthylenglykolmonomethyläther* 18,7 u. *-momäthyläther* 15,1, *Diäthylenglykolmonomethyläther* 11,8 u. *-monoäthyläther* 16,6 u. *Triäthylenglykolmonoäthyläther* 11,3. In Na-Methylat-**II** verläuft die Rk. streng nach der 1. Ordnung bzgl. $NaOCH_3$, in allen anderen Fällen ist die Reaktionsordnung bzgl. Katalysator kleiner als 1. Z. T. wurden die Rkk. in 1.4-Dioxan (**V**) oder Nitrobenzol als Lösungsm. durchgeführt, wobei die DK. durch entsprechende Mischungsverhältnisse möglichst konstant gehalten wurde. Bei den Rkk. mit **III** u. **IV** trat ein negativer Salzeffekt auf, die Rk. mit **II** wurde jedoch durch die Ggw. von Salzen nicht beeinflußt. Vff. schließen, daß das freie Alkoholatanion stärker als das Na-Alkoholationenpaar katalysiert u. unter den gewählten Bedingungen die Dissoziation der Na-Alkoholate nur in den Lsgg. von $NaOCH_3$ in reinem **II** u. in **II**-reichen Gemischen in **V** wirklich vollständig. ist. Sie zeigen, daß die Katalysatordissoziation sowohl von der Art des Lösungsm. als auch von der DK. abhängt. Die bei den Rkk. mit **III** u. **IV** beobachteten Salzeffekte hängen vermutlich mit einer Abnahme der Dissoziation der Na-Alkoholate zusammen. Untersucht wurde ferner die Kinetik der Rk. von Gemischen von **II** u· **III** in Ggw. von Na-n-Propylat bei konstanter DK.

(23,0). Für den k-Wert der bimol. Rk. von n-$C_3H_7O^-$ mit **I** wurde gefunden $156 \cdot 10^{-5}$ bzw. für das Ionenpaar von **III** $10-15 \cdot 10^{-5}$ (Liter/Mol·Sek.). Die Rkk. von **II**, **III** u. **IV** mit **I** wurden ferner zwischen 24,8 u. 40,3° untersucht. Die PZ- u. E-Werte betragen $10,0 \pm 0,6$ (Liter/Mol·Sek.), 18000 ± 800 (cal/Mol) bzw. $7,7 \pm 0,6$, 15200 ± 800 bzw. $7,0 \pm 0,4$, 14400 ± 600. Ferner wurden folgende Rkk. von **II**—$NaOCH_3$ bei 29,8° kinet. verfolgt: mit *Propylenoxyd* (**VI**) ($10^5 k_2$) 11,3 (Liter/Mol·Sek.), *Isobutylenoxyd* (**VII**), 9,7, *cis-Butylen-(2)-oxyd* 1,3, *trans-Butylen-(2)-oxyd* 0,4, *Cyclohexenoxyd* 1,2 u. *Cyclopentenoxyd* ca. 0,8. Die Prodd. der Rkk. von **VI** u. **VII** wurden gaschromatograph. getrennt; aus **VI** wurden danach 97% *1-Methoxypropanol-(2)* u. 3% *2-Methoxypropanol-(1)* bzw. aus **VII** nur *1-Methoxy-2-methylpropanol-(2)* gebildet. Alkylsubstitution hemmt also den Angriff von CH_3O^-, der etwa längs der zu lösenden C—O-Bindung erfolgt, als Folge zweier verschied. Ursachen: 1. der induktiven Verschiebung einer negativen Teilladung zum benachbarten C-Atom, 2. der ster. Behinderung des angreifenden Ions. Ein Anhaltspunkt für einen termol. Mechanismus der Additions-Rkk. (Beteiligung eines Alkoholmol. am Übergangszustand) wurde nicht gefunden. (J. chem. Soc. [London] **1959**. 1338—44. April. Manchester, Univ.) B. GNAUCK. B 225

Geoffrey Gee, W. C. E. Higginson und **G. T. Merrall**, *Polymerisation von Epoxyden. 2. Mitt. Die Polymerisation von Äthylenoxyd durch Natriumalkoholate.* (1. vgl. vorst. Ref.) Die Polymerisation von *Äthylenoxyd* (**I**) mit $NaOCH_3$ als Katalysator in Ggw. von wenig überschüssigem Methanol (**II**) u. in 1.4-Dioxan als Lösungsm. wurde dilatometr. untersucht. Aus den Daten zwischen 30 u. 50° ergab sich ein E-Wert von 17,8 kcal/Mol u. ein PZ-Wert von $2 \cdot 10^8$ Liter/Mol·Sekunde. Bei Ersatz von **II** durch A., n-Propylalkohol oder Äthylenglykolmonomethyläther trat keine erhebliche Änderung der Kinetik ein. In Ggw. von Phenol tritt eine langsame Anfangs-Rk. auf, wie sie schon von PATAT u. Mitarbeitern (C. **1953**. 1025) beschrieben wurde. Zugabe von Nitrobenzol führte zu einer langsamen Zers. des Katalysators, die Startgeschwindigkeit der Polymerisation wurde trotz Veränderung der DK. nicht beeinflußt. Durch Best. der Grenzviscosität in Dioxan wurden die Mol.-Gewichte der Polymerisate ermittelt (60—950). Folgender Mechanismus für die Start-Rk. u. die Polymerisation ist wahrscheinlich: $RO^-(Na^+) + I \rightarrow ROC_2H_4O^-(Na^+)$ u. $R—[OC_2H_4]_nO^-(Na^+) + I \rightarrow R—[OC_2H_4]_{n+1}O^-(Na^+)$. Eine Abbruch-Rk. konnte nicht gefunden werden. Als Katalysatoren sind sowohl das Ionenpaar RO^-Na^+ als auch das Ion RO^- wirksam. Die Rk. des Ionenpaars wird bei geringen Konzz. des entsprechenden Alkohols vorherrschend. Von diesem Reaktionsschema abweichende kinet. Ergebnisse werden mit der relativen Reaktivität u. Basizität der Anionen RO^- u. $R—[OC_2H_4]_nO^-$ in Zusammenhang gebracht. Für den bimol. k-Wert der Rk. zwischen **I** u. dem Ionenpaar $CH_3O^-Na^+$ wird der Wert $2 \cdot 10^{-5}$ Liter/Mol·Sek. abgeschätzt. (J. chem. Soc. [London] **1959**. 1345—52. April.) B. GNAUCK. B 225

R. P. Buckley, A. Rembaum und **M. Szwarc**, *Addition von Methylradikalen an Chinone. 2. Mitt. Das Reaktionszentrum.* (1. vgl. C. **1956**. 1554.) Wie l. c. wurde die Rk. von Chinonen mit CH_3-Radikalen (aus Diacetylperoxyd) in Toluol bei 65° untersucht, wobei die k_2/k_1-Werte der Konkurrenz-Rkk. $CH_3\cdot$ + Lösungsm. $\xrightarrow{k_1}$ CH_4 + Lösungsmittelradikal, $CH_3\cdot$ + Chinon $\xrightarrow{k_2}$ Methylchinon, bestimmt wurden für *2.5-* (**I**) 1030, *2.6-* (**II**) 1190 u. *2.3-Dimethyl-* (**III**) 1030 sowie *2.5-* 5220, *2.3-Dichlor-* (**V**) 1330 u. *2.6-Dimethoxybenzochinon* (**VIII**) 340, *2-Chlor-* 2170 u. *6.7-Dichlor-1.4-naphthochinon* (**VI**) 970. Die Reaktivitäten für **I**, **II** u. **III** sind etwa gleich u. nur halb so groß wie für das unsubstituierte Benzochinon (**IV**; 2020, vgl. l. c.). Die beiden CH_3-Gruppen blockieren also zwei der vier möglichen Additionszentren. Einführung eines Cl-Atoms in **IV** führt dagegen zu einer starken Aktivierung, obgleich Dichlorierung an einer C=C-Chinondoppelbindung eine vollständige Blockierung u. entsprechende Abnahme der Reaktivität verursacht. Unter der Annahme, daß ein Cl-Atom nur die Reaktivität der einen Doppelbindung beeinflußt, beträgt die Steigerung des Reaktionsvermögens 2,4. Der k_2/k_1-Wert für 1.4-Naphthochinon (**VII**) beträgt 1080, damit ergibt sich aus dem Wert für **VI**, daß vom Reaktionszentrum entfernt befindliche Cl-Atome nur eine geringe Wrkg. besitzen. Die Reaktivitätssteigerung der Doppelbindung in **VII** beträgt 2,0. Aus dem Wert für **VI** geht deutlich hervor, daß die Addition von $CH_3\cdot$ an einer C=C- u. nicht an einer C=O-Doppelbindung erfolgt; offenbar haben die 2 Cl-Atome in **V** nur einen geringen Effekt auf die eine Doppelbindung, blockieren aber die andere, **VI** verhält sich ähnlich. Die CH_3O-Gruppen des **VIII** desaktivieren die C=C-Doppelbindung für die CH_3-Addition. (J. chem. Soc. [London] **1958**. 3442—45. Okt. Syracuse, N. Y., Syracuse Univ., State Univ. Coll. of Forestry, Dep. of Chem.) B. GNAUCK. B 225

István Tömösközi und **Gábor Fodor**, *Die Stereochemie der Prinsschen Reaktion und ihre Erweiterung auf Ketone.* Der Mechanismus der PRINZschen Rk. wird an Hand der Anlagerung von CH_2O an *Cyclohexen* (**I**) u. *Δ^2-Cholesten* diskutiert u. auf das Vorliegen einer neuartigen, diäquatorialen Addition hingewiesen. Diese Rk. konnte zur Anlagerung von Ketonen — selbst von gehinderten Typen — an I herangezogen werden. Mit Cyclohexanon entstand *2-[Cyclohexen-(2)-yl]-cyclohexanol-(1)*, möglicherweise als Umlagerungsprod. des prim. gebildeten 2-Cyclohexylidencyclohexanols-(1). (Magyar Kémiai Folyóirat [Ung. Z. Chem.] **64.** 301—03. Juli/Aug. 1958. Budapest, M. Tud. Akad. Sztereokémiai Kutato Csoport.) G. HALMI. B 225

Donald H. Froemsdorf, Carol H. Collins, George S. Hammond und **Charles H. DePuy,** *Die Richtung der Eliminierung bei der Pyrolyse von Acetaten.* Die Pyrolyse der Acetate sek. u. tert. aliphat. u. alicycl. Alkohole ergeben, anders als BAILEY u. Mitarbeiter (C. **1956.** 4679; vgl. auch nachst. Ref.) berichten, Isomerengemische von Olefinen, wie Vff. durch gaschromatograph. Unters. der Prodd. feststellten. Bei den 1-Alkylcyclohexyl-(1)-acetaten sind die endocycl. Olefine Hauptprodukt. Ein Temperatureinfl. (zwischen 350 u. 500°) konnte nicht festgestellt werden; dagegen ergaben saure Zusätze bei der Pyrolyse des *1-Methylcyclohexyl-(1)-acetats* eine Erhöhung des endocycl. Anteils. Ster. u. elektron. Effekte haben nur geringe Wrkg. auf die Richtung der Eliminierung, der Übergangszustand sollte daher keine eclipsed-Stellung von H u. der Acetoxygruppe erfordern. — Einzelergebnisse: Die Äthylene werden durch Eintropfen (0,1 bis 7 ml pro Min.) der Ester, wenn nicht anders angegeben, bei 450° hergestellt. *1-Methyl cyclohexen-(1)* (**I**), aus 1-Methylcyclohexylacetat-(1) ($Kp._{14}$ 67,5—68°); 76% (Ausbeute). Daneben 24% *Methylencyclohexan*; Dieses wird auch durch Pyrolyse von Cyclohexylmethylacetat erhalten. — *1-Methylcyclopenten-(1)*, $Kp._{730}$ 74,8°, aus 1-Methylcyclopentyl-(1)-acetat ($Kp._{19}$ 55,5—57°); ca. 100%; auch durch Dehydratation von 1-Methylcyclopentanol ($Kp._{15}$ 45—46°, aus Cyclopentanon u. CH_3MgJ) mit Oxalsäure. — *1-Methylen-2-methylcyclohexan*, a) aus cis-1.2-Dimethylcyclohexyl-(1)-acetat ($Kp._{22}$ 80—82°); 46%, daneben 28% *1.2-Dimethylcyclohexen-(1)* ($Kp._{735}$ 136,0—136,1°, auch durch Dehydratation von 1.2-Dimethylcyclohexanol mit J_2, nicht frei von Isomeren) u. 26% *1.2-Dimethylcyclohexen-(2)* (**II**); b) aus der trans-Verb. ($Kp._{21}$ 77—78°); 55% neben 45% **II**. — *1.2-Dimethylcyclopenten-(1)*, $Kp._{733}$ 103—104°, a) aus cis-1.2-Dimethylcyclopentylacetat ($Kp._{19}$ 70,5 bis 71°); 40—50%; daneben 25—30% *1.2-Dimethylcyclopenten-(2)* (**III**) u. 2—30% *1-Methylen-2-methylcyclopentan* (**IV**); b) aus der trans-Verb. ($Kp._{19}$ 65,5—66°); 5—10% neben 89—95% **III** u. 1—4% **IV**; c) durch Dehydratation von 1.2-Dimethylcyclopentanol mit Oxalsäure. — *Buten-(1)*, a) aus sek.-Butylacetat; 57%, daneben 28% *trans-* u. 15% *cis-Buten-(2)*; b) aus n-Butylacetat bei 500°; 100%. — *3-Methylbuten-(1)*, a) aus Isoamylacetat bei 500°; 100%; b) aus 3-Methylbutyl-(2)-acetat; 80%, daneben 20% *3-Methylbuten-(2)* (**V**); c) aus tert.-Amylacetat ($Kp._{740}$ 121—121,5°) bei 400°; 76%, daneben 24% **V**. — *4-Methylpenten-(1)*, aus 4-Methylpentyl-(2)-acetat bei 500°; ca. 53%, daneben ca. 47% *4-Methylpenten-(2)*. — *2-Methylhexen-(3)*, aus 2-Methylhexyl-(3)-acetat; 73%, daneben 27% *2-Methylhexen-(2)*. — Daten der Ausgangsalkohole: *3-Methylbutanol-(2)*, $Kp._{740}$ 110 bis 111°, durch Red. von Methylisopropylketon mit $LiAlH_4$. — *2-Methylhexanol-(3)*, $Kp._{742}$ 144—145°, aus n-Butyraldehyd mit Isopropyl-MgBr. — *1-Methylcyclohexanol*, $Kp._{9}$ 53,0—53,5°, aus Cyclohexanon u. CH_3MgJ. — *Cyclopentanon-2-carbonsäureäthylester*, durch Cyclisieren von Adipinsäurediäthylester mit NaH; 75%. — *2-Methylcyclopentanon-2-carbonsäureäthylester*, aus vorst. Verb. mit NaH u. anschließender Alkylierung mit CH_3J; 81%. — *2-Methylcyclopentanon*, durch Kochen vorst. Verb. mit 2n HCl; 65%. — *cis-1.2-Dimethylcyclopentanol*, $Kp._{17}$ 59,5—61,0°, aus vorst. Verb. mit CH_3MgCl; 35% neben 15% *trans-Verb.*, $Kp._{16}$ 50,0—51,2°. (J. Amer. chem. Soc. **81.** 643—47. 5/2. 1959. Ames, Io., Iowa State Coll., Dep. of Chem.) I. PAETZKE. B 225

William J. Bailey und **Warren F. Hale,** *Pyrolyse von Estern.* 15. Mitt. *Einfluß der Temperatur auf die Richtung der Eliminierung bei tertiären Estern.* (14. vgl. J. org. Chemistry **23.** [1958.] 1002; 12. vgl. C. **1959.** 2761). Die Pyrolyse des *tert.-Amylacetats* (**IV**) wurde im Temperaturbereich 250—600° neu untersucht. Bei 400—500° überwiegt *2-Methylbuten-(1)* als Reaktionsprod., jedoch ist die Selektivität nicht so groß, wie früher angenommen. Bei tieferen Tempp. nimmt die Ausbeute an *2-Methylbuten-(2)* zu. Die Bedingungen der Pyrolyse wurden weitgehend variiert, waren aber ohne nennenswerten Einfluß. Des weiteren wurde *2.3-Dimethylbutyl-(2)-acetat* (**V**) u. *1-Methylcyclohexylacetat* (**VI**) der Pyrolyse unterworfen.

Versuche: *2-Methylbuten-(1)* (**I**), aus **IV**; bei 225° 42% (Ausbeute), bei 400° 70%. Daneben: *2-Methylbuten-(2)* (**II**), bei 225° 58%, bei 400° 31%. — *3-Methylbuten-(1)*, wie vorst. bei 600°; ca. 15% neben 55% **I** u. 30% **II**. — *2.3-Dimethylbuten-(1)*, aus **V** bei 400°: 88% neben 12% *2.3-Dimethylbuten-(2)*. — *1-Methylcyclohexen-(1)* (**III**), $Kp._{757}$ 109,7 bis 110°, a) aus **VI** bei 300°; 85%, bei 550°; 26%; b) durch Wasserabspaltung aus dem Alkohol mit Jod; 67%; n_D^{26} 1,4482. — *Methylencyclohexan*, $Kp._{610}$ 78—78,5°, a) wie bei **III**; a) 15% bzw. 26%; b) aus Cyclohexylcarbinylacetat bei 530°; 44%; n_D^{25} 1,4483. — *1-Methylcyclohexanol*, $Kp._{25}$ 66—68°, aus Cyclohexanon u. CH_3MgJ; 74%; n_D^{25} 1,4590. —

1-Methylcyclohexylacetat, $C_9H_{16}O_2$, $Kp._{110}$ 118—118,5°, $Kp._{759}$ 172—177°, a) durch 3tägiges Kochen vorst. Verb. in Acetanhydrid mit gepulvertem Mg; 80%; b) durch Veresterung mit Acetylchlorid u. Pyridin; 77%; n_D^{25} 1,4372 bzw. 1,4382. (J. Amer. chem. Soc. **81**. 647—51. 5/2. 1959. College Park, Md., Univ. of Maryland, Dep. of Chem.)

I. PAETZKE. B 225

William J. Bailey und **Warren F. Hale**, *Pyrolyse von Estern.* 16. Mitt. *Einfluß der Ringgröße auf die Bildung von alicyclischen Olefinen.* (15. vgl. vorst. Ref.) *1-Methylcyclopentyl-(1)-acetat* (**I**) u. *1-Methylcycloheptyl-(1)-acetat* (**IV**) sowie *N-[1-Methylcyclohexyl]-acetamid* (**VIII**) wurden der Pyrolyse unterworfen. Es konnte kein großer Einfl. der Ringgröße auf die Zus. der Endprodd. (durch Gaschromatographie untersucht) festgestellt werden.

V e r s u c h e: *1-Methylcyclopentanol* (**II**), F. 36—37°, $Kp._9$ 43°, durch Zugabe von Cyclopentanon zu CH_3MgJ in Ae. u. Rühren über Nacht unter Eiskühlung; 62,8% (Ausbeute). — *1-Methylcyclopentylacetat* (**I**), $C_8H_{14}O_2$, $Kp._{25}$ 60—61°, a) durch Erhitzen vorst. Verb. mit gepulvertem Mg unter Rühren u. Zutropfen von Acetanhydrid; 33%; b) durch Zutropfen von Acetylchlorid zu vorst. Verb. in Pyridin u. 4std. Erhitzen auf 60°; 67%; n_D^{25} 1,4282. — *Cyclopentylcarbinol*, $Kp._{22}$ 70,5—71,5°, durch $LiAlH_4$-Red. von Cyclopentancarbonsäure; n_D^{25} 1,4545; 76%. — *Cyclopentylcarbinylacetat* (**III**), $C_8H_{14}O_2$, $Kp._{14}$ 70,7—70,8°, aus vorst. Verb. mit Acetanhydrid; n_D^{25} 1,4327; 91%. — *1-Methylcyclopenten*, $Kp._{764}$ 73—74°, a) durch Pyrolyse von **I** bei 450°; 63% im Gemisch mit 16% nachst. Verb.; b) durch Wasserabspaltung aus **II** mit Jod bei 120° (81%) u. Trennung der Isomeren durch 17std. Erhitzen mit Eisessig u. p-Toluolsulfonsäure; 40%; n_D^{25} 1,4280. — *Methylencyclopentan*, $Kp._{450}$ 58,0—58,5°, a) durch Pyrolyse von **III** bei 540°; 44%; b) neben vorst. Verb., Verff. a) u. b); n_D^{25} 1,4323. — *1-Methylcycloheptanol* (**VII**), $C_8H_{16}O$, $Kp._{2,0-2,1}$ 45,0—45,2°, wie **II**; n_D^{25} 1,4693; 79%. — *1-Methylcycloheptylacetat* (**IV**), $C_{10}H_{18}O_2$, $Kp._{30}$ 99,5—100,5°, aus vorst. Verb. mit Acetylchlorid u. Pyridin; n_D^{25} 1,4479; 86%. — *Cycloheptanol*, $Kp._{5-7}$ 70—73°, durch $LiAlH_4$-Red. von Cycloheptanon; n_D^{25} 1,4740; 93%. — *Cycloheptylbromid*, $Kp._{6-8}$ 65—66°, durch Zugabe vorst. Verb. zu einem großen Überschuß 48%ig. HBr in konz. H_2SO_4; n_D^{25} 1,5014; 83%. — *Cycloheptancarbonsäure*, $Kp._{0,8}$ bis $_{0,9}$ 93—95°, durch Bldg. der GRIGNARD-Verb. aus vorst. Verb. u. Rk. mit CO_2; n_D^{25} 1,4708; 75%. — *Cycloheptylcarbinol*, $Kp._{2,5-3,0}$ 73—75°, durch $LiAlH_4$-Red. vorst. Verb.; n_D^{25} 1,4730; 88%. — *Cycloheptylcarbinylacetat* (**V**), $C_{10}H_{18}O_2$, aus vorst. Verb. u. Acetanhydrid; n_D^{25} 1,4517; 76%. — *Methylencycloheptan* (**VI**), $Kp._{758}$ 134,5—134,8°, a) durch Pyrolyse von **IV** bei 440°; 53% neben nachst. Verb., 76% Isomerengemisch, davon 24% **VI**; b) durch Pyrolyse bei 530°; n_D^{24} 1,4600; 53%. — *1-Methylcyclohepten*, $Kp._{760}$ 136 bis 137°, a) neben **VI** nach Verf. a); 76%; b) durch Dest. (bei 100 mm) von **VII** u. 16std. Kochen mit Eisessig u. p-Toluolsulfonsäure; n_D^{25} 1,4552; 35%. — *N-[1-Methylcyclohexyl]-acetamid* (**VIII**), $C_9H_{17}NO$, F. 85—86° (n-Hexan), durch Zutropfen von konz. H_2SO_4 zu einer stark gerührten Mischung von 1-Methylcyclohexanol, Acetonitril u. Eisessig u. 8std. Stehen bei n. Temp.; 92%. — *1-Methylcyclohexen* u. *Methylencyclohexan*, durch Pyrolyse vorst. Verb. bei 570°; 37% Isomerengemisch (72 bzw. 28%). (J. Amer. chem. Soc. **81**. 651—55. 5/2. 1959.)

I. PAETZKE. B 225

C. H. Bamford und **E. F. T. White**, *Reaktionen von Peroxyden in N.N-Dimethylformamidlösung.* 1. Mitt. *Die induzierte Zersetzung von Benzoylperoxyd.* Durch Titration wurde die therm. Zers. von *Benzoylperoxyd* (**I**) in N.N-Dimethylformamid (**II**) unter N_2 u. Lichtausschluß zwischen 40 u. 70° kinet. untersucht; PZ $3 \cdot 10^{14} sec^{-1}$, E = 28300 cal/Mol. Während die Zers. von **I** in **II** bei 69,4° eine Halbwertszeit von 61,5 Min. besitzt, wächst dieser Wert in Ggw. von Styrol auf ca. 30 Std. an. In Abwesenheit eines Fängers für Benzoyloxyradikale tritt also eine rasche Zers. ein. Hauptprodd. sind *N-Benzoyloxymethyl-N-methylformamid* (**III**) u. *Benzoesäure* (**IV**) [Ausbeute ca. 60 bzw. 85% bei 60°]. Daneben tritt etwas CO_2 auf [10,7 bzw. 11,5% bei 50 bzw. 60°]. Folgender Mechanismus wird angenommen: 1. **I** $\xrightarrow{k_1}$ $2C_6H_5COO\cdot$, 2. $C_6H_5COO\cdot$ + **II** $\xrightarrow{k_2}$ **IV** + $HCON(CH_3)\cdot CH_2\cdot$, 3. $HCON(CH_3)CH_2\cdot$ + **I** $\xrightarrow{k_3}$ **III** + $C_6H_5COO\cdot$, 4. $HCON(CH_3)CH_2\cdot$ + $C_6H_5COO\cdot$ $\xrightarrow{k_4}$ **III**. Die Reaktionsstufen 2 u. 3, die eine Ketten-Rk. darstellen, sind für die schnelle Auslösung der **I**-Zers. verantwortlich. k_1 beträgt ca. $7 \cdot 10^{-6}$ sec^{-1}, k_2k_3/k_4 $3,8 \cdot 10^{-4}$ Liter/Mol·sec. Die Kettenlänge der induzierten Zers. ist ca. 13 in **II**-Lsg. bei 70°. Die größere

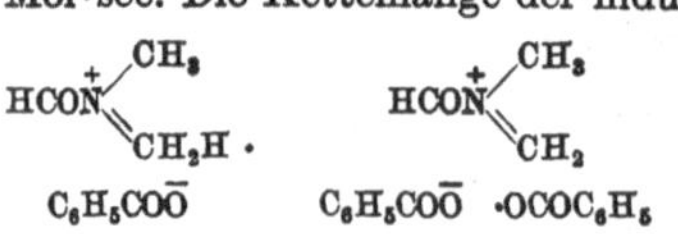

Stärke der OH-Bindung im Vgl. mit der von C—H ist in Übereinstimmung mit einem schnellen Ablauf der Stufe 2, sie hat viel größeres Ausmaß als die Decarboxylierung des Benzoyloxyradikals. Die Stufen 2 u. 3 werden evtl. durch polare Beiträge der nebenst. Radikalionenpaare zur Stabilisierung der Übergangszustände erleichtert. — *N-Benzoyloxymethyl-N-methylformamid* (**III**), $C_{10}H_{11}NO_3$, Öl, a) durch 1std. Kochen von

N-Methylformamid mit Paraformaldehyd u. K_2CO_3 in A. (→ *N-Hydroxymethyl-N-methylformamid*, 72% Rohausbeute) u. Schütteln mit Benzoylchlorid u. 5% ig. wss. NaOH in der Kälte; b) aus den kinet. Ansätzen; n_D^{20} 1,5398—1,5401. (J. chem. Soc. [London] **1959.** 1860—63. Mai. Maidenhead, Berks., Courtaulds Ltd., Res. Labor.) B. GNAUCK. B 225

M. J. S. Dewar und **A. N. James,** *Weitere Untersuchung über die thermische Zersetzung von 2.6-Dibrom-4-diazooxyd.* Die Zers. von *2.6-Dibrom-4-diazoniumphenolat* (I) bei 80° führt auch in o- u. p-Dichlorbenzol bzw. Brombenzol zu Polymeren (vgl. C. **1959.** 3431). Dagegen entstehen in Bzl., Fluorbenzol, Anisol, N.N-Dimethylanilin oder Benzonitril Derivv. des *3.5-Dibrom-4-hydroxydiphenyls.* Letzteres wird immer zum Hauptprod., wenn 1% A. zugesetzt wird, auch in den erstgenannten Lösungsmitteln u. in Chlorbenzol, Pyridin u. Methylbenzoat. Die Bldg. eines Diradikals als Zwischenstufe wird durch kinet. Vgl. seiner Reaktivität mit der des Phenylradikales erhärtet. Eine Ausnahme bildet Nitrobenzol im Gemisch mit Bzl.: hier wird das Diradikal zum Chinon oxydiert bei gleichzeitiger Bldg. von Nitrosobenzol. Der elektrophile Charakter des Diradikals wird durch die lineare Abhängigkeit der relativen Geschwindigkeitskonstanten von den σ-Konstanten der Substituenten gezeigt, sowie durch einen kinet. Vgl. mit der Rk. von Acetylnitrat mit Chlorbenzol.

Versuche (Zerss. von 2—4 g I bei 80°, im allg. 2 Std. unter Rühren): *3.5-Dibrom-4'-fluor-4-hydroxydiphenyl*, $C_{12}H_7Br_2FO$, F. 150—151° (PAe.-Chlf.), a) in Fluorbenzol bei 1 Std. Reaktionszeit; 70% (Ausbeute); b) aus 4-Fluor-4'-hydroxydiphenyl durch Bromieren in CS_2; *Methyläther*, F. 107—108° (PAe., Kp. 40°). — *3.5-Dibrom-4-methoxy-4'-dimethylaminodiphenyl*, $C_{15}H_{15}Br_2NO$, F. 71—72° (A.), in N.N-Dimethylanilin u. anschließende Methylierung mit Diazomethan; 70% Phenol; *Pikrat*, $C_{15}H_{15}Br_2 \cdot NO \cdot C_6H_2N_3O$, F. 191—192° (Zers., A.), beide verunreinigt. — *3.5-Dibrom-x'-cyan-4-hydroxydiphenyl*, Isomerengemisch, $C_{13}H_7Br_2NO$, F. 230—231° (Bzl.); F. 182—184° (A.); in Benzonitril. — *3.5-Dibrom-4-hydroxy-4'-methoxydiphenyl*, $C_{13}H_{10}Br_2O_2$, F. 128 bis 129° (PAe.), in Anisol in 3 Std. neben anderen Phenolen; bräunliche Nadeln; gibt beim Kochen mit HJ das entsprechende Diphenyl, F. 272—274°. — *2.6-Dibromphenol*, F. 55—56° (W.), in Dekalin in 24 Std. neben Polymeren. — *4-Chlor-4'-hydroxydiphenyl*, F. 143—144° (PAe.), auf dem Wege: Red. von 4-Chlor-4'-nitrodiphenyl mit Hydrazinhydrat in Ggw. von Pt/C → *4-Aminoverb.*, F. 132—133° (A.), 80%; Diazotieren von 2 g Amin in Eisessig mit $NaNO_2$ in konz. H_2SO_4 bei 15—20°, Gießen auf Eis u. 1 Std. auf Wasserbad erhitzen; 0,9 g; braune Nadeln. — *3-Chlor-4-methoxydiphenyl* (III), $C_{13}H_{11}ClO$, F. 52—53° (A.), $Kp._{0,8}$ 141—145°, aus 79,5 g p-Jodanisol u. 78 g m-Chlorjodbenzol mit Cu-Bronze bei 260°; 3,1 g, neben *4.4'-Dimethoxydiphenyl* (F. 172° aus A.). — *3-Chlor-4'-hydroxydiphenyl*, F. 98,5—99,5° (PAe.-Chlf.), aus 1,8 g III mit HBr in Essigsäure; 1,2 g; Blättchen. — *3.5-Dibrom-3'-chlor-4-hydroxydiphenyl*, F. 122—123° (PAe.). durch Bromieren vorst. Verb. in CS_2 in Ggw. von Fe-Pulver bei n. Temp. in 2 Tagen' *Methyläther*, $C_{13}H_9Br_2ClO$, F. 134,5—135,5° (A.). (J. chem. Soc. [London] **1958.** 4265 bis 4271. Dez. London, Queen Mary Coll.) I. PAETZKE. B 225

J. A. Kent und **R. O. C. Norman,** *Die homolytische Methylierung von Naphthalin.* Durch längeres Kochen mit Di-tert.-butylperoxyd (I) in Chlorbenzol (3 Wochen bei 98° bzw. bei 132°), Brombenzol (156°) bzw. o-Dichlorbenzol (179°) wird Naphthalin methyliert. Für das α/β-Verhältnis der gebildeten Methylnaphthaline gilt (gaschromatograph. Best.): 5,3, 3,8, 2,9 bzw. 2,7. Das α/β-Verhältnis ist von der Konz. an I unabhängig. Für die Differenzen der Aktivierungsdaten beider Prodd. gilt: $\Delta H^{\neq}(\alpha - \beta) = -3{,}4$ kcal/Mol bzw. $\Delta S^{\neq}(\alpha - \beta) = -5{,}6$ cal/Grad·Mol. Die Differenz der π-Elektronenanregungsenergien für die α- u. β-Stellung beträgt ca. —5 kcal/Mol. Dieser Wert ist beträchtlich geringer als jener, der für den meist angenommenen Übergangszustand einer aromat. Substitution berechnet wird. Vermutlich ist das angegriffene aromat. C-Atom im Übergangszustand mit dem CH_3-Radikal nicht völlig verbunden, sondern noch mit dem restlichen aromat. Syst. teilweise konjugiert. Anscheinend ist die Rotation der CH_3-Gruppe im Übergangszustand der Methylierung in α-Stellung behindert. (J. chem. Soc. [London] **1959.** 1724—26. Mai. Oxford, Dyson Perrins Labor.) B. GNAUCK. B 225

I. Ja. Schljapintoch und **N. M. Emanuel,** *Initiierung der Oxydation von 2.7-Dimethyloctan durch freie Radikale, die bei der Photolyse der Salze von Metallen wechselnder Wertigkeit entstehen.* Aus Isoamylbromid nach WURTZ dargestelltes, sorgfältig von Peroxyden befreites *2.7-Dimethyloctan* (I) wird mit Fe^{III}- oder Cu^{II}-Stearat in Ggw. von O_2 auf 123° erhitzt. Dabei tritt Oxydation ein, wenn durch Bestrahlung die photochem. Rk. $Me(C_{18}H_{35}O_2)_n \rightarrow Me(C_{18}H_{35}O_2)_{n-1} + C_{18}H_{35}O_2\cdot \rightarrow C_{17}H_{35}\cdot + CO_2$ ausgelöst wird. Die entstehenden freien Radikale katalysieren die Oxydation des I zu Säuren, deren Menge bei der Rk. im Dunkeln wesentlich geringer ist. (Известия Академии Наук СССР,

Отделение Химических Наук [Nachr. Akad. Wiss. UdSSR, Abt. chem. Wiss.] **1957.** 782—86. Juli. Inst. für chem. Physik der Akad. der Wiss. der UdSSR.) R. K. MÜLLER. B 226

B. G. Gawrilow und **Ss. A. Welitschko,** *Der Einfluß eines vorausgehenden thermischen Abbaus auf die Oxydierbarkeit von Methankohlenwasserstoffen.* (Vgl. C. **1959.** 8504.) Bei der Oxydation von *n-Hexan, n-Heptan, n-Octan, n-Nonan, 2.3-Dimethylbutan, 2-Methylhexan, 2.5-Dimethylhexan* u. *2.2.4-Trimethylpentan* durch O_2 bei 50° (100 Std.) ergeben sich neue Gesetzmäßigkeiten, wenn die KW-stoffe zuvor einem partiellen therm. Abbau bei 400° unterworfen werden. Im Gegensatz zu den Verhältnissen ohne vorhergehenden therm. Abbau ergibt sich eine erleichterte Oxydierbarkeit der n-KW-stoffe mit zunehmender Kettenlänge. Vermutlich bildet ein therm. Abbau auch den 1. Reaktionsschritt bei der Verbrennung von Motorentreibstoffen. (Журнал Общей Химии [J. allg. Chem.] **28** (**90**). 2100—01. Aug. 1958. Leningrad, Univ.) H.-E. TOUSSAINT. B 227

G.-M. Schwab und **G. Mutzbauer,** *Mischkatalysatoren mit dotiertem Träger.* Es wurde die katalyt. Hydrierung von *Äthylen* mit Ni auf (bzw. in) ZnO untersucht, wobei das ZnO durch Zusatz von Li^+ in Richtung fallender, von Ga^{3+} in Richtung steigender n-Leitung dotiert wurde. Bei den durch gemeinsame Fällung der Hydroxyde u. nachfolgende Red. gewonnenen Kontakten nimmt die spezif. Wirksamkeit des Ni mit steigender Verdünnung durch (undotiertes) ZnO infolge steigender Dispersität des Ni zu, bei den durch Verglühen der Nitrate gewonnenen Kontakten infolge steigendem Einbau von NiO in ZnO u. damit Abnahme der wahren Menge metall. Ni ab. Dotierung des Trägers vor dem Verglühen durch Zusatz von $LiNO_3$ bewirkt eine deutliche Zunahme, Dotierung mit $Ga(NO_3)_3$ eine deutliche Abnahme der spezif. Wirksamkeit des Ni, ein Effekt der Dotierung des Trägers auf die katalyt. Wrkg. ist also auch bei Einbettungsmischkatalysatoren vorhanden. (Naturwissenschaften **46.** 13—14. 1. Jan.-H. 1959. München, Univ., Physikal.-Chem. Inst.) M. SCHENK. B 227

A. D. Stepuchowitsch und **Je. Je. Nikitin,** *Theorie der Hemmung und der Beschleunigung des Crackens von Paraffinkohlenwasserstoffen durch Zusätze von Tetramethyläthylen.* Für die Wrkg. eines Zusatzes von *Tetramethyläthylen* (I) beim Cracken von *Isobutan* (II) ist der Umwandlungsgrad x (%) des II in der Zeit t (Min.) gegeben durch $(1/t) \ln [1/(1 - x)] = K + \beta(x/t)$; bei 573° u. 20 mm Hg mit 5% I-Zusatz ist K $4{,}2 \cdot 10^{-3}$ (ohne I $2{,}8 \cdot 10^{-3}$), $\beta = 0{,}954$ (0,987). Die Abnahme von β zeigt die Hemmwrkg. von I. Die Abhängigkeit von β von der I-Menge ist um so größer, je rascher die akt. Zentren mit I reagieren im Vgl. zur Rk. mit II. Mit steigendem Druck nimmt K ab. Der Unterschied in der Wrkg. von I beim Cracken von II u. von Propan erklärt sich aus dem verschied. Mechanismus der Ketten-Rk. u. dem verschied. Anteil der Radikalreaktionen. Hemmung u. Beschleunigung durch I kommen in Gleichungen nach DINZESS u. FROST [1934] zum Ausdruck u. stehen im Zusammenhang, wobei außer Temp. u. Druck auch die I-Konz. zu berücksichtigen ist. (Журнал Физической Химии [J. physik. Chem.] **31.** 1677—86. Aug. 1957. Saratow, Tschernyschewski-Univ.) R. K. MÜLLER. B 227

K. W. Toptschijewa, K. Jun-Pin und **G. N. Stepanowa,** *Dampfphasenveresterung von Essigsäure und Diäthyläther an Oxydkontakten.* Essigsäure u. Ae. werden in Dampfform über Al_2O_3 (I, 310, 338°) oder *Al-Silicat* (II, $Al_2O_3:SiO_2$ = 30:70, 16:84, 310°) geleitet. Neben *Äthylacetat* (III) entstehen geringe Mengen Aceton u. C_2H_4 (bei II größere Mengen C_2H_4). Die Aktivität von II ist höher als die von I. Bei I wird in Verss. bei 300 bis 375° ein Maximum der III-Bldg. bei 338° festgestellt. Mit zunehmender Kontaktdauer nimmt bei II die C_2H_4-Bldg. zu u. kann schließlich erheblich höher als die von III werden. Vergiftung von II mit Na^+ aus Na-Acetatlsg. setzt die Aktivität stark herab, die III-Bldg. nimmt allmählich ab, die C_2H_4-Bldg. zu. (Журнал Физической Химии [J. physik. Chem.] **30.** 2308—14. Okt. 1956. Moskau, Lomonossow-Univ.) R. K. MÜLLER. B 227

János Nyilasi, *Die Rolle der Komplexbildung bei katalytischen Desaminierungsvorgängen.* Es wurde die Geschwindigkeit des Freiwerdens von NH_3 aus Komplexen, die aus *Aminosäuren* (A) mit verschied. Mengen von Cu^{2+} in n. alkal. Medium hergestellt worden waren, bei 100° untersucht. Die Desaminierung findet nur in Ggw. von Luft-O_2 statt, die Reaktionsgeschwindigkeit hängt stark von der Molzahl A/g-Atom Metall ab. Die Ggw. von fremden Komplexbildnern beschleunigt die Reaktion. Diese katalyt. Wrkg. steht vermutlich mit Mischkomplexbldg. in Zusammenhang. (Magyar Kémiai Folyóirat [Ung. Z. Chem.] **64.** 297—98. Juli/Aug. 1958. Budapest, Eötvös Loránd Tudományegyetem Általános és Szervetlen Kémiai Intézet.) G. HALMI. B 227

F. Juračka, *Fluorborsäure als Katalysator bei der Phenolalkylierung.* Inhaltlich ident. mit der C. **1959.** 7423 referierten Arbeit. (Collect. czechoslov. chem. Commun. **24.** 1338—40. April 1959 [Orig.: deutsch].) W. BARZ. B 227

Ss. Je. Jakuschkina und **N. W. Kissljakowa,** *Carbonylierung von p-Dichlorbenzol.* p-Dichlorbenzol (I) wird bei verschied. Drucken u. Tempp. in W. oder Methanol in Ggw. des Komplexes $[(C_6H_5)_3P]_2 \cdot NiBr_2 \cdot C_4H_9Br$ oder Ni + Jod (II) als Katalysator carbonyliert. Außer *p-Chlorbenzoe-* u. *Terephthalsäure* bzw. ihren *Methylestern* entstehen bei hoher Temp. u. Wasserüberschuß H_2 (aus CO + H_2O) u. *Bzl.* bzw. *Benzoesäuremethylester.*

Versuche (Carbonylierung in Ggw. von II): *Terephthalsäure,* aus I u. W. im Mol-Verhältnis 1:1,47 bei 290° u. 250 at CO-Druck in 2 Std.; 25,5% (Ausbeute). — *p-Chlorbenzoesäure,* aus I u. W., 1:1,64 Mol, 1 Std. bei 300° u. 350 at; 82,1%. — *Terephthalsäuredimethylester,* aus I, W. u. Methanol im Mol-Verhältnis 1:1,1:4,5 (1 Std. bei 300° u. 240 at); 67,4%. — *Benzoesäuremethylester,* analog Vorst. (1:2,7:4,5 Mol bei 300° u. 300 at in 1 Std.); 84,6%. (Известия Академии Наук СССР, Отделение Химических Наук [Nachr. Akad. Wiss. UdSSR, Abt. chem. Wiss.] **1958.** 1119—22. Sept. Inst. für metallorgan. Verbb. der Akad. der Wiss. der UdSSR.) P. Rögner. B 227

N. I. Schuikin und **I. F. Belski,** *Isomerisation von γ-Oxyden (Tetrahydrofuranen) zu aliphatischen Carbonylverbindungen.* Beim Erhitzen von Tetrahydrofuran (I) u. seinen α-Alkylderivv. auf 230—250° in Ggw. von Pt/Kohle ist infolge Spaltung der C—O-Bindung die Bldg. von Aldehyden oder Ketonen möglich. Statt des erwarteten Butyraldehyds werden aus I jedoch *CO* u. *Propan* erhalten. Tetrahydrosilvan (II), α-Äthyl- (III) u. α-Propyltetrahydrofuran (IV) geben unter den gleichen Bedingungen *Pentanon-(2)* (V), *Hexanon-(3)* (VI) bzw. *Heptanon-(4)* in 90—95% ig. Ausbeute u. außerdem *CO* u. *n-Butan, n-Pentan* bzw. *n-Hexan.* Die Bldg. von CO u. Alkanen wird durch katalyt. Spaltung der in prim. Rk. gebildeten Aldehyde bzw. Ketone erklärt. Dafür spricht, daß beim Überleiten von Heptanol-(1) *n-Hexan* u. *CO,* von Benzaldehyd oder Benzylalkohol über Pt/Kohle bei 250° *Bzl.* u. *CO* erhalten werden. Führt man die Isomerisierung der Tetrahydrofuranderivv. in Ggw. von H_2 durch, so werden die den Aldehyden u. Ketonen entsprechenden *Alkohole* erhalten: I gibt dabei 20% *Butanol-(1),* aus IV erhält man *Heptanon-(4)* u. *Heptanol-(4)* in 78- bzw. 18% ig. Ausbeute neben wenig *n-Hexan.* Die unter gleichen Reaktionsbedingungen erfolgende Isomerisierung von Propylenoxyd zu *Aceton* (95%) u. *Propionaldehyd* (4%) zeigt, daß α-Oxyde an Pt/Kohle leichter als γ-Oxyde isomerisiert werden.

Versuche: Isomerisierung *der Tetrahydrofuranderivv.*: Durch Überleiten von 50 g Tetrahydrofuranderiv. ohne oder mit H_2 bei 250—300° über 15% Pt/Kohle u. fraktionierte Dest. des Katalysats: *Butanol-(1),* $Kp._{750}$ 116—117°; aus I in Ggw. von H_2; $D.^{20}_4$ 0,8186; n_D^{20} 1,4004. — *Pentanon-(2),* $Kp._{750}$ 101—102°; aus II; $D.^{20}_4$ 0,8081; n_D^{20} 1,3905. — *Hexanon-(3),* $Kp._{750}$ 123—124°; aus III; $D.^{20}_4$ 0,8169; n_D^{20} 1,4006. — *Heptanon-(4),* $Kp._{750}$ 142,5—143°; aus IV; $D.^{20}_4$ 0,8176; n_D^{20} 1,4085; in Ggw. von H_2 *Heptanol-(4),* Kp. 153—155°; $D.^{20}_4$ 0,8213; n_D^{20} 1,4198. (Доклады Академии Наук СССР [Ber. Akad. Wiss. UdSSR] **120.** 548—51. 21/5. 1958. Zelinsky-Inst. für organ. Chem. der Akad. der Wiss. der UdSSR.) W. Kurtzmann. B 227

C. Präparative organische Chemie. Naturstoffe.

Schamchal Mamedow, *Zur Frage der Nomenklatur von Äthern und ihren Derivaten.* Vortrag, in dem Vf. die Nachteile der üblichen Nomenklatur behandelt u. Vorschläge für eine übersichtlichere Nomenklatur, bes. der stark verzweigten Äther, macht. (Известия Академии Наук Азербайджанской ССР [Nachr. Akad. Wiss. AserbaidshanSSR] **1956.** Nr. 11. 11—20. Nov.) G. Froelich. 450

Herbert C. Brown und **B. C. Subba Rao,** *Additionsverbindungen der Alkalimetallhydride.* 11. Mitt. *Eine neue Aldehydsynthese. Die Reduktion von Säurechloriden durch Lithiumtri-tert.-butoxyaluminiumhydrid.* (10. vgl. C. **1959.** 13410.) Die Red. von Säurechloriden zu *Aldehyden* mit Lithiumtri-tert.-butoxyaluminiumhydrid (I; vgl. l. c.) wird untersucht. Die besten Ausbeuten werden bei der Rk. einer Lsg. des isolierten festen I in Diglyme (Diäthylenglykoldimethyläther) mit dem entsprechenden Säurechlorid bei —78° sowie mit einer aus 1 Mol $LiAlH_4$ in Diglyme durch Zusatz von 3 Mol tert.-Butanol bereiteten Lsg. erreicht; weniger gute Ausbeuten bei der Darst. von I in Ae. u. anschließendem Zusatz von Diglyme bzw. Zusatz von Diglyme nach Dekantation des Ae. oder bei der Darst. von I u. anschließender Rk. in Tetrahydrofuran. Die Verwendung von Triglyme statt Diglyme liefert bei —40 u. —10° gleiche, bei —78° niedrigere Ausbeuten, wahrscheinlich auf Grund der größeren Viscosität des Lösungsmittels. Allg. verläuft die Red. im Diglyme bei —78° besser als bei —40° oder —10°. Die Red. mit I wird an 30 verschied. Säurechloriden erprobt: Die Ausbeuten betragen bei aromat. Säurechloriden mit Substituenten in m- u. p-Stellung 60—90%, bei o-substituierten sind sie niedriger. Reduzierbare Substituenten, wie Nitro-, Cyan- u. Carbäthoxygruppen, stören die Rk. nicht. Die Red. gelingt in gleicher Weise mit polycycl. (Naphthoyl), heterocycl. (Nicotinoyl) u. konjugiert ungesätt. (Cinnamoyl) Säurechloriden, bei aliphat. u. cycloaliphat. Verbb. sind die Ausbeuten niedriger.

Versuche: *Lithiumtri-tert.-butoxyaluminiumhydrid* (I), a) aus 1 Mol $LiAlH_4$ in Ae. mit 3,15 Mol tert.-Butanol in Ae.; Verwendung des getrockneten Prod. in 0,2mol. Lsg. in Diglyme; b) aus 1 Mol $LiAlH_4$ u. 3 Mol tert.-Butanol wie unter a), aber ohne Trocknung nach der Dekantation des Ae.; Verwendung als 1,0mol. Lsg. in Diglyme; c) wie unter b), Zusatz von Diglyme zur äther. Lsg.; Verwendung als ca. 0,2mol. Lsg.; d) aus 1 Mol $LiAlH_4$ in Diglyme mit 3 Mol tert.-Butanol; e) wie unter d), aber in Tetrahydrofuran. — *p-Nitrobenzaldehyd*, F. 104—105°, aus p-Nitrobenzoylchlorid in Diglyme mit I (nach d) bei —78° innerhalb 1 Std. u. Erwärmen auf Zimmertemp. innerhalb 1 Std.; aus W. oder wss. A. gelbe Flocken; 67% (Ausbeute) bzw. 84% (roh) als 2.4-Dinitrophenylhydrazon. — *p-tert.-Butylbenzaldehyd*, $Kp._{20}$ 123—125°, aus p-tert.-Butylbenzoylchlorid ($Kp._1$ 86—87°); 70%. *2.4-Dinitrophenylhydrazon*, F. 248—250°. — *p-Cyanbenzaldehyd*, F. 92—93°, aus p-Cyanbenzoylchlorid (F. 65°); 80% (roh). *2.4-Dinitrophenylhydrazon*, $C_{14}H_9N_5O_4$, F. 295—298°. — *Terephthaldialdehyd*, F. 114—115° (W.), aus Terephthalylchlorid (F. 81—82°); 85% (roh). — *Isophthaldialdehyd*, F. 89 bis 90° (wss. A.), aus Isophthalylchlorid (F. 42—43°); 80% (roh). — *Zimtaldehyd*, $Kp._{3-4}$ 98—100°, aus Cinnamoylchlorid ($Kp._1$ 100°); 64,5% (roh). — Weitere Redd. (direkte Best. als 2.4-Dinitrophenylhydrazone): *Benzaldehyd*, aus Benzoylchlorid; 81% *p-Toluylaldehyd*, aus p-Toluylchlorid; 61%. *m-Nitrobenzaldehyd*, aus m-Nitrobenzoylchlorid; 88%. *o-Nitrobenzaldehyd*, aus o-Nitrobenzoesäure; 77%. *p-Carbäthoxybenzaldehyd, 2.4-Dinitrophenylhydrazon*, $C_{16}H_{14}N_4O_6$, F. 248—249° (Zers.), aus p-Carbäthoxybenzoylchlorid; 48%. *p-Chlorbenzaldehyd*, aus p-Chlorbenzoylchlorid; 81%. *m-Chlorbenzaldehyd*, aus m-Chlorbenzoylchlorid; 76%. *o-Chlorbenzaldehyd*, aus o-Chlorbenzoylchlorid; 41%. *p-Methoxybenzaldehyd*, aus p-Methoxybenzoylchlorid; 60%. *m-Methoxybenzaldehyd*, aus m-Methoxybenzoylchlorid; 66%. *o-Methoxybenzaldehyd*, aus o-Methoxybenzoylchlorid; 27%. *α-Naphthaldehyd*, aus α-Naphthoylchlorid; 84%. *β-Naphthaldehyd*, aus β-Naphthoylchlorid; 58%. *Nicotinaldehyd*, aus Nicotinoylchlorid; 69%. *n-Butyraldehyd*, aus n-Butyrylchlorid; 37%. Isobutyraldehyd, aus Isobutyrylchlorid; 57%. *Pivalinaldehyd*, aus Pivalylchlorid; 58%. *Capronaldehyd*, aus Caproylchlorid; 41%. *Crotonaldehyd*, aus Crotonylchlorid; 48%. *Adipinaldehyd*, aus Adipylchlorid; 53%. *Fumardialdehyd, Bis-2.4-dinitrophenylhydrazon*, $C_{16}H_{12}N_8O_8$, F. 260° (Zers.), aus Fumarylchlorid; 59%. *Cyclopropylaldehyd*, aus Cyclopropancarbonsäurechlorid; 42%. *Cyclobutylaldehyd, 2.4-Dinitrophenylhydrazon*, $C_{11}H_{12}N_4O_4$, F. 155—156°, aus Cyclobutancarbonsäurechlorid; 46%. *Cyclohexylaldehyd*, aus Cyclohexancarbonsäurechlorid; 56%. (J. Amer. chem. Soc. **80**. 5377—80. 20/10. 1958. Lafayette, Ind., Purdue Univ., Richard B. Wetherill Labor.) H.-J. Becher. 460

Richard A. Peabody, David A. Goldthwait und **G. Robert Greenberg,** *Struktur von Glycinamidribotid.* (Vgl. C. **1950/54.** 1769 S.) Zur Darst. von *^{14}C-Glycinamidribotid* (I) wurden ^{14}C-Glycin, Adenosintriphosphat, Ribose-5-phosphat, Glycerin-3-phosphat u. Glutamin in Ggw. von $MgCl_2$ in Tris-Puffer (p_H 8,0) mit gereinigtem Taubenleberextrakt (vgl. l. c.) 33 Min. bei 38° unter N_2 incubiert u. Verunreinigungen mit Trichloressigsäure gefällt; I wurde durch Fällungsmethoden u. wiederholte Ionenaustauscherchromatographie gereinigt. I liefert ein *Ca-Salz*, wird durch Intestinalphosphatase in Tris-Puffer bei p_H 8,0 quantitativ in *Glycinamidribosid* übergeführt u. gibt mit 1-Fluor-2.4-dinitrobenzol das *DNP-Deriv.* sowie bei der Formylierung ein *Formylderiv.*, das mit der enzymat. synthetisierten Verb. ident. ist. Das papierchromatograph. Verh. von I, die Analyse von I-Ca, sowie der Verlauf der Hydrolyse von I u. die chem. Eigg. seiner Derivv. sichern die Auffassung, daß I das *N-Glycyl-5-phosphoribofuranosylamin* ist. (J. biol. Chemistry **221.** 1071—81. Aug. 1956. Cleveland, Ohio, Western Reserve Univ., School of Med., Dep. of Biochem.) E. Petras. 480

E. F. Jenny und **K. D. Meier,** *Eine einfache Methode zur Herstellung langkettiger l-Alkine.* Durch Einleiten von Acetylen in eine Lsg. von Na in fl. NH_3 bis zum Verschwinden der Blaufärbung, Zutropfen von Dimethylformamid, Abdestillieren des NH_3, Zugeben von Alkylbromid, 3std. Erwärmen auf 70°, Zugabe von W. unter Eiskühlung, Extrahieren mit Ae. u. Dest. werden folgende *Alkine* erhalten: *n-Decin-(1)*, $Kp._{760}$ 162 bis 165°, aus n-Octylbromid; 85% (Ausbeute). — *n-Dodecin-(1)*, $Kp._{14}$ 96—100°, aus n-Decylbromid; 85%. — *n-Tetradecin-(1)*, $Kp._{0,7}$ 70—78°, aus Laurylbromid; 85%. — *n-Pentadecin-(1)*, $Kp._{12}$ 131—137°, aus n-Tridecylbromid; 82%. — *n-Hexadecin-(1)*, $Kp._{0,07}$ 88—91°, aus Myristylbromid; 80%. — *n-Octadecin-(1)*, $Kp._{14}$ 172—180°, aus Cetylbromid; 80%. — *n-Eikosin-(1)*, $Kp._{0,2}$ 132—140°, aus Stearylbromid; 75%.

(Angew. Chem. **71.** 245—46. 7/4. 1959. Basel, Ciba AG, Forschungslabor., Pharmazeut. Abt.) R. Wissler. 530

Gerd Bendz und **Margareta Karth**, *Synthesen von Nonandiol-(1.2) und Nonandiol-(1.3)*. Aus Nonen-(1) wurde mit Perameisensäure *Nonandiol-(1.2)* hergestellt. *Nonandiol-(1.3)* wurde durch Grignard-Rk. von n-Hexyl-MgBr u. β-Hydroxypropionaldehyd erhalten.

Versuche: *Nonandiol-(1.2)*, $C_9H_{20}O_2$, F. 33,5—34°, Kp.$_{17}$ 155°, durch 15std. Erwärmen von Nonen-(1) mit H_2O_2 in Ameisensäure u. 1std. Kochen des Reaktionsprod. mit 3n alkoh. KOH. *Mono-[3.5-dinitrobenzoat]*, $C_{16}H_{22}N_2O_7$, F. 60—61°. *Bis-[3.5-dinitrobenzoat]*, Öl; gibt mit 2 Mol α-Naphthylamin ein *Addukt* $C_{43}H_{42}N_6O_{12}$, F. 120 bis 121°, aus A. orangefarbene Nadeln. — *Nonandiol-(1.3)*, F. 14—16°, Kp.$_{12}$ 144—146°, aus n-Hexyl-MgBr u. β-Hydroxypropionaldehyd in Ae. durch ½std. Kochen; wachsartig. *Mono-[3.5-dinitrobenzoat]*, F. 66,5—67°. *Bis-[3.5-dinitrobenzoat]*, $C_{23}H_{24}N_4O_{12}$, F. 113,5 bis 114°. (Acta chem. scand. **11.** 903—04. 1957. Uppsala, Univ., Chem. Inst.) M. Reiher. 570

H. C. Volger und **J. F. Arens**, *Chemie der Acetylenäther*. 26. Mitt. *Orthothioessigsäuretriäthylester und 1.1-Bis-[äthylmercapto]-äthen (Ketendiäthylmercaptal)*. (25. vgl. C. **1959.** 14690.) Durch Addition von Na-Äthylmercaptid an Äthylmercaptoacetylen (I) in A. entsteht *cis-1.2-Bis-[äthylmercapto]-äthen* (**IV**). Na-Äthylat ergab analog *1-Äthylmercapto-2-äthoxyäthen*. Verss., durch Rk. von Bromacetaldehyddimethylacetal mit Äthylmercaptan Bromacetaldehyddiäthylmercaptal darzustellen, ergaben *Äthylmercaptoacetaldehyddiäthylmercaptal* (II). Durch Kochen von II mit K-tert.-Butylat in tert.-Butanol wurde in 55%ig. Ausbeute *1.1-Bis-[äthylmercapto]-äthen* (III) neben 9% **IV** u. 3% *Orthothioessigsäuretriäthylester* (**V**) erhalten. **IV** wurde durch Überführen in *Äthylmercaptoacetaldehyd-2.4-dinitrophenylhydrazon* (**VII**) identifiziert. Durch saure Hydrolyse von III entstanden *Essigsäure, Äthylmercaptan* u. *Thiolessigsäureäthylester*; durch Rk. von III mit Anilin wurde in 72%ig. Ausbeute *N.N'-Diphenylacetamidin* (VI) gebildet. Bei Verss., **V** durch Rk. von 4 Mol Äthylmercaptan mit 1 Mol Acetylchlorid u. 2 Mol $ZnCl_2$ nach A. P. 2 389 153 darzustellen, wurden Gemische von 4—48% **V** u. 56—6% **III** erhalten. In Ggw. von Spuren Säure besteht ein Gleichgewicht zwischen **V** u. III; durch Dest. von **V** in Ggw. von wenig Säure wurde in 82%ig. Ausbeute **III** gebildet; die Rk. von III mit Äthylmercaptan u. $ZnCl_2$ ergab andererseits **V**. **V** ist gegen K-tert.-Butylat beständig. Durch Behandlung von Thiolessigsäureäthylester mit Äthylmercaptan u. $ZnCl_2$ entstanden in 9- bzw. 20%ig. Ausbeute **III** u. **V**. Äthylacetat ergab durch Rk. mit Äthylmercaptan u. $ZnCl_2$ in niedriger Ausbeute **III**. **V** konnte durch Kochen mit Anilin in 91%ig. Ausbeute in **VI** übergeführt werden; unter denselben Bedingungen ergab **II** in 4%ig. Ausbeute **VI**. **III** ergab durch Behandlung mit Na-Äthylmercaptid unter den für die Addition an I angewandten Bedingungen kein **IV**, sondern in niedriger Ausbeute ein Gemisch von **II** u. **V**; 54% des eingesetzten **III** blieben unverändert. Die IR-Spektren von **IV, II, III** u. **V** sind angegeben.

Versuche: *cis-1.2-Bis-[äthylmercapto]-äthen* (**IV**), Kp.$_{15}$ 108—109,5°, a) durch Zugabe von 5 g Äthylmercaptan zu 2,2 g Na in A., 1std. Kochen unter N_2 u. Lichtausschluß, Zugabe von 4,4 g **I** u. wenig Diphenylamin, 16std. Kochen unter N_2 u. Lichtausschluß, Kühlen, Gießen in W. u. Benzolextraktion; n_D^{20} 1,5499; 60% (Ausbeute); b) neben **III** nach a); 9%. — *Äthylmercaptoacetaldehyd-2.4-dinitrophenylhydrazon* (**VII**), F. 123—125°, a) durch Zugabe von **IV** zu 2.4-Dinitrophenylhydrazin in alkoh. H_2SO_4; 82%; b) analog aus nachst. Verb.; 68%. — *1-Äthylmercapto-2-äthoxyäthen*, Kp.$_{13}$ 68—71°, durch Zugabe von **I** zu alkoh. Na-Äthylat, 16std. Kochen unter N_2, Kühlen, Gießen in 10%ig. NH_4Cl-Lsg. u. Ae.-Extraktion; n_D^{20} 1,4847; 74%. — *Äthylmercaptoacetaldehyddiäthylmercaptal* (II), $C_8H_{18}S_3$, Kp.$_2$ 120—125°, a) durch Einleiten von 1 g HCl in eine gekühlte Mischung von 10,3 g Bromacetaldehyddimethylacetal, 12 g Äthylmercaptan u. 2 g W., exotherme Erwärmung auf 15°, 48std. Stehen bei Raumtemp. u. Ae.-Extraktion; 45%; b) durch 4std. Kochen von 7,4 g **IV** u. 4,3 g Äthylmercaptan mit wenig konz. H_2SO_4, Kühlen, Gießen in 10%ig. $NaHCO_3$-Lsg. u. Ae.-Extraktion; Kp.$_{0,9}$ 117—118°, n_D^{20} 1,5401—1,5420; 60%; c) neben **V** nach f); 0,9 g. — *1.1-Bis-[äthylmercapto]-äthen* (III), $C_6H_{12}S_2$, Kp.$_{18}$ 79—80,5°, a) durch 5std. Kochen von 25,9 g **II** mit einer Lsg. von 8,3 g K in tert.-Butanol, Verdünnen mit W. u. Ae.-Extraktion; n_D^{20} 1,5306; 51%; b) durch Zutropfen von 20 g Acetylchlorid zu einer gekühlten Mischung von 84 g Äthylmercaptan u. 85 g $ZnCl_2$ unter Rühren, 4std. Rühren unter Kühlen, 4tägiges Stehen bei Raumtemp., Gießen in Eis u. Ae.-Extraktion; 56%; c) analog b) mit 25,9 g Acetylchlorid; 6%; d) durch Zutropfen von 26 g Thiolessigsäureäthylester zu 50 g Äthylmercaptan u. 85 g $ZnCl_2$ bei —20° unter Rühren, Rühren bei —20° bis zur Homogenisierung, 24std. Stehen bei Raumtemp., Gießen in Eis u. Ae.-Extraktion; 8,8%;

e) durch Zutropfen von 43,4 g Äthylmercaptan zu 31,9 g Acetylchlorid u. 95 g $ZnCl_2$ innerhalb 2 Std. bei −20°, 4tägiges Stehen bei Raumtemp. unter N_2, Gießen in Eis u. Ae.-Extraktion; 40%; f) durch 3std. Stehen einer Destillationsapp. mit konz. HCl, Trocknen der entleerten App. im Luftstrom u. Dest. von 14 g V bei 130—140° (Bad)/15 Torr u. Redest.; 82%; g) neben V nach f); 54%. — *Orthothioessigsäuretriäthylester* (V), $C_8H_{18}S_3$, $Kp._1$ 96—96,5°, a) neben III nach a); $Kp._{14}$ 128—130°; 3%; b) neben III nach b); 4%; c) neben III nach c); 48%; d) neben III nach d); n_D^{20} 1,5369; 20%; e) durch Zugabe von 11 g $ZnCl_2$ zu 6 g III u. 10 g Äthylmercaptan, 2tägiges Stehen, Gießen in Eis u. Ae.-Extraktion; 67,5%; f) durch 20std. Kochen von 9,1 g III mit 6 g Na-Äthylmercaptid in absol. A. unter N_2, Abdestillieren von A., Gießen in 10%ig. NH_4Cl-Lsg., Ae.-Extraktion, Dest. u. Redest. der bei 130—156°/14 Torr sd. Anteile; 0,7 g. — *Thiolessigsäureäthylester*, Kp. 114—116°, a) durch Zutropfen von 60 g Acetylchlorid zu 62 g Äthylmercaptan u. 200 mg $ZnCl_2$ bei −5° unter Rühren, 24std. Stehen bei Raumtemp., Gießen in Eis u. Ae.-Extraktion; n_D^{20} 1,4588; 68%; b) durch 4std. Kochen von 4,5 g III mit 2n HCl u. Dioxan, Kühlen, Verdünnen mit W. u. Ae.-Extraktion; 23%; c) neben III nach b); 72%; d) neben III nach c); 22%; e) neben III nach e); 32%; bei b) u. c) identifiziert als *Acetanilid*, F. 114—114,5°. — *S-Benzylisothiuroniumacetat*, F. 132—133°, neben vorst. Verb. nach b), Alkalisieren der wss. Phase, Einengen, Neutralisieren u. Behandeln mit 10%ig. Benzylisothiuroniumchloridlsg.; 53%. — *Äthylmercaptan*, Kp. 36—38°, neben III nach f); n_D^{20} 1,4310; 52%. — *2.4-Dinitrophenyläthylsulfid*, $C_8H_8N_2O_4S$, F. 114—115°, aus vorst. Verb.; 79%. — *N.N'-Diphenylacetamidin* (VI), $C_{14}H_{14}N_2$, F. 130—131° (A.), a) durch 11std. Erhitzen von 5 g V mit 18 g Anilin auf 190° u. Eindampfen im Vakuum; 92%; b) analog a) aus II; 4%; c) analog a) aus III; 70%. — *Glyoxal-bis-2.4-dinitrophenylhydrazon*, $C_{14}H_{10}N_8O_8$, F. 296—298° (A.–Dimethylformamid), durch 2wöchiges Stehen von II mit 2.4-Dinitrophenylhydrazin in wss.-alkoh. H_2SO_4 u. fraktionierte Kristallisation; 25%; daneben VII. (Recueil Trav. chim. Pays-Bas **76**. 847—59. Sept./Okt. 1957. Groningen, Univ., Organ. Chem. Labor.) H. BERTSCH. 600

Henri Normant und **Claude Feugeas,** *Untersuchungen über 5-Chlorpentanon-(2); Anwendung für die Darstellung γ-äthylenischer Ketone.* In 5-Chlor-2.2-äthylendioxypentan (I) ist Cl nucleophil substituierbar. Bei Rk. von I (u. saure Hydrolyse) entstanden mit NaCN *5-Cyan-* [III, $Kp._{15}$ 126°, n_D^{20} 1,4450, $D._4^{20}$ 1,035; 65% (Ausbeute)], mit W. in Ggw. von OH^- *5-Hydroxy-* ($Kp._{20}$ 105°, n_D^{20} 1,441; 32%; daneben 2-Methyl-Δ^2-dihydrofuran), mit C_2H_5ONa *5-Äthoxy-* ($Kp._{14}$ 90—91°, n_D^{20} 1,430; 70%) u. mit K-Acetat *5-Acetoxypentanon-(2)* ($Kp._{14}$ 133°, n_D^{20} 1,437, $D._4^{20}$ 1,063; 72%). In Tetrahydrofuran lieferte I in >90%ig. Ausbeute die GRIGNARD-*Verb.* (II). Bei Rk. von II (u. saure Hydrolyse) entstanden mit W. *Pentanon-(2)* [Kp. 101°, n_D^{20} 1,389, $D._4^{20}$ 0,814; 80% *2.4-Dinitrophenylhydrazon (2.4-DNPH)*, F. 143°], mit $(CH_3)_2SO_4$ *Hexanon-(2)* (Kp. 127°, n_D^{20} 1,400, $D._4^{20}$ 0,830; 88%; *2.4-DNPH*, F. 109°), mit Allylchlorid *Octen-(7)-on-(2)* ($Kp._{13}$ 60°, n_D^{20} 1,4340, $D._4^{20}$ 0,875; 85%; *2.4-DNPH*, F. 60°), mit Benzonitril *6-Phenylhexandion-(2.6)* (F. 65°; 70%), mit p-Tolunitril *6-p-Tolylhexandion-(2.6)* (F. 92°; 72%) u. mit CO_2 *δ-Oxocapronsäure* (F. 13°; 65%; auch aus III). Bei Rk. von II mit Ketonen, Hydrolyse mit NH_4Cl, Wasserabspaltung mit $POCl_3$/Pyridin u. saure Verseifung des Ketals entstanden in 50%ig. Ausbeute folgende K e t o n e: *6-Methylhepten-(5)-on-(2)*, $Kp._{20}$ 65°, mit Aceton; n_D^{20} 1,441, $D._4^{20}$ 0,882. *2.4-DNPH*, F. 81°. — *6-Methylocten-(5)-on-(2)*, $Kp._{14}$ 68—72°, mit Butanon-(2); n_D^{20} 1,444, $D._4^{19}$ 0,881. *2.4-DNPH*, F. 54°. — *6.8-Dimethylnonen-(5)-on-(2)*, $Kp._{19}$ 103°, mit 4-Methylpentanon-(2); n_D^{19} 1,448, $D._4^{20}$ 0,845. *2.4-DNPH*, Öl. — *6-Methylundecen-(5)-on-(2)*, $Kp._{15}$ 123°, mit Heptanon-(2); n_D^{20} 1,448, $D._4^{19}$ 0,892. *2.4-DNPH*, Öl. — *6-Äthyldecen-(5)-on-(2)*, $Kp._1$ 105—108°, mit Heptanon-(3); n_D^{20} 1,453, $D._4^{20}$ 0,891. *2.4-DNPH*, Öl. — *5-Cyclopentylidenpentanon-(2)*, $Kp._{14}$ 74°, mit Cyclopentanon; n_D^{20} 1,473, $D._4^{20}$ 0,946. *2.4-DNPH*, F. 87°. — *5-Cyclohexylidenpentanon-(2)*, $Kp._{18}$ 114°, mit Cyclohexanon; n_D^{20} 1,479, $D._4^{20}$ 0,943. *2.4-DNPH*, F. 56°. — *6.10-Dimethylundecadien-(5.9)-on-(2)*, $Kp._{15}$ 146°, mit Methylheptenon; n_D^{19} 1,469, $D._4^{19}$ 0,882. — *6.10-Dimethylundecen-(5)-on-(2)*, $Kp._3$ 107°, mit Methylheptanon; n_D^{19} 1,456, $D._4^{19}$ 0,847. (C. R. hebd. Séances Acad. Sci. **248**. 423—25. 19/1. 1959. Sorbonne, Labor. de Synth. organ.) H.-J. KÖTZSCH. 710

Adolf Wagner und **U. Rall,** *Addition von Carbonsäureanhydriden an Vinylacetat.* Durch Rk. von Fettsäureanhydriden mit Vinylacetat bzw. β-alkylsubstituierten Vinylestern in Ggw. von etwas 70%ig. $HClO_4$ oder $AgClO_4$/Acylchlorid, Zers. des überschüssigen Anhydrids mit W. u. Dest. entstehen *Aldehyddiacylate von β-Ketoaldehyden: 1.1-Diacetoxybutanon-(3)*, $Kp._{0,08}$ 86—87°, aus Vinylacetat u. Acetanhydrid; 28% (Ausbeute). — *1.1-Diacetoxy-2-methylbutanon-(3)*; 51%. — *1.1-Diacetoxy-2-äthylbutanon-(3)*; 62%. — *1.1-Dipropionyloxypentanon-(3)*; 12%. — *1.1-Dibutyryloxyhexanon-(3)*; 10%. (Angew. Chem. **71**. 193. 7/3. 1959. Stuttgart, TH, Inst. für Organ. Chem. u. Organ.-Chem. Technol.) R. WISSLER. 740

W. P. Golmow und **S. P. Malewannaja,** *Anlagerung von Organomagnesiumverbindungen an Isopropylidenmalonester.* Bei der Anlagerung von GRIGNARD-Verbb. an Isopropylidenmalonester entstehen nach: $RMgX + (CH_3)_2C{=}C(COOC_2H_5)_2 \rightarrow RC(CH_3)_2 \cdot C(COOC_2H_5){=}C(OC_2H_5)OMgX \xrightarrow{\text{Hydrolyse}} RC(CH_3)_2CH(COOC_2H_5)_2$ ($R = C_2H_5$, n-Propyl, Isopropyl, n-Butyl), *tert.-Alkylmalonsäureester* u. durch deren Hydrolyse u. Decarboxylierung *tert.-Alkylessigsäuren.*

Versuche: Zu einer Lsg. von 0,5 Mol RMgX in 200 ml Ae. tropft man 0,5 Mol Isopropylidenmalonester in der gleichen Menge Ae. zu, hält über Nacht bei Zimmertemp. u. erhitzt 1 Std. zum Sieden. Nach Zufügen von 150 ml HCl (1:1) wird wie üblich aufgearbeitet. — Malonester: *α.α-Dimethylpropyl-*, $Kp._3$ 92°; $D.^{20}_4$ 0,8831; n_D^{20} 1,4320; 36,8% (Ausbeute). — *α.α-Dimethylbutyl-*, $Kp._{1,5}$ 88—89°; $D.^{20}_4$ 0,9733; n_D^{20} 1,4352; 31,6%. — *α.α.β-Trimethylpropyl-*, $Kp._{1,5}$ 84°; $D.^{20}_4$ 0,9913; n_D^{20} 1,4399; 14,6%. — *α.α-Dimethylpentyl-*, $Kp._4$ 119°; $D.^{20}_4$ 0,9580; n_D^{20} 1,4365; 30,5%. — Malonsäuren: *α.α-Dimethylpropyl-*, F. 120—121°. — *α.α-Dimethylbutyl-*, F. 113—114°. — *α.α.β-Trimethylpropyl-*, F. 128—129,5°. — *β.β-Dimethylvaleriansäure,* $Kp._5$ 87—88°; $D.^{20}_4$ 0,9246; n_D^{20} 1,4238. — *β.β-Dimethylcapronsäure,* $Kp._5$ 98°; $D.^{20}_4$ 0,9157; n_D^{20} 1,4307. — *β.β.γ-Trimethylvaleriansäure,* $Kp._5$ 98—99°; $D.^{20}_4$ 0,9302; n_D^{20} 1,4356. (Журнал Общей Химии [J. allg. Chem.] **28** (**90**). 3075—77. Nov. 1958. Odessa, Univ.)

WOLFGANG MÜLLER. 800

Senjirō Maruta und **Fumio Iwama,** *Über die Wasserabspaltung aus Methylricinoleat in der Dampfphase.* Durch eine Quarzglasröhre, die mit dem Katalysator beschickt ist, wird bei 380° der Dampf von 95%ig. Ricinolsäuremethylester (0,3—0,4 g/Min.) geleitet. Dabei werden ca. 80% des Esters zu *Octadecadiensäuremethylester* dehydratisiert, von denen 47% konjugierte Doppelbindungen enthalten. Als Katalysatoren sind wirksam: Al_2O_3, japan. Säureton, $Al_2(SO_4)_3$, Borsäure, MgO u. Silicagel. Außerdem wurde die Wrkg. folgender Katalysatoren geprüft: Kaolin, PbO_2, PbO, $NaHSO_4$, MoO_3, CuO, MnO_2, TiO_2, CaO, Na-Wolframat, SnO_2, FeO, Na_2SO_4, Cr_2O_3 u. Al-Silicat. (J. chem. Soc. Japan, pure Chem. Sect. [Nippon Kagaku Zassi] **76.** 480—82. Mai 1955. Kofu, Yamanashi Univ. [Orig.: japan.]) L. SCHULER. 810

A. L. Mndshojan, O. L. Mndshojan und **E. R. Bagdassarjan,** *Untersuchung auf dem Gebiet der Derivate zweibasischer Carbonsäuren.* 15. Mitt. *Gemischte Dialkylaminoäthyldialkylaminoalkylester der Bernsteinsäure.* (14. vgl. C. **1959.** 6438.) Zur Unters. ihrer physiol., bes. curareähnlichen Aktivität werden gemischte *Bernsteinsäure-β-dialkylaminoäthyldialkylaminoalkylester* sowie ihre *Salze* dargestellt u. untersucht. Die Darstellungsmethoden sowie die Ergebnisse der physiol. Prüfung werden später veröffentlicht. Folgende Bernsteinsäureester: *2-Dimethylaminoäthyl-3'-dimethylaminopropylester,* $C_{13}H_{26}N_2O_4$, $Kp._3$ 168—170°; $D.^{20}_4$ 1,0179; n_D^{20} 1,443; 51,8% (Ausbeute). *Jodmethylat,* F. 164—166°. — *2-Diäthylaminoäthyl-3'-dimethylaminopropylester,* $C_{15}H_{30} \cdot N_2O_4$, $Kp._4$ 203—205°; $D.^{20}_4$, 1,0038; n_D^{20} 1,447; 38,4%. — *2-Dimethylaminoäthyl-1'-dimethylaminobutyl-(3')-ester,* $C_{14}H_{28}N_2O_4$, $Kp._4$ 156—157°; $D.^{20}_4$ 1,0171; n_D^{20} 1,446; 34,7%. *Oxalat,* F. 126—128°. *Jodmethylat,* F. 150—152°. *Jodäthylat,* F. 139—141°. — *2-Diäthylaminoäthyl-1'-dimethylaminobutyl-(3')-ester,* $C_{16}H_{32}N_2O_4$, $Kp._4$ 168—169°; $D.^{20}_4$ 0,9945; n_D^{20} 1,447; 35,8%. *Oxalat,* F. 91—93°. *Jodmethylat,* F. 133—135°. — *2-Dimethylaminoäthyl-1'-dimethylamino-2'-methylbutyl-(3')-ester,* $C_{15}H_{30}N_2O_4$, $Kp._4$ 164—166°; $D.^{20}_4$ 1,0194; n_D^{20} 1,449; 36,4%. *Oxalat,* F. 108—110°. *Jodmethylat,* F. 132—135°. *Jodäthylat,* F. 179—181°. — *2-Diäthylaminoäthyl-1'-dimethylamino-2'-methylbutyl-(3')-ester,* $C_{17}H_{34}N_2O_4$, $Kp._4$ 173—175°; $D.^{20}_4$ 0,9908; n_D^{20} 1,448; 54,5%. — *2-Dimethylaminoäthyl-3'-dimethylamino-2'.2'-dimethylpropylester* $C_{15}H_{30}N_2O_4$, $Kp._4$ 160—161°; $D.^{20}_4$ 0,995; n_D^{20} 1,444; 34,2%. *Jodmethylat,* F. 183—185°. — *2-Diäthylaminoäthyl-3'-dimethylamino-2'.2'-dimethylpropylester,* $C_{17}H_{34}N_2O_4$, $Kp._4$ 173—175°; $D.^{20}_4$ 0,9789; n_D^{20} 1,445; 60,8%. *Oxalat,* F. 163—165°. *Jodäthylat,* F. 142—144°. — *2-Dimethylaminoäthyl-1'-dimethylaminopropyl-(2')-ester,* $C_{13}H_{26}N_2O_4$, $Kp._6$ 130—133°; $D.^{20}_4$ 1,0803; n_D^{20} 1,450; 17,2%. *Jodmethylat,* F. 238—240°. — *2-Diäthylaminoäthyl-1'-dimethylaminopropyl-(2')-ester,* $C_{15}H_{30}N_2O_4$, $Kp._5$ 182—185°; $D.^{20}_4$ 1,0185; n_D^{20} 1,450; 40,3%. *Oxalat,* F. 91—93°. *Jodmethylat,* F. 137—139°. *Jodäthylat,* F. 159—161°. — *2-Dimethylaminoäthyl-1'.3'-bis-[dimethylamino]-propyl-(2')-ester,* $C_{15}H_{31}N_3O_4$, $Kp._4$ 170—172°; $D.^{20}_4$ 1,0022; n_D^{20} 1,447; 54,2%. *Oxalat,* F. 145—147°. *Jodmethylat,* F. 233—234°. *Jodäthylat,* F. 170—172°. — *2-Diäthylaminoäthyl-1'.3'-bis-[dimethylamino]-propyl-(2')-ester,* $C_{17}H_{35}N_3O_4$, $Kp._4$ 184 bis 185°; $D.^{20}_4$ 1,0165; n_D^{20} 1,450; 58,5%. *Jodmethylat,* F. 196—198°. *Jodäthylat,* F. 235 bis 236°. — *2-Dimethylaminoäthyl-3'-diäthylaminopropylester,* $C_{15}H_{30}N_2O_4$, $Kp._3$ 185 bis 188°; $D.^{20}_4$ 0,9904; n_D^{20} 1,440; 60,3%. — *2-Diäthylaminoäthyl-3'-diäthylaminopropylester,* $C_{17}H_{34}N_2O_4$, $Kp._6$ 186—189°; $D.^{20}_4$ 0,9971; n_D^{20} 1,447; 60,6%. *Jodmethylat,* F. 106—108°. *Jodäthylat,* F. 148—150°. — *2-Dimethylaminoäthyl-1'-diäthylamino-*

butyl-(3')-ester, $C_{16}H_{32}N_2O_4$, Kp.₂ 175—178°; D.$^{20}_{4}$ 0,9976; n_D^{20} 1,446; 46,1%. — *2-Diäthylaminoäthyl-1'-diäthylaminobutyl-(3')-ester*, $C_{18}H_{36}N_2O_4$, Kp.$_6$ 198—200°; D.$^{20}_{4}$ 0,9661; n_D^{20} 1,443; 81%. *Oxalat*, F. 115—117°. *Jodmethylat*, F. 133—135°. — *2-Dimethylaminoäthyl-1'-diäthylamino-2'-methylbutyl-(3')-ester*, $C_{17}H_{34}N_2O_4$, Kp.$_4$ 168—171°; D.$^{20}_{4}$ 1,0187; n_D^{20} 1,455; 57,6%. *Oxalat*, F. 168—170°. *Jodmethylat*, F. 235—237°. *Jodäthylat*, F. 157 bis 159°. — *2-Diäthylaminoäthyl-1'-diäthylamino-2'-methylbutyl-(3')-ester*, $C_{19}H_{38}N_2O_4$, Kp.$_4$ 182—187°; D.$^{20}_{4}$ 0,9748; n_D^{20} 1,445; 61,4%. *Oxalat*, F. 128—130°. *Jodmethylat*, F. 124—126°. *Jodäthylat*, F. 154—156°. — *2-Dimethylaminoäthyl-3'-diäthylamino-2'.2'-dimethylpropylester*, $C_{17}H_{34}N_2O_4$, Kp.$_3$ 197—200°; D.$^{20}_{4}$ 0,9781; n_D^{20} 1,442; 64,2%. — *2-Diäthylaminoäthyl-3'-diäthylamino-2'.2'-dimethylpropylester*, Kp.$_3$ 190—193°; D.$^{20}_{4}$ 0,9642; n_D^{20} 1,442; 74,8%. — *2-Dimethylaminoäthyl-1'-diäthylaminopropyl-(2')-ester*, $C_{15}H_{30}N_2O_4$, Kp.$_1$ 148—150°; D.$^{20}_{4}$ 0,9997; n_D^{20} 1,441; 49,2%. *Oxalat*, F. 145—147°. *Jodmethylat*, F. 160—162°. *Jodäthylat*, F. 170—172°. — *2-Diäthylaminoäthyl-1'-diäthylaminopropyl-(2')-ester*, $C_{17}H_{34}N_2O_4$, Kp.$_5$ 189—191°; D.$^{20}_{4}$ 0,9743; n_D^{20} 1,440; 90,5%. *Oxalat*, F. 113—115°. *Jodmethylat*, F. 124—126°. *Jodäthylat*, F. 157—159°. — *2-Dimethylaminoäthyl-1'.3'-bis-[diäthylamino]-propyl-(2')-ester*, $C_{19}H_{39}N_3O_4$, Kp.$_3$ 190°; D.$^{20}_{4}$ 0,9877; n_D^{20} 1,447; 56,3%. — *2-Diäthylaminoäthyl-1'.3'-bis-[diäthylamino]-propyl-(2')-ester*, $C_{21}H_{43}N_3O_4$, Kp.$_6$ 200—205°; D.$^{20}_{4}$, 0,9632; n_D^{20} 1,446; 80,2%. *Oxalat*, F. 148—150°. *Jodmethylat*, F. 216—218°. *Jodäthylat*, F. 147—149°. (Доклады Академии Наук Армянской ССР [Ber. Akad. Wiss. ArmenSSR] **22**. 159—64. 1956. Physiol. Inst. der Akad. der Wiss. der ArmenSSR.) G. FROELICH. 820

H. Vieregge und **J. F. Arens**, *Chemie der Acetylenäther*. 25. Mitt. *Reaktionen von Äthoxyacetylen mit wässerigen Lösungen aliphatischer Aldehyde*. (24. vgl. C. **1959**. 11530; 26. vgl. C. **1959**. 14687.) 1-Äthoxybutin-(1)-ol-(3) reagiert mit Diäthylamin u. wss. CH_2O unter Bldg. eines Gemisches von *2-[Diäthylaminomethyl]-3-hydroxybuttersäureäthylester* (**I**) u. *2-[Diäthylaminomethyl]-buten-(2)-säureäthylester* (**II**); durch Kochen mit alkoh. HCl wird **I** in **II**-*Hydrochlorid* übergeführt, aus dem **II** ($C_{11}H_{21}NO_2$, Kp.$_{0,4}$ 63—67°) in Freiheit gesetzt werden konnte. Durch 46 std. Schütteln von 3—4% ig. CH_2O-Lsg. mit Äthoxyacetylen (**III**) unter N_2 wurde in 55% ig. Ausbeute *Hydracrylsäureäthylester* (**IV**; Kp.$_{13}$ 80 bis 80,5°, n_D^{20} 1,4222) erhalten; in Ggw. geringer Mengen Tri-n-propylamin betrug die Ausbeute 65%. Als Nebenprodd. entstanden *Acrylsäureäthylester* (**V**) u. wahrscheinlich *β.β'-Dihydroxyisobuttersäureäthylester* (**VI**; $C_6H_{12}O_4$, Kp.$_2$ 116—116,5°, n_D^{20} 1,4502); **V** u. **VI** entstanden nicht aus **IV**, sondern gleichzeitig mit **IV**, da **IV** durch lang dauernde Behandlung mit wss. CH_2O nicht verändert wird. **VI** entstand in besserer Ausbeute durch Rk. von **III** mit einem großen Überschuß an CH_2O. Analog CH_2O wurden Acet- u. Propionaldehyd sowie Chloral mit **III** zu *β-Hydroxybuttersäureäthylester* (Kp.$_{12}$ 75—76°, n_D^{20} 1,4219; 41%; daneben 3,5% *Crotonsäureäthylester*), *β-Hydroxyvaleriansäureäthylester* (Kp.$_{10}$ 80,5—81°, n_D^{20} 1,4270; 29%; daneben *β-Äthylacrylsäureäthylester*, 7%) bzw. *γ.γ.γ-Trichlor-β-hydroxybuttersäureäthylester* [F. 57—57,5° (Bzl.); 38%] umgesetzt. Ein Reaktionsmechanismus wird vorgeschlagen. Carbinole vom Typ $R_2C(OH)C{\equiv}C{-}OC_2H_5$ reagieren analog mit wss. Lsgg. aliphat. Aldehyde, während aromat. Aldehyde u. aliphat. Ketone nicht mit **III** umgesetzt werden konnten. (Recueil Trav. chim. Pays-Bas **76**. 546—48. Juni 1957. Groningen, Univ., Labor. of Organ. Chem.) H. BERTSCH. 850

A. J. Birch, E. Pride und **Herchel Smith**, *Untersuchungen zur Biosynthese*. 12. Mitt. *Synthese von 4-Formyl-3-methylbuten-(3)-säureäthylester*. (11. vgl. C. **1959**. 5195; 13. vgl. C. **1958**. 11487.) 4.4-Dimethoxybutanon-(2) (**I**) gibt bei der Rk. mit Äthoxyäthinyl-MgBr (**II**) *1-Äthoxy-5.5-dimethoxy-3-methylpentin-(1)-ol-(3)*, das mit verd. H_2SO_4 unter Hydrolyse der Ketalgruppierung u. Hydrierung der Dreifachbindung *4-Formyl-3-hydroxy-3-methylbuttersäureäthylester* liefert. Dieser wird zu *4-Formyl-3-methylbuten-(3)-säureäthylester* dehydratisiert.

Versuche: *1-Äthoxy-5.5-dimethoxy-3-methylpentin-(1)-ol-(3)*, $C_{10}H_{18}O_4$, Kp.$_{0,6}$ 88°, aus **I** u. **II** in Tetrahydrofuran bei 0° unter N_2, dann 4 Std. bei Zimmertemp.; ν_{max} 3480 u. 2275 cm^{-1}. — *4-Formyl-3-methylbuten-(3)-säureäthylester*, $C_8H_{12}O_3$, Kp.$_{0,05}$ 67,5°, aus vorst. Verb. mit 2n H_2SO_4 (5 Min. bei 100°) u. Erhitzen des Prod. mit wasserfreier Weinsäure u. Al-Phosphat bei 160° (10 Min. unter vermindertem Druck). *2.4-Dinitrophenylhydrazon*, $C_{14}H_{16}N_4O_6$, F. 147° (A.). (J. chem. Soc. [London] **1957**. 5096—97. Dez. Manchester, Univ.) K. MAIER. 870

Z. Földi, T. Földi und **A. Földi**, *Eine neue Anlagerung von Schwefelwasserstoff an die Nitrilgruppe von Arylsulfonylcyanamiden*. *N-[p-Acetamidobenzolsulfonyl]-thioharnstoff* wird durch Addition von $H_2S_2O_3$ an die Nitrilgruppe von p-Acetamidobenzolsulfonylcyanamid u. Hydrolyse der intermediären Isothioharnstoff-S-sulfonsäure dargestellt. Diese Rk. beschränkt sich auf Nitrilgruppen mit besonderer Polarität.

Versuche: *p-Acetamidobenzolsulfonylcyanamid*, durch Behandeln des durch Extraktion mit heißem Methanol gereinigten Ca-Salzen in W. mit der berechneten Menge Oxalsäure u. Eindampfen im Vakuum; glasige amorphe M., wahrscheinlich ein linear Polymeres. *Na-Salz*, aus dem Ca-Salz u. Na_2CO_3 oder Na-Oxalat. — *N-[p-Acetamidobenzolsulfonyl]-thioharnstoff*, F. 200—201°, durch Zugabe einer äquimol. Menge vorst. Na-Salzes in mit SO_2 angereichertem W. zu einer mit SO_2 gesätt. 0,5 mol. $Na_2S_2O_3$-Lsg. bei p_H 1—3 u. mehrstd. Stehen; 85% (Ausbeute). (Chem. and Ind. **1956**. 1230. 27/10. Budapest.) W. LIEBSCHER. 880

A. N. Nessmejanow, R. Ch. Freidlina und **A. B. Beljawski**, *Telomerisation von Äthylen mit Tetrachloräthylen*. Es werden Äthylen (I) u. Tetrachloräthylen (II) in Ggw. von Benzoylperoxyd, tert.-Butylperoxyd, α.α'-Azo-bis-isobutyronitril oder Azoaminobenzol bei 50—200 at telomerisiert. Mit steigendem Druck nimmt der Polymerisationsgrad rasch zu. Aus den entstehenden *α.α.β.ω-Tetrachloralken-(1)*-Gemischen lassen sich die niederen Glieder isolieren. Ihre Umsetzung mit Diäthylamin führt zur Bldg. von *α.α.β-Trichlor-ω-[diäthylamino]-alkenen-(1)*, die durch die Einw. von Na in *ω-Diäthylaminoalkine-(1)* übergeführt werden. Im Gegensatz dazu spaltet *1.1.2.4-Tetrachlorbuten-(1)* (III) in Ggw. von Diäthylamin HCl unter Bldg. von *1.1.2-Trichlorbutadien-(1.3)* ab.

Versuche: Man füllt einen Stahlautoklaven mit 1620 g **II**, 500 ml W. u. **I** bis zu 50 at, erhitzt auf 140°, gibt nach je 1½ Std. 20 ml einer Lsg. von tert.-Butylperoxyd in **II** zu, so daß nach 15 Std. insgesamt 12 g Peroxyd in 200 ml **II** zugefügt werden, u. fraktioniert: *1.1.2.4-Tetrachlorbuten-(1)* (**III**), $C_4H_4Cl_4$, Kp.$_9$ 66°; D.$^{20}_4$ 1,4708; n_D^{20} 1,5140; 77 g (Ausbeute, bezogen auf 2400 g Reaktionsgemisch). — *1.1.2.6-Tetrachlorhexen-(1)* (**IV**), $C_6H_8Cl_4$, Kp.$_{8,5}$ 103—104°; D.$^{20}_4$ 1,3551; n_D^{20} 1,5090; 130 g. — *1.1.2.8-Tetrachlorocten-(1)*, $C_8H_{12}Cl_4$, Kp.$_2$ 111—112°; D.$^{20}_4$ 1,2206; n_D^{20} 1,5060; 27 g. — *1.1.2-Trichlorbutadien-(1.3)*, $C_4H_3Cl_3$, Kp.$_{80}$ 75°, man läßt 90 g **III** in 67 g Diäthylamin im Rohr 48 Std. bei 22—25° stehen, filtriert, wäscht mit verd. Säure u. dest.; D.$^{20}_4$ 1,3733; n_D^{20} 1,5355; 70,5%. — *1.1.2-Trichlor-6-diäthylaminohexen-(1)*, $C_{10}H_{18}Cl_3N$, Kp.$_9$ 128,5°, durch 6 std. Erhitzen von 44 g **IV** u. 30 g Diäthylamin in 50 ml Methanol im Autoklaven auf 95 bis 105°; D.$^{20}_4$ 1,1175; n_D^{20} 1,4860; 43,2 g. *Hydrochlorid*, F. 187° (A.). — *6-Diäthylaminohexin-(1)*, $C_{10}H_{19}N$, Kp.$_{12}$ 73°, zu 7,84 g Na in 30 ml Ae. tropft man 21 g vorst. Amins in 25 ml Ae. zu, rührt 4 Std., behandelt nach 15 Std. mit Methanol u. W., extrahiert die organ. Phase mit Ae. u. dest.; D.$^{20}_4$ 0,8120; n_D^{20} 1,4450; 8,3 g. *Hydrochlorid*, F. 120,5 bis 121° (Aceton). — *1.1.2-Trichlor-8-diäthylaminoocten-(1)*, $C_{12}H_{22}Cl_3N$, Kp.$_5$ 147°; D.$^{20}_4$ 1,0835; n_D^{20} 1,4855; 28 g. *Hydrochlorid*, F. 116° (Aceton). — *8-Ditähylaminooctin-(1)*, $C_{12}H_{23}N$, Kp. 96°; aus vorst. Amin u. Na in Ae.; D.$^{20}_4$ 0,8146; n_D^{20} 1,4478; 15,5 g. *Hydrochlorid*, F. 81° (Aceton). (Доклады Академии Наук СССР [Ber. Akad. Wiss. UdSSR] **122**. 821—24. 11/10. 1958.) H. KÜHNE. 910

F. Ju. Ratschinski, N. M. Slawatschewskaja und **D. W. Ioffe**, *Mercaptoamine*. 1. Mitt. *β-Mercaptoäthylamin und seine N-Derivate*. Die Darst. von *β-Mercaptoäthylamin* (I) geschieht vorteilhaft durch saure Hydrolyse von 2-Mercaptothiazolin, das seinerseits aus Äthanolamin (**IV**) u. CS_2 in wss. Lsg. in Ggw. eines Emulgators dargestellt wird; neben **I** fällt in geringer Menge *β.β'-Diaminodiäthyldisulfid* (**II**) an. Die Dissoziationskonstante von **I** ($4,3 \cdot 10^{-6}$) ist nur um eine Zehnerpotenz niedriger als die von **IV**. Durch Luft-O_2 u. schwache Oxydationsmittel wird **I** leicht zu **II** oxydiert; die Luftoxydation wird durch Cu- u. Fe-Ionen beschleunigt. Starke Oxydationsmittel (H_2O_2 in Eisessig) führen **I** in *Taurin* über. Mit Carbonylverbb. kondensiert **I** zu Thiazolidinen oder Mercaptalen. Das günstigste Verf. zur Darst. von N-substituierten **I**-Derivv. ist die Kondensation entsprechender Amine mit Äthylensulfid (**III**). Während stark bas. Amine mit **III** bereits in nichtpolaren Lösungsmitteln (Bzl.) bei Raumtemp. kondensieren, bedarf die Rk. mit schwach bas. Aminen (Anilin) des Erwärmens in polaren Lösungsmitteln (A.). Die N-substituierten **I**-Derivv. sind gegenüber schwachen Oxydationsmitteln stabiler als die Grundverb., werden jedoch durch Luft-O_2 in Ggw. von Fe^{2+}-Ionen leicht zu den entsprechenden Disulfiden oxydiert, die auch aus *β*-Halogenäthylaminen u. Na_2S_2 erhalten werden. Die N-Alkylderivv. von **I** sind ähnlich stark bas. wie dieses, die N-Arylverbb. deutlich schwächer.

Versuche: *2-Mercaptothiazolin*, F. 106° (W.), durch Zutropfen von CS_2 zu **IV** in wss. NaOH bei 0° in Ggw. eines Emulgators, 6 std. Erwärmen auf 40—50° u. 4 std. Erhitzen auf 100°; 85% (Ausbeute). — *β-Mercaptoäthylamin* (**I**), *Hydrochlorid*, F. 70°, durch 72 std. Kochen vorst. Verb. in verd. HCl (2 : 1); 86%. *Hydrobromid*, F. 159—160°. *Ascorbinat*, F. 90°. *Nicotinat*, F. 132—134°. *Salicylat*, F. 104—105°. — *β.β'-Diaminodiäthyldisulfid* (**II**), F. 212° (A.), durch 6 std. Einleiten von CO_2-freier Luft in alkoh. **I**-Lsg. in Ggw. von $FeSO_4$; 90%. — *Taurin*, $C_2H_7NO_3S$, F. 315—320°, aus **I**-Hydrochlorid u. H_2O_2 in Eisessig; 28%. — *N.N-Diäthyltaurin*, F. 150° (W.), analog. — *2-Äthyl-*

thiazolidin, $C_5H_{11}NS$, Kp. 170—175°, durch 3—4std. Einleiten von H_2S in Propionaldehyd u. Äthylenimin in Methanol bei —10°; D.$^{20}_4$ 1,0216; n_D^{20} 1,5135. — *2-n-Propylthiazolidin*, Kp.$_{10}$ 74—75°, D.$^{20}_4$ 0,9844; n_D^{20} 1,5030. — *Äthylensulfid* (III), Kp. 54—60°, durch Zugeben von Thioharnstoff zu Äthylenoxyd in W. bei 10°, 2std. Ausschütteln mit Xylol bei 4—6° u. Wiederholen dieses Schrittes; n_D^{20} 1,4800; 70%. — β-Mercaptoäthylamine: *N.N-Dimethyl-*, Kp. 123—126°, durch 24std. Stehen von III mit Dimethylamin in Bzl. in geschlossener Ampulle bei Raumtemp.; D.$^{20}_4$ 0,8987; n_D^{20} 1,4675; 57%. *Hydrochlorid*, F. 156—157°. — *N.N-Diäthyl-*, Kp. 160—162°, analog; n_D^{20} 1,4670. *Hydrochlorid*, F. 172—173°. — *N.N-Di-n-propyl-*, Kp.$_3$ 109—110°, D.$^{20}_4$ 0,8434; n_D^{20} 1,4502. — *N.N-Diisopropyl-*, Kp.$_{16}$ 125—126°, D.$^{20}_4$ 0,8644; n_D^{20} 1,4506. — *N.N-Di-n-butyl-*, Kp.$_{10}$ 135°, D.$^{20}_4$ 0,8644; n_D^{20} 1,4635. *Hydrochlorid*, F. 112—113°. — *N.N-Diisobutyl-*, Kp. 160—179°, D.$^{20}_4$ 0,8664; n_D^{20} 1,4678. — *N.N-Dibenzyl-*, Kp.$_2$ 196 bis 198°, D.$^{20}_4$ 1,0472; n_D^{20} 1,5760. — *N-[β-Phenäthyl]-*, Kp.$_2$ 107—110°, D.$^{20}_4$ 1,0395; n_D^{20} 1,5540. — *N-Cyclohexyl-*, Kp.$_4$ 152—157°, D.$^{20}_4$ 1,0760; n_D^{20} 1,5448. — *N-[Thienyl-(2)-methyl]-*, Kp.$_6$ 138—140°, D.$^{20}_4$ 1,1514; n_D^{20} 1,5776. — *N-[1-Phenylpropyl-(2)]-* Kp.$_2$ 111°, D.$^{20}_4$ 1,0220; n_D^{20} 1,5462. — *N-Phenyl-*, Kp.$_4$ 118°, durch 4std. Erhitzen von III mit Anilin in A. in geschlossener Ampulle auf 100°; D.$^{20}_4$ 1,1019; n_D^{20} 1,6030; 72%. *Hydrochlorid*, F. 115°. — *N-o-Tolyl-*, Kp.$_5$ 132°, D.$^{20}_4$ 1,0751; n_D^{20} 1,5895. *Hydrochlorid*, F. 192°. — *N-m-Tolyl-*, Kp.$_5$ 133—134°, D.$^{20}_4$ 1,0680; n_D^{20} 1,5874. *Hydrochlorid*, F. 106°. — *N-p-Tolyl-*, Kp.$_5$ 130°, D.$^{20}_4$ 1,0664; n_D^{20} 1,5862. *Hydrochlorid*, F. 165°. — *N-o-Methoxyphenyl-*, Kp.$_5$ 146°, D.$^{20}_4$ 1,1350; n_D^{20} 1,5918. *Hydrochlorid*, F. 153°. — *N-m-Methoxyphenyl-*, Kp.$_5$ 163°, D.$^{20}_4$ 1,1464; n_D^{20} 1,5930. *Hydrochlorid*, F. 96°. — *N-p-Methoxyphenyl-*, Kp.$_4$ 151°, D.$^{20}_4$ 1,1450; n_D^{20} 1,5910. *Hydrochlorid*, F. 146°. — *N-o-Aminophenyl-*, Kp.$_{1,5}$ 152°, D.$^{20}_4$ 1,1644; n_D^{20} 1,6320. — *N-m-Aminophenyl-*, Kp.$_{1,5}$ 162°, D.$^{20}_4$ 1,1765; n_D^{20} 1,6483. *Hydrochlorid*, F. 206°. — *β.β'-Bis-[dimethylamino]-diäthyldisulfid*, Kp.$_4$ 132—135°, durch 3std. Erhitzen von β-Dimethylaminoäthylchlorid mit Na_2S_2 in W. auf 70—80°, Neutralisieren mit konz. HCl bei 40—50°, Einengen u. Alkalisieren mit 40%ig. NaOH; D.$^{20}_4$ 0,9852; n_D^{20} 1,5109; 78,8%. *Dihydrochlorid*, F. 222°. — *β.β'-Bis-[diäthylamino]-diäthyldisulfid*, Kp.$_2$ 115°, D.$^{20}_4$ 0,9572; n_D^{20} 1,5000. *Dihydrochlorid*, F. 206°. — *β.β'-Bis-[dimethylamino]-dipropyldisulfid*, Kp.$_4$ 128—131°, D.$^{20}_4$ 0,9762, n_D^{20} 1,5060. — *γ.γ'-Bis-[dimethylamino]-dipropyldisulfid*, zersetzlich. *Dihydrochlorid*, F. 188°. — *ε.ε'-Diaminodi-n-amyldisulfid*, zersetzlich. *Dihydrochlorid*, F. 207°. — *β.β'-Bis-[thienyl-(2)-methylamino]-diäthyldisulfid*, *Dihydrochlorid*, F. 229°. — *β.β'-Bis-[isonicotinoylamino]-diäthyldisulfid*, *Dihydrochlorid*, F. 160°. (Журнал Общей Химии [J. allg. Chem.] **28** (**90**). 2998—3004. Nov. 1958.)

H.-E. TOUSSAINT. 920

Albert Kirrmann, Robert Muths und **Jean-Jacques Riehl,** *Untersuchungen über α-Aminoaldehyde.* 13. Mitt. *über α-Halogenaldehyde.* (12. vgl. C. **1959.** 7753.) Durch Rk. von α-Halogenaldehyden (I) mit sek. Aminen (II) werden weitere *α-Aminoaldehyde* (III) erhalten. Ihre Struktur wird durch Synth. aus α-Halogenacetalen bewiesen. Ein Mechanismus unter Beteiligung der Carbonylgruppe wird für die Rk. der I mit II sowie für die alkal. Hydrolyse u. Alkoholyse der I diskutiert. Die Bldg. von *α-Piperidinophenyläthanal* aus α-Phenyl-β-methoxyäthylenoxyd (IV) sowie durch Oxydation von β-Piperidinostyrol (V) stützt diesen Mechanismus. Milde Oxydation der III führt zu den entsprechenden *α-Hydroxycarbonsäuren.*

Versuche: Darst. der I vgl. 12. Mitt. (l. c.): *α-Chlor-β-phenylpropanal*, Kp.$_{13}$ 112 bis 114°; D.^{14} 1,170; n_D^{14} 1,5375. — III, aus den I u. überschüssigem II durch 2std. Kochen in absol. A., Fällen mit HCl-Gas aus trockenem Ae. u. Dest.: *α-Diäthylaminopropanal* (VI), Kp.$_{13}$ 51—53°, D.^{19} 0,8669, n_D^{18} 1,4263; 30% (Ausbeute). — *α-Piperidinopropanal*, Kp.$_{13}$ 75—77°, D.^{19} 0,9385, n_D^{18} 1,4590; 40%. *Hydrochlorid*, F. 161—162°. — *α-Diäthylaminobutanal*, Kp.$_{13}$ 63—65°, D.^{20} 0,8677, n_D^{20} 1,4325; 45%; gibt durch 48std. Stehen mit $AgNO_3$, NaOH u. NH_4OH *α-Hydroxybuttersäure. Oxalat*, F. 96°. *Chloroplatinat*, F. 186°. — *α-Piperidinobutanal*, Kp.$_{14}$ 89—90°, D.^{18} 0,9326, n_D^{18} 1,4580; 75%; ferner durch 1std. Erhitzen des Äthylenacetals (VII) mit 15%ig. H_2SO_4; 30%. *Oxalat*, F. 135°. *Pikrat*, F. 128°. *Hydrochlorid*, F. 148°. — *α-Diäthylaminoisobutanal* (VIII), Kp.$_{14}$ 54°, D.^{19} 0,8701, n_D^{19} 1,4295; 65%. *Hydrochlorid*, F. 100 bis 110°. — *α-Piperidinoisobutanal*, Kp.$_{12}$ 77—78°, D.^{20} 0,9391, n_D^{20} 1,4622; 80%. *Hydrochlorid*, F. 212°. — *α-Diäthylaminohexanal*, Kp.$_{12}$ 91—92°, D.^{20} 0,8587, n_D^{20} 1,4335; 70%. — *α-Piperidinohexanal*, Kp.$_{13}$ 115—116°, D.^{20} 0,9090, n_D^{20} 1,4580; 80%. *Hydrochlorid*, F. 124—125°. — *α-Diäthylaminoheptanal* (X), Kp.$_{12}$ 107°, D.^{17} 0,8653, n_D^{18} 1,4373; 65%; gibt durch kurzes Erhitzen mit $K_2Cr_2O_7/H_2SO_4$ *Capronsäure* (*p-Bromphenacylester*, F. 71°) u. durch Oxydation mit HNO_3 (D. 1,49) *α-Hydroxyönanthsäure*, F. 62—63°. — *α-Piperidinoheptanal*, Kp.$_{12}$ 126—128°, D.^{13} 0,9139, n_D^{13} 1,4620; 76%; ferner aus dem Äthylenacetal analog **VII** (30%) oder aus α-Hydroxyheptanal u. Piperidin (**XI**) durch 16std. Kochen in Äthanol. *Hydrochlorid*, F. 105—106°. — *α-Dimethylaminoheptanal* (**XII**), $Kp._{13}$ 84—96°, $D.^{19}$ 0,855, n_D^{19} 1,4296; 77%. *Hydrochlorid*, F. 128°. — *α-Pyrrolidinoheptanal* (**IX**), $Kp._{1,3}$ 86—87°, $D.^{19}$ 0,910, n_D^{19} 1,4565; 35%. — *α-Diäthylaminophenyläthanal*, $Kp._{12}$ 132—134°, $D.^{20}$ 0,992, n_D^{20} 1,5265; 42%. *2.4-Dinitrophenylhydrazon*, F. 134°. *Hydrochlorid*, F. 144°. — *α-Piperidinophenyläthanal*, $Kp._{13}$ 165—167°; 41%; auch aus **IV** u. **XI** durch 2std. Kochen in Isopropylenoxyd (60%) sowie aus **V** u. Perbenzoesäure in Chlf. durch 24std. Stehen bei 0°. *2.4-Dinitrophenylhydrazon*, F. 223 bis 224°. *Hydrochlorid*, F. 192—193°. *Trimeres*, F. 48—49°. — α-Aminoacetale, aus den α-Brom- bzw. α-Chloracetalen durch 12 bzw. 100std. Kochen mit **XI** in absol. A.: *α-Piperidinoäthanaläthylenacetal*, $Kp._{12}$ 101—102°, $D.^{17}$ 1,0166, n_D^{17} 1,4722; 75%. *Pikrat*, F. 124—125°. — *α-Piperidinobutanaläthylenacetal* (**VII**), $Kp._{13}$ 112—115°, $D.^{19}$ 0,9159, n_D^{19} 1,4495; 70%. — *α-Piperidinoheptanaläthylenacetal*, $Kp._{12}$ 139—141°, $D.^{17}$ 0,9081, n_D^{17} 1,4538; 30%. — *α-Hydroxybutyraldehyddimethylacetal*, $Kp._{13}$ 57—58°, durch kurzes Kochen von α-Chlorbutanal in wasserfreiem Methanol u. $NaOCH_3$; $D.^{18}$ 0,9878; n_D^{18} 1,4206. — *α-Hydroxyhexanaldimethylacetal*, $Kp._{14}$ 89—90°, $D.^{17}$ 0,9549, n_D^{17} 1,4270; 75%. *2.4-Dinitrophenylosazon*, F. 228°. — *α-Hydroxyheptanaldimethylacetal*, $Kp._{12}$ 97 bis 99°, $D.^{19}$ 0,9455, n_D^{19} 1,4328; 68%. *2.4-Dinitrophenylosazon*, F. 184°. — *α-Hydroxyisobutyraldehyddimethylacetal*, $Kp._{12}$ 46—47°, $D.^{17}$ 0,9764, n_D^{17} 1,4167. *2.4-Dinitrophenylhydrazon*, F. 195°. — *Mandelaldehyddimethylacetal*, $Kp._{1,5}$ 100—101°, $D.^{21}$ 1,096, n_D^{21} 1,5131; 44%. — *Mandelaldehyd*, F. 135—138°, durch 1std. Erhitzen mit Citronensäure in Dioxan oder durch Hydrolyse von **IV** in wss. Aceton u. wenig HCl. — *α-Phenyl-β-methoxyäthylenoxyd* (**IV**), $Kp._1$ 65—67°, aus α-Chlorphenyläthanal u. $NaOCH_3$ in Ae.; $D.^{19}$ 1,081, n_D^{19} 1,5190; 40%. — Die IR-Spektren von **VI, VIII, X, XII, IX** werden mitgeteilt. (Bull. Soc. chim. France **1958**. 1469—74. Nov./Dez. Strassbourg, Fac. des Sci., Labor. de Chim. organ.; Paris, École Norm. Sup., Labor. de Chim.)

G. LÜTZEL. 930

Leon Goodman, L. O. Ross und **B. R. Baker,** *Potentielle Antikrebsmittel.* 12. Mitt. *Die Reaktion von Chloracetonitril mit L-Cystein, DL-Homocystein und Cysteamin.* (11. vgl. J. org. Chemistry **23.** [1958.] 1757; 15. vgl. C. **1959. 14719.**) Bei der Rk. von L-Cystein (**I**) mit Chloracetonitril (**II**) in Ggw. wss. KOH entsteht neben *S-Cyanmethyl-L-cystein* (identifiziert als *N-Benzoyl-S-cyanmethyl-L-cystein,* **IX**) vorwiegend *L-3-Amino-5.6-dihydro-2H-1.4-thiazin-5-carbonsäure* (**IV**). Analog entsteht aus DL-Homocystein (**III**) u. **II** in wss. KOH *L-3-Amino-2.5.6.7-tetrahydro-1.4-thiazepin-5-carbonsäure* (**V**). Die Durchführung der Rk. in Ggw. von Benzoylchlorid (**VIII**) führt zur Isolierung von *N-Benzoyl-S-cyanmethyl-DL-homocystein.* Benzoylierung von **IV** u. **V** liefert *N-Benzoyl-S-carbamoylmethyl-L-cystein* bzw. *-DL-homocystein.* Bei der Umsetzung von Cysteamin (**VI**) mit **II** in wss. KOH wird ein hygroskop. instabile Fl. erhalten, deren analyt. Daten für *S-Cyanmethylcysteamin* (**VII**) sprechen. In Ggw. einer geringeren Alkalimenge wird *3-Amino-5.6-dihydro-2H-1.4-thiazin* isoliert. Benzoylierung von **VII** liefert *N-Benzoyl-S-cyanmethylcysteamin* neben einer geringen Menge *N-Benzoyl-S-carbamoylmethylcysteamin.* Die Benzoylierung von **I** zu *N.S-Dibenzoyl-L-cystein* in Ggw. einer wss. Base wird beschrieben.

Versuche: *N.S-Dibenzoyl-L-cystein,* $C_{17}H_{15}NO_4S$, F. 167—169°, nach Erstarren F. 184—186° (Zers.; Methanol/W.), durch Rk. von I-Hydrochlorid mit **VIII** in W. in Ggw. von wss. KOH (p_H ca. 7) unter Kühlung u. Ansäuern; $[\alpha]_D^{21}$ $-7{,}6°$ (c = 1%; A.); 38—76% (Ausbeute). — *N-Benzoyl-S-cyanmethyl-L-cystein* (**IX**), $C_{12}H_{12}N_2O_3S$, F. 115—116°, nach Erstarren F. 160—162° (Essigester/PAe.), a) durch 10 Min. langes Rühren vorst. Verb. in 2n NaOH, Rühren mit **II**, Ansäuern mit 6n HCl (p_H 4) u. Digerieren mit Bzl.; $[\alpha]_D^{30}$ $-72{,}8°$ (c = 2%; A.); 79%; b) durch 5 Min. langes Rühren von I-Hydrochloridmonohydrat mit **II** u. KOH in W., 3/4std. Rühren mit **VIII** u. Ansäuern mit 6n HCl (p_H 2); 28%. — *L-3-Amino-5.6-dihydro-2H-1.4-thiazin-5-carbonsäure* (**IV**), nach GOODMAN, ROSS u. BAKER (J. org. Chemistry **23.** [1958.] 1251); $[\alpha]_D^{26}$ $-14{,}6°$ (c = 1; n-HCl); 48%; daneben durch Behandlung der Mutterlauge mit **VIII** 14% **IX.** *Pikrat,* $C_{11}H_{11}N_5O_9S$, F. 160—162°, nach Erstarren F. 195—197° (Zers.). — *S-Carbamoylmethyl-L-cystein* (**X**), F. 175—185° (Zers.), durch 1½std. Rühren von **IV** mit wss. KOH u. Ansäuern mit 6n HCl (p_H 5); 36%. — *N-Benzoyl-S-carbamoylmethyl-L-cystein,* $C_{12}H_{14}N_2O_4S$, F. 188—189° (Methanol/PAe. 2 : 1), a) durch Rk. von **IV** mit **VIII** in Ggw. von wss. NaOH, Ansäuern mit 6n HCl (p_H 2) u. Digerieren des Nd. mit Bzl.; $[\alpha]_D^{31}$ $-64{,}6°$ (c = 1; Methanol); 48%; b) aus **X** u. **VIII** in wss. NaOH; 82%. — *L-3-Amino-2.5.6.7-tetrahydro-1.4-thiazepin-5-carbonsäure* (**V**), $C_6H_{10}N_2O_2S$, F. >300° (W.), durch 10 Min. lange Rk. von **III** mit **II** in wss. KOH u. Ansäuern mit 6n HCl (p_H 3); 45,8%. *Pikrat,* $C_{12}H_{13}N_5O_9S$, F. 235° (Zers.; W.). — *N-Benzoyl-S-cyanmethyl-DL-homocystein,* $C_{13}H_{14}N_2O_3S$, F. 138—140° (Methanol/CCl_4), durch 10 Min. lange Rk. von **III** mit **II** in wss. KOH, ½std. Rühren mit **VIII**, Ansäuern mit 6n HCl (p_H 2) u.

Digerieren mit Bzl.; 36,8%. — *N-Benzoyl-S-carbamoylmethyl-DL-homocystein*, $C_{13}H_{16}N_2O_4S$, F. 164—166° (Aceton/PAe.), durch 1std. Rühren von V mit VIII in wss. KOH u. Ansäuern; 83%. — *S-Cyanmethylcysteamin* (VII), $C_4H_8N_2S$, durch Rk. von VI mit II in wss. KOH u. Extrahieren mit Chlf.; hygroskop. Öl; 86%. — *3-Amino-5.6-dihydro-2H-1.4-thiazin, Pikrat*, $C_{10}H_{11}N_5O_7S$, F. 240—241° (Zers.; W.), analog VII, Ansäuern mit 6n HCl (p_H 5) u. Zugeben von Pikrinsäure; 60,6%. — *N-Benzoyl-S-cyanmethyl-cysteamin*, $C_{11}H_{12}N_2OS$, F. 66—68° (Bzl./PAe.), durch 10 Min. lange Rk. von VI mit II in wss. KOH, 1½ std. Rühren mit VIII, Ansäuern u. Extrahieren mit CH_2Cl_2; 83% (roh); daneben *N-Benzoyl-S-carbamoylmethylcysteamin*, $C_{11}H_{14}N_2O_2S$, F. 119—120°. — *L-2-Amino-Δ^2-thiazolin-4-carbonsäure*, F. 234—237° (Zers.; 50%ig. A.), nach SCHÖBERL u. HAMM (Chem. Ber. **81**. [1948.] 210). *Pikrat*, $C_{10}H_9N_5O_9S$, F. 158—168°, nach Erstarren F. 183—210° (Zers.). — *L-2-Amino-5.6-dihydro-4H-1.3-thiazin-4-carbonsäure*, F. 257—259° (Zers.; 50%ig. A.), nach SCHÖBERL u. KAWOHL (C. **1958**. 13472). *Pikrat*, $C_{11}H_{11}N_5O_9S$, F. 218—220° (Zers.; W.). — *2-Amino-Δ^2-thiazolin*, $C_3H_6N_2S$, F. 79—80° (Bzl./PAe.), nach GABRIEL [1889]. *Pikrat*, F. 241—243° (Zers.; W.). (J. org. Chemistry **23**. 1954—58. Dez. 1958. Menlo Park, Calif., Stanford Res. Inst., Dep. of Biol. Sci.)
E. SCHRÖDER. 950

Isaburō Hori, *Synthese von DL-2-Amino-4-[furyl-(2)]-buttersäure und dessen Oxydation zu DL-Glutaminsäure mit Kaliumpermanganat.* Aus Furfurol (I) u. Acetaldehyd (II) entsteht *β-[Furyl-(2)]-acrolein*, das nach Red. mit RANEY-Ni zu *β-[Furyl-(2)]-propionaldehyd* mit $NaCN/(NH_4)_2CO_3$ in wss. Methanol in *5-[β-Furyl-(2)-äthyl]-hydantoin* (III) umgewandelt wird. Daneben wird eine geringe Menge *γ-[Furyl-(2)]-α-ureidobutyramid* erhalten. Die Hydrolyse von III liefert *α-Amino-γ-[furyl-(2)]-buttersäure*, dessen *Benzoylderiv.* in alkal. Lsg. mit $KMnO_4$ zu *DL-Benzoylglutaminsäure* oxydiert wird.

Versuche: *β-[Furyl-(2)]-acrolein*, F. 51—52°, $Kp._{10}$ 95—96°, durch Zutropfen von 40%ig. wss. II zu I in verd. NaOH bei 0° u. 1,2std. Rühren; gelbe Kristalle; 57% (Ausbeute). — *β-[Furyl-(2)]-propionaldehyd*, $Kp._2$ 51—52°, durch Red. vorst. Verb. in 80%ig. A. mit RANEY-Ni; 44,5%. — *5-[β-Furyl-(2)-äthyl]-hydantoin* (III), $C_9H_{10}N_2O_3$, F. 152—153° (W.), durch 2std. Erwärmen vorst. Verb. mit $NaCN/(NH_4)_2CO_3$ in 50%ig. wss. Methanol auf 58—60°; 70%; daneben aus der Mutterlauge *γ-[Furyl-(2)]-α-ureidobutyramid*, $C_9H_{13}N_3O_3$, F. 177—178°; braune Kristalle. — *α-Amino-γ-[furyl-(2)]-buttersäure*, $C_8H_{11}NO_3$, F. 280—281° (Zers.; W.), durch 4std. Erhitzen von III mit $Ca(OH)_2$-Lsg. im Autoklaven auf 150°, Zugeben von $(NH_4)_2CO_3$ u. Einengen; Plättchen; 88,3%. *Benzoylderiv.*, $C_{15}H_{15}NO_4$, F. 150—151°; Plättchen. — *DL-Benzoylglutaminsäuremonohydrat*, $C_{12}H_{13}NO_5 \cdot H_2O$, F. 97—98° (W.), durch Zutropfen einer wss. $KMnO_4$-Lsg. zu vorst. Benzoylderiv. in 40%ig. NaOH, Aufkochen, Filtrieren über DIAION K, Einengen u. Ansäuern; 41,5%; durch 8std. Kochen mit HCl → *DL-Glutaminsäurehydrochlorid* [F. 193° (Zers.); 88%], aus dem in wss. Lsg. mit NaOH (p_H 3) *DL-Glutaminsäure* [F. 198° (Zers.; aus W. Rhomben)] erhalten wird. (J. sci. Res. Inst. [Tokyo] **52**. Nr. 1478 bis 1485. 78—82. Juni 1958. [Orig.: engl.])
E. SCHRÖDER. 950

A. N. Nessmejanow, Je. I. Wassiljewa und **R. Ch. Freidlina,** *ω.ω'-Iminodicarbonsäuren und einige ihrer Derivate.* Aus ω-Chlorönanthsäure (I) u. ω-Chlorpelargonsäure (II) werden durch Rk. mit NH_3 *ω.ω'-Iminodiönanthsäure* (III) bzw. *ω.ω'-Iminodipelargonsäure* (IV) erhalten, analog entsteht aus ω-Chlorundecansäure (V) *ω.ω'-Iminodiundecansäure*. Es werden einige Derivv. der Iminodicarbonsäuren dargestellt.

Versuche: *ω.ω'-Iminodiönanthsäure* (III), $C_{14}H_{27}NO_4$, F. 215°, a) man erhitzt 20 g I u. 100 ml 13%ig. NH_4OH 3 Std. im Autoklaven auf 100°; 37% (Ausbeute). Daneben 52% *ω-Aminoönanthsäure*; b) man erhitzt 10 g I u. 8,8 g ω-Aminoönanthsäure 2 Std. in 100 ml 5%ig. NH_4OH auf 100°; 22%. *Diäthylesterhydrochlorid*, $C_{18}H_{36}ClNO_4$, F. 155—156° (Bzl.), aus III in absol. A. mit HCl; 36%. *Diäthylester*, $C_{18}H_{35}NO_4$, $Kp._1$ 177°, aus vorst. Verb. mit Ag_2O; $D.^{20}{}_4$ 0,9626; n_D^{20} 1,4528; 67%. *Äthylesteramid*, daneben III-*Diamid*. *Diamidhydrochlorid*, $C_{14}H_{30}ClN_3O_2$, F. 205° (A.), aus III-Diäthylesterhydrochlorid analog Vorst.; 80%. *N-Acetylderiv.*, $C_{16}H_{29}NO_5$, F. 73—74° (Aceton), man kocht 16 g III mit 50 ml Acetanhydrid; 73%. — *N-Methyl-ω.ω'-iminodiönanthsäurediäthylester* (VI), $C_{19}H_{37}NO_4$, $Kp._2$ 176—177°, man erhitzt 40 g I-Äthylester u. 10 g Methylamin im Autoklaven 3 Std. auf 130°; $D.^{20}{}_4$ 0,9510; n_D^{20} 1,4520; 25%; daneben *ω-Methylaminoönanthsäureäthylesterhydrochlorid*, $C_{10}H_{22}ClNO_2$, F. 108—109° (A.-Ae.); 2,9 g. — *N-Methyl-ω.ω'-iminodiönanthsäure*, $C_{15}H_{29}NO_4$, F. 134° (W.-Aceton), durch Hydrolyse von 3 g VI mit 6%ig. HCl, Chromatographieren an einem Austauscherharz u. Eluieren mit 5%ig. NH_3; 1,3 g. — *N-Methyl-ω.ω'-iminodiönanthsäureäthylesterhydrochlorid*, $C_{17}H_{34}ClNO_4$, F. 89—90° (A.-Ae.), man leitet durch 1 g VI in Ae. trockenes HCl-Gas u. läßt das ausgefallene Öl längere Zeit stehen; 0,92 g. — *ω.ω'-Iminodipelargonsäure* (IV), $C_{18}H_{35}NO_4$, F. 201—202°, aus 20 g II u. 150 ml 25%ig. NH_4OH (1½ Std. bei 100°); 18%.

Diäthylesterhydrochlorid, $C_{22}H_{44}ClNO_4$, F. 155—156° (A.–Ae.); 84%. — *ω.ω'-Iminodiundecansäure*, $C_{22}H_{43}NO_4$, F. 190—191°, aus 15 g V u. 200 ml konz. NH_4OH; 32%. *Diäthylesterhydrochlorid*, $C_{26}H_{52}ClNO_4$, F. 157° (A.–Ae.); 46%. (Известия Академии Наук СССР, Отделение Химических Наук [Nachr. Akad. Wiss. UdSSR, Abt. chem. Wiss.] **1958.** 836—40. Juli. Inst. für metallorgan. Verbb. der Akad. der Wiss. der UdSSR.)

HELMUT SCHÄFER. 950

K. A. Andrianow und **W. G. Dulowa,** *Synthese einiger Derivate von Trimethylsiloxytitan.* Durch Rk. von $TiCl_4$ mit Na-Trimehtylsilanolat (I; verschied. Mol-Verhältnisse) werden *Tetrakis-[trimethylsiloxy]-titan* (II), *Tris-[trimethylsiloxy]-chlortitan* (III) oder *Trimethylsiloxytrichlortitan,* jedoch nicht *Bis-[trimethylsiloxy]-dichlortitan* erhalten. Letztere Verb. wird aus II u. $TiCl_4$ dargestellt. Aus III u. Butanol entsteht *Tris-[trimethylsiloxy]-butoxytitan.*

V e r s u c h e (Darst. unter Feuchtigkeitsausschluß): *Tetrakis-[trimethylsiloxy]-titan* (II), $Kp._{11}$ 112°, durch 2std. Rühren von 0,42 Mol $TiCl_4$ u. 0,168 Mol I bei 0—30° in Bzl.; $D.^{20}{}_4$ 0,9051; $n_D{}^{20}$ 1,4277; 66,5% (Ausbeute); beim Behandeln mit verd. HCl u. Essigsäure entstehen feste Polymere. — *Tris-[trimethylsiloxy]-chlortitan* (III), $Kp._{10}$ 103 bis 105°, analog II aus 0,06 Mol $TiCl_4$ u. 0,18 Mol I; erstarrt nach der Dest. in Nadeln; 53,4%. — *Trimethylsiloxytrichlortitan,* $Kp._9$ 67°, aus 0,065 Mol $TiCl_4$ u. 0,065 Mol I; erstarrt nach der Dest.; 27,3%. — *Bis-[trimethylsiloxy]-dichlortitan,* $Kp._3$ 72—73°, durch 1std. Rühren von 0,25 Mol II u. 0,25 Mol $TiCl_4$ in Bzl. bei 0—5°; erstarrt nach der Dest.; 80,8%. — *Tris-[trimethylsiloxy]-butoxytitan,* $Kp._2$ 76—77°, zu Butanol in Bzl.-Pyridin gibt man unter Eiskühlung III, leitet 2 Std. NH_3 hindurch, rührt noch 2 Std. bei 70°, filtriert u. dest.; $D.^{20}{}_4$ 0,9070; $n_D{}^{20}$ 1,4317; 46%. (Известия Академии Наук СССР, Отделение Химических Наук [Nachr. Akad. Wiss. UdSSR, Abt. chem. Wiss.] **1958.** 644—46. Mai. Inst. für metallorgan. Verbb. der Akad. der Wiss. der UdSSR.)

P. RÖGNER. 980

O. A. Reutow, O. A. Ptitzyna und **Chun-wen Chu,** *Synthese von quecksilberorganischen Verbindungen über Diaryljodoniumsalze.* Die Zers. des Doppelsalzes aus Diphenyljodoniumchlorid u. $HgCl_2$ wurde in W., Aceton u. A. mit Hg, Fe, Zn, Cu u. Ag als Reduktionsmittel untersucht. Die beste Ausbeute an *Phenylmercurichlorid* (70%) wird mit Hg in W. erzielt. In den anderen Fällen liegen die Ausbeuten wesentlich tiefer, mit Ag bilden sich nur *Diphenyljodoniumchlorid* u. *Kalomel.* — Die Zers. von Di-p-chlorphenyl- u. Di-p-anisyljodoniumchlorid·$HgCl_2$ mit Hg in W. lieferte 45% *p-Chlorphenyl-* bzw. 28% *p-Anisylmercurichlorid.* — Bessere Ausbeuten als die Zers. der Doppelsalze mit $HgCl_2$ liefert die Zers. der Diaryljodoniumsalze selbst. So liefert Diphenyljodoniumchlorid mit Hg in Aceton 76%, in Bzl. 50%, in W. 34%, in Propanol 40% *Phenylmercurichlorid.* — Arbeitsweise: Man rührt 0,01 Mol Diaryljodoniumchlorid mit 2 ml Hg in 100 ml Aceton 3 Std. bei 56°, filtriert den Nd. ab, extrahiert ihn mit Aceton u. dampft Filtrat u. Extrakt ein. Aus den entsprechenden Diaryljodoniumchloriden werden folgende M e r c u r i c h l o r i d e erhalten: *Phenyl-*; 76% (Ausbeute). — *p-Tolyl-*; 55%. — *p-Anisyl-*; 53%. — *p-Chlorphenyl-*; 77%. — *p-Bromphenyl-*; 75%. — *m-Nitrophenyl-*; 40%. — *m-Carbäthoxyphenyl-*; 47%. — Die Zers. von Phenyl-p-anisyljodoniumchlorid mit Hg lieferte 70% *Phenylmercurichlorid,* die Zers. von p-Anisyl-p-carbäthoxyphenyljodoniumchlorid 56% *p-Carbäthoxyphenylmercurichlorid*; aus Phenyl-p-jodphenyljodoniumchlorid entstehen dagegen *Phenyl-* u. *p-Jodphenylmercurichlorid.* (Доклады Академии Наук СССР [Ber. Akad. Wiss. UdSSR] **122.** 825—27. 11/10. 1958.)

HELMUT SCHÄFER. 1000

Z. Földi, T. Földi und **A. Földi,** *Addition von Schwefelwasserstoff an die Nitrilgruppe von Arylsulfonylcyanamiden mittels Thioschwefelsäure.* Durch Rk. von p-Acetaminobenzolsulfonylcyanamid (I) bzw. p-Aminobenzolsulfonylcyanamid (II) mit $H_2S_2O_3$ wurden unter Addition u. rascher Hydrolyse des intermediären Isothioharnstoffesters *Acetylsulfanilyl-* bzw. *Sulfanilylthioharnstoff* erhalten; die Rk. verläuft am besten bei p_H 1—3; oberhalb p_H 5 tritt keine Rk. mehr ein. I-Ca konnte aus dem nach LEITCH u. Mitarbeitern (Canad. J. Res., Sect. B **23.** [1945.] 151) dargestellten Rohprod. durch Extraktion mit CH_3OH in reiner Form isoliert werden. Durch doppelte Umsetzung von I-Ca wurde I-Ag dargestellt; durch Rk. mit Na_2CO_3 oder Na-Oxalat konnte eine wss. Lsg. von I-Na erhalten werden. I konnte nur als wss. Lsg. — durch Behandeln von I-Ca mit äquivalenten Mengen Oxalsäure — dargestellt werden; durch Eindampfen dieser Lsg. im Vakuum wurden nur amorphe Prodd., wahrscheinlich Linearpolymere von I, erhalten. I konnte nicht durch organ. Lösungsmittel aus der wss. Lsg. extrahiert werden. II liegt als Betain vor u. ist in W. schwer löslich. II polymerisiert sich nicht. Die unerwünschte, rasch verlaufende Zers. von $HS_2O_3^-$ in $HSO_3^- + S$ konnte bei der Rk. mit I bzw. II durch Zugabe von 1 Äquivalent H_2SO_3 vollständig zurückgedrängt werden. Ein Reaktionsmechanismus wird diskutiert.

Versuche: *p-Acetylsulfanilylcyanamid* (I), *Ca-Salz*, $(C_9H_8N_3O_3S)_2Ca$, nach Leitch u. Mitarbeitern (l. c.) u. Extraktion mit heißem CH_3OH. — *Sulfanilylcyanamid* (II), F. 295°, nach Winneck u. Mitarbeitern (J. Amer. chem. Soc. **64**. [1942.] 1682) u. Zugabe von konz. HCl zur Lsg. des Na-Salzes bis p_H 2,0—3,5. — *Sulfanilylthioharnstoff*, F. 169—170° (Zers.), a) durch 2std. Erwärmen von 0,5 g $Na_2S_2O_3$ u. 0,4 g II in W. im Rohr auf 80°, Kühlen u. Filtrieren; 79—83% (Ausbeute); b) durch Zugabe von 0,55 g $Na_2S_2O_3$ zu 0,4 g II in 0,5n NaOH, Einleiten von SO_2 bis p_H 1, Stehen über Nacht u. Filtrieren; 0,405 g. *Ammoniumsalz*, $C_7H_9N_3O_2S_2 \cdot NH_3$, F. 193° (Zers.), durch Lösen in heißer konz. NH_4OH u. Kühlen. — *Sulfa-4-methylthiazol*, F. 238—239°, durch mehrstd. Rühren von 250 mg des vorst. Ammoniumsalzes mit Chloraceton in W. u. Filtrieren; 270 mg. — *p-Acetylsulfanilylthioharnstoff*, $C_9H_{11}N_3O_3S$, F. 200° (Zers.), a) durch Zugabe von 5n H_2SO_4 zu 2,5 g $Na_2S_2O_3$ in W., mehrstd. Stehen, Filtrieren, Zugabe einer Lsg. von I (durch Lösen von I-Ca in warmem W., Kühlen, Zugabe von 5n H_2SO_4, Stehen u. Filtrieren), 24std. Stehen u. Filtrieren; 72std. Stehen der Mutterlauge u. Filtrieren; 84%; b) durch Einleiten von SO_2 in eine Lsg. von 0,55 g $Na_2S_2O_3$ in W., Stehen über Nacht, Zugabe einer Lsg. von I (durch Lösen von 0,52 g I-Ca in warmem W., Kühlen, Einleiten von SO_2 u. Stehen über Nacht), 24std. Stehen u. Filtrieren; 86% (enthält 20% $CaSO_4$); c) durch Behandeln von 0,52 g I-Ca mit 0,5n H_2SO_4, Filtrieren, Zugabe von 0,22 g $K_2S_2O_5$ u. 0,55 g $Na_2S_2O_3$, mehrstd. Stehen, Zugabe von 5n H_2SO_4 bis p_H 2, einwöchiges Stehen u. Filtrieren; 0,47 g. — *Acetylsulfa-4-methylthiazol*, F. 254°, durch Mischen von 273 mg vorst. Verb. mit 2n Na_2CO_3-Lsg., Zugabe von Chloraceton u. W., Rühren, 48std. Stehen u. Filtrieren; 97%. (Acta chim. Acad. Sci. hung. **13**. 111—15. 1957. Budapest, Privatlabor. Z. Földi.) H. Bertsch. 1090

S. Heřmánek und **J. Staněk**, *Eine neue Synthese von Homoisovanillin.* Inhaltlich ident. mit der C. **1959**. 1418 referierten Arbeit. (Collect. czechoslov. chem. Commun. **24**. 1366—68. April 1959. [Orig.: deutsch.]) W. Barz. 1140

Luigi Canonica, Attilio Bonati und **Carla Tedeschi**, *Synthetische Analeptica. 2. Mitt. Dialkylamide substituierter 4-Hydroxybenzoesäuren.* (1. vgl. Ann. Chimica **45**. [1955.] 205.) Zahlreiche, in 3-Stellung substituierte Derivv. von *4-Hydroxybenzoesäuredialkylamiden* wurden synthetisiert u. auf ihre analept. Wrkg. untersucht.

Versuche: *3-Hydroxy-4-benzyloxybenzoesäuremethylester*, $C_{15}H_{14}O_4$, F. 129° (A.), aus Protocatechusäuremethylester u. Benzylchlorid in Methyläthylketon in Ggw. von K_2CO_3 (6 Std. auf dem Wasserbad); 60% (Ausbeute). — Aus vorst. Verb. u. dem entsprechenden Alkylbromid in Methyläthylketon in Ggw. von K_2CO_3 werden durch 8—18std. Erhitzen auf dem Wasserbad u. 1std. Kochen der *Methylester* mit 10%ig. alkoh. NaOH folgende 4-Benzyloxybenzoesäuren (aus A. oder verd. Aceton krist.) dargestellt: *3-Methoxy-*, $C_{15}H_{14}O_4$, F. 155°. — *3-Isopropoxy-*, $C_{17}H_{18}O_4$, F. 160°. — *3-Allyloxy-* (I), $C_{17}H_{16}O_4$, F. 179°. — *3-n-Butoxy-*, $C_{18}H_{20}O_4$, F. 159,5°. — *3-Isobutoxy-*, $C_{18}H_{20}O_4$, F. 159°. — *3-Isoamyloxy-*, $C_{19}H_{22}O_4$, F. 153°. — Aus vorst. Verbb. in 95%ig. CH_3OH werden durch 1—3std. Hydrierung über 5%ig. Pd/Kohle bei Zimmertemp. u. n. Druck folgende 4-Hydroxybenzoesäuren (aus W. oder Bzl./PAe. krist.) erhalten: *3-Methoxy-*, F. 207°. — *3-Isopropoxy-*, $C_{10}H_{12}O_4$, F. 147°. — *3-n-Butoxy-*, $C_{11}H_{14}O_4$, F. 140°. — *3-Isobutoxy-*, $C_{11}H_{14}O_4$, F. 111°. — *3-Isoamyloxy-*, $C_{12}H_{16}O_4$, F. 126°. — Aus vorst. Verbb. u. Essigsäureanhydrid in Ggw. von Pyridin werden durch 1std. Erhitzen auf dem Wasserbad die entsprechenden 4-Acetoxybenzoesäuren (aus Bzl. krist.) dargestellt: *3-Isopropoxy-*, F. 135°. — *3-n-Butoxy-* F. 103°. — *3-Isobutoxy-*, F. 99,5°. — *3-Isoamyloxy-*, F. 99,5°. — Aus vorst. Verbb. u. $SOCl_2$ werden durch 2std. Erhitzen auf dem Wasserbad, Behandlung der *Säurechloride* mit Diäthylamin in Bzl. (einige Std. Stehen in der Kälte) u. ca. 1/4 std. Verrühren des Eindampfrückstands mit 2n NaOH folgende 4-Hydroxybenzoesäurediäthylamide (aus Bzl./PAe. oder verd. A. krist.) erhalten: *3-Isopropoxy-*, $C_{14}H_{21} \cdot NO_3$, F. 66,5°. — *3-n-Butoxy-*, $C_{15}H_{23}NO_3$, F. 72°. — *3-Isobutoxy-*, F. 85°. — *3-Isoamyloxy-*, F. 64°. — *3-n-Propoxy-*, $C_{14}H_{21}NO_3$, F. 84° (verd. A.), aus I u. $SOCl_2$ durch 2std. Erhitzen auf dem Wasserbad, Behandeln des *Chlorids* mit Diäthylamin in Bzl. in der Kälte u. Hydrierung des entstandenen *3-Allyloxy-4-benzyloxybenzoesäurediäthylamids* über Pd/Kohle in CH_3OH. — *3-n-Propyl-4-hydroxybenzoesäure*, $C_{10}H_{12}O_3$, F. 116,5° (Bzl./PAe.), aus 3-Allyl-4-hydroxybenzoesäure in 95%ig. CH_3OH durch 3std. Hydrierung über 5%ig. Pd/Kohle. — Aus den entsprechenden 3-Alkyl-4-hydroxybenzoesäuren u. Essigsäureanhydrid in 2n NaOH bei 40° werden folgende 4-Acetoxybenzoesäuren (aus Bzl./PAe. krist.) u. die entsprechenden 4-Hydroxybenzoesäurediäthylamide erhalten: *3-Methyl-*, F. 116°; *Diäthylamid*, $C_{12}H_{17}NO_2$, F. 163° (verd. A.). — *3-n-Propyl-*, F. 114—115°; *Diäthylamid*, $C_{14}H_{21}NO_2$, F. 108° (verd. A.). — *3-Allyl-*, F. 117°; *Diäthylamid*, $C_{14}H_{19}O_2N$, F. 111—112° (verd. A.). — *3.4-Diäthoxybenzaldehyd*, Kp.$_{50}$ 200—201°, aus 80 g 3-Äthoxy-4-hydroxybenzaldehyd u.

$(C_2H_5)_2SO_4$ in 10% ig. NaOH (3 Std. auf dem Wasserbad); 80 g. — *3.4-Diäthoxybenzoesäure* (II), F. 165°, aus vorst. Verb. durch Oxydation mit $KMnO_4$. *Chlorid*, $Kp._1$ 180 bis 181°. *Diäthylamid*, $C_{15}H_{23}NO_3$, flüssig. — *3-Äthoxy-4-methoxybenzoesäure*, analog II. *Chlorid*, $Kp._1$ 187—188°. *Diäthylamid*, $C_{14}H_{21}NO_3$, F. 61° (Bzl./PAe.). — *3-Äthoxy-4-hydroxybenzoesäurediäthylamid, 4-Carboxymethyläther*, $C_{15}H_{21}NO_5$, F. 127,5° (Bzl./PAe.), aus dem entsprechenden 4-Hydroxyderiv. u. Monochloressigsäure in 20% ig. NaOH (1 Std. auf dem Wasserbad). *4-Benzolsulfonat*, $C_{19}H_{23}NO_5S$, F. 70° (60% ig. A.), analog (15 Min. Erhitzen). *4-Succinylderiv.*, $C_{17}H_{23}NO_6$, F. 130° (Bzl./PAe.), analog mit Bernsteinsäureanhydrid in Bzl. u. in Ggw. von Pyridin (8 Std. kochen). — *3-Äthoxy-4-hydroxybenzoesäure, Dimethylamid*, $C_{11}H_{15}NO_3$, F. 131° (Bzl./PAe.), aus 3-Äthoxy-4-acetoxybenzoylchlorid u. dem entsprechenden Amin u. anschließende alkal. Verseifung. *Di-n-butylamid*, $C_{17}H_{27}NO_3$, F. 79—80° (Bzl./PAe.). *Piperidid*, $C_{14}H_{19}NO_3$, F. 115° (Bzl./PAe.). — *3-Acetyl-4-hydroxybenzoesäurediäthylamid*, $C_{13}H_{17}NO_3$, F. 63° (verd. CH_3OH), aus 3-Acetyl-4-hydroxybenzoesäure u. $SOCl_2$ in CS_2 in Ggw. von $AlCl_3$ durch 3std. Erhitzen auf dem Wasserbad, Behandlung mit Diäthylamin in Bzl. u. Al_2O_3-Chromatographie. — *3-Acetoxy-4-methoxybenzoesäure*, F. 206—207°, aus 49 g 3-Acetoxy-4-methoxybenzaldehyd u. $KMnO_4$ in W. (15 Min. bei 60°); 45,9 g. — *3-Hydroxy-4-methoxybenzoesäurediäthylamid*, $C_{12}H_{17}NO_3$, F. 118° (Bzl./PAe.), aus vorst. Verb. durch Rk. mit $SOCl_2$, dann mit Diäthylamin u. anschließende alkal. Verseifung. (Ann. Chimica **46**. 465—76. Juli/Aug. 1956. Milano, Univ., Ist. di Chim. ind. u. Ist. Biochim. Ital., Labor. Ric.) Walter Simon. 1250

Elmar Profft und **Peter Märker**, *Zur Kenntnis des o-Vanillins und des Novovanillins (2-Hydroxy-3-äthoxybenzaldehyd)*. 4. Mitt. (1. vgl. C. **1959. 447**.) o- (I) u. Novovanillin (II) gehen mit Formaldehyd (III) u. einer Reihe sek. aliphat. u. heterocycl. Basen Mannich-Kondensationen ein, wobei eine Aminomethylgruppe in die 5-Stellung eingeführt wird. Die Kondensationsfähigkeit geht bei Methylierung der OH-Gruppe verloren. Je nach Reaktionsfähigkeit der Amine bzw. deren Hydrochloride wurden die Kondensationen nach 3 verschied. Methoden durchgeführt: **A**: I bzw. II mit III u. Dimethylamin- (**VIII**), Piperidin- (**IV**) u. Morpholinhydrochlorid (**IX**) in wss. Lsg.; **B**: I bzw. II mit Paraformaldehyd (V) u. Diäthylamin (**X**), Pyrrolidin (**VI**) u. Piperidin in absol. A.; **C**: II mit III u. VI in wss. Äthanol. Nach **C** entsteht aus I u. III als Nebenprod. *Bis-[3-methoxy-4-hydroxy-5-formylphenyl]-methan*, das sich auch bei Umsetzung der anderen freien Basen mit I u. V bildet. Die dargestellten Verbb. wurden als p-Nitrophenylhydrazone, Semi- u. Thiosemicarbazone bzw. Pikrate charakterisiert.

V e r s u c h e: *5-Dimethylaminomethyl-o-vanillinhydrochlorid*, $C_{11}H_{16}ClNO_3$, F. 169 bis 172° (absol. A.), nach **A** durch 3½ std. Erhitzen von I u. VIII im Mol-Verhältnis 1:1 mit 30% ig. III unter Rühren auf dem Wasserbad; läßt sich nicht nitrieren; 61% (Ausbeute). *p-Nitrophenylhydrazon*, $C_{17}H_{21}ClN_4O_4$, F. 195° (A.), aus vorst. Verb. u. p-Nitrophenylhydrazin in A.-Essigsäure. — *5-Dimethylaminomethylnovovanillinhydrochlorid*, $C_{12}H_{18}ClNO_3$, F. 187—188°, nach **A** aus II u. VIII (1:1), 4 Std.; aus A. Nadeln; 52%. *p-Nitrophenylhydrazon*, $C_{18}H_{23}ClN_4O_4$, F. 222—223° (A.). — *5-Piperidinomethyl-o-vanillinhydrochlorid*, $C_{14}H_{20}ClNO_3$, F. 181—182°, nach **A** aus I u. IV (1:0,8), 2½ Std.; aus A.-Ae. gelbliche Kristalle; 65,8%. *p-Nitrophenylhydrazon*, $C_{20}H_{25}ClN_4O_4$, F. 241° (A.). *Pikrat*, $C_{20}H_{22}N_4O_{10}$, F. 186°, aus A. gelbe Prismen. — *5-Piperidinomethylnovovanillinhydrochlorid*, $C_{15}H_{22}ClNO_3$, F. 127—129°, nach **A** aus II u. IV (1:0,8), 2½ Std.; aus A.-Ae. gelbliche Kristalle; 50,2%. *n-Propyläther*, $C_{18}H_{28}ClNO_3$, F. 160°, durch 8std. Kochen des K-Salzes mit überschüssigem n-Propylbromid in absol. A. u. Versetzen des Abdampfrückstandes mit HCl; aus Dioxan-Ae. perlmutterglänzende Schuppen. *Pikrat*, $C_{21}H_{24}N_4O_{10}$, F. 176—177°, aus A. gelbe Nadeln. — *5-Morpholinomethyl-o-vanillinhydrochlorid*, $C_{13}H_{18}ClNO_4$, F. 228°, nach **A** aus I u. **IX** (1:0,5), 4 Std.; aus A. feine gelbliche Nadeln; 34,7%. *Thiosemicarbazon*, $C_{14}H_{21}ClN_4O_3S$, F. 218°, aus A. schwachgelbliche Nadeln; 48%. — *5-Morpholinomethylnovovanillinhydrochlorid*, $C_{14}H_{20}ClNO_4$, F. 212—213°, nach **A** aus II u. **IX** (1:0,5), 5 Std.; aus A. gelbliche Nadeln; 30%. *Thiosemicarbazon*, $C_{15}H_{23}ClN_4O_3S$, F. 215°, aus A. feine Nadeln. — *5-Pyrrolidinomethyl-o-vanillinhydrochlorid* (**VII**), $C_{13}H_{18}ClNO_3$, F. 187—188°, nach **B** durch 3—4std. Kochen von I mit VI (1:0,8) u. V (in absol. A. durch Erwärmen gelöst), Lösen des Abdampfrückstandes in Ae., Abtrennen nachst. kristallinen Nebenprod. u. Ausfällen mit trockenem HCl; aus A.-Ae. feine, schwach gelbliche Nadeln; 55,5%. — *5-Pyrrolidinomethyl-o-vanillinhydrobromid*, $C_{13}H_{18}BrNO_3$, F. 178—179°, nach **B** aus I u. VI (1:0,8), 3 Std.; aus A.-Ae. gelbe Kristalle; 60%. *Semicarbazon*, $C_{14}H_{21}BrN_4O_3$, F. 228° (A.); 72%. — *Bis-[3-methoxy-4-hydroxy-5-formylphenyl]-methan*, $C_{17}H_{16}O_6$, F. 158—159°, neben **VII**; aus A. gelbe Kristalle; 81,2% (Höchstausbeute). — *5-Pyrrolidinomethylnovovanillinhydrochlorid*, $C_{14}H_{20}ClNO_3$, F. 185—186°, nach **B** aus II u. VI (1:0,8), 3 Std., nach **C** durch Zutropfen von 30% ig. III innerhalb 20 Min. unter Rühren bei Zimmertemp. zu

II u. VI in A. u. 2std. Kochen, Lösen des Abdampfrückstandes in A. u. Ausfällen mit HCl-Gas; aus A. gelbliche Nadeln; nach **B** 49%, nach **C** 25,8%. — *5-Pyrrolidinomethylnovovanillinhydrobromid*, $C_{14}H_{20}BrNO_3$, F. 169—171°, nach **B** aus II u. VI (1:0,8), 5 Std.; aus A.-Ae. gelbe Kristalle; 50%. *Semicarbazon*, $C_{15}H_{23}BrN_4O_3$, F. 207—208°, aus A. Nadeln; 77%. — *5-Diäthylaminomethyl-o-vanillinhydrochlorid*, $C_{13}H_{20}ClNO_3$, F. 143—145°, nach **B** aus I u. **X** (1:1,2), 5 Std.; aus A.-Ae. gelbe Kristalle; 43,8%. — *5-Diäthylaminomethylnovovanillinhydrochlorid*, $C_{14}H_{22}ClNO_3$, F. 142—144°, nach **B** aus II u. **X** (1:1,2), 6 Std.; aus A.-Ae. gelbe Prismen; 45%. (J. prakt. Chem. [4] **8** (**280**). 199—206. April 1959. Merseburg, TH der Leuna-Merseburg, Inst. für Organ. Chem.) R. HOSZBACH. 1330

Heinz Giesemann und **Dieter Braun**, *Die Umsetzung von* DL-*Phenylalanin mit N.N'-Carbonyldiimidazol.* DL-Phenylalanin (I) reagiert mit einem Überschuß an N.N'-Carbonyldiimidazol (II) in absol. Tetrahydrofuran unter Auflösen der Aminosäure. Nach Abtrennung des bei der Rk. frei gewordenen *Imidazols* konnte jedoch kein DL-Phenylalanin-N-carbonsäureanhydrid (IV) gefunden werden. Aus dem Rohprod. wurde *N.N'-Carbonyl-bis-*DL*-phenylalanin* (III) isoliert, das durch Überführung in den *Dimethylester* u. *α-[5-Benzylhydantoinyl-(3)]-β-phenylpropionsäure* sowie durch Hydrolyse zu I identifiziert wurde. Der Reaktionsverlauf der III-Bldg. wird diskutiert.

Versuche: *N.N'-Carbonyl-bis-*DL*-phenylalanin* (III), $C_{19}H_{20}N_2O_5$, F. 184° (Zers.; A.), a) durch 225 Min. langes Kochen von I mit II in absol. Tetrahydrofuran, Entfernen des *Imidazols* mit Tetrahydrofuran/HCl, Einengen, Lösen in 10%ig. NaOH u. Ansäuern; Nadeln; 43,4% (Ausbeute); b) analog a), Einengen der Reaktionslsg., Verdünnen mit W. u. Ansäuern; 79,9%; durch 24std. Erhitzen mit 6n HCl auf 110° → I. *Dimethylester*, $C_{21}H_{24}N_2O_5$, F. 163—164° (Methanol), durch 1std. Stehen von III mit äther. CH_2N_2-Lösung. — *α-[5-Benzylhydantoinyl-(3)]-β-phenylpropionsäure*, F. 228°, nach WESSELY u. JOHN (Hoppe-Seyler's Z. physiol. Chem. **170**. [1927.] 38). — *Poly-*DL*-phenylalanin*, $(C_9H_9NO)_x$, F. 271°, a) durch 225 Min. langes Kochen von IV in absol. Tetrahydrofuran mit Imidazol, Einengen, Lösen in W. u. Ansäuern; gelbliches Pulver; 65%; b) durch 225 Min. langes Stehen von 1,9 g IV mit Imidazol in absol. Tetrahydrofuran bei Raumtemp. u. Waschen des Nd. mit W.; 200 mg. (J. prakt. Chem. [4] **8** (**280**). 39—43. Febr. 1959. Halle/Saale, Martin-Luther-Univ., Justus-v. Liebig-Inst., Inst. für organ. Chem.) E. SCHRÖDER. 1350

Bruce A. Bohm, *Derivate einiger Cycloalkylcarbinole.* Vf. stellt eine Reihe von *Cycloalkylcarbinolen* u. zu deren Charakterisierung die entsprechenden *Phenylurethane*, *α-Naphthylurethane* u. *3.5-Dinitrobenzoate* dar.

Versuche: *Cyclobutylcarbinol* (I), aus Cyclobutancarbonsäureäthylester u. überschüssigem $LiAlH_4$ in Ae., Zers. u. Dest. unter vermindertem Druck. *Phenylurethan*, F. 65—66,5° (PAe.), aus äquimol. Mengen I u. Phenylisocyanat auf dem Dampfbad in ½ Stunde. *α-Naphthylurethan*, F. 112—112,5°, aus I u. α-Naphthylisocyanat analog. *3.5-Dinitrobenzoat*, F. 98,5—99,5°, durch Einw. eines 10%ig. Überschusses an 3.5-Dinitrobenzoylchlorid auf I unter Erwärmen (5—10 Min.). — Analog: *Cyclopentylcarbinol*, *Phenylurethan*, F. 104,5—106,5°. *α-Naphthylurethan*, F. 85—86°. *3.5-Dinitrobenzoat*, F. 89,5—90,5°. — *Cyclohexylcarbinol*, *Phenylurethan*, F. 82,5—83,5°. *α-Naphthylurethan*, F. 108—109°. *3.5-Dinitrobenzoat*, F. 95—96°. — *Cycloheptylcarbinol*, aus Cycloheptancarbonsäurebutylester analog I. *Phenylurethan*, F. 61—62°. *α-Naphthylurethan*, F. 84,5—85,5°. *3.5-Dinitrobenzoat*, F. 79—80°. (J. org. Chemistry **24**. 728—29. Mai 1959. Kingston, R. I., Univ., Coll. of Arts and Sci., Dep. of Chem.) D. KIRSTEIN. 1870

Albert Kirrmann, **Michel Vilkas** und **Dang-Quoc-Quan**, *Über die Dichlorcyclohexanone.* Vff. gewinnen durch Behandeln von Cyclohexanon in CH_2Cl_2-Lsg. mit SO_2Cl_2 bei 15° u. Trennung durch Dest. *cis-2.6-Dichlorcyclohexanon* (I; F. 72°, Kp.$_{0,2}$ 82—83°; *2.4-Dinitrophenylhydrazon*, F. 131°) u. *2.2-Dichlorcyclohexanon* (II; F. 20°, Kp.$_{0,2}$ 53 bis 54°, n^{15} 1,4969, $D.^{15}$ 1,2996; *Cyclohexandion-(1.2)-bis-[2.4-dinitrophenylhydrazon]*, F. 220°). Die cis-Konfiguration wird I auf Grund der UV- u. IR-Spektren zugeschrieben. II lagert sich beim Erhitzen in HCl-haltigem Dimethylformamid irreversibel zu 45% in I (daneben in andere Prodd.) um. Die Rk. von II mit Kollidin oder mit LiCl in Dimethylformamid lieferte kein 2-Chlorcyclohexen-(2)-on, sondern 45% *Phenol* neben I. Unter den gleichen Bedingungen gab I nur 8% Phenol. (C. R. hebd. Séances Acad. Sci. **248**. 418—20. 19/1. 1959. École Norm. Supér., Labor. de Chim.) H.-J. KÖTZSCH. 1960

Stefano Corsano und **Luciana Capitò**, *Die Struktur des Monomethyläthers eines Dihydroresorcins.* Dem *Methyläther* von 6-Methyl-6-carbäthoxydihydroresorcin wird auf Grund von Abbau-Rkk. die zum *6-Methyl-Δ²-cyclohexenon* u. zum *6-Methyl-3-methoxycyclohexanon* führen, die Struktur eines *6-Methyl-6-carbäthoxy-3-methoxy-Δ²-cyclohexenons* zugeschrieben.

Versuche: *6-Methyl-6-carbäthoxy-3-methoxycyclohexanonsemicarbazon*, $C_{12}H_{21}$·N_3O_4, F. 169—170° (A.), aus 6-Methyl-6-carbäthoxy-3-methoxycyclohexanon u. Semicarbazidhydrochlorid in wss. A. in Ggw. von Na-Acetat. — *6-Methyl-Δ^2-cyclohexenon*, Kp.$_{18}$ 75°, aus 6-Methyl-6-carbäthoxy-3-methoxycyclohexanon durch 4std. Kochen mit Eisessig, konz. HCl u. Wasser. *Semicarbazon*, $C_8H_{13}N_3O$, F. 178—179° (wss. A.). — *3-Methoxy-6-methyl-6-carboxycyclohexanol*, aus 3-Methoxy-6-methyl-6-carbäthoxycyclohexanol durch 4std. Kochen in 40%ig. Alkoh. KOH; gelbes Öl. *Benzylisothiuroniumsalz*, $C_{17}H_{26}N_2O_4S$, F. 149—150°. — *3-Methoxy-6-methylcyclohexanon*, Kp.$_{18}$ 110 bis 118°, aus vorst. Verb. u. CrO_3 in Bzl. u. Essigsäure durch 3std. Erwärmen auf 60° u. Erhitzen des sauren Prod. in Eisessig unter N_2 auf 100°; 35% (Ausbeute). *2.4-Dinitrophenylhydrazon*, $C_{14}H_{18}N_4O_5$, F. 139—144° (A.), rotorangefarbene Prismen. *Semicarbazon*, $C_9H_{17}N_3O_2$, F. 158—159° (Zers.; A.). — *2-Amino-4-methoxytoluol*, F. 43—44° (PAe.), aus 2-Nitro-4-methoxytoluol durch 6std. Hydrierung in Ggw. von RANEY-Ni in A. bei 100°; 90%. — *2-Hydroxy-4-methoxytoluol*, F. 45—46° (PAe.), aus vorst. Verb. durch Diazotierung u. Verkochung in Ggw. von $CuSO_4$; 78%. (Gazz. chim. ital. **85**. 1590—98. Dez. 1955. Roma, Univ., Ist. di Chim. organ.) WALTER SIMON. 2070

A. R. Abdurassulewa, *Cycloalkylierung von Phenolen und ihren Äthern.* 1. Mitt. *Kondensation von Phenol mit Cyclohexanol.* Bei der Kondensation äquimol. Mengen Phenol (I) u. Cyclohexanol (II) in Ggw. von $AlCl_3$ beträgt die Gesamtausbeute an Kondensationsprodd. nur 20—30% u. wird auch durch Temperaturerhöhung oder Erhöhung des $AlCl_3$-Zusatzes nicht gesteigert, da dann mehr hochmol. Substanzen entstehen. Das Hauptprod. der Rk. stellt *p-Cyclohexylphenol* (III) dar; *o-Cyclohexylphenol* (IV) u. *Phenylcyclohexyläther* (V) fallen in etwa gleich geringer Menge an. **V** erfährt bei der Dest. teilweise Isomerisierung zu **IV**. Setzt man **I**, **II** u. $AlCl_3$ im Mol-Verhältnis 5:1:1 um, so entstehen bei 70—80° 24% III, 28,4% **IV** u. 8,5% **V**. Als weiteres Nebenprod. tritt *Cyclohexylchlorid* (VI) auf. Verss. mit vorhergehender Darst. von $C_6H_5OAlCl_2$ ergaben Gesamtausbeuten von 64%, wobei bes. **V** in größerer Menge anfällt; **VI** wird hier nicht beobachtet. In Ggw. von H_3PO_4 (D. 1,86; 3 Mol) ergibt die Kondensation von **I** mit **II** bei 120—130° 41% III, 25% **IV** u. 11% **V**.

Versuche: *p-Cyclohexylphenol* (III), F. 130°, Kp.$_4$ 134—135°, aus Bzl. Nadeln. *Benzyläther*, F. 117—118°. *Methyläther*, F. 55—56°. *Äthyläther*, F. 40°. *Acetat*, F. 35—36°. *Phenylurethan*, F. 144—145°. — *2.6-Dinitro-4-cyclohexylphenol*, F. 84—85°, aus III u. HNO_3 (D. 1,4) in Eisessig; aus A. hellgelbe Blättchen. — *p-Cyclohexylphenoxyessigsäure*, F. 151°. — *o-Cyclohexylphenol* (IV), F. 56° (PAe.), Kp.$_5$ 124—125°. *Benzyläther*, F. 39°. *Methyläther*, Kp.$_2$ 101—103°, D.$^{20}_4$ 1,0111, n_D^{20} 1,5345. *Äthyläther*, Kp.$_3$ 114 bis 115°, D.$^{20}_4$ 0,9991, n_D^{20} 1,5270. — *4.6-Dinitro-2-cyclohexylphenol*, F. 105—106° (A.), aus IV u. HNO_3 (D. 1,4) in Eisessig; 85%. — *o-Cyclohexylphenoxyessigsäure*, F. 129 bis 131°. — *Phenylcyclohexyläther* (V), Kp.$_2$ 90—91°, D.$^{20}_4$ 1,005, n_D^{20} 1,5250. (Журнал Общей Химии [J. allg. Chem.] **28** (**90**). 2993—98. Nov. 1958. Mittelasiat. Univ.)
H.-E. TOUSSAINT. 2260

Kei-zo Kinoshita, *Über die oxydative Spaltung der Acyloinbindung.* 3. Mitt. *Oxydative Spaltung von Benzil mit Kupferamminkomplexen.* (2. vgl. J. chem. Soc. Japan, pure Chem. Sect. [Nippon Kagaku Zassi] **75**. [1954.] 174; 1. vgl. C. **1950/54**. 3146 S.) Durch 2—4std. Einleiten von Luft bei 30—50° in Gemische aus Benzoin, Benzil oder Benzoylameisensäure mit Cu(I)- oder Cu(II)-Salz u. NH_4OH, Pyridin, Di-, Triäthylamin, Diphenylamin oder KOH als bas. Komponente, teils auch in Ggw. von Weinsäure, NaCl oder NH_4Cl, erhalten Vff. meist *Benzoesäure* in guter Ausbeute neben *Benzonitril*. Aus Mandelsäure, Methyl- oder Hydrobenzoin entstehen durch analoge Behandlung neben wenig *Benzaldehyd* gelbe Harze. (J. chem. Soc. Japan, pure Chem. Sect. [Nippon Kagaku Zassi] **76**. 527—30. Mai 1955. Kyoto, Univ. [Orig.: japan.])
L. SCHULER. 2370

Kurt Alder und **Marianne Günzl-Schumacher,** *Ein Beitrag zum Verhalten organischer Peroxyde. Über die Autoxydation des 3^c.6^c-Diphenyl-Δ^4-cyclohexendicarbonsäure-(1^c.2^c)-dimethylesters.* Das Additionsprod. aus Maleinsäureanhydrid (I) u. trans.trans-1.4-Diphenylbutadien (II), *3^c.6^c-Diphenyl-Δ^4-cyclohexendicarbonsäure-(1^c.2^c)* (III)-*Anhydrid* (**IIIa**), liefert öligen III-*Dimethylester* (**IIIb**), der mit O_2, Azodicarbonsäuredimethylester (IV) u. katalyt. erregtem H_2 in hohen Ausbeuten einheitliche, stereochem. nicht völlig aufgeklärte, krist. Prodd. liefert. Die mit O_2 erhaltene *Δ^5-4-Hydroperoxyverb.* (**V**) gibt mit nascierendem oder katalyt. (PtO_2) erregtem H_2 die *Δ^5-4-Hydroxyverb.* (**VI**), mit H_2 über Pd/Kohle den entsprechend *gesätt. Alkohol* (**VII**). Mit SeO_2 in Eisessig oder Acetanhydrid werden **IIIb** u. **VI** zu *3.6-Diphenylphthalsäuredimethylester* (**VIII**) aromatisiert, während beim kurzen Erwärmen mit **I** oder Phthalsäureanhydrid **VI** zu *3.6-Diphenyl-$\Delta^{3.5}$-cyclohexadiendicarbonsäure-(1.2)-dimethylester* dehydratisiert wird, der mit SeO_2 in **VIII** übergeht u. bei der katalyt. Hydrierung ebenso wie **IIIb** *3^c.6^c-Di-*

phenylcyclohexandicarbonsäure-(1c.2c)-dimethylester (**IX**) liefert. Durch Einw. von Dimethylanilin oder N-Äthylpiperidin geht **V** in **VI** über, wobei sich vermutlich Aminoxyde bilden. Mit Pyridin oder Chinolin gibt **V** die *Δ^5-4-Oxoverb.* (**X**). Wolff-Kishner-Red. von **X** u. Dehydrierung des Prod. ergibt **VIII**. Durch Dehydrierung von **X** mit Br_2 in Eisessig entsteht *4-Hydroxy-3.6-diphenylphthalsäuredimethylester*, Ozonolyse von **X** führt zu *α.β.γ-Tricarboxy-γ-phenylbutyrophenon-α.β-dimethylester*, der zu *Benzoesäure* u. *α-Phenyltricarballylsäure* gespalten wird. **X** läßt sich zu einem *4-Oxo-3.6-diphenylcyclohexandicarbonsäure-(1.2)-dimethylester* hydrieren, dessen *Stereomeres* aus **VII** durch Oxydation mit $K_2Cr_2O_7$ in H_2SO_4 erhältlich ist. Beide Verbb. gehen durch Red. nach Clemmensen in *3c.6t-Diphenylcyclohexandicarbonsäure-(1c.2c)-dimethylester* (**XI**) über. Bei der Einw. von wss. Alkali oder sek. Basen, wie Piperidin oder Diäthylamin, auf **V** bildet sich quantitativ **VIII**, während wasserfreies K-Acetat in A. wahrscheinlich nur unvollständige Wasserabspaltung zu einem *4-Hydroxy-3.6-diphenyl-$\Delta^{2.5}$-cyclohexadiendicarbonsäure-(1.2)-dimethylester* (**XII**) bewirkt, der mit Piperidin schon bei Raumtemp. **VIII** u. mit CH_2N_2 ein *Pyrazolinderiv.* liefert. Der Mechanismus der Dehydratisierung wird diskutiert. In methanol. HCl isomerisiert sich **V** zu einer gesätt. Verb., für die die Struktur eines *2.5-Epoxy-4-hydroxy-3.6-diphenylcyclohexandicarbonsäure-(1.2)-dimethylesters* angenommen wird. In Modellverss. zeigen Vff., daß auch 2c.5c-Diphenyl-Δ^3-cyclohexencarbonsäure-(1c)-methylester (**XIII**) u. ähnlich gebaute Verbb. analog **IIIb** mit **IV** Additions-Rkk. geben. Das Additionsprod. aus **II** u. Fumarsäuredimethylester ist nicht autoxydabel. Im Gegensatz zu **V** wird 1-Hydroperoxytetralin (**XIV**) durch sek. Basen oder wss. Alkali nicht aromatisiert, sondern liefert ebenso wie mit tert. Basen nur *α-Tetralon.*

Versuche: *3c.6c-Diphenyl-Δ^4-cyclohexendicarbonsäure-(1c.2c)* (**III**), *Dimethylester* (**IIIb**), aus **IIIa** mit sd. CH_3OH in Ggw. von konz. H_2SO_4 (7 Std.); viscoses Öl. *Diäthylester* (**IIIc**), analog **IIIb**, aber mit A. statt CH_3OH; gelbliches Öl. — *4-Hydroperoxy-3.6-diphenyl-Δ^5-cyclohexendicarbonsäure-(1.2), Dimethylester* (**V**), $C_{22}H_{22}O_6$, F. 185° (Zers.), durch mehrtägiges Stehen von **IIIb** an der Luft; Rosetten aus CH_3OH oder Essigester. *Diäthylester*, $C_{24}H_{26}O_6$, F. 127° (A.–W.), aus **IIIc** analog **V**; 80% (Ausbeute). — *4-Hydroxy-3.6-diphenyl-Δ^5-cyclohexendicarbonsäure-(1.2)-dimethylester* (**VI**), $C_{22}H_{22}O_5$, F. 165—166° (CH_3OH), aus **V**, a) durch Hydrierung in Eisessig über PtO_2; b) mit C_2H_5·MgBr in Ae.; c) mit sd. Dimethylanilin oder N-Äthylpiperidin (4 Std.). *Acetylderiv.*, $C_{24}H_{24}O_6$, F. 163° (CH_3OH), a) aus **VI** in sd. Acetanhydrid (2½ Std.); b) aus **V** in sd. Eisessig mit Zn-Staub (5 Std.) u. Umsetzen des Prod. mit CH_2N_2, daneben eine *Verb. vom F. 107—108°* (CH_3OH). — *3.6-Diphenyl-$\Delta^{3.5}$-cyclohexadiencarbonsäure-(1.2)-dimethylester*, $C_{22}H_{20}O_4$, F. 116—117° (CH_3OH), durch kurzes Aufkochen von **VI** mit **I** oder Phthalsäureanhydrid; gibt bei der Ozonisierung *α.α'-Dibenzoylbernsteinsäuredimethylester*, $C_{20}H_{18}O_6$, F. 182° (CH_3OH). — *3c.6c-Diphenylcyclohexandicarbonsäure-(1c.2c)-dimethylester* (**IX**), $C_{22}H_{24}O_4$, F. 104° (CH_3OH), durch Hydrierung von vorst. Verb. bzw. **IIIb** in Eisessig über PtO_2. — *3.6-Diphenylphthalsäuredimethylester* (**VIII**), $C_{22}H_{18}O_4$, F. 189—190° (Nadeln aus Eisessig oder CH_3OH), a) aus vorvorst. Verb. mit SeO_2 in sd. Eisessig (2 Std.); b) aus **X** mit $N_2H_4 \cdot H_2O$ in Ggw. von $NaOC_2H_5$ bei 180° im Rohr (8 Std.), Dehydrierung mit S bei 240° u. Veresterung; c) aus **V** mit sd. 2n NaOH (10 Std.), über das Na-Salz ($C_{20}H_{12}Na_2O_4 \cdot 5\ H_2O$) u. Verestern der freien Säure mit CH_2N_2; d) aus **V** mit warmem alkoh. $NaOC_2H_5$; e) aus **V** mit Piperidin (1½—2 Std.) oder Diäthylamin (ca. 35 Std.) u. CH_3OH bei Raumtemp.; f) aus **XII** durch Aufkochen mit Acetanhydrid, durch Schmelzen mit **I** oder mit Piperidin bei Raumtemp. (2 Std.); g) aus **IIIb** mit SeO_2 in Acetanhydrid (einige Std.); 100%. — *4-Oxo-3.6-diphenyl-Δ^5-cyclohexendicarbonsäure-(1.2)-dimethylester*, $C_{22}H_{20}O_5$, F. 175—176°, aus **VI** mit $K_2Cr_2O_7$ in wss. H_2SO_4; Nadeln aus CH_3OH; 40—50%; gibt mit sd. Pyridin **X**. *Stereoisomeres* (**X**), $C_{22}H_{20}O_5$, F. 165°, aus **V** mit sd. Pyridin (3 Std.); Nadeln aus CH_3OH; *Semicarbazon*, $C_{23}H_{23}N_3O_5$, F. 224 bis 225° (CH_3OH); *Enolacetat*, $C_{24}H_{22}O_6$, F. 126° (CH_3OH), a) aus **X** in sd. Acetanhydrid mit Na-Acetat (5 Std.); b) analog aus **V** (3 Std.), daneben wenig **VIII**; c) aus **V** in sd. Pyridin–Acetanhydrid (3 Std.). — *4-Hydroxy-3.6-diphenylcyclohexandicarbonsäure-(1.2)-dimethylester* (**VII**), $C_{22}H_{24}O_5$, F. 126° (Essigester–PAe. bzw. CH_3OH), durch Hydrierung, a) von **V** in Essigester über Pd/Kohle; b) von **XII** in CH_3OH über PtO_2. *Acetylderiv.*, $C_{24}H_{26}O_6$, F. 138—139° (CH_3OH). — *3.6-Diphenyl-Δ^x-cyclohexendicarbonsäure-(1.2)-dimethylester*, $C_{22}H_{22}O_4$, F. 164—165°, durch Schmelzen von **VII** mit **I**; läßt sich katalyt. zu **IX** hydrieren. *Isomeres*, F. 167° (CH_3OH), beim Vers. der Hydrierung von **IIIb** in Eisessig über PtO_2 neben viel **IX**. — *4-Oxo-3.6-diphenylcyclohexandicarbonsäure-(1.2)-dimethylester*, $C_{22}H_{22}O_5$, F. 191°, aus **VII** mit $K_2Cr_2O_7$ in wss. H_2SO_4 (24 Std.); Nadeln aus CH_3OH; gibt mit sd. Pyridin (3 Std.) quantitativ das Isomere. *Isomeres*, $C_{22}H_{22}O_5$, F. 188—189° (CH_3OH), durch Hydrierung von **X** in Eisessig über PtO_2. — *3c.6t-Diphenylcyclohexandicarbonsäure-(1c.2t)-dimethylester* (**XI**), $C_{22}H_{24}O_4$, F. 130° (CH_3OH), durch Red. beider vorst. Isomeren mit Zn-Amalgam in methanol. HCl. — *4-Oxo-3.6-diphenyl-Δ⁵-cyclohexencarbonsäure-(1)*, $C_{19}H_{16}O_3$, F. 204° (Acetonitril), durch Verseifen u. partielles Decarboxylieren von **X** mit sd. wss. NaOH (2½ Std.). *Methylester*, $C_{20}H_{18}O_3$, F. 112° (CH_3OH). — *4-Hydroxy-3.6-diphenylphthalsäuredimethylester*, $C_{22}H_{18}O_5$, F. 170° (Eisessig), aus **X** in Eisessig mit Br_2 bis zur bleibenden Färbung. *Acetylderiv.*, $C_{24}H_{20}O_6$, F. 160° (CH_3OH). *Methyläther*, $C_{23}H_{20}O_5$, F. 142° (CH_3OH). — *α.β.γ-Tricarboxy-γ-phenylbutyrophenon, α.β-Dimethylester*, $C_{21}H_{20}O_7$, F. 168° (CH_3OH), aus **X** durch 4std. Ozonisierung in Essigester bei Raumtemp. u. 24std. Stehen. *Trimethylester*, $C_{22}H_{22}O_7$, F. 133°, Nadeln aus CH_3OH. — *α-Phenyltricarballylsäure*, $C_{12}H_{12}O_6$, F. 210—211° (Zers.), aus vorst. Verb. mit sd. 20% ig. methanol. KOH (6 Std.), Nadeln aus Essigester–Acetonitril; daneben *Benzoesäure*. — *4-Hydroxy-3.6-diphenyl-Δ$^{2.5}$-cyclohexadiendicarbonsäure-(1.2)-dimethylester*(?) (**XII**), $C_{22}H_{20}O_5$, F. 133° (CH_3OH), a) aus **V** mit wasserfreiem K-Acetat in sd. A. (ca. ³/₄ Std.); daneben etwas **VIII**. — *Pyrazolino-[3'.4':3.2]-4-hydroxy-3.6-diphenyl-Δ⁵-cyclohexendicarbonsäure-(1.2)-dimethylester*, $C_{23}H_{22}N_2O_5$, F. 160° (Zers.; CH_3OH), aus **XII** mit äther. CH_2N_2. — *2.5-Epoxy-4-hydroxy-3.6-diphenylcyclohexandicarbonsäure-(1.2)(?), Dimethylester*, $C_{22}H_{22}O_6$, F. 205° (CH_3OH), aus **V** mit 10 % ig. absol. methanol. HCl bei Raumtemp. (10—12 Std.); daneben **X**. *Monomethylester*, $C_{21}H_{20}O_6$, F. 232°, aus dem Dimethylester mit sd. 20% ig. methanol. KOH (3 Std.); gibt bei der Veresterung einen *isomeren Dimethylester*, $C_{22}H_{22}O_6$, F. 209—210°. — *2.5-Epoxy-4-oxo-3.6-diphenylcyclohexandicarbonsäure-(1.2)-dimethylester*, $C_{22}H_{20}O_6$, F. 155—156° (CH_3OH), aus vorst. Verb. mit $K_2Cr_2O_7$ in verd. H_2SO_4 auf dem Wasserbad; gibt bei der CLEMMENSEN-Red. **XI**. *Semicarbazon*, $C_{23}H_{23}N_3O_6$, F. 250—252° (CH_3OH). — *3ᶜ.6ᶜ-Diphenyl-Δ⁴-cyclohexendicarbonsäure-(1ᶜ.2ᵗ)-dimethylester*, F. 146°, aus **IIIb** mit Piperidin bei Raumtemp.; 100%. — *4-Hydroperoxy-2.5-diphenyl-Δ²-cyclohexencarbonsäure-(1)-methylester*, $C_{20}H_{20}O_4$, F. 158—159°, aus **XIII** durch mehrwöchiges Stehen an der Luft (in kürzerer Zeit in methanol. Lsg. unter UV-Bestrahlung); Stäbchen aus CH_3OH. — *4-Hydroxy-2.5-diphenyl-Δ²-cyclohexencarbonsäure-(1)-methylester*, $C_{20}H_{20}O_3$, F. 159—160° (CH_3OH), aus vorst. Verb. durch Hydrierung in Eisessig über PtO_2. *Acetylderiv.*, F. 122—123° (CH_3OH). — *4-Oxo-2.5-diphenyl-Δ²-cyclohexencarbonsäure-(1)-methylester*, F. 111—112°, aus vorvorst. Verb. in sd. Pyridin (3 Std.). — *4-[N.N'-Dicarboxyhydrazino]-2.5-diphenyl-Δ²-cyclohexencarbonsäure-(1)-trimethylester*, $C_{24}H_{26}N_2O_6$, F. 183°, aus **XIII** u. **IV**. — 4-[N.N'-Dicarboxyhydrazino]-Δ⁵-cyclohexendicarbonsäure-(1.2)-tetramethylester: *3.6-Diphenyl-*, $C_{26}H_{28}N_2O_8$, F. 220°, aus **IIIb** u. **IV**; Nadeln aus CH_3OH. —*3-Methyl-6-phenyl-*, $C_{21}H_{26}N_2O_8$, F. 181° (CH_3OH), aus 6-Methyl-3-phenyl-Δ⁴-cyclohexendicarbonsäure-(1.2)-dimethylester (**XV**; aus 1-Phenyl-4-methylbutadien u. **I** u. Veresterung des gebildeten Anhydrids) u. **IV**. — *3-Carbomethoxy-6-phenyl-*, $C_{22}H_{26}N_2O_{10}$, F. 187—188°, aus 4-Phenyl-Δ⁵-cyclohexentricarbonsäure-(1.2.3)-trimethylester (aus Cinnamylidenessigsäureäthylester u. **I**) u. **IV**. — *6-Styryl-3-phenyl-*, $C_{28}H_{30}N_2O_8$, F. 223—224°, aus 3-Phenyl-6-styryl-Δ⁴-cyclohexendicarbonsäure-(1.2)-dimethylester (aus 1.6-Diphenylhexatrien u. **I**) u. **IV**. — *6-Methyl-3-phenylphthalsäuredimethylester*, $C_{17}H_{16}O_4$, F. 98—99°, aus **XV** durch Überführen in das ölige Peroxyd u. Behandeln mit Piperidin bei Raumtemp. bzw. mit sd. Alkali u. anschließende Veresterung. — *α-Tetralon, Oxim*, F. 103°, aus **XIV** mit sd. Pyridin oder Dimethylanilin (3 Std.) bzw. bei Raumtemp. mit Piperidin u. Rk. mit NH_2OH. (Chem. Ber. **92**. 822—37. 7/4. 1959. Köln, Univ., Chem. Inst.)

E. SCHIKORA. 2420

R. M. Lagidse und **B. Ss. Potzchweraschwili**, *Alkylierung von Cumol mit Butandiol-(1.3)- und -(1.4)-diacetat in Gegenwart von $AlCl_3$.* Bei der Alkylierung von Cumol (**I**) mit Butandiol-(1.3)- oder Butandiol-(1.4)-diacetat in Ggw. von $AlCl_3$ werden *3-[p-Isopropylphenyl]-1-acetoxybutan* (**VII**) u. *7-Acetyl-1-methyl-5-isopropylhydrinden* (**II**) [aus Butandiol-(1.3)-diacetat] sowie *8-Acetyl-6-isopropyltetralin* erhalten. Die Struktur von **II** wird durch Red. zu *1-Methyl-7-äthyl-5-isopropylhydrinden* (**III**) bewiesen. Bei der Oxydation von **II** mit HNO_3 entsteht *Benzol-1.2.3.5-tetracarbonsäure* u. infolge teilweiser Decarboxylierung vermutlich auch *Hemimellitsäure* (**IV**). Zur Unters. des Reaktionsmechanismus wird 3-Phenyl-1-acetoxybutan (**V**) [das wahrscheinliche Zwischenprod. bei der Rk. von Bzl. mit Butandiol-(1.3)-diacetat] der intramol. Kondensation unterworfen. In desaromatisiertem Bzn. wird dabei *1-Methyl-5-acetylhydrinden* (**VI**) erhalten, das fast das gleiche UV-Spektr. wie **II** aufweist. Jedoch sind für die Cyclisierung von **V** wesentlich härtere Bedingungen erforderlich als bei der direkten Alkylierung von Bzl. mit Butandiol-(1.3)-diacetat. Auch 3-[p-Tolyl]-1-acetoxybutan läßt sich in Bzn. zu *7-Acetyl-1.6-dimethylhydrinden* cyclisieren. In Bzl. wird dagegen beim Vers. der Cyclisierung von **V** *1.3-Diphenylbutan* erhalten.

Versuche: *1-Methyl-5-acetylhydrinden* (**VI**), $C_{12}H_{14}O$, Kp.₃ 129—132°; zu 13,1 g $AlCl_3$ in 100 ml Bzn. läßt man 15 g **V** zutropfen, erhitzt nach Abklingen der HCl-Entw.

13 Std. auf 105—110°, zers. das Reaktionsgemisch mit angesäuertem W., extrahiert mit Ae. u. dest.; $D.^{20}{}_4$ 1,0083; $n_D{}^{20}$ 1,5463; 30% (Ausbeute); gibt bei $KMnO_4$-Oxydation in alkal. Lsg. (18 Std. Kochen) *Terephthalsäure* [*Terephthalsäuredimethylester*, F. 139 bis 141° (A.)]. — *1.3-Diphenylbutan*, $C_{16}H_{18}$, $Kp._2$ 155—160°; analog **VI** aus 20 g **V** in 25 g Bzl. in Ggw. von 20,75 g $AlCl_3$ (9 Std. bei 75—80°); $D.^{20}{}_4$ 1,0401; $n_D{}^{20}$ 1,6028; 23,2%; gibt bei der $KMnO_4$-Oxydation *Benzoesäure*, F. 119—121°. — *7-Acetyl-1.6-dimethylhydrinden*, $Kp._{2-3}$ 120—123°; aus 20 g 3-[p-Tolyl]-1-acetoxybutan u. Bzl. in Ggw. von 16,18 g $AlCl_3$ (11—12 Std. bei 110°); $D.^{20}{}_4$ 1,0001; $n_D{}^{20}$ 1,5350; 26,3%. *Semicarbazon*, F. 228—229°. — *3-[p-Isopropylphenyl]-1-acetoxybutan* (**VII**), $C_{15}H_{22}O_2$, $Kp._2$ 95—100°; aus 103,45 g **I** u. 50 g Butandiol-(1.3)-diacetat in Ggw. von 86,21 g $AlCl_3$ (16—18 Std. bei 115°); $D.^{20}{}_4$ 0,9621; $n_D{}^{20}$ 1,5220; 29,4 g [gibt bei 5std. Erhitzen mit 10%ig. KOH, Verdünnen mit W. u. Extrahieren mit Ae. *3-[p-Isopropylphenyl]-butanol-(1)*, $Kp._2$ 110 bis 115°; $D.^{20}{}_4$ 0,9720; $n_D{}^{20}$ 1,5220; durch $KMnO_4$-Oxydation *Terephthalsäure* (nachgewiesen als *Dimethylester*)]; daneben 10,9 g *7-Acetyl-1-methyl-5-isopropylhydrinden* (**II**), $C_{15}H_{20}O$, $Kp._2$ 155—160°; $D.^{20}{}_4$ 1,0168; $n_D{}^{20}$ 1,5670 [*Semicarbazon*, $C_{16}H_{23}N_3O$, F. 210 bis 211° (Methanol)]; gibt bei 8std. Oxydation mit HNO_3 (D. 1,34) bei 140—150° *Benzol-1.2.3.5-tetracarbonsäure*, F. 251—261° (W.) u. ein Gemisch von Decarboxylierungsprodukten. — *1-Methyl-7-äthyl-5-isopropylhydrinden* (**III**), $C_{15}H_{22}$, $Kp._{2,5-3}$ 106—108°; durch 11std. Kochen von 6 g **II** in 30 ml verd. HCl u. 8 ml Dioxan mit 25 g Zn-Amalgam unter portionsweiser Zugabe von HCl u. Extraktion mit Ae.; $D.^{20}{}_4$ 0,9607; $n_D{}^{20}$ 1,5285. — *1-Isopropyl-4-acetylbenzol*, $Kp._2$ 92—95°; Nebenprod. von **VII**; $D.^{20}{}_4$ 0,9746; $n_D{}^{20}$ 1,5115. *Semicarbazon*, F. 190—191°. — *8-Acetyl-6-isopropyltetralin*, $C_{15}H_{20}O$, $Kp._{0,5-1}$ 143 bis 148°; aus 53 g **I** u. 25 g Butandiol-(1.4)-diacetat in Ggw. von 43,11 g $AlCl_3$ (16 Std. bei 120°); $D.^{20}{}_4$ 1,0201; $n_D{}^{20}$ 1,5690; 20%. *Semicarbazon*, $C_{16}H_{23}N_3O$, F. 218—219°; gibt bei der CLEMMENSEN-Red. *6-Isopropyl-8-äthyltetralin*, $Kp._2$ 112—115°; $D.^{20}{}_4$ 0,9411; $n_D{}^{20}$ 1,5304. (Сообщения Академии Наук Грузинской ССР [Mitt. Akad. Wiss. GrusinSSR] **19**. 429—36. Okt. 1957. Tbilissi, Chem. Melikischwili-Inst. der Akad. der Wiss. der GrusinSSR.) W. KURTZMANN. 2650

Robert H. Baker, L. S. Minckler und **Allen S. Hussey,** *Die Stereoisomeren des 10-Methyldekalols-(2).* *cis-10-Methyl-trans-dekalol-(2)* (**I**) stellen Vff. aus 2-Methylcyclohexanon über *10-Methyl-trans-dekalon-(2)* (vgl. DREIDING u. TOMASEWSKI C. **1955**. 4816) u. anschließende Red. mit $LiAlH_4$ dar. Die Einw. von K-Acetat in Essigsäure–Acetanhydrid auf das *p-Toluolsulfonat* (**IX**) von **I** führt über das *Acetat* u. dessen Verseifung zu *trans-10-Methyl-trans-dekalol-(2)* (**II**). *cis-* (**III**) u. *trans-10-Methyl-cis-dekalol-(2)* (**IV**) werden wie folgt erhalten: Durch Red. von 10-[p-Toluolsulfonoxymethyl]-cis-dekalon-(2) wird ein Gemisch der epimeren *10-[p-Toluolsulfonoxymethyl]-cis-dekalole-(2)* erhalten, das über die *p-Nitrobenzoate* [cis.cis-Verb. (**V**), trans–cis-Verb. (**VI**)] getrennt wird. Verseifung von **V** gibt *cis-10-[p-Toluolsulfonoxymethyl]-cis-dekalol-(2)*, das mit H_2S u. RANEY-Ni in **III** übergeführt wird. Analog entsteht **IV** aus **VI**. Aus dem *p-Toluolsulfonat* (**X**) von **IV** wird das *Acetat* von **III** dargestellt.

Versuche: *cis-10-Methyl-trans-dekalol-(2)* (**I**), F. 64—68° (Pentan), aus 10-Methyl-trans-dekalon-(2) u. $LiAlH_4$ in Ae. in 2 Std.; 75% (Ausbeute). *3.5-Dinitrobenzoat*, F. 108—109°. *p-Nitrobenzoat*, $C_{18}H_{23}NO_4$, F. 71—73°, mit p-Nitrobenzoylchlorid (**VIII**) in Pyridin bei 100° in 3 Stunden. *p-Toluolsulfonat* (**IX**), $C_{18}H_{26}O_3S$, F. 55—56,5° (A.), durch Einw. von p-Toluolsulfochlorid (**VII**) auf **I** in Pyridin bei 10° in 4 Tagen; 63%. — *trans-10-Methyl-trans-dekalol-(2)* (**II**), $C_{11}H_{20}O$, F. 89,5—90,5° (Pentan), aus **IX** u. wasserfreiem K-Acetat in Eisessig–Acetanhydrid durch 19std. Kochen, Gießen in verd. KOH, Ae.-Extraktion, chromatograph. Reinigung u. Verseifung durch Erhitzen in alkoh. KOH in 3 Std.; 29%. *3.5-Dinitrobenzoat*, $C_{18}H_{22}N_2O_6$, F. 122—123°, aus Pentan Tafeln. *p-Nitrobenzoat*, $C_{18}H_{23}NO_4$, F. 153—154° (Hexan). — *10-Methyl-trans-dekalon-(2), 2.4-Dinitrophenylhydrazon*, F. 174,5—176° (A.), aus **II** u. CrO_3 in Eisessig bei 50° in 25 Min. u. folgende Behandlung des Ketons mit überschüssigem 2.4-Dinitrophenylhydrazin in A. in Ggw. von HCl in 15 Min.; 87%. — *10-[p-Toluolsulfonoxymethyl]-cis-dekalon-(2)*, $C_{18}H_{24}O_4S$, F. 84,5—85,5° (A.), aus 10-Hydroxymethyl-cis-dekalon-(2) u. **VII** in Pyridin bei 70° in 1 Std.; 98%. — *10-[p-Toluolsulfonoxymethyl]-cis-dekalol-(2)*, aus vorst. Verb. u. $NaBH_4$ in A. unterhalb 40°, dann bei Raumtemp. in 20 Std. u. 2std. Einw. von verd. Essigsäure; 100%. *p-Nitrobenzoat* (**VI**) *der trans–cis-Verb.*, $C_{25}H_{29}NO_7S$, F. 161—163° (A.), a) aus dem Gemisch u. **VIII** in absol. Pyridin bei Wasserbad u. Raumtemp. in 1 Std.; 71%; b) aus trans-10-Hydroxymethyl-cis-dekalol-(2) [F. 139—140°] u. **VII** in Chlf.–Pyridin in 30 Min. Chlf.-Extraktion, dann Einw. von **VIII** in Pyridin in 1¹/₄ Std.; 40%. — *cis-10-[p-Toluolsulfonoxymethyl]-cis-dekalol-(2)-p-nitrobenzoat* (**V**), $C_{25}H_{29}NO_7S$, F. 114—116°, a) neben **VI**; 17%; b) aus cis-10-Hydroxymethyl-cis-dekalol-(2) u. **VII** in Pyridin in 24 Std. bei Raumtemp., Ae.-Extraktion u. Einw. von **VIII** in Pyridin; 96%. — *cis-10-[p-Toluolsulfonoxymethyl]-cis-dekalol-(2)*, $C_{18}H_{26}O_4S$, F. 78 bis 79°, durch Verseifung von V mit warmer alkoh. KOH; 92%. — *cis-10-Mercaptomethyl-cis-dekalol-(2)*, durch Red. vorst. Verb. mit 25% wss. NaHS in Dimethylformamid (20std. Kochen unter N_2); 100%. — *cis-10-Methyl-cis-dekalol-(2)* (III), Kp.$_4$ 110—112°, a) aus vorst. Verb. durch 2½std. Kochen mit Ni-Katalysator W 5 in absol. A.; 85%; b) durch Behandlung von 8,05 g **X** analog **IX** mit K-Acetat, dann mit $LiAlH_4$ in Ae. u. chromatograph. Trennung; 0,317 g. *3.5-Dinitrobenzoat*, $C_{18}H_{22}N_2O_6$, F. 95—97° (Hexan). *p-Nitrobenzoat*, $C_{18}H_{23}NO_4$, F. 74—75° (Pentan). Daneben *9-Methyloktalin*, Kp.$_{18}$ 82°; 70%. — *trans-10-Methyl-cis-dekalol-(2)* (IV), $C_{11}H_{20}O$, F. 67,5—68,5° (Nadeln aus Pentan), durch Verseifen von VI mit 90%ig. KOH in A. (100%), dann analog III nach a) u. Dest. des Rohprod.; Kp.$_2$ 98—99°; 92%. *3.5-Dinitrobenzoat*, F. 101—102° (Pentan). *p-Nitrobenzoat*, $C_{18}H_{23}NO_4$, F. 104—105° (Hexan). *p-Toluolsulfonat* (**X**), $C_{18}H_{26}O_3S$, F. 96—96,5° (Hexan), F. 86,5—87,5° (A.), aus **IV** u. **VII** analog **IX**; 73%. — Die IR-Spektren von I—IV sind angegeben. (J. Amer. chem. Soc. **81.** 2379—83. 20/5. 1959. Evanston, Ill., Northwestern Univ., Chem. Labors.) D. Kirstein. 2700

William Bradley und **F. P. Williams,** *Die Reaktion von 2-Nitrofluorenon mit Kaliumhydroxyd, Anilin und Natriumanilid.* Behandelt man 2-Nitrofluorenon (I) mit KOH in Pyridin, so erhält man *2-Nitro-3-hydroxyfluorenon* (II) u. eine *4.4'-Azoxybiphenyldicarbonsäure.* Mit einem weniger reinen Pyridin entsteht hauptsächlich *2.2'-Azoxyfluorenon.* Die Konst. von II wird durch Nitrierung von 3-Methoxyfluorenon u. Entmethylierung zu II bewiesen. Für die Hydroxylierung von I ist das Vorhandensein der CO-Gruppe, die die OH-Gruppe in p-Stellung dirigiert, erforderlich. 2-Nitrofluoren reagiert daher nicht wie I. Bei höherer Temp. entsteht aus I u. KOH in Anilin *4-Benzolazobiphenyl-2(oder 2')-carbonsäure* (III) u. *Chinoxalino-[2'.3':1.2]-3-hydroxyfluorenon* (IV). III wird auch durch Erhitzen von 2-Benzolazofluorenon (V) mit KOH, IV aus 2-[2'-Nitroanilino]-fluorenon (VI) mit KOH in Pyridin erhalten. In seinem Verh. gleicht IV dem *Chinoxalino-[2'.3':2.3]-fluorenon*, hergestellt aus 2.3-Diaminofluorenon (IX) u. Cyclohexandion-(1.2) u. anschließende Dehydrierung. Fluorenon ergibt mit KOH u. Anilin *Biphenyl-2-carbonsäure* u. *9-Phenyliminofluoren.* Aus I u. Na-Anilid in Anilin bei Zimmertemp. entsteht *2-Benzolazofluorenonanil* (VII) neben wenig *Chinoxalino-[2'.3':1.2]-fluorenonanil* (VIII). Aus VII wird durch Hydrolyse V u. umgekehrt aus V durch Einw. von Anilin u. $ZnCl_2$ VII erhalten. Läßt man I mit Na-Anilid u. Anilin bei 40—50° reagieren, so erhält man wahrscheinlich VIII sowie eins der *N-Oxyde* ($C_{25}H_{15}N_3O$).

Versuche: *2-Nitro-3-hydroxyfluorenon* (II), $C_{13}H_7NO_4$, F. 248—249°, a) aus 3-Methoxyfluorenon u. $AlCl_3$ in Chlf. (4 Std. am Rückfluß) u. Behandlung der *3-Hydroxyverb.* (F. 227—228°, aus Chlorbenzol gelbe Nadeln) mit HNO_3 (D. 1,5) in Essigsäure in Ggw. von Essigsäureanhydrid bei 50—60°; aus A. u. Toluol hellgelbe Nadeln; in verd. wss. $KHCO_3$-Lsg. gelb, in H_2SO_4 orangerot; sublimiert bei 180—190°; b) 15 g I werden 3 Std. mit KOH in Pyridin am Rückfluß erhitzt, in W. gegossen u. angesäuert; der getrocknete Nd. (16,5 g) wird mit wss. $KHCO_3$-Lsg. extrahiert, angesäuert u. im Vakuum bei 180—190° sublimiert; 2,75 g; daneben aus dem alkal. Extrakt durch Ansäuern eine *4.4'-Azoxydiphenyldicarbonsäure*, $C_{26}H_{18}N_2O_5$, F. 292—293° (A.); gelbe Nadeln; 0,7 g. — *2-Nitro-3-methoxyfluorenon*, $C_{14}H_9NO_4$, F. 278—281°, a) durch Lösen von II in methanol. KOH u. wenig Pyridin, 1std. Erhitzen des trockenen orangegelben *K-Salzes* mit Dimethylsulfat auf 100°, Chromatographie (Chr.) in Chlf. an Al_2O_3 u. Eluieren mit Toluol/1% Aceton; grüngelbe Nadeln; b) aus 3-Methoxyfluorenon u. HNO_3 (D. 1,42), Chr. in Chlorbenzol u. Kristallisation aus A., Toluol u. Chlorbenzol; in konz. H_2SO_4 rot bis purpur. — *9-Phenyliminofluoren*, $C_{19}H_{13}N$, F. 86—87°, aus Fluorenon in reinem Anilin unter Zutropfen einer Na-Anilidlsg. von 50° (aus Anilin, Na, Cu-Bronze u. Ni-Oxyd unter Rückfluß), Versetzen mit verd. NaOH, Wasserdampfdest. u. Chr. des in Aceton lösl. Anteils in Bzl. an Al_2O_3; aus PAe. große gelbe Prismen; gibt durch Erhitzen mit wss.-alkoh. HCl *Fluorenon* u. *Anilin.* — *2-Benzolazofluorenon* (V), $C_{19}H_{12}N_2O$, F. 159 bis 160°, durch 4std. Erhitzen von Nitrosobenzol u. 2-Aminofluorenon in Essigsäure auf 80°, Chr. des Säureunlöslichen in Chlorbenzol an Al_2O_3 u. Eluieren mit Toluol; aus Bzl.-PAe. orangefarbene Prismen; in konz. H_2SO_4 orangebraun; gibt durch Red. mit $SnCl_2$ u. HCl *2-Aminofluorenon* u. *Anilin.* — *2-Benzolazo-9-phenyliminofluoren* (VII), $C_{25}H_{17}N_3$, F. 172—173°, a) aus 0,5 g V, Anilin u. $ZnCl_2$ durch ½std. Erhitzen auf 170°, Gießen in W., Alkalisieren, Entfernen überschüssigen Anilins durch Wasserdampfdest., Chr. des Rückstandes in Bzl. an Al_2O_3 u. Eluieren mit A.; orangegelbe Prismen aus Bzl.-PAe.; 0,4 g; gibt mit wss.-alkoh. HCl V u. *Anilin*; b) die Lsg. von 15 g I in Anilin wird bei Zimmertemp. im Verlauf von 30 Min. mit Na-Anilid versetzt, 30 Min. weitergerührt, in W. gegeben, mit Wasserdampf dest. u. das Acetonlösliche des Rückstandes mehrmals aus Bzl. chromatographiert. — *2-[2'-Nitroanilino]-fluorenon* (VI), $C_{19}H_{12}N_2O_3$, F. 207 bis

208°, a) aus 2 g 2-Chlorfluorenon, o-Nitroanilin, K_2CO_3, Cu-Bronze u. Cu-Acetat in Nitrobenzol durch 3std. Erhitzen u. Chr. des nach Eingießen in W. u. Wasserdampfdest. verbleibenden Rückstandes in Chlorbenzol an Al_2O_3; orangerote Nadeln; 0,25 g; in Pyridin gelb, nach Zusatz von methanol. KOH tiefblauviolett; b) durch 10std. Erhitzen von 2-Aminofluorenon, o-Chlornitrobenzol, K_2CO_3, Cu-Bronze u. Cu-Acetat in o-Dichlorbenzol. — *5'.6';7'.8'-Dibenzochinoxalino-[2'.3':2.3]-fluorenon*, $C_{27}H_{14}N_2O$, F. 342—344°, aus 0,2 g **IX** (F. 175—177°, Darst. nach Eckert, J. prakt. Chem. **118**. [1928.] 263) u. Phenanthrenchinon in wenig Essigsäure, Chr. in Chlorbenzol an Al_2O_3 u. Eluieren mit Toluol; gelbe Kristalle aus A.; 0,3 g; in H_2SO_4 rotviolett. *Sulfat*, $C_{27}H_{16}N_2O_5S$, orangegelbe Nadeln. — *5'.6'.7'.8'-Tetrahydrochinoxalino-[2'.3':2.3]-fluorenon* (**X**), $C_{19}H_{14}N_2O$, F. 202—203°, aus 0,45 g **IX** u. Cyclohexandion-(1.2) in Essigsäure durch 2std. Erhitzen u. Isolierung wie vorst.; strohfarbene Nadeln; 0,18 g; in konz. H_2SO_4 orangerot; Zusatz von Zn zur grüngelben Lsg. in Essigsäure ergibt grüne, beim Erwärmen braunrote Färbung. — *Chinoxalino-[2'.3':2.3]-fluorenon*, $C_{19}H_{10}N_2O$, F. 239—241°, durch 8std. Erhitzen von 0,1 g **X** mit Jod in Essigsäure, Chr. in Chlorbenzol an Al_2O_3 u. Eluieren mit Toluol; hellgrüngelbe Nadeln aus A. u. Bzl.; 0,06 g; in konz. H_2SO_4 tiefviolett; Zusatz von Zn zur heißen gelben Lsg. in Essigsäure gibt erst grüne, dann rotbraune Färbung, die beim Abkühlen reversibel verblaßt. — *Verb. vom F. 217—218°*, wie **VII** nach b), jedoch bei 40—45°; orangerote Nadeln; 0,6 g; daneben *Verb. vom F. 181—182°*, orangerote Nadeln; 0,2 g. — *Chinoxalino-[2'.3':1.2]-fluorenon*, $C_{19}H_{10}N_2O$, F. 276—277°, durch 3std. Erhitzen jeder der vorst. Verbb. in A. mit konz. HCl u. Verdünnen mit W.; aus Bzl. hellgelbe Nadeln; mit konz. H_2SO_4 violett; die gelbe Lsg. in Essigsäure wird beim Erhitzen mit Zn grün. — *Chinoxalino-[2'.3':1.2]-3-hydroxyfluorenon* (**IV**), $C_{19}H_{10}\cdot N_2O_2$, F. 303—304°, a) aus 15 g **I**, Anilin u. KOH, 1std. Rühren bei 175—180°, Gießen in W. u. Wasserdampfdest.; der alkaliunlösl. Rückstand (8,3 g) wird heiß mit Chlorbenzol u. A. extrahiert; hellgelbe Nadeln aus Essigsäure u. Pyridin; mit alkoh. Na_2S Bldg. eines roten *Na-Salzes*; mit $SnCl_2$ u. konz. HCl in heißer Essigsäure gelb → magenta → braun, in konz. HCl tieforange, in H_2SO_4 violett. *Sulfat*, $C_{19}H_{10}N_2O_2\cdot H_2SO_4$, orangerote Prismen, in konz. H_2SO_4 violett. *Cu-Salz*, $C_{38}H_{18}CuN_4O_4$, aus **IV** in Pyridin u. Cu-Acetat, 3std. Erhitzen u. Waschen des Nd. mit NH_4Cl/NH_4OH. *O-Methylderiv.*, $C_{20}H_{12}N_2O_2$, F. 243—244°, durch Zugeben von Methyl-p-toluolsulfonat zu heißem **IV** in o-Dichlorbenzol u. K_2CO_3 u. Chr.; aus Bzl. hellgelbe Nadeln; b) durch 3std. Erhitzen von 0,15 g **VI** in Pyridin mit KOH, Gießen in W., Ansäuern u. Sublimation im Hochvakuum bei 275—280°; aus Chlorbenzol hellgelbe Nadeln; 0,07 g. — *4-Benzolazodiphenyl-2 (oder 2')-carbonsäure* (**III**), $C_{19}H_{14}N_2O_2$, F. 204—205°, a) neben **IV** aus der alkal. Lsg. durch Ansäuern mit HCl (7,7 g); aus Chlorbenzol orangefarbene Nadeln; in konz. H_2SO_4 gelb; durch Red. mit $SnCl_2$/konz. HCl → *Anilin. Methylester*, $C_{20}H_{16}N_2O_2$, F. 70—71°, gelbe Kristalle; b) durch 1std. Kochen von **V** mit KOH in Anilin, Verdünnen mit W., Ansäuern, Extrahieren des getrockneten Nd. mit PAe., Eindampfen u. Behandlung mit wss. K_2CO_3-Lsg. u. HCl. — *2-Benzolazo-3-bromfluorenon*, $C_{19}H_{11}BrN_2O$, F. 231—232°, aus 2-Amino-3-bromfluorenon u. Nitrosobenzol in wenig Essigsäure durch 9std. Erwärmen auf 80—90°, Kristallisieren aus Chlorbenzol u. Chr.; orangegelbe Nadeln aus Toluol; in H_2SO_4 rotorange. — *2.2'-Azoxyfluorenon*, $C_{26}H_{14}N_2O_3$, F. 331—332°, durch 2std. Erhitzen von 10 g **I** mit Zn u. $CaCl_2$ in wss. A., Extrahieren des Nd. mit Trichlorbenzol, Chr. u. Eluieren mit wss. Pyridin; gelbe Nadeln; 0,08 g; in konz. H_2SO_4 orangerot; die gleiche Verb. erhält man durch Einw. von alkal. $SnCl_2$ auf I. — *2.2'-Azofluorenon*, $C_{26}H_{14}N_2O_2$, F. 338—340°, aus vorst. Verb. in Pyridin durch 1½std. Erwärmen mit einer wss. Lsg. von NaOH u. $Na_2S_2O_4$ auf 80—90°, Verdünnen der Pyridinschicht mit W. u. Umkristallisieren aus Pyridin; gelbe Nadeln aus Pyridin; in konz. H_2SO_4 tief rötlichblau. (J. chem. Soc. [London] **1959**. 1205—11. März. Leeds, Univ.)

H. G. Krey. 2750

Heinz Dannenberg und **Hans-Jürgen Kessler**, *Versuche zur Synthese des „Sterranthrens“*. 10. Mitt. *Isomere Benzanthrene*. 2. Mitt. (9. bzw. 1. vgl. C. **1958**. 6232.) Nach dem für das 1H-Benzanthren (**I**) ausgearbeiteten Reduktionsverf. (vgl. l. c.) wird jetzt *3H-Benzanthren* (**II**) durch $LiAlH_4$-Red. von 5.6-Benzoperinaphthanon-(7) (**III**) u. Wasserabspaltung aus dem erhaltenen *5.6-Benzoperinaphthanol-(7)* (**IV**) dargestellt. Daneben entsteht etwas *7H-Benzanthren* (**V**); bei dem Vers., 4H- u. 6H-Benzanthren auf einem analogen Wege aus **4.5-** (**VI**) bzw. 2.3-Benzoperinaphthanon-(7) (**VII**) darzustellen, bildet sich ausschließlich **V**. **II** ist noch oxydationsempfindlicher als **I** u. **V** u. nimmt O_2 unter Bldg. einer CO-Gruppe auf. Während die UV- u. IR-Absorptionsspektren von **II** von denen des **I** u. **V** verschieden sind, sind die der Carbeniumionen in 80%ig. H_2SO_4 gleich; beim Verdünnen mit W. fällt **V** aus. Die Umsetzung von *1.2-Benzoperinaphthanon-(7)*, **VII** u.

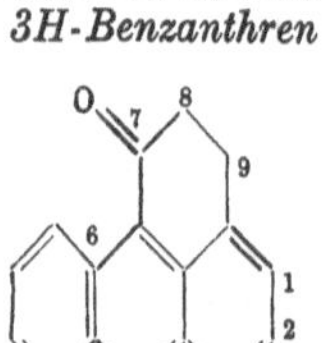

III

VI mit Methyl-MgJ u. anschließende Behandlung mit HCl führt zu *3-*, *4-* bzw. *6-Methyl-7H-benzanthren*; die CH_3-Homologen der entsprechenden isomeren Benzanthrene wurden auch bei der Chromatographie der GRIGNARD-Prodd. nicht gefunden. Die GRIGNARD-Rk. von III liefert KW-stoffe, denen die Konst. des *1-Methylen-* (VIII) u. *1.11-Methylen-2.3-dihydrobenzanthrens* zugeschrieben werden kann. — Die Darst. von III, VI u. VII wird beschrieben; VII ist nur in Lsg. beständig. UV- u. IR-Spektren vgl. Original.

Versuche: *2.3-Benzoperinaphthanol-*(7) (**IX**), aus VII in Ae./Bzl. (1:1) mit äther. $LiAlH_4$ unter N_2 u. Kühlen mit Eis (3 Std.) u. bei 50° (1½ Std.), Zers. mit $NaHCO_3$ u. Eis u. Ausschütteln mit Ae.; 91% (Ausbeute). — *5.6-Benzoperinaphthanol-*(7) (IV), analog aus III; 90—95%. — *4.5-Benzoperinaphthanol-*(7) (**X**), analog aus VI; 90—95%. — *3H-Benzanthren* (II), durch Chromatographieren von 1,2 g IV in Cyclohexan an bas. Al_2O_3 unter N_2 u. Lichtausschluß neben einem Vorlauf von V; hellgelbes, nichtkristallisierendes Öl, welches sich an der Luft schnell grün färbt; 20%. — *7H-Benzanthren* (V), F. 81—82° (Bzn.), a) aus 1 g **X** oder **IX** wie II; 30 bzw. 28%; b) aus 0,66 g **IX**, **IV** oder **X** in sd., mit HCl gesätt. A. unter N_2 (30 Min.), Verdünnen mit W. u. Chromatographieren des mit Ae. extrahierten Prod. in Bzn. an neutralem Al_2O_3 bei ca. 5°; 31 bzw. 28—31%. — *4-Methyl-7H-benzanthren*, $C_{18}H_{14}$, F. 115° (Bzn.), aus 1,5 g **VII** u. Methyl-MgJ in Ae. bei 4° (1 Std.), Zers. mit wss. $NaHCO_3$ u. Behandeln des rohen Reaktionsprod. a) mit alkoh. HCl; 49%; b) in Cyclohexan mit bas. Al_2O_3 u. Eluieren mit Benzin. — *6-Methyl-7H-benzanthren*, $C_{18}H_{14}$, F. 117—118° (Bzn.), analog aus VI; 38%. — *1-Methylen-2.3-dihydrobenzanthren* (?) (VIII), analog aus III; hellgelbes, nichtkristallisierendes, licht- u. temperaturunbeständiges Prod.; 24 u. 28%. — *1.11-Methylen-2.3-dihydrobenzanthren* (?), aus VIII in 80% ig. H_2SO_4, Fällen mit Eiswasser bei 10° unter CO_2, Ausschütteln mit Bzn. u. Chromatographieren an Al_2O_3; Öl; 75%. — Darst. von III: *β-[2-Hydroxy-1.2.3.4.5.-6.7.8-oktahydroanthranyl-(1)]-propionsäurelacton*, $C_{17}H_{20}O_2$, F. 109—110° (Bzl. + Aceton, 1:1), aus 1-Oxo-1.2.3.4.5.6.7.8-oktahydroanthracen u. Bernsteinsäurediäthylester in sd. tert.-Butanol in Ggw. von K-tert.-Butylat unter N_2 (40—60 Min.), Behandeln des mit Ae. extrahierten rohen *α-[1.2.3.4.5.6.7.8-Oktahydroanthranyliden-(1)]-bernsteinsäure-α-äthylesters* (91%) mit konz. HCl in sd. Essigsäure u. Chromatographieren des mit Ae. extrahierten u. mit wss. $NaHCO_3$ gewaschenen Reaktionsprod. in Bzl. + Bzn. (3:1) an Al_2O_3; Nadeln; 19%. — *β-[3.4.5.6.7.8-Hexahydroanthranyl-(1)]-propionsäure*, $C_{17}H_{20}O_2$, F. 158—161° (Dioxan + Bzn., 1:1), a) neben vorst. Verb. als in $NaHCO_3$ lösl. Anteil des Reaktionsprod.; Nadeln; 57%; b) aus 8 g vorst. Verb. u. HCl in sd. Essigsäure (25 Std.); 5,8 g (Ausbeute). — *β-[Anthranyl-(1)]-propionsäure*, $C_{17}H_{14}O_2$, F. 191—193° (A.), a) durch Dehydrieren vorst. Verb. mit Pd-Kohle bei 290° unter N_2 (1½ Std.); Tafeln; 30%; b) durch analoges Dehydrieren des Methylesters vorst. Verb. (erhalten mit CH_2N_2) bei 315° u. Verseifen des Dehydrierungsprod. mit methanol. KOH; 68%. — *5.6-Benzoperinaphthanon-*(7) (III), $C_{17}H_{12}O$, F. 88—90° (Bzn. + Bzl.), aus 0,5 g vorst. Säure in Bzl. u. PCl_5 auf dem Wasserbad, Behandeln der erhaltenen benzol. Lsg. des Chlorids mit $SnCl_4$ bei 0° (30 Min.) u. 20° u. Hydrolysieren mit Eis u. HCl; 55%. — Darst. von VI: *β-[Phenanthryl-(1)]-propionsäure*, F. 190—191° (Bzl. + Aceton, 1:1), durch Dehydrieren von β-[3.4-Dihydrophenanthryl-(1)]-propionsäure mit Pt-Kohle bei 250—255° unter N_2 (30 Min.); Blättchen; 78%. — *4.5-Benzoperinaphthanon-*(7) (VI), F. 131—132° (Aceton), a) durch Cyclisieren vorst. Verb. mit $PCl_5/AlCl_3$ in Nitrobenzol; 37%; b) analog in CS_2; gelbe Nadeln; 41%. — *3'-Oxo-1.2-cyclopentenophenanthren*, F. 195—197°, neben VI nach a); 3%. — Darst. von VII: *β-[Phenanthryl-(9)]-propionsäure*, F. 174—176°, aus β-[Phenanthryl-(9)]-acrylsäure durch kathod. Red. in 7—8% ig. Na_2SO_4 (10—12 A, 10—15 V) unter Zugabe von 0,7n NaOH zum Kathodenraum u. bei stark natronalkal. Anodenraum; 85—90%. — *2.3-Benzoperinaphthanon-*(7) (**VII**), aus 1 g vorst. Säure wie III, Chromatographieren des Rohprod. (89%) an saurem Al_2O_3 u. Eluieren mit Bzn. + Bzl. (3:1); sich schnell braunfärbendes Prod.; 17% *2.4-Dinitrophenylhydrazon*, $C_{23}H_{16}N_4O_4$, F. 296—299° (A.), rot. — *1.10-Trimethylenphenanthren*, F. 154°, durch CLEMMENSEN-Red. von **VII**. — *1'-Oxo-9.10-cyclopentenophenanthren* (**XI**), F. 164° (A.), neben **VII** als zweites Eluat mit Bzl. + Bzn. (1:1); 47%. *Molekülverb. aus* **VII** u. **XI**, F. 112° (Aceton), neben **VII** als erstes Eluat mit Bzl. + Bzn. (1:1); 25%. (Liebigs Ann. Chem. **620**. 32—46. März 1959. München, MPI für Biochem.)

H. GOLD. 2950

Albert I. Meyers und **John J. Ritter**, *Nitrile bei Synthesen heterocyclischer Kerne.* 2. Mitt. (1. vgl. C. **1957**. 13044.) Die Behandlung von 2.5-Dimethylhexandiol-(2.5) (I) mit Acetonitril in konz. H_2SO_4 ergab 80% *2.5.5-Trimethyl-3-isopropyliden-Δ^1-pyrrolin* (**IV**); aus 2.5-Dimethylhexadien-(2.4) konnte **IV** analog nur in 28% ig. Ausbeute neben Harzen erhalten werden. Die $KMnO_4$-Oxydation von **IV** ergab *Aceton*. 2.4-Dimethylpentandiol-(2.4) (II) konnte mit Acetonitril in konz. H_2SO_4 in 23% ig. Ausbeute zu *2.4.6.6-Tetramethyl-5.6-dihydropyridin* (V) eingesetzt werden. Analog wurden *2-Phenyl-* bzw. *2-Vinyl-4.6.6-trimethyl-5.6-dihydropyridin* dargestellt. V wurde in *2.4.6-Kollidin* übergeführt u. weiter zu *Isonicotinsäure* oxydiert. Methallylmercaptan (III) lieferte durch Rk. mit Nitrilen in ca. 25% ig. Ausbeute Δ^2-Thiazoline. *2.4.4-Trimethyl-Δ^2-thiazolin* wurde auch durch Behandlung von N-[2-Chlor-tert.-butyl]-acetamid mit P_2S_5 dargestellt. Die IR-Spektren der dargestellten Verbb. sind angegeben.

Versuche: *2.4-Dimethylpentandiol-(2.4)* (II), Kp.$_{14}$ 98—100°, aus Diacetonalkohol u. CH_3MgBr. — Δ^1-Pyrroline, durch Zugabe des entsprechenden Nitrils zu konz. H_2SO_4 innerhalb 15 Min. unter Rühren bei 5—7°, Zugabe von I innerhalb 2 Std. bei 9—12°, 2std. Rühren unter Eiskühlung, Gießen in Eis, 2std. Stehen, Chloroformextraktion, Kühlen der wss. Phase auf 5°, Alkalisieren mit 35% ig. NaOH, Ae.-Extraktion u. Dest.: *2.5.5-Trimethyl-3-isopropyliden-* (IV), $C_{10}H_{17}N$, Kp.$_{14}$ 78—79°; n_D^{25} 1,4840; D.$^{25}_{25}$ 0,872; 80% (Ausbeute). *Pikrat*, F. 186—187°. — *2-Vinyl-5.5-dimethyl-3-isopropyliden-*, $C_{11}H_{17}N$, Kp.$_5$ 60—62°; n_D^{19} 1,5031; D.$^{25}_{25}$ 0,901; 78%. *Pikrat*, F. 110° (Zers.). — *2-Phenyl-5.5-dimethyl-3-isopropyliden-*, $C_{15}H_{19}N$, Kp.$_5$ 120—122°; n_D^{18} 1,5480; D.$^{25}_{25}$ 0,979; 72%. *Pikrat*, F. 160—161°. — *2-p-Nitrophenyl-5.5-dimethyl-3-isopropyliden-*, $C_{15}H_{18}N_2O_2$, F. 71—72°, Kp.$_2$ 140—143°; 78%. *Pikrat*, F. 172—173°. — *2-p-Methoxyphenyl-5.5-dimethyl-3-isopropyliden-*, $C_{16}H_{21}NO$, Kp.$_2$ 138—140°; n_D^{25} 1,5540; D.$^{25}_{25}$ 1,029; 71%. *Pikrat*, F. 159—160°. — *2-[Pyridyl-(3)]-5.5-dimethyl-3-isopropyliden-*, $C_{14}H_{18}N_2$, Kp.$_2$ 105—107°; n_D^{17} 1,5490; D.$^{25}_{25}$ 1,021; 62%. *Pikrat*, F. 140—141°. — *2-[Pyridyl-(4)]-5.5-dimethyl-3-isopropyliden-*, $C_{14}H_{18}N_2$, F. 69—70°, Kp.$_1$ 110—112°; 55%. *Pikrat*, F. 192—193°. — *2.5-Dimethyl-5-äthyl-3-[butyliden-(2)]-*, $C_{12}H_{21}N$, Kp.$_3$ 73 bis 75°; n_D^{25} 1,4720; D.$^{25}_{25}$ 0,977; 56%. — *2.4.6.6-Tetramethyl-5.6-dihydropyridin* (V), $C_9H_{15}N$, Kp.$_{16}$ 60—62°, analog IV aus II u. Acetonitril u. Extraktion des Ae.-Extrakts mit 5% ig. wss. HCl u. Alkalisieren; n_D^{20} 1,4420; D.$^{25}_{25}$ 0,959; 23%. *Pikrat*, F. 173 bis 175°. — *2-Vinyl-4.6.6-trimethyl-5.6-dihydropyridin*, $C_{10}H_{15}N$, Kp.$_{18}$ 73—74°, analog vorst. Verb.; n_D^{25} 1,4725; D.$^{25}_{25}$ 0,947; 20%. *Pikrat*, F. 141—143°. — *2-Phenyl-4.6.6-trimethyl-5.6-dihydropyridin*, $C_{14}H_{17}N$, Kp.$_4$ 116—118°, analog; n_D^{21} 1,5361; D.$^{25}_{25}$ 1,003; 21%. *Pikrat*, F. 167—168° (Zers.). — *2.4.4-Trimethyl-Δ^2-thiazolin*, $C_6H_{11}NS$, Kp.$_{760}$ 146 bis 148°, analog IV aus III u. Acetonitril; n_D^{25} 1,4825; D.$^{25}_{25}$ 0,969; 25%. *Pikrat*, F. 171 bis 172°. — *2-Vinyl-4.4-dimethyl-Δ^2-thiazolin*, $C_7H_{11}NS$, Kp.$_6$ 55—57°, analog vorst. Verb.; n_D^{25} 1,5040; D.$^{25}_{25}$ 0,998; 23%. — *2-Phenyl-4.4-dimethyl-Δ^2-thiazolin*, $C_{11}H_{13}NS$, Kp.$_9$ 137—138°, analog; n_D^{25} 1,5572; D.$^{25}_{25}$ 1,030; 24%. *Pikrat*, F. 142—143°. — *Acetondinitrophenylhydrazon*, F. 126—128°, durch Zutropfen von kalter $KMnO_4$-Lsg. zu IV in W. bei 0—5° unter Rühren, Zerstören von $KMnO_4$ durch H_2O_2, Filtrieren, Dest. u. Überführen in das Dinitrophenylhydrazon. — *2.4.6-Kollidin*, Kp.$_{17}$ 60—68°, durch Erhitzen von V in Isoamyldisulfid unter Abdest. des entstehenden Isoamylmercaptans bei 115—125°, Gießen des Rückstandes in 10% ig. HCl, Benzolextraktion, Alkalisieren der wss. Phase u. Ae.-Extraktion. *Pikrat*, F. 149—154°. — *Isonicotinsäureamid*, F. 155 bis 156°, durch 4std. Erhitzen vorst. Verb. mit 5% ig. $KMnO_4$-Lsg. auf dem Wasserbad, Filtrieren, 1std. Erhitzen des Nd. mit W. auf dem Wasserbad, Filtrieren, Einengen des Filtrates, Ansäuern u. Überführen des Nd. in das Amid. — *Dihydroderiv. von* IV, Kp.$_{12}$ 65 bis 66°, durch 30 Min. Hydrieren von IV in absol. CH_3OH an PtO_2 bei 22°/30 lbs./sq.in., Filtrieren u. Dest.; n_D^{22} 1,4532; *Pikrat*, F. 160—161°. *Tetrahydroderiv. von* IV, Kp.$_9$ 58 bis 59°, durch Hydrieren von 6,5 g IV in Eisessig mit PtO_2 bei 23°/40 lbs./sq.in., Filtrieren, Verdünnen mit W., Neutralisieren u. Sättigen mit KOH u. Ae.-Extraktion; n_D^{22} 1,4392; 5,8 g; *Phenylthioharnstoffderiv.*, F. 108—109°. (J. org. Chemistry **23**. 1918—22. Dez. 1958. New York, N. Y., Univ., Chem. Labor.) H. Bertsch. 3000

Je. N. Karaulowa, D. Sch. Meilanowa und **G. D. Galpern**, *Synthese von 2-Methyl- und 3-Methyl-1-thiaindan und 2-Äthylthiainden.* Im Zusammenhang mit Unterss. der S-haltigen Verbb. der mittleren Erdölfraktionen stellen Vff. als Modellsubstanzen *2-* u. *3-Methyl-1-thiainden*, *-1-thiaindan* u. deren *S.S-Dioxyde* dar. Die Darst. von *2-Methyl-1-thiainden* beruht auf der Metallierung von 1-Thiainden (I) mit n-Butyl-Li u. anschließender Alkylierung mit $(CH_3)_2SO_4$. Die S.S-Dioxyde werden durch Oxydation der Thiaindene mit H_2O_2 in Eisessig erhalten.

Versuche: *3-Methyl-1-thiainden*, durch Cyclisierung von Phenylacetonylsulfid in Ggw. von P_2O_5 nach Werner [1949]. — *3-Methyl-1-thiainden-S.S-dioxyd*, $C_9H_8O_2S$, durch Oxydation von I mit H_2O_2 in Eisessig. — *3-Methyl-1-thiaindan-S.S-dioxyd*, $C_9H_{10}O_2S$, F. 57—58° (A.-W. 1 : 3), durch Hydrierung vorst. Verb. in Ggw. von Pd/Kohle bei 35 at; 97% (Ausbeute); oder aus nachst. Verb. u. H_2O_2; 70%. — *3-Methyl-1-thiaindan*, $C_9H_{10}S$, Kp.$_6$ 96,5—97°, Kp.$_{4,5}$ 94,5°, aus vorst. Verb. durch Red. mit $LiAlH_4$; n_D^{20} 1,5969; D.$^{20}_4$ 1,0980; 70%. *$HgCl_2$-Komplex*, $C_9H_{10}S \cdot 2HgCl_2$, F. 116—116,5°. — *2-Methyl-1-thiainden*, F. 52°, Kp.$_5$ 92—93°, durch Metallieren von 1-Thiainden (I) mit n-Butyl-Li nach Bordwell u. Kellin (vgl. C. **1952**. 6847) u. Rk. der äther. Lsg. des Li-Komplexes mit $(CH_3)_2SO_4$ (1 std. Rühren, ½ Std. Kochen); 91%. — *2-Methyl-1-thiainden-S.S-dioxyd*, $C_9H_8O_2S$, F. 109—110° (A.), aus vorst. Verb. u. H_2O_2 (1 Std. bei 100°); 75%. — *2-Methyl-1-thiaindan-S.S-dioxyd*, $C_9H_{10}O_2S$, F. 115—115,5° (A.), aus vorst. Verb. in Ggw. von Pd/Kohle bei 50 at; 95%; oder aus 1-Thiaindan-S.S-dioxyd durch Grignard-Rk. (vgl. Bordwell u. McKellin, C. **1954**. I. 719) mit Methyljodid; 49%. — *2-Methyl-1-thiaindan*, $C_9H_{10}S$, Kp.$_{21}$ 118—120°, aus vorst. Verb. durch Red. mit $LiAlH_4$; $n_D^{20,5}$ 1,5905; $D.^{20}_4$ 1,0859; 81%. *$HgCl_2$-Komplex*, F. 115—116°. — *1-Thiainden-S.S-dioxyd*, F. 141—142,5° (A.), aus I u. H_2O_2; 75%. — *1-Thiaindan-S.S-dioxyd*, F. 90—91°, durch Hydrieren vorst. Verb. in Ggw. von Pd/Kohle bei 20 at; 97%. — *2-Äthyl-1-thiainden*, $C_{10}H_{10}S$, Kp.$_{1,5}$ 95—96°, aus I über den Li-Komplex mit $(C_2H_5)_2SO_4$; n_D^{20} 1,6063; 81%. — *2-Äthyl-1-thiainden-S.S-dioxyd*, $C_{10}H_{10}O_2S$, F. 86,5 bis 87,5° (A.); 77%. (Доклады Академии Наук СССР [Ber. Akad. Wiss. UdSSR] **123**. 99—101. 1/11. 1958. Erdölinst. der Akad. der Wiss. der UdSSR.) Ulrich Schulze. 3071

R. E. Dunbar und **Wayne M. Swenson**, *Acetylierung von Imiden mit Keten.* Imide werden durch Keten acetyliert. Heißes Bzl. als Lösungsm. bewirkt Polymerisation; Dioxan kann (wegen Bldg. von Peroxyden?) nicht ohne Zers. der *Acetylimide* entfernt werden. Als notwendiger Katalysator eignet sich Na-Acetat, während konz. H_2SO_4 bei Imiden unwirksam ist. Acetylimide lassen sich durch langes Kochen der Imide in Acetanhydrid in schlechter Ausbeute, durch Acylieren mit Acetylhalogeniden oder Essigsäure nicht darstellen.

Versuche: *Keten*, durch Pyrolyse von Aceton in einer Hurd-Lampe. — *N.N-Diacetylanilin*, F. 38°, aus Acetanilid in CCl_4 in Ggw. von H_2SO_4; Kristalle; 76% (Ausbeute). — *N-Acetylnaphthalimid*, F. 275—277° (Zers.), aus Naphthalimid in Ae. in Ggw. von Na-Acetat; rosa Kristalle; 57%. — *N-Acetyl-4-nitrophthalimid*, F. 105—107°, aus 4-Nitrophthalimid in CCl_4 in Ggw. von Na-Acetat; gelbe Kristalle; 22%. — *N-Acetylphthalimid*, F. 128—130°, aus Phthalimid; 18%. — *N.N'-Diacetylpyromellitsäurediimid*, F. 138—140° (Zers.), aus Pyromellitsäurediimid in Bzl.; 50%. — *N-Acetylsaccharin*, F. 196—200° (Zers.), aus Saccharin in Bzl.; Kristalle; 70%. — *N-Acetylsuccinimid*, F. 38°, aus Succinimid im heißen CCl_4; gelbe Kristalle; 51%. — *N-Acetyltetrahydrophthalimid*, F. 123—124°, aus Tetrahydrophthalimid; Kristalle; 27%. (J. org. Chemistry **23**. 1793—94. Nov. 1958. Fargo, N. D., State Coll., School of Chem. Technol.)
R. Wissler. 3081

Modeste Martynoff, *Über die Struktur einiger heterocyclischer Derivate des Fluoroyl-(2)-acetons.* (Vgl. C. **1958**. 9765.) Der Konstitutionsbeweis für *5-[Fluorenyl-(2)]-3-methylisoxazol* (I) u. *-pyrazol* (II) gelang Vf. durch eindeutige Synth. von I aus *γ-Oxo-α-[fluorenyl-(2)]-α.β-dibrombutan* (III) u. NH_2OH [dagegen wurde aus *α-Oxo-α-[fluorenyl-(2)]-β.γ-dibrombutan* (IV) mit NH_2OH *3-[Fluorenyl-(2)]-5-methylisoxazol* erhalten] u. von II aus IV u. N_2H_4. III bzw. IV wurden durch Bromierung von *[Fluoral-(2)]-aceton* bzw. *2-Crotonoylfluoren* dargestellt. Die Kondensation von III u. IV mit Phenylhydrazin zu den entsprechenden Phenylpyrazolen gelang nicht.

Versuche: *Fluoral-(2)-aceton*, $C_{17}H_{14}O$, F. 148° (A.), aus einer Lsg. von 25 g 2-Formylfluoren, 75 g Aceton, 10 ml W. u. 3,3 ml 10%ig. Sodalsg. durch 2½ std. Kochen, Neutralisieren u. Chloroformextraktion; 15 g (Ausbeute); daneben *Bis-[fluoral-(2)]-aceton*, $C_{31}H_{22}O$, F. 269° (Xylol, gelb). — *γ-Oxo-α-[fluorenyl-(2)]-α.β-dibrombutan* (III), $C_{17}H_{14}Br_2O$, F. 155° (Zers.; Bzl.-Ligroin), aus vorst. Verb. in absol. Ae. mit Br_2 bei 0° unter Rühren; wenig stabil; Rk. mit sd. A. → *γ-Oxo-α-[fluorenyl-(2)]-α(β)-äthoxy-β(α)-brombutan*, $C_{19}H_{19}BrO_2$, F. 121°. — *5-[Fluorenyl-(2)]-3-methylisoxazol* (I), $C_{17}H_{13}NO$, F. 196° (Ae.-PAe., hellgelb), aus 2,4 g III u. 0,8 g $NH_2OH \cdot HCl$ in A. durch Zusatz von 4 ml einer 50%ig. K_2CO_3-Lsg., 30 Min. Kochen u. Fällen mit Wasser. — *2-Crotonoylfluoren*, $C_{17}H_{14}O$, F. 98° (A.), durch portionsweisen Zusatz von 41,9 g $AlCl_3$ zu einer Lsg. von 53,6 g Fluoren u. 34 g Crotonoylchlorid in sd. CS_2 u. Dest. bei 248°/15 mm; 19 g. — *α-Oxo-α-[fluorenyl-(2)]-β.γ-dibrombutan* (IV), $C_{17}H_{14}Br_2O$, F. 189° (A.), aus vorst. Verb. mit 5,5 g Br_2 bei 0° in CS_2-Lsg.; 6 g. — *3-[Fluorenyl-(2)]-5-methylisoxazol*, $C_{17}H_{13} \cdot NO$, F. 185° (A., hellgelbe Nadeln), aus IV analog I. — *5-[Fluorenyl-(2)]-3-methylpyrazol* (II), $C_{17}H_{14}N_2$, F. 224° (A., gelb), aus 2 g IV u. 1,7 g 98%ig. N_2H_4-Hydrat in sd. A. durch portionsweisen Zusatz von 1,7 ml 50%ig. K_2CO_3-Lsg. u. 45 Min. Kochen. (C. R. hebd. Séances Acad. Sci. **248**. 692—95. 2/2. 1959. Sorbonne, Labor. de Chim. Macromol.)
H.-J. Kötzsch. 3100

H.-D. Stachel, *Über neue Harnstoffderivate.* Bestimmte Säurehalogenide reagieren heftig mit Carbodiimiden. So bildet sich aus Oxalylchlorid u. Diisopropylcarbodiimid *1.3-Diisopropyl-2.2-dichlor-4.5-diketoimidazolidin* (I), F. 173—175°, das sich leicht zum *Oxalyl-N.N'-diisopropylharnstoff* (II), F. 93—94°, hydrolysieren läßt. I reagiert mit

Alkoholen zu *Acetalen*, z. B. *2.2-Dimethoxy-* (F. 125°), *2.2-Diäthoxy-* (F. 146—147°) u. *2.2-Äthylendioxy-1.3-diisopropyl-4.5-diketoimidazolidin* (F. 245° [Zers.]), die beim Erwärmen mit Säuren zu II hydrolysiert werden. (Angew. Chem. **71.** 246. 7/4. 1959. Marburg/Lahn, Univ., Pharmazeut.-chem. Inst.) R. WISSLER. 3122

P. S. Wadia, Nitya Anand und **M. L. Dhar,** *Untersuchungen über potentielle Filaricide. 2. Mitt. Synthese von substituierten Imidazolidinen und Imidazolidinthionen-(2).* (1. vgl. C. **1959.** 14374; 3. vgl. C. **1959.** 14713.) Durch Rk. prim. Amine mit CH_2O u. KCN in Ggw. von $NaHSO_3$ entstehen *Alkylaminoacetonitrile* (**A**), die mit $LiAlH_4$ zu *N-Monoalkyläthylendiaminen* (**B**) red. werden. Kondensation der **B** mit CH_2O liefert nicht die erwarteten Imidazoline, sondern *polymere Verbindungen.* Bei der Umsetzung von N-Isopropyläthylendiamin (III) mit Butyraldehyd wurde *1-Isopropyl-2-n-propylimidazolidin* erhalten, das mit Chlorameisensäureäthylester *N-Isopropyl-N.N'-dicarbäthoxyäthylendiamin* bildet. Aus III u. CS_2 wird *1-Isopropylimidazolidinthion-(2)* erhalten, ferner wird die Synth. von *1-Isopropyl-, 1-Äthyl-, 1-Butyl-3-phenylcarbamylimidazolidinthion-(2)* u. *1-Äthyl-3-diäthylcarbamylimidazolidinthion-(2)* beschrieben.

V e r s u c h e : A l k y l a m i n o a c e t o n i t r i l e (**A**), durch 2std. Rühren von $NaHSO_3$ oder $Na_2S_2O_5$ u. CH_2O unter Kühlung, Zugeben des prim. Amins, 2std. Rühren bei Raumtemp., 2std. Rühren mit KCN u. Extrahieren mit Ae.: *N-Methyl-*, $C_3H_6N_2$, $Kp._{29}$ 70°; n_D^{35} 1,4081; 54% (Ausbeute). — *N-Äthyl-*, $Kp._{29}$ 81°; n_D^{35} 1,4370; 56%. — *N-n-Propyl-*, $Kp._{20}$ 91°; n_D^{35} 1,4370; 65%. — *N-Isopropyl-*, $Kp._{29}$ 80°; n_D^{23} 1,4179; 70%. — *N-n-Butyl-*, $Kp._{29}$ 105°; n_D^{36} 1,4226; 66%. — N - A l k y l ä t h y l e n d i a m i n e (**B**), durch Red. der **A** mit $LiAlH_4$ in absol. Ae., Alkalisieren u. Extrahieren mit Ae.: *N-Methyl-* (I), $C_3H_{10}N_2$, Kp. 115—116°, a) durch Red. in absol. Ae.; n_D^{24} 1,4391; 54%; b) durch Red. in absol. Dioxan; 20%. *Kondensationsprod. aus I u. CH_2O*, $Kp._8$ 113°, a) durch Erhitzen von I mit CH_2O in absol. Bzl. auf 80—110°; n_D^{24} 1,4788; 67%; b) durch 4—5std. Rühren von I mit CH_2O in Bzl. bei —5° u. mehrstd. Stehen mit Na_2SO_4 bei Raumtemperatur. — *N-Äthyl-* (II), Kp. 128—129°; n_D^{24} 1,4396; 61%. *Kondensationsprod. aus II u. CH_2O*, $Kp._8$ 130°; n_D^{35} 1,4716; 80%. — *N-n-Propyl-*, Kp. 147—150°; n_D^{31} 1,4331; 55%. *Kondensationsprod. mit CH_2O*, $Kp._8$ 149°; n_D^{32} 1,4681; 62%. — *N-Isopropyl-* (III), Kp. 136—137°; n_D^{19} 1,4420; 74%. — *N-n-Butyl-*, Kp. 169—172°; n_D^{30} 1,4368; 65%. *Kondensationsprod. mit CH_2O*, $Kp._3$ 160°; n_D^{30} 1,4693; 60%. — *N-Äthyl-N.N'-diacetyläthylendiamin*, $C_8H_{16}N_2O_2$, $Kp._3$ 180°, durch 1std. Rühren von II mit Acetylchlorid in absol. Chlf. in Ggw. von K_2CO_3; n_D^{29} 1,4711; 68%. — *N-Methyl-N.N-bis-[diäthylcarbamyl]-äthylendiamin*, $C_{13}H_{28}N_4O_2$, $Kp._3$ 202°, durch 3std. Rk. von I mit Diäthylcarbamylchlorid (IV) in absol. Chlf., Abfiltrieren von *N-Methyläthylendiamindihydrochlorid* ($C_3H_{10}N_2 \cdot 2HCl$, F. 127°), Alkalisieren mit 10%ig. $NaHCO_3$-Lsg. u. Extrahieren mit Chlf.; n_D^{26} 1,4796; 60%. — *1-Isopropyl-2-n-propylimidazolidin*, $C_9H_{20}N_2$, $Kp._{100}$ 121°, durch 5std. Rk. von III mit Butyraldehyd in absol. Bzl.; n_D^{32} 1,4540; 75%. — *N-Isopropyl-N.N'-dicarbäthoxyäthylendiamin*, $C_{11}H_{22}N_2O_4$, $Kp._5$ 160°, durch 5std. Kochen vorst. Verb. mit Chlorameisensäureäthylester in absol. A. in Ggw. von Na_2CO_3, Einengen, Lösen in 5%ig. NaOH u. Extrahieren mit Ae.; n_D^{35} 1,4449; 75%. — *1-Isopropylimidazolidinthion-(2)*, $C_6H_{12}N_2S$, F. 166° (PAe.), durch Rk. von III mit CS_2 in absol. Ae., 1std. Rühren u. 2std. Erhitzen des Nd. auf 130—140°; Blättchen; 72%. — *1-Isopropyl-3-phenylcarbamylimidazolidinthion-(2)*, $C_{13}H_{17}N_3OS$, F. 104—105° (PAe./Aceton), durch 12std. Erhitzen vorst. Verb. mit Phenylisocyanat (V) in Toluol auf 130°; Nadeln; 90%. — *1-Äthyl-3-phenylcarbamylimidazolidinthion-(2)*, $C_{12}H_{15}N_3OS$, F. 83—84° (Bzl.), F. 97—98° (A.), durch 12std. Erhitzen von 1-Äthylimidazolidinthion-(2) (VI) mit V in Toluol im geschlossenen Rohr auf 160°; 90%. — *1-Butyl-3-phenylcarbamylimidazolidinthion-(2)*, $C_{14}H_{19}N_3OS$, F. 68—69°, analog vorst. Verb.; 95%. — *1-Äthyl-3-diäthylcarbamylimidazolidinthion-(2)*, $C_{10}H_{19}N_3OS$, durch 2std. Erhitzen von VI mit IV auf 100°, 2std. Erhitzen auf 130°, Lösen in 5%ig. NaOH u. Extrahieren mit Bzl.; halbfeste, gelbbraune Substanz. (J. sci ind. Res. [New Delhi], Sect. B **17.** 24—30. Jan. 1958.) E. SCHRÖDER. 3122

Elinor C. Fisher und **Madeleine M. Joullié,** *Darstellung von 5(6)-Fluorbenzimidazol und 4(7)-Fluorbenzimidazol.* Das aus 5(6)-Aminobenzimidazol dargestellte *Diazoniumfluoborat* wird durch SCHIEMANN-Rk. in *5(6)-Fluorbenzimidazol* (I) übergeführt. *4(7)-Fluorbenzimidazol* (II) wird analog aus 4(7)-Aminobenzimidazol über das *Diazoniumfluoborat* synthetisiert. Die Basizität nimmt in der Reihe Benzimidazol (III) → **I** → **II** ab. Die UV-Absorptionsmaxima von **I, II** u. **III** sind tabelliert, die IR-Spektren von **I** u. **II** ähneln dem IR-Spektr. von **III**.

V e r s u c h e : *5(6)-Nitrobenzimidazol*, F. 204—206° (wss. A.), aus 4-Nitro-o-phenylendiamin u. 98%ig. HCOOH; 86% (Ausbeute). — *5(6)-Aminobenzimidazol*, F. 166—167°, aus vorst. Verb. mit Sn/HCl; 72%. *Diazoniumfluoborat*, Zers. bei 195—200°, durch

Suspendieren vorst. Verb. in 48 % ig. HBF_4 u. 1 std. Diazotieren mit wss. $NaNO_2$ bei 0°; 86 %. — *5(6)-Chlorbenzimidazol* (?), $C_7H_5ClN_2$, F. 121° (Bzl.–PAe.), durch 2 std. Erhitzen von 8,88 g vorst. Salzes in W. mit Cu_2Cl_2 auf dem Wasserbad, Einleiten von H_2S, Filtrieren u. Neutralisieren mit $NaHCO_3$; 3,2 g. — *5(6)-Fluorbenzimidazol* (I), $C_7H_5FN_2$, F. 132° (Bzl.–PAe.), durch Erhitzen vorvorst. Salzes auf 195° bis zur Beendigung der Gasentw. u. Umfällen aus 4 n HCl–$NaHCO_3$; 38 %. — *2.6-Dinitroanilin*, F. 138—139° (A.), durch 3 std. Kochen von K-3.5-Dinitro-4-aminobenzolsulfonat (aus K-3.5-Dinitro-4-chlorbenzolsulfonat u. NH_3) mit 60 % ig. H_2SO_4; 70 %. — *3-Nitro-o-phenylendiamin-hydrochlorid*, durch 1 std. Kochen vorst. Verb. mit 2 n $(NH_4)_2S$ unter Einleiten von H_2S u. Einengen des Nd. mit 6 n HCl; 86 %. — *4(7)-Nitrobenzimidazol*, F. 248—249° (95 % ig. A.), durch 1 std. Erhitzen vorst. Verb. in 2 n HCl mit 98 % ig. HCOOH auf dem Wasserbad u. Neutralisieren mit konz. NH_4OH; pfirsichfarbene Nadeln; 92 %. — *4(7)-Aminobenzimidazol, Dihydrochlorid*, F. 247—249° (Zers.), durch Hydrieren vorst. Verb. in absol. A. in Ggw. von Pd-Kohle u. Ausfällen mit konz. HCl; Nadeln; 89 %. *Diazoniumfluoborat*, F. 134° (Zers.); 61 %. — *4(7)-Fluorbenzimidazol* (II), $C_7H_5FN_2$, F. 180—185° (sublimiert), durch Erhitzen vorst. Fluoborats auf 130—140°, Lösen in A., Einengen, Ausfällen mit PAe., Erhitzen des Nd. mit n-HCl, Neutralisieren mit $NaHCO_3$ u. Einengen; 17 %. (J. org. Chemistry **23**. 1944—46. Dez. 1958. Philadelphia, Pa., Univ., Dep. of Chem.) R. PASEDAG. 3122

Elisabeth Dane, R. Heiss und **Heinz Schäfer,** *Peptidsynthesen unter Verwendung von Chloral.* Glycin (II), L- bzw. DL-Alanin, L-Prolin, DL-Phenylalanin u. DL-Serin (I) liefern säurekatalysiert mit Chloral in guten Ausbeuten *DL(2)-2-Trichlormethyl-3-[2.2.2-trichlor-1-hydroxyäthyl]-oxazolidon-(5)* (III; F. 116°), die entsprechende *DL(2)·L(4)-4-Methylverb.* (F. 121—122°) bzw. *DL(2)·DL(4)-4-Methylverb.* (IV; F. 138—140°), *DL(2)·L(4(2')-2-Trichlormethylpyrrolidino-[1'.2':3.4]-oxazolidon-(5)* (F. 110°), *DL(2)·DL(4)-2-Trichlormethyl-4-benzyloxazolidon-(5)* (F. 118°) bzw. *DL(2).DL(2')·DL(4(4'))-2.2'-Bis-[trichlormethyl]-oxazolidino-[3'.4':3.4]-oxazolidon-(5)* (F. 129—130°). Cystein verhält sich wie I. Die Verbb. werden mit II-Äthylester bei 20—40°, gegebenenfalls in Ggw. von $(C_2H_5)_3N$, zu den *Formyldipeptidestern* aufgespalten, die bei saurer u. alkal. Verseifung glatt die chromatograph. u. opt. reinen *Dipeptide* liefern. Aus III u. Glycylglycinäthylester entsteht *Formylglycylglycylglycinäthylester*. Die aus III u. IV mit CH_2N_2 zugänglichen *3-[2.2.2-Trichlor-1-methoxyäthyl]-verbb.* geben mit II-Äthylester *Formyldipeptidester*, die den Methoxytrichloräthylrest noch enthalten u. mit verd. Säuren zu den *Dipeptidesterhydrochloriden* gespalten werden. (Angew. Chem. **71**. 339. 21/5. 1959. München, Univ., Inst. für organ. Chem.) H. PAGEL. 3132

F. Stansfield, *Bromierung von N-Phenylsydnon.* Bei der Bromierung von N-Phenylsydnon (I) bei 30—40° in Carbonsäureanhydriden in Ggw. von HBr entstehen unter CO_2-Entw. *2-Alkyl-4-phenyl-1.3.4-oxadiazolone-(5)*, während in Ggw. von Na-Acetat selbst bei 95° nur *4-Brom-3-phenylsydnon* (II) entsteht.

V e r s u c h e: *2-Methyl-4-phenyl-1.3.4-oxadiazolon-(5)*, $C_9H_8N_2O_2$, F. 92,5—93° (A./PAe.), a) durch Suspendieren von I in Acetanhydrid, Versetzen mit Br_2/Acetanhydrid bei 0° (Ausfallen von II), langsames Erwärmen, nach beendeter CO_2-Entw. Gießen in W., Kühlen über Nacht u. Absaugen; Rhomben; 2,2 g (Ausbeute; aus 3 g I); b) aus 1-Acetylphenylhydrazin u. Chlorkohlensäureäthylester. — *4-Brom-3-phenylsydnon* (II), F. 135° (Zers.), analog vorst. Verb. nach a) in Ggw. von Na-Acetat; 2,0 g. — *2-Äthyl-4-phenyl-1.3.4-oxadiazolon-(5)*, F. 60—61,5°, analog vorvorst. Verb. mit Propionsäureanhydrid. — *2-Propyl-4-phenyl-1.3.4-oxadiazolon-(5)*, $C_{11}H_{12}N_2O_2$, F. 57,5—58,5° (Bzn.), mit Buttersäureanhydrid. (J. chem. Soc. [London] **1958**. 4781—82. Dez. Khartoum, Sudan, Univ.) R. WISSLER 3163

Robert M. Herbst und **Jack E. Klingbell,** *Acetylierung von Arylaminotetrazolen.* Die Acetylierung von 1-Phenyl-5-aminotetrazol (II) oder 5-Anilinotetrazol (III) mit sd. Acetanhydrid (I) führt in beiden Fällen zu *1-Phenyl-5-acetamidotetrazol* (IV), das mit konz. HCl II zurückgibt u. sich alkal. nicht hydrolysieren läßt. III liefert mit I/Alkali in der Kälte *1-Acetyl-5-anilinotetrazol*, das sich sowohl sauer als auch alkal. zu III hydrolysieren u. therm. in IV umlagern läßt. Ebenso wird *1-[p-Nitrophenyl]-5-acetamidotetrazol* (VI) sowohl aus 1-[p-Nitrophenyl]-5-amino- als auch aus 5-[p-Nitroanilino]-tetrazol mit sd. I erhalten. Bei längerem Erhitzen mit I entstehen allerdings in steigendem Maße *2-Methyl-5-[p-nitroanilino]-1.3.4-oxadiazol* (V) u. wenig der V-*N-Acetylverb.*, die sich beide zum Konstitutionsbeweis mit konz. HCl zu *p-Nitroanilin* u. $N_2H_4 \cdot 2\,HCl$ hydrolysieren lassen. V bildet sich auch bei längerem Kochen von VI mit I, wahrscheinlich über ein Carbodiimid. IV gibt keine derartige Umlagerung. V konnte nicht durch Erhitzen von 4-[p-Nitrophenyl]-semicarbazid (VIII) oder der entsprechenden 1-Acetylverb. mit I synthetisiert werden. Die therm. Zers. von S-Methyl-1-acetyl-4-phenylthiosemicarbazid gibt wenig *2-Methyl-5-anilino-1.3.4-oxadiazol* (VII) neben vorwiegend *3-Methylmercapto-4-phenyl-5-methyl-1.2.4-triazol* (?). Auch die Behandlung von 1-Acetyl-4-phenylthiosemicarbazid (IX) mit PbO liefert nicht VII, sondern *3-Mercapto-4-phenyl-5-methyl-1.2.4-triazol* (?). Aber aus IX u. HgO in sd. Toluol wurde schließlich VII glatt erhalten u. mit kalter Mischsäure in ein Gemisch von V u. *2-Methyl-5-[2.4-dinitroanilino]-1.3.4-oxadiazol* übergeführt. Letzteres läßt sich analog V mit konz. HCl zu *2.4-Dinitroanilin* u. $N_2H_4 \cdot 2$ HCl hydrolysieren.

V e r s u c h e: *1-Phenyl-5-aminotetrazol* (II), Doppel-F. 159,5—160,5° u. 202—203° (50%ig. Isopropylalkohol), a) aus Phenylthioharnstoff; 70% (Ausbeute); b) aus 0,5 g IV mit konz. HCl; 0,4 g; c) aus Anilin, CNBr u. N_3H in wss. A.; 55—60%. *N⁵-Acetylderiv.* (IV), $C_9H_9N_5O$, F. 214° (Zers.; 50%ig. Isopropylalkohol), a) durch 8std. Kochen von II mit I, Verdünnen mit A. u. Einengen; feine Nadeln; 91%; b) aus II u. I in 120 Std.; 100%; c) aus 1 g III u. I in 2½ Std.; 0,6 g. — *5-Anilinotetrazol* (III), F. 202,5—203° (50%ig. Isopropylalkohol), durch Umlagerung von II in sd. Xylol. — *1-Acetyl-5-anilinotetrazol*, $C_9H_9N_5O$, F. 213° (Zers.; Bzl.–PAe.), durch 10 Min. Zutropfen von I zu 3,2 g III in wss. K_2CO_3 bei 0°; stäbchenförmige Prismen; 3,1 g. Hydrolyse von 0,5 g mit konz. HCl bzw. mit 4%ig. K_2CO_3-Lsg. (1½ Std.) → 0,4 g bzw. 0,3 g III. 1 Min. Kochen von 0,5 g in Xylol → 0,35 g IV. — *1-[p-Nitrophenyl]-5-aminotetrazol*, Doppel-F. 175 u. 221° (50%ig. Isopropylalkohol), a) durch Nitrierung von II; b) aus VI u. 20%ig. HCl. *N⁵-Acetylderiv.* (VI), $C_9H_8N_6O_3$, Doppel-F. 191 u. 224—225° (99%ig. Isopropylalkohol), a) durch ½std. Kochen der Base mit I; gelbe Nadeln; 74%; b) analog a) in 1 Std.; 44%; c) durch 45 Min. Kochen von 1,5 g nachst. Verb. mit I, Verdünnen mit Isopropylalkohol u. Einengen; 0,9 g. — *5-[p-Nitroanilino]-tetrazol*, aus vorst. Verb. durch Kochen in Xylol. — *2-Methyl-5-[p-nitroanilino]-1.3.4-oxadiazol* (V), $C_9H_8N_4O_3$, F. 232—233° (99%ig. Isopropylalkohol), a) durch 12std. Kochen vorvorst. Verb. mit I als Chlf.-unlösl. Anteil; gelbe Nadeln; b) durch 4½std. Kochen von VI mit I, Verdünnen mit wss. Essigsäure, Einengen u. 36std. Stehen mit wss. $KHCO_3$ als unlösl. Teil. *N-Acetylverb.*, $C_{11}H_{10}N_4O_4$, F. 158° (99%ig. Isopropylalkohol oder absol. CH_3OH), a) neben V nach a) aus dem Chloroformextrakt; hellgelbe Prismen; b) aus V durch 8½std. Kochen mit I. — *p-Nitroanilin*, F. u. Misch-F. 146° (W.), a) durch 2std. Kochen von V mit konz. HCl u. Abfiltrieren von $N_2H_4 \cdot 2$ HCl (F. 195—200°); hellgelbe Nadeln; b) aus der Acetylverb. von V. — *Verb. vom F. 209—210°* (99%ig. Isopropylalkohol), a) durch Zusammenschmelzen von p-Nitrophenylisocyanat u. Monoacethydrazid u. 16std. Kochen der Verb. vom F. 300 bis 301° mit I; b) durch 20std. Kochen von VIII mit I. — *S-Methyl-1-acetyl-4-phenylthiosemicarbazid*, F. 121—124°, durch 5 Min. Schütteln von IX mit CH_3J in n-NaOH/99%ig. Isopropylalkohol; 39%. — *2-Methyl-5-anilino-1.3.4-oxadiazol* (VII), $C_9H_9N_3O$, F. 174—175° (Isopropylalkohol), a) durch 20std. Erhitzen vorst. Verb. in 99%ig. Isopropylalkohol; Prismen; b) durch 20 Min. Kochen von IX mit gelbem HgO in Toluol unter Rühren u. Heißfiltration; 64%. Rühren von VII mit konz. H_2SO_4/HNO_3 bei 0° u. Gießen auf Eis → V als Chlf.-unlösl. Anteil. — *3-Methylmercapto-4-phenyl-5-methyl-1.2.4-triazol* (?), $C_{10}H_{11}N_3S$, F. 119—120° (Isopropylalkohol), neben VII nach a); durchscheinende Prismen. — *3-Mercapto-4-phenyl-5-methyl-1.2.4-triazol* (?), F. 217—219° (95%ig. A.), durch 26std. Kochen von 3,3 g IX mit PbO in 95%ig. A. u. Heißfiltration; 2 g. — *2-Methyl-5-[2.4-dinitroanilino]-1.3.4-oxadiazol*, $C_9H_7N_5O_5$, F. 218—219° (absol. CH_3OH), aus den Chloroformextrakten der Darst. von V aus VII. — *2.4-Dinitroanilin*, F. u. Misch-F. 178—180°, durch Kochen vorst. Verb. mit HCl neben $N_2H_4 \cdot 2$ HCl. (J. org. Chemistry **23**. 1912—16. Dez. 1958. East Lansing, Mich., State Univ., Dep. of Chem.) R. PASEDAG. 3184

J. N. Chatterjea, *Selbstkondensation von 3.4-Dihydrocumarin.* 3.4-Dihydrocumarin (I) gibt mit NaH *3-[β-(o-Hydroxyphenyl)-propionyl]-chromanon-(2)*, das durch Ketonspaltung in *Bis-2.2'-spirochroman* übergeführt wurde. Im Gegensatz zum Isocumaranon ließ sich auch I unter energ. Bedingungen nicht acetylieren.

V e r s u c h e: *3.4-Dihydrocumarin* (I), aus Cumarin u. H_2 an Pd-Kohle oder Pd-$BaSO_4$ in Essigsäure bei n. Temp. u. Druck; ca. 100% (Ausbeute). — *3-[β-(o-Hydroxyphenyl)-propionyl]-chromanon-(2)*, $C_{18}H_{16}O_4$, F. 150—151°, neben nachst. Verb. aus 2,2 g I u. NaH in sd. Bzl. unter N_2 (6 Std.) u. Reinigung über das Cu-Chelat; aus A. Prismen; $FeCl_3$-Rk. gelb → violett. *Cu-Chelat*, $C_{36}H_{30}CuO_8$, F. 217°, aus vorst. Rohprod. u. Cu-Acetat; aus Bzl. hellgrüne Platten; 0,23 g. *Diacetylderiv.*, Öl. — *Bis-2.2'-spirochroman*, $C_{17}H_{16}O_2$, F. 107°, a) neben vorst. Verb.; 0,3 g; b) aus vorst. Verb. u. sd. konz. HCl u. Essigsäure (2 Std.); c) aus Bis-[o-hydroxybenzyliden]-aceton u. H_2 an Pd–Kohle; aus Essigsäure Nadeln, aus A. Blättchen. (J. Indian chem. Soc. **35**. 47—48. Jan. 1958. Patna, Sci. Coll., Chem. Labor.) F. HELLER. 3211

R. B. Desai und **J. N. Ray,** *Versuche zur Synthese von Cyanmaclurin und verwandten Verbindungen.* 2. Mitt. (1. vgl. C. **1933**. I. 3452.) Das aus 6-Methoxycumaranon (I) u. Salicylaldehyd erhaltene *6-Methoxy-2-[2-hydroxybenzyliden]-cumaranon* (II) wurde an Pd–Kohle zu *6-Methoxy-2-[2-hydroxybenzyl]-cumaranon* (III) hydriert. Cyclisierung von III mit P_2O_5 gab *6'-Methoxybenzofurano-[3'.2':2.3]-chromen* (IV), das sich mit Perphthalsäure, Perbenzoesäure oder 30%ig. H_2O_2 nicht epoxydieren ließ. Nach den gleichen Methoden wurden verschied. Benzofuranochromene dargestellt.

Versuche: *6-Methoxy-2-[2-hydroxybenzyliden]-cumaranon* (II), $C_{16}H_{12}O_4$, F. 258 bis 259° (Zers.), aus I, Salicylaldehyd u. Piperidin in heißem A. u. Stehen bei n. Temp. über Nacht; aus Eisessig gelbe Kristalle; 95% (Ausbeute). *Acetylderiv.*, $C_{18}H_{14}O_5$, F. 163 bis 165°, aus A. blaßgelbe Nadeln. — *6-Methoxy-2-[hydroxybenzyl]-cumaranon* (III), $C_{16}H_{14}O_4$, F. 145°, aus II in A. u. H_2 an Pd–Kohle; aus CH_3OH Nadeln; 60%. — *6'-Methoxybenzofurano-[3'.2':2.3]-chromen* (IV), $C_{16}H_{12}O_3$, F. 108°, aus III u. P_2O_5 in sd. Bzl. (2 Std.); aus CH_3OH Nadeln; 45—50%. — *6-Methoxy-2-[2.4-dihydroxybenzyliden]-cumaranon*, $C_{16}H_{12}O_5$, F. 244—246° (Zers.; A.), aus I u. β-Resorcylaldehyd wie II; 45%; konnte nicht hydriert werden. *Diacetylderiv.*, $C_{20}H_{16}O_7$, F. 159—161°, aus A. winzige Nadeln. — *6-Methoxy-2-[2-hydroxy-4-methoxybenzyliden]-cumaranon*, $C_{17}H_{14}O_5$, F. 223—225° (Zers.), wie II aus I u. 2-Hydroxy-4-methoxybenzaldehyd; aus A. Nadeln; 95%. *Acetylderiv.*, $C_{19}H_{16}O_6$, F. 156—157°, aus A. winzige Nadeln. — *6-Methoxy-2-[2-hydroxy-4-methoxybenzyl]-cumaranon, Monohydrat*, $C_{17}H_{16}O_5 \cdot H_2O$, F. 113—115°, wie III aus vorst. Verb.; aus verd. CH_3OH Nadeln; 65—70%. — *6'.7-Dimethoxybenzofurano-[3'.2':2.3]-chromen*, $C_{17}H_{14}O_4$, F. 139—140°, wie IV aus vorst. Verb.; aus CH_3OH Nadeln; 55%. — *6-Methoxy-2-[2-hydroxy-4.6-dimethoxybenzyliden]-cumaranon*, $C_{18}H_{16}O_6$, F. 173 bis 174°, wie II aus I u. 2-Hydroxy-4.6-dimethoxybenzaldehyd; aus verd. Essigsäure orangefarbene Kristalle; 70%. *Acetylderiv.*, $C_{20}H_{18}O_7$, F. 135—137°, aus A. Nadeln. — *6-Methoxy-2-[2-hydroxy-4.6-dimethoxybenzyl]-cumaranon*, $C_{18}H_{18}O_6$, F. 170—172° (CH_3OH), aus vorst. Verb. wie III; 70%. — *5.7.6'-Trimethoxybenzofurano-[3'.2':2.3]-chromen*, $C_{18}H_{16}O_5$, F. 160—162°, aus vorst. Verb. wie IV; aus verd. CH_3OH Nadeln; 70%. — *6-Methoxy-2-[2-hydroxymenaphthyliden-(1)]-cumaranon*, $C_{20}H_{14}O_4$, F. 176 bis 178°, wie II aus I u. 2-Hydroxy-1-naphthaldehyd; aus verd. Essigsäure orangefarbene Nadeln; 85—90%. *Acetylderiv.*, $C_{22}H_{16}O_5$, F. 147—149°, aus A. Nadeln. — *6-Hydroxy-2-[2-hydroxymenaphthyl-(1)]-cumaranon*, $C_{20}H_{16}O_4$, F. 167—168° (Zers.), aus vorst. Verb. wie III; aus verd. CH_3OH Nadeln; 80%. — *6'-Methoxybenzofurano-[3'.2':2.3]-5.6-benzochromen*, $C_{20}H_{14}O_3$, F. 182—183°, aus vorst. Verb. wie IV; aus verd. CH_3OH Nadeln; 70%. (J. Indian chem. Soc. **35.** 83—87. Febr. 1958.) F. HELLER. 3211

G. Zinner, *Zur Chemie des N-Hydroxypiperidins.* 2. Mitt. *Sekundäre O-Acylhydroxylamine.* (1. vgl. C. **1958.** 11803.) Chlorkohlensäureester geben in wss. Alkali mit N-Hydroxypiperidin (I) u. anderen sek. Hydroxylaminen kristalline bzw. im Vakuum destillierbare *N-[Alkoxycarbonyloxy]-amine*, die beim Erhitzen unter n. Druck vollständig zers. werden. Analog bilden Chlorsulfinsäureester mit aliphat. Hydroxylaminen unter Feuchtigkeitsausschluß u. in Ggw. von Pyridin die sehr zersetzlichen *N-[Alkoxysulfinyloxy]-amine.* SO_2 reagiert mit dem N der Hydroxylamine z. B. mit I zu *Piperidin-N-sulfonsäure*, die auch durch Verseifung von Piperidin-N-sulfochlorid sowie durch Einw. von SCHIFFs-Reagens auf I erhalten wurde. Durch Anlagerung von sek. Hydroxylaminen an Keten entstehen *Acetoxyamine.* Dargestellt wurden: *N-[Methoxycarbonyloxy]-*, $Kp._{13}$ 98°; *N-[Äthoxycarbonyloxy]-*, $Kp._{20}$ 120°; *N-[Benzyloxycarbonyloxy]-*, F. 66° (PAe.) u. *N-[Äthoxysulfinyloxy]-piperidin*, $Kp._{0,01}$ 85°. — *N-[Methoxycarbonyloxy]-diäthylamin*, $Kp._{10}$ 54—56°. — *Piperidin-N-sulfonsäure, Methylester*, $Kp._{0,01}$ 90°. *Äthylester*, $Kp._{0,01}$ 90—95°. — *N-[Methoxysulfinyloxy]-diäthylamin*, $Kp._{0,01}$ 75°. — *Piperidin-N-sulfonsäure*, F. 198° (Zers.); W.). — *N-Acetoxypiperidin*, $Kp._{10}$ 76°. — *N-Acetoxydiäthylamin*, $Kp._{10}$ 46—48°. (Angew. Chem. **69.** 204—05. 21/3. 1957.) W. KUCHEN. 3231

R. Lukeš und **J. Pliml,** *Über die Gombergsche Reaktion des Pyridyl-(3)-diazoniumchlorids mit Pyridin.* Inhaltlich ident. mit der C. **1959.** 2798 referierten Arbeit. (Collect. czechoslov. chem. Commun. **24.** 1356—59. April 1959. [Orig.: deutsch.]) W. BARZ. 3231

R. D. Desai, B. M. Desai und **N. N. Naik,** *Heterocyclische Verbindungen.* 32. Mitt. *Nitrierung und Bromierung von 4-Methyl- und 2-Methyl-1.2.3.4-tetrahydroacridon.* (31. vgl. C. **1958.** 720.) Durch Nitrierung von 4-Methyl-1.2.3.4-tetrahydroacridon (I) wurde das *7-Nitro-* (II) u. das *5.7-Dinitroderiv.* (III), aus 2-Methyl-1.2.3.4-tetrahydroacridon (IV) das *5-* u. *7-Nitro-* sowie das *5.7-Dinitroderiv.* erhalten. Bei der Bromierung gab I das *7-Bromderiv.*, während aus IV das *5-Bromderiv.* entstand; die Einführung eines zweiten Bromatoms führte bei I u. IV zum entsprechenden *5.7-Dibromderivat.* Die Konst. der erhaltenen Verbb. wurde durch deren Synth. aus den entsprechend substituierten Anthranilsäuren u. Cyclohexanonen bewiesen.

Versuche: *7-Nitro-4-methyl-1.2.3.4-tetrahydroacridon* (II), $C_{14}H_{14}N_2O_3$, F. 310°, a) durch Zugeben von 0,42 cm³ H_2SO_4 u. 5,0 cm³ HNO_3 zu 2,2 g I in H_2SO_4 bei −5°, 14std. Stehen bei 0° u. Gießen auf Eis; b) aus 5-Nitroanthranilsäure u. 2-Methylcyclohexanon (V) bei 130—140° (2 Std.), dann bei 220—230° (1 Std.); aus Toluol hellgelbe Blättchen. — *5.7-Dinitro-4-methyl-1.2.3.4-tetrahydroacridon* (III), $C_{14}H_{13}N_3O_5$, F. 315°, a) aus I wie II nach a) mit 0,84 cm³ HNO_3; b) aus V u. 3.5-Dinitroanthranilsäure wie II nach b); aus A. gelbe Blättchen. — *7-Nitro-2-methyl-1.2.3.4-tetrahydroacridon*, $C_{14}H_{14}\cdot N_2O_3$, F. 324°, aus IV wie II nach a) oder aus 5-Nitroanthranilsäure u. 4-Methylcyclohexanon (VI) wie II nach b); aus A. orangegelbe Mikrokristalle. — *5-Nitro-2-methyl-1.2.3.4-tetrahydroacridon*, $C_{14}H_{14}N_2O_3$, F. 236°, aus der Mutterlauge von vorst. Verb. oder aus 3-Nitroanthranilsäure u. VI; blaßgelbe Nadeln. — *5.7-Dinitro-2-methyl-1.2.3.4-tetrahydroacridon*, $C_{14}H_{13}N_3O_5$, F. 271°, aus IV wie III nach a); oder aus 3.5-Dinitroanthranilsäure u. VI wie II nach b); aus A. gelbe Platten. — *7-Brom-4-methyl-1.2.3.4-tetrahydroacridon*, $C_{14}H_{14}BrNO$, F. 292°, durch Zugeben von Br_2 in Eisessig zu I u. wenig J_2 in Eisessig bei 5°, 1std. Stehen bei 10°, 24std. Stehen im Kühlschrank u. Gießen in W.; oder aus 5-Bromanthranilsäure u. V wie II nach b); aus A. blaßgelbe Nadeln. — *5.7-Dibrom-4-methyl-1.2.3.4-tetrahydroacridon*, $C_{14}H_{13}Br_2NO$, F. 215°, aus I wie vorst. mit 2 Mol Br_2; oder aus 3.5-Dibromanthranilsäure u. V wie II nach b); aus A. blaßgelbe Blättchen. — *7-Brom-2-methyl-1.2.3.4-tetrahydroacridon*, $C_{14}H_{14}BrNO$, F. 321°, a) aus IV u. Br_2 in Eisessig; b) aus 5-Bromanthranilsäure u. VI wie II nach b); aus 95%ig. A. Nadeln. — *5-Brom-2-methyl-1.2.3.4-tetrahydroacridon*, $C_{14}H_{14}BrNO$, F. 317°, aus der Mutterlauge von vorst. Verb. nach a) oder aus 3-Bromanthranilsäure u. VI wie II nach b); aus A.–CH_3OH glänzende prismat. Nadeln. — *5.7-Dibrom-2-methyl-1.2.3.4-tetrahydroacridon*, $C_{14}H_{13}Br_2NO$, F. 151°, aus IV u. 2 Mol Br_2 in Eisessig bei 50° oder aus 3.5-Dibromanthranilsäure u. VI wie II nach b); aus A. orangegelbe Platten. (J. Indian chem. Soc. **35**. 88—90. Febr. 1958.) E. HANSCHKE. 3231

B. D. Tilak und **M. R. Venkiteswaran,** *Chinonreihe.* 9. Mitt. *Benzodipyrrocolinchinone.* (8. vgl. ACHARYA u. Mitarbeiter, C. **1957**. 8784; vgl. auch vorl. Mitt., ACHARYA u. Mitarbeiter, J. sci. ind. Res. [New Delhi], Sect. B **14**. [1955.] 250.) Die Kondensation von Chloranil (I) mit reaktionsfähigen Methylenverbb. (Acetessigester, Malonester, Acetoacetanilid, Acetylaceton, Benzoylaceton, Dibenzoylmethan) u. Pyridin liefert Gemische aus isomeren 5.11-disubstituierten *Benzo-[1.2:b;4.5:b']-dipyrrocolinchinonen-(6.12)* u. 5.7-disubstituierten *Benzo-[1.2:b;5.4:b']-dipyrrocolinchinonen-(6.12)*. Bei der Umsetzung von I mit Acetessigester oder Malonester in Pyridin bilden sich neben dem *Betain* II *5.11-Dicarbäthoxybenzo-[1.2:b;4.5:b']-* (III) u. *5.7-Dicarbäthoxybenzo-[1.2:b;5.4:b']-dipyrrocolinchinon-(6.12)* (IV). Die Konst. von III ergab sich aus einer unabhängigen Synth. aus 2.5-Dichlor-3.6-diphenoxybenzochinon-(1.4) (V) u. Acetessigester oder Malonester in Ggw. von C_2H_5ONa u. Behandeln des entstandenen *2.5-Dichlor-p-benzochinon-3.6-bis-[acetessigsäureäthylesters]* (VI) bzw. *-3.6-bis-[malonsäurediäthylesters]* (VII) mit Pyridin; bei dem Vers., IV aus 2.6-Dichlorbenzochinon-(1.4) u. Acetessigester in Pyridin darzustellen, entstand ein Gemisch aus III u. IV. Bei der Umsetzung von 1 Mol I mit 1 Mol Acetessigester in 2 Mol Pyridin entsteht *5-Carbäthoxy-7.8-dichlorbenzo-[1.2:b]-pyrrocolinchinon-(6.9)*, das mit weiterem Acetessigester in Pyridin ein Gemisch aus III u. IV liefert. Die bei der Verseifung von III u. IV erhältlichen *Dicarbonsäuren* (IX u. X) können in *Anilide* (XI u. XII) übergeführt werden, die auch aus I mit Acetoacetanilid in Pyridin entstehen. Die aus IX über das *Säuredichlorid* mit p-Chloranilin, β-Naphthylamin, Dehydrothio-p-toluidin (VIII) u. Benzidin erhaltenen *Diamide* sind Küpenfarbstoffe (mit Benzidin vermutlich ein polymerer Farbstoff) mit guten Echtheiten. Die Kondensation von I mit Acetylaceton in Pyridin liefert ein Isomerengemisch aus *5.11-Diacetylbenzo-[1.2:b;4.5:b']-* (XIII) u. *5.7-Diacetylbenzo-[1.2:b;5.4:b']-dipyrrocolinchinon-(6.12)* (XIV), von denen XIV mit dem von ISLAM u. RAPHAEL (C. **1958**. 12109) aus Benzochinon u. Acetylaceton in Pyridin erhaltenen Prod. ident. ist. Die Konst. von XIII ergab sich aus einer unabhängigen Synth. aus V. Bei der Umsetzung von Benzoylaceton mit I oder V konnte *2.5-Dichlor-p-benzochinon-3.6-bis-[benzoylaceton]* (XV) erhalten werden, dessen Behandlung mit Pyridin *5.11-Dibenzoylbenzo-[1.2:b;4.5:b']-dipyrrocolinchinon-(6.12)* (XVI) ergab. XVI entsteht neben dem isomeren *5.7-Dibenzoylbenzo-[1.2:b;5.4:b']-dipyrrocolinchinon-(6.12)* (XVII) ebenfalls aus I u. Dibenzoylmethan in Pyridin. XVI u. XVII bilden schwer lösl. Leukoverbb. u. sind als Küpenfarbstoffe ungeeignet.

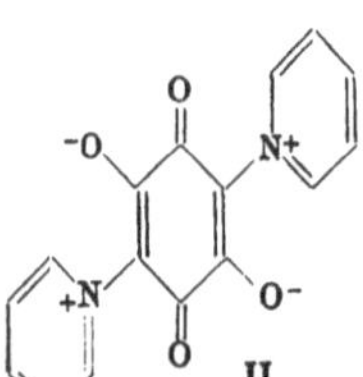

II

Versuche: *5.11-Dicarbäthoxybenzo-[1.2:b;4.5:b']-dipyrrocolinchinon-(6.12)* (III), $C_{24}H_{18}N_2O_6$, F. 281—282° (Bzl.), a) aus 0,5 g VII u. absol. Pyridin in sd. absol. A. (4 Std.); 0,35 g (Ausbeute); b) aus 4,92 g I u. Acetessigester in sd. Pyridin (4 Std.) u. Auskochen des Nd. mit W. zur Entfernung von 1,55 g **II**; scharlachrote Tafeln; in konz. H_2SO_4 rötlich-blau. Liefert beim oxydativen Abbau mit $KMnO_4$ *Picolinsäure*. — *5.7-Dicarbäthoxybenzo-[1.2:b;5.4:b']-dipyrrocolinchinon-(6.12)* (**IV**), $C_{24}H_{18}N_2O_6$, F. 220—221° (A.), a) aus 2,65 g 2.6-Dichlorbenzochinon-(1.4), Acetessigester u. Pyridin in sd. A. (4 Std.), Einengen im Vakuum, Waschen mit Ae. u. W., Chromatographieren des Gemischs (0,58 g) in Bzl. an Al_2O_3 u. Eluieren der violetten Schicht neben **III** aus der orangefarbenen Schicht; b) neben **III** nach b) aus der Pyridinmutterlauge; violette Nadeln; in konz. H_2SO_4 grün, in organ. Lösungsmitteln violett mit roter Fluorescenz; 0,95 g. Liefert beim oxydativen Abbau mit $KMnO_4$ *Picolinsäure*. — *5-Carbäthoxy-7.8-dichlorbenzo-[1.2:b]-pyrrocolinchinon-(6.9)*, $C_{15}H_9Cl_2NO_4$, F. 165° (A.), durch Zugabe von 2 Mol Pyridin zu einer sd. Lsg. von 1 Mol **I** u. 1 Mol Acetessigester in A. (2 Std.) u. Reinigen des Nd. in Bzl. durch Chromatographieren an Al_2O_3; violette Nadeln. 0,5 g liefern mit Acetessigester in sd. Pyridin 0,25 g **III** u. 0,23 g **IV**. — *2.5-Dichlor-p-benzochinon-3.6-bis-[acetessigsäureäthylester]* (**VI**), F. 126° (A.), aus 3,5 g **V** u. Na-Acetessigester (aus alkoh. C_2H_5ONa u. Acetessigester bei 60°) bei 60—70° (20 Min.) u. Neutralisieren mit HCl; gelbe Nadeln; 1,5 g. Liefert mit Pyridin in sd. absol. A. **III**. — *Benzo-[1.2:b;4.5:b']-dipyrrocolinchinon-(6.12)-dicarbonsäure-(5.11)* (**IX**), Zers. bei 250°, aus 0,6 g **III** u. sd. wss.-alkoh. NaOH, Eindampfen u. Umfällen über das Na-Salz; braune M.; in konz. H_2SO_4 blau; 0,45 g. Liefert mit Diäthylsulfat u. K_2CO_3 in sd. Aceton **III** zurück. *Dianilid* (**XI**), $C_{32}H_{20}N_4O_4$, F. 360° (Trichlorbenzol), a) aus **IX** u. $SOCl_2$ u. Umsetzen des getrockneten *Säuredichlorids* mit Anilin in sd. absol. Toluol (4 Std.); b) aus 4,92 g **I** u. Acetoacetanilid in sd. absol. Pyridin (4 Std.), Fällen aus der Pyridinmutterlauge (15°) mit wss. HCl, Chromatographieren des Gemischs (0,4 g) in Xylol an Al_2O_3 u. Eluieren der violetten Schicht; grüne Nadeln; in konz. H_2SO_4 violettblau; die blaue Küpe liefert auf Baumwolle violette Farbtöne. *Bis-p-chloranilid*, $C_{32}H_{18}Cl_2N_4O_4$, wie **XI** nach a); aus Nitrobenzol violette Nadeln. *Bis-β-naphthylamid*, $C_{40}H_{24}N_4O_4$, analog; violette Nadeln. *Bis-dehydrothio-p-toluidid*, $C_{48}H_{30}N_6O_4S_2$, analog mit **VIII**; violette Nadeln. — *Benzo-[1.2:b;5.4:b']-dipyrrocolinchinon-(6.12)-dicarbonsäure-(5.7)* (**X**), Zers. >250°, analog **IX**; in konz. H_2SO_4 grün. Liefert mit Diäthylsulfat **IV** zurück. *Dianilid* (**XII**), $C_{32}H_{20}N_4O_4$, F. 360° (Trichlorbenzol), a) aus **X** analog **XI** nach a); neben **XI** nach b) aus der grünen Schicht; violette Nadeln; in konz. H_2SO_4 grün; die violette Küpe liefert auf Baumwolle olivgrüne Farbtöne. — *Benzo-[1.2:b;4.5:b']-dipyrrocolinchinon-(6.12)*, $C_{18}H_{10}N_2O_2$, F. 360° (Toluol), aus 0,4 g **IX** u. Cu-Bronze in sd. Chinolin (1 Std.); rotbraune Nadeln; in konz. H_2SO_4 violett; 0,3 g. — *Benzo-[1.2:b;5.4:b']-dipyrrocolinchinon-(6.12)*, $C_{18}H_{10}N_2O_2$, F. 360° (A.), analog aus **X**; violette Nadeln; in konz. H_2SO_4 gelbgrün; die violetten Lsgg. in organ. Lösungsmitteln zeigen rote Fluorescenz. — *2.5-Dichlor-p-benzochinon-3.6-bis-[acetylaceton]*, $C_{16}H_{14}Cl_2O_6$, F. 198 bis 199° (A.), aus 1,23 g **I** oder **V** u. Acetylaceton wie **VI** aus **V**; gelbe Nadeln; 0,9 g. — *5.11-Diacetylbenzo-[1.2:b;4.5:b']-dipyrrocolinchinon-(6.12)* (**XIII**), $C_{22}H_{14}N_2O_4$, F. 370° (Chlorbenzol), aus 0,5 g vorst. Verb. in sd. Pyridin (6 Std.); rotbraune Nadeln; in konz. H_2SO_4 violett; 0,45 g. Läßt sich nicht verküpen. — *5.7-Diacetylbenzo-[1.2:b;5.4:b']-dipyrrocolinchinon-(6.12)* (**XIV**), $C_{22}H_{14}N_2O_4$, F. 362—363° (o-Dichlorbenzol), a) aus 4,92 g **I**, Acetylaceton u. Pyridin in sd. A. (4 Std.), Chromatographieren des Isomerengemischs in Tetrachloräthan an Al_2O_3 u. Eluieren der grauen Schicht mit CH_3OH u. o-Dichlorbenzol neben einer rotbraunen Schicht (**XIII**); grüne Nadeln; in konz. H_2SO_4 olivgrün; b) aus 3 g p-Benzochinon u. Acetylaceton in sd. Pyridin (2 Std.); sublimiert bei 325°/0,4 mm Torr; 0,47 g. — *2.5-Dichlor-p-benzochinon-3.6-bis-[benzoylaceton]* (**XV**), $C_{26}H_{18}Cl_2O_6$, F. 210—211° (A.), aus **I** oder **V** u. Benzoylaceton wie **VI** aus **V**; gelbe Nadeln. — *5.11-Dibenzoylbenzo-[1.2:b;4.5:b']-dipyrrocolinchinon-(6.12)* (**XVI**), $C_{32}H_{18}N_2O_4$, F. 310°, a) aus 0,2 g **XV** wie **XIII**; 0,11 g; b) aus **I** u. Dibenzoylmethan in sd. Pyridin (4 Std.), Chromatographieren in Bzl. an Al_2O_3 u. Eluieren der orangefarbenen Schicht; scharlachrote Tafeln; in konz. H_2SO_4 blau. — *5.7-Dibenzoylbenzo-[1.2:b;5.4:b']-dipyrrocolinchinon-(6.12)* (**XVII**), $C_{32}H_{18}N_2O_4$, F. 328—329°, neben **XVI** nach b) u. Eluieren der blaugrauen Schicht; violette Nadeln; in konz. H_2SO_4 grün. (J. sci. ind. Res. [New Delhi], Sect. B **15**. 561—73. Okt. 1956. Bombay, Univ., Dep. of Chem. Technol.) H. GOLD. 3231

P. S. Wadia und **Nitya Anand,** *Untersuchungen über potentielle Filaricide.* 3. Mitt. *Synthese von Homopiperazinanaloga der Piperazine mit Wirkung gegen Filarien.* (2. vgl. C. **1959**. 14708.) Durch Red. von 1-Methylhomopiperazinon-(5) (**I**) mit $LiAlH_4$ entsteht 1-Methylhomopiperazin (**II**), das mit Chlorameisensäureäthylester (**III**), Diäthylcarbamylchlorid (**IV**) bzw. Phenylisocyanat (**V**) zu *1-Methyl-4-carbäthoxy-*, *1-Methyl-4-diäthylcarbamyl-* u. *1-Methyl-4-phenylcarbamylhomopiperazin* umgesetzt wird.

Versuche: *1-Methylpiperidon-(4)*, $Kp._{10}$ 69°, aus Bis-[β-carbäthoxyäthyl]-methylamin nach FUSON u. Mitarbeitern (J. Amer. chem. Soc. **68**. [1946.] 1239) u. Behandeln des Hydrochlorids mit K_2CO_3 u. Chlf.; 37% (Ausbeute). — *1-Methylhomo-*

piperazinon-(5) (I), Kp.$_2$ 140°, F. 83—84° (Bzl./PAe.), durch Eintragen vorst. Verb. in konz. H_2SO_4 bei 0°, Zugeben von NaN_3 in 1 Std., 1 std. Rühren, Gießen auf Eis, Alkalisieren, Einengen u. Extrahieren mit Chlf.; 88%. — *1-Methylhomopiperazin* (II), Kp.$_{40}$ 76°, aus I u. $LiAlH_4$ in Ae.; 55—58%. — Homopiperazine: *1-Methyl-4-diäthylcarbamyl-*, $C_{11}H_{23}N_3O$, Kp.$_4$ 128, aus II u. IV in Ggw. von 10%ig. NaOH; n_D^{34} 1,4789; 76%. — *1-Methyl-4-carbäthoxy-*, $C_9H_{18}N_2O_2$, Kp.$_4$ 107°, aus II u. III in absol. A. in Ggw. von Na_2CO_3; n_D^{32} 1,4615; 81%. — *1-Methyl-4-phenylcarbamyl-*, $C_{13}H_{19}N_3O$, F. 101° (Sublimation bei Kp.$_1$ 140—145°), durch 1 std. Erhitzen von II mit V in Bzl. auf 100°; 90%. (J. sci. ind. Res. [New Delhi], Sect. B **17.** 31—32. Jan. 1958.) E. SCHRÖDER. 3272

J. S. Morley, *Die Reaktion von 4-Hydroxycinnolin-3-carbonsäure mit Pyridin und Acetanhydrid.* Es wird gezeigt, daß dem durch Erwärmen von 4-Hydroxycinnolin-3-carbonsäure (I) mit 4,5 Teilen Pyridin u. 6,5 Teilen Acetanhydrid entstehenden Prod. im Gegensatz zu Angaben von SCHOFIELD u. SIMPSON (J. chem. Soc. [London] **1946.** 472) die Konst. *Anhydro-[5-acetyl-5.13-dihydro-12-hydroxy-13-oxocinnolino-[2.3:c]-pyrido-[1.2:a]-imidazoliumhydroxyd]* (II) zukommt. Es wird angenommen, daß II analog der Bldg. des „BESTHORNschen Rot" entsteht. Durch Rk. von II mit Alkoholen entstehen *2-[Pyridyl-(2)]-1-acetyl-1.2.3.4-tetrahydro-4-oxocinnolin-3-carbonsäure* (III)-*Ester*, die durch Rk. mit alkoh. H_2SO_4 zu *2-[Pyridyl-(2)]-1.2.3.4-tetrahydro-4-oxocinnolin-3-carbonsäure* (IV)-*Estern* entacetyliert werden. Das durch Behandlung von I mit 3 Teilen Pyridin u. 1 Teil Acetanhydrid entstehende Prod. wird als *2-[Pyridyl-(2)]-1-acetyl-1.2.3.4-tetrahydro-4-oxocinnolin* (V) formuliert. Durch Einw. heißer verd. HCl auf II entsteht eine gelbe Base $C_{13}H_9ON_3$ u. nicht, wie l. c. angenommen, $C_{13}H_9N_3$; diese Base wird als *Anhydro-4-hydroxy-2-[pyridyl-(2)]-cinnoliniumhydroxyd* (VI) formuliert. Die Bldg. von VI über das hypothet. 2-[Pyridyl-(2)]-1.2.3.4-tetrahydro-4-oxocinnolin, das aus II, III-Estern, IV-Estern oder V durch Hydrolyse entstehen kann, durch Oxydation erscheint wegen der leichten Oxydation von Dihydrocinnolinen wahrscheinlich. VI entsteht durch Behandlung von III-Estern oder V mit heißer verd. HCl oder NaOH oder durch Behandlung von IV-Estern mit heißer NaOH. Durch Oxydation von VI mit $KMnO_4$ wurde *2-o-Carboxyphenylazopyridin* (VII) erhalten. Durch Kochen von VII mit 5n HCl entstehen *2-[2-Carboxy-4-chlorphenylazo]-pyridin* (VIII) u. *5-Chlor-2-[pyridyl-(2)]-indazolon-(3)* (IX). Zur Stützung des obigen Mechanismus wurde 6-Chlor-4-hydroxycinnolin-3-carbonsäure mit Pyridin u. Acetanhydrid umgesetzt u. das 2-Chlorderiv. von II erhalten. Der Abbau dieser Verb. ergab die Chloranaloga von VI u. VII; das Chloranalogon von VII war mit VIII identisch. VII wurde auch durch Kondensation von o-Nitrosobenzoesäure mit 2-Aminopyridin in 50%ig. NaOH dargestellt. IX konnte neben dem *1-[Pyridyl-(2)]-isomeren* durch Kondensation von 5-Chlor-2-hydrazinobenzoesäure (X) mit 2-Chlorpyridin erhalten werden. Durch katalyt. Red. von VIII oder Red. mit $SnCl_2$ oder Mercaptoverbb. wurde *2-[2-Carboxy-4-chlorphenylhydrazino]-pyridin* dargestellt, dessen Hydrochlorid beim Erhitzen mit A. auf 170—180° in IX übergeführt wurde. Eines der l. c. bei der alkal. Hydrolyse von V zu VI erhaltenen Nebenprodd. wurde als *2-[Pyridyl-(2)]-indazolon-(3)* identifiziert; es wurde durch Red. von VII in A. bei 170—180° zu *2-o-Carboxyphenylhydrazinopyridin* u. Erhitzen des Hydrochlorides dargestellt; es wird angenommen, daß es sich beim zweiten Nebenprod. um 2-[Pyridyl-(2)]-indazol-3-carbonsäure handelt. Die Rk. von o-Hydrazinobenzoesäure mit 2-Chlorpyridin lieferte isomerenfreies *1-[Pyridyl-(2)]-indazolon-(3)*. X wurde in mäßiger Ausbeute aus 5-Chloranthranilsäure nach PFANNSTEIL u. JANECKE (Ber. dtsch. chem. Ges. **75.** [1942.] 1104) neben einer zweiten Verb. erhalten, die mit wss. NaOH *m-Chlorbenzoesäure* lieferte. Durch Kochen von X mit verd. HCl entstand *5-Chlorindazolon-(3)*.

Versuche: *Anhydro-[5-acetyl-2-chlor-5.13-dihydro-12-hydroxy-13-oxocinnolino-[2.3:c]-pyrido-[1.2:a]-imidazoliumhydroxyd]*, $C_{16}H_{10}ClN_3O_3$, Zers. $>240°$ (olivgrüne Kristalle), durch 1 std. Erhitzen von 10 g 6-Chlor-4-hydroxycinnolin-3-carbonsäure mit 45 cm³ Pyridin u. 65 cm³ Acetanhydrid auf dem Wasserbad, Filtrieren, Waschen mit Ae. u. Trocknen bei 80° im Vakuum; 94% (Ausbeute). — *Anhydro-6-chlor-4-hydroxy-2-[pyridyl-(2)]-cinnoliniumhydroxyd*, $C_{13}H_8ClN_3O$, F. 162—163° (gelbe Nadeln aus A. u. Trocknen bei 80°), durch 5 std. Kochen vorst. Verb. mit 2n HCl, Kühlen, Zugabe von Na_2CO_3 bis p_H 6—7, 1 std. Rühren bei Raumtemp. u. Filtrieren; 88%. *Hydrat*, F. 132 bis 133°, durch Trocknen nach dem Umkristallisieren an der Luft. — *2-[2-Carboxy-4-chlorphenylazo]-pyridin* (VIII), $C_{12}H_8ClN_3O_2$, F. 192—193° (orangerote Nadeln aus wss. A.), durch Zugabe von 2%ig. wss. $KMnO_4$ innerhalb 1 Std. zu 3 g vorst. Verb. in W. bei 40—45° unter Rühren, 30 Min. Rühren bei 40—45°, Zugabe von A. zur Zers. von $KMnO_4$, Filtrieren u. Zugabe von HCl bis p_H 3,8—4,2; 2,3 g. — *2-o-Carboxyphenylazopyridin* (VII), $C_{12}H_9N_3O_2$, F. 144—145° (orangerote Kristalle aus Äthylacetat), durch 5 std. Rühren von o-Nitrosobenzoesäure u. 2-Aminopyridin in 50%ig. NaOH bei 85—90°, Zugabe von W., 15 Min. Rühren bei 80—85°, Kühlen, Filtrieren, Lösen des Nd. in warmem W., Filtrieren u. Ansäuern mit Essigsäure; 51%; daneben durch Ansäuern des alkal. Filtrats *Azoxybenzol-2.2'-dicarbonsäure*, $C_{14}H_{10}N_2O_5$, F. 253—255° (Zers.; blaßgelbe Kristalle aus Äthylacetat u. A.). — *5-Chlor-2-hydrazinobenzoesäure* (**X**), $C_7H_7ClN_2O_2$, F. 265° (Zers. nach Sintern bei 160—180°; wss. 2-Äthoxyäthanol), durch Diazotieren einer Suspension von 5-Chloranthranilsäure in wss. HCl mit wss. $NaNO_2$-Lsg. bei 0—3°, Zugabe zu mit SO_2 bei 0—5° gesätt. W. innerhalb 30 Min. unter Einleiten von SO_2 bei 5—10°, Stehen über Nacht bei Raumtemp., Filtrieren, Zugabe von konz. HCl zum eisgekühlten Filtrat u. Rühren des erhaltenen *Hydrochlorids* [F. 197° (Zers.)] mit wss. Na-Acetatlsg.; 44%. *Benzylidenderiv.*, $C_{14}H_{11}ClN_2O_2$, F. 249—250° (Zers.; gelbe Kristalle aus A.), durch Zugabe von Benzaldehyd zu **X** in Essigsäure. — *m-Chlorbenzoesäure*, F. 154° (W.), durch 15 Min. Kochen des neben **X** nach Stehen über Nacht erhaltenen Nd. [F. 160° (Zers.; wss. A.)] mit 3n NaOH u. Ansäuern. — *5-Chlorindazolon-(3)*, $C_7H_5ClN_2O$, F. 273—275° (Zers.; Essigsäure), durch 1std. Kochen von 2 g **X** mit wss. HCl u. Filtrieren; 1,8 g. — *5-Chlor-2-[pyridyl-(2)]-indazolon-(3)* (**IX**), $C_{12}H_8ClN_3O$, F. 251—252° (blaßgelbe Kristalle aus Essigsäure), a) durch 5std. Erhitzen von 9,15 g **X**, 5 g 2-Chlorpyridin u. 40 cm³ A. auf 170—180°, Kühlen, Filtrieren, Lösen des Nd. in sd. verd. NaOH u. Ansäuern der heißen Lsg. mit Essigsäure; 0,32 g; b) durch Erhitzen von 2-[2-Carboxy-4-chlorphenylhydrazino]-pyridinhydrochlorid in A. auf 170—180°. — *5-Chlor-1-[pyridyl-(2)]-indazolon-(3)*, F. 251—252° (bräunliche Kristalle aus A.), neben **IX** durch Filtrieren des gekühlten Reaktionsgemischs u. Verdünnen des Filtrats mit W.; 1,1 g. — *5-Chlor-1.3-dihydro-1-methyl-3-oxo-2-[pyridyl-(2)]-indazol*, $C_{13}H_{10}ClN_3O$, F. 123 bis 124° (wss. CH_3OH), durch Lösen von 0,1 g **IX** in heißer 0,5n KOH, Kühlen auf 50°, 10 Min. Schütteln mit $(CH_3)_2SO_4$ bei 45—50° u. Ae.-Extraktion; 0,06 g. — *2-o-Carboxyphenylhydrazinopyridin*, $C_{12}H_{11}N_3O_2$, F. 232° (Zers.; 2-Äthoxyäthanol), a) durch 1std. Schütteln von 2,27 g **VII** in A. mit H_2 in Ggw. von PdO, Filtrieren, Behandeln des Nd. mit 0,5n NaOH, Filtrieren u. Ansäuern des Filtrats mit Essigsäure; 2,05 g; b) durch Zutropfen von 1,13 cm³ Thiophenol zu 2,27 g **VII** in Chlf. bei 20—22°, 2tägiges Stehen u. Filtrieren; 1,84%. *Hydrochlorid*, $C_{12}H_{11}N_3O_2\cdot HCl$, F. 243—244° (Zers.; CH_3OH-Ae.), durch Lösen der Base in heißer wss. HCl u. Kühlen. — *2-[2-Carboxy-4-chlorphenylhydrazino]-pyridin*, $C_{12}H_{10}ClN_3O_2$, F. 252—253° (Zers.; 2-Äthoxyäthanol), analog vorst. Verb. nach a) u. b). — *2-[Pyridyl-(2)]-indazolon-(3)*, $C_{12}H_9N_3O$, F. 186—187° (blaßgelbe Kristalle aus A. u. wenig wss. $NaHCO_3$-Lsg.), durch 5std. Erhitzen von 2 g vorst. Hydrochlorids in A. auf 170—180°, Kühlen, Filtrieren, Verdünnen mit W. u. Filtrieren; 1,05 g. — *1-[Pyridyl-(2)]-indazolon-(3)*, $C_{12}H_9N_3O$, F. 204—205° (blaßgelbe Nadeln aus CH_3OH), durch 5std. Erhitzen von 7,4 g o-Hydrazinobenzoesäure, 4 g 2-Chlorpyridin u. A. auf 170—180°, Kühlen, Verdünnen mit W. u. Filtrieren; 1,21 g. (J. chem. Soc. [London] **1959**. 2280—86. Juni. Macclesfield, Cheshire, Imp. Chem. Ind. Ltd., Pharmaceut. Div.) H. BERTSCH. 3272

Henry C. Koppel und **Roland K. Robins**, *Potentielle Purinantagonisten.* 13. Mitt. *Synthese einiger 8-Methylpurine.* (12. vgl. C. **1959**. 1456.) Es wird die allg. Brauchbarkeit von Acetanhydrid (**I**) als Cyclisierungsreagens für 4.5-Diaminopyrimidine beschrieben. Aus 4.5-Diamino-6-hydroxypyrimidin (**VII**) entsteht *6-Hydroxy-8-methylpurin* (**III**), aus 4.5-Diamino-6-hydroxypyrimidinthiol-(2) (**IX**) analog *6-Hydroxy-8-methylpurinthiol-(2)* (**II**) u. aus 4.5-Diamino-6-hydroxy-2-methylmercaptopyrimidin (**XV**) *6-Hydroxy-8-methyl-2-methylmercaptopurin* (**VI**). **VI** wird auch aus **II** durch Methylierung erhalten. Die Cyclisierung von 4.5-Diaminopyrimidinthiol-(6) (**XIV**) mit **I** führt zu *2-Methyl-7-aminothiazolo-[5.4:d]-pyrimidin*, dessen Konst. durch Vgl. des UV-Spektr. mit dem des erwarteten *8-Methylpurinthiols-(6)* (**V**) bestätigt wird. **V** wird aus 8-Methyl-6-chlorpurin (**IV**) mit Thioharnstoff (**VIII**), **IV** aus **III** mit $POCl_3$/N.N-Diäthylanilin gewonnen. 4.5.6-Triaminopyrimidin (**X**) wird mit **I** zu *6-Amino-8-methylpurin* cyclisiert, 4.5-Diamino-2.6-dihydroxypyrimidin (**XIII**) zu *8-Methyl-2.6-dihydroxypurin.* 6-Hydroxy-2.4.5-triaminopyrimidin (**XI**) konnte mit **I** nicht cyclisiert werden, wohl aber mit **I**/Orthoameisensäuretriäthylester (**XII**) zu *2-Amino-6-hydroxy-8-methylpurin.* **V** läßt sich mit RANEY-Ni zu *8-Methylpurin* entschwefeln. **IV** wird mit verschied. Aminen in die entsprechenden *6-Aminoverbb.*, mit verschied. Alkylmercaptanen in die entsprechenden *6-Alkylmercaptoverbb.* übergeführt. Aus **VI** wird mit $POCl_3$/N.N-Diäthylanilin *6-Chlor-8-methyl-2-methylmercaptopurin* dargestellt, das in *8-Methyl-2-methylmercaptopurinthiol-(6)* u. in *N-substituierte 8-Methyl-2-methylmercapto-6-aminopurine* übergeführt wird. Aus **II** wird mit P_2S_5 in Pyridin *8-Methylpurindithiol-(2.6)* synthetisiert. Die 8-Methylgruppe zeigt einen wasserlöslichmachenden Effekt. Die UV-Absorptionsmaxima einiger 8-Methylpurine bei p_H 1 u. 11 sind angegeben.

Versuche: 8-Methylpurine: *6-Hydroxy-* (**III**), *Monohydrat*, $C_6H_6N_4O\cdot H_2O$, F. >300° (W.), durch 80 Min. Kochen von 15 g **VII** mit **I**, Einengen, 10 Min.

Kochen mit 1,5n NaOH u. Ansäuern mit Eisessig; lange Nadeln; 14 g (Ausbeute). — *6-Chlor-* (**IV**), $C_6H_5ClN_4$, F. 212—213° (Toluol), durch 5½std. Kochen von 35 g **III** mit $POCl_3$/N.N-Diäthylanilin, Einengen, Gießen auf Eis, Alkalisieren mit 10n KOH, 20 Min. Stehen, Ausäthern, Ansäuern u. 48std. Ausäthern; hellgelbe Nadeln; 18 g. — *6-Mercapto-* (**V**), $C_6H_6N_4S$, F. >300° (W.), durch 1std. Kochen von 5 g **IV** mit **VIII** in A., Kochen des Nd. mit verd. NaOH u. Ansäuern mit Essigsäure; hellgelbe Nadeln; 3,9 g. — *6-Methylamino-*, $C_7H_9N_5$, F. >300° (W.), durch 2std. Erhitzen von 5 g **IV** mit wss. CH_3NH_2 auf dem Wasserbad; 3,8 g. — *6-[p-Chlorbenzylamino]-*, $C_{13}H_{12}ClN_5$, F. >300° (A.), aus 5 g **IV** u. p-Chlorbenzylamin; Nadeln; 4,2 g. — *6-[2.4-Dichlorbenzylamino]-*, $C_{13}H_{11}Cl_2N_5$, F. 286—287° (A.), aus 5 g **IV** u. 2.4-Dichlorbenzylamin in 3 Std.; Nadeln; 4,0 g. — *6-Methylmercapto-*, $C_7H_8N_4S$, F. 223—224° (Bzl.-Heptan-CH_3OH), durch 3std. Rühren von 5 g **V** mit CH_3J in wss. KOH u. Einstellen auf p_H 7 mit verd. HCl; hellgelbe Kristalle; 3,0 g. — *6-Äthylmercapto-*, $C_8H_{10}N_4S$, F. 206—207° (Essigester-Heptan), durch 30 Min. Erhitzen von 5 g **IV** mit Äthanthiol in wss. KOH auf dem Wasserbad u. Einstellen auf p_H 7; lange Nadeln; 3,6 g. — *6-n-Propylmercapto-*, $C_9H_{12}N_4S$, F. 214—215° (Bzl.-Heptan). — *6-Isopropylmercapto-*, $C_9H_{12}N_4S$, F. 256—257° (Essigester-Heptan). — *6-n-Butylmercapto-*, F. 179—180° (Bzl.-Heptan-CH_3OH). — *6-Hydroxy-2-mercapto-* (**II**), $C_6H_6N_4OS$, F. >300° (verd. Essigsäure), durch 9std. Kochen von 10 g **IX** mit **I**; 11,5 g. — *6-Hydroxy-2-methylmercapto-* (**VI**), *Hydrat*, $C_7H_8N_4OS\cdot H_2O$, F. >300° (W.), a) durch Rühren u. Erhitzen von 10 g **II** mit CH_3J in verd. NaOH auf 80° u. Ansäuern mit Eisessig; lange Nadeln; 14 g; b) durch 2std. Kochen von 23 g **XV** mit **I**; 22 g. — *2.6-Dimercapto-*, $C_6H_6N_4S_2$, F. >300° (Na_2CO_3-HCl), durch 5std. Kochen von **II** mit P_2S_5 in absol. Pyridin; gelbe Kristalle. — *6-Chlor-2-methylmercapto-*, $C_7H_7\cdot ClN_4S$, F. 268—270° (Toluol-CH_3OH u. Toluol), aus 35 g **VI** analog **IV**; 21 g. — *2-Methylmercapto-6-mercapto-*, $C_7H_8N_4S_2$, F. >300° (verd. Essigsäure), aus 5 g vorst. Verb. u. **VIII** in A.; 4,1 g. — *6-[p-Chlorbenzylamino]-2-methylmercapto-*, $C_{14}H_{14}ClN_5S$, F. 265 bis 266° (A.), Nadeln; 5,4 g aus 5 g. — *6-[asymm.-Dimethylhydrazino]-2-methylmercapto-*, $C_9H_{14}N_6S$, F. 289—291° (A.), mit asymm.-Dimethylhydrazin in A.; lange Nadeln; 3,9 g aus 5 g. — *6-Diäthylamino-2-methylmercapto-*, $C_{11}H_{17}N_5S$, F. 216—218° (Heptan-A.), mit $(C_2H_5)_2NH$; 2,8 g aus 5 g. — *6-Methylamino-2-methylmercapto-*, $C_8H_{11}N_5S$, F. 209° (A.); 4,0 g aus 5 g. — *6-Dimethylamino-2-methylmercapto-*, $C_9H_{13}N_5S$, mit wss. $(CH_3)_2NH$. — *6-Amino-*, $C_6H_7N_5$, F. >300° (verd. HCl-NH_4OH u. verd. Dimethylformamid), durch 2std. Kochen von 15 g **X** mit **I**, Einengen u. Lösen in verd. NH_4OH; 12 g. — *2-Amino-6-hydroxy-*, $C_6H_7N_5O$, F. >300° (W.), durch 5std. Kochen von 22 g **XI** mit **I** u. **XII** (1:1), Filtrieren, Einengen, 10 Min. Kochen mit 2n NaOH u. Ansäuern mit Essigsäure; 12 g. — *2.6-Dihydroxy-*, $C_6H_6N_4O_2$, F. >300° (verd. Na_2CO_3-HCl), aus 10 g **XIII** u. **I** in 12 Std.; hellgelbe Kristalle; 10 g. — *7-Amino-2-methylthiazolo-[5.4:d]-pyrimidin*, $C_6H_6N_4S$, durch 3std. Kochen von 2,5 g **XIV** mit **I**, Einengen, 10 Min. Kochen mit verd. NH_4OH, Umfällen aus verd. HCl-NH_4OH u. Umkristallisieren aus W.; 2 g. — *8-Methylpurin*, $C_6H_6N_4$, durch 6std. Kochen von 5 g **V** mit Raney-Ni in W., Filtrieren, Einengen u. Umkristallisieren aus Bzl.-Heptan-CH_3OH; 3,2 g. (J. org. Chemistry **23**. 1457—60. Okt. 1958. Tempe, Ariz., State Coll.) R. Pasedag. 3272

C. Wayne Noell und **Roland K. Robins**, *Potentielle Purinantagonisten.* 14. Mitt. *Synthese einiger N-substituierter 4-Aminopyrazolo-[3.4:d]-pyrimidine.* (13. vgl. vorst. Ref.) Durch Umsetzung von 1-Methyl-4-chlor- (**I**) bzw. 4-Chlorpyrazolo-[3.4:d]-pyrimidin (**II**) mit prim. u. sek. Aminen werden N-substituierte *4-Amino-* u. *1-Methyl-4-aminopyrazolo-[3.4:d]-pyrimidine* dargestellt. Bei Verwendung höherer Alkylamine lassen sich die *Hydrochloride* besser als die Basen isolieren.

V e r s u c h e: Durch 2std. Erhitzen von **I** mit dem Amin in absol. A. auf dem Wasserbad u. Umkristallisieren der auskrist. Basen aus A. bzw. 20 Min. Einleiten von HCl in das Filtrat, Ausfällen mit Ae. u. Umkristallisieren der Hydrochloride aus absol. A. nachst. 1-Methylpyrazolo-[3.4:d]-pyrimidine: *4-Isobutylamino-*, *Hydrochlorid*, F. 210—217°; 63% (Ausbeute). — *4-Isoamylamino-*, *Hydrochlorid*, F. 214 bis 217°; 37%. — *4-[n-Heptylamino]-*, *Hydrochlorid*, F. 190—193°; 30%. — *4-[n-Octylamino]-*, *Hydrochlorid*, F. 196—199°; 25%. — *4-[β-Phenyläthylamino]-*, *Hydrochlorid*, F. 205—208°; 51%. — *4-[2-Äthyl-n-hexylamino]-*, *Hydrochlorid*, F. 148°; 32%. — *4-[p-Chlorbenzylamino]-*, F. 205—206°; 96%. — *4-Allylamino-*, *Hydrochlorid*, F. 197—203°; 85%. — *4-[n-Undecylamino]-*, *Hydrochlorid*, F. 197—199°; 42%. — *4-[p-Methoxybenzylamino]-*, F. 165—166°; 94%. — *4-[Isopropylmethylamino]-*, *Hydrochlorid*, F. 186—189°; 35%. — Analog aus **II**, aber Umkristallisieren der Basen aus CH_3OH-W. nachst. Pyrazolo-[3.4:d]-pyrimidine: *4-[n-Amylamino]-*, *Hydrochlorid*, F. 210 bis 215°; 36%. — *4-[n-Hexylamino]-*, *Hydrochlorid*, F. 206—208°; 39%. — *4-[n-Heptylamino]-*, *Hydrochlorid*, F. 196—199°; 43%. — *4-[Isoamylamino]-*, *Hydrochlorid*, F. 231

bis 235°; 37%. — *4-[n-Octylamino]-, Hydrochlorid*, F. 213—215°; 41%. — *4-[n-Propyläthylamino]-*, F. 165—166°; 47%. — *4-[Isobutylamino]-, Hydrochlorid*, F. 238—242°; 35%. — *4-[β-Diäthylaminoäthylamino]-, Hydrochlorid*, F. 246—248°; 80%. — *4-[Di-n-propylamino]-, Hydrochlorid*, F. 209—213°; 30%. — *4-[2-Äthylhexylamino]-, Hydrochlorid*, F. 226—230°; 41%. — *4-[γ-Diäthylaminopropylamino]-, Hydrochlorid*, F. 239 bis 240°; 86%. — *4-[β-Phenyläthylamino]-, Hydrochlorid*, F. 224—228°; 49%. — *4-[p-Chlorbenzylamino]-*, F. 210—211°; 77%. — *4-[n-Nonylamino]-, Hydrochlorid*, F. 222 bis 225°; 45%. — *4-[n-Undecylamino]-, Hydrochlorid*, F. 217—220°; 41%. — *4-[n-Dodecylamino]-, Hydrochlorid*, F. 214—217°; 48%. — *4-[p-Methoxybenzylamino]-*, F. 209 bis 211°; 66%. — *4-[2.4-Dichlorbenzylamino]-*, F. 270—271°; 83%. — Die UV-Absorptionsmaxima aller Verbb. bei p_H 1 u. 11 sind angegeben. (J. org. Chemistry **23**. 1547—50. Okt. 1958. Las Vegas, N. Mex., Highlands Univ.; Tempe, Ariz., State Coll., Dep. of Chem.) R. PASEDAG. 3272

C. M. Atkinson und **R. E. Rodway**, *Triazaphenanthrene*. 3. Mitt. *Synthese einiger 9-Aryl-2.3.10-triazaphenanthrene*. (2. vgl. C. **1958**. 2141.) Durch Oxydation von 4-Phenylcinnolin (I) zu *5-Phenylpyridazin-3.4-dicarbonsäure*, deren Decarboxylierung in 2-Äthoxyäthanol zur *4-Monocarbonsäure* (III), deren Überführung in den *Methylester* u. das *Amid* u. Abbau mit KOBr wird *4-Amino-5-phenylpyridazin* (II) erhalten. II konnte nicht direkt aus III mit $NH_2OH \cdot HCl$/Polyphosphorsäure gewonnen werden. III ließ sich nicht über das *Chlorid* in das Amid überführen. Das *N⁴-Benzoylderiv.* von II konnte nicht mit $POCl_3$, $POCl_3$-Nitrobenzol, $POCl_3$–$SnCl_4$–Nitrobenzol, P_2O_5–sd. Toluol bzw. P_2O_5–sd. Tetralin cyclodehydratisiert werden. *9-Phenyl-2.3.10-triazaphenanthren* (IV) wurde aber mit P_2O_5-Polyphosphorsäure, $AlCl_3$–NaCl (Schmelze) bzw. am günstigsten mit P_2O_5–Nitrobenzol erhalten. Auch die *m-* u. *p-Nitrobenzoylderiv.* von II ließen sich zu *9-[m-Nitrophenyl]-* bzw. *9-[p-Nitrophenyl]-2.3.10-triazaphenanthren* cyclisieren. Nur letzteres u. IV liefern ein *Monomethojodid*. Durch Red. wurden *9-[p-Aminophenyl]-* u. *9-[m-Aminophenyl]-2.3.10-triazaphenanthren* dargestellt, von denen sich nur ersteres als *Monomethojodid* charakterisieren ließ. 4-[p-Methoxyphenyl]-cinnolin wird analog zu *5-[p-Methoxyphenyl]-pyridazin-3.4-dicarbonsäure* oxydiert, die sich in 2-Äthoxyäthanol besser als in Diäthylenglykol decarboxylieren läßt. Die *4-Carbonsäure* wird zu *5-[4-Methoxy-3-nitrophenyl]-pyridazin-4-carbonsäure* nitriert, diese ins *Amid* übergeführt u. letzteres zu *4-Amino-5-[4-methoxy-3-nitrophenyl]-pyridazin* abgebaut. Die *N⁴-Benzoylverb.* konnte nicht cyclisiert werden. Schließlich wurde *4-[3-Amino-4-methoxyphenyl]-5-benzamidopyridazin* dargestellt. — Die Methojodide sind inakt. gegenüber *P. berghei, B. rodhaini, T. congolense, T. equiperdum* u. *T. cruzi* u. wenig akt. gegenüber *Streptococcus, Staph. aureus, B. coli* u. *Candida albicans*.

Versuche: *5-Phenylpyridazin-3.4-dicarbonsäure*, Doppel-F. 148—150° u. 214° (Zers.), durch 4std. Erhitzen von 40 g I mit wss. $KMnO_4$ auf 90° unter Rühren; hellgelb; 44,4 g (Ausbeute). — *5-Phenylpyridazin-4-carbonsäure* (III), $C_{11}H_8N_2O_2$, F. 222 bis 224° (Zers.; CH_3OH), durch 15 Min. Erhitzen von 40 g vorst. Verb. in Äthyl-2-hydroxyäthyläther bis zur Beendigung der Gasentw.; Würfel; 16—18 g. *Methylester*, $C_{12}H_{10} \cdot N_2O_2$, F. 103—105° (PAe.), mit CH_2N_2/Dioxan; Nadeln; 80%. *Amid*, $C_{11}H_9N_3O$, F. 170 bis 172° (Chlf.), durch 8tägiges Stehen des Esters mit methanol. NH_3 bei Raumtemp.; Blättchen; 88%. — *4-Amino-5-phenylpyridazin* (II), $C_{10}H_9N_3$, F. 154—156° (W. u. Bzl.), durch 45 Min. Rühren von III-Amid mit wss. KOBr bei 0° u. 35 Min. Erhitzen mit 10%ig. wss. KOH auf 80°; dicke, hellgelbe Blättchen; 80%. *N⁴-Benzoylderiv.*, $C_{17}H_{13}N_3O$, F. 202—204° (A.), Platten; 88%. *N⁴-[o-Nitrobenzoyl]-deriv.*, $C_{17}H_{12}N_4O_3$, F. 216—218° (CH_3OH), Platten; 58%. *N⁴-[m-Nitrobenzoyl]-deriv.*, F. 198—199° (Aceton), Prismen; 83%. *N⁴-[p-Nitrobenzoyl]-deriv.*, F. 216—217° (CH_3OH); 79%. — *9-Phenyl-2.3.10-triazaphenanthren* (IV), $C_{17}H_{11}N_3$, F. 196—198° (wss. Aceton u. CH_3OH), durch Zugeben von P_2O_5 zu vorst. Benzoylverb. in absol. Nitrobenzol bei 130°, 6std. Erhitzen auf 180°, Zugeben von W., Wasserdampfdest. von Nitrobenzol, Heißfiltration u. Alkalisieren; dunkelgelbe Blättchen; 53%. *Monomethojodid*, $C_{18}H_{14}JN_3$, F. 285—287° (Zers.; W.), orangegelbe Blättchen. — *9-[p-Nitrophenyl]-2.3.10-triazaphenanthren*, $C_{17}H_{10} \cdot N_4O_2$, F. 300—301° (Nitromethan), kleine Nadeln; 69%. — *9-[p-Aminophenyl]-2.3.10-triazaphenanthren*, $C_{17}H_{12}N_4$, F. 305—307° (A.), durch $^1/_2$std. Erhitzen vorst. Verb. mit $SnCl_2$/konz. HCl auf dem Wasserbad u. Gießen in 6n NaOH; goldgelbe Nadeln; 89%. *Monomethojodid*, $C_{18}H_{15}JN_4$, F. 323—324° (Zers.; A.), rote Nadeln. — *9-[m-Nitrophenyl]-2.3.10-triazaphenanthren*, F. 251—254° (Acetonitril), Nadeln; 74%. — *9-[m-Aminophenyl]-2.3.10-triazaphenanthren*, F. 245—246° (A.), gelbe Blättchen; 80%. — *5-[p-Methoxyphenyl]-pyridazin-4-carbonsäure*, F. 206—208° (Zers.; A.), in 2-Äthoxyäthanol; Nadeln; 62%. — *5-[4-Methoxy-3-nitrophenyl]-pyridazin-4-carbonsäure*, F. 232—234° (Zers.), durch Einengen einer Lsg. von 37 g vorst. Verb. in verd. HNO_3 u. Kochen in verd. HNO_3; hellgelbe Nadeln; 31 g. *Methylester*, $C_{13}H_{11}N_3O_5$, F. 151—153° (A.), gelbe Blättchen; 78%. *Amid*, $C_{12}H_{10}N_4O_4$, F. 233—234° (Zers.; A.), hellgelbe Blättchen; 72%. — *4-Amino-5-[4-methoxy-3-nitrophenyl]-pyridazin*, $C_{11}H_{10}N_4O_3$, F. 199—201° (Zers.; Aceton), mit KOBr in 7 Std. bei 0°; Nadeln; 50%. *N*[4]*-Benzoylverb.*, $C_{18}H_{14}N_4O_4$, F. 220—221° (absol. A.), mit Benzoylchlorid/Pyridin in sd. Chlorbenzol in 32 Std.; hellgelbe Nadeln; 62%. — *4-[3-Amino-4-methoxyphenyl]-5-benzamidopyridazin*, $C_{18}H_{16}$·N_4O_2, F. 185—186° (CH_3OH), a) durch $2^1/_2$std. Hydrieren von 0,6 g vorst. Benzoylverb. in A. bei 90° u. 100 atm in Ggw. von Pd-Kohle; hellgelbe Nadeln; 0,27 g; b) durch Stehen vorst. Benzoylverb. mit $SnCl_2$ über Nacht bei Raumtemp., Zers. mit Eis-verd. NH_4OH u. Extrahieren mit Chlf.; 74%. *N-Acetylverb.*, $C_{20}H_{18}N_4O_3$, F. 189—190° (Aceton), flache Nadeln; 66%. (J. chem. Soc. [London] **1959**. 1—5. Jan. London, Chelsea Coll. of Sci. and Technol.) R. PASEDAG. 3272

C. M. Atkinson und **R. E. Rodway**, *Triazaphenanthrene*. 4. Mitt. *Einige 9-Aryl-3-methyl-1.2.10-triazaphenanthrene.* (3. vgl. vorst. Ref.) Die aus 3-Benzylidenpentandion-(2.4) zugängliche *α-Phenyllävulinsäure* wird mit $N_2H_4 \cdot H_2O$ in *6-Methyl-4-phenyl-4.5-dihydropyridazinon-(3)* übergeführt, das zu *3-Hydroxy-6-methyl-4-phenylpyridazin* dehydriert wird. Die entsprechende *Chlorverb.* (II) läßt sich mit Harnstoff (I) im Rohr in *3-Amino-6-methyl-4-phenylpyridazin* überführen. Die *N*[3]*-Benzoylverb.* läßt sich mit $POCl_3$ oder P_2O_5 in Nitrobenzol bei 180° nicht cyclisieren, aber mit P_2O_5 in sd. Nitrobenzol bzw. am günstigsten in einer $AlCl_3$–NaCl-Schmelze entsteht *3-Methyl-9-phenyl-1.2.10-triazaphenanthren*. Letzteres gibt 2 *Monomethojodide*. Das *9-[p-Nitrophenyl-] analogon* entsteht nur in mäßiger Ausbeute mit P_2O_5 in Nitrobenzol u. liefert nur 1 *Monomethojodid*. Die Salze zeigen keine biol. Aktivität.

V e r s u c h e: *3-Benzylidenpentandion-(2.4)*, Kp.$_4$ 149—150°, durch 6tägiges Stehen von Benzaldehyd, Acetylaceton u. Piperidin bei Raumtemp. u. Verdünnen mit Ae.; 63% (Ausbeute). *Semicarbazon*, $C_{13}H_{15}N_3O_2$, F. 223—224° (Zers.; A.), glänzende Platten. — *3-[α-Cyanbenzyl]-pentandion-(2.4)*, F. 127—129° (wss. A.), durch $1^1/_4$std. Zugeben von wss. KCN zu vorst. Verb. in A. < 3°, 1std. Rühren bei 0° u. Ansäuern mit verd. HCl < 10°; Nadeln; 75%. — *β-Acetyl-α-phenylpropionsäure*, $C_{11}H_{12}O_3$, F. 127 bis 129° (W.), durch 100std. Kochen vorst. Verb. mit wss. KOH, Ansäuern u. Ausäthern; unregelmäßige Platten; 61%. — *6-Methyl-4-phenyl-4.5-dihydropyridazinon-(3)*, $C_{11}H_{12}N_2O$, F. 121—123° (Bzl.-PAe.), durch 4std. Kochen vorst. Verb. mit $N_2H_4 \cdot H_2O$ in A. u. Gießen in W.; Nadeln; 85%. — *3-Hydroxy-6-methyl-4-phenylpyridazin*, $C_{11}H_{10}N_2O$, F. 172 bis 174° (wss. A.), durch Bromieren vorst. Verb. in Essigsäure ohne Kühlung über das *Hydrobromid* (F. 251—254° [Zers.; Essigsäure], Nadeln); 89%. — *3-Chlor-6-methyl-4-phenylpyridazin* (II), $C_{11}H_9ClN_2$, F. 110—112° (PAe.), durch $1^3/_4$std. Erhitzen vorst. Verb. mit $POCl_3$ auf dem Wasserbad, Einengen, Gießen auf Eis, Alkalisieren u. Extrahieren mit CH_2Cl_2; seidige Nadeln. — *6-Methyl-3-phenoxy-4-phenylpyridazin*, $C_{17}H_{14}N_2O$, F. 96—98° (PAe.), durch 40 Min. Einleiten von NH_3 in eine Lsg. von **II** in Phenol bei 180° u. Verdünnen mit Ae.; glänzende Platten; 72%. — *3-Amino-6-methyl-4-phenylpyridazin*, $C_{11}H_{11}N_3$, F. 191—193° (Bzl.), durch 40std. Erhitzen von **II** mit **I** auf 190° im Rohr; kleine, glänzende Nadeln; 77%. *N*[3]*-Benzoylverb.*, $C_{18}H_{15}N_3O$, F. 208—210° (A.), Prismen; 71%. *N*[3]*-[m-Nitrobenzoyl]-deriv.*, $C_{18}H_{14}N_4O_3$, F. 216—218° (Aceton), federartige Nadeln; 83%. *N*[3]*-[p-Nitrobenzoyl]-deriv.*, F. 227—229° (CH_3OH), hellgelbe Kristalle; 72%. — *3-Methyl-9-phenyl-1.2.10-triazaphenanthren*, $C_{18}H_{13}N_3$, F. 254—256° (CH_3OH oder CH_2Cl_2), a) durch $4^1/_2$std. Erhitzen vorst. Benzoylverb. in einer $AlCl_3$–NaCl-Schmelze auf 220° u. Gießen auf Eis; hellgelbe Nadeln; 54%; b) durch $3^1/_2$std. Kochen von 0,4 g vorst. Benzoylverb. mit P_2O_5 in Nitrobenzol, Zugeben von W., Wasserdampfdest., Heißfiltration u. Alkalisieren; 150 mg. *α-Monomethojodid*, $C_{19}H_{16}JN_3$, F. 243—246° (Zers.; Nitromethan), mit CH_3J; orangefarbene Nadeln. *β-Monomethojodid*, F. 212—213° (Zers.; A.), dunkelrote Blättchen. — *3-Methyl-9-[p-nitrophenyl]-1.2.10-triazaphenanthren*, $C_{18}H_{12}N_4O_2$, F. 338—339° (Zers.; Nitromethan), mit P_2O_5 in Nitrobenzol in 7 Std. bei 180°; hellgelbe Blättchen; 15%. *Monomethojodidhemihydrat*, $C_{19}H_{15}$·$JN_4O_2 \cdot {}^1/_2H_2O$, F. 218—220° (Zers.; CH_3OH), dunkelrote Blättchen. — *3-Chlor-6-methyl-4-[x-nitrophenyl]-pyridazin*, $C_{11}H_8ClN_3O_2$, F. 221—223° (CH_3OH), durch Zugeben von **II** zu rauchender HNO_3 < 10°, 3tägiges Stehen bei Raumtemp., Gießen auf Eiswasser u. Alkalisieren mit verd. NH_4OH; Nadeln; 56%. — *3-Amino-6-methyl-4-[x-nitrophenyl]-pyridazin*, $C_{11}H_{10}N_4O_2$, F. 221—223° (Aceton), gelbe, rechtwinklige Prismen; 48%. *N*[3]*-Benzoylverb.*, $C_{18}H_{14}N_4O_3$, F. 198—200° (A.), Blättchen; 69%. — *4-[x-Aminophenyl]-3-benzamido-6-methylpyridazin*, $C_{18}H_{16}N_4O$, F. 205—207° (A.), durch $3^1/_2$std. Stehen vorst. Benzoylverb. mit $SnCl_2$ bei Raumtemp., Behandeln mit Eis–verd. NH_4OH u. Extrahieren mit Chlf.; gelbe Prismen; 69%. (J. chem. Soc. [London] **1959**. 6—9. Jan.)
R. PASEDAG. 3272

O. Wichterle, V. Gregor, A. Dubanský und **V. Seidl,** *Addition von Dienen an geminale Cyannitrosoverbindungen.* Inhaltlich ident. mit der C. **1958.** 3610 referierten Arbeit. (Collect. czechoslov. chem. Commun. **24.** 1158–64. April 1959. [Orig.: engl.]) W. BARZ. 3282

S. I. Kusnetzowa, Je. D. Kawersnewa und **W. I. Iwanow,** *Einfluß der Ketogruppe auf die Beständigkeit der Glykosebindung.* Durch Hydrolysenverss. mit *Monoacetyldihydroxyacetontetraacetyl-β-glucosid, Glycerintetraacetyl-β-glucosid* u. *β-Methylglucosid* in saurem (0,1n HCl bei 72 u. 92°) u. in alkal. (0,1n NaOH bei 0°) Medium zeigen Vff., daß eine CO-Gruppe die Glucosidbindung im sauren Medium nur wenig schwächt, dagegen sehr stark im alkal. Medium. (Известия Академии Наук СССР, Отделение Химических Наук [Nachr. Akad. Wiss. UdSSR, Abt. chem. Wiss.] **1957.** 655–56. Mai. Zelinsky-Inst. für organ. Chem. der Akad. der Wiss. der UdSSR.) M. ULMANN. 3400

Elmer J. Reist, Roland R. Spencer und **B. R. Baker,** *Potentielle Antikrebsmittel.* 15. Mitt. *Synthese von 9-β-D-Glucofuranosyladenin.* (14. vgl. J. Amer. chem. Soc. **80.** [1958.] 658; 12. vgl. C. **1959.** 14693.) Die Behandlung von 1.2-O-Isopropyliden-D-glucofuranose (I) mit Diäthylcarbonat (VIII) bei 140° in Ggw. katalyt. Mengen $NaOCH_3$ liefert *1.2-O-Isopropyliden-D-glucofuranose-5.6-carbonat* (II, 11% Ausbeute) neben 50% *3.6-Anhydro-1.2-O-isopropyliden-D-glucofuranose,* deren Bldg. durch eine basenkatalysierte Umwandlung von II bewiesen wird. Acylierung von II mit Chlorameisensäuremethylester (III) in Pyridin u. anschließende Cyclisierung in Ggw. von Pyridin bei 70° liefert dagegen II in 50%ig. Ausbeute. Durch Benzoylierung von II, Acetolyse des erhaltenen *3-O-Benzoyl-1.2-O-isopropyliden-D-glucofuranose-5.6-carbonats* zu *1.2-Di-O-acetyl-3-O-benzoyl-D-glucofuranose-5.6-carbonat* (IV), Rk. des aus IV mit äther. HCl in Ggw. von Acetylchlorid erhältlichen *2-O-Acetyl-3-O-benzoyl-5.6-O-carbonyl-D-glucofuranosylchlorids* (V) mit Chlormercuri-6-benzamidopurin (VII) in sd. Toluol u. anschließende Methanolyse entsteht *9-β-D-Glucofuranosyladenin* (VI). Aus V u. Chlormercuri-2.6-diacetamidopurin konnte kein Nucleosid erhalten werden. Auf einem zweiten Weg zur Darst. von VI wird das aus 3.5.6-Tri-O-benzoyl-D-glucofuranose (IX) synthetisierte *D-Glucofuranosepentabenzoat* mit äther. HCl in Ggw. von Acetylchlorid in *2.3.5.6-Tetra-O-benzoyl-D-glucofuranosylchlorid* umgewandelt, das durch Behandlung mit VII u. anschließende Debenzoylierung VI liefert. Die Furanosestruktur von VI wird durch Vgl. mit 9-β-D-Glucopyranosyladenin ermittelt.

V e r s u c h e: *1.2-O-Isopropyliden-D-glucofuranose-5.6-carbonat* (II), F. 231–233° (Zers.; 90%ig. A.), a) durch $^1/_2$std. Kochen von I mit VIII in Ggw. von $NaOCH_3$, Neutralisieren mit Essigsäure, Einengen u. Verteilen zwischen Chlf. u. W.; 11% (Ausbeute); daneben aus den Mutterlaugen *3.6-Anhydro-1.2-O-isopropyliden-D-glucofuranose* [$Kp._3$ 55 bis 60°, F. 52–54°; $[\alpha]_D^{26}$ + 30,5° (c = 1; W.); 50%; oder durch $^1/_2$std. Kochen von II in Dimethylformamid mit n-methanol. $NaOCH_3$; 64%]; b) durch Rk. von I mit III in Pyridin/Chlf. (1 : 1) bei 0–10°, 1std. Rühren bei 0°, 48std. Stehen bei 5°, Gießen in W., Extrahieren mit Chlf., Einengen, Kristallisation aus 90%ig. A. u. 2std. Kochen der Mutterlauge in Bzl. mit Pyridin; 58%. — *3-O-Benzoyl-1.2-O-isopropyliden-D-glucofuranose-5.6-carbonat,* $C_{17}H_{18}O_8$, F. 127–128° (Methanol), durch Benzoylierung von II in Pyridin bei 0–5°, 18std. Stehen bei Raumtemp., Gießen auf Eis, Zugeben von $NaHCO_3$ u. Extrahieren mit Chlf.; $[\alpha]_D^{29}$ – 43,4° (c = 1; Chlf.); 84%; durch 1std. Kochen mit n-methanol. $NaOCH_3 \rightarrow$ I (F. 156–157°). — *1.2-Di-O-acetyl-3-O-benzoyl-D-glucofuranose-5.6-carbonat* (IV), $C_{18}H_{18}O_{10}$, glasartiger Sirup, durch Rk. vorst. Carbonats in Essigsäure mit Acetanhydrid in Ggw. von konz. H_2SO_4 unter Kühlung, 24std. Stehen bei Raumtemp., Gießen auf Eis u. Extrahieren mit Chlf.; $[\alpha]_D^{32}$ + 17,7° (c = 1,7; Chlf.); 90%. — *D-Glucofuranosepentabenzoat,* durch Benzoylierung des IX-CCl_4-Komplexes (13,95 g) in CH_2Cl_2/Pyridin, $2^1/_2$std. Erwärmen auf 50°, Gießen auf Eis, Alkalisieren mit $NaHCO_3$ u. Extrahieren mit Chlf.; Sirup; 17,27 g. — *9-β-D-Glucofuranosyladenin* (VI), $C_{11}H_{15}N_5O_5$, F. 268–270° (W.), a) durch 5tägiges Stehen vorst. Verb. in HCl gesätt. Ae. u. Acetylchlorid bei 0°, Einengen, Kondensation des isolierten *2.3.5.6-Tetra-O-benzoyl-D-glucofuranosylchlorids* mit VII in Xylol, Einengen, 3std. Kochen mit n-methanol. $NaOCH_3$, Neutralisieren mit Essigsäure, Einengen u. Behandeln mit Chlf. u. W.; $[\alpha_D{}^{27}]$ – 58,0° (c = 1; n-HCl); 21%; b) aus 2.3.5.6-Tetra-O-benzoyl-D-glucofuranosylbromid mit VII; 3%; c) durch 3tägiges Stehen von IV in HCl-gesätt. HCl mit Acetylchlorid bei 0°, Einengen, 6std. Kochen des erhaltenen *2-O-Acetyl-3-O-benzoyl-5.6-O-carbonyl-D-glucofuranosylchlorids* (V) mit VII in Toluol u. Methanolyse; 7%. (J. org. Chemistry **23.** 1958–62. Dez. 1958.) E. SCHRÖDER. 3450

C. H. Eugster, F. Häfliger, R. Denss und **E. Girod,** *Synthese der Racemate von Muscaron, Muscarin und Epimuscarin (Trennung der racemischen Muscarinisomeren).* 7. Mitt. *über Muscarin.* (6. vgl. C. **1959.** 1785.) 2-Methyl-5-dimethylaminomethyl-2.3-

dihydrofuranon-(3) (I) gibt durch Red. mit KBH_4 unter Zusatz von Triäthylamin ein komplexes Basengemisch von *Normuscarin* (II)-Isomeren, ungesätt. Verbb. u. Spaltprodd., aus dem reines *Epinormuscarin* (III) u. II, das bei Quaternisierung mit CH_3J *dl-Muscarinjodid* (IV) liefert, isoliert werden. Durch Red. von I mit RANEY-Ni in alkal. Lsg. wird III erhalten, aus dessen *Methochlorid* bei katalyt. Oxydation mit Pt/O_2 das als krist. *Tetrachloroaurat* u. *Tetraphenylboranat* faßbare Keton *Muscaron* entsteht (Beweis der cis-Stellung der Substituenten in 2- u. 5-Stellung unter Annahme nicht auftretender Umlagerung an $C_{(2)}$ bei der Oxydation); Quaternisierung von III mit CH_3J liefert *dl-Epimuscarin* (VI)-*jodid* u. andere VI-Salze. Hydrierung von I in salzsaurer Lsg. in Ggw. von Pd gibt das gesätt. Keton *Normuscaron* (VII), dessen bei Quaternisierung entstehendes *Methojodid* über das *Chlorid* ein *Tetrachloroaurat*, ident. mit dem aus natürlichem Muscarin erhaltenen Ketontetrachloroaurat, bildet (Beweis der cis-Stellung der Substituenten in 2- u. 5-Stellung bei VII). Aus dem durch $LiAlH_4$-Red. von VII erhaltenen Gemisch wird II gewonnen u. nach dessen Quaternisierung zu IV aus diesem *dl-Muscarinchlorid*, *-tetraphenylboranat* u. *-tetrachloroaurat*. Die Trennung der Norbasen erfolgt durch fraktionierte Dest. sowie Adsorptionschromatographie an Al_2O_3, die Identifizierung der reinen Basen IR-spektroskopisch. Das Spektr. des synthet. IV ist mit dem des natürlichen L-Muscarinjodids identisch.

V e r s u c h e: *2-Methyl-5-formylfuran-3-carbonsäureäthylester*, F. 58—59° (Cyclohexan), aus 2-Methyl-5-tetrahydroxybutylfuran-3-carbonsäureäthylester mit Pb_3O_4 in 50%ig. Essigsäure u. Bzl. bei 50°; 80—87% (Ausbeute). — *2-Methyl-5-dimethylaminomethylfuran-3-carbonsäure, Äthylester*, $Kp._{11}$ 125—127°, durch Zugabe einer Lsg. vorst. Verb. in 85%ig. HCOOH zu einem Gemisch von Dimethylformamid u. 85%ig. HCOOH bei 150—160° u. 5std. Erhitzen auf 170—180°; 60%. *Hydrazid*, durch 68std. Kochen des Äthylesters mit Hydrazinhydrat in absol. A., Abdest. des A. u. überschüssigen Hydrazins u. 3std. Erhitzen auf 180°/12 mm; 100%. *Azid*, aus dem Hydrazid mit $NaNO_2$ in 4n HCl bei 0—5°; 75%. — *N*-[*2-Methyl-5-dimethylaminomethylfuryl-(3)*]-*carbaminsäurebenzylester*, aus vorst. Azid u. Benzylalkohol bei 100° u. 1std. Rühren bei 100°; 100%. — *2-Methyl-5-dimethylaminomethyl-2.3-dihydrofuranon-(3)* (I), $C_8H_{13}NO_2$, $Kp._{0,01-0,02}$ 56—60°, $Kp._{0,001}$ 46—49°, a) durch $3^3/_4$std. Erhitzen von 88 g vorst. Verb. mit 4n HCl unter N_2 auf dem Dampfbad; 10 g; b) durch 7std. Erhitzen von vorvorst. Azid mit 4n HCl unter N_2 auf dem Dampfbad; 31%. *Methojodid*, $C_9H_{16}JNO_2$, F. 135 bis 138° (Methanol). — *Allonormuscarin*, $C_8H_{17}NO_2$, $Kp._{0,01}$ 45—55°, aus 8,3 g I in Methanol mit KBH_4 in Ggw. von wss. Triäthylamin, 20 Min. bei 0°, 10 Min. Kochen, Chloroformextraktion u. Chromatographie an Al_2O_3; 0,52 g. Daneben 0,97 g II u. 0,36 g III. — *Normuscaron* (VII), $C_8H_{15}NO_2$, $Kp._{0,02}$ 31—33°, durch Hydrierung von 13,6 g I in 2n HCl über Pd-Kohle bei Zimmertemp.; 4,7 g. *Semicarbazon*, $C_9H_{18}N_4O_2$, F. 175—176,5° (Aceton). — *Muscaronjodid* (V), $C_9H_{18}JNO_2$, F. 160—162° (A.–Essigester), aus VII mit Methyljodid in Aceton bei Zimmertemperatur. — *Muscarontetrachloroaurat*, $C_9H_{18}AuCl_4NO_2$, F. 89—91°, a) aus V über das Chlorid u. Fällung mit 20%ig. $HAuCl_4$; b) durch 7std. Oxydation von 22 mg VI-Chlorid in W. mit O_2 über Pt-Katalysator u. Fällung mit 20%ig. $HAuCl_4$ in wss. Lsg.; 15,1 mg. — *Muscarontetraphenylboranat*, $C_{33}H_{38}BNO_2$, F. 189,5—190,5° (absol. A.), a) aus V mit Na-Tetraphenylboranat in W.; b) durch Oxydation von VI-Chlorid mit O_2 über Pt. — *Epinormuscarin* (III), $C_8H_{17}NO_2$, $Kp._{0,02}$ 45—48°, $Kp._{0,001}$ 30—35°, a) durch 9std. Hydrierung von 5,7 g I in verd. NaOH mit RANEY-Ni bei Zimmertemp.; 2,63 g; b) aus 2,5 g VII wie a); 0,7 g. — *dl-Epimuscarin* (VI)-*Jodid*, $C_9H_{20}JNO_2$, F. 130—131° (Aceton), aus III mit CH_3J in Aceton. *Chlorid*, $C_9H_{20}ClNO_2$, F. 139,5—140,5° (Isopropanol–Ae.). *Tetraphenylboranat*, $C_{33}H_{40}BNO_2$, F. 180—181° (Aceton–A.). *Tetrachloroaurat*, $C_9H_{20}AuCl_4NO_2$, F. 106—107°. — *Normuscarin* (II), $C_8H_{17}NO_2$, $Kp._{0,1-0,08}$ 80—85°, aus 3,93 g VII mit $LiAlH_4$ in absol. Ae. bei — 60° bis — 70°, $1^1/_2$std. Rühren bei — 60° u. Al_2O_3-Chromatographie; 57,5 mg. — *dl-Muscarin, Jodid* (IV), $C_9H_{20}JNO_2$, F. 108—109° (Ae.–Isopropanol), aus vorst. Verb. mit Methyljodid in Aceton. *Chlorid*, $C_9H_{20}ClNO_2$, F. 147—148° (Isopropanol–Ae.). *Tetraphenylboranat*, $C_{33}H_{40}BNO_2$, F. 173—174° (Aceton–A.). *Tetrachloroaurat*, $C_9H_{20}AuCl_4NO_2$, F. 93—94°, aus W. feine Blättchen oder dicke Prismen. (Helv. chim. Acta **41**. 205—15. 1/2. 1958. Zürich, Univ., Chem. Inst.; Basel, J. R. Geigy Akt.-Ges., Wiss. Labors.)

ANTJE SCHMIDT. 3500

C. H. Eugster, F. Häfliger, R. Denss und **E. Girod**, *Über dl-Allomuscaron und dl-Allomuscarin.* 8. Mitt. *über Muscarin.* (7. vgl. vorst. Ref.) *Allonormuscarin* (I), das bei KBH_4-Red. von 2-Methyl-5-dimethylaminomethyl-2.3-dihydrofuranon-(3) (II) neben den beiden *Norbasen* von *dl-Muscarin* u. *dl-Epimuscarin* erhalten wird, zeigt in seinem, von dem des Epinormuscarins sich unterscheidenden IR-Spektr. in CCl_4 eine verdünnungsunabhängige OH-Valenzschwingung, die die cis-Stellung von OH u. Dimethylaminomethylgruppe beweist. Durch Dehydrierung von Allomuscarinchlorid (III) mit Pt/O_2 entsteht das als *Tetrachloroaurat* u. *Tetraphenylboranat* erfaßte Keton *Allomuscaronchlorid*. Allomuscaron liefert dem IR-Spektr. nach die gleichen Derivv. wie das aus III erhaltene Keton.

Versuche: *Allonormuscarin*, $Kp._{0,01}$ 45—50°, a) durch Red. von II mit KBH_4 u. Chromatographie an Al_2O_3; b) durch Pyrolyse von III bei 220°/0,01 mm. *Hydrochlorid*, $C_8H_{18}ClNO_2$, F. 164—166°, lange dünne Prismen aus Ae.-Isopropanol. *Tetraphenylboranat*, $C_{32}H_{38}BNO_2$, F. 151,5—153°, aus dem Hydrochlorid durch Fällung mit Na-Tetraphenylboranat in W.; Rhomben aus wss. Aceton oder Ae.-Aceton. — *Allomuscarin, Jodid*, $C_9H_{20}JNO_2$, F. 131—132° (Isopropanol-Ae.). *Chlorid* (III), $C_9H_{20}ClNO_2$, F. 153—154° (Isopropanol-Aceton), aus dem Jodid mit AgCl. *Tetrachloroaurat*, $C_9H_{20}AuCl_4NO_2$, F. 77,5 bis 79° (W.). *Reineckat*, F. 172,5—173°, aus Aceton-W. Prismen. *Tetraphenylboranat*, $C_{33}H_{40}BNO_2$, F. 175—176°, aus dem Chlorid; aus A. Nadeln. — *Allomuscaron, Jodid*, $C_9H_{18}JNO_2$, F. 135—137° (Aceton), aus 3,55 g Normuscaronisomerengemisch mit CH_3J in absol. Aceton unter Eiskühlung u. mehrstd. Stehen bei —5°; 72 mg; daneben 1,88 g *Muscaronjodid*, F. 162—164° (Aceton). *Tetraphenylboranat*, $C_{33}H_{38}BNO_2$, F. 198—199° (A.-Aceton), a) aus dem Jodid in wss. Lsg.; b) durch Oxydation von III mit O_2/Pt u. Fällung aus der filtrierten Lösung. *Tetrachloroaurat*, $C_9H_{18}AuCl_4NO_2$, F. 98—100° (W.), a) aus dem Jodid mit AgCl u. Zusatz von 20%ig. $HAuCl_4$; b) durch Oxydation von III mit O_2/Pt u. anschließende Fällung. (Helv. chim. Acta **41**. 583—87. 15/3. 1958.)

ANTJE SCHMIDT. 3500

C. H. Eugster, F. Häfliger, R. Denss und **E. Girod**, *Über synthetisches dl-Muscarin und seine drei Stereoisomeren. Synthese des dl-Epiallomuscarins.* 9. Mitt. *über Muscarin.* (8. vgl. vorst. Ref.) Aus den durch Red. von Normuscaron (I) mit Al-Isopropylat nach MEERWEIN-PONNDORF erhaltenen Gemischen werden durch fraktionierte Dest. *Epinormuscarin* u. *Epiallonormuscarin* isoliert, die völlige Abtrennung des in geringer Menge vorhandenen *Normuscarins* u. weiterer Nebenprodd. durch Chromatographie an Al_2O_3 erzielt u. nach Quaternisierung mit Methyljodid das *Epiallomuscarinjodid* (II) erhalten. Dessen Struktur ergibt sich IR-spektroskop. u. durch Oxydation mit Pt/O_2 in 60—80%ig. Ausbeute zu *Allomuscaron* (III). Es folgt eine Zusammenfassung der zur Reindarst. der 4 isomeren Muscarine durchgeführten Arbeiten u. gleichzeitiger Nachtrag der IR-Spektren von Muscaron- u. Allomuscaronjodid, II, Muscarin-, Allomuscarinjodid, natürlichem L-Muscarinchlorid u. synthet. dl-Muscarinchlorid, des Tetraphenylboranats u. Tetrachloroaurats von III u. Muscaron, entstanden aus verschied. Muscarinisomeren u. Derivaten.

Versuche: *Epimuscarinjodid*, F. 130—131° (Aceton), durch 1½std. Dest. von 15,8 g I mit Al-Isopropylat in absol. Isopropanol, Extraktion mit Ae. u. Methylenchlorid, Hochvakuumdest. des öligen Gemisches [$Kp._{0,015}$ 40—76°; 10,7 g (Ausbeute)] u. Quaternisierung mit CH_3J. — *Epiallomuscarinjodid* (II), $C_9H_{20}JNO_2$, F. 159—160° (Methanol-Aceton), als Nebenprod. vorst. Verb. durch Al_2O_3-Chromatographie u. Quaternisierung des Epiallonormuscarins mit CH_3J; 970 mg. *Tetraphenylborat*, $C_{33}H_{40}BNO_2$, F. 191—192° (Aceton-A.). *Tetrachloroaurat*, $C_9H_{20}AuCl_4NO_2$, F. 97—99° (W.). — *Epiallomuscarinchlorid*, F. 159—161° (Ae.-Isopropanol), aus 900 mg rohem II mit AgCl in A. u. Chromatographie an Cellulosepulver; 105 mg. — *Allomuscarontetraphenylboranathydrat*, $C_{33}\cdot H_{38}BNO_2 1 H_2O$, F. 191—192° (Aceton-A.), durch Oxydation von 14,3 mg vorst. Verb. mit Pt/O_2 u. Fällen mit 10%ig. Na-Tetraphenylboranatlsg.; 19,5 mg. — *Allomuscarontetrachloroaurat*, F. 98—100°, aus 10 mg vorst. Verb. in Aceton durch Schütteln mit 0,1n HCl in A. u. Fällen mit 20%ig. $HAuCl_4$-Lsg.; 3,8 mg. — *Methojodid vom F. 147,5—148,5°* (Aceton), aus dem Al_2O_3-Chromatogramm des bei der Red. von 2-Methyl-5-dimethylaminomethyl-2.3-dihydro-furanon-(3) mit KBH_4 erhaltenen Gemisches (Elution zwischen Allonormuscarin u. Normuscarin). Katalyt. Dehydrierung mit Pt/O_2 liefert kein als Tetraphenylboranat fällbares Keton. — *Methojodid*, $C_9H_{22}JNO_2$, F. 89,5—90,5 (Aceton), aus dem Reduktionsansatz von I mit $LiAlH_4$ (eluiert nach Normuscarin); gibt mit Pt/O_2 wenig *Tetraphenylboranat* mit IR-Bande bei 5,90 u. 5,85 μ. (Helv. chim. Acta **41**. 705—12. 2/5. 1958.)

ANTJE SCHMIDT. 3500

C. H. Eugster, F. Häfliger, R. Denss und **E. Girod**, *Die Spaltung von dl-Muscarin in die optischen Antipoden.* 10. Mitt. *über Muscarin.* (9. vgl. vorst. Ref.) Mit Hilfe von Di-p-toluylweinsäure (I) wird dl-Muscarin (dl-II) in seine opt. Antipoden gespalten. Im Gegensatz zu den Angaben von COX u. Mitarbeitern (C. **1959**. 10909) erhalten Vff. als schwerer lösl. Fraktion das Salz von (—)-D-I mit dem unnatürlichen (—)-II u. das in seinen physikal. u. biol. Eigg. mit dem natürlichen II ident. (+)-II als das schwerer lösl. Salz mit (+)-L-I. Während das erhaltene (+)-II-Chlorid die gleiche Wirksamkeit wie das natürliche Prod. zeigte, besaß die (—)-Form nur 5% der biol. Aktivität.

Versuche: (—)-*Muscarin*[(—)-II]-(—)-*Di-p-toluyl-D-hydrogentartrathydrat* (IV), $C_{29}H_{37}NO_{10} \cdot H_2O$, F. 151—152°, durch 2std. Schütteln von 1,067 g krist. dl-II-Jodid in A. mit frisch gefälltem Ag_2O, Filtration, Eindampfen, Lösen in absol. Isopropanol, Versetzen mit einer heißen Lsg. von (—)-D-I in Isopropanol u. dreimalige Kristallisation; 245 mg (Ausbeute). — (—)-II-*Chlorid*, $C_9H_{20}ClNO_2$, F. 179—180° (Isopropanol–Aceton), durch Filtration von 230 mg IV in 50% ig. A. durch eine Säule aus Amberlite IRA(OH^-); $[\alpha]_D$ — 8,4° (c = 2,9 in A.); 37 mg. — (+)-II-(+)-*Di-p-toluyl-L-hydrogentartrathydrat*, $C_{29} \cdot H_{37}NO_{10} \cdot H_2O$, F. 151,5—152° (absol. Isopropanol), durch Überführung der Mutterlaugenprodd. der 2.—4. Kristallisation von IV (1,32 g) in die quaternäre Base u. Umsatz mit (+)-L-I in Isopropanol; 190 mg. — (+)-II-*Chlorid*, $C_9H_{20}ClNO_2$, F. 177—179°, a) aus vorst. Verb. analog (—)-II-Chlorid; $[\alpha]_D$ + 7,8° (c = 2 in A.); 41 mg; b) aus dem Rückstand (450 mg) der ersten Mutterlauge der Kristallisation von IV analog (—)-II-Chlorid. (Helv. chim. Acta **41**. 886—88. 2/5. 1958.) ANTJE SCHMIDT. 3500

W. G. Woronin, O. N. Tolkatschew und **N. A. Preobrashenski,** *Synthese von racemischem Tubocurarin.* Durch Kondensation von β-[3-Methoxy-4-hydroxyphenyl]-äthylamin (F. 156—157°) mit 4-Benzyloxyphenylessigsäure (F. 120—121°) zu *4-Benzyloxyphenylessigsäure-β-[3'-methoxy-4'-hydroxyphenyl]-äthylamid* (F. 121—122°) u. Rk. desselben mit 3-Brom-4-hydroxyphenylessigsäureäthylester (F. 36—36,5°) wird *4-Benzyloxyphenylessigsäure-β-[3-'methoxy-4'-(2''-hydroxy-5''-carbäthoxymethylphenoxy)-phenyl]-äthylamid* (F. 65—67°) erhalten. Die aus diesem beim Verseifen entstehende *freie Säure* (F. 83,5—85°) reagiert mit β-[3-Methoxy-4-hydroxy-5-bromphenyl]-äthylamin (F. 169 bis 170°) zu *4-Benzyloxyphenylessigsäure-β-[3'-methoxy-4'-{2''-hydroxy-5''-[β-(3'''-methoxy-4'''-hydroxy-5'''-bromphenyl)-äthylcarbamidomethyl]-phenoxy}-phenyl]-äthylamid* (F. 119 bis 120,5°). Nach Acetylierung der beiden Hydroxylgruppen wird das *Diacetat* (F. 64 bis 68°) mit $POCl_3$ in Chlf. umgesetzt. Das dabei erhaltene *1-[4'-Benzyloxybenzyl]-6-methoxy-7-{2''-acetoxy-5''-[6'''-methoxy-7-'''acetoxy-8'''-brom-3'''.4'''-dihydroisochinolyl-(1''')-methyl]-phenoxy}-3.4-dihydroisochinolindihydrochlorid* (F. 174°) wird mit 20% ig. HCl zu *1-[4'-Hydroxybenzyl]-6-methoxy-7-{2''-hydroxy-5''-[6'''-methoxy-7'''-hydroxy-8'''-brom-3'''.4'''-dihydroisochinolyl-(1''')-methyl]-phenoxy}-3.4-dihydroisochinolin* (F. 174—180°) verseift, aus dem durch Cyclisierung u. anschließende Red. drei Isomere des *Norchondrophollins* u. aus diesen die *Hydrochloride* erhalten werden: a) $C_{34}H_{34}N_2O_6$, F. 132—134°; *Hydrochlorid*, F. 174—176° (A. + Ae. 1 : 1); b) *Dihydrochloridhydrat*, $C_{34}H_{34}N_2O_6 \cdot 2\,HCl \cdot H_2O$, F. 194—196,5° (A. + Ae. 1 : 1) u. c) *Dihydrochloridhemihydrat*, $C_{34}H_{34}N_2O_6 \cdot 2\,HCl \cdot {}^1/_2\,H_2O$, F. 185—187,5° (Aceton + Ae. 1 : 1). Die Hydrochloride a) u. b) geben bei der Methylierung 2 isomere *Chondodendrinhemihydrate* ($C_{36}H_{38}N_2O_6 \cdot {}^1/_2\,H_2O$, FF. 107,5—110,5° u. 128—130,5°). Jede dieser Verbb. liefert mit Methyljodid zwei *Jodmethylate* der Zus. $C_{38}H_{44}J_2N_2O_6$, FF. a) 164—166,5° (Aceton + Ae. 1 : 2); b) 189—190,5° (A.); c) 210 bis 212° (A.); d) 257—260,5° (W.). Das Methojodid d) hat einen dem natürlichen D-Tubocurarinjodid (F. 263—265°) ähnlichen F. u. gibt mit diesem keine F.-Depression. Da auch die UV-Spektren beider Verbb. einander entsprechen, ist anzunehmen, daß es sich bei dem synthetisierten Tubocurarinjodid um das Racemat des natürlichen Alkaloids handelt. (Доклады Академии Наук СССР [Ber. Akad. Wiss. UdSSR] **122**. 77—79. 1/9. 1958. Moskau, Lomonossow-Inst. für chem. Feintechnol.) W. KURTZMANN. 3500

Irén Vincze, József Tóth und **Gábor Fodor,** *Die Stereochemie der Tropanalkaloide. 10. Mitt. Die Totalsynthese von Valeroidin.* (9. vgl. C. **1958**. 11537.) 6β-Hydroxytropan-3-on-phenylurethan (I) gibt bei der Hydrierung *Tropan-3α.6β-diol-6-phenylurethan* (II), dessen Isovalerat durch Vakuumdest. zu (±)-*Valeroidin* (±-III) gespalten wird. II wird mit (+)- Weinsäure in die *opt. Antipoden* zerlegt, die durch Rk. mit Isovalerylchlorid u. folgender Thermolyse (+)- u. (—)-III liefern.

Versuche (FF. korr.): (±)-*6β-Hydroxytropan-3-on-phenylurethan* (I), $C_{15}H_{18} \cdot N_2O_3$, F. 126—129°, durch 1std. Stehen einer mit Phenylisocyanat behandelten Suspension des Alkohols in Ae. bei 80°, 10std. Stehen, Zusatz von verd. HCl u. dann KOH u. Extraktion mit Chlf.; 69,5% (Ausbeute). — (±)- *Tropan-3α.6β-diol-6-phenylurethan* [(±)-II], $C_{15}H_{20}N_2O_3$, F. 182°, durch 40std. Hydrierung von I in absol. Dioxan über RANEY-Ni bei 90 at; 88%. — (±)- *6β-Phenylcarbamoyloxy-3α-isovaleryloxytropanhydrochlorid*, $C_{20}H_{29}ClN_2O_4$, F. 245° (Zers.), durch 7std. Erhitzen von Isovalerylchlorid mit II in Chlf. u. Behandlung des Eindampfrückstands mit Ae.–Aceton. — (±)-*Valeroidin* [(±)-III]-*Hydrochlorid*, $C_{13}H_{23}NO_3 \cdot HCl$, F. 181—183°, durch Erhitzen von 12,1 g der freien Base aus vorst. Verb. auf 220—250° bei 5 mm u. Behandlung des erhaltenen Öls mit HCl in A.; 5,85 g. — (+)-II- (+)-*Tartrat*, F. 182—184° (Zers.), aus 40 g (±)-II in A. mit (+)-Weinsäure durch Stehen über Nacht; aus A. Nadeln; $[\alpha]_D^{20}$ 0,0 (c = 2; W.); 30,4 g. — (+)-II, F. 203—204°, aus vorst. Salz in verd. KOH durch Extraktion mit Chlf.; $[\alpha]_D^{20}$ +7,5° (c = 2; absol. A.); 9,1 g. — (—)-II-(+)-*Tartrat*, F. 170—171° (Zers.), neben

(+)-II-(+)-Tartrat, $[\alpha]_D^{20}$ +14,2° (c = 2; W.); 8,3 g. — (—)-II, F. 203—204°, aus vorst. Salz in W. mit KOH–Chlf.; $[\alpha]_D^{20}$ —7,5°; 4,95 g. — *(+)-6β-Phenylcarbamoyloxy-3α-isovaleryloxytropanhydrochlorid*, $C_{20}H_{28}N_2O_4 \cdot HCl$, F. 151° (Zers.), durch 10std. Erhitzen von Isovalerylchlorid mit 8,3 g (+)-II in absol. Chlf. auf 80°; $[\alpha]_D^{20}$ +47° (c = 1; W.); 9,2 g. (—)-*Isomeres*, F. 151° (Zers.), aus 2,3 g (—)-II; $[\alpha]_D^{20}$ —47° (c = 2; W.); 2,7 g. — (+)-III, F. 81°, durch Dest. von 5,8 g der freien Base aus vorst. (+)-Hydrochlorid bei 220—230°/4—5 mm; $[\alpha]_D^{20}$ +9,0° (c = 5; absol. A.); 1,92 g. *Hydrobromid*, $C_{13}H_{23}NO_3 \cdot HBr$, F. 170—171° (Zers.), $[\alpha]_D^{20}$ —5,1° (c = 3,5; W.). — (—)-III, F. 81°, aus 1,7 g der entsprechenden Base wie vorst.; $[\alpha]_D^{20}$ —9,1 ° (c = 2; absol. A.); 0,28 g. *Hydrobromid*, F. 170°, $[\alpha]_D^{20}$ +5,1° (c = 3; W.). (J. chem. Soc. [London] **1957.** 1349—51. März. Szeged, Univ., Inst. of Organ. Chem.) ANTJE SCHMIDT. 3500

M. Halmos, Ö. Kovács und **G. Fodor,** *Die Stereochemie der Tropanalkaloide. 11. Mitt. Oxydation der vier epimeren Ekgoninole durch Silberoxyd.* (10. vgl. vorst. Ref.) 2β-Hydroxymethyltropan-3β-ol (I) wird durch Ag_2O zu *Ekgonin* oxydiert, während 2α-Hydroxymethyltropan-3β-ol (II) *Pseudoekgonin* liefert. 2β-Hydroxymethyltropan-3α-ol wird durch Ag_2O nicht angegriffen u. 2α-Hydroxymethyltropan-3α-ol gibt keine identifizierbaren Verbindungen.

Versuche (R_F mit n-Butanol–0,043n NH_4OH 1,5:1): *Ekgonin (2β-Carboxy-3β-hydroxytropan)-hydrochlorid*, $C_9H_{16}ClNO_3$, F. 243—245°, durch 1½std. Erhitzen im Dampfbad von 415 mg in 1n NaOH gelöstem I-Hydrochlorid mit Ag_2O, Filtration u. Einstellung mit konz. HCl auf p_H 2; $[\alpha]_D^{20}$ —55,8 (c = 1,95; W.); R_F 0,07. 172 mg. Daneben I-*Hydrochlorid*, F. 267—269°, $[\alpha]_D^{20}$ —37,0 (c = 2,02; W.), R_F 0,49. — *Pseudoekgonin (2α-Carboxy-3β-hydroxytropan)-hydrochlorid*, $C_9H_{16}ClNO_3$, F. 234—236°, aus 415 mg II-Hydrochlorid (R_F 0,53) wie vorst.; $[\alpha]_D^{20}$ +20,9 (c = 1,87; W.); R_F 0,05; 333 mg. — *2β-Hydroxymethyltropan-3α-ol*, R_F 0,38. *Hydrochlorid*, F. 258—260°, $[\alpha]_D^{20}$ —12,88° (c = 2,11; W.). — *2α-Hydroxymethyltropan-3α-ol*, R_F 0,63. *Hydrochlorid*, F. 171—172°, $[\alpha]_D^{20}$ +13,2° (W.). (J. org. Chemistry **22.** 1699—1701. Dez. 1957.) ANTJE SCHMIDT. 3500

S. Morris Kupchan, *Zygadenus-Alkaloide.* 7. Mitt. *Über die Struktur von Zygadenin.* (6. vgl. C. **1958.** 9507.) Es wird bewiesen, daß *Zygadenin* (I) die angegebene Struktur besitzt. Acetylierung von I mit Acetanhydrid allein ergibt ein *3.15.16-Triacetat* (II), mit Acetanhydrid–Pyridin ein *3.4.15.16-Tetraacetat.* Acetylierung von Zygacinacetonid (VI, Zygadenin-14.15-acetonid-3-acetat) mit Acetanhydrid liefert *Zygadenin-14.15-acetonid-3.16-diacetat* (IV), F. 271—272° (Zers.); $[\alpha]_D^{23}$ —29° (Pyridin). Bei der Hydrolyse von IV mit verd. Mineralsäure entsteht *Zygadenin-3.16-diacetat* (V), F. 255—257° (Zers.); $[\alpha]_D^{23}$ —50° (Pyridin). Perjodattitrationen ergeben folgende Aufnahmen: für I 3 Mol, für Zygacin 2 Mol, für V 1 Mol, für II 0 Mol u. für VI 0 Mol. Behandlung von 7-Ketogermin-3.16-diacetat in Methanol mit Propandithiol-(1.3) u. wasserfreier HCl führt zu *7-Ketogermin-3.16-diacetatpropylenthioketalhydrochlorid* (III), F. 265 bis 266° (Zers.); $[\alpha]_D^{23}$ —5° (Pyridin); $\lambda_{max}^{A.}$ 246 mμ (ε = 600), Desulfurierung von III mit RANEY-Ni gibt V. (J. Amer. chem. Soc. **78.** 3546—47. 20/7. 1956. Madison, Wis., Univ., Dep. of Chem.) ANTJE SCHMIDT. 3500

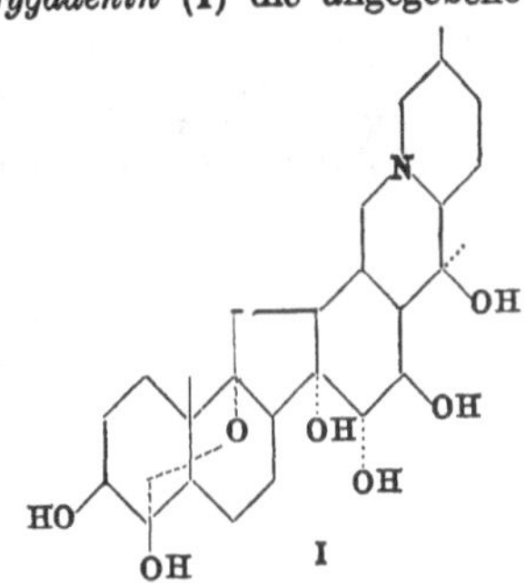

I

S. G. Marks, D. K. Dougall, E. Bullock und **S. F. McDonald,** *Cytodeuteroporphyrin.* Durch Decarboxylierung von 2-Methyl-5-carboxypyrrol-4-propionsäure [F. 132° (Zers.)] entsteht *2-Methylpyrrol-4-propionsäure* (F. 80°), die mit 2-Formyl-4-methyl-5-carboxypyrrol-3-propionsäure (Darst. vgl. FISCHER u. SCHEYER, Liebigs Ann. Chem. **421.** [1923.] 248) zu *4.5'-Dimethyl-5-carboxypyrromethen-3.3'-dipropionsäurehydrobromid* (I), F. 160° (Zers.), kondensiert wird. Bromierung von I führt zu *5.4'-Dibrom-4.5'-dimethylpyrromethen*, das mit 3.5.4'-Trimethyl-4.3'.5'-tribrompyrromethenhydrobromid in Methylbernsteinsäure bei 200° neben einem durch Chlf. extrahierbaren Alkylporphyrin eine *Tetrapropionsäure* u. *1.3.5-Trimethylporphin-6.7-dipropionsäure* (II) liefert, die durch Gegenstromverteilung zwischen 0,28% ig. HCl u. Ae. isoliert wurde. Der II-*Dimethylester* (III; F. 198—202°) bildet einen *Cu-Komplex* (F. 236—240°) u. ein *Tribromderiv.*, F. ca. 285° (Zers.). Durch Röntgenaufnahmen konnte gezeigt werden, daß sich III aus kaltem Methanol in 2 polymorphen Formen u. aus heißem Methanol in einer dritten Form abscheidet. Der von WARBURG durch Abbau von Cytohämin (V) u. Veresterung erhaltene Cytodeuteroporphyrindimethylester (IV; F. 194—198°; Bromderiv., F. 298°) zeigt mit III keine F.-Depression. Die Identität von III mit IV wurde ferner durch die FF., Misch-FF. u. den Vgl. der IR-Spektren u. Röntgenaufnahmen mit der aus V durch Resorcinschmelze erhaltenen *Verb.* (F. u. Misch-F. 198—202°) (u. dem *Cu-Komplex* [F. u. Misch-F. 237—239°]. *Tribromderiv.*, F. u. Misch-F. ca. 280 bis 300°; Zers.) bewiesen. Die von Vff. synthetisierten *3.5.8-Trimethyl-*, *1.3.8-Trimethyl-* u. *1.5.8-Trimethylporphin-6.7-dipropionsäure* zeigten keine Ähnlichkeit mit der freien Säure von IV. (J. Amer. chem. Soc. **81.** 250. 5/1. 1959. Ottawa, Canada, Nat. Res. Council, Div. of Pure Chem.) E. SCHRÖDER. 3550

Oskar Glemser und **Gerhard Rieck,** *Chromatographische Trennung von Chlorophyll-a und -b an Eisenoxyd. Chlorophyll-a* u. *-b* lassen sich durch Auftragen in einem Bzn.–Bzl.-Gemisch 7:1 auf eine Eisenoxydsäule [29std. Trocknen von $Fe(OH)_3$ auf 50° u. 2std. Erhitzen auf 1000°] u. anschließende Elution mit Bzl. trennen. Die letzten Fraktionen sind reines Chlorophyll-b, das sich nur relativ schlecht mit Bzl. ablösen läßt u. daher als stark verd. Lsg. anfällt. Eine an anderen Adsorbentien auftretende Zers. wurde hier nicht beobachtet. (Naturwissenschaften **45.** 569. 1. Dez.-H. 1958. Göttingen, Univ., Anorgan.-Chem. Inst.) E. SCHRÖDER. 3550

Arthur C. Cope, Engelbert Ciganek und **Norman A. LeBel,** *Aminoxyde.* 6. Mitt. *Die Bildung von Norbornadien-(2.5) und Norbornen-(2) aus 5-Dimethylaminonorbornen-(2) und 2-Dimethylaminonorbornan.* (5. vgl. C. **1958.** 6837.) Die Aminoxydpyrolyse u. der HOFMANN-Abbau von *endo-* (**I**) u. *exo-5-Dimethylaminonorbornen-(2)* (**II**) sowie *endo-* (**III**) u. *exo-2-Dimethylaminonorbornan* (**IV**) wurde untersucht. **I** u. **II** wurden aus *endo-* (**V**) u. *exo-5-Carbomethoxynorbornen-(2)* (**VI**) durch CURTIUS-Abbau u. Methylierung erhalten. Gaschromatograph. konnte festgestellt werden, daß das DIELS-ALDER-Addukt von Methylacrylat u. Cyclopentadien aus 76% **V** u. 24% **VI** besteht. **V** konnte durch fraktionierte Dest. aus dem Gemisch mit **VI** rein isoliert werden. Durch Na-Methylat-katalysierte Isomerisierung des DIELS-ALDER-Adduktgemisches entsteht ein an **VI** angereichertes Gemisch, aus dem **VI** durch Dest. isoliert werden konnte. **V** u. **VI** wurden zu *endo-* (**VII**) u. *exo-2-Carbomethoxynorbornan* (**VIII**) hydriert. Die Gleichgewichte zwischen **V** u. **VI** bzw. **VII** u. **VIII** in CH_3OH bei 73—108° wurden bestimmt; die Isomerisierung wurde durch Na-Methylat katalysiert u. die Zus. der Gleichgewichtsgemische gaschromatograph. festgestellt. Eine rasche Gleichgewichtseinstellung bei der Aufarbeitung wurde durch Verss. ausgeschlossen. Die Gleichgewichtslage ist bei den beiden isomeren Paaren im untersuchten Gebiet temperaturanhängig. Im Gleichgewichtsgemisch liegen 48,5% **VI** u. 51,5% **V** vor, so daß prakt. keine Wechselwrkg. zwischen der Carbonylgruppe u. der C—C-Doppelbindung in **V** feststellbar ist. Der etwas größere Anteil von **VIII** am Gleichgewichtsgemisch von **VII** u. **VIII** (70,2% **VIII** u. 29,8% **VII**) wird auf die Wechselwrkg. der endo-2-Carbomethoxygruppe mit dem $C_{(6)}$-endo-H-Atom zurückgeführt. Aus **V** wurde *endo-Norbornen-(2)-carbonsäure-(5)-hydrazid* dargestellt, das durch CURTIUS-Abbau in *endo-Norbornen-(2)-yl-(5)-carbaminsäuremethylester* übergeführt wurde. Durch Red. mit $LiAlH_4$ zu *endo-5-Methylaminonorbornen-(2)* u. Methylierung nach CLARTIE-ERCHWEILER wurde **I** erhalten. Analog wurde aus **VI II** dargestellt. **I** u. **II** sind isomerenfrei; **II** enthielt 5% einer Verunreinigung, wahrscheinlich **IV**. Die Verunreinigung entstand bei der $LiAlH_4$-Red. des entsprechenden *Carbamats*, da bereits das entstehende Amin verunreinigt war. **III** u. **IV** wurden durch Hydrierung der ungesätt. Amine dargestellt. **I**, **II**, **III** u. **IV** wurden durch Behandlung mit H_2O_2 in *N-Oxyde* übergeführt; die Aminoxyde oder ihre Hydrate, die durch Einengen ihrer Lsgg. isoliert wurden, wurden der Pyrolyse unterworfen u. die Ausbeute an entstehenden Olefinen gaschromatograph. bestimmt. Durch Rk. der Methojodide der obigen tert. Amine mit Ag_2O wurden die entsprechenden *Ammoniumhydroxyde* dargestellt. Die durch therm. Zers. daraus entstandenen Prodd. wurden ebenfalls gaschromatograph. untersucht. Durch Pyrolyse des Aminoxyds von **I** wurde in 1,5%ig. Ausbeute *Norbornadien-(2.5)* (**IX**) gebildet, durch Zers. der entsprechenden quartären Base in 3,1%ig. Ausbeute. Das Aminoxyd von **II** bzw. die entsprechende quartäre Base ergaben in 32- bzw. 58%ig. Ausbeute **IX**. Die therm. Zers. des Aminoxyds von **III** bzw. die entsprechende Base lieferten 2,9 bzw. 3,5% *Norbornen-(2)* (**X**); die analogen Derivv. von **IV** ergaben **X** in 65- bzw. 77%ig. Ausbeute. Bei der Pyrolyse von **II**-Oxyd entstand als Nebenprod., wahrscheinlich durch Umlagerung, *O-[Norbornen-(2)-yl-(5)]-N.N-dimethylhydroxylamin* (**XI**); analog ergab die Pyrolyse von **IV** als Nebenprod. wahrscheinlich *O-[Norbornyl-(2)]-N.N-dimethylhydroxylamin* (**XII**). **XI** wurde katalyt. zu **XII** hydriert. Da aus dem Pyrolysegemisch zurückgewonnenes **II**-Oxyd bei erneuter Pyrolyse ebenfalls **XI** ergab, ist eine Verunreinigung des ursprünglichen **II**-Oxyds durch **XI** ausgeschlossen. Die beiden obigen Eliminations-Rkk. ergaben in der exo-Reihe eine ca. 22mal größere Ausbeute als in der endo-Reihe; der bevorzugte koplanare Übergangszustand scheint also in der endo-Reihe nur schwer verwirklichbar. Die geringere Olefinausbeute bei der Pyrolyse der Aminoxyde gegenüber dem HOFMANN-Abbau wird auf den stärkeren

Doppelbindungscharakter im Übergangszustand der Aminoxyde, der ster. Spannung verursacht, zurückgeführt. Da die Ausbeuteverhältnisse der beiden Eliminations-Rkk. von Norbornan- u. Norbornenderivv. etwa gleich sind, wird angenommen, daß die therm. Zers. der quartären Ammoniumhydroxyde durch cis-Elimination, vielleicht über ein Ylid, erfolgt.

Versuche (FF. korr.): *endo-5-Carbomethoxynorbornen-(2)* (V), $C_9H_{12}O_2$, Kp.$_{18}$ 88 bis 88,5°, durch DIELS-ALDER-Addition von Acrylsäuremethylester mit Cyclopentadien zu einem Gemisch von **V** u. **VI** [Kp.$_{12}$ 80—83°, n_D^{25} 1,4730; 84% (Ausbeute) eines Gemisches von 76% **V** u. 24% **VI**] u. mehrfache Dest. mit einer Drehbandkolonne; n_D^{25} 1,4717. — *exo-5-Carbomethoxynorbornen-(2)* (VI), $C_9H_{12}O_2$, Kp.$_{17}$ 86,5°, durch 12std. Rühren der Vorläufe von **V** mit Na-Methylat bei 105° u. Dest. wie oben; n_D^{25} 1,4710. — *endo-2-Carbomethoxynorbornan* (VII), $C_9H_{14}O_2$, Kp.$_{10}$ 70°, durch Hydrierung von **V** in CH_3OH in Ggw. von PtO_2; n_D^{25} 1,4625. — *exo-2-Carbomethoxynorbornan* (VIII), Kp.$_{10}$ 72°, analog VII; n_D^{25} 1,4622. — *endo-Norbornen-(2)-carbonsäure-(5)-hydrazid*, $C_8H_{12}N_2O$, F. 98—99° (Bzl.-Cyclohexan), durch 15std. Kochen von **V** mit 85%ig. Hydrazinhydrat in A., Eindampfen im Vakuum auf dem Wasserbad u. Waschen mit Hexan u. W.; 80,5%. — *endo-Norbornen-(2)-yl-(5)-carbaminsäuremethylester*, $C_9H_{13}NO_2$, F. 69—70° (Hexan), durch Zugabe von Ae. zu vorst. Verb. in wss. HCl, Kühlen auf 0°, Zutropfen von wss. $NaNO_2$-Lsg. innerhalb 40° unter Rühren bei 0°. 30 Min. Rühren, Ae.-Extraktion, Zugabe von absol. CH_3OH zum Extrakt, Abdestillieren des Ae., 12std. Kochen u. Eindampfen; 61%. — *endo-5-Methylaminonorbornen-(2)*, $C_8H_{13}N$, Kp.$_{17}$ 60—61°, durch Zugabe vorst. Verb. in Ae. zu $LiAlH_4$ in Ae. unter Rühren u. exothermem Sieden innerhalb 40 Min., 30 Min. Rühren, 18std. Kochen, Zers. mit W., 15%ig. NaOH u. W., 1std. Rühren bei Raumtemp., Filtrieren, Extraktion des Filtrats mit 10%ig. H_2SO_4, Alkalisieren des sauren Extraktes mit NaOH unter Kühlen u. Rühren, Ae.-Extraktion u. Dest.; n_D^{25} 1,4810; 59%. *Phenylthioharnstoffderiv.*, $C_{15}H_{18}N_2S$, F. 110° (CH_3OH). — *endo-5-Dimethylaminonorbornen-(2)* (I), $C_9H_{15}N$, Kp.$_{17}$ 65—67°, a) durch Lösen vorst. Verb. in 88%ig. HCOOH unter Kühlen, Zugabe von 37%ig. wss. CH_2O-Lsg., Erhitzen auf 100° bis zum Einsetzen der Rk., 6std. Kochen nach Abklingen der Rk., Kühlen, Zugabe von konz. HCl, Einengen im Vakuum, Verdünnen mit W., Alkalisieren mit NaOH u. Ae.-Extraktion; n_D^{25} 1,4744; 72%; b) durch Zers. des N-Oxyds bei 170—190° u. 60—130 Torr unter N_2; 28%; daneben 1,4% **IX**; c) durch Zers. des Methohydroxyds bei 110—120° analog b); 51%; daneben 3,1% **IX**. *Pikrat*, $C_{15}H_{18}\cdot N_4O_7$, F. 192—193° (Zers.; A.). *Methojodid*, $C_{10}H_{18}JN$, F. 266—267° (A.-Ae.), durch 24std. Stehen von I mit CH_3J in Ae.; 93,5%. *N-Oxyd*, durch langsame Zugabe von 30%ig. H_2O_2 zu I in CH_3OH unter Rühren u. Kühlen, 18std. Stehen bei Raumtemp., Zers. von H_2O_2 mit Pt-Schwarz, Filtrieren u. Eindampfen im Vakuum; *Pikrat*, $C_{15}H_{18}N_4O_8$, F. 196—198° (Zers.; A.), durch Zugabe des N-Oxyds u. wss. CH_3OH zu gesätt. 30%ig. wss.-alkoh. Pikrinsäurelsg. bei 60°; 95%. *Methohydroxyd*, durch 18std. Rühren des Methojodids mit 2 Äquivalenten Ag_2O in 50%ig. wss. CH_3OH bei Raumtemp., Filtration u. Eindampfen bei 40°/0,1 Torr. — *endo-2-Dimethylaminonorbornan* (III), $C_9H_{17}N$, Kp.$_{19}$ 68—69°, a) durch 90 Min. Hydrieren von I in absol. CH_3OH bei 28° an PtO_2; n_D^{25} 1,4669; 91,5%; b) durch Zers. des N-Oxyds bei 170—200°/60 bis 30 Torr unter N_2; 25%; daneben 2,9% **X**; c) durch Pyrolyse des Methohydroxyds analog b) bei 110—125°/60—30 Torr; 53%; daneben 3,5% **X**. *Pikrat*, $C_{15}H_{20}N_4O_7$, F. 221 bis 224° (Zers.; A.). *Methojodid*, $C_{10}H_{20}JN$, F. 209° (Zers.; A.-Ae.), durch 3tägiges Stehen von III mit CH_3J in Ae. u. Filtrieren; 86%. *N-Oxyd*, wie oben; *Pikrat*, $C_{15}H_{20}N_4O_8$, F. 236° (Zers.; A.), wie oben; 89%. *Methohydroxyd*, wie oben. — *exo-Norbornen-(2)-carbonsäure-(5)-hydrazid*, $C_8H_{12}N_2O$, F. 114° (Bzl.), aus VI; 88%. — *exo-Norbornen-(2)-yl-(5)-carbaminsäuremethylester*, $C_9H_{13}NO_2$, F. 95—96° (Hexan), aus vorst. Verb.; 67%. — *exo-5-Methylaminonorbornen-(2)*, $C_8H_{13}N$, Kp.$_{19}$ 63—64°, aus vorst. Verb. durch Red. mit $LiAlH_4$; n_D^{25} 1,4827; 50,5%. *Phenylthioharnstoffderiv.*, $C_{15}H_{18}N_2S$, F. 114° (wss. CH_3OH). — *exo-5-Dimethylaminonorbornen-(2)* (II), $C_9H_{15}N$, Kp.$_{20}$ 66—68°, a) durch CLARKE-ESCHWEILER-Methylierung vorst. Verb.; n_D^{25} 1,4737; 73,5%; b) durch Zers. des N-Oxyds bei 187—200°/60—30 Torr unter N_2; 13%; daneben 32% **IX**; c) durch Zers. des Methohydroxyds bei 110—125°/60—30 Torr unter N_2; 12%; daneben 58% **IX**. *Pikrat*, $C_{15}H_{18}N_4O_7$, F. 190—193° (Zers.; A.). *Methojodid*, $C_{10}H_{18}JN$, F. >350° (Schwarzfärbung bei 270°; A.-Ae.); 92%. *N-Oxydpikrat*, $C_{15}H_{18}N_4O_8$, F. 194—195° (Zers.; A.), wie oben; 95%. *Methohydroxyd*, wie oben. — *exo-2-Dimethylaminonorbornan* (IV), $C_9H_{17}N$, Kp.$_{20}$ 71°, a) durch 75 Min. Hydrieren von II; n_D^{25} 1,4682; 88%; b) durch Zers. des N-Oxyds bei 110—133°/60—30 Torr unter N_2; 4%; c) durch Zers. des Methohydroxyds bei 90—100°/60—30 Torr unter N_2; 1%. *Pikrat*, $C_{15}H_{20}N_4O_7$, F. 218—220° (Zers.; A.). *Methojodid*, $C_{10}H_{20}JN$, F. 295° (Zers.; A.-Ae.); 97%. *N-Oxydpikrat*, $C_{15}H_{20}\cdot N_4O_8$, F. 210° (Zers.; A.), wie oben; 98%. *Methohydroxyd*, wie oben. — *Norbornen-(2)* (**X**),

F. 46°, a) durch Zers. von III-Methohydroxyd bei 110—125°/60—30 Torr unter N_2; 3,5%; b) neben II nach b); 2%; c) neben II nach c); 2%; d) neben IV nach b); 65%; e) neben IV nach c); 77%; f) neben III nach b); 2,9%. — *O-[Norbornen-(2)-yl-(5)]-N.N-dimethylhydroxylamin* (XI), Kp.$_{20}$ 97—99°, neben II nach b). *Pikrat*, $C_{15}H_{18}N_4O_8$, F. 157 bis 164° (Zers.; A.). — *O-[Norbornyl-(2)]-N.N-dimethylhydroxylamin* (XII), Kp.$_{17}$ 101°, a) neben IV nach b); b) durch Hydrieren von XI in 5%ig. HCl an PtO_2, Filtrieren, Ae.-Extraktion, Einengen der wss. Phase, Alkalisieren u. Ae.-Extraktion. (J. Amer. chem. Soc. **81.** 2799—2804. 5/6. 1959. Cambridge, Mass., MIT, Dep. of Chem.)

H. BERTSCH. 3600

C. Enzell und **H. Erdtman,** *Die Chemie der natürlichen Ordnung der Cupressales. 19. Mitt. Das Vorkommen von Manool in Cupressus sempervirens L.* (18. vgl. C. **1958.** 10376.) Im Kernholz von *Cupressus sempervirens* wurde neben *Carvacrolmethyläther* u. *Cedrol* der Diterpenalkohol *Manool* gefunden, ferner wenig *d-Borneol* (I), *d-Bornylacetat, Sesquiterpene, Carvacrol, β-Thujaplicin* u. *Nutkatin.*

Versuche: Durch 48std. Extraktion des Kernholzes mit Aceton u. Trennung des Extraktes in einem KOH-lösl. u. einem neutralen Anteil wurden erhalten: a) aus der neutralen Fraktion durch Dest. bei 14—26 mm: *d-Borneol* (I), F. 204—207°, $[\alpha]_D^{22}$ —36,5° (c = 1,7; Chlf.). *Carvacrolmethyläther*, wird mit HBr entmethyliert u. mit Chloressigsäure veräthert zu *Carvacroxyessigsäure* (II), F. 150—152°. *d-Bornylacetat*, Verseifung gibt I. *Cedrol*, F. 87,5—88°, $[\alpha]_D^{22}$ +10,0° (c = 1,1; Chlf.). *Manool*, F. 53—53,5°; b) aus der sauren Fraktion durch Dest. bei 27 mm: *Nutkatin*, F. 95—96°. *Carvacrol*, gibt mit Chloressigsäure II. *β-Thujaplicin*, F. 51,5+52,0°. (Acta chem. scand. **11.** 902—03. 1957. Stockholm, KTH, Organ.-kem. Inst.)

M. REIHER. 3600

H. Erdtman und **B. R. Thomas,** *Die Chemie der natürlichen Ordnung der Cupressales. 20. Mitt. Bestandteile des Kernholzes der Gattung Widdringtonia.* (19. vgl. vorst. Ref.) Die Acetonextrakte des Kernholzes folgender südafrikan. Zypressenarten wurden untersucht: *Widdringtonia cupressoides (L.) Endl., W. dracomontana Stapf., W. juniperoides (L.) Endl., W. Schwarzii (Marloth) Mast.* u. *W. Whytei Rendle.* Aus den Ae.-lösl. Anteilen der Extrakte wurden einige sesquiterpenoide Verbb. gewonnen, darunter ein als *Widdren* (I) bezeichneter tricycl. KW-stoff $C_{15}H_{24}$, der bicycl. tert. Alkohol *Widdrol*, zwei *Sesquiterpenalkohole* mit 2O u. 4 *Säuren*, von denen *Widdrensäure* („*widdrenic acid*") auch durch Oxydation von I über den Aldehyd *Widdrenal* (III) erhalten werden konnte. In allen 5 Arten ist *Cedrol* enthalten, *Eudesmol* dagegen nur in W. cupressoides u. W. dracomontana. Die %-Gehh. der Extrakte an den isolierten Verbb. sind angegeben.

Versuche ($[\alpha]_D$ in Chlf.): *Widdren* (I), $C_{15}H_{24}$, Kp.$_{10}$ 118—120°, $[\alpha]_D$ —107°, n_D^{22} 1,5042; gibt in Methanol/Äthylacetat bei —75° mit O_3 eine *Ketosäure* $C_{15}H_{24}O_3$ (II) *vom F. 166—168°*, $[\alpha]_D$ —129° (c = 2,1). *Isomeres Widdren II*), $C_{15}H_{24}$, Kp.$_{10}$ 128°, $[\alpha]_D$ +50° (c = 3,0), n_D^{22} 1,5160. — *Widdrenal* (III), $C_{15}H_{22}O$, F. 75—76°, aus durch 4std. Kochen mit SeO_2 in A.; $[\alpha]_D$ —27° (c = 1,8). — *Widdrensäure (Säure I)*, $C_{15}H_{22}O_2$, F. 169°, aus 0,1 g III durch 1std. Erhitzen mit wss. Ag_2O; $[\alpha]_D$ —86° (c = 1,8); 30 mg (Ausbeute). *Methylester*, $C_{16}H_{24}O_2$, F. 109—110°, $[\alpha]_D$ —99° (c = 2,0). — „*Widdrendicarbonsäure*" $C_{14}H_{22}O_4$, F. 215°, aus 0,2 g II mit NaBrO in 3 Std. oder aus III mit methanol. KOH u. H_2O_2; $[\alpha]_D$ —57° (c = 2,1). *Dimethylester*, $C_{16}H_{26}O_4$, F. 71—73°; $[\alpha]_D$ —59° (c = 2,0). *Anhydrid*, $C_{14}H_{20}O_3$, F. 113°, mit Acetanhydrid; $[\alpha]_D$ + 39° (c = 2,9). — *Cedrol*, F. 87—89°, $[\alpha]_D$ +10° (c = 2,0). — *Widdrol*, $C_{15}H_{26}O$, F. 98° neben vorst. Verb.; $[\alpha]_D$ +105° (c = 2,3). — *Eudesmol*, F. 83—84°, krist. aus PAe., $[\alpha]_D$ +45° (c = 1,9). — *Diol $C_{15}H_{28}O_2$*, F. 137—138° (aus W. dracomontana neben vorst. Verb.; $[\alpha]_D$ —24°. — *Alkohol $C_{15}H_{26}O_2$*, F. 154°, aus W. juniperoides; $[\alpha]_D$ —9°. — *1.7-Dimethyl-4-isopropylnaphthalin*, aus Widdrol mit Se bei 300° in 24 Std. unter CO_2. *Pikrat*, F. 91—93°. — *Säure II $C_{15}H_{22}O_2$*, F. 190—191°, $[\alpha]_D$ —76° (c = 1,9). — *Säure III*, F. 160—161°, $[\alpha]_D$ +63° (c = 2,4); gibt mit verd. HNO_3 (24 Std., 170°) u. CH_2N_2 *Terephthalsäuredimethylester*, F. 143—144°. — *Säure IV*, F. 138—140°. (Acta chem. scand. **12.** 267—73. 1958.)

M. REIHER. 3600

Werner Bergmann und **John P. Dusza,** *Beiträge zur Untersuchung von Meeresprodukten. 42. Mitt. 24-Methylencholesterin.* (41. vgl. C. **1959.** 11207; 43. vgl. C. **1959.** 14744.) Aus Schwämmen u. Seeanemonen isoliertes *Chalinasterin* (II) wird durch unabhängige Synth. als *24-Methylencholesterin* identifiziert. Die Synth. von II erfolgte durch Rk. des Tetrahydropyranyläthers von 24-Ketocholesterin (I) mit Triphenylphosphinmethylen. Hydroxylierung von II u. Oxydation des Glykols mit HJO_4 führen zu I zurück. I-*Acetat* bildet 2 Modifikationen.

Versuche (FF. korr., $[\alpha]_D$ in Chlf.): *24-Ketocholesterin* (I), F. 136—137°, aus 3β-Acetoxy-Δ^5-cholensäure; $[\alpha]_D^{25}$ —37,4° (c = 1,23); 6% (Ausbeute). *Acetat*, F. 126

bis 127° u. 115—116°; a) aus I durch Kochen mit Acetanhydrid u. Chromatographie an Al_2O_3; $[\alpha]_D^{25}$ —40,2° (c = 1,17); b) durch 5std. Rühren von II-Acetat mit O_3O_4 in Bzl. in Ggw. von Pyridin, Stehen über Nacht, 2std. Kochen mit wss.-alkoh. Na_2SO_3 u. 18std. Stehen des gebildeten Glykols mit HJO_4 in W.-A.-Pyridin; 0,161 g. — *[24-Keto-cholesteryl-(3)]-[tetrahydropyranyl-(2)]-äther*, $C_{32}H^{52}O_3$, F. 131—132°, aus 8,84 g I in Bzl. mit Dihydropyran in Ggw. von p-Toluolsulfonsäuremonohydrat durch azeotrope Dest. des W., 4tägiges Stehen, Abdestillieren des getrockneten Bzl. im Vakuum u. Chromatographie des Rückstandes an Al_2O_3, $[\alpha]_D^{26}$ —30,4° (c = 1,18); 62%. — *24-Methylencholesterin-3-[tetrahydropyranyl-(2)]-äther*, $C_{33}H_{54}O_2$, F. 127,5—128,2°, durch 1std. Rühren von Triphenylmethylphosphoniumbromid u. 0,95n Butyl-Li in Ae. unter reinem N_2 u. Feuchtigkeitsausschluß, Zugabe von 2,2 g vorst. Verb. in Ae., 1std. Rühren bei 20°, 3 Std. bei 65—70° u. Chromatographie an Kieselsäure-Celite; $[\alpha]_D^{25}$ —27,6° (c = 1,24); 1,33 g. — *24-Methylencholesterin* (II), $C_{28}H_{46}O$, F. 145—146°, aus 1,1 g vorst. Verb. in Hexan durch 1std. Stehen mit Methanol in Ggw. von konz. HCl u. Abdestillieren des Lösungsm. im Vakuum; aus A. Plättchen; $[\alpha]_D^{28}$ —42,2° (c = 1,15); 0,51 g. *Acetat*, $C_{30}H_{48}O_2$, F. 134,5—135,5°, aus II durch Erwärmen mit Acetanhydrid u. Pyridin auf 90°; aus Methanol Plättchen; $[\alpha]_D^{25}$ —46,7° (c = 1,15); *Tetrabromid*, $C_{30}H_{48}Br_4O_2$, F. 156—158°, aus wasserfreiem Na-Acetat u. Br_2 in Eisessig; $[\alpha]_D^{25}$ —2,3° (c = 1,28); *24.28-Dibromid*, F. 147,5—148°, durch Debromierung des Tetrabromids in Bzl./A. mit Na. *Benzoat*, $C_{35}H_{50}O_2$, F. 151,5—152°, aus Aceton Nadeln; $[\alpha]_D$ — 13,3 (c = 1,13). *Ozonisierung* von 0,1 g II-Acetat in Eisessig → *Formaldehyd* (*Dimedonderiv.*, F. 187 bis 190°; 41 mg; *2.4-Dinitrophenylhydrazon*, F. 163—164°). (Liebigs Ann. Chem. **603**. 36—43. 1957. New Haven, Conn., Yale Univ., Chem. Inst.) O. A. NEUMÜLLER. 3700

Maximilian Ehrenstein und **Max Dünnenberger**, *Untersuchungen über Steroide. 26. Mitt. Synthese von 19-Hydroxy-Δ^4-androsten-3.17-dion.* (25. vgl. C. **1958**. 12982.) Bei der Oxydation von aus Strophanthidin durch selektive Red. u. Acetylierung erhältlichem Strophanthidoldiacetat mit $KMnO_4$ in Aceton entstehen *3β.19-Diacetoxy-5.14-dihydroxy-20-oxo-14β-pregnan-21-säure-21 → 14-lacton* u. freie *3β.5.14.19-Tetrahydroxy-14β-ätiansäure*. Letzte geht bei der Behandlung mit alkoh. HCl in *3β.5.19-Trihydroxy-Δ^{14}-ätiensäureäthylester* (I) über, daneben entstehen *3β.5-Dihydroxy-8.19-epoxyätiansäureäthylester*, *3β.19-Dihydroxy-$\Delta^{5.14}$-ätiadiensäureäthylester* u. *19-Hydroxy-$\Delta^{3.5.14}$-ätiatriensäureäthylester*. Bei der Hydrierung von I entsteht *3β.5.19-Trihydroxyätiansäureäthylester*, aus dem durch Verseifung u. Acetylierung *3β.19-Diacetoxy-5-hydroxyätiansäure* entsteht. Deren *Säurechlorid* gibt bei der Rk. mit CH_2N_2 *3β.19-Diacetoxy-21-diazopregnan-5-ol-20-on*, welches bei der Behandlung mit konz. HJ *3β.19-Diacetoxypregnan-5-ol-20-on* liefert. Dieses gibt bei der Verseifung das *freie Triol* (II) bzw. beim Kochen mit Essigsäureanhydrid das *Triacetat* (III), unter ungünstigen Bedingungen *3β.19-Diacetoxy-Δ^5-pregnen-20-on* u. *19-Acetoxy-$\Delta^{3.5}$-pregnadien-20-on*. Oxydation von III mit Benzopersäure gibt *3β.5.17β.19-Tetraacetoxyätiocholan*, welches sich zu *3β.5.17β.19-Tetrahydroxyätiocholan* (IV) verseifen läßt. Bei der Oxydation von IV mit N-Bromacetamid entsteht *Ätiocholan-5.19-diol-3.17-dion*, welches bei der Behandlung mit GIRARDs Reagens T in das gewünschte *19-Hydroxy-Δ^4-androsten-3.17-dion* übergeht; als Nebenprod. wird *Äthiocholan-3β.5.19-triol-17-on* isoliert, welches sich auch aus IV durch partielle Oxydation mit N-Bromacetamid u. anschließende Rk. mit GIRARDs Reagens T bildet. II gibt bei der Oxydation mit N-Bromacetamid *Pregnan-5.19-diol-3.20-dion*, welches bei der Rk. mit GIRARDs Reagens T *19-Hydroxyprogesteron* liefert.

Versuche (opt. Drehungen in Chlf.; UV-Spektren in 95%ig. A.; Chromatographie an Al_2O_3): *3β.19-Diacetoxy-5.14-dihydroxy-20-oxo-14β-pregnan-21-säure-21 → 14-lacton*, F. 211—213°, aus Strophanthidoldiacetat (F. 192—194°) mit $KMnO_4$ in Aceton (über Nacht) u. Kristallisation der neutralen Fraktion aus wss. CH_3OH; Nadeln; 19,7% (Ausbeute). — *3β.5.14.19-Tetrahydroxy-14β-ätiansäure*, F. 222—224° (Methanol), aus der bei der Darst. vorst. Verb. entstehenden sauren Fraktion mit K_2CO_3 in W. (16 Std. bei Zimmertemp. unter N_2); Würfel; 43,4%. Liefert beim Lösen in 66 Voll. 0,1n absol. alkoh. HCl u. Eindampfen auf $^1/_4$ des Vol. innerhalb von 6 Std. wenig *3β.5-Dihydroxy-8.19-epoxyätiansäureäthylester* u. *3β.19-Dihydroxy-$\Delta^{5.14}$-ätiadiensäureäthylester*, 38,3 bis 42,2% *3β.5.19-Trihydroxy-Δ^{14}-ätiensäureäthylester* (I) u. 8,1—10,8% *19-Hydroxy-$\Delta^{3.5.14}$-ätiatriensäureäthylester*, $C_{22}H_{30}O_3$, F. 122—122,5°, aus wss. Methanol Nadeln; $[\alpha]_D^{25}$ —95°; λ_{max} 234 mμ (ε = 17130), → *19-Acetat*, $C_{24}H_{32}O_4$, F. 136—137°, aus wss. CH_3OH Nadeln; $[\alpha]_D^{21}$ —120°; λ_{max} 234 mμ (ε = 20240). — *3β.5.19-Trihydroxyätiansäure*, F. 280—281° (Methanol-W.), aus dem Ester mit sd. n. alkoh. KOH (8 Std., dann über Nacht bei Zimmertemp.); Nadeln; 99,5%. *Äthylester*, F. 184—186°, aus I durch Hydrierung (vgl. EHRENSTEIN u. Mitarbeiter, C. **1951**. II. 1888); 80%. *3β.19-Diacetat*, F. 167—168° (wss. A.). — *3β.19-Diacetoxy-21-diazopregnan-5-ol-20-on*, $C_{25}H_{36}N_2O_6$,

F. 147—148,5° (CH_2Cl_2–Hexan), aus vorst. Diacetat durch Eindampfen mit $NaHCO_3$ in absol. A., Abdampfen des Rückstandes erst mit A., dann mit Bzl., Behandlung des Rückstandes mit Oxalylchlorid in Bzl. in Ggw. von Pyridin u. Umsetzung des gebildeten Säurechlorids mit CH_2N_2 in Ae. bei 0° (½ Std. bei Zimmertemp.); nach Chromatographie gelbe Prismen; $[\alpha]_D^{21}$ +135°; 74,4%. — *Pregnan-3β.5.19-triol-20-on* (II), $C_{21}H_{34}O_4$, F. 208—209° (CH_2Cl_2–Hexan), a) aus dem Diacetat mit wss.-methanol. K_2CO_3 (16 Std. bei Zimmertemp.); 86,2%; b) aus III mit 1%ig. methanol. KOH (6 Std. bei Zimmertemp.); $[\alpha]_D^{21}$ +103°. *3β.19-Diacetat*, $C_{25}H_{38}O_6$, F. 106—108° (aus Aceton–W.), a) aus vorst. Verb. mit 48%ig. HJ in Chlf. (1½ Min.) u. Chromatographie; 70,3%; b) aus II durch Acetylierung; Nadeln; $[\alpha]_D^{21}$ +88°. *3β.5.19-Triacetat* (III), $C_{27}H_{40}O_7$, F. 161,5 bis 162° (CH_2Cl_2–Hexan), a) aus dem Diacetat mit sd. Essigsäureanhydrid (18 Std.) u. Chromatographie; Nadeln; $[\alpha]_D^{21}$ +75°; 78,2%; in einem anderen Vers. (aus 2,225 g Diacetat) 21,1%, daneben 78 mg *19-Acetoxy-Δ^{3.5}-pregnadien-20-on*, $C_{23}H_{32}O_3$, F. 115 bis 115,5°, aus A.–W. Nadeln; $[\alpha]_D^{25}$ —83°; λ_{max} 234 mμ [mit $C(NO_2)_4$ dunkelorangefarben), 35 mg *3β.19-Diacetoxy-Δ⁵-pregnen-20-on*, $C_{25}H_{36}O_5$, F. 104,5—105° (A.–W.); $[\alpha]_D^{25}$ —21°, keine UV-Absorption bei 220—300 mμ, mit $C(NO_2)$ blaßgelb (→ *3β-Acetoxy-Δ⁵-pregnen-19-ol-20-on*, $C_{23}H_{34}O_4$, F. 144—145°, mit wss.-alkoh. K_2CO_3, 16 Std. bei Zimmertemp. unter N_2; aus wss. CH_3OH Nadeln; $[\alpha]_D^{25}$ —41°). — *Ätiocholan-3β.5.17β.19-tetrol* (IV), $C_{19}H_{32}O_4$, F. 211—212° (Aceton/Hexan), aus dem Tetraacetat mit 1%ig. methanol. KOH (21 Std. bei Zimmertemp. unter N_2); Nadeln; $[\alpha]_D^{22}$ +38°; 79,6%. *3β.5.17β.19-Tetraacetat*, $C_{27}H_{40}O_8$, F. 136—138° (Methanol–W.), aus III mit Benzopersäure in Chlf. (12 Tage bei Zimmertemp. im Dunkeln); $[\alpha]_D^{23}$ +11°; 78%. — *19-Hydroxy-Δ⁴-androsten-3.17-dion*, $C_{19}H_{26}O_3$, F. 172—173° (Aceton–Hexan), aus IV mit 2,4 Mol N-Bromacetamid in tert.-Butanol (20 Std. bei Zimmertemp.), Behandlung des Prod. mit GIRARDs Reagens T in sd. absol. A. in Ggw. von Eisessig (1 Std.) u. Chromatographie; Nadeln; $[\alpha]_D^{21,5}$ +188°; λ_{max} 242 mμ (ε = 16100); 42,2%, daneben nachst. Verbindung. *19-Acetat*, amorph; λ_{max} 237,5 mμ. — *Ätiocholan-3β.5.19-triol-17-on*, $C_{19}H_{30}O_4$, F. 208—210° (CH_2Cl_2–Hexan), aus IV mit 1,2 Mol N-Bromacetamid in tert.-Butanol (3 Std. bei 25°) u. Behandlung des Prod. mit GIRARDs Reagens T in A. in Ggw. von Eisessig; $[\alpha]_D^{21,5}$ +108°, keine Absorption bei 220—300° mμ; 48%. *3β.19-Diacetat*, $C_{23}H_{34}O_6$, F. 180—182° (CH_2Cl_2–Hexan); $[\alpha]_D^{21,5}$ +89°. — *Pregnan-5.19-diol-3.20-dion*, $C_{21}H_{32}O_4$, F. 198—201° (CH_2Cl_2–Hexan), aus II mit N-Bromacetamid in tert.-Butanol (16 Std. bei Zimmertemp.); Nadeln; $[\alpha]_D^{21}$ +107°; 76%. — *19-Hydroxyprogesteron*, $C_{21}H_{30}O_3$, F. 173—174° (Aceton–A.), aus vorst. Verb. mit GIRARDs Reagens T in sd. absol. A. in Ggw. von Eisessig (1 Std.); Nadeln; $[\alpha]_D^{21,5}$ +184°; 71,6%. — Die IR-Maxima einiger Verbb. sind angegeben. (J. org. Chemistry **21**. 774—82. Juli 1956. Philadelphia, Pa., Univ., John Herr Musser Dep. of Res. Med., Div. of Steroid Res.)

WALTER SIMON. 3750

Maximilian Ehrenstein und **Max Dünnenberger**, *Untersuchungen über Steroide. 27. Mitt. 19-Hydroxy-14β.17α-progesteron und 19-Hydroxy-11-desoxy-14β.17α-corticosteron.* (26. vgl. vorst. Ref.) Bei der Behandlung von 3β.5.14.19-Tetrahydroxy-14β.17α-ätiansäure (I; vgl. 15. Mitt., C. **1956**. 5021) oder I-Äthylester mit alkoh. HCl entsteht *3β.5.19-Trihydroxy-17α-Δ¹⁴-ätiensäureäthylester*, der sich katalyt. hydrieren läßt zu *3β.5.19-Trihydroxy-14β.17α-ätiansäureäthylester*. Dessen *freie Säure* gibt bei der Oxydation mit N-Bromacetamid *3-Oxo-5.19-dihydroxy-14β.17α-ätiansäure*. Diese reagiert mit GIRARDs Reagens T unter Wasserabspaltung zu *3-Oxo-19-hydroxy-14β.17α-Δ⁴-ätiensäure*. Deren *19-O-Acetylsäurechlorid* liefert mit CH_2N_2 amorphes *19-Acetoxy-21-diazo-14β.17α-progesteron*, das sich zu kristalliner *19-Hydroxyverb.* verseifen läßt. Bei der Rk. mit konz. HJ entsteht *19-Hydroxy-14β.17α-progesteron*, mit Eisessig *19-Hydroxy-11-desoxy-14β.17α-corticosteron-21-monoacetat*. Zum Beweis der stereochem. Konfiguration dieser Verbb. werden die Mol.-Rotationen mit denen bekannter Verbb. verglichen.

Versuche (opt. Drehungen in Chlf.; UV-Spektren in 95%ig. A.; Chromatographie an Al_2O_3): *3β.5.19-Trihydroxy-17α-Δ¹⁴-ätiensäureäthylester*, $C_{22}H_{34}O_5$, F. 129 bis 130° (Aceton–PAe.), a) aus I-Äthylester mit sd. 0,1n absol. alkoh. HCl (1 Std.) u. Chromatographie; 27% (Ausbeute); b) aus I mit 0,1n absol. alkoh. HCl durch Dest. innerhalb von 5 Std. u. Chromatographie; $[\alpha]_D^{30}$ +106°; 42,7%. — *3β.5.19-Trihydroxy-14β.17α-ätiansäure*, $C_{20}H_{32}O_5$, F. 184,5—185° (wss. CH_3OH), aus dem Äthylester mit sd. 2n alkoh. KOH (1 Std.); $[\alpha]_D^{22}$ +62°; 76,6—78,8%. *Äthylester*, $C_{22}H_{36}O_5$, F. 155,5° (wss. Methanol u. Ae.), aus vorst. Verb. durch Hydrierung über PtO_2 in Eisessig bei n. Druck u. Temp. (2 Std.); $[\alpha]_D^{23}$ +54,5°; 90,6%, daneben *3β.5-Dihydroxy-8.19-epoxy-14β.17α-ätiansäureäthylester* (?), $C_{22}H_{34}O_5$, F. 211—213° (wss. Methanol); $[\alpha]_D^{22}$ +59°. *Äthylester-3β.19-diacetat*, $C_{26}H_{40}O_7$, F. 139,5—140,5°, aus wss. Methanol Nadeln; $[\alpha]_D^{23}$ +37°. *Methylester*, $C_{21}H_{34}O_5$, F. 184—186°, aus Aceton–Hexan Nadeln; $[\alpha]_D^{24}$ +54°.

3β.19-Diacetat, $C_{24}H_{36}O_7$, F. 197—197,5°, aus Aceton-W. Nadeln; $[\alpha]_D^{24}$ +55°. — *3-Oxo-5.19-dihydroxy-14β.17α-ätiansäure*, $C_{20}H_{30}O_5$, F. 146—148° (wss. Methanol), aus vorst. Säure mit N-Bromacetamid in tert.-Butanol (16 Std. bei Zimmertemp.); Nadeln; $[\alpha]_D^{22}$ +66°, keine Absorption bei 220—300 mμ; 78,3%. — *3-Oxo-19-hydroxy-14β.17α-Δ⁴-ätiensäure*, $C_{20}H_{28}O_4$, F. 214—215° (Aceton-Hexan), a) aus vorst. Verb. in A. mit GIRARDs Reagens T in Eisessig (1 Std. unter Rückfluß); 72,4%; b) aus vorvorst. Säure ohne Isolierung der vorst. Verb.; $[\alpha]_D^{22}$ +167°; λ_{max} 243 mμ (ε = 19300); 54%. *Methylester*, $C_{21}H_{30}O_4$, F. 191—192°, aus Aceton-W. Nadeln; $[\alpha]_D^{24}$ +138°; λ_{max} 243 mμ (ε = 16300). *Äthylester*, $C_{22}H_{32}O_4$, F. 161,5—162°, aus Aceton-Hexan Nadeln; $[\alpha]_D^{24}$ +129°; λ_{max} 243 mμ (ε = 19100). *19-Acetat*, $C_{22}H_{30}O_5$, F. 198—199°, aus Aceton-Hexan Nadeln; $[\alpha]_D^{22}$ +200°; λ_{max} 239 mμ. *Methylester-19-acetat*, $C_{23}H_{32}O_5$, F. 78,5 bis 79°, aus Methanol Nadeln; $[\alpha]_D^{24}$ +179°; λ_{max} 239 mμ (ε = 16900). *Äthylester-19-acetat*, $C_{24}H_{34}O_5$, F. 116,5—117°, aus Aceton-W. Nadeln; $[\alpha]_D^{24}$ +183°; λ_{max} 239 mμ (ε = 18100). — *19-Hydroxy-21-diazo-14β.17α-progesteron*, $C_{21}H_{28}N_2O_3$, F. 142—144°, gelegentlich 158—161° (CH_2Cl_2-Hexan), aus vorst. 19-Acetat u. Oxalylchlorid in Bzl. (1 Std. bei Zimmertemp.), Behandlung des Säurechlorids mit CH_2N_2 in Bzl.-Ae. (½ Std. bei Zimmertemp.), Chromatographie des entstehenden 19-Acetats u. Hydrolyse mit n-K_2CO_3 in Methanol (17 Std. bei Zimmertemp. unter N_2); nach Chromatographie gelbliche Nadeln; $[\alpha]_D^{27}$ +115°; λ_{max} 243 mμ (ε = 14800); 61,9%. — *19-Hydroxy-14β.17α-progesteron*, $C_{21}H_{30}O_3$, F. 187—188° (wss. Methanol), aus vorst. Verb. mit 48%ig. HJ in Chlf. (2 Min.); Platten; $[\alpha]_D^{22}$ +111°; λ_{max} 243 mμ (ε = 18100); 72,3 bis 99,2%. — *19-Hydroxy-11-desoxy-14β.17α-corticosteron*, $C_{21}H_{30}O_4$, F. 209—211° (CH_2Cl_2-Hexan), aus dem Acetat mit wss.-methanol. $KHCO_3$ (17 Std. bei Zimmertemp. unter N_2) u. Chromatographie; Platten; $[\alpha]_D^{22}$ +105°; λ_{max} 243 mμ (ε = 18300). *21-Monoacetat*, $C_{23}H_{32}O_5$, F. 172—173° (wss. Aceton), aus vorvorst. Verb. mit Eisessig (20 Min. auf dem Wasserbad) u. Chromatographie; Nadeln; $[\alpha]_D^{27}$ +103°; λ_{max} 243 mμ (ε = 17600); 69,3%. — Die IR-Maxima einiger Verbb. sind angegeben. (J. org. Chemistry **21**. 783—90. Juli 1956.) WALTER SIMON. 3750

G. Winston Barber und **Maximilian Ehrenstein,** *Untersuchungen über Steroide.* 28. Mitt. *Synthese von 19-Nor-10ξ.14β.17α-progesteron und 19-Nor-11-desoxy-10ξ.14β.17α-corticosteron aus Strophanthidin.* (27. vgl. vorst. Ref.) Einige in der 8. Mitt. (vgl. J. org. Chemistry **9**. [1944.] 435) beschriebene Synthesen werden verbessert. Die Oxydation von Strophanthidinacetat (I) mit $Na_2Cr_2O_7$ in Eisessig liefert in 33,4%ig. Ausbeute *Strophanthidinsäureacetat*, das mit wss.-alkal. $KMnO_4$ in 41%ig. Ausbeute zu *3β.5.14-Trihydroxy-20-oxo-14β-pregnan-19.21-disäure-21 → 14-lacton* oxydiert wird. Letztes wird einfacher u. in höherer Ausbeute durch direkte $KMnO_4$-Oxydation von I gewonnen u. gibt mit alkal. H_2O_2 *3β.5.14-Trihydroxy-21-nor-14β.17α-pregnan-19.20-disäure.* Diese liefert mit konz. HCl ausschließlich das *19 → 8-Lacton* (vgl. 8. Mitt.) bzw. mit alkoh. HCl ein Gemisch von *3β.5-Dihydroxy-21-nor-17α-Δ¹⁴-pregnen-19.20-disäure* u. ihrem *20-Monoäthylester.* Aus der Säure wird durch Hydrierung bzw. aus dem Ester durch Hydrierung u. Verseifung die bekannte (vgl. 8. Mitt. sowie 13. Mitt., C. **1953**. 4049) *3β.5-Dihydroxy-21-nor-14β.17α-pregnan-19.20-disäure* (**II**) in 18,9%ig. Gesamtausbeute (bezogen auf I; in der 8. Mitt. 2,2%) erhalten. Durch Pyrolyse von **II**-Monoäthylester-diacetat, anschließende Verseifung u. Reacetylierung läßt sich *3β-Acetoxy-19-nor-14β.17α-Δ⁵·¹⁰(?)-ätiensäure* (**III**) in besserer Ausbeute gewinnen als direkt aus **II**-Diacetat (vgl. 8. Mitt. sowie 21. Mitt., J. org. Chemistry **19**. [1954.] 365). Die Oxydation von **II** zur *3-Ketosäure* mit N-Bromacetamid verläuft besser als die mit CrO_3 (vgl. 21. Mitt.), die schlecht reproduzierbar ist; anschließende Behandlung mit GIRARDs Reagens T liefert *3-Oxo-19-nor-10ξ.14β.17α-Δ⁴-ätiensäure* (**IV**) in 10,3%ig. Ausbeute (bezogen auf **I**). Das aus **III** erhaltene Säurechlorid liefert bei der Rk. mit $(CH_3)_2Cd$ u. anschließender Verseifung *19-Nor-14β.17α-Δ⁵·¹⁰(?)-pregnen-3β-ol-20-on,* das offenbar als amorphes Gemisch zweier Stereoisomeren vorliegt, von denen das eine nach chromatograph. Reinigung des *3.5-Dinitrobenzoats* durch OPPENAUER-Oxydation in *19-Nor-10ξ.14β.-17α-progesteron* (**V**) übergeführt wird. Bei der Oxydation des amorphen Gemisches wird neben **V** ein Isomeres, möglicherweise *19-Nor-10ξ.14β-progesteron* (**VI**) isoliert. **III** wird in das entsprechende *Diazoketon* übergeführt. Bei der Umsetzung von **IV**-Na mit Oxalylchlorid in Abwesenheit von Pyridin u. anschließender Rk. mit $(CH_3)_2Cd$ entsteht nur *3-Chlor-19-nor-10ξ.14β.17α-Δ³·⁵-pregnadien-20-on* (**VII**), bei der entsprechenden Umsetzung nach Darst. des Säurechlorids in Ggw. von Pyridin wenig **V**. Das aus dem Säurechlorid von **IV** in geringer Ausbeute erhaltene *Diazoketon* liefert mit HJ **V** u. mit Eisessig *19-Nor-11-desoxy-10ξ.14β.17α-corticosteron* (**VIII**)*-acetat.* Besser verläuft die Überführung von **IV**-*3-Äthylenketal* in das entsprechende *Diazoketon,* das mit HJ unter gleichzeitiger Ketalspaltung **V** liefert, das auf diesem Wege in 2,6%ig. Gesamtausbeute aus **I** gewonnen wird. Das IR-Spektr. von **V** wird diskutiert. **VIII** ist in Dosen von

10 μg pro Ratte ohne Wrkg. auf die Na-Exkretion u. das Na/K-Verhältnis. **VII** zeigt bei einer Gabe von 1,0 mg im CORNER-ALLEN-Test bei Kaninchen keine Wirkung. **V** u. **VI** zeigen im CLAUBERG-Test etwa die 8fache gestagene Wrkg. von Progesteron.

Versuche (opt. Drehungen in Chlf.): *3β.5.14-Trihydroxy-20-oxo-14β-pregnan-19.21-disäure-21 → 14-monolacton*, F. 272—273° (CH_3OH), aus **I** mit wss. $KMnO_4$ in verd. NaOH; 33% (Ausbeute). — *3β.5.14-Trihydroxy-21-nor-14β.17α-pregnan-19.20-disäure*, F. 280—282° (Zers.), aus vorst. Verb. in 2n NaOH mit 20% ig. H_2O_2 (2 Tage); Prismen; 93%. Gibt bei der Dehydratisierung mit konz. HCl in A. durch Einengen nach Chromatographie 30,6% *3β.5-Dihydroxy-21-nor-17α-Δ^{14}-pregnen-19.20-disäure*, F. 274—276° (Zers.), u. 37% von deren *20-Monoäthylester*, F. 171—173° (*Diäthylester*, $C_{24}H_{36}O_6$, F. 107°, aus CH_3OH-W. quadrat. Plättchen; $[\alpha]_D^{30}$ $+91 \pm 1°$). — *3β.5.8-Trihydroxy-21-nor-14β.17α-pregnan-19.20-disäure-19 → 8-lacton*, F. 303—306° (Aceton–Ae.), aus 100 mg vorst. Verb. mit konz. HCl; 55,0 mg. — *3-Oxo-19-nor-10ξ.14β.17α-Δ^4-ätiensäure* (**IV**), F. 190—191° (Aceton–Hexan), aus **II** mit N-Bromacetamid in tert.-Butanol u. W. (16 Std. bei Zimmertemp.) u. 3std. Kochen des Prod. in A. mit GIRARDs Reagens T u. Eisessig; Prismen; 54,6%. — *19-Nor-14β.17α-$\Delta^{5,10(?)}$pregnen-3β-ol-20-on*, $C_{20}H_{30}O_2$, F. 90° (CH_3OH-W. u. Ae.-PAe.), aus **III** in Bzl. mit Oxalylchlorid u. Pyridin, Umsetzung des Säurechlorids mit Dimethyl-Cd in Ae. (4 Std. bei Zimmertemp.), Verseifung der Neutralfraktion mit Na_2CO_3 in mit sd. wss. CH_3OH (3 Std.), Al_2O_3-Chromatographie, Umsetzung des amorphen Prod. mit 3.5-Dinitrobenzoylchlorid in Bzl. u. Essigester in Ggw. von Pyridin, chromatograph. Trennung der beiden *3.5-Dinitrobenzoate*, $C_{27}H_{32}N_2O_7$, F. 186—188° (Chlf.-CH_3OH), u. $C_{27}H_{32}N_2O_7$, F. 161—162° (CH_3OH-W., Aceton-PAe. u. Chlf.-CH_3OH), u. Verseifung des ersteren mit Na_2CO_3 in sd. wss. CH_3OH (3 Std.); Nadeln; $[\alpha]_D^{23}$ $+71 \pm 2°$ (c = 0,495). 20 mg geben mit Al-tert.-Butylat in Aceton u. Bzl. (19 Std. unter Rückfluß) nach Al_2O_3-Chromatographie; 5,1 mg **V**. — *21-Diazo-19-nor-14β.17α-$\Delta^{5,10(?)}$-pregnen-3β-ol-20-on*, $C_{20}H_{28}N_2O_2$, F. 151—152° (Zers.; CH_3OH-CO), aus 200 mg **III** mit $SOCl_2$ (1 Std. bei Zimmertemp.), Behandlung des Säurechlorids mit äther. CH_2N_2 (18 Std.) u. Al_2O_3-Chromatographie; Plättchen; 41,0 mg. — *19-Nor-10ξ.14β-progesteron* (**VI**), $C_{20}H_{28}O_2$, F. 110° (CH_3OH-W.), aus 129 mg amorphem vorvorst. Prod. durch OPPENAUER-Oxydation u. Al_2O_3-Chromatographie; Nadeln; λ_{max} 239 mμ (ε = 17100 in A.); 4,5 mg. — *3-Chlor-19-nor-10ξ.14β.17α-$\Delta^{3.5}$-pregnadien-20-on* (**VII**), $C_{20}H_{27}ClO$, F. 157—159° (CH_3OH-W. u. PAe.), aus 200 mg **IV** durch Überführung in das Na-Salz, dessen Rk. mit Oxalylchlorid in Bzl. (½ Std. bei Zimmertemp.), Behandlung des Prod. mit sd. äther. Dimethyl-Cd (45 Min.) u. Chromatographie; Nadeln; $[\alpha]_D^{24}$ $-140 \pm 2°$ (c = 0,477); λ_{max} 243 mμ (ε = 19000 in A.); 30 mg. — *21-Diazo-19-nor-10ξ.14β.17α-progesteron*, $C_{20}H_{26}N_2O_2$, F. 143—144° (Zers.; CH_3OH-W. u. Aceton-Ae.), aus 367 mg **IV** durch Überführung in das Na-Salz, Rk. mit Oxalylchlorid in Bzl. u. Pyridin, Behandlung des Säurechlorids mit CH_2N_2 in Ae. u. Bzl. in der Kälte u. Chromatographie; Nadeln; 89 mg. 34,0 mg geben in Chlf. mit 48% ig. HJ 14,3 mg unreines **V**. — *19-Nor-11-desoxy-10ξ.14β.17α-corticosteron*, $C_{20}H_{28}O_3$, F. 135—136° (Aceton–W. u. Aceton–PAe.), aus dem Acetat mit methanol.-wss. $KHCO_3$ (16 Std. bei Zimmertemp. unter N_2); Plättchen; $[\alpha]_D^{23}$ $+64 \pm 2°$ (c = 0,45); λ_{max} 240 mμ (ε = 15600 in A.). *Acetat*, $C_{22}H_{30}O_4$, F. 130—131° (CH_3OH-W.), aus vorst. Verb. mit Eisessig (½ Std. auf dem Wasserbad); $[\alpha]_D^{21.5}$ $+51 \pm 2°$ (c = 0,438); λ_{max} 240 mμ (ε = 17000 in A.). — *3-Äthylendioxy-19-nor-14β.17α-$\Delta^{5,10(?)}$-ätiensäure*, aus **IV** u. Methyläthyldioxolan in Ggw. von p-Toluolsulfonsäure durch 6std. Dest.; amorph. — *3-Äthylendioxy-20-oxo-21-diazo-19-nor-14β.17α-$\Delta^{5,10(?)}$-pregnen*; λ_{max} 250 mμ (ε = 10150 in A.), aus vorst. Verb. u. Oxalylchlorid in Bzl. in Ggw. von Pyridin, Rk. des Säurechlorids mit äther. CH_2N_2 in der Kälte u. Al_2O_3-Chromatographie; amorph; 76,8%. — *19-Nor-10ξ.14β.17α-progesteron* (**V**), $C_{20}H_{28}O_2$, F. 90—91° (Aceton–W. u. CH_3OH-W.), aus vorst. Verb. mit 48% ig. HJ in Chlf. (3mal je 1 Min.); $[\alpha]_D^{21}$ $+57 \pm 1°$ (c = 1,03); λ_{max} 240 mμ (ε = 16000 in A.); 26,9%. (Liebigs Ann. Chem. **603**. 89—109. 1957.)

WALTER SIMON. 3750

Edward J. Becker und **Maximilian Ehrenstein,** *Untersuchungen über Steroide.* 29. Mitt. *Studien am Ouabagenin.* 2. Mitt. (28. vgl. vorst. Ref.; 1. vgl. FLOREY, J. org. Chemistry **19**. [1954.] 1174.) Ouabagenin läßt sich zu einem *3.11.19-Triacetat* u. einem *1.3.11.19-Tetraacetat* acetylieren, deren Oxydation mit $KMnO_4$ *3β.11α.19-Triacetoxy-1β.5.14-trihydroxy-5β.14β-ätiansäure* bzw. *1β.3β.11α.19-Tetraacetoxy-5.14-dihydroxy-5β.14β-ätiansäure* liefert. Die Äthylester dieser Säuren lassen sich verseifen zu *1β.3β.5.-11α.14.19-Hexahydroxy-5β.14β-ätiansäureäthylester* (**I**). **I** bildet ein *Acetonid*, welches acetyliert werden kann. Oxydation von **I** mit N-Bromacetamid führt zu *3-Oxo-1β.5.11α.-14.19-Pentahydroxy-5β.14β-ätiansäureäthylester*, welcher ebenfalls ein *Acetonid* bildet u. bei der Al_2O_3-Chromatographie unter Wasserabspaltung *3-Oxo-5.11α.14.19-tetrahydroxy-Δ^1-5β.14β-ätiensäureäthylester* gibt. Dieser bildet ein *Diacetat* u. läßt sich über

Pd/Kohle hydrieren zu *3-Oxo-5.11α.14.19-tetrahydroxy-5β.14β-ätiansäureäthylester* (II), welcher bei der Al_2O_3-Chromatographie unter Wasserabspaltung in *3-Oxo-11α.14.19-trihydroxy-Δ⁴-14β-ätiensäureäthylester* übergeht u. bei der katalyt. Hydrierung über PtO_2 ein Gemisch aus *3β.5.11α.14.19-*, dessen krist. *Triacetat* in einem Nachtrag beschrieben wird, u. *3α.5.11α.14.19-Pentahydroxy-5β.14β-ätiansäureäthylester* liefert. In Modellverss. wird der vom Strophanthidol abgeleitete 3β.5.14.19-Tetrahydroxy-5β.14β-ätiansäureäthylester (III) mit N-Bromacetamid zu *3-Oxo-5.14.19-trihydroxy-5β.14β-ätiansäureäthylester* (IV) oxydiert, welcher bei der Al_2O_3-Chromatographie teilweise mit GIRARD-Reagens T vollständig zu *3-Oxo-14.19-dihydroxy-Δ⁴-14β-ätiensäureäthylester* dehydratisiert wird. Bei der Red. von **IV** mit $NaBH_4$ entsteht neben **III** *3α.5.14.19-Tetrahydroxy-5β.14β-ätiansäureäthylester*, bei der Hydrierung über Pt vorwiegend **III**.

Versuche (opt. Drehungen in Chlf.): *1β.3β.5.11α.14.19-Hexahydroxy-5β.14β-ätiansäure, Äthylester* (I), $C_{22}H_{36}O_8$, F. 221—222° (Aceton–Hexan), a) aus dem Äthylestertetraacetat mit sd. alkoh. Na_2CO_3 (4 Std.); 87,7% (Ausbeute); b) analog aus 4,311 g Äthylestertriacetat; Prismen; $[\alpha]_D^{20}$ $+10\pm1°$ (c = 0,535); 2,965 g. *1β.3β.11α.19-Tetraacetat*, F. 305—312° (Zers.), a) aus 91,3 g Ouabagenin mit Essigsäureanhydrid/Pyridin (3 Tage bei Zimmertemp.) u. Behandlung des rohen Acetylierungsprod. (116 g) mit $KMnO_4$ in Aceton (16 Std. bei Zimmertemp.); 24,267 g; b) aus 4 g Ouabagenin-1.3.11.19-tetraacetat mit $KMnO_4$ in Aceton (3 Std. bei Zimmertemp.); 2,101 g. *Äthylestertetraacetat*, $C_{30}H_{44}O_{12}$, F. 221—225,5°, aus A. Prismen; $[\alpha]_D^{21}$ $+3\pm1°$ (c = 0,860). *Äthylester-3β.11α.19-triacetat*, $C_{28}H_{42}O_{11}$, F. 131—133° (Aceton–Hexan), aus 1,320 g Ouabagenintriacetat durch $KMnO_4$-Oxydation u. Veresterung in A. mit äther. Diazoäthan; Nadeln; $[\alpha]_D^{23}$ $+23\pm1°$ (c = 0,500). — **I**-*1β.19-Acetonid*, $C_{25}H_{40}O_8$, F. 265—267° (Essigester), aus **I** u. Aceton in Ggw. von konz. HCl (1 Woche bei Zimmertemp.); $[\alpha]_D^{23}$ $+34\pm1°$ (c = 0,610); *3β-Monoacetat* (?), $C_{27}H_{42}O_9$, F. 245—246°, aus Aceton–Hexan Nadeln; $[\alpha]_D^{23}$ $+19\pm1°$ (c = 0,663). — *3-Oxo-1β.5.11α.14.19-pentahydroxy-5β.14β-ätiansäureäthylester*, $C_{22}H_{34}O_8$, F. 230—232° (Aceton–Hexan), aus 250 mg **I** mit N-Bromacetamid in wss. tert.-Butanol (über Nacht bei Zimmertemp.); Prismen; $[\alpha]_D^{20}$ $+28\pm1°$ (c = 0,665); 70 mg. *1β.19-Acetonid*, $C_{25}H_{38}O_8$, F. 237—239° (Aceton–Hexan), mit sd. Aceton in Ggw. von $CuSO_4$ (5 Std.) u. Al_2O_3-Chromatographie; Nadeln; $[\alpha]_D^{20}$ $+33\pm1°$ (c = 0,501). — *3-Oxo-5.11α.14.19-tetrahydroxy-Δ¹-5β.14β-ätiensäureäthylester*, $C_{22}H_{32}O_7$, F. 205 bis 207° (Aceton–Hexan), aus 3,95 g **I** analog vorst. Verb. u. anschließende Al_2O_3-Chromatographie; $[\alpha]_D^{21}$ $+55\pm1°$ (c = 0,655); λ_{max} 236 mμ (ε = 10000 in A.); 1,004 g, daneben 17 mg *Verb. vom F. 243—245°* u. 106 mg *Verb. vom Doppel-F. 151—153/175 bis 177°*. *11α.19-Diacetat*, $C_{26}H_{36}O_9$, F. 177—178°, aus CH_3OH-W. Spieße; $[\alpha]_D^{24}$ $+57\pm1°$ (c = 0,81); λ_{max} 232 mμ (ε = 9400 in A.). — *3-Oxo-5.11α.14.19-tetrahydroxy-5β.14β-ätiansäureäthylester* (II), $C_{22}H_{34}O_7$, F. 213—215° (Aceton–Hexan), aus 4,668 g vorst. Verb. durch Hydrierung über Pd/Kohle in A.; $[\alpha]_D^{21}$ $+28\pm1°$ (c = 0,743); 4,503 g. — *3-Oxo-11α.14.19-trihydroxy-Δ⁴-14β-ätiensäureäthylester*, $C_{22}H_{32}O_6$, F. 163—164° (Aceton–Hexan) aus 200 mg vorvorst. Verb. analog **II** u. Al_2O_3-Chromatographie des Rohprod.; Prismen; $[\alpha]_D^{21}$ $+102\pm1°$ (c = 0,601); λ_{max} 243 mμ (ε = 14000 in A.); 51 mg. *11α.19-Diacetat*, $C_{26}H_{36}O_8$, F. 167—168°, aus Aceton–Hexan Nadeln; $[\alpha]_D^{26}$ $+135\pm1°$ (c = 0,711); λ_{max} 237 mμ (ε = 20000 in A.). — *3-Oxo-14.19-dihydroxy-Δ⁴-14β-ätiensäureäthylester*, $C_{22}H_{32}O_5$, F. 187—189° (Aceton–Hexan), aus 220 mg **III** mit N-Bromacetamid in wss. tert.-Butanol (16 Std. bei Zimmertemp.) u. Al_2O_3-Chromatographie; Plättchen; $[\alpha]_D^{21}$ $+104\pm1°$ (c = 0,819); λ_{max} 242 mμ (ε = 15200 in A.); 40 mg, aus den Rückständen nach Kochen in A. mit GIRARD-Reagens T u. Eisessig weitere 100 mg. *19-Monoacetat*, $C_{24}H_{34}O_6$, F. 149—150°, Nadeln; $[\alpha]_D^{21}$ $+152\pm2°$ (c = 0,362); λ_{max} 238 mμ (ε = 16600 in A.). — *3-Oxo-5.14.19-trihydroxy-5β.14β-ätiansäureäthylester* (IV), $C_{22}H_{34}O_6$, F. 158 bis 160° (Aceton–Hexan), aus 781 mg **III** mit N-Bromacetamid in wss. tert.-Butanol (über Nacht bei Zimmertemp.); Stäbchen; $[\alpha]_D^{22}$ $+45\pm1°$ (c = 0,580); 516 mg. — *3α.5.14.19-Tetrahydroxy-5β.14β-ätiansäureäthylester*, $C_{22}H_{36}O_6$, F. 207—209° (Aceton–Hexan), aus **IV**, a) mit $NaBH_4$ in A. (5 Std. bei Zimmertemp.) u. Al_2O_3-Chromatographie; b) durch Hydrierung über PtO_2 in A. bei n. Temp. u. Druck u. Al_2O_3-Chromatographie; Nadeln; $[\alpha]_D^{22}$ $+59\pm4°$ (c = 0,16); bei beiden Verff. entstehen daneben wechselnde Mengen **III**. — *3β.5.11α.14.19-Pentahydroxy-5β.14β-ätiansäureäthylester*, $C_{22}H_{36}O_7$, F. 195—196° (Aceton–Hexan), aus 3,805 g **II** durch Hydrierung über PtO_2 in A. bei n. Temp. u. Druck u. Al_2O_3-Chromatographie; Nadeln; $[\alpha]_D^{26}$ $+39\pm1°$ (c = 0,706); 3,076 g, daneben 25,4 mg nachst. Verbindung. *3β.11α.19-Triacetat*, $C_{28}H_{42}O_{10}$, F. 182 bis 183°, aus Aceton–Hexan Stäbchen; $[\alpha]_D^{19}$ $+29\pm1°$ (c = 0,867). — *3α.5.11α.14.19-Pentahydroxy-5β.14β-ätiansäureäthylester*, $C_{22}H_{36}O_7$, F. 222—224°, aus Aceton–Hexan Nadeln; $[\alpha]_D^{24}$ $+30\pm1°$ (c = 0,66). *3α.11α.19-Triacetat*, $C_{28}H_{42}O_{10}$, F. 191—192°, aus Aceton–Hexan Nadeln; $[\alpha]_D^{21}$ $+21\pm1°$ (c = 0,482). (Liebigs Ann. Chem. **608**. 54—70. 2/9.; **610**. 223. 6/12. 1957.) WALTER SIMON. 3750

Eugene P. Oliveto, Herbert Q. Smith, Corinne Gerold, Richard Rausser und **E. B. Hershberg,** *11-Oxydierte Steroide.* 14. Mitt. *Neue Synthesen von Corticosteron.* (13. vgl. C. **1956.** 12284.) Es werden 2 Synthesen von *Corticosteron* (I) beschrieben. Der erste Weg geht aus von 3α-Hydroxy-21-benzylidenpregnan-11.20-dion (II), das mit O_3 *3.11-Diketoätiansäure* gibt. Hieraus wird über das *3-Ketal* durch Red. mit $NaBH_4$ *3-Keto-11β-hydroxyätiansäure* erhalten, die sich ohne Schutz der 11β-OH-Gruppe nach ARNDT-EISTERT über das Diazoketon in *11β.21-Dihydroxypregnan-3.20-dion-21-acetat* (III) überführen läßt. Aus III wird auf bekanntem Weg (vgl. v. EUW u. Mitarbeiter, Helv. chim. Acta **27.** [1944.] 1287) I erhalten. Eine andere Synth. führt von 3α.21-Dihydroxypregnan-11.20-dion durch selektive Oxydation an $C_{(3)}$ zu *21-Hydroxypregnan-3.11.20-trion,* das nach intermediärem Schutz der 3- u. der 20-Ketogruppe als Ketal red. u. zu III acetyliert wird.

Versuche (opt. Drehungen im 1 dm-Rohr, Konz. ca. 1%; FF. korr.): *3α-Hydroxy-11-ketoätiansäure,* F. 268—276° (Zers.; verd. Aceton), aus II mit $KMnO_4$ in 85%ig. wss. Aceton (15 Std. bei Zimmertemp.); 62,8% (Ausbeute); gibt mit N-Bromsuccinimid in tert.-Butanol u. CH_2Cl_2 90% nachst. Verbindung. *3-Acetat,* $C_{22}H_{32}O_5$, F. 221—223° (verd. Methanol), aus 2,2 g 3-O-Acetyl-II in Essigester mit O_3 bei —70°, dann mit Zn-Staub u. Essigsäure (12 Std.); 1,24 g. — *3.11-Diketoätiansäure,* $C_{20}H_{28}O_4$, F. 254—259° (Zers.; Aceton-Hexan), aus 1 g II mit O_3 analog vorst. Acetat; $[\alpha]_D$ + 89,2° (Chlf.); 0,56 g. *3-Äthylenketal,* $C_{22}H_{32}O_5$, F. 238—241° (Ae.–Hexan), aus 1 g Keton in Äthylenglykol u. CH_2Cl_2 mit SeO_2 (12 Std. bei 25°); $[\alpha]_D$ +70,2° (Chlf.); 0,91 g. — *3-Keto-11β-hydroxyätiansäure,* $C_{20}H_{30}O_4$, F. 258—261° (wss. Aceton), aus 0,6 g vorst. Ketal mit NaOH u. $NaBH_4$ in W. (12 std. Kochen), Ausfällen mit Essigsäure u. W. u. Kochen des Nd. mit verd. Essigsäure; $[\alpha]_D$ +80,8° (A.); 0,44 g. — *11β.21-Dihydroxypregnan-3.20-dion-21-acetat* (III; *4.5-Dihydrocorticosteronacetat*), $C_{23}H_{34}O_5$, F. 156,5—158°, a) aus vorst. Säure durch Rk. des Na-Salzes in Bzl. bei —10° mit Oxalylchlorid in Bzl., dann 30 Min. bei Raumtemp., Rk. des Prod. in CH_2Cl_2 bei —10° mit überschüssigem Diazomethan (2 Std.) u. 10 Min. langes Kochen des rohen Diazoketons in Essigsäure; $[\alpha]_D$ +127° (Aceton); 32%; b) durch Red. zweitnachst. Diketals in Ae. mit $LiAlH_4$ (16 Std.), Verseifung in Chlf.–Methanol mit HCl (24 Std. bei 25°) u. Reacetylierung; 33%. — *3α.21-Dihydroxypregnan-11.20-dion,* $C_{21}H_{32}O_4$, F. 225,5—228,5° (A.), durch 3 std. Kochen des Diacetates (F. 131—132°) in wss. Methanol mit $KHCO_3$; $[\alpha]_D$ + 110° (Dioxan); 66%. — *21-Hydroxypregnan-3.11.20-trion,* $C_{21}H_{30}O_4$, F. 142,5—143,5° (Essigester–Hexan) aus vorst. Verb. in wss. Aceton mit N-Bromacetamid in Ggw. von HCl (5 Std. bei 5°); $[\alpha]_D$ +112° (Dioxan); 98,5%. *3.20-Bis-äthylenketal,* $C_{25}H_{38}O_6$, F. 160—161° (Essigester–Hexan), durch 4 std. Kochen des Ketons in Bzl. mit Äthylenglykol u. p-Toluolsulfonsäure; $[\alpha]_D$ +59° (Dioxan); 57,4%. (J. Amer. chem. Soc. **78.** 1414—16. 5/4. 1956. Bloomfield, N. J., Schering Corp., Chem. Res. and Developm. Div.) H. SCHEURLEN. 3750

Eugene P. Oliveto, Richard Rausser, Lois Weber, Elliot Shapiro, David Gould und **E. B. Hershberg,** *11-Oxydierte Steroide.* 16. Mitt. *Darstellung von Hydrocortison aus Cortisonacetat.* (14. vgl. vorst. Ref.) Cortisonacetat (I) läßt sich durch Red. seines *3.20-Bis-semicarbazons* mit $NaBH_4$ oder KBH_4 u. Abspaltung des Semicarbazidrestes mit HNO_2 in *Hydrocortison* (II) überführen. II-*3.20-Dioxim* kann in geringerer Ausbeute zu II gespalten werden. I-*Bis-hydrazon* läßt sich mit NH_2OH in sd. wss. CH_3OH in I-*Dioxim* überführen.

Versuche (FF. korr.): *Cortisonacetat* (I), *3.20-Bis-hydrazon,* $C_{23}H_{34}N_4O_4$, F. >300°. *3.20-Dioxim,* $C_{23}H_{32}N_2O_6$, F. 159—169° (Zers.), a) aus 2 g I mit $NH_2OH \cdot HCl$ u. Na-Acetat in sd. wss. CH_3OH; 1,92 g (Ausbeute); b) analog aus 2 g Hydrazon; 1,95 g; c) aus I-3-Monosemicarbazon mit $NH_2OH \cdot HCl$ u. Na-Acetat in Essigsäure–Methanol (15 std. Kochen); $[\alpha]_D$ +203° (Essigsäure), λ_{max} 240 mμ (ε = 21250 in A.); 72%. *3.20-Bis-semicarbazon,* $C_{25}H_{36}N_6O_6$, F. >300°, a) aus 2 g Cortison-3.20-bis-semicarbazon mit Pyridin/Essigsäureanhydrid (18 Std. bei 20°); 1,7 g; b) aus 50 g I mit Semicarbazid·HCl, Pyridin, W. u. Methanol (15 std. Kochen); 64 g; c) durch 16 std. Kochen von I mit Semicarbazid·HCl in wss. Methanol; 65%; d) aus I-3-Monosemicarbazon wie unter c), aber in Ggw. von Pyridin; 95%; e) aus I-3-Monosemicarbazon mit Semicarbazid·HCl in sd. Pyridin (15 Std.); $[\alpha]_D$ +181,4° (Essigsäure), λ_{max} 270 mμ (ε = 32700 in A.); 74%. — *Hydrocortison* (II), F. 216—221° (Aceton), aus 50 g Bis-semicarbazon in 2,4 n HCl mit 10%ig. wss. $NaNO_3$ (30 Min. bei 5°); $[\alpha]_D$ +151,1° (Dioxan), λ_{max} 242 mμ (ε = 16050 in A.). *3.20-Bis-semicarbazon,* F. >290°, aus 65,6 g I-Bis-semicarbazon mit KBH_4 in Tetrahydrofuran u. W. (30 Min. bei 20°, dann 7 Std. Kochen); 60 g. (J. Amer. chem. Soc. **78.** 1736—38. 20/4. 1956.) H. SCHEURLEN. 3750

Hershel L. Herzog, Margaret Jevnik Gentles und **E. B. Hershberg,** *11-Oxydierte Steroide.* 17. Mitt. *$\Delta^{1.4}$-Pregnadien-21-al-17α-ol-3.11.20-trionhydrat.* (16. vgl. vorst. Ref.) $\Delta^{1.4}$-Pregnadien-17α.21-diol-3.11.20-trion (I; Meticorten, Prednison, Metacortandracin) reagiert mit Pyridin u. p-Toluolsulfonylchlorid zu *$\Delta^{1.4}$-Pregnadien-17α-ol-3.11.20-trion-21-pyridiniumchlorid*, das mit p-Nitrosodimethylanilin das *21-[p-Dimethylaminophenyl]-nitron* (**II**) ergibt, aus dem nach Verseifung *$\Delta^{1.4}$-Pregnadien-21-al-17α-ol-3.11.20-triondihydrat* (**III**) erhalten wird. **II** u. **III** sind im Eosinophilentest mindestens so wirksam wie Cortison.

Versuche (FF. korr.): *$\Delta^{1.4}$-Pregnadien-17α-ol-3.11.20-trion-21-pyridiniumchlorid*, $C_{26}H_{30}ClNO_4 \cdot 1/2\, CH_3OH$, F. 304—305° (Zers.; CH_3OH–Ae.), aus 6 g **I** nach LEANZA u. Mitarbeitern, C. **1956.** 2480; $[\alpha]_D^{25}$ +254° (CH_3OH); λ_{max} 241 mμ (ε = 18600 in CH_3OH); 5,45 g (Ausbeute). — *$\Delta^{1.4}$-Pregnadien-17α-ol-3.11.20-trion-21-[p-dimethylaminophenyl]-nitron* (**II**), $C_{29}H_{34}N_2O_5$, F. 182—183° (Zers.), aus 4,52 g vorst. Verb. nach LEANZA (l. c.); dunkelrote Blättchen aus verd. Methanol; 3,78 g. — *$\Delta^{1.4}$-Pregnadien-21-al-17α-ol-3.11.20-triondihydrat* (**III**), $C_{21}H_{24}O_5 \cdot 2\,H_2O$, F. 220—230° (Zers.), aus 2,88 g **II** nach LEANZA (l. c.); gelbe Nadeln; $[\alpha]_D^{25}$ +166° (CH_3OH), λ_{max} 238 mμ (ε = 15800 in A.); 0,8 g. (J. org. Chemistry **21.** 688—89. Juni 1956.)

H. SCHEURLEN. 3750

Hershel L. Herzog, Carver C. Joyner, Margaret Jevnik Gentles, Maryann Tully Hughes, Eugene P. Oliveto, E. B. Hershberg und **D. H. R. Barton,** *11-Oxydierte Steroide.* 18. Mitt. *Wagner-Meerwein-Umlagerung einiger 17α-Hydroxysteroide.* (17. vgl. vorst. Ref.) Unter Wanderung der angulären $C_{(13)}$-Methylgruppe u. unter Eliminierung der 17α-Hydroxylgruppe werden Pregnan-3α.11β.17α.20β-tetrol (**I**), 3.20-Diacetat (**Ia**) bzw. Δ^5-Pregnen-3β.17α.20β-triol-3.20-diacetat bei Einw. von Acetanhydrid/Essigsäure/p-Toluolsulfonsäure bei Zimmertemp. nach WAGNER-MEERWEIN zu *18-Nor-17β-methyl-17-iso-Δ^{12}-pregnen-3α.11β.20β-triol-3.11.20-triacetat* (**II**), daneben **I**-*Tetraacetat* (**Ib**) bzw. *18-Nor-17β-methyl-17-iso-$\Delta^{5.12}$-pregnadien-3β.20β-diol-3.20-diacetat* (**III**) umgelagert. **Ib** liefert mit $LiAlH_4$ **I**, das zu **Ia** acetyliert wird. **II** gibt mit 10%ig. alkoh. KOH ein *Triol* (**IIa**), mit $NaHCO_3$ das *11.20-Diacetat.* **IIa** liefert bei der Hydrierung unter Verlust einer OH-Gruppe *18-Nor-17β-methyl-17-iso-13ξ-pregnan-3α.20β-diol*, das bei der Oxydation das entsprechende *3.20-Diketon* bzw. bei der Acetylierung ein *Diacetat* gibt. Die Lage der Doppelbindung in **II** u. **IIa** wird durch das magnet. Kernresonanzspektr. bestätigt. Das als Modellsubstanz gewählte Pregnan-3α.17α.20β-triol-11-on-3.20-diacetat wird unter analogen Bedingungen nicht umgelagert, sondern nur in das *Triacetat* übergeführt. Der Mechanismus der Umlagerung wird diskutiert.

Versuche (FF. korr.): *Pregnan-3α.11β.17α.20β-tetrol* (**I**), F. 278—282° (CH_2Cl_2–Hexan), a) aus **Ia** mit sd. methanol. KOH; b) aus 85 mg **Ib** mit $LiAlH_4$ in sd. Tetrahydrofuran; 40 mg (Ausbeute). *3.20-Diacetat* (**Ia**), $C_{25}H_{40}O_6$, F. 184—185° (Ae.–Hexan), aus 2,0 g **I** mit Acetanhydrid in Pyridin (über Nacht bei Zimmertemp.); $[\alpha]_D^{25}$ +70° (Chlf.); 2,07 g (Ausbeute). *3.11.17.20-Tetraacetat* (**Ib**), $C_{29}H_{44}O_8$, F. 177—179° (Hexan), Nebenprod. bei der Darst. von **II**; $[\alpha]_D^{25}$ +56° (Chlf.). — *18-Nor-17β-methyl-17-iso-Δ^{12}-pregnen-3α.11β.20β-triol* (**IIa**), $C_{21}H_{34}O_3 \cdot H_2O$, F. 158—160°, aus 5 g **II** mit sd. methanol. KOH; Nadeln; $[\alpha]_D^{25}$ +14° (Dioxan); 3,48 g. *3.11.20-Triacetat* (**II**), $C_{27}H_{40}O_6$, F. 124—125°, a) aus **IIa** durch Acetylierung; b) aus **Ia** mit Acetanhydrid, Eisessig u. p-Toluolsulfonsäure (über Nacht bei 25°), Adsorption des Prod. an Florisil u. Elution mit 1—5%ig. Ae.–Hexan; Nadeln aus wss. Methanol, $[\alpha]_D^{25}$ +83 (Chlf.); ca. 60%, daneben nach Extraktion mit 10—20%ig. Ae.–Hexan u. Ae. ca. 10% **Ib**. *11.20-Diacetat*, $C_{25}H_{38}O_5 \cdot H_2O$, F. 85—88°, aus 460 mg **II** mit $NaHCO_3$ in sd. wss. Methanol (2 Std.); Nadeln aus wss. Methanol, $[\alpha]_D^{25}$ +59° (Chlf.); 350 mg. — *18-Nor-17β-methyl-17-iso-13ξ-pregnan-3α.20β-diol*, $C_{21}H_{36}O_2$, F. 185—187°, aus 1,5 g **IIa** in Eisessig mit H_2 über PtO_2 u. Chromatographie an Florisil; $[\alpha]_D^{25}$ +1,3° (Dioxan); 800 mg. *Diacetat*, $C_{25}H_{40}O_4$, F. 78—80° (wss. Aceton), $[\alpha]_D^{25}$ +26° (Dioxan). — *18-Nor-17β-methyl-17-iso-13ξ-pregnan-3.20-dion*, $C_{21}H_{32}O_2$, F. 82—83° (wss. CH_3OH), aus 340 mg vorst. Verb. mit N-Bromacetamid in Aceton (3 Std. bei 0°); $[\alpha]_D^{25}$ —4,3° (Dioxan). — *Δ^5-Pregnen-3β.17α.20β-triol*, $C_{21}H_{34}O_3$, F. 220—223° (wss. CH_3OH), aus 10 g 17α-Hydroxypregnenolon-3-acetat mit $NaBH_4$ in wss. Methanol; $[\alpha]_D^{25}$ —108° (Chlf.); *3.20-Diacetat*, $C_{25}H_{38}O_5$, F. 155—157°, $[\alpha]_D^{25}$ —33° (Chlf.). — *18-Nor-17β-methyl-17-iso-$\Delta^{5.12}$-pregnadien-3β.20β-diol*, $C_{21}H_{32}O_2$, F. 139—140° (wss. CH_3OH), aus 0,40 g Diacetat mit sd. 10%ig. methanol. KOH (3 Std.); $[\alpha]_D^{25}$ —213° (Chlf.); 0,27 g. *3.20-Diacetat* (**III**), $C_{25}H_{36}O_4 \cdot C_3H_6O$, F. 131 bis 132° (wss. Aceton), a) aus dem Diol durch Acetylierung; b) analog **II** aus 840 mg vorst. Verb.; $[\alpha]_D^{25}$ —64° (Chlf.); 400 mg. — *Pregnan-3α.17α.20β-triol-11-on*, F. 219 bis 222°, aus 1 g Pregnan-3α.17α-diol-11.20-dion mit $NaBH_4$ in wss. tert.-Butanol (15 Min.; vgl. C. **1954.** 1256); 0,5 g. *3.20-Diacetat*, mit Acetanhydrid/Pyridin. *3.17.20-Triacetat*, $C_{27}H_{40}O_7$, F. 99—105° (Zers.), aus 150 mg Triol analog **II**; aus Ae.–Hexan rechtwinklige Prismen, $[\alpha]_D^{25}$ +50° (Dioxan); 80 mg; gibt mit sd. 10%ig. methanol. KOH (3 Std.) das Triol. — Die IR-Maxima aller Verbb. sind angegeben. (J. org. Chemistry **22.** 1413—17. Nov. 1957.)

G. SCHMIDT-KASTNER. 3750

S. G. Brooks, J. S. Hunt, A. G. Long und **B. Mooney,** *Untersuchungen über die Synthese von Cortison.* 19. Mitt. *Papierchromatographie einiger Steroid-11.12-diole und -ketole.* (18. vgl. J. chem. Soc. [London] **1956**. 4356; 20. vgl. C. **1959**. 9844.) Die R_F-Werte von 11- u./oder 12-Hydroxy- bzw. -Oxosapogeninen u. den entsprechend unsubstituierten Verbb. in 14 Verteilungssystemen wurden bestimmt. Aus ihnen wurden als Maß für die Polarität einzelner Substituenten die ΔR_M-Werte nach $R_M = \log (1/R_F - 1)$ u. $\Delta R_{M(Substituent)} = R_{M(substituiert)} - R_{M(unsubstituiert)}$ errechnet; für die Substituenten wurden bei der Verteilungspapierchromatographie im Syst. PAe.–CH_3OH–Toluol–W. (250:600:500:300, wss. Phase mobil) bzw. im gleichen Syst. unter Zusatz von 200 Teilen A. folgende ΔR_M-Werte gefunden: für Steroidsapogenine 3-Oxo 0,83 bzw. —; 3β-OH 1,09, —; 11-Oxo 0,62, 0,53; 11α-OH 1,29, 1,34; 11β-OH 0,95, 0,93; 12-Oxo 0,69, 0,91; 12α-OH 1,13, 1,13; 12β-OH 1,18, 1,30; 15β-OH 0,40, 0,56; im erstgenannten Syst. für die 5β-Reihe (Smilageninderivv.): 3-Oxo 0,69, 3β-OH 0,94, 3α-OH 1,09; 3α-OH in Diosgenin 1,19; für Cortison, Cortisol u. REICHSTEINs Verb. S u. ihre 21-Acetate: 11-Oxo 0,60, 11β-OH 0,94. Es werden ferner die auf Grund von Literaturangaben berechneten R_M-Werte von 11β-Hydroxy-, 17α-Hydroxy- u./oder 11-Oxocorticosteroiden angegeben. Zwischen den berechneten u. experimentell ermittelten ΔR_M-Werten von 11.12-disubstituierten Tigogeninderivv. ergaben sich Differenzen (δ), die Rückschlüsse auf intramol. Wechsel-Wrkgg. der einzelnen Substituenten ermöglichen: 12α-Hydroxy-11-oxo- 0,40 bzw. 0,20; 12β-Hydroxy-11-oxo- 0,81 bzw. 0,85; 11α.12α-Dihydroxy- 0,99 bzw. 0,69; 11β.12α-Dihydroxy- 0,53 bzw. —0,15; 11β.12β-Dihydroxy- 0,81 bzw. 0,58; 11α.12β-Dihydroxy- 1,00 bzw. 0,73. Ein Zusatz von H_3BO_3 zum Lösungsm. erleichtert die Trennung der 4 stereoisomeren 11.12-Dihydroxytigogenine. Eine Reihe von Verbb. wird nach bekannten Methoden dargestellt. Die R_F-Werte von folgenden Sapogeninen in 14 Systemen werden bestimmt: *Desoxysmilagenin, Sarsasapogenin, Episarsasapogenin, Smilagenin, Tigogenin, Diosgenin, Smilagenon, Tigogenon, 11-Oxotigogenon* (I), *3-Methylsarsasapogenin, Hecogenin, 11-Oxotigogenin* (II), *Rockogenin, Epirockogenin, Gitogenin* u. *Digitogenin,* sowie *11α-Hydroxy-* (III), *11β-Hydroxy-, 12α-Hydroxy-11-oxo-, 12β-Hydroxy-11-oxo-, 11α.12α-Dihydroxy-, 11β.12α-Dihydroxy-, 11β.12β-Dihydroxy-* u. *11α.12β-Dihydroxytigogenin.*

Versuche (FF. auf dem KOFLER-Block; $[\alpha]_D$ in Chlf.): *Tigogenon,* F. 204—208°, aus Tigogenin mit 0,33 mol. $Na_2Cr_2O_7$ in 4n H_2SO_4 in sd. Aceton (5 Min.); Nadeln aus Aceton; $[\alpha]_D^{29}$ —50° (c = 0,51), $[\alpha]_D^{29}$ —35° (c = 0,58; Pyridin), sublimiert bei 140 bis 170°/10^{-5} Torr; 80% (Ausbeute). *2.4-Dinitrophenylhydrazon,* $C_{33}H_{46}N_4O_6$, F. 260 bis 266°, gelbe Nadeln aus Essigester, $[\alpha]_D^{25}$ —44°. — *11-Oxotigogenon* (I), F. 245—248°, aus II oder 11β-Hydroxytigogenon analog vorst. Verb.; Nadeln aus Ae.–Hexan, $[\alpha]_D^{25}$ —16° (c = 1,2); 66 bzw. 78%. — *11α-Hydroxytigogenin* (III), F. 220—222°, aus II-Acetat (**IIa**) durch Red. mit Na in sd. n-Propanol (1½ Std.); Rhomben, $[\alpha]_D^{26}$ —78° (c = 0,91); 87%. 155 mg **III** geben mit 1,33 mol. $Na_2Cr_2O_7$ in 5n H_2SO_4 in Aceton nach Chromatographie an Al_2O_3 20 mg **I**, 30 mg **II** u. 30 mg Ausgangsverbindung. *3-Acetat,* $C_{29}H_{46}O_5$, F. 202—204°, nach Chromatographie an Al_2O_3 Nadeln, $[\alpha]_D^{25}$ —74° (c = 0,5). *Diacetat,* F. 173—175°, Nadeln aus Aceton–Hexan, $[\alpha]_D^{27}$ —80° (c = 0,64). *11α-Acetat,* $C_{29}H_{46}O_5$, F. 175—178°, aus dem Diacetat durch Verseifung mit $KHCO_3$ in sd. wss. Methanol (1,6 Std.); Nadeln aus Aceton, $[\alpha]_D^{18}$ —95° (c = 0,85); 53%. — *11-Oxotigogenin* (II), F. 224—227, durch Hydrolyse von **IIa**; Rhomben aus Aceton–Hexan, $[\alpha]_D^{22}$ —34° (c = 0,98). — *11β-Hydroxytigogenin,* F. 208—212°, a) aus **IIa** mit $LiAlH_4$ in sd. Ae. (20 Min.); 75%; b) aus **IIa** mit $KHCO_3$ u. $NaBH_4$ in sd. wss. A. (1½ Std.); Prismen aus Aceton, $[\alpha]_D^{18}$ —56° (c = 0,77); 92%; 0,5 g geben mit N-Bromacetamid in Aceton (16 Std. bei Zimmertemp.) nach Chromatographie an Al_2O_3 65 mg I u. 0,10 g II; 0,3 g geben mit 1,33n $K_2Cr_2O_3$ in 5n H_2SO_4 in Aceton nach Chromatographie an Al_2O_3 0,115 g I u. 0,125 g II. *3-Acetat,* $C_{29}H_{46}O_5$, F. 230—235°, Nadeln, $[\alpha]_D^{22}$ —63° (c = 0,83). *Diacetat,* $C_{31}H_{48}O_6$, F. 103—107°, mit Acetylchlorid in sd. Bzl.–Toluol–N.N-Dimethylanilin (20 Std. unter N_2); Rhomben aus Aceton, $[\alpha]_D^{20}$ —38° (c = 0,94); 93%. *11β-Acetat,* $C_{29}H_{46}O_5$, F. 214—215°, aus dem Diacetat durch Verseifung mit $KHCO_3$ in sd. wss. Methanol (1½ Std.); Nadeln aus Aceton, $[\alpha]_D^{24}$ —41° (c = 1,02); 69%. — *11β-Hydroxytigogenon,* $C_{27}H_{42}O_4$, F. 225—228°, aus vorst. Diol in sd. Toluol mit Cyclohexanon u. Al-Isopropylat (1 Std.); Prismen aus CH_3OH, $[\alpha]_D^{21}$ —46° (c = 0,91); 68%. *11β-Acetat,* $C_{29}H_{44}O_4$, F. 190—194°, aus vorst. 11β-Acetat mit N-Bromacetamid in Aceton (18 Std. bei Zimmertemp.); Nadeln aus Aceton, $[\alpha]_D^{19}$ —31° (c = 1,1); 72%. — *11α-Hydroxytigogenon,* $C_{27}H_{42}O_4$, F. 212—214°, aus III analog vorst. Acetat; Stäbchen, $[\alpha]_D^{19}$ —64° (c = 0,63); 80%. *Acetat,* $C_{29}H_{44}O_5$, F. 185—189°, Platten aus Aceton–Hexan, $[\alpha]_D^{19}$ —73° (c = 1,0). (J. chem. Soc. [London] **1957**. 1175—85. März. Greenford, Middlesex, Glaxo Labors.)

G. SCHMIDT-KASTNER. 3750

Taizo Matsukawa und **Shojiro Yurugi**, *Untersuchungen über Vitamin B_1 und verwandte Verbindungen.* 64. Mitt. *Über eine neue Verbindung von Thiamin mit Cystein.* (63. vgl. J. pharmac. Soc. Japan [Yakugakuzasshi] **74.** [1954.] 1189.) Die papierchromatograph. Unters. (Butanol/Essigsäure/W. 40:10:50 u. Butanol/A./Essigsäure/W. 40:10:10:100) ergab gleichartige Flecken für folgende Rkk.: 1. 34 mg *Thiaminhydrochlorid* (I) mit 24 mg *Cystin* (p_H 7,5), 2. 28 mg *Bis-[2-{N-formyl-N-[2-methyl-4-aminopyrimidyl-(5)-methyl]-amino}-5-hydroxypenten-(2)-yl-(3)]-disulfid* (II) mit 8,8 g *Cysteinhydrochlorid* (p_H 7,5), 3. I mit oxydiertem *Glutathion* (III; aus 30 mg red. III, 0,3 cm^3 Eisessig u. 11 mg 30%ig. H_2O_2), 4. II mit red. III. (J. pharmac. Soc. Japan [Yakugakuzasshi] **74.** 1373—76. 25/12. 1954. Takeda Yakuhin Kōgyō Kabustiki-Kaisha, Kenkyusho. [Orig.: japan.; Auszug: engl.]) F. MOSSNER. 3800

Hiroshi Hirano, *Untersuchungen über Vitamin B_1 und verwandte Verbindungen.* 65. Mitt. *Untersuchungen über die Struktur von N-substituierten Dithiourethanderivaten.* 3. Mitt. (64. vgl. vorst. Ref.) Durch IR-Spektrophotometrie in *Nujol*-Suspension konnte nachgewiesen werden, daß die für die CO-Gruppe charakterist. Bande bei 5,85 μ wohl bei aus sek. Amin u. α-Halogenketon hergestelltem *N.N-Diäthyldithiocarbaminsäurephenacylester, N-[2-Methyl-4-aminopyrimidyl-(5)-methyl]-N-methylthiocarbamylmercaptoaceton* u. *3-[N-(2-Methyl-4-aminopyrimidyl-(5)-methyl)-N-methylthiocarbamylmercapto]-2-oxo-5-hydroxypentan* u. ebenfalls bei aus prim. Amin u. β-Halogenketon hergestelltem *N-[2-Methyl-4-aminopyrimidyl-(5)-methyl]-dithiocarbaminsäure-[β-propionyläthylester]* in Erscheinung tritt, nicht aber bei *3.4-Dimethyl-4-hydroxythiazolidinthion-(2), 3-[2-Methyl-4-aminopyrimidyl-(5)-methyl]-4-methyl-4-hydroxy-5-[β-hydroxyäthyl]-thiazolidinthion-(2), 3-[2-Methyl-4-aminopyrimidyl-(5)-methyl]-4-hydroxy-4.5-dimethyl-5-[β-acetoxyäthyl]-thiazolidinthion-(2)* u. *3-[2-Methyl-4-aminopyrimidyl-(5)-methyl]-4-hydroxy-4-phenyl-5.5-dimethylthiazolidinthion-(2).* (J. pharmac. Soc. Japan [Yakugakuzasshi] **75.** 244—48. 25/3. 1955. [Orig.: japan.; Auszug: engl.]) F. MOSSNER. 3800

Hiroshi Hirano, *Untersuchungen über Vitamin B_1 und verwandte Verbindungen.* 66. Mitt. *Untersuchungen über die Struktur von N-substituierten Dithiourethanderivaten.* 4. Mitt. (65. bzw. 3. vgl. vorst. Ref.) Aus Aminen, α- oder β-Halogenketonen u. CS_2 lassen sich in Ggw. von NH_4OH Verbb. herstellen, die früher als *Dithiourethane* aufgefaßt wurden, bei denen es sich jedoch auf Grund ihres Verh. bei der IR-Spektrophotometrie um *Thiazolidinthione* handelt.

V e r s u c h e : *N.N-Diäthyldithiocarbaminsäurephenacylester*, $C_{13}H_{17}NOS_2$, F. 104°; aus 1,5 g *Diäthylamin·HCl* in 7 cm^3 verd. A., 0,5 g NaOH in 3 cm^3 W. u. 0,5 g CS_2; zu der durch Erhitzen erhaltenen Reaktionslsg. wird 1 g Phenacylchlorid in 7 cm^3 A. zugesetzt; nach abermaligem Erhitzen Umkristallisieren aus A.; 1,5 g (Ausbeute). — *2-Methyl-4-amino-5-methylaminomethylpyrimidin, Dihydrochlorid* (II), $C_7H_{12}N_4 \cdot 2\,HCl$, F. 270° (Zers.) aus 24 g NaOH in 50 cm^3 W., 350 cm^3 A., 42 g Methylamin·HCl in 40 cm^3 50%ig. Alkohol. In der entstandenen Methylaminlsg. werden 30 g 2-Methyl-4-amino-5-brommethylpyrimidin·HBr verrührt. 3 Portionen davon (10 g) werden zunächst bei gewöhnlicher Temp. der Rk. überlassen, dann weitere 30 Min. auf 30—70° erhitzt, nach Abkühlen alkalisiert u. mit Isobutanol extrahiert, als Hydrochlorid ausgefällt u. aus A. umkrist.; 16 g. — *N-[2-Methyl-4-aminopyrimidyl-(5)-methyl]-N-methylthiocarbamylmercaptoaceton*, $C_{11}H_{16}N_4OS_2$, F. 224—225° (Zers.), aus 0,3 g II in 3 cm^3 W., 0,2 cm^3 30%ig. NH_4OH, 0,2 g Bromaceton in 5 cm^3 A. u. 0,3 g CS_2. — *N-[2-Methyl-4-aminopyrimidyl-(5)-methyl]-N-methyldithiocarbaminsäure-5-hydroxy-2-oxopentyl-(3)-ester*, $C_{13}H_{20}N_4O_2S_2$, F. 137—138°, durch Rk. von 3 g II in 5 cm^3 W. mit 1,6 cm^3 30%ig. NH_4OH u. 1,2 g CS_2 zu Ammonium-N-methyl-N-[2-methyl-4-aminopyrimidyl-(5)-methyl]-dithiocarbamat, Zugabe von 1,8 g γ-Acetyl-γ-chlorpropylalkohol u. Umkristallisieren aus A.; 3,3 g. — *N-[2-Methyl-4-aminopyrimidyl-(5)-methyl]-dithiocarbaminsäure-[β-propionyläthylester]*, $C_{12}H_{18}N_4OS_2$, Zers. bei 225°, aus 3 g 2-Methyl-4-amino-5-aminomethylpyrimidindihydrochlorid (V) in 5 cm^3 W., 1,2 g NaOH, 10 cm^3 A., 2 cm^3 30%ig. NH_4OH 2 g CS_2 u. 2 g β-Chlordiäthylketon. — *3-Methyl-4-hydroxy-4-phenylthiazolidinthion-(2)*, $C_{10}H_{11}NOS_2$, F. 131°, aus 0,5 g NaOH in 3 cm^3 W., 7 cm^3 A., 0,9 g Methylamin·HCl, 0,5 g CS_2 u. 1 g Phenacylchlorid; 1,6 g. — *3-[2-Methyl-4-aminopyrimidyl-(5)-methyl]-4-hydroxy-4-phenyl-5.5-dimethylthiazolidinthion-(2)*, $C_{17}H_{20}N_4OS_2$, Zers. bei 237°, aus 10 g V in verd. A., 5 g CS_2, 5 cm^3 30%ig. NH_4OH u. 10,7 g Phenyl-α-bromisopropylketon. — *α-Acetyl-α-methylbutyrolacton* (III), $C_7H_{10}O_3$, $Kp._6$ 99—99,5°, aus 64 g α-Acetylbutyrolacton, 150 cm^3 reinem A., 11,5 g Na u. 72 g CH_3J; mit Ae. extrahieren u. mit $Na_2S_2O_3$ waschen, Sammeln der Fraktionen vom $Kp._6$ 95—101°; 39,7 g. — *Essigsäure-3-acetylbutylester* (IV), $C_8H_{14}O_3$, $Kp._5$ 79—81,5°, aus 30 g III ($Kp._6$ 95—101°) in 30 cm^3 Eisessig u. 10 cm^3 20%ig. H_2SO_4 auf dem Wasserbad, Einleiten von CO_2, Ae.-Auszug, Sammeln der Fraktionen vom $Kp._6$ 82—88°; 18 g. — *Essigsäure-3-acetyl-3-chlorbutylester* (I), $C_8H_{13}ClO_3$, $Kp._4$ 92—95°, aus

11,3 g IV u. 9,8 g SO_2Cl_2, Ae.-Auszug u. Sammeln der Fraktionen vom $Kp._4$ 90—100°; 8,8 g. — *3-[2-Methyl-4-aminopyrimidyl-(5)-methyl]-4-hydroxy-4.5-dimethyl-5-[β-acetoxyäthyl]-thiazolidinthion-(2)*, $C_{15}H_{22}N_4O_3S_2$, Zers. bei 226°, aus 2 g N-[2-Methyl-4-aminopyrimidyl-(5)-methyl]-dithiocarbaminsäure in 20—25 cm³ 30%ig. NH_4OH, 15 cm³ Methanol u. 1,8 g I. Nach 1std. Erhitzen auf 60° (Wasserbad) wird als Nebenprod. entstandenes 2-Thiono-7-methyl-1.2.3.4-tetrahydropyrimido-[4.5:d]-pyrimidin abfiltriert, das Filtrat eingedampft u. aus A. umkrist.; Schuppen. — *3-[2-Methyl-4-aminopyrimidyl-(5)-methyl]-thiazolidinthion-(2)*, $C_9H_{12}N_4S_2$, F. 186—187°, aus 1 g **V** u. 0,4 g NaOH in 5 cm³ W., 10 cm³ A., 0,5 cm³ 30%ig. NH_4OH, 0,9 g Äthylendibromid u. 0,5 g CS_2; 0,9 g. (J. pharmac. Soc. Japan [Yakugakuzasshi] **75**. 249—52. 25/3. 1955. [Orig.: japan.; Auszug: engl.]) F. MOSSNER. 3800

Hiroshi Hirano, *Untersuchungen über Vitamin B_1 und verwandte Verbindungen. 67. Mitt. Untersuchungen über die Struktur von N-substituierten Dithiourethanderivaten. 5. Mitt.* (66. bzw. 4. vgl. vorst. Ref.) Werden Verbb. mit vermuteter Thiazolidinthionstruktur der Säurebehandlung unterworfen, so ähnelt der hierdurch erzielte Abbau der Spaltung von Dithiourethanverbb. durch Alkali, wobei die Trennung vermutlich zwischen der 3- u. 4-Stellung erfolgt.

V e r s u c h e: *3-[2-Methyl-4-aminopyrimidyl-(5)-methyl]-4.5-dimethyltetrahydrofurano-[2'.3':4.5]-thiazolidinthion-(2)*, $C_{13}H_{18}N_4OS_2$, F. 180°, durch 5 Min. langes Erhitzen (Wasserbad) von 3-[2-Methyl-4-aminopyrimidyl-(5)-methyl]-4-hydroxy-4.5-dimethyl-5-[β-acetoxyäthyl]-thiazolidinthion-(2) (I) in 5 cm³ 5%ig. HCl. — *3-[2-Methyl-4-aminopyrimidyl-(5)-methyl]-4.5-dimethyltetrahydrofurano-[2'.3':4.5]-thiazolidinon-(2)*, $C_{13}H_{18}N_4O_2S$, F. 166—168°, aus 1 g I in 15 cm³ 65%ig. A. u. 0,3 g NaOH in 1,5 cm³ 30%ig. H_2O_2. — *2.5''.5''-Trimethyl-4''-phenyl-2''-thionothiazolidino-[3''.4'':1'.2']-tetrahydropyrimidino-[4'.5':4.5]-pyrimidin*, $C_{17}H_{18}N_4S_2$, F. 265° (Zers.), aus 0,4 g 3-[2-Methyl-4-aminopyrimidyl-(5)-methyl]-4-hydroxy-4-phenyl-5.5-dimethylthiazolidinthion-(2) in 10 cm³ alkoh. HCl, Neutralisieren mit K_2CO_3-Lsg., Umkristallisieren aus Alkohol. — *3.4-Diphenyl-4-hydroxy-5.5-dimethylthiazolidinthion-(2)*, $C_{17}H_{17}NOS_2$, F. 175—177°, aus 2 g Anilin in 15 cm³ A., 5 g Phenyl-α-bromisopropylketon, 1,7 cm³ 30%ig. NH_4OH u. 1,7 g CS_2. — *N-[2-Methyl-4-aminopyrimidyl-(5)-methyl]-N-methyldithiocarbaminsäure-[2-methyl-4.5-dihydrofuryl-(3)]-ester* (II), $C_{13}H_{18}N_4OS_2$, F. 183°; aus 0,4 g N-[2-Methyl-4-aminopyrimidyl-(5)-methyl]-N-methyldithiocarbaminsäure-[1-acetyl-3-hydroxypropyl-(1)]-ester in 7 cm³ 5%ig. HCl, aus A. umkristallisieren. — *1.2'-Dimethylpyrimidino-[4'.5':4.5]-2-thionotetrahydropyrimidin*, $C_8H_{10}N_4S$, F. 279° (Zers.), aus 0,2 g II u. 1,5 cm³ 10%ig. NaOH, aus A. umkristallisieren. — *3-[2-Methyl-4-aminopyrimidyl-(5)-methyl]-rhodanin*, $C_9H_{10}N_4OS_2$, F. 187° (Zers.); aus 4,5 g 2-Methyl-4-amino-5-aminomethylpyrimidin·2 HCl u. 2,3 g KOH in 15 cm³ W., 30 cm³ A., 3 cm³ 30%ig. NH_4OH u. 2 g CS_2; zu dem entstandenen Ammoniumdithiocarbamat werden 2,3 g Monochloressigsäure zugesetzt; nach Filtration Zugabe von 20 cm³ 10%ig. HCl, ½std. Erhitzen auf dem Wasserbad, Neutralisieren mit K_2CO_3 u. aus A. umkristallisieren; Ausbeute 4,7 g. (J. pharmac. Soc. Japan. [Yakugakuzasshi] **75**. 252—57. 25/3. 1955. [Orig.: japan.; Auszug: engl.]) F. MOSSNER. 3800

Shojiro Yurugi, Hazime Kawasaki und **Shunsaku Noguchi,** *Untersuchungen über Vitamin B_1 und verwandte Verbindungen. 69. Mitt. Synthese von Allithiaminhomologen. 6. Mitt.* (68. vgl. C. **1959**. 13494.) Einw. von Alkanthiol, Alkylalkanthiosulfinat oder Na-Alkylthiosulfat auf Thiamindisulfid (**II**) führt zu Thiaminalkyldisulfid. Die anfallenden Prodd. wurden papierchromatograph. untersucht, traten aber erst dann in größerer Menge auf, wenn das Ausgangsmaterial *Bis-[2-{N-formyl-N-[2-methyl-4-aminopyrimidyl-(5)-methyl]-amino}-5-hydroxypenten-(2)-yl-(3)]-disulfid* (**II**) vorher mit H_2O_2 oxydiert wurde.

V e r s u c h e: *S-{2-[N-(2-Methyl-4-aminopyrimidyl-(5)-methyl)-formamido]-5-hydroxypenten-(2)-yl-(3)}-propyldisulfid* (I), F. 237—238° (Zers.), a) durch Lösen einer Suspension von 1 g *Bis-[2-{N-formyl-N-[2-methyl-4-aminopyrimidyl-(5)-methyl]-amino}-5-hydroxypenten-(2)-yl-(3)]-disulfid* (**II**), in 5 cm³ W. durch Zutropfen von 10%ig. HCl, Einstellen auf p_H 6—6,5, Zugabe von 150 mg n-Propylmercaptan u. 1wöchiges Stehen bei Zimmertemp.; aus W. hellbraune Nadeln; 200 mg; b) 30 mg Thiaminhydrochlorid in W.–A.-Gemisch (1:2 cm³) werden nach Zusatz von 15 mg Dipropyldisulfid bei p_H 8 bei Zimmertemp. stehengelassen; c) aus 100 mg einer Suspension von **II** in 3 cm³ Phosphatpufferlsg. bei p_H 7,5 u. 27 mg Propylpropanthiosulfinat bei Zimmertemp.; d) aus 200 mg *S-{2-[N-(2-Methyl-4-aminopyrimidyl-(5)-methyl)-formamido]-5-hydroxypenten-(2)-yl-(3)}-methyldisulfid* (**III**) wie vorher; e) aus 300 mg einer Suspension von **II** in 6 cm³ Phosphatpufferlsg. bei p_H 7,5—7,9 u. 390 mg Na-Propylthiosulfat; f) aus 400 mg **III** wie vorher. — *S-{2-[N-(2-Methyl-4-aminopyrimidyl-(5)-methyl)-formamido]-5-hydroxypenten-(2)-yl-(3)}-butyldisulfid*, F. 133—134° (Zers.), a) aus 500 mg **II** in 5 cm³ wss. 50%ig. Essigsäurelsg. u. 1,9—3,8 cm³ 30%ig. H_2O_2, 1 Woche bei Zimmertemp. stehenlassen, nach Abdestillieren der Essigsäure unter vermindertem Druck Rückstand in 10 cm^3 A. lösen, nach Zusatz von 140 mg Butanthiol u. 3 cm^3 W. bei p_H 8 2 Std. auf 50—60° erwärmen, aus Bzl. Umkristallisieren; 100—200 mg; b) aus 500 mg **III** wie vorher; 130 mg; c) aus 500 mg I wie vorher; 120 mg. (J. pharmac. Soc. Japan [Yakugakuzasshi] **75**. 498—501. 25/5. 1955. [Orig.: japan.; Auszug: engl.]) F. MOSSNER. 3800

Hiroshi Hirano, *Untersuchungen über Vitamin B_1 und verwandte Verbindungen.* 71. Mitt. *Die Dehydrierungsreaktion von N-substituierten 4-Hydroxythiazolidinthion-(2)-derivaten.* (70. vgl. J. pharmac. Soc. Japan [Yakugakuzasshi] **75**. [1955.] 677; 69. vgl. vorst. Ref.; vgl. auch C. **1959**. 13740.) Bei der Rk. von *2-Methyl-4-amino-5-aminomethylpyrimidin* mit CS_2 u. γ-Aceto-γ-chlorpropylalkohol entsteht keine Diurethan-, sondern eine 4-Hydroxythiazolidinthion-(2)-verbindung. Zum Strukturnachw. von Thiazolidinthionkörpern wurden einige Benzoylierungs-Rkk. durchgeführt.

Versuche: *3-[2-Methyl-4-aminopyrimidyl-(5)-methyl]-4-methyl-4-hydroxy-5-[β-benzoxyäthyl]-thiazolidinthion-(2)* (I), $C_{19}H_{22}N_4O_3S_2$, Blasenbldg. bei 175°, Zers. bei 226°, aus 5 g 3-[2-Methyl-4-aminopyrimidyl-(5)-methyl]-4-methyl-4-hydroxy-5-[β-hydroxyäthyl]-thiazolidinthion-(2) in 100 cm^3 10%ig. NaOH u. 22 g Benzoylchlorid bei 5 bis 10°, danach 1 Std. bei gewöhnlicher Temp. reagieren lassen. Es entsteht ein viscoses, in Essigester (II) lösl. Prod. u. ein in II unlösl. Pulver; dieses wird in K_2CO_3-Lsg. gelöst, in W. gewaschen u. aus verd. Methanol umkrist.; 0,9 g (Ausbeute). *Dibenzoat-HCl*, $C_{26}H_{27}ClN_4O_4S_2$, F. 205—207°. — *3-[2-Methyl-4-hydroxypyrimidyl-(5)-methyl]-4-methyl-4-hydroxy-5-[β-benzoxyäthyl]-thiazolidinthion-(2)*, $C_{19}H_{21}N_3O_4S_2$, F. 175—176° (Zers.), aus 3-[2-Methyl-4-hydroxypyrimidyl-(5)-methyl]-4-methyl-4-hydroxy-5-[β-hydroxyäthyl]-thiazolidinthion-(2) wie oben. *Dibenzoat*, $C_{26}H_{25}N_3O_5S_2$, F. 163—164°. — *2-Methyl-4-hydroxy-5-benzamidomethylpyrimidin*, $C_{13}H_{13}N_3O_2$, F. 242° (Zers.), aus 2-Methyl-4-hydroxy-5-aminomethylpyrimidinhydrochlorid, wie oben. (J. pharmac. Soc. Japan [Yakugakuzasshi] **75**. 1184—87. 25/10. 1955. [Orig.: japan.; Auszug: engl.]) F. MOSSNER. 3800

Shojiro Yurugi und **Tomiyoshi Fushimi,** *Untersuchungen über Vitamin B_1 und verwandte Verbindungen.* 79. Mitt. *Synthese von Allithiaminhomologen.* 7. Mitt. (78. vgl. J. pharmac. Soc. Japan [Yakugakuzasshi] **76**. [1956.] 1153; 71. vgl. vorst. Ref.; 6. vgl. vorvorst. Ref.) Als Allithiaminhomologe werden Disulfidderivv. aus Thiamin u. 2-Benzamidoäthanthiol, Äthoxycarbonylmethanthiol, 2-Alkoxyäthanthiolen, 2-Alkylmercaptoäthanthiolen bzw. 3-Alkylmercaptopropanthiolen sowie Alkyldisulfidderivv. aus Hydroxythiamin hergestellt.

Versuche: *S-{2-[N-(2-Methyl-4-aminopyrimidyl-(5)-methyl)-formamido]-5-hydroxypenten-(2)-yl-(3)}-β-benzamidoäthyldisulfid*, F. 132—133° (Zers.), aus dem Na-Salz von 2-{N-Formyl-N-[2-methyl-4-aminopyrimidyl-(5)-methyl]-amino}-3-mercaptopenten-(2)-ol-(5) [I; aus 3,3 g Thiaminhydrochlorid (II), 1,2 g NaOH u. 20 cm^3 W.], 30 cm^3 Essigester u. β-Benzamidoäthyl-Na-Thiosulfat (aus 3 g Na-Thiosulfat in 10 cm^3 W. u. 1,8 g β-Benzamidoäthylbromid in 10 cm^3 Alkohol). Hydrolyse mit 3%ig. HCl ergibt Bis-[β-benzamidoäthyl]-disulfid, $C_{18}H_{20}N_2O_2S_2$. — *S-{2-[N-(2-Methyl-4-aminopyrimidyl-(5)-methyl)-formamido]-5-hydroxypenten-(2)-yl-(3)}-carbäthoxymethyldisulfid*, ölige Substanz, a) aus rohem Carbäthoxymethylcarbäthoxymethylmercaptosulfoxyd (aus 3,6 g Dicarbäthoxymethyldisulfid in 18 cm^3 Eisessig mit 1,7 cm^3 30%ig. H_2O_2) in 300 cm^3 50%ig. A. u. 1,8 g II bei p_H 8 u. 60°; b) aus rohem Carbäthoxymethyl-Na-Thiosulfat (aus 1,6 g Äthylchloracetat u. 3 g Na-Thiosulfat) u. wss. I-Lsg.; 1,2 g (Ausbeute). — S-{2-[N-(2-Methyl-4-aminopyrimidyl-(5)-methyl)-formamido]-5-hydroxypenten-(2)-yl-(3)}-β-alkoxyäthyldisulfide: *-β-methoxyäthyldisulfid*, $C_{15}H_{24}N_4O_3S_2$, F. 121—122° (Zers.) aus rohem Methoxyäthyl-Na-Thiosulfat (7,4 g Na-Thiosulfat in 20 cm^3 W. u. 0,03 Mol 2-Methoxyäthylbromid in 20 cm^3 A.) u. I (aus 6,7 g II u. 2,4 g NaOH); aus Bzl. Prismen. — *-β-äthoxyäthyldisulfid*, $C_{16}H_{26}N_4O_3S_2$, F. 128—129° (Zers.), analog; aus Äthylacetat Prismen. — *-β-propoxyäthyldisulfid*, $C_{17}H_{28}N_4O_3S_2$, F. 122° (Zers.), analog; aus Bzl. Prismen. *-β-phenoxyäthyldisulfid*, $C_{20}H_{26}N_4O_3S_2$, F. 116—117° (Zers.), analog; aus Äthylacetat Prismen. — *S-{2-[N-(2-Äthyl-4-aminopyrimidyl-(5)-methyl)-formamido]-5-hydroxypenten-(2)-yl-(3)}-β-äthoxyäthyldisulfid*, $C_{17}H_{28}N_4O_3S_2$, F. 101—102° (Zers.), analog; aus Äthylacetat Prismen. — S-{2-[N-(Methyl-4-aminopyrimidyl-(5)-methyl)-formamido]-5-hydroxypenten-(2)-yl-(3)}-β-alkylmercaptoäthyldisulfide: *-β-methylmercaptoäthyldisulfid*, $C_{15}H_{24}N_4O_2S_3$, F. 120° (Zers.), wie vorher mit 0,03 Mol 2-Methylmercaptoäthylchlorid; aus Bzl. Prismen. — *-β-äthylmercaptoäthyldisulfid*, $C_{16}H_{26}N_4O_2S_3$, F. 117° (Zers.), analog; aus Bzl. Nadeln. — *-β-allylmercaptoäthyldisulfid*, $C_{17}H_{26}N_4O_2S_3$, F. 102° (Zers.), analog; aus Bzl. Prismen. — *-β-propylmercaptoäthyldisulfid*, $C_{17}H_{28}N_4O_2S_3$, F. 110° (Zers.), analog; aus Bzl. Prismen. — *3-Allylmercaptopropylalkohol*, $C_6H_{12}OS$, $Kp._{17}$ 105—108°, aus 0,5 g Hg-Acetat, 30 g Allylalkohol u. 20 g Propen-(2)-thiol; 5,5 g. — *3-Allylmercaptopropylchlorid*, $C_6H_{11}ClS$, $Kp._{18}$ 91—95°, aus vorst. Verb.

(5,5 g) u. 4,5 g Thionylchlorid; 3,8 g. — S-{2-[N-(Methyl-4-aminopyrimidyl-(5)-methyl)-formamido]-5-hydroxypenten-(2)-yl-(3)}-γ-alkylmercaptopropyldisulfide: *-γ-methylmercaptopropyldisulfid*, $C_{16}H_{26}$·$N_4O_2S_3$, F. 113° (Zers.), durch Verwendung von 0,03 Mol γ-Methylmercaptopropylchlorid; aus Bzl. Prismen. — *-γ-äthylmercaptopropyldisulfid*, $C_{17}H_{28}N_4O_2S_3$, F. 99° (Zers.), analog; aus Bzl. Prismen. — *-γ-allylmercaptopropyldisulfid*, $C_{18}H_{28}N_4O_2S_3$, F. 113—114° (Zers.), analog; aus Äthylacetat Nadeln. — *-γ-propylmercaptopropyldisulfid*, $C_{18}H_{30}N_4O_2S_3$, F. 113° (Zers.), analog; aus Äthylacetat Prismen. — S-{2-[N-(2-Methyl-4-hydroxypyrimidyl-(5)-methyl)-formamido]-5-hydroxypenten-(2)-yl-(3)}-alkyldisulfide: *-äthyldisulfid*, $C_{14}H_{21}N_3O_3S_2$, F. 102—103°, 4 g Diäthylsulfid in 26 cm³ Eisessig werden nach Zusatz von 4 g 30%ig. H_2O_2 über Nacht stehengelassen, danach Zugabe von 400 cm³ 50%ig. A., nach Neutralisation mit 10%ig. NaOH Zusatz von 5 g Hydroxythiaminhydrochlorid u. 2std. Erwärmen bei p_H 9 auf 50—60°; aus Bzl. + Ae. Prismen. — *-propyldisulfid*, $C_{15}H_{23}N_3O_3S_2$, F. 105°, analog; aus Bzl. + Ae. Prismen. — *-butyldisulfid*, $C_{16}H_{25}N_3O_3S_2$, F. 105—106°, analog; aus Bzl. + Ae. Prismen. (J. pharmac. Soc. Japan [Yakugakuzasshi] **77**. 15—18. 25/1. 1957. [Orig.: japan.; Auszug: engl.]) F. MOSSNER. 3800

Renee A. Corral und **Orfeo O. Orazi**, *Synthese von den Vitaminen K verwandten Verbindungen. 2. Mitt. Quaternäre Ammoniumverbindungen.* (1. vgl. C. **1955**. 11223.) Die aus *1.4-Diacetoxy-2-brommethylnaphthalin* (I) hergestellten quaternären Ammoniumverbb. haben gegen *Micrococcus pyogenes var. aureus* u. *Escherichia coli* nur schwache Wirkung.

Versuche: *[1.4-Diacetoxynaphthyl-(2)-methyl]-phenyldimethylammoniumbromid*, $C_{23}H_{24}BrNO_4$, F. 137,5—138,5°, aus I u. Dimethylanilin in Aceton bei 25°; aus absol. A. Kristalle; 74% (Ausbeute). — *[1.4-Diacetoxynaphthyl-(2)-methyl]-benzyldiäthylammoniumbromid*, $C_{26}H_{30}BrNO_4$, F. 146—147,5°, aus I u. *Diäthylbenzylamin*; 56%. — *[1.4-Diacetoxynaphthyl-(2)-methyl]-diäthyl-[2-phenyläthyl]-ammoniumbromid*, $C_{27}H_{32}BrNO_4$, F. 172,5—173,5°, aus I u. *Diäthyl-[2-phenyläthyl]-amin*; 76%. — *[1.4-Diacetoxynaphthyl-(2)-methyl]-pyridiniumbromid*, $C_{20}H_{18}BrNO_4$, F. 192—194°, aus I u. *Pyridin* (II); 94%. — *[Naphthyl-(2)-methyl]-pyridiniumbromid*, $C_{16}H_{14}BrN$, F. 163,5—165°, aus *2-Brommethylnaphthalin* (III) u. II; 66%. — *[1.4-Diacetoxynaphthyl-(2)-methyl]-chinoliniumbromid*, $C_{24}H_{20}BrNO_4 \cdot H_2O$, F. 217—218,5°, aus I u. *Chinolin* (**IV**); 66%. — *[Naphthyl-(2)-methyl]-chinoliniumbromid*, $C_{20}H_{16}BrN$, F. 194—196°, aus III u. **IV**; 69%. — *N-Methyl-N-[1.4-diacetoxynaphthyl-(2)-methyl]-1.2.3.4-tetrahydrochinoliniumbromid*, C_{25}·$H_{26}BrNO_4$, F. 117—119°, aus I u. N-Methyl-1.2.3.4-tetrahydrochinolin; 41%. (An. Asoc. quím. argent. **42**. 169—76. Dez. 1954. Ciúdad Eva Perón, Fac. de Quím. y Farmac., Cátedra de Quím. Orgánica.) J. ALTPETER. 3800

Renee A. Corral und **Orfeo O. Orazi**, *Synthese von den Vitaminen K verwandten Verbindungen.* 3. Mitt. (2. vgl. vorst. Ref.) Durch Rk. von *1.4-Diacetoxy-2-brommethylnaphthalin* mit tert. Aminen in Aceton bei 25° wurden folgende Alkyldiäthyl-[1.4-diacetoxynaphthyl-(2)-methyl]-ammoniumbromide erhalten: *Äthyl-*, $C_{21}H_{28}BrNO_4$, F. 196,5—198°; 92% (Ausbeute). — *Butyl-*, $C_{23}H_{32}BrNO_4$, F. 160—163°; 81%. — *Hexyl-*, $C_{25}H_{36}BrNO_4$, F. 166,5—168°; 91%. — *Octyl-*, $C_{27}H_{40}BrNO_4$, F. 137—138°; 84%. — *Decyl-*, $C_{29}H_{44}BrNO_4$, F. 124—126°; 82%. — *Undecyl-*, $C_{30}H_{46}$·$BrNO_4$, F. 129—130°; 69%. — *Dodecyl-*, $C_{31}H_{48}BrNO_4$, F. 130—131°; 80%. — *Tetradecyl-*, $C_{33}H_{52}BrNO_4$, F. 131—133°; 87%. — *Hexadecyl-*, $C_{35}H_{56}BrNO_4$, F. 138—139°; 88%. — *Octadecyl-*, $C_{37}H_{60}BrNO_4$, F. 142—143°; 83%. — Tabelle über die Wrkg. der Verbb. gegen Micrococcus pyogenes var. aureus, Escherichia coli, Proteus vulgaris, Pseudomonas aeruginosa, Salmonella typhosa, Candida albicans. — Folgende Alkyldiäthylamine wurden hierbei aus Diäthylamin u. dem entsprechenden Alkylbromid in A. bei 125—130° neu dargestellt: *Butyl-*, Kp. 135—137°; 53%. — *Hexyl-*, $C_{10}H_{23}N$, $Kp._{25}$ 81 bis 84°, n_D^{20} 1,425; 79%. — *Octyl-*, $Kp._{13}$ 101,5—102,5°; 70%. — *Decyl-*, $C_{14}H_{31}N$, $Kp._{11}$ 125—126°, n_D^{20} 1,437; 76%. — *Undecyl-*, $C_{15}H_{33}N$, $Kp._{7,5}$ 129—132°; 55%. — *Dodecyl-*, $Kp._{1,2}$ 122°; 70%. — *Tetradecyl-*, $C_{18}H_{39}N$, $Kp._1$ 137—138°, n_D^{20} 1,458; 67%. — *Octadecyl-*, $C_{22}H_{47}N$, F. 15—16°, $Kp._{0,36}$ 159,5—161,5°; 45%. (An. Asoc. quím. argent. **43**. 173—79. Sept. 1955. La Plata, Argentinien, Fac. de Quím. y Farmac., Cátedra de Quím. Orgánica 1.) J. ALTPETER. 3800

L. K. Dalton und **J. A. Lamberton**, *Untersuchungen über die optisch-aktiven Verbindungen von Anacardiaceenexsudaten.* 1. Mitt. *Der langkettige alicyclische Ketoalkohol von Tigasoöl.* (+)-*5-Hydroxy-5-[nonadecen-(10')-on-(2')-yl]-cyclohexen-(2)-on* (**V**), $[\alpha]_D$ +26°, wird durch Chromatographie von Tigasoöl an Al_2O_3 gewonnen. **V** gibt bei katalyt. Hydrierung in alkoh. HCl *Hydrocampnospermonol* (II) u. dessen *Äthyläther*. Bei der Dest. von Tigasoöl geht **V** in *Resorcin* u. *Methyl-cis-heptadecen-(8)-ylketon* (III) über, außerdem wird *Campnospermonol* (I) u. ein leichtflüchtiges Keton erhalten, das wahrscheinlich ein Gemisch aus (+)- u. (—)-*3-Methylcyclohexanon* ist, in dem die (—)-Form vorherrscht. Bei der katalyt. Hydrierung von **V** entsteht *(+)-3-Hydroxy-3-[nonadecanon-(2')-yl)-cyclohexanon* (**VI**), das beim Erhitzen durch Dehydratisierung *3-[Nonadecanon-(2')-yl]-cyclohexen-(2)-on* (**VII**) u. durch Pyrolyse *Dihydroresorcin* u. *Methylheptadecylketon* liefert, wodurch die Stellung der OH-Gruppen in **V** u. **VI** bestimmt ist. **VI** gibt nach Dehydrierung das gleiche *Bis-[2.4-dinitrophenylhydrazon]* u. *Dioxim* wie **VII**. **VII** gibt bei der katalyt. Hydrierung *3-[Nonadecanon-(2')-yl)-cyclohexanon* (**VIII**) u. *1-Cyclohexylnonadecanon-(2)* (**IX**) als Nebenprod. durch Eliminierung eines O-Atoms. Außerdem entsteht beim Erhitzen von **VII** in wss. NaOH *Stearinsäure, 3-Methylcyclohexen-(2)-on* u. *Methylheptadecylketon,* während das zu erwartende Dihydroresorcin unter den vorherrschenden Bedingungen in *Acetobuttersäure* übergeht. **VIII** bildet ein *Dioxim,* jedoch nur ein *Monosemicarbazon* u. ein *Mono-[2.4-dinitrophenylhydrazon],* da die Carbonylgruppe im Ring vermutlich reaktionsfähiger als die in der Seitenkette ist. **VIII** entsteht auch durch Oxydation mit CrO_3 aus *3-[2'-Hydroxynonadecyl]-cyclohexanol* (**X**), das durch Hydrierung unter Druck aus **II** gewonnen wird. **VIII** liefert durch WOLFF-KISHNER-Red. *1-Cyclohexylnonadecan* (**XI**). Die Struktur von **I** u. **II** wird durch Synth. des *Methyläthers* von **II** aus 3-Methoxyphenylacetylchlorid u. Diheptadecyl-Cd, erhalten aus Heptadecyl-MgBr, bewiesen. Die Doppelbindung in **I** wurde bewiesen durch Überführung des Campnospermonylmethyläthers mit Perameisensäure in *3-[threo-10'.11'-Dihydroxynonadecanon-(2')-yl]-1-methoxybenzol* (**XII**) u. Perjodatoxydation von **XII** zu *Nonanal.* Bei der Durchführung der Verss. wurde frisches Tigasoöl verwendet, da beim längeren Lagern $[\alpha]_D$ von $+6^0$ bis $+8^0$ auf $+1^0$ absinkt u. bei der Dest. unter vermindertem Druck kein Resorcin mehr erhalten wird.

Versuche (FF. korr.): *Hydrocampnospermonol* (**II**), $C_{25}H_{42}O_2$, F. 70—71°, a) durch Hydrierung der Fraktion 254—256°/1 mm bei der Dest. von filtriertem Tigasoöl [D^{25}_{25} 0,9625; n_D^{25} 1,4972; $[\alpha]_D^{20}$ $+6^0$ (Chlf.); SZ. = 1; Methoxyl-Zahl = 0, AZ. = 82; VZ. = 75]; aus PAe. Nadeln [neben *Resorcin* ($C_6H_6O_2$, F. 110—111°, aus Bzl./PAe. Nadeln) u. *Methyl-cis-heptadecen-(8)-ylketon* (**III**; $C_{19}H_{36}O$, F. < 20°, aus Aceton oder A. Nadeln. *Semicarbazon,* $C_{20}H_{39}N_3O$, F. 98—100°)]; b) durch Erhitzen von **V** mit HCl in A., Hydrierung in Ggw. von PtO_2 u. anschließende Chromatographie an Al_2O_3. — *Stearoylmalonsäurediäthylester,* $C_{25}H_{46}O_5$, F. 47—48°, durch Kondensation von Stearoylchlorid mit Äthoxymagnesiummalonsäurediäthylester; aus A. Prismen; 85% (Ausbeute). — *Methyl-trans-heptadecen-(8)-ylketon,* $C_{19}H_{36}O$, F. 40—41°, durch Erhitzen von verd. HNO_3/$NaNO_2$ mit 2 g **III**; aus A. Blättchen; 1 g. — *threo-10.11-Dihydroxynonadecanon-(2)* (**IV**), $C_{19}H_{38}O_3$, F. 71—72°, durch Hydroxylierung von **III** in Ameisensäure mit H_2O_2 u. Erhitzen in wss. NaOH; aus PAe. Prismen. *2.4-Dinitrophenylhydrazon,* F. 106—107°; gelbe Nadeln. — *erythro-10.11-Dihydroxynonadecanon-(2),* $C_{19}H_{38}O_3$, F. 115—116° (Essigester), durch Hydroxylierung von Methyl-trans-heptadecen-(8)-ylketon in Ameisensäure mit H_2O_2. — *(+)-5-Hydroxy-5-[nonadecen-(10')-on-(2')-yl]-cyclohexen-(2)-on* (**V**), $C_{25}H_{42}$·O_3, bei der Chromatographie von Tigasoöl an Al_2O_3; hellgelbes Öl; $[\alpha]_D^{20}$ $+26^0$ (Chlf.). — *Hydrocampnospermonyläthyläther,* $C_{27}H_{46}O_2$, F. 51—52°, durch Erhitzen von **V** mit HCl in A., Hydrierung in Ggw. von PtO_2 u. Chromatographie an Al_2O_3; aus A. Nadeln. — *(+)-3-Hydroxy-3-[nonadecanon-(2')-yl]-cyclohexanon* (**VI**), $C_{25}H_{46}O_3$, F. 61 bis 62°, a) durch Hydrierung von **V** in Essigsäuremethylester in Ggw. von PtO_2 u. Reinigung durch Chromatographie an Al_2O_3; aus PAe. Nadeln; $[\alpha]_D^{20}$ $+13^0$ (Chlf.); b) durch Hydrierung von Tigasoöl in A. u. Chromatographie an Al_2O_3. *Dioxim,* $C_{25}H_{48}N_2O_3$, F. 92—92,5° (CH_3OH), durch Erwärmen von **VI** in Pyridin mit Hydroxylaminhydrochlorid. — *3-[Nonadecanon-(2')-yl]-cyclohexen-(2)-on* (**VII**), $C_{25}H_{44}O_2$, F. 61—62°, aus **VI** durch Erhitzen mit KOH in A. u. Ansäuern mit verd. H_2SO_4; aus A. Prismen. *Dioxim,* F. 91°. *Bis-[2.4-dinitrophenylhydrazon],* $C_{37}H_{52}N_8O_8$, F. 158 bis 160°; aus Essigester orangefarbene Nadeln. — *1-Cyclohexylnonadecanon-(2)* (**IX**), $C_{25}H_{48}O$, F. 53—54°, durch Hydrierung von **VII** in A. in Ggw. von PtO_2 und Chromatographie an Al_2O_3; aus A. Plättchen. *2.4-Dinitrophenylhydrazon,* $C_{31}H_{52}N_4O_4$ F. 73—75°; aus A. gelbe Nadeln. — *3-[Nonadecanon-(2')-yl]-cyclohexanon* (**VIII**), $C_{25}H_{46}O_2$, F. 64 bis 65°, a) durch Hydrierung von **VII** in A. in Ggw. von PtO_2 und Chromatographie an Al_2O_3; aus A. Nadeln; b) durch Oxydation von **X** in Eisessig mit CrO_3. *Monosemicarbazon,* $C_{26}H_{49}N_3O_2$, F. 159—160°; aus A. Prismen. *Mono-[2.4-dinitrophenylhydrazon],* $C_{31}H_{50}N_4O_5$, F. 116—117°; aus A. orangefarbene Prismen. *Dioxim,* $C_{25}H_{48}N_2O_2$, F. 89—90°; aus A. Nadeln. — *3-[2'-Hydroxynonadecanyl]-cyclohexanol* (**X**), $C_{25}H_{50}O_2$, F. 45,5—46° (PAe.), durch Hydrierung von **II** bei 130°/2000—2500 lbs./sq.in. in Ggw. von RANEY-Ni. — *1-Cyclohexylnonadecan* (**XI**), $C_{25}H_{50}$, F. 42—42,5°, a) durch Erhitzen von **VIII** oder dessen Semicarbazon in Diäthylenglykol mit Na u. überschüssigem Hydrazinhydrat; aus Bzl./A. Blättchen; b) durch WOLFF-KISHNER-Red. der nachst. Verb. u. anschließende Hydrierung. — *Phenyl-n-octadecylketon,* $C_{25}H_{42}O$, F. 62—63° (Bzl./A.), durch FRIEDEL-CRAFTS-Rk. aus Nonadecanoylchlorid. *2.4-Dinitrophenyl-*

hydrazon, F. 99—101°; aus A. orangefarbene Prismen. — *Hydrocampnospermonylmethyläther*, $C_{26}H_{44}O_2$, F. 53—54° (A.), aus 3-Methoxyphenylacetylchlorid u. Diheptadecyl-Cd durch Erhitzen und Rühren in absol. Bzl. neben *Tetratriakontan* ($C_{34}H_{70}$, F. 73—73,5°; aus Bzl./A. Plättchen). *2.4-Dinitrophenylhydrazon*, $C_{32}H_{48}N_4O_5$, F. 66—67°; aus A. gelbe Nadeln. *Oxim*, $C_{26}H_{45}NO_2$, F. 42—42,5°; aus A. Nadeln. — *3-[threo-10'.11'-Dihydroxynonadecanon-(2')-yl]-1-methoxybenzol* (**XII**), $C_{26}H_{44}O_4$, F. 61—62° (PAe.), aus **I**-Methyläther u. Perameisensäure. — *Methylheptadecylketon*, $C_{19}H_{38}O$, F. 56—57°, durch katalyt. Hydrierung von **III**, aus A. Plättchen. *Oxim*, $C_{19}H_{39}NO$, F. 75,5°. *Semicarbazon*, $C_{20}H_{41}N_3O$, F. 125—126°. *2.4-Dinitrophenylhydrazon*, $C_{25}H_{42}N_4O_4$, F. 85—86°, aus A. gelbe Nadeln. — *Nonanal-2.4-dinitrophenylhydrazon*, $C_{15}H_{22}N_4O_4$, F. 104—105°, durch Oxydation von **IV** in A. mit KJO_4 in n-H_2SO_4, Erhitzen mit 2.4-Dinitrophenylhydrazin u. Chromatographie an Al_2O_3. — *Azelainsäure*, $C_9H_{16}O_4$, F. 105° (W.), durch Erhitzen von **III** mit $KMnO_4$, neben *Nonansäure* (*Anilid*, $C_{15}H_{23}NO$, F. 55—56°). — *3-Methylcyclohexen-(2)-on* (*2.4-Dinitrophenylhydrazon*, $C_{13}H_{14}N_4O_4$, F. 174—175°, durch Erhitzen von **VI** oder **VII** mit 5%ig. NaOH u. Versetzen mit 2.4-Dinitrophenylhydrazin in 5%ig. HCl; aus A. hellrote Nadeln. *Semicarbazon*, $C_8H_{13}N_3O$, F. 200—201° [Zers.]; aus Essigester Prismen) neben *Methylheptadecylketon* u. *Stearinsäure* (*Methylester*, $C_{19}H_{38}O_2$, F. 38—38,5°; aus PAe. Plättchen). — *Dihydroresorcin*, $C_6H_8O_2$, F. 102—103°, bei der Pyrolyse von **VI**, aus Bzl./PAe. Prismen [*Reaktionsprod. mit Formaldehyd*, F. 132 bis 132,5° (wss. A.)]. (Austral. J. Chem. **11**. 46—63. Febr. 1958. Melbourne, C.S.I.R.O., Div. of Ind. Chem.) H. KNIESZ. 3950

L. K. Dalton und **J. A. Lamberton**, *Untersuchungen über die optisch-aktiven Verbindungen von Anacardiaceenexsudaten. 2. Mitt. Die Wirkung von Alkali auf den langkettigen alicyclischen Ketoalkohol von Tigasoöl.* (1. vgl. vorst. Ref.) Bei der Behandlung von (+)-5-Hydroxy-5-[nonadecen-(10')-on-(2')-yl]-cyclohexen-(2)-on (**I**) mit kaltem alkoh. Alkali wird *1-Hydroxy-3.7-dioxo-4-[hexadecen-(7)-yl]-bicyclo-[3.3.1]-nonan* (**II**) erhalten, das wahrscheinlich durch Cyclisierung von **I** entsteht u. dessen Struktur aus UV-Messungen durch das Fehlen eines konjugierten Carbonylsyst. wahrscheinlich gemacht wird. Die Cyclisierung zu **II** wird durch Addition von $C_{(3)}$ der Seitenkette von **I** an die Doppelbindung des Ringes erklärt. Durch Hydrierung von **II** entsteht *1-Hydroxy-3.7-dioxo-4-hexadecylbicyclo-[3.3.1]-nonan* (**III**), bei dem durch IR-Messungen Carbonyl- u. OH-Gruppen nachgewiesen werden. **III** gibt ein *Dioxim* u. ein *Bis-[2.4-dinitrophenylhydrazon]*. Unter gewöhnlichen Bedingungen wird kein Benzoyl- oder Acetylderiv. erhalten u. damit eine tert. OH-Gruppe wahrscheinlich gemacht, die überraschenderweise schwierig zu eliminieren ist. Unter Verwendung von $HClO_4$ als Katalysator wird ein *Triacetylderiv.* erhalten, wahrscheinlich unter Umwandlung der Keto- in die Enolform. **II** ist auch in Tigasoöl enthalten, da bei dessen Chromatographie eine Fraktion auf der Säule zurückgehalten wird, die nach der Entw. mit Chlf. u. Hydrierung **III** in 4%ig. Ausbeute liefert. 1—2 Min. langes Erhitzen von **III** in alkoh. Alkali liefert ein Gemisch von *5-[Nonadecanon-(2')-yl-(3')]-cyclohexandion-(1.3)* (**IV**) u. *4-Hexadecyl-5-acetonylcyclohexandion-(1.3)*. Dabei deuten sowohl Spektren als auch Löslichkeit in wss. $NaHCO_3$-Lsg. auf die Struktur eines β-Diketons hin. **IV** scheint im Gemisch stark vorzuherrschen, da bei der Pyrolyse nur *Methylheptadecylketon*, aber kein Aceton erhalten wird. **IV** bildet ein *Trioxim* u. mit Diazomethan einen *Methyläther*. Durch Pyrolyse wird *Methylheptadecylketon* erhalten, jedoch kein Resorcin. Der Methyläther aus **IV** dest. unzers. unter ähnlichen Bedingungen. Langes Erhitzen von **IV** in wss. Alkali gibt ein Gemisch von Prodd., welche nicht isoliert werden. Durch Erhitzen von **IV** mit PCl_3 wird ein *β-Chlorketon* u. daraus durch Hydrierung in Ggw. von $PdCl_2$ ein *Keton* $C_{25}H_{46}O_2$ erhalten. Bei der Oxydation von **IV** mit NaBrO entsteht α-Hexadecyl-β-carboxymethylglutarsäure (**V**). Zwei Carboxylgruppen sind vermutlich durch Oxydation des β-Ketosystems, die dritte aus der CH_3CO-Gruppe entstanden. **V** bildet beim Erhitzen mit $SOCl_2$ oder Acetylchlorid ein *Anhydrid*, das mit NH_3 bzw. Anilin eine Diamid- bzw. Dianilidsäure gibt. Mit Diazomethan bildet **V** einen *Trimethylester*, welcher durch Red. mit $LiAlH_4$ eine *Verb.* $C_{23}H_{48}O_3$ bildet.

V e r s u c h e (FF. korr.): *1-Hydroxy-3.7-dioxo-4-hexadecylbicyclo-[3.3.1]-nonan* (**III**), $C_{25}H_{44}O_3$, F. 105—106°, durch Behandlung von **I** in der Kälte mit alkoh. KOH, Extraktion mit Ae. u. Hydrierung des entstehenden *1-Hydroxy-3.7-dioxo-4-[hexadecen-(7)-yl]-bicyclo-[3.3.1]-nonan* [**II**, Öl, $[\alpha]_D^{20}$ —15° (c = 4,2; Chlf.)] in Essigsäuremethylester in Ggw. von PtO_2; aus Bzl./PAe. oder CCl_4 Prismen; $[\alpha]_D^{20}$ — 20°. *Dioxim*, $C_{25}H_{46}N_2O_3$, F. 138—140°; aus Bzl./PAe. Prismen. *Bis-2.4-dinitrophenylhydrazon*, $C_{37}H_{52}N_8O_9$, F. 160—161° (Zers.).; gelbe Nadeln. *Triacetylderiv.* $C_{31}H_{50}O_6$, F. 66—67°, durch Rk. von **III** in Acetanhydrid mit einem Tropfen $HClO_4$; aus wss. A. Nadeln. — *5-[Nonadecanon-(2')-yl-(3')]-cyclohexandion-(1.3)* (**IV**), $C_{25}H_{44}O_3$, F. 122—123°, a) durch 5 Min. langes Erhitzen von **III** in alkoh. KOH auf 100°, Ansäuern mit verd. H_2SO_4, Extraktion mit

Ae. u. Trennen des entstehenden *Gemisches* (F. 107—110°, $[\alpha]_D^{20}$ + 9°) *mit 4-Hexadecyl-5-acetonylcyclohexandion-(1.3)* durch fraktioniertes Umkristallisieren aus Bzl./PAe. u. Essigester; b) durch Erhitzen von **II** auf gleiche Weise, Hydrierung in Essigsäuremethylester in Ggw. von PtO_2 u. Trennen durch Umkristallisieren; aus Bzl./PAe. oder Essigester Prismen; $[\alpha]_D^{20}$ + 12°. *Trioxim*, $C_{25}H_{47}N_3O_3$, F. 78—80°; aus wss. Methanol Prismen. — *Methyläther* $C_{26}H_{44}O_3$, F. 65—65,5°, aus **IV** mit Diazomethan in Methanol. — *Keton* $C_{25}H_{46}O_2$, F. 56—57°, durch 3std. Erhitzen von **IV** mit PCl_3 in absol. Chlf. u. Hydrieren des entstehenden *β-Chlorketons* in A. in Ggw. von $PdCl_2$ u. Gummi arabicum; aus Methanol Nadeln. *Semicarbazon*, $C_{26}H_{49}N_3O_2$, F. 158—159°; aus A. Prismen. — *α-Hexadecyl-β-carboxymethylglutarsäure* (**V**), $C_{23}H_{42}O_6$, F. 111—112°, $[\alpha]_D^{20}$ +2°, durch Oxydation von **IV** mit NaBrO; aus Bzl./PAe. oder Essigester Nadeln; $[\alpha]_D^{90}$ +2°. *Diamid*, $C_{23}H_{44}N_2O_4$, F. 146—148°, durch Erhitzen mit $SOCl_2$ oder Acetanhydrid in absol. Bzl. u. Umsetzung des entstehenden *Anhydrids* mit NH_4OH (D. 0,88); aus wss. A. Prismen. *Dianilid*, $C_{35}H_{52}N_2O_4$, F. 152—153°; aus Bzl. Nadeln. *Trimethylester*, $C_{26}H_{48}O_6$, durch Veresterung von **V** mit Diazomethan; Flüssigkeit. — *Verb.* $C_{23}H_{48}O_3$, F. 59—60°, durch Red. vorst. Trimethylesters mit $LiAlH_4$; aus PAe. Prismen. — *Methylheptadecylketon*, $C_{19}H_{38}O$, F. 56—57° (CH_3OH), durch Erhitzen von **IV** bei 2—3 mm u. Chromatographie an Al_2O_3. (Austral. J. Chem. **11**. 64—72. Febr. 1958.) H. KNIESZ. 3950

J. A. Lamberton, *Untersuchungen über die optisch-aktiven Verbindungen von Anacardiaceenexsudaten.* 3. Mitt. *Die langkettigen alicyclischen Ketoalkohole aus den Exsudaten von Campnosperma auriculata Hook. F.* (2. vgl. vorst. Ref.). *Terentangöl*, $[\alpha]_D^{20}$ +8°, aus *Campnosperma auriculata* Hook. F. (Familie der Anacardiaceen) ist geruchlos, wird bei 5° fest u. gibt keine $FeCl_3$-Reaktion. Durch UV-Spektr. als ein α,β-ungesätt. Keton, welches an der Doppelbindung unsubstituiert ist, charakterisiert, gibt es bei der Dest. unter red. Druck teilweise u. beim Erhitzen mit alkoh. KOH vollständig ein *Phenol*. Den Komponenten des Terentangöls wird, gestützt auf Verss., UV- u. IR-Messungen, die Struktur **I** zugeschrieben, worin R eine ungesätt. C_{19}-Kette ist, bei der Anzahl u. Stellungen der Doppelbindungen differieren. Beim Erhitzen von Terentangöl mit alkoh. KOH entstehen *ungesättigte Phenole* (**II**). Hydroxylierung der **II** oder **II**-Methyläther

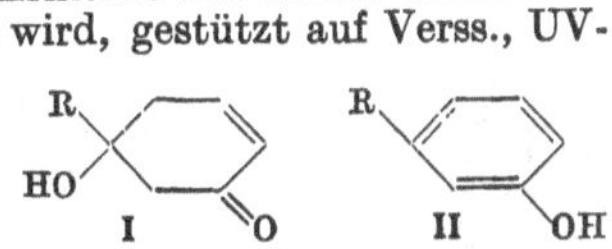

mit Perameisensäure u. anschließende Oxydation mit Perjodat gibt kurzkettige Aldehyde. Eine Trennung der Aldehyde wird nicht vorgenommen u. die Lage der Doppelbindungen in **II** somit nicht bestimmt. Bei milder Hydrierung von **II** entsteht *3-Nonadecylphenol* (**III**) u. durch Hydrierung bei hohem Druck *3-Nonadecylcyclohexanol* (**VII**). Durch WOLFF-KISHNER-Red. von Hydrocampnospermonol entsteht ebenfalls **III**, welches durch Hydrierung u. anschließende Oxydation mit CrO_3 erst **VII** u. dann *3-Nonadecylcyclohexanon* (**VI**) gibt. Nach der Chromatographie von Terentangöl an Al_2O_3 wird eine gereinigte Fraktion als farbloses Öl erhalten, welche beim Erhitzen mit alkoh. HCl u. anschließende Hydrierung **III** u. dessen *Äthyläther* gibt. Katalyt. Hydrierung der gereinigten Fraktion gibt *(+)-3-Hydroxy-3-nonadecylcyclohexanon* (**IV**), welches auch bei der Hydrierung von Terentangöl u. anschließende Chromatographie entsteht. Beim Erhitzen von **IV** mit alkoh. KOH entsteht *3-Nonadecylcyclohexen-(2)-on* (**V**), welches durch UV-Messung als α,β-ungesätt. Keton gekennzeichnet ist. **IV** gibt unter Wasserabspaltung das gleiche *2.4-Dinitrophenylhydrazon* wie **V**. Bei der katalyt. Hydrierung von **V** wird **VI** erhalten.

Versuche (FF. korr.): *Ungesätt. Phenole* **II**, $C_{25}H_{42}O$, $Kp._{1-2}$ 255—260°, durch Erhitzen von Terentangöl mit alkoh. KOH. — *Verbb.* **I**, $C_{25}H_{44}O_2$, $[\alpha]_D$ +11°, durch Chromatographie des Rohöls an Al_2O_3. — *3-Nonadecylphenol* (**III**), $C_{25}H_{44}O$, F. 63—64° (PAe.), a) durch Erhitzen von Terentangöl in alkoh. KOH, Ansäuern mit verd. H_2SO_4, Extraktion mit Ae. u. Hydrierung in Essigsäuremethylester in Ggw. von PtO_2; b) durch 15std. Erhitzen von Hydrocampnospermonol u. wasserfreiem Hydrazin in einer Lsg. von Na in Diäthylenglykol bei 180°. *Acetylderiv.*, $C_{27}H_{46}O_2$, F. 51—52°, durch 1std. Erhitzen mit Pyridin in Acetanhydrid bei 100°; aus wss. A. Prismen. *Methyläther*, $C_{26}H_{46}O$, F. 42,5—43°, durch Erhitzen mit CH_3J in Aceton, aus A. Nadeln. — *(+)-3-Hydroxy-3-nonadecylcyclohexanon* (**IV**), $C_{25}H_{48}O_2$, F. 66,5—67,5°, a) durch Hydrierung von **I** in Essigsäuremethylester in Ggw. von PtO_2 u. Chromatographie an Al_2O_3; b) durch Hydrierung von Terentangöl, Chromatographie an Al_2O_3 u. Erhitzen in alkoh. KOH; aus PAe. Nadeln; $[\alpha]_D^{20}$ +2° (Chlf.). Gibt **V**-*2.4-Dinitrophenylhydrazon*, $C_{31}H_{50}N_4O_4$, F. 119—120°, unter Wasserabspaltung; aus Essigester orangerote Prismen. — *3-Nonadecylcyclohexen-(2)-on* (**V**), $C_{25}H_{46}O$, F. 57,5—58,5° (wss. A.), durch Erhitzen von **IV** in alkoh. KOH u. Extraktion mit Äther. — *3-Nonadecylcyclohexanon* (**VI**), $C_{25}H_{48}O$, F. 54—55°, a) durch katalyt. Hydrierung von **V** in A. in Ggw. von PtO_2; b) durch Oxydtion von **VII** mit CrO_3 in CH_3COOH; aus A. Nadeln. *Semicarbazon*, $C_{26}H_{51}N_3O$, F. 149 bis

150°; aus A. Prismen. *2.4-Dinitrophenylhydrazon*, $C_{31}H_{52}N_4O_4$, F. 127—128°; aus A. gelbe Nadeln. — *3-Nonadecylcyclohexanol* (**VII**), $C_{25}H_{50}O$, F. 59—60°, durch Hydrierung von III in Ggw. von RANEY-Ni unter Druck u. Schütteln in A. *α-Naphthylurethan*, $C_{36}H_{57}NO_2$, F. 97,5—98,5°; aus PAe. Prismen. — *3-Äthoxynonadecylbenzol*, $C_{27}H_{48}O$, F. 35—36°, durch Erhitzen von Terentangöl in A. mit konz. HCl, Hydrierung u. Chromatographie an Al_2O_3; aus A. Nadeln. — *3-Methoxynonadecylbenzol*, $C_{26}H_{46}O$, F. 41—42,5°, analog mit methanol. HCl; daneben III. (Austral. J. Chem. **11**. 73—81. Febr. 1958.) H. KNIESZ. 3950

M. Pailer und **A. Schleppnik**, *Pflanzliche Naturstoffe mit einer Nitrogruppe. 2. Mitt. Die Konstitution der Aristolochiasäure II.* (1. vgl. C. **1958**. 1585.) *Aristolochia clematitis L.* enthält neben *Aristolochiasäure I* (**I**) eine ähnlich gebaute Substanz, *Aristolochiasäure II* (**II**), bisher „Noraristolochiasäure" genannt, die als *3.4-Methylendioxy-10-nitrophenanthrencarbonsäure-(1)* identifiziert wird. Aus dem bicarbonatlösl. Anteil der mit A. extrahierten entfetteten Wurzeln von *Aristolochia clematitis* wird ein Rohsäuregemisch gewonnen, das nach Methylierung mit Diazomethan u. Chromatographie an Al_2O_3 I-*Methylester* (III) u. II-*Methylester* (**IV**) liefert. **IV** läßt sich nur schwer zu **II** verseifen. **II** gibt bei der Decarboxylierung *3.4-Methylendioxy-10-nitrophenanthren* (**V**). Katalyt. Hydrierung von **IV** liefert unter Austritt von 2 W. u. 1 CH_3OH *3.4-Methylendioxy-10-aminophenanthren-1-carbonsäurelactim.* Oxydation von **IV** mit Perhydrol in alkal. Tetrahydrofuran gibt *5.6-Methylendioxybiphenyltricarbonsäuretrimethylester-(2.3.2')* u. nach alkal. Verseifung die entsprechende Säure. Spaltung von **IV** mit Resorcin u. HCl im Bombenrohr u. Oxydation des Spaltprod. mit $KMnO_4$ gibt als einziges Abbauprod. *Phthalsäureanhydrid.* Zur Darst. von **V** wird das Rohsäuregemisch von **I** u. **II** decarboxyliert u. chromatograph. an Al_2O_3 getrennt. **V** läßt sich in A. in Ggw. von Pd/C zu *10-Amino-3.4-methylendioxyphenanthren* (**IX**) hydrieren. **IX** gibt mit Acetanhydrid *10-Diacetylamino-3.4-methylendioxyphenanthren.* **V** wird mit H_2O_2 in alkal. Tetrahydrofuran zur *5.6-Methylendioxybiphenyldicarbonsäure-(2.2')* (**VII**) oxydiert. Damit ist die Konst. von **II** bewiesen. **VII** gibt bei der Entalkylierung mit Resorcin u. HCl *3.4-Benzo-8-hydroxycumarin* (**VIII**). Die Synth. von *4.5-Methylendioxybiphenyldicarbonsäure-(2.2')* u. von **VIII** wird beschrieben. UV-Absorptionsspektren vgl. Original.

Versuche (FF. korr.): *Aristolochiasäure II* (**II**), *Methylester* (**IV**), $C_{17}H_{11}NO_6$, F. 274° (Chlf./CH_3OH), aus 30 g brauner Rohsäure, die hauptsächlich **I** u. **II** enthält, durch 96std. Extraktion mit Ae., Verdampfen des Ae., Aufnehmen des Rückstandes (8,55 g) in Chlf., Extrahieren mit $NaHCO_3$-Lsg., Ansäuern des filtrierten Extraktes in der Hitze mit HCl, Lösen der ausgefallenen braunen Flocken (6,2 g) in 100 ml W. u. 7 ml 10%ig. NaOH, Versetzen mit 100 ml kalt gesätt. KCl-Lsg., Lösen des sich abscheidenden Gemisches der rotorangefarbenen *K-Salze von* **I** *u.* **II** (4,4 g) in heißem W., Ansäuern, Methylieren von 1,078 g der gelben Rohsäure (**I** u. **II**, 3,757 g) in Aceton/Äther mit Diazomethan, Chromatographie des braungelben Estergemisches (III u. **IV**, 1,05 g) an Al_2O_3, Entw. u. Eluieren mit Bzl. sublimiert bei 180°/0,001 Torr; 422 mg (Ausbeute), [daneben 216 mg *Aristolochiasäure*-**I**-*methylester* (III), F. 286 bis 288° (CH_3OH/Chlf.); sublimiert bei 180°/0,001 Torr]. *Freie Säure* (**II**), F. 269—271° (Zers.), aus 104 mg **IV** durch 5std. Kochen mit alkoh. KOH unter N_2 u. Ansäuern mit HCl; aus Eisessig gelbe Kristalle; 6 mg. — *3.4-Methylendioxy-10-aminophenanthren-1-carbonsäurelactim*, $C_{16}H_9NO_3$, F. 304—306°, durch Hydrierung von **IV** in Ggw. von 30%ig. Pd/C in Eisessig; gelbe Nadeln; sublimiert bei 280°/0,001 Torr. — *Phthalsäureanhydrid*, $C_8H_4O_3$, F. 130—132°, aus 40 mg **IV** durch 3std. Erhitzen mit 50 mg Resorcin u. 3 ml HCl im Bombenrohr auf 150°, Lösen der ausgeschiedenen schwarzen M. in W. u. wenig Lauge u. Oxydation in der Hitze mit 5%ig. $KMnO_4$-Lsg.; sublimiert bei 130°/14 Torr; 5 mg. — *5.6-Methylendioxybiphenyltricarbonsäuretrimethylester-(2.3.2')*, $C_{19}H_{16}O_8$, F. 144—146°, aus 250 mg **IV** in 100 ml Tetrahydrofuran u. 5 ml 2n Na_2CO_3-Lsg. in der Siedehitze durch Versetzen mit 300 ml 35%ig. H_2O_2, Einengen im Vakuum, Ausschütteln mit Ae., Ansäuern mit HCl, erneutes Ausäthern, Abdampfen des Ae., Methylieren des Rückstandes mit Diazomethan, Lösen in CCl_4, Chromatographie an Al_2O_3 u. Entw. mit Bzl./Chlf. (1:1); 70 mg. — *3.4-Methylendioxy-10-nitrophenanthren* (**V**), $C_{15}H_9NO_4$, F. 174°, aus 1 g Rohsäure (**I** u. **II**) durch $^1/_4$std. Kochen mit 1 g Natur-Cu C in Chinolin u. Chromatographie der braunen M. (870 mg) an Al_2O_3; gelbe Kristalle; 270 mg. — *10-Amino-3.4-methylendioxyphenanthren* (**IX**), F. 152—154°, aus 30 mg **V** durch Hydrierung in Ggw. von Pd/C in Eisessig; aus Ae./PAe. Nadeln; 8 mg.— *10-Diacetylamino-3.4-methylendioxyphenanthren*, $C_{19}H_{15}NO_4$, F. 276°, a) aus **IX** u. Acetanhydrid in Pyridin durch 1std. Erwärmen auf 60°; Nadeln; sublimiert bei 180—190°/0,001 Torr; b) durch Red. von 50 mg **V** mit 100 mg Zn u. 50 mg Na-Acetat in Acetanhydrid u. Chromatographie. — *5.6-Methylendioxybiphenyldicarbonsäure-(2.2')* (**VII**), $C_{15}H_{10}O_6$, F. 255—262°, durch Erhitzen von 200 mg **V** in 40 ml Tetrahydrofuran u. 10 ml 10%ig. KOH auf 100° u. Versetzen mit 35%ig. H_2O_2; sublimiert bei 180°/0,001 Torr;

60 mg. *Dimethylester*, $C_{17}H_{14}O_6$, F. 106—109°, Kp.$_{0,001}$ 100°, durch Methylierung von **VII** mit Diazomethan in CH_3OH. — *3.4-Benzo-8-hydroxycumarin* (**VIII**), $C_{13}H_8O_3$, F. 180 bis 181° (CH_3OH/W.), a) aus 6 mg **VII** durch 3std. Erhitzen mit 10 mg Resorcin u. 2 ml HCl im Bombenrohr u. Eindampfen; sublimiert bei 110—130°/0,001 Torr; b) durch 4std. Erhitzen von 340 mg **VI** (s. unten) mit 5 ml konz. HCl auf 150° im Bombenrohr; Blättchen; 79%. *Methyläther*, $C_{14}H_{10}O_3$, F. 168—169°, durch Einw. von Diazomethan; sublimiert bei 150°/0,001; 81%. — *2.3-Methylendioxyphenanthrenchinon-(9.10)* (**X**), $C_{15}H_8O_4$, F. 253—254°, durch ½std. Erhitzen von 1 g 2.3-Methylendioxyphenanthrencarbonsäure-(9) in Eisessig auf 100° mit 2 g $Na_2Cr_2O_7$ in 2 ml W. u. 3 ml Eisessig; aus Eisessig dunkelrote Nadeln; sublimiert bei 180°/0,001 Torr; 42%. *Chinoxalinderiv.*, $C_{21}H_{12}N_2O_2$, F. 261—263°, aus **X** u. o-Phenylendiamin; gelbe Stäbchen; sublimiert bei 180°/0,001 Torr. — *4.5-Methylendioxybiphenyldicarbonsäure-(2.2')*, $C_{15}H_{10}O_6$, F. 260—264°, durch Kochen von 200 mg **X** in 30 ml Tetrahydrofuran, 20 ml CH_3OH u. 5 ml 10%ig. KOH mit 2 ml 35%ig. H_2O_2; Nadeln; sublimiert bei 170°/0,001 Torr; 229 mg. *Dimethylester*, $C_{17}H_{14}O_6$, F. 46—49°, Kp.$_{0,001}$ 100—110°, durch Einw. von Diazomethan. — *3.4-Dimethoxyphenanthrenchinon-(9.10)*, $C_{16}H_{12}O_4$, F. 180°, aus 5,6 g 3.4-Dimethoxyphenanthrencarbonsäure-(9) durch ½std. Erhitzen in Eisessig mit 12 g $Na_2Cr_2O_7$ in W. u. 12 ml Eisessig auf 100°; braunorangefarbene Kristalle; 36%. *Chinoxalinderiv.*, $C_{22}H_{16}N_2O_4$, F. 214°; sublimiert bei 170°/0,001 Torr. — *5.6-Dimethoxybiphenyldicarbonsäure-(2.2')* (**VI**), $C_{16}H_{14}O_6$, F. 207 bis 208°, durch ½std. Kochen von 600 mg vorst. Verb. mit 2 ml 35%ig. H_2O_2 in 50 ml CH_3OH, 20 ml Tetrahydrofuran u. 5 ml 10%ig. KOH; aus Eisessig u. Chlf./CH_3OH Nadeln; sublimiert bei 210°/0,001 Torr; 620 mg. *Dimethylester*, $C_{18}H_{18}O_6$, Öl. (Mh. Chem. **88**. 367—87. 15/6. 1957. Wien, Univ., II. Chem. Inst.) S. HUNECK. 3950

S. A. Schabarowa, N. I. Ssokolowa und **M. A. Prokofjew**, *Aminoacylderivate von Nucleosiden. 1. Mitt. Synthese von $N_{(4)}$-Aminoacyl- und $N_{(4)}$-Peptidderivaten von 3-β-D-Glucopyranosylcytosin.* (Vgl. **C. 1959**. 10581.) 1.2-Dihydro-1-[tetraacetyl-β-D-glucopyranosyl]-2-keto-4-äthoxypyrimidin gibt bei Rk. mit NH_3 u. anschließendem Behandeln des Reaktionsprod. mit HCl *1.2-Dihydro-1-[β-D-glucopyranosyl]-2-keto-4-aminopyrimidinhydrochlorid*. Das Pentaacetylderiv. des letzteren liefert beim Verseifen mit alkoh. HCl *1.2-Di-hydro-1-[tetraacetyl-β-D-glucopyranosyl]-2-keto-4-aminopyrimidinhydrochlorid* (**I**; *3-β-D-Tetraacetylglucopyranosylcytosinhydrochlorid*). **I** reagiert mit gemischten Anhydriden von Phthalylglycin u. carbobenzoxylierten Aminosäuren bzw. Peptiden zu *1.2-Dihydro-1-[tetraacetyl-β-D-glucopyranosyl]-2-ketopyrimidinen*, die in 4-Stellung *Aminoacylaminoreste* enthalten.

Versuche: *1.2-Dihydro-1-[tetraacetyl-β-D-glucopyranosyl]-2-keto-4-äthoxypyrimidin*, F. 205° (A.), man erwärmt 2 g Tetraacetylbrom-β-D-glucose u. 2 g 2.4-Diäthoxypyrimidin 1 Std. auf 30°/15 mm, erhitzt bei Normaldruck 20 Std. auf 65° u. verreibt mit 5—7 ml absol. Ae.; 23% (Ausbeute). — *1.2-Dihydro-1-[β-D-glucopyranosyl]-2-keto-4-aminopyrimidinhydrochlorid*, $C_{10}H_{16}ClN_3O_6$, F. 199°, man erhitzt 3,5 g vorst. Verb. u. 20 ml absol. A., der bei 0° mit NH_3 gesätt. wurde, im Autoklaven 40 Std. auf 90°, dampft im Vakuum ein, löst das Öl in A. u. säuert mit HCl gegen Kongo an; λ_{max} 275 mμ (A.); 96%. — *1.2-Dihydro-1-[tetraacetyl-β-D-glucopyranosyl]-2-keto-4- acetylaminopyrimidin*, F. 225° (A.), man läßt 1,5 g vorst. Verb. in 6 ml Acetanhydrid + 7,5 ml Pyridin 24 Std. stehen u. gießt auf Eis; λ_{max} 250 u. 300—302 mμ (A.); 85,5%. — *1.2-Dihydro-1-[tetraacetyl-β-D-glucopyranosyl]-2-keto-4-aminopyrimidinhydrochlorid* (**I**), *Dihydrat*, $C_{18}H_{24}\cdot ClN_3O_{10}\cdot 2\,H_2O$, F. 202°, man kocht 1,8 g vorst. Verb. in 80 ml A. + 0,5 ml konz. HCl 1 Std., dampft im Vakuum ein, dampft den Rückstand im Vakuum mit je 20 ml absol. Bzl. 6mal zur Trockne u. trocknet 20 Std. bei 110° über P_2O_5; λ_{max} 275 mμ (A.); 80%. Nach 20std. Trocknen bei 140° entsteht ein *Monohydrat*. — *1.2-Dihydro-1-[tetraacetyl-β-D-glucopyranosyl]-2-keto-4-[phthalylglycylamino]-pyrimidin*, $C_{28}H_{28}N_4O_{13}$, Zers. bei 152 bis 154°, 0,08 g Phthalylglycin, 4 ml Chlf. u. 0,1 ml Tributylamin (**II**) versetzt man bei 0° mit 0,04 ml Chlorkohlensäureäthylester (**III**), läßt 15 Min. bei 0° stehen u. gibt dann 0,2 g **I** in 4 ml Dioxan u. 0,1 ml **II** zu. Man hält das Reaktionsgemisch ½ Std. im Vakuum, läßt 24 Std. in der Kälte stehen, dampft im Vakuum ein u. behandelt mit 5 g Eis; der Nd. wird aus Bzl. mit PAe. umgefällt; λ_{max} 240 u. 298 mμ (A.); 60%. — *1.2-Dihydro-1-[tetraacetyl-β-D-glucopyranosyl]-2-keto-4-[carbobenzoxyglycylamino]-pyrimidin*, $C_{28}H_{32}\cdot N_4O_{13}$, Zers. bei 119—121°, man gibt zu 0,052 g Carbobenzoxyglycin in 3 ml absol. Dioxan bei 0° 0,06 ml **II** u. 0,024 ml **III**, läßt 15 Min. bei 0° stehen u. versetzt mit 0,125 g **I** in 5 ml Dioxan u. 0,036 ml 0,5n NaOH. Man hält 10—15 Min. im Vakuum, läßt 24 Std. bei 5° stehen, dampft im Vakuum ein, behandelt das Öl mit 5 ml W. u. fällt aus Chlf. mit PAe.; λ_{max} 250 u. 300 mμ (A.); 34%. — *1.2-Dihydro-1-[tetraacetyl-β-D-glucopyranosyl]-2-keto-4-[carbobenzoxy-β-phenylalanylamino]-pyrimidin*, $C_{35}H_{38}N_4O_{13}$, Zers. bei 143—145°, analog Vorst. aus Carbobenzoxy-β-phenylalanin, **III** u. **I** in Chlf. in Ggw. von **II**; λ_{max} 250 u. 300 mμ (A.); 55%. — *1.2-Dihydro-1-[tetraacetyl-β-D-glucopyranosyl]-2-keto-4-[carbobenzoxyvalylamino]-pyrimidin*, $C_{31}H_{38}N_4O_{13}$, Zers. bei F. 92°, analog aus **I** u. Carbobenzoxyvalin; λ_{max} 250 u. 300 mμ (A.); 26%. — *1.2-Dihydro-1-[tetraacetyl-β-D-glucopyranosyl]-2-keto-4-[carbobenzoxyvalylglycylamino]-pyrimidin*, $C_{33}H_{41}N_5O_{14}$, Zers. bei 120—123°, zu dem Gemisch aus 0,077 g Carbobenzoxyvalylglycin, 0,06 ml II u. 0,024 ml III in 3 ml Chlf. gibt man 0,125 g I u. 0,06 ml II in 5 ml Dioxan, hält $^1/_2$ Std. im Vakuum u. läßt über Nacht stehen. Nach Eindampfen im Vakuum u. Behandeln mit Eis verreibt man die zähe M. mit 10%ig. Sodalsg. u. fällt aus Chlf. mit PAe.; λ_{max} 250 u. 300 mμ (A.); 40%. — *1.2-Dihydro-1-[tetraacetyl-β-D-glucopyranosyl]-2-keto-4-[carbobenzoxyvalyl-β-phenylalanylamino]-pyrimidin*, $C_{40}H_{47}N_5O_{14}$, Zers. bei 128—130°, aus I u. Carbobenzoxyvalyl-β-phenylalanin; λ_{max} 250 u. 300 mμ (A.); 40%. — *1.2-Dihydro-1-[tetraacetyl-β-D-glucopyranosyl]-2-keto-4-[carbobenzoxyvalylleucylamino]-pyrimidin*, $C_{37}H_{49}N_5O_{14}$, Zers. bei 112°, aus I u. Carbobenzoxyvalylleucin; λ_{max} 250 u. 300 mμ (A.); 15%. — *1.2-Dihydro-1-[tetraacetyl-β-D-glucopyranosyl]-2-keto-4-[carbobenzoxyalanylglycylglycylamino]-pyrimidinhydrat*, $C_{39}H_{44}N_6O_{15} \cdot H_2O$, Zers. bei 139—140°, zu dem Anhydrid, das aus 0,12 g Carbobenzoxy-β-phenylalanylglycylglycin u. III in 5 ml Bzl. erhalten wird, gibt man 0,15 g I in 0,5 ml W. u. 0,012 g NaOH; man hält $^1/_2$ Std. im Vakuum u. läßt 24 Std. bei 10° stehen; nach Eindampfen behandelt man den Rückstand mit Ae., gießt auf Eis, fällt mit Ae. aus A. u. trocknet 20 Std. bei 75° im Vakuum über P_2O_5; λ_{max} 250 u. 300 mμ (A.); 42%. — *Carbobenzoxyvalyl-β-phenylalaninmethylester*, $C_{23}H_{28}N_2O_5$, F. 146°, man versetzt das bei 0° in 15 Min. aus 2,51 g Carbobenzoxyvalin, 2,4 ml II u. 0,76 ml III in 25 ml Ae. erhaltene Reaktionsgemisch mit 2,15 g Phenylalaninmethylesterhydrochlorid in 10 ml A. u. 2,4 ml II u. arbeitet nach 2 Std. auf; 87%. — *Carbobenzoxyvalyl-β-phenylalanin*, $C_{22}H_{26}N_2O_5$, F. 150°, man erhitzt 3,56 g vorst. Esters in 30 ml A. u. 9 ml n-NaOH 4 Std. auf 37°, säuert gegen Kongo an u. verd. mit Wasser. — Analog wurden erhalten: *Carbobenzoxyvalylglycinmethylester*, $C_{16}H_{22}N_2O_5$, F. 128°; 70%. — *Carbobenzoxyvalylglycin*, $C_{15}H_{20}N_2O_5$, F. 146°; 68%. — *Carbobenzoxyvalylleucinmethylester*, $C_{20}H_{30}N_2O_5$, F. 112°; 66%. — *Carbobenzoxyvalylleucin*, $C_{19}H_{28}N_2O_5$, F. 143°; 58%. (Журнал Общей Химии [J. allg. Chem.] **27** (**89**). 2891—97. Okt. 1957. Moskau, Univ.) HELMUT SCHÄFER. 3950

S. A. Schabarowa N. I. Ssokolowa und **M. A. Prokofjew**, *Aminoacylderivate von Nucleosiden. 2. Mitt. Struktur und Eigenschaften von Aminoacyl- und Peptidderivaten von 3-β-D-Glucopyranosylcytosin.* (1. vgl. vorst. Ref.) Vff. nehmen die UV-Absorptionskurven im Bereich 230—320 mμ in alkoh. Lsg. für folgende *1.2-Dihydro-1-[tetraacetyl-β-D-glucopyranosyl]-2-ketopyrimidinderivv.* auf: *4-Acetylamino-* (**I**), *4-Carbobenzoxyglycylamino-* (**II**), *4-Carbobenzoxy-β-phenylalanylamino-* (**III**), *4-Carbobenzoxyvalylamino-* (**IV**), *4-Carbobenzoxyvalylglycylamino-* (**V**), *4-Carbobenzoxyvalyl-β-phenylalanylamino-* (**VI**), *4-Carbobenzoxyvalylleucylamino-* (**VII**) u. *4-Carbobenzoxy-β-phenylalanylglycylglycylamino-* (**VIII**), ferner für *1-Methyl-4-acetylamino-1.2-dihydro-2-ketopyrimidin* (**IX**), *1.3-Dimethyl-4-acetylimino-1.2.3.4-tetrahydro-2-ketopyrimidin* (**X**), *4-Phthalylglycylamino-1-[tetraacetyl-β-D-glucopyranosyl]-* (**XI**), *4-Phthalylglycylamino-1-[tetrahydrogenphthalyl-β-D-glucopyranosyl]-1.2-dihydro-2-ketopyrimidin* (**XII**), *1-[β-D-Glucopyranosyl]-* (**XIII**) u. *1-[Tetraacetyl-β-D-glucopyranosyl]-4-amino-1.2-dihydro-2-ketopyrimidin* (**XIV**). Durch Vgl. der UV-Spektren wird die Struktur von **I**—**VIII** (Absorptionsmaxima bei 250 u. 300 mμ) bestätigt, da der Verlauf der Absorptionskurven vollkommen dem der Verb. **IX** entspricht. Die Acyliminoverb. **X** zeigt eine andere Absorption als **I**—**VIII** bzw. **IX**, , weshalb für letztere Verbb. die tautomere Iminostruktur nicht in Betracht kommt. Verb. **XI** besitzt ebenfalls wie **I**—**IX** das charakterist. Maximum bei 300 mμ, während das 2. Maximum um ca. 20 mμ in den kürzerwelligen Bereich (im Vgl. zu **II**) verschoben ist. Noch ausgeprägter ist die Verschiebung bei **XII**, in dem auch die Acetyle des Zuckerrestes von **II** durch Phthalylreste ersetzt sind. — Die Tatsache, daß sowohl **XIII** als auch **XIV**, die beide im Gegensatz zu **I**—**VIII** eine freie 4-ständige Aminogruppe enthalten, nur 1 Absorptionsmaximum bei 275 mμ besitzen, diente als Kriterium zur Verfolgung der Hydrolyse der Peptidbindung von **I**—**VIII** (entsprechend dem Verlauf der Hydrolyse verflacht bzw. verschiebt sich das Maximum der Verbb. **I**—**VIII** von 250 mμ nach 275 mμ, während das bei 300 mμ schließlich verschwindet; entstehende Aminosäure bzw. Polypeptid stören nicht). Es zeigte sich, daß **I**—**VIII** gegen Hydrolyse in reinem W. sehr beständig sind; so wird **III** z. B. bei 50std. Kochen mit W. nicht hydrolysiert. Die Hydrolysegeschwindigkeit im sauren Gebiet (0,1—2n HCl) hängt vom Charakter des Aminoacylrestes ab: β-Phenylalanylderiv. **III** hydrolysiert relativ leicht, Valylglycylderiv. **V** dagegen relativ schwer. In 0,1n NaOH hydrolysieren **I**—**VIII** relativ leicht. Die einfachen Peptide **I**—**IV** werden dabei schwerer gespalten, als die Polypeptide **V**—**VIII**. (Журнал Общей Химии [J. allg. Chem.] **27** (**89**). 3028—34. Nov. 1957.) HELMUT SCHÄFER. 3950

Werner Bergmann und **Martin F. Stempien jr.**, *Beiträge zur Untersuchung von Meeresprodukten. 43. Mitt. Die Nucleoside der Schwämme. 5. Mitt. Synthese von Spongosin.* (42. vgl. C. **1959**. 14726; 4. vgl. C. **1959**. 13495.) Durch 2 Synthesen wird die Konfiguration von *Spongosin* (**I**) aus dem Schwamm *Cryptotethia crypta* als *9-β-D-Ribofurano-*

syl-2-methoxyadenin festgelegt. Bei der 1. Synth. wird Chlormercuri-2-methoxyadenin mit 2.3.5-Tri-O-benzoyl-D-ribosylchlorid behandelt u. das Reaktionsprod. mit katalyt. Mengen Na-Methylat zu I verseift. Die 2. Synth. besteht in der Umsetzung des Ag-Salzes von Crotonosid (II) mit CH_3J u. Chromatographie der Reaktionsprodukte.

Versuche: *2-Methoxyadenin,* durch 5std. Erhitzen von 2-Chloradenin mit Na in Methanol auf 150°; 50% (Ausbeute). *Chlormercurideriv.*, in verd. NaOH mit $HgCl_2$ in Alkohol. — *9-β-D-Ribofuranosyl-2-methoxyadenin* (I), $C_{11}H_{15}N_5O_5$, F. 191—191,5°, a) aus vorst. Hg-Verb. u. rohem 2.3.5-Tri-O-benzoyl-D-ribofuranosylchlorid (aus 1-O-Acetyl-2.3.5-tri-O-benzoyl-β-D-ribose, F. 128—129°, mit HCl in Ae. in 4 Tagen bei —14°) in absol. Xylol durch 4std. Kochen u. Debenzoylierung des mit Chlf. isolierten Reaktionsprod. in absol. Methanol mit wenig Na-Methylat durch ca. 50 Min. langes Kochen bis $p_H > 8$; Nadeln aus W.; $[\alpha]_D$ —43,5° (9,2 mg in 2 ml 8%ig. NaOH); 31%; b) aus dem aus II mit $AgNO_3$ in NaOH gefällten Ag-Salz in absol. Methanol mit CH_3J durch 2std. Rühren bei Zimmertemp. u. Papierchromatographie; R_F 0,36 (mit Butanol-NH_4OH-W.), 0,33 (mit Butanol-A.-W. oder Butanol-W.). (J. org. Chemistry **22.** 1575—77. Dez. 1957. New Haven, Conn., Yale Univ., Bingham Oceanographic Labor. and Sterling Chem. Labor.) E. DEHMLOW. 3950

D. Makromolekulare Chemie.

Carlo Mussa I. V., *Eine Analyse der experimentellen Daten der Fraktionierung und Viscosimetrie.* Die vom Vf. früher (vgl. C. **1958.** 11831 u. 13251) vorgeschlagene Meth. der Auswertung von Fraktionierdaten für Polymere wird an Hand von Literaturdaten (66-Nylon, Polymethylmethacrylat, Polystyrol, Hoch- u. Niederdruckpolyäthylen) näher erläuert. (J. Polymer Sci. **29.** 171—82. Mai 1958. Torino, Univ., Ist. di Chim.; Montecatini, S.p.A.) O. FUCHS. 4000

M. W. Wolkenstein, *Die Konfigurationsstatistik von Polymerketten.* Zusammenfassender Überblick über die theoret. Arbeiten des Vf. u. seiner Mitarbeiter über die Statistik der Konfiguration von Makromolekülen. Behandelt werden: Zusammenhang zwischen den Mol.-Dimensionen, dem Dipolmoment u. der opt. Anisotropie einerseits u. der inneren Rotation u. der Stereoisomerie andererseits; Auftreten von isotakt. u. syndyotakt. Strukturen; Einfl. des ausgeschlossenen Vol. bei verzweigten Ketten auf die Dissymmetrie der Lichtstreuung. Der Vgl. mit experimentellen Daten aus der Literatur ergibt, daß so verschied. Ergebnisse nun gut zu erklären sind. Über die früheren Originalarbeiten des Vf. vgl. C. **1956.** 10020, 10677; **1958.** 6557 u. vorher. (J. Polymer Sci. **29.** 441—54. Juni 1958. Leningrad, USSR, Acad. of Sci., Inst. of Macromol. Compounds.) O. FUCHS. 4000

L. C. Case, *Molekulare Verteilungen bei Polykondensationen im Falle des Vorliegens ungleicher Reaktionsteilnehmer.* 2. Mitt. *Lineare Verteilungen.* (1. vgl. C. **1959.** 2824.) Rein theoret. Arbeit, in der ein allg. anwendbares Verf. zur Berechnung der mol. Verteilung von linearen Polykondensaten aus mehr als einem Monomeren (z. B. Rk. zwischen 2bas. Säuren u. Glykolen bzw. zwischen Anhydriden u. Glykolen) entwickelt wird. Zur Berechnung der Zahlen- u. Gewichtsmittelwerte werden Gleichungen abgeleitet. Anwendungsbeispiele (nur theoret.): Selbstkondensation von AB u. Kondensation von AA mit BB; im letzteren Falle ist die Mol.-Gew.-Verteilung umso breiter, je ungleicher das Verhältnis der Partner u. je größer der Unterschied im Mol.-Gewicht. Im Grenzfalle sehr hoher Mol.-Geww. wird $M_w/M_n = 2$. Die Verteilung ist für Anhydride oder unsymm. Reaktionspartner enger als für symm. Partner. (J. Polymer Sci. **29.** 455—95. Juni 1958. Lafayette, Ind., Purdue Univ., School of Chem. and Metallurg. Engng.) O. FUCHS. 4000

W. Kern, *Chemische Umsetzungen an synthetischen Polymeren.* (Vortrag.) Übersichtsbericht über die Synth. reaktionsfähiger polymerer Stoffe u. über Umsetzungen an synthet. makromol. Stoffen. — 62 Literaturangaben. (Chemiker-Ztg. **82.** 71—77. 5/2. 1958. Mainz, Univ., Organ.-chem. Inst.) S. NEUE. 4010

Seijo Wakano und **Hiroshi Sakurai,** *Bestimmung der Viscoelastizität von Polyvinylchloridpaste. Eigenschaften von Polyvinylchloridpaste.* 2. Mitt. (1. vgl. J. chem. Soc. Japan, ind. Chem. Sect. [Kōgyō Kagaku Zassi] **56.** [1953.] 780.) Mittels eines bin. zylindr. Rheometers werden bei 30° die rheolog. Eigg. von 3 verschied. *Polyvinylchlorid*-Pasten mit wechselnden Zusätzen an Weichmachern untersucht. *Geon 121* mit 50% Weichmacher (Bis-[2-äthylhexyl]-phthalat) hat eine Viscosität von $6{,}6 \cdot 10^3$ P; die Standfestigkeit beträgt $5{,}6 \cdot 10^2$ dyn/cm². Die viscoelast. Eigg. werden an Hand eines MAXWELLschen mechan. Modells aus viscosen u. elast. Elementen erörtert. (J. chem. Soc. Japan, ind. Chem. Sect. [Kōgyō Kagaku Zassi] **58.** 183—85. März 1955. Nagoya, Toa Synth. Chem. A.-G. [Orig.: japan.]) L. SCHULER. 4010

M. A. K. Mostafa, *Der Abbau von Additionspolymeren durch Ultraschallwellen.* 3. Mitt. *Experimentelles.* (2. vgl. C. **1959.** 11275.) Bei der mehrstd. Beschallung (Frequenz 0,75 MHz, Intensität 12,5 W/cm²) einer 1%ig. benzol. Lsg. von *Polystyrol* (I, Ausgangspolymerisationsgrad $P_W = 3240$) bei 25° wird schließlich ein Grenzwert von $P_W = 495$ erreicht (nicht von 700, wie l. c. angegeben). Die Geschwindigkeitskonstante k des Abbaues fällt mit steigender Beschallungsdauer t ab (z. B. von $6{,}6 \cdot 10^{-4}$ Std.$^{-1}$ für t = 0,15 Std. auf $1{,}88 \cdot 10^{-4}$ für t = 16). I-Proben verschied. Abbaugrades wurden fraktioniert. Die erhaltenen Verteilungskurven stimmen mit den l. c. abgeleiteten Beziehungen nicht ganz überein, da für k bei der Ausrechnung ein konstanter mittlerer Wert eingesetzt wurde; im übrigen besteht aber befriedigende Übereinstimmung. Die Bldg. von Radikalen beim Abbau von I läßt sich durch Zusatz von 2.2′-Diphenyl-1-pikrylhydrazyl (II) zu der I-Lsg. an Hand der Entfärbung von II bei der Anlagerung an die I-Radikale nachweisen (II allein wird in benzol. Lsg. durch die Beschallung nicht verändert). Aus der quantitativen Auswertung folgt, daß zu Beginn der Abbau-Rk. außer einer direkten Spaltung der I-Ketten noch eine oxydative Spaltung unter Bldg. von Radikalen, die nicht mit II reagieren, stattfindet. — Auf die gute Reproduzierbarkeit der Verss. wird bes. hingewiesen. (J. Polymer Sci. **28.** 499—518. April 1958. Glasgow, Scotland, Royal Coll. of Sci. and Technol., Dep. Natural Philosophy.) O. FUCHS. 4010

M. A. K. Mostafa, *Der Abbau von Additionspolymeren durch Ultraschallwellen.* 4. Mitt. *Der Einfluß der Ultraschallintensität.* (3. vgl. vorst. Ref.) Die früher (vgl. C. **1959.** 11275) vom Vf. entwickelte Theorie des Abbaues von Hochpolymeren durch Ultraschallwellen wird für den Fall, daß die Ultraschallintensität J variiert wird, erweitert. Zur Prüfung der Theorie wurden 1% ig. benzol. Lsgg. von *Polystyrol* (I) mit J = 4,9—15,8 W pro cm² beschallt (25°, Frequenz 0,75 MHz). Der Endwert des Polymerisationsgrades liegt um so tiefer, je höher J (z. B. ist $\bar{P} = 1000$ für J = 4,8 u. 380 für J = 15,8). Die experimentellen Daten stehen in guter Übereinstimmung mit den berechneten. Insgesamt folgt aus den Verss., daß der I-Abbau durch Reibungs- oder Stoßvorgänge in der beschallten I-Lsg. verursacht wird. (J. Polymer Sci. **28.** 519—36. April 1958.) O. FUCHS. 4010

A. V. Tobolsky, A. Mercurio und **K. Murakami,** *Molekulargewichtsverteilung auf Grund von Spannungsrelaxation.* Von 2 verschied. stark einheitlichen *Polystyrol*-Proben mit $M_w/M_n = 1{,}1$ u. $M_n = 1{,}54 \cdot 10^5$ (Probe A) bzw. $M_w/M_n = 1{,}5$ u. $M_n = 1{,}17 \cdot 10^5$ (B) wurde nach der von TOBOLSKY früher (vgl. C. **1957.** 8524) angegebenen Meth. die Verteilung $H(\log \tau)$ der Relaxationszeiten τ durch Messung der Spannungsrelaxation bestimmt. Hiernach hat A eine deutlich engere Verteilung als B. (J. Colloid Sci. **13.** 196—97. April 1958. Princeton, N. J., Univ., Frick Chem. Labor.) O. FUCHS. 4010

R. M. Joshi und **S. L. Kapur,** *Untersuchungen über Copolymerisation.* Vff. untersuchten das Verh. von *Styrol* (I), *Methyl-* (II), *Äthyl-* (III), *n-Propyl-* (IV), *n-Butyl-* (V), *Isobutyl-* (VI), *2-Äthoxyäthyl-* (VII) u. *Benzylmethacrylat* (VIII), *Methyl-* (IX), *Äthyl-* X), *n-Propyl-*, *n-Butyl-*, *2-Äthoxyäthyl-* (XI) u. *Benzylacrylat* (XII), *Vinylformiat* (XIII), *-acetat* (XIV), *-propionat* (XV), *-butyrat*, *-valerat*, *-2-äthylhexanoat* (XVI) u. *-benzoat* bei der Copolymerisation mit *Allylchlorid* (XVII) u. bestimmten ihre relativen Reaktivitätskonstanten aus der Zus. der Copolymeren (Best. des Cl-Geh.) sowie ihre Q- u. e-Werte. Die Copolymerisation der Monomerenpaare Ester/XVII wurde im Block mit Benzoylperoxyd einige Std. bis mehrere Tage bei 60° durchgeführt, wobei die Konz. von I—XI u. XIII—XVI 0,04, die der übrigen Ester 0,01 Mol-% betrug. II—IV u. VI wurden mit PAe., I, V, VII u. VIII mit Methanol gefällt. Die copolymeren Acrylsäure- u. Vinylester, halbfeste gummiartige Prodd., wurden durch Hochvakuumdest. (<0,1 mm) erhalten. Aus den tabellar. zusammengestellten r_1- u. r_2- sowie Q- u. e-Werten geht hervor, daß der r_1-Wert der Methacryl- u. Acrylsäureester von II ($r_1 = 48{,}10$) bzw. IX (8,45) progressiv mit zunehmender Größe der Estergruppe abnehmen, Eine Ausnahme machen III (57,90) u. die Benzylester VIII u. XII (58,70 bzw. 9,90). Die Einführung einer 2-Äthoxyäthylestergruppe setzt in der Methacrylesterreihe den r_1-Wert beträchtlich herab (VII 35,60), in der Acrylesterreihe dagegen herauf (XI 8,85). Für XVII wurde im Gegensatz zum Q- u. e-Wert von PRICE (0,052 u. +0,6) Q zu 0,026 u. e zu —0,73 berechnet. (J. sci. ind. Res. [New Delhi], Sect. B **16.** 441—44. Okt. 1957. Poona, Nat. Chem. Labor.) S. NEUE. 4010

G. Ss. Kolessnikow, W. W. Korschak und **T. W. Smirnowa,** *Synthese von Polyarylenalkylen.* 1. Mitt. *Polykondensation von Methylenchlorid mit Halogenderivaten des Benzols.* Vff. untersuchen die Polykondensation äquimol. Mengen von Methylenchlorid einerseits u. Fluor- (I), Chlor- (II) oder Brombenzol (III) andrerseits in Ggw. von 9 Mol-% $AlCl_3$. Hierbei werden erhalten: *Poly-[fluor-p-benzylen]* [Mol.-Gew. 1940; 40,7% (Ausbeute)] u. *x.x′-Difluordiphenylmethan* (19,6%) aus I, *Poly-[chlor-p-benzylen]* (Mol.-Gew. 1920; 52,5%) u. *x.x′-Dichlordiphenylmethan* (12%) aus II u. *Poly-[brom-p-benzylen]* (Mol.-Gew. 2510; 38,4%) sowie *p-Dibrombenzol* (11%) u. *x.x′-Dibromdiphenylmethan* *säure* (I), 7,78 *Isovaleriansäure* (II) u. 3,48 *Capronsäure* (III), während Butter prakt. frei von letzterer ist. Für die Best. von Walöl in Butter trennt man diese wasserdampfflüchtigen Säuren ab u. stellt von jeder eine 1%ig. wss. Lsg. her. Man verwendet für die aufsteigende, eindimensionale Chromatographie mit 1%ig. wss. Oxalsäure vorbehandelte Papierstreifen (WHATMAN Nr. 1), trägt 2,5 cm vom Streifensaum 4—5 mm^3 der zu untersuchenden Lsg. auf u. entwickelt die Streifen 14 Std. bei 17—19° mit n-Butanol (mit 1,5n NH_4OH gesätt.); man macht I (R_F ca. 0,21), II (0,42) u. III (0,55) mit Bromphenolblau (50 mg u. 200 mg Citronensäure in 100 cm^3 W.) sichtbar, wobei die Flecken deutlich voneinander unterscheidbar sind. Die Meth. ermöglicht es, noch 3% Walöl zu ermitteln. — 11 Literaturzitate. (Ann. Sperimentaz. agrar. [N. S.] **9.** 11—20. 1955. Torino, Staz. Chim.-Agrar. sperim.) G. PLATZER. 7858

Walter Mohr, *Sind Rückschlüsse aus der Relation von Jodzahl zu Schnittfestigkeit (bei 15°) zum Nachweis von Mischbutter möglich?* Vf. führt weitere Gründe für die bereits früher (C. **1958.** 10227) von ihm vertretene Ansicht, daß die Relation der Meßwerte von Schnittfestigkeit zu JZ. nicht als analyt. Meth. zum Nachw. von Mischbutter anzusehen ist, an. (Milchwissenschaft **12.** 61—62. Febr. 1957.) M. WINIKER. 7858

Maria Łuczak und **Celina Barska,** *Festlegung der Genauigkeit der Bestimmungsmethoden für Fett in Milch und Molkereiprodukten.* Aus einem Vgl. der Analysenergebnisse folgt, daß die genaueste butyrometr. Meth. zur Fettbest. in Rahm das Verf. von GERBER, für Käse das von VAN GULIK ist. Die KÖHLER-Meth. kann verbessert werden, wenn nach Auflösen des Rahms Amylalkohol vor dem Zentrifugieren zugesetzt wird. (Prace Inst. Przemysłu mleczarskiego **4.** Nr. 1 (10). 54—69. 1957. Warszawa.) F. URBAN. 7860

Jerzy Jakubowski und **Franciszek Bijok,** *Normung des Fettgehaltes in Käse in Abhängigkeit von der chemischen Zusammensetzung der Milch.* Die mittlere Abweichung bei der Fettbest. nach der Formel von KOROLEW (a) beträgt 0,085, nach SCHULZ u. KAY (b) 0,082 u. nach JAKUBOWSKI (c) 0,078. Die Berechnungen erfolgen auf Grund der Werte für fettfreie Trockenmasse (a), Gesamteiweiß (b) oder Casein (c) in der Ausgangsmilch. Die Genauigkeit beträgt 1,4%, bezogen auf Fett in der Käsetrockenmasse. (Prace Inst. Przemysłu mleczarskiego **5.** Nr. 2 (13). 9—18. 1958. Warszawa.) F. URBAN. 7860

Jerzy Jakubowski und **Franciszek Bijok,** *Bestimmung der Käseausbeute in Abhängigkeit von der chemischen Zusammensetzung der Milch.* Die Ausbeute an Käse läßt sich auf Grund des Geh. der Milch an fettfreier Trockenmasse nach RINCKLEBEN oder Casein nach JAKUBOWSKI mit 1% Genauigkeit vorausbestimmen. (Prace Inst. Przemysłu mleczarskiego **5.** Nr. 2 (13). 19—30. 1958. Warszawa.) F. URBAN. 7860

D. M. Walker und **W. R. Hepburn,** *Normal–Säure-Faser: Ein Vorschlag für eine Analyse zur Bewertung von Rauhfutter.* 1. Mitt. *Die Analyse von Rauhfutter durch die Normal-Säure-Faser-Methode und ihre Anwendung zur Bestimmung der Verdaulichkeit des Rauhfutters für Schafe.* Vff. schlagen zur Beurteilung der Güte von Rauhfutter (Heu, Stroh) eine Zerstörung der Substanz mit n. Säure u. die Bewertung nach der verbleibenden Faser vor. Die Probe wird im SOXHLET-App. mit A.–Bzl. extrahiert u. der verbleibende Rückstand mit n. H_2SO_4 zum Kochen erhitzt. Nach Waschen werden die verbleibenden Fasern bei 100° bis zum konstanten Gewicht getrocknet. Die Differenz zum Rückstand nach Veraschung ergibt die Normal-Säure-Faser. (Agric. Progr. **30.** 118—28. 1955. Bucksburn, Aberdeen, Rowett Res. Inst.) W. KNÖPKE. 7866

J. R. Johnson, J. R. Schubert und **P. H. Weswig,** *Laboratoriumsmäßige Ermittlung der verdaulichen Nährstoffe als Methode zur Bestimmung der gesamtverdaulichen Nährstoffe.* Die von THURMANN u. WEHUNT mitgeteilte Meth. zur Best. verdaulicher Nährstoffe, die darauf beruht, daß das Untersuchungsmaterial im Autoklaven mit verd. HCl behandelt, das Trockengewicht des unlösl. Rückstands festgestellt u. die prozentuale Differenz zum Ausgangsmaterial, die mit dem gesamtverdaulichen Nährstoffwert übereinstimmt, ermittelt wird, wurde bei 15 verschied. natürlichen Futtermitteln angewandt, deren gesamtverdaulicher Nährstoffwert mit Hilfe der üblichen Digestion bereits bekannt war. Diesen Werten gegenüber ergaben sich jedoch Unterschiede zwischen +3,55 u. —20,23% (im Mittel —8,95%), so daß Vff. eine Verbesserung dieser Meth. empfehlen, durch die befriedigende Ergebnisse gewährleistet werden. (Agronomy J. **50.** 51—52. Jan. 1958. Corvallis, Ore., Oregon State Coll., Dep. of Agric. Chem.) W. KREIPE. 7866

R. H. Bunnell, *Der Nachweis von N.N'-Diphenyl-p-phenylendiamin im Tierfutter.* Vf. beschreibt eine von ihm ausgearbeitete Meth. zur Best. von *N.N'-Diphenyl-p-phenylendiamin* (I) in Futtermitteln, die auf der Auswertung der von I mit konz. Salpetersäure gebildeten Farbtönung (rot) beruht. (Poultry Sci. **35.** 960—61. Juli 1956. Storrs, Univ. of Connecticut, Dep. of Poultry Science.) G. MAYR. 7868

Chester A. Luhman, *Bericht über Furazolidon und Bifuran in Futtermitteln.* Ein Verf. zur chromatograph. Trennung von *Furazolidon* (I) u. *Nitrofurazon* (II) an Al_2O_3 aus Futterextrakt in Dimethylformamid u. zur photometr. Best. des Geh. an I bzw. *Bifuran* (Gemisch aus I u. II) bewährte sich nicht. Dagegen erhält man nach der früher beschriebenen Meth. (C. **1959.** 7896) brauchbare Werte. Dieses Verf. wird zur amtlichen Einführung empfohlen. (J. Assoc. off. agric. Chemists **41.** 333—37. Mai 1958. Sacramento, Calif., California Dep. of Agric., Feed Control Labor.)
PH. FRESENIUS. 7868

XVII. Fette. Seifen. Wasch- u. Reinigungsmittel. Wachse. Bohnermassen usw.

M. P. Gertschuk und **W. M. Iwanowa,** *Die Synthese von Nordihydroguajaretsäure und ihre Anwendung zur Erhöhung der Resistenz von Nahrungsfetten gegen das Ranzigwerden.* Die Synth. von *Nordihydroguajaretsäure* (I) wird wir folgt durchgeführt: Durch Behandlung von Brenzcatechin mit Allylbromid wird der Monoallyläther erhalten, der sich bei 180° zu 3.4-Dihydroxyallylbenzol isomerisieren läßt u. aus dem beim Durchleiten von HBr 1-Brom-1-[3.4-dihydroxybenzyl]-äthan entsteht. Bei weiterer Behandlung mit Mg u. J_2 wird dieses in I übergeführt; F. 184—185°. Die Stabilität von Schweinefett wird durch Zusatz von 0,01 Gew.-% I auf das 4fache gesteigert. Auf Dorschfett wirken 0,02—0,05% I stabilisierend. Die Oxydation von Milchfett wird durch I stark gehemmt. Vff. schlagen vor, die Produktion von I mit der Synth. von Safrol, dem Ausgangsprod. für die Gewinnung von Duftstoffen, zu verbinden u. Safrol aus 3.4-Dihydroxyallylbenzol (Ausgangsprod. für I) zu gewinnen. (Маслобойно-Жировая Промышленность [Öl- u. Fett-Ind.] **24.** Nr. 6. 44—45. 1958. Moskau, Plechanow-Inst. für Volkswirtschaft.)
OTTO MAIER. 7878

V. V. R. Subrahmanyam und **K. T. Achaya,** *Weniger bekannte indische Pflanzenfette.* 1. Mitt. *Ölsäurereiche Fette.* Von 5 ölsäurereichen Samenfetten ind. Ursprungs mit einer JZ. von 60—100 von der Seifennuß (I), Papaya (II), Brechnuß (III), süßer Mandel (**IV**) u. Guava (**V**) wurden die Fettsäurekomponenten durch Esterfraktionierung bestimmt. Die Fette wurden aus frischen Samen im SOXHLET mit PAe. extrahiert; der Fraktionierung der Methylester folgt eine Pb-Salztrennung aus Äthylalkohol. Ergebnis: Fett im Samen in %: I 14,5, II 24,9, III 4,2, **IV** —, **V** 10,1; Fett im Kern in %: I 45,4, II 50,1, III—, **IV** 50,0, **V** —; JZ. des Fettes: I 60,4, II 68,3, III 71,9, **IV** 95,6, **V** 98,7; Sap. equiv. des Fettes: I 300,5, II 290,7, III 330,4, **IV** 293,4, **V** 291,3; Wassergeh. des Samens in %: I 8,4, II 8,6, III 8,3, **IV** —, **V** 5,6; Fettsäurezus.: Myristinsäure (I —, II 0,2, III 0,9, **IV** 0,2, **V** 1,2; Palmitinsäure: I 5,4, II 17,2, III 12,6, **IV** 8,9, **V** 8,9; Stearinsäure: I 8,5, II 3,6, III 6,6, **IV** 4,0, **V** 4,8; Arachidonsäure: I 20,7, II —, III 7,0, **IV** —, **V** —; Behensäure: I 2,1, II —, III 1,7, **IV** —, **V** —; Hexadecensäure: I —, II 1,3, III —, **IV** —, **V** —; Ölsäure: I 55,1, II 77,3, III 62,0, **IV** 62,5, **V** 53,9; Linolsäure: I 8,2, II 0,4, III 9,2, **IV** 24,4, **V** 29,2; Linolensäure: I—**IV** —, **V** 1,1. I wird zur Herst. von Seifen oder als Ausgangsmaterial zur Gewinnung von Ölsäure oder Arachidonsäure empfohlen, II kann zur Gewinnung reiner Ölsäure dienen oder nach Raffination als Salatöl, III ist für die Seifenherst., **IV** für Kosmetica geeignet. (J. Sci. Food Agric. **8.** 657—62. Nov. 1957.)
J. BÖSS. 7892

V. V. R. Subrahmanyam und **K. T. Achaya,** *Weniger bekannte indische Pflanzenfette.* 2. Mitt. *Linolsäurereiche Fette.* (1. vgl. vorst. Ref.) 4 linolsäurereiche Samenfette ind. Ursprungs von der süßen Orange (I), Kaffee (arab. Sorte; II), Kaffee (robuste Sorte; III) u. Teav (**IV**) wurden mittels Esterfraktionierung analysiert. Ergebnis: Fett in Samen in %: I 39,8, II 11,8, III 10,0, **IV** 2,0; Fett im Kern in %: I 48,2, II 13,4, III 12,0, **IV** 44,5; JZ. des Fetts: I 102,1, II 96,1, III 97,5, **IV** 107,5; Sap. equiv. des Fettes: I 287,8, II 314,0, III 309,1, **IV** 288,4; W. im Samen in %: I 5,3, II 8,3, III 10,5, **IV** —; Samenfett: Farbe (Lovibond $^1/_4$ in. cell): I 1,5 R, 25,0 Y, II 4,9 R 8,0 Y, II 1,8 R, 5,5 Y, **IV** 26,0 R, 4,0 Y; n_D^{25}: I 1,4685, II 1,4790, III 1,4776, **IV** 1,4692; SZ.: I 4,1, II 2,0, III 1,7, **IV** 1,6; Fettsäurezus. in %: Myristinsäure: I 0,5, II 2,0, III 2,3, **IV** 0,2; Palmitinsäure: I 19,0, II 28,8, III 23,3, **IV** 11,0; Stearinsäure: I 8,0, II 4,5, III 6,5, **IV** 10,2; Arachidonsäure: I 0,8, II 1,6, III 2,5, **IV** 2,3; Behensäure: I —, II 0,2, III —, **IV** —; Hexadecensäure: I 0,8; Ölsäure: I 32,7, II 18,9, III 17,4, **IV** 29,5; Linolsäure: I 32,1, II 44,0, III 48,0, **IV** 46,4; Linolensäure: I 6,1, **IV** 0,4. Vff. schließen aus obigen Ergebnissen, daß fast alle ind. Samenfette mehr gesätt. Fettsäuren enthalten als die gleichen Fette in kühleren Gegenden, mit Ausnahme der ind. Kaffeesamenfette, die einen höheren Linolsäuregeh. u. einen geringeren Stearinsäuregeh. haben als die brasilian. oder nordamerikan. Arten. (J. Sci. Food Agric. **8.** 662—68. Nov. 1957.)
J. BÖSS. 7892

J. M. Martinez Moreno, C. Gomez Herrera und **C. Janer del Valle,** *Das Brechen der Ölemulsionen. Arbeiten über die Olivenpasten.* Unter Zusammenfassung eigener bereits

veröffentlichter Arbeiten über die physikal.-chem. Probleme, die bei der Extraktion des Olivenöls anstehen, werden an Hand eines Vortragsberichtes eingehendere Ausführungen gemacht. Behandelt werden die Beschaffenheit u. das Verh. der nativen Olivenpasten u. die auf die Extrahierbarkeit des Öls Einfl. nehmenden Faktoren, z. B. die präzipitierend wirkenden Agentien, der Effekt von Enzymen, der Wärme, von oberflächenakt. Stoffen (Alkyl-Aryl-Sulfonat), von weiteren öligen bzw. proteinigen Faktoren. (Oléagineux **14.** 21—25. Jan. 1959. Sevilla, Spanien, Inst. de la Grasa.)
K. TÄUFEL. 7894

E. Kellens, *Bleichung von Palmöl in der Lebensmittel- und in der Seifenindustrie.* Zusammenfassende Ausführungen über Palmöl u. die Verff. zu seiner Bleichung. Es werden eingehend erörtert die in der Seifenindustrie angewendeten Verff., die sich der Red. bzw. der Oxydation bedienen, ferner die adsorptiven Verff. hinsichtlich ihrer einzelnen Stufen. Gesondert wird die Durchführung der Bleichung bei Palmöl für den menschlichen Genuß dargestellt; es handelt sich dabei zumeist um die adsorptive Wrkg. von aktivierten Bleicherden; Ausführungen über die Gewinnung der Ölrückstände in den Erden u. ihre Wiederaktivierung. (Oléagineux **13.** 885—88. Dez. 1958. Brüssel.)
K. TÄUFEL. 7894

P. Blaizot und **J. Poliakoff,** *Die Ölkuchen und ihre Proteide.* Zusammenfassende Ausführungen über die bei der Pressung bzw. bei der Extraktion mit den verschied. Lösungsmitteln zurückbleibenden Ölkuchen u. ihren Einsatz, vor allem als Futtermittel; in Form von Tabellen werden Angaben gemacht über die Zus. der Ölkuchen von Erdnuß, Soja, Sonnenblume, Baumwolle, Lein, Raps, Sesam, Copra, Ölpalme, Mohn, Ricinus, Carité, Cacao, Olive, Lallemantia usw.; in Tabellenform werden die konstituierenden Aminosäuren der Proteine der wichtigsten Ölkuchen nach Art u. Menge mitgeteilt. (Oléagineux **14.** 39—46. Jan. 1959. Paris, I.R.H.O.) K. TÄUFEL. 7894

A. Finizia und **P. Cuizzetti,** *Klassifikation der Oberflächenaktiven.* Überblick über die Klassifikation der modernen oberflächenakt. Reinigungsmittel: anion. u. kationakt. Prodd. (sulfonierte Fettalkohole, sek. aliphat. Alkohole, Alkyl- u. Alkylarylsulfonate) u. ionogene Prodd. (Alkyl- u. Alkylarylpolyglykoläther). (Riv. ital. Essenze, Profumi, Piante officin., Olii veget., Saponi **39.** 575—81. 15/11. 1957.) G. PLATZER. 7912

E. Q. Laws und **W. Hancock,** *Einige Natriumalkylarylsulfonate als Standardsubstanzen in der Netzmittelchemie.* Als Standardsubstanzen für die Unters. kommerzieller Netzmittel werden von Vff. die reinen Na-Salze von *n-Tetradecyl-*, *n-Dodecyl-*, *n-Decyl-*, *n-Octyl-*, *n-Hexyl-*, *n-Butyl-* u. *α-Dimethyldecylbenzolsulfonsäure* dargestellt. Untersucht werden das papierchromatograph. Verh. (R_F-Werte) u. die Farb-Rkk. mit *Methylenblau* nach LONGWELL u. MANIECE (vgl. C. **1956.** 1409). (Nature [London] **183.** 1473—74. 23/5. 1959.) HERBERT MÜLLER. 7912

A. Seher, *Über die Bestimmung der Peroxydzahl.* Wird die Best. der *Peroxydzahl* nach dem Prinzip der Red. der Peroxyde mit Jodidionen u. Titration des gebildeten J_2 unter Verwendung der von SCHMIDT beschriebenen, vereinfachten App. vorgenommen, so können nach den neuerlichen Unterss. des Vf. objektive Werte erhalten werden, die mit den theoret. berechneten gut übereinstimmen. (Fette, Seifen, Anstrichmittel **60.** 264—67. April 1958. Münster/Westf., Dtsch. Inst. für Fettforsch.)
H. P. FIEDLER. 7932

T. N. Mehta, B. I. Rao, S. M. Abhyankar und **B. H. Alase,** *Harnstoffaddukte von Fettsäuren.* 10. Mitt. *Erkennung von Verfälschungen bei Senföl durch Leinsaat- und Erdnußöl.* (9. vgl. C. **1958.** 14476.) Die Best. der chem. Kennzahlen gibt wenig Auskunft über Ölverfälschungen. Der Anteil von Erucasäure im Senföl zur Abschätzung der Verfälschung mit Leinsaat- u. Erdnußöl wird durch Bldg. eines Harnstoffadduktes festgestellt. Das durch Verseifung u. anschließende Spaltung gereinigte Senföl wurde in verschied. Konz. mit Lein- u. Erdnußöl versetzt u. im Verhältnis 1:3:12 (bzw. 20) aus Öl:Harnstoff:Alkohol gebildet. In den wechselnden Modellmischungen lassen sich die Anteile gesätt. u. ungesätt. Fettsäuren von C_{22} u. C_{18} berechnen. (J. Indian chem. Soc., ind. News Edit. **19.** 39—47. 1956. Univ. Nagpur, Inst. für Technol.)
H. STACHE. 7932

J. C. Riemersma und **Wil Stoutjesdijk,** *Über die Papierchromatographie von Sterinen aus Tier- und Pflanzenfetten.* Bericht über gute Erfahrungen mit der von SULSER u. HÖGL (C. **1959.** 984) angegebenen Arbeitsweise. Es wird jedoch darauf hingewiesen, daß Molybdatophosphorsäure als Sprühmittel vorteilhafter ist als $SbCl_3$. — *Stigmasterin* kann neben anderen Phytosterinen nachgewiesen werden, indem man die Bromide der Acetate chromatographiert. (Mitt. Gebiete Lebensmittelunters. Hyg. [Bern] **49.** 115—20. 1958. Leiden, Rijkszuivelstation.) M. WINIKER. 7932

N. I. Ladyshnikowa, *Die Anwendung der Chromatographie bei der Analyse synthetischer Fettsäuren.* 10 g der zu untersuchenden Lsg. des Säuregemischs werden in einer mit 100 g Silicagel ASK beschickten Kolonne sorbiert; danach erfolgt eine fraktionelle Desorption bei 35°, indem man durch die Kolonne nacheinander folgende Fll. fließen läßt (2 ml/Min.): 300 ml Bzl. (I), 300 ml Bzl.-A.-Gemisch (II; 200 ml mit 95% Bzl. u. 5% A. + 100 ml mit 90% Bzl. u. 10% A.) u. 300 ml A. (III). Von jeder Fraktion werden 10—40 ml entnommen, das Desorbens im Strom eines inerten Gases verdampft, gewogen u. die SZ. bestimmt. In den Fraktionen I u. II sind ca. 75% der Gesamtsäuremenge, hauptsächlich gesätt. Monocarbonsäuren, enthalten. Die Säuren dieser Fraktionen enthalten kein Carbonyl; sie besitzen eine geringe JZ. u. eine weiße Farbe. Sie sind in I u. II so verteilt, daß sie mit den hochmol. beginnen u. mit Säuren endigen, die 11—12 C-Atome haben. Jede Fraktion stellt ein Säuregemisch dar, In der Fraktion III sind ca. 25% der Gesamtsäuren enthalten, die aus niedrigmol. Monocarbonsäuren bestehen. Dieses Säuregemisch ist dunkelbraun gefärbt u. hat hohe Jod- u. Carbonylzahlen u. enthält Ketosäuren, O-haltige nicht verseifbare Prodd. u. andere. Die Adsorptionsanalyse der üblichen Fraktionen von industriellen synthet. Fettsäuren u. der Fettsäuren aus Cocosöl ergab, daß die Fraktion C_{10}—C_{16} den Fettsäuren aus Cocosöl sehr ähnlich ist. (Маслобойно-Жировая Промышленность [Öl- u. Fett-Ind.] **24.** Nr. 9. 28—30. 1958.) OTTO MAIER. 7936

R. Bennewitz, *Bestimmung des Ionentyps capillaraktiver Stoffe mittels Farbindicatoren.* Die „scheinbare p_H-Verschiebung" sowie die spektrale Veränderung von p_H-Indicatoren durch anion. u. kation. capillarakt. Verbb. kann zu deren Nachw. auch in Anwesenheit nichtionogener Äthylenoxydaddukte analyt. verwendet werden. Die nichtionogenen capillarakt. Äthylenoxydaddukte lassen sich auf diese Weise ebenfalls nachweisen, sofern sie nicht im Gemisch mit anion- oder kationakt. Substanzen vorliegen. An Hand von Arbeitsvorschriften wird die Durchführung der Meth. prakt. erläutert. (Fette, Seifen, Anstrichmittel **58.** 832—33. Okt. 1956. Karl-Marx-Stadt, VEB Fettchemie.) GERD RICHTER. 7942

Dansk Sojakagefabrik A/S, Kopenhagen, Dänemark, *Verminderung des Gehaltes an Isothiocyanatverbindungen in Raps- und Senfsamen.* Die vermahlenen Samen werden auf 5—18% Wassergeh. gebracht u. bei 20—40° einem *fermentativen* Prozeß unterworfen. Die hierbei freigelegten Isothiocyanate werden zusammen mit dem Öl entfernt. (**Dän. P. 81 487** vom 6/11. 1953, ausg. 30/7. 1956.) K. H. KÄHLER. 7895

Procter & Gamble Co. (Erfinder: **Wayne Lloyd St. John**), Cincinnati, Ohio, V. St. A., *Wasch- und Reinigungsmittel,* enthaltend im wesentlichen mindestens ein anionakt. Mittel vom Sulfat- oder Sulfonattyp sowie ein Alkylharnstoffglucosid der allg. Formel I, in der R ein höherer Alkylrest mit ca. 10—15 C-Atomen u. R′ einen Monosaccharid- oder reduzierenden Disaccharidrest bedeuten, u. gegebenenfalls Alkalitripolyphosphat (I), z. B. 17,5 (%) Polypropylenbenzolsulfonat, 32,5 Na_2SO_4, 47 I u. 3 Dodecylharnstoff-N′-glucosid, -galaktosid oder -lactosid. (**D. A. S. 1 041 189** Kl. 23e vom 19/1. 1957, veröff. 16/10. 1958. A. Prior. 20/1. 1956.) C. LÜTTGEN. 7913

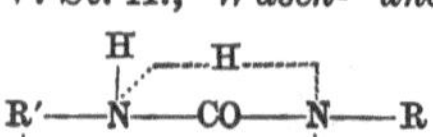

I

Henkel & Cie. G. m. b. H. (Erfinder: **Valentin Habernickel,** Bergheim, und **Friedrich Weldes**), Düsseldorf, *Herstellung von kristallwasserfreiem Ammoniummetaboratdiperhydrat* der Zus. $NH_4BO_2 \cdot 2H_2O_2$, dad. gek., daß man Borsäure, > 30% ig. H_2O_2 u. NH_3 im Mol-Verhältnis 1 : (2—6) : (1,05—3) zur Rk. bringt, wobei NH_3 in Form einer wss., bes. konz. Lsg. nach Vermischen der beiden anderen Komponenten hinzugefügt wird u. die Umsetzung mit 40—70% ig. H_2O_2 bei 0—30° erfolgt. — Verwendung als *bleichender* Bestandteil in *Grobwaschmitteln.* (**D. A. S. 1 058 027** Kl. 12i vom 22/2. 1958, veröff. 27/5. 1959.) K. DEMMLER. 7913

N. V. de Bataafsche Petroleum Mij., Den Haag, Holland, *Herstellung basischer, mehrwertiger Metallsalze von Sulfonsäuren* durch allmähliches Zufügen einer Alkalihydroxydlsg., eines aliphat. Alkohols mit 1—3 C-Atomen oder eines Gemisches des Alkohols mit W. zu einer Lsg. eines Metallsulfonats u. eines wenigstens z. T. in einem Alkohol mit 1—3 C-Atomen gelösten mehrwertigen Metalls. — In eine Isopropanollsg. des Na-Salzes der Monosulfonsäure eines Monoalkylnaphthalingemisches, in dem die Alkylgruppen eine gerade Kette von 14—18 C-Atomen haben, führt man unter Rühren $CaCl_2$ ein, fügt bei n. Temp. eine alkoh. KOH-Lsg. innerhalb ca. 20 Min. zu, zentrifugiert das Gemisch u. erhält dabei eine fl. Ca-Sulfonatphase. Aus den festen Komponenten, die aus einem Gemisch von bas. Ca-Sulfonat, $Ca(OH)_2$ u. NaCl bestehen, extrahiert man das bas. Sulfonat mit Hilfe von Gasolin, Kp. 60—80°. — Vgl. F. P. 1 096 346; C. **1958.** 13396. (**Aust. P. 164 353** vom 16/2. 1954, ausg. 11/8. 1955. Holl. Prior. 17/2. 1953.) H. NEBELSIEK. 7913

Unilever N. V., Rotterdam, Holland (Erfinder: **Charles Henry Schramm**, Hillsdale, N. J., V. St. A.), *Reinigungsmittel*, bestehend aus seifenfreien waschakt. Stoffen, bes. Alkylsulfat oder Alkylarylsulfonat, gek. durch den Geh. an einem N-Tris-(hydroxymethyl)-methylamid der Formel $R\cdot CO\cdot NH\cdot C(CH_2OH)_3$, in der R eine gesätt. C_9—C_{15}-Alkylgruppe oder eine ungesätt. C_9—C_{17}-Alkylgruppe bedeutet, bes. N-Tris-(hydroxymethyl)-methyllauramid; zur Verbesserung des Schaumvermögens. (**D. A. S. 1 033 827** Kl. 23e vom 25/1. 1957, veröff. 10/7. 1958. A. Prior. 31/1. 1956.) C. LÜTTGEN. 7917

Thomas Hedley & Co. Ltd., Newcastle, England, *Reinigungsmittel in Stückform*, bestehend aus 15—55 (%) Alkylglyceryläthersulfonat (I), 5—50 Seife u. 20—70 Bindemittel u./oder Füller. I kann bis 75% andere Sulfate oder Sulfonate enthalten. (**E. P. 791 415** vom 29/3. 1956, ausg. 5/3. 1958. A. Prior. 31/3. 1955.) C. LÜTTGEN. 7917

Shell Development Co., New York, N. Y., übert. von: **Karekin G. Arabian** und **Norman E. Duncan**, Houston, Texas, V. St. A., *Verbesserung der Glanzstabilität von kristalline Paraffinwachse enthaltenden Mischungen.* Es wird hierzu ein Selektivextrakt mit einer Viscosität von 400—900 SSU bei 210° F (gewonnen aus einem Petroleumschmieröl durch Extraktion mit Aromaten) bes. in einer Menge von 0,2—5 Gew.-% den Wachsmischungen zugesetzt. (**A. P. 2 848 385** vom 10/10. 1955, ausg. 19/8. 1958.) P. KRUG. 7925

Krupp Kohlechemie G. m. b. H. (Erfinder: **Walter Lagodny** und **Karl-Heinz Ziesecke**), Wanne-Eickel, *Wachse mit großer Ölaufnahmefähigkeit* werden durch Versetzen von oxydierten Paraffinen (I), bes. der FISCHER-TROPSCH-Synth., mit z. B. SZ. $<$ 30, die gegebenenfalls mit $<$ 2% $Ca(OH)_2$ neutralisiert sind, mit solchen Alkaliverbb. (NaOH u. LiOH) in geringer Menge, die sich mit Fettsäuren umzusetzen vermögen, u. gegebenenfalls Verdampfen vorhandenen W. erhalten. — Unter Rühren werden 1 kg I (SZ. 30; VZ. 58) bei 130—140° mit 50 cm^3 einer 20% ig. NaOH umgesetzt, bis das W. verdampft ist. — Verwendung für *Fußboden-* u. *Lederpflegemittel.* (**D. A. S. 1 046 308** Kl. 39b vom 21/5. 1953, veröff. 11/12. 1958.) G. TEWES. 7927

XVIIIa. Holz. Cellulose. Zellstoff. Papier. Papierdruck. Celluloid. Linoleum.

M. D. Bywschich, *Der Einfluß von Temperatur und Feuchtigkeit von Holz auf dessen elastisch-plastische Eigenschaften.* Verss. im Hinblick auf die beim Trocknungsprozeß sich ausbildenden Spannungszustände wiesen auf einen engen Zusammenhang mit der elastisch-plast. Deformation hin. Mit Erhöhung der Temp. u. Holzfeuchtigkeit findet bei tangentialer Dehnung eine Verkleinerung des Festigkeitsgrenzwertes u. des Elastizitätsmoduls u. eine Vergrößerung der elastisch-plast. Deformation statt. (Деревообрабатывающая Промышленность [Holzverarb. Ind.] **8.** Nr. 2. 13—15. Febr. 1959.) M. ULMANN. 7952

B. A. Asstafjew, Je. I. Belowa und **P. M. Smirdin**, *Das Trocknen von mit Kochsalzlösung getränktem Holz.* Die Behandlung von Buchenholz nach Durchdämpfen bei 0,2 at für 4—5 Min. in einer 25% ig. Kochsalzlsg. bei Zimmertemp. ermöglicht eine viel kürzere Trocknungsdauer, wobei Risse im Holz kaum auftreten u. Fäulniserscheinungen nicht zu befürchten sind. (Деревообрабатывающая Промышленность [Holzverarb. Ind.] **8.** Nr. 3. 9—10. März 1959. Nerechta, Stiefelabsatzfabrik.) M. ULMANN. 7952

L. A. Gusskow, *Über Petrolatumtrocknung und antiseptische Behandlung von Holz.* Kurze Schilderung der Vorzüge einer Petrolatumbehandlung von Sägematerialien für den Häuserbau, was zu wesentlichen Ersparnissen an Kosten u. Energie führt u. eine bes. antisept. Behandlung überflüssig macht. (Деревообрабатывающая Промышленность [Holzverarb. Ind.] **8.** Nr. 12. 17—18. Febr. 1959.) M. ULMANN. 7952

Chester H. Haydel, Jeuel F. Seal, Hermann J. Janssen und **Henry L. E. Vix**, *Dekristallisierung von Baumwollcellulose.* Zwei Verff. zur Entfernung des zur Dekristallisation von Baumwollcellulose dienenden Monomethylamins werden untersucht. Die Extraktion mit Hexan führt zu Prodd., die in den verbleibenden Kristallzonen noch Cellulose I u. III enthalten u. erfordert auf Grund der Löslichkeitsverhältnisse mehrmaliges Auswaschen, außerdem eine anschließende Trennung des Hexan–Methylamin-Gemisches durch fraktionierte Destillation. Die Meth. der Entfernung des Methylamins durch Verdampfen mit Hilfe kalten oder erhitzten N_2-Gases erfordert lediglich die einfache Trennung des Methylamin–W.-Gemisches. Der Gitteraufbau der entstandenen Prodd. ist hier von der Geschwindigkeit des Verdampfungsprozesses abhängig. (Ind. Engng. Chem. **50.** 74—75. Jan. 1958. New Orleans, La., U S Dep. of Agriculture, Southern Utilization Res. and Dev. Div.) R. SCHÖLLHORN. 7954

Hiroshi Asaoka, *Alkalibehandlung von Buchenzellstoff.* Es wurde angenommen, daß die Abnahme des DP. bei der Alkalibehandlung von Buchenzellstoff rascher verläuft als bei der Alkalibehandlung von Rotkieferzellstoff. Nun wurde festgestellt, daß die Abnahme des DP. in beiden Fällen etwa mit der gleichen Geschwindigkeit erfolgt. Die erhaltenen Ergebnisse stimmen gut mit den nach der Theorie von OKAMURA errechneten überein. (J. Soc. Textile Cellulose Ind., Japan [Sen-i Gakkaishi] **13.** 855—60. Dez. 1957. Tokio, Univ., Fac. of Engin., Engin. Res. Inst. [Orig.: japan., Auszug: engl.]) A. SEUFFERT. 7956

E. J. Bugg und **A. J. Pearson,** *Herstellung von Zellstoff aus Eucalyptus-Hölzern durch Aufschluß mit kalter Sodalösung.* Beschreibung einer Anlage u. deren Arbeitsweise. (Paper Trade J. **142.** Nr. 51. 18—24. 22/12. 1958.) A. SEUFFERT. 7958

Hiroshi Sobue, Tokumi Koshizawa und **Kazuhiko Tsuboshima,** *Untersuchung über die Löslichkeit von Zellstoff.* 8. Mitt. *Die morphologische Umwandlung von Holzcellulosefaser während der Sulfitkochung und Reinigung in der Wärme mit Alkali und Hypochloritbleiche.* (7. vgl. J. Soc. Textile Cellulose Ind., Japan [Sen-i Gakkaishi] **13.** [1957.] 81.) Bei denselben Proben wie in der 5., 6. u. 7. Mitt. beschrieben, wurde die morpholog. Umwandlung von Holzfaser während des Sulfitaufschlusses u. der Reinigung in der Wärme durch Alkali u. der Hypochloritbleiche geprüft. Es ergaben sich folgende Resultate: 1. Der Quellungs- u. Lösungszustand der Cellulosefaser nach dem Sulfitaufschluß, untersucht in Phosphorsäure, verbesserte sich mit der Abnahme des Durchschnittspolymerisationsgrades während der Sulfitkochung. 2. Durch die nachfolgende Chloreinw., Reinigung in der Wärme durch Alkali u. Hypochloritbleiche wurde Löslichkeit u. Quellung weiter verbessert. (J. Soc. Textile Cellulose Ind., Japan [Seni- Gakkaishi] **13.** 842—51. Dez. 1957. Tokio, Univ., Fac. of Engin; Tokio, Kokoku Rayon and Pulp Co. Ltd. [Orig.: japan., Auszug: engl.]) A. SEUFFERT. 7962

Bogdan Burczyk, *Die Möglichkeiten der industriellen Verwendung von Tallöl.* Zus. des Tallöls; seine Verwendung zur Herst. von Seifen, Metallseifen, Lacken, Reinigungsmitteln, Flotationshilfsmitteln, Sterinen u. verschied. Hormonen. (Przegląd Papierniczy **15.** 22—25. Jan. 1959. Wrocław, Politechn., Kat. Techn. Przem. Organ.) E. PASCHKE. 7966

Elias Klein und **James E. Snowden,** *Ersatz von Hydroxylgruppen in Baumwollcellulose.* Die Einführung von Sulfonsäuregruppen in Baumwollcellulose als Zwischenverb. u. deren Ersatz durch Amide, Halogenide u. Thioverb. auf Grund der leichten Hydrolyse wird beschrieben. Herst. der Sulfonsäurecelluloseester erfolgt entweder in einem inerten Lösungsm. mit Soda, Cellulose u. dem Sulfonylchlorid oder mit Sulfonylpyridiniumhalogeniden, wobei die Cellulose vorgequollen wird. Sulfonsäurereste, die mit einer sek. alkoh. Hydroxylgruppe verestert sind, vermögen infolge WALDENscher Umkehr nicht ohne Öffnung des Glucoseringes zu hydrolysieren. Gleichzeitige Einführung von Acetylgruppen aktiviert die Sulfonsäurereste, vergrößert ihre Labilität u. erleichtert damit den Ersatz durch andere Gruppen. (Ind. Engng. Chem. **50.** 80—82. Jan. 1958. New Orleans, La., U. S. Dep. of Agriculture, Southern Regional Res. Labor.) R. SCHÖLLHORN. 7970

C. J. Malm, K. T. Barkey, E. B. Lefferts und **R. T. Gielow,** *Kettenlängenverringerung von Cellulose durch essigsaure Lösungen von Wasser und Schwefelsäure.* Vor der Acetylierung wird Cellulose, die gewöhnlich einige % W. enthält, mit Essigsäure behandelt, um eine einheitliche Reaktionsfähigkeit zu erzielen u. außerdem zur Verringerung der Kettenlänge in ein H_2SO_4-Essigsäuregemisch gebracht. Gefrierpunkts- u. Leitfähigkeitsbestimmungen verschied. tern. Gemische des Syst. H_2SO_4–H_2O–Essigsäure zeigten eine Störung des Gleichgewichts bei Zusatz von Cellulose, da diese selektiv H_2SO_4 adsorbiert. Der Umfang der Kettenlängenverkleinerung erwies sich als von der Menge u. Gleichmäßigkeit der H_2SO_4-Adsorption abhängig. Vorbehandelte, gleichmäßig reaktive Cellulose zeigte im Syst. H_2SO_4–Essigsäure bei Zusatz von W. einen verringerten Kettenabbau infolge Bldg. von Hydraten der H_2SO_4. Bei ungleichmäßiger Reaktivität der Cellulose dagegen bewirkt beschränkter Wasserzusatz eine vergrößerte gleichmäßigere Diffusion der H_2SO_4 in die Cellulose u. damit einen verstärkten Abbau. (Ind. Engng. Chem. **50.** 103—06. Jan. 1958. Rochester 4, N. Y., Eastman Kodak Co., Cellulose Acetate Dev. Div.) R. SCHÖLLHORN. 7970

Zbigniew Kikiewicz, *Vergleichende Untersuchungen über die Arbeitsweise eines Hydrofiners, einer Jordan-Mühle und eines kontinuierlich arbeitenden Holländers.* Unter optimalen Arbeitsbedingungen werden ein Hydrofiner, eine JORDAN-Mühle u. ein kontinuierlich arbeitender Holländer bei der Zerfaserung finn. u. poln. Cellulose verglichen (Energieverbrauch, Mahlgrad, Fasereigg.). Am günstigsten wird der Einsatz einer Kombination eines Hydrofiners mit einer JORDAN-Mühle beurteilt. Als Einzelmaschine wird dem Hydrofiner der Vorzug gegeben. (Przegląd Papierniczy **15.** 3—9. Jan. 1959. Łodź, Polytechn. Kat. Papiern. i Masz. Papiern.) E. PASCHKE. 7976

George W. Jorgensen, *Bedruckbarkeitsprüfung von Papieren mittels einer Druckpresse.* Es werden genaue Angaben zur Durchführung von Bedruckbarkeitsprüfungen von Buchdruckpapieren gegeben. Unter festgelegten Arbeitsbedingungen wird ein Testbild auf die zu untersuchenden Papiere gedruckt u. die Bildqualität auf Korngröße u. Bildschärfe visuell u. mit Meßmethoden geprüft. Bei kleinen Abänderungen in der Drucktechnik kann diese Prüfmeth. auch für andere Papiere angewendet werden. (Tappi **41.** 646—49. Nov. 1958. Chicago, Ill., Lithographic Technical Foundation.) H. MEYER. 7984

Ieyasu Ichikawa, *Rheologische Eigenschaften der Druckfarben.* Übersicht. — 49 Literaturangaben. (J. Oil Chemists' Soc. Japan **7.** 501—11. Dez. 1958. Tokyo, Ôkurasyô-Insatukyoku. [Orig.: japan.]) E. MAEKAWA. 7990

L. I. Koselzew, *Die Bestimmung der Feuchtigkeit von Holzteilchen und des Trocken-Rückstandes von Harz.* Zur Feuchtigkeitsbest. von Faserplatten u. deren Ausgangsmaterial (Holzspäne u. Bindemittel) wird vorteilhaft IR-Strahlung angewandt. Abstand zwischen Strahler u. Material (1—2 g) 14 cm, Bestrahlungsdauer 15 Minuten. (Деревообрабатывающая Промышленность [Holzverarb. Ind.] **8.** Nr. 2. 18. Febr. 1959.) M. ULMANN. 8004

J. Szymański und **J. Zieliński,** *Methoden zur Schwefelbestimmung in den Abgasen von Sulfatzellstoffabriken.* Im Hinblick auf die Abgaszus. bei Sulfatzellstoffabriken werden die Methoden der S-Best. durch Titration, Fällung, Colorimetrie, Potentiometrie u. Verbrennung erörtert. Verbrennungs- u. Fällungsmethoden sind am besten für laufende S-Best. in Abgasen geeignet. (Przegląd Papierniczy **14.** 279—83. Sept. 1958.) E. PASCHKE. 8006

J. Gelo und **B. Wasiak,** *Die Bestimmung von Na_2S, NaOH und Na_2CO_3 in den Laugen des Sulfatprozesses nach der Kochung.* Es wird eine Meth. zur Best. von Na_2S, NaOH u. Na_2CO_3 in der Schwarzlauge des Sulfatprozesses beschrieben. Na_2S wird jodometr. titriert, nachdem zuvor die organ. Verbb. mit wss.-alkoh. Lsg. von $BaCl_2$ entfernt wurden. NaOH u. Na_2CO_3 werden gegen 0,5n HCl titriert. Zuvor wird Na_2S mit 0,1n $ZnSO_4$-Lsg. entfernt u. 1%ig. Phenolphthaleinlsg. als Indicator benutzt. Die Meth. wurde an künstlichen Lsgg. u. Laugen des Sulfatprozesses vor u. nach der Kochung überprüft u. wird als einfache, schnelle u. genaue Meth. zur Analyse von Laugen in Sulfatzellstoffabriken empfohlen. (Przegląd Papierniczy **14.** 265—68. Sept. 1958.) E. PASCHKE. 8006

Ss. P. Wenediktow, W. A. Landyschewa und **S. A. Rogowin,** *Eine neue Methode zur Bestimmung der chemischen und physikalischen Uneinheitlichkeit der acetonlöslichen Acetylcellulose.* Die zur Unters. gelangenden Proben von *sek. Acetylcellulose* (I) müssen erst durch geeignete Vermahlung auf gleichmäßige Teilchengröße gebracht werden. Die niedermol. Fraktion wird bestimmt durch Behandlung von I mit einer 55%ig. wss. Lsg. von Aceton bei 20° (1 Std.) u. Ausfällen, die höhermol. Fraktion durch Behandlung von I mit einer 58%ig. wss. Lsg. von Aceton bei 60° u. 2std. Stehenlassen bei 20°, wonach die Fraktion ausflockt. Niedriger acetylierte Fraktionen von I bestimmt man durch Bearbeitung des Materials mit A. bei 78° u. Ausfällen, höher acetylierte Fraktionen durch Behandlung mit Methylenchlorid bei 43°, Abkühlen auf 20° u. Abdampfen von 100 ccm der Lösung. Die Unters. verschied. techn. I wies darauf hin, daß eine viel größere Gleichmäßigkeit derselben angestrebt werden muß. (Химическая Промышленность [Chem. Ind.] **1958.** 470—72. Dez.) M. ULMANN. 8008

Rayonier, Inc., Shelton, Wash., V. St. A., *Herstellung von Alkalicellulose* durch Tauchen von Cellulose, die bis zu 0,35% mit Ae. extrahierbare Stoffe enthält, in NaOH unter Zusatz von oberflächenakt. Stoffen der allg. Formel $HO(CH_2CH_2O)_x[CH(CH_3)\cdot CH_2O]_y(CH_2CH_2O)_xH$, wobei x = 3,3—106 u. y = 19—31 ist. Bes. verwendet man ein Blockmischpolymerisat mit x = 15,5 u. y = 28. — Vgl. F. P. 1 122 729; C. **1958.** 6426. (**E. P. 785 890** vom 12/4. 1955, ausg. 6/11. 1957. A. Prior. 19/4. 1954.) K. FABEL. 7971

Claber Bi-Metal Plate Co., Inc., New York, N. Y., übert. von: **William F. Alexander,** Cleveland, Ohio, V. St. A., *Bimetallhochdruckplatte,* bestehend aus einer Mg-Platte mit dünnem Zn-Überzug, der Eigg. des Mg bes. beim Ätzen verbessert. (**A. P. 2 768 076** vom 14/9. 1954, ausg. 23/10. 1956.) K. KITTLER. 7989

Radio Corp. of America, übert. von: **Harold Grey Greig,** Princeton, N. J., V. St. A., *Herstellung elektrostatischer Drucke* unter Verwendung eines photokonduktiven Materials, in dem die photokonduktive Substanz (I) in einem Filmbildner dispergiert ist. Nach dem Entwickeln u. Fixieren des elektrostat. Bildes wird I mit einem Lösungsm. herausgelöst, das weder den Filmbildner, noch das Bildpulver angreift. (**A. P. 2 857 272** vom 28/9. 1954, ausg. 21/10. 1958.) K. KITTLER. 7989

Plastik-Verpackung G. m. b. H., Haßloch, *Druckfarben zum Bedrucken von Flächen- oder Raumgebilden aus Polyäthylen*, dad. gek., daß diese aus einer Paste oder Anreibung von öl- oder fettlösl. Farbstoffen, z. B. Sudanfarbstoffen, in natürlichen oder künstlichen äther. Ölen oder deren Gemischen oder solche äther. Öle aufbauende Verbb., gegebenenfalls unter Zusatz von Lösungs- oder Verdünnungsmitteln oder Fixateuren, besteht. (**D. A. S. 1 024 531** Kl. 151 vom 3/3. 1956, veröff. 20/2. 1958.) A. Seelig. 7991

A. B. Dick Co., Niles, übert. von: **Edward J. Igler**, Carpentersville, und **Clarence J. Shoemaker**, Elmhurst, Ill., V. St. A., *Schablonendruckfarbe*, bestehend aus einer W.-in-Öl-Emulsion mit 50—90 (Gewichtsteilen) Öl u. 50—10 wss. Pigmentdispersion, in der 0,2—0,5 Gew.-% Al-Stearat enthalten ist. Dem Öl können Harze zugesetzt sein. (**A. P. 2 839 412** vom 21/9. 1956, ausg. 17/6. 1958.) K. Kittler. 7991

E. I. du Pont de Nemours & Co., Wilmington, Del., übert. von: **Robert Otto Osborn**, Snyder, N. Y., V. St. A., *Viscoseschwamm*. Man vermischt Viscose, Hanf- u. Jutefasern, Na_2SO_4 u. Al-Pulver der Teilchengröße 44—420 μ u. bringt die M. in Formen. Nachdem die M. dort infolge des sich entwickelnden H_2 ihr größtes Vol. angenommen u. sich dann gesetzt hat, wird sie durch Erhitzen koaguliert, worauf man wäscht, bleicht u. trocknet. (**A. P. 2 836 503** vom 22/3. 1954, ausg. 27/5. 1958.) R. Schwechten. 8001

Alexander A. Imschenezki, Mikrobiologie der Cellulose. Berlin: Akademie-Verl. 1959. (X + 466 S. m. 121 Abb., 66 Tab. u. 38 Taf.) 8°. DM 45,—.

—, 1. EUCEPA-Symposium. Aktuelle Fragen bei der Analyse cellulosehaltiger Stoffe. Darmstadt: Verein Zellstoff- u. Papier-Chemiker u. -Ingenieure. 1958. (XV + 333 S. m. Abb.) 8° = Schriften des Vereins der Zellstoff- u. Papier-Chemiker u. -Ingenieure. Bd. 27. DM 69,—.

XVIIIb. Textilfasern.

Karol Ramaszéder, *Der Einfluß des Trocknens auf die Qualität der geschlichteten Garne*. Es werden die Besonderheiten des Trockenvorganges an geschlichteten Garnen diskutiert. Die Dehnung u. die Scheuerfestigkeit sind von den Trocknungsbedingungen abhängig. (Przegląd włókienniczy **12**. 41—44. Jan. 1958.) E. Paschke. 8030

Robert M. Reinhardt, J. David Reid und **Terrence W. Fenner**, *Oxydation partiell verätherter Baumwolle*. Prodd. von guter Alkalilöslichkeit werden bei der Chromsäureoxydation partiell verätherter Baumwolle erhalten. Die Größe der Löslichkeit ist abhängig von der chem. Natur der eingeführten Substituenten, die als lösungsvermittelnde Gruppen wirken u. von der Meth. der Verätherung, von der die Intensität der Auflockerung der krist. Bereiche der Cellulose abhängt, die wiederum Einheitlichkeit u. Umfang der Oxydation bestimmt. Hydrophile Äthergruppen erhöhen stark die Löslichkeit der in der Alkalilsg. vorhandenen Cellulosebruchstücke, die bereits mit wesentlich größerer Kettenlänge in Lsg. gehen als diejenigen unverätherter Cellulose. Kombinationen geeigneter Verätherungsmethoden mit entsprechenden Substituenten ergeben fast völlige Löslichkeit. Ein Zusatz von Oxalsäure, der auf der Beobachtung einer stark beschleunigten Oxydation von Cellulosematerialien mit Chromsäure bei gleichzeitiger Oxydation einer dritten Substanz im Syst. beruht, ergab eine starke Verkürzung der Reaktionszeit. (Ind. Engng. Chem. **50**. 83—86. Jan. 1958. New Orleans, La., U. S. Dep. of Agric., Southern Utilization Res. and Developm. Division.) R. Schöllhorn. 8044

Helmut Zahn, *Neuere Anschauungen über Vorgänge beim Veredeln von Wolle*. In einer zusammenfassenden Abhandlung bespricht der Vf. die neueren Anschauungen über die Vorgänge bei der Seifen–Soda-Wäsche von Schweißwollen (Disulfidaustausch, Lanthioninbldg.), bei der Filzfreiausrüstung von Maschenware, beim Carbonisieren sowie die vorteilhafte Anwendung der chem. Teste (Alkali-, Säure- u. Harnstoff–Bisulfit-Löslichkeit, Cystin- u. Tryptophangeh. sowie p_H) bei der Materialprüfung von Wolle. — 8 Tabellen, 25 Literaturhinweise. (Z. ges. Textilind. **61**. 172—76. März 1959.) Aachen, Deutsches Wollforschungsamt.) H. G. Fröhlich. 8060

T. Eeg-Olofsson, *Einige mechanische Eigenschaften von Viscosereyongeweben*. Um festzustellen, welche elementaren Eigg. geprüft werden müßten, um die komplexen Deformationen getragener Gewebe untersuchen zu können, wird ein bes. hergestelltes Gewebe auf Biegung, Biegesteifigkeit, Biegeerholung, Scherung u. Beulung untersucht. Die verwendeten Geräte werden kurz beschrieben. Von den Ergebnissen wird nur wenig mitgeteilt. (Textile Manufacturer **84**. 566—67. Nov. 1958.) H. Steffens. 8074

Kisou Kanamaru, Noboru Tokita und **Susumu Noyama**, *Stabilisierung von Viscosereyon durch Wärmebehandlung*. (Vgl. C. **1958**. 8223.) Viscosezellwolle, die vorher mit verd. Lsgg. von H_2SO_4 (p_H 2,4—5,1) behandelt waren, wurden in einem Paraffinbad verschied. Tempp. (60—200°) ausgesetzt. Aus Beobachtungen an Röntgendiagrammen der so erhaltenen Fasern wird die Folgerung gezogen, daß die Wärmebehandlung den

Anteil der ungeordneteren Bereiche verringert, während der Anteil der geordneten erhöht wird. (J. Polymer Sci. **31.** 359—82. Sept. 1958. Ookayama, Tokyo, Tokyo Inst. of Techn., Dep. of Chem. Eng; Tokyo, Waseda Univ., Dep. of Appl. Phys.; Yamaguchi, Japan, Res. Labor. of Teikoku Rayon Co., Ltd.) A. SEUFFERT. 8074

H. Hopff und **G. Greber,** *Zur Kenntnis der Polyamid- und Polyesterfasern.* Übersicht über das makromol. Aufbauprinzip faserbildender Stoffe — Polykondensation u. Polyaddition. (Przegląd włókienniczy **12.** 600—04. Dez. 1958.) E. PASCHKE. 8080

H. Hopff und **G. Greber,** *Die Herstellung von Polyamid- und Polyesterfasern.* (Vgl. vorst. Ref.) Übersicht: Fadenherst., Recken von Fäden, Chemie u. Technik der Herst. von Polyamiden u. Polyestern. (Przegląd włókienniczy **12.** 604—08. Dez. 1958.) E. PASCHKE. 8080

Stefan Lewandowski, *Die Polyvinylalkoholfaser, ihre Eigenschaften und Anwendungen.* Übersicht: Herst., Eigg. u. Verwendungsmöglichkeiten von Polyvinylalkoholfasern. (Przegląd włókienniczy **12.** 7—11. Jan. 1958.) E. PASCHKE. 8080

W. Schefer, *Die photochemische Schädigung der Polyesterfasern.* Polyesterfasern (Polyäthylenglykolterephthalatfasern) zeigen bei 285 u. 310 mμ ein Absorptionsmaximum u. werden daher von UV-Licht in diesem Wellenlängenbereich stark geschädigt. Die mechan. Eigg. (Zugfestigkeit, Bruchdehnung, Scheuerfestigkeit u. anderes) nehmen zu Anfang schnell, später langsam ab. Diese Veränderungen sind mit einer Zunahme der Carboxylendgruppen u. Abnahme des Mol.-Gew. verbunden, während die zwischenmol. Wasserstoffbrücken kaum beeinflußt werden. Luftfeuchtigkeit, Temp., Farbstoffe, Mattierungsmittel, Rückstände von Säuren u. Oxydationsmitteln haben im Wellenlängenbereich von 270—340 mμ keinen Einfl. auf die photochem. Schädigungen. Fensterglas stellt einen weitgehenden Schutz dar. Bei kurzwelligem UV-Licht von 254 mμ ist auch die O_2-Konz. u. die Anwesenheit von Farb- u. Begleitstoffen von Einfluß. Luftgeschädigte Fasern sind mkr. an einer auffallenden Rißbldg. in der Faseroberfläche erkennbar u. geben, wenn sie ungefärbt sind, mit konz. HCl in der Hitze eine Braunfärbung. (Textil-Rdsch. [St. Gallen] **13.** 336—45. Juni. 396—411. Juli 1958. St. Gallen, Eid. Material-Prüfungs- u. Versuchsanstalt, Hauptabteilung C.) H. STEFFENS. 8080

C. G. Cannon, *Anwendungen der Infrarotspektroskopie in der chemischen Industrie. Anwendungen bei Textilproblemen.* Sammelreferat mit 25 Zitaten, das sowohl die spezielle IR-Technik für Textilfasern (Reflektionsmikroskop, IR-Spektren mit polarisierter Strahlung, Spektren deuterierter Prodd.) als auch Anwendungsbeispiele zum Studium zwischenmol. Kräfte, der Kristallinität, der Orientierung funktioneller Gruppen in der Faser, qualitative u. quantitative Analyse von Mischpolymerisaten jeweils kurz bespricht. (Chem. and Ind. **1957.** 29—33. 12/1. Pontypool, Brit. Nylon Spinners Ltd., Res. Labor.) A. REUTER. 8096

Herbert Sommer und **Friedrich Winkler,** *Zur Bestimmung des Trockengewichts im Heißluftstrom bei der Ermittlung des Handelsgewichts. Ein Beitrag zur Normung der Trockenluftbeschaffenheit.* Die zur Trockengewichtsbest. von Textilfasern verwendete Trockenluft schwankt in ihrem Feuchtigkeitsgehalt. Da die Fasern nicht weiter getrocknet werden können, als bis ihr Wasserdampfpartialdruck dem der verwendeten Trockenluft gleich ist, u. folglich so das „absolute Trockengewicht“ nicht erreichbar ist, machen Vff. Vorschläge, zu Normvorschriften für den Trockenprozeß, wonach eine einheitliche Temp. u. eine Trockenluft von einem absol. Wassergeh. von 10 ± 3 g/kg trockener Luft verwendet werden soll. (Faserforsch. u. Textiltechn. **9.** 391—96. Sept. 1958. Teltow-Seehof, Inst. für Faserstoff-Forschung, Dtsch. Akad. der Wiss.) H. STEFFENS. 8096

H. Zahn, *Chemische Analysen an carbonisierter Wolle.* Zur Ermittlung von Schädigungen an carbonisierter Wolle wurde 18 Wollmuster chem. getestet (Alkali- u. Harnstoff-Bisulfitlöslichkeit, Tryptophan, p_H-Wert u. Gesamtsulfat). Die hierbei erhaltenen Ergebnisse sind in einer Tabelle zusammengestellt. (Z. ges. Textilind. **61.** 153. März 1959. Aachen, Deutsches Wollforschungsinst.) H. G. FRÖHLICH. 8108

Bela Mihalik und **Joseph Hornung,** *Die in der Textilindustrie angewandten Untersuchungsmethoden zur Bestimmung des Fettgehaltes in der Wolle.* Übersicht über die Methoden zur Wollfettbest. unter bes. Berücksichtigung ihrer Eignung für die industrielle Betriebskontrolle. (Przegląd włókienniczy **12.** 421—26. Sept. 1958.) E. PASCHKE. 8108

General Aniline & Film Corp., New York, N. Y., übert. von: **Louis E. Craig,** Pryor, Okla., V. St. A., *Amino-2.3-diphenylindole* der allg. Formeln I u. II, in denen R = Alkyl, Aryl, Arylalkyl, Halogen, Acylamido, Hydroxy, Alkoxy, Amino oder Alkylamino (R, R_1, R_2 gleich oder verschieden), R_1 u. R_2 = H,Alkyl, Aryl, Arylalkyl, substituierte Alkyle, wie Hydroxyäthyl, Cyanäthyl, Alkoxyäthyl, R_2 aber außerdem auch Halogen, Hydroxy, Alkoxy, Amino, Alkylamino, Acylamino, Carbalkoxy, Cyan bedeuten können, lassen sich durch Kondensation von gegebenenfalls substituiertem Benzoin mit a) Aminoacylaniliden oder b) Phenylendiamin in Ggw. eines Katalysators

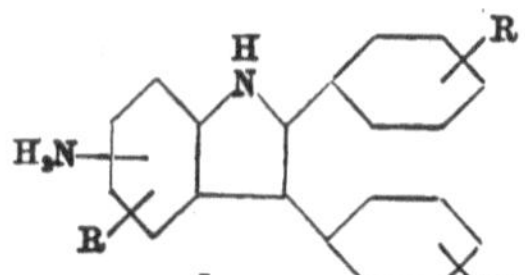

I

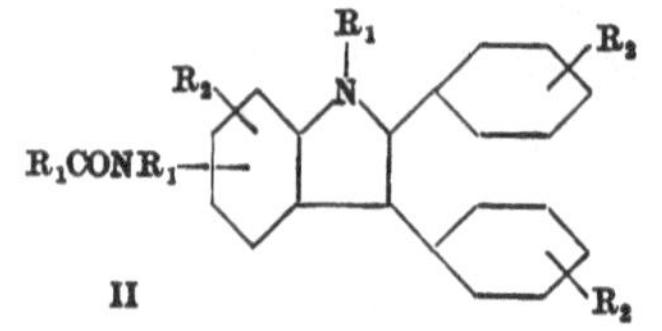

II

durch Rückflußkochen in inerter Atmosphäre (N_2 oder CO_2) u. bei gleichzeitigem Abdest. des Reaktionswassers gewinnen. — Beispiele nach b): 22 g m-Phenylendiamin + 42 g Benzoin + 5 g p-Toluolsulfonsäuremonohydrat in 85 g Xylol (unter N_2 gekocht) → 7,7 g W. + 46 g eines Gemisches von *6-Amino-2.3-diphenylindol* (**IV**) (27 g), F. 172—175°, u. dem doppelten Umsetzungsprod. 2.3.5.6-Tetraphenyl-1.7-dihydrobenzol-[1.2:b;5.4:b']-dipyrrol der Formel III. Die Trennung der beiden gelingt mit 50%ig. wss. Essigsäure, aus der **IV** beim Abkühlen auskristallisiert. Aus Essigsäureanhydrid wird das *6-Acetamido-2.3-diphenylindol*, F. 282—283° (aus A.), erhalten. — Wird nach Durchführung der Rk. im vorigen Beispiel nicht mit 60 g Bzl., sondern mit 150 PAe. verd., so werden bis zu 75% Ausbeute an **IV** erzielt. — Setzt man p-Phenylendiamin ein, so erhält man *5-Acetamido-2.3-diphenylindol*, F. 242—243°. Die Verbb. nach I zeigen in starker Verdünnung, z. B. 0,000156 g/Liter Motoröl, A., Ketone usw., eine stark blaue Fluorescenz beim Bestrahlen mit UV-Licht. Die 5-Aminoverb. zieht substantiv auf Nylon u. Acetatfaser auf. — Beispiele zu a): 30 g m-Aminoacetanilid + 38 g Benzoin + 3 g p-Toluolsulfonsäure in 120 g Nitrobenzol (unter N_2) → *6-Acetamido-2.3-diphenylindol*, F. 282—283° (aus A.; 22,5 g Ausbeute). — Folgende *2.3-Diphenylindole* wurden dargestellt: *5-Acetylmethylamino-*, F. 350 bis 353°; *5-Acetamido-7-methyl-*, F. 220—223°. — Als inerte Lösungsmittel sind solche zu verwenden, die >140°, bes. bei 180—200° sd., als Säurekatalysatoren auch Mineralsäuren, Aryl- u. Alkansulfonsäuren, sowie $ZnCl_2$, $AlCl_3$, $SnCl_2$ oder BF_3. — *6-Acetamido-2.3-diphenylindol* war einer der 2 besten Fluorescenzlicht strahlenden Aufheller, der ebenfalls auf Nylon u. Acetatseide substantiv aufziehen kann. — *Opt. Aufheller.* (**A. PP. 2 845 436** u. **2 845 437** vom 21/6. 1956, ausg. 29/7. 1958.) K. GÄBELEIN. 8033

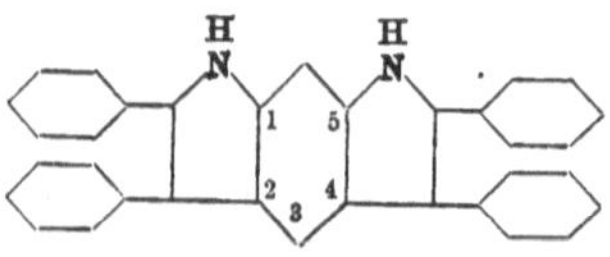

III

Chemische Fabrik Joh. A. Benckiser G. m. b. H., Ludwigshafen/Rh. (Erfinder: **Oskar Polhaus**, M.-Gladbach), *Entfernung kationaktiver Präparationen von unverarbeitetem Textilgut.* Die im Hauptpatent angegebene Behandlung des Gutes mit polymere Phosphate enthaltenden alkal. Flotten erfolgt nun auch in der Hitze. — Ein mit Decyltrimethylammoniumchlorid avivitiertes vergilbtes Gewirke aus Polyamidfäden wird mit einer NaOH-Lsg. (p_H 12) mit einem Geh. von 0,4% *Na-Hexametaphosphat* bei 95° behandelt, gespült, abgesäuert u. wieder gespült. Das entgilbte Gut kann gleichmäßig gefärbt werden. — Vgl. F. P. 66 658; C. **1958. 7925.** (**D. A. S. 1 031 269** Kl. 8k vom 7/7. 1953, veröff. 4/6. 1958. **Zusatz zu D. A. S. 1 023 003; C. 1959. 8386.**) H. MÖLLERING. 8039

Zschimmer & Schwarz Chemische Fabrik und **Gerbstoffwerk Oberlahnstein Akt.-Ges.**, Oberlahnstein/Rh. (Erfinder: **Hermann Behncke, Heinz-Herbert Kähne**, Frankfurt/M., und **Klaus Wollmann**, Eschhofen), *Carbonisieren von Mischgeweben*, die neben *Wolle* Polyamidfasern u. gegebenenfalls vegetabil. u./oder halbsynthet. Fasern, wie Celluloseacetatfasern, enthalten. Durch Behandlung mit fl. oder gasförmigem SO_2Cl_2 werden die nicht aus Wolle bestehenden Anteile zerstört. — Z. B. behandelt man 15 Min. bei 50° mit einer Lsg. von 10 (Gewichtsteilen) SO_2Cl_2 in 90 Trichloräthylen, quetscht ab u. erwärmt 30 Min. auf 90°. (**D. A. S. 1 047 987** Kl. 29b vom 11/1. 1958, veröff. 31/12. 1958.) F. BÖHM. 8061

Corn Products Refining Co., New York, N. Y., übert. von: **Clifford J. McDowell**, Tenaffy, N. J., V. St. A., *Herstellung von Fäden, Filmen und dergleichen aus natürlichem eiweißhaltigem Material.* Als Ausgangsmaterial verwendet man getrockneten Kleber mit einem Eiweißgeh. von 50—70%. Zuerst erhitzt man eine wss. Aufschlämmung desselben mit einem p_H von 6,8—7,2 ca. 1 Std. auf 55—60°, wäscht durch wiederholtes Dekantieren u. Mischen mit W., löst dann in wss. NaOH bei 60° u. verspinnt die erhaltene Lsg., die ein p_H von 10,5—11,5 besitzt, in ein saures Bad. (**A. P. 2 854 345** vom 2/5. 1956, ausg. 30/9. 1958.) F. BÖHM. 8079

Dow Chemical Co. (Erfinder: **Richard J. Annesser**), *Gewinnung von Fäden und Fasern aus polymerem Material.* Man versieht einen zusammenlaufenden u. nichtorientierten Film, z. B. aus einem Polymerisat aus 97(%) Vinylidenchlorid u. 3 Acrylnitril, mit jeweils einem Knick zwischen einer mit kaltem W. gekühlten Walze mit glatter Oberfläche u. einer ca. 150° heißen Walze, die an der Außenfläche dicht gelagerte, parallele, enge, kreisförmige Rillen besitzt, u. übt dabei auf die letztere einen solchen Druck aus, daß der Film wenigstens zur Hälfte seiner Stärke eingekerbt wird. Dann streckt man ihn, um eine Längsorientierung zu bekommen u. teilt das gestreckte Prod. längs der Kerblinien in *Fäden*. (**Aust. P. 210 217** vom 25/10. 1955, ausg. 3/10. 1957.) H. NEBELSIEK. 8081

Shell Development Co., New York, N. Y., übert. von: **Rupert C. Morris**, Berkeley, **Vernon W. Buls**, Walnut Creek, und **George W. Conklin**, Oakland, Calif., V. St. A., *Herstellung von Polyestern* durch Polykondensation von mehrkernigen Polycarbonsäuren (I) mit mehrwertigen Alkoholen mit 3—6 OH-Gruppen u. höchstens 12 C-Atomen, z. B. Polyäthylenglykol, 1.5-Pentandiol, Thiopropanol oder Glycerin. Die I sollen mindestens 3 6gliedrige, durch nur C—C-Bindungen aufweisende 2wertige Reste getrennte Kerne enthalten, wie z. B. Bis-[carboxybenzyl]-benzol der Formel $COOH(C_6H_4)-CH_2-(C_6H_4)-CH_2-(C_6H_4)\cdot COOH$, hergestellt aus 4-Chlormethylbenzoesäure, Bzl. u. $FeCl_3$, F. 260—280°. Entsprechend Bis-[carboxyäthylphenyl]-isopropylbenzol, F. >280°. Die aus den Endprodd. erhaltenen *Fasern* werden in der Kälte verstreckt u. sind sehr hitzebeständig, F. über 375° (Zers.). — Mengenbeispiele. (**A. P. 2 823 197** vom 1/7. 1954, ausg. 11/2. 1958.) H. SCHINDLER. 8081

Soc. Rhovyl, Paris, Frankreich, *Thermische Stabilisierung von Polyvinylchloridfäden*. Man läßt die Fäden zunächst bei einer Temp. über dem Erweichungspunkt, z. B. bei 100°, in gespanntem Zustand langsam mindestens 10%, jedoch nicht bis zum Endwert, schrumpfen, u. dann in spannungslosem Zustand. — Vgl. auch F. PP. 1 081 987 u. 1 082 732; C. **1950/54**. 2938 S. (**Holl. P. 85 343** vom 24/6. 1953, ausg. 15/6. 1957. F. Prior. 18/5. 1953.) F. BÖHM. 8081

XIX. Brennstoffe. Erdöl. Mineralöle.

Lucjan Czerski, Andrzej Korta, Mieczysław Lasoń und **Janina Tymińska**, *Einfluß der Konzentration von wässerigen p-Kresollösungen auf die Geschwindigkeit, mit welcher sie von Steinkohlen verschiedener Sorten aufgenommen werden*. Gepulverte Steinkohle nimmt aus wss. Lsgg. p-Kresol (I) um so schneller auf, je höher die I-Konz. der Lsg. ist. Die Geschwindigkeitskurven genügen nicht der WASHBURN-Gleichung. Vff. schließen daraus, daß durch Adsorption von I an den Capillarwänden der Kohle die Benetzungsspannung abnimmt. Die Aufnahmegeschwindigkeit von I ist außerdem abhängig von der Kohlenart. Kohlen mit mittlerem Inkohlungsgrad (Kokskohle) nehmen I am langsamsten auf. Diese Erscheinung deckt sich mit der Adsorptionsfähigkeit von Kokskohlen u. mit ihrer Benetzbarkeit u. Feuchtigkeitsaufnahme im lufttrockenen Zustand. (Arch. Górnictwa **3**. 79—91. 1958.) F. URBAN. 8126

H. Kirsch und **W. Pruß**, *Mineralogische und physikalisch-chemische Untersuchungen an Ölschlacken*. Bei der Verbrennung schwerer Heizöle in Großkesseln entstehen Schlacken, die sich von Kohlenschlacken durch ihren hohen V-Geh. unterscheiden, der gewerbehygien. infolge Erkrankung der Atemwege bedenklich ist. Die Kristallstruktur bestimmt diese Eigg. u. wurde deshalb eingehend mineralog. untersucht, ebenso wie die Wrkg. auf die Ausmauerungssteine des Feuerraums u. die Rkk. zwischen V_2O_5 u. Additiven. Von diesen scheinen Dolomit, $CaSO_4$, $MgSO_4$, Kaolinit u. Chrysotil erfolgversprechend. Da sie auch in Kohlenschlacken vorkommen, dürfte die gleichzeitige Verfeuerung von Öl u. Kohle ratsam sein. — 8 farbige Mikroschliffe, 2 Abbildungen, 5 Diagramme, 1 Tabelle. (Mitt. Vereinig. Großkesselbesitzer **1958**. 329—38. Okt. Essen, Bergbau-Forschungsanstalt des Steinkohlenbergbauvereins.) H. MÜHLMEISTER. 8128

A. I. Chalturin und **Ss. T. Omarow**, *Schwelung und Verkokung von Ekibastus-Kohlen*. Zur Schwelung eignet sich von Ekibastus-Kohlevork. am besten die Schicht 1a der Lage I. Sie liefert 7,9—9,3(%) Urteer. Dieser enthält >50 neutrale Öle (aromat., Paraffin-, ungesätt. u. Polymethylen-KW-stoffe) u. 10—11 Phenole. Der bei der Verkokung gewonnene Koks besitzt gute mechan. Eigg., eignet sich wegen des hohen P-Geh. der Kohle (0,13—0,25) jedoch nur für die Buntmetallurgie. Das anfallende Kokereigas enthält 38,3 H_2 u. 40,8 Methan + Homologe. (Известия Академии Наук Казахской ССР, Серия Химическая [Nachr. Akad. Wiss. KasachSSR, Ser. Chem.] **1957**. Nr. 2. 98—110.) H. HUBER-EMDEN. 8140

Ryszard Szczepanik, *Über die Wirkung der nach dem Naphthalin übergehenden Fraktion als zusammengesetztes Azeotropisierungsmittel für den Verlauf der Abtrennung* *höher siedender Fraktionen aus Hochtemperatursteinkohlenteer.* Der Stand der Forschung über die nach dem Naphthalin übergehende Fraktion als zusammengesetztes Azeotropisierungsmittel bei der Naphthalinabtrennung aus höher sd. Steinkohlenteerfraktionen wird diskutiert. Das zusammengesetzte Azeotropisierungsmittel bewirkt das Übergehen des Naphthalins als scharfe Fraktion u. außerdem das scharfe Übergehen höher sd. Teerölfraktionen mit Anreicherung von neutralen u. alkal. Substanzen. Auf Grund von Destillationsverss. werden optimale Bedingungen zur Abtrennung alkal. Fraktionen angegeben. Die Möglichkeiten der Bldg. tern. Azeotrope aus 2-Methylnaphthalin, sauren Komponenten u. Chinolin sowie ihre Auswrkg. auf die Abtrennung von Mono- u. Dimethylnaphthalin werden aufgezeigt. (Chem. stosowana **2.** 51—108. 1958. PAN Inst. Chem. Fiz.) E. PASCHKE. 8176

M. Berthier, *Die Verarbeitung des Gases von Lacq.* Das entspannte Erdgas (75 kg/cm², 15°) besteht aus 1 Gasphase u. 2 fl. Phasen (W. u. KW-stoffe). Das Gas enthält 15,30(%) H_2S, 9,60 CO_2, 69,52 CH_4, 3,20 C_2H_6, 1,42 C_3H_8, 0,40 C_4H_{10}, 0,46 andere KW-stoffe, 0,10 S-haltige Verunreinigungen u. wird durch Waschen mit Äthanolaminen entschwefelt u. von CO_2 befreit (Gewinnung von S). Das mit Propan von den KW-stoffen befreite Gas enthält 95,3(%) CH_4, 3,45 C_2H_6, 0,65 C_3H_8, 0,40 schwere KW-stoffe. Die wss. Phase (30 m³ je 10^6 m³ Gas) besteht aus W. u. Kondensat u. enthält ca. 2,5 g/Liter S-haltige Verbindungen. Zus. der Fl.: 13,046(%) Cl, 13 KW-stoffe (C_2—C_5), 12 Paraffine, 0,39 organ. S, 7,5 Toluol, 1 Äthylbzl., 7 Xylol, 33 H_2S, 8 CO_2. (Chim. et Ind. **81.** 49—55. Jan. 1959. Soc. Nat. des Pétroles d'Aquitaine.) W. WESLY. 8186

Benjamin T. Brooks, *Einige offene Fragen über den Ursprung des Erdöls.* Als Tatsache für die Bldg. von Erdöl durch die Einw. von sauren Katalysatoren u. Carboniumionen-Rkk. führt Vf. aus: Die komplexe Zus. von Erdöl; die Abwesenheit von Olefinen in straight run-Bzn. u. in alkyliertem Bzn.; die Bldg. von aromat. KW-stoffen bei niederen Tempp.; die Bldg. von Cycloparaffinen; die Verschiedenheit in der Zus. von Erdöl des gleichen Alters, was auf die Verschiedenheit des im Kontakt mit dem Öl befindlichen Gesteinscharakter zurückgeführt wird. Weiterhin die Tatsache, daß schwere Erdöle von geolog. jüngeren Typen in nichtkatalyt. Kalksteinreservoirs gefunden wurden, z. B. Öle aus dem Arbuckle-Kalk u. bestimmte schwarze Wyoming-Erdöle. In dem Green River-Schiefer kann die Bldg. von Erdöl durch Einw. von sauren Silicatkatalysatoren nicht erwartet werden, da diese Schiefer hauptsächlich aus Mg-Mergel bestehen u. viel Na_2CO_3 enthält. Die Ablagerungen von Torf, Braunkohle u. Kohle werden unter gleichen Gesichtspunkten besprochen. Die Tatsache des Vorhandenseins von Montanwachs u. anderen Wachsen in Kännel- u. ähnlichen Kohlen wird auf die Abwesenheit von sauren katalyt. wirkenden Silicatmineralien zurückgeführt. — Zahlreiche Literatur. (J. Inst. Petroleum **45.** 42—45. Febr. 1959. New York, N. Y., Consulting Chemist.) K. O. MÜLLER. 8188

Beveridge J. Mair, Shirley P. Davidson, Ned C. Krouskop und **Frederick D. Rossini,** *Aromatische Kohlenwasserstoffe in der Fraktion von 170—180° des Erdöls.* Vff. untersuchen durch reguläre u. azeotrop. Dest. sowie Adsorption u. mittels IR-Spektroskopie die Zus. des zwischen 170 u. 180° sd. aromat. Anteils im Erdöl des API. 7 verschied. KW-stoffe (0,35% des Erdöls) wurden gefunden: *1.2.3-Trimethyl-*, C_9H_{12}, $Kp._{760}$ 176,08°; 54,5%; *1-Methyl-3-isopropyl-*, $C_{10}H_{14}$, $Kp._{760}$ 175,14°; 22,6%; *1-Methyl-4-isopropyl-*, $C_{10}H_{14}$, $Kp._{760}$ 177,10°; 12,1%; *sek.-Butyl-*, $C_{10}H_{14}$, $Kp._{760}$ 173,30°; 5%; *1-Methyl-2-isopropyl-*, $C_{10}H_{14}$, $Kp._{760}$ 178,15°; 2,5%; *Isobutylbenzol*, $C_{10}H_{14}$, $Kp._{760}$ 172,76°; 2,4%; *Indan*, C_9H_{10}, Kp. 177,8°; 0,9%. (Analytic. Chem. **30.** 1814—17. Nov. 1958. Pittsburgh, Pa., Carnegie Inst. of Technol., Chem. and Petroleum Res. Labor.) R. UNGER. 8188

James R. White und **Albert T. Fellows,** *Thermische Durchflußleistung und Trennung von flüssigen Erdölfraktionen.* Bei der Trennung von 2 Testgemischen, u. zwar Cetan mit 1.1.2.2-Tetrachloräthan u. 1 Methylnaphthalin finden Vff., daß die beschriebenen gleichen Durchlaufkolonnen mit der gleichen Durchsatzleistung arbeiten. Ausführliche Beschreibung der Arbeitsweise an Hand eines bebilderten Berichtes mit rechner. Ableitungen u. Ergebnissen. (Ind. Engng. Chem. **49.** Nr. 9. [Part I.] 1409—18. Sept. 1957. Paulsboro, N. J., Socony Mobil Oil Co., Inc., Res. and Developm. Labor.) K. O. MÜLLER. 8192

Roland Rammler, *Untersuchungen zur Leistungssteigerung von Koppers-Synthesegaserzeugern unter Berücksichtigung der Briketteigenschaften.* Die Ansichten über die Frage, wie eine starke Voroxydation des Brikettiergutes die Ofenstandfestigkeit der Briketts beeinflußt, sind geteilt. Vf. vertritt auf Grund von Betriebsergebnissen in der Gaserzeugung des Synthesewerks Schwarzheide die Meinung, daß voroxydierte Kohle weniger standfeste Briketts ergibt. An Hand von Beispielen wird aufgezeigt, daß die

Betriebsweise der Brikettfabrik von wesentlicher Bedeutung für das Betriebsergebnis nachgeschalteter Vergasungsanlagen ist. Als eine der Ursachen für die erhöhten Betriebsschwierigkeiten wegen Brikettzerfalls im Vergaser während der Wintermonate wird die in dieser Jahreszeit verminderte Nachverdampfung der Briketts auf dem Transport vom Pressenmaul bis zum Vergaser nachgewiesen. Im weiteren Verlauf der Arbeit wird durch Betriebs- u. Laboratoriumsunterss. die Frage geklärt, auf welchem Wege man innerhalb des Gaserzeugungsbetriebes dem Zerfall der Briketts im Vergaserschacht mit der größten Aussicht auf Erfolg entgegenzutreten vermag. Es wird festgestellt, daß die Trocknung gegenüber der Schwelung die für die Anlagenleistung bedeutungsvollere Vorstufe des eigentlichen Vergasungsprozesses ist. (Bergakademie [Freiberg] **9.** 576—77. Nov. 1957.) K. O. MÜLLER. 8200

—, *Hydrierende Vergasung von Erdölrückständen und bituminöser Kohle zu erdgasähnlichen Produkten.* Die verschied. Verff. der Gaserzeugung werden mit dem oben angeführten verglichen. Wirtschaftliche Erwägungen lassen dieses bei Vorhandensein billigen Wasserstoffes u. der Nichtanwesenheit von Erdgas rentabel erscheinen. — 48 Literaturstellen. (Ind. Engng. Chem. **48.** 894—95. Mai 1956.) R. MAHRWALD. 8200

Eugene B. Shultz jr. und **H. R. Linden,** *Hydrierende Spaltung von Erdölen und Erdölrückständen.* (Vgl. vorst. Ref.) Es wird über die hydrierende Spaltung von Erdölfraktionen in gasförmige KW-stoffe unter hohem Druck (220—240 atü) bei Tempp. von 649—732° berichtet. Der Vorteil dieses Verf. gegenüber früheren Verss. liegt in der Anwendung einer um 150—230° höheren Temp., einer längeren Reaktionsdauer u. einem höheren H_2-Initialdruck. Der Temperaturanstieg vergrößert die Geschwindigkeit der Vergasung, während die längere Reaktionsdauer noch zusätzlich die Gaszus. beeinflußt. Reaktionsprodd. sind vornehmlich CH_4 (90%) neben wenig C_2H_6, einigen höheren KW-stoffen u. inerten Gasen. Für drei Einsatzprodd., Dieselöl, Erdölrückstand u. Bunkeröl werden die erhaltenen Ergebnisse tabellar. u. in Diagrammen mitgeteilt sowie eine Versuchsanordnung (Schüttelreaktor) beschrieben. (Ind. Engng. Chem. **48.** 895—99. Mai 1956. Chicago, Ill., Inst. of Gas Technol.) R. MAHRWALD. 8200

T. J. Wilkinson und **D. G. Clarke,** *Fragen, welche bei der Verwendung hochschwefelhaltiger Heizöle im Kraftwerk Marchwood auftreten und Erfahrungen mit chemischen Zusätzen.* Bei der Verwendung von Heizölen mit ca. 4,5% S traten an den Kesseln des Kraftwerks folgende Schwierigkeiten auf: Korrosionen an den Tieftemperatur-, Luftvorwärmern nach bereits 3—5 Wochen Betriebszeit, starke Zerstörungen an den Betonwänden der Abscheider u. an den Isolierkörpern, Blockierung des Staubfilters, Korrosionen in den Rohren u. saure Ablagerungen im Schornstein. Es wurden Verss. mit verschied. chem. Zusätzen durchgeführt, um die Wrkg. auf ihre Reaktionsfähigkeit mit Ablagerungen, welche aus Bestandteilen der Ölasche u. aus H_2SO_4 gebildet wurden u. die Bldg. eines Schutzüberzuges auf den Rohren oder die Möglichkeit der Verminderung des Rest-SO_3 in den Abgasen zu untersuchen. An verschied. Teilen der Kessel wurden zugesetzt: NH_3, zwei im Betrieb entwickelte pulverförmige Zusätze, Dolomit, Pyridin, $MgCO_3$ u. CO in Form von Stadtgas. Ferner werden Abänderungen an den Kesseln zur Verbesserung der Verbrennungsbedingungen sowie die allg. Vorzüge der Zusätze u. der in Verbindung mit den Unterss. entwickelten Apparate beschrieben. (J. Inst. Fuel **32.** 61—72. Febr. 1959.) H. SCHÖBERL. 8216

D. L. Pratt, G. M. Christie, E. F. Coxon und **J. R. Lodwick,** *Kraftstoffe und Schmiermittel für die Transantarktikexpedition.* Bebilderter Bericht mit graph. u. tabellar. wiedergegebenen Ergebnissen über Verbrauch u. Verh. von Kraftstoffen u. Schmierölen bei der Überquerung des Südpolgebietes. Das Verh. der Betriebsmittel in den Traktoren, Flugzeugen, Dieselgeneratoren u. allen übrigen Geräten, einschließlich der Koch- u. Enteisungsvorrichtungen, wird ausführlich geschildert, wobei auch über das Verh. der Geräte in der großen Kälte Aussagen gemacht werden. — Diskussion. (J. Inst. Petroleum **45.** 19—41. Febr. 1959. Transantarctic Expedit.; Brit. Petroleum Co. Ltd.) K. O. MÜLLER. 8220

F. Bloemink und **E. Petermann,** *Bitumenadditive für den Straßenbau.* Um die schädliche Wrkg. des W. beim Auftragen des Bindemittels auf das Gestein auszuschalten, wurden Haftmittel entwickelt, die auf Grund ihrer Polarität auf das Gestein aufgezogen werden u. hierdurch das Gestein bindemittelfreundlich einstellen. Die Zusätze sind z. T. kationenakt., die äußerst hydrophob wirken. Durch die hervorragende Wrkg. solcher Haftmittel zur Umwandlung hydrophiler Oberflächen in solche mit wasserabstoßender Wrkg. ist es möglich, den Arbeitsgang auch bei strömendem Regen oder unter W. vorzunehmen. Angaben über die Arbeitsweise mit den Additiven u. Prüfung ihrer Wirksamkeit. (Bitumen, Teere, Asphalte, Peche verwandte Stoffe **10.** 9—11. Jan. 1959.) F. ROSENDAHL. 8236

Th. Temme, *Die Auswirkung von Kornform, Korngröße und Oberflächenrauhigkeit der Gesteinsanteile auf die Festigkeitseigenschaften bituminöser Baugemische.* Zusammenfassender Bericht über Unterss. von VALLERGA, SEED, MONISMITH u. COOPER mit Schlußfolgerungen daraus. (Bitumen, Teere, Asphalte, Peche verwandte Stoffe **9.** 286—89. Sept. 1958. Köln.) F. ROSENDAHL. 8240

Peter O. Krumin und **Karl Svanks,** *Vier Methoden zur Bestimmung von Kohlendioxyd in festen Brennstoffen.* Es wird über die Best. von CO_2 ($CaCO_3$) in festen Brennstoffen nach einem gravimetr., volumetr., gasvolumetr. u. manometr. Verf. berichtet. Beim gravimetr. Verf. erfolgt die Zers. mit 5n HCl, die Absorption der freigesetzten CO_2 an Ascarit. Bei der volumetr. Meth. erfolgt die Zers. mit verd. Mineralsäure, die Absorption in $Ba(OH)_2$ u. die Rücktitration des Überschusses mit 0,1n HCl gegen Phenolphthalein. Die nach dem gasvolumetr. Verf. erhaltenen Werte liegen allg. zu niedrig, die manometr. Meth. eignet sich für hohe u. niedrige CO_2-Gehh., ebenso das gravimetr. Verfahren. Die titrimetr. Meth. ist für Gehh. von 6 mg CO_2 u. darunter brauchbar. — 5 Abb., 17 Literaturangaben. (ASTM Bull. **1958.** Nr. 227. 51—57. Jan. 1958. Columbus, Ohio, Ohio State Univ.) PH. FRESENIUS. 8246

N. N. Das Gupta, D. Mukherjee und **S. N. Sinha,** *Mikromethode zur Ermittlung der Kokshärte.* Die Meth. der NORTHERN COKE RES. COMITTEE u. die verbesserte TUMPLER-Meth. (ähnlich der A.S.T.M.-Meth. für die Kohleunters.) wurde an laboratoriumsmäßig bzw. betriebsmäßig erzeugten Kokssorten vergleichsweise angewandt. Der Vgl. ergab eine schlechte Übereinstimmung u. Reproduzierbarkeit, was von Vff. auf die kleinen Versuchsproben zurückgeführt wird. Diese Meth. ermittelte mehr die anfängliche, d. h. eigentliche u. endliche Kokshärte als die Härte der Koksstücke u. ist daher ungeeignet zur Bewertung der physikal. Eigg. von handelsüblichem Koks. Ausführliche Vergleichsversuche. (J. sci. ind. Res. [New Delhi], Sect. A **16.** 419—23. Sept. 1957. Jealgora, Bihar, Central Fuel Res. Inst.) K. O. MÜLLER. 8246

Philipp Hofmann, *Ein neuer Dichtemesser für Gas.* Beschreibung eines schnell u. genau arbeitenden u. billigen Gerätes zur Messung der D. von Gasen mit Dichten über 3 (bezogen auf Luft = 1). Das Gerät arbeitet nach dem Ausströmungsprinzip u. ist eine Weiterentw. des Gerätes nach LEHR (Gas- u. Wasserfach, Ausg. Gas **81.** [1936.] 435). (Gas- u. Wasserfach, Ausg. Gas **99.** 549—52. 6/6. 1958. Augsburg, Gaskokerei.) GERHARD GÜNTHER. 8250

R. W. Klipp und **J. E. Barney II,** *Bestimmung von Schwefelspuren in Erdölen durch Verbrennung in einer Lampe und durch Spektrophotometrie.* Zur Best. von 1 bis 400 p.p.m. *S* in Erdölen werden 10 g im ASTM-Lampenverbrennungsapp. verbrannt u. in 1,5%ig. H_2O_2 absorbiert. Darauf wird Acetatpuffer (0,02mol. Acetatlsg., 0,02mol. Essigsäure, p_H 4,6 ± 0,1), A. u. festes Ba-Chloranilat zugegeben. Nach 15 Min. unter öfterem Schütteln wird filtriert u. bei 530 mμ (40—400 p.p.m. S) oder 330 mμ (0 bis 40 p.p.m. S) spektrophotometr. gemessen. Die Meth. ist empfindlicher als das Verf. der Trübungsmessung zur S-Bestimmung. (Analytic. Chem. **31.** 596—97. April 1959. Whiting, Ind., Standard Oil Co., Res. Dep.) E. DEHMLOW. 8252

A. R. Achundow, *Kontrolle von Ergebnissen der chemischen Analyse der Wässer von Erdöllagerstätten.* Zur Kontrolle der Ergebnisse der chem. Analyse der Wässer von Erdöllagerstätten wird vorgeschlagen, die Größen $D.^{20}_4$ mit der Summe der im W. festgestellten Kationen u. Anionen (Σ_{k+a} ausgedrückt in Milligramäquivalent auf 100 g W.) zu vergleichen, da zwischen beiden Größen eine direkte Abhängigkeit besteht. In 236 benutzten Analysen mit $D.^{20}_4$ 1,0100—1,100 betrug Σ_{k+a} im Mittel 0,0465 bis 0,4535. (Доклады Академии Наук Азербайджанской ССР [Ber. Akad. Wiss. AserbaidshanSSR] **14.** 227—30. 1958. Akad. der Wiss. der AserbaidshanSSR.) OTTO MAIER. 8252

S. I. Geller und **Ju. L. Rasstorgujew,** *Die Anwendung der „regulären Bedingung" bei der Untersuchung der Wärmeleitfähigkeit von Erdölprodukten.* Unter „regulärer Bedingung" ist die von KONDRATJEW entwickelte Arbeitsweise (Die reguläre Wärmebedingung, 1954) zur Best. der Wärmeleitfähigkeit von Erdölprodd. zu verstehen. Als App. zur Best. dient ein Kugelbicalorimeter; es folgt eine ausführliche Beschreibung der entsprechenden Anlage. Die Unters. bestätigte, daß das Verf. benutzt werden kann. Die Genauigkeit der Meth., die in Forschungs- u. Werkslaborr. Verwendung finden kann, beträgt bei sorgfältiger Arbeit 2—3%. (Химия и Технология Топлив и Масел [Chem. Technol. Brennstoffe Öle] **3.** Nr. 10. 40—44. Okt. 1958. Grosny, Erdölinst.) E. v. PEZOLD. 8252

Rütgerswerke Akt.-Ges., Frankfurt/M., *Kontinuierliches Verkoken von bituminösen Stoffen.* Die heißen, fließfähigen Ausgangsstoffe (Kohlenteerpech u. Erdölrückstände) werden direkt in eine von außen beheizte Verkokungsretorte eingeführt, auf die eine als Rektifizierkolonne ausgebildete Abtreibkammer (I) aufgesetzt ist. Durch die I werden möglichst viel flüchtige Bestandteile entfernt, ohne daß außenliegende Leitungen erforderlich sind. — Abbildung. — Vgl. D. B. P. 966 054; C. **1958.** 8803. (**Holl. P. 83 225** vom 9/4. 1951, ausg. 15/11. 1956. D. Prior. 8/5. 1950.) G. TEWES. 8143

Didier Werke Akt.-Ges., Wiesbaden (Erfinder: **Wilhelm Zankl** und **Franz Dzuba,** Essen), *Erzeugung von Gas aus Kohlenwasserstoffen in Koksöfen,* dad. gek., daß in die in Entgasungskammern u./oder Heizzüge u./oder Abhitzekanäle bzw. in einzelne dieser Koksofenteile eingebauten KW-stoffspaltvorrichtungen die zu spaltenden KW-stoffe eingeführt u. gespalten werden u. dazu den Spaltvorrichtungen für die Spaltung erforderliche Wärme aus den Beheizungsvorrichtungen der Koksöfen zugeführt wird. — Vorr., Zeichnungen. (**D. A. S. 1 053 132** Kl. 26a vom 26/2. 1958, veröff. 19/3. 1959.) E. KAHLES. 8149

Zimmermann & Jansen G. m. b. H. (Erfinder: **Fritz Finger**), Düren, *Aufbereiten von Gasen, insbesondere Kohlendestillationsgasen,* in Mehrstufenwaschern, dad. gek., daß in jeder Stufe die für den Waschvorgang günstigste Temp. dadurch aufrechterhalten wird, daß die in jeder Stufe umgewälzte Wasch-Fl. durch in Stufen angeordnete Wärmeaustauscher gekühlt oder erwärmt wird. (**D. A. S. 1 019 794** Kl. 26d vom 24/3. 1952, veröff. 21/11. 1957.) A. HEINSEN. 8165

Gebrüder Stumm G. m. b. H., Zeche Minister Achenbach (Erfinder: **Friedrich Müller, Hasso Döring** und **Werner Rathje**), Brambauer/Westf., *Entschwefelung von Kohlendestillationsgasen* in H_2S-NH_3-Verbundwäsche (I) mit Rückführung von gasförmigem NH_3 in die I, dad. gek., daß Rückführungs-NH_3 mit H_2S aus dem beladenen Waschwasser abgetrieben u. in einer mit Monoäthanolamin geführten Selektivwäsche von H_2S vollständig befreit wird. (**D. A. S. 1 017 738** Kl. 26d vom 21/9. 1954, veröff. 17/10. 1957.) A. HEINSEN. 8173

Dow Chemical Co., Midland, Mich., übert. von: **John K. Henderson, Robert B. Rosene** und **Caleb M. Stout,** Tulsa, Okla., V. St. A., *Behandlung von Erdölbohrungen,* bei denen Erdteilchen mit der Produktions-Fl. ausgetragen werden. Um dieses Austragen zu verhindern, werden zerkleinerte Walnußschalen mit einem Film eines adhäsiven Materials, das diese Teilchen hart macht u. zementiert, überzogen. Es sollen jedoch nicht mehr als 10% der feinen Teilchen das Sieb Nr. 100 passieren. Als härtbare Stoffe dienen fl. synthet. Harze u. als Träger-Fl. ein Mineralöl. Diese mit dem adhäsiven Material versehene Fl. wird in die Erdformation eingepumpt. Es trennen sich dann die Feststoffe von der Träger-Fl. u. verhindern durch ihre Abscheidung an den Wandungen durch Filterwrkg. das Mitreißen der feinen Erdteilchen in die Produktionsöle. (**A. P. 2 823 753** vom 27/12. 1955, ausg. 18/2. 1958.) W. HAUSWALD. 8191

Shell Development Co., New York, N. Y., übert. von: **Kenneth A. Ring,** Corpus Christi, Texas, V. St. A., *Hydraulisches Aufbrechen von Erdölformationen.* In die Bohrung wird ein fl., niedrigviscoser KW-stoff u. eine gelbildende Tallölseife eingeführt. Dieses Gemisch, das mindestens 120 cP aufweist, wird in eine der aufzubrechenden Formationen benachbarte Zone gepumpt, dann der Druck der eingeführten Mischung erhöht bis zum Aufbrechen. Die Mischung verbleibt dann in der Formation, bis die Viscosität durch die Formationstemp. wesentlich verringert ist. Hierauf setzt die Ölproduktion ein. (**A. P. 2 825 409** vom 13/9. 1954, ausg. 4/3. 1958.) W. HAUSWALD. 8191

Esso Research and Engineering Co., übert. von: **Charles E. Jahnig,** Rumson, N. J., V. St. A., *Verkoken von schweren Kohlenwasserstoffen,* wobei *Saatkoks* hergestellt wird. Die schweren KW-stofföle werden zerstäubt (CONRADSON-Zahl höher als die des verkokten Einsatzgutes) u. dabei Tröpfchen vom Durchmesser 150—600 μ erhalten. Dieses zerstäubte Öl wird mit einem heißen Gas, welches aus einer getrennten Heizzone abgezogen wird, bei 1000—2500° F u. einer Raumgeschwindigkeit von 1—4 Fuß/Sek. in Kontakt gebracht. Hierbei werden Koksteilchen von 5—150 μ Durchmesser gebildet. Die Koksteilchen werden aus dieser Trockenzone abgezogen u. in die Verkokungszone geleitet, in der das schwere KW-stofföl verkokt wird. — Zeichnung. (**A. P. 2 846 374** vom 4/5. 1954, ausg. 5/8. 1958.) E. KAHLES. 8193

Esso Research and Engineering Co., übert. von: **John Frederick Moser jr.,** Baton Rouge, La., V. St. A., *Zweistufenverkoken von Rückstandsölen.* In jeder der beiden Reaktionszonen befindet sich ein Wirbelbett von inerten Feststoffteilchen. Das Öl wird in der 1. Stufe bei 850—1200° F mit dem Wirbelbett in Kontakt gebracht, wobei die Öle unter Bldg. von dampfförmigen Prodd. u. Koks umgewandelt werden. Die dampfförmigen Prodd. werden unter Gewinnung einer schweren Gasölfraktion vom Kp. 650 bis 1000° u. einer schweren Rückstandsfraktion vom Kp. $>$1000° F zerlegt. Die schwere Rückstandsfraktion wird in die 1. Zone zurückgeleitet. Die schwere Gasölfraktion dagegen wird der 2. Stufe zugeführt u. dort mit einem dichten Wirbelbett bei 1000—1200° F auf die Dauer von 1—40 Sek. in Kontakt gebracht. — Zeichnung. (**A. P. 2 853 434** vom 15/11. 1955, ausg. 23/9. 1958.) E. KAHLES. 8193

Metallgesellschaft Akt.-Ges., Frankfurt/M. (Erfinder: **Wilhelm Herbert, Karl-Heinz Eisenlohr**, Frankfurt/M., und **Karl Bratzler**, Gonzenheim bei Bad Homburg v. d. Höhe), *Katalytische raffinierende Hydrierung von Kohlenwasserstoffen*, die bei erhöhter Temp. u. unter Druck gasförmig oder fl. vorliegen, in Ggw. von Leuchtgas, Kokereigas, Schwelgas, also H_2-haltigen Gasen an S-festen Katalysatoren, wobei die Gase vor ihrem Eintritt in die hydrierende Raffination durch hydrierend wirkende Katalysatoren bei 50—450° geschickt werden, wobei die Katalysatorbelastung bei der Vorbehandlung der H_2-haltigen Gase wesentlich mehr als 100 Nm³, bis zu ca. 5000 Nm³ Gas u. mehr je m³ Katalysator beträgt. (**D. A. S. 1 047 354** Kl. 23b vom 5/4. 1957, veröff. 24/12. 1958. **Zusatz zu D. B. P. 958 496; C. 1957. 9553.**) P. UNGER. 8195

Sun Oil Co., Philadelphia, Pa., übert. von: **Frank W. Bowen**, Toledo, Ohio, V. St. A., *Zugabe von Feststoffen zu einem Kohlenwasserstoffumwandlungssystem.* Körnige Feststoffe werden durch eine Reaktionszone in einem abwärts fließenden KW-stoffstrom geführt. Vom Boden des Syst. werden die Feststoffe nach oben befördert u. gleichzeitig ein Teil der am Boden des Syst. befindlichen Feststoffe abgezogen u. in eine Wirbelzone geleitet, in der sie im Gegenstrom zu einem Wirbelgas herabfallen. Hierdurch werden die feinen Feststoffteilchen vom Gas mitgerissen. Die herabfallenden Feststoffteilchen werden in ein in einer Sammelzone befindliches Feststoffbett eingeleitet. Von diesem Bett aus fließen die Feststoffe zum Boden des Syst. zurück. — Vorr., Zeichnungen. (**A. P. 2 760 914** vom 6/3. 1952, ausg. 28/8. 1956.) E. KAHLES. 8197

Sun Oil Co., Philadelphia, übert. von: **Hans G. Shimp**, Springfield, Pa., V. St. A., *Umwandlung von Kohlenwasserstoffen.* Feinverteiltes Kontaktmaterial wird in 2 Portionen geteilt. Die 1. Portion strömt in dem oberen Teil der Umwandlungszone unter seiner Schwere bei Umwandlungstemp. nach unten als kompakte M., die prakt. frei von fl. Anteilen ist. Den 2. Teil läßt man in eine 2. Zone, die von der 1. Zone umgeben ist, einfallen. Gleichzeitig wird in diese Zone der fl. KW-stoff in feinster Verteilung eingesprüht. Aus dem oberen Teil der Kontaktzone fließen die Kontaktteilchen der 1. Portion seitlich um die 2. Zone herum nach unten. Die beiden Kontaktmaterialströme werden unten abgezogen u. werden nach unten durch eine tiefer gelegene Kontaktzone geleitet. Die dabei entstehenden Dämpfe werden nach oben durch die Kontaktteilchen geführt u. dabei umgewandelt. Oben werden die umgewandelten Prodd. aus dem oberen Teil der Umwandlungszone abgezogen, während das Kontaktmaterial unten aus der tiefer gelegenen Kontaktzone abgeführt wird. — Vorr., Zeichnungen. (**A. P. 2 766 189** vom 1/12. 1950, ausg. 9/10. 1956.) E. KAHLES. 8197

Socony Mobil Oil Co., Inc., New York, N. Y., übert. von: **Raymond R. Halik**, Pitman, N. J., V. St. A., *Einführen von gasförmigen Kohlenwasserstoffen bei einem Fließbettkohlenwasserstoffumwandlungsverfahren.* Bei der kontinuierlichen Umwandlung von gasförmigen KW-stoffen in Ggw. eines Fließbettes aus körnigen Feststoffen werden mindestens 75% der gesamten Feststoffe der Umwandlungszone in eine Mischzone geleitet. Die Gesamtmenge der gasförmigen KW-stoffe werden gleichfalls in die Mischzone mit einer Temperaturdifferenz von mindestens 50° F gegenüber der Temp. der Kontaktstoffe eingeleitet. Nach dem Mischen der gasförmigen KW-stoffe mit den Feststoffen in der Mischzone wird das Gemisch abwärts durch eine Leitung auf die Oberfläche eines Fließbettes geführt, wobei in der Umwandlungszone die gewünschte Umwandlung der KW-stoffe erreicht wird. — Vorr., Zeichnungen. (**A. P. 2 773 016** vom 25/2. 1953, ausg. 4/12. 1956.) E. KAHLES. 8197

Esso Research and Engineering Co., übert. von: **Allen L. Chaney** und **John F. Moser jr.**, Baton Rouge, La., V. St. A., *Abtrennen von Verkokungsprodukten*, d. h. schweren Rückstandsölen der therm. Spaltung. Bei der Verkokung von Rückstandsölen unter Anwendung von vorerhitzten Feststoffteilchen werden die heißen Produktdämpfe, die geringe Mengen mitgerissene Feststoffteilchen enthalten, bei 750—825° F durch Hinzufügen eines 350—600° F heißen KW-stofföles so weit abgekühlt, daß sich die darin enthaltenen hochsd. Anteile niederschlagen. Die fl. u. festen, in den Dämpfen noch enthaltenen Prodd. werden in einem Cyclon abgetrennt. Das Kondensat wird auf 500—700° F gekühlt. — Zeichnung. — Vgl. D. B. P. 955 889; C. **1957.** 6636. (**A. P. 2 776 931** vom 21/7. 1953, ausg. 8/1. 1957.) E. KAHLES. 8197

Esso Research and Engineering Co., übert. von: **Ralph M. Hill**, Mountainside, und **Arthur W. Langer jr.**, Nixon, N. J., V. St. A., *Umwandlung von Kohlenwasserstoffölen.* Schwere Öle werden bei 850—1100° F durch Kontakt mit heißen fluidisierten Feststoffen verkokt, die Verkokungsprodd. werden in eine Trennzone geleitet, wo mittels

Komponenten der Atmungskette auf Erhöhung oder Senkung der III-Konz. eine prinzipielle Eig. des Elektronenübertragungs- u. Phosphorylierungsmechanismus der Sarkosomen u. Mitochondrien vieler Zelltypen. (Biochem. J. **68**. 283—95. Febr. 1958. Philadelphia, Pa., Univ., Johnson Foundat. for Med. Phys.) K. MAIER. 4210

B. Chance und **L. Packer,** *Durch Zusatz von Adenosindiphosphat zu Rattenherzmuskelsarkosomen bewirkte Lichtstreuungs- und Absorptionseffekte.* Gleichzeitige Messungen der Extinktionsänderungen einer Suspension von *Herzmuskelsarkosomen* bei Zusatz von *Adenosindiphosphat* (I) mittels eines Einstrahl- u. eines Doppelstrahlspektrophotometers zeigen, daß I eine unspezif. Zunahme der Absorption bei 443 mμ u. eine spezif. Abnahme derjenigen bei 430 mμ auslöst. Die unspezif. Änderung beträgt etwa das 4fache der spezifischen. Eine Einstrahlmeßmeth. ist zur Best. der spektroskop. Effekte in Suspensionen von Sarkosomen u. Mitochondrien, die gleichzeitig unspezif. Lichtabsorption zeigen, ungeeignet. Falls die unspezif. Lichtabsorption der Sarkosomen auf Ionentransportprozessen beruht, deuten die Befunde darauf hin, daß Zwischenstufen, die während der oxydativen Phosphorylierung gebildet werden, ein Quellen der Sarkosomen wirkungsvoller verhindern als Adenosintriphosphat selbst. In Ggw. von α-Ketoglutarat (II) u. Abwesenheit von I scheinen die Sarkosomen zu quellen, während in Ggw. von I u. II nach anfänglicher schneller Schrumpfung ein Stabilitätszustand eintritt. (Biochem. J. **68**. 295—97. Febr. 1958. Philadelphia, Pa., Univ., Johnson Res. Foundat.; Washington, D. C., Walter Reed Army Hosp.) K. MAIER. 4210

Milton J. Cormier, John R. Totter und **Howard H. Rostorfer,** *Vergleichende Untersuchungen über verschiedene bakterielle Luciferasepräparate.* Wie aus Verss. mit verschied. *Luciferase* (I)-Präpp. bakteriellen Ursprungs hervorging, ist I nicht imstande, zur Erzielung von Licht red. *Diphosphopyridinnucleotid* (II) in Ggw. von *Flavinmononucleotid* (III), *Chinonen*, langkettigen *Aldehyden* u. O_2 zu oxydieren, erst nach Zusatz einer II-Oxydase aus *E. coli* konnte Licht erzeugt werden. Dies spricht dagegen, daß I eine II-Oxydase ist. — Einige I-Präpp. von *A. fischeri* benötigten zur Lichtemission *Albumin* u. die Ggw. von red. III u. *Aldehyd*, andere benötigten *Albumin* nicht. Als Ersatz von Albumin sind auch *Cystein*, *Glutathion*, *Versene* u. *2.3-Dimercaptopropanol* (*BAL*) wirksam, Verbb., welche wahrscheinlich über die Entfernung von Schwermetallen, die die bakterielle Luminescenz verhindern, wirksam sind. — Die Luminescenz gereinigter I-Präpp. wird in Ggw. von red. III u. *Aldehyd* durch *p-Chlormercuribenzoat*, einem Sulfhydrylhemmer, stark gehemmt. Die Hemmwrkg. von *Cytochrom c*, *Methämoglobin*, *Ferricyanid* u. *Menadion* auf die Luminescenz wird durch red. III herabgesetzt, was dafür spricht, daß diese Hemmung durch ein Konkurrenzphänomen bzgl. des Wasserstoffs von red. III bedingt ist. Ebenso hemmen *Ferri-* u. *Ferro*-Ionen, vor allem ihre *8-Hydroxychinolin*-Verbb., die Luminescenz. Auch *Hämin* verbindet sich mit I u. ist einer der stärksten Hemmer der bakteriellen Luminescenz. Ob das *Hämprotein*, welches aus I u. *Hämin* gebildet wird, enzymat. Eigg. besitzt, ist nicht bekannt. (Arch. Biochem. Biophysics **63**. 414—26. Aug. 1956. Oak Ridge, Tenn., Oak Ridge Nat. Labor., Biol. Div.) WOLFGANG ALBRECHT. 4210

Ralph Penniall, *Die Einflüsse von Salicylsäure auf die Atmungsaktivität von Mitochondrien.* Es wurde gefunden, daß 10^{-4} mol. *Salicylsäure* (I) imstande ist, die Phosphorylierung von der Oxydation von *β-Hydroxybutyrat* (II), *Glutamat* (III) u. *Fe^{2+}-Cytochrom c* zu entkoppeln. In einem acceptorfreien Syst. stimuliert sie die Sauerstoffaufnahme u. Bldg. von Acetoacetat aus II. I hemmt auch die mit der Phosphorylierung einhergehende $K_3Fe(CN)_6$-Red. mit II u. III; die Oxydation von III scheint der empfindlichere Vorgang zu sein. I beeinflußt auch folgende Prozesse in einer mit anderen bekannten Entkopplern übereinstimmenden Art: latente Adenosintriphosphataseaktivität, Austausch von anorgan. ^{32}P-Phosphat durch Anschwellen der Mitochondrien in hypoton. Medium. Aus den Ergebnissen ist zu ersehen, daß die Entkoppelungsaktivität von I qualitativ gleich ist der von 2.4-Dinitrophenol. (Biochim. biophysica Acta [Amsterdam] **30**. 247—51. Nov. 1958. Houston, Texas, Baylor Univ., Coll. of Med., Dep. of Biochem.; Madison, Wis., Univ., Inst. for Enzyme Res.) H. AMAN. 4210

A. Andrejew, Ch. Gernez-Rieux und **A. Tacquet,** *Der Einfluß von d-Cycloserin und INH auf die Katalaseaktivität von Mycobakterien.* Die *Katalase*-Aktivität sowohl von Mycobakterien als auch von gereinigter Rinderleberkatalase wird durch *d-Cycloserin* (I) u. *Isonicotinsäurehydrazid* (II) gehemmt. Die Hemmung durch I ist wesentlich stärker. Als Substrat dient H_2O_2. Die Hemmung ist reversibel u. nichtkompetitiv. I u. II sind keine spezif. Inhibitoren auf Katalase, sie blockieren auch gereinigte Meerrettichperoxydase u. die Peroxydaseaktivität von Tuberkelbacillen. Im Gegensatz zu II-resistenten Kulturen, deren Katalaseaktivität Null ist, tritt bei Tuberkelbacillen die gegen I resistent u. empfindlich gegen II sind, stets eine Katalaseaktivität auf. Die

Katalaseaktivität von I-resistenten Stämmen kann, entsprechend den verschied. Stämmen, leicht vermindert (Rinderstamm Ravenel) oder stark vermehrt (Humanstamm $H_{37}Rv$, $H_{37}Ra$) sein, im Vgl. mit den entsprechenden Kontrollkulturen. In ein u. demselben Stamm ($H_{37}Ra$) ist in Ggw. von I in der Proliferationsphase der Bakterien eine deutliche Zunahme der Katalaseaktivität zu bemerken, sie erhöht sich um 50—60%, während sie in der Nichtproliferationsphase unverändert bleibt. Eine Kultur ($H_{37}Rv$), die gegen **II** resistent ist u. sich an **I** angepaßt hat, kann keine Katalaseaktivität zurückerlangen. (Biochim. biophysica Acta [Amsterdam] **30**. 102—11. Okt. 1958. Lille, Inst. Pasteur de Lille.) H. NÜRNBERGER. 4210

Silvio Fortini, *Die Wirkungen von Licht und CO_2-Konzentration auf die Aktivität einiger Enzymsysteme des Blattgewebes.* Licht u. CO_2-Konz. hatten auf das *Katalase*-Syst. u. das *Peroxydase*-Syst. von *Solanum tuberosum* bzw. *Vicia faba* keinen Einfluß. Bei gleichzeitiger Einw. von Licht u. CO_2-Erhöhung wurde die *Kohlensäureanhydratase*-Aktivität gesteigert. Die *Brenzcatechinoxydase*-Aktivität stieg unter dem Einfl. von Licht an. Dieselbe Wrkg. rief Zusatz von Adenosintriphosphat im Dunkeln hervor, wenn Blattgewebe von *Cynara scolymus* verwendet wurde. Der Effekt blieb mit *Nicotiana tabacum* aus. — Durch Zufügen von Natriumdiäthyldithiocarbamat wird die Oxydation von *Ascorbinsäure* herabgedrückt. (Ann. Sperimentaz. agrar. [N. S.] **9**. 1175—95. 1955. Rom, Staz. Chim.-Agr. sperim.) P. LOCH. 4210

Walter C. Quevedo jr. und **James E. Isherwood,** *„Dopaoxydase" in den Melanocyten röntgenbestrahlter Ruhehaarfollikeln.* An Mäusen wird wöchentlich einmal 3 bis 4 Wochen lang eine Teilkörperbestrahlung von 200 r vorgenommen. Dann wird histochem. „Dopaoxidase" (I) in Hautschnitten bestimmt. Das Ergebnis lautet: 1. Ruhende n. Haarfollikel enthalten weder Melanocyten noch I. 2. Ruhende bestrahlte Haarfollikel enthalten sowohl Melanocyten als auch I. (Proc. Soc. exp. Biol. Med. **99**. 748—50. Dez. 1958. Springville, N. Y., Roswell Park Mem. Inst., Biol. Stat.) L. KIESOW. 4210

A. D. Tschmir und **L. A. Owtschar,** *Einfluß der γ-Strahlen des Radioisotops ^{60}Co auf die Aktivität der Maiskornfermente.* Maiskörner wurden bei 20° u. einem Wassergeh. von 12,9% mit ^{60}Co in der Dosis 10000, 100000 u. 2,5 Millionen r (600 r/Min.) bestrahlt u. auf die Aktivität von *Dehydrase* (**I**), *α-Amylase* (**II**), *β-Amylase* (**III**) u. *Lipase* (**IV**) sowie auf die Intensität der Atmung untersucht. Es zeigte sich eine starke Radioresistenz von **I**, **III** u. **IV**. Mit steigender Strahlendosis nahmen Atmungsintensität u. **I**-Aktivität gleichmäßig ab (paralleler Verlauf der Kurven). **II** wurde durch 10000 r aktiviert, durch höhere Dosen völlig inaktiviert. **III** wurde durch 10000 u. 100000 r aktiviert, durch 2,5 Millionen r in der Aktivität nicht verändert. Die Aktivität von **IV** wurde durch 10000 r von 0,64 (ml 0,1 n KOH-Lsg./g Trockengewicht) auf 0,70 erhöht, durch 100000 r auf 0,58, durch 2,5 Millionen r auf 0,44 gesenkt. (Український Біохімічний Журнал [Ukrain. biochem. J.] **31**. 31—34. 1959. Odessa, Technol. Inst., Lehrstuhl für Biochem. des Getreides.) O. LEBTAG. 4210

G. O. Giritschewa, *Einfluß des Cobalamins auf die Aktivität der Leberdehydrasen von weißen Ratten.* Im Rattenvers. bewirkte eine 3 Wochen lange Diät, die kein *Cobalamin* (**I**) enthielt, im Vgl. zur Kontrolle eine Aktivierung der *Dehydrasen* der *Milch-*, *Bernstein-* u. *Isocitronensäure* in der Leber u. eine geringe Schwächung der reduzierenden Eigg. der Leber. Die *Glutaminsäuredehydrase* blieb unverändert. Eine subcutane Zufuhr von **I** bei **I**-freier Diät erhöhte das Reduktionsvermögen u. verminderte die Aktivität aller untersuchten Dehydrasen sowohl im Vgl. zur Kontrolle als auch zur **I**-freien Diät. **I**-Zusatz zum Leberhomogenat war ohne Einfl. auf die Aktivität der untersuchten Dehydrasen. (Український Біохімічний Журнал [Ukrain. biochem. J.] **31**. 53—58. 1959. Kiew, Inst. für Biochem. der Akad. der Wiss. der UkrainSSR.) O. LEBTAG. 4210

Vincent Massey, *Die Rolle des Eisens in Rinderherz-Succindehydrogenase.* Der Enzymkomplex *Succindehydrogenase* (**I**) katalysiert spezif. die Rk. Bernsteinsäure → Fumarsäure. Vf. untersuchte, wieweit hierbei die 4 Fe-Atome von **I** beteiligt sind u. probierte Methoden zur Best. von **I** aus. **I** wurde aus Rinderherz nach SINGER isoliert. Als Maß für den **I**-Geh. wird sein Fe mit o-Phenanthrolin als roter Chelatkomplex nachgewiesen u. spektrophotometr. bei 510 mμ bestimmt. Die **I**-Aktivität wurde mit Phenazinmethosulfat nach SINGER getestet. Ohne **I**-Denaturierung geht die Rk. von Chelatbildnern mit den **I**-Fe^{3+} sehr langsam. *Hydrosulfit*, *p-Chlormercuribenzoesäure* (**II**) u. *Harnstoff* erhöhen die Reaktionsgeschwindigkeit schon bei +2° stark. Wahrscheinlich bewirken sie einen Strukturwandel des **I**-Proteins u. Red. zu Fe^{2+}. Mindestens 2, wahrscheinlich alle 4 Fe-Atome sind nicht am Elektronenaustausch zwischen **I** u. Substrat beteiligt, da die **I**-Aktivität sich nicht ändert, wenn 2 Fe als Chelatkomplex gebunden sind. **II** bewirkt erhöhte Fluorescenz des **I**-Komplexes. (Biochim. biophysica Acta [Amsterdam] **30**. 500—09. Dez. 1958. Sheffield, England, Univ., Dep. of Biochem.) H. BÜTTNER. 4210

D. Amelung, H. D. Horn und **E. Schröder,** *Klinische und experimentelle Untersuchungen zur Frage der Fermentelimination aus dem Serum.* Zur Unters. der Fermentelimination aus dem Serum erhielten Kaninchen intravenöse Applikationen folgender 5 Diphosphopyridinnucleotid-abhängiger Fermente: *Äpfelsäuredehydrogenase* (I), *Milchsäuredehydrogenase* (II), *Alkoholdehydrogenase* (III), *Glutaminsäuredehydrogenase* (IV) u. *α-Glycerophosphatdehydrogenase* (V). Der Fermentabfall folgt in der Zeit von 4—7 Std. einem Exponentialgesetz. Die Halbwertszeiten liegen zwischen 27 (I) u. 153 Min. (II). Es wird angenommen, daß die Halbwertszeit ein Maß für den Fermentproteinaustausch zwischen intra- u. extravasculärem Raum darstellt. II u. *Glutaminsäure–Pyruvat-Transaminase* scheinen nicht durch die Niere eliminiert zu werden, auch ist die Fermentexkretion über Leber u. Galle nur gering. (Klin. Wschr. **36.** 963—70. 15/10. 1958. Düsseldorf, Med. Akad., I. Med. Klinik.) H. STRUCK. 4210

N. K. Nagradowa, *Über Untersuchungen der Eigenschaften der 3-Phosphoglycerinaldehyddehydrase und der löslichen α-Glycerophosphatdehydrase.* In einer früheren Arbeit (vgl. C. **1959.** 3851) hatte Vf. festgestellt, daß Orthophosphate (I) die Aktivität von *3-Phosphoglycerinaldehyddehydrase* (II) herabsetzen. Es wird nun gezeigt, daß 10^{-2}- bis 10^{-1}mol. I hemmend auf die Aktivität von II u. *α-Glycerophosphatdehydrase* (III) wirkt. In beiden Fällen hat die hemmende Wrkg. konkurrierenden Charakter. Ein Zusatz von $1 \cdot 10^{-4}$mol. Cystein oder Histidin hebt die hemmende Wrkg. von I auf die Aktivität von II völlig, die auf III nur teilweise auf, ist jedoch ohne Einfl. auf die hemmende I-Wrkg. auf II u. III. Dieses verschied. Verh. beruht nach Ansicht des Vf. auf dem Fehlen bzw. der Ggw. von SH-Gruppen. Auch ein Zusatz von Äthylendiamintetraacetat ist ohne Einfl. auf die hemmende I-Wrkg. auf III. Die I-Wrkg. hängt demnach nicht mit der Ggw. von Schwermetallbeimengungen zusammen. Sowohl bei II als auch bei III liegt eine unspezif. Bindung der Phosphationen durch das Eiweiß vor. (Биохимия [Biochemie] **24.** 336—44. März/April 1959. Moskau, Lomonossow-Univ., Lehrstuhl für Biochem. der Tiere.) O. LEBTAG. 4210

H. Blaschko, P. J. Friedman, Rosemary Hawes und **Karen Nilsson,** *Die Aminoxydasen von Säugetierplasma.* (Vgl. C. **1959.** 12887.) Ausgehend von einer früheren Beobachtung, daß das Antimalariamittel Primaquin enzymat. durch Schaf- u. Rinderplasma oxydiert wird, untersuchten Vff. die Wrkg. von Pferdeserum auf *Spermin, Spermidin, Primaquin, Benzylamin, Marfanil, Tryptamin, 5-Hydroxytryptamin, β-Phenyläthylamin, Tyramin, Mescalin, Isoamylamin, n-Heptylamin, n-Hexylamin, Äthylendiamin, Propylendiamin, Putrescin, Cadaverin, Hexamethylendiamin, Heptamethylendiamin, Dekamethylendiamin, Dodekamethylendiamin, Cystamin, Homocystamin, Histamin* u. *L-Lysin.* Am leichtesten wurde Benzylamin oxydiert. Die Rk. verläuft nach $C_6H_5 \cdot CH_2 \cdot NH_2 + \frac{1}{2} O_2 = C_6H_5 \cdot CHO + NH_3$. An einer Reihe der obigen Amine wurde auch die enzymat. Wirksamkeit von Schweine- u. Hundeserum mit positivem Erfolg untersucht. Ganz allg. wurde gefunden, daß das Plasma aller Huftiere Amine oxydiert; eine ähnliche Aminoxydase wurde im Serum des ind. Elefantens sowie des Frettchens u. Tigers nachgewiesen. Keine oxydierende Wrkg. zeigte das Plasma der Katze, des Löwen, des Menschen u. gewisser anderer Säugetiere. Das Enzym der Wiederkäuer wirkt auf Spermin u. Spermidin; nicht von Bedeutung werden diese beiden Verbb. vom Nichtwiederkäuerplasma angegriffen, das jedoch relativ schnell auf Benzylamin u. Mescalin, langsamer auch auf 5-Hydroxytryptamin, Tyramin u. viele Monoamine einwirkt. Histamin ist ein Substrat der Plasmaaminoxydasen. Eine Unters. der p_H-Aktivitätsbeziehung eines gereinigten Schweineserums deutet darauf hin, daß die monokation. Form des Histamins als ein Substrat anzunehmen ist. Die MICHAELIS-Konstante des Schweineserumenzyms für Histamin bei p_H 7,4 ist 0,002. Als Inhibitoren wirken Carbonylverbindungen. (J. Physiology **145.** 384—404. 3/3. 1959. Oxford, Univ., Dep. of Pharmacol.) C. GOTTFRIED. 4210

Paul Boulanger, Roger Osteux und **Jean Bertrand,** *Die Entaminierung von Hydroxylysin durch L-Aminosäuredehydrogenase der Truthahnleber (Meleagris gallopavo L.).* Gereinigte *L-Aminosäuredehydrogenase* aus Truthahnleber entaminiert 5-Hydroxylysin in vitro unter O_2-Verbrauch u. NH_3-Bldg. zu einem Prod., das katalyt. (H_2, Pt, 50%ig. Essigsäure) zu *5-Hydroxypipecolinsäure* red. werden kann. (Biochim. biophysica Acta [Amsterdam] **29.** 534—36. Sept. 1958. Lille, Fac. de Méd. et de Phys.) K. MAIER. 4210

J. A. Blain und **J. P. Todd,** *Die Lipoxydaseaktivität im Weizen.* In Fortsetzung früherer Unterss. an Sojabohnen (C. **1954.** 9540) bestimmen Vff. den *Lipoxydase* (I)-Geh. von Embryo u. Endosperm in Weizen mit Linolsäure (II) als Substrat. Gleichfalls zugesetztes Carotin wird durch die entstandenen II-Prodd. zers., so daß die Enzymaktivität durch das unverbrauchte Carotin colorimetr. bestimmt werden kann. Im Vgl.

zur Sojabohne ist die I-Aktivität der Weizenproben sehr viel geringer. Die I-Verteilung im Weizenkorn wird diskutiert. — 22 Literaturangaben. (J. Sci. Food Agric. **6.** 471—79. Aug. 1955. Glasgow, Royal Techn. Coll., Food Sci. Sect.) R. LENSCHAU. 4210

Felix Bergmann, Gershon Levin und **Hanna Kwietny,** *Die Oxydation von 2-Aminopurin durch tierische Xanthinoxydase.* Zur Aufklärung des Oxydationsmechanismus von *2-Aminopurin* (I) durch *Xanthinoxydase* (II) aus Milch wurden 10^{-4}mol. I mit II in 10^{-3}mol. Phosphatpuffer (p_H 7,8) gelöst. Nach 30 Min. Incubation bei 29° wurde die Rk. durch Erhitzen auf 100° gestoppt. Durch Papierchromatographie u. Spektrophotometrie wurden als Reaktionsprodd. *Guanin* (III) u. *2-Amino-8-hydroxypurin* (IV) identifiziert. Die enzymat. I-Oxydation geht über 2 Reaktionswege: 1. ca. 90%: I → III [Oxydation in $C_{(6)}$]. 2. I → IV → 2-Amino-6.8-dihydroxypurin [Oxydation in $C_{(6)}$ u. $C_{(8)}$]. (Biochim. biophysica Acta [Amsterdam] **30.** 509—12. Dez. 1958. Jerusalem, Israel, Univ., Dep. of Pharmacol.) H. BÜTTNER. 4210

Raymond Baret und **Marcel Mourgue,** *Über eine neue gegen γ-Guanidinbuttersäure wirksame Deguanidase (γ-Guanidinbutyrase).* Im Anschluß an frühere Unterss. (vgl. BARET u. MOURGUE, C. R. Séances Soc. Biol. Filiales **151.** [1957.] 1395) wird das Vork. einer von *Arginase* verschied. *γ-Guanidobutyrase* (I) in der Leber von Fischen (Raia clavata, Scylliorhinus canicula, Ragellus erythrinus, Conger conger) nachgewiesen. I spaltet γ-Guanidobuttersäure in γ-Aminobuttersäure + Harnstoff. I wirkt bei p_H 9—10 optimal; bei p_H 8 werden nur 55% der optimalen Wrkg. gefunden. (C. R. Séances Soc. Biol. Filiales **151.** 1561—64. 1957; herausg. 15/4. 1958. Marseille, Fac. mixte de Méd. et de Pharm., Labor. de Chim. biol.) A. HESSE. 4210

I. I. Iwanow, E. A. Parschina und **N. I. Mirowitsch,** *Adenosintriphosphataseaktivität und kontraktile Eigenschaften des Myosins.* In einer früheren Arbeit von IWANOW u. IWANOWA (vgl. C. **1951.** II. 3180) wurde festgestellt, daß unter der Einw. von hohem Druck (4000 at) das *Myosin* (I), im Unterschied zu Apirase (aus der Kartoffel), u. *Adenosintriphosphatase* (II) aus der Gebärmuttermuskulatur inaktiviert wird. Jetzt wird gezeigt, daß die umgefällten I-Lsgg. hierbei zwar völlig ihre II-Aktivität verlieren, jedoch ihre gute Löslichkeit in 0,6 mol. KCl-Lsg. u. ihre Ausfällung bei der anschließenden Dialyse oder starken Verdünnung der Salzlsg. mit W. beibehalten. Die Viscosität des keine Beimengung von Actomyosin (III) enthaltenden I nimmt bei hohem Druck zu. I verliert die Fähigkeit zur Rk. mit Actin unter Bldg. von III. Die 4000 at ausgesetzten III-Gele verlieren die Fähigkeit, die Viscosität bei Zusatz von Adenosintriphosphat (IV) herabzusetzen. Die III-Fäden aus dem einem hohen Druck unterworfenen III-Gel verlieren ihre kontraktilen Eigg. in Ggw. von IV. Die mit 50%ig. Glycerin behandelten Muskeln reagieren nach der Einw. eines hohen Druckes in der SZENT-GYÖRGYI-Lsg. auf den Zusatz von III ebenfalls nicht mit einer Kontraktion. Die von BUCHTHAL u. Mitarbeitern (vgl. C. **1947.** E. 1834) mitgeteilte Fähigkeit der keine II-Aktivität aufweisenden III-Gele zur Synärese unter der Einw. von IV muß demnach bestritten werden. (Биохимия [Biochemie] **24.** 248—52. März/April 1959. Leningrad, Pädiatr. Med. Inst.; Inst. für Geburtshilfe u. Gynäkol. der Akad. der Med. Wiss. der UdSSR, Biochem. Labor.) O. LEBTAG. 4210

L. Decsi, *SH-Gruppen und Atmungskettenphosphorylierung.* Die Hemmwrkg. von *Largactil* (I) u. *1-Piperidinomethyltetralon-(2)*, das I-artige zentrale Wrkg. aufweist, auf die *oxydative Phosphorylierung* von Gehirnzellen ist nach Verss. mit Rattenhirnhomogenisaten durch *Cystein* (II) völlig aufhebbar, d. h. beide Verbb. reagieren mit Gewebe-SH-Gruppen. II allein beeinflußt weder die Oxydationsprozesse noch die Atmungskettenphosphorylierung. Für die entkoppelnde Wrkg. der beiden Verbb. ist die SH-Blockierung verantwortlich, die sehr wahrscheinlich durch H-Brückenbldg. hervorgerufen wird. (Biochim. biophysica Acta [Amsterdam] **29.** 469—72. Sept. 1958. Pécs, Med. Univ., Pharmakol. Inst.) K. MAIER. 4210

Francis C. Neuhaus und **William L. Byrne,** *O-Phosphoserinphosphatase.* Enzympräpp. aus Hühner- u. Rattenleber katalysieren folgende Rkk.: 1. *O-Phosphoserin* (I) → *Serin* (II) + *Orthophosphat* (III), 2. L-I + $^{14}C_{(3)}$-*L*-II → $^{14}C_{(3)}$-*L*-I + L-II. Die für Rk. 1 verantwortliche Phosphatase (IV)-Aktivität wurde, ausgehend von einem wss. Hühnerleberacetonpulverextrakt, 20fach angereichert. IV ist bei niedrigen Substratkonzz. spezif. für L-I ($K_m = 5{,}8 \cdot 10^{-5}$ mol.); bei hohen Konzz. wird auch D-I ($K_m = 4{,}2 \cdot 10^{-3}$ mol.) entphosphoryliert, wobei die Maximalgeschwindigkeiten für beide Isomere gleich sind. Die Entphosphorylierung von *p-Nitrophenylphosphat* beruht auf Verunreinigung durch eine andere Phosphatase. Die Befunde widersprechen der Annahme von ICHIHARA u. GREENBERG (C. **1957.** 9113), daß die I-Spaltung vorwiegend durch eine in Rattenleberextrakten enthaltene, unspezif. andere Phosphatase erfolge. IV wird durch L-II sehr stark gehemmt ($K_I = 5{,}9 \cdot 10^{-4}$ mol.); durch *DL-Homoserin* u. *DL-Threonin* nicht. Der Austausch von $^{14}C_{(3)}$-L-II mit L-I nach Gleichung 2 verläuft in Hühner- u. Rattenleberhomogenaten mit erheblicher Geschwindigkeit. Beide Rkk. benötigen ein 2wertiges Kation. Das p_H-Optimum für Rk. 1 ist 5,9—6,6, für 2 dagegen 6,9—7,3. I-Phosphatase steuert vielleicht die II-Biosynth. aus Kohlenhydratvorstufen. (Biochim. biophysica Acta [Amsterdam] **28.** 223—24. April 1958. Durham, N. C., Duke Univ., School of Med., Dep. of Biochem.) K. MAIER. 4210

Arnold F. Brodie, *Die oxydative Phosphorylierung in fraktionierten bakteriellen Systemen.* 1. Mitt. *Die Funktion löslicher Faktoren.* (Vgl. Science [Washington] **125.** [1957.] 534.) Das in *Mycobacterium phlei* enthaltene Phosphorylierung mit Oxydation koppelnde Enzymsyst. ist durch Sedimentation bei 140000·*g* in eine rote, an Ribonucleinsäure u. Phospholipiden relativ reiche Partikelfraktion (A) u. eine lösl. Fraktion (B) zerlegbar, die beide für Oxydation u. Veresterung anorgan. Phosphats erforderlich sind. B enthält hitzeempfindliche u. -beständige, für die oxydative Phosphorylierung erforderliche Faktoren. Die für die Oxydation red. Diphosphopyridinnucleotids erforderlichen lösl. Enzyme wurden durch Fraktionierung untersucht. Nach Behandlung mit saurem $(NH_4)_2SO_4$ benötigte ein Apoenzympräp. Vitamin K_1 u. Flavinadenindinucleotid. Als spezif. Phosphatacceptor wurde Adenosindiphosphat identifiziert. B enthält folgende, am Elektronentransport beteiligte Enzyme: Flavine, DPNH-Cytochrom-c (II)-Reduktase, Menadion (I)-Reduktase, eine I-abhängige I-Reduktase u. eine mit Riboflavinphosphat gekoppelte II-Reduktase, ferner Adenosintriphosphatase u. Myokinase. Das rekonstituierte Syst. ist wie Rohextrakt empfindlich gegen Entkopplungsreagentien. Die Entkoppelung der Phosphorylierung durch 2.4-Dinitrophenol (III) beruht auf einer Einw. auf B. Niedrige 2.4-Diaminophenolkonzz. machten die III-Wrkg. rückgängig. Gekoppelte Phosphorylierung war auch in kombinierten Partikel- u. Überstandfraktionen aus verschied. anderen Bakterienspecies (*Azotobacter vinelandii, Corynebacterium creatinovorans*) nachweisbar. Die Wiederherst. der oxydativen Phosphorylierung gelang auch kreuzweise mit A u. B verschied. Species. (J. biol. Chemistry **234.** 398—404. Febr. 1959. Boston, Mass., Harvard Med. School, Dep. of Bacteriol. and Immunol., Leonard Wood Mem. Labor.) K. MAIER. 4210

N. P. Meschkowa, *Einfluß des Anserins auf die oxydative Phosphorylierung im Muskelgewebe.* Die Unterss. über den Einfl. von *Anserin* (I) auf die oxydative Phosphorylierung des Brustmuskelbreies der Taube in Ggw. von Kreatin als Acceptor des Phosphates ergaben, daß bei Zusatz von I nach einer Incubationszeit von 60 oder 120 Min. die Menge des gebildeten labilen *Phosphates* (II) größer ist als in der Kontrolle. Bei 30 Min. Incubation besteht ein nur geringer Unterschied zur Kontrolle. Der Befund von SCHERSTNEW (vgl. C. **1959.** 5878), wonach die Wrkg. der Dipeptide auf die oxydative Phosphorylierung allein auf der Pufferwrkg. beruht, muß bestritten werden, da bei den hierin behandelten Verss. das p_H in Ggw. von I u. ohne I konstant gehalten wurde. In Ggw. von *Azid* ist bei jeder Incubationszeit die Menge des gebildeten II in Ggw. von I größer als in der Kontrolle. Bei der Incubation des Muskelbreies in Ggw. von *Histidin* beobachtet man keine II-Anreicherung im Vgl. zur Kontrolle. Die spezif. I-Wrkg. auf die oxydative Phosphorylierung im Muskelgewebe besteht in einer Schutzwrkg. gegenüber den energiereichen P-Verbb., so daß die Fermentprozesse nicht gestört werden. (Биохимия [Biochemie] **24.** 323—28. März/April 1959. Moskau, Lomonossow-Univ., Lehrstuhl für Biochem. der Tiere.) O. LEBTAG. 4210

Oscar Bodansky, *Bestimmung der Aktivität der Phosphoglucomutase der Gewebe.* (Vgl. C. **1958.** 12996; Cancer [Philadelphia] **10.** [1957.] 859.) Vf. beschreibt eine Meth. zur Best. der Phosphoglucomutase (I)-Aktivität in Geweben; sie beruht auf der Best. der Umwandlungsrate des säurelabilen *Glucose-1-phosphats* in das säurestabile *Glucose-6-phosphat* (III) in Gewebehomogenaten bei 37° u. p_H 7,5—7,6 in Ggw. optimaler Konzz. an Mg^{2+}-Ionen ($1,2 \cdot 10^{-3}$mol.), *L-Cystein* ($8 \cdot 10^{-3}$mol.) u. *α-Glucose-1.6-diphosphat* (II) als Coenzym. — Nach Zugabe von II wird die I-Aktivität in den Gewebehomogenaten (Unterss. an Leber- u. Musculus gastrocnemius-Präpp. der Ratte u. menschlichen Geweben) merklich erhöht. Es besteht direkte Proportionalität zwischen der Reaktionsgeschwindigkeit (ausgedrückt als pro cm^3 Reaktionsgemisch gebildeter III-P in μg) u. der Konz. an Rattenlebergewebe (ausgedrückt als mg Gewebe pro cm^3 Reaktionsgemisch). (J. biol. Chemistry **232.** 859—66. Juni 1958. New York, N. Y., Sloan-Kettering-Inst., Div. of Metabolism and Enzyme Studies.) A. HESSE. 4210

G. Polemann und **N. Jansen,** *Untersuchungen zur Phosphataseaktivität bei Microsporon gypseum.* Der Verlauf der p_H-Aktivitätskurve der *Phosphatase* (I)-Aktivität in *M. gypseum*-Rohextrakten zeigt, daß diese nur eine I mit p_H-Optimum 7—8,5 enthalten. Der histochem. Nachw. spricht für Ggw. einer alkal. u. einer sauren I. Auf Grund biochem. u. histochem. Methoden ist nur die Ggw. einer alkal. I sicher. (Mykosen **1.** 63—70. 15/12. 1957. Köln, Univ., Hautklinik.) K. MAIER. 4210

M. G. Smirnowa, *Die Hexokinaseaktivität der Haut.* Die Verss. ergaben, daß die wss. Hautextrakte von Kaninchen, Maus u. Meerschweinchen eine *Hexokinase* (I)-Aktivität aufweisen. Durch die I der Kaninchen u. Meerschweinchen werden 5—18% P von der Adenosintriphosphorsäure auf die Glucose übertragen, durch die I der weißen Mäuse 6—34%. Am größten ist die Aktivität bei p_H 8,0—8,2; beim p_H 5,5—6,0 fehlt sie. Die optimale Verdünnung der Extrakte für den I-Nachw. beträgt 1 : 10. Aus den Ergebnissen schließt Vf., daß in der Haut, ebenso wie in anderen Geweben, die Verwertung der Glucose mit deren Phosphorylierung beginnt. (Биохимия [Biochemie] **24.** 345—48. März/April 1959. Archangelsk, Med. Inst., Lehrstuhl für Biochem.) O. Lebtag. 4210

Vittoriano Boffi, Anna Lucarelli und **Enrico Bucci,** *Bestimmung der Cocarboxylase mit Hilfe einer manometrischen Methode.* Vff. beschreiben eine manometr. Meth. zur Best. der Cocarboxylase in reiner Lsg. u. auch in biol. Material. Die Meth., bei der eine teilweise gereinigte Lsg. von Apocarboxylase von reproduzierbarer u. konstanter Aktivität verwendet wird, hat den Vorteil, daß die partielle Spaltung der Cocarboxylase in Monophosphothiamin u. von Triphosphothiamin in Cocarboxylase (Diphosphothiamin) durch die Hefephosphatasen unterbunden wird. (Ricerca sci. **25.** 2069—76. Juli 1955. Roma, Univ., Ist. di chim biol.) C. Gottfried. 4210

Claude Péaud-Lenoël, *Kinetik des Austausches der Fructosylgruppe durch Lävansaccharase.* Vf. untersucht die Bldg. von *^{14}C-Saccharose* (**Ia**) aus *^{14}C-Glucose* (II) u. *Saccharose* (**Ib**) unter dem Einfl. eines gereinigten *Lävansaccharase* (III)-Präp. aus Bacillis subtilis. Für die Austausch-Rk. der Fructosylgruppe wird einerseits die Bldg. eines Fructosyl-III-Komplexes angenommen, bei dem die Energie der diosid. Bindung erhalten bleibt. Da ein solcher III-Komplex zweifelhaft erscheint, wird andererseits die Hypothese aufgestellt, daß das Fructosylradikal von **Ib** durch III entweder unter Bldg. von freier *Fructose* oder entsprechender Fructosyloside bzw. über ein *Lävan* (IV)-Mol. als Vorläufer übertragen wird, wobei intermediär ein III–IV-Komplex entsteht. In letztem Falle würde IV in der Austausch-Rk. der Fructosylgruppe katalyt. wirksam sein. Die Ergebnisse von 2 Versuchsreihen, bei denen ein aus **Ib** (0,084 mol.), II (0,055—0,475 μC/mg) u. Phosphatpufferlsg. (10^{-2} mol., p_H 6,2) bestehendes Substrat in Ggw. u. Abwesenheit von IV (17,8 mg/ml) mit III (4,16 E./ml) incubiert worden ist, zeigen, daß IV nicht wie **Ib** als Fructosyldonator in Erscheinung tritt, so lange noch II als Acceptor vorhanden ist. Aus der in Abhängigkeit von der Reaktionszeit gebildeten **Ia**- bzw. verbrauchten **Ib**-Menge, die auf chromatograph. Wege bestimmt wird, geht hervor, daß IV die Austausch-Rk. nicht aktiviert, sondern um $>20\%$ hemmt. Unter der Annahme, daß die Fructosylaustausch-Rk. eine Rk. 1. Ordnung darstellt, ist die Bildungsgeschwindigkeit von **Ia** der Differenz zwischen der **Ia**-Konz. unter Gleichgewichtsbedingungen u. der zur Zeit t ermittelten **Ia**-Menge proportional. Die Gesamtwirksamkeit von III wird durch Ggw. von IV nicht verändert, es verursacht jedoch einen Anstieg der übertragenen auf Kosten der ausgetauschten Anzahl an Fructosylgruppen u. besitzt als intermediärer Acceptor für die Austausch-Rk. keine Bedeutung. (Biochim. biophysica Acta [Amsterdam] **29.** 473—76. Sept. 1958. Paris, Inst. Pasteur, Serv. des Ferment.)
P. Fahrnlaender. 4210

A. N. Petrowa, *Über eine Methode zur Isolierung der Transglykosylase und die Bestimmung ihrer Aktivität.* In einer früheren Unters. (vgl. C. **1958.** 12141) hatte Vf. gezeigt, daß die Leber *Transglykosylase* (I) enthält, welche die Bldg. von Polysacchariden in Ggw. von Dextrinen u. freier Glucose katalysiert. Es wird nun ein Verf. zur Best. der I-Aktivität der Leber u. ein Verf. zur Gewinnung eines krist. I-Präp. in hochgereinigtem Zustand beschrieben. Aus 100 g Leber werden 200 mg krist. Präp. mit 4% Eiweiß erhalten. Das Präp. besteht in der Hauptsache aus $MgNH_4PO_4 \cdot H_2O$, dem vermutlich $CaNH_4PO_4$ beigemengt ist. Durch 3—5 maliges Auswaschen des Nd. mit alkal. W. erfolgt keine Einbuße der I-Aktivität, ein Beweis dafür, daß das spezif. I-Eiweiß an den Kristallen sorbiert wird. Das krist. I-Präp. ist in schwacher Säure löslich. Durch Auflösen in $(NH_4)_2SO_4$ werden die geringen Beimengungen beseitigt. Das hier beschriebene Verf. gleicht dem Verf. von Petrowa u. Rosenfeld (vgl. C. **1951.** I. 3505) zur Gewinnung von Phosphorylase aus Muskeln. (Биохимия [Biochemie] **24.** 228—33. März/April 1959. Moskau, Labor. für physiol. Chem. der Akad. der Wiss. der UdSSR.)
O. Lebtag. 4210

Leslie Ralph Berger, *Einige Druckeffekte auf Phenylglykosidase.* Vf. untersuchte das Syst. Phenylglykosid-*Phenylglykosidase* (I) unter wechselnden Druck- u. Temperaturbedingungen. I wurde nach Berger u. Mitarbeiter aus Kulturen von *Streptococcus griseus* isoliert. Das Substrat *Phenyl-β-d-2-acetamido-2-desoxyglucopyranosid* (II) wurde aus Glucosamin·HCl u. *Phenol* (III) synthetisiert. Die II-Hydrolyse (0,02 mol. Lsg. in Phosphatpuffer, p_H 6,3) durch I in einer App. nach Zobell wurde bei $p = 1—1000$ at

u. 20—50° durch Best. des frei gemachten III gemessen. Erhöhter Druck hemmt die Geschwindigkeit von Hydrolyse u. therm. Denaturierung. Wenn II abwesend ist, wird die therm. I-Inaktivierung mit wachsendem Druck beschleunigt. Einige thermodynam. Daten des Syst. werden angegeben. (Biochim. biophysica Acta [Amsterdam] **30.** 522—28. Dez. 1958. La Jolla, Calif., Univ. of Oceanography.) H. BÜTTNER. 4210

At. T. Ilkow, *Einfluß des Natriumcaprylates auf die Inaktivierung der Amylase durch Ultraviolettstrahlen.* Läßt man *Amylase* (I) ohne Zusatz von *Na-Caprylat* (II) 3 Std. bei 38,8° stehen, so bleibt die Aktivität fast unverändert, während bei II-Zusatz die I-Aktivität um 10% gesenkt wird. Wird I zunächst UV-Strahlen ausgesetzt, so besitzt I in Ggw. von II eine um 5—6% höhere Aktivität in den ersten 2 Std. gegenüber der Probe ohne II-Zusatz. Der Schutzeffekt von I nimmt in 2 Std. um 50% ab. Nach 2 Std. ist die I-Aktivität in Ggw. von II geringer als ohne II. Wird die I-Aktivität unmittelbar nach der UV-Bestrahlung gemessen, so beträgt der Schutzeffekt von II 4—7%. Bei der I-Inaktivierung um 30—40% kann II nur $^1/_{10}$ der Aktivität schützen. Hieraus folgt, daß bei der Photoinaktivierung die Hauptrolle der Photodenaturierung der 1. Phase, die nicht durch II geschützt wird, zukommt, u. nicht der Photooxydation oder der sek. Aggregation. (Український Біохімічний Журнал [Ukrain. biochem. J.] **31.** 35—42. 1959. Sofia, Med. Inst., Palladin-Lehrstuhl für Biochem.) O. LEBTAG. 4210

L. Hough und **J. K. N. Jones,** *Biogenese der Kohlenhydrate.* Übersicht über die Biosynth. von *Kohlenhydraten,* ihre gegenseitigen Umwandlungen u. die an diesen Rkk. beteiligten Zwischenprodd. u. Enzymsysteme. — 115 Literaturangaben. (J. sci. ind. Res. [New Delhi], Sect. A **16.** 271—85. Juli 1957. Bristol, Univ.; Kingston, Ontario, Canada, Queens Univ.) F. HELLER. 4210

Ronald Bentley, *Die Spezifität bei den chemischen und enzymatischen Oxydationen von Glucoseanomeren.* Die chem. Oxydation von *Glucose* (I) u. *Methylglucosiden* durch gepufferte Br_2-Lsgg. (p_H 5,4) verläuft mit den β-Formen rascher als mit den α-Anomeren. Der Pyranosering wird unter diesen Bedingungen in *δ-Gluconolacton* (II) übergeführt, das langsam zu *Gluconsäure* hydrolysiert. Das Verhältnis der Oxydationsgeschwindigkeiten zwischen $\beta:\alpha$ beträgt 39,2. Bei der biochem. Oxydation mit *Notatin* (III, I-*Aerodehydrogenase*) wird schneller aus β-I als aus α-I ebenfalls II gebildet. Das spezif. Substrat von III ist *β-D-Glucopyranose.* Als Verhältnis der Reaktionsgeschwindigkeiten ergibt sich ein Wert von 156. Auch I-*Dehydrogenase* aus Ochsenleber u. I-*6-Phosphatdehydrogenase* wirken auf β-I stärker ein. Diese chem. u. enzymat. Spezifität kommt dadurch zustande, daß sich die OH-Gruppe an $C_{(1)}$ von α-I in einer ster. gehinderten Position befindet u. daher direkt an der OH-Gruppe ansetzende Rkk. bei β-I vollständiger verlaufen müssen. Durch Röntgenstrukturanalyse wurde festgestellt, daß der 6gliedrige Pyranosering sowohl im I-Kristall als auch in I-Lsgg. in der sogenannten „Sesselform" vorliegt u. im α-I-Mol. die $C_{(1)}$-OH-Gruppe eine axiale, in β-I dagegen eine äquatoriale Stellung, ebenso wie sämtliche übrigen OH-Gruppen auch, einnimmt. Verss., wie z. B. die Säurehydrolyse von *β-Methyl-D-glucopyranosid,* reduktive Spaltung von *β-Benzyl-D-glucopyranosidtetraacetat* in Ggw. von Pd zu *2.3.4.6-Tetraacetyl-β-D-glucopyranose* u. a. haben gezeigt, daß die Reaktivität axialer OH-Gruppen im I-Mol wesentlich geringer ist als die der äquatorialen, u. die α-Formen sich daher z. Zt. überhaupt nicht umsetzen. Bei der Rk. von I mit Br_2-Lsg. greift das elektrophile Br die äquatoriale OH-Gruppe in β-I unter Bldg. eines Hypobromitzwischenprod. an. Dieses ist isolierbar u. bildet bei seinem Zerfall eine Ketogruppe nach $>\overset{H}{C}-O^- -Br \rightarrow\ >\overset{H}{C}-O^-Br^+ \rightarrow\ >C{=}O + HBr$. Bei dieser geschwindigkeitsbestimmenden Rk. wird ein Hydridion an ein Brominiumion angelagert. Nur mit $HClO_2$ reagiert α-I etwas rascher als β-I, wobei eine Spaltung der Kette unter Bldg. von Oxalsäure beobachtet wird. Da bei dieser Umsetzung kein II nachweisbar ist, wird angenommen, daß I als Aldehydform, bei der eine leichtere Ringöffnung vonstatten gehen kann, reagiert hat. Auch im Falle der enzymat. I-Oxydation wird die äquatoriale OH-Gruppe am stärksten angegriffen, wobei der elektrophile Bereich der Enzym (III)-Oberfläche unter Entfernung eines Protons u. Bldg. eines III-Substratzwischenprod. reagiert. Dieses entspricht dem bei der Br-Oxydation entstehenden, u. es erfolgt anschließend der Übergang eines Hydridions aus dem Zwischenprod. direkt an die prosthet. Gruppe (*Flavinadeninnucleotid*) oder an andere reaktive Stellen der III-Oberfläche. Die Unterschiede der Oxydationsgeschwindigkeiten zwischen α- u. β-I u. deren Derivv. sind also von ster. Faktoren abhängig u. lassen sich auch bei anderen Kohlenhydraten (z. B. biochem. Oxydation von Inositen durch Acetobacterarten) nachweisen. (Nature [London] **176.** 870—73. 5/11. 1955. Pittsburgh, Pa., Univ., Graduate School of Publ. Health, Dep. of Biochem. and Nutr.)
P. FAHRNLAENDER. 4210

Ernest Kun, J. L. Bradin jr. und **J. M. Dechary,** *Die Wirkung von Stoffwechselinhibitoren auf die Produktion von CO_2 und H_2S durch Entamoeba histolytica.* Die Hemmung der Enzymsysteme bei *Entamoeba histolytica,* welche die CO_2-Freisetzung (Decarboxylierung von *Brenztraubensäure*) u. die H_2S-Entstehung (enzymat. Red. von *S*) verursachen, wurde nach einer WARBURG-Meth. in vitro untersucht. Zur Unters. kamen: *Antibiotica, NaCN, KF, NaN_3, Na_2HAsO_4. α.α'-Dipyridyl, 8-Hydroxychinolin, Chel-242-L, o-* u. *p-Aminobenzoesäure, 2.4-Dinitrophenol, Pyocyanin, 6-Brom-2-nitrobenzoesäure, 2.3-Diaminophenazin* (I), *2-Amino-3-hydroxyphenazin, Janusgrün B, Malachitgrün, Methylenblau* (II), *Fumarsäure, Äpfelsäure* u. O_2. — Verschied. Antibiotica hemmen das S-reduzierende Enzymsyst., während Verbb., welche mit Metallionen Komplexe zu bilden imstande sind, die CO_2- u. H_2S-Entstehung in gleicher Weise hemmten. *Arsenat* u. **II** hemmten in erster Linie die CO_2-Entstehung, während verschied. heterocycl. N-enthaltende Substanzen, wie **I**, sich als die stärksten Inhibitoren der Enzymsysteme von E. histolytica erwiesen. (Proc. Soc. exp. Biol. Med. **89.** 604—07. Aug./Sept. 1955. New Orleans, La., Tulane Univ., Dep. of Med., Tropical Med. and Public Health.)
WOLFGANG ALBRECHT. 4210

Leslie Ralph Berger und **Donald M. Reynolds,** *Das Chitinasesystem eines Streptomyces griseus-Stammes.* Das *Chitinase*-Syst. eines *S. griseus*-Stammes wurde, ausgehend von dialysierten u. lyophil getrocknetem Kulturzentrifugat, durch Zonenelektrophorese an Stärke bei p_H 6,3 in 2 *Chitinasen* (I) u. 1 *Chitobiase* (II) zerlegt. **I**, mit gleicher Substatspezifität, hydrolysierten Chitin zu N-Acetylglucosamin (**IV**) u. N.N-Diacetylchitobiose ohne Bldg. nachweisbarer Mengen höherer Saccharide (**III**). Chitodextrin (**VI**) gab höhere Oligo-**III**, die, ebenso wie reine N.N.N-Triacetylchitotriose (**V**) u. N.N.N.N-Tetraacetylchitotetraose, zu Mono- u. Di-**III** abgebaut wurden. **II** ist ein hitzelabiles, irreversibles, an Bauxit adsorbierbares Enzym, das das β-Phenylglykosid von **IV**, N.N-Diacetylchitobiose u. **V**, nicht aber das der höheren **III**, hydrolysiert. **II** unterscheidet sich hierdurch von Mandelemulsion-**II**, die **VI** spaltet. Keines der Enzyme greift die homologen Oligosaccharide des analogen Zuckers Glucosamin (**VII**) an. **VII**-β-Phenylglucosid wird nicht von **II** gespalten. (Biochim. biophysica Acta [Amsterdam] **29.** 522—34. Sept. 1958. Davis, Calif., Univ., Dep. of Bacteriol.) K. MAIER. 4210

E. A. Matlina, *Zur Frage der Reaktivierung der Cholinesterase bei Myasthenie.* Wird Myastheniekranken eine 0,05%ig. Lsg. von Proserin (I) in einer Menge von 2 ml intravenös zugeführt, so wird die Aktivität der *Cholinesterase* (II) im Mittel um 24% gesenkt, kehrt jedoch nach 24 Std. sowohl im Organismus wie in dem sofort nach der I-Zufuhr entnommenen Blut zum Ausgangswert zurück. Bei Zusatz verschied. Konzz. von I zum Blutserum in Abhängigkeit vom Grad der II-Inaktivierung nimmt die inaktivierende Wrkg. von I mit der Zeit zu. Auch bei Gesunden erfolgt die Reaktivierung von II im Organismus u. in dem nach der I-Zufuhr entnommenen Blut. Die II-Reaktivierung hängt demnach nicht mit der Ggw. von spezif. Faktoren bei Myasthenie zusammen. Die inaktivierende Wrkg. von I wird durch Adenosintri-, Adenosindi- u. Adenosinmonophosphorsäure, Adenosin, KCl, Carbocholin u. Ephedrin vermindert. Vf. nimmt an, daß einer der Reaktivierungsmechanismen von II darin besteht, daß in das Blut bisher unbekannte, den Adeninabkömmlingen ähnliche Stoffe ausgeschüttet werden. (Украïнський Біохімічний Журнал [Ukrain. biochem. J.] **31.** 99—107. 1959. Biol. Abt. der Akad. der Wiss. der UdSSR.) O. LEBTAG. 4210

A. A. Pokrowski, *Untersuchungen über die Papierelektrophorese. Gegenelektrophorese im System Ferment–Substrat.* Es wird gezeigt, daß durch Anwendung der Borat-, Veronal/Medinal- u. Phosphatpuffer sowie der Indicatoren Bromthymolblau, Kresolrot u. Phenolrot bei der Papierelektrophorese die frontale Ausbreitung des Eiweißes, in einigen Fällen auch die Verteilung der Eiweißfraktionen, verfolgt werden kann. Hierauf beruht die Meth. der elektrophoret. Best. des Syst. Ferment–Substrat. Die Brauchbarkeit der Meth. wird am Syst. *Cholinesterase* (I)–*Buturylcholin* gezeigt. Auf dem Eektropherogramm kann die Lokalisierung der biokatalyt. akt. Eiweißfraktion festgestellt werden. Das Zusammentreffen von I u. Substrat macht sich als hellgelber Streifen auf blauem. Hintergrund bemerkbar. Im Eiweißspektr. der Elektrophorese des Blutserums verschied. Tiere tritt die eine I-Aktivität aufweisende Fraktion an verschied. Stellen auf. Das Fermentspektr. des Blutserums besitzt demnach eine bestimmte Spezifität. (Биохимия [Biochemie] **24.** 291—300. März/April 1959. Militärmed. Kirow-Akad.) O. LEBTAG. 4210

Lucie Arvy, *Beitrag zur Histoenzymologie der lingualen Chemoreceptoren des Hausschafes.* Histochem. läßt sich in den Geschmacksknospen des Hausschafes *Adenosintriphosphatase* u. *Acetylthiocholinesterase* nachweisen. Einige Geschmacksporen sezernieren in die Hautfalten einen Speichel mit Aktivität an *Acetylnaphtholesterase, Phospho-*

monoesterase u. *Adenosintriphosphatase.* Diese histoenzymol. Bldg. ist bereits beim 80 Tage alten Tier voll entwickelt. (C. R. hebd. Séances Acad. Sci. **248.** 3061—63. 25/5. 1959. Jouy-en-Josas, Frankreich, CNRZ, Labor. de Physiol.) P. LOCH. 4210

Michael Sribney und **Eugene P. Kennedy,** *Die enzymatische Synthese von Sphingomyelin.* (Vgl. J. Amer. chem. Soc. **79.** [1957.] 5325.) In Ergänzung zur l. c. Arbeit werden Meth. u. Verf. der Verss. geschildert u. berichtet, daß das zur *Sphingomyelin* (I)-Synth. aus *Ceramid* (= N-Acylsphingosin) u. *Cytidindiphosphorylcholin* (II) benötigte Enzym *Phosphorylcholinceramidtransferase* (III) außer in Hühnerleber (210) auch in Meerschweinchen- (25) u. Schweineleber (20), sowie in Gehirn (9), Niere (11), Leber (31) u. Milz (17) der Ratte enthalten ist (angegeben sind in mg die I-Ausbeuten mit je 0,25 cm^3 Gewebepartikeln bzw. bei den Rattengeweben Homogenaten nach Meth. A). Die Rk. wird durch Ca^{2+} inhibiert, durch Mn^{2+} (maximale Wrkg. bei 1—2 μMol/cm^3) u. schwächer durch Mg^{2+} gefördert. III hat ihr Wirkungsoptimum bei p_H 7,5—8 u. 45° u. ist für II spezif. (mit UDP-, ADP- u. GDP-Cholinen keine Wrkg.). Besser als *N-Acetylsphingosin* (IV, 17—20) ist die I-Ausbeute mit aktiviertem **IV** (mit Essigsäure–H_2SO_4 behandelt, 150—175; mit Propionsäure–H_2SO_4 behandelt, 540); dabei ist für **IV** *threo–trans-Konfiguration* notwendig. Auch mit *N-Acetyl-* (160) u. *N-Octanoyl-DL-threo-1.3-dihydroxy-2-aminooctadein* (208) wird I erhalten, nicht jedoch mit *N-Acetylphytosphingosin.*

Versuche: *Phosphorylcholinceramidtransferase* (III) durch Homogenisieren von Hühnerleber in 4 Voll. wss. 0,25 mol. Rohrzucker- u. 0,001 mol. Di-Na-Äthylendiamintetraacetatlsg. bei 0°, Abzentrifugieren von ganzen Zellen u. dann weiteres Zentrifugieren; Partikelmasse aus (etwa gleich wirksamen) Mitochondrien u. Mikrosomen. — *Sphingomyelin* (I) aus 6 kg Hühnerleber durch Einw. von Aceton, Extrahieren mit Ae. u. dann mit heißem Methanol, Behandeln der Methanolextrakte mit methanol. KOH (zu 0,4-Lsg.) 2 Std. bei 37°, Neutralisieren mit HCl, Einengen, Chloroformextraktion u. Chromatographie an Al_2O_3; 9,3 g (Ausbeute). — *Ceramide* a) aus 200 mg I u. 10 mMol Tris-[hydroxymethyl]-aminomethanpuffer (TP) vom p_H 7, 2 mMol Ca^{2+} u. 200 mg *Lecithinase D* (in Clostridium perfrigens Typ A-Toxin) in W. nach 2—4 Std. bei n. Temp. u. Zugabe von Ae.; aus dem Ae. durch Chromatographie an Kieselsäure–Cellit; b) aus Sphingosin (bzw. Isomeren) in Ggw. von 2,5n NaOH u. Ae. mit Acetanhydrid. — Meth. A: Incubieren von 4 μMol **IV**, 0,8 μMol 1.2-$^{14}C_{(1.2)}$-II u. 0,25 cm^3 III in Ggw. von 50 μMol TP (p_H 7,6), 20 μMol Cystein, 5 μMol Tween-20 u. 4 μMol $MnCl_2$ (W. ad 1 cm^3) 2 Std. bei 37° u. Aufarbeitung ähnlich der vorst. I-Darst. (Best. durch ^{14}C-Messung). (J. biol. Chemistry **233.** 1315—22. Dez. 1958. Chicago, Ill., Univ., Dep. of Biochem.) F. J. MEYER. 4210

R. Richterich-Van Baerle und **L. Goldstein,** *Ammoniakproduktion in der Niere als ein Modell für die Untersuchung der Enzymadaptation bei Säugetieren.* An Meerschweinchen wurde die NH_3-Ausscheidung u. die Konz. an *Glutaminase I* (I) der Nieren vor u. nach Säurebelastung (Zufuhr von NH_4Cl durch Magensonde) untersucht. Die NH_3-Ausscheidung erreicht 12—13 Tage nach Beginn der täglichen NH_4Cl-Gaben einen Gipfel, wobei sich die NH_3-Ausscheidung bei jedem gegebenen p_H-Wert etwa verdoppelt. Die I-Konz. der gesamten Niere stieg nach 14 Tagen infolge Adaptation auf etwa das Doppelte an. Diese Induktion erreichte zwischen dem 6. u. 10. Tag einen Gipfel, wonach eine lineare Abhängigkeit zwischen zunehmender Induktion u. fortschreitender Zeit erreicht wird. Die Hypothese von MANDELSTAM (C. **1955.** 10534) läßt sich also nicht nur auf die Enzyminduktion bei Mikroorganismen, sondern auch auf die Enzymadaptation bei Säugetieren anwenden. Auf die Bedeutung von experimenteller u. spontaner Induktion für die Prognose von verschied. Stoffwechselerkrankungen wird hingewiesen. (Experientia [Basel] **13.** 30—32. 15/1. 1957. Boston, Mass., Univ., School of Med., Dep. of Pharmacol.) E. SCHWERDTFEGER. 4210

D. G. Comb und **S. Roseman,** *Enzymatische Synthese von N-Acetyl-D-mannosamin.* Rattenleberextrakt wird versetzt mit 400 μMol *Uridindiphosphatacetylglucosamin,* 1,75 mMol *$MgSO_4$,* 1,75 mMol *Cystein,* 5 mMol Tris-HCl-Puffer (p_H 7,5) u. auf 42 ml aufgefüllt. Der Ansatz wird 2 Std. bei 37° gehalten. Nach Enteiweißung mit $ZnSO_4$ u. $Ba(OH)_2$ u. nachfolgender Filtration u. Deionisation durch Austauscher wird dialysiert u. das Dialysat im Vakuum eingeengt. Dabei bilden sich 228 μMol N-Acetyl-D-hexosamin, das durch Vgl. mit synthet. Prod. u. durch Hydrolyse u. Chromatographie der Abbauprodd. als N-Acetyl-D-mannosamin (I; $C_8H_4NO_5Cl$, $[\alpha]_D^{25}$ —3,9° [c = 1,2; W.]) identifiziert wird. Eine Umwandlung von *N-Acetyl-D-glucosamin* in I durch Rattenleberextrakt wird nicht beobachtet. (Biochim. biophysica Acta [Amsterdam] **29.** 653—54. Sept. 1958. Ann Arbor, Mich., Univ. of Michigan, Rackham Arthritis Res. Unit.; Dep. of Biol. Chem.) L. TRÄGER. 4210

S. J. Bach und **J. D. Killip,** *Reinigung und Kristallisation von Arginase.* Die Ergebnisse von BACH u. WHITEHOUSE (C. **1950/54.** 330 S), welche ein in vielen Fällen farbloses, bei Elektrophorese eine einzelne symm. Spitze bei zwei verschied. p_H-Werten zeigendes Präp. von *Arginase* (I) erhielten, sind nicht stets reproduzierbar. Unter Abänderung der ursprünglichen Meth. von BACH (Nature [London] **158.** [1946.] 376) wurden jetzt stäbchenförmige Kristalle in reproduzierbarer Weise erhalten: Extraktion von Acetonpulver von Rinderleber mit dest. W. (0,59% $MnSO_4 \cdot 4\,H_2O$ enthaltend); Zentrifugieren nach Einstellen auf p_H 6,7—6,8; innerhalb von 3—4 Min. Erhitzen auf 51°, nach 75 Sek. rasch abkühlen; nach Abzentrifugieren des Nd. wird die braunrote Fl. auf p_H 7,3 gebracht u. über Nacht stehengelassen; Fraktionieren der dann nochmals zentrifugierten u. gekühlten Lsg. bei p_H 7,3 mit Aceton (—15°) bei 0—3°; Zentrifugieren u. Aufnehmen des gelben Nd. in 0,01% $CoCl_2$ enthaltendem W.; Dialyse gegen mehrmals erneuertes 0,01%ig. $CoCl_2$ (24 Std.; 4°; p_H 7,3); nochmalige Hitzebehandlung (3 Min.; 55°); Entfernen der Leberpigmente durch Schütteln mit festem gepulvertem $ZnSO_4 \cdot 5\,H_2O$ bei 0° u. p_H 7,8; Dialyse der gelben Lsg. gegen W., das 0,01 Mol Natriummaleat + 0,04 Mol $MnSO_4$ enthält; Fällen der Lsg. mit $(NH_4)_2SO_4$ (65% Sättigung) bei p_H genau 6,8; Lösen des Nd. in Mangan-Maleat-Lsg. (II; 0,04 Mol bzw. 0,01 mol.); Fällen mit $(NH_4)_2SO_4$ bei 40% Sättigung; Lösen in II; Fällen mit Isopropanol bei p_H 6,9 u. 0°; Lösen in II, der 24,3% $(NH_4)_2SO_4$ zugesetzt waren; Dialyse gegen II [$(NH_4)_2SO_4$ enthaltend]; nochmaliges Fällen u. Lösen; Kristallisation durch Fällen mit Aceton, Lösen des Nd. in Glyoxalinmischung [= 0,05 mol. Glyoxalin-HCl-Puffer p_H 6,6, der II-Lsg. sowie 1,35% $(NH_4)_2SO_4$ enthält] u. schließlich Zusatz von Aceton + Isopropanol (1:1) bei —5°. — Die spezif. Aktivität dieser I-Kristalle ist beträchtlich höher als die der Ursprungslsg.; sie wird durch Umkristallisieren erhöht. Die I-Kristalle haben $Q_{Harnstoff}$ = ca. 170000. (Biochim. biophysica Acta [Amsterdam] **29.** 273—80. Aug. 1958. Bristol, Großbritannien, Univ., Dep. of Physiol.) A. HESSE. 4210

Helmut Baier, *Über die Wirkung von Blei auf die Fermentsynthese in vivo.* (Vgl. C. **1959.** 2884.) An Ratten, welche per os täglich ca. 50 mg *Bleinitrat* erhalten, wird die Veränderung der *Arginase* (I) in der Leber untersucht, weiter werden menschliche Blutkörperchen in vitro nach Bleigaben auf I geprüft. Es zeigt sich in beiden Fällen, daß sowohl die Aktivität als auch die Synth. von I durch Blei stark gehemmt werden. (Klin. Wschr. **36.** 970—72. 15/10. 1958. Wuppertal-Elberfeld, Ferdinand Sauerbruch Krankenanstalten, Med. Klinik.) H. STRUCK. 4210

Marc Mouraret, *Zustand der Bodenasparaginase.* Vf. stellte fest, daß die Elution fixierter Hefeasparaginase (I) aus verschied. Erdarten (Sumpfboden, Garten-, Prärie-, Reisfelderde, Kiefernwaldboden) nur in geringem Maße möglich ist, welche Tatsache den Schluß zuläßt, daß I in den betreffenden Böden nicht in adsorbierter Form vorliegt, sondern wahrscheinlich an Zellstrukturen gebunden ist. In luftgetrockneter Erde ist keine I-Aktivität mehr nachweisbar. (C. R. hebd. Séances Acad. Sci. **248.** 2809—11. 11/5. 1959. Madagascar, Inst. de Rech. sci., Labor. de Microbiol. du Sol.)
H. KOCKERT. 4210

Chozo Mitoma, *Untersuchungen mit teilweise gereinigter Phenylalaninhydroxylase.* Durch fraktionierte Ammonsulfatfällungen wurde das Enzym *Phenylalaninhydroxylase* (I), welches die Umwandlung von *L-Phenylalanin* zu *Tyrosin* katalysiert, in z. T. reiner Form, aus Rattenlebern dargestellt. Es besteht aus zwei Eiweißfraktionen, einer labilen, welche nur in der Leber zu finden ist, u. einer stabileren, welche auch in Niere u. Herz festgestellt wurde. *Diphosphopyridinnucleotid* (II) wird katalyt. nur in Ggw. eines *Aldehyds* oder *Alkohols* in die Rk. einbezogen, während reduziertes II der akt. Cofaktor ist. Ferroionen scheinen ein integrierender Bestandteil des I-Syst. zu sein. — Die Rk. konnte nicht in 2 einzelne Schritte getrennt werden, auch waren keine Intermediärsubstanzen feststellbar. (Arch. Biochem. Biophysics **60.** 476—84. Febr. 1956. Bethesda, Md., U. S. Dep. of Health, Education and Welfare, Public Health Service, Nat. Inst. of Health, Nat. Heart Inst., Labor. of Chem. Pharm.)
WOLFGANG ALBRECHT. 4210

Tjan-zin Zi und **M. W. Smirnowa,** *Einige Besonderheiten der Proteasen von E. coli bei der Kultivierung unter stationären Bedingungen und bei Belüftung.* In der latenten u. logarithm. Phase nimmt die Aktivität der Proteasen (I) von E. coli zu; in der stationären Phase nimmt sie ab. In den Spätstadien der Entw. ist die I-Aktivität bei Belüftung geringer als unter stationären Bedingungen. Bei Belüftung ist die I-Aktivität beim p_H 7—8,3 1,5—2,5 mal größer als beim p_H 5,0. In den stationären Kulturen ist sie 2,5—3,5 mal höher. Durch Mg^{2+}, Mn^{2+} u. Ca^{2+} wird die I-Aktivität stark, durch Fe^{2+} etwas herabgesetzt. Cystein, Methionin u. Thiomilchsäure erhöhen bei p_H 7,0 die I-Aktivität u. vermindern sie bei p_H 5,0. Die I-Aktivität wird durch Monojodessigsäure bei p_H 7,0 u. 8,3 nicht verändert, durch NaN_3 bei p_H um 38% erhöht, durch 2.4-Dinitrophenol bei neutraler u. schwach alkal. Rk. erhöht, durch 8-Oxychinolin bei p_H völlig unterdrückt. Die Hydrolyse des Caseins durch I der belüfteten Kultur erfolgt

doppelt so rasch wie durch die **I** der stationären Kultur, die Hydrolyse des Phaseolins u. Albumins durch die **I** der belüfteten Kultur 10mal schwächer als die von Casein. (Биохимия [Biochemie] **24.** 205—09. März/April 1959. Moskau, Gamaleja-Inst. für Epidemiol. u. Mikrobiol. der Akad. der med. Wiss. der UdSSR, Abt. Biochemie.)
O. LEBTAG 4210

W. N. Orechowitsch, O. Ss. Chochlowa und **M. P. Tschernikow,** *Die Bindung der Proteinasen durch Wolle.* Zerkleinerte Wolle u. Seidenfibroin binden *Trypsin* (**I**) u. *Chymotrypsin* (**II**) aus Lsgg. vom p_H 7,9 u. 3,9 beim Verhältnis 150:1. Das so gebundene **I** wird durch 0,08mol. α-Cysteinlsg. wieder völlig in Freiheit gesetzt. Weniger wirksam sind Harnstoff, NaCl, $CaCl_2$ u. saure Pufferlösung. Das gebundene **II** wird durch 0,1 mol. α-Histidin in 2mol. NaCl freigesetzt. Eine Inaktivierung von **I** oder **II** durch 0,08mol. α-Cysteinlsg. erfolgt nicht. (Биохимия [Biochemie] **24.** 353—56. März/April 1959. Moskau, Inst. für biol. u. med. Chem. der Akad. der med. Wiss. der UdSSR.)
O. LEBTAG. 4210

I. D. Iwanow und **R. W. Fenikssowa,** *Polarographische Bestimmung der Proteinase und Amylase von Bacillus subtilis.* Es wird festgestellt, daß die aus der Kultur-Fl. von *Bacillus subtilis* gewonnene *Proteinase* (**I**) im NH_3-Puffer sowohl in Ggw. wie in Abwesenheit von $CoCl_2$ eine Reduktionswelle aufweist, wobei $E_{1/2}$ 1,59 V beträgt. Zwischen der **I**-Konz. u. der Wellenhöhe besteht eine Proportionalität (bis 250 mg/ml). Die Amylase liefert in Ggw. von $CoCl_2$ keine Reduktionswelle. (Биохимия [Biochemie] **24.** 222—24. März/April 1959. Moskau, Bach.-Inst. für Biochem. der Akad. der Wiss. der UdSSR.)
O. LEBTAG. 4210

L. Sarda und **P. Desnuelle,** *Die Wirkung der Pankreaslipase auf emulgierte Ester.* Es wurde die Rk. der *Lipase* (**I**) mit Fettsäureestern untersucht. **I**-Präpp. wurden durch wss. Extraktion von Schweinepankreas u. anschließende Fällung mit $(NH_4)_2SO_4$ u. Aceton gewonnen. Weitere Reinigung durch Elektrophorese. Zum Vgl. wurde eine *Esterase* (**II**) aus Pferdeleber benutzt. Folgende Fettsäureester wurden in wss. Suspension oder Lsg. untersucht: *Triolein* (**III**), *Tributyrin* (**IV**), *Triacetin* (**V**), *Methylbutyrat* (**VI**). Die Aktivität von **I** bzw. **II** wurde potentiometr. als μ-Äquivalente freigemachte Fettsäure pro Min. berechnet. Sie wurde nach MICHAELIS dargestellt als Funktion der wirksamen Oberfläche der Fettemulsion. Ergebnis: Bei den wasserunlösl. Estern **III** u. **IV** hängt die **I**-Aktivität von den Dimensionen der wirksamen Oberfläche ab. Sie wächst mit abnehmendem Durchmesser der Emulsionströpfchen. Bei den wasserlösl. Estern **V** u. **VI** ist die **I**-Aktivität gering, wächst aber in übersätt. Lsgg., in denen dann Ähnliches gilt, wie für unlösl. Ester. Man kann also **I** als Spezialesterase bezeichnen, die nur an der Grenzschicht W.–Ester wirkt. Es wird eine Meth. zur Berechnung der MICHAELIS-Konstante vorgeschlagen. (Biochim. biophysica Acta [Amsterdam] **30.** 513—21. Dez. 1958. Marseille, Fac. des Sci., Labor. de Chimie Biol.)
H. BÜTTNER. 4210

Irving Millman und **William Yotis,** *Vergleich der Wachsesteraseaktivität verschiedener Mikroorganismen.* Bei *Aspergillus flavus, Penicillium,* GM 1, einem gramnegativen Stamm, *Micrococcus urea, Bacillus macerans, Candida albicans* u. *Micrococcus cerolyticus* wird die endogene Atmung mehr oder weniger stark durch Myricylpalmitat u. durch Tuberkelwachs gesteigert. Bis auf *Candida albicans* zeigt keiner der Mikroorganismen eine *Esterase*-Aktivität, solange die Zellen intakt sind. Dagegen spalten die Ultraschallextrakte aller 8 Stämme Tributyrin, Tuberkelwachs u. Myricylpalmitat in wechselndem Ausmaß. (Proc. Soc. exp. Biol. Med. **99.** 737—39. Dez. 1958. Chicago, Ill., Northwestern Univ. Med. School, Dep. of Microbiol.) L. KIESOW. 4210

G. W. Nowitzkaja, *Über einen Aktivator der Lipase von Weizenkeimen.* Weizenendosperm u. Sojabohnen enthalten Stoffe, welche die *Lipase* (**I**) des Weizenkeims aktivieren. Der aktivierende Stoff wird durch 10%ig. NaCl-Lsg. in der Kälte in 12 Std. extrahiert, nicht jedoch durch ½std. Behandlung mit Phosphatpuffer vom p_H 7,2 (10 ml/g), 10std. Behandlung mit Olivenöl (4 ml/g) oder 24std. Extraktion mit Glycerin (5 ml/g). Ein Gemisch von je 50% Globulin u. Albumin des Weizenendosperms aktiviert **I** gleich stark wie jedes dieser Eiweiße für sich allein. Sie erhöhen die Aktivität der **I** von Mohn-, Lein- u. Sonnenblumensamen fast auf das doppelte. Auch die Eiweißstoffe der Sojabohne wirken aktivierend auf die **I** des Weizenkeimes. Bei Zusatz von 25—150 mg Albumin des Weizenendosperms wird die Aktivität der Weizenkeim-**I** erhöht, bei Zusatz von 200 mg vermindert. Die Ggw. von $CaCl_2$ ist, im Gegensatz zu Pankreas-**I**, ohne Einfl. auf die Aktivität der Weizenkeim-**I** u. die aktivierende Wrkg. des Endospermalbumins. (Биохимия [Biochemie] **24.** 311—16. März/April 1959. Moskau, Timirjasew-Inst. für Physiol. der Akad. der Wiss. der UdSSR.) O. LEBTAG. 4210

Hideo Ikehata, *Thiaminaseuntersuchungen.* 23. Mit. *Untersuchungen über Thiaminase von Bacillus aneurinolyticus.* Teil 8. *Die Synthese von N-[2'-Methyl-4'-aminopyri-*

midyl-(5')-methyl]-4-methyl-5-[β-hydroxyäthyl]-thiazolinthion-(2) durch Thiaminase II. (22. bzw. 7. vgl. C. **1959.** 9277.) Teilweise gereinigte *Thiaminase II* (1 cm^3, $^1/_{60}$mol. Phosphatpufferlsg. p_H 7,8, 37°) aus 8 Tagekulturen von *Bacillus thiaminolyticus* KIMURA u. AOYAMA fördert die Bldg. von ca. 0,025 μmol. *N-[2'-Methyl-4-aminopyrimidyl-(5')-methyl]-4-methyl-5-[β-hydroxyäthyl]-thiazolinthion-(2)* (I) aus 1 μmol. *2-Mercapto-4-methyl-5-[β-hydroxyäthyl]-thiazol* u. 1 μmol. *2-Methyl-4-amino-5-hydroxymethylpyrimidin.* — Zur Züchtung der Bakterien kann daher I an Stelle von Thiamin zum Nährboden (Glycerin, Na-Glutaminat, K_2HPO_4, KH_2PO_4, $FeSO_4$, $MgSO_4$, NaCl, Citronensäure) zugesetzt werden. (Vitamins [Kyoto] **16.** 539—41. 25/5. 1959. Ōsaka Shiritsu Daigaku, Kaseigaku-Bu, Eiyōkagaku-Kenkyūshitsu. [Orig.: japan.; Auszug: engl.]) F. MOSSNER. 4210

Oliver H. Gaebler, *Enzymes; Units of Biological Structure and Function.* New York; Academic Press Inc., Publishers. 1956. (624 S. m. Abb.) $ 12,—.

Darst. der anläßlich eines internationalen Symposiums über Enzyme (1/3. 11. 1955, Henry Ford Hospital, Detroit) gehaltenen Vorträge u. Diskussionen, die von **O. H. Gaebler** (Detroit, Edsel B. Ford Inst. for Medical Research, Biochem. Dep.) zusammengefaßt u. herausgegeben werden (vgl. Science **123.** [1955.] 149). Unter der mit diesem Buchtitel ident. Devise des Symposiums werden folgende Themen behandelt: *Der Ursprung von Fermenten* — Bemerkungen zum Mechanismus der Enzyminduktion (**J. Monod**); Enzyme bei der Zellteilung (**B. Ephrussi**); Nucleinsäuren u. Enzymsynth. (**E. F. Gale**); Über die Natur des fermentbildenden Syst. (**S. Spiegelman**). — *Stand der Beziehung Gen–Enzym* — Genet. Struktur u. Funktion beim Bakteriophagen T 2 (**A. D. Hershey**); Genet. Anordnung der bei Bakterienumwandlungen mitwirkenden Desoxyribonucleinat-Einheiten (**R. D. Hotchkiss**); Rolle der Gene bei der Enzymsynth. (**N. H. Horowitz** u. **N. Fling**); Gen-Wechselwrkgg. bei der Enzymsynth. (**Ch. Yanofsky**); Beitrag zur Wechselbeziehung Gen–Enzym (**J. Lederberg**); Die Zukunft der Fermentforschung (**Linus Pauling**). — *Enzyme u. Zellgefüge* — Elektronenmikroskopie von Mitochondrien u. anderen cytoplasmat. Anteilen (**G. E. Palade**); Physiologie der Mitochondrien (**A. L. Lehninger**); Sedimentation u. biochem. Eigg. von cytoplasmat. Partikeln (**E. L. Kuff** u. **G. H. Hogeboom**); Kernprodd. u. Kernvermehrung (**D. Mazia**); Lokalisierung der Photosynth. in Chloroplasten (**D. I. Arnon**). — *Enzymat. Grundlage einiger physiol. Funktionen* — Das Actomyosinsyst. u. seine Teilnahme an organisierten Ferment-Rkk. (**W. F. H. M. Mommaerts**); Wird im Augenblick der ATP-Spaltung Energie von ATP auf Myosin übertragen? (**M. F. Morales**); Enzymat. Betrachtungen des Ausscheidungsvorganges (**J. v. Taggart**); Biochemie der Sehanregung (**G. Wald**); Enzymat. Grundlage der Lichtemission (**W. D. McElroy** u. **A. Green**); Mechan.-chem. Kopplung im Muskel (**Albert Szent-Györgyi**). — *Energiequellen der Zelle* — Bestandteile des Cytochromsyst. (**E. H. Stotz, M. Morrison** u. **G. Marinetti**); Succinodehydrogenase (**Th. P. Singer, E. B. Kearney** u. **V. Massey**); Wechselbeziehung zwischen Adenosindiphosphat u. der Atmungskette (**B. Chance**); Struktur- u. Enzymgefüge des elektronenübertragenden Syst. (**David E. Green**); Hämatinverbb. im Stoffwechsel von photosynthet. Geweben (**M. D. Kamen**). — *Regulierung von Fermentaktivität* — Beziehungen zwischen Enzymen u. Permeabilität (Membrantransport) bei Bakterien (**B. D. Davis**); Einw. von Wirkstoffen auf Enzymsysteme (**J. H. Quastel**); Interferenz mit dem Nucleinsäurestoffwechsel (**Arnold D. Welch**); Regulierung der Fermentaktivität im Muskel während der Arbeit (**Carl F. Cori**). Die graph. gut ausgestattete u. mit zahlreichen Literaturangaben versehene Veröffentlichung der themat. umfangreichen Vorträge spricht Mikrobiologen, Biologen, Genetiker, Physiologen, Pharmakologen, Pathologen, Ernährungswissenschaftler, Biochemiker u. Biophysiker an. HEINZ WALTER.

E₃. Mikrobiologie. Bakteriologie. Immunologie.

Virginia C. Dewey und **G. W. Kidder,** *Aminosäureantagonismus bei Tetrahymena.* Bei Prüfung der Wachstums-Rk. von *Tetrahymena pyriformis W* in einem Medium von erhöhter Gesamtaminosäurekonz. wurde festgestellt, daß vermehrter Zusatz einer *essentiellen Aminosäure* — mit Ausnahme von *Lysin* — das Wachstum hemmte. Spezif. Interrelationen zwischen bestimmten Aminosäuren konnten gefunden werden, wenn die Konz. einer Aminosäure erhöht wurde, während synergist. Effekte zu erzielen waren, wenn zwei oder mehr spezif. antagonist. wirksame Aminosäuren zusammen dem Medium zugesetzt wurden. Zusatz von Aminosäuren in Form von Peptiden hatte nur geringe die Wrkg. auf Hemmung, die durch andere Aminosäuren bedingt war. (Arch. Biochem. Biophysics **73.** 29—37. Jan. 1958. Amherst, Mass., Amherst Coll., Biol. Labor.) WOLFGANG ALBRECHT. 4310

June Lascelles und **M. J. Cross,** *Die Funktion von Vitamin B_{12} in Mikroorganismen.* (Vgl. C. **1955.** 11017.) Überblick über die Funktion von *Vitamin B_{12}* bei der Synth. von Methionin u. Nucleinsäurederivv., über seinen Einfl. auf den Bedarf an p-Aminobenzoesäure u. die Oxydation von Carbonsäuren sowie über den Ersatz des Vitamins durch reduzierende Stoffe in Mikroorganismen. — 74 Literaturangaben. (Biochem. Soc. Symposia **1955.** Nr. 13. 109—23. Oxford, Univ., Dep. of Biochem., Microbiol. Unit.) ANTJE SCHMIDT. 4310

Klaus Krisch, *Zur papierchromatographischen Bausteinanalyse des Lysozymsubstrates.* (Vgl. HAWTHORNE, C. **1951.** I. 2172.) Im Kapsel-*Mucopolysaccharid* von *Micrococcus lysodeikticus* wurden nach Säurehydrolyse (5n H_2SO_4, 1 Std., 105°) papierchromatograph. (Pyridin–Essigester–Eisessig–W., 5:5:1:3) *Glucose, Glucosamin* u. in geringerer Menge *Mannose* u. *Fucose* als Bausteine nachgewiesen. Die Kapselsubstanz gehört zur Gruppe der neutralen *Monopolysaccharide.* (Hoppe-Seyler's Z. physiol. Chem. **311.** 131—35. 11/6. 1958. Berlin, Freie Univ., Physiol.-Chem. Inst.) K. MAIER. 4315

Je. M. Gubarew, G. D. Bolgowa und **Je. K. Alimowa,** *Untersuchung der Fraktionen der freien und gebundenen Lipide von Brucella suis 44 nach der chromatographischen Methode.* (Vgl. C. **1959.** 4522.) Die chromatograph. Unters. der aus *Brucella suis 44* gewonnenen Fraktionen der freien u. gebundenen *Lipide* (I) ergab in allen Fraktionen die Ggw. von Kohlenhydrat u. Polypeptid oder Eiweiß. Aus der Unters. der Hydrolyseprodd. ist zu schließen, daß das an I gebundene Kohlenhydrat ein Polysaccharid ist. In allen I-Fraktionen liegt Glycerin vor, das wahrscheinlich an I gebunden ist u. bei der alkal. Hydrolyse freigesetzt wird. Chromatograph. läßt sich in allen Fraktionen die Ggw. von Stearin-, Olein- u. ungesätt. C_{10}—C_{12}-Säure nachweisen. Die in Aceton u. Chlf. lösl. Fraktionen enthalten freie Diaminosäuren u. Cystin. Freie I sind in keiner Fraktion nachweisbar. Nach der Hydrolyse mit 6n HCl lassen sich in den freien u. gebundenen I 13—15 Aminosäuren nachweisen. Die Ggw. von Kohlenhydrat u. Polypeptid in I bestätigt die Möglichkeit einer Komplexbldg. zwischen diesen Stoffen. (Биохимия [Biochemie] **24.** 200—04. März/April 1959. Rostow a. Don, Med. Inst., Lehrstuhl für Biochemie.) O. LEBTAG. 4315

I. Ss. Kulajew, A. N. Beloserski und **Ss. E. Manssurowa,** *Untersuchung des Polyphosphatumsatzes bei submerser Kultivierung von Penicillium chrysogenum Q-176.* (Vgl. C. **1957.** 11917; C. **1958.** 6589.) Die Verss. mit *Penicillium chrysogenum Q-176* auf Nährböden verschied. Zus. ergaben, daß in der submersen Kultur der Umsatz der *Polyphosphate* (I) nach den gleichen Gesetzmäßigkeiten verläuft wie in der Oberflächenkultur. Nur die Degradation der hochmol. säurelösl. I ist verschieden. In der submersen Kultur wird die I-Fraktion durch die direkte Bldg. von Orthophosphat depolymerisiert. In der Oberflächenkultur erfolgt die Degradation von I wahrscheinlich in der Weise, daß zunächst relativ niedrigmol. I-Bruchstücke entstehen, die dann unter Bldg. von Orthophosphat weiter depolymerisiert werden. Als Zwischenprod. entsteht das Pyrophosphat. Beim Wachstum auf einem Nährboden mit einem Geh. an Maisextrakt sind die I-Veränderungen während des Wachstums die gleichen wie auf gewöhnlichem Nährboden. Der größte Teil des im Mycel nachweisbaren P gehört zu stabilen P-Verbb. unbekannter Natur, die wahrscheinlich Phytin u. sowohl säurelösl. wie säureunlösl. P-Verbb. unbekannter Natur enthalten. (Биохимия [Biochemie] **24.** 253—62. März/April 1959. Moskau, Lomonossow-Univ., Fakultät für Bodenbiol.; Bach-Inst. für Biochem. der Akad. der Wiss. der UdSSR.) O. LEBTAG. 4320

Dietrich Jerchel und **Hanns-Ludwig Schmidt,** *Vergleich des Abbaus von L-Äpfelsäure durch Bacterium gracile und Lactobacillus arabinosus.* Bei gleicher Aufschlußmeth. (Verreiben mit Al_2O_3, Veronalpufferextraktion, p_H 7,2, 20000 g-Überstand) gaben B. gracile u. L. arabinosus Enzym-Lsgg., die gegenüber L-Äpfelsäure (I) das für das „Äpfelsäureenzym" von OCHOA u. Mitarbeiter (vgl. C. **1951.** II. 1141) charakterist. Verh. zeigten. *CO_2* bewirkte eine gleichartige Hemmung des enzymat. I-Abbaus durch beide Präparate. Mit der Zunahme des CO_2-Druckes verstärkte sich die Hemmung. (Liebigs Ann. Chem. **613.** 198—203. 28/5. 1958. Mainz, Univ., Organ.-Chem. Inst.) K. MAIER. 4320

R. W. Bernlohr und **G. C. Webster,** *Bildung von aktivierten Aminosäuren durch intakte Zellen von Azotobacter vinelandii.* Vff. untersuchten, ob durch intakte Zellen ebenso wie durch zellfreie Bakterienpräpp. *aktivierte Aminosäuren* gebildet werden. Die Verss. wurden durchgeführt mit *Azotobacter vinelandii* in 0,1 mol. Tris-[hydroxymethyl]-aminomethanpuffer (p_H 7,25) mit *^{14}C-Glycin* (I) oder *-Leucin* (II). Nach Zerstörung der Zellen wurden nach Zentrifugieren die Proteine der überstehenden Fl. mit Perchlorsäure gefällt, gebundenes I u. II an Kohle adsorbiert, freies I u. II durch K-Phosphat u. -Acetat ausgewaschen. Durch Extraktion der Kohle mit 0,2 mol. Hydroxylamin wurden I u. II in die *Hydroxamate* übergeführt u. diese papierchromatograph. nachgewiesen. Es wurde gefunden, daß intakte Zellen ebenso wie zellfreie Bakterienextrakte Aminosäuren in aktivierter Form einbauen. Das aktivierte I aus Azotobacterzellen unterscheidet sich jedoch von solchen aus zellfreien Präpp. darin, daß es durch A. in einem Phenolextrakt nach der Meth. von KIRBY (C. **1957.** 5878) nicht gefällt wird. Es kann sein, daß die Aminosäuren in intakten Zellen nicht zu Polynucleotid gebunden werden oder daß vielleicht erheblich kleinere Polynucleotide entstehen. Die genaue Art dieser Aminosäureverbb. u. ihre Beziehung zur Zellproteinsynth. erfordert weitere Untersuchungen. (Nature [London] **182.** 531—32. 23/8. 1958. Columbus, Ohio, Ohio State Univ., Dep. of Agricult. Biochem.) H. GOEBEL. 4320

J. R. Guest, *Beziehung zwischen Cobalamin und Methioninsynthese in Escherichia coli PA 15.* Ultraschallextrakte von E. coli PA 15 benötigen zur Bldg. von Methionin aus *Homocystein* u. *Serin Vitamin B_{12}* (*Cyanocobalamin;* I) in einer Konz. von $2 \cdot 10^{-8}$ Mol/Liter. Am Nucleotidteil veränderte I-Analoga sind ebenfalls wirksam. I-*Faktor B* u. das I-*Monocarbonsäureanilid* hemmen die I-Wrkg. bei der Übertragung einer C-Atomeinheit. I ist nicht notwendig, wenn die Bakterien vorher mit I gewachsen waren u. dann mit Aceton extrahiert wurden. Sind die Bakterien ohne I gewachsen, so sind die Acetonextrakte auch nach I-Zusatz nicht zur Methioninsynth. fähig. Diese Inaktivierung wird entweder durch Zusatz von Acetonextrakten von mit I gewachsenen Zellen oder nach Zusatz von Ultraschallextrakten mit nachträglichem I-Zusatz aufgehoben. Höchste Produktion wird durch ein Dialysat von 10 γ I/mg Protein, *ATP*, *DPN*, *Mg^{2+}*, *Kaliumphosphat* (vom p_H 7,8) u. *Glucose* erreicht. (Biochem. J. **72.** 5P—6P. Mai 1959. Oxford, Dep. of Biochem., Microbiol. Unit.) L. TRÄGER. 4320

L. Ss. Olenitschewa, *Einige Reaktionen der Umaminierung von Aminosäuren bei Darmbacterium.* Es wird nachgewiesen, daß in den Extrakten von *Bacillus coli* Fermentsysteme vorliegen, welche die Umaminierung von *α-Ketoglutarat* (I) mit *Asparaginsäure* (II), *Valin, Leucin, Phenylalanin, Alanin* u. *Glycin* bewirken. Am intensivsten verläuft die Umaminierung von I mit II. Das Pyruvat wird mit *Glutaminsäure,* II, Valin, Leucin u. *Tryptophan* umaminiert. Am intensivsten ist hier die Rk. zwischen Pyruvat u. den Aminodicarbonsäuren. Die Umaminierung von I verläuft intensiver als die von Pyruvat. Die Ergebnisse bestätigen die These von der zentralen Rolle des I beim N-Umsatz der Aminosäuren. (Биохимия [Biochemie] **24.** 225—27. März/April 1959. Rostow a. Don, Med. Inst., Lehrstuhl für Biochemie.) O. LEBTAG. 4320

Frederick E. Samson, Arnold M. Katz und **Daniel L. Harris,** *Die Wirkung von Acetat und anderen kurzkettigen Fettsäuren auf den Stoffwechsel der Hefe.* In relativ hoher Konz. wirken *kurzkettige Fettsäuren* (*Acetat, Propionsäure, Buttersäure, Isobuttersäure, Valeriansäure, Isocapronsäure* u. *Capronsäure*) hemmend auf verschied. Stoffwechselfunktionen der Hefe (Fermentation von *Glucose, Phosphat*-Aufnahme, O_2-Aufnahme) u. von zellfreien Hefeextrakten. Die zum Hemmeffekt notwendigen Eigg. sprechen dafür, daß kurzkettige Fettsäuren an Proteine gebunden werden. Diskussion der Ergebnisse. (Arch. Biochem. Biophysics **54.** 406—23. Febr. 1955. Chicago, Ill., Univ. of Chicago, Dep. of Physiol.; Lawrence, Kans., Univ. of Kansas, Dep. of Physiology.) WOLFGANG ALBRECHT. 4320

G. Vandone, *Über die antitoxische Wirkung der Aminoäthanolphosphorsäure und des Phosphorylcolamincholins.* Das Wachstum der für die Verss. verwendeten *Saccharomyces-cerevisiae*-Kultur wurde durch 4%ig. Phenolzusatz um 50% gehemmt. Gleichzeitig zugesetztes *Cholin* (10^{-7} bis 10^{-1} mol.) verbesserte das Wachstum nur wenig. Dagegen hoben Zusätze von 10^{-3} mol. *2-Aminoäthanolphosphorsäure* u. *Phosphorylcolamincholin* die durch Phenol hervorgerufene Hemmung völlig auf u. zeigten auch noch bis zu 10^{-5} mol. Wirksamkeit. Die antitox. Wrkg. der beiden Verbb. dürfte auf einer Verbesserung des Phosphatstoffwechsels beruhen. (Farmaco [Pavia], Ediz. sci. **13.** 705—09. Okt. 1958. Mailand, Ist. Franco Tosi S.P.A.) P. LOCH. 4325

H. Berry, A. M. Cook und **B. A. Wills,** *Bakterioide Wirkungen von Phenol-Seifen-Lösungen.* Die baktericiden Wrkgg. von *4-Benzylphenol* (I), *2-Hydroxydiphenyl* (II) u. *Phenol* (III) in wss. K–Laurat-Lsgg. (IV) gegen *Escherichia coli* (Laboratoriumsstamm Typ I, 44°, C-positiv, früher N.C.T.C. Nr. 5933) wurden nach der Extinktionsmeth. von BERRY u. BEAN (C. **1956.** **3608**) untersucht u. die Löslichkeit der Phenole in IV-Lsgg. verschied. Konz. spektrophotometr. festgestellt. Die Löslichkeit entspricht bis zu einer IV-Konz. von 0,015 mol. etwa der Löslichkeit in reinem Wasser. Dann steigt die Löslichkeit von I—III mit zunehmendem IV-Geh. linear an. Die baktericide Wrkg. reiner IV-Lsgg. hängt außer von der Konz. noch von dem p_H-Wert ab. Sie ist bei gleicher Konz. bei p_H 10,4 größer als bei p_H 9,7. Ggw. von IV erhöht in jedem Fall die Aktivität von I—III gegenüber ihrer Aktivität in reinem Wasser. Die baktericide Wrkg. der Gemische bei konst. I—III-Geh. (0,0159 mol.) u. variierendem IV-Geh., gemessen bei 25°, erreicht bei IV-Konzz. von 0,03, 0,04 u. 0,08 mol. je ein Maximum. In allen Verss. wirkt III schwächer als I u. II, die beide trotz verschied. Löslichkeit in W., in IV-Lsgg. annähernd die gleiche Wrkg. entfalten. So ist das mol. Aktivitätsverhältnis von I:II bei IV-Konzz. von 0,03, 0,04 u. 0,06 mol. ca. 1:1,2. (J. Pharmacy Pharmacol. **8.** 425—41. Juni 1956. London, Univ., Dep. of Pharmaceutics.) R. RUTKOWSKI. 4330

A. C. Giese, R. M. Iverson und **R. T. Sanders,** *Die Wirkung des Ernährungszustandes und andere Bedingungen auf die Ultraviolettresistenz und Photoreaktivierung der Hefe.* Es wurde der Einfl. verschied. Faktoren auf die Wachstumshemmung der Hefe *Saccharomyces cerevisiae* durch UV-Bestrahlung untersucht. Hefe in der logarithm. Wachstumsphase ist weit unempfindlicher als unmittelbar nach derselben. Bei N-Entzug wird die Hefe viel UV-empfindlicher als bei Glucose (I)-Entzug allein. I-Zusatz steigert bei Kohlenhydrat-verarmter Hefe die UV-Resistenz, Hefeextrakt bei N-verarmter, während eine anorgan. N-Quelle ohne Wrkg. ist. In Abwesenheit von O_2 ist die Hefe etwa halb so UV-empfindlich wie in Luft. In reinem O_2 ändert sich die Empfindlichkeit

nur wenig. Cyanid schützt weder in Luft noch in O_2-Atmosphäre gegen UV-Schädigung. Bestrahlte Hefe erholt sich von einer UV-Schädigung erheblich, wenn sie im Dunkeln in Phosphatpuffer bei 28° suspendiert wird. Die Regeneration ist jedoch nach Bestrahlung mit weißem Licht größer (Photoreaktivierung) u. findet auch anaerob statt. (J. Bacteriol. **74.** 271—79. Sept. 1957. Stanford, Calif., Univ., Dep. of Biol. Sci.)
K. Maier. 4330

Alice Reyn, Bent Korner und **Michael Weis Bentzon,** *Wirkung von Penicillin, Streptomycin und Tetracyclin auf in den Jahren 1944 und 1957 isolierten N. gonorrhoeae.* Vff. untersuchten 296 in den Jahren von 1944—1957 isolierte *Gonokokken*-Stämme auf ihre Empfindlichkeit gegen *Penicillin* (I), *Streptomycin* (II) u. *Tetracyclin* (III). Die Empfindlichkeit gegen I hat abgenommen, während die gegen II u. III gleich geblieben ist. Zahlreiche Tabellen, graph. Darst. u. Diskussion. (Brit. J. vener. Diseases **34.** 227—39. Dez. 1958. Copenhagen, Denmark, Statens Seruminst.) H. Goebel. 4340

Richard M. Franklin, *Eine Hypothese zur Erklärung der Beziehung zwischen Synthese und Freisetzung tierischer Viren aus infizierten Zellen und dem Lipidgehalt der Viren.* Folgende Hypothese wird entwickelt: Durch einen kontinuierlichen Prozeß freigesetzte *Viren* (Myxoviren, Encephalitis, Herpes) werden an der Zellperipherie zusammengesetzt, erhalten beim Durchtritt durch die Zellmembran eine Schutzhülle aus Lipiden (I, aus den I der Wirtszelle) enthalten I u. sind damit gegen Ae. empfindlich. — Stoßartig freigesetzte Viren (Poliomyelitis, Pox-Gruppe) werden dagegen im Zellinneren zusammengefügt u. enthalten keine I. (Experientia [Basel] **14.** 346—48. 15/9. 1958. Tübingen, Max-Planck-Inst. für Virusforschung.) J. Dittmann. 4374

T. G. Bresgunowa, *Der Gehalt an Purinen und Nucleinsäuren beim Maulbeerspinner bei Polyedrose* (*Gelbsucht*). Den Puppen des Maulbeerspinners (*Bombyx mori*) in der 2. Hälfte der Metamorphose wurden 0,01 ml Hämolymphe von Puppen im letzten Stadium der Polyederkrankheit (mit sterilem W. 1:100 gemischt) eingespritzt. Die Kontrollen erhielten die gleiche Menge Hämolymphe von gesunden Puppen. Bei den Versuchspuppen nahm der Geh. an gebundenen *Purinen* (I) von 107,8 (in mg-% N) vor der Infektion auf 205,7 am 5. Tag zu, dann bis zum 7. Tag (Tod der Puppen) auf 124,8 ab. Der Geh. an freien Purinen (II) nahm von 74,2 bis zum 3. Tag auf 16,2 ab, erreichte am 5. Tag ein Maximum von 66,3 u. nahm dann wieder auf 3,3 ab. Bei den Kontrollen betrug der Geh. an I bzw. II am 6. Tag nach der Infektion 120,0 bzw. 25,2 gegenüber 106,4 bzw. 72,7 vor der Infektion. Der Geh. an *Ribonucleinsäure* (III) bzw. *Desoxyribonucleinsäure* (IV) nahm nach der Infektion von 372,0 bzw. 173,0 bis zum 5. Tag zu (648,7 bzw. 282,8), dann ab (403,2 bzw. 178,7 am 7. Tag). Bei den Kontrollen nahm IV von 178,7 ständig zu u. erreichte am 5. Tag 195,6. Der Geh. an III zeigte eine Tendenz zur Abnahme (368,2 vor der Infektion u. 364,8 am 5. Tag nach der Infektion). (Український Біохімічний Журнал [Ukrain. biochem. J.] **31.** 59—66. 1959. Zool. Inst. der Akad. der Wiss. der UkrainSSR, Abt. für Genetik; Lehrstuhl für Biochem. u. Lehrstuhl für Physiol. der Haustiere der Akad. der Landw.-Wiss. der UkrainSSR.)
O. Lebtag. 4374

F. C. Bawden und **A. Kleczkowski,** *Photoreaktivierung der Nucleinsäure des Tabakmosaikvirus.* Durch UV-Bestrahlung verliert das Tabakmosaikvirus (TMV) seine Infektiosität. Wird es auf beleuchtete Wirtspflanzen gebracht, so erfolgt im Gegensatz zu anderen Virusarten keine Reaktivierung des Virus. Vff. prüfen, ob das Verh. von TMV auf dessen besondere Bindung zwischen Nucleinsäure (I) u. Protein zurückgeführt werden kann. Verwendet man zum Infizieren proteinfreies, UV-bestrahltes I-Präp. aus TMV von unbestrahltem Tabak, der nach Impfung belichtet wird, dann wird I aus TMV durch Photoreaktivierung infektiös. Verwendet man hingegen I aus vorher UV-bestrahltem TMV, so ist keine Photoreaktivierung erkennbar. (Nature [London] **183.** 503—04. 21/2. 1959. Harpenden, Herts. Rothamsted Exper. Station.) L. Träger. 4374

L. Astrachan und **E. Volkin,** *Eigenschaften der Ribonucleinsäurenumwandlung in T_2-infizierten Escherichia coli.* Kulturen von E. coli B werden mit T 2r+-Bakteriophagen infiziert. Nach verschied. Zeiten wird ^{32}*P-Phosphat* (I) zugegeben. Die Ribonucleinsäure (II) u. *Desoxyribonucleinsäure* (III) werden isoliert, mit Perchlorsäure gespalten u. die Radioaktivität verfolgt. Der I-Einbau in II erfolgt am stärksten unmittelbar nach der Phageninfektion. Nach ca. 16 Min. fällt er ab. Zu dieser Zeit steigt umgekehrt der I-Einbau in III stärker an. Der Stoffwechsel von II ist demnach zeitabhängig. Die II-Zus. ist für infizierte u. nichtinfizierte Zellen gleich, jedoch ist die Radioaktivitätsverteilung in II verschieden: in infizierten Zellen ist II nicht uniform markiert. Dabei wird die Radioaktivität von *Adenylsäure* u. *Uridylsäure* je doppelt so groß wie *Guanylsäure* u. *Cytidylsäure* in den nichtinfizierten Kontrollen. Der Einfl. des Nährmediums wird für den I-Austausch definiert. Wäscht man die radioakt. infizierten Zellen

u. resuspendiert in n. Medium, so geht die Radioaktivität fast quantitativ von II nach einem noch nicht geklärten Mechanismus in III über. (Biochim. biophysica Acta [Amsterdam] **29.** 536—44. Sept. 1958. Oak Ridge, Tenn., Oak Ridge Nat. Labor., Biol. Div.) L. TRÄGER. 4374

Ping-yao Cheng, *Die Infektiosität von Ribonucleinsäure von mit Semliki-Forest-Virus infiziertem Mäusehirn.* (Vgl. Nature [London] **179.** [1957.] 426.) 3 Tage alte Mäuse wurden intracerebral mit Hirnhomogenisat von mit Semliki-Forest-Virus (SFV) infizierten Mäusen beimpft u. 1 Tag später aus Hirnhomogenisat der ersteren Ribonucleinsäure (I) durch Phenolextraktion u. A. (65% Endkonz.)- u. NaCl (mol.)-Fällung isoliert. I war infektiös. Das nach Infektion mit einem I-Präp. hergestellte Hirnhomogenisat gab Komplementbindung mit Anti-SFV-Serum, d. h. das Virus hatte sich in den Wirtsmäusen vermehrt. Das I-Präp. enthielt hiernach alle für die Bldg. von komplettem SFV erforderliche genet. Information. Durch Zentrifugieren, Ribonuclease- u. Desoxyribonuclease- sowie Na-Desoxycholatbehandlung von SFV- u. I-Präpp. konnte wahrscheinlich gemacht werden, daß die Infektiosität des I-Präp. auf I selbst, nicht auf einer Verunreinigung durch SFV-Partikel, beruhte. (Nature [London] **181.** 1800. 28/6. 1958. New York, N. Y., Rockefeller Foundation, Virus Labors.) K. MAIER. 4374

Dorothy J. Moore und **Charles C. Randall,** *Veränderungen im Protein- und Nucleinsäuregehalt von HeLa-Zellen, die mit dem Pferdeabortvirus infiziert sind.* HeLa-Zellen, die an Pferdeserum adaptiert waren, werden in einem Medium, das Pferdeserum (20%) u. Salz-Lsgg. (80%) nach MORGAN, MORTON u. PARKER u. nach EARLE zu gleichen Teilen enthält, in der Gewebekultur gezüchtet. Die Infektion 7 Tage alter Kulturen mit dem Virus der Pferdeabortkrankheit führt zur Erhöhung des DNS- u. des Proteingeh. gegenüber nicht infizierten Kontrollen. Die RNS bleibt in den infizierten Zellen unverändert. Damit unterscheiden sich diese Zellen von Leberzellen des Hamsters, in denen nach der Infektion mit dem Virus nur die RNS u. das Protein, nicht aber die DNS ansteigen. (Proc. Soc. exp. Biol. Med. **99.** 782—85. Dez. 1958. Jackson, Miss., Univ. of Mississipi, School of Med., Dep. of Microbiol.) L. KIESOW. 4374

Filippo M. Gerola und **Maria Grilli,** *Cytochemische Untersuchungen an Blättern von mit „Mosaikgelb" infizierten Kartoffelpflanzen, Var. Majestic.* Die cytochem. Unters. der Blätter von mit gelbem Mosaikvirus infizierten Kartoffelpflanzen ergab, daß gegenüber den Blättern nicht infizierter Pflanzen der Zellkern großere Dimensionen hat, stärker gestreckt ist u. ein spindelförmiges Ende besitzt. Das Chromatin ist sehr viel weniger chromophil u. zeigt blauen Farbton auch noch bei höheren p_H-Werten, was auf eine stark begrenzte Polymerisation der *Desoxyribonucleinsäure* oder eine intrachromosom. Verteilung der Kernproteine hindeutet. Schließlich sind die Chloropasten stärker chromophil u. scheinen reicher an *Ribonucleoproteinen* zu sein. (Rend. Ist. lombardo Sci. Lettere, Cl. Sci. mat. natur. **88** ([3] **19**). 215—21. 1955. Milano, Univ., Ist. Botanico.) C. GOTTRIED. 4374

Filippo M. Gerola und **Maria Grilli,** *Cytochemische Untersuchungen an mit Virus behafteten Kartoffelpflanzen, Var. Majestic.* (Vgl. auch vorst. Ref.) Vff. untersuchten cytochem. Kartoffelpflanzen, die mit verschied. Virusarten infiziert waren. Es wurde beobachtet, daß die letzten Stadien der Virusinfektion durch eine Abnahme des Vol. von Nucleus u. Nucleolus, durch eine Abnahme der *Ribonculeinsäure* u. einer Zunahme der Polymerisation der *Desoxyribonucleinsäure* charakterisiert sind. (Rend. Ist. lombardo, Sci. Lettere, Cl. Sci. mat. natur. **88** ([3] **19**). 222—30. 1955. Milano, Univ., Ist. Botanico.) C. GOTTFRIED. 4374

E₄. Pflanzenchemie. Pflanzenphysiologie. Pflanzenpathologie.

C. R. Millikan, *Der Einfluß verschiedener Tages- und Nachttemperaturen sowie des Substratphosphatspiegels auf das Wachstum des Flachses.* Das beste Wachstum wurde bei hohen Tages- (26°) u. niedrigen Nachttempp. (14°) beobachtet. Hoher Phosphatgeh. des Substrats führte zu einer Verringerung des gesamten Wachstums, vergrößerte jedoch die Anzahl u. die Gesamtlänge der Wurzelsprossen. (J. Austral. Inst. agric. Sci. **23.** 51—56. März 1957. Melbourne, Dep. of Agriculture.) S. WIRTZ. 4404

W. W. Schwabe, *Hinweise auf einen durch Kalanchoe blossfeldiana im Langtag gebildeten Blühhemmstoff.* Kurztagperioden wurden durch dazwischenliegende Langtage oder lange Dunkelperioden durch Lichtblitze unterbrochen. Einzelne Langtage zwischen einer Anzahl Kurztage ergaben einen positiven Hemmeffekt auf den Blühbeginn. Bei Anwendung Kurztag–Langtag–Kurztag–Langtag addierte sich der Hemmeffekt. Im Durchschnitt konnte ein Langtag die blühfördernde Wrkg. von $1^1/_2$—2 Kurztagen aufheben. Lichtblitze von 30 Sek. Dauer in der Mitte einer Dunkelperiode wirkten sich wie Langtage aus. Durch sehr lang andauernde Dunkelperioden wurde die Hemmwrkg. von

Langtagen aufgehoben. Die Ergebnisse werden als einen Eingriff eines blühhemmenden Stoffes in eine zum Blühen führende Rk. gewertet. (Ann. Botany [N. S.] **20.** 1—14. Jan. 1956. London, Imperial College of Sci. and Technol., Res. Inst. of Plant Physiol.)
D. CLAUS. 4404

M. Tomaszewski, *Das Phenol/Phenoloxydase-System der Blätter einiger Obstgehölze und seine Beziehung zur Winterruhebereitschaft.* Mit steigendem Geh. an Phenolen in den Blättern von Pfirsich, Mandel, Aprikose, Kirsche, Birne, Quitte, Pflaume u. Apfel u. mit steigendem Ligningeh. in den Langtrieben nahm die Phenoloxydaseaktivität der Blätter zu. Blätter von Aprikose, Kirsche u. Birne zeigten dabei eine höhere Aktivität als die übrigen Pflanzen. Pflanzen mit höherer Phenoloxydaseaktivität stellten das Längenwachstum der Triebe früher ein. Sie zeigten auch ein früheres Verfärben u. Abfallen der Blätter, die Frostresistenz der Pflanzen war erhöht. Es wird angenommen, daß die Oxydase das Niveau der durch die Blätter produzierten Indolylessigsäure u. Ascorbinsäure reguliert. (Flora [Jena] **145.** 146—66. 30/12. 1957. Křonik, Inst. für Dendrologie u. Pomologie, Poln. Akad. der Wissenschaften.)
D. CLAUS. 4450

György Pántos, *Wirkung der Rhizospherebakterien des Weizens auf die Pflanze unter monobakteriellen Verhältnissen.* Weizenkörner wurden mit Brom sterilisiert, mit aus der Rhizosphere des Weizens ausgeschiedenen Bakterien geimpft u. je 3 Körner mit 50 g Quarzsand, welcher mit KNOPscher Nährstofflsg. vermischt war, bedeckt. Jeder verwendete Bakterienstamm wirkte günstig auf das Wachstum des Weizens. Der Trockensubstanzgeh. der Kerne war in den mit *Pseudomonas radiobacter* geimpften um 29,67% höher als bei den Kontrollpflanzen. Dieser Mikroorganismus liefert Stoffwechselprodd. von hormonaler, Wachstum stimulierender Wrkg., welche abweichend von Kulturböden im sterilen Quarzsand nicht vorhanden sein können. Die mit *Flavobacterium solare* inoculierten Kerne ergaben einen kleineren, aber doch bedeutenden Trockensubstanzzuschuß. Die Bakterien der Rhizosphere spielen also in der Ernährung der Rhizosphere eine wichtige Rolle. (Agrokémia és Talajtan [Agrochem. u. Bodenkunde] **5.** 351—58. Sept. 1956. Sopron, Bodenbiolog. Forsch.-Inst.)
J. PLANK. 4450

N. G. Doman und **R. Ja. Schkolnik,** *Umwandlung der ^{14}C-Sedoheptulose in den Blättern von Bohne, Tabak und Sedum spectabile.* In Verss. mit *Bohne, Tabak* u. *Sedum spectabile* wird gezeigt, daß bei der Infiltration von *^{14}C-Sedoneptulose* (I) in die Blätter die Radioaktivität unter allen Versuchsbedingungen (Exposition 2—120 Min. in Luft oder N_2-Atmosphäre) zu mehr als 99% in der in 80% ig. A. lösl. Fraktion nachweisbar ist. I wird hierbei vorwiegend in Saccharose umgewandelt. Bei Belichtung verläuft diese Umwandlung viel intensiver als in der Dunkelheit. Sie verläuft unter Ausnutzung der Rkk. des photosynthet. Kohlenhydratcyclus. Schon 2 Min. nach der I-Infiltration entsteht ein I-Phosphorsäureester. Diese Esterbldg. bildet offenbar die 1. Stufe der I-Umwandlung. Eine geringe Radioaktivität ist bei Äpfelsäure, Serin, Glycin u. einem unbekannten Stoff (in der Nähe des Saccharoseflecks) zu beobachten. Eine geringe Radioaktivität tritt auch in der Fraktion der hochmol., in 80% ig. A. unlösl. u. in der Fraktion der in PAe. lösl. Stoffe auf. Wesentliche Unterschiede in der I-Umwandlung werden in den Blättern von Tabak, Bohne u. Sedum spectabile nicht beobachtet. (Биохимия [Biochemie] **24.** 187—91. März/April 1959. Moskau, Bach-Inst. für Biochem. der Akad. der Wiss. der UdSSR.)
O. LEBTAG. 4460

G. Ss. Iljin und **M. Ja. Lowkowa,** *Biogenese von Nicotin und Umwandlung der stickstoffhaltigen Stoffe in Tabakkeimlingen.* Die Unters. zeigte, daß die qualitative Zus. der Aminosäuren in allen Eiweißfraktionen u. in allen Wachstumsperioden konstant bleibt. Die Mengen an *Alanin, Valin, Phenylalanin* u. *Leucin* nehmen etwas zu. *Arginin* nimmt in der Globulinfraktion ab. Die Menge der *Glutaminsäure* (I) nimmt in allen Eiweißfraktionen ab; die Mengen der übrigen Aminosäuren der Proteine bleiben unverändert. Außer I nehmen alle freien Aminosäuren mit fortschreitendem Wachstum gleichmäßig zu u. erreichen in den 5 Tage alten Keimlingen das Maximum. I nimmt dagegen ständig ab. Zwischen der Abnahme von I u. der Zunahme von *Nicotin* besteht eine Beziehung. Die Abnahme der freien u. gebundenen I hängt wahrscheinlich damit zusammen, daß I an der Alkaloidbldg. beteiligt ist. (Биохимия [Biochemie] **24.** 274—79. März/April 1959. Moskau, Bach-Inst. für Biochem. der Akad. der Wiss. der UdSSR.)
O. LEBTAG. 4460

Je. A. Kogan, *Untersuchung der Wechselwirkung der Eiweißstoffe des Getreides mit den Kohlenhydraten.* Um die Möglichkeit einer Melanoidinbldg. bei der hydrothermalen Behandlung von Getreidekörnern festzustellen, wurden *Weizenalbumin* (I), *Weizengliadin* (II) u. *Glycin* (III) sowie deren Gemische mit *Glucose* (IV), *Saccharose* (V) oder *Stärke* (VI) im Autoklaven unter verschied. Bedingungen erhitzt. Bei den Gemischen von I, II oder III mit IV beobachtete man eine starke Abnahme der Trockensubstanz.

Hierbei war die Abnahme beim III–IV-Gemisch größer als bei den I- u. II-Gemischen. Die Gewichtsabnahme erfolgte im Gemisch mit V bei höherer Temp. als im Gemisch mit IV. In den mit 6n HCl-Lsg. erhaltenen Hydrolysaten nahm im Anfangsstadium der Rk., wo keine wesentliche Abnahme der Trockensubstanz erfolgte, der Geh. an Gesamt-N zu. Wo beim Erhitzen eine starke Abnahme der Trockensubstanz eintrat, nahm die Menge des Gesamt-N zuerst zu, dann ab. Wird die Zunahme des Gesamt-N als Maß der Melanoidinbldg. angenommen, so ergibt sich für I u. das I–IV-Gemisch eine deutliche Melanoidinbldg., nicht jedoch für II. Aus den Werten für den NH_3-Geh. in den Säurehydrolysaten ergibt sich, daß die Erhitzung des Eiweißes mit dem Kohlenhydrat u. sogar deren Hydrolyse in Ggw. von $SnCl_2$ den NH_3-Geh. beeinflussen. Eine Gesetzmäßigkeit läßt sich hierbei jedoch nicht feststellen. Beim Erhitzen von I oder III mit IV, V oder VI geht der NH_3-Geh. durch ein Maximum u. nimmt beim weiteren Erhitzen ab. Beim Erhitzen von II mit IV oder V beobachtet man zunächst eine Abnahme des NH_3-Geh., danach eine Zunahme. (Биохимия [Biochemie] **24.** 210—14. März/April 1959. Odessa, Elektrotechn. Inst. des Minist. für Post- u. Fernmeldewesen.) O. Lebtag. 4460

E. Kessler, W. Arthur und **J. E. Brugger,** *Der Einfluß von Mangan und Phosphat auf die verzögerte Lichtemission, Fluorescenz, Photoreduktion und Photosynthese bei Algen.* (Vgl. Arch. Biochem. Biophysics **59.** [1955.] 527.) In weiteren Verss. mit *Ankistrodesmus braunii* wurde festgestellt, daß bei Mn-Mangelkulturen Photosynth. u. verzögerte Lichtemission stark gehemmt sind, während Photo-Red. nicht beeinflußt u. Fluorescenz stark erhöht ist. Diese Befunde ergeben einen zusätzlichen Hinweis auf die Rolle von Mn im Syst. der O_2-Entw. der Photosynthese. Bei jungen Algen mit Phosphatmangel ist die verzögerte Lichtemission gesteigert, bei älteren Kulturen vermindert. Photosynth. u. Photo-Red. sind etwa gleich stark gehemmt, Fluorescenz ist gesteigert. Diese Wrkg. ist ähnlich der von *2.4-Dinitrophenol* oder *Cyanid* (Hemmung der CO_2-Red. bei Photosynth.). Diese u. weitere Beobachtungen stützen die Annahme, daß Phosphat hauptsächlich bei der Fixierung von CO_2 bei der Photosynth. wirksam ist. (Arch. Biochem. Biophysics **71.** 326—35. Okt. 1957. Chicago, Ill., Univ., Res. Insts. [Fels Fund].) J. Schwaibold. 4460

A. A. Krassnowski und **A. W. Umrichina,** *Anwendung der Verbindungen von zweiwertigem Eisen und Ascorbinsäure als Elektronendonatoren bei photochemischen Reaktionen von Porphyrinen und Chlorophyll in wässerigen Medien.* (Vgl. C. **1956.** 10511.) Wie Chlorophyll wird auch *Hämatoporphyrin* (I; *Protoporphyrin*) im wss. Medium bei Belichtung durch *Ascorbinsäure* (II) red., dagegen wird mit Fe^{2+}-Salzen, wie $FeSO_4$, $Fe(NH_4)_2 \cdot (SO_4)_2$, $K_4Fe(CN)_6$ usw., keine Photo-Red. beobachtet. Nur bei FeC_2O_4 ändert sich das Potential der Pt-Elektrode rasch reversibel um 20—25 mV nach der positiven Seite. Bei Ggw. eines Elektronenacceptors, wie Methylrot (III), wird die Rk. photosensibilisiert: im Syst. I–II (oder Fe^{2+}-Salz)–III erfolgt rasche Red. des III bei Belichtung mit 500 W-Lampe durch Lichtfilter. Sowohl koll. Lsgg. als auch Homogenisate von Zuckerrübenblättern wirken photosensibilisierend. Der Mechanismus der Photo-Red. von Porphyrinen durch I u. der elementare Mechanismus der Rk. der sensibilisierten Übertragung eines Elektrons in saurem wss. Medium sind verwandt mit der Photo-Red. von Chlorophyll u. dessen Analogen in Pyridin, mit dem Unterschied, daß die Porphyrine in sauren Medien wahrscheinlich als positiv geladene Ionen vorliegen u. die Aufnahme eines Elektrons durch das Syst. konjugierter Bindungen des Pigmentmol. zur Bldg. positiv geladener Ionenradikale führt. Bei der Rk. mit Fe^{2+}-Salzen ist offenbar die Umkehr-Rk. so schnell, daß die Photo-Red. nicht zu beobachten ist, wenn nicht ein Elektronenacceptor vorhanden ist. (Доклады Академии Наук СССР [Ber. Akad. Wiss. UdSSR] **122.** 1061—64. 21/10. 1958. Akad. der Wiss. der UdSSR, Bach-Inst. für Biochem.) R. K. Müller. 4460

T. Tanada, *Wirkung von Sulfhydrylhemmstoffen auf die Rubidiumresorption durch abgetrennte Mungbohnenwurzeln.* Durch Cu u. Phenylmercurinitrat in niedrigen Konzz. wird die Aufnahme von *Rb* in Abwesenheit von Ca deutlich erhöht, in Ggw. von Ca dagegen stark vermindert. Schwächere SH (Sulfhydryl)-Gifte zeigten nur eine geringe oder keine derartige Wirkung. Es wird angenommen, daß die Rb-Resorption durch einen Ribonucleinsäure–Protein-Komplex bewirkt wird, der durch H-Bindungen zusammengehalten wird, die durch gewisse krit. SH-Gruppen beim Proteinanteil gebildet werden; dabei sollen die starken SH-Hemmstoffe durch Einw. auf die SH-Gruppen wirksam werden. (Plant Physiol. **31.** 403—06. Sept. 1956. Beltsville, Md., U. S. Dep. of Agric., Agric. Res. Serv., Soil and Water Conserv. Res. Branch.) J. Schwaibold. 4470

Wm. B. Hewitt und **M. E. Gardner,** *Einige Untersuchungen über die Adsorption von Zinksulfat bei Thompson kernlosen Weinstämmen.* Als Beitrag zur Kenntnis der Vorgänge bei der Behandlung von Weinstöcken mit *Zn* bei Zn-Mangelkulturen wurde das

Verh. von Zn-haltigen Lsgg. in 1,6—2,3 m langen Stämmen beim Hindurchfließen unter Verwendung von ^{65}Zn untersucht. Bei verd. Lsgg. wurde das Zn untersucht. Bei verd. Lsgg. wurde das Zn in den Stämmen rasch adsorbiert, so daß nach 30—50 cm kaum mehr ^{65}Zn nachweisbar war, ebensowenig in der am Ende austretenden Flüssigkeit. Wenn anschließend eine Lsg. mit höherer Konz. von $ZnSO_4$ zum Durchfließen gebracht wurde, war eine Verlagerung des adsorbierten ^{65}Zn feststellbar, die bis zur Auswaschung führte. Dies war bei Anwendung von dest. W. nicht der Fall. (Plant Physiol. **31.** 393—99. Sept. 1956. Davis, Calif., Univ. of California.) J. Schwaibold. 4470

A. Moyse, *Untersuchung über das Wachstum einzelliger Algen (Chlorella und verwandte Arten) in schnellwachsenden Kulturen.* 3. Mitt. *Bericht über Versuche mit Chlorellakulturen unter freiem Himmel.* (2. vgl. C. **1958.** 3649.) Unterss. über das Wachstum von Kulturen von Chlorella pyrenoidosa, die (in den Monaten Mai—September) dem Sonnenlicht ausgesetzt sind, zeigen, daß das Wachstum durch Einleiten von CO_2-reicher Luft beschleunigt wird. Die täglichen Ausbeuten betragen 8—15 Tage lang auf dem gleichen Nährboden im Juni u. Juli 15—18 g/m² Trockensubstanz. Durch N_2-Anreicherung läßt sich die Ausbeute 3—4 Wochen lang in den gleichen Kulturen um 10 g vermehren. Die Häufigkeit der Ernten hat eine günstige Sonnenbestrahlung zur Voraussetzung. In den Monaten Mai u. September führen die niedrigen Tempp. zu Ausbeuten von nur 6—10 g. Die Sommerhitze verringert die Ausbeuten in geringerem Maße. (J. Rech. Centre nat. Rech. sci. **1956.** 261—69. Sept. Gif sur Yvette, Labor. de Photosynthèse.) W. Wesly. 4480

L. Riggio Bevilacqua, *Physiologische Wirkung von Hydrazin auf höhere Pflanzen.* 1. Mitt. *Wirkung auf die apicale Dominanz.* Am Apex des keimenden Pisum sativum L. wird 2%ig. *Hydrazinhydrat* appliziert. Es zeigt sich, daß dadurch eine der Resektion des Apex analoge Wrkg. erzielt wird, die sich entsprechend auf die Entw. auswirkt, wobei jedoch an 8 von 12 Pflanzen 2 Seitenaugen gebildet wurden. (Boll. Soc. ital. Biol. sperim. **32.** 459—61. Juni 1956. Genua, Univ., Ist. botan. Hambury.) O. Pollak v. Emhofen. 4485

G. Grümmer, *Die Beziehungen zwischen dem Eiweißstoffwechsel von Kulturpflanzen und ihrer Anfälligkeit gegen parasitische Pilze.* Vf. zeigt, daß die Anfälligkeit von Mohn für *Helminthosporium* u. von Tomate u. Kartoffel für *Phytophthora* mit dem Einsetzen des Eiweißabbaus in den Blättern (*Chlorose*) zusammenfällt. Die Infektion kann jedoch durch Witterungsbedingungen verzögert werden. (Phytophatol. Z. **24.** 1—42. 1955. Greifswald, Univ., Inst. für Agrobiol.) Hans Thiele. 4490

W. Weinmann und **W. Schuphan,** *Saatgutinkrustierung mit Insekticiden, eine der bedenklichsten Pflanzenschutzmaßnahmen.* Die chlorierten KW-stoffe, wie *Aldrin, Dieldrin* u. *Heptachlor* eröffneten bei hoher Giftigkeit u. offensichtlich system. Wrkg. die Möglichkeit der Anwendung via Wurzel. Verschied. Firmen entwickelten daher Pillierungsmittel zur Inkrustierung des Saatgutes, die eine oder mehrere dieser Verbb. enthalten. Kohljungpflanzen, Radies, Rettich, Zwiebeln u. Möhren können auf diese Weise während der ganzen oder zumindest des größten Teils der Vegetationsperiode vor dem Befall durch Kohl-, Rettich-, Zwiebel- u. Möhrenfliegen, sowie Erdflöhen geschützt werden. Die ertragssteigernde Wrkg. wird dabei gern in Kauf genommen. Da aber die über die Wurzel ins Pflanzeninnere gelangenden Wirkstoffe außerordentlich stabil sind u. vom Stoffwechsel nicht erfaßt werden, sind eine Qualitätsminderung des Enderzeugnisses u. ein Verstoß gegen § 3 des Lebensmittelgesetzes zu befürchten. Vff. stellten Unterss. über die im Erntegut verbleibenden Wirkstoffreste an (4 Präpp.). Rettiche enthielten 8 Wochen nach der Aussaat 0,1 mg aller 4 Präpp./kg u. erreichten damit die Toleranzgrenze (US-Gesetz). Radieschen enthielten nach 7 Wochen 0,125—0,250 mg/kg, womit die Toleranzgrenze überschritten ist. In Möhren wurden nach 25 Wochen 0,06 bis 0,125 mg/kg, in Zwiebeln nach der gleichen Zeit keine Rückstände gefunden. Wegen der sehr reaktionsfähigen Di- u. Polysulfide sind hier weitere Unterss. angebracht. Die Unterss. erfolgten nach der von Vff. angegebenen Meth. (C. **1959.** 1638 u. C. **1959.** 4285). Eine Beeinflussung des Gesamt- u. Eiweiß-N-Geh., von Gesamtzuckern, Monosacchariden, Gesamtsäure, Ascorbinsäure, Carotin, Mineralstoffen, essentiellen Aminosäuren, Senf- u. Lauchölen konnte nach den bisherigen Unterss. nicht nachgewiesen werden. (Naturwissenschaften **45.** 194—95. 2. April-H. 1958. Geisenheim/Rheingau, Bundesanst. für Qualitätsforsch. pflanzl. Erzeugnisse.) Hans Thiele. 4490

Alma Toevs Walker, *Verhalten von Keimung und Atmung von Myrothecium verrucaria gegen organische Fungicide.* Die Wrkgg. von 9 organ. Fungiciden (*Actidion, p-Benzochinon, Na-Salz von Äthylen-bis-dithiocarbaminsäure, Tetrachlor-p-benzochinon, 2.3-Dichlor-1.4-naphthochinon, Pentachlorphenol, 2.4-Dinitrophenol, Tetramethylthiuramdisulfid* u. $HgCl_2$) auf Myrothecium verrucaria wurden verglichen. Es ergab sich, daß die Atmung empfindlicher betroffen wird als die Keimung. Die Mycelatmung war allg. weniger empfindlich als die Sporenatmung. Unterschiede hinsichtlich der Wrkg. auf CO_2-Entw. u. O_2-Verbrauch der Sporen waren nicht festzustellen. (Iowa State Coll. J. Sci. **30.** 229—39. 15/11. 1955. Ames, Iowa State Coll., Dep. of Botany and Plant Pathol.) A. JACOB. 4490

P. C. DeKock, *Schwermetalltoxizität und Eisenchlorose.* In Wasserkulturen von Senf wurde die Toxizität von *Cu, Ni, Co, Zn, Cr* u. *Mn* geprüft u. der Einfl. auf die Chlorose untersucht. Die Verbb. wurden in Ionenform oder als Chelate mit Äthylendiamintetraessigsäure (EDTA) gegeben, Eisen als $FeCl_3$ oder als Fe–EDTA. In Ggw. von $FeCl_3$ war die Eig. der einzelnen Verbb., Chlorose hervorzurufen, mit den Stabilitätskonstanten der Chelate verbunden ($Cu^{2+} > Ni^{2+} > Co^{2+} > Fe^{3+} > Zn^{2+} > Cd^{2+} > Fe^{2+} > Mn^{2+} > Mg^{2+}$). Die Toxizität der Verbb. in Ionenform war in Ggw. von Fe–EDTA stark red., die Metallchelate waren in keinem Falle toxisch. Unabhängig von dem auslösenden Metall war bei Chlorose ein weites Verhältnis Gesamt-P : Gesamt-Fe festzustellen. Histochem. wurde mit Bis-cyclohexanonoxalyldihydrazon im Wurzelphloem Cu^{2+} nachgewiesen. Es wird angenommen, daß der Fe-Transport im Phloem stattfindet. Die Schwermetalle sollen in der Pflanze vor allem an Nucleoproteine oder Phosphoproteine gebunden sein. (Ann. Botany [N.S.] **20.** 133—41. Jan. 1956. Aberdeen, Craigiebuckler, Macaulay Inst. of Soil Res.) D. CLAUS. 4495

A. G. Norman, *Die Wirkung von Polymyxin auf Pflanzenwurzeln. Polymyxin B* (I) hemmt das Wurzelwachstum von Gerstenkeimlingen, ein Effekt, welcher durch *Calcium*-Ionen aufgehoben werden kann. Die Keimung wird durch I nicht beeinträchtigt. — Ca^{2+} u. I werden demnach an derselben Stelle absorbiert, doch ist zur Hemmung der I-Absorption ein großer Überschuß von Ca^{2+} notwendig. Wenn I absorbiert ist, verursacht es eine Desorganisation der Zellmembran in einem Ausmaß, daß der Zellinhalt in das Medium übertritt. — Es wird angenommen, daß für die I-Wrkg. bei Wurzeln u. Bakterien dasselbe Prinzip maßgebend ist. (Arch. Biochem. Biophysics **58.** 461—77. Okt. 1955. Ann Arbor, Mich., Univ. of Michigan, Plant Nutrition Project.) WOLFGANG ALBRECHT. 4495.

E₅. Tierchemie. Tierphysiologie. Tierpathologie.

Kazuo Ohara, Isamu Sano, Hideo Koizumi und **Keiji Nishinuma,** *Freie β-Hydroxy-γ-aminobuttersäure im Gehirn.* In Hirnextrakten verschied. Säugerhirne (Maus, Kaninchen, Rind) u. des Menschen konnte mit Hilfe papierchromatograph. u. papierelektrophoret. (Hochspannungselektrophorese) Methoden freie β-Hydroxy-γ-aminobuttersäure nachgewiesen werden. (Science [Washington] **129.** 1225—26. Osaka, Japan, Osaka Univ., Med. School.) H. KOCKERT. 4520

A. T. Pikulew, *Die Phosphatidkomponente des Osseokollagens.* In einer früheren Arbeit (vgl. C. **1956.** 10741) hatte Vf. nachgewiesen, daß das Osseokollagen (**I**) neben der Kohlenhydratkomponente auch ein Cholesterin enthält. Aus der eingehenden Unters. der Lipoidkomponente von **I** geht hervor, daß **I** im Mittel an acetonlösl. Phosphatiden (**II**) 223,12 mg% enthält, davon 51,75 mg% Sphingomyeline (**III**) u. 171,37 mg% Lecithine (**IV**) u. Kephaline (**V**). An acetonunlösl. **II** enthält **I** 86,02 mg%, davon 69,15 mg% **III** u. 16,87 mg% **IV** u. **V**. Die acetonunlösl. **II** sind ca. 9,4 mal fester an die Eiweißkomponente gebunden als die acetonlösl. **II**. Das Verhältnis Cholesterin : **II** ist in **I** mit 0,11 sehr niedrig. **I** ist ein Glucolipoproteid. Die Lipoidkomponente besteht aus **II** u. Cholesterin. Das untersuchte **I** wurde nach der früher beschriebenen Meth. aus Knochen des Stieres gewonnen. (Український Біохімічний Журнал [Ukrain. biochem. J.] **31.** 22—30. 1959. Stalingrad, Med. Inst., Lehrstuhl für Biochemie.) O. LEBTAG. 4520

A. T. Pikulew, *Das Elastin der Aorta des Menschen als Lipoproteid und die Veränderung seiner Eigenschaften bei Atherosklerose.* Es wird festgestellt, daß das *Elastin* (**I**) der n. Aorta des Menschen ein Lipoproteid ist. Bei Atherosklerose nimmt der Lipoidgeh. von 4999,1 auf 7906,1 mg% zu. Mit fortschreitender Atherosklerose nimmt der Gesamtgeh. an *Cholesterin* (**II**) zu. Hierbei wird bes. der Geh. des locker an die Eiweißkomponente gebundenen **II** erhöht, so daß der Stabilitätskoeff. von 6,1 auf 4,6 abnimmt. Der Geh. an verestertem **II** in **I** nimmt bei Atherosklerose von 30,0 auf 43,0% für locker gebundenes u. von 14,0 auf 52,0% für fest gebundenes **II** zu. Die Lipoidkomponente von **I** besteht aus Phosphatiden, Cerebrosiden u. **II** (66,9 bzw. 3,2 bzw. 27,9%). Im **I** der n. Aorta sind 5063,7 mg% Lipoid enthalten. Der Phosphatidgeh. nimmt während der Atherosklerose (mit Ausnahme des letzten Stadiums) zu. Die in Aceton lösl. Phosphatide sind in der Aortawand weniger fest gebunden als die in Aceton unlöslichen. Der Koeff. **II**/Phosphatid beträgt beim n. **I** 0,35, bei Lipoidose 0,56, bei Atheromatose 1,00, im letzten Stadium 0,64. (Український Біохімічний Журнал [Ukrain. biochem. J.] **31.** 67—74. 1959. Stalingrad, Med. Inst., Lehrstuhl für Biochemie.) O. LEBTAG. 4520

L. A. Utewska, *Der Einfluß niedriger Temperaturen auf den nativen Zustand der Globularproteine.* Die Lsgg. von *Eialbumin* (I), *Serumalbumin* (II), *Serumpseudoglobulin* (III) u. *Myosin* (IV) wurden 2 Std. bei — 183° gehalten u. nach dem Auftauen auf Viscosität, opt. Dichte u. auf die Ggw. von denaturiertem Eiweiß untersucht. Bei I wurde außerdem die polarograph. Aktivität der SH- u. S-S-Gruppen untersucht. Für IV wurde die Löslichkeit in 0,5mol. KCl-Lsg. untersucht. Es zeigte sich, daß die Denaturierung von I, II, III u. IV durch das Einfrieren u. Auftauen nicht beeinflußt wird. Die Stabilität der Viscosität u. der Polarogramme beweist, daß die Literaturangaben über eine Aggregation oder Desaggregation beim Einfrieren u. Auftauen nicht bestätigt werden. Eine Trocknung von I durch Lyophilisierung verursacht keine Denaturierung. Aus den Ergebnissen schließt Vf., daß das Kristallisationswasser in den Eiweißlsgg. keine Deformation der Globularstruktur verursacht. Dies ist als indirekter Hinweis auf das Fehlen von freiem W. innerhalb der Globula anzusehen. (Український Біохімічний Журнал [Ukrain. biochem. J.] **31.** 12—21. 1959. Charkow, Univ., Lehrstuhl für Biochemie.) O. LEBTAG. 4520

P. Bijvoet, *Äthanolfällungsanalyse des Kalbsthymushistons.* Vf. wendet die analyt. A.-Fällung (analog der Aussatzanalyse nach DERRIEN, Biochim. biophysica Acta [Amsterdam] **8.** [1952.] 631) bei —5° u. p_H 6,5 auf *Histon* (I)-Präpp. an, die nach den Methoden von CRAMPTON u. Mitarbeitern (C. **1956.** 11455) sowie nach DAVISON u. Mitarbeitern (Biochim. biophysica Acta [Amsterdam] **15.** [1954.] 415) dargestellt wurden. Wird eine Aggregation verhindert, so läßt sich I in 2 Komponenten (**Ia** u. **Ib**) auftrennen. **Ia** umfaßt 80% des Gesamt-I u. fällt zwischen 13 u. 17% A. aus. **Ib** umfaßt die restlichen 20%, läßt sich jedoch bei steigender A.-Konz. nicht vollständig fällen. **Ib** wird aus dem Nucleohiston bei niedrigeren Säuregraden abgespalten als **Ia**. **Ia** (S_{20} 1,7 ± 0,1) scheint argininreich u. **Ib** (S_{20} 0,9 ± 0,1) lysinreich zu sein. (Biochim. biophysica Acta [Amsterdam] **25.** 502—12. Sept. 1957. Utrecht, Niederlande, Univ., Labor. for Physiol. Chem.) E. SCHWERDTFEGER. 4520

J. Murray Luck, P. Strøier Rasmussen, Kazuo Satake und **A. N. Tsvetikov,** *Weitere Untersuchungen über die Fraktionierung von Kalbsthymushiston.* Durch Säulenchromatographie an Amberlite IRC-50 unter Elution mit einem Konzentrationsgradienten an Guanidinchlorid wurde bei p_H 6,8 Kalbsthymushiston (I) in 4 Hauptfraktionen (F *I*—F *IV*) aufgetrennt. Von diesen Fraktionen wurden die C- u. N-endständigen Aminosäuren bestimmt u. von F *I* u. F *II* außerdem die vollständige Aminosäurezusammensetzung. Die Endgruppenbest. u. die Unters. in der Ultrazentrifuge zeigen, daß alle Fraktionen inhomogen sind u. daß I aus mindestens 10—11 Histonen besteht. F *I* enthält N-endständig *Valin* u./oder *Valyllysin* u. C-endständig *Lysin*. F *II* enthält N-endständig *Alanin* u./oder *Prolin* u. C-endständig *Glycin*. F *I* u. F *II* entsprechen in ihrer Aminosäurezus. annähernd den Fraktionen *A* u. *B* von CRAMPTON u. Mitarbeiter (C. **1957.** 10532). (J. biol. Chemistry **233.** 1407—14. Dez. 1958. Stanford, Calif., Stanford Univ., Dep. of Chem.) E. SCHWERDTFEGER. 4520

W. Mansi, *Gel-Diffusionspräcipitintest auf Objektträgern.* In Abänderung des bekannten Gel-Diffusionstestes (J. Comparat. Pathol. **67.** [1957.] 297), bei dem plattenförmige Schichten des Trägermediums verwendet werden, kann durch Auftragen nur dünner Gelschichten auf saubere Mikroskopobjektträger u. Verringerung des Abstandes zwischen den Ausgangspunkten von Antigen u. Antikörper eine wesentliche Beschleunigung (auf etwa die Hälfte der Zeit) der Immun-Rk. erreicht werden. Einzelheiten der Meth. werden beschrieben. Diese wurde an 7 verschied. Antigen–Antikörpersystemen erfolgreich getestet. (Nature [London] **181.** 1289—90. 3/5. 1958. Weybridge, Surrey, Ministry of Agricult., Fisheries and Food, Central Veterinary Labor.) E. ÜHLEIN. 4551

Marion Lewis und **Bruce Chown,** *Eine abgekürzte Albuminmethode zur Demonstration von Isohämagglutininen, insbesondere unvollständigen Rh-Antikörpern.* Die hier beschriebene Meth. ist eine Vereinfachung einer schon früher veröffentlichten (vgl. CHOWN, LEWIS u. BRYCE, Canad. med. Assoc. **59.** [1948.] 379). Sie erfaßt Anti-A, B, O oder H, S, s, P, K, k, Le^a, Le^b, die Rh-Antikörper u. einige seltenere. Die Standardalbuminmethode, die beim Antikörpernachweis 1 Std. bei 37° arbeitet, wird hier auf nur 10 Min. bei Raumtemp. verkürzt. Zonenantikörper, die bei erster Meth. nicht erfaßt wurden, werden hier mit nachgewiesen, u. diese Meth. ist mindestens ebenso empfindlich wie die Standardmethode. (J. Lab. clin. Med **50.** 494—97. Sept. 1957. Winnipeg, Canada, Children's Hosp.) H. LIESE. 4551

M. Kathleen Carter und **Gilbert L. Marx,** *Immunologische und enzymologische Spezifität durch Injektion gereinigter Acetylcholinesterase erzeugter Antikörper.* Antikörper werden bei intravenöser Injektion gereinigter Ochsenerythrocytenacetylcholinesterase in Kaninchen, nicht aber im Hund erzeugt. Es tritt bei Anwendung von Acetyl-β-methylcholin u. Acetylcholin als Substrat eine Hemmung des Enzyms bis zu 25% bzw. bis zu 10% auf. (Proc. Soc. exp. Biol. Med. **99.** 712—15. Dez. 1958. sulan New Orleans, La., Tulan Univ., School of Med., Dep. of Pharmacol.) U. GERHARDT. 4551

Mostafa K. Hamdy, Fred E. Deatherage und **George Y. Shinowara,** *Gewebequetschung.* 1. Mitt. *Biochemische Veränderungen durch stumpfe Verletzung.* Die Veränderungen, die in Verletzungen bei Rindern durch Schlag mit stumpfem Werkzeug auftraten u. nach 4—5 Tagen ihr Maximum erreichten, bestanden in einer Abnahme (auf 25%) des Nichtprotein-N, 4fachem Anstieg des „leicht abspaltbaren Fe" u. Bilirubinbildung. (Proc. Soc. exp. Biol. Med. **95.** 255—58. 1957. Columbus, Ohio State Univ., Dep. of Animal Science, Agric. Biochem. and Pathol.; Wooster, Ohio Agric. Exp. Stat.) P. LOCH. 4552

M. K. Hamdy, L. E. Kunkle und **F. E. Deatherage,** *Gewebequetschung.* 2. Mitt. *Bestimmung des Alters einer Quetschung.* Es werden Farbteste, die auf der Ggw. von *Bilirubin* beruhen, u. Leitfähigkeitsmessungen verwendet. (J. Animal Sci. **16.** 490—95. Mai 1957.) P. LOCH. 4552

M. K. Hamdy, L. E. Kunkle, M. S. Rheins und **F. E. Deatherage,** *Gewebequetschung.* 3. Mitt. *Auf experimentelle Quetschungen einflußnehmende Faktoren.* Im Blut von Kaninchen, die wiederholt experimentellen Verletzungen durch stumpfen Schlag unterworfen worden waren, läßt sich ein Faktor mit heilungsbeschleunigender Wrkg. nachweisen, der durch Transfusion auf andere Tiere übertragen werden kann u. hier Wrkg. zeigt. (J. Animal Sci. **16.** 496—501. Mai 1957.) P. LOCH. 4552

M. K. Hamdy, M. S. Rheins und **F. E. Deatherage,** *Gewebequetschung.* 4. Mitt. *Wirkung von Streptokinase und Trypsin auf die Heilung.* Gequetschtes Gewebe von Kaninchen u. Rindern heilt bei gleichzeitiger örtlicher Injektion von *Trypsin* (**I**; 2 bzw. 10 mg in Sesamöl) oder von *Streptokinase–Streptodornase* (**II**; *Varidase,* LEDERLE; 10000 bzw. 45000 E.) schneller als bei Kontrolltieren. Injektion von **I** oder **II** an anderen als den lädierten Stellen bewirkt keine schnellere Heilung. Die besten Ergebnisse konnten mit einem Gemisch von **I** u. *Ascorbinsäure* erzielt werden. (Proc. Soc. exp. Biol. Med. **98.** 763—66. Aug./Sept. 1958. Columbus, Ohio, Ohio State Univ., Ohio Agric. Exper. Stat., Dep. of Animal Sci., Agric. Biochem. and Bacteriol.) U. TAUSENDFREUND. 4552

M. Kendall Young jr., Leonard G. Seraile und **Wanda L. Brown,** *Hemmung der Glucoseausnutzung nach thermischen Schädigungen: Prüfungen der Aufnahme durch Zwerchfellmuskulatur im Plasma von Ratten nach Verbrennungen.* Im Plasma, welches 15 Min. nach einer örtlich begrenzten Verbrennung bei Ratten entnommen wird, läßt sich ein (dialysierbares) Prinzip nachweisen, das zu einer Störung der *Glucose* (**I**)-Ausnutzung durch isolierte Rattenzwerchfellmuskulatur führt. Es kommt zu einer Hemmung der **I**-Aufnahme, ohne daß die Umwandlung von ^{14}C-**I** in $^{14}CO_2$ gestört wäre. Da *Adrenalin* (**II**) unter bestimmten Bedingungen (im Verbrennungsplasma, allerdings nicht im n. Plasma- u. in RINGER-Phosphatpuffer in Dosen von 1 γ/ml, sowie nach Injektion der Plasmaspendertiere mit 0,05—0,1 mg) die **I**-Aufnahme ebenfalls hemmen kann, kann **II** als wirksamer Stoff im Verbrennungsserum nicht unbedingt ausgeschlossen werden. (Amer. J. Physiol. **191.** 119—23. Okt. 1957. Fort Sam, Houston, Texas, Brooke Army Med.Center, Surg. Res. Unit, Dep. of Army Civ. Employers.) U. TAUSENDFREUND. 4552

Ira Ringler und **Allan Kliman,** *Der Einfluß von Chinonen auf die ovarielle Reaktion noch nicht geschlechtsreifer Ratten gegenüber gonadotroper Stimulation.* In Verss. an noch nicht geschlechtsreifen weiblichen Ratten (HARVARD-Stamm), bei welchen 2mal täglich subcutane Injektionen von Chinonen u. Naphthochinonen (über die Dauer von 4 Tagen) nach 2 Tagen von einer einmaligen Injektion von 40 I.E. Stutenserum-*Gonado tropin* (**I**; *Gonadogen,* UPJOHN COMP.) oder von 3maliger Injektion von je 50 I.E. *Choriongonadotropin* (**II**; *Antuitrin,* PARKE-DAVIS) gefolgt war, wurden folgende Ergebnisse erzielt: 0,4 mg *Hydrochinon*/Tag, 2,0 mg *2.6-Dimethylhydrochinon*/Tag (gelöst in physiol. NaCl), 0,5 mg *2-Methylnaphthochinon*/Tag (suspendiert in Sesamöl), 4,0 mg *2.3.5-Trimethyl-6-*[*carboxymercaptomethyl*]*-chinon*/Tag (gelöst in Propylenglykol [**III**]), 6,0 bis 12,0 mg *2-Hydroxy-3-*[*3-methylbuten-*(*2*)*-yl*]*-naphthohydrochinon* (*Hydrolapachol*)/Tag u. 6,0 mg *2-Hydroxy-3-*[*3-hydroxymethylbuten-*(*2*)*-yl*]*-naphthochinon* (*Lomatiol*)/Tag (suspendiert in **III**, Erhitzung bis zur Lsg.) hemmen die durch 40 I.E. **I** erzielbare Ovarvergrößerung nicht. Eine gewisse Hemmung der **I**-Wrkg. kann durch 0,5—1,0 mg *Trimethylchinon* (**IV**)/Tag, 4,0 mg *2.3.5-Trimethyl-6-*[*β-carboxy-α-mercaptoäthyl*]*-chinon*/Tag (gelöst in **III**) u. schließlich durch 6,0 mg *2-Hydroxy-3-*[*3-methylbuten-*(*2*)*-yl*]*-naphthochinon* (**V**; *Lapachol*) hervorgerufen werden. Die DL_{50} für **IV** liegt bei 1,5 mg/Tag, die für **V** bei 16 mg/Tag. Die durch **V** hervorgerufene Hemmung der **I**-Wrkg. ist von der **V**-Dosis abhängig, 6,0 mg **V** können jedoch **I**-Dosen bis zu 100 I.E. ziemlich gleichmäßig hemmen. Die **II**-Wrkg. oder diejenige roher Rattenhypophysenextrakte werden durch **V** nicht gehemmt. Schließlich war eine Succinooxydaseaktivitätsminderung in ovariellen Homogenaten von **I**- u. **II**-behandelten Tieren, welche **V** erhalten hatten, feststellbar. Es wird als möglich angesehen, daß **V** eher durch Begrenzung von Stoffwechselprozessen als durch direkte Rk. mit dem betreffenden Hormon wirkt. (Endocrinology **63**. 135—41. Aug. 1958. Cambridge, Mass., Harvard Univ., Biol. Labors.) U. TAUSENDFREUND. 4559

Brenda M. Schofield, *Der Einfluß des synthetischen Östrogens Stilböstrol auf die Schwangerschaft beim Kaninchen.* Krit. Bemerkung zur Arbeit von SHARAF u. HAFEZ (vgl. C. **1959**. 8942) bzgl. der Dosierung des Stilböstrols. (Nature [London] **182**. 58—59. 5/7. 1958. London, Royal Veterinary Coll., Royal Coll. Street.) B. RÄSSLER. 4559

Arthur F. Fishkin und **Gene F. Lata,** *Einige hormonelle Einflüsse auf die Acetylierung von Sulfanilamid in vivo.* Hormonelle Einfll. auf die Acetylierung von intraperitoneal zugeführtem *Sulfanilamid* (**I**; 70 mg/kg) machen sich bei Ratten (SPRAGUE-DAWLEY-Albinos) erst in ausgewachsenem Zustand bemerkbar; noch nicht geschlechtsreife Tiere acetylieren **I** in beiden Geschlechtern in gleichem Ausmaß, bei ausgewachsenen männlichen Tieren sind dann etwa $^2/_3$ von **I** im Urin in acetyliertem Zustand nachweisbar, bei weiblichen Tieren nur ca. die Hälfte von **I**. Verminderung des androgenen Einfl. durch frühzeitige Kastrierung der männlichen Tiere oder Injektionen von 200 μg 17β-Östradiol führen zur Verminderung der **I**-Acetylierung. Adrenalektomie bei männlichen Tieren u. Ovarektomie bleibt ohne Auswirkung auf die **I**-Acetylierung, durch Hypophysektomie wird sie jedoch bei beiden Geschlechtern gleichmäßig verringert. Die Ergebnisse lassen sich möglicherweise als Folge einer hormonellen Kontrolle der Acetyl-Coenzym-A-abhängigen Rkk. deuten. Bei Prüfung von aus dem Urin isolierbarem (radioaktiv markiertem) Acetyl-**I** nach Injektion von markiertem Acetat u. **I** ergab sich eine größere spezif. Aktivität bei männlichen als bei weiblichen Tieren sowie bei n. als bei hypophysektomierten männlichen Tieren. (Endocrinology **63**. 162—68. Aug. 1958. Iowa City, Iowa, State Univ. of Iowa, Coll. of Med., Dep. of Biochem.) U. TAUSENDFREUND. 4559

John R. K. Preedy und **Elsie H. Aitken,** *Der Einfluß von Östrogen auf den Wasser- und Elektrolythaushalt.* 1. Mitt. *Bei Gesunden.* Unterss. an 11 Gesunden über den Einfl. von *Östradiolmonobenzoat* (**I**) ergeben, daß hiernach *W.*-, Cl^-- u. Na^+-Ausscheidung im Harn vorübergehend vermehrt sind, wobei aber Harn-PO_4^{3-} u. K^+-Ausscheidung sowie Serum-Na^+ u. -Cl^- nicht verändert werden. Im Serum vermindern sich nach **I** der Gesamt-*Protein*- u. venöse *Hämatokrit*-Wert in demselben Maße wie das Plasmavolumen steigt. (J. clin. Invest. **35**. 423—29. April 1956. London, London Hospital.) R. LAFFERENZ. 4559

John R. K. Preedy und **Elsie H. Aitken,** *Der Einfluß von Östrogen auf den Wasser- und Elektrolythaushalt.* 2. Mitt. *Lebererkrankungen.* (1. vgl. vorst. Ref.) Klin. Unterss. über den Einfl. von täglich 10 mg *Östradiolbenzoat* (**I**) bei Patienten mit verschied. Lebererkrankungen. Bei Lebercirrhosis mit Ascites finden Vff. bei 8 von 9 Fällen nach **I** starke NaCl- u. Wasserretention; bei fehlendem Ascites tritt nach **I** dagegen nur geringe NaCl- u. Wasserretention ein. (J. clin. Invest. **35**. 430—42. April 1956. London, London Hospital.) R. LAFFERENZ. 4559

John R. K. Preedy und **Elsie H. Aitken,** *Der Einfluß von Östrogen auf den Wasser- und Elektrolythaushalt.* 3. Mitt. *Herz und Nierenerkrankungen.* (2. vgl. vorst. Ref.) Tägliche Verabreichung von 10 mg *Östradiolbenzoat* (**I**) hat bei Fällen mit constrictor. Pericarditis u. Herzfehlern anderer Genese merkliche NaCl- u. Wasserretention zur Folge, während bei peripheren venösen Stauungen sowie nephrot. Syndrom dieser Effekt nicht auftritt. Vff. nehmen an, daß die NaCl-Retention durch **I** als Folge verminderter Inaktivierung durch Störung der hepat. Zirkulation in der Leber erscheint. (J. clin. Invest. **35**. 443—51. April 1956. London, London Hospital.) R. LAFFERENZ. 4559

M. E. Nimni und **E. Geiger,** *Nichteignung der Laevator ani-Methode zur Bestimmung der anabolischen Wirkung von Steroiden.* Vff. geben n. (a) u. kastrierten (b) WISTAR-Ratten eine proteinarme (α, Getreidestärke [**I**, 75,5%], Saccharose [**II**, 10%], Butterfett [8%], Getreideöl [3%], Mineralsalzgemisch [3%], Dorschleberöl [0,5%]), kohlenhydratreiche (β, *Casein* [**III**, 15%], **I** [72%], **II** [8%], Dorschleberöl [0,5%], Getreideöl [2%], Mineralsalze [2,5%]) u. fettreiche Kost (γ, **III** [23%], **II** [12,5%], Butterfett [50%], Dorschleberöl [0,7%], Getreideöl [1%], Mineralsalze [3,9%], Cellumehl [8,9%], Versuchsdauer 12—15 Tage) u. bestimmen das Gesamtkörpergewicht sowie die Gewichte des *Musculus laevator ani,* der Samengefäße, Nieren, Leber, Testes u. des Diaphragmas. Es zeigt sich, daß α einen Gewichtsverlust des Körpers u. (in geringerem Ausmaß) der Organe hervorruft. Zufuhr von *Testosteronpropionat* (**IV**, 2,5 mg, alle 2 Tage subcutan) beeinflußt bei α nur die Gewichte von *Musculus laevator ani,* Samengefäßen u. Nieren, die im Gegensatz zu den übrigen Organen eine Zunahme aufweisen. Auch bei b wird durch **IV** die gleiche Wrkg. erzielt. Bestimmungen der Wasser- u. N-Gehh. des Muskelgewebes ergeben, daß die Gewichtszunahme desselben nach **IV** nicht auf eine Wasseransammlung, sondern auf eine Steigerung der Proteinmenge zurückzuführen ist. Das Gewicht des Diaphragmas wird durch **IV** nicht beeinflußt. In einer weiteren Versuchsreihe erhalten a nach 11 Tagen α-Kost subcutane Injektionen von *Hypophysengonadotropin* (**V**, täglich 2—4 E.). Das Gewicht des Laevator ani, Penis u. der Samengefäße von a steigt an, während **V** bei b ohne Einfl. ist, da es seine Wrkg. über die Testes entfaltet. *Somatotropes Hormon* (*Antuitrin*, 10 E.) ist bei α in allen Fällen unwirksam. *Norethandrolon* (**VI**) besitzt bei b (u. α-Kost) die gleiche Wrkg. wie **IV**, beeinflußt jedoch nicht das Körpergewicht. Fütterung mit β u. γ (nach α-Kost) verursacht bei a u. b eine rasche Körpergewichtszunahme u. einen Rückgang der Organgewichte auf n. Werte; nur das Gewicht des Laevator ani bleibt bei γ erhöht. **IV** u. **VI** bewirken ein Wachstum des Laevator ani u. einiger Geschlechtsorgane bei a u. b. Aus den Ergebnissen geht hervor, daß dasselbe geschlechtsgebunden ist u. die durch Hormone hervorgerufene Gewichtszunahme des Laevator ani nicht als Index für die allg. myotropen oder anabol. Wrkgg. von Steroiden angesehen werden kann. (Proc. Soc. exp. Biol. Med. **94**. 606—10. März 1957. Los Angeles, Calif., Univ. of S. Californ., Med. School, Dep. of Pharm. and Biochem.) P. FAHRNLAENDER. 4559

J. Lester Wilkey, Lloyd J. Barson und **Layton Kest**, *Die Wirkung von Testosteron auf den azotämischen Patienten.* Bei Patienten mit chron. Urämie gelang die Senkung des Rest-N durch Gaben von *Depottestosteroncyclopentylpropionat* (**I**). Neben eiweißarmer, fett- u. kohlenhydratreicher Diät wurden täglich 50 mg **I**, jedoch mindestens 100 mg **I** pro Woche intramuskulär gespritzt. Auch bei älteren Männern wurde durch **I** in keinem Fall ein Prostatacarcinom erzeugt oder aktiviert. Bei **I**-Behandlung von Frauen muß der maskulinisierende Effekt in Kauf genommen werden. (J. Urology **78**. 179—81. Aug. 1957. Chicago, Ill., Cook County Hospital and the Columbus Hospital, Dep. of Urology.) U. BALZER. 4559

F. Morel, J. Maetz und **Cl. Lucarain**, *Die Wirkung von zwei Hypophysenhinterlappenpeptiden auf den aktiven Natriumtransport und den Durchtritt des Wasseranteils durch die Haut verschiedener Froscharten.* Vff. untersuchen den Einfl. von natürlichen u. synthet. *Oxytocin* (**I**) u. *antidiuret. Hormon* (**II**) auf den akt. Na-Transport u. den Durchtritt des Wasseranteils durch die Haut von Rana esculenta, Rana temporaria u. Bufo bufo in vitro. Bei Rana esculenta wird der Na- u. Wassertransport durch **I** erhöht, während **II** keine Wrkg. hat. Die **I**-Wrkg. ist bei Rana temporaria weniger ausgeprägt, jedoch deutlicher als der Einfl. von **II**. Bei Bufo bufo sind beide Hormone gleich wirksam. (Biochim. biophysica Acta [Amsterdam] **28**. 619—26. Juni 1958. Saclay, S. & O., Centre d'Études Nucléaires, Serv. de Biol.) B. RÄSSLER. 4560

S. Casentini, A. De Poli, S. Hukovic und **L. Martini**, *Neue adrenocorticoide Steroide und die Blockierung der ACTH-Produktion.* Vff. berichten über die Fähigkeit einer Reihe natürlicher u. synthet. nebennierenrindenwirksamer Steroide, die ACTH-Freisetzung nach einseitiger Adrenalektomie zu hemmen bzw. zu blockieren. Alle untersuchten Steroide hemmen die Freisetzung von ACTH, dabei läuft der Grad dieser Fähigkeit parallel mit ihrer glucocorticoiden Aktivität. Die relative Aktivität dieser Verbb., gemessen an der zum völligen Block benötigten Menge, vergrößert sich vom *Hydrocortisonacetat* (6 μg/100 g) = 1; *Desoxycorticosteronacetat* (6 μg/100 g) = 1; *Δ^1-Cortison* (3 μg/100 g) = 2; *9α-Fluorhydrocortisonacetat* (0,6 μg/100 g) = 10 bis zum *Δ^1-9α-Fluorhydrocortisonacetat* (0,15 μg/100 mg) = 40, nimmt also zu nach Dehydrierung am C_1 u. C_2 u. nach der Halogenierung in 9α-Stellung. Halogenierung in 9a-Stellung potenziert die Gluco- u. Mineralocorticoidaktivität, während Dehydrierung an $C_{(1)}$ u. $C_{(2)}$ zwar die glucocorticoide Funktion vergrößert, die Na^+-Retention jedoch verringert. Ob die Hemmwrkg. der genannten Steroide direkt über den Hypophysenvorderlappen oder indirekt über die Kerne des Hypothalamus erfolgt, ist noch nicht geklärt. (Acta physiol. pharmacol. neerl. **6**. 250—59. 1957. Milan, Univ., Dep. of Pharmakol.) CHR. FOLESKY. 4561

S. P. Bhattacharjee und **A. Ghosh**, *Die Wirkung von Cortison auf die Verteilung und Konzentration der alkalischen Phosphatase in der Bürzeldrüse männlicher Tauben.* Nach intramuskulärer Injektion von täglich 4 mg *Cortisonacetat* für die Dauer von 7 Tagen läßt sich neben histol. nachweisbarer Stimulation u. Hypertrophie der Bürzeldrüse bei männlichen Tauben auch eine Steigerung des *alkal. Phosphatase* (**I**)-Geh. dieser Drüsen, bes. in den Würfelzellen der Drüsenwand nachweisen, was mit der Rolle von **I** beim Fettstoffwechsel holokriner Drüsen in Zusammenhang zu bringen ist. (Current Sci. **27**. 401—02. Okt. 1958. Calcutta, Univ., Dep. of Zool., Histophysiol. Labor.)
U. TAUSENDFREUND. 4561

N. A. Judajew und **W. N. Gontscharowa,** *Der Einfluß von Cortison und Glutaminsäure auf den Ammoniakgehalt des Gehirns.* Weiße Ratten erhielten 2,5—5 mg *Cortison* (I) intramuskulär 10—12 Tage lang, außerdem 100 mg neutralisierte *l-Glutaminsäure* (II) täglich subcutan. I steigerte den NH_3-Geh. im Gehirn um das 1,5—2fache. Die *Glutamin* (III)-Menge fiel gleichzeitig um 20—30%. Der Geh. an II u. *γ-Aminobuttersäure* (IV) änderte sich nicht. Bei einmaliger Zufuhr von 5 mg I konnte eine gewisse Verminderung des Geh. an II, IV u. III bei bleibender NH_3-Konz. beobachtet werden. Die gleichzeitige Zufuhr von II u. I beugte der Speicherung von NH_3 vor. (Проблемы Эндокринологии и Гормонотерапии [Probleme Endokrinol. Hormontherap. 5. Nr. 2. 3—9. März/April 1959. Moskau, Inst. für biol. u. med. Chem. der Akad. der med. Wiss., Labor. für neutrale u. horm. Regulation der biochem. Prozesse.)
F. DU MANS. 4561

W. Schopman, L. G. Hius in't Veld, J. van der Vies und **D. A. V. M. Lampe Hintzen** (unter technischer Mitarbeit von **E. Hillen**), *Die Bestimmung von Corticoiden im Urin.* Vf. beschreiben neue Modifikation der Meth. von REDDY, JENKINS u. THORN (Metabolism. **1.** [1952.] 511) zur Best. von *17.21-Dihydroxy-20-ketosteroiden* (I) wie folgt: 10 ml Urin werden mit 50%ig. H_2SO_4 auf p_H 1—2 angesäuert, mit Na_2SO_4 gesätt. u. mit 10 ml n-Butanol extrahiert. Nach Zentrifugieren wird die butanol. Phase mit wasserfreiem Na_2CO_3 geschüttelt, 4 mal je 1 ml abpipettiert, mit 3,5 ml 62%ig. H_2SO_4 versetzt u. 4 Min. auf 60° erwärmt. 2 der 4 Proben werden mit je 0,5 ml einer Phenylhydrazin-Hydrochlorid-Lsg. in 20 ml (100 mg in 20 ml 62%ig. H_2SO_4) versetzt, die restlichen 2 nur mit 0,5 ml 62%ig. H_2SO_4. Nach Umschütteln wird 20 Min. auf 60° erwärmt, abkühlen gelassen u. bei 380, 410 u. 440 mμ spektrophotometr. gemessen. Formel zur Berechnung ist angegeben. Die Genauigkeit der nicht sehr spezif. Meth. beträgt 93—97%. Sie eignet sich zur Messung des Einfl. von ACTH auf die Ausscheidung von I. (Nederl. Tijdschr. Geneeskunde **102.** 1917—20. 27/9. 1958. Rotterdam, Gemeenteziekenhuis aan de Bergweg; Utrecht, Rijks Inst. voor de Volksgezondheid; N. V. Organon, Oss.)
R. LESCHBER. 4561

Herbert Schriefers und **Wolfgang Korus,** *Bestimmung von Cortison, Hydrocortison, Prednison, Prednisolon und 9α-Fluorhydrocortison als 17-Ketosteroide nach Bismutatoxydation.* Die Best. der *C_{21}-Steroide* als 17-Ketosteroide nach Bismutatoxydation (vgl. NORYMBERSKI u. Mitarbeiter, C. **1956.** 9137) erlaubt es nicht, die einzelnen C_{21}-Steroide zu identifizieren, da die Reaktionsbedingungen einen einheitlichen Reaktionsablauf nicht gewährleisten u. kein einheitliches, definiertes Oxydationsprod. erhalten wird, das Rückschlüsse auf die chem. Natur der Ausgangssubstanz zuläßt. Es wird daher zunächst der Oxydationsablauf an Reinsubstanzen (*Cortison, Hydrocortison, Prednison, Prednisolon* u. *9α-Fluorhydrocortison*) untersucht. Die günstigste Steroid-Bismutat-Relation beträgt 1:4000, die optimale Oxydationsdauer zwischen 1—3 Minuten. In diesem Zeitraum tritt lediglich das definierte Oxydationsprod. auf. Bei längerer Oxydation treten zusätzliche Oxydationsprodd. auf, die papierchromatograph. getrennt, quantitativ bestimmt u. z. T. identifiziert wurden. — Methodik: Aus den Reinsubstanzen werden die entsprechenden 17-Ketosteroide hergestellt. Papierchromatograph. Trennung der Oxydationsprodd. im Syst. Propylenglykol/Cyclohexan-Bzl. (80 + 20) absteigend 72 Std. bei 22° auf WHATMAN Nr. 1 (gewaschen mit CH_3OH). Identifizierung der Substanzflecken durch UV-Kontaktphotographie und Färbung mit ZIMMERMANN-Reagens. Die Meth. läßt sich auf Gewebeextrakte sowie auf Gemische von Reinsubstanzen übertragen. (Hoppe Seyler's Z. physiol. Chem. **313.** 66—76. 9/12. 1958. Bonn, Univ., Physiol.-Chem. Inst.)
L. LASCHET. 4561

U. S. von Euler und **F. Lishajko,** *Dopamin in der Lunge und der Milz von Säugetieren. Dopamin* (I), das mit chromatograph., fluorimetr. u. biol. Methoden in Rinderlungenextrakten nachgewiesen werden konnte, ist in diesem Organ in 100fach größerer Menge vorhanden als seine Vorstufe, das *Noradrenalin* (II). Die Milz u. die zur Milz gehörenden Nerven enthalten das umgekehrte Verhältnis von I u. II. Wahrscheinlich werden die Brenzcatechinamine in den adrenerg. Axonen synthetisiert. Brenzcatechinessigsäure konnte in Extrakten von Lunge, Bronchien, Milz u. die zur Milz gehörenden Nerven nachgewiesen werden, während Isopropylnoradrenalin, das nach Sympathicusstimulation im venösen Lungenblut vorhanden sein soll (LOCHETT), in der entsprechenden chromatograph. Fraktion nicht auffindbar war. (Acta physiol. pharmacol. neerl. **6.** 295—303. 1957. Stockholm, Faculty of Med., Physiol. Dep.) CHR. FOLESKY. 4561

J. A. Richardson, A. K. Richardson und **O. J. Brodie,** *Bestimmung von Adrenalin und Noradrenalin im Plasma durch Fluorescenzmessung.* Es wird eine Modifikation der Meth. von WEIL-MALHERBE u. BONE (C. **1956.** 9271) zur Best. von *Adrenalin* (I)- u. *Noradrenalin* (II)-Spuren beschrieben, bei der die Unterschiede der Fluorescenzspektren der aus I u. II mit Äthylendiamin erhaltenen Kondensationsprodd. gemessen werden.

Plasma zugesetztes I u. II wurden zu 93,4 ± 11,5% u. 90,3 ± 9,9% gefunden. In 15 cm^3 Blut sind Plasmakonzz. bis zu 0,25 mcg I u. 0,5 mcg II/Liter Plasma exakt bestimmbar. (J. Lab. clin. Med. **47**. 832—34. Mai 1956. Charleston, S. C., Med. Coll., Dep. of Pharmacol.) K. MAIER. 4561

Roy B. Johnson jr., *Eine verbesserte Methode zur Bestimmung der Brenzcatechinamine im Urin.* Durch Zusatz von Oxalsäure u. Auswahl spezif. Filter bei der Fluorescensanalyse von Brenzcatechinaminen (I), bes. Norepinephrin (II), im Urin konnte Vf. die Schnellbestimmungsmethoden von LUND (Acta pharmacol. toxicol. [Köbenhaven] **5**. [1949.] 231) u. von VON EULER u. Mitarbeitern, C. **1958**. 1620—21) verbessern: Die neue Meth. erfaßt 81% der insgesamt vorhandenen I u. ist in den Grenzen ± 10% reproduzierbar. Nach dieser Meth. wurde der I-Geh. des Urins von 42 Personen untersucht, u. es wurde gefunden, daß die I-Werte zwischen 0 u. 350 μg/24 Std. (Mittel 169 μg/24 Std.) lagen. II schien die hauptsächlichste I-Komponente im Urin zu sein. (J. Lab. clin. Med. **51**. 956—63. Juni 1958. La Jolla, Calif., Scripps Clinic and Res. Found., Div. of Labors.) H. KLUGE. 4561

L. Macho, *Einfluß der Schilddrüsenhormone auf den Umsatz von Glucose.* Im Kaninchenvers. verursacht die Schilddrüsenentfernung eine Abnahme der Aufnahme von *Glucose* (I) u. der Toleranz gegenüber Zucker. Die 10 Tage lange Zufuhr von 0,25 mg *Thyroxin* (II)/kg täglich führt sowohl bei n. wie bei thyreoektomierten Tieren zu einer geringen Zunahme der I-Aufnahme. Der Koeff. der I-Verwertung beträgt beim n. Tier 1,10 + 0,16 vor u. 1,47 + 0,05 nach der II-Zufuhr, beim thyreoektomierten Tier 0,72 + 0,15 bzw. 1,20 + 0,13. In den Ergebnissen sieht Vf. die Bestätigung dafür, daß die erhöhte glykäm. Kurve nach Zuckerbelastung bei erhöhter Schilddrüsenfunktion durch die beschleunigte I-Resorption aus dem Darmtrakt bedingt ist. (Биохимия [Biochemie] **24**. 288—90. März/April 1959. Bratislava, Endokrinol. Inst. der Slowak. Akad. der Wiss.) O. LEBTAG. 4562

Lajos Barta und **Magda Kocsis**, *Wirkungen intravenöser Glucosezufuhr auf den diabetischen Stoffwechsel.* Bei 10 diabet. Kindern wurden Belastungsproben mit *Glucose* (I), *Insulin* (II) u. I + II angestellt. Nach I-Zufuhr (15—20 g intravenös) kehrte der Blutzuckerspiegel innerhalb von 90 Min. zum Ausgangswert zurück, während der Abfall nach kombinierter Gabe von I + II (10 E. II u. 10 g I) signifikant stärker war. Bei Berücksichtigung des Ausgangswertes war die Blutzuckersenkung jedoch nicht deutlich. Die II-Wrkg. konnte am besten an den Veränderungen des K-Stoffwechsels gezeigt werden. Bei den meisten einfachen I-Belastungsproben wurde die II-Wrkg. auch durch Anstieg der Alkalireserve u. Zunahme des Wasserbindungsvermögens sowie Abnahme der Blutketone u. der K-Ausscheidung charakterisiert. Bei drohender Hypoglykämie dürfen daher kombinierte I u. II-Gaben nur sehr vorsichtig ausgeführt werden. I soll besser $^1/_2$—$1^1/_2$ Std. nach II gegeben werden. (Ann. paediatrici [Basel] **186**. 65—78. Febr. 1956. Budapest, Univ., Medical School, Inst. Dep. of Paediatrics.) U. BALZER. 4564

Sydney S. Lazarus und **Bruno W. Volk**, *Frühentwicklung einer Glykogeninfiltration im Leitepithel des Hundepankreas nach Zufuhr von Wachstumshormon.* Vff. geben kohlenhydratreich ernährten Hunden *Hypophysenvorderlappenwachstumshormon* (I; täglich 3 mg/kg subcutan) u. führen innerhalb von 1—14 Tagen Versuchszeit eine histolog. Unters. des Pankreasgewebes durch. Im Leitepithel nicht behandelter Tiere werden mittels der Perjodsäure-SCHIFF-Meth. geringe *Glykogen* (II)-Ablagerungen festgestellt, die mit den cytoplasmat. Veränderungen der Vacuolarisierung parallel verlaufen. Die B-Zellen enthalten dagegen kein II. I verursacht mit fortschreitender Einwirkungsdauer in den intralobulären u. intracalaren Leitsträngen vom 2. Tage der I-Zufuhr an eine steigende Bldg. von Vacuolen, die mit Diastase entfernbares PAS-positives Material enthalten. Die Vacuolarisierung der B-Zellen bleibt zwar geringfügig; sie zeigen jedoch eine gewisse Degranulation u. verminderte Mitosenanzahl. Aus den Ergebnissen geht hervor, daß I eine auf II-Infiltration zurückzuführende gesteigerte Vacuolarisierung des Leitgewebes hervorruft, das allmählich einer hydrop. Degeneration verfällt. Der langsame Zerfall der zur gleichen Zeit II-freien B-Zellen scheint keine von einer Funktionserschöpfung herrührende Schädigung zu sein, sondern ist als morpholog. Erscheinungsbild der durch I hervorgerufenen Hyperglykämie anzusehen. (Proc. Soc. exp. Biol. Med. **94**. 610—13. März 1957. Brooklyn, N. Y. City, Jewish Chron. Disease Hosp., Isaac Albert Res. Inst.) P. FAHRNLAENDER. 4564

R. P. Königstein und **H. Suess**, *Die Behandlung von tuberkulösen Diabetikern mit dem peroralen Antidiabeticum Invenol (BZ 55) und Rastinon (D 860).* 38 tuberkulöse Diabetiker wurden mit den oralen Antidiabetica *Invenol* (I) u. *Rastinon* (FARBWERKE HOECHST A. G.) behandelt. 18 ausgezeichnete Erfolge, in 5 Fällen konnte auch durch Insulin keine Besserung der Stoffwechsellage erreicht werden. In 12 Fällen keine Wrkg., dabei jedoch in 3 Fällen bei Kombination von I u. Insulin Stabilisierung mit deutlicher Verminderung der Insulindosis. Die spezif. Lungenerkrankungen wurden günstig beeinflußt. (Wiener klin. Wschr. **69.** 501—05. 12/7. 1957. Wien-Lainz, Stadtkrankenhaus.) U. BALZER. 4564

I. Potop, E. Felix und **C. Ciocirdia,** *Zur Biochemie der Thymusdrüse.* In Verss. an Kaninchen u. Ratten, denen experimentell die Thymusdrüse entfernt (a) oder denen 1 ml Thymusdrüsenextrakt, entsprechend 0,5 g Frischdrüse je 100 g Körpergewicht, täglich 21 Tage lang zugeführt wurde (b), wurde der Geh. an *Gesamt-P* (**I**), *säurelösl. P* (**II**), *Nucleoproteid-P* (**III**) u. *Lipid-P* (**IV**) in Blut, Leber u. Nebenniere untersucht. Bei a war der Blutgeh. an **III** um 57% erhöht, der Geh. an **IV** um 106% vermindert. Bei b beobachtete man eine Zunahme von **I** um 35%, von **II** um 23%, von **III** um 32,9%, von **IV** um 131%. Bei ausgewachsenen b-Ratten betrug die Zunahme 56 bzw. 47 bzw. 64 bzw. 89%. Bei den geschlechtsunreifen b-Ratten war der **III**-Geh. um 59% erhöht, der **IV**-Geh. um 24% vermindert. Die Zufuhr von Muskelextrakt (0,5 g/100 g) bewirkte keine wesentliche Veränderung des Geh. an **III** u. **IV** im Blut. Bei intraperitonealer Zufuhr von $NaH_2 \cdot {}^{32}PO_4$ wurde in a der Einbau von ^{32}P in die P-Verbb. vermindert; in b wurde er intensiviert. Auch in vitro war der ^{32}P-Einbau in die **III**- u. **IV**-Fraktion gegenüber der Kontrolle erhöht. In der Leber war der Geh. an **II**, **III** u. **IV** bei b erhöht, bei a vermindert. Auch in der Nebenniere war der P-Umsatz bei a vermindert, bei b intensiviert. (Биохимия [Biochemie] **24.** 357—63. März/April 1959. Bukarest, Inst. für Endokrinol. der Akad. der Wiss. der Rum. Volksrepublik.) O. LEBTAG. 4566

T. J. Campbell, B. Frohman und **E. B. Reeve,** *Eine einfache, schnelle und genaue Methode zur Extraktion von T-1824 aus Plasma für Routinebestimmung des Blutvolumens.* Modifikation der Meth. von ALLEN (Amer. J. Physiol. **175.** [1953.] 227). *T-1824* wird durch *Teepol 610* (SHELL CHEMICAL CO.) aus seiner Bindung an *Albumin* verdrängt, an *Holzcellulose* adsorbiert u. mit *Acetonwasser* eluiert. Hämolyse, Lipämie oder *Dextran* beeinflussen die Ergebnisse nicht. (J. Lab. clin. Med. **52.** 768—77. Nov. 1958. Denver, Colo., Univ. of Colorado, School of Med., Dep. of Med.) H. MATTHIES. 4572

L. N. Schoschijew, *Über den Mechanismus der Hämoglobinsynthese bei Sauerstoffmangel.* Im Kaninchenvers. wurde die Synth. von *Hämoglobin* (**I**), gemessen am Einbau von *^{35}S-Methionin*, nach 12 std. O_2-Mangel (350—400 mm Hg) um 50%, nach 24 std. O_2-Mangel um 200% gegenüber der Kontrolle erhöht. Bei Aufenthalt in verd. Luft u. Blutverlust tritt im Blutplasma u. im Harn *Hämopoetin* (**II**) auf, das in den Erythrocyten nicht vorkommt. **II** ist thermostabil, lösl. in Chlf., beständig gegenüber der alkal. Hydrolyse u. Kälte, nicht dialysierbar an Cellophanmembran u. zerstörbar durch Säurehydrolyse. Im menschlichen Harn ist nach Blutverlust **II** enthalten, das gegenüber Kaninchen akt. ist. Im Harn des n. Menschen fehlt **II**. Die erythropoet. Aktivität bleibt nur bei subcutaner oder intraperitonealer **II**-Zufuhr erhalten. Bei peroraler **II**-Zufuhr wird **II** durch den Magensaft inaktiviert. Aus den Ergebnissen schließt Vf., daß **II** kein Eiweiß ist; es wird durch Trichloressigsäure nicht gefällt, durch 20—30 Min. langes Eindampfen bei 80—90° u. 10 Min. langes Kochen nicht zerstört. (Український Біохімічний Журнал [Ukrain. biochem. J.] **31.** 43—52. 1959. Militärmed. Kirow-Akad., Lehrstuhl für biol. Chem.) O. LEBTAG. 4572

Ss. I. Wischnjakow, *Die antihämolytische Wirkung der Zinksalze.* Die antihämolyt. Wrkg. von $ZnSO_4$ (**I**) u. $Zn(CH_3COO)_2$ ist von einer Zn^{2+}-Adsorption durch die Erythrocyten u. einer Ausscheidung von Na^+ u. K^+ begleitet, die etwa der Menge der adsorbierten Zn-Ionen äquivalent ist. Die **I**-Wrkg. in Ggw. von NaCl-Lsg. zeigt die gleichen Erscheinungen, jedoch in weniger deutlicher Form. Durch 0,85%ig. **I**-Lsg. werden in Ggw. von NaCl 5 mal weniger Zn^{2+} adsorbiert als ohne NaCl. Während bei der Einw. von **I** allein die Erythrocyten in W. nicht hämolysiert werden, beobachtet man in Ggw. von NaCl nach der **I**-Einw. eine Hämolyse. NaCl unterdrückt demnach die antihämolyt. Wrkg. von **I**. Mit zunehmender **I**-Konz. wird diese hemmende Wrkg. von NaCl aufgehoben. Die Erythrocyten werden hiernach wieder in W. nicht hämolysiert, verlieren jedoch das Hämoglobin beim Einbringen in Blutserum. Bei der Behandlung der Erythrocyten mit 0,085%ig. **I**-Lsg. in Ggw. der physiol. NaCl-Lsg. werden 44,28 (mg%) Zn am Stroma u. nur 17,6 am Hämoglobin adsorbiert. Vor der **I**-Behandlung beträgt der Zn-Geh. im Stroma bzw. Hämoglobin 0,22 bzw. 1,32%. (Биохимия [Biochemie] **24.** 307—10. März/April 1959. Kursk, Wiss. Veterinärforschungsstation.) O. LEBTAG. 4572

Elizabeth Carlsen und **Julius H. Comroe jr.,** *Die Aufnahmegeschwindigkeit von Kohlenmonoxyd und Stickoxyd durch normale menschliche Erythrocyten und experimentell erzeugte Sphärocyten.* Es wurde die Aufnahme von Gasen (CO, NO) durch Erythrocyten gemessen. Hierzu wurde die von FORSTER u. Mitarbeiter, vgl. C. **1958.** 10420) beschriebene Schnell-Durchfluß-App. benutzt. Die Aufnahme eines Gases ist durch die Geschwindigkeiten von 3 Teilprozessen bestimmt: a) Gasdurchtritt durch die Membran, b) intraerythrocytäre Diffusion des Gases u. c) chem. Bindung des Gases an das *Hämoglobin.* Werden die scheibenförmigen, bikonkaven Erythrocyten in Sphärocytenform übergeführt (ohne Änderung des Vol.), so ist bei 38 u. 48° NO- u. CO-Aufnahmegeschwindigkeit wie bei den Ausgangsformen. Geschwollene Sphärocyten (in 0,6% ig. NaCl suspendiert) mit einer Volumenzunahme von ca. 30% besitzen ebenfalls gleiche Initialgeschwindigkeit. Hingegen zeigen Sphärocyten in 2—3% ig. NaCl mit einer Volumenverminderung von 22—40% eine deutlich langsamere Aufnahme sowohl von CO wie NO. Diese Hemmung der Gasaufnahme bei geschrumpften Zellen wird auf eine mechan. Erschwerung der Gasdiffusion im intraerythrocytären Hämoglobin bzw. in den Bestandteilen der Membran zurückgeführt. (J. gen. Physiol. **42.** 83—107. 20/9. 1958. Philadelphia, Pa., Univ. of Pennsylvania, Graduate School of Med., Dep. of Physiol. and Pharmacol.) W. SCHELER. 4573

G. C. Ashton, *Weitere β-Globulinphänotypen bei Schafen.* Das Schaf bildet das ausgeprägteste Beispiel komplexen β-Globulinpolymorphismus. Im Anschluß an frühere Unterss. (vgl. Nature [London] **181.** [1958.] 849) konnten 14 Phänotypen nachgewiesen werden, die als Ausdruck von 10 Heterozygoten u. 4 von 5 Homozygoten der 5β-Globulinallelen Schaf-β^A, -β^B, -β^C, -β^D u. -X-β^E angesehen wurden. Jedes Allel wies 2 färbende Zonen in Stärkegel auf. (Nature [London] **182.** 1101—02. 18/10. 1958. Stock, Essex, Farm Livestock Res. Centre, Animal Health Trust.) U. TAUSENDFREUND. 4574

F. W. Aly und **K. H. Niederhellmann,** *Untersuchungen zum Präalbumin im menschlichen Serum.* 1. Mitt. *Methodische Angaben zum papierelektrophoretischen Nachweis des Präalbumins auf Filterpapier. Quantitative Veränderungen des Präalbumins.* Es wird eine Meth. zur papierelektrophoret. Darst. des *Präalbumins* (I) aus Serum mitgeteilt (0,1 ml Serum aufgetragen, Veronalpuffer p_H 8,6, Ionenstärke 0,06, Anfärbung mit Bromphenolblau). Im Normalserum werden 27mg% gefunden. Bei der Aufbewahrung des Serums bei 4° erhöht sich der Geh. an I. Es handelt sich um sein Protein ohne Lipoidkomponente, u. es ist wahrscheinlich mit dem tryptophanreichen I von SCHULTZE u. der bei der Immunoelektrophorese von GRABAR aufgefundenen ϱ_1-Komponente identisch. (Klin. Wschr. **36.** 954—59. 15/10. 1958. Marburg/Lahn, Univ., Med. Klinik.) H. STRUCK. 4574

Paramjit R. Pabrai und **K. B. Sehra,** *Lipoproteincholesterin bei Coronarerkrankungen und Anämie.* Während der *Cholesterin* (I)-Geh. der α- u. *γ-Lipoprotein-* u. Chylomikronfraktion bei Myocardinfarkten u. Megaloblastenanämien keine großen Unterschiede zur Norm aufweist, konnte in der β-Lipoproteinfraktion bei Myocardinfarkten ein stark überhöhter u. bei Megaloblastenanämie ein erniedrigter I-Spiegel festgestellt werden. (Current Sci. **27.** 163—64. Mai 1958. Poona, Armed Forces Med. Coll.) U. TAUSENDFREUND. 4574

G. Hunter, *Calcium- und Magnesiumgehalt von normalem menschlichem Blutserum.* (Vgl. C. **1958.** 11918.) Mit der l. c. angegebenen Bestimmungsmeth. mit Murexid u. „Eriochromschwarz T" erhielten Vff. niedrigere Werte u. geringere Schwankungen als andere Autoren mit sonstigen Methoden u. Vf. mit der Oxalat–Permanganat-Methode. Weiter wurde festgestellt, daß eine Veraschung mit HNO_3 nicht erforderlich ist, da mit diesem Verf. u. bei der Verwendung von deproteiniertem Serum vollkommen übereinstimmende Werte erhalten wurden. (Nature [London] **182.** 263—64. 26/7. 1958. Oxford, Cowley Road Hosp.) J. SCHWAIBOLD. 4574

B. Sáry und **Maria Szekerke,** *Methioninbestimmungen im menschlichen Serum, insbesondere bei essentieller Hypertonie.* Vff. bestimmten den Geh. an freiem Methionin (I) im Serum n. Versuchspersonen u. an essentieller Hypertonie (a) u. anderen Krankheiten leidender Patienten nach einer leicht modifizierten Meth. von BAKAY u. TOENNIES (C. **1951.** II. 1641). — Bei a-Kranken u. an Nephritis chronica (b) leidenden Patienten war der I-Geh. des Serums geringfügig vermindert (I-Geh. $< 6\gamma$), bei Hepatitiskranken stark erhöht (I-Geh. $> 10\,\gamma$/ml); die I-Normalwerte liegen zwischen 3 u. 6 γ/ml. — Vff. vertreten die Ansicht, daß der red. I-Geh. im Serum von a- u. b-Kranken auf Störungen der *Acetylcholin*-Resynth. zurückzuführen ist. (Wiener Z. inn. Med. Grenzgebiete **38.** 297—301. Juli 1957. Budapest, Univ., 2. med. Klinik, u. Eötvös-Loránd-Univ., Inst. für organ. Chemie.) H. KOCKERT. 4574

H. Schröer und **E. Wöhlisch,** *Die Entstehung von Thrombin bei präparativer Plasma-Papierelektrophorese.* Bei papierelektrophoret. Auftrennung frischer Oxalat- oder Citratplasmen wird das Plasma-*Prothrombin* teilweise zu *Thrombin* aktiviert, was durch die Bldg. von Fibrinbanden sichtbar wird. Diese Prothrombinaktivierung konnte mit Hilfe der präparativen Papierelektrophorese bewiesen werden: Frische u. gelagerte Rinderoxalat- u. Citratplasmen wurden nach dem Verf. von GRASSMANN u. HANNIG ca. 48 Std. bei einer Spannung von 400 V u. einer Stromstärke von 8 mA auf SCHLEICHER u. SCHÜLL-Papier 2040 a aufgetrennt. Der verwendete Veronalnatrium–Natriumacetat-Puffer von p_H 8,6 hatte eine Ionenstärke von 0,03. Nach Beendigung des Trennungsganges u. Anfärben des Papierbogens mit Amidoschwarz 10 B wurden die mit Puffer verd., abgetropften Plasmafraktionen auf Thrombin- u. Prothrombinaktivität geprüft. Die Thrombinaktivitätsbest. erfolgte durch Zusatz von 0,1 cm^3 des jeweiligen Plasma-Puffer-Gemisches zu 0,9 cm^3 einer 0,6% ig. Fibrinogenlsg. (Behringwerke) u. Feststellung der Gerinnungszeit. Die Prothrombinaktivität wurde nach dem Zweistufenverf. von Ware u. Seegers bestimmt. Die Thrombinaktivität befindet sich stets zwischen Albumin- u. α-Globulinfraktion. Während bei der Streifenelektrophorese gelagerte Plasmen keine Fibrinbande enthalten, zeigen diese nach präparativer Auftrennung ebenfalls Thrombinaktivität. Die gemessenen Gerinnungszeiten lagen in derselben Größenordnung wie bei frischen Plasmen. (Z. Biol. **110.** 258—61. Nov. 1958. Würzburg, Univ., Physiolog. Inst.) E. Hähnel. 4574

F. Reimann und **N. S. Arkun,** *Die Einwirkung der Eisenbehandlung auf das Verhalten der osmotischen Resistenz der Erythrocyten bei den eisenempfindlichen chronischen Chloranämien (Asiderosen).* (Vgl. Z. klin. Med. **153.** [1955.] 14.) Bei sorgfältig ausgewählten Fällen durchgeführte eingehende Unterss. ergaben im wesentlichen, daß die patholog. erhöhte Resistenz u. vermehrte Resistenzbreite durch *Fe*-Behandlung parallel mit Besserung der übrigen Blutbefunde in 3—5 Monaten vollständig normalisiert werden. „Hämolysequotient" u. „Hämolysegradient" nehmen zu u. erreichen gleichfalls n. Werte. Durch fortschreitende Ausschaltung der alten anäm. u. abnorm gestalteten Blutkörperchen u. Eintritt neugebildeter n. Erythrocyten steigt deren Vol., Größe u. Form normalisieren sich, ebenso die Inkrement-, Anisocytose- u. Poikylocytosekurven. Die Fe-Wrkg. ist indirekt über die Neubldg. der Erythrocyten. Weitere Einzelheiten, auch über das Verh. der Reticulocyten, im Original. (Z. klin. Med. **153.** 589—613. 1956. Istanbul, Univ., II. Med. Klinik u. Inst. für Med. Forschung.) J. Schwaibold. 4575

W. Scholtan, *Beziehung zwischen der Größe von Polyvinylpyrrolidonmolekülen und ihrer Permeabilität durch die Glomerulummembranen der Niere.* Als Modell zur Best. der Permeabilität eines Fadenmol. wurde das *Polyvinylpyrrolidon* (I)-Mol. (in isoton. Lsg. als *Periston*) behandelt; es wurde dabei eine Knäuelung des Mol. angenommen. Die Berechnung erfolgte auf Grund von Sedimentations-, Diffusions- u. Viscositätsdaten u. ergab folgende Gleichung für die zwischen dem mittleren Mol.-Radius r_m u. dem Mol.-Gew. M bestehende Beziehung: $r_m = 1{,}66 \cdot 10^{-9} \cdot M^{0{,}567}$. Gute Übereinstimmung konnte festgestellt werden zwischen der experimentell bestimmten relativen Clearance u. der nach Pappenheimer (C. **1956.** 7575) berechneten Siebung φ. Die Permeabilität der I-Moll. bis zum Mol.-Gew. von 150000 stimmt allerdings nur dann mit den nach Pappenheimer berechneten Werten überein, wenn angenommen wird, daß die Poren der Glomerulummembran einer Gaussschen Porenverteilung gehorchen u. einen effektiven Durchmesser von 36 ± 6° Å besitzen. (Z. ges. exp. Med. **130.** 556—76. 1959. Wuppertal-Elberfeld, Farbenfabriken Bayer AG., Toxikol. u. Gewerbehyg. Labor.) U. Tausendfreund. 4576

Atsushi Oshikane, Yaichirō Tamura und **Tomoaki Yoshida,** *Weitere Untersuchungen zur Bestimmung der Ermüdung durch das Schaumphänomen des Harns.* 1. Mitt. *Das Schaumphänomen des Harns nach Zusatz von Harnmucoprotein.* Die *Mucoproteine* (I) wurde aus dem Harn von Gesunden mit 0,58 mol. NaCl-Lsg. gefällt oder mit dem 2fachen Vol. A. aus Harndialysat nach Toluolzusatz. 0,1 cm^3 einer wss. 0,1% ig. I-Lsg. wurde mit 2,0 cm^3 Harn von Gesunden versetzt (Kontrolle: 2,1 cm^3 Harn ohne I-Zusatz). Hierbei zeigte sich, daß I ein das Schaumvolumen steigernder Faktor ist. Bei der NaCl-Fällung ist das Schaumvol. mehr erhöht als bei der Alkoholfällung. Ferner wurde die Einw. auf die Schaumstabilität innerhalb von 5—60 Min. beobachtet. I-Zusatz verzögert die Schaumhaltbarkeit. Das beste Schaumvol. des Harns nach Zusatz von 0,05% ig. wss. I-Lsg. (NaCl-Fällung) wird bei p_H 7,0 erreicht. (Med. and Biol. [Tokyo] **45.** 74—76. 20/10. 1957. Nihon Daigaku, Shigaku-Bu, Seikagaku-Kyōshitsu. [Orig.: japan.]) F. Mossner. 4577

H. G. Knauff und **H. Zickgraf,** *Über das Vorkommen von freiem Äthanolamin (Colamin) im Liquor cerebrospinalis des Menschen.* Von den 25 ninhydrinfärbbaren, regelmäßig im Liquor cerebrospinalis vorkommenden Verbb. (Knauff u. Mitarbeiter, C. **1959.** 5210 u. 11641) sind 22 identifiziert als *Alanin, α-Amino-n-buttersäure, γ-Aminobuttersäure, Arginin, Asparaginsäure, Cystein–Cystin, Glutamin, Glutaminsäure, Glycin, Histidin, Leucin–Isoleucin, Lysin, Methionin, Ornithin, Phenylalanin, Prolin, Serin, Taurin, Threonin, Tryptophan, Tyrosin* u. *Valin.* Von den nicht identifizierten 3 Substanzen konnte X_2 durch Papierchromatographie als freies *Äthanolamin* (I) identifiziert werden, seine Konz. durfte zwischen 0,5 u. 1,5 μg/ml betragen; sie schwankt etwas zwischen den einzelnen Liquores. Bei 30 Liquores von n. Personen u. von Patienten mit verschied. Krankheiten des Zentralnervensyst. fanden sich keine eindeutigen Korrelationen zwischen I-Geh. im Liquor u. sonstigem klin. Befund. In 40 Harnen konnte I ebenfalls konstant nachgewiesen werden; im Serum fand sich dagegen kein I. — Diskussion der

Herkunft des Liquor-I u. die Bedeutung seines Nachw. für die Frage der Existenz einer Hirn–Liquor-Schranke. (Hoppe-Seyler's Z. physiol. Chem. **312.** 18/12. 1958. 264—72. München, Univ., II. Med. Klinik.) H. GOEBEL. 4578

Sanford O. Byers und **Meyer Friedman,** *Die Fraktionierung von Cholesterin in Körperflüssigkeiten vermittels Lösungsmittelextraktion.* Vff. untersuchen den Geh. an Gesamt-*Cholesterin* (I) u. an Ae./A.-lösl. I in Serum u. intestinaler Lymphe von Ratten u. Kaninchen. Werden 100 mg I in Olivenöl peroral verabreicht, so steigt im chylomikronenreichen Serum bzw. Lymphe der Ae./A.-extrahierbare Anteil von I wesentlich stärker an als der Gesamt-I-Gehalt. (J. clin. Invest. **35.** 405—10. April 1956. San Francisco, Calif., Harold Brunn Inst., Mount Zion Hospital.) R. LAFFERENZ. 4578

Ss. W. Nedswetzki und **T. B. Lielup,** *Die Sterine der Hühnereier. 7α-Hydroxycholesterin und sein Gehalt im Ei in Abhängigkeit von der Incubationszeit.* Aus den Eiern von Leghornhühnern wurde vor der Incubation u. am 3., 9. u. 12. Tag der Incubation *7α-Hydroxycholesterin* (I) isoliert u. aus I das Benzoat vom F. 170—171° erhalten. Der I-Geh. betrug vor der Incubation 14,3, nach der Incubation 2,0 bzw. 57,5 bzw. 38,3 mg. Es wird die Durchführung einer colorimetr. I-Best. beschrieben, die wesentlich einfacher ist, als die von NEDSWETZKI u. Mitarbeitern (vgl. C. **1953.** 7583) beschriebene Methode. Es zeigt sich also, daß der I-Geh. bei der gleichen Incubationszeit ziemlich konstant ist, sich jedoch während der Embryoentw. verändert. (Биохимия [Biochemie] **24.** 349—52. März/April 1959. Leningrad, Sanit.-Hyg. Med. Inst., Lehrstuhl für biol. Chem.) O. LEBTAG. 4583

K. A. Drel, *Zur Frage des Aminosäureumsatzes im Hühnerei.* Im Dotter u. Eiweiß des befruchteten Hühnereies beobachtet man zu verschied. Incubationszeiten starke Schwankungen im Geh. an *Aminodicarbonsäuren* (I) u. *Gesamtaminosäuren* (II). Dies beweist, daß im Ei eine proteolyt. Spaltung der Proteine erfolgt u. daß die freien II vom sich entwickelnden Embryo verwertet werden. Im unbefruchteten Ei bleibt bei einer 20tägigen Incubation der Geh. an I u. II prakt. unverändert. Synth. u. Zerfall der Proteine fehlen hier. Im incubierten unbefruchteten Ei erfolgt eine Verschiebung von H_2O vom Eiweiß zum Eigelb in der gleichen Stärke u. zu den gleichen Zeiten wie im befruchteten Ei. Im unbefruchteten Ei erfolgt zu verschied. Incubationszeiten eine II-Verschiebung vom Eiweiß zum Eigelb u. umgekehrt, bedingt durch eine Störung des osmot. Gleichgewichtes, u. eine Änderung der Durchlässigkeit der Dotterhaut. (Биохимия [Biochemie] **24.** 364—70. März/April 1959. Lugansk, Med. Inst., Lehrstuhl für biol. Chem.) O. LEBTAG. 4583

Th. Brehme und **A. Pauli,** *Klinische Untersuchungen über die Wertigkeit des zweiten Kohlenhydrats.* 1. Mitt. Ein Vgl. von je 100 Dekaden ergab die Überlegenheit eines Weizenvollkornprod. (Milana) als 2. Kohlenhydrat bei Säuglingen gegenüber reiner Maisstärke. Die mit erstem beobachtete gute Ansatzförderung in Verbindung mit einem gewissen antidyspept. Sicherheitsfaktor ist wahrscheinlich auf den Geh. an Ballast- u. Schleimstoffen (Polysaccharidmucosen) zurückzuführen. (Mschr. Kinderheilkunde **104.** 187—88. April 1956. Braunschweig, Kinderheilanstalt.) K. MAIER. 4585

J. Bunyan, E. E. Edwin und **J. Green,** *Schutzwirkung von Spurenelementen, ausgenommen Selen, gegen diätetisch bedingte nekrotische Leberdegeneration.* Außer Se, von welchem durch SCHWARZ u. FOLTZ (C. **1958.** 189) bekannt ist, daß es in Dosen von 4 μg/100 g Kost die durch *Vitamin-E-*, *Cystin-* u. *Faktor III*-freie Kost bei Ratten hervorrufbare nekrot. Leberdegeneration verhindern kann, sind von Spurenelementen nur noch *Mo*, *Os* u. *Co* allein oder in Kombination in der Lage, einen gewissen Schutzeffekt (bei 4 von 10 Versuchstieren) auszuüben. Unwirksam sind Pb, Ce, Hg, Ti u. V. (Nature [London] **181.** 1801. 28/6. 1958. Tadworth, Surrey, Walton Oaks Exp. Stat.) U. TAUSENDFREUND. 4585

C. W. Nichols jr., Stuart Lindsay und **I. L. Chaikoff,** *Erzeugung von Arteriosklerose bei Vögeln durch langdauernde Verfütterung von Dihydrocholesterin.* Nach 6monatiger Verfütterung von *Dihydrocholesterin* (I; 0,5% im Futter) wurden bei jungen Hähnen schwere arterioskIerot. Veränderungen der Thoracal- u. Abdominal-Aorta beobachtet. Die Aortenveränderungen entsprachen denen nach *Cholesterin*-Fütterung u. waren durch Ablagerung von I bedingt. Außerdem war nach I-Fütterung die Leber vergrößert, was durch eine Ablagerung von I im reticuloendothelialen Syst. mit verursacht war. (Proc. Soc. exp. Biol. Med. **89.** 609—13. Aug./Sept. 1955. Berkeley, Calif., Univ. of California, Dep. of Physiol.; San Francisco, Calif., Univ. of California, Dep. of Pathol.) WOLFGANG ALBRECHT. 4585

C. S. W. Reid, *Wirkungen der Aufnahme von Paraffinen durch Wiederkäuer.* 1. Mitt. *Die Wirkung verschiedener flüssiger Paraffine auf die Futteraufnahme nichtlactierender, monozygotischer Zwillingskühe.* Es wurde der Einfl. von 4 fl. *Paraffinen* (A, Weißöl, D. 0,880, Viscosität 74 [cSt]; B, Leichtparaffin, 0,852, 17; C, geruchloses Kerosin,

0,782, ca. 2,4; D, stark isoparaffinhaltiges Leichtparaffin, 0,788, ca. 2,2) auf die Futteraufnahme (Stallfütterung) nichtlactierender monozygot. Zwillingskühe untersucht. Einzeldosen von 200 cm³ A u. B beeinträchtigen die Freßlust nicht, während nach der gleichen Dosis C oder D nach einiger Zeit vorübergehend eine 40—90% ig. Verminderung der Futteraufnahme eintrat. Normalisierung der Nahrungsaufnahme erfolgte im Verlauf von 3—4 Tagen. Die Appetitabnahme trat fast sofort u. nahezu doppelt so stark ein, wenn C emulgiert direkt in den Blättermagen eingeführt wurde. Leichtparaffine erscheinen bei Wiederkäuern als kontraindiziert. (New Zealand J. Sci. Technol., Sect. A **38**. 825—38. Aug. 1957. Palmerston North, Dep. of Scient. and Ind. Res., Plant Chem. Labor.)
K. MAIER. 4585

Je. M. Koshuchar, *Der Einfluß von Vitamin B_1 auf den Zuckergehalt und die Amylaseaktivität des menschlichen Blutes.* Bei den Versuchspersonen betrug der Blutgeh. an *Vitamin B_1* (I) nach einer Verabreichung von 5 mg I per os nach 15—20 bzw. 60 bis 80 Min. 85 bzw. 83 mg% gegenüber 92 mg% vor der I-Verabreichung. Nach Verabreichung von 20 mg I wurden zu den gleichen Zeitpunkten 80 bzw. 118 mg% I gefunden. Bei Verabreichung von 5 mg I 15 Min. vor der Körperübung betrug die Amylaseaktivität des Blutes 20—30 Min. nach der Körperübung 166, nach 60—80 Min. 164% der Aktivität vor der Übung gegenüber 303 bzw. 448% ohne I-Verabreichung. Eine I-Verabreichung vor der Sportleistung ist demnach nicht zu empfehlen. (Український Біохімічний Журнал [Ukrain. biochem. J.] **31**. 134—37. 1959.) O. LEBTAG. 4587

Chikatarō Kawasaki und **Kōzō Okada,** *Über den Einfluß der Durchströmung auf den Thiamingehalt tierischer Gewebe.* 1. Mitt. *Vergleich zwischen Tieren mit normalem, mangelndem und überschüssigem Thiamingehalt.* Es wurde der *Thiamin* (I)-Geh. in Herz, Nieren, Darmrohr u. Leber von Albinoratten mit n. Ernährung (a), I-Mangelkost (b) u. überschüssigen I-Gaben (c; 3 Tage täglich 5 mg I) nach intravenöser (Jugularvene) Durchströmung mit 0,85% ig. NaCl-Lsg. bestimmt. Im Vgl. zu den Tieren ohne Körperdurchströmung bewirkte die NaCl-Lsg. bei a u. c I-Abnahme in allen Organen, während bei b nur in der Leber eine geringfügige I-Abnahme zu beobachten war. Ähnliche Verss. an der exstirpierten Leber von c-Ratten ergaben, daß der größte Teil von I bis zu 60 Min. nach Beginn des Vers. ausgeschwemmt wird. Zusatz von oberflächenakt. Stoffen (20 bis 100 mg% *Igepon T, Span 60, Alkyldimethylbenzylammoniumchlorid*) zur NaCl-Lsg. im Endstadium der Durchströmung beeinflußt die weitere I-Ausschwemmung nicht wesentlich. (Vitamins [Kyōtō] **16**. 546—52. 25/5. 1959. Ōsaka Daigaku, Yakugaku-Bu. [Orig.: japan.; Auszug: engl.]) F. MOSSNER. 4587

A. Ja. Rosanow, *Untersuchung des Stoffwechsels von ³⁵S-Thiochrom im Organismus von weißen Ratten.* Das weißen Ratten parenteral in einer Dosis von 100 γ zugeführte *^{35}S-Thiochrom* (I) wird rasch mit dem Harn u. den Faeces ausgeschieden. In den inneren Organen u. Geweben werden 24 Std. nach der I-Injektion im Mittel 8,8%, im Harn 70,1%, in den Exkrementen 11,1% ^{35}S nachgewiesen. ^{35}S ist in den inneren Organen ungleichmäßig verteilt: am meisten enthalten Nebenniere u. Niere. Die Fraktionierung der radioakt. S-haltigen Verbb. des Harns zeigt, daß das unveränderte I im Mittel 44,9% beträgt, die „neutralen", durch I-Zerfall gebildeten ^{35}S-Verb. 53,0% u. die radioakt. Sulfate 2,1%. Mit Hilfe der radiochromatograph. Analyse werden im Harn außer I u. radioakt. Sulfat weitere 4 Zerfallsprodd. von I nachgewiesen. (Биохимия [Biochemie] **24**. 267—73. März/April 1959. Odessa, Med. Pirogow-Inst., Lehrstuhl für Biochem.) O. LEBTAG. 4587

Kazuo Hotta und **Shūichirō Ina,** *Untersuchungen über die Abbauprodukte des Riboflavins und ihnen verwandte Verbindungen.* 3. Mitt. *Untersuchungen über Riboflavinphotolyse in alkalischer Lösung.* (2. vgl. Tōhoku Igaku Zasshi **59**. [1959.] 19.) Werden 800 mg *Riboflavin* in 1,6 Liter n NaOH gelöst u. für 24 Std. mit einer Fluorescenzlampe bestrahlt, so erhält man 300 mg rohes *Lumiflavin*, das bei weiterer Behandlung mit 2n NaOH zu *3.4-Dihydro-3-keto-4.6.7-trimethylchinoxalin-2-carbonsäure* (II; „*Lumiflavinketonsäure*") abgebaut wird. Werden 100 g II in 10 cm³ n NaOH gelöst u. mit 10 cm³ 30% ig. H_2O_2 versetzt, so bildet sich nach 94 std. Stehen bei Zimmertemp. *4.6.7-Trimethyl-2.3-dioxo-1.2.3.4-tetrahydrochinoxalin* („*Methyloxoviolett*", R_F 0,71 bei Entw. mit Butanol–Essigsäure–W. 4 : 1 : 5; UV-Spektr.: Extinktionsmaxima bei 235, 242, 265 u. 231 mμ.

V e r s u c h e: *4.6.7-Trimethyl-2.3-dioxo-1.2.3.4-tetrahydrochinoxalin*, $C_{11}H_{12}N_2O_2$, F. 338—339° (Zers.), aus 1 g 1.2-Dimethyl-4-amino-5-methylaminobenzol u. 10 cm³ Oxalsäurediäthylester. IR-Spektr. (Abb.). (Vitamins [Kyōtō] **16**. 576—79. 25/5. 1959. Nagoya Daigaku, Igaku-Bu, Seikagaku-Kyoshitsu. [Orig.: japan.; Auszug: engl.])
F. MOSSNER. 4587

Kazuo Hotta und **Shūichirō Ina,** *Untersuchungen über die Abbauprodukte des Riboflavins und ihnen verwandte Verbindungen.* 4. Mitt. *Untersuchungen über die Abbau-*

produkte des Lumichroms. (3. vgl. vorst. Ref.) Bei der Photolyse von *Riboflavin* in neutralem, schwach sauren oder alkal. Medium mit H_2O_2-Zusatz erhält man *Lumichrom*, das als Ausgangsmaterial für einige Abbauverss. benutzt wurde.

Versuche: *3.4-Dihydro-3-keto-6.7-dimethylchinoxalin-2-carbonsäureäthylester* (II), $C_{13}H_{14}N_2O_3$, F. 199°, gelbweiße Nadeln, UV-Spektr.: Extinktionsmaxima bei 236, 301 u. 365 mμ; durch Kochen von 2,69 g 4.5-Dimethyl-o-phenylendiamin u. 2,9 g Mesoxalsäurediäthylester in 13 cm³ absol. Alkohol. — *3.4-Dihydro-3-keto-6.7-dimethylchinoxalin-2-carbonsäure* (I; „*Lumichromketonsäure*"), $C_{11}H_{10}N_2O_3$, F. 297—298°, gelbe Nadeln, UV-Spektr. (Abb.): Extinktionsmaxima bei 234, 304 u. 350 mμ; a) aus Lumichrom u. 2n NaOH durch 24std. Erhitzen (120°) im zugeschmolzenen Rohr; b) durch Hydrolyse von II mit 2n NaOH. — *6.7-Dimethyl-2.3-dioxotetrahydrochinoxalin* („*Oxoviolett*"), $C_{10}H_{10}$·N_2O_2, F. über 360°, UV-Spektr.: Extinktionsmaxima bei 233, 269, 320 u. 335 mμ; aus I mit NaOH u. 30%ig. H_2O_2 1 Std. bei Zimmertemp. stehenlassen. — *3.4-Dihydro-3-keto-6.7-dimethylchinoxalin* (III), $C_{10}H_{10}N_2O$, F. 298—299° (Zers.), UV-Spektr.: Extinktionsmaxima bei 233, 289 u. 350 mμ; a) durch Sublimieren von I bei 250—270°; b) durch 30 Min. Kochen von I mit 2n NaOH. — *3.4-Dihydro-3-keto-4.6.7-trimethylchinoxalin*, $C_{11}H_{12}N_2O$, F. 174—175°; aus 120 mg III in 2 cm³ n KOH u. 400 mg Dimethylsulfat, 1 Min. auf 50° erhitzen. (Vitamins [Kyōtō] **16.** 580—84. 25/5. 1959. [Orig.: japan.; Auszug: engl.]) F. MOSSNER. 4587

Kazuo Hotta und **Shūichirō Ina,** *Untersuchungen über die Abbauprodukte des Riboflavins und ihnen verwandte Verbindungen.* 5. Mitt. *Über methyliertes Oxoviolett, Methyloxoviolett und Flavoviolett.* (4. vgl. vorst. Ref.) Vff. beschreiben Methylierungsverss. an Abbauprodd. des *Riboflavins* mit Dimethylsulfat.

Versuche: *1.4.6.7-Tetramethyl-2.3-dioxotetrahydrochinoxalin*, $C_{12}H_{14}N_2O_2$, F. 283°, UV-Spektr.: Extinktionsmaxima bei 235,5, 243, 262 u. 321 mμ; a) aus 190 mg *6.7-Dimethyl-2.3-dioxo-1.2.3.4-tetrahydrochinoxalin* („*Oxoviolett*") in 20 cm³ n KOH u. 1 g Dimethylsulfat; b) 50 mg 4.6.7-Trimethyl-2.3-dioxo-1.2.3.4-tetrahydrochinoxalin in 10 cm³ n KOH u. 200 mg Dimethylsulfat, 3 Std. bei 50—60° verrühren, dann 1 Nacht stehenlassen; c) 560 mg 4.5-Bis-[N-methyl-p-toluolsulfonylamino]-1.2-dimethylbenzol in 1 cm³ Eisessig u. 2 cm³ konz. H_2SO_4 1 Std. auf dem Wasserbad (75°) erhitzen, alkalisieren, Nd. mit Ae. extrahieren. 150 mg des rohen 4.5-Dimethylamino-1.2-dimethylbenzols werden mit 2 cm³ Oxalsäurediäthylester 2 Std. auf dem Ölbad gekocht. — *1.6.7-Trimethyl-4-D-ribityl-2.3-dioxo-1.2.3.4-tetrahydrochinoxalin* (I), $C_{16}H_{22}N_2O_6$, F. 259—260° (Zers.), UV-Spektr.: Extinktionsmaxima bei 237, 244, 265 u. 322 mμ. 100 mg *6.7-Dimethyl-4-D-ribityl-2.3-dioxotetrahydrochinoxalin* („*Flavoviolett*") in 20 cm³ n KOH u. 1 g Dimethylsulfat werden 3 Std. auf dem Wasserbad (50—60°) erhitzt. — *4.6.7-Trimethyl-2.3-dioxo-1.2.3.4-tetrahydrochinoxalin* („*Methyloxoviolett*"), $C_{11}H_{12}N_2O_2$, F. 338—339° (Zers.), UV-Spektr.: Extinktionsmaxima bei 235, 242, 265 u. 321 mμ. 190 mg I in 10 cm³ n NaOH u. 10 cm³ 30%ig. H_2O_2 werden 30 Min. bei 70° auf dem Wasserbad erhitzt. (Vitamins [Kyōtō] **16.** 585—89. 25/5. 1959. [Orig.: japan.; Auszug: engl.]) F. MOSSNER. 4587

Kazuo Hotta und **Shūichirō Ina,** *Untersuchungen über die Abbauprodukte des Riboflavins und ihnen verwandte Verbindungen.* 6. Mitt. *Untersuchungen über der Lumichromketosäure verwandte Verbindungen.* (5. vgl. vorst. Ref.) Vff. synthetisierten einige Verbb., die mit Abbauprodd. der *3.4-Dihydro-3-keto-6.7-dimethylchinoxalin-(2)-carbonsäure* (I; „*Lumichromketonsäure*") verwandt sind.

Versuche: *3.4-Dihydro-3-keto-6.7-dimethylchinoxalin-2-carboxamid*, $C_{11}H_{11}N_3O_2$·½ H_2O, F. 290—292° (Zers.), UV-Spektr.: Extinktionsmaxima bei 238, 315 u. 387 mμ. 150 mg I-Äthylester in 10 cm³ A. werden mit NH_3–Gas gesättigt. Umkristallisieren (A.).— *3.4-Dihydro-3-keto-6.7-dimethylchinoxalin-2-carbonsäurehydrazid*, $C_{11}H_{12}N_4O_2$, F. über 300°, UV-Spektr.: Extinktionsmaxima bei 235, 317 u. 384 mμ. Aus 200 mg I-Äthylester in 15 cm³ A. u. 0,3 Hydrazinhydrat. 10 Min. auf Wasserbad erhitzen. — *3.4-Dihydro-3-keto-6.7-dimethylchinoxalin-2-carbonylharnstoff* (II) bzw. *3-Hydroxy-6.7-dimethylchinoxalin-2-carbonylharnstoff*, $C_{11}H_{12}N_4O_2$, F. 261—263° (Zers.), UV-Spektr.: Extinktionsmaxima bei 245 u. 323 mμ. Aus 270 mg 4.5-Diamino-1.2-dimethylbenzol in 10 cm³ A. u. 430 g Alloxanhydrat. Umkristallisieren (Eisessig). — *4.6.7-Trimethyl-3.4-dihydro-3-oxochinoxalin-2-carbonsäure* (III), F. 214—215°. Aus 100 g II in 15 cm³ n KOH u. 400 mg H_2SO_4–Dimethylester; 1 Std. auf 50—55° erhitzen. — *4.6.7-Trimethyl-2.3-dioxotetrahydrochinoxalin*, F. 338—339° (Zers.). Aus 100 mg III in 10 cm³ n NaOH u. 10 cm³ 30%ig. H_2O_2. — *4.6.7-Trimethyl-3.4-dihydro-3-oxochinoxalin-2-carbonylharnstoff*, $C_{13}H_{14}N_4O_3$·½ H_2O, F. 249—251°, gelbe Nadeln. Aus 150 mg 4.5-Dimethyl-2-methylaminoanilin in 5 cm³ A. u. 160 mg Alloxanhydrat in 2 cm³ Wasser. Umkristallisieren (Eisessig). — *6.7-Dimethyl-3.4-dihydro-3-oxo-4-D-ribitylchinoxalin-2-carbonylharn-*

stoff, $C_{17}H_{22}N_4O_7$, F. 216—218°, gelbe Nadeln. Aus 240 mg 4.5-Dimethyl-2-aminophenyl-D-ribamin in 5 cm³ A. u. 140 mg Alloxanhydrat in 2 cm³ Wasser. Umkristallisieren (Eisessig). (Vitamins [Kyoto] **16**. 590—94. 25/5. 1959. [Orig.: japan.; Auszug: engl.]) F. MOSSNER. 4587

Kazuo Satō, *Vitamin-B_6-Bestimmung in Multivitaminpräparaten nach der Diäthyl-p-phenylendiaminmethode.* Eine bestimmte Menge der zu untersuchenden Probe [g bezogen auf 1 mg *Vitamin B_6* (I)] wird ausgewogen (bei Lsgg. oder Injektionsmitteln cm³) u. mit 50 cm³ W. versetzt. Extraktion durch einige Min. Kochen auf dem Wasserbad. p_H-Einstellung auf ca. 7 durch verd. Essigsäure oder NaOH-Lsg., mit W. auf 100 cm³ auffüllen. 2 cm³ hiervon (gewöhnlich mit einem I-Geh. von 20 γ) werden in ein verschließbares Zentrifugenröhrchen übertragen. Zusatz von 2—3 Tropfen Stärkelsg. u. 1/100 n-Jodlsg. bis zum Auftreten einer schwachen Blaufärbung (Ausschaltung von störendem Vitamin C). Danach werden folgende Reagentien zugesetzt: 5 cm³ MCILVAINE (oder KOLTHOFF)-Pufferlsg.; p_H 7, 1 cm³ 1%ig. $K_3Fe(CN)_6$-Lsg., 10 cm³ Bzl. u. 0,1%ig. *Diäthyl-p-phenylendiamin* (II)-Lsg. mittels Pipette. Spätestens innerhalb von 4 Sek. nach II-Zusatz ist das ganze für 30 Sek. durchzuschütteln, wodurch der Farbstoff ins Bzl. übergeht. Die durch Zentrifugieren abgetrennte Oberschicht wird in ein 5—10 cm³ fassendes verschließbares Zentrifugenröhrchen übertragen u. mit Bzl. als Kontrolle bei 605 mμ photospektrometriert. (Vitamins [Kyoto] **16**. 561—64. 25/5. 1959. Sankyo Kabushiki-Kaisha, Shinagawa Kōjō. [Orig.: japan.; Auszug: engl.]) F. MOSSNER. 4587

Tutomu Motegi, *Untersuchungen über Nicotinsäurestoffwechsel.* 1. Mitt. *Der Nicotinsäurestoffwechsel beim Gesunden.* Der *Nicotinsäure*-(I)-Geh. des Blutes betrug bei 12 gesunden ♂ 0,50 ± 0,125 mg/100 cm³, bei 12 gesunden ♀ 0,42 ± 0,121. Im Harn wurden pro Tag *N'-Methyl-3-aminoformylpyridon-(6)* (II; ♂ 10,1 ± 4,10, ♀ 7,0 ± 5,71) > *N'-Methylnicotinamid* (III; ♂ 5,1 ± 2,34, ♀ 3,9 ± 2,21) > I (♂ 2,9 ± 1,03, ♀ 2,1 ± 1,25) ausgeschieden. Individuell u. jahreszeitlich bedingte Schwankungen waren hierbei nur geringfügig. Dagegen zeigen II- u. III-Ausscheidung deutliche individuelle Schwankungen u. sind auch von der Ernährung abhängig. (Vitamins [Kyoto] **16**. 565—75. 25/5. 1959. Tōkyō Daigaku, Igaku-Bu, Ganka-Kyōshitsu. [Orig.: japan.; Auszug: engl.]) F. MOSSNER. 4587

P. C. Jocelyn, *Der Einfluß von Vitamin B_{12} auf die Reduktion von Glutathiondisulfid in menschlichen Erythrocyten.* Der bei Vitamin-B_{12} (I)-Mangel auftretende Mangel an *Glutathion* (II) u. der erhöhte Geh. an Glutathiondisulfid (III) in den Erythrocyten wird durch I-Gabe wieder normalisiert. So findet Vf. bei einem an perniciöser Anämie erkrankten Patienten 3 Tage nach Gabe von 1000 γ I den n. Geh. von 333 μMol II gegenüber 230 μMol II/100 ml Zellen u. Null μMol III gegenüber 55 μMol III/100 ml Zellen vorher. (Biochem. J. **72**. 11 P. Mai 1959. Edinburgh, Univ., Dep. of Clin. Chem.) L. TRÄGER. 4587

H. R. V. Arnstein, *Vitamin B_{12} und der Stoffwechsel von Formiat und Histidin bei der Ratte.* Albinoratten werden mit Vitamin-B_{12} (I)-freier Diät gefüttert, wobei sich nach einigen Wochen der I-Geh. in Leber u. anderen Organen stark erniedrigt. Der Diät werden *^{14}C-Na-Formiat* (II) u. *$^{14}C_{(2)}$-Histidin* (III) beigegeben u. die Nucleinsäuren sowie *Protein* u. *Cholin* isoliert. Bei den Kontrolltieren, die 3 γ I/Tag erhielten, war bei Angebot von II die Radioaktivität im Cholin auf das 3fache gestiegen, die des Proteins verdoppelt. Hingegen war die Radioaktivität in *Deoxy-* u. *Ribonucleinsäure* nach I-Gabe niedriger als bei I-Mangel. Der Einbau von III wird durch I nicht oder kaum beeinflußt. I ist demnach wahrscheinlich nur an einem Redoxsyst. beteiligt, das mit dem Stoffwechsel von II in Cholin gekoppelt ist. (Biochim. biophysica Acta [Amsterdam] **29**. 652—53. Sept. 1958. London, Mill Hill, Nat. Inst. for Med. Res.) L. TRÄGER. 4587

Richard Bray und **David Shemin**, *Die Biosynthese des porphyrinähnlichen Teiles im Vitamin B_{12}.* 2. Mitt. *Der Ursprung der Methylgruppen.* (1. vgl. Science [Washington] **124**. [1956.] 272.) Vff. prüften, ob bestimmte Methylgruppen im porphyrinähnlichen Teil von Vitamin B_{12} (I) durch C-Alkylierung akt. Positionen während der I-Biosynth. entstanden sind. Es wurde dazu Actinomycete *ATCC 11072* in Ggw. von 0,7 mMol (0,354 mC/mMol) *$^{14}C_{(CH_3)}$-Methionin* (II), *$^{14}C_{(CH_3)}$-Betain* oder *$^{14}C_{(CH_3)}$-Cholin* kultiviert. Aus dem mit II gewachsenen Organismus ließ sich *^{14}C*-I isolieren. Die Aktivität war nur im Ring u. nicht im Nucleotidteil. Jedoch konnten die Methylgruppen wegen der beobachteten radioakt. Verdünnung nicht ausschließlich aus Methionin entstanden sein. (Biochim. biophysica Acta [Amsterdam] **30**. 647—48. Dez. 1958. New York, N. Y., Columbia Univ., Coll. of Phys. and Surg., Dep. of Biochem.) L. TRÄGER. 4587

Noriaki Kuwana und **Shōichi Shimizu**, *Untersuchung von Vitamin-B_{12}-Homologen in natürlichen Vitamin-B_{12}-Quellen.* 1. Mitt. *Isolierung von Vitamin-B_{12}-Homologen durch Papierelektrophorese.* Isolierung von *Pseudovitamin B_{12}*, *Faktor A*, *Faktor B*,

Faktor III u. *krist. Vitamin B_{12}* aus ihren wss. Lsgg. gelingt mittels Papierelektrophorese bei Benutzung von 0,5—1,0 n-Essigsäure mit einem Geh. von 0,01% KCN als Elektrolytlsg., 1%ig. Borsäure im Elektrodengefäß, 0,1—0,3 mA/cm Stromdichte, 10—20 V/cm Potentialgefälle u. Tōyō-Filterpapier Nr. 50. Die Elektrophoresedauer beträgt mindestens 2 Std., bei Bioautographieverss. (Escherichia coli 215) über 5 Stunden. (Vitamins [Kyoto] **16.** 552—56. 25/5. 1959. Kyōto Daigaku, Kōgaku-Bu, Kōgyo-Kagaku-Kyōshitsu. [Orig.: japan.; Auszug: engl.]) F. MOSSNER. 4587

Noriaki Kuwana und **Shōichi Shimizu,** *Untersuchung von Vitamin-B_{12}-Homologen in natürlichen Vitamin-B_{12}-Quellen. 2. Mitt. Papierelektrophoretische Untersuchung der Bakterienzellfraktionen aus den Überständen der Kläranlagen und den Methanvergärungstanks der Brauereien.* (1. vgl. vorst. Ref.) Die Bakterienzellfraktionen aus den Überständen einer Kläranlage (a) u. den Methanvergärungstanks einer Brauerei (b) wurden nach 6—7 std. papierelektrophoret. Trennung (0,5n Essigsäure mit 0,01% KCN, 21,4 V/cm, 0,2 mA/cm) in *Vitamin B_{12}, Pseudovitamin B_{12}, Faktor A* u. *Faktor B* der mikrobiol. Testung (Escherichia coli, Lactobacillus leichmannii) unterworfen. Hierbei ergab sich, daß die Aktivität der a-Fraktionen zu 78,6—88,6% u. die der b-Fraktionen zu 68,1—83,7% auf Vitamin B_{12} + *Faktor III* beruhte. (Vitamins [Kyoto] **16.** 556—60. 25/5. 1959. [Orig.: japan.; Auszug: engl.]) F. MOSSNER. 4587

L. A. Tscherkess und **A. A. Dinerman,** *Einfluß des Sorbits auf den Verlauf der Cholininsuffizienz.* Im Rattenvers. wurde der Einfl. einer an *Cholin* (I) oder Methionin armen Diät unter Zusatz von *Sorbit* (II) oder Saccharose (III) auf die Lebensdauer, Gewichtszunahme, die Leberveränderung u. den Fettgeh. der Leber untersucht. Es zeigte sich, daß bei Zusatz von II statt III zur Diät die I-Insuffizienz abgeschwächt wird. Die hämorrhag. Degeneration der Leber wird verhindert, nicht jedoch die Fettinfiltration der Leber. Vff. nehmen an, daß durch II Verhältnisse geschaffen werden, bei welchen sich eine Mikroflora entwickelt, welche die Synth. des I oder seiner Vorgänger begünstigt. (Биохимия [Biochemie] **24.** 329—35. März/April 1959. Moskau, Ernährungsinst. der Akad. der med. Wiss. der UdSSR, Labor. für pathol. Physiol.) O. LEBTAG. 4587

Luther R. Richardson, John L. Martin und **Sharon Hart,** *Die Aktivität einiger wasserlöslicher Vitamine nach Einwirkung von γ-Strahlen auf trockene Gemische und auf Lösungen.* Es wurde die Wrkg. ionisierender Strahlung (γ-Strahlen 2,79·10^6 rad) auf *Cholin* (I), *Folsäure* (II), *Thiamin* (III), *Riboflavin* (IV), *Pyridoxin* (V) u. *Pantothensäure* (VI) untersucht, wobei Küken als Versuchstiere dienten. Bei Bestrahlung des synthet., die Vitamine (VII) enthaltenden Futters oder eines VII-Gemischs mit VII-freiem Casein (VIII) war keine Zerstörung von VII feststellbar. Bestrahlung einer 300 mg I-Chlorid/cm^3 enthaltenden Lsg. schädigte I nicht, während 25—50% II in einer Lsg., die 50 γ/cm^3 enthielt, zerstört wurden. III, IV, V, VI u. II erlitten bei Bestrahlung in trockenem Zustand im Gemisch mit VIII keine, in Lsg. jedoch eine gewisse Zers., wobei der III-Verlust in der Lsg. am größten war, der von V etwas höher als der von IV u. VI. (J. of Nutrit. **65.** 409—18. 10/7. 1958. College Station, Texas Agric. Exp. Stat., Dep. of Biochem. and Nutrit.) K. MAIER. 4587

Je. F. Schamrai, K. M. Weremijenko, Ju. W. Chmelewski und **W. L. Prichoshan,** *Über den Mechanismus der Ascorbinsäurestabilisierung durch Proteine und Aminosäuren in der Lösung.* Die Unters. der Oxydation von *Ascorbinsäure* (I) im 1/15 mol. Phosphatgemisch von p_H 7,5 in Ggw. von Proteinen u. Aminosäuren ergab in allen Fällen, mit Ausnahme von *Glykokoll* (II), *Prolin* (III), *Tryptophan* (IV) u. *Phenylalanin* (V), eine Stabilisierung von I. Während II u. III sich inakt. verhalten, beschleunigen IV u. V die I-Oxydation. Versetzt man die Lsg. mit 10 mg% Trilon B, das die Cu-Ionen bindet, so zeigen nur die Proteine eine stabilisierende Wrkg. auf die I-Oxydation. Die stabilisierende Wrkg. der Proteine beruht demnach nicht nur auf einer Inhibierung der katalyt. I-Oxydation durch die Cu-Ionen. Dies ergibt sich aus der polarograph. Unters., die zeigt, daß in Ggw. von Proteinen das Halbwellenpotential von I stark erhöht wird, ein Beweis dafür, daß zwischen I u. den Proteinen eine chem. Rk. stattfindet. IV u. V üben in den ersten Std. eine stabilisierende Wrkg. auf I aus. Allmählich entstehen grüne Stoffe, welche die I-Oxydation beschleunigen. Bei vorheriger Belüftung von IV u. V wird die I-Oxydation stark beschleunigt. (Український Біохімічний Журнал [Ukrain. biochem. J.] **31.** 118—26. 1959. Kiew, Med. Inst., Lehrstuhl für Biochemie.) O. LEBTAG. 4587

W. I. Woronjanski, *Freie und gebundene Ascorbinsäure in den verschiedenen Bereichen des Magen–Darm-Traktes der Tiere.* Bei Hühnern, Pferden, Kaninchen u. Meerschweinchen wurde der Geh. an *Ascorbinsäure* (I) in den Wänden der Speiseröhre, des Magens, Zwölffinger-, Leer- u. Grimmdarms untersucht. Es zeigte sich, daß in allen Fällen der I-Geh. beim Meerschweinchen geringer ist als bei den I synthetisierenden

Tieren. Am höchsten ist der I-Geh. bei allen Tieren im Leerdarm. In den Organen von Huhn, Kaninchen u. Pferd ist der Geh. an freier I höher als an gebundener. Im Hungerdarm, wo die Stoffwechselprozesse am intensivsten verlaufen, ist auch beim Meerschweinchen die freie I vorherrschend, während in den übrigen Organen des Meerschweinchens die gebundene I vorherrscht. Die Hauptmasse der I ist in der Schleimhaut konz., bes. dort, wo die Stoffwechselprozesse sehr intensiv sind. Aus den Ergebnissen schließt Vf., daß beim Meerschweinchen in der Speiseröhre I deponiert, möglicherweise auch synthetisiert wird. (Український Біохімічний Журнал [Ukrain. biochem. J.] **31.** 127—33. 1959. Charkow, Veterinärinst., Lehrstuhl für Biochem.) O. Lebtag. 4587

H. Sheldon und **H. Zetterqvist**, *Experimentell hervorgerufene Veränderungen der Mitochondrienmorphologie: Vitamin-A-Mangel.* Die elektronenmkr. Unters. des Hornhautepithels von Mäusen bei *Vitamin-A*-Mangel ergab, daß Veränderungen im Aussehen der Mitochondrien mit dem Auftreten der sogenannten „Keratohyalinkörper" in Zellen des keratinisierenden Epithels zusammenfallen. (Exp. Cell Res. **10.** 225—28. Febr. 1956. Stockholm, Karolinska Inst., Dep. of Anatomie.) K. F. Müller. 4587

S. Balasundaram, Mahtab S. Bamji, H. R. Cama, P. R. Sundaresan und **T. N. R. Varma**, *Anhydrovitamin A_2 und Rehydrovitamin A_2.* Aus dem Leberöl des Süßwasserfischs Wallago attu konnten Anhydrovitamin A_2 (I) u. Rehydrovitamin A_2 (N) (II) isoliert werden. *Rehydrovitamin A_2* (III) erhält man aus Rattenlebern nach Verfütterung von reinem aus natürlichem Vitamin-A_2-Alkohol hergestelltem I. In der Rattenleber wird III als Ester u. z. T. als Alkohol gespeichert. Die Verteilungskoeffizienten des natürlichen u. hergestellten I sowie des natürlichen u. aus Rattenlebern isolierten III werden verglichen. Durch Chromatographie der in der Kälte extrahierten Verbb. I u. II wird gezeigt, daß diese nicht durch Hitzebehandlung während der Extraktion entstanden sind. Während Vitamin-A_2-Alkohol mit wasserfreier alkoh. HCl zu I dehydriert wird, gelingt dies mit p-Toluolsulfonsäure nicht. Nach Behandlung von III mit wasserfreier, alkoh. HCl werden keine Veränderungen des UV-Absorptionsspektr. u. der Verteilungskoeffizienten beobachtet.

Versuche: Extraktion der zerkleinerten, getrockneten Lebern mit PAe. (Kp. 40 bis 60°). Chromatographie des Leberextrakts an mit 5—10 Vol.-% W. inaktiviertem Al_2O_3. Fraktionierte Elution mit PAe. unter Zusatz steigender Mengen Äther. Verteilung erfolgt zwischen methanolgesätt. PAe. u. 95%ig. Methanol nach der Meth. von Petracek u. Zechmeister (C. **1959.** 12012). Verteilungskoeffizienten: *Anhydrovitamin A_2* (I) 28:72; *Rehydrovitamin A_2 (N)* (II) 62:38; *Rehydrovitamin A_2* (III) für den Alkohol 32:68 u. *Ester* 92:8; aus natürlichem Vitamin A_2 hergestelltes I 88:12. Als analyt. Bestimmungsmeth. wird die Farb-Rk. mit $SbCl_3$ benutzt. Die Absorptionsspektren von I, II u. III in PAe., A. u. Cyclohexan sind angegeben. (J. biol. Chemistry **233.** 827—32. Okt. 1958. Bangalore, Indien, Ind. Inst. of Sci., Dep. of Biochem.) L. Laschet. 4587

H. Selye, E. Bajusz, S. Renaud und **Y. Lemire**, *Sensibilisierung durch Dihydrotachysterin (DHT) und Calciumacetat für die Induzierung von Herzschäden durch verschiedene Stoffe.* Erhalten Ratten oral *NaH_2PO_4*, so werden die cardiotox. Wrkgg. von *Dihydrotachysterin* (DHT) verändert, u. eine akute eitrige Myocarditis u. Nierenschäden entstehen. Statt NaH_2PO_4 kann auch *Ca-Acetat* benutzt werden, obwohl die Wrkgg. der beiden Elektrolyten nicht ganz die gleichen sind. Unter der Wrkg. von DHT bewirkt NaH_2PO_4 nur geringe Herz- u. Gefäßverkalkungen, eine starke Myocarditis u. eine Nephrocalcinosis im Bereich des Übergangs von Mark u. Rinde. Andererseits bedingt Na-Acetat unter den gleichen Bedingungen nur eine geringe Myocarditis, aber starke Calciumablagerungen im cardio-vasculären Syst. u. eine Nephrocalcinosis des Stromas der Nierenrinde. Die durch DHT + Ca-Acetat aufgetretenen Schädigungen können durch Stress-Wrkg. (Kälte, Zwangshaft, motor. Denervierung) verstärkt werden. Auch *Noradrenalin*, das normalerweise keine Herz- u. Gefäßschäden verursacht, bewirkt nach Vorbehandlung von Ratten mit DHT + Ca-Acetat eine schwere Calcifizierung des Kreislaufsystems. Ähnliche Wrkgg. hat auch die orale Verabreichung von Maisöl u. Glucose. (Amer. Heart J. **57.** 88—93. Jan. 1959. Montreal, Canada, Univ., Inst. de Méd. et de Chirurgie expérimentales.) G. Kimmerle. 4587

H. H. Draper und **A. S. Csallany**, *Einfluß von N.N'-Diphenyl-p-phenylendiamin bei Tocopherolmangelkrankheiten.* Bestimmte synthetische Antioxydantien, wie *N.N'-Diphenyl-p-phenylendiamin* (DPPN) haben die Eig., das Auftreten von Symptomen bei *Vitamin-E*-Mangel, einschließlich Muskeldystrophie u. Sterilität, zu verzögern oder gar zu verhindern. Die Verss. wurden an Kaninchen u. Ratten durchgeführt, deren Nahrung keine Lipoidbestandteile enthielt. Es zeigte sich, daß bei DPPN-Zugabe zur Nahrung dieses genau so wirksam ist wie α-Tocopherol. (Proc. Soc. exp. Biol. Med. **99.** 739—42. Dez. 1958. Urbana, Ill., Univ. of Illinois, Div. of Animal Nutrit.) U. Gerhardt. 4587

James L. Gilleland, Joseph H. Gast und **Béla Halpert,** *Natrium- und Kaliumkonzentrationen in Galle von menschlichen Gallenblasen.* Bei 38 Proben (4—24 Std. post mortem) wurden im Mittel 169 $\pm$ 25 (mÄquivalente/Liter) Na (130—232) festgestellt, ferner 27 $\pm$ 11 K (12—68), ohne daß sich eine deutliche Beziehung zwischen diesen Konzz. erkennen ließ. Die p_H-Werte schwankten zwischen 5,79 u. 7,55, die Pigmentkonzz. zwischen 156 u. 1696 mg% (Mittel 532 $\pm$ 462). Diese Gallen enthielten 12mal mehr Pigment u. 6mal mehr K als Lebergalle von 5 Fällen. Die Gehh. an festen Stoffen schwankten stark (7,4—20,3%) u. zeigten keinen Zusammenhang mit den Konzz. von Pigment u. K. (Proc. Soc. exp. Biol. Med. **94.** 118—19. Jan. 1957. Houston, Texas, Baylor Univ. Coll. of Med., Dep. of Biochem. and of Pathol.; Veterans Admin. Hosp.)

J. SCHWAIBOLD. 4594

Carl V. Moore, *Die Bedeutung von Ernährungsfaktoren in der Pathogenese von Eisenmangelanämie.* (Vgl. C. **1959.** 13856.) Auf Grund einer Reihe von Unterss. über das Ausmaß der Resorption von Fe durch den Menschen bei verschied. Lebensmitteln, die Fe-Ausscheidung, die Wrkg. reduzierender Stoffe auf die Resorption des Fe u. a., z. T. unter Verwendung von ^{59}Fe, wird festgestellt, daß die Ernährungsverhältnisse von überwiegender Bedeutung für das Auftreten oder die Vorbeugung der Fe-Mangelanämie sind. Bei n. Erwachsenen werden ca. 5—10% des Nahrungs-Fe resorbiert, ca. 0,6—1,5 mg bei 12—15 mg Fe in der Nahrung, u. ca. 0,5—1 mg ausgeschieden. Bei Kindern im Wachstum u. bei n. menstruellen Blutverlusten kann durch mangelhafte Nahrung oder schlechte Resorption leicht hypochrome Anämie auftreten, bei Erwachsenen unter solchen Umständen erst im Laufe von Jahren, rascher jedoch bei häufigeren oder chron. inneren Blutungen. (Amer. J. clin. Nutrit. **3.** 3—10. Jan./Febr. 1955. St. Louis, Mo., Univ., School of Med., Dep. of Internal Med.)

J. SCHWAIBOLD. 4594

N. P. Jeremenko, *Die Veränderungen des Grundumsatzes von Sportlern bei verschiedenen Arten des Trainings.* Die Unterss. über den Grundumsatz an je 16 jungen Männern im Alter von 18—21 Jahren, die 1,5 Monate körperliches Training zur Ausbldg. der Geschwindigkeit (A) oder der Ausdauer (B) ausführten, zeigen, daß bei A am Ende des Trainings Grundumsatz, Lungenventilation u. Atmungskoeff. erhöht sind. Bei B sind Grundumsatz, Atmungskoeff. u. Lungenventilation zu diesem Zeitpunkt vermindert. Die Beobachtungen an hochqualifizierten Sportlern zeigen eine Erhöhung dieser Kennzahlen beim Training im Hindernislauf (100 u. 110 m) im Vgl. zu den Stehern u. Läufern. (Український Біохімічний Журнал [Ukrain. biochem. J.] **31.** 89—98. 1959. Leningrad, Wiss. Forschungsinst. für Körperkultur.) O. LEBTAG. 4595

D. Laszlo, *Biologische Untersuchungen über Calcium, Strontium, Lanthan und Yttrium.* Durch exakt dosierte unterschiedliche Tagesmengen von *Ca* in der Nahrung, teilweise als radioakt. ^{45}Ca, sowie Ca-Best. in Urin u. Faeces wurde ermittelt, daß der Organismus über verschied. Mechanismen verfügt, um etwaige Über- oder Unterangebote durch gesteigerte Ausscheidung bzw. Auffüllung aus Depots über die Verdauungssekrete auszugleichen. Durch eine weitere Versuchsreihe mit kombinierten intravenösen Injektionen mit Ca-Gluconat sowie trägerfreiem ^{85}Sr (0,2—4,0 μC/kg) wurde ermittelt, daß die Ca-Anwendung die Ausscheidung des ^{85}Sr durch den Urin in den ersten 24 Std. nach der Anwendung erhöht, während die fäkale Ausscheidung keine Änderung erfährt. Ferner wird über Tierverss. an Mäusen mit intracavitären Injektionen von $^{90}YCl_3$ u. deren Wrkgg. auf Ascitestumoren berichtet. Bei Dosen von 9—32 mC ^{90}Y konnten positive Ergebnisse erzielt werden. Schließlich wird gezeigt, daß die relativ starke Retention des ^{90}Y im Körper durch Gaben von Chelatbildnern wie Äthylendiamintetraessigsäure u. in geringerem Maße Nitrilotriessigsäure im Sinne einer beschleunigten Ausscheidung des Y durch den Urin beeinflußt werden kann. Es wird außerdem über das entsprechende Verh. von *La*, bes. auf Grund von Literaturangaben, berichtet. (Proc. int. Conf. peaceful Uses Atomic Energy **10.** 62—67. 1956. New York, N. Y., Montefivre Hosp.) W. REUSSE. 4596

Stanley M. Gartler und **Richard E. Tashian,** *Einige Faktoren, die eine unterschiedliche Ausscheidung des D-Phenylalanins beim Menschen beeinflussen.* (Vgl. auch GARTLER u. TASHIAN C. **1959.** 7866.) An n. Erwachsene wurde *D-Phenylalanin* (**I**; 0,5 bzw. 1,0 g) oral verabfolgt u. die Resorption von D-I in das Blut, die Umwandlung in L-I, die oxydative Desaminierung zu Phenylbrenztraubensäure u. die Nierenausscheidung von D-I verfolgt. Von den untersuchten Prozessen sind nach Ansicht der Vff. in der Hauptsache die Unterschiede in der Resorption u. der Nierenfunktion für die unterschiedliche D-I-Ausscheidung verschied. Individuen verantwortlich, wobei zwischen beiden Vorgängen keine Korrelation besteht. (Proc. Soc. exp. Biol. Med. **96.** 323—26. Nov. 1957. New York City, N. Y., Columbia Univ., Inst. for the Study of Human Variation.)

E. SCHWERDTFEGER. 4596

M. I. Lewjant, T. P. Lewtschuk und **W. N. Orechowitsch,** *Über den Mechanismus des Einbaus der markierten Aminosäuren in das Eiweiß.* Verss. an Ratten mit ausgeschalteter Leberfunktion ergaben, daß bei Zufuhr von ^{35}*S-Methionin* (I) in der Dosis 3000 Impulse/Min/g Körpergewicht ein I-Einbau in das *Albumin* (II) des Blutes nicht erfolgt, während beim n. Tier der I-Einbau sehr intensiv verläuft. Hieraus folgt, daß die Radioaminosäure in I nur während der Neubldg. in der Leber eingebaut wird. In Verss. mit Hühnerembryonen, denen I in der Dosis 100 Impulse/Min/g injiziert wurde, ergab die Messung zu verschied. Zeitpunkten ein fast konstantes Verhältnis der spezif. Aktivitäten von I u. Cystin in den Eiweißstoffen des Embryos. Vff. nehmen deshalb an, daß die Proteine des Hühnerembryos direkt aus den Aminosäuren synthetisiert werden, u. daß während dieser Synth. keine „Erneuerung" der Gewebeproteine erfolgt. (Биохимия [Biochemie] **24.** 177—80. März/April 1959. Moskau, Inst. für biol. u. med. Chem. der Akad. der med. Wiss. der UdSSR.) O. LEBTAG. 4596

Julius Friedman, *Vasculär-extravasculäres Gleichgewicht von* ^{131}*J-Albumin bei Mäusen.* Nach Injektion von 0,1 ml eines ^{131}J-markierten menschlichen Albumins kommt es bei der Maus innerhalb folgender Zeiten zu einem vasculär-extravasculären Gleichgewicht für dieses Albumin: in Leber u. Darm nach 45 Min., in der Muskulatur nach 90 Min., in Niere, Milz u. Lunge nach 120 Minuten; in der Haut war nach Ablauf von 12 Std. noch kein Gleichgewicht eingetreten. (Amer. J. Physiol. **191.** 115—18. Okt. 1957. New Orleans, La., Tulane Univ., School of Med., Biophys. Labor. and Dep. of Physiol.) U. TAUSENDFREUND. 4596

H. D. Barnes, *Die Ausscheidung von Porphyrinen und Porphyrinvorläufern bei Porphyriefällen von Bantunegern.* Bei Vgl. von Porphyriefällen von Europäern (schwed. Patienten), weißen Südafrikanern u. Bantunegern konnte eine Abweichung in der Ausscheidung von *α-Aminolävulinsäure* (I), *Porphobilinogen* (II), *Uroporphyrin* (III) im Urin u. von *Koproporphyrin* (IV) u. *Protoporphyrin* (V) im Stuhl bei diesen 3 Personengruppen festgestellt werden. Danach zeigen die Europäer bei Porphyrie eine vermehrte I- u. II-Ausscheidung bei fast n. III-Ausscheidung u. n. IV- u. V-Ausscheidung, die weißen Südafrikaner scheiden jedoch im Gegensatz dazu n. I- u. II-Mengen sowie fast n. III-Mengen aus bei gesteigerter IV- u. V-Ausscheidung, während schließlich die Bantuneger eine Zwischenstellung einnehmen u. sich vorwiegend durch überhöhte III-Ausscheidung, bei nur leichter Erhöhung der übrigen Faktoren, auszeichnen. (South African med. J. **33.** 274—78. 28/3. 1959. Johannesburg, Südafrika, South Africa Inst. for Med. Res.) U. TAUSENDFREUND. 4596

Jorge Awapara, *Die Wirkung einer Cholsäurezufuhr auf die Taurinkonzentration in Organen der Ratte.* (Vgl. C. **1957.** 3061.) Vf. gibt Ratten eine proteinfreie Grundkost, bestehend aus 70% Getreidestärke, 24% pflanzlichem Öl, 4% Salzgemisch, 2% Dorschleberöl u. Vitaminen (a) sowie die gleiche Diät mit 8 u. 12% Casein (b) u. außerdem a mit 8,16 g *Cholsäure* (I)/kg bzw. I u. zusätzlich 6 g *Taurin* (II)/kg. Es werden die II-Gehh. in der Leber, den Nieren, der Milz, im Herzen u. Muskelgewebe sowie die II-Ausscheidung mit dem Harn nach 10tägiger Versuchsdauer bestimmt. Es zeigt sich, daß a u. b in Ggw. von I oder I u. II die II-Konzz. der Organe nicht verändern u. keinen Einfl. auf das Wachstum der Organe ausüben. Die II-Ausscheidung steigt innerhalb von 24 Std. von 50 auf 80 μmol an. Die Ergebnisse lassen erkennen, daß II im Organismus zu einem konstanten Anteil synthetisiert wird u. dessen Bldg. unabhängig vom II-Geh. der Kost erfolgt. Appliziertes II wird daher nicht zum Aufbau von *Taurocholsäure* im Organismus verwendet. (Proc. Soc. exp. Biol. Med. **90.** 435—36. Nov. 1955. Houston, Texas, Univ., Anderson Hosp. and Tumor Inst.) P. FAHRNLAENDER. 4596

F. Menne, *Physiologischer und pathologischer Kreatinstoffwechsel.* Übersicht; behandelt die Bedeutung des *Kreatin*-Stoffwechsels für die Muskeltätigkeit, die Biosynth., Ausscheidung u. den Einfl. von Hormonen sowie den speziellen Kreatinstoffwechsel in Uterus, Herz u. Hirn. — 117 Literaturangaben. (Farmaco [Pavia], Ediz. sci. **13.** 733—52. Okt. 1958. Münster/Westf., Univ., Physiol. Chem. Inst. [Orig.: deutsch.]) P. LOCH. 4596

H. Noda und **K. Maruyama,** *Die Wechselwirkung zwischen Myosin B und Adenosintriphosphat, eine Strömungsdoppelbrechungsuntersuchung.* Die Unters. der Wechselwrkg. von *Myosin B* (I; aus Kaninchenskelettmuskel) oder natürlichem *Actomyosin* mit Adenosintriphosphat (II) durch Strömungsdoppelbrechung ergab bei nicht durch Zentrifugieren geklärtem I im Bereich von niedrigem Fließgeschwindigkeitsgradienten (G) häufig anomales Verh. des Extinktionswinkels χ. Bei II-Zusatz nahm die Rotationsdiffusionskonstante Θ von I, extrapoliert auf G = 0, von 0,7 auf 1,2 sec^{-1} zu. Die Mol.-Größe in der I-Lsg. war polydispers. Die Längenverteilung betrug 1—3 μ, in Ggw. von II 0,7—2,4 μ. Bei Verdünnung auf 0,005% war keine I-Disaggregation zu beobachten. Im geprüften G-Bereich nahm die Doppelbrechung bei **II**-Zusatz stark ab. Im hohen G-Bereich von 500—1000 sec^{-1} stieg χ bei **II**-Zusatz von 8 auf 14° an. Nach Zentrifugieren von **I** in Ggw. von **II** bei 100000·g wies der Überstand das gleiche Strömungsdoppelbrechungsverh. wie eine Myosin A-Lsg. auf (Θ 1800 sec^{-1}). Die kleinste auf die Strömungsdoppelbrechung wirkende **II**-Konz. war $5 \cdot 10^{-5}$ molar. Pyrophosphat war in Ggw. von Mg^{2+} ebenfalls wirksam. Der Einfl. von KCl ähnelte bei hoher Konz. dem von **II**, während KOH u. KJ einen wesentlich stärkeren Effekt ausübten. Die Änderung des Strömungsdoppelbrechungsverh. einer geklärten **I**-Lsg. in Ggw. von **II** beruht anscheinend auf einer Dissoziation von **I** in Actin u. Myosin. (Biochim. biophysica Acta [Amsterdam] **30**. 598—608. Dez. 1958. Tokyo, Univ., Coll. of General Educat., Inst. of Sci. and Technol. and Biol. Inst.) K. MAIER. 4597

N. N. Jakowlew, L. G. Leschkewitsch, A. F. Makarowa und **N. K. Popowa,** *Vergleichende biochemische Charakteristik der verschiedenen Muskeln von Katze und Kaninchen.* Untersucht wurde an verschied. Muskeln von Katze u. Kaninchen der Geh. an *Adenosintriphosphorsäure* (**I**), *Phosphokreatin* (**II**), *anorgan. P, Lipoiden* (**III**), *Glykogen* (**IV**), *Milchsäure* (**V**), *Myosin* (**VI**), die gesamte *Adenosintriphosphatase* (**VII**)-Aktivität, die **VII**-Aktivität von **VI**, die Intensität der Atmung, die Aktivität der Oxydationsfermente, der Geh. an Myoglobin, die Intensität des **I**-, **II**- u. **IV**-Verbrauchs u. die Intensität der **V**-Bldg. unter anaeroben Bedingungen. Es zeigte sich eine gewisse biochem. Verschiedenheit der Muskeln in Abhängigkeit von ihrer Funktion. Die Muskeln des Kaninchens hatten einen höheren Geh. an **III** u. **IV** u. eine geringere Aktivität von **VII**, *Dehydrasen* u. *Cytochromoxydase* als die Muskeln der Katze. Die biochem. Besonderheiten der Muskeln verschied. funktionaler Best. zeigen keine Korrelation zum Geh. an Myoglobin. (Український Біохімічний Журнал [Ukrain. biochem. J.] **31**. 75—88. 1959. Leningrad, Wiss. Forschungsinst. für Körperkultur, Sektor Biochem.) O. LEBTAG. 4597

K. F. Ssorwatschew, *Die stickstoffhaltigen Stoffe der Muskeln des einjährigen Karpfens während der Überwinterung.* Während des winterlichen Hungerns unter natürlichen Bedingungen u. im Aquarium nimmt in den Muskeln des einjährigen *Karpfens* der Geh. an *Gesamt-N, Rest-N* u. *Eiweiß-N* ab. Der Geh. an *Adenosintriphosphorsäure* (**I**) nimmt im Dezember auf den halben Wert ab, nachher wieder zu. Im März erreicht der **I**-Geh. den Ausgangswert u. nimmt dann wieder ab. In der Frühjahrsperiode nimmt der Geh. an Gesamt-N ab; der Geh. an Eiweiß-N bleibt unverändert. Der *Kreatin*-Geh. erreicht im Mai den Ausgangswert. Im Muskelextrakt nimmt der Geh. an *Cystin, Histidin, Glutaminsäure, Glykokoll, α-Alanin* u. *Sarkosin* während des Hungerns ab. Der Geh. an *Lysin, Arginin* u. *Asparaginsäure* nimmt zu. Im Hydrolysat der Muskelproteine sind 18 Aminosäuren nachweisbar. Es enthält 13,47% Leucin + Isoleucin, 5,05% Phenylalanin, 1,61% Methionin u. 7,0% Valin. Die Zus. der Aminosäuren des Muskeleiweißes von Karpfen u. Karauschen erfährt während der Überwinterung u. des Hungerns im Aquarium keine wesentliche Veränderung. (Биохимия [Biochemie] **24**. 242—47. März/April 1959. Moskau, Lomonossow-Univ., Lehrstuhl für Biochem. der Tiere.) O. LEBTAG. 4597

Gabriella Brioschi, *Über die Wirkung einiger Substanzen auf die Kontraktionsfähigkeit von mit Glycerin behandelten Muskelfasern.* Lendenmuskelfasern von Kaninchen wurden nach der Meth. von SZENT-GYÖRGYI (vgl. C. **1949**. E. 5704) bei —20° mit 50%ig. Glycerin behandelt u. hierauf mit RINGER-Lsg. u. Lsgg. von *NaCl, LiCl,* NaN_3, K_2SO_4, *Jodosobenzoat, Harnstoff, NaSCN* u. *NaJ* behandelt. Eine 12% nicht übersteigende Verkürzung der Muskeln wurde mit NaSCN, NaJ, 30%ig. Harnstofflsg. u. 0,25n-K_2SO_4-Lsg. beobachtet; bei den übrigen Verbb. wurde keine Kontraktion festgestellt. Ferner wurde gefunden, daß die kontrahierende Wrkg. von Natriumadenosintriphosphat mehr oder weniger durch Harnstoff, Jodosobenzoat, 0,25n K_2SO_4, NaSCN u. NaJ verhindert wird, die übrigen Substanzen waren ohne Einfl. auf die durch Natriumadenosintriphosphat induzierte Kontraktion. (Rend. Ist. lombardo Sci. Lettere, Cl. Sci. mat. natur. **88** ([3] **19**). 168—72. 1955. Milano, Univ., Ist. di Zool. e Anatomia comparata.) C. GOTTFRIED. 4597

W. W. Oppel, *Die Eiweißstoffe verschiedener Formen im Muskelgewebe der Wirbeltiere und die Evolution.* Übersicht an Hand der Literatur. — 55 Literaturangaben. (Український Біохімічний Журнал [Ukrain. biochem. J.] **31**. 144—64. 1959.) O. LEBTAG. 4597

Martin Lubin und **Peter B. Schneider,** *Der Austausch von Kalium gegen Cäsium und Rubidium in Froschmuskel.* Im Sartoriusmuskel des Froschs (*R. pipiens*) ist fast alles *K* durch *Cs* oder *Rb*, mit nur geringer Speicherung von *Na*-Ionen, ersetzbar. Bei 0° beträgt das Verhältnis der freien Diffusionsbeweglichkeiten von *Cs* oder *Rb/K* in der Membran ca. 0,2. Potentialmessungen an *Cs*- oder *Rb*-haltigen Muskeln deuten darauf hin, daß die Permeabilität für *Cl*-Ionen weit größer als die für *Cs* oder *Rb* ist. Die relativen Ionenbeweglichkeiten in 2 Tagen alten, *K*, *Cs* oder *Rb* enthaltenden Muskeln ergaben sich zu $P_{Cl}/P_K = 0,4$; P_{Cl}/P_{Cs} u. P_{Cl}/P_{Rb} ca. 10. (J. Physiology **138.** 140—55. 29/8. 1957. Boston, Mass., Harvard Med. School, Dep. of Pharmacol.) K. MAIER. 4597

Yuzo Shibata, Yoshitaka Kuroda, Tadashi Yoshinaga, Tamio Hirato, Shoshi Kato, Masanao Kuwahara, Eiichi Tabata und **Hiroshi Miyake,** *Untersuchungen vom klinischen Standpunkt aus über den Gallenfarbstoffstoffwechsel im enterohepatischen Kreislauf.* Vff. haben unter Verwendung eines Methanol–W. (3:2)-Gemischs Papierchromatogramme von Urin von n. u. mit verschied. Krankheiten behafteter Menschen sowie Ratten, die CCl_4-Injektionen erhalten hatten, angefertigt u. Flecken für *Urobilin* (**I**), *Urochrom* (**II**) u. *Indican* (**III**) aufgefunden, wenn die Flecken nach der Entw. mit EHRLICHs Aldehydreagens (**V**) behandelt wurden, u. noch einen 4. Fleck für *Urobilinogen* (**IV**), wenn die Fl. vor der Entw. mit **V** behandelt worden war. Der Fleck für **III** erfuhr bei Erwärmung eine Farbvertiefung. Die sich rot färbende Komponente von **III** läßt sich durch Zugabe von Toluol von der sich ebenfalls rot färbenden Komponente von **IV** trennen. — Bei n. Ratten wurden die Lebern mit *Mesobilirubinogen* (**VI**) durchströmt u. das Perfusat papierchromatograph. untersucht u. festgestellt, daß mit der Dauer der Perfusion der Flecken für **VI** verschwand u. der für **II** wuchs, u. daß sich **IV** in der Leber in *Mesobilirubin* verwandelt. — Rattenlebern wurden mit einem Gemisch von Blut u. Indol (**VII**) durchströmt u. das Perfusat papierchromatograph. untersucht. Mit zunehmender Zeit vermindert sich der Geh. des Perfusats an **VII**, das schließlich gänzlich verschwindet. Gleichzeitig steigt die Ausscheidung von **II, III**, Isatin u. Anthracensäure an. — Rattenlebern wurden mit Lsg. von krist. Bilirubin (**VIIIa**) oder aus Blut von Ratten mit mechan. Icterus gewonnenem Bilirubin (**VIIIb**) durchströmt. Bei Durchströmung von **VIIIb** unter Zugabe von O_2 sinkt die Menge **VIIIb** im Perfusat mit der Zeit ab, weil es, wie histolog. Unterss. ergaben, in der Leber liegen bleibt, ohne O_2-Zugabe bleibt es nach einem geringfügigen Absinken innerhalb der ersten 15 Min. konstant. Bei Zusatz von **VIIIa** zur Durchströmungs-Fl. nimmt mit u. ohne Zusatz von O_2 die Menge **VIIIa** mit der Zeit im Perfusat ab, weil es in der Leber gespeichert wird, wie histolog. Unterss. ergaben. (Kyushu J. med. Sci. **9.** 86—93. Juni 1958. Fukuoka, Kyushu Univ., Dep. of Internal Med. [Orig.: engl.]) HEINRICH HERMANN. 4597

E₆. Pharmakologie. Therapie. Toxikologie. Hygiene.

A. Punt, F. Nijhof-Rombach und **B. Schippers,** *Durch ultraviolette Strahlung hervorgerufene Muskelkontraktion.* Am Muskel (ant. retract. byssal) von *Mytilus edulis* verursacht UV-Licht eine Kontraktion von 1—10 Minuten. Der Grad der Kontraktion ist proportional der Bestrahlungsdauer. Am Rectus-Abdomen-Muskel vom Frosch ruft UV-Licht ebenfalls eine Kontraktion hervor, die jedoch noch nach der Bestrahlung anhält. Da UV-Licht die Aktivität einiger Fermente hemmt, wird sein Einfl. auf die Acetylcholin bedingte Kontraktion untersucht u. festgestellt, daß die Kontraktion durch UV-Licht verstärkt wird, das UV-Licht also am Acetylcholinesterasesyst. angreift. (Acta physiol. pharmacol. neerl. **6.** 551—55. 1957. Amsterdam, Univ., Labor. of Comparat. Physiol.) CHR. FOLESKY. 4601

R. Je. Libinson und **I. A. Zewelewa,** *Empfindlichkeit der Proteine des Knochenmarks von bestrahlten Tieren gegenüber proteolytischen Fermenten.* Die Unterss. über die Proteolyse der Gewebeproteine des Knochenmarks von Ratten 10 Min., 4, 12 u. 24 Std. sowie 6 u. 13 Tage nach der γ-Bestrahlung mit 1000 r (^{60}Co, 15 r/Min.) zeigten, daß schon nach 15 Min. Incubation mit Pepsin (**I**) oder Trypsin (**II**) 10 Min. nach der Bestrahlung die Aktivität der Proteolyse (Abspaltung von Tyrosin) 139 bzw. 155% der Kontrolle beträgt. Die Intensität der Proteolyse bleibt 4 Std. gleich u. erhöht sich etwas nach 12 Std. (mit **II** auf 210% der Kontrolle). Nach 24 Std. ist die Tyrosinabspaltung etwas vermindert, bes. mit **II**. Nach 6 Tagen ist die Proteolyse erneut verstärkt (ca. 200%). Diese Intensivierung beobachtet man mit **II** auch nach 13 Tagen, wo die Intensität der Proteolyse 267% der Kontrolle erreicht. (Биохимия [Biochemie] **24.** 263—66. März/April 1959.) O. LEBTAG. 4601

J. S. Mitchell, *Einige Probleme der Strahlentherapie.* Es werden allg. Gesichtspunkte zur Isotopentherapie erörtert, die sich auf Grund der vorliegenden klin. Erfahrungen, bes. in Cambridge, ergeben haben. Die im einzelnen in der Literatur veröffentlichten Befunde werden zusammenfassend erörtert u. interpretiert, u. zwar in folgenden Teilabschnitten: Allg. Betrachtungen zur internen Isotopentherapie der Carcinome, ihre Erfolge u. Risiken. Die Radiojodtherapie der Thyrotoxikose u. der Schilddrüsencarcinome. Die Radiophosphortherapie der Polycythämia vera. Die Therapie von Effusionen in Pleura u. Peritoneum durch ^{198}Au. Beeinflussung der Strahlensensibilität durch Chemikalien. Externe Therapie mittels ^{192}Ir bei Tumoren u. ^{144}Ce bei oberflächennahen Erkrankungen. Die Anwendung von 30 MeV-Röntgenstrahlen eines Synchrotrons. Probleme der relativen biol. Wirksamkeit, der Tiefendosis u. des allg. Wirkungsmechanismus der ionisierenden Strahlen. — 43 Literaturangaben. (Proc. int. Conf. peaceful Uses Atomic Energy **10.** 25—39. 1956. Cambridge, Univ., Dep. of Radiotherapeutics.) W. REUSSE. 4601

B. H. Ershoff und **L. A. Bavetta,** *Verstärkende Wirkung pränataler Röntgenbestrahlung auf die Zahncaries der Ratte.* Bei Ratten bewirkt Röntgenbestrahlung des Muttertiers am 10.—14. Tag der Trächtigkeit mit 150 r bei Verabreichung einer cariogenen Magermilchkost bei den Jungtieren eine signifikant schwerere Zahncaries als bei unbestrahlten Jungtieren bei gleicher Diät. Bei Bestrahlung am 18. Schwangerschaftstag fehlt die Carieserschwerung. (Proc. Soc. exp. Biol. Med. **97.** 202—205. Jan. 1958. Culver City, Western Biol. Labor.; Los Angeles, Calif., Univ. of Southern California, School of Dent., Dep. of Biochem. and Nutrit.) WOLFGANG ALBRECHT. 4601

Carl F. Gessert und **Paul H. Phillips,** *Kobaltinduzierte Polycythämie und Überleben von röntgenbestrahlten Albinoratten.* Bei einer gereinigten Diät verursachte der Zusatz von *Kobalt* (0,10, 20, 40, 70 u. 100 p.p.m.) eine Polycythämie u. Anstieg des Hämoglobins bei Albinoratten, wobei der Anstieg der *Hämoglobin*-Konz. nach 14 Wochen direkt proportional dem log der Kobaltkonz. der Nahrung ist. Nach Röntgenbestrahlung mit 750 r (Ganzbestrahlung) war die Mortalität der Tiere mit erhöhtem Hämoglobin gegenüber den Kontrollen eher erhöht. Die *Mucoprotein*-Konz. im Plasma war nicht signifikant verändert. (Proc. Soc. exp. Biol. Med. **89.** 651—54. Aug./Sept. 1955. Madison, Wis., Univ. of Wisconsin, Coll. of Agric., Dep. of Biochem.)
WOLFGANG ALBRECHT. 4601

V. H. Franco, M. G. Quina und **A. M. Baptista,** *Eine neue Technik für die therapeutische Anwendung von Radioisotopen.* An Hunden wurde eine Applikationstechnik für Radioisotope (z. B. ^{32}P) erprobt, bei der der Blutkreislauf in dem einer Bestrahlung auszusetzenden Körperbereich unterbunden u. intraarteriell zunächst Heparin, danach die Isotopenlsg. injiziert wird. Ferner wird über ein Polythenrohr der Blutkreislauf zwischen Vene u. Arterie für einige Zeit extern geschlossen. Das Isotop kann nun in die interstitielle Fl. diffundieren u. bleibt lokal konzentriert. Später wird die n. Zirkulation des Blutes wieder hergestellt. Es wird über erste Versuchsergebnisse berichtet. (Proc. int. Conf. peaceful Uses Atomic Energy **10.** 54—57. 1956. Lisboa, Inst. Portoguês de Oncologia, Labor. de Isótopos.) W. REUSSE. 4601

J. G. Hamilton, P. W. Durbin, C. W. Asling und **M. E. Johnston,** *Physiologische und biochemische Versuche mit Astatin-211 (Eka-Jod).* Das Radioisotop ^{211}At als Halogen ist geeignet zur Schilddrüsendiagnose u. -therapie. Bei Verss. der Vff. an Ratten wurden intravenöse Injektionen in physiol. Kochsalzlsg. gegeben. Unterss. zum Stoffwechsel des ^{211}At in der Schilddrüse, in der es im wesentlichen ähnlich dem ^{131}J akkumuliert wird, zeigen, daß es in chem. Verbindung mit den Proteinen tritt. Durch gleichzeitige Gaben von Propylthiouracil u. K-Thiocyanat kann der physiol. Mechanismus dieser Bindung des ^{211}At in der Schilddrüse geklärt werden. Die Schilddrüsen werden dazu 18 Std. nach der Injektion exzidiert u. an Homogenisaten die erforderlichen Bestimmungen durchgeführt. Die Eigg. des ^{211}At-Kerns lassen seine bes. Eignung zur radiolog. Zerstörung von krankhaftem Schilddrüsengewebe erkennen, wobei zweckmäßig ^{131}J-Teste vorangehen sollen. Die histolog. Befunde bestätigen die Wirksamkeit des ^{211}At. (Proc. int. Conf. peaceful Uses Atomic Energy **10.** 175—81. 1956.) W. REUSSE. 4601

H. L. Friedell, C. I. Thomas und **J. S. Krohmer,** *Ein ^{90}Sr-Oberflächenapplikator zur Behandlung von Corneaschäden und seine biologischen Wirkungen.* Es wird über therapeut. Erfahrungen mit β-Strahlenapplikatoren zur Behandlung oberflächennaher Erkrankungen, bes. im Augengebiet, berichtet. Nach einem Vgl. verschied. Isotope als Strahlenquellen (^{106}Ru, *Ra*, *Rn*, *RaD-E*, ^{90}Sr) werden bes. Verss. mit ^{90}Sr beschrieben. Es wurde mit zwei verschied. Typen von Applikatoren gearbeitet, deren Eigenfilterung 100 bzw. 20 mg/cm^2 betrug. Die angewandten Dosen lagen zwischen 2000 u. 12000 rep. In einigen Fällen wurden gute Resultate erzielt, für ein abschließendes Urteil reicht die Zahl der behandelten Fälle noch nicht aus. (Proc. int. Conf. peaceful Uses Atomic Energy **10.** 58—61. 1956, USA, Western Reserve Univ.) W. REUSSE. 4601

E. G. Struxness, A. J. Luessenhop, S. R. Bernard und **J. C. Gallimore,** *Verteilung und Ausscheidung von 6 wertigem Uran beim Menschen.* Patienten mit Schäden am Zentralnervensyst. erhielten intravenöse Injektionen mit wss. $UO_2(NO_3)_2$-Lösung. In verschied. Zeitabständen danach wurde die Ausscheidung des U durch den Urin, die Retention im Blut sowie in Gewebe- u. Knochenproben (Biopsie u. Autopsie) untersucht. Es zeigte sich, daß das Blut sehr schnell U-frei wird (nach 20 Std. ca. 1% Restgeh.).

In den ersten 24 Std. nach der Injektion wird die injizierte Menge zum größeren Teil durch den Urin ausgeschieden, 5—20% verbleiben im Knochen. Die Halbwertsdauer im Knochen beträgt 4—28 Tage für den Menschen, 100 Tage für die Ratte. Tabellar. werden Meßergebnisse über den Verbleib weiterer Mengen in den verschied. Organen u. Geweben nach Autopsiebeobachtungen mitgeteilt. Vorübergehend findet sich U in relativ hoher Konz. in den Nieren u. im Gehirn. Eine endgültige Interpretation der Meßergebnisse im Sinne des Arbeitsschutzes bei Personen, die in U-Betrieben arbeiten, sowie für die Anwendung der Neutroneneinfangtherapie von Hirntumoren erfordert weitere Messungen. (Proc. int. Conf. peaceful Uses Atomic Energy **10.** 186—96. 1956. Oak Ridge, Nat. Labor.; Massachusetts Gen. Hosp.) W. REUSSE. 4601

A. Catsch, *Therapeutische Möglichkeiten bei Vergiftung mit Radioisotopen.* Zusammenstellung therapeut. Behandlungsmethoden für die Bekämpfung incorporierter, bes. tox., Radioisotope: Pu, Ra, Po u. Sr, Y, Zr, Nb, Ru, Cs, Ce u. Pm. Behandelt werden Methoden der Komplexbldg. mit Citrat (Pu, Th, Ra, Sr, Y u. Ce), 1.2-Dithioglycerin (Po) u. Äthylendiamintetraessigsäure (Pu, Th, Y, Zr, Ce u. La) u. der Abscheidung durch Metallsalze bzw- -kolloide, die im physiol. p_H-Bereich hydrolysieren (Zr, Fe, Mn, Al, Ti). Methoden zur Verringerung der Resorption werden diskutiert. (Atomenergie **1956.** 225—28. Juni. Heiligenberg/Baden, Heiligenberg-Inst., Biophys. Abt.) W. KARCHER. 4601

Joseph J. Kaufman, *Untersuchungen mit Thixokon, einem wäßrigen urethrographischen Kontrastmittel. Thixokon* (MALLINCKRODT CHEMICAL WORKS, St. Louis, Mo.) ist die wss. Lsg. des N-Salzes der *3-Acetamido-2.4.6-trijodbenzoesäure,* der organ. J-Geh. beträgt 65,8%. Als Dickungsmittel ist Amioca (fast 100% Amylopektin) zugesetzt. (J. Urology **78.** 188—91. Aug. 1957. Los Angeles, Calif.; Univ. of California, Med. Center and Wadsworth Veterans Admin. Hosp., Dep. of Surgery, Div. of Urology.) U. BALZER. 4601

J. J. Betts, Sybil P. James und **W. V. Thorpe,** *Die Umwandlung von Pentachlornitrobenzol und 2.3.4.6-Tetrachlornitrobenzol und die Bildung von Mercaptursäuren beim Kaninchen.* (Vgl. Biochem. J. **54.** [1953.] XXXI.) Nach Verfüttern von *Pentachlornitrobenzol* (**I**) an Kaninchen erschienen 62% einer 2 g-Dosis unverändert in den Faeces, 12 u. 14% im Harn als *Pentachloranilin* (**II**) u. *N-Acetyl-S-pentachlorphenylcystein* (**III**). Von einer 2 g-Dosis *2.3.4.6-Tetrachlornitrobenzol* (**IV**) erschienen 31 u. 32% im Harn als *2.3.4.6-Tetrachloranilin* u. *N-Acetyl-S-[2.3.4.6-tetrachlorphenyl]-cystein.* Die verstärkte *Glucuronsäure* (**V**)-Ausscheidung nach **IV** kann in Form von freier u./oder alkalilabiler Glucosiduronsäure erfolgen. Die Bldg. der Mercaptursäure aus **I** erfordert Ersatz einer Nitrogruppe durch einen Acetylcysteylrest. Die Bldg. derjenigen aus **IV** erfolgt wahrscheinlich analog. Die Stabilität der Nitrogruppe einiger Polychlornitrobenzole gegen äthanol. NaOH wurde mit der Neigung zur in vivo-Mercaptursäurebldg. verglichen. Unters. des Harns nach *2.3.6-, 2.4.5-* oder *2.4.6-Trichlornitrobenzol*-Gaben zeigte nur in den beiden ersten Fällen Mercaptursäurebildung.

Versuche: *N-Acetyl-S-pentachlorphenyl-L-cystein,* $C_{11}H_8Cl_5NO_3S$, F. 233°, aus 48-Std.-Harn nach **I**-Zufuhr durch Fällen bei p_H 1 u. Extraktion des Nd. mit 0,1n NaOH; Nädelchen, $[\alpha]_D^{23}$ $+29,2 \pm 2^0$ (c = 0,22; A.). Durch Kochen mit 2n NaOH unter N_2 *Pentachlorthiophenol,* C_6HCl_5S, F. 232—234°; 62,5%. — *N-Acetyl-S-[2.3.4.6-tetrachlorphenyl]-L-cystein,* $C_{11}H_9Cl_4NO_3S$, F. 193°, aus 48-Std.-Harn nach **IV**-Zufuhr; $[\alpha]_D^{25}$ $+22 \pm 2^0$ (c = 0,96; O). Durch alkal. Hydrolyse *2.3.4.6-Tetrachlorthiophenol,* $C_6H_2Cl_4S$, F. 102—104°; 52%. (Biochem. J. **61.** 611—17. Dez. 1955. Birmingham, Univ., Med. School, Dep. of Physiol.) K. MAIER. 4607

C. Benelli, Y. Linquette und **G. Rougier,** *Beitrag zum Studium der experimentellen Toxizität eines Thiophaniumderivats. Neue Ergebnisse.* (Vgl. C. **1958.** 5744.) Nachdem an Kaninchen u. Hunden festgestellt worden war, daß der Ganglienblocker *Arfonad* (**I**) seine tox. Wrkg. durch Atemlähmung entfaltet, wird nun bei mit Chloralose narkotisierten Hunden dieser Wirkungsmechanismus untersucht. Es wird festgestellt, daß eine intravenöse Injektion von 5—10 mg **I** eine Apnoe bewirkt, die durch eine vorübergehende depressive Wrkg. am Atemzentrum ausgelöst wird. Außerdem tritt eine kurze Hypotension auf. Man kann durch CO_2-Atmung oder durch künstliche Atmung den Tod der Tiere verhindern. (C. R. Séances Soc. Biol. Filiales **151.** 1505—07. 1957, herausgeg. 15/4. 1958. Bordeaux, Fac. de Méd., Labor. de Physiol.) G. KIMMERLE. 4607

Leonard F. Bélanger, *Autoradiographische Untersuchungen über Sulfat–Mucopolysaccharid-Metabolismus im Knorpel von osteolathyrischen Ratten und Hühnchen.* Die $^{35}SO_4{}^{2-}$-Fixierung in vivo ist in lathyr. Ratten u. Hühnchen gleich oder leicht erhöht gegenüber Normaltieren. ^{45}Ca-Aufnahme (in vitro) war durch demineralisierte Knorpel in den äußeren Teilen des Schienbeins beträchtlich niedriger als in den inneren u. auch niedriger als bei den Kontrolltieren. (Proc. Soc. exp. Biol. Med. **99.** 605—07. Dez. 1958. Ottawa, Canada, Univ. of Ottawa, School of Med., Dep. of Histol. and Embryol.) U. GERHARDT. 4608

G. Valette, M.-L. Hureau und **J. Cariou,** *Einiges über die Pharmakologie des Podophyllotoxins.* Bei Verss. an Dünndarmelementen a) in situ, b) in isoliertem Zustand wirkte *Podophyllotoxin* bei a) peristaltikbeschleunigend auf BAUHIN-Klappe u. Colon, bei b) depressiv auf das Rattenduodenum (RD), aber in lokaler Aktion kontrahierend auf das Rattencolon u. noch stärker auf das Meerschweinchenileum (MI). Es hemmt die *Acetylcholin*-Wrkg. auf das RD, steigert aber die des *Histamins* auf das MI. Es verbindet sich mit Serumalbumin wie eine Anzahl anderer Stoffe (Anthranole u. Anthrachinone) mit purgativen Eigenschaften. (Ann. pharmac. franç. **16.** 169—79. März 1958. Paris, Fac. de Pharm., Labor. de Pharmacodyn.; C.N.R.S.) W. SCHULENBURG. 4608

J. Lecomte, *Die Histamin in Freiheit setzende Wirkung von Chlorochin.* Vf. untersucht, ob *7-Chlor-4-[1-methyl-4-diäthylaminobutylamino]chinolin* (*Nivaquine,* SPECIA) die Wrkg. hat, *Histamin* aus dem Gewebe zu befreien. Das *Nivaquine* wurde in 1% ig. Lsg. vagotomierten Katzen intravenös, Kaninchen subcutan, Menschen subcutan in Unterarm oder die Rückenpartie verabreicht. Außerdem wurden Gaben verschied. Konz. Ratten in den Hinterleib injiziert. Der Geh. an freiem *Histamin* wurde durch die isoton. Ileumkontraktion des Meerschweinchens oder durch die systol. arterielle Depression bei der Katze festgestellt. Bei der Ratte bewirkt die Injektion ein klares Infreiheitsetzen von *Gewebehistamin.* Bei der Katze konnte freies *Histamin* nicht eindeutig nachgewiesen werden. Beim Kaninchen wird nur sehr wenig *Histamin* in Freiheit gesetzt. Beim Menschen befreit *Nivaquine* nur in Ausnahmefällen *Hauthistamin.* (C. R. Séances Soc. Biol. Filiales **149.** 1693—95. Aug./Sept. 1955. Liège, Belgien, Univ., Inst. de Clin. et de Pathologie méd.) A. GUDE. 4610

Stanley L. Leithold, Paul S. Reeder und **Lyle A. Baker,** *2-Hydroxystilbamidinbehandlung einer Kryptokokkeninfektion bei einem Patienten mit Boeckschem Sarcoid.* Über die erfolgreiche Behandlung einer Kryptokokkeninfektion mit *2-Hydroxystilbamidin* wird berichtet. (A. M. A. Arch. intern. Med. **99.** 736—43. Mai 1957. Hines, Ill., Veterans Admin. Hosp.) U. BALZER. 4610

Hiroshi Nakada, *Biologische Untersuchungen über Isonicotinsäurehydrazid.* 3. Mitt. *Einfluß von Isonicotinsäurehydrazid auf experimentelle Tuberkulose.* (1. Teil). (2. vgl. Z. japan. Ges. chem. Therap. **2.** [1954.] Nr. 3.) Mit 1,0 u. 0,01 mg H 37 Rv infizierte Meerschweinchen werden oral mit 50 mg Isonicotinsäurehydrazid (I)/kg/Tag behandelt u. 20 Wochen beobachtet. Nach 8 Wochen zeichnete sich eine deutliche Wrkg. ab u. nach 20 Wochen waren in keinem Organ mehr Knötchen vorzufinden. Die verschieden hohe Dosierung bei der Infektion bedingt verschiedene patholog. Bilder, die aber nach 3 Wochen einander ähnlich werden. (Jap. J. Bacteriol. **9.** 829—33. Okt. 1954. Tokyo, Inst. Infect. Diseas. [Orig.: japan.]) L. SCHULER. 4610

Hiroshi Nakada, *Biologische Untersuchungen über Isonicotinsäurehydrazid.* 4. Mitt. *Einfluß von Isonicotinsäurehydrazid auf experimentelle Tuberkulose.* (2. Teil). (3. vgl. vorst. Ref.) Die mit M. tuberculosis infizierten u. an Tuberkulose erkrankten Meerschweinchen werden mit verschieden hohen Dosen Isonicotinsäurehydrazid behandelt. Aus den Ergebnissen wird geschlossen, daß die z. Z. beim Menschen benutzten Dosen für eine sichere Wrkg. zu klein sind. — 31 Literaturangaben. (Jap. J. Bacteriol. **9.** 1085—90. Dez. 1954. [Orig.: japan.]) L. SCHULER. 4610

Hiroshi Nakada, *Biologische Untersuchungen über Isonicotinsäurehydrazid.* 5. Mitt. *Gesamtkonzentration von Isonicotinsäurehydrazid im Blut nach oraler Gabe und der darauf beruhende Einfluß auf experimentelle Tuberkulose.* (4. vgl. vorst. Ref.) Im Blut von Meerschweinchen finden sich (nach KELLY u. POET) bei oraler Gabe von 50 mg Isonicotinsäurehydrazid (I)/kg maximal (nach 3 Std.) 19,5 γ I, nach 24 Std. 2 γ u. nach 48 Std. 0 γ; entsprechend bei 25 mg I 11,6 (2 Std.), 1 u. 0 (48 Std.) sowie bei 5 γ/kg 4,5 γ (2 Std.), 0,5 (8 Std.) u. 0 (20 Std.). Angebracht wäre als Konz. im Blut das 11—44fache der in vitro gefundenen minimalen Hemmkonzentration. (Jap. J. Bacteriol. **10.** Nr. 1. 37—40. Jan. 1955. [Orig.: japan.]) L. SCHULER. 4610

J. Garcia del Moral und **Manuel Ferris,** *Vergleichende Untersuchung von Isonicotinsäurehydrazid-p-aminosalicylat bei Thorakoplastiken. Isonicotinsäurehydrazid-p-aminosalicylat* (**I**) ergibt in 85 Thorakoplastikfällen ausgezeichnete Ergebnisse hinsichtlich Normalisierung der Blutsenkungsgeschwindigkeit, bakteriol. Befund u. Allgemeinbefinden. I scheint besser wirksam zu sein als *Isonicotinsäurehydrazid* (II) oder als II + *p-Aminosalicylsäure,* die Wrkg. hält länger an, u. das Auftreten von Resistenz ist seltener. (Med. españ. **38** (**20**). 427—30. Mai 1957. Valencia, Serv. de Aparato Respir. y Cir. Torac. de la O. S. 18 de Julio.) K. BOHLE. 4610

Jirō Nozaki, *Experimentelle Untersuchungen über Isonicotinsäurehydrazidkrämpfe bei Mäusen.* 30 Min. bis 2 Std. nach Injektion von 0,15—0,3 mg *Isonicotinsäurehydrazid* (I)/g Körpergewicht auftretende Krämpfe können durch Injektion von 4—5 mg *Glucuronat* 15 Min. vor I-Verabfolgung gedämpft werden, während *Glycin* (1,0—1,5 mg), *Pyridoxin* (0,2 u. 1,0 mg) u. *Pyridoxamin* (0,15 u. 1,0 mg) diese Wrkg. nicht haben. 0,2 g *Pyridoxal* beschleunigt sogar das Auftreten der Krämpfe. (Vitamins [Kyoto] **16.** 516—18. 25/5. 1959. Tōkyō-Jikeikai Ika-Daigaku, Ikagaku-Kyōshitsu. [Orig.: japan., Auszug: engl.]) F. MOSSNER. 4610

Akira Tayama, *Chemische Bestimmung des Streptomycinblutspiegels.* Vf. berichtet über die Best. der *Streptomycin*-Konz. im Blut nach den Methoden von BOXER u. JELINEK (J. biol. Chemistry **170.** [1947.] 491) u. MARSHALL u. Mitarbeitern (J. Pharmacol. exp. Therapeut. **90.** [1948.] 367). Die mit beiden Methoden gefundenen Werte stimmen überein; die Werte liegen meist etwas über den mit biol. Verff. gewonnenen. Die Meth. von BOXER ist in wss. Lsgg. bis zu Minimalkonzz. von 0,5 γ/cm^3, in Plasma bis zu 5 γ/cm^3 anwendbar, die Meth. von MARSHALL bis 2,5 γ/cm^3 bzw. 5 γ/cm^3. — Tabellen, Kurven, Diskussion der Ergebnisse. (Sci. Rep. Res. Inst. Tóhoku Univ., Ser. C **8.** 219—36. Juni 1958. Sendai, Japan, Tohoku Univ., Res. Inst. for Tubercul. and Leprosy. [Orig.: engl.]) H. GOEBEL. 4611

Akira Tayama, *Untersuchungen über den chemischen Nachweis von Streptomycin im Urin und über seine Konzentration nach intramuskulärer Injektion.* (Vgl. auch vorst. Ref.) Vf. vergleicht die Methoden zur *Streptomycin* (I)-Best. im Urin nach MARSHALL u. Mitarbeitern (A; J. Pharmacol. exp. Therapeut. **90.** [1947.] 367), BOXER u. Mitarbeiter (B; J. biol. Chemistry **169.** [1947.] 153) u. JELINEK u. Mitarbeitern (C; J. biol. Chemistry **175.** [1948.] 367). Mit Meth. A können im Urin 50—3000 [γ I/cm^3], mit Meth. B 25—2000 bestimmt werden. Bei Meth. C (Fluorescenzmeth.) gelang es nicht, ausreichend klare Urinproben herzustellen, sie eignet sich daher nicht zur I-Best. im Urin. Meth. A u. B liefern im allg. übereinstimmende Werte. Nach intramuskulärer I-Verabreichung erreicht die I-Konz. im Urin nach 2—3 Std. Maximalwerte; innerhalb von 24 Std. werden ca. 75% I wieder ausgeschieden. — Tabellen, Kurven; Diskussion. (Sci. Rep. Res. Inst. Tôhoku Univ., Ser. C **8.** 307—21. Okt. 1958. Sendai, Japan, Tohoku Univ., Res. Inst. for Tuberculosis and Leprosy. [Orig.: engl.]) H. GOEBEL. 4611

I. A. Parfentjev, *Pränataler Schutz durch Hefeantibioticum* (*Malucidin*) *bei Mäusen.* Intraperitoneale u. intravenöse Injektion von 10 mg/kg eines Komplexproteins mit weitgespannten antibiot. Eigg. aus Bäcker- oder Bierhefe (*Malucidin*) bei trächtigen Mäusen, ca. 2—3 Tage vor dem Wurf, bewirkt eine größere Resistenz der betreffenden Nachkommenschaft gegenüber Proteusbazillen als sie bei n. Säuglingsmäusen zu erwarten ist. (Science [Washington] **126.** 928. 1/11. 1957. New Haven, Conn., Yale Univ., School of Med., Dep. of Microbiol.) U. TAUSENDFREUND. 4611

C. M. Bianchi, *Über die Anwendung hypertonischer Glucoselösungen beim durch Transfusionen oder Infusionen hervorgerufenen Schüttelfrost. Experimenteller Beitrag.* Bei Kaninchen, die durch Injektion von Pyrogen U (gereinigter Harnextrakt) mit einem Temperaturanstieg um 2—3° reagierten, trat dieser nicht auf (oder nur schwach), wenn gleichzeitig *37%ig. Glucose*-Lsg. verabfolgt wurde (Menge nicht angegeben). 1 Std. später gegebene Glucoselsg. kupierte die Hyperthermie. (Farmaco [Pavia], Ediz. sci. **13.** 719—25. Okt. 1958. Pavia, Univ., Ist. di Clin. Chirurg. Generale e Terapia Chirurg.; Cremona, I. Div. Chirurg. Ist. Ospital.) P. LOCH. 4616

S. C. Kalser, J. H. Wills, J. D. Gabourel, R. E. Gosselin und **C. F. Epes,** *Weitere Untersuchungen über die Ausscheidung von $^{14}C_{(\alpha)}$-Atropin.* Die Ausscheidung von $^{14}C_{(\alpha)}$-*Atropin* (I) im Harn u. die Gewebeverteilung von I wird an Albinoratten, Katzen u. Meerschweinchen untersucht. 24std. Fasten vor den Verss., W. ad libitum. I wurde intravenös (2 mg/kg im Citratpuffer, p_H 4,5) verabreicht. 2 Ratten wurden getötet nach 30 Min., 9 nach 4 Std., je 1 nach 6½ bzw. 24 Std. nach I-Gabe). 3 Meerschweinchen wurden getötet nach 30 Min., je 1 nach 2,5 u. 4 Std. (Chlf.). Harn, Galle u. Gewebeproben wurden entnommen u. behandelt wie von Vff. beschrieben (C. **1957.** 7718). Die chromatograph. Unterss. wurden mit dem Syst. 100 Vol. n-Butanol, 14 Vol. Eisessig (gemischt u. mit W. gesätt.) ausgeführt. In der Ratte u. Katze wird I zum großen Teil unverändert ausgeschieden. Die isolierten Stoffwechselprodd. werden nur durch R_F-Werte bezeichnet. Leber, Niere, Lunge, Pankreas, Duodenum u. Jejunum nehmen anfangs das markierte Präp. am stärksten auf. Bei Katze u. Ratte (nicht bei Maus u. Meerschweinchen) ist die Ausscheidung von ^{14}C in den Faeces etwa der im Urin gleich. (J. Pharmacol. exp. Therapeut. **121.** 449—56. Dez. 1957. Maryland, US Army Chem. Center, Pharmac. Branch.) WALTER SCHÄFER. 4620

K. Kovács, G. S. Kovács, B. M. Kovács und **G. Petri,** *Die Wirkung von Chlorpromazin auf die Aktivität des antidiuretischen Hormons.* Vff. geben wasserbelasteten ♂ u.

♀ Ratten 30 Min. vor u. gleichzeitig mit einer 2. Wasserzufuhr (5% des Körpergewichts) eine intraperitoneale Injektion von physiol. NaCl-Lsg. (0,5 ml/100 g Körpergewicht), eine subcutane Zufuhr von *Chlorpromazin* (I; 0,15 u. 5 mg/100 g), *Nicotintartrat* (II, 0,5), I + II (0,15 u. 1,5) sowie Hypophysenhinterlappenextrakt (III, *Piton*, ORGANON; 20 mE./100 g) u. I + III (0,15 u. 1,5) u. bestimmen die ausgeschiedene Harnmenge. Es wird festgestellt, daß die nach NaCl-Zufuhr u. Wasserbelastung auftretende Diurese durch geringe Dosen I per se nicht beeinflußt wird, während höhere I-Gaben einen mäßigen antidiuret. Effekt (u. eine Wasserretention) hervorrufen. II oder III hemmen die Diurese zu 90 bzw. 70%. In Verbindung mit I u. gleichzeitiger Wasserzufuhr tritt bei Ggw. von II u. III (bes. mit höheren I-Dosen) eine fast vollständige Wasserretention ein. I potenziert also den antidiuret. Effekt von II u. III. Die Ergebnisse zeigen, daß die peripheren Wrkgg. des antidiuret. Hormons exo- u. endogener Herkunft durch I verstärkt werden, indem es die Funktion von III-inaktivierenden Systemen in der Leber u. den Nieren hemmt. Der Reaktionsmechanismus von I ist nicht bekannt. (Arch. int. Pharmacodynam. Thérap. **109.** 1—7. 1/1. 1957. Szeged, Ungarn, Univ., School of Med., Operat. Surg., Dep. of Med.; Inst. of exp. and operat. Surg.) P. FAHRNLAENDER. 4620

R. G. Bartlett jr. und **U. D. Register,** *Die Einwirkung von Chlorpromazin und Anästheticis auf die nicht aus Gewebeproteinen herrührenden Sulfhydrylverbindungen bei normo- und hypothermen Ratten.* Vff. geben ♀ Ratten *Chlorpromazinhydrochlorid* (I, intraperitoneal) bzw. folgende Anästhetica: Ae., N_2O; *Phenobarbital-Na* (II, 20 mg/kg); *Pentobarbital-Na* (III, *Nembutal,* 70); *Thiopental-Na* (IV, Pentothal, 75) u. *Thiamylal-Na* (V, Surital, 25) u. setzen die eine Gruppe von Tieren einer Temp. von 39° (a), die andere einer solchen von 0° (b) aus, wobei die Körpertemp. der Tiere innerhalb einer Versuchszeit von 4 Std. auf 18° absinkt. Es werden die nicht aus Proteinen herrührenden Sulfhydrylverbb. (NPSH) in der Leber u. den Nieren nach BENESCH u. BENESCH (C. **1951.** I. 2939) bestimmt. Aus den Ergebnissen geht hervor, daß I u. sämtliche Anästhetica den NPSH-Geh. der Leber erniedrigen. Bei b verursachen **II, IV** u. **V** ein im Vgl. zu a stärkeres Absinken der NPSH-Konzz., während sie durch **I, III,** N_2O u. Ae. nicht wesentlich im Sinne eines weiteren Abfalls beeinflußt werden. N_2O, Ae. u. II senken bei a auch den NPSH-Geh. der Nieren, der durch I u. V nicht verändert, durch IV etwas erhöht wird. b beeinflußt die Nieren-NPSH-Menge nicht in Ggw. von Ae., N_2O, II u. V, erniedrigt dieselbe jedoch unter dem Einfl. von IV u. I. Durch IV wird auch der NPSH-Geh. des Blutes gesteigert. I u. III hemmen also den durch Hypothermie aktivierten Vorgang, der den NPSH-Geh. der Leber erniedrigt. (Proc. Soc. exp. Biol. Med. **90.** 500—02. Nov. 1955. Loma Linda, Calif., Coll. of Med. Evang., School of Med., Dep. of Physiol. and Biochem.) P. FAHRNLAENDER. 4627

C. Luzi, *Über die Kombination von gefäßverengenden Mitteln mit Lokalanästheticis.* Bei der Infiltrationsanästhesie mit *Novocainhydrochlorid* u. Zusätzen von gefäßverengenden Mitteln wurden an Ratten folgende Beobachtungen gemacht: Vasoconstrictoren vertiefen u. verlängern die Anästhesie. Das am meisten verwendete *Adrenalin* war nach den Versuchsergebnissen indessen weniger geeignet als *Noradrenalin.* Auch *Phenylisopropylamin* scheint zur Kombination ungeeignet zu sein. Am eindrucksvollsten waren Vers. mit *Enteramin.* (Farmaco [Pavia], Ediz. sci. **13.** 710—18. Modena, Univ., Ist. di Farmacol.; Bologna, Clin. Malattie della Bocca.) P. LOCH. 4627

H. F. Zipf und **E. Kreppel,** *Langanhaltende Endoanästhesie durch Dodecylpolyäthylenoxydäther. DoR 9* (I), ein *Gemisch aus Dodecylpolyäthylenoxydäthern,* bei dem Dodecylalkohol mit ca. 9 Äthylenoxydresten verknüpft ist, *DoR 9/R 2* (II), ähnliches Gemisch mit ca. 7,1 Äthylenoxydresten u. *DoR 9/R 3* (III) mit durchschnittlich 11,9 Äthylenoxydresten zeigen nach intravenöser Injektion u. gleichzeitiger Ableitung der Aktionsströme vom freigelegten Halsvagus (Katze, Meerschweinchen) *Dämpfung der Impulsamplituden* u. *Verkürzung der Dauer der inspirator. Impulsaussendung.* Gegenüber *Procain* stärkere Dämpfung nach längerer Latenz u. längere Wirkungsdauer ohne initiale Erregung. 30 mg III/kg führten zu kurz dauerndem, fast völligem Herzstillstand u. völligem Verlust der Impulstätigkeit der Lungendehnungsreceptoren. Die Wrkg. von *Veratrin* läßt sich durch I, II u. III aufheben. (Naunyn-Schmiedebergs Arch. exp. Pathol. Pharmakol. **226.** 340—47. 19/9. 1955. Bonn, Univ., Pharmakol. Inst.)
D. NEUBERT. 4627

H. F. Zipf, E. Kreppel und **E. Wetzels,** *Untersuchungen zur Definition einer katelektronischen Form der Endoanästhesie. α'-Cyclooctylbenzyl-β-pyrrolidinoäthyläther-hydrochlorid* (I; *B 77*) u. *α'-Cyclooctylbenzyl-β-diäthylaminoäthylätherhydrochlorid* (II; *B 76*) zeigen nach intravenöser Injektion u. bei Ableitung der Aktionsströme vom freigelegten Halsvagus des Meerschweinchens zuerst Sensibilisierung, später Desensibilisierung der Lungendehnungsreceptoren. Wiederholte Veratringaben führen zum gleichen

Bild mit Verlängerung der Sensibilisierungsphase. Die Desensibilisierung dauert länger als bei *Procain*. Am isolierten Musculus gastrocnemius des Frosches zeigt II eine kontrakturerzeugende Wirkung. Die anfängliche Erregungskontraktur kann durch Procainvorbehandlung verhindert werden, die spätere Schädigungskontraktur nicht. Verkürzung des Muskels um sein proximales Drittel (Verlust der neuromuskulären Übertragungsapparate nach NEUSCHLOSZ) zeigt gleichen Effekt wie Procainvorbehandlung. *DoR 9/R 3* (III), ein Gemisch aus Dodecylpolyäthylenoxydäthern, bei dem Dodecylalkohol mit ca. 11,9 Äthylenoxydresten verknüpft ist, zeigt nur Erregungskontraktur, die durch Procainvorbehandlung oder Abschneiden des proximalen Muskeldrittels unterdrückt werden kann. *Procain* zeigt gegenüber II u. III einen partiellen antihämolyt. Einfluß. Vff. diskutieren die Wrkg. von I, II u. III als katelektroton. Endoanästhetica. (Naunyn-Schmiedebergs Arch. exp. Pathol. Pharmakol. **226**. 348—62. 19/9. 1955. Bonn, Univ., Pharmakol. Inst.) D. NEUBERT. 4627

H. F. Zipf und **H. Oehler**, *Die Trachealverschlußreaktion nach Head, eine Hilfsmethode zum Nachweis endoanästhetischer Wirkungen*. Schließung der Trachea in inspirator. Endlage bei intakten Nervi vagi führt zu einer Verlängerung der nachfolgenden Exspirationsphase (gemessen durch Ableitung der Impulse vom freigelegten Halsvagus): Exspirator. aktivierende Trachealverschluß-Rk. (e.a.TVR). *Procain* (I), *Tetracain* (II), *Lidocain* (III) u. *Hostacain* (IV) führen nach inspirator. Trachealverschluß zu deutlich verkürzter Exspirationsphase. *Veratrin* u. Morphin führen zu einer Verlängerung der e.a.TVR, die sich durch I, II, III u. IV teilweise oder völlig aufheben läßt. Vff. erklären diese Wrkgg. als Endoanästhesie der Lungendehnungsreceptoren. (Naunyn-Schmiedebergs Arch. exp. Pathol. Pharmakol. **226**. 363—76. 19/9. 1955. Bonn, Univ., Pharmakol. Inst.) D. NEUBERT. 4627

P. Reichertz, H. F. Zipf und **K. Hansen**, *Vergleichende Prüfung verschiedener Endoanästhetica an den Lungendehnungsreceptoren des Meerschweinchens*. Mittels der von ZIPF u. REICHERTZ (vgl. Naunyn-Schmiedebergs Arch. exp. Pathol. Pharmakol. **231**. [1957.] 96) angegebenen Meth. (elektrophysiol. Integrierverf.) wurden die Endoanästhetica *Procain* (*Hydrochlorid*, I), *Tetracain* (*Hydrochlorid*, II), *p-[n-Butylamino]-benzoesäure-[nonaäthylenglykolmonomethyläther]-ester* („*Tessalon*", HOECHST, III) u. *Dodecylnonaäthylenoxydäther* (IV) an den Lungendehnungsreceptoren von Meerschweinchen in Urethannarkose vergleichend untersucht. Für II wurde $^1/_6$ der akuten intravenösen DL_{50} beim Meerschweinchen (DL_{50} = 4 mg/kg), für I (50 mg/kg), III (4,4 mg/kg) u. IV (38 mg/kg) $^1/_{10}$ der akuten intravenösen DL_{50} beim Meerschweinchen gegeben. I, II u. III wirkten als Esterlokalanästhetica schnell, aber nur flüchtig. Es war aber III stärker wirksam als I u. II. IV hatte die gleiche Wirkungstiefe wie III, jedoch eine 11fach längere Wirkungsdauer. (Arzneimittel-Forsch. **7**. 739—42. Dez. 1957. Berlin, FU, Veterinärmed. Fak., Inst. für Pharmakol. u. exp. Pathol.) G. KIMMERLE. 4627

H. Hofmann, K.-H. Boltze und **K.-H. Chemnitius**, *α.β-substituierte $\Delta^{\alpha,\beta}$-Butenolide als neue Lösungsvermittler für Dipyrin*. Die von Vff. beschriebenen *$\Delta^{\alpha,\beta}$-Butenolide* (I) *n-Butyl*-I u. *Benzyl*-I sind hervorragende Lösungsvermittler für *Dipyrin* (II). Ihre pharmakol. Eigg. sowie die von Kombinationen mit II werden eingehend untersucht u. beschrieben. Es ergab sich, daß die I sich durch sehr geringe Toxizität u. sehr gute lokale Verträglichkeit auszeichnen. Die I entfalten nach Resorption eine reversibel depressive Wrkg. u. vermögen hierdurch die erregende Komponente des II zu antagonisieren. I-II-Kombinationen besitzen eine relativ hohe Krampfschwellendosis u. unterscheiden sich dadurch von heute klin. angewendeten II-Kombinationslösungen. Die I besitzen keine nennenswerte analget., antipyret. u. antiphlogist. Wrkg., u. bei I-II-Kombinationen wird die antirheumat. Wrkg. des II überadditiv gesteigert. Die I rufen keine Diureseverminderung hervor, sie besitzen leicht dilator. Wrkg. auf die peripheren Gefäße u. sind auf Herz u. Kreislauf prakt. ohne Wirkung. Diese Unterss. zeigen, daß I-II-Kombinationspräpp. für die Therapie rheumat. Erkrankungen empfohlen werden können. (Arzneimittel-Forsch. **6**. 208—13. April 1956. Jena, Univ., Inst. für Pharmakol.) M. NEGWER. 4627

Karl-Heinz Boltze, *Chemische Konstitution und pharmakologische Wirkung α.β-substituierter Δ^{α}-Butenolide*. Die untersuchten Verbb. *α-n-Butyl-β-hydroxy-Δ^{α}-butenolid* (*L 2*; I) u. *α-Benzyl-β-hydroxy-Δ^{α}-butenolid* (*L 4*; II) sind α-ungesätt. Lactone mit einer hydrophilen Gruppe in β-Stellung (in verschied. lipophilen Substituenten in α-Stellung). Diese Konst. haben sie mit mehreren hochwirksamen Pharmaka wie Vitamin C, Penicillinsäure, Kawain u. a. gemeinsam. Die formelmäßige Analogie von I u. II zum *Amidopyrin* (III) u. ihre gute Wasserlöslichkeit machen sie zu sehr guten Lösungsvermittlern für III. Die pharmakol. Eigg. von Kombinationen aus I u. II mit III wurden untersucht u. mit der Kombination III-*Butazolidin* (IV), unter dem Namen

Irgapyrin bekannt, verglichen. Die Toxizitätswerte waren folgende: I–III 750 (mg/kg, Maus, subcutan); II–III 610; I allein 1750; II allein 2150; der Standard III–IV 273; IV allein 245.

Versuche: *α-n-Butyl-β-hydroxy-Δ^α-butenolid* (L 2; I), aus Bromacetylbromid u. Malonester zu β-Hydroxy-Δ^α-butenolid u. anschließend reduktive Alkylierung mit Butyraldehyd. — *α-Benzyl-β-hydroxy-Δ^α-butenolid* (L 4; II), a) durch katalyt. Hydrierung von Zimtsäure u. Umsetzung mit Bromacetylbromid; b) aus Acetessigester, der in α-Stellung alkyliert wurde, Bromierung in γ-Stellung u. Cyclisierung. (Wiss. Z. Friedrich-Schiller-Univ. Jena/Thür., math.-naturwiss. Reihe **4**. 545—49. 1954/55. Jena, Friedrich-Schiller-Univ., Inst. für Pharmakol.) P. FAHRNLAENDER. 4627

Heinrich Hofmann und **Klaus-Henning Chemnitius**, *Über die pharmakologischen Wirkungen von α.β-substituierten Δ^α-Butenoliden.* (Vgl. vorst. Ref.) Vff. bestimmen in weiteren Verss. die akuten u. chron. Toxizitäten u. pharmakol. Eigg. von *α-n-Butyl-* (I) u. *α-Benzyl-β-hydroxy-Δ^α-butenolid* (II) u. *Amidopyrin* (III) sowie von I–III- bzw. II–III-Kombinationen (15 : 15% in wss. Lsg.). Als Vergleichssubstanz dient *Irgapyrin* (IV). Die akuten Toxizitäten betragen: I: 1187 mg/kg (Maus, intravenös); 1750 (Maus, subcutan); 2875 (Ratte, intramusculär). — II: 1375; 2150; 2875. — I–III: 156; 750; 638. — II–III: 187; 610; 675. — IV: 103; 273; 250. I u. II besitzen eine sehr geringe Toxizität u. setzen die von III stark herab. Ihre reversibel depressive Wrkg. auf das Zentralnervensyst. (ZNS) (zentrale Atemlähmung, Erstickungskrämpfe) setzt erst bei hohen Dosen ein u. vermag die erregende Wrkg. von III zu antagonisieren. Als Krampfschwellen (in mg/kg) werden ermittelt: I: 1250 (Maus, intravenös); 1500 (Maus, subcutan); 2500 (Ratte, intramusculär). — II: 1500; 2000; 2500. — I–III: 125; 700; 450. — II–III: 150; 550; 300. — IV: 75; 75; 225. Im Vgl. mit *Butazolidin* (DL_{50}: 150,2) sind I u. II ca. 10mal weniger tox. wirksam. Innerhalb einer Versuchsreihe von 3 Monaten ergab die Best. der chron. Toxizität (Unters. an Ratten, die 20% der DL_{50} an I, II bzw. Butenolid–III-Gemischen intramusculär injiziert erhalten haben), daß diese Lösungsvermittler, abgesehen von einer leichten Beeinflussung der Schilddrüse (Zunahme der Epithelschichtdicke), keine patholog. Erscheinungen hervorrufen. I u. II besitzen erhebliche sedative (Verss. an Mäusen, 20% der DL_{50} subcutan), aber nur sehr geringe analget. (Maus, 100 mg/kg subcutan; Meerschweinchen, 200), antiphlogist. (Maus, 100; Meerschweinchen, 200 subcutan; Kaninchen, 40 intravenös u. intramusculär) u. keine antipyret. Wrkgg. (Kaninchen, 40 intravenös; Meerschweinchen, 200 subcutan; $^1/_4$ DL_{50}, Ratten intramusculär). In Kombination mit III werden jedoch vorst. Wirkungseffekte, die das reine III besitzt, verstärkt. Das isolierte Froschherz wird nur durch sehr hohe I- u. II-Konzz. (2—5%; IV: 0,25%) geschädigt (Verminderung der Frequenz u. Amplitude). Auf den Blutdruck wirken die Butenolide nur wenig ein (Verss. an Katzen, 60 mg/kg; Abfall um 25—45%), in Verbindung mit III wird ein stärkeres Absinken des Blutdruckes (bis zu 90%) beobachtet. Die peripheren Gefäße zeigen unter dem Einfl. von I u. II eine Dilatation. In Kombination mit III kommt es bei Dosen > 25 mg dagegen zu einer Gefäßkonstriktion. Die Butenolide zeigen auf den isolierten Darm des Meerschweinchens keine Antihistaminwrkg. u. beeinflussen den durch Histaminaerosol hervorgerufenen Bronchospasmus nicht, sind jedoch leicht diuret. wirksam; in ihrer Ggw. wird keine Wasserretention festgestellt. Die lokale Verträglichkeit von I u. II u. deren Kombination mit III ist gut; Reizungen treten nach mehrfachen intramusculären Injektionen nicht auf. Aus den Ergebnissen geht hervor, daß die Butenolide als Lösungsvermittler für III brauchbar sind. (Wiss. Z. Friedrich-Schiller-Univ. Jena/Thür., math.-naturwiss. Reihe **4**. 551—58. 1954/55. Jena, Friedrich-Schiller-Univ., Inst. für Pharmakol.) P. FAHRNLAENDER. 4627

Georg Bromig, *Über neue, starkwirkende Analgetica und ihre klinische Erprobung.* Es werden zwei Präpp., welche keine morphinähnlichen Strukturen aufweisen, auf ihre analget. Wrkg. untersucht. Es handelt sich um *1-[β-Diäthylaminoäthyl]-2-[p-chlorbenzyl]-5-nitrobenzimidazolmethansulfonat* (*19′390*; I) u. *1-[β-Diäthylaminoäthyl]-2-[p-methoxybenzyl]-5-nitrobenzimidazolhydrochlorid* (*20′227*; II; beide Präpp. von CIBA A. G., Wehr/Baden). In klin. Unterss. an 363 Patienten erwies sich I, das intravenös, intramusculär, subcutan oder oral verabfolgt wurde, analget. 10fach wirksamer als Morphin u. frei von Nebenwirkungen. — Die Neben-Wrkgg. von II sind häufiger als die von Morphin. Eine bedrohliche Atemlähmung durch 1 mg II konnte durch 5 mg N-Allylnormorphin behoben werden. (Klin. Wschr. **36**. 960—63. 15/10. 1958. Frankfurt/M., Univ., Chirurg. Klinik.) H. STRUCK. 4627

W. M. Benson, D. J. Cunningham, D. L. Hane und **S. van Winkle**, *Analgetische Wirksamkeit und Toxizität von RO 2-7113.* Vff. bestimmen die analget. Wirksamkeit u. Toxizität von *dl-1-Methyl-3-allyl-4-propionyloxypiperidiniumhydrochlorid* (I, RO 2-7113) an Mäusen (a), Ratten (b), weißen Kaninchen (c) u. Hunden (d) im Vgl. mit *dl-α-1.3-Dimethyl-4-phenyl-4-propionyloxypiperidiniumhydrochlorid* (II, *α-Prodinhydrochlorid, Nisentilhydrochlorid*) u. *Lävo-3-hydroxy-N-methylmorphinantartrat* (III, *Lävorphantartrat, Lävodromorantartrat*). Die mittlere analget. Dosis (DA_{50}) für a beträgt: I: 0,07 mg/kg (intravenös); 0,36 (subcutan); 20,00 (peroral); II: 0,80 [intravenös]; III: 0,57 [intravenös]; als DL_{50} wird an a ermittelt: I: 45,8 (intravenös); 333,0 (subcutan); 536,0 (peroral); II: 51,5; III: 40,9 [intravenös]. I ist 11- bzw. 8 mal stärker analget. wirksam, aber etwas weniger tox. als II u. III. Die DL_{50}/DA_{50}-Verhältnisse betragen für I: 653 (intravenös); 925,0 (subcutan) u. 26,8 (peroral); II: 63,8 u. III: 71,9 [intravenös]. An b werden folgende DA_{50}- u. DL_{50}-Werte festgestellt: I: 0,05 (intravenös); 0,13 (subcutan); 12,00 (peroral)—13,4; 80,0; 125,0. II: 0,62; 1,00; 21,00—25,0; 50,0; 90,00. III: 0,38; 0,40; 25,00—27,1; 120,3; 163,5. Intravenös appliziert ist I doppelt so tox. wirksam wie II u. III, aber 12- u. 7 mal stärker analget. aktiv. Im Vgl. mit III ist die Wirkungsdauer von I u. II nach intravenöser Zufuhr kurzzeitiger (15—30 Min. [III: ca. 2 Std.]). Ferner besitzt I subcutan eine im Vgl. mit II 7- u. mit III 3 mal höhere analget. Aktivität, während peroral die Wirksamkeit von I etwa doppelt so groß ist wie die von II u. III. Die DL_{50}/DA_{50}-Quotienten von I für b sind: 268,0 (intravenös); 615,4 (subcutan); 10,4 (peroral); von II: 40,3; 50,0; 4,3 u. von III: 71,3; 300,0; 6,5. An c u. d werden folgende intravenösen DA_{50}, DL_{50} u. DL_{50}/DA_{50} ermittelt: I: 0,06; 7,8; 130,0 (c). — 0,80; 25,6; 32,0 (d); II: 2,00; 22,0; 11,0 — 6,40; 36,2; 5,7; III (nur c): 0,50; 20,0; 40,0. Auch bei c zeigen I u. II eine im Vgl. mit III verkürzte Wirkungsdauer. Höhere I-Dosen (0,25 mg/kg) bewirken zwar eine Steigerung derselben um 200%, rufen jedoch gleichzeitig eine Atmungsdepression (bzw. eine Abnahme des Minutenvol. um 80%) hervor. Die gleichen Neben-Wrkgg. zeigen auch II u. III in 3—4 mal höheren Dosen. Bei d ist I ca. 8 mal stärker analget. wirksam als II. Mit ausreichend hohen I-Dosen werden sedative Effekte (0,8—6,4 mg/kg) erzielt; noch höhere I-Gaben (12,8 u. 25,6) verursachen Atmungs- u. Herzdepressionen. Diese zentralen Rkk. werden von peripheren Wrkgg. cholinerg. Art (Krämpfe) begleitet. I besitzt zum Unterschied von II u. III eine hohe Sicherheitsgrenze, da bei dieser Verb. die Differenz zwischen pharmakol. u. toxikolog. wirksamer Dosis sehr groß ist. (Arch. int. Pharmacodynam. Thérap. **109.** 171—89. 1/1. 1957. Nutley, N. J., Hoffmann-La Roche Inc., Dep. of Pharm.)

P. FAHRNLAENDER. 4627

P. Holtz, H. Balzer und **E. Westermann,** *Beeinflussung der Narkosedauer durch Hemmung der Cholinesterase des Gehirns.* Nicht nur die Blockierung von Monoaminoxydase (Hemmstoff: Isopropylisonicotinsäurehydrazid) (vgl. HOLTZ, BALZER, WESTERMANN u. WEZLER, C. **1959. 14182**), sondern auch die Hemmung von *Cholinesterase* (Hemmstoffe: Physostigmin u. p-Nitrophenyldiäthylphosphat) des Gehirns verkürzt die 5-Cyclohexenyl-5-methyl-N-methylbarbitursäure- u. die Tribromäthanolnarkose. Es wird angenommen, daß die Esteraseblocker durch Hemmung der Gehirncholinesterase u. durch Aktivierung des cholinerg., aszendierenden, reticulären Syst. die dort durch Narkotica verursachte Dämpfung antagonist. beeinflussen. Atropin verringert den Verkürzungseffekt der Esteraseblocker. Eine ubiquitäre Anhäufung von freiem Acetylcholin liegt bei der narkoseverkürzenden Wrkg. der Esteraseblocker nicht vor. — Es wird auch über Beeinflussung der Narkosedauer durch Adrenalin, Noradrenalin, Methylamphetamin u. Reserpin berichtet. (Naunyn-Schmiedebergs Arch. exp. Pathol. Pharmakol. **233.** 438—67. 24/4. 1958. Frankfurt/M., Univ., Pharmakol. Inst.)

U. HACKENBERG. 4627

P. W. Ramwell, *Die Infrarotanalyse von Kohlendioxyd während der Narkose.* Es wird auf Fehlerquellen bei der IR-Analyse des CO_2 in Absorptionskammern aufmerksam gemacht, die bes. durch die verwendeten Narkosegasgemische entstehen. Es wird empfohlen, den Analysator mit bestimmten Konzz. von CO_2 in Luft oder O_2 zu beschicken u. eigene Eichkurven anzulegen. (Brit. J. Anaesthesia **29.** 156—59. April 1957. Leeds, Univ., Dep. of Anaesthesia.)

U. BALZER. 4627

Clive C. Kuenzle und **Peter G. Waser,** *Die Wirkung von Muscarin und Acetylcholin auf isolierte Irismuskeln.* Vff. messen die isometr. Muskelkontraktion an isolierten Irissphincteren des Schweines (a) u. Irisdilatatoren des Kaninchens (b) mit Hilfe photokymograph. Registrierung. Die Präpp. werden mit O_2-gesätt., glucosehaltiger TYRODE-Lsg. (Zus.: Na^+ [0,15 mol.], K^+ [0,054], Ca^{2+} [0,0022], Mg^{2+} [0,0009], PO_4^{3-} [0,0014], CO_3^{2-} [0,0024], *Glucose* [0,0016]; p_H 7,2; 37°), die Zusätze von *Muscarinchlorid* ((I), *Acetylcholinchlorid* (II), *l-Adrenalinbase* (III), *l-Noradrenalinbase* (IV), *Atropinsulfat* (V), *Prostigminmethylsulfat* (VI), *Eserinsalicylat* (VII) u. *Regitinmethansulfonat* (VIII) enthält, umströmt. Es wird festgestellt, daß I (10^{-7} mol.) an a u. b. eine viel stärkere Kontraktionswrkg. hervorruft als II ($3{,}5 \cdot 10^{-6}$). I unterscheidet sich jedoch von II durch eine verlängerte Latenzzeit u. einen langsameren Kontraktionsverlauf. Die Maximalspannung entwickelt sich durch II-Gaben schon nach 10—15 Sek., während sie durch I erst nach 2—3 Min. erreicht wird. Beim Auswaschen des Wirkstoffes zeigt die Kontraktionskurve einen erneuten raschen Spannungszuwachs, der nach I größer ist als nach II. Bei b ist der zeitliche Verlauf der I- u. II-Kontraktionen im Prinzip ebenso wie bei a; die Kontraktionen verlaufen bes. bei I etwas langsamer. Die Wirkungsschwelle von I beträgt bei a ca. 10^{-8}mol. (b: $4 \cdot 10^{-8}$ bis $2 \cdot 10^{-7}$); die von II $5 \cdot 10^{-7}$ bis 10^{-6} (b: $5 \cdot 10^{-7}$ bis $5 \cdot 10^{-6}$). In beiden Fällen steigt die Dosis–Wrkg.-Kurve von I steiler an als die von II, so daß an der Schwelle I 30—50mal wirksamer ist als II. Die gegenseitige Beeinflussung von I u. II wird mit Hilfe zweier Versuchsmethoden untersucht. Bei der einen (nach GADDUM) werden die Konzz. der beiden zu prüfenden Pharmaka ermittelt, die denselben Effekt hervorrufen. Dann werden beide Substanzen kombiniert angewendet, indem gleichzeitig von jedem Stoff 50% dieser Konzz. auf das Testpräp. zur Einw. kommen. Eine Sensibilisierung tritt ein, wenn die Kombinationswrkg. größer als der Effekt jeder Ganzdosis ist. Die 2. Meth. läßt sich aus der Dosis–Wrkg.-Kurve einer konstanten Standard-I-Konz. mit verschied. II-Mengen ableiten. Bei Sensibilisierung besteht zwischen dieser u. einer Dosis–Wrkg.-Kurve der verschied. II-Konzz., um den Konzentrationswert von II, der für sich allein eine gleich hohe Kontraktion verursacht wie die Standard-I-Konz., erhöht, keine Übereinstimmung. Es wird festgestellt, daß I direkt peripher auf die Irismuskeln ohne Freisetzung von II bei a oder III bei b einwirkt, wobei I a auf II u. b 40—50mal stärker als II auf III u. IV sensibilisiert. Die Sensibilisierungsstärke nimmt mit steigender II-Konz. zu. Bei a entsprechen $4 \cdot 10^{-8}$mol. I einer II-Menge von $7{,}4 \cdot 10^{-6}$mol. u. bei b $2 \cdot 10^{-7}$mol. I einer III-Konz. von $1{,}2 \cdot 10^{-7}$- bzw. $4 \cdot 10^{-6}$mol. II einer III-Menge von $9 \cdot 10^{-8}$mol.; auch hier nimmt die Sensibilisierungsgröße mit steigendem III-Geh. rasch zu. **V** (10^{-7}- bis 10^{-8}mol.) hemmt die I-Wrkg. bei a weniger stark als II u. unter **V** entsprechen sich $6 \cdot 10^{-7}$mol. I u. $5 \cdot 10^{-5}$mol. II (1 : 80). **VIII** (10^{-6} g/ml) beeinflußt an b I u. II etwa gleich stark depressiv. **VI** ($4—5 \cdot 10^{-7}$mol.) u. **VII** (10^{-5}) verstärken die I- u. II-Wrkg. an a nur wenig; b wird unter dem Einfl. von **VI** ($5 \cdot 10^{-7}$) gegenüber I nicht sensibilisiert. Beide Pharmaka sind aber gegenüber II viel wirksamer als gegenüber I. Aus den Ergebnissen geht hervor, daß die Wirkungsmechanismen von I u. II an a u. b nicht gleich u. die Receptoren von I daher nicht ident. mit denen von II sind. In der Fixationsstärke wird II von I übertroffen, so daß I den Muskel in stärkerem Maße als II auf mechan. Reize (z. B. Auswaschen) sensibilisiert. Dieser Befund deutet darauf hin, daß der Angriffspunkt von I verschieden ist von demjenigen des II. Entsprechend der geringen Wirkungsverstärkung von I durch **VI** u. **VII** ist Cholinesterase nicht am I-Abbau beteiligt. (Arch. int. Pharmacodynam. Thérap. **109.** 8—24. 1/1. 1957. Zürich, Univ., Pharmacol. Inst.) P. FAHRNLAENDER. 4628

José Cano Ivorra, *Veränderungen der Vaguserregbarkeit im „Prostigmin–Curare-Syndrom".* Gelegentliche Zwischenfälle bei *Curare* (I)–*Prostigmin* (II)-Anwendung gaben Veranlassung, deren Ursache experimentell an Hunden zu untersuchen. Die Vaguserregbarkeit wird durch *Barbiturate* (III) nicht verändert, die durch II erhöhte Vaguserregbarkeit durch III nicht beeinflußt. I verhindert die Rk. des Vagus auf elektr. Reizung. Injektion von II verstärkt bei curarisierten Hunden die Vaguserregbarkeit sehr stark. *Dihydroxydiphenyldimethylammoniumbromid* (*Anticude, Tensilon*) hat schwächere decurarisierende Wrkg. als II. Bei Verwendung von *Floxedil* (**IV**) als Muskelrelaxans ist die Vaguserregbarkeit vermindert u. die vagoton. Wrkg. von II wird durch **IV** nicht potenziert, so daß das „*Curare–Prostigmin*-Syndrom" nicht auftritt. (Med. españ. **37** (**20**). 389—404. Mai 1957. Valencia, Univ., Fac. de Med., Cát. de Pat. y Clin. Quir.) K. BOHLE. 4628

Alan L. Stead und **W. H. Horner Andrews,** *Die Rolle der Hundeleber bei der Entgiftung von d-Tubocurarinchlorid, Gallamintriethiodid und Laudexium.* Zur Klärung der Entgiftungsfunktion der Leber bei potenzierten Narkosen wurden Leberdurchströmungsverss. bei Hunden in Intubation bei Verwendung des STARLING-App. vorgenommen. Im Gegensatz zu früheren Autoren wurde festgestellt, daß bei d-Tubocurarinchlorid, Gallamintriethiodid u. Laudexium in ähnlicher Konz. wie bei klin. Anwendung die Leber an der Entgiftung nicht beteiligt ist. Die unterschiedlichen Versuchsergebnisse werden diskutiert. (Brit. J. Anaesthesia **29.** 151—55. April 1957. Liverpool, Alder Hey Children's Hosp.; London, St. Mary's Hosp., Paddington.) U. BALZER. 4628

C. Heymans, A. L. Delaunois und **A. L. Rovati,** *Wirkung von Arzneimitteln auf die pulsatorische Ausdehnung des Carotissinus und der Halsschlagader.* Vff. messen die pulsator. Expansion des isolierten Carotissinus u. der A. carotis von anästhetisierten Hunden unter dem Einfl. von *l-Norepinephrinbitartratmonohydrat* (**I**, Konz.: $1 \cdot 10^{-5}$ bis $1 \cdot 10^{-6}$), *l-Epinephrinbitartrat* (**II**, Konz. wie bei I), *Priscolin* (**III**, *2-Benzyl-4.5-imid-*

azolinchlorid, $1 \cdot 10^{-4}$), *Papaverinhydrochlorid* (**IV**, $1 \cdot 10^{-4}$) u. $NaNO_2$ ($1 \cdot 10^{-4}$). Es zeigt sich, daß **I** u. **II** eine Kontraktion u. Senkung des pulsator. Ausdehnungsvermögens der Arterienwandung an den isolierten Carotissinuspräpp. hervorrufen, während **III** u. **IV** sowie $NaNO_2$ die entgegengesetzte Wrkg. aufweisen. Die Ergebnisse unterstützen die Annahme, daß das Kontraktionsstadium, die Widerstandsfähigkeit gegen Spannungen u. Ausdehnungsfähigkeit der Arterienwandung in den baroceptiven Bereichen Faktoren sind, die die Nervenendigungen der Baroreceptoren beeinflussen. (Arch. int. Pharmacodynam. Thérap. **109**. 245—50. 1/1. 1957. Ghent, Belgien, Univ., Dep. of Pharmacol.) P. FAHRNLAENDER. 4630

G. von Knorre, *Über Erysimin, ein herzwirksames Glykosid.* Überblick über Pharmakologie u. Klinik des Herzglykosids *Erysimin*. Vergleichende Unterss. mit Strophanthin. — 14 Literaturangaben. (Pharmazie **13**. 692—93. Nov. 1958. Oschersleben/Bode, Kreiskrankenhaus.) I. GEIBLER. 4630

G. Barac, *Untersuchungen über die Verbrennung. Quecksilberdiuretica und die wäßrige Diurese des Hundes mit Brandwunden.* Intravenöse Gaben von *Mersalyl*, *Esidron*, *Thiomerin* erhöhen beim gesunden Hund die Diurese in bemerkenswerter Weise. Die gleiche Dosierung der gleichen Präpp. ruft beim Hund mit Verbrennungen keine Polyurie mehr hervor. Gesunde Hunde mit Hg-Polyurie verlieren diese sofort nach einer Verbrennung. Fügt man dem in vitro erhitzten Blutplasma eine diuret. Dosis von *Mersalyl* zu u. injiziert dieses Gemisch dem gesunden Hund, so tritt Polyurie auf. Wird das gesamte Blut erhitzt u. mit *Mersalyl* zusammen eingespritzt, so tritt die Polyurie beim gesunden Hunde nicht auf. Bei der verwendeten Dosierung war *β-Mercaptoäthylamin* antidiuret., während red. *Glutathion* u. *Ergothionin* keine antidiuret. Wrkg. hatten. (C. R. Séances Soc. Biol. Filiales **149**. 1696—98. Aug./Sept. 1955. Liège, Belgien, Univ., Inst. de Clin. et de Policlin. méd.) A. GUDE. 4634

F. Nicrosini und **O. Piccinelli**, *Vorläufige Beobachtungen über die kombinierte Anwendung von Prednison und Chlorothiazide zur Therapie der Wasserretention.* Kasuistik. In 12 Fällen von Ödemen bei Herz- u. Leberkranken folgte auf die Verabreichung der genannten Kombination eine intensivere Diurese als nach jedem Medikament allein. (Farmaco [Pavia], Ediz. sci. **13**. 726—32. Okt. 1958. Pavia, Univ., Ist. di Clin. Med. e Terap. Med.) P. LOCH. 4634

O. Piccinelli und **F. Nicrosini**, *Klinische Untersuchungen über die Leberschutzwirkung des Hexaacetylinosits mit besonderer Berücksichtigung der Änderungen des lipämischen Bildes.* 12 an Leberleiden erkrankte Patienten erhielten täglich 6 g *Hexaacetylinosit* (über 24 Std. verteilt in Kompretten je 0,5 g). Das entspricht 2,4 g Mesoinosit. Dadurch wurde die Leberfunktion normalisiert u. eine bessere Wrkg. auf die Lipämie erzielt, als mit Mesoinosit in äquivalenter Menge. Das Mittel war gut verträglich. (Farmaco [Pavia], Ediz. sci. **13**. 691—704. Okt. 1958. Pavia, Univ., Ist. di Clin. Med. Gen. e Terap. Med.) P. LOCH. 4640

L. Friedrich, Gy. Vargha und **Zs. Szabó**, *Behandlung der Geschwürskrankheiten mit Vitamin „U“.* Es wird über die Behandlung von ambulanten u. stationären Ulcuskranken mit *Vitamin U* berichtet. Verwendet wurden *Vitamin-U-Pept*-Tabletten (MOSAPHARM, Maastricht; **I**). Zus. je Tablette: 150 mg Kopfkohlextrakt, 50 mg bas. Wismutcarbonat, 260 mg Magnesiumcarbonat, 24 mg Milchzucker, 94 mg Talcum u. 2 mg Vanillin. **I** wirkte bei Ulcus duodeni bes. gut. Bei den stationären Kranken war **I** nicht besser wirksam als die klass. Verfahren. Bei ambulanten Kranken sind die Erfolge gut, sie sind besser als die der Atropin- oder der Alkalibehandlung. (Z. ges. inn. Med. Grenzgebiete **13**. 912—15. 15/11. 1958. Budapest, Balassa-Krankenhaus; Tababánya, Komitatspoliklinik.) K. BÖHM. 4645

Dale F. Friend und **George A. McLemore jr.**, *Antiemetische Eigenschaften des neuen Chlorphenothiazinderivates Proclorperazine.* Bericht über ein neues Antiemeticum *Proclorperazine* (**I**; *Compazine*, SMITH, KLINE & FRENCH LABOR., Philadelphia, Pa.). Es stellt eine Kombination aus *Cyclizine* u. *Chlorpromazine* dar. DL_{50} bei oraler Verabreichung an Mäuse 2050 mg/kg innerhalb von 4 Tagen. Auch bei laufender Fütterung von 50 mg/kg über 1 Monat konnte bei Ratten keine Änderung an Größe, Gewicht, Verh. u. Blutbild festgestellt werden. Histolog. Unterss. an Nieren, Leber, Lungen oder Milz deckten keine tox. Schäden auf. **I** kann im Vgl. mit anderen Antiemeticis wesentlich geringer dosiert werden (10 mg oral alle 4—6 Std. oder 50 mg rectal täglich). Bei 2 Patienten mit Ménière-Syndrom wurde der Schwindel günstig beeinflußt. Gelegentlich wurden Magenstörungen beobachtet. Gelbsucht oder Agranulocytose traten nicht auf. (A. M. A. Arch. intern. Med. **99**. 732—35. Mai 1957. Boston, Mass., Peter Bent Brigham Hosp.) U. BALZER. 4646

A. L. Tatarinow, *Erfahrungen bei der Anwendung des chinesischen Präparates „Chuanlianpian" bei der Ascaridose von Kindern.* Die Prüfung des aus der Wurzelrinde von *Melia azedarach* L. hergestellten chines. Anthelminthicums *Chuanlianpian* an 880 ascaridosekranken Kindern ergab in 77,3% der Fälle ein positives Resultat. Die Dosierung beträgt je nach dem Alter des Kindes 2—6 Tabletten zu 0,025 g (die Hälfte der Dosis am Abend, die andere Hälfte am nächsten Morgen). Abführmittel u. eine besondere Diät sind nicht erforderlich. Die Neben-Wrkgg. (Übelkeit, Trockenheit im Munde, Schwächegefühl) sind vorübergehender Natur. Bei negativem Ergebnis wird die Kur nach 10—15 Tagen wiederholt. (Медицинская Паразитология Паразитарные Болезни [Med. Parasitol. parasit. Krankh.] **28** (**37**). Nr. 2. 221—23. März/April 1959. Peking, Friedens-Hosp.) E. RENTZ. 4649

G. Octo Barnett und **Robert S. Teague,** *Der Antagonismus von Salicylat gegenüber Diäthylstilböstrol bezüglich Leberglykogen bei der Ratte. Diäthylstilböstrol* (**I**) u. *Na-Salicylat* (**II**) wirken bzgl. des *Leberglykogen* (**III**)-Geh. antagonist.: der durch tägliche subcutane Injektionen von 1 mg **I** bei Ratten innerhalb von 2 Wochen gesteigerte **III**-Geh. kann durch Injektion von 100 mg **II** (5—8 Std. vor der Tötung der Tiere) wieder erniedrigt werden. **II** allein führt zu einer mäßigen Verarmung der Nebennieren an *Ascorbinsäure* (**IV**) u. wirkt in dieser Beziehung ebenso wie **I**; Kombination von **I** u. **II** steigert die **IV**-Verarmung der Nebennieren. Es wird angenommen, daß es sich bei der Wrkg. von **II** auf **III** nicht um eine tox. Glykogenolyse handelt; als beste Erklärung bietet sich ein prinzipieller **II**–Glucocorticosteroid-Antagonismus an. Bzgl. der **I**-Wrkg. konnte schließlich die durch **I** hervorgerufene Leber- u. Nebennierenvergrößerung sowie die maximale Cholesterinfreisetzung aus den Nebennieren bestätigt werden. (Endocrinology **63**. 205—11. Aug. 1958. Birmingham, Ala., Univ. of Alabama, Med. Center, Dep. of Pathol.) U. TAUSENDFREUND. 4670

A. Böni und **M. Rizzi,** *Bei der Behandlung von Arthrosen mit einem neuen schwefelhaltigen Medikament, Mepiral, erzielte erste klinische Ergebnisse. S* ist für die Elastizität von Bindegewebe, Knorpel u. Arterien unentbehrlich u. wirkt pharmakodynam. antitox., antisklerot. u. regulierend auf den Ca-Stoffwechsel. Jod verstärkt die antisklerot. *S*-Wirkung. Bei 482 Patienten mit Arthrosen wurden durch Injektionen (täglich oder 3mal wöchentlich, 2—3 Wochen lang) von *Mepiral* (Zus.: Novaminsulfon, Acetylmethionindimethylaminoantipyrin, Diäthylaminoäthanol–p-Aminobenzoesäureesterhydrojodid) recht befriedigende klin. Resultate erzielt. Die Verträglichkeit war gut. (Praxis [Bern] **45**. 429—33. 10/5. 1956. Zürich, Univ., Clin. rhumatol. et Inst. de physiothérapie.) K. MAIER. 4670

T. F. Yü, Bruce C. Paton, Theodore Chenkin, J. J. Burns, Bernard B. Brodie und **Alexander B. Gutman,** *Wirkung eines Phenylbutazonderivates* [*4-(Phenylmercaptoäthyl)-1.2-diphenylpyrazolidindion-(3.5)*] *auf Harnsäureclearence und andere bestimmte Nierenfunktionen bei Gichtkranken. Anwendung als harnsäuretreibendes Agens.* Vgl. klin. Unterss. an 12 Gichtigen über den Einfl. von *4-[Phenylmercaptoäthyl]-1.2-diphenylpyrazolidindion-(3.5)* (**I**) u. *Phenylbutazon* (**II**) auf *Inulin-* (**III**), *p-Aminohippursäure-* (**IV**), *Harnsäure-* (**V**), *Na-*, *K-*, *Cl-*Nierenclearence sowie *Kreatinin-* u. *Phosphat-*Ausscheidung im Harn. Wie **II** beeinflußt **I** nicht signifikant die **III**-Clearence, während **IV**-Clearence infolge verminderter „Nierenextraktion" von **IV** stark verringert wird. Stärker als **II** vermehrt **I** eindeutig die **V**-Ausscheidung als Folge einer Zurückdrängung der **V**-Reabsorption in den Nierentubuli. Die Na- u. Wasserretention ist nach **I** geringer als nach **II**, u. die vermehrte **V**-Ausscheidung erfolgt schon bei kleinerem **I**-Plasmaspiegel (1 mg%). Bei Patienten ohne Vorliegen einer Nierenschädigung erweist sich **I** in Dosen von 1—2 g/Tag als vorzügliches **V**-treibendes Mittel. (J. clin. Invest. **35**. 374—85. April 1956. New York, N. Y., Columbia Univ., Coll. of Physic. and Surg.; Mount Sinai Hosp., Dep. of Med.) R. LAFFERENZ. 4670

M. P. Apanassjuk, *Über den Einfluß einer Dauereinwirkung von Atophan auf die Ausscheidung von Lipiden und Stickstoffsubstanzen durch die Galle.* Im Hundevers. bewirkte die tägliche Verabreichung von 3,0—3,5 g *Atophan* (**I**) im Laufe von 30 Tagen in den ersten 16 Tagen eine Herabsetzung der Gallensekretion, danach eine allmähliche Zunahme über den Ausgangswert hinaus. Der *Lipid-*Geh. der Galle wurde in der ersten Woche verdoppelt; auch der Geh. an festen Stoffen in der Galle wurde verdoppelt. Später nahm der Lipidgeh. bald zu, bald ab u. erreichte den Ausgangswert. *Eiweiß-N* (**II**) u. *Gesamt-N* (**III**) nahmen stark ab. Nach beendeter **I**-Zufuhr wurde die Gallensekretion allmählich normalisiert. Nach 45tägiger **I**-Verabreichung 5 Monate nach dem ersten Vers. wurde die Gallenabsonderung in den ersten 14 Tagen fast nicht verändert. Auch der Geh. an festem Rückstand, **II** u. **III** blieb fast unverändert. Der Lipidgeh. nahm zunächst zu u. zeigte später eine Tendenz zur Abnahme. Nach 14 Tagen nahm die

Gallensekretion sehr stark zu. Der Geh. an Lipiden, II u. III war starken Schwankungen unterworfen. 24 Tage nach Beendigung der I-Zufuhr war die Gallensekretion noch verdoppelt. Der Geh. an Lipiden, II, III u. festem Rückstand der Galle nahm ständig zu. Bei 30 Tage langer I-Zufuhr 4 Monate nach dem 2. Vers. war die Gallensekretion in den ersten 14 Tagen verstärkt, der Geh. an Lipiden, II u. III vermindert. Später wurde die Sekretion abgeschwächt, der Geh. an Lipiden stark erhöht. Aus den Ergebnissen geht hervor, daß die gleiche I-Dosis bei verschied. Tieren verschied. Veränderungen der Gallenabsonderung bewirkt. (Український Біохімічний Журнал [Ukrain. biochem. J.] **31.** 108—17. 1959. Moskau, Inst. für n. u. pathol. Physiol. der Akad. der Med. Wiss. der UdSSR, Labor. für Biochem.) O. Lebtag. 4670

C. Guerra, A. Kaplan, A. Lemberg, D. E. Schteingart und **A. Singerman,** *Akute Vergiftung mit Methylchlorid (Kühlschrankflüssigkeit).* Bericht über 2 Fälle von *Methylchlorid*-Vergiftung durch ausströmendes Gas aus einer Kühlanlage u. ihre Behandlung. (Prensa méd. argent. **44.** 1671—76. 31/5. 1957. Buenos Aires, Fac. de Ciencias Méd., Cát. de Toxicol.) K. Bohle. 4675

W. Hörtnagl, *Über ein neues spezifisches Antidot bei der schweren Morphiumvergiftung.* Bericht über eine Morphinvergiftung, die durch (—)-3-Hydroxy-N-allylmorphinantartrat [*Lorfan*, Hoffmann-La Roche A. G. & Co., Basel, Schweiz] erfolgreich behandelt wurde. Die Cheyne-Stokessche Atmung ließ sofort nach, am nächsten Tag schwand die Bewußtlosigkeit. Neben-Wrkgg. wurden nicht beobachtet. (Wiener klin. Wschr. **69.** 506—07. 12/7. 1957. Wien, 1. Med. Univ.-Klinik.) U. Balzer. 4675

Richard H. Gadsden, R. Ramsey Melette und **William C. Miller jr.,** *„Scrap-iron"-Vergiftung.* Die Hauptbestandteile des billigen *„Scrap-iron"*-Getränkes sind *Isopropylalkohol* u. *Naphthalin*; die Herst. geht in galvanisierten Kesseln (daher der Eisengeschmack u. die Bezeichnung) unter Zufügung obiger Ingredienzien zu einer Hefe–Korn–Zucker-Maische vor sich; es kommt nach dem Genuß schneller u. in stärkerem Ausmaß als nach A.-Konsum zu Delirium-tremens-Erscheinungen. (J. Amer. med. Assoc. **168.** 1220—24. 1/11. 1958. Charleston, S. C., Med. Coll. of South Carolina.) U. Tausendfreund. 4675

A. Wingler, *Cancerogene Stoffe in der chemischen Industrie.* Vortrag: Übersicht über die in der chem. Industrie auftretenden verschied. Krebserkrankungen mit Angabe der cancerogen wirkenden Stoffe (Teerstoffe, aromat. Amine, Azofarbstoffe u. anorgan. Stoffe) sowie deren Wirkungsmechanismus. Statist. Daten über Häufigkeit der Erkrankungen u. Schutzmaßnahmen sind erwähnt. (Arzneimittel-Forsch. **7.** 391—96. Juli 1957. Köln, Univ., Hautklinik; Erlangen, Univ., Inst. für angew. Chem.) J. Lehmberg. 4681

F. Pharmazeutische Chemie. Desinfektion.

R. Freudweiler, *Kennzeichnung von Salzlösungen für Infusionen in Milliäquivalenten.* Erklärung des Milliäquivalentbegriffs u. Rechenbeispiele für die Praxis. (Schweiz. Apotheker-Ztg. **96.** 861—65. 22/11. 1958. Lausanne, Hôpital cantonal. Pharm.) W. Schulenburg. 4750

K. V. Grove-Rasmussen, *Autoklavenkontrolle.* Krit. Übersicht über die Methoden. — 18 Literaturhinweise. (Arch. Pharmac. og Chem. **65** (**115**). 647—53. 30/8. 1958. Radiumstationens apotek, Finseninst.) R. K. Müller. 4758

Erwin Steigerwald, *Mehrjährige Düngungsversuche zu Pfefferminze auf Mineralboden.* Auf lehmigem, stark mit Kies durchsetztem Sandboden mit geringem Humusgeh. (Gesamt-C 2,05%) ergab eine Düngung von NPK (90/120/180/kg/ha) 80% Ertragssteigerung an Kraut u. 68% an Blatt. N hatte eine Düngewrkg. von 48% an Kraut u. 41,5% an Blatt, P_2O_5 von 13,1% an Kraut u. 13,6% an Blatt, K von 13,6% an Kraut u. 12,1% an Blatt. Der Ölgeh. der Blätter wurde durch Düngung gesenkt, nur N wirkte sich günstig auf den Ölgeh. aus. Zwischen Ölgeh. u. Blattertrag ergab sich eine negative Korrelation. (Bayer. landwirtsch. Jb. **35.** 733—60. 1958. München, Landesanst. für Pflanzenbau u. Pflanzenzucht.) W. Grütz. 4782

R. Hegnauer, *Die Verbreitung der Blausäure bei den Cormophyten.* 2. Mitt. *Die Cyanogenese im Genus Taxus.* (1. vgl. C. **1959.** 3900.) Alle untersuchten Arten von Cephalotaxus (CT) u. Torreya u. einige Formen von Taxus (T) sind nicht cyanogen, wogegen andere T-Arten mehr oder weniger cyanogen sind. In ausgereiften Blättern ist der HCN-Geh. am höchsten. In T bildet sich HCN nach noch unbekannten, spezif. Gesetzen. Alle T-Sorten enthalten Alkaloide; die in CT vorkommenden unterscheiden sich von den in T enthaltenen. (Pharmac. Weekbl. **94.** 241—48. 18/4. 1959. Leiden, Univ., Pharmazeut. Inst., Abt. für Pharmakognosie.) W. Wesly. 4782

R. Hegnauer, *Die Verbreitung der Blausäure bei den Cormophyten. 3. Mitt. Die blausäurehaltigen Gattungen.* (2. vgl. vorst. Ref.) Übersicht über die HCN enthaltenden Gattungen, Erörterung über die Cyanogenesis u. Zusammenstellung des einschlägigen Schrifttums. — 148 Literaturangaben. (Pharmac. Weekbl. **94.** 248—62. 18/4. 1959.) W. Wesly. 4782

I. Bendík, O. Bauerová, Š. Bauer, J. Mokrý und **J. Tomko,** *Alkaloide aus Scopolia carniolica Jacq. (Krainer Tollkraut).* Der wie von Vff. beschrieben zubereitete Extrakt der Rohalkaloide aus *Scopolia carniolica* Jacq. ostslowak. Herkunft wurde auf Whatman-Papier Nr. 1 in n-Butanol/Essigsäure/W. (4 : 1 : 5) aufsteigend chromatographiert. Auf diese Weise konnten *Scopin* (R_F 0,107), *Tropin* (R_F 0,21), *Scopolamin* (R_F 0,34), *Atropin* (R_F 0,46) u. 2 weitere, bisher unbekannte Verbb. alkaloidartiger Natur (R_F 0,61 bzw. 0,73) in dem genannten Nachtschattengewächs nachgewiesen werden. (Chem. Zvesti **12.** 181—84. März 1958. Bratislava, Slov. akad. vied, odd. farmaceut. chém. a biochém. Chem. ústavu.) M. Ebert. 4782

Varro E. Tyler jr., *Pilzatropin, ein doppeldeutiges Alkaloid.* Übersicht über Geschichte der Erforschung der Inhaltsstoffe des Fliegenpilzes (Amanita muscaria Fr.), bes. der atropinähnlichen Alkaloide. — 24 Literaturzitate. (Amer. J. Pharmacy Sci. support. publ. Health **130.** 264—69. Aug. 1958. Seattle, Wash., Univ. of Washington, Coll. of Pharmacognosy.) E. Lück. 4782

Wolfgang Kempf, *Stärke, Stärkederivate und Stärkenebenprodukte, ihre Bedeutung für die Pharmazie.* Inhaltlich ident. mit der C. **1957.** 8878 referierten Arbeit. (Stärke **9.** 235—46. 1957. Detmold, Bundesforschungsanst. für Getreideverarbeit., Stärkeabt.) M. Negwer. 4786

Zygmunt Drabent und **Zbigniew Podeszewski,** *Extraktion von Alkaloiden mit Ultraschall.* Die Extraktion unter Einw. von Ultraschall (500 kHz, 8 W/cm²) wird von einigen Std. auf 4—6 Min. ohne chem. Veränderung der Alkaloide verkürzt. Die Temp. der Chloroformlsg. steigt dabei auf 55°. (Acta polon. pharmac. **15.** 271—77. 1958. Olsztyn, WSR, Kat. Chem. ogóln.) F. Urban. 4790

Sofija Hohnjec-Mihaljinac, *Stabilisierung von Adrenalinlösungen mit besonderer Rücksicht auf die Augentropfen.* Übersicht. — 20 Literaturangaben. (Farmac. Glasnik **15.** 9—16. Jan./Febr. 1959.) S. Beckmann. 4790

J. Büchi und **R. Zoppi-Hug,** *Zur Kenntnis des Iniectabile ferri oxydati saccharati.* Inhaltlich ident. mit der C. **1957.** 11098 referierten Arbeit. (Dansk Tidsskr. Farmaci, Suppl. **II,** Festskr. Svend Aage Schou 41—64. 1956. Zürich, ETH, Pharmazeut. Inst.) S. Erbe. 4790

Gareth Hughes, *Calamine-Cream B. N. F.* Calamine-Creme B. N. F. sowie ein nach einer modifizierten Vorschrift bereitetes Präp. entmischen sich durch die Anwesenheit des Zn-Ions. Zusatz von Komplexbildnern, wie Borax, Na-Hexametaphosphat u. Na-Äthylendiamintetraacetat, bewirken Stabilisierung der Emulsion. Es werden Vorschriften zur Bereitung von Calamine–Creme-Grundlagen angegeben, die es gestatten, 4% Resorcin oder 2% Ichthammol einzuarbeiten. (Pharmac. J. **181** ([4] **127**). 493—94. 27/12. 1958. Scunthorpe and District War Mem. Hosp., Pharmaceut. Dep.) H.-W. Gramm. 4790

J. C. King und **W. R. Lloyd,** *Steinkohlenteersalben.* Steinkohlenteer (**I**)-Salben lassen sich mit Polyäthylenglykol- (**II**) u. Emulsionsgrundlagen vom Typ O/W unter Zuhilfenahme von Emulgatoren, wie Tween, Span, Na-Laurylsulfat usw., leicht bereiten. Die wachstumshemmende Wrkg. von **I** in 5 verschied. Grundlagen unter dem Einfl. verschied. Konzz. der genannten Emulgatoren wurde geprüft. **II**-Salbe mit 3% **I** u. 3% Emulgator zeigte eine gute Wrkg., während Salben vom Typ des Hydrophilic Ointment (**III**) mit den verschied. oberflächenakt. Stoffen u. einem Wassergeh. von 35—50% als günstigste Grundlagen empfohlen werden. Stark wasserhaltige Salben vom Typ Beelers Base sind schlecht haltbar u. zeigen keine Vorteile in der Wrkg. gegenüber **III.** Vff. empfehlen folgende Vorschrift: 2 g **I**-Öl, 25 g Stearylalkohol, 25 g Vaselin, 10 g Propylenglykol, 2 g Tween 80, 34 g Wasser. (J. Amer. pharmac. Assoc., pract. Pharmacy Edit. **20.** 88—90. Febr. 1959. Austin, Texas, Univ. of Texas, Coll. of Pharm.) S. Erbe. 4792

D. H. O. Gemmell und **J. C. Morrison,** *Die Aufnahme von Sulfanilamid durch die Haut.* Die intakte, gesunde Haut nimmt Sulfonamide nur schwer auf. Für die Verss. wurde das leicht resorbierbare Sulfanilamid (**I**) gewählt. 5 Salbenbestandteile u. 4 offizinelle Salben wurden als Trägersubstanzen für **I** verwendet. Die Unterss. wurden nach Meth. der Vff. (Einzelheiten im Original) an Kaninchen durchgeführt, Schmalz als wirksamste Salbengrundlage ergab **I**-Blutspiegel von 0,9 mg% bei intakter u. gesunder Haut. Literaturergebnisse mit höheren **I**-Blutspiegeln dürften auf Resorption an kranken, verwundeten oder verbrannten Hautstellen zurückzuführen sein. Unterschiede zwischen der Wirksamkeit der einzelnen Salbengrundlagen (Blutspiegel bis herab zu 0,36 mg%) sind signifikant. Die I-Resorption wird durch Fette beschleunigt. (J. Pharmacy Pharmacol. **10.** 167—74. März 1958. Glasgow, Royal Coll. of Sci. and Technol., School of Pharm.) S. ERBE. 4792

A. Häußler und **P. Hajdú,** *Mitteilung über die Dissoziationskonstante und Löslichkeit von Rastinon „Hoechst". Ein allgemein brauchbares Nomogramm zum Errechnen der Dissoziationskonstanten.* Vff. ermittelten mit Hilfe eines von ihnen entwickelten Nomogramms die Dissoziationskonstante des *Rastinons* (N-[4-Methylbenzolsulfonyl]-N-butylharnstoff, D 860). Die aus dem Nomogramm abgeleiteten Löslichkeitswerte stimmen mit den gemessenen gut überein. (Arch. Pharmaz. Ber. dtsch. pharmaz. Ges. **291/63.** 531—35. Okt. 1958. Frankfurt/M.-Höchst, Farbwerke Hoechst A.-G.) H. P. FIEDLER. 4806

B. B. Pedersen, *Adenosin-5-phosphorsäurelösung zur Injektion.* Die hergestellten 2%ig. Lsgg. des *Na-Salzes* der *Adenosin-5-phosphorsäure* (I) zeigen nach 15 Min. Erhitzen in sd. W. oder 20 Min. bei 120° im Autoklaven keine über die Versuchsfehler hinausgehenden Änderungen der Extinktion. Ihr p_H beträgt 4—5 (berechnet 4,7). Injektionslsg. mit physiol. p_H (7,33, gemessen 7,00 u. 7,27) wird erhalten, wenn man 21,03 g I (Monohydrat) mit 214 ml 0,5n NaOH mischt u. mit sterilisiertem W. auf 1000 ml auffüllt; die Extinktionskurve zeigt bei Verdünnung 50 μLiter/100 ml ein Maximum bei 260 mμ. (Farmac. Tid. **68.** 758—61. 20/12. 1958. Borups Allé apotek.) R. K. MÜLLER. 4806

Longin Rafiński, *Darstellung von p-Aminobenzoesäure durch katalytische Reduktion von p-Nitrobenzoesäure in Gegenwart von Raney-Nickel.* Bei der Hydrierung von p-Nitrobenzoesäure in A. mit RANEY-Ni bei n. Druck u. Temp. wird *p-Aminobenzoesäure* mit 81% (Ausbeute), in 3,5%ig. NH_4OH (p_H 5,5—6,0) unter denselben Bedingungen mit 84% erhalten. Das Ca- oder K-Salz wird wesentlich schlechter hydriert. (Acta polon. pharmac. **15.** 293—94. 1958. Poznań, Akad. Med., Zakł. Chem. organ., biol.) F. URBAN. 4808

Claude Breda, *Bemerkungen über die Synthesen von Nebennierenrindenhormonen.* Übersicht über die Umwandlung von an $C_{(12)}$ hydroxylierten Sterinen in die an $C_{(11)}$ eine O-Funktion besitzenden Rindenhormone. — 19 Literaturangaben. (Ing. Chimiste [Bruxelles] **38.** 128—34. Sept. 1956.) F. HELLER. 4808

I. N. Kamenski, *Untersuchung der chemischen Zusammensetzung des Schutzfilmes von Fermentierapparaten in der Penicillinfabrikation.* Bei der *Penicillin* (I)-Fabrikation bildet sich an den Wänden des Fermentierapp. ein Schutzfilm, bestehend aus 53,6% Ca (als $CaCO_3$ berechnet), 4,8% P [als $Ca_3(PO_4)_2$ berechnet], 0,7% Fe_2O_3, 1,8% N (als Protein berechnet) u. 32,7% unbekannte organ. Substanzen, der die weitere Einw. des Materials der App. auf die biol. Prozesse verhindert. (Медицинская Промышленность СССР [Med. Ind. UdSSR] **12.** Nr. 2. 53—54. Febr. 1958. Moskau, Fabrik med. Präpp.) E. RENTZ. 4810

Ss. I. Kaplan, *Die Isolierung des Streptomycins aus Lösungen unter Anwendung eines flüssigen Kationiten.* Untersucht wird die Isolierung von *Streptomycin* (I) aus seinen nativen Lsgg. mit Hilfe von Na-Oleat (**II**) als fl. Kationit in 2-Äthylhexanol (**III**). Natives I mit einer Aktivität von ca. 20—32 γ/mg u. einem Geh. an mineral. Bestandteilen von 71—86,7%, das mit Hilfe von $FeSO_4$ von Mycel befreit wurde, läßt man auf ein Gemisch aus je 100 ml Oleinsäure (**IV**) u. **III** einwirken u. filtriert nach jeder Zugabe von I. Das letzte Filtrat enthält neben I-Oleat (**V**) Alkali- (**VI**), Erdalkalioleate (**VII**) u. organ. Verbindungen. Die Trennung vorst. Verbb. erfolgt auf Grund ihres verschied. Dissoziationsgrades u. ihrer Löslichkeit in W. bei verschied. p_H durch Zugabe gleicher Portionen 3—5%ig. H_2SO_4 u. Abfiltrieren des jeweils entstehenden Niederschlages. Dabei fallen die **VI**, **VII** u. organ. Bestandteile bei p_H 7,2—7,4 an. I erhält man bei Einw. von 4—5n H_2SO_4 bei p_H 5,5—5,7 mit einer Aktivität von ca. 559—603 γ/mg u. einem Geh. an Mineralstoffen von 7,5—10,1% (bezogen auf das Trockengewicht). Die Ausbeute beträgt ca. 77,5—87,4%. Das auf diese Weise gewonnene techn. Konzentrat befreit man von 2- u. 3wertigen Kationen durch Umsetzungen mit Na_2HPO_4 bei p_H 8,8—9, filtriert u. unterwirft die Lsg. einer weiteren Ad- u. Desorption an **IV**. Die fast bis zum Gleichgewicht gesätt. Kationiten zentrifugiert man von der wss. Lsg. ab u. behandelt sie mit 0,6n H_2SO_4. Nach 4maliger Ad- u. Desorption war die I-Aktivität von 0,8—2,6% auf 95% (787 bis 805 γ/mg) gestiegen. Der Geh. an Mineralstoffen betrug nur noch 1,4—1,9%. Durch Verwerfen der nur wenig akt. Filtrate 1 u. 2 (2,6 bzw. 17,6%) u. Einw. der Filtrate 3 u. 4 auf frisches **II** läßt sich vorst. Meth. im halbkontinuierlichen Gegenstromverf. durchführen. (Медицинская Промышленность СССР [Med. Ind. UdSSR] **12.** Nr. 2. 24—31. Febr. 1958. Allunions Wiss. Forschungsinst. für Antibiotica.) W. KURTZMANN. 4810

Zbigniew Kotula, Halina Herman und **Krystyna Rzewniś**, *Löslichkeit von Streptomycinhydrochlorid in Methanol–Aceton-Gemischen.* Es wird die Löslichkeit von *Streptomycinhydrochlorid* (I) in Methanol–Aceton angegeben. In einem Gemisch 90 : 10 ist I schon prakt. unlöslich. Die Löslichkeit hängt stark vom Reinheitsgrad von I ab. (Acta polon. pharmac. **15.** 295—96. 1958. Warszawa, Inst. Farmac., Zakł. Antybiot.) F. URBAN. 4810

W. N. Schaposchnikow, S. M. Saitzewa und **N. W. Orlowa**, *Ein synthetischer Nährboden für die Biosynthese von Oxytetracyclin (Terramycin) durch die Kultur von Act. rimosus LS-T-118.* In Verss. wird festgestellt, daß auf einem Nährboden mit 3,0 (%) Stärke, 0,2 Glucose, 0,1 $(NH_4)_2SO_4$, 0,1 NH_3, 0,46 Bernsteinsäure, 0,03 K_2HPO_4, 0,1 $MgSO_4 \cdot 7H_2O$, 0,001 $FeSO_4 \cdot 7H_2O$, 0,001 $ZnSO_4 \cdot 7H_2O$, 0,0008 $MnCl_2$ u. dest. W. bei p_H 7,3—7,4 vor der Sterilisation u. p_H 6,7—6,9 nach der Sterilisation *Act. rimosus LS-T-118* befriedigend wächst u. viel *Oxytetracyclin (Terramycin)* synthetisiert. Kohlenhydrate u. N werden relativ rasch verwertet u. gegen Ende der Fermentation fast vollständig verbraucht. Mineral. P verschwindet prakt. gegen Ende der ersten 24 Stunden. Das Mycelgewicht erreicht sein Maximum von 750—850 mg% in 70—80 Stunden. Act. rimosus bildet auf diesem Nährboden keine Sporen. Im Mittel werden 1500 bis 1900 γ/ml Oxytetracyclin gebildet. Die Antibioticaanreicherung beginnt nach 24 std. Fermentation; die maximale Konz. wird in 100—120 Std. erreicht. (Доклады Академии Наук СССР [Ber. Akad. Wiss. UdSSR] **121.** 366—69. 11/7. 1958. Allunions Wiss. Forschungsinst. für Antibiotica.) OTTO MAIER. 4810

R.-D. Rudat, *Die pyrogenen Stoffe, ihre Eigenschaften und ihre Vernichtung.* Übersicht (Vortrag). (Pharmazie **13.** 677—81. Nov. 1958. Berlin, Humboldt-Univ., Hygien. Inst.) I. GEIBLER. 4832

L. Drobnica und **K. Antoš**, *Probleme der Erforschung neuer Konservierungsmittel auf Basis der Antibiotica höherer Pflanzen und ihrer synthetischen Derivate.* Vff. untersuchen bei verschied. Konzz. die fungicide Wrkg. der alkoh. Lsg. von Allyl-, Phenyl-, Cyclohexyl-, Benzyl- u. p-Bromphenylisothiocyanat (Tabelle) u. die Atmungswerte von Sherryhefe mit u. ohne Phenylderivat. Als Vorteil gegenüber Rhodaniden wird gewertet, daß aus der Gruppe $-N{=}C{=}S$ bei Hydrolyse prim. Amine entstehen. (Průmysl Potravin **7.** 549—52. 1956. Bratislava, SVŠT, chem. fak., Kat. techn. mikrobiol. a biochem.; Kat. org. chem.) R. K. MÜLLER. 4832

Wilhelm Nultsch, *Eine Keimträgermethode zur Beurteilung von Desinfektionsmitteln der Schleimhäute.* Gegenüber der Suspensionsmeth. ist der Keimträgermeth. der Vorzug zu geben. Bei dieser wird die Einw. auf die Bakterien in einer Schleimschicht vorgenommen. Chinosol u. H_2O_2 erwiesen sich als genügend wirksam. (Z. Hyg. Infektionskrankh. **143.** 371—86. 1957. Magdeburg, Biol. Inst. des VEB Fahlberg-List.) M. SCHÖNBERG. 4832

C. Risch, *Kritische Bemerkungen zur Capillaranalyse.* 2. Mitt. *Der Ablauf der Capillarisation.* (1. vgl. C. **1959.** 9323.) Allg. Ausführungen an Hand von 4 Abb. über die Fragen, wie das Steigen in dem Filtrierpapier zustande kommt u. wodurch die sogenannte Steighöhe bedingt wird, wie sich die einzelnen Phasen der Capillarisation statist. erfassen lassen u. welche Phasen der Capillarisation zu unterscheiden sind. (Pharmazie **12.** Nr. 7. Beilage: Pharmaz. Prax. Nr. 7. 57—59. Juli 1957. Berlin-Charlottenburg.) M. NEGWER. 4880

C. Risch, *Kritische Bemerkungen zur Capillaranalyse.* 3. Mitt. *Weiteres zum Ablauf der Capillarisation.* (2. vgl. vorst. Ref.) Eingehende Betrachtungen über die beiden Phasen der Capillarisation „Anlauf“ u. „Hauptlauf“ mit zahlreichen Tabellen u. Abb., aus denen die Aufstiegskurven, die Anlaufhöhen u. Laufhöhen für W. u. A. verschied. Konzz. ersichtlich sind. (Pharmazie **13.** Nr. 4. Beilage: Pharmaz. Prax. Nr. 4. 33—38. April 1958.) M. NEGWER. 4880

Ernesto Timmermann, *Eine neue Methode zur qualitativ-quantitativen Analyse der Paraaminosalicylsäure (PAS) und ihrer Natrium-, Kalium- und Calciumsalze.* Zu einer wss. neutralen oder alkal. Lsg. von PAS werden einige Tropfen Formaldehydlsg. gegeben u. auf 100° erwärmt. Bei Zugabe einer Mineralsäure entwickelt sich CO_2 u. ein gelber, in Alkalien lösl. Nd. fällt aus. — Zur quantitativen Analyse wird die wss. Lsg. mit einer Mineralsäure im Überschuß erwärmt, um CO_2 abzuspalten. Das freie m-Aminophenol verbindet sich alsdann mit der Säure, deren Überschuß unter Verwendung von Bromthymolblau als Indicator zurücktitriert wird. Mitt. eines rechner. Verf., mit dem die Menge PAS im Ausgangsprod. ermittelt wird. (Semana méd. **65** (**113**). 332—33. 14/8. 1958.) HEINRICH HERMANN. 4880

N. Kreutzkamp, S. Ebel und **H. Kindling**, *Über die quantitative Bestimmung von Arzneimitteln in Arzneigemischen und galenischen Zubereitungen.* 1. Mitt. *Pyramidon.*

Die acidimetr. Pyramidon (I)-Best. mit 0,5n H_2SO_4 u. Methylorange–Methylenblau-Mischindicator läßt sich bei Mengen von mehr als 200 mg I gut durchführen. Fehler unter 5% werden erhalten in Ggw. von Antipyrin (II), Kodeinphosphat (III), Coffein (IV), Luminal (V), Narcotin·HCl (VI), Papaverin·HCl (VII), Phenacetin (VIII), Veronal (IX), Glycerin, IMHAUSEN-Suppositorienmassen, Milchzucker, Kakaobutter, Rohrzucker u. Stärke, Fehler über 5% in Ggw. von Aspirin (X), Chinin·HCl (XI), Coffein-Na-Salicylat (XII), Novalgin (XIII), IX-Na u. Äthanol. Die oxydimetr. I-Best. mit $KMnO_4$-Lsg. ergibt Fehler unter 5% in Ggw. von II, IV, V, V-Na, VI, VIII, IX, X u. IX-Na, Fehler über 5% in Ggw. von III, VII, XI, XII, XIII u. organ. Trägersubstanzen. Die oxydimetr. Meth. benötigt Mengen von 30—40 mg I. Die I-Best. mit Pikrinsäure oder Komplexon liefert bei Mengen von 200 mg I Fehler unter 2% in Ggw. von XII u. XIII. (Dtsch. Apotheker-Ztg. **99.** 433—36. 7/5. 1959. Marburg/Lahn, Univ., Pharmazeut.-chem. Inst.) S. ERBE. 4880

Bogusław Borkowski und **Zdzisław Kowalewski,** *Bewertung von Phlorogluciden aus Rhizomen von Dryopteris filix mas. L. und Piperazinsalzen nach der biologischen Methode und Beobachtungen über die Umwandlungen von Phlorogluciden.* Die nach KAMINSKI (vgl. C. **1959.** 5895) bestimmten biol. Wirkungswerte von akt. Substanzen aus Rhizomen von Dryopteris filix mas. L. vor u. nach 10 Min. dauerndem Erhitzen auf 215° betragen für Flavaspidsäure 10000/7902 (E./g), Rohfilicin 8020/7882, Harzfraktion 7780/7532, Phlobaphenfraktion 7520/7310, Filixsäure 2132/3672 u. Albaspidin 1878/2020. Beim Erhitzen der Phloroglucide entstehen somit Substanzen mit Phlobaphencharakter, deren Toxizität gegen Euchytraeus albidus HENLE nur wenig ab-, z. T. sogar zunimmt. Obwohl die Würmer gegen Piperazinsalze in vitro resistent sind, kann deren Wrkg. nach derselben Meth. bestimmt werden. (Dissertat. pharmac. [Warszawa] **10.** 13—18. 1958. Poznań, Państw. Inst. Nauk. Leczn. Surowców rośl.) F. URBAN. 4880

G. Ligeti, *Die Extraktion und die chemische Auswertung von Digitalis lanata-Blättern mit Hilfe der Papierchromatographie.* Zur Best. des Wirkstoffgeh. von *Digitalis*-Blättern wurde ein Extraktionsverf. ausgearbeitet, bei dem die Glykoside anschließend durch Papierchromatographie aufgetrennt werden. Wss. Extrakte sind zur Best. der Glykoside ungeeignet, weil enzymat. Hydrolyse eintritt. 80%ig. Methanol löst die Glykoside sowohl aus frischen als auch aus getrockneten Digitalisblättern heraus. Nach Entfärbung der Extrakte mit CCl_4 lassen sich die Lsgg. mit Methylisobutylketon (I)–Xylol (1 : 1), gesätt. mit Formamid (II), oder mit Chlf. mit 1% n-Butanol (III), gesätt. mit II, oder mit I mit 5% III, gesätt. mit II, papierchromatograph. trennen. Die Papiere werden nach dem Trocknen bei 100° in 2 Teile geschnitten, ein Teil in eine 20%ig. Lsg. von $SbCl_3$ in Chlf. getaucht, getrocknet u. im UV-Licht geprüft. Die auf dem anderen Streifen befindlichen Glykosidflecke werden markiert u. das Papier entsprechend zerschnitten. Die Glykoside können mit der Xanthydrolmeth. direkt bestimmt werden. Einjährige Blattware hat eine größere Enzymaktivität als zweijährige Ware. (Pharmazie **12.** 433—39. Juli 1957. Budapest, Inst. für Heilpflanzenforsch.) E. LÜCK. 4880

J. Büchi und **H. Schumacher,** *Versuche zur Alkaloidbestimmung mit Hilfe der Papierchromatographie.* Verkürzte Wiedergabe der C. **1959.** 6228 referierten Arbeit. (Verh. schweiz. naturforsch. Ges. **137.** 155. Sept. 1957.) W. SCHÖNBORN. 4880

H. Baggesgaard Rasmussen, G. Espergen und **J. Berger,** *Die Erkennung von Arzneimitteln.* 1. Mitt. *Pikrate, Chloroaurate, Bromchloroaurate und Bromoaurate der Tropanalkaloide und verwandter Verbindungen.* Vff. untersuchen die Eignung von Pikraten (I), Chloroauraten (II), Bromchloroauraten (III) u. Bromoauraten (IV) zur Identifizierung von Homatropin·HBr (V), Hyoscyamin·HBr (VI), Atropinsulfat (VII), Methylatropinbromid (VIII), Cocain·HCl IX), Scopolamin·HBr (X), Methylscopolaminnitrat (XI), Tetraäthylammoniumbromid (XII), Cholinbitartrat (XIII), Methylcholinbromid (XIV), Suxamethonchlorid (XV), Carbacholinchlorid (XVI), Neostigminbromid (XVII) u. Arecolin·HBr (XVIII). I lassen sich bilden von V, VI, VII, IX, X, XII, XV, XVII u. XVIII, Metastabile Modifikationen können bei VII- u. X-Pikrat auftreten. II können von IX, XI, XV u. XVI gebildet werden, nicht aber von VII u. XIII. III werden bei allen geprüften Substanzen erhalten, sind in ihrer Zus. aber nicht einheitlich. Ebenso können IV von allen geprüften Substanzen erhalten werden. Hierfür werden 3 Methoden angegeben. Method. Einzelheiten u. Daten der erhaltenen Verbb. im Original. (Dansk Tidsskr. Farmaci, Suppl. II, Festskr. Svend Aage Schou 9—27. 1956. Kopenhagen, Roy. Danish School of Pharm., Dep. of Organic. Chem.) S. ERBE. 4880

D. A. A. Kidd und **P. G. W. Scott,** *Alkaloide von Rauwolfiaarten.* 2. Mitt. *Die Bestimmung von Reserpin in Rauwolfiaproben mittels Gegenstromverteilung.* (1. vgl. C. **1958.** 10942.) Drogenmuster von Rauwolfia serpentina u. R. vomitoria aus dem Handel wurden mit Methanol extrahiert, der eingeengte essigsaure Extrakt mit n-Hexan von Lipoiden befreit, die Alkaloide mit NH_3 gefällt u. aus dem Präcipitat mit Chlf. u. Essigsäure abwechselnd extrahiert. 100—130 mg des trockenen Extraktes wurden einer 17stufigen Gegenstromverteilung [obere Phase 250 ml Chlf. + Ae. ad 1 Liter, untere Phase Pufferlsg. von p_H 3,1 mit 1,63% Citronensäure u. 1,61% $Na_2HPO_4 \cdot 12H_2O$] unterworfen, zu jedem Röhrchen 1 ml konz. Ammoniaklsg. gegeben, 5 ml jeder oberen Phase auf 50 ml mit absol. A. verd. u. aus der Absorption bei 268 mμ der *Reserpin* (I)-Geh. berechnet. Papierchromatograph. (Laufmittel 10% Essigsäure in 5% ig. Na-Acetatlsg., gesätt. mit Di-[n-butyl]-äther) u. papierelektrophoret. (3n Essigsäure, 400 V, 10 mA) wurden die oberen Phasen der Röhrchen maximaler Absorption auf Reinheit des I geprüft. Die Meth. ergab gleiche Werte wie die erfolgreichste Extraktionsmeth. (Extraktion eines methanol. Wurzelextraktes mit 10% ig. Essigsäure, Überführung von I in Chlf. u. Chromatographie an Al_2O_3). (J. Pharmacy Pharmacol. **9**. 176—80. März 1957. Dagenham, Essex, May & Baker Ltd.) W. SCHÖNBORN. 4880

McGraw-Edison Co., Elgin, Ill., übert. von: **Berthal D. Brummet**, Sparta, N. J., V. St. A., *Gewinnung von reinem, für anästhetische Zwecke geeignetem Trichloräthylen* (I). Dieses wird mit halogenfreiem W., bes. durch Turbinieren, unter Darüberleiten eines inerten Gases behandelt, die wss. Schicht abgetrennt u. das I getrocknet; dadurch werden Mono-, Di- u. Trichloracetylchloride, gelöstes Acetylen, Mono- oder Dichloracetylen, $COCl_2$ u. CO_2 entfernt. (**A. P. 2 799 716** vom 8/2. 1954, ausg. 16/7. 1957.) G. KRAUSS. 4807

J. R. Geigy Akt.-Ges., Basel, Schweiz, *Tetraacetylmucinsäurediamide* der allg. Formel I (R u. R′ = Alkyl mit höchstens 5 C-Atomen; R′ auch H) erhält man durch

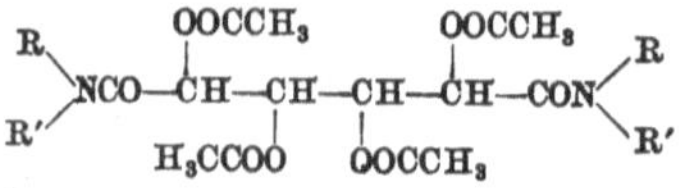

I

Rk. von 1 Mol Tetraacetylmucinsäuredichlorid oder -dibromid (hergestellt nach SKRAUP, Mh. Chem. **14**. 488; DIELS, LÖFLUND u. MÜLLER, Ber. dtsch. chem. Ges. **47**. [1914.] 2352 u. 2655) mit 2 Mol eines Amins der Formel R—NH—R′ in Ggw. eines säurebindenden Mittels. — Aus Tetraacetylmucinsäuredichlorid u. Diäthylamin in absol. Bzl. bei 30—35° → *Tetraacetylmucinsäure-bis-diäthylamid*, aus Äthylacetat, F. 194—195°. — Di-n-butylamin → *Tetraacetylmucinsäure-bis-di-n-butylamid*, F. 162—163°. Ferner werden von I hergestellt: *R* u. *R′* = CH_3, aus A., F. 229—230°. — *R* = C_2H_5; *R′* = *H*, aus Methanol, F. 310—312° (Zers.). — *R* u. *R′* = $CH_3CH_2CH_2$, aus Äthylacetat, F. 188—189°. — *R* u. *R′* = $(CH_3)_2CHCH_2$, aus Methanol, F. 168—169°. — *R* u. *R′* = $CH_2{=}C(CH_3)CH_2$, aus A., F. 170—171°. — *R* = *n*-C_4H_9; *R′* = *H*, aus Methanol, F. 232—233°. — *R* = CH_3; R′ = *n*-C_4H_9, aus Ae.-PAe. (1 : 1), F. 111—112°. Als Amine sind noch verwendbar: n-Amylamin, Isoamylamin, Allylamin, Methyläthylamin, Methylpropylamin, Methyl-n-butylamin, Methylamylamin, Methylallylamin, Methylmethallylamin u. Äthylallylamin. — Die Verbb. sind *antiphlogist.* wirksam. (**E. P. 781 255** vom 25/4. 1956, ausg. 14/8. 1957. Schwz. Prior. 27/4. 1955.) G. KRAUSS. 4807

Fujisawa Yakuhin Kogyo Kabushiki Kaisha (Erfinder: **Masushiro Hayamizu**), Osaka, Japan, *Herstellung von in Wasser leicht löslichen 4.4′-Dihydrazinodiphenylsulfonderivaten* durch Rk. von 4.4′-Dihydrazinodiphenylsulfon (I) mit Na-Hydroxymethansulfonat (II) oder Na_2SO_3 u. CH_2O. — Man kocht 0,1 (Mol) I u. 0,2 II in 600 cm³ W. ca. 15 Min., dampft die Lsg. ein, wäscht mit wasserfreiem A. u. trocknet im Vakuum. Weißes Prod., von dem sich 1 g in 1,2 cm³ W. löst; in organ. Lösungsmitteln (A., Ae., Aceton, Äthylacetat, n-Hexan, Bzl.) fast unlösl., zers. sich bei 185°. Die wss. Lsg. ist haltbar. Geringe Giftwrkg. bei intravenöser oder subcutaner Anwendung, etwa bei *Lepra*. (**Jap. A. S. 1 250/1958** vom 10/11. 1955, veröff. 25/2. 1958.) M. PANKOW. 4807

Soc. des Usines Chimiques Rhône-Poulenc, Frankreich (Erfinder: **Robert Michel Jacob** und **Gilbert Eugène Trotin**), *Herstellung von Aryldithiocarbamaten* der allg. Formel $X \cdot C_6H_4 \cdot NH \cdot C(S) \cdot S \cdot C_6H_4 \cdot X$ (X u. X′ = Halogen, Alkoxy- oder Dialkylaminogruppe), dad. gek., daß man ein Isothiocyanat bei 50—150° mit einem Thiophenol kondensiert. — (Alle FF. auf dem KOFLER-Block): *4-Äthoxyphenyl-4′-äthoxyphenyldithiocarbamat*, F. 127—128°, durch 16std. Erwärmen von 4-Äthoxyphenylisothiocyanat u. 4-Äthoxythiophenol auf 65°. — *4-[n-Butoxy]-phenyl-4′-[n-butoxy]-phenyldithiocarbamat*, F. 88°, aus 4-[n-Butoxy]-phenylisothiocyanat u. 4-[n-Butoxy]-thiophenol. — *4-Dimethylaminophenyl-4′-butoxyphenyldithiocarbamat*, F. 146—149°, aus 4-Dimethylaminophenylisothiocyanat. — *4-Chlorphenyl-4′-chlorphenyldithiocarbamat*, F. 126—127°, aus 4-Chlorphenylisothiocyanat u. 4-Chlorthiophenol. — *4-Dimethylaminophenyl-4′-dimethylaminophenyldithiocarbamat*, F. 151°, aus 4-Dimethylaminothiophenol. — *Baktericide, Fungicide*. (**F. P. 1 164 187** vom 15/5. 1954, ausg. 7/10. 1958.) S. BÖTTCHER. 4807

Cassella Farbwerke Mainkur Akt.-Ges. (Erfinder: **Otto Trösken**), Frankfurt/M., *Carbaminsäurederivate von anästhetischer Wirksamkeit,* der allg. Formeln I u. II, in der R_1 = Alkyl-, Alkyloxy-, Alkylthiogruppe oder Halogen, R_2 = Alkyl auch verzweigt, R_3 = H oder Alkyl u. R_4 = Alkyl (R_3 u. R_4 können zusammen mit N

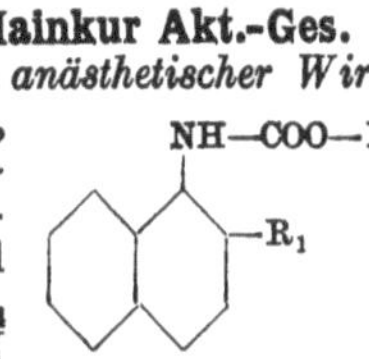

I

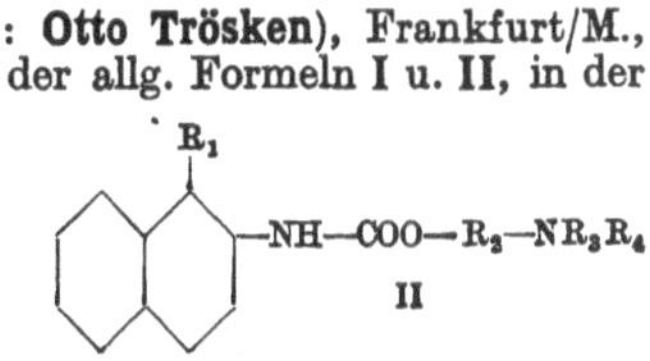

II

oder auch einem weiteren Heteroatom einen Heterocyclus bilden) bedeuten u. in denen der Naphthalinkern noch weitere Substituenten tragen kann, lassen sich: a) aus R_1-substituierten α- oder β-Naphthylaminen u. Halogenameisensäureester der Formel Hal—$COOR_2$—NR_3R_4; b) aus den gleichen Naphthylaminen u. Halogenameisensäurehalogenalkylestern der Formel Hal—COO—R_2—Hal zu den Carbaminsäurehalogenalkylestern umsetzen, die man dann ihrerseits wieder mit sek. Aminen der Formel HNR_3R_4 umsetzt; c) aus R_1-substituierten α- oder β-Naphthylcarbaminsäurehalogeniden der Formel Naphthyl—NH—CO—Hal mit Aminoalkoholen der Formel HO—$R_2NR_3R_4$; d) aus R_1-substituierten Naphthylisocyanaten der Formel Naphthyl—N=C=O mit Aminoalkoholen der Formel HO—R_2—NR_3R_4; e) aus R_1-substituierten Naphthylcarbaminsäurealkylestern der Formel Naphthyl—NH—COO—alkyl mit Aminoalkoholen der Formel HO—R_2—NR_3R_4 durch Umesterung; f) aus R_1-substituierten Naphthylcarbaminsäureestern der Formel Naphthyl—NH—COO—R_2—NR_4—$CH_2C_6H_5$ durch katalyt. Austausch der Benzylgruppe gegen H; darstellen. — 183 g 2-Methylnaphthyl-(1)-isocyanat ($Kp._{14}$ 164—165°) in 400 ml Bzl. + 145 g N-β-Hydroxäthylhexamethylenimin ($Kp._{15}$ 109—111°) (langsames Zutropfen bei 25—40°, dann 6 Std. bei Siedetemp.) → *2-Methylnaphthyl-(1)-carbaminsäure-β-hexamethyleniminoäthylester, Hydrochlorid,* F. 173 bis 174° (I, $R_1 = CH_3$, $R_2 = C_2H_4$, $R_3 + R_4 = (CH_2)_6$). — Folgende Derivv. wurden dargestellt: I ($R_1 = CH_3$; $R_2 = CH_2CH_2$; $R_3 = R_4 = C_2H_5$), *Öl, Hydrochlorid,* F. 156 bis 157° (aus Dioxan); I ($R_1 = CH_3$; $R_2 = CH_2CH_2$; $R_3 + R_4 = (CH_2)_4$), F. 63—65° (aus Bzn.), *Hydrochlorid,* F. 158—159°; I ($R_1 = CH_3$; $R_2 = CH(CH_3)CH_2$; $R_3 = R_4 = CH_3$), *Öl, Hydrochlorid,* F. 197—198°; I ($R_1 = CH_3$; $R_2 = CH_2CH_2$; NR_3R_4 = *piperidyl*), *Öl, Hydrochlorid,* F. 179—180°, bzw. NR_3R_4 = *morpholyl, Öl, Hydrochlorid,* F. 142 bis 143°; I ($R_1 = OC_2H_5$; $R_2 = CH_2CH_2$; NR_3R_4 = *piperidyl*), F. 72—73°, *Hydrochlorid,* F. 166°; I ($R_1 = OC_4H_9$; $R_2 = CH_2CH_2$; NR_3R_4 = *piperidyl*), F. 79°, *Hydrochlorid,* F. 160°, bzw. $NR_3R_4 = N(CH_2)_6$, F. 63—64°, *Hydrochlorid,* F. 146—147°; I (R_1 = *Cl*; $R_2 = CH_2CH_2$; NR_3R_4 = *piperidyl*), F. 108°, *Hydrochlorid,* F. 197°, bzw. $NR_3R_4 = N(CH_2)_6$, *Öl, Hydrochlorid,* F. 169—170°; II ($R_1 = CH_3$; $R_2 = CH_2CH_2$; NR_3R_4 = *piperidyl*), F. 104—105°, *Hydrochlorid,* F. 187—188°. — 19,2 g 2-Methylnaphthyl-(1)-carbaminsäure-β-(N-methyl-N-benzylamino)-äthylesterhydrochlorid, F. 215 bis 216° (aus 2-Methylnaphthyl-(1)-isocyanat + N-Methyl-N-benzylaminoäthanol in Bzl. dargestellt), gelöst in 200 ml 85% ig. Methanol (wss.) + 0,5 g Pd/C (10% ig) + H_2 (bei 40—50°) → *2-Methylnaphthyl-(1)-carbaminsäure-β-methylaminoäthylesterhydrochlorid,* F. 176° (I, $R_1 = CH_3$, $R_2 = CH_2CH_2$, $R_3 = H$, $R_4 = CH_3 \cdot HCl$). — Die Verbb. zeichnen sich durch hohe anästhet. Wrkg. bei relativ geringer Toxizität u. guter Verträglichkeit aus. (**D. A. S. 1 053 492** Kl. 12o vom 25/7. 1957, veröff. 26/3. 1959.) K. GÄBELEIN. 4807

Ciba Akt.-Ges. (Erfinder: **Adrian Marxer**), Basel, Schweiz, *Substituierte Bis-(äthylenimino)-p-benzochinone* der allg. Formel **I**, in der Y = O oder S u. Alk = Alkylrest bedeutet, werden aus Dihalogen-bis-(äthylenimino)-p-benzochinonen durch Umsetzung mit niederen Alkalialkylaten oder Alkalimercaptanen dargestellt. — 34,8 g 3.5-Dibrom-2.6-bis-(äthylenimino)-p-benzochinon (II) + Lsg. von 5 g Na in 250 A. absol. (12 Std. bei 25°) → *3.5-Diäthoxy-2.6-bis-(äthylenimino)-p-benzochinon,* F. 119°, schwarzviolette Platten aus Äthylalkohol. — Analog aus **II** + Äthylmercaptan + Na-Äthylat → *3.5-Bis-äthylmercapto-2.6-bis-(äthylenimino)-p-benzochinon,* F. 86—89° (Ausbeute 42% gelbgrüne Kristalle). — *3.5-Dimethoxy-2.6-bis-(methyläthylenimino)-p-benzochinon,* F. 80° (violette Kristalle, aus Bzl./PAe.). Dessen *3.5-Diäthoxyhomologes,* F. 93° (violette Kristalle). — *Baktericide* bes. bei Amöbeninfektion u. *Krebsheilmittel.* (**D. A. S. 1 052 404** Kl. 12p vom 28/4. 1956, veröff. 12/3. 1959. Schwz. Priorr. 13/5. 1955 u. 31/1. 1956.) K. GÄBELEIN. 4807

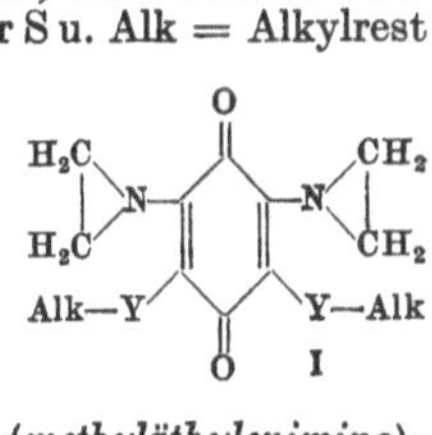

I

Dr. Karl Thomae G. m. b. H. (Erfinder: **Gerhard Ohnacker** und **August Kottler**), Biberach/Riß, *Herstellung von basischen Estern endocyclisch substituierter Mandelsäuren und ihren quaternären Ammoniumverbindungen* der allg. Formel **I**, in der Endocycl. den 2.5-Endomethylen-Δ^3-cyclohexenyl- oder -cyclohexylrest, R_1 = H, Alkyl oder Alkoxy, R_2 = H oder Alkoxy, X einen Alkylenrest mit gerader oder verzweigter Kette,

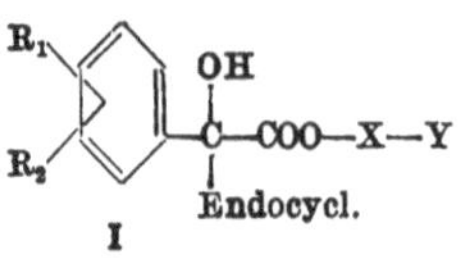
I

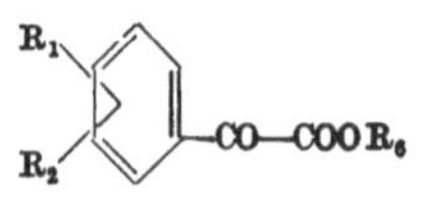
II

Y = $-NR_3(R_4)$ oder $-[NR_3(R_4)(R_5)]^+Z^-$, R_3 u. R_4 Alkyl oder zusammen mit dem N-Atom heterocycl. Reste, die auch noch weitere Heteroatome enthalten können, R_5 = H, Alkyl oder Aralkyl u. Z ein 1wertiges Anion einer anorgan. oder organ. Säure bedeuten, dad. gek., daß man α-Ketosäuren oder deren Ester der allg. Formel II (R_6 = H oder Alkyl) mit Organometallverbb. von Bicycloheptan oder -en unter wasserfreien Bedingungen, bes. in Ggw. inerter Lösungsmittel (absol. Ae.) u. bei erhöhter Temp., vorteilhaft bei der Siedetemp. des verwendeten Lösungsm., umsetzt, die erhaltenen Reaktionsprodd. in üblicher Weise zers., gegebenenfalls gebildete Ester, z. B.durch Kochen mit Alkali oder Alkalicarbonat, hydrolysiert, die erhaltenen endocycl. substituierten Mandelsäuren, bes. in Ggw. inerter Lösungsmittel u. bes. in Ggw. halogenwasserstoffbindender Mittel (Alkalialkoholate), vorteilhaft bei erhöhter Temp., wie dem Kp. des verwendeten Lösungsm., entweder mit Aminoalkylhalogeniden Halogen—X—$NR_3(R_4)$ oder den entsprechenden Aminoalkoholen in An- oder Abwesenheit von üblichen Veresterungskatalysatoren oder durch azeotrope Dest. umsetzt oder die Alkylester der Säuren in An- oder Abwesenheit eines Lösungsm. (Toluol, Xylol), vorteilhaft in Ggw. eines bas. Katalysators (Alkalimetall oder -alkoholat), bes. bei erhöhten Tempp. bis zu 150°, bes. bei 110—130°, u. gegebenenfalls unter red. Druck mit Aminoalkoholen umsetzt u. die erhaltenen bas. Ester in An- oder Abwesenheit von Lösungsmitteln bei niedrigen oder erhöhten Tempp., bes. im geschlossenen Rohr, quaternisiert. — [III = (2.5-Endomethylen-Δ^3-cyclohexenyl)-mandelsäure; **IV** = (2.5-Endomethylencyclohexyl)-mandelsäure]. — Z. B. tropft man die GRIGNARD-Lsg. aus 176 g 2.5-Endomethylen-Δ^3-cyclohexenylbromid u. 24,3 g Mg in absol. Ae. unter Kühlung in 2 Std. zu einer äther. Lsg. von 143 g Benzoylameisensäureäthylester, rührt die Mischung 7 Std. bei n. Temp., erhitzt sie kurz zum Sieden, gießt sie abgekühlt auf Eis-HCl, extrahiert mit Ae., dampft den Ae. ab u. dest. den Rückstand im Hochvakuum; man erhält 154 g α-III-*Äthylester*, $Kp._{0,1}$ 135—142°. — Der Ester wird mit 1500 cm³ 60% ig. CH_3OH, das 110 g K_2CO_3 enthält, 4 Std. unter Rückfluß gekocht, CH_3OH abdest., bis 800 cm³ Rückstand im Kolben verbleiben, dieser mit halbkonz. HCl angesäuert, das abgeschiedene Öl in Ae. aufgenommen, der Ae. verdampft, der Rückstand mit Alkalicarbonat alkal. gemacht, ausgeäthert, angesäuert, mit Bzl. extrahiert, die benzol. Lsg. dest., bis das gesamte W. entfernt ist, der Rückstand mit 9 g PAe. versetzt u. 2 Tage bei 0° stehengelassen; man erhält 133 g α-III, F. 94°. — Analog erhält man in 40—70% ig. Ausbeute folgende Säuren über ihre Äthylester: *p-Methyl*-α-III, F. 102°; *Äthylester*, $Kp._{25}$ 167 bis 169°. *p-Isopropyl*-α-III, F. 132°; *Äthylester*, $Kp._{0,4}$ 138—140°. — *p-Butoxy*-α-III, F. 150°; *Äthylester*, F. 63°. — *3.4-Dimethoxy*-α-III, F. 128°; *Äthylester*, $Kp._{13}$ 202—203°. — 5 g α-III, 2,2 g β-Dimethylaminopropylchlorid u. 60 cm³ Isopropanol werden 12 Std. unter Rückfluß erhitzt, die Lsg. wird heiß filtriert, im Vakuum auf 20 cm³ eingeengt, abgekühlt u. mit Ae. verrieben; man erhält 5,9 g α-III-*β-Dimethylaminopropylesterhydrochlorid*, F. (aus Methyläthylketon) 165°. — Analog: α-**IV**-*β-Dimethylaminoäthylesterhydrochlorid*, F. (aus Methyläthylketon) 161°; (Ausbeute) 68%. — *p-Methyl*-α-III-*β-(4-morpholino)-äthylesterhydrochlorid*, F. (aus Isopropanol-Ae.) 176°; 74%. — *p-Isopropyl*-α-III-*β-diäthylaminoäthylesterhydrochlorid*, F. (aus Isopropanol) 180°; 84%. — *3.4-Dimethoxy*-α-III-*β-diäthylaminoäthylesterhydrochlorid*, F. (aus Isopropanol) 117°, stark hygroskopisch. — α-III-*β-Dimethylaminoäthylesterhydrochlorid*, F. (aus Isopropanol) 183 bis 184°; 72%. — *p-Methyl*-α-III-*β-diäthylaminoäthylesterhydrochlorid*, F. 166°; 73%. — Zu 86,5 g mit 100 cm³ absol. Ae. verd. CH_3Br wird unter Rühren bei —15 bis —10° eine absol. äther. Lsg. von 136 g der aus α-III-β-Dimethylaminoäthylesterhydrochlorid freigesetzten Base in 1 Std. zugetropft, das Gemisch über Nacht stehengelassen, der Nd. abfiltriert, mit etwas absol. Ae. gewaschen, getrocknet, das erhaltene *Brommethylat* in der Kälte mit Methyläthylketon verrieben u. aus Butanol–Ae. umkrist., F. 188—190°; 78%. — Analog: *Brombenzylat*, F. (aus Aceton–Ae. [2 : 1]) 168°. — Ferner werden beschrieben: *p-Butoxy*-α-III-*β-diäthylaminoäthylestercitrat*, F. (aus Aceton) 68°. — *p-Methyl*-α-III-*β-(1-piperidino)-äthylesterhydrochlorid*, F. (aus Isopropanol-Ae.) 157°. — α-III-*β-Diäthylaminoäthylesterhydrochlorid*, F. (aus Aceton) 163°; *Brommethylat*, F. (aus Aceton) 141°. — α-III-*β-Pyrrolidinoäthylesterhydrochlorid*, F. (aus Methyläthylketon–Isopropanol [10 : 1]) 165°; *Brommethylat*, F. (aus Methyläthylketon–Isopropanol [10 : 1]) 171°; 78%. — *p-Methyl*-α-III-*β-pyrrolidinoäthylesterhydrochlorid*, F. (aus Methyläthylketon–Isopropanol [10 : 1]) 174°; 90%; *Brommethylat*, F. (aus Methyläthylketon [10 : 1]) 208°; 93%. — α-**IV**, F. 116°; 57%. — *Spasmolytica* mit rein neurotroper bzw. neurotroper u. muskulotroper Wirkung. — Z. B. zeigt α-III-β-Dimethylaminoäthylesterbrommethylat gegenüber Atropin (Acetylcholinkrampf) die 1,4fache Wrkg., das p-Methyl-α-III-

β-diäthylaminoäthylesterhydrochlorid eine solche von 0,1, gegenüber Papaverin ($BaCl_2$-Krampf) jedoch eine 1,3fache Wirkung. (**D. A. S. 1 001 261** Kl. 12o vom 5/8. 1954, veröff. 24/1. 1957. **E. P. 776 717** vom 5/8.1955, ausg. 12/6. 1957. D. Prior. 5/8. 1954.)
R. LINK. 4807

F. Hoffmann-La Roche & Co. Akt.-Ges., Basel, Schweiz, *Herstellung neuer Bis-(piperidinomethyl)-phenole* durch Kondensation von 4-(Alkyl)- oder 4-(Aralkyl)-phenol mit je 2 Äquivalenten CH_2O u. Piperidin (I). So aus p-Kresol, CH_2O u. I *2.6-Bis-(piperidinomethyl)-4-methylphenol* u. mit HBr dessen Dihydrobromid, F. 236—239°. — Analog: *2.6-Bis-(piperidinomethyl)-4-isopropylphenoldihydrochlorid*, F. 217—221°, *2.6-Bis-(piperidinomethyl)-4-(tert.-butyl)-phenoldihydrochlorid*, F. 222—225°, *2.6-Bis-(piperidinomethyl)-4-benzylphenoldihydrochlorid*, F. 211—213°, *2.6-Bis-(piperidinomethyl)-4-(α.α-dimethylbenzyl)-phenoldihydrobromid*, F. 245—247,5°, u. *4-($1^1.1^1.3^1.3^1$-Tetramethylbutyl)-2.6-bis-(piperidinomethyl)-phenoldihydrobromidmonohydrat*, F. 220°. — *Arzneimittel.* (**E. P. 787 008** vom 10/7. 1956, ausg. 27/11. 1957. A. Prior. 13/7. 1955.) C. LÜTTGEN. 4807

N. V. Organon (Erfinder: **Almer Middelbeek** und **Pieter Modderman**), Oss, Holland, *Herstellung von Δ^{23}-22-Halogen-24.24-diphenylcholenverbindungen* durch Behandlung von Δ^{23}-24.24-Diphenylcholenverbb. mit am N halogenierten Carbonsäureimiden, -amiden oder -arylamiden unter Bestrahlung mit Licht. Das an sich bekannte Verf. kann in kürzerer Zeit u. mit größerer Ausbeute durchgeführt werden, wenn man Licht mit einer Wellenlänge von 265—315, bes. 280—315 mμ anwendet. — Z. B. ergibt Δ^{23}-3α.7α.12α-Triacetoxy-24.24-diphenylcholen mit N-Bromsuccinimid in Ggw. von Na-Acetat u. CCl_4 bei 70° in 15 Min. 86% der Theorie an *Δ^{23}-3α.7α.12α-Triacetoxy-24.24-diphenyl-22-bromcholen.* Diese instabile Verb. kann durch HBr-Abspaltung mit bas. Mitteln in die entsprechende Choladienverb. (F. 106—116°) umgewandelt werden. Analog: *Δ^{23}-3α.12β-Diacetoxy-24.24-diphenyl-22-bromcholen* u. die entsprechende Choladienverb. (F. 184°). — Zwischenprodd. für Heilmittel. (**Holl. P. 88 557** vom 20/2. 1956, ausg. 16/6. 1958.) F. BÖHM. 4809

N. V. Organon, Oss, Holland, *Herstellung von Verbindungen mit einer α-Ketolgruppe* der Formel $C(R_1, R_2, R_3)-CO-CH_2OH$ (R_1 = H oder OH; R_2, R_3 = aliphat., aromat. oder araliphat. KW-stoffreste oder gemeinsamer alicycl. oder heterocycl. Ring; R_2 kann außerdem auch H darstellen). Man zers. eine Verb. der Formel $HO-C(R_2, R_3)-C(SR_4)=CH-OR_5$ (I) durch Behandlung mit Säure oder durch Erhitzung mit einem schwach bas. aromat. Amin, red. den erhaltenen Aldehyd der Formel $C(R_2, R_3)=C(SR_4)-CO-H$ zum entsprechenden Alkohol u. oxydiert u. hydrolysiert diesen, gewünschtenfalls nach Veresterung der OH-Gruppe, gleichzeitig oder nacheinander zu einem Ketol, in welchem R_1 = OH, oder hydrolysiert zu einem Ketol, worin R_1 = H. Die Verbb. der Formel I werden erhalten durch Addition einer Metallverb. eines Acetylenäthers an eine Carbonylverb. der Formel $(R_1, R_2)C=O$, Hydrolyse des Additionsprod. u. Addition eines Mercaptans an das erhaltene Äthinylcarbinol. — Die aus Äthyläthinyläther u. C_2H_5MgBr erzeugte GRIGNARD-Verb. wird mit Ae. u. Aceton versetzt u. der entstehende Nd. mit wss. NH_4Cl-Lsg. behandelt: *1-Äthoxy-3-methyl-3-hydroxybutin-(1)*, $Kp._{18}$ 78—80°, n_D^{20} 1,4413. — Dieses wird unter UV-Bestrahlung u. in Ggw. von ditert.-Butylperoxyd mit Äthylmercaptan umgesetzt zu *α-Äthylmercapto-β-methylcrotonaldehyd*, $Kp._{13}$ 96—98°, n_D^{20} 1,5193. — Hieraus erhält man durch Behandlung mit $LiAlH_4$ in Ae. bei 0° *α-Äthylmercapto-β-methylcrotylalkohol* (II), $Kp._{11}$ 99—100°, n_D^{20} 1,5128. — Kochen von II in einem Gemisch von 2 (Teilen) 25%ig. HCl u. 1 A. ergibt *2-Oxo-3-methylbutanol-(1)*, $Kp._8$ 61—62°. — Verestert man II mit Essigsäureanhydrid u. erhitzt dann in tert.-Butanol mit Peressigsäure u. HCl, so erhält man *2-Oxo-3-methyl-3-hydroxybutanol-(1)*, $Kp._{0,001}$ 50° (Badtemp. !). — Analog: Reaktionsprod. aus Cyclohexanon u. GRIGNARD-Verb. von Äthyläthinyläther, $Kp._3$ 102—103°, F. 7,5—8°, n_D^{20} 1,4839 → *α-Äthylmercaptocyclohexylidenacetaldehyd*, $Kp._7$ 130—132°, n_D^{20} 1,5408 → *α-Äthylmercaptocyclohexylidenäthylalkohol*, $Kp._5$ 134—135° → *1-Oxo-2-hydroxycyclohexan*, $Kp._6$ 86 bis 87°, n_D^{20} 1,4752; *1-Hydroxycyclohexylhydroxymethylketon*, F. 86—87°. — *$\Delta^{5.17}$-3β.21-Diacetoxy-20-äthylmercaptopregnadien*, F. 148—152° → *Δ^5-3.21-Dihydroxy-20-oxopregnen*, F. 156—162° → *Δ^5-3β.17α.21-Trihydroxy-20-oxopregnen*, F. 240—242°, $[\alpha]_D^{20}$ —157° (A.). — *Δ^{17}-3β.21-Diacetoxy-20-äthylmercaptoallopregnen*, F. 150—154° → *3β.21-Dihydroxy-20-oxoallopregnan*, F. 170—171° → *3β.17α.21-Trihydroxy-20-oxoallopregnan*, F. 236—239°, $[\alpha]_D^{20}$ +48,5° (A.). — *Δ^4-21-Hydroxy-3.20-dioxopregnen*, F. 179 bis 180°, $[\alpha]_D^{16}$ —6,3° (A.) → *Δ^4-17α.21-Dihydroxy-3.20-dioxopregnen*, F. 210°, $[\alpha]_D^{20}$ 132° (Dioxan). — *Zwischenprodd. für Steroidsynthesen.* (**Holl. P. 89 575** vom 28/9. 1956, ausg. 15/11. 1958.) F. BÖHM. 4809

Laboratoires Français de Chimiothérapie, Paris (Erfinder: **Robert Joly,** Montmorency, **Julien Warnant,** Neuilly-sur-Seine, **Gérard Nominé,** Noisy-le-Sec, und

Daniel Bertin, Montrouge), Frankreich, *Ungesättigte, gegebenenfalls Brom enthaltende Steroide der Androstan- und Pregnanreihe* erhält man durch Rk. von entsprechenden in 2.4.17 u./oder 21-Stellung di-, tri- oder tetrabromierten Steroiden mit Li_2CO_3 oder Li_2CO_3–LiCl (oder LiBr) in einem disubstituierten Amid einer niederen Fettsäure in der Wärme über längere oder kürzere Zeit. — 2.4-Dibromandrostan-17β-ol-3-on-benzoat + LiBr-Li_2CO_3 in Dimethylformamid bei 90—95° 15 Std. unter N_2 → *1.4-Androstadien-17β-ol-3-onbenzoat,* F. 221°; $[\alpha]_D^{20}$ +122°. — Analog: 1.4-Androstadien-3.17-dion, F. 139°; $[\alpha]_D^{20}$ 114°. — Entsprechend wurden z. B. 2.4-Dibromtestan-17β-ol-3-onacetat, 2.4-Dibrompregnan-17α-ol-3.11.20-trion oder 2.4-Dibrompregnan-17α.21-diol-3.11.20-trion-21-acetat unter nahezu ausschließlicher Bldg. der entsprechenden $\Delta^{1,4}$-Verbb. dehydrobromiert. — 17.21-Dibrompregnan-3α-ol-20-onacetat $\xrightarrow{Li_2CO_3}$ *21-Brom-16-pregnen-3α-ol-20-onacetat,* F. 158—160°; $[\alpha]_D$ 60°. — 17.21-Dibrompregnan-3α-ol-11.20-dion $\xrightarrow{Li_2CO_3}$ *21-Brom-16-pregnen-3α-ol-11.20-dion,* F. 224°; $[\alpha]_D^{20}$ 58°. — *4-Brom-1-testen-17β-ol-3-onacetat,* F. 207°; $[\alpha]_D^{20}$ 169°. — *4β-Brom-1-pregnen-17α.21-diol-3.11.20-trion-21-acetat,* F. 272°; $[\alpha]_D^{20}$ 183°. — *4β.21-Dibrom-1.16-pregnadien-3.20-dion,* F. 181°; $[\alpha]_D^{20}$ 169°. — *Zwischenprodd.* für die *Herst. von Steroidhormonen.* (**D. A. S. 1 040 546** Kl. 12o vom 12/12. 1956, veröff. 9/10. 1958. F. Priorr. 13/12. 1955 u. 28/5. 1956.)
U. Sievers. 4809

Upjohn Co., übert. von: **Barney J. Magerlein** und **John A. Hogg,** Kalamazoo, Mich., V. St. A., *9.10-Secosteroide der Pregnanreihe* erhält man durch Pyrolyse von 11-Ketoprogesteron bei 250—425°, Trennung der erhaltenen phenol. von der neutralen Fraktion durch Extraktion mit wss. Alkali u. Ansäuern des alkal. Extrakts. — Man erhitzt z. B. 11-Ketoprogesteron 45 Min. auf 365—370° u. erhält nach Aufarbeitung mit wss. NaOH u. chromatograph. Reinigung *3-Hydroxy-9.10-seco-1.3.5(10)-isopregnatrien-11.20-dion* (I), F. 159—160,5°, *3-Acetat,* F. 91—93°, neben *3-Hydroxy-9.10-seco-1.3.5(10)-pregnatrien-11.20-dion* (II), F. 138—139°; $[\alpha]_D$ 43°; *3-Acetat,* F. 139—140°. — I läßt sich durch Erhitzen mit methanol., sd. HCl umlagern → II. — *Heilmittel.* (**A. P. 2 835 698** vom 18/1. 1956, ausg. 20/5. 1958.) U. Sievers. 4809

G. D. Searle & Co., Chicago, übert. von: **Willard M. Hoehn,** Wilmette, und **William F. Johns,** Morton Grove, Ill., V. St. A., *Im Ring A hydroxylierte Östron- und Östradiolderivate.* Man setzt z. B. Östronmethyläther mit 40%ig. CH_2O-Lsg. in Ggw. von HCl-Gas u. in s.-Tetrachloräthan als Lösungsm. um → *2-Hydroxymethyl-3-methoxyöstra-1.3.5(10)-trien-17on* (I), F. 163—164°, neben *4-Hydroxymethyl-3-methoxyöstra-1.3.5(10)-trien-17-on,* F. 200—202°. — I läßt sich mit $LiAlH_4$ in Ae. reduzieren → *2-Hydroxymethyl-3-methoxyöstra-1.3.5(10)-trien-17β-ol,* F. 198—200°. — Analog: *4-Hydroxymethyl-3-methoxyöstra-1.3.5(10)-trien-17β-ol,* F. 159—163°. — Red. man 2-Acetyl-3-methoxyöstra-1.3.5(10)-trien-17-on mit $NaBH_4$ in wss. A., so erhält man *2-(α-Hydroxyäthyl)-3-methoxyöstra-1.3.5(10)-trien-17β-ol,* F. 134—136°. — *Heilmittel.* (**A. P. 2 853 501** vom 27/11. 1957, ausg. 23/9. 1958.) U. Sievers. 4809

G. D. Searle & Co., Chicago, Ill., übert. von: **Neal L. McNiven,** Shrewsbury, Mass., V. St. A., *In 18-Stellung durch Sauerstoff substituierte Allopregnane.* Man behandelt z. B. 18-Aminoallopregnan mit Hexamethylentetramin, HCl u. Formaldehyd in Ggw. von Na-Acetat u. Essigsäure → *18-Oxoallopregnan* (I), F. 106—109°; daraus durch Red. mit $NaBH_4$ in CH_3OH → *18-Hydroxyallopregnan,* F. 117—117,5°; [α] 23°; *18-Acetat; 18-Benzoat,* F. 89—90°; [α] 12°; I läßt sich mit AgO in Bzl. oxydieren → *Allopregnan-18-säure,* F. 271—273°; *Methylester,* F. 108—108,5°; [α] 17°. — *Heilmittel.* (**A. P. 2 840 573** vom 18/2. 1957, ausg. 24/6. 1958.) U. Sievers. 4809

Syntex Soc. An. (Erfinder: **Howard I. Ringold** und **George Rosenkranz),** Mexico, Mexico, *2-Alkylverbindungen der Δ^4-Pregnenreihe.* Man setzt z. B. Progesteron-20-monoäthlyenketal in Bzl. mit Äthylformiat in Ggw. von NaH um → *20-Äthylenketal* des *2-Hydroxymethylenprogesterons;* daraus durch Rk. mit CH_3J in Ggw. von NaH u. in Bzl. als Lösungsm. → *20-Äthylenketal* des *2-Methyl-2-formyl-Δ^4-pregnen-3.20-dions.* Durch anschließende milde Behandlung mit Al_2O_3 (durch Alkali aktiviert) läßt sich hieraus CO abspalten → *20-Äthylenketal* des *2α-Methylprogesterons,* das sodann durch Hydrolyse mit 8%ig. H_2SO_4 in *2α-Methylprogesteron* übergeführt werden kann, F. 106—110°. — Analog: *2α-Methyl-17α-hydroxyprogesteron-17-acetat,* F. 218—223°. — *2α-Methyl-Δ^4-pregnen-17α.21-diol-3.20-dion,* F. 215—218°. — *Heilmittel.* (**D. A. S. 1 053 502** Kl. 12o vom 26/1. 1957, veröff. 26/3. 1959. Mexican. Prior. 26/1. 1956.) U. Sievers. 4809

Raphaël Benzaria, Frankreich, *Wiedergewinnung von Lösungsmitteln* aus Mutterlaugen der *Herst. von Antibiotica,* die *Dibutylformal* enthalten, dad. gek., daß man dieses durch Rk. mit Methanol in Ggw. von H_2SO_4, HCl oder H_3PO_4 in Dimethylformal überführt u. Butanol von den übrigen Bestandteilen, zu denen auch Tetra- u. Dichloräthan,

Di- u. Trichloräthylen gehören, durch Fraktionierung trennt. (**F. P. 1 163 427** vom 24/10. 1956, ausg. 25/9. 1958.) S. BÖTTCHER. 4811

Bristol Laboratories, Inc., übert. von: **Jacob S. Cash,** Syracuse, und **Alden B. Hatch,** Fayetteville, N. Y., V. St. A., *Sterilisieren der Fermentationsmedien zur biologischen Antibioticaerzeugung* durch kurzes Aufheizen in < 10 Sek. auf 270—290° F. Halten dieser Temp. während 3—6 Sek. u. Abkühlen in < 10 Sek. auf < 200° F. Vermeiden von Zerss. der Bestandteile. Anwendbar für Penicillin-, Streptomycin-, Chlor- oder Oxytetracyclin- oder Tetracyclinfermentation. — Beispiele, Tabellen. (**A. P. 2 798 026** vom 21/10. 1953, ausg. 2/7. 1957.) H. SCHINDLER. 4811

American Home Products Corp. (Erfinder: **Richard Brunner, Hans Margreiter** und **Kurt Riedl**), *Gewinnung von in Wasser schwerlöslichen Penicillinsalzen* (**II**), die aber in wss. Suspension sehr stabil sind. Man läßt ein säureresistentes Penicillin (**I**) der Formel $C_8H_{10}O_3NS{-}NHCO{-}CH_2X{-}R_2$, worin X O oder S u. R_2 einen Phenyl- oder substituierten Phenylrest bedeuten, der im Phenylring durch Alkyl-, Alkoxy-, Hydroxy- oder Nitrogruppen substituiert ist, mit einer organ. N-Base, wie Acridin, Diphenyläthylamin, Benzylphenyläthylamin oder Dibenzyläthylendiamin reagieren. — Beispiele für **I**: Phenoxymethyl-, p-Hydroxyphenoxymethyl-, p-Nitrophenoxymethyl- u. Phenylmercaptomethylpenicillin, für **II**: *Dibenzyläthylendiaminphenoxymethylpenicillin*, F. 105 bis 109°; *Phenyläthylbenzylaminphenoxymethylpenicillin*; *2-Äthoxy-6.9-diaminoacridinphenoxymethylpenicillin*. (**Aust. P. 210 120** vom 8/6. 1955, ausg. 28/11. 1957. Oe. Prior. 21/6. 1954.) H. NEBELSIEK. 4811

Farbwerke Hoechst Akt.-Ges., vormals Meister Lucius & Brüning, Deutschland, *Herstellung von Salzen des Streptomycins* (**I**), wie **I**-*Carbonat*, $(C_{21}H_{39}N_7O_{12})_2\cdot(H_2CO_3)_3$, Zers. bei 167°, oder *Dihydrostreptomycin* (**II**)-*carbonat*), $C_{21}H_{41}N_7O_{12})_2\cdot(H_2CO_3)_3$, Zers. bei 190°, dad. gek., daß man **I** bzw. **II** oder ihre Sulfate mit CO_2, ihren Salzen oder Ionenaustauschern umsetzt. (**F. P. 1 162 132** vom 24/10. 1955, ausg. 9/9. 1958. D. Prior. 25/10. 1954.) S. BÖTTCHER. 4811

Farbwerke Hoechst Akt.-Ges., vormals Meister Lucius & Brüning, Frankfurt/M. (Erfinder: **Alfons Söder,** Kelkheim, und **Walter Siedel,** Bad Soden/Taunus), *Herstellung von reinen, fremdsalzfreien Salzen von Streptomycin und Dihydrostreptomycin* mit organ. oder anorgan. Säuren, die stärker als CO_2 sind, dad. gek., daß man von Carbonaten des Streptomycins (**I**) bzw. Dihydrostreptomycins (**II**) ausgeht. — Man gibt z. B. zu einer Lsg. von 13,5 (g) **I**-Carbonat in 50 cm^3 W. unter Rühren p-Aminosalicylsäure, gießt die klare Lsg. in die 10—12fache Menge Aceton u. erhält 13,9 farbloses **I**-*Tri-p-aminosalicylat*, F. > 180° (Zers.); (Ausbeute) 85%. — Analog: **II**-Salz der *Äthylendiaminotetraessigsäure*, F. 216° (Zers.); 89,5%. — **II**-Salz von *Penicillin G*, F. 210° (Zers.); 82%. (**D. B. P. 955 500** Kl. 12o vom 30/10. 1954, ausg. 3/1. 1957. Anmeldung bekanntgemacht 12/7. 1956. **E. P. 773 139** vom 31/10. 1955, ausg. 24/4. 1957. D. Prior. 29/10. 1954.) R. LINK. 4811

Bristol Laboratories, Inc. (Erfinder: **Bernard Heinemann** und **Irving R. Hooper**), *Gewinnung und Reinigung von Tetracyclin.* Man züchtet *Streptomyces BL 567201* in einer wss., N-haltigen Nährlsg., die Kohlenhydrate enthält, unter aeroben Bedingungen, bis die Lsg. eine wirkungsvolle antibakterielle Wrkg. zeigt u. macht die Lsg. anschließend alkalisch. Dabei fällt ein Nd. aus Mycel u. Tetracyclin aus; man löst diesen in wss. Säure ($p_H < 3$) u. erhöht dann den p_H-Wert der Lsg. auf > 3, wobei Tetracyclin ausfällt. (**Aust. P. 210 199** vom 18/5. 1955, ausg. 3/10. 1957. A. Prior. 26/5. 1954.) H. NEBELSIEK. 4811

Farbwerke Hoechst Akt.-Ges., vormals Meister Lucius & Brüning, Frankfurt/M., *Herstellung von Oxytetracyclin* auf üblichem biol. Wege unter Verwendung von *Streptomyces gilvus*, dessen physiol. u. morpholog. Eigg. bes. im Vgl. mit *Str. albus* u. *Str. rimosus* näher beschrieben sind. Fermentationsbeispiele, Tabellen. (**E. P. 785 304** vom 12/7. 1954, ausg. 23/10. 1957. D. Prior. 10/7. 1953.) H. SCHINDLER. 4811

American Cyanamid Co., New York (Erfinder: **Joseph Francis Weidenheimer, George Sieger,** Pearl River, und **Lawrence Ritter,** Suffern), N. Y., V. St. A., *Löslichmachung und Stabilisierung der Antibiotica Tetracyclin, Chlortetracyclin, Oxytetracyclin, Bromtetracyclin* u. von lösl. Salzen derselben, dad. gek., daß das Antibioticum (**I**) mit einer lösl. Erdalkaliionenquelle (**II**) u. einem Pyridinderiv. der allg. Formel **III**, in der R = H oder einen N-Alkylcarbamyl-, N-Alkanolcarbamyl-, Hydrazinocarbonyl-, Hydroxyl-, Hydroxyalkyl-, Alkoxycarbonyl- oder Carboxylrest bedeutet, wobei die in diesen Resten enthaltenen Alkylgruppen jeweils niedere Alkylgruppen sind, oder ein Salz eines Carboxylrestes mit einem lösl., nichttox. Metall, R_1 = H oder einen CH_3-Rest u. R_2 u. R_3 jeweils H oder einen Hydroxymethylrest bedeuten, versetzt, wobei das Mol-

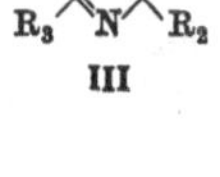

III

Verhältnis von I : II : III wenigstens 2 : 1 : 80 oder wenigstens 1 : 1 : 4 beträgt. Der Lsg. werden noch 3,5—7 Mol eines α-Hydroxysäureions aus der Gruppe Citrat, Ascorbat, Pantothenat, Gluconat oder Lactat zugesetzt. — Beispiel für II: $MgCl_2 \cdot 6H_2O$, für III: Nicotinsäureamid. (**D. A. S. 1 053 734** Kl. 30h vom 21/6. 1957, veröff. 26/3. 1959. A. Prior. 27/6. 1956.) W. HEYER. 4811

Takeda Pharmaceutical Industries Ltd. (Erfinder: **Sueo Tatsuoka, Koichi Ogata,** Suita, **Akira Miyake,** Nishinomiya, **Shozo Wada, Michitaka Inoue,** Osaka, und **Hidesuke Iwasaki,** Toyonaka), Japan, *Herstellung von gereinigtem monomerem Sarkomycin* bzw. dessen *Derivaten.* Man versetzt das sarkomycinhaltige Ausgangsmaterial mit einer Cu-Salzlsg. in W. oder einem wss., organ. Lösungsm., z. B. wss. Cu-Acetatlsg., filtriert die wss. Lsg. der erhaltenen Sarkomycinkupfersalze, säuert an u. versetzt mit einem mit W. nichtmischbaren Lösungsmittel. Die organ. Sarkomycin-E (polymeres Sarkomycin) enthaltende Lösungsmittelschicht wird abgetrennt u. aus ihr das Sarkomycin-E, z. B. durch Einengen, abgetrennt u. gegebenenfalls in Sarkomycin-E_1 u. -E_2 aufgeteilt. Die wss. Lsg. des monomeren Sarkomycinkupfersalzes wird entweder mit einem Kationenaustauscher behandelt, die danach erhaltene Cu-Ionen-freie Lsg. angesäuert u. mit einem mit W. nichtmischbaren Lösungsm. extrahiert oder sofort die angesäuerte Lsg. mit dem Lösungsm. versetzt, die organ. Schichten abgetrennt u. aus ihnen, z. B. durch Einengen, das gereinigte, monomere Sarkomycin gewonnen. Die wss. Lsg. des monomeren Sarkomycinkupfersalzes kann auch durch Einleiten von H_2S entkupfert, die wss. Lsg. des dabei erhaltenen Sarkomycin-S (geschwefeltes Sarkomycin) angesäuert, mit einem mit W. nicht mischbaren Lösungsm. extrahiert, aus dem abgetrennten Lösungsmittelextrakt Sarkomycin-S, z. B. durch Einengen, abgetrennt u. im Sarkomycin-S_1 u. -S_2 aufgeteilt werden. — *Sarkomycin-S_1*, $C_{14}H_{18}O_6S_2$, farblose Platten, F. 160°, $[\alpha]_D^{24}$ +145°, UV-Absorptionsmaxima 300 mμ; *Sarkomycin-S_2*, $C_{14}H_{18}O_6S$, farblose Nadeln, F. 181°, $[\alpha]_D^{24}$ +136°, UV-Absorptionsmaxima 295 mμ, *gereinigtes monomeres Sarkomycin,* Öl. — Alle drei besitzen „anti-Krebs"-Wirksamkeit u. können für klin. Zwecke als solche oder in Form von Alkali- oder Erdalkalisalzen verwendet werden. (**D. A. S. 1 043 330** Kl. 12o vom 4/6. 1956, veröff. 13/11. 1958. Jap. Priorr. 4/6. u. 22/6. 1955.) H. NEBELSIEK. 4811

Eli Lilly & Co., übert. von: **Otto K. Behrens** und **Paul W. Ensminger,** Indianapolis, Ind., V. St. A., *Antigen zur Immunisierung gegen Hemophilus pertussis* durch Extraktion der intakten Mikroorganismen mit 0,1—0,2%ig. wss. Lsgg. von Phenol, o-, m- oder p-Kresol, Chlorphenol, o-Nitrophenol oder Carvacrol während 1—3 Wochen bei 4—40° u. Abtrennen der Zellen. Das Prod. gibt keine irritierenden Reaktionen. — Beispiele, Tabellen. (**A. P. 2 837 460** vom 23/10. 1952, ausg. 3/6. 1958.) H. SCHINDLER. 4813

Mallinckrodt Chemical Works, übert. von: **Hugh C. Bertsch,** St. Louis, Mo., und **John F. Lemp,** Alton, Ill., V. St. A., *Blutbildendes Eisenpräparat,* enthaltend wasserfreies Fe-Fumarat (I) in einem pharmazeut. Träger (Stärke, Gelatine, Talkum, Stearinsäure, Mg-Stearat, Glucose) in Form von Tabletten oder in Kapseln. I besitzt einen Fe-Geh. von 33% u. ist nicht oxydationsempfindlich, man erhält es durch Mischen einer $FeSO_4$-Lsg. mit einer Na-Fumaratlsg. bei einer zwischen 94° u. dem Kp. der Lsgg. liegenden Temp. u. Abtrennen des Nd., der ein braunes Pulver darstellt. (**A. P. 2 848 366** vom 18/5. 1956, ausg. 19/8. 1958.) K. KOEBKE. 4815

Farbwerke Hoechst Akt.-Ges., vormals Meister Lucius & Brüning (Erfinder: **Walter Aumüller, Gerhard Korger, Rudi Weyer** und **Wolf-Helmut Wagner**), Frankfurt/M., *Sulfonylurethane* lassen sich aus Sulfonylisocyanaten der allg. Formel R—SO_2—NCO [R = Phenyl mit 1—2 Alkyl- oder Alkoxyseitenketten ($C_{<7}$) oder mit Halogen substituiert, oder R = Naphthyl-(2)-, oder 5.6.7.8-Tetrahydronaphthyl-(2), oder Phenylalkyl ($C_{<11}$), oder 4-Phenoxybenzol, oder 4-Diphenyl, oder Cycloalkyl, oder Cycloalkylalkyl ($C_{<9}$)] u. niedermol. α-Hydroxy-β-alkoxyäthanen darstellen. Es können auch andere Verbb., die wie Isocyanate reagieren, benützt werden. Schließlich können auch entsprechend substituierte Sulfonylurethane anderer Alkohole durch Umesterung mit niedermol. α-Hydroxy-β-alkoxyäthanen benützt, oder entsprechend substituierte Sulfonylharnstoffe mit endständig disubstituierter —NH_2-Gruppe mit niedermol. α-Hydroxy-β-alkoxyäthanen gespalten, oder entsprechend substituierte Sulfonamide (vorzugsweise als Alkalisalze) mit Halogenameisensäureestern, die sich von niedermol. α-Hydroxy-β-alkoxyäthanen ableiten, umgesetzt werden. — 47 g p-Toluolsulfonylisocyanat, gelöst in 100 ml Äthylenglykolmonomethyläther (15 Min. auf dem Dampfbad) → 40 g *N-(4-Methylbenzolsulfonyl)-(β-methoxyäthyl)-urethan* (I), F. 131—133°, das mit konz. NaOH in A. in dessen *Na-Salz,* F. 212—213°, übergeht. — I kann auch aus N-(4-Methylbenzolsulfonyl)-methylurethan, Glykolmonomethyläther, NaOH oder Na-Methylat u. Triäthylamin, oder aus: p-Toluolsulfonamid-Na, K_2CO_3 in Aceton u. Chlorameisensäure-β-methoxyäthylester, dargestellt werden. — Analog wurden folgende -*(β-methoxyäthyl)-urethane* erhalten: *N-Benzolsulfonyl-*, F. 73—74°; *N-(4-Äthylbenzolsulfonyl)-*, F. 109—111°; *N-(4-Isopropylbenzolsulfonyl)-*, F. 81—83°; *N-(3-Methylbenzolsulfonyl)-*, F. 96—98°; *N-(4-Methoxybenzolsulfonyl)-*, F. 81—82°; *N-(4-Chlorbenzolsulfonyl)-*, F. 117—119°; *N-(3-Chlor-4-methylbenzolsulfonyl)-*, F. 113—115°; *N-(3.4-Dichlorbenzolsulfonyl)-*, F. 122 bis 123°; *N-(3.4-Dimethylbenzolsulfonyl)-*, F. 131—132°; *N-(3.4-Dimethoxybenzolsulfonyl)-*, F. 90—91°; *N-(2-Methyl-6-chlorbenzolsulfonyl)-*, F. 130—131°; *N-Naphthalin-(2)-sulfonyl-*, F. 110—112°; *N-ω-Benzylsulfonyl-*, F. 86—88°; *N-Cyclohexansulfonyl-*, F. 66—68°; *N-Butansulfonyl-*, ölig; *N-(2-Methylbenzolsulfonyl)-*, F. 88—89°. — Außerdem wurde beschrieben: *N-(4-Methylbenzolsulfonyl)-(β-äthoxyäthyl)-urethan*, F. 79—81° u. *N-(4-Methylbenzolsulfonyl)-(β-butoxyäthyl)-urethan*, ölig, *Na-Salz*, F. 211—213°. — *Tiermedizin. Präp.* zur Behandlung der *Hühnercoccidiose*, ohne störende Wrkg. auf Darmbakterien. (**D. A. S. 1 048 907** Kl. 12o vom 9/7. 1957, veröff. 22/1. 1959.) K. GÄBELEIN. 4815

Jupp Ziegler, München, *Wasserfreie oder wasserarme Zahnpflegemittel*, gek. durch einem Geh. an Tetraalkoxysilanen (**I**), die in W. hydrolyt. gespalten werden, bes. Tetraäthoxysilan. — Beispiel: 6 (Teile) Traganthpulver, 50 Gummi arabicum, 35 Seife, 25 trockenes Seifenpulver in Ggw. von Glycerin mit 7 Celluloseäther oder -ester u. gegebenenfalls 10 Laurylalkoholsulfat zu einer Paste verarbeiten, in diese 5—15 **I**-Lsg. (10%ig) einrühren u. die M. nach kurzem Stehen aromatisieren. (**D. A. S. 1 047 384** Kl. 30h vom 3/8. 1954, veröff. 24/12. 1958.) E. PETERSEN. 4823

Merck & Co., Inc., Rahway, übert. von: **Frederick W. Holly**, Cranford, und **Charles H. Stammer**, Clark, N. Y., V. St. A., *Herstellung von 4-Aminoisoxazolidonen-(3)* der allg. Formel I, in der R u. R_1 = H, Alkyl- oder Aralkyl (C_{1-8}); X, Y u. Z = H, Alkyl-, Aralkyl- oder Arylgruppen (C_{1-8}) sein können, dad. gek., daß aus Serinester u. Benzimidoäthyläther ein 2-Phenyl-4-carbäthoxyoxazolin-(2) (**II**) hergestellt wird, dessen H_2NOH-Deriv. (**III**) durch Ringsprengung mittels Halogenwasserstoffsäuren in das Ringsyst. von **I** übergeführt werden kann. — Beispiele: 350 g Serin + 3,5 Liter A. + HCl-Gas bis zur Lsg. der Kristalle + Ae. → Serinäthylesterhydrochlorid (**IV**), F. 94—97°. — Aus 1248 g Benzonitril, 605 A. (absol.) u. 515 HCl-Gas wird Benzimidoäthyläther hergestellt, der, in Ae. gelöst, mit **IV** in **II** übergeführt werden kann, $Kp._{0,5}$ 138—141°. — **II** + absol. wasserfreies NH_2OH, gelöst in A. → 2-Phenyl-4-carbohydroxamidooxazolin-(2), F. 176 bis 177°. — Dieses geht mit HCl, gelöst in wasserfreiem Dioxan in α-Benzoylamino-β-chlorpropionhydroxamsäure, F. 153—155°, über u. kann durch 2,1n NaOH u. anschließendes Ansäuern mit HCl in dl-4-Benzoylaminoisoixazolidon-(3), F. 170—171°, umgewandelt werden. — Aus Oxazolinester kann analog auch 2-Phenyl-4-carbohydroxamido-5-methyloxazolin-(2), F. 148—150°, erhalten werden, das dann durch HCl (in Dioxan) in α-Benzoylamino-β-chlorbutyrhydroxamsäure, F. 139—143°, übergeführt wird. Behandeln mit 0,99n NaOH in W. führt zu *4-Benzoylamino-5-methylisoxazolidon-(3)*, F. 187—190°. Behandeln mit einer HCl-gesätt. CH_3OH-Lsg. am Rückfluß wandelt in α-Amino-β-aminoxypropionsäuremethylester-dihydrochlorid (**V**), F. 133 bis 136° (dann erneuter F. 165° [Zers.]) um. — Analog: α-Amino-β-aminoxybuttersäuremethylesterdihydrochlorid, F. 139—145°. — **V**, gelöst in 1n NaOH u. Ansäuern nach 30 Min. führt zu *dl-4-Aminoisoxazolidon-(3)* (**VI**), F. 121°, das durch Anionenaustauscherharz gereinigt werden kann. — Analog: *4-Amino-5-methylisoxazolidon-(3)*, F. 170—173°. — Die Spaltung der opt.-akt. Verbb. gelingt z. B. mit *l*-Weinsäure: **VI** als dl-Verb. führt so zu *l-4-Aminoisoxazolidon-(3)-l-tartrat*, F. 165,5—166° (Zers.); $[\alpha]_D^{24}$ —41° (Konz. 0,7 in W.), u. *l-Aminoisoxazolidon-(3)*, $[\alpha]_D^{24}$ +100° (Konz. 1,0 in W.). — *Desinfektionsmittel* von grampositiver u. -negativer Wrkg. in der Humanmedizin u. Phytologie, sowie wachstumsförderndes Mittel für Tiere. — Vgl. A. PP. 2 772 281; C. **1958**. 6970 u. 2 840 565; C. **1959. 14** 193. (**D. A. S. 1 026 319** Kl. 12p vom 23/12. 1955, veröff. 20/3. 1958. A. Prior. 23/12. 1954.) K. GÄBELEIN. 4833

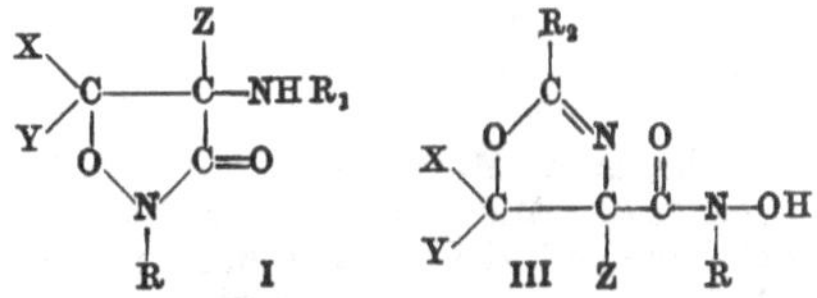

Phillips Petroleum Co., übert. von: **Lyle D. Goodhue** und **Rector P. Louthan**, Bartlesville, Okla., V. St. A., *Pyridyläthylthiomercurisalze* der allg. Formel I, in der R_1 = H, CH_3, C_2H_5, $(CH_3)_2CH$ oder $CH_3CH_2CH_2$ u. R_2 = CH_3, C_2H_5, —COOH oder —CH_2COOH bedeuten, lassen sich aus 2-Mercaptoäthylpyridin u. dem Hg-Salz einer aliphat. Carbonsäure (C_{1-3}) in Ggw. eines geeigneten inerten Lösungsm., bes. Methanol, darstellen, wobei nach der Vermischung gleiche Mengen W. zu-

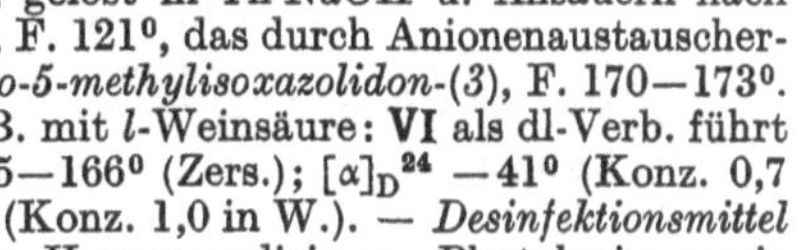

gesetzt werden u. anschließend zum Sieden erhitzt wird. — 11,8 g 2-Mercaptoäthylpyridin, gelöst in 50 ml Methanol, + 13,3 g Mercuriacetat, gelöst in 50 ml Methanol, + 13,3 g Mercuriacetat + 77 W. (Erhitzen zum Sieden) → *2-(2-Pyridyl)-äthylthiomercuriacetat* (I; $R_1 = H$; $R_2 = CH_3$), F. 136—146° (Zers.). — *Desinfektionsmittel* mit wachstumshemmender Wrkg. auf *Micrococcus pyogenes, Coli* u. andere Bakterienstämme. Tabelle von Wachstumstesten. (**A. P. 2 842 549** vom 17/10. 1955, ausg. 8/7. 1958.)
K. GÄBELEIN. 4833

G. Analyse. Laboratorium.

H. I. Feinstein, *Eine Laboratoriumshilfe zur Beschleunigung des Filtrierens.* Gerät (Abb.) zur Beschleunigung der Filtration von gelatineartigen Ndd. durch Anwendung von Druckluft, die mit einem Gummiball erzeugt wird. (J. chem. Educat. **35.** 509. Okt. 1958. Washington, D. C., US geol. Survey.) W. WESLY. 5024

M. M. Benarie, I. Amariglio und **M. Mokady,** *Eine einfache Zentrifugalzirkulationspumpe.* Vff. beschreiben eine Vereinfachung der von BOND (vgl. C. **1958.** 7846) beschriebenen Pumpe. (J. sci. Instruments **35.** 70. Febr. 1958. Tel-Aviv, Ministry of Defence.)
C. GOTTFRIED. 5026

Leon G. Davis, *Plasmalichtbogenbrenner, das Gerät zur Erzeugung von 24000°.* Bau, Arbeitsweise u. Anwendung eines Plasma-Lichtbogenbrenners, der Tempp. bis 30000° F erzeugt, wobei der Lichtbogen sich zwischen einer W-Kathode u. einer wassergekühlten Cu-Anode erstreckt u. ein inertes Gas (N_2, H_2, Ar) geschmolzene Metallteilchen mit großer Geschwindigkeit fortträgt. Anwendung zum Plattieren mit schwer schmelzbaren Metallen u. Carbiden, zum Schweißen dünner Bleche u. zur Prüfung von Raketen. (Canad. Machinery Manufact. New **70.** Nr. 1. 49—51. Jan. 1959. New York, N. Y., Union Carbide Corp. Linde Co.) W. WESLY. 5028

Z. Knor, M. Kalousek und **V. Boháčková,** *Untersuchungen an monomolekularen Schichten.* 7. Mitt. *Messung der Oberflächenviscosität mit der Scheibenziehmethode.* Inhaltlich ident. mit der C. **1958.** 9014 referierten Arbeit. (Collect. czechoslov. chem. Commun. **24.** 1373—84. Mai 1959. [Orig.: deutsch.]) W. BARZ. 5040

Soren Berg und **J. J. V. Lundberg,** *Die Bestimmung des spezifischen Gewichts mit Tauchern und Hydrometern mit losem Stil.* Zur Best. der D. von Fll. mit Tauchern wird mit 2 Tauchern, auf welche Gewichte aus Metall aufgelegt werden, gearbeitet, welche solange beschwert werden, bis sie eben schweben. Die Best. mit dem Hydrometer, welches aus einem Tankkörper mit lose umwickeltem Draht mit Stil besteht, ist etwas ungenauer infolge der Adhäsion der Fl. in dem Stil. (Acta chem. scand. **12.** 983—94. 1958. Lyngby-Kopenhagen, Porcelaensfabriken „Danmark" Ltd.) F. ENSSLIN. 5042

Rudolf Splitek, *Eine vollautomatische Einrichtung für die Differential- und Gewichtsthermoanalyse.* Vf. erörtert die theoret. Grundlagen der Differentialthermoanalyse u. Thermogravimetrie u. beschreibt eingehend die eigene Apparatur. Diese besteht aus einem Reguliertransformator mit Antrieb zur Regulierung der Temp. (der Temperaturanstieg muß nicht streng linear verlaufen), einem Photonenrelais mit Galvanometer, Registriereinrichtung mit photograph. Papier, Öfen (bis maximal 1200°) u. dem üblichen Zubehör. — Die Vorteile der App. bestehen in der vollen Automatisierung, verläßlichem Betrieb, Reproduzierbarkeit der Ergebnisse u. Konstruktion aus inländ. Bestandteilen. — 112 Literaturangaben. (Hutnické Listy **13.** 697—705. Aug. 1958. Panenské Břežany, Výzk. ústav kovů.) H. TŮMA. 5052

A. Lambert, *Eine neue Apparatur für die Differentialthermoanalyse.* Um die bei üblichen DTA-Apparaturen unbekannten Wärmeleitstörungen des Präparathalters auszuschalten, befindet sich der gepreßte Probekörper zusammen mit der inerten Substanz auf einer dünnen Scheibe. Die Scheibe ist von einer Glocke aus keram. Material umgeben, die sich mit einer Geschwindigkeit von 15 U/Min. dreht. Hierdurch werden Temperaturunterschiede ausgeglichen, was eine bessere Profilierung der DTA-Kurven zur Folge hat. (Bull. Soc. franç. Céram. **1958.** Nr. 41. 71—76. Okt./Dez.)
H. SAALFELD. 5052

V. S. Griffiths, *Neuere Methoden zur Bestimmung der elektrolytischen Leitfähigkeit.* Zur Messung der elektrolyt. Leitfähigkeit von Lsgg. bzw. zur Best. von DKK wird die Verwendung nichtberührender Elektroden im Zusammenhang mit einer Dreieckschaltung u. $\geqq$ 1000 Hz beschrieben. Theorie u. Konstruktion der Schaltung werden an Hand von Skizzen erörtert. Als Anwendung wurde der Wassergeh. organ. Lösungsmittel bestimmt. (Analytica chim. Acta [Amsterdam] **18.** 174—79. Jan./Febr. 1958. London, Battersea Coll. of Technol.) H. PLUSKAL. 5054

F. Happey und **J. H. Keighley,** *Herstellung von Dünnschnitten von harten Keratinsubstanzen.* Vff. beschreiben eine Mikrotomtechnik zur Herst. von Schnitten von Horn, Hufen u. anderen Keratinen von Dicken zwischen 1 u. 40 μ. (J. sci. Instruments **35.** 116. März 1958. Bradford, Inst. of Technol., Dep. of Textile Ind.) C. GOTTFRIED. 5058

C. O. Gabrielson, *Übersicht über die Gaschromatographie.* Übersicht über Grundzüge, Zubehör u. Anwendung des Verf. der Gaschromatographie. (TVF **29.** 251—54. 1958. Örnsköldsvik, Mo och Dimsjö, AB.) W. WESLY. 5062

P. Chovin, *Die Chromatographie in der Gasphase. Allgemeine Charakteristik und Anwendungen auf dem Gebiete der Aufspürung von Fälschungen.* Überblick über die Gaschromatographie. (Ann. Falsificat. Fraudes **51.** 253—68. Sept./Okt. 1958. Paris, Labor. Municipal.) W. LUCHSINGER. 5062

H. K. Muenster, *Die chromatographische Analyse der Gase und Dämpfe.* Übersicht über die verschied. Arten der Gaschromatographie hinsichtlich sowohl der Trennung wie des Nachw. u. die dafür geeigneten Apparaturen. (Lab. sci. [Milano] **6.** 12—23. Jan./Febr. 1958.) W. METZENER. 5062

Ritchie Calder, *Die Chromatographie in der Dampfphase.* Zusammenfassend werden behandelt: Geschichte u. Herkunft der Chromatographie, Verteilungschromatographie, Chromatographie in Gasphase (Schema der Arbeitsweise) u. ihre Anwendung. (Oléagineux **13.** 875—78. Dez. 1958.) K. TÄUFEL. 5062

Yoshimitsu Amenomiya, *Verwendung der Gaschromatographie in Laboratorien.* Übersicht. — 4 Literaturangaben. (Kagaku-no-Ryôiki [J. Jap. Chem.] **12.** 577—84. Aug. 1958. Tokyo-Meguro, TH. [Orig.: japan.]) E. MAEKAWA. 5062

Tsugio Takeuchi, *Anwendung der Gaschromatographie zur technischen Analyse.* Übersicht. — 4 Literaturangaben. (Kagaku-no-Ryoiki [J. Jap. Chem.] **12.** 614—19. Aug. 1958. Nagoya, Univ., Techn. Fak. [Orig.: japan.]) E. MAEKAWA. 5062

Tosao Fukuda, *Apparaturen der Gaschromatographie.* Übersicht. — 17 Literaturangaben. (Kagaku-no-Ryoiki [J. Jap. Chem.] **12.** 585—89. Aug. 1958. Yokohama, Kokuritu-Daigaku. [Orig.: japan.]) E. MAEKAWA. 5062

C. H. Bosanquet, *Peak-Dimensionen in der Gaschromatographie.* Mathemat. Behandlung des Peaks in der Gaschromatographie. (Nature [London] **183.** 252—53. 24/1. 1959. Durham, Billingham, Imp. Chem. Ind. Ltd.) W. LUCHSINGER. 5062

Robert L. Bowman und **Arthur Karmen,** *Ein System zur Einführung von Mikroproben für die Gaschromatographie.* Es wird eine einfache Anordnung zur Einführung von fl. Substanzproben in der Größenordnung von wenigen μg in gaschromatograph. Säulen angegeben. Die Substanz wird in eine Glascapillare von ca. 1 cm Länge u. ca. 0,1 mm innerem Durchmesser eingeschmolzen. Die Substanzmenge wird durch mkr. Messung des Capillarendurchmessers u. der Länge des Flüssigkeitstropfens bestimmt. Die Capillare wird in die ausgeschliffene Vertiefung eines Stahlstempels gelegt, der in einer Polytetrafluoräthylendichtung oberhalb des Säulenkopfes gleitet. Beim Hineindrücken des Stempels in den entsprechend konstruierten Säulenkopf fällt die Capillare im Innern der Säule aus der Vertiefung des Stempels heraus, sobald die Vertiefung aus der Dichtung heraustritt. Die Capillare fällt auf eine kleine Siebplatte aus Stahl eben oberhalb der chromatograph. Säule u. wird dort durch weiteres Hineinschieben des Stempels zertrümmert. Diese Operationen können ausgeführt werden, ohne daß der seitlich eingeführte Trägergasstrom unterbrochen wird. Die sehr geringe Luftmenge, die mit der Vertiefung des Stempels eingeführt wird, wird durch die Säule getrieben, ehe das Substanzröhrchen zertrümmert wird. (Nature [London] **182.** 1233—34. 1/11. 1958. Bethesda, Md., Nat. Heart Inst., Labor. of Techn. Developm.) K. PAVEL. 5062

R. O. C. Norman, *2.4.7-Trinitrofluorenon als stationäre Phase bei der Gaschromatographie.* Als stationäre Phase bei der gaschromatograph. Trennung aromat. KW-stoffe wird *2.4.7-Trinitrofluorenon* (I) vorgeschlagen. Die Säulentemp. darf hierbei wegen beginnender Verflüchtigung 210° nicht überschreiten, auch kann H_2 als Trägergas infolge Red. von I nicht verwendet werden. Die Wrkg. beruht auf Komplexbldg. zwischen den KW-stoffen u. I, wobei stärker polarisierbare Verbb., wie z. B. Naphthalinderivv., später eluiert werden, als die geringer polarisierbaren Benzolderivate. (Proc. chem. Soc. [London] **1958.** 151. Mai. Oxford, Dyson Perrins Labor.) E. MOISAR. 5062

George H. Cady und **David P. Siegwarth,** *Fraktionierte Codestillation in einem Gaschromatographieapparat.* Es wird eine Meth. zur Trennung kleiner Mengen (0,005 bis 0,2 g) flüchtiger Substanzen beschrieben. In einer einem Gaschromatographen ähnlichen App., deren nicht immer erforderliche Säulenfüllung (gute Wärmeleiter, z. B. Metallpulver) weder absorbiert noch adsorbiert, wird ein Temperaturgradient derart eingestellt, daß Anfang u. Ende der Säule warm, die Mitte so kalt ist, daß sich alle zu trennenden Substanzen zwischen Anfang u. Mitte der Säule kondensieren. Durch langsames Erwärmen werden die Substanzen in der Reihenfolge ihrer Flüchtigkeit entbunden. Als Trägergas wird He benutzt. Die Wrkg. entspricht einer Fraktionierkolonne, die mehrere theoret. Böden darstellt. Die Meth. ist zur Trennung sublimierender Stoffe u. zur Trennung von Stoffen anwendbar, die mit den üblichen Säulenfüllmitteln reagieren. Trennungsbeispiel: CF_4—CHF_3—CO_2—n- u. Isopetan. (Analytic. Chem. **31.** 618—20. April 1959. Seattle, Wash., Univ. of Washington, Dep. of Chem.) FRIEDRICH WOLF/Berlin. 5062

Joseph M. Lesser, *Vorrichtung zur Isolierung der durch Gaschromatographie getrennten Komponenten.* Kurze Beschreibung u. Zeichnung einer Sammelvorr. für das aus der Detektorzelle austretende Gas. (Analytic. Chem. **31.** 484. März 1959. Philadelphia, Pa., Barrett Div., Allied Chem. Corp.) FRIEDRICH WOLF/Berlin. 5062

O. Horn, U. Schwenk und **H. Hachenberg,** *Über die Gaschromatographie.* 2. Mitt. *Anwendung auf Gase im Industrielaboratorium.* (1. vgl. C. **1958.** 3118.) Die Durchführung der Trennung eines aus 30 Komponenten bestehenden KW-stoffgemischs an einem neuartigen, 4 austauschbare Trennsäulen enthaltenden Gaschromatographen wird beschrieben. Eine Aufspaltung des gesamten Gasgemischs innerhalb einer Säule ist nicht möglich, auch wenn mit einer wasserdampfgesätt. Silicagelkolonne bereits eine weitgehende Trennung erreicht wird. Die Trennung der Inertgase (H_2, O_2, N_2, CO u. CH_4) erfolgt zweckmäßigerweise an einer kombinierten Aktivkohle/Mol.-Sieb-Säule, während für die KW-stoffe C_2—C_5 Acetonylaceton oder Dekahydronaphthalin auf Sterchamol verwendet wird. Die quantitative Auswertung der Meßergebnisse wird eingehend besprochen. (Brennstoff-Chem. **39.** 336—46. 12/11. 1958. Frankfurt/M.-Höchst, Farbwerke Hoechst AG.) E. MOISAR. 5062

J. F. Haskin, G. W. Warren, L. J. Priestley jr. und **V. A. Yarborough,** *Gaschromatographie. Bestimmung von Bestandteilen bei der Untersuchung von Azeotropen.* Vff. benutzen die Gaschromatographie zur raschen Best. der Zus. azeotroper Gemische. Die Unterss. wurden mit dem PERKIN-ELMER-Vaporfractometer Modell 154 unter Verwendung von *Celite* als Träger für die stationäre Phase u. He als Trägergas ausgeführt. Die Trennung von *Triäthylamin* (I)–*Acetonitril* (II)–A. u. von I–II–A.–W. erfolgt an einer 0,047·1,6 m-Kolonne bei 65° mit *Bis-[2-äthylhexyl]-phthalat* als stationäre Phase. *Essigsäuremethylester–Aceton–Methanol* werden an einer 0,047·1,5 m-Kolonne mit einer Mischung aus 85% Mineralöl u. 15% *Stearinsäure* als stationäre Phase bei 50° getrennt. Die stationäre Phase bei der Trennung von Chlf.–*Butanon-2–Isopropanol* u. von *Di-n-butyläther–n-Butylacetat–n-Butanol–Isopropanol*–W. ist *Didecylphthalat*; die 0,047·2,0 m-Kolonne wird bei 60 bzw. 90° betrieben. Die Auswertung sämtlicher Kurven erfolgt durch Planimetrieren u. Anwendung eines aus bekannten Gemischen ermittelten Kalibrierungsfaktors. Der maximale Fehler beträgt 4,4%, der kleinste Fehler 0,6% des Gesamtgehalts. (Analytic. Chem. **30.** 217—19. Febr. 1958. South Charleston, W. Va., Union Carbide Chem. Co., Developm. Dep.) HERBERT MÜLLER. 5062

Richard Wolfgang und **F. S. Rowland,** *Radiountersuchung durch Gaschromatographie Tritium- und Kohlenstoff-14-markierter Verbindungen.* Dem aus einem gebräuchlichen Gaschromatographen mit Wärmeleitfähigkeitskammer als Detektor austretenden Gas (Trägergas He) wird kontinuierlich CH_4 zugemischt u. durch einen Proportionaldurchflußzähler geleitet. Es werden ein übliches u. ein Radiochromatogramm aufgezeichnet. Letzteres ist entsprechend der Strömungsgeschwindigkeit zeitlich etwas verschoben, entspricht aber sonst dem gewöhnlichen. Trägerfreie akt. Verbb. erscheinen nur auf dem Radiochromatogramm. 10^{-8} bis 10^{-9} Curie können bereits erfaßt werden. Beispiel: Analyse *tritiummarkierter KW-stoffe.* (Analytic. Chem. **30.** 903—06. Mai 1958. New Haven, Conn., Yale Univ., Sterling Chem. Labor.; Lawrence, Kans., Univ. of Kansas, Dep. of Chem.) M. LASER. 5062

Kenneth J. Martin und **Irving Shain,** *Differentialvoltametrie unter Verwendung einer hängenden Quecksilbertropfenelektrode.* Das Verf. der Voltametrie mit kontinuierlich verändertem Potential ändern Vff. dahin ab, daß 2 Elektrolysezellen, beide mit einer hängenden Hg-Tropfenelektrode, verwendet werden (Bezugs- u. Analysenzelle). Die beiden Halbelemente werden gegen eine Ag/AgCl (gesätt. KCl)-Elektrode gemessen. Zur Messung gelangt die Differenz der Stromstärken der Analyse- u. Bezugszelle. Durch Verwendung der Bezugszelle lassen sich bei Analysen mit mehreren Komponenten die Reststromstärken der leicht reduzierbaren Ionen ausschalten, indem die entsprechenden Komponenten in der Bezugszelle vorgelegt werden; man gelangt so noch zu recht genauen Analysen von 10^{-6}mol. Lösungen. In entsprechender Weise kann man durch Verwendung einer mit Luft gesätt. Bezugszelle das Entfernen des O_2 aus der Analysenzelle umgehen, in diesem Fall ist die Analyse von 10^{-5}mol. Lsgg. möglich. Vff. zeigen die Anwendbarkeit der Meth. an mehreren Beispielen. (Analytic. Chem. **30.** 1808—10. Nov. 1958. Madison, Wis., Univ. of Wisconsin, Chem. Dep.) L. SCHWIEGK. 5066

F. L. Hahn, *Der Fehler des Umschlagstropfens in der Maßanalyse.* Vf. zeigt, daß der Fehler des Umschlagstropfens mit steigender Umschlagsschärfe asymptot. gegen ½ Tropfen Reagensüberschuß geht (gilt für größere Versuchsreihe, nicht für Einzeltitration). Ist der Umschlag auf einen Tropfen unsicher, dann verschwindet der Tropfenfehler. Der Fehler kann bei n. Arbeiten zu größeren Irrtümern führen als man zunächst erwartet. — Zur Ausschaltung des Fehlers empfiehlt Vf. zahlreiche Titrationen mit jeweils wechselnder Richtung unter Verwendung von 2 Büretten für Probe u. Titriermittel. (Z. analyt. Chem. **167.** 321—25. 1959. Mexiko.) E. DEHMLOW. 5066

Donald A. Keyworth und **Richard B. Hahn,** *Eine neue alkalimetrische Urtitersubstanz, Natriumhydrogendiglykolat.* Vf. schlägt als Urtitersubstanz für die Alkalimetrie Na-Hydrogendiglykolat (I, NaOOC—CH_2—O—CH_2—COOH) vor. I besitzt ein hohes Äquivalentgewicht von 156,075, es ist lösl. in W., an der Luft beständig u. läßt sich bei 120° in 2 Std. trocknen. Mit Phenolphthalein als Indicator ergibt sich ein einwandfreier Endpunkt. Löslichkeiten von I in 100 g W. bei 90°: ca. 20 g, 25°: ca. 5,1 g (p_H 3), 0°: 2,6 g. Darst. aus käuflicher Diglykolsäure (II) u. der entsprechenden Menge NaOH. Das beim Abkühlen ausfallende I wird abfiltriert u. 2mal aus W. umkristallisiert. II u. das Di-Na-Salz sind bedeutend stärker lösl. als I. Grundsätzlich ist auch das I entsprechende K-Salz als Urtiter geeignet, jedoch ist die Reinigung infolge ungünstiger Löslichkeitsverhältnisse schwieriger. Die Urtitereigg. von I werden mit denen des K-Hydrogenphthalats verglichen. Ein weiterer Vorzug von I ist die Löslichkeit der Metalldiglykolate der gewöhnlichen Kationen, so daß bei den Titrationen keine Ndd. ausfallen. (Analytic. Chem. **30.** 1343—44. Aug. 1958. Detroit, Mich., Wayne State Univ., Chem. Dep.) L. SCHWIEGK. 5070

a) Elemente und anorganische Verbindungen.

A. C. D. Newman, *Die Trennung der Fluoridionen von störenden Anionen und Kationen durch Anionenaustauschchromatographie.* Zur Best. des Fluoridgeh. in natürlichen Phosphatmineralien wird die Probe in n-HCl in der Kälte gelöst, mit n. Äthylendiamintetraacetat–4n NH_3-Lsg. versetzt, auf 70° erwärmt u. filtriert. Die Anionen werden über die Cl^--Form des stark bas. Anionenaustauschers *De-Acidite FF* (PERMUTIT CO.) getrennt. PO_4^{3-} u. die anion. Chelatkomplexe der Kationen werden an der Säule zurückgehalten, F^--Ionen können mit 0,05mol. NH_4Cl- + NH_3-Lsg. (p_H 8,8) eluiert werden. Die quantitative Best. erfolgt durch absorptiometr. Titration mit Alizarinindicator gegen $Th(NO_3)_4$-Lösung. (Analytica chim. Acta [Amsterdam] **19.** 471—76. 1958. Harpenden, Great Britain, Lawes Agric. Trust, Rothamsted Exp. Stat.) M. LASER. G 246

Charles V. Banks, Keith E. Burke und **Jerome W. O'Laughlin,** *Die Bestimmung von Fluor in Fluoriden der Seltenen Erden durch Hochtemperaturhydrolyse.* Vff. haben die Pyrohydrolyse der Fluoride einer Reihe von Seltenen Erden durch Überleiten von Wasserdampf über die auf 975 ± 25° erhitzte Probe im Hinblick auf ihre Eignung für die Best. des F-Geh. der Fluoride durch Titration des dabei gebildeten HF untersucht. Bes. wurde die Zeit ermittelt, die für eine vollständige Hydrolyse erforderlich ist u. die HF-Entw. als Funktion der Zeit verfolgt. Die Hydrolysezeiten liegen zwischen 4 (ScF_3 u. LuF_3) u. 250 Min. (LaF_3). Zusätze von V_2O_5, U_3O_8, Cr_2O_3 oder Mischungen dieser Verbb. beschleunigen die Hydrolyse. Die für eine vollständige Zers. erforderliche Zeit kann dadurch um 50% verkürzt werden. Die Genauigkeit der Analyse wird dadurch nicht beeinträchtigt. Die Leichtigkeit der Pyrohydrolyse läßt sich mit der Basizität der Fluoride in Verbindung bringen. (Analytica chim. Acta [Amsterdam] **19.** 239—43. Sept. 1958. Ames, Iowa, Iowa State Coll., Inst. for Atomic Res. and Dep. of Chem.) H.-U. WOELK. G 246

R. Belcher und **W. I. Stephen,** *Die Verwendung von 4-Amino-4'-chlordiphenyl als Reagens für die Sulfatbestimmung.* Die Löslichkeit des Sulfats von 4-Amino-4'-chlorodiphenyl (I) wurde neu bestimmt. Beim Eindampfen von 100 ml einer gesätt. Lsg. des I-Sulfats wurde eine scheinbare Löslichkeit von 80 mg/Liter, bei der Titration von jeweils 20 ml derselben Lsg. mit 0,025n NaOH wurden 155 mg/Liter gefunden. Die widersprechenden Ergebnisse werden mit BENGTSSON durch geringe Löslichkeit von I in W. erklärt (Überschreitung des Löslichkeitsprod. vor Erreichen des Gleichgewichts I-Sulfat–W.). Trotz der höheren Löslichkeit als ursprünglich angenommen, kann I mit gutem Erfolg zur Sulfatbest. verwendet werden. Beim Versetzen einer Lsg. von 5 µg SO_4^{2-}/ml mit äquivalenten Lsgg. von $BaCl_2$, Benzidinhydrochlorid u. I-Hydrochlorid entsteht nur im letzteren Fall eine definierte Trübung. Bei genügender Sorgfalt beim Auswaschen des Nd. werden mit I genaue Werte über einen weiten SO_4^{2-}-Konzentrationsbereich erhalten. (Analytica chim. Acta [Amsterdam] **20.** 197—99. 1959. Edgbaston, Birmingham, Univ.) W. KARCHER. G 253

K. F. Sporek, *Komplexometrische Bestimmung von Sulfat.* Einer Lsg., die $\leq$100 mg SO_4^{2-} enthält, werden 5 ml konz. HNO_3 u. 50 ml Isopropylalkohol je 50 ml Lsg. sowie 1 mol. $Pb(NO_3)_2$-Lsg. im Überschuß (0,05 mol. in bezug auf die resultierende Lsg.) zugesetzt. Der Nd. wird in überschüssiger 0,1 mol. Äthylendiamintetraessigsäure (ÄDTE)-Lsg. unter Zusatz von 10 ml konz. NH_3-Lsg. gelöst. Der Überschuß wird gegen Zn-Maßlsg. mit Eriochromschwarz T als Indicator zurücktitriert. Arsenat, Fe u. U stören nicht. Große Mengen PO_4^{3-} ergeben ca. 4,3% zu hohe Werte. Der Einfl. von Säurekonz., Pb-Überschuß u. verschied. Alkoholen auf die Fällung bzw. Löslichkeit des $PbSO_4$ wird angegeben. S, S^{2-} u. SO_3^{2-} werden vor der Best. mit HBr + HNO_3 oxydiert. Die Meth. liefert exakte Ergebnisse für 0,1—100% Sulfat in 30—45 Minuten. (Analytic. Chem. **30.** 1032—35. Juni 1958. Ottawa, Ontario, Canada, Eldorado Mining and Refining, Metall. Labor.) M. LASER. G 253

C. L. Luke, *Photometrische Bestimmung von Selen- und Tellurspuren in Blei oder Kupfer.* Zur Best. von *Se* u. *Te* in Pb oder Cu werden die Metalle in $HClO_4/HNO_3$ (5:1) gelöst, abgeraucht, in HCl aufgenommen u. unter Zusatz von H_3PO_2 u. As^{3+} 5 Min. gekocht. Dabei werden 93% des Te u. 100% des Se gemeinsam mit As gefällt. Se wird in $HNO_3/HClO_4$ gelöst, eingeengt, mit EDTA-Lsg. versetzt, mit NH_4OH gegen m-Kresolpurpur neutralisiert, mit HCOOH u. *3.3'-Diaminobenzidin* 5 Min. im Wasserbad erwärmt, neutralisiert u. mit Toluol extrahiert. Der Komplex wird anschließend photometr. bei 420 mμ vermessen. Die anwesenden Fremdionen stören bei dieser Arbeitsweise nicht. — Zur Te-Best. wird das As-Se-Te-Gemisch in $HNO_3/HClO_4$ gelöst, mit H_2SO_4 abgeraucht, mit NH_4OH neutralisiert, mit KCN u. *Diäthyldithiocarbamat* versetzt, mit Chlf. ausgeschüttelt u. bei 415 mμ spektrophotometr. vermessen. (Analytic. Chem. **31.** 572—74. April 1959. Murray Hill, N. J., Bell Telephone Labors., Inc.) E. DEHMLOW. G 255

G. Gopala Rao und **N. Appalaraju,** *Fluorimetrische Bestimmung von Bor mit Resacetophenon als Reagens.* Zur Best. von H_3BO_3 kann die blaue Fluorescenz mit *Resacetophenon* (F. 143°) in konz. H_2SO_4 oder besser in sirupöser H_3PO_4 dienen. Die Fluorescenzintensität erreicht sofort nach dem Mischen ihr Maximum u. bleibt danach konstant. Bei der anregenden Wellenlänge 3650 Å tritt bei 1—7 mg H_3BO_3/25 ml eine der Konz. proportionale Fluorescenz auf. W. wirkt mit steigender Konz. immer stärker fluorescenzlöschend. (Z. analyt. Chem. **167.** 325—29. 1959. Waltair, India, Andhra Univ., Dep. of Chem.) E. DEHMLOW. G 258

K. Riedel, *Eine neue maßanalytische Methode zur indirekten Bestimmung von Phosphat mit Äthylendiamintetraacetat.* Zur PO_4^{3-}-Best. wird mit überschüssiger $Bi(NO_3)_3$-Lsg. aus schwach perchlorsaurer, sd. Lsg. gefällt. Ohne zu filtrieren, wird das überschüssige Bi^{3+} mit 0,01 mol. EDTA-Lsg. unter Zusatz von Brenzcatechinviolett zurücktitriert. Die Erfassungsgrenze liegt bei 5 ml PO_4^{3-}/50 ml Endvolumen. In, Ga, Zr, Th u. organ. Komplexbildner stören. Cl^- wird durch Abrauchen mit $HClO_4$, SO_4^{2-} durch Fällen mit Ba^{2+}, Hg^{2+} u. Sb^{3+} durch Fällen mit H_2S u. Fe^{3+} durch Red. mit N_2H_4 zu Fe^{2+} beseitigt. (Z. analyt. Chem. **168.** 106—12. 1959. München, Siemens & Halske A.G., Wernerwerk für Bauelemente.) E. DEHMLOW. G 264

M. Joyce Smith, *Analyse von Phosphatgemischen durch Papierchromatographie. Neuere Verbesserung der Methode.* Die Analyse von Phosphatmoll. verschied. Kettenlänge in Gläsern erfolgte durch aufsteigende Chromatographie, u. zwar zur Vermeidung von Hydrolyseerscheinungen bei 4°. Die Trennung bis zum Hepta- oder Oktaphosphat gelang nach 16 Std., bis zum Dekaphosphat nach 24—36 Std. Laufzeit. Als Laufmittel diente eine saure Lsg., die Isopropylalkohol u. Trichloressigsäure enthielt oder ein bas. Laufmittel aus Isopropyl- u. Isobutylalkohol. Die P-Best. erfolgte colorimetrisch. (Analytic. Chem. **31.** 1023—25. Juni 1959. Toronto, Ontario, Canada, Ontario Res. Foundat., Dep. of Chem.) FRIEDRICH WOLF. G 264

R. Přibil, J. Körbl, B. Kysil und **J. Vobora,** *Komplexometrische Titrationen (Chelatometrie).* 36. Mitt. *Beitrag zur Maskierung von Eisen mit Triäthanolamin; Bestimmung von Calcium mit Thymolphthaleinkomplexon.* Inhaltlich ident. mit der C. **1959.** 1228 referierten Arbeit. (Collect. czechoslov. chem. Commun. **24.** 1799—1803. Juni 1959. [Orig.: deutsch].) W. BARZ. G 283

K. Bhaskara Rao und **G. Jagga Rao,** *Cerimetrische Bestimmung von Thallium(I).* Die Reaktionsgeschwindigkeit bei der cerimetr. Titration von Tl(I) in salzsaurer Lsg. bei Ggw. von JCl als Katalysator ist zu gering, als daß eine Direktbest. bei Raumtemp.

möglich wäre. Eine solche gelingt erst bei 50° in 2n HCl-saurer Lsg. nach Zugabe von 1 ml 0,005 ml JCl-Lsg. auf 50 ml Gesamtvolumen. Bei Raumtemp. ist dagegen eine potentiometr. Tl(I)-Titration mit Cersulfat in salzsaurer Lsg. (unter 3n HCl) möglich. Da der Potentialsprung am Endpunkt mit wachsender HCl-Konz. kleiner wird, wird in 1n HCl-saurer Lsg. unter Zusatz von 5 ml 0,005m JCl-Lsg. auf 50 ml gearbeitet. (Z. analyt. Chem. **168.** 83—86. 1959. Bangalore, Aircraft Private Ltd., Sci. Officer, Test Labor.) W. BETCKE. G 297

J. F. Woolley, *Die colorimetrische Bestimmung von Thallium in Zinn–Cadmium-Legierungen.* Vf. beschreibt eine colorimetr. Meth. zur Best. von *Tl* in *Sn–Cd-Legierungen.* Es werden 0,25 g der Probe in 5 ml eines Gemisches von 25 ml Br_2 u. 225 ml HBr (D. 1,46—1,49) bei 40° gelöst. Nach Vertreiben des überschüssigen Br_2 wird mit W. auf 25 ml verd. u. durch Ausschütteln mit 25 ml Diisopropyläther (1 Min. lang) das Tl als Bromid extrahiert. Der äther. Phase werden 20 ml Rhodamin-B-Lsg. (0,2 g/Liter 1n HCl) zugesetzt, 1 Min. geschüttelt u. dann die opt. Dichte der Probenlsg. gegenüber einer gleich behandelten Blindprobe spektrophotometr. bzw. absorptiometr. bestimmt. Durch Vgl. mit einer Eichkurve wird der Tl-Geh. erhalten. Der Tl-*Rhodamin-B*-Komplex ist über 1 Std. lang stabil. Die Genauigkeit beträgt ± 2 p.p.m. im Bereich 5—80 p.p.m. (Analyst **83.** 477—79. Aug. 1958. Harlow, Essex, Stand. Telephones & Cables Ltd., Rectifier Div.) K. FRENKER. G 297

V. Damodaran, *Spektrophotometrische Bestimmung von Titan mit Phenylfluoron. Ti(IV)* bildet mit *Phenylfluoron* (I) bei p_H 2 u. Ggw. von A. u. Gelatine einen rosa gefärbten kolloid gelösten Komplex. Zur Best. von 2—60 μg Ti in 5 ml Lsg. versetzt man diese mit 5 ml 0,5%ig. Gelatinelsg. u. 1 ml 0,01 mol. Weinsäurelsg./10 μg Ti, verd. etwas, neutralisiert mit 1n KOH auf p_H 5,5—6,0, versetzt mit 10 ml Pufferlsg. (1n Dichloressigsäure + 1n CH_3COONa, 3:2), 25 ml A. u. 3 ml I-Lsg./10 μg Ti [75 mg I in 210 ml absol. A. + 12 ml verd. H_2SO_4 (1:6) gelöst, auf 250 ml mit absol. A. verd.] u. verd. auf 100 ml. Man mißt die Absorption der Lsg. bei 539 mμ gegen eine gleich bereitete Blindprobe u. wertet mit Eichkurven aus. Es stören Fe, Zr, Nb, Ta, CrO_4^{2-}, MoO_4^{2-}, VO_3^-, WO_4^{2-} u. das 10fache an F^-, das 20fache an Oxalat u. Ce(III) u. das 40fache an PO_4^{3-}. Fe(III) u. V können durch Ascorbinsäure gebunden werden. Zur Entfernung von MoO_4^{2-} u. WO_4^{2-} wird eine Fällung des Ti mit K_2CO_3 bei Ggw. von Fe als Träger empfohlen. Der Nd. wird dann mit $Na_2S_2O_7$ geschmolzen. (J. sci. ind. Res. [New Delhi], Sect. B **16.** 366—69. Aug. 1957. Poona, Nat. Chem. Labor.) H. PLUSKAL. G 321

Gh. Baiulescu und **L. Turcu,** *Tartrazin, ein neues selektives Reagens auf Zirkonium. Zr* gibt mit wss. *Tartrazin*-Lsg. bei p_H 1 oder stärker saurer Lsg. einen Nd. der Zus. $[ZrO(OH)]_3 \cdot$ Tartrazin. Zur Best. kann der gelborange Komplex entweder direkt ausgewogen oder zu ZrO_2 verglüht werden. Ggw. von Sulfat, Tartrat u. Citrat stört. Al-, Ti-, U-, La-, Ce-, K-, Cd-, Zn-, Co-, Ni-, Cu-, Mg-, Na-, Li-, Fe- u. Ca-Salze stören nicht. (Analytica chim. Acta [Amsterdam] **21.** 33—35. 1959. Bukarest, Univ., Chem. Fac., Labor. for Inorg. and Analyt. Chem.) E. DEHMLOW. G 322

Harry Freund und **W. Floyd Holbrook,** *Differentialspektrophotometrische Bestimmung von Zirkonium bei Gegenwart von Hafnium.* Zur Best. von *Zr* bei Ggw. von *Hf* haben Vff. ein differentialspektrophotometr. Verf. entwickelt, das auf der mit Alizarinrot S (I) arbeitenden Differentialmeth. von MANNING u. WHITE (C. **1956.** 523) beruht. Die Farbintensität der Chelatverbb. zwischen I u. Hf bzw. Zr hängt vom Verhältnis dieser Elemente ab, sofern deren Summe konstant gehalten wird. Ausführliche Arbeitsvorschriften zur Herst. optimaler Bezugs-Lsgg., zur Eichung des Verf., zur Analyse synthet. Proben, sowie apparative Einzelheiten werden mitgeteilt. Die Extinktionsmessungen erfolgen bei 530 mμ, die Dauer maximaler Farbentw. beträgt 2 Stunden. Die mittlere Abweichung des Analysenverf. von vorgegebenen ZrO_2-Konzz. beträgt $\pm 0,5\%$; die Genauigkeit der Meth. ist deshalb der gravimetr. Verff. ebenbürtig. (Analytic. Chem. **30.** Nr. 4. Part I. 462—65. April 1958. Albany, Oreg., Northwest Electrodev. Labor., US Dep. of Interior, Bureau of Mines.) D. ERTEL. G 322

Sachindra Kumar Datta, *Spektrophotometrische Bestimmung von Thorium mit 2-(4-Carboxy-3-hydroxyphenylazo)-1.8-dihydroxynaphthalin-3.6-disulfonsäure.* Es wird eine spektrophotometr. Meth. zur Best. von 5—40 mg Th/Liter mit *2-(4-Carboxy-3-hydroxyphenylazo)-1.8-dihydroxynaphthalin-3.6-disulfonsäure* (I; aus Chromotropsäure u. diazotierter p-Aminosalicylsäure) beschrieben. Zu 10 ml der Th-Lsg. (mit ca. 0,2 mg Th) gibt man 1 ml 0,1%ig. wss. Lsg. von I u. mißt die Extinktion nach Einstellen von p_H 2,5 mit 0,01n HCl, HNO_3 oder NaOH u. Verdünnen auf 25 ml bei 580 mμ in 1 cm-Küvetten gegen eine Vergleichslösung. (Die Th-Konz. wird mit Hilfe einer Eichkurve ermittelt.) Die Färbung ist innerhalb 24 Std. u. bis 60° konstant, der p_H kann von 2—3,5 variieren. Für die Zus. des Komplexes wurde nach der Meth. der kontinuierlichen Variation ein Mol-Verhältnis Th:I 1:1 gefunden. Die Bestimmungsmeth. wird gestört durch Fe(III), Ce(IV), Zr(IV), Au(III), PO_4^{3-} u. F^-; Sn(II) stört in geringem Maße, Cu(II), Hg(II), Fe(II), Al(III), Ca(II), Ba(II), Ni(II), Co(II), Ce(III), La(III), Ti(IV), UO_2^{2+} beeinflussen die Best. nicht. [Fe(III) kann durch Red. mit Ascorbinsäure eliminiert werden.] Das Verf. ist zur Th-Best. in Monazit u. Schwarzsanden (saure Extraktion von 0,1 g Monazit, Abtrennung von Zr u. PO_4^{3-} nach Rao u. Rao u. Red. von Ce(IV) mit H_2O_2 bzw. Schmelzen von Schwarzsanden mit KF·HF nach Banks u. Byrd u. Extraktion des Th aus der Aufschlußlsg. mit Mesityloxyd) geeignet. (Analytic. Chem. **30**. 1653—56. Okt. 1958. Darjeeling, India, Government Coll., Chem. Labor.) W. Karcher. G 324

D. A. Everest und **J. V. Martin**, *Die Bestimmung von Thorium in Erzen durch Flüssig–Flüssig-Extraktion.* Zur Best. von *Th* in Erzen wird zunächst durch KOH-Schmelze aufgeschlossen, in HNO_3 gelöst u. mit NH_4OH gefällt. Nach erneutem Lösen in HNO_3 (15 Vol.-% in der Endlsg.) wird in Ggw. von Al-Nitrat als Aussalzmittel u. Mesoweinsäure (zur komplexen Bindung von Zr-Salzen) mit Tri-n-butylphosphat/Methylisobutylketon (1:9) ausgeschüttelt. Eine einmalige Extraktion überführt das Th in die organ. Phase, aus der es durch 3maliges Schütteln mit W. wiedergewonnen wird. Nach Versetzen mit wenig konz. HCl, 0,2% wss. 1-[o-Arsonophenylazo]-2-hydroxy-naphthalin-3.6-disulfonsaurem Na u. absol. A. erfolgt die spektrophotometr. Best. nach 65 Min. bei 550 mμ. Die Eichkurven sind leicht gebogen u. schlecht reproduzierbar, so daß am besten immer 2 Vergleichsproben mit 1,2 mg ThO_2 mitgefahren werden. Die optimale Konz. in der Endlsg. ist 0,4—0,8 mg ThO_2/100 ml, u. in diesem Bereich ist die Abweichung vom Beerschen Gesetz nur 1%, so daß keine merklichen Fehler beim Vgl. auftreten. Ggw. von 20 mg Fe^{3+} bzw. Ce^{4+} bewirkte einen Fehler bei der opt. Dichte von +4,1 bzw. +1,7%. Alle anderen untersuchten Fremdionen gaben Fehler unter 1%. (Analyst **84**. 312—17. Mai 1959. Teddington, Middlesex, Nat. Chem. Labor.) E. Dehmlow. G 324

F. H. Kunstmann und **E. F. E. Müller**, *Die absorptiometrische Bestimmung von Germanium mit Phenylfluoron.* Bei der absorptiometr. Best. von *Ge* in Kohle nach Cluley (C. **1956**. 3665) stören bei der Analysenvorbereitung gebildete Oxydationsmittel (z. B. MnO_4^- u. VO_4^{3-}), die bei der salzsauren Dest. Cl_2 entwickeln. Dadurch werden zu hohe Ge-Gehh. gefunden. Vff. empfehlen den Zusatz von 1 ml 5% $FeSO_4$-Lsg. vor dem Ansäuern. (Analyst **84**. 324—25. Mai 1959. Pretoria, Fuel Res. Inst. of South Africa.) E. Dehmlow. G 326

J. R. A. Anderson, B. Crawford und **J. L. Garnett**, *Die Verwendung von Naphthalinderivaten in der anorganischen Analyse.* 5. Mitt. *Weitere Anwendungen der Nitroaminonaphthalinsulfonsäuren zum fluorimetrischen Nachweis von Zinn(II).* (4. vgl. C. **1959**. 12640.) Die NH_4-Salze der *5-Nitro-1-aminonaphthalin-2-sulfonsäure* (**I**), *4-Nitro-1-aminonaphthalin-5-sulfonsäure* (**II**) u. *4-Nitro-1-aminonaphthalin-6-sulfonsäure* (**III**) wurden zum Nachw. von *Sn(II)* verwendet. 0,01 ml Sn-Lsg. mit 0,1 mg Sn wurde auf Whatman Nr. 1-Papier getüpfelt, mit 0,1%ig. wss. Reagenslsg. besprüht, nach dem Trocknen unter UV betrachtet, mit 15n NH_3 besprüht, getrocknet u. wieder unter UV beobachtet. Mit **II** erscheint purpurblaue, mit **I** u. **III** gelblichgrüne Fluorescenz. Die Nachweisgrenze beträgt mit **II** 10^{-5} g Sn, mit **I** u. **III** 10^{-6} g Sn. Die Stellung der Sulfonsäuregruppe im Reagensmol. hat wenig Einfl. auf die Empfindlichkeit der Reaktion. (Analytica chim. Acta [Amsterdam] **19**. 1—4. Juli 1958. Sydney, N. S. W. Univ. of Technol.) H. Pluskal. G 327

N. Subramanian, *Potentiometrische Titration von Zinn(II) mit Cer(IV)-Sulfat.* 25 ml 0,004—0,02n *Sn(II)*-Lsgg. können in 1n saurer Lsg. mit ±1% Fehler potentiometr. gegen 0,025n $Ce(SO_4)_2$-Lsg. titriert werden. Am Endpunkt wurden Potentialänderungen von +0,2 nach +1,05 V gemessen. Durch Verwendung einer N_2-Atmosphäre u. luftfreien W. zum Auffüllen der Lsgg. kann die Genauigkeit noch gesteigert werden. (J. sci. ind. Res. [New Delhi], Sect. B **16**. 375—76. Aug. 1957. Madras, Univ. of Madras, A. C. Coll. of Technol.) H. Pluskal. G 327

Hidehiro Gotô, Shigerô Ikeda und **Shirô Watanabe**, *Polarographische Bestimmung von Zinn und Antimon in Eisen und Stahl.* Zur Best. von *Sn* u. *Sb* werden zu der in 120 ml HNO_3 (1:2) gelösten Probe (5 g) 150 ml W. u. 10 ml 20%ig. $MnSO_4$-Lsg. zugegeben u. in der Siedehitze mit $KMnO_4$-Lsg. tropfenweise versetzt. Der Nd. von MnO_2, der das gesamte Sn u. Sb enthält, wird zur Best. von Sn in HCl in Ggw. von etwas H_2O_2 gelöst. Durch Eintragen von Al-Folie wird zu Sn(II) red., welches polarograph. bestimmt wird. Halbstufenpotential —0,47 V (gegen gesätt. Kalomelelektrode). — Zur Sb-Best. wird der Nd. in 6n H_2SO_4 mit etwas H_2O_2 gelöst. Nach Red. geringer Mengen Fe durch Kochen mit Hydrazinsulfat wird etwas 3n HCl sowie Gelatine zugesetzt u. polaro-

graphiert. Halbstufenpotential −0,23 V. Die Meth. eignet sich zum Nachw. von 0,02 bis 0,1% Sn u. 0,005—0,01% Sb in Stahl. (Sci. Rep. Res. Inst. Tôhoku Univ., Ser. A **9**. 97—106. April 1957. Res. Inst. for Iron, Steel and Other Metals. [Orig.: engl.])
E. Moisar. G 327

Rodrigo A. Guedes de Carvalho, *Untersuchungen über Störungen bei der jodometrischen Bestimmung von Zinn und ihre Berücksichtigung bei Erzanalysen.* Die Ggw. von Mo stört die jodometr. Best. von Sn nach Red. mit Al. Bei kleinem Mo-Geh. wird Mehrverbrauch, bei größerem Mo-Anteil ein Minderverbrauch an J_2 festgestellt. Die Ggw. von Fe stört nicht. Vf. empfiehlt nach Lösen der Erzprobe in $HCl-HNO_3$, Sn u. Fe durch NH_3 auszufällen, wobei Mo u. W in Lsg. bleiben (vgl. Lambie u. Schoeller, Analyst **65**. [1940.] 281). (Analytica chim. Acta [Amsterdam] **14**. 28—38. 1956. Porto, Portugal, Labor. Kudi.) E. Schaaf. G 327

Ch. Cimerman und **M. Ariel,** *Mikrogravimetrische Bestimmung von Blei mit Thionalid.* (Vgl. C. **1957**. 1262.) Die Fällung des Pb aus schwacher NaOH-Lsg. in Ggw. von KCN u. NaK-Tartrat (I) mit einer Lsg. von *Thionalid* (II) in Aceton (III) wurde im Mikromaßstab durchgeführt. — Man gibt die schwach saure Pb-Lsg. (2—5 mg Pb in 3 ml) in einen gewogenen Mikrobecher u. versetzt sie unter Rühren mit 50 mg **I**, 1 Tropfen Phenolphthalein u. 2n NaOH, bis ein Nd. von $Pb(OH)_2$ sich wieder aufgelöst hat u. die Lsg. rötlich ist. Dann fügt man ca. 100 mg KCN zu, erhitzt auf 80° u. fällt tropfenweise mit einer frisch bereiteten Lsg. von 30—40 mg **II** in 1—2 ml **III** unter kräftigem Rühren. Falls die **II**-Lsg. in der Kälte zugesetzt wird, oder auf den Rührer oder an die Glaswand tropft, kann **II** in einer Form ausfallen, die schwer durch Waschen zu entfernen ist u. Mehrwerte hervorruft. Man erhitzt weitere 2 Min. auf 80°, läßt absitzen u. saugt die Lsg. durch ein Porzellanfilterstäbchen ab. Gewaschen wird 3mal mit **III**–W.-Mischung (1:1), dann mit W. u. schließlich wieder mit **III**–W.-Mischung. Auf diese Weise werden sowohl überschüssiges **II** als auch andere anorgan. Ionen entfernt. Die letzte Portion Waschlsg. prüft man durch eine Tüpfel-Rk. auf schwarzer Tüpfelplatte mit $H_2SO_4-J_2$-Lsg. auf **II** (Ausfällung von weißem Di-**II**). Man trocknet bei 110° u. wägt Becher einschließlich Rühr- u. Filterstäbchen. Maximaler Fehler $\pm 0,4\%$ für 2—5 mg, $\pm 0,6\%$ für 1 mg Pb. (Analytica chim. Acta [Amsterdam] **14**. 48—52. 1956. Haifa, Israel Inst. of Technol., Labor. of Analyt. Chem. and Microchem.)
F. Umland. G 328

A. J. Blair und **D. A. Pantony,** *Anorganische Analyse in organischen Lösungsmitteln.* 1. Mitt. *Spektrophotometrische Bestimmung von Chrom im Anschluß an eine chromatographische Abtrennung.* (2. vgl. C. **1959**. 577.) Zur Best. von *Cr* verwendet man eine Probe mit 0,01—0,3 mg Cr, bzw. bei Cr-haltigen Fe-Legierungen mit $\leq 10\%$ Cr 5 mg, bei sehr geringen Cr-Gehh. auch größere Proben, aus denen Fe durch Ae.-Extraktion aus 6n HCl entfernt werden muß. In Alkalien unlösl. Legierungen werden in 5—20 ml H_2SO_4 (1:1) unter Erwärmen gelöst. Falls HCl zum Lösen erforderlich ist, muß diese vor der Oxydation wieder verdampft werden. Man verd. auf 20—30 ml, raucht mit 10 ml konz. HNO_3 ab, kühlt u. löst mit 20—30 ml W. unter Erwärmen. Carbide müssen durch Abrauchen mit $H_2SO_4/HClO_4$ entfernt werden. Man kocht 10 Min., extrahiert Fe bei hohen Fe-Gehh. aus 6n HCl mit Ae., behält aber mindestens doppelt so viel Fe wie Cr zurück, um quantitative Fällung zu gewährleisten. Enthält die Legierung alkalilösl. Stoffe wie Al, so müssen diese durch heißes W. u. 10% NaOH herausgelöst werden. Man filtriert den Rückstand, wäscht mit 1%ig. NaOH u. W., löst in H_2SO_4 (1:5) u. etwas HNO_3, verdampft u. zerstört das Filter durch HNO_3. Erze u. Mineralien werden mit HCl (1:1) oder SiO_2-reiche mit HF/HNO_3 oder bes. schwerlösl. durch Schmelzen mit der 5fachen Menge Na_2O_2 aufgeschlossen. Da größere Mengen Cr(VI) nicht quantitativ gefällt werden, red. man in solchen Fällen durch 15 Min. Kochen mit 5 ml Alkohol. Man verd. die Lsg. dann auf 20 ml, erwärmt auf 70°, fällt unter Rühren durch tropfenweise Zugabe von NH_3 (1:1) u. löst den Nd. in 1 Tropfen verd. H_2SO_4. Mit *8-Hydroxychinolin* (I) als Reagens versetzt man die Substanzlsg. unter ständigem Rühren mit je 10 ml 2%ig. **I**-Lsg. in 2n CH_3COOH, 1n NaOH u. 4n CH_3COONH_4-Lsg., stellt p_H 8 durch tropfenweise Zugabe von NH_3 (1:1) ein, kocht 1 Min. u. digeriert 10 Min. oder bis zur Koagulierung des Niederschlags. Mit *8-Hydroxychinaldin* (**II**) als Reagens nimmt man 2%ig. **II**-Lsg. in 2n CH_3COOH mit 1—2 ml im Überschuß, verd. mit 2n CH_3COOH auf 10 ml, fügt die Lsg. zu der Substanzlsg., versetzt unter Rühren mit je 10 ml 1n NaOH u. 4n CH_3COONH_4-Lsg., stellt p_H 6 durch tropfenweise Zugabe von NH_3 oder H_2SO_4 ein u. digeriert bei 70—80° bis zur Koagulierung des Niederschlags. In jedem Falle wäscht man den Nd. mit 20—30 ml heißem W., löst mit 20—30 ml Chlf., das man durch den Tiegel saugt. Im Falle des **II**-Komplexes überführt man mit 40—50 ml heißem Chlf. in ein Becherglas u. löst unter Erwärmen. Zur Abtrennung des Cr verwendet man eine 30 cm lange Kolonne mit 5—6 mm innerem Durchmesser, die über Baumwolle mit 1 cm Sand u. 8 cm akt. Al_2O_3 beschickt ist, was zur Adsorption von 20 mg ausreicht. Man dampft die oben erhaltene Chloroformlsg. auf 10—12 ml, bzw. bei $>$50 mg Nd. auf 30 ml ein, versetzt mit einem gleichen Vol. Bzl., vermischt, läßt 20 ml davon mit einer Geschwindigkeit von 1 Tropfen/Sek. durch die Kolonne laufen, wäscht Cr mit Bzl.-Chlf. (1:1) aus, bis 50 bzw. 100 ml gesammelt sind, vermischt u. mißt die opt. Dichte der gelben Lsg. bei 425 mμ im Falle des I-Komplexes u. 410 mμ im Falle des II-Komplexes. Man wertet mit Hilfe einer Eichkurve aus. Die dazu verwendeten Standardproben müssen in Ggw. von je 10—20 mg Fe nach den oben angegebenen Verff. hergestellt sein. Bei Verwendung von I als Reagens stören Al, V u. Co. Cr kann bis auf $\pm$0,2 μg Cr bestimmt werden. (Analytica chim. Acta [Amsterdam] **14.** 545—52. 1956. London, Royal School of Mines, Dep. of Metall.) H. PLUSKAL. G 335

M. Bobtelsky und **A. Ben-Bassat,** *Die Aurintricarboxylate von Aluminium, Eisen und Chrom. Zusammensetzung, Struktur und analytische Verwendung. Eine heterometrische Untersuchung.* Die Verbindungsbldg. der oben genannten 3wertigen Elemente mit NH_4-Aurintricarboxylat (Aluminon = AN) wurde heterometr. untersucht. 1. Al + AN; a) gepufferte Lsgg. mit mol. Verhältnis von Al:AN = 1:1, 1:2 u. 1:3 wurden tropfenweise mit HNO_3 versetzt. Bei 1:1 begann Niederschlagsbldg. bei p_H 8 u. war bei p_H 4 vollständig. Bei noch kleinerem p_H löste sich der Nd. langsam wieder auf. Bei 1:2 u. 1:3 begann Niederschlagsbldg. bei p_H 6 u. war bei p_H 3 vollständig. Die Ndd. waren *Al(AN)*$_3$ bzw. *Al(AN)*$_2$. AlAN wurde nicht gefunden. b) Al^{3+} enthaltende Lsgg. wurden in Ggw. u. Abwesenheit von Essigsäure mit AN titriert. In allen Fällen wurde das erste Maximum der opt. Dichte beim vorausberechneten Punkt erreicht, der der quantitativen Bldg. von $Al(AN)_3$ entsprach. Es wurden keine Zwischenstufen beobachtet. Der Wert der maximalen Dichte war in Abwesenheit von Essigsäure annähernd proportional der Al-Konzentration. c) Bei der Titration von AN mit Al^{3+} wurde das erste Maximum der opt. Dichte in allen Kurven bei einem Punkt erreicht, der der quantitativen Bldg. von $Al(AN)_2$ entsprach. Weiterer Al^{3+}-Zusatz ergab keine Erhöhung der opt. Dichte. Gelegentlich konnte die vorübergehende Bldg. von löslicherem $Al(AN)_3$ beobachtet werden, das im Verlauf der Titration in $Al(AN)_2$ überging. Es wurde keine Proportionalität zwischen der Menge des vorgelegten AN u. der jeweiligen maximalen opt. Dichte festgestellt. 2. Fe + AN; a) Lsgg. von Fe^{3+} u. AN im mol. Verhältnis Fe:AN = 1:1, 1:2 u. 1:3 wurden, ausgehend vom schwach alkal. Bereich, mit Säuren titriert. In allen Fällen begann Niederschlagsbldg. bei p_H 8. Der Hauptanteil fiel zwischen p_H 6 u. 4 aus. Bei $p_H < 4$ ging der Nd. langsam wieder in Lösung. Der Nd. besteht immer aus *FeAN.* b) Fe^{3+} enthaltende Lsgg. wurden mit AN verschied. Konz. titriert. Erster Knickpunkt der Titrationskurve entsprach der Verb. FeAN. Bei weiterer AN-Zugabe erfolgt Anstieg der opt. Dichte bis zum 2. Knick, der der Bldg. von $Fe(AN)_3$ entsprach. Keine weitere Steigerung der Dichte bei AN-Zusatz. In Ggw. von Essigsäure gleiches Verhalten. In Ggw. von HNO_3 kleinere maximale Dichte. 3. Cr + AN. Bei der Titration von vorgelegtem Cr^{3+} mit AN wurden keine deutlichen Knicke beobachtet. Titration von AN mit Cr^{3+} gab deutliche Knickpunkte. Maximale opt. Dichte bei Bldg. von *Cr(AN).* Als Zwischenprodd. traten *Cr(AN)*$_2$ u. weniger deutlich *Cr(AN)*$_3$ auf. Starke Verminderung der Maxima in Ggw. von Essigsäure. Bei keinem der untersuchten Elemente wurden Verbb. gefunden, die mehr als 1 Mol Kation pro Mol AN enthielten. Es muß daraus geschlossen werden, daß von den 3 Paaren von Carboxyl- u. Oxygruppen des AN jeweils nur ein Paar den Komplex bilden kann u. zwar in einer chinoiden Form. (Analytica chim. Acta [Amsterdam] **14.** 344—55. 1956. Jerusalem, Hebrew Univ., Dep. of Inorg. a. Anal. Chem.) E. SCHAAF. G 354

M. Bobtelsky und **A. Ben-Bassat,** *Eine schnelle und genaue heterometrische Bestimmung von Eisen mit Aluminon in Gegenwart von überschüssigen Fremdmetallionen.* (Vgl. vorst. Ref.) Es wird eine Meth. angegeben, nach der Fe in Lsgg., die 0,2—0,5 mg Fe pro 100 ml enthalten, mit einem Fehler von 0—2% bestimmt werden kann. Dabei können 2- oder 3wertige Fremdmetallionen bis zu 99,5% des Gesamtmetallgeh. anwesend sein. Die zu titrierende Lsg. muß HNO_3 im Mol-Verhältnis 1:1 oder 2:1, bezogen auf Fe, enthalten. In Ggw. von Fremdionen muß Cr^{3+} in gleicher mol. Menge wie Fe zugesetzt werden, um einen eindeutigen Endpunkt, d. h. konstantes Dichtemaximum, zu erhalten. Die Fällung besteht aus *Fe(AN)*$_3$ (AN = Aluminon). Ohne Cr-Zusatz steigt die opt. Dichte auch nach quantitativer Bldg. von $Fe(AN)_3$ bei weiterem AN-Zusatz an u. macht eine genaue Endpunktsbest. unmöglich. Es wird angenommen, daß Cr^{3+} mit AN unter den gegebenen Reaktionsbedingungen eine stabile lösl. Verb. bildet u. so eine Erhöhung der opt. Dichte durch Bldg. schwerlösl. Fremdionen-AN-Verbb. verhindert. Auch in Abwesenheit von Fremdionen wirkt sich Cr-Zusatz bei kleinen Fe-Konzz. günstig auf die Endpunktserkennung aus. (Analytica chim. Acta [Amsterdam] **14.** 439—45. 1956.) E. SCHAAF. 354

b) Organische Verbindungen.

Kurt Eder, *Über eine einfache Schnellmethode der Stickstoffmikrobestimmung nach Dumas.* Vf. beschreibt eine Schnellmeth. zur DUMAS-Best., bei der ein 55 cm langes Rohr, ein Lang- (23 cm) u. je ein beweglicher u. fester Kurzbrenner (7 cm) verwendet werden. Der bewegliche Brenner wird aus der Ausgangsstellung neben dem Langbrenner in Gegenstromrichtung an die Substanz herangeführt. Vor der Substanz (in Richtung des CO_2-Stromes gesehen) befindet sich eine temporäre CuO-Füllung, die von dem 2. Kurzbrenner erwärmt wird u. die das Zurückwandern unvollständig zers. Verbrennungsprodd. verhindert. (Mikrochim. Acta [Wien] **1959.** 631—34. 1959. Genf, Univ., École de Chim., Labor. für mikroanal. Chem.) E. DEHMLOW. 5352

O. E. Sundberg, H. C. Craig und **J. S. Parsons,** *Bestimmung von Halogen in organischen Verbindungen durch automatische coulometrische Titration.* Die Best. von Halogen gelingt nach Peroxydaufschluß mit einem automat. coulometr. Titrierapparat. Das zur Niederschlagung des Halogens benötigte Ag^+ wird aus einer Ag-Anode entwickelt, wobei die Elektrizitätsmenge durch einen integrierenden Motorzähler registriert wird. Der App. bricht die Titration am Endpunkt automat. ab. Die Meth. gestattet schnelleres u. genaueres Arbeiten (mittlerer absol. Fehler $\pm$0,05—0,2%, relativer Fehler 0,3—0,4%) als das VOLHARD-Verfahren. (Analytic. Chem. **30.** 1842—46. Nov. 1958. Bound Brook, N. J., Americ. Cyanamid Co., Res. Div.) E. DEHMLOW. 5352

R. Belcher, R. L. Bhasin, R. A. Shah und **T. S. West,** *Submikromethoden zur Analyse organischer Verbindungen.* 5. Mitt. *Die Bestimmung von Schwefel.* (4. vgl. C. **1959.** 12338.) *S* läßt sich in organ. Verbb. bestimmen, indem ca. 50 μg S-Verb. mit ca. 200 μg wasserfreiem $BaCl_2$ u. 50 μl rauchender HNO_3 in einem zugeschmolzenen Glasröhrchen 7 Std. auf 275—280° erwärmt werden. Das ausgefallene $BaSO_4$ wird abzentrifugiert, ausgewaschen u. in überschüssiger (100 μl) 0,02 mol. ammoniakal. EDTA-Lsg. gelöst, dessen Überschuß gegen 0,01 mol. $MgCl_2$-Lsg. mit Solochromschwarz T als Indicator zurücktitriert wird. Der durchschnittliche Fehler der Meth. beträgt 0,2%, der maximale $<$0,4%. (J. chem. Soc. [London] **1958.** 4054—56. Nov. Birmingham, Chem. Dep.) K. F. MÜLLER. 5352

Hans Freytag, *Die Pyridinringspaltung als analytisches Prinzip.* Die von der Pyridinspaltung gegebenen analyt. Möglichkeiten werden allg. erörtert. Die von Vf. verwendete photochem. Pyridinspaltung (= „reine" Pyridinspaltung durch UV-Bestrahlung von 254 u. 265 mμ) wird als vermutlicher Zerfall über ein 4-Pyridylpyridiniumhydroxyd in nächster Stufe 5-(Pyridylamino)-pentadien-(2.4)-al-(1) angesehen. Für die UV-Herst. des Reagenspapiers mit Pyridin vgl. FREYTAG, C. **1950/54.** 3406 S. *Nachw. von Pyrrol* (I): Man tüpfelt eine methanol. I-Lsg. auf ein Papier, beladen mit dem photochem. Spaltprod., u. hinterher sofort mit HCl (1:1). Es entsteht sofort ein kräftiger ultramarinblauer Fleck, der beim Antüpfeln mit verd. NaOH nach Bräunlichrot umschlägt. Mit Säure kehrt die 1. Farbe zurück. Eine Blindprobe ist zweckmäßig. Nachweisgrenze 0,7 μg I/0,01 ml. *Nachw. von Senfölessigsäure* (II): Man tüpfelt je 0,02 ml 2 mol. Pyridinlsg. u. II-Lsg., beide in Methanol, auf Papier u. bestrahlt sofort mit UV. Nach 10—15 Min. erscheint der Fleck Milchkaffeebraun. Man tüpfelt nun mit 0,02 ml 0,1 n NaOH u. nach 1 Min. mit 0,02 ml 0,1 n HCl. Es tritt deutliche Violettbraunfärbung ein. Beim Betüpfeln mit Säure allein erfolgt Umschlag nach Blaugrün. Nachweisgrenze 234 μg II/0,02 ml. *Nachw. von Rhodanin* (III): Man betüpfelt frisch hergestelltes Photopapier mit 0,02 ml methanol. III-Lsg. u. einen anderen Teil des Papiers mit reinem Methanol, nach 0,5 Min. die gleichen Stellen mit 15%ig. NaOH. Die Blindprobe zeigt sehr beständige Fliederfärbung, während die schwache Färbung des III-Flecks rasch in ein deutliches Braun bis Braunviolett u. Schmutzigbraunviolett übergeht. Beim Betüpfeln mit HCl (1:1) schlägt die Färbung des III-Flecks nach Schmutziggrün um, die der Blindprobe nach Schmutzigblaugrau. Nachweisgrenze 26,6 μg III/0,02 ml. *Nachw. von hochsulfonierten Ölen* (IV). Man kocht 0,2 ml 1%ig. IV-Lsg., 1 ml Pyridin u. 1 ml 30%ig. NaOH auf dem Sandbad, bis es trübe geworden ist, spült nach dem Abkühlen mit Amylalkohol in ein Reagensglas, versetzt bis zur klaren Abtrennung der Amylalkoholschicht mit W., dann mit einer Spatelspitze β-Naphthylamin (V) u. vorsichtig mit konz. HCl, bis in der wss. Phase Salze ausfallen, schüttelt u. gibt W. bis zum Klarwerden der unteren Schicht hinzu. In Ggw. von IV ist die alkoh. Schicht rot gefärbt. Man pipettiert einen Teil der alkoh. Schicht ab, versetzt mit Lauge (Gelbfärbung) u. wieder mit Säure (verstärkte Rotfärbung). Nachweisgrenze 2 mg/0,2 ml wss. Lösung. Statt V kann auch eine 1%ig. I-Lsg. in Amylalkohol verwendet werden. Nach dem Ansäuern erscheint eine grüne Farbe. Man verfährt in gleicher Weise zum *Nachw. von Benzylpyridiniumbromid* (VI), *Laurylpyridiniumchlorid* (VII) u. *α-Stearamidpyridiniumbromid* (VIII). Das Reaktionsprod. von 0,1—0,01 g VI mit 0,1 ml 30%ig. NaOH erscheint rotbraun, nach dem Erhitzen chlorophyllgrün; mit HCl erfolgt Umschlag nach Rot, mit Lauge nach Schmutziggrünlich; mit V u. Säure direkt erscheint Rotfärbung. Mit VII u. VIII färbt sich die Amylalkoholschicht nach Zusatz von V u. Säure rot. *Nachw. von Mono-, Di- u. Trichloressigsäure.* Man erwärmt eine Mischung aus 0,1 ml Substanzlsg., 0,1 ml Pyridin u. 1 ml 8n NaOH im sd. Wasserbad (Rotfärbung), überschichtet nach dem Abkühlen mit 1—3 ml Amylalkohol u. schüttelt (Rot- bzw. Rosafärbung der alkoh. Schicht), versetzt mit einer Spatelspitze V u. säuert mit HCl an. Es entsteht eine andere Rotfärbung, die mit Lauge nach Gelb u. mit Säure wieder nach Rot umschlägt. Nachweisgrenze für Mono-, Di- u. Trichloressigsäure 930 μg bzw. 129 μg bzw. 0,02 μg/0,1 ml. *Nachw. von Nicotinsäureamid* (**IX**). Man erwärmt eine Mischung aus 0,1—0,2 ml wss. **IX**-Lsg., einer Spatelspitze CCl_3COOH u. 1 ml 30%ig. NaOH bis zur Bldg. eines NaCl-Nd. auf dem Sandbad, extrahiert mit Amylalkohol, verd. mit etwas W., versetzt mit einer Spatelspitze V u. vorsichtig mit konz. HCl bis zur erneuten NaCl-Abscheidung u. verd. bis zur Klärung der Schicht (Gelbfärbung der alkoh. Schicht). Nachweisgrenze 10 μg **IX**/0,1 ml. (Z. analyt. Chem. **152.** 86—96. 1956. Hünfeld/Hessen, ONDAL GmbH, Forschungslabor.) H. PLUSKAL. 5364

Nicholas D. Cheronis und **Victor M. Levey,** *Untere Grenzen organischer Reaktionen.* 2. Mitt. (1. vgl. C. **1959.** 8105.) Vff. verfolgen die Gleichgewichtseinstellung der Rk. von Acetaldehyd, Aceton, Heptanal, Octanon-(2), Cyclohexanon, Benzaldehyd, Piperonal bzw. Benzophenon mit 2.4-Dinitrophenylhydrazinhydrochlorid (I) bei abnehmender Konz. der Carbonylverbb. von $5 \cdot 10^{-2}$ bis $5 \cdot 10^{-8}$ (Mol/Liter). Während die Best. des unverbrauchten I mit 2.3.5-Triphenyltetrazoliumchlorid nicht die erforderliche Genauigkeit zeigte (nur bis zu Konzz. von $1 \cdot 10^{-6}$ herab), erwies sich die Meth. der papierchromatograph. Fraktionierung der gebildeten *2.4-Dinitrophenylhydrazone* in wassergesätt. Hexan–Ae. (9,5:9)-Gemisch u. deren Best. als hinreichend genau (Fehlergrenze 2—10%). Es ergibt sich, daß die untere Nachweisgrenze bei Konzz. von 10^{-4} bis 10^{-5} liegt. (Microchem. J. **1.** 223—35. 1957. Brooklyn, N. Y., Brooklyn Coll., Dep. of Chem.) A.-M. FRETZDORFF. 5368

E. Schulek und **K. Burger,** *Beiträge zur jodometrischen Bestimmung von Phenol auch in Gegenwart von reduzierenden Stoffen.* Es wird ein Verf. zur Best. von *Phenol* (I) im Mikro- u. 0,1n-Maßstab vorgeschlagen, das darauf beruht, daß Phenol mit großem Überschuß von Brom zu Tribromphenolbrom bromiert u. nach Entfernen des Br-Überschusses das labil gebundene vierte Br-Atom jodometr. gemessen wird. Auf Grund von Unterss. über die Reaktionsbedingungen wird folgende Ausführung des Verf. für 2—10 mg-Mengen I entwickelt: Die gewogene I-haltige Lsg. wird in einem 100 ml-Schliffkolben mit W. auf 30—50 ml verd. u. notfalls gegen Methylrot neutralisiert. Dann wird frisches Br-Wasser bis zur rotbraunen Färbung zugegeben. Nach 20 Min. fügt man tropfenweise 20%ig. Na_2SO_3-Lsg. bis zur hellgelben Tönung hinzu. Nach Durchschütteln des Kolbeninhalts setzt man in einem Guß 5 ml 5%ig. I-Lsg. zu, schüttelt durch, gibt sofort 0,5 g KJ in den Kolben u. säuert mit 5 ml 20%ig. HCl an. Nach 15—20 Min. wird unter Zugabe von Stärkelsg. das frei gewordene J gegen 0,01n $Na_2S_2O_3$-Lsg. titriert. 1 ml 0,01n $Na_2S_2O_3$-Lsg. entsprechen 0,47054 mg I. Die Genauigkeit des Verf. beträgt ±0,5%. Das Verf. ist auch in Ggw. von reduzierenden, also Br-verbrauchenden Stoffen anwendbar. (Z. analyt. Chem. **161.** 184—91. 1958. Budapest, Eötvös-Univ., Inst. für anorg. u. analyt. Chem.) K. PAVEL. G 1060

F. Čuta und **Z. Kučera,** *Coulometrische Titration ein- und zweiwertiger Phenole mit Halogenen.* Inhaltlich ident. mit der C. **1959.** 2574 referierten Arbeit. (Collect. czechoslov. chem. Commun. **24.** 1467—73. Mai 1959. [Orig.: deutsch.]) W. BARZ. G 1060

Kazimierz Sykut, *Coulometrische Mikrobestimmung von organischen Verbindungen mit Hilfe eines neuen Typus des Relaxationscoulometers.* 2. Mitt. *Mikrobestimmung von Phenol und Kresolen.* (1. vgl. C. **1959.** 8988.) Phenol u. Kresole in Mengen von 2—100 γ bei der Verdünnung 10^{-5} bis 10^{-7} werden bestimmt durch Bromieren mit $KBrO_3$ + KBr in n-HCl, Bindung des Br_2-Überschusses mit KSCN u. coulometr. Titration des KSCN-Überschusses mit Hilfe eines Relaxationscoulometers, das 0,1—10 Coulomb mit ±0,5% Genauigkeit bei beliebiger Stromstärke mißt. (Ann. Univ. Mariae Curie-Skłodowska, Sect. AA **10.** 24—34. 1955, herausgeg. 1957. Lublin.) F. URBAN. G 1060

Kazimierz Sykut, *Mikrobestimmung organischer Verbindungen mit Hilfe eines neuen Typus des Relaxationscoulometers.* 3. Mitt. *Die Bestimmung von Pflanzenwachstumsregulatoren.* (2. vgl. vorst. Ref.) *Indol* (I) u. seine Derivv. wie *Indolyl-(3)-essigsäure* (II), *Indolyl-(3)-buttersäure* (III) u. *Indolyl-(3)-propionsäure* lassen sich in γ-Mengen mit $KBrO_3$ + KBr in HCl bromieren u. über Bindung des überschüssigen Br_2 mit KSCN u. Titration des überschüssigen KSCN mit ±1% Genauigkeit bestimmen. Unter den angegebenen Bedingungen (0,0005n $KBrO_3$, 40 g KBr/Liter, 0,0006n KSCN, 2n HCl, Reaktionsvol.

15 ml, 50°, Dauer 10 Min.) reagiert I mit 8 Br-Atomen, II u. III mit 6 Br-Atomen. Die Titration von KSCN wird mit einem Relaxationscoulometer durchgeführt. (Ann. Univ. Mariae Curie-Skłodowska, Sect. AA **10**. 53—60. 1955, herausgeg. 1957.)
F. Urban. G 3081

Géza Tokár und **István Simonyi**, *Neues Reagens zur Titrierung in wasserfreiem Medium*. 1. Mitt. *Bestimmung von Kodein, Chinin, Chinidin und Papaverin mit HCl-Komplex des Aluminiumchlorisopropylat*. Vff. fanden, daß der, durch sie dargestellte HCl-Komplex des *Aluminiumchlorisopropylat* (I) mit Alkaloiden Salze bildet. I verhält sich bei der Salzbldg. wie eine einbas. Säure. Es wurden Unterss. zur titrimetr. Best. in wasserfreiem Medium derart vorgenommen, daß als Säure zur Titrierung der Alkaloide I verwendet wurde. Vff. geben ein Verf. zur Best. von Kodein, Chinin, Chinidin u. Papaverin an. (Magyar Kém. Folyóirat [Ung. Z. Chem.] **64**. 94—96. März 1958. Budapest, Egyesült Gyógyszer- és Tápszergyár labor.)
G. Halmi. G 3500

Arlington A. Forist und **Susan Theal**, *Spektrophotometrische Bestimmung von Cycloheximid*. Das Antibioticum *Cycloheximid* (I), das aus Streptomyces griseus isoliert wird, wurde auf die Wachstumshinderung von Saccharomyces pastorianus untersucht. Eine chem. Meth. beruht auf der Rk. von I mit alkal. Hydroxylamin bei 50° unter Bldg. einer Hydroxamsäure durch Spaltung der Phthalimidbindung, die einen stark gefärbten Fe(III)-Komplex bildet. Die Ergebnisse stimmen mit denen der anderen Methoden gut überein. Das Fe(III)-Hydroxamat von I zeigt ein Maximum bei 530 mμ, die Farbe ist bei Lichtabwesenheit für ca. 1 Std. stabil. Fremdionen oder Verbb., die mit Fe(III) reagieren, verändern die Farbintensität u. sollten vermieden werden. (Analytic. Chem. **31**. 1042—44. Juni 1959. Kalamazoo, Mich., Dep. of Phys. and Analyt. Chem.)

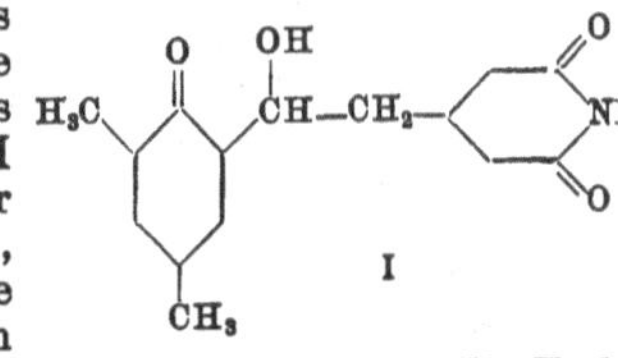
I

R. Unger. G 3900

d) Medizinische und toxikologische Analyse.

J. Kohn, *Ein Celluloseacetatträgermedium für Zonenelektrophorese*. Vf. schlägt als Träger für die Zonenelektrophorese an Stelle von Filtrierpapier Celluloseacetatmembranfilter, wie sie für bakteriolog. Zwecke benutzt werden, vor. Streifen dieser Membranfilter eignen sich zur Elektrophorese von Proteinen in biol. Fll. sowie von abnormen Hämoglobinen. Während Glykoproteine gut darstellbar sind, bereitet die Anfärbung von Lipoproteinen infolge der Untergrundtönung noch Schwierigkeiten. Die Vorbereitung der Streifen, das Auftragen der Probe, die Elektrophorese, Trocknung, Färbung u. Trocknung der gefärbten Streifen, die Transparentmachung u. Auswertung werden beschrieben. Ein wesentlicher Vorteil dieser Membranen besteht in ihrer geringen Adsorption von Proteinen, wodurch eine scharfe Auftrennung ohne Schweifbldg. erreicht werden kann. (Clin. chim. Acta [Amsterdam] **2**. 297—303. Aug. 1957. Roehampton, England, Queen Mary's Hosp.)
E. Schwerdtfeger. 5728

E. S. Baginski, L. A. Williams, T. L. Jarkowski und **B. Zak**, *Polarographische und spektrophotometrische Mikrobestimmung von Chlorid im Serum*. Es werden drei indirekte Methoden zur quantitativen Best. von *Chlorid* im Mikro- u. Ultramikromaßstab beschrieben. Die erste wird polarograph. durchgeführt, u. bei den letzten wird mit Hilfe von *Silberdithiozonat* oder *Mercurichloranilat* durch Austausch mit Chlorid die Absorption gemessen. Alle drei Methoden sind genau, einfach durchzuführen u. sehr empfindlich. (Amer. J. clin. Pathol. **30**. 559—63. Dez. 1958. Detroit, Mich., Wayne State Univ., Dep. of Pathol.)
H. Struck. 5728

D. Kirman, S. W. Morgenstern und **D. Feldman**, *Eine modifizierte Mikrotechnik für die Bestimmung von Chlorid*. Es wird eine modifizierte elektrotitrimetr. *Chlorid*-Best. für Serum beschrieben, bei der eine Kalomelelektrode verwandt wird, die sich in einer gesätt. Lsg. von Na_2SO_4 befindet. Der Vorteil der Meth. gegenüber anderen beruht auf dem Fortfall des individuellen Fehlers der Endpunkterkennung. (Amer. J. clin. Pathol. **30**. 564—66. Dez. 1958. East Orange, N. J., Veterans Administration Hosp.)
H. Struck. 5728

Ju. A. Bankowski, W. K. Bauman und **A. F. Ieviņš**, *Colorimetrische Mikromethode zur Calciumbestimmung im biologischen Material*. Das vorgeschlagene Verf. der colorimetr. *Ca*-Best. beruht auf der Fällung als Molybdat u. der anschließenden colorimetr. Best. mit Hilfe von Thiooxin (I = 8-Mercaptochinolin). Es können 2—50 Ca mit einer Genauigkeit von 5% bestimmt werden. Für die Ca-Best. im Blutserum genügen 0,1—0,2 ml. Man versetzt 0,2 ml Serum mit 0,6 ml bidest. W. u. 0,2 ml 20% Trichloressigsäurelsg. u. zentrifugiert nach 10 Min. Stehen 5—7 Minuten. 0,5 ml der klaren Fl.

werden mit 2 Tropfen NH_4OH-Lsg. (1:3) versetzt. Nach Zusatz von 1 Tropfen Stärke u. 2 ml Molybdat–Pyridin-Reagens wird 30 Min. auf 70° erhitzt u. kalt 10 Min. zentrifugiert. Den Nd. löst man in 2,5 ml 2,5n HCl, versetzt im Scheidetrichter mit 0,5 ml I-Lsg., extrahiert 1,0—1,5 Min. mit 5 ml Toluol oder Xylol (kräftig schütteln) u. photometriert. (Биохимия [Biochemie] **23.** 845—48. Nov./Dez. 1958. Riga, Inst. für Chem. u. Inst. für Biol. der Akad. der Wiss. der LettSSR.) O. LEBTAG. 5728

Isobel M. Bett und **G. P. Fraser,** *Eine schnelle Mikromethode zur Bestimmung des Serumcalciums.* 0,1 ml Serum wird zu 4 ml 0,25n NaOH in einer kleinen Porzellanschale gegeben, dazu 1 Tropfen Indicator. Man titriert unter UV-Licht mit 0,2%ig. Na_2-Äthylendiamintetraacetatlsg. aus einer Mikrobürette, bis die anfängliche grüne Fluorescenz in eine blauviolette umschlägt. Berechnung unter Verwendung von mit *Ca*-Standardlsg. ermittelten Werten. — Indicator: 100 ml *Calcein* (hergestellt nach DIEHL u. ELLINGBOE, C. **1957.** 5663) in 10 ml 1n NaOH lösen, mit W. auf 100 ml auffüllen; 2 Wochen haltbar. Standardlsg.: 2,5022 g $CaCO_3$ p. a. in 55 ml HCl lösen, mit W. zu 1 Liter verdünnen. Diese Lsg. 1:10 verdünnen. (Biochem. J. **68.** 13P. Febr. 1958. Aberdeen, Univ., Dep. of Clin. Chem.) F. KRUSEN. 5728

H. Zahn und **H. Marstaller,** *Papierchromatographische Bestimmung von Phenylalanin im Serum.* Serum wird mit A. enteiweißt, das Zentrifugat bei n. Temp. unter vermindertem Druck eingeengt u. mit o-Kresol (auf p_H 6,2 gepuffert) auf ungepuffertem Papier eindimensional chromatographiert. Nach Anfärbung mit Ninhydrin wird in den Cu-Komplex überführt, der nach Extraktion mit Methanol bei 490 mμ photometriert wird. Die Ergebnisse werden mit denen der colorimetr. Best. nach KAPELLER-ADLER verglichen, wobei die colorimetr. Meth. bei Konzz. $>$10 mg% genauere Ergebnisse in kürzerer Zeit liefert. Die beschriebene Meth. eignet sich nur zur Serum-*Phenylalanin*-Best. bei Konzz. $>$4 mg% (Normalwert 1,4 mg%). (Hoppe-Seyler's Z. physiol. Chem. **310.** 44—49. 12/3. 1958. Würzburg, Univ.-Kinderklin.) E. SCHWERDTFEGER. 5728

Georg-Winfried Schmidt, *Ein Beitrag zur quantitativen Papierchromatographie der Aminosäuren des Harnes: farbverstärkende und -abschwächende Faktoren bei der Ninhydrinfärbung.* Nach der üblichen Meth. werden die Aminosäuren chromatograph. aus dem Harn gewonnen u. durch Ninhydrin sichtbar gemacht. Nach Erhöhung des p_H-Wertes mit $NaHCO_3$ schwächte sich die Intensität der Farbflecken. Umgekehrt wurde beobachtet, daß durch Vorbehandlung des Harns mit „Diamox" oder durch Entsalzung desselben mit Dowex-2 die Aminosäureflecken verstärkt werden. (Z. ges. exp. Med. **130.** 215—20. 27/8. 1958. Gießen, Univ., Kinderklinik.) H. STRUCK. 5732

T. C. Chu und **Edith Ju-Hwa Chu,** *Eine colorimetrische Methode zur Bestimmung der Porphyrine im Harn.* Die Meth. zur Best. der Porphyrine im Harn beruht auf der Veresterung der an Talk adsorbierten Porphyrine mit CH_3OH–H_2SO_4 u. der anschließenden chromatograph. Trennung der in Chlf. gelösten Methylester an einer Hyflo-Super-Cel-Säule (1,8 × 14 cm) unter Verwendung von Chlf.–PAe. (Kp. 30—60°) [1:2] als Entwicklungs-Fl. u. der colorimetr. Best. der Porphyrinester in den Eluaten bei 500 (mμ), 405 bei kleineren u. 625 bei höheren Konzentrationen. Die Eichdaten der Methylester von *Koproporphyrin I* (von 0,6—110 γ/ml) u. *Uroporphyrin I* (von 0,7 bis 530 γ) sind angeführt. (Analytic. Chem. **30.** 1678—80. Okt. 1958. Los Angeles, Calif., Immaculate Heart Coll.) K. F. MÜLLER. 5732

Kiyoo Satoh und **J. M. Price,** *Fluorometrische Bestimmung von Kynurensäure und Xanthurensäure im menschlichen Harn.* Die beschriebene Meth. beruht darauf, daß *Kynurensäure* (I) u. *Xanthurensäure* (II) aus saurer Lsg. an eine Kationenaustauschersäule gebunden, mit H_2O wieder herausgewaschen u. fluorometr. bestimmt werden. — I zeigt in starker H_2SO_4 bei Bestrahlung (340 mμ) ein Maximum der Fluorescenz bei 435 mμ, II in starker Natronlauge bei Bestrahlung mit 370 mμ ein solches bei 530 mμ. (J. biol. Chemistry **230.** 781—89. Febr. 1958. Madison, Wis., Univ., Med. School, Cancer Res. Hosp.) W. SCHÖNBORN. 5732

Erik Jacobsen, *Bestimmung von 2-Methylpentandiol-(2.4) (Hexylenglykol) im Harn des Menschen und der Ratte.* Es wird ein Verf. zur photometr. Näherungsbest. von *2-Methylpentandiol-(2.4)* (*Hexylenglykol*; I) im Harn beschrieben, das auf der Bldg. einer Trübung bei kurzem Erhitzen (5 Min.) im Wasserbad mit Säure (1 ml 37%ig. HCl + 3 ml Probe) u. Messen bei 1075 mμ beruht. Da die Absorption auch durch andere Faktoren der Harne beeinflußt wird, müssen für jeden einzelnen Fall 3 Meßpunkte mit zusätzlichen bekannten I-Mengen mitbestimmt werden, aus denen extrapolator. ein Nullwert erhalten wird. Trotz relativ hoher Fehlerbreite (50 μg je ml Harn) scheint es möglich, mit dem Verf. Aufschluß über das physiol. Verh. von I im Stoffwechsel zu gewinnen, u. U. auch forens. Fragen zu klären. (Acta pharmacol. toxicol. [København] **14.** 195—206. 1958. Kopenhagen, Medicinalco Ltd., Biol. Labor.)

R. KLOCKMANN. 5732

W. Gaidowski, Die Materialuntersuchung durch Röntgen- und Gammastrahlen. Moskau; Metallurgisdat. 1959. 15 Rbl. 50 Kop. [russ.]

A. P. Golubewa, Quantitative Analyse. Lehrbuch für Studierende der Fakultäten für Warenkunde und Technologie. Moskau. 1959. [157 S. m. Abb.) 3 Rbl. [russ.]

M. F. Kompanejetz, Die Kristalloptische Analyse in der Aluminiumindustrie. Moskau; Metallurgisdat. 1959. 5 Rbl. 40 Kop. [russ.]

H. Angewandte Chemie.

I. Allgemeine chemische Technologie.

K. D. Kuczen und **T. R. Bump**, *Messung des lokalen Wärmeübergangskoeffizienten mit Natrium–Kalium-Eutektikum im turbulenten Fluß.* Es wurden die lokalen Wärmeübergangskoeffizienten in einer kreisförmigen Cu-Röhre, die von innen mit einer eutekt. Na–K-Legierung (22% Na, 78% K) gekühlt wurde (mit vertikalem turbulentem Fluß), gemessen. Die Messungen wurden im Temperaturbereich zwischen 85 u. 1175° F mit einer Fließgeschwindigkeit von 4—60 ft/sec, einer REYNOLDS-Zahl von 13000—466000, einer PECLET-Zahl von 268—3850 u. einem Wärmefluß von 28000—3200000 Btu/h·ft² (Btu = Britisch thermal units) durchgeführt. Für die angegebenen PECLET-Zahlen wurde die NUSSELT-Zahl zu 1,4—22,4 bestimmt; die Werte befinden sich in Übereinstimmung mit den Ergebnissen anderer Autoren. (Nuclear Sci. Engng. **2.** 181—98. April 1957. Lemont, Ill., Argonne Nat. Labor., Reactor Engng. Div.)
W. KARCHER. 5816

E. Broadwell, *Zentrifugieren.* 2. Mitt. *Das Zentrifugieren in den Industrien der Öle und Fette, der Seifen, der Zuckerraffination und der chemischen Industrie. Weitere Anwendungsgebiete, neuere Erfindungen.* (1. vgl. C. **1959.** 243.) Fortsetzung des Fortschrittsberichtes. — Weitere 155 Literaturhinweise. (Chem. Process Engng. **38.** 468—73. Dez. 1957.) GERHARD GÜNTHER. 5828

M. Je. Posin und **B. A. Kopylew**, *Einfluß der Gasgeschwindigkeit auf die Massenübertragung beim Durchperl- und beim Schaumregime der Absorption.* (Vgl. Журнал Прикладной Химии [J. angew. Chem.] **30.** [1957.] 362.) Eine Analyse des Absorptionskoeff. K in Abhängigkeit von der linearen w einer inerten (nicht-absorbierbaren) Gaskomponente u. vom Bodenwirkungsgrad η ergibt $K = 2w \cdot \eta / (2 - \eta)$ u. $\eta = C \cdot w^n$ mit $n < 0$. Die Funktion $K = f(w)$ hat ein Maximum, η nimmt mit steigendem w stetig ab. Die beste Wrkg. wird bei einem Wert von w erzielt, der dem Maximum von K entspricht. Bei Gasen mittlerer u. geringer Löslichkeit, deren Absorptionsgeschwindigkeit durch den Widerstand der Gas- u. der fl. Phase bestimmt wird, wird das Maximum von K bei w = ca. 1,5—2,0 (m/sec) erreicht, bei sehr wenig lösl. Gasen (Widerstand nur der fl. Phase) bei w = ca. 0,5—0,8. Daraus ergibt sich das Vorliegen optimaler Bedingungen in Durchperl- u. Schaumapparaten. Schaumprozesse gewährleisten auch bei wenig lösl. Gasen gute Absorption. (Журнал Прикладной Химии [J. angew. Chem.] **31.** 387—93. März 1958. Leningrad, Technol. Lensowjet-Inst.)
R. K. MÜLLER. 5848

B. J. Robin, *Die Wirkung von Kolonnenböden in Destillationskolonnen.* Es wird eine Meth. angegeben, nach der es möglich ist, die Zahl der Flüssigkeits- u. Gasphasen einer gegebenen Einheit anzugeben, wodurch die unmittelbare Unters. der Böden entfällt. (Brit. chem. Engng. **4.** 226. April 1959.) F. ROSENDAHL. 5864

Takaaki Tamura, *Bauweise einer neuen Füllkörperkolonne mit hohem Durchsatz und niedrigem H.E.T.P., die mit einem konzentrischen Rohr als Kern ausgerüstet ist.* Beschreibung der Bauweise einer neuartigen Füllkörperkolonne u. der mit ihr durchgeführten Testungen. (Rep. Inst. Sci. Technol., Univ. Tokyo **11.** 49—57. 1957. [Orig.: japan.; Auszug: engl.]) GERHARD GÜNTHER. 5864

F. H. Garner, S. R. M. Ellis und **J. W. Hill**, *Wirkungsweise und Benetzungseigenschaften von Kolonnen mit Siebböden.* Die Wirkungsweise eines Siebbodens wird durch hydrodynam. Faktoren, z. B. dem Benetzungsgrad des Konstruktionsmaterials, der Strömung u. den physikal. Eigg. der Fll. bestimmt. Im Gegensatz zu Metallsiebböden wurde gefunden, daß mit hydrophoben Kunststoffsiebböden eine wesentlich bessere Verteilung der wss. Phase erreicht werden konnte. (Trans. Instn. chem. Engr. **34.** 223—34. 1956. Birmingham, Univ., Dep. Chem. Engng.) F. ROSENDAHL. 5864

Zsjui-Fu Fu, *Näherungsberechnung periodisch wirkender Rektifizierkolonnen.* Für die Trennung eines idealen bin. Gemisches in einer period. arbeitenden Rektifizierkolonne mit genügender Bödenzahl gibt die vorgeschlagene analyt. Berechnungsmeth. in einfacherer Weise genaue Unterlagen als die graph. Methode. Sie ermöglicht auch eine Beurteilung mit einer Mindestzahl von Böden. Die Kolonnen können mit konstanter

Phlegmazahl oder mit konstanter Konz. des Destillats arbeiten; welche Betriebsart im Einzelfalle zweckmäßiger ist, ergibt sich aus einem Vgl. der Berechnungsergebnisse. (Журнал Прикладной Химии [J. angew. Chem.] **31.** 525—32. April 1958. Tientsin, Polytechn. Inst.) R. K. MÜLLER. 5864

G. Adolphi, *Die Entwicklung von Säulen mit bespritzten Blechen.* Die Rektifikationskolonnen mit bespritzten senkrechten Blechen ermöglichen einen großen Durchsatz bei kleinem Druckverlust, was für die Vakuumrektifikation von Bedeutung ist. Ihre Trennungsfähigkeit der Komponenten ist dieselbe wie bei Kolonnen anderer Bauart. (Chem. Prûmysl **8 (33).** 581—83. Nov. 1958. Leunawerke „Walter Ulbricht".) J. SCHNEIDER. 5864

L. Ss. Axelrod und **G. M. Jussowa,** *Die Dispersität der Flüssigkeit im Raum zwischen den Böden von Durchperlkolonnen.* Beim Durchleiten eines Gases durch eine Fl. in einer Bodenkolonne wird der Dispersitätsgrad der Fl. in der Höhe H in erster Linie durch die Gasgeschwindigkeit (GG) bestimmt. Keinen wesentlichen Einfl. hat eine Erhöhung des Flüssigkeitsstandes über dem Boden über 5 mm. Die Verteilung der Fl. über verschied. H ergibt sich nicht durch Zerkleinerung der Tropfen im Strom, sondern durch Zurückfallen größerer Tropfen nach Erreichen einer bestimmten Höhe. Der Masseaustausch (MA) unter Versprühbedingungen bei GG 0,6—0,7 m/Sek. erfolgt im wesentlichen direkt in der Emulsionsschicht u. in den großen Tropfen auf dem Boden. Werden die Böden einander näher gerückt, dann wird der MA nur durch verdünnende Wrkg. des Mitreißens herabgesetzt; bei GG 0,1—0,7 m/Sek. können 80—90% der Tropfen mitgerissen werden. Durch Einbau von Prallwänden zwischen den Böden läßt sich das Mitreißen vermindern. Die Ergebnisse sind auch auf Glockenböden anwendbar. (Журнал Прикладной Химии [J. angew. Chem.] **30.** 697—709. Mai 1957.) R. K. MÜLLER. 5864

Wallace R. Gambill, *Wie p und T die Viscosität von Lösungen verändern.* Berichtet wird über die Best. der Viscosität von Lsgg. speziell für Betriebsingenieure. Der Einfl. von Druck u. Temp. wird behandelt. — 69 Literaturangaben. (Chem. Engng. **66.** Nr. 3. 123—26. 9/2. 1959. Oak Ridge, Tenn., Union Carbide Nuclear Co.) WOLFGANG SIMON. 5886

B. F. Goodrich Co., V. St. A., übert. von: **John Frank Jones,** *Verbesserung von Polymeren zur Bildung und Stabilisierung von Emulsionen und Suspensionen.* Als Emulgier- u. Stabilisiermittel für Emulsionen u. Suspensionen von Ölen, Wachsen, Poliermitteln, Pigmenten zur Herst. von kosmet., pharmazeut., Reinigungs-, Poliermitteln, Latexüberzügen, Imprägnierungen, Textildruck- u. -färbemitteln nimmt man partielle Ester, Aminamidsalze oder NH_4-Salze von Mischpolymerisaten aus einem olefin. $\alpha.\beta$-ungesätt. mehrbas. Säureanhydrid, wenigstens einer damit mischpolymerisierbaren Verb. u. einem Vernetzer mit mehreren CH_2:C$<$-Gruppen in solcher Menge, daß das vernetzte Polymere hydrophil ist u. nicht mehr als eine vernetzende Bindung pro Anhydridgruppe enthält. Das Polymere wird dann zu den genannten Derivv. umgesetzt. — Man mischt äquimol. Mengen von Maleinsäureanhydrid u. Methylvinyläther mit ca. 5% Allylsucrose, Allylstärke, -inosit, Methylen-bis-acrylamid oder anderen Vernetzern u. verseift das Prod. nach der Polymerisation oder setzt mit Alkoholen oder Aminen um. (**F. P. 1 125 409** vom 14/1. 1955, ausg. 30/10. 1956. A. Prior. 18/1. 1954.) M. PANKOW. 5825

Pfaudler Permutit, Inc., New York, N. Y., übert. von: **Harry L. Beohner,** Wilton, Conn., V. St. A., *Entmineralisierung* durch hintereinandergeschaltete *Kationen-* u. *Anionenaustauscher.* Zur Einsparung von Regeneriermitteln u. Waschwasser werden 2 Paare von Kationen- u. Anionenaustauscher derart hintereinander geschaltet, daß das gerade regenerierte Paar an den Anfang kommt. — Abbildungen. (**A. P. 2 841 550** vom 18/3. 1955, ausg. 1/7. 1958.) O. STEIL. 5827

Chemiebau Dr. A. Zieren G. m. b. H., Niedermarsberg, *Abscheiden von Nebeltröpfchen oder Feststoffteilchen aus Gasen.* Durch ein Bett aus kleinstückigen, regel- oder unregelmäßigen Körpern wird das Gas mit derartiger Geschwindigkeit durchgeleitet, daß innerhalb des Betts turbulente Strömung eintritt. Außer *Säurenebeln* können *Teernebel* sowie *kieselsäurehaltiger Staub* abgeschieden werden, wobei das aus 1—3 Lagen bestehende Bett mit H_2SO_4, HCl, Salz-Lsgg. u. W. befeuchtet werden kann. — Vgl. F. P. 1 087 987; C. **1958.** 11631. (**E. P. 749 651** vom 15/9. 1953, ausg. 30/5. 1956. D. Priorr. 15/9. u. 6/11. 1952.) A. HEINSEN. 5851

Edeleanu G. m. b. H., übert. von: **Alfred Hoppe,** Frankfurt/M., *Wiedergewinnung von Lösungsmitteln,* u. zwar von solchen, die flüchtiger sind als das extrahierte Prod. u. diesem beim Erhitzen schaden. Das Lösungsm. wird in mehreren Verdampfungsstufen mit steigenden Tempp. u. fallenden Drucken erdampft, bis das Prod. davon befreit ist. Man erhitzt das lösungsmittelhaltige Prod. aus einer niedrigeren Temperaturstufe, aus dem das Lösungsm. in einer höheren Temperaturstufe ausgetrieben werden soll, durch Mischen mit einem Teil des lösungsmittelfreien Prod., dessen Temp. u. Menge so bemessen sind, daß die nötige Wärmemenge rasch ergänzt wird, die zur Austreibung des Lösungsm. erforderlich ist. — Zeichnung. (**A. P. 2 816 859** vom 5/11. 1954, ausg. 17/12. 1957. D. Prior. 7/11. 1953.) P. UNGER. 5863

Sterling Drug, Inc., New York, N. Y. (Erfinder: **Hans Huesler**, Rothschild, und **Frederick John Zimmermann**, Wausau, Wis.), V. St. A., *Erhitzen von wässerigen Flüssigkeiten beziehungsweise Dispersionen*, die in der Hitze fest werdende u. gegebenenfalls reagierende Bestandteile enthalten, auf Tempp., welche über jener liegen, bei der die in der Hitze fest werdenden Bestandteile an den Wänden eines Wärmeaustauschers normalerweise Verkrustungen bilden, bes. von Ablaugen der Zellstoffherst., in Wärmeaustauschern, dad. gek., daß die Erhitzung durch Einführung einer erhitzten Gas–Fl.-Mischung in die Fll. vorgenommen wird. Wenigstens ein Teil der entstehenden Reaktionsprodd. kann einem Wärmeaustausch mit der kontinuierlich zugeführten Gas–Fl.-Mischung unterworfen werden. Bei der Einführung einer Mischung eines O_2-haltigen Gases mit einer Fl. in wss. Dispersionen brennbarer Stoffe kann die Temp. der letzteren so erhöht werden, daß eine exotherm. Rk. vor sich geht. *Erhitzen von Abwässern, Vanillinextraktion aus Calciumsulfitlauge.* — Zeichnung. (**D. A. S. 1 051 252** Kl. 12g vom 24/1. 1956, veröff. 26/2. 1959. A. Prior. 24/1. 1955.) W. MATTHAES. 5865

Deutsche Babcock & Wilcox-Dampfkessel-Werke Akt.-Ges. (Erfinder: **Arno Müller**), Oberhausen/Rhld., *Kernreaktor*, bes. *Druckwasserreaktor*, dessen Brennstoffelemente in Magazinen angeordnet sind, bes. unter Verwendung von Abstandhaltern. Die Magazinwände sind aus Blech von solcher Stärke, daß sie sich unter dem Druck des W. an die Brennstoffelemente oder die Abstandhalter anlegen. (**D. A. S. 1 054 603** Kl. 21g vom 17/1. 1958, veröff. 9/4. 1959.) H. KESSEL. 5895

Kurt Diebner (Miterfinder: **Erich Bagge**), Hamburg, *Zweistufiger Kernreaktor*, zur Energiegewinnung u. Pu-Herst., mit einem Zentralreaktor von beliebigem Typ u. einem Vermehrungsfaktor $k_\infty > 1$, der ganz oder teilweise mit einem Mantel aus Natur-U u. Moderatormaterial umgeben ist. Das $k_{eff.}$ des Mantels ist nur wenig < 1. (**D. A. S. 1 058 643** Kl. 21g vom 15/9. 1955, veröff. 4/6. 1959.) H. KESSEL. 5895

Kurt Diebner (Miterfinder: **Erich Bagge**), Hamburg, *Reaktorsteuerung* durch Änderung der Konz. einer den Reaktor durchströmenden neutronenabsorbierenden Flüssigkeit. Es wird eine Suspension der neutrophilen Substanz in der Fl. hergestellt, deren Konz. entweder durch Auszentrifugieren der neutrophilen Beimengung geändert wird oder durch Einbringung eines höher konz. Anteils. Oder es wird die neutrophile Substanz als lösl. Salz in das Lösungsm. eingegeben u. deren Konz. durch Verdünnung herabgesetzt oder durch Zugabe konz. Lsg. erhöht. (**D. A. S. 1 058 645** Kl. 21g vom 28/2. 1958, veröff. 4/6. 1959.) H. KESSEL. 5895

Rudolf Schulten, Mannheim, *Reaktorregelung* durch Veränderung des Geh. des Kühlmittels an Stoffen mit großem Absorptionsquerschnitt für therm. Neutronen. Bei gasgekühlten Reaktoren werden unabhängig vom Betriebszustand gasförmige, die therm. Neutronen absorbierende Stoffe (z. B. ^{135}Xe) dem Kühlmittel des Primärkreislaufs in regelbarer Menge zugesetzt. (**D. A. S. 1 054 186** Kl. 21g vom 16/3. 1956, veröff. 2/4. 1959.) H. KESSEL. 5895

English Electric Co. Ltd., London (Erfinder: **Ronald Frederick Charles Acford**, Whetstone, Leicestershire), England, *Graphitmoderatoraufbau für heterogene Kernreaktoren* aus einer Anzahl von Säulen aus prismat. Graphitblöcken mit minimalem WIGNER-Wachstum in Längsrichtung der Säulen u. axial innerhalb der Säulen verlaufenden Kanälen für die Brennstoffelemente. Benachbarte Endflächen der Blöcke jeder Säule sind voneinander durch eine oder mehrere prismat. Graphitplatten, die ein minimales WIGNER-Wachstum in einer rechtwinklig zur Säulenachse verlaufenden Richtung aufweisen, getrennt. An den einander gegenüberliegenden Flächen der Platten u. der Blöcke sind ineinandergreifende Paßnuten u. -federn vorgesehen, die gegenüber der axialen Mittellinie des Kanals für die Brennstoffelemente so versetzt sind, daß sie den Kanal nicht schneiden. (**D. A. S. 1 042 775** Kl. 21g vom 9/10. 1957, veröff. 6/11. 1958. E. Prior. 9/10. 1956.) H. KESSEL. 5895

Brown, Boveri & Cie. Akt.-Ges. (Erfinder: **Rudolf Schulten**, Mannheim, **Andreas Setzwein**, Neuhermsheim, und **Helmuth Braun**, Rülzheim), *Beschickungsvorrichtung für Kernreaktoren* besteht aus einem Gelenkrohr mit mehreren starren Einzelgliedern, die gegeneinander um einen kleinen Winkel schwenkbar miteinander verbunden sind u. mindestens teilweise starre Ausleger mit Ösen an den Enden aufweisen; ferner einem Teleskoprohr, an dessen beweglichem Ende ein Endglied des Gelenkrohrs befestigt ist. Seilzüge dienen zum Ein- u. Ausfahren des Teleskoprohrs u. zum Bewegen des Gelenkrohrs. Sie sind an dessen freiem Ende befestigt u. an den übrigen Einzelgliedern durch die Ösen der Ausleger beweglich geführt. (**D. A. S. 1 056 537** Kl. 21g vom 2/1. 1958, veröff. 30/4. 1959.) H. KESSEL. 5895

Brown, Boveri & Cie. Akt.-Ges., Mannheim (Erfinder: **Helmuth Braun**, Rülzheim, und **Adolf Grimm**, Heppenheim), *Anordnung zum Auswechseln eines radioaktiv verseuchten Bauelements* in einer geschlossenen App., z. B. bei einem *Kernreaktor*. Eine gasdichte u. strahlungssichere, von unten leicht verschließbare Transportglocke nimmt das Bauelement auf u. hält es fest, bes. mit Hilfe eines Hebezugs. Sie wird auf die Unterlage zum Aufnehmen des Bauelements so aufgesetzt, daß der Innenraum der Transportglocke sowie andere verseuchte Räume der App., die zeitweilig mit dem Innenraum der Transportglocke in Verb. stehen, gegen den Außenraum stets vollkommen dicht abgeschlossen sind. (**D. A. S. 1 055 702** Kl. 21g vom 16/11. 1957, veröff. 23/4. 1959.) H. KESSEL. 5895

Kabelwerk Rheydt Akt.-Ges. (Erfinder: **Karl Germer**), Rheydt, *Leiterisolierung*, in der Glas- oder Asbestfaser mit Polystyrol kombiniert ist, ist unempfindlich gegen starke energiereiche Strahlungen, z. B. im Strahlungsfeld von *Kernreaktoren*. (**D. A. S. 1 058 114** Kl. 21c vom 30/8. 1957, veröff. 27/5. 1959.) H. KESSEL. 5895

Dr. E. Uhlhorn & Co. G. m. b. H., Chemisch pharmazeutische Fabrik (Erfinder: **Paul Alexi**), Wiesbaden, *Halterung für radioaktive Strahlenapplikatoren* besteht aus einer den Strahlenapplikator von oben u. seitlich lösbar umschließenden Kapsel (z. B. aus Gummi), die zweckmäßig mit einem federnden Ausstoßer für den Applikator versehen ist u. zur Aufnahme mehrerer Applikatoren ausgebildet sein kann. (**D. A. S. 1 045 002** Kl. 21g vom 1/6. 1957, veröff. 27/11. 1958.) H. KESSEL. 5895

Union Carbide Corp., New York, N. Y., übert. von: **Victor C. Hamister**, Lakewood, Ohio, V. St. A., *Wärmeumsetzungen feinteiliger Reaktionsgemische*, bes. Herst. von SiC u. TiC, im elektr. Widerstandsofen. Innerhalb des umzusetzenden Gemischs sind in Abständen voneinander parallel zu den Stirnflächen u. zum Boden des Ofens in der durch die Endelektroden bestimmten Ofenachse liegende, als elektr. Leiter fungierende Kohlekörper (I) angeordnet, zwischen denen sich granuliertes Widerstandsmaterial (II), bes. Kohle, befindet. Der durch die Endelektroden zugeführte elektr. Strom erhitzt II, von dem die Wärme auf I u. damit auf das Reaktionsgemisch übergeht. Es ergibt sich gegenüber der Verwendung eines nicht unterbrochenen Widerstandsheizkörpers eine bessere Wärmeverteilung u. damit eine gleichmäßigere Umsetzung. — 3 Zeichnungen. (**A. P. 2 840 458** vom 11/3. 1955, ausg. 24/6. 1958.) K. WOLK. 5897

Standard Oil Development Co., V. St. A., *Herstellung von gereinigten Oxydhydratgelen* von Metallen, wie Al, Mg, Zn, Cr, Zr, Ti, Fe, Be, Th, Cu, Co, Ni oder Ce, aus einer Salzlsg. eines mehrwertigen Metalls durch Behandlung mit einem bas. Mittel zwecks Fällung des Oxydhydrats in gelatinöser Form u. Einw. eines Ionenaustauschharzes auf das gewaschene Gel. — Ti-Sulfat wird in W. gelöst u. mit NH_4OH bis p_H 8,0 *Ti-Oxydhydrat* gefällt. Zur Entfernung bzw. Herabsetzung des Geh. an SO_4-Ionen in dem TiO_2-Gel wird dieses mit Amberliteharz IRA-400 als Ionenaustauscher behandelt, zweckmäßig nach mehrmaligem Waschen mit dest. Wasser. — Ebenso erhält man aus $ZnSO_4$-Lsg. u. Na-Aluminat ein Gel von $ZnO \cdot Al_2O_3$, welches durch Behandlung mit dem Amberliteanionenaustauschharz von den kation. Verunreinigungen befreit wird. — *Katalysatoren*. (**F. P. 1 090 868** vom 21/11. 1953, ausg. 5/4. 1955.) M. F. MÜLLER. 5905

Ss. Je. Andrejew, W. W. Towarow und **W. A. Perow**, Gesetzmäßigkeiten der Zerkleinerung und Berechnung der Kennzahlen der granulometrischen Zusammensetzung. Moskau: Metallurgisdat. 1959. (434 S. m. Zeichng.) 14 Rbl. 75 Kop. [russ.]

III. Elektrotechnik.

F. Davoine, *Die feuerfesten Metalle (Wolfram, Molybdän, Tantal) und ihre Anwendungen in der elektrischen Industrie*. (J. Physique Radium **19**. 60 S. Aug./Sept. 1958.) C. GOTTFRIED. 5952

Stephen Palinchak und **C. W. Hamilton**, *Kautschuk- und Plastikisolierung*. Übersicht über Veröffentlichungen von Entwicklungsergebnissen aus dem Kautschuk- u. Plastikgebiet, die verschied. Anwendungen für Isolierungszwecke bes. auf dem Kabelgebiet u. die Eigg. dieser Körper. Besprechung der verschied. Kautschukarten: *Butylkautschuk*, unter Umständen mit Zusätzen von *Elastopar* (*N-Methyl-N-4-dinitrosoanilin*), *Si*-Kautschuk (SMR, silicone-modified-rubbers, organ. Kautschuk mit *Siloxanen*), *Neopren*, *Hypalon* ferner die Plastikmaterialien *Polyäthylen*, *PVC*, *Polyester*, *Epoxy-*, *Isocyanat-*, *Si-Harze*

u. F-Kohlenstoffe (*Teflon; Polytetrafluoräthylen* u. *Kel-F; Chlortrifluoräthylen*). — 137 Literaturangaben. (Nat. Acad. Sci.-Nat. Res. Council, Publ. **20.** Nr. 562. 190—210. 1956, herausgeg. 1957. Columbus, Ohio, Battelle Memorial Inst.) H. DOSSMANN. 5956

J. E. Gibbons, *Isolierende Flüssigkeiten und ihre Anwendung.* Übersicht. Besprechung der verschied. Einfll. auf die isolierenden Eigg. von reinen *Mineralölen* (I) bzw. I-Gemischen mit z. B. *Paraffin-, Naphthen-*, aromat. Fraktionen u. der Phänomene, die bei Durchgang des Stromes durch I auftreten. Von synthet. isolierenden Fll. werden erwähnt: *chlorierte Diphenyle* (*Clophen*) u. Fll. mit Geh. an *Si.* — 51 Literaturangaben. (Nat. Acad. Sci.-Nat. Res. Council, Publ. **20.** Nr. 562. 222—33. 1956, herausgeg. 1957. Marcus Hook, Pa., Sun Oil Comp.) H. DOSSMANN. 5956

K. H. Hahne, *Die Beurteilung hochpolymerer Kabelisolationen aus dem Verlustfaktorrelief.* Durch die Aufnahme des Verlustfaktorreliefs eines hochpolymeren Kabelisolierstoffes können dessen wesentliche Eigg. ohne jede andere Messung beurteilt werden. Ein niedriger Verlustsattel zeigt gute allg. elektr. Eigg., ein niedriger Leitfähigkeitszipfel gute Gleichstromisolationsfähigkeit an. Weiterhin kann die Temperaturabhängigkeit, Dehnbarkeit, Biegefähigkeit u. Kältefestigkeit des Stoffes bestimmt werden. (Kautschuk u. Gummi **10.** WT57—WT65. März 1957. Engl. Übers.: Rubber Chem. Technol. **30.** 1078—96. Okt./Nov. 1957. Osnabrück.) K. H. SCHAUERTE. 5956

George Economos, *Übersicht über ferromagnetische Keramikwerkstoffe.* 1. Mitt. *Über die Arbeitsweise von „Ferriten". — Eigenschaften von „Weichferriten".* Bericht über Zus., magnet. u. elektr. Eigg. der verschied. Werkstoffe, tabellar. getrennt nach Herstellerfirmen. (Materials Design Engng. **48.** Nr. 3. 96—101. Sept. 1958. Massachusetts Inst. of Technol.) WOLFGANG SIMON. 5958

Yasuichi Shibasaki, *Untersuchung über elektrolytisch niedergeschlagene Bleidioxydelektroden.* 7. Mitt. *Untersuchung und Verbesserung eines früheren Verfahrens zur Entfernung des Kernstückes, bestehend aus einer Mischung von Graphitpulver und Paraffin.* (6. vgl. J. chem. Soc. Japan, ind. Chem. Sect. [Kōgyō Kagaku Zassi] **57.** [1954.] 611.) Es werden die einseitigen Spannungsänderungen berechnet, die sich in einem 3-Schichtensyst. aus Cu-Hülse, Mischung von Graphitpulver u. Paraffin u. abgeschiedenem *PbO_2*-Film infolge Wärme- oder Druckänderungen ausbilden. Erörterung der Ursachen der Rißbldg. in der PbO_2-Elektrode. Es wird ein neues Verf. zur Verhütung von Rißbldg. beschrieben, wobei PbO_2 vom Kernstück abgelöst wird. — Diagramme u. Apparaturskizze. (J. chem. Soc. Japan, ind. Chem. Sect. [Kōgyō Kagaku Zassi] **58.** 405—08. Juni 1955. Yokohama, Staatl. Univ. [Orig.: japan.] L. SCHULER. 5970

Titangesellschaft m. b. H., Leverkusen (Erfinder: **Arthur Linz,** New York, und **Leon Merker,** Bronx, N. Y., V. St. A.), *Monokristalline Nickeltitanathalbleiter* werden dadurch erhalten, daß einem O_2-Strom zugeführtes pulverförmiges Ni-Titanat in einer O_2–H_2-Flamme mit zentralem O_2-Kegel geschmolzen u. die Schmelze in der Nähe der Spitze des O_2-Kegels unter allmählichem Aufbau des Monokristallkörpers krist. wird, wobei die Flamme um den Körper herum aufrechterhalten wird. (**D. A. S. 1 047 757** Kl. 12i vom 4/11. 1954, veröff. 31/12. 1958. A. Prior. 5/11. 1953.) K. WOLK. 5953

Esso Research and Engineering Co., Del., übert. von: **Joseph F. Nelson,** Westfield, und **Brook I. Smith,** Elizabeth, N. J., V. St. A., *Elektrodenherstellung.* Ein Koksgemisch aus calciniertem Spaltruß (I) u. Wirbelschichtkoks (II) wird mit 18 bis 45 Gew.-% C-haltigem Binder gemischt, geformt u. bei 925—1315° gebrannt. I hat eine D. von mindestens 2,0 u. II von 1,83—1,93. II wird in der Weise erzeugt, daß schweres Petroleumöl in eine fließende Schicht aus erhitzten Koksteilchen geleitet wird, wobei Dämpfe abgeschieden werden u. ein Teil des Öls zers. wird, u. sich als C auf den Koksteilchen niederschlägt. Diese Koksteilchen werden nach dem Calcinieren als II verwendet. Die Elektroden sind bes. für die Al-Schmelzelektrolyse geeignet. (**A. P. 2 835 605** vom 29/11. 1954, ausg. 20/5. 1958.) F. REINHART. 5953

Diamond Alkali Co., Cleveland, Ohio, V. St. A., *Behandlung von Kohlenstoffelektroden* zur Erhöhung ihrer Lebensdauer. Man imprägniert diese mit einem trocknenden Öl, wie Lein- oder Oiticicaöl, u. polymerisiert dieses durch Erwärmen auf eine Temp. $<200°$, bes. 90—150°, zweckmäßig unter Luftausschluß. (**Holl. P. 89 137** vom 20/6. 1956, ausg. 15/9. 1958. A. Prior. 21/6. 1955.) F. BÖHM. 5953

Licentia Patent-Verwaltungs-G. m. b. H., Hamburg (Erfinder: **Paul Nowak,** Kassel), *Epoxyharzpreßmassen* enthalten pulverförmige Bindemittel aus einem Epoxyharz (Epoxydäquivalent 500; Phthalsäureanhydrid als Härter) u. Glimmer, z. B. bis zu 90%. Sie werden unter Druck u. gegebenenfalls Wärmeeinwirkung verpreßt, z. B. auf einem Trägerstoff. — Herst. von *Isolierkörpern für elektrotechn. Zwecke.* (**D. A. S. 1 050 538** Kl. 39b vom 13/1. 1954, veröff. 12/2. 1959.) G. TEWES. 5957

Comp. Générale de Télégraphie sans Fil, Seine, Frankreich, *Keramik* mit hoher DK aus 100 (g) $BaTiO_3$, 1—3 CeO_2, 0,1—1 TiO_2 u. 0,1—1 MgO (roh oder calciniert) durch Sinterung bei 1200—1400° (bzw. 1000°—1200). Herst. des $BaTiO_3$ durch Sinterung einer äquimol. Menge TiO_2 u. $BaCO_3$. (**F. P. 65 998** vom 22/5. 1954, ausg. 27/3. 1956. **Zusatz zu F. P. 1 102 534; C. 1958. 1667.**) O. KAYSER. 5957

Agfa Akt.-Ges. für Photofabrikation, Deutschland, *Trägermaterial für Magnetogramme*, dessen magnetisierbare Schicht ein in einem nichtmagnet. Bindemittel dispergiertes Magnetpulver enthält. Zu der magnetisierbaren Schicht wird Graphit zugesetzt u. als Magnetpulver Fe oder Fe_2O_3 verwendet. Als nichtmagnet. Bindemittel dienen z. B. Nitrocellulose, Celluloseacetat, Polyurethane. Das magnetisierbare Pulver wird mit dem Graphit gemahlen, oder beide Stoffe werden in der Bindemittellsg. gemischt. (**F. P. 1 119 077** vom 12/2. 1955, ausg. 14/6. 1956. D. Prior. 13/2. 1954.) M. F. MÜLLER. 5959

Yardney International Corp., New York, N. Y., V. St. A. (Erfinder: **Henri Georges André,** Montmorency, Seine-et-Oise, Frankreich), *Alkalischer Silber–Zink-Akkumulator*, dessen positive Elektroden aus einer auf einen Träger aufgebrachten AgCl-Schicht bestehen, dad. gek., daß der Träger aus Papier besteht. (**D. A. S. 1 054 133** Kl. 21b vom 4/10. 1955, veröff. 2/4. 1959. F. Prior. 15/10. 1954.) F. LAASS. 5971

Pertrix-Union G. m. b. H., Ellwangen/Jagst, *Galvanische Stapelbatterie*. Über die der Lösungselektrode abgekehrte Seite des Depolarisatorpreßlings wird eine dünne, für den Elektrolyten undurchlässige Leitschichtfolie gelegt, die als Napf ausgebildet ist u. das Austrocknen des Preßlings verhindert. — Vgl. D. A. S. 1 020 393; C. **1958.** 7228. (**E. P. 755 179** vom 10/9. 1954, ausg. 15/8. 1956. **Belg. P. 531 632** vom 4/9. 1954, ausg. 6/12. 1957. Beide D. Prior. 11/9. 1953.) F. LAASS. 5971

Driver-Harris Co., Harrison, übert. von: **Charles Leon Guettel,** East Orange, N. J., V. St. A., *Thermoelement* mit einem positiven Schenkel aus 18—22(%) Cr, Rest Ni u. einem negativen Schenkel aus 2—4 Mn, 1—3 Al, 1 Si u. Rest Ni. (**A. P. 2 757 221** vom 6/7. 1954, ausg. 31/7. 1956.) F. LAASS. 5971

Radio Corp. of America, New York, N. Y., V. St. A., *Mehrfarbenleuchtschirme*. Die in verschied. Farben lumineszierenden Leuchtstoffe werden in parallelen Linien aufgetragen, u. zwar mit Hilfe des *Siebdruckverf.*; hierbei muß das Textilgewebe jedoch so angeordnet werden, daß die Fäden von Kette u. Schuß nicht parallel zum Farblinienraster verlaufen, sondern in einem Winkel von ca. 5—10° dazu, da sonst Moirébldg. auftritt. (**E. P. 722 213** vom 11/6. 1952, ausg. 19/1. 1955. A. Prior. 16/6. 1951.) A. KALIX. 5975

General Electric Co., Schenectady, N. Y. (Erfinder: **Clarence Wilson Hewlett jr.,** Marblehead, Mass.), V. St. A., und **Comp. Française Thomson-Houston,** Paris, Frankreich, *Halbleiterflächenelement* mit p–n-Schichten, bei dem auf einer monokristallinen Halbleiterfläche ein Halbleitermaterial inversen Leitfähigkeitstyps aufgedampft ist. Zur Herst. wird auf der Halbleiteroberfläche durch Vakuumverdampfung der Dampf eines Halbleitermaterials in Mischung mit dem Dampf eines Donators oder Akzeptors in amorpher oder mikrokristalliner Form niedergeschlagen, z. B. bei n-Ge eine Mischung aus Ge u. In, Ga, Al oder Zn, bei p.-Ge eine Mischung aus Ge u. Sb, P oder As. — Vgl. A. P. 2 780 569; C. **1958.** 11339. (**D. A. S. 1 032 404** Kl. 21g vom 20/8. 1953, veröff. 19/6. 1958. **F. P. 1 105 858** vom 4/8. 1953, ausg. 8/12. 1955. **E. P. 757 805** vom 20/8. 1953, ausg. 26/9. 1956. Alle A. Prior. 20/8. 1952.) H. KESSEL. 5977

IV. Wasser. Abwasser.

José de la Rubia und **Fernando Blasco López Rubio,** *Die Qualität des Berieselungswassers.* (1. vgl. Inform. Quím. analít. **3.** [1949.] 44. 90.) Es wird eine Übersicht geboten über die Wasseranalyse (elektr. Leitfähigkeit, Geh. an Na^+, Ca^{2+} + Mg^{2+}, CO_3^{2-}, HCO_3^- u. B), um hiernach die Wässer in 16 Gruppen nach steigendem Salzgeh. u. steigender Alkalität einzuteilen, wodurch ein erster Überblick über ihre Eignung auf bestimmte Bodentypen u. zu bestimmten Kulturen (Agriculture Handbook 60, U. S. Dep. of Agric.) gegeben wird, ergänzt durch die Einteilung nach dem B-Geh., wie er für empfindliche u. weniger empfindliche Kulturen zulässig ist. Wenn man die Beziehungen zwischen Boden u. W. genauer berücksichtigen will, so ist für die Wasseranalyse noch die Best. des SO_4^{2-}- des Cl^--, getrennt des Ca^{2+}- u. Mg^{2+}-Geh., für die Bodenanalyse die Best. des Feuchtigkeitsäquivalents, des inakt. W., des Geh. an lösl. Salzen u. der Permeabilität nötig. Auf Grund der so gewonnenen Daten wird die untere Intoleranzgrenze des W., die Salzigkeit des Bodens, die er bei konstanter Berieselung mit dem betreffenden W. erlangen würde, u. vor der Bewässerung u. nach Erreichung des maximalen Salzgeh. der Produktivitätsindex des Bodens nach TAMÉS (Dos estudios de hydráulica agraria. Min. Agric., Madrid 1950) u. LAWHON (C. **1949.** E. 4284) bestimmt.

— 13 Literaturhinweise. (Inform. Quím. analít. **12.** 1—8. Jan./Febr. 1958. Madrid, Inst. nacion. Colonización.) W. METZENER. 6014

Andrew Laird und **N. Reast,** *Kesselkorrosion und deren Verminderung durch Speisewasserüberwachung.* 1. Mitt. Einführung in das Gebiet der Kesselkorrosion bei Niederdruckkesseln. Fragen der Speisewasseraufbereitung spielen der Kalkablagerungen wegen eine bes. wichtige Rolle. Behandelt werden u. a.: Korrosionen nach Betriebspausen (Luftblasenlochfraß), p_H-Wert des Speisewassers, Dampfphasenkorrosion, „scab pitting", Oberflächenkorrosion, galvan. Korrosion, Spannungskorrosion u. Laugensprödigkeit. (Corrosion Prevent. and Control **5.** Nr. 2. 35—38. Febr. 1958. Combustion Engineer. Association.) WOLFGANG SIMON. 6030

Hans-Erich Klotter, *Über die durch Detergentien verursachte Schaumbildung in einem kanalisierten Fluß, ihre Entstehung und Bedeutung.* Am Neckar wurde festgestellt, daß in den letzten Jahren in zunehmendem Maße in den Schleusen u. bei Wehrüberfällen extreme Schaumbldgg. beobachtet werden konnten. Diese Schaumbldg. beeinträchtigt in nicht unerheblichem Maße die Schiffahrt. Die Schaumbldg. wird bedingt durch grenzflächenakt. Wasch- u. Reinigungsmittel (Detergentien), die mit den Abwässern dem Neckar zufließen u. die bei intensiver Belüftung derartige Schäume schon bei sehr geringen Konzz. (0,3 mg/Liter Detergentien) bilden. Die Schaumbldg. ist unabhängig von der Detergentienkonz. u. der Belüftungszeit. Es wurde eine Abhängigkeit festgestellt zwischen der Belüftungsintensität u. der belüfteten detergentienhaltigen Wassermenge. Je mehr feinste Luftblasen als detergentiensammelnde Grenzflächen vorhanden sind, desto mehr besteht die Wahrscheinlichkeit, daß auch nur in geringen Mengen im W. vorhandene Detergentien Schäume bilden. Die festgestellten Schäume sind als Prod. der aus einer größeren Wassermenge durch Belüftung ausgetriebenen Detergentien zu betrachten. Der gebildete Schaum löst sich an der Grenzfläche W.–Schaum wieder in W. auf. Dadurch bildet sich an dieser Grenzfläche ein detergentienhaltiges Häutchen, das zwar den Gasaustausch mit der Atmosphäre nicht hindert, aber trotzdem bremst. Zur Beseitigung der Detergentien aus dem Abwasser u. dem Vorflutwasser eignet sich zum derzeitigen Zeitpunkt wohl am besten das Flotationsverf. mit geeigneter Belüftung. An Hand von Abwasserunterss. konnte aufgezeigt werden, daß BSB_5-Best. in detergentienhaltigen Abwässern um ca. 20% zu niedere Werte ergeben können. (Vom Wasser **24.** 171—202. 1957.) H.-E. KLOTTER. 6038

Miloš Effenberger, *Die chelatometrische Bestimmung von Sulfaten in Wässern unter Verwendung von Calcein als Indicator.* Vf. beschreibt ein indirektes Verf. der komplexometr. Best. von Sulfaten in Wässern innerhalb eines großen Konzentrationsbereiches durch Titration der überschüssigen, nach dem Ausfällen von $BaSO_4$ in der Lsg. zurückbleibenden Ba^{2+}-Ionen gegen *Äthylendiamintetraessigsäure* (I) mit *Calcein* (II), das auch zur Best. von Sulfaten in anderen Materialien geeignet ist. Der nach DIEHL u. ELLINGBOE (vgl. C. **1957.** 5663) dargestellte Indicator hatte mit dem Handelspräp. II (FRED SMITH, CHEM. CO., Columbus, Ohio) ident. Eigg. mit Umschlag von Grün (Fluorescenzcharakter) nach Gelborange. Im Äquivalenzpunkt (Aep) wies die Lsg. noch ziemlich hohe Fluorescenz auf. Dagegen reagierte das Handelspräp. „Fluorexon" (LACHEMA, np., Brno, ČSR) ausschließlich als Fluorescenzindicator. — In einem Anteil der Probelsg. (100 ml W.) wird zuerst der Geh. an Ca komplexometr. bestimmt. Nach Zugabe von 5 ml 1 mol. NaOH-Lsg. u. ca. 0,07 g eines Gemisches von **II** mit KCl (1 : 100) wurde die Lsg. gegen 0,02 mol. Lsg. des Di-Na-Salzes der **I** (Chelaton 3) titriert. Sind in der Lsg. störende Ionen des Fe, Cu u. Zn bzw. Al vorhanden, wird eine hinreichende Menge KCN bzw. *Triäthanolamin* (**III**) zugefügt. — Zu einem anderen Anteil von 100 ml wird 0,1 n HCl-Lsg. in der Menge, die dem Verbrauch bei der Titration der Alkalität mit Methylorange u. noch 1 ml mehr entspricht, zugegeben. Das Gemisch wird aufgekocht u. nach Zugabe der hinreichenden Menge 0,005 bzw. 0,02 mol. $BaCl_2$-Lsg., 2 Min. langem Kochen u. 20 Min. langem Stehen auf dem Wasserbad wird das ausgeschiedene $BaSO_4$ abfiltriert u. mit 20 ml warmem W. gewaschen. Nach Zugabe von 5 ml 1 mol. NaOH-Lsg. (wird KOH-Lsg. verwendet, so verlöscht die Fluorescenz im Aep völlig) bzw. KCN u. **III**, u. **II**-Gemisch wird gegen Chelaton 3-Lsg. titriert. Aus den Ergebnissen beider Titrationen u. der zugegebenen $BaCl_2$-Menge wird die den SO_4^{2-}-Ionen entsprechende $BaCl_2$-Menge (1 ml 0,02 mol. $BaCl_2$-Lsg. = 1,92 mg SO_4^{2+}) berechnet. Der relative Fehler der Einzelbest. beträgt dabei +0,82%. Es wurde festgestellt, daß die Größe des $BaCl_2$-Überschusses weder die Qualität des Umschlages von **II** im Aep, noch die Genauigkeit der Ergebnisse beeinflußt. Im Vgl. zur vorgeschlagenen Meth. gibt die Titration gegen Eriochromschwarz T als Indicator in den meisten Fällen beträchtlich schwankende Resultate, die nur zur Information dienen können. (Chem. Listy **52.** 1501—05. Aug. 1958 [Orig.: tschech.]; Collect. czechoslov. chem. Commun. **24.** 682—86. März 1959 [Orig.: russ.]. Praha, Vysoká škola chem.-technolog., Katedra technol. vody.) J. VANĚČEK/Prag. 6060

Ionics, Inc., Cambridge, übert. von: **Walter Juda**, Lexington, und **Wayne A. McRae**, Arlington, Mass., V. St. A., *Trinkwasser* erhält man durch elektrolyt. Entmineralisierung von chloridhaltigem W. unter solchen Bedingungen, daß gleichzeitig eine entkeimend wirkende Chlorierung erzielt wird. Das zu behandelnde W. fließt durch eine gegen eine Anodenzelle durch eine anionenpermeable Membran u. gegen eine Kathodenzelle durch eine kationenpermeable Membran begrenzte Mittelkammer. In dieser wirkt auf das W. über eine Hilfselektrode ein bes. anod. Potential ein, welches die Cl_2-Bldg. bewirkt. — Beispiele, Zeichnung. (**A. P. 2 752 306** vom 14/4. 1953, ausg. 26/6. 1956.) E. LINDEMANN. 6029

Rudolf Oertel, Hannover, *Sauerstoffbindung in Gebrauchs- und Kesselspeisewasser.* Das mit einem O_2-bindenden Stoff, wie Na_2SO_3, SO_2, Na-Hydrosulfit oder Hydrazin, versetzte W. wird durch ein Aktivkohlefilter geleitet oder mit Kohlenpulver versetzt; gegebenenfalls wird erwärmt. Hierdurch wird die O_2-Bindung beschleunigt. — Beispiel. (**D. A. S. 1 000 295** Kl. 85b vom 31/10. 1941, veröff. 3/1. 1957.) E. LINDEMANN. 6031

Gebrüder Sulzer Akt.-Ges., Winterthur, Schweiz, *Aufbereitung salzhaltigen Wassers, bes. für Kesselspeisezwecke,* mittels Ionenaustausches. Die Ionenaustauschmasse (I) ist in mindestens einem Behälter in einem Kreis angeordnet, wobei ein Teil des Kreises die Aufbereitungszone (II) u. der übrige Teil die Regenerationszone (III) darstellt u. in ununterbrochenem Betriebe die frisch regenerierte I aus der III in die II u. erschöpfte I in die III gelangt. Die Vorr. besteht z. B. aus einem ringförmigen Behälter, in dem die I mit einer Transporteinrichtung befördert wird, oder der die I enthaltende Behälter mit einer Drehvorr. an die Anschlüsse für die Zu-, bzw. Ableitung des W. oder der Regenerierungs-Fl. herangeführt wird. Die I kann auch in mehreren Behältern untergebracht sein, die im Kreise angeordnet sind. — Zeichnung. (**Schwz. P. 313 777** vom 11/2. 1953, ausg. 30/6. 1956.) E. REICHELT. 6031

Union Carbide Corp., New York, N. Y., V. St. A. (Erfinder: **Richard Maling Barrer**, Bromley, Kent, und **John William Baynham**, Coupar, Fife, England), *Herstellung zeolithischer Molekularsiebe* der Formel $M_{2/n} : Al_2O_3 : 2\,SiO_2 : x\,H_2O$ (M = austauschbares Kation, n = dessen Valenz, x = beliebiger Wert bis 3) mit bestimmtem Röntgendiagramm (Tabelle), dad. gek., daß aus $K_2O : Al_2O_3$: 1 bis 7 SiO_2 ein Gel gebildet wird, das Gel in Ggw. von KOH auf 100—150° (bei 1—2 SiO_2), auf 100—120° (bei 2—4 SiO_2) oder 100—110° (bei 4—7 SiO_2) so lange erhitzt wird, bis sich Kristalle des zeolith. Mol.-Siebes gebildet haben, u. gegebenenfalls K durch ein anderes Kation ausgetauscht wird. (**D. A. S. 1 049 836** Kl. 12i vom 27/2. 1957, veröff. 5/2. 1959. A. Prior. 29/2. 1956.) A. GRADL. 6151

V. Anorganische Industrie.

Ss. Ja. Fainstein, P. G. Chain, Ss. M. Krugly und **A. G. Ssimon**, *Die Hauptrichtungen in der Entwicklung der Technik der Chlorfabrikation. Die Verarbeitung von Elektrolytlaugen.* Zusammenfassender Bericht über neuere Fortschritte der Cl_2- u. NaOH-Fabrikation in Ländern außerhalb der Sowjetunion. — 36 Literatur- u. Patenthinweise. (Химическая Промышленность [Chem. Ind.] **1958**. 57—64. Jan./Febr.) R. K. MÜLLER. H 247

Eberhard Richter, *Entwicklungsrichtungen der Chlorindustrie.* Übersicht über Art u. Menge der Produktionsentw. der Cl_2-erzeugenden Industrie, die Verff. der Cl_2-Erzeugung, die Entw. der Verbrauchsstruktur der Cl_2-verarbeitenden Industrie u. die derzeitigen Aufgaben der Cl_2-Industrie der DDR. — 28 Schrifttumshinweise. (Chem. Techn. **10**. 261—66. 320. Mai 1958. Berlin.) W. WESLY. H 247

Dionys Singer, *Automatisierung der Schwefelsäureherstellung. Grundlagen, Erfahrungen und Möglichkeiten.* Übersicht über die Technologie der Kontakt-H_2SO_4, die automat. Regelung der Röstöfen, die Regelung der Kontaktkessel u. des Trocknerabsorberkreises, weitere Automatisierungsmöglichkeiten u. Betriebserfahrungen mit der Automatisierung in H_2SO_4-Betrieben. (Chem. Techn. **10**. 392—400. Juli 1958. Usti nad Labem (ČSR), Forschungsinst. für anorgan. Chemie.) W. WESLY. H 253

M. L. Warlamow, G. A. Manakin und **Ja. I. Starosselski**, *Reinigung der Abgase eines Schwefelsäureturmsystems in Apparaten vom Typ der Venturi-Rohre.* (Vgl. C. **1957**. 10847.) Die untersuchten Gase enthalten N-Oxyde, Tröpfchen, H_2SO_4-Nebel u. SO_2. Ihre lineare Geschwindigkeit beträgt 30—75 m/Sek.; Gas:Fl. = 750—1250; Druckdifferenz im VENTURI-Rohr 40—120 mm Wassersäule. Bei schräger, radialer oder tangentialer Zufuhr von Sodalsg. (5—30 g/Liter) u. Anfangskonz. ca. 10 g H_2SO_4/m^3 Gas beträgt der Absorptionsgrad ca. 40%. Der Energieverbrauch für die Reinigung beträgt 5—6 kWh/t H_2SO_4, entsprechend 10—12% des Energieverbrauches für die Gewinnung von Nitrosylschwefelsäure. (Журнал Прикладной Химии [J. angew. Chem.] **31.** 178—86. Febr. 1958. Odessa, Polytechn. Inst.) R. K. MÜLLER. H 253

A. Szabó, A. Soó, L. Elöpataki und **V. Fufezán,** *Herstellung von Aktivkohle aus kollagenhaltigen industriellen Abfällen.* Aus Lederabfällen wird Aktivkohle durch 2fache chem. Aktivierung mit 30%ig. $ZnCl_2$-Lsg. bei 750° u. darauffolgende Behandlung mit heißer Luft, bei 350°, hergestellt. Vorherige Entfettung hat auf die Eigg. der Endprodd. keinen Einfl.; 1 g der erhaltenen Kohle entfärbt 16 ml 0,15%ig. Methylenblaulösung. (A kolozsvári „V. Babeş" és „Bolyai" egyetemek közleményei. Természettudományi sorozat. **2.** 127—33. 1957. Cluj, Univ. „Bolyai", Cat. de Chimie fizică.) G. NIAC/Cluj. H 260

M. Je. Posin, B. A. Kopylew und **E. Ja. Tarat** (unter Mitarbeit von **N. A. Petrowa** und **W. Ss. Bogorad**), *Untersuchung des Carbonisierungsprozesses von Sodalösungen bei Schaumbedingungen.* Bei der Unters. der Absorptionsgeschwindigkeit von CO_2 durch eine Sodalsg. im Schaumapp. bei kontinuierlicher u. period. Beschickung der App. mit Fl. wird festgestellt, daß die Absorption des schwerlösl. Gases viel intensiver verläuft als bei Anwendung eines Rührwerkes. Der Absorptionskoeff. von CO_2 in der Sodalsg. ohne Überlauf erhöht sich von 50 auf 150 kg/m²·Std.·at bei Zunahme der bearbeiteten Fl. (unter Laborbedingungen von 50—125 ml) bis zu bestimmten Grenzen u. verringert sich mit zunehmender Dauer der Carbonisation (bis zur Sätt. der Lsg. mit Bicarbonat). Der Absorptionskoeff. von CO_2 in mit $NaHCO_3$-gesätt. Sodalsg. (bei gleichzeitiger $NaHCO_3$-Kristallisation aus der Lsg.) erhöht sich von 33 auf ca. 90 kg/m²·Std.·at, je nach der Bicarbonisierung der Soda, die zu Beginn (bis zur Sätt. der Lsg. mit $NaHCO_3$) langsam zunimmt u. mit zunehmender Kristallisation von $NaHCO_3$ um das 3fache beschleunigt wird. (Журнал Прикладной Химии [J. angew. Chem.] **30.** 674—82. Mai 1957.) O. POLLAK V. EMHOFEN. H 274

A. I. Gorbanew, *Thermodynamische Analyse der experimentellen Daten bei der Sodagewinnung aus Natriumsulfat.* 4. Mitt. (3. vgl. C. **1950/54.** 3488 S.) Der Reduktionsprozeß von Na_2SO_4 mit CO läßt sich durch 2 Gleichungen charakterisieren: 1. $Na_2SO_4 + 4\,CO = Na_2S + 4\,CO_2$; 2. $Na_2S + H_2O + CO_2 = Na_2CO_3 + H_2S$. Nur, wenn die Carbonisierungsgeschwindigkeit von Na_2S annähernd gleich seiner Bildungsgeschwindigkeit u. die Menge nichtreagierendes Na_2S unbekannt ist, kann die summar. Gleichung: 3. $Na_2SO_4 + 4\,CO + H_2O = Na_2CO_3 + H_2S + 3\,CO_2$ eine Rolle spielen. Die Ggw. von Wasserdampf im Reduktionsgas reguliert Beschleunigung u. Bremsung der Reaktion. — Thermodynam. Berechnungen des Reduktionsprozesses von Na_2SO_4 mit Wassergas werden experimentell voll bestätigt; die Rk. verläuft im wesentlichen nach: 4. $Na_2SO_4 + 2\,H_2 + 2\,CO = Na_2CO_3 + H_2S + H_2O + CO_2$. Die für die Ausnutzung der Abgase (S- u. H_2SO_4-Herst.) wichtige obere Grenze des H_2S-Geh. läßt sich durch Berechnung der Gaszus. bestimmen. (Журнал Прикладной Химии [J. angew. Chem.] **31.** 1105—09. Juli 1958.) WOLFGANG MÜLLER. H 274

Hiroshi Nozaki und **Mitsuo Fujishiro,** *Sterilisier- und Bleichkraft von Magnesiableichpulver.* (Kurze Mitt.) Die sterilisierende Wrkg. eines *Mg-hypochlorit* enthaltenden Prod. (in Tabletten mit 35,5% Cl-Geh.) wird nach Verss. an Stadtwasser 24 Std. nach der Zugabe manifestiert. Auch die Bleichwrkg. auf Baumwolle scheint günstig zu sein. (J. chem. Soc. Japan, ind. Chem. Sect. [Kōgyō Kagaku Zassi] **58.** 156—57. Febr. 1955. Tokyo Univ. [Orig.: japan.]) L. SCHULER. H 282

J. F. de Wet und **B. Schulz,** *Die Gewinnung von Trinatriumphosphat und Aluminiumoxyd aus Aluminium-Eisenphosphat-Erzen.* Durch Einw. von heißer NaOH-Lsg. auf (Al, Fe) PO_4 mit 36,0 (%) P_2O_5, 16,2 Al_2O_3, 16,4 Fe_2O_3, 6,5 SiO_2, Filtrieren u. Abkühlen gewinnt man krist. Na_3PO_4, wobei die Mutterlauge zurückgeführt wird. Die Fällung von $Al(OH)_3$ aus den mit Al_2O_3 gesätt. Rückführ-Lsgg. erfolgt durch Verdünnung auf das doppelte Vol. u. langsame Abkühlung (75—80 Std.) von 55 auf 40°. (South African ind. Chemist **12.** 145—50. Aug. 1958. Pretoria, C.S.I.R., National Chem. Res. Labor.) W. WESLY. H 294

G. N. Koshewnikow und **P. Ss. Kussakin,** *Zustandsdiagramm des Systems Gehlenit-Natriumoxyd.* Zur besseren Verarbeitung von Gehlenit-haltigen Schlacken zu Tonerde durch Schmelzen mit Soda wurde das Syst. Gehlenit–Na_2O untersucht. Nach den Ergebnissen wurde ein Zustandsdiagramm angefertigt. Im Syst. Gehlenit–2 CaO·SiO_2–$Na_2O \cdot Al_2O_3$ wurde ein eutekt. Tripelpunkt festgestellt, wo die Schmelze folgende Zus. hatte: 43,1 (%) 2 CaO·SiO_2, 33,0 2 CaO·Al_2O_3·SiO_2 u. 23,9 $Na_2O \cdot Al_2O_3$; F. 1330 ± 10°. Eine optimale Isolierung von Tonerde aus Gehlenit wird erreicht, wenn das Schmelzen mit 18—19 Gew.-% Na_2O erfolgt u. ein Gleichgewichtszustand hergestellt ist. (Известия Сибирского Отделения Академии Наук СССР [Nachr. sibir. Abt. Akad. Wiss. UdSSR] **1958.** Nr. 7. 13—22. Uraler Zweigstelle der Akad. der Wiss. der UdSSR.) OTTO MAIER. H 294

Ádám Juhász, *Die Entfernung der verunreinigenden Salze aus Aluminatlaugen des Bayer-Verfahrens.* Eine Entfernung verunreinigender Salze beim BAYER-Verf. durch Filtrieren der an Fremdsalz angereicherten Alnminatlaugen ist schwierig u. mit bedeutenden Verlusten an Dick- u. Retourlauge verbunden. Verss. zur Kaustifizierung des Rotschlammes ohne Filtration in den letzten 2 Stufen der DORR-Eindicker-Reihe mußten trotz guten Wirkungsgrades der Kaustifikation eingestellt werden, weil der Schlamm schlecht sedimentiert, die Laugenverluste groß waren u. die große Kalkmenge im vorletzten DORR-Eindicker den ganzen Tonerdegeh. des Waschwassers als Ca-Aluminat ausfällte. Während der Verss. blieb der Salzgeh. im Kreislauf beinahe unverändert, d. h. der Sodageh. des Waschwassers wurde kaustifiziert. Auf Grund von Laborverss. wurde im Betrieb in den Schlamm-Mischbehälter vor der 3. Waschstufe kontinuierlich Kalkmilch zugesetzt u. hierdurch der Sodageh. des Schlammwaschwassers bedeutend erniedrigt. Mit diesem Verf. wird der Salzgeh. ohne Filtration im Kreislaufe vermindert, die NaOH- u. Al_2O_3-Verluste werden erniedrigt u. die Verluste durch Hydrolyse werden kleiner. Nachteilig ist, daß der F- u. SO_4-Geh. kaum vermindert wird u. ausgeschiedenes V_2O_5 verlorengeht. Eine vollständige Entsalzung dürfte auf Grund der bekannten Tatsache, wonach Na_2CO_3, Na_2SO_4 u. Na_3PO_4 in W. bei 350° u. in Aluminatlauge wahrscheinlich schon bei niedrigerer Temp. unlösl. sind, möglich sein. Zur prakt. Ausführung dieses Verf. gibt Vf. ein Betriebsschema an. (Kohászati Lapok **13** (**91**). 161—68. April 1958.) J. PLANK. H 294

József Üveges und **Mihály Máriássy,** *Die DTG-Untersuchung von Rotschlämmen der Tonerdefabriken.* Zur Klärung der sich beim Rösten u. Aufschließen von Bauxit abspielenden Veränderungen, wurden neben den chem. Analysen differentialthermogravimetr. (DTG-) Unterss. der rohen u. gerösteten Bauxite u. der daraus erhaltenen Rotschlämme durchgeführt. Es werden die Verhältnisse von gut u. schlecht aufschließbaren Bauxiten u. auch das Verh. des Kaolinits im Bauxit besprochen. Das im Rotschlamm als Böhmit vorhandene Al_2O_3 kann infolge Feuchtigkeit beim Rösten oder beim alkal. Aufschluß aus dem Hydrargyllit (I) entstanden sein. Wenn Bauxit neben viel Böhmit nur wenig I enthält, gelangt stets auch I in den Rotschlamm. Der Kaolinit wird bei Aufschluß vollständig zerstört. (Kohászati Lapok **13** (**91**). 459—66. Okt./Nov. 1958.) J. PLANK. H 294

M. M. Barr, H. L. Gilbert und **D. D. Harper,** *Orientierende Versuche zur Chlorierung titanhaltiger Schlacken von Ilmenit aus Idaho.* Die beim elektr. Schmelzen von Ilmenit anfallenden Schlacken lassen sich leicht zu $TiCl_4$ chlorieren, wobei als Nebenprodd. $FeCl_3$ u. $MnCl_2$ anfallen. Die Temp. beträgt 605—832°. Die auf $SiCl_4$ bezogene Cl-Ausbeute beträgt 74, die Ti-Ausbeute 73%. Durch Chlorierung von Schlacken aus Albany (ohne C) u. nachfolgende Auslaugung mit W. (Beseitigung von $FeCl_3$ u. $MnCl_2$) erhält man ein Prod. mit 92—94% TiO_2. (U. S. Dep. Interior, Bur. Mines, Rep. Invest. **1958.** Nr. 5431. 1—14. Albany, Oreg., Bureau of Mines, Reg. I.) W. WESLY. H 321

Lubomír Zahradník, Miroslav Štovík und **Jiří Tyroler,** *Die Verteilung von Germanium auf die Verbrennungsprodukte in einer Feuerung mit Wanderrost.* Es wurde die Materialbilanz auf Ge bei Verbrennung von Kohle mit einem Geh. von 0,0025% Ge in einem LA-MONT-Kessel durchgeführt. Nach der Bilanz enthält die Abflugasche 0,3 bis 0,5% Ge u. eignet sich als ein Rohstoff für die Ge-Herstellung. (Chem. Průmysl **9** (**34**). 62—64. Febr. 1959. Praha, Ústřední ústav geologický.) J. SCHNEIDER. H 326

G. F. Ljutrinsgauser und **Je. B. Tabatschnik,** *Automatische Regulierung der Konzentration einer Bichromatlösung in einer Zweikörperverdampfungsbatterie.* Die Regelung der $Na_2Cr_2O_7$-Konz. im Verdampfer erfolgt auf Grund der mit Pt-Widerstandsthermometern gemessenen Differenz der Tempp. in der sd. Lsg. u. im darüberstehenden Dampf. Die Genauigkeit der Regelung beträgt das 6fache der beim Handbetrieb erreichbaren. (Химическая Промышленность [Chem. Ind.] **1958.** 438—40. Okt./Nov.) R. K. MÜLLER. H 335

C. D. Harrington und **A. E. Ruehle,** *Herstellung und Eigenschaften von Urandioxydpulver.* Es werden die 2 bisher industriell benutzten Verff. zur Herst. von UO_2-Pulver (1. Denitrierung von $UO_2(NO_3)_2$ u. Red. von UO_3 mit H_2 u. 2. Fällung von $(NH_4)_2U_2O_7$ u. Red. mit H_2) beschrieben u. die Eigg. des dabei gewonnenen UO_2 angegeben. Einige neuere Verff., die großtechn. noch nicht ausgenutzt wurden (Luftoxydation von U bzw. UH_3 u. Red. mit H_2, Oxydation von U mit hochgespanntem Dampf, Schmelzen $>2400°$ F in der H_2- bzw. CH_4-Flamme) werden diskutiert. (Chem. Engng. Progr. **54.** 65—70. März 1958. St. Louis, Mo., Mallinckrodt Chem. Works.) W. KARCHER. H 339

Badische Anilin- & Soda-Fabrik Akt.-Ges. (Erfinder: **Wilhelm Pfannmüller,** Mannheim, **Adolf Johannsen, Willi Danz** und **Herbert Wolf**), Ludwigshafen/Rh.,

Rösten sulfidischer Flotationskonzentrate oder anderer feinteiliger, röstbaren S enthaltender Materialien mit Korngrößen überwiegend unter 0,2 mm nach dem Wirbelschichtverf., dad. gek., daß man das Röstgut vor der Einführung in die Wirbelschicht innig mit untergeordneten Mengen feinteiliger inerter Stoffe mischt, so daß die Teilchen weitgehend mit einer Schicht des Zusatzstoffes bedeckt sind. Als Zusatzstoffe werden die Abbrände des Röstgutes selbst (bis zu 25%, bezogen auf das Röstgut) verwendet. (**D. B. P. 970 865** Kl. 12 i vom 20/4. 1952, ausg. 6/11.1958. Anmeldung bekanntgemacht 5/1. 1955.) E. MIESSGANG. H 253

Metallgesellschaft Akt.-Ges. (Erfinder: **Wilhelm Thumm**), Frankfurt/M., *Gewinnung von Elementarschwefel* durch Red. SO_2-haltiger Gase mittels KW-stoffen, dad. gek., daß in einer 1. Stufe, welcher die gesamte KW-stoff- u. O_2-Menge zugeführt wird, ein Teil des SO_2 zu S red. u. der Teil des KW-stoffes, der weder durch Verbrennung zwecks Aufrechterhaltung der Reaktionstemp. von $>1000^0$, noch für die Red. des SO_2 in dieser Stufe verbraucht wird, zu CO u. H_2 gespalten wird u. das diese Stufe verlassende Gas mit dem restlichen SO_2-Gas vereint in einer 2. Reaktionsstufe umgesetzt wird, wobei in beiden Reaktionsstufen prakt. der gesamte aufgegebene SO_2-Geh. zu S red. u. die durch Neben-Rk. gebildeten untergeordneten Mengen gasförmiger S-Verbb. anschließend in an sich bekannter Weise ebenfalls zu S umgesetzt werden. Die 1. Stufe wird mit $>1200^0$, die 2. mit $900-1100^0$ betrieben. — Verfahrensschema. (**D. A. S. 1 051 258** Kl. 12 i vom 4/10. 1956, veröff. 26/2. 1959.) E. MIESSGANG. H 253

VEB Leuna-Werke „Walter Ulbricht", Leuna, Kr. Merseburg (Erfinder: **Otto Bankowski**, Leuna, und **Otto Klein**, Schwarzheide), *Gewinnung von Schwefel aus H_2S-haltigen Gasen.* Ein aus H_2S, SO_2, N_2, S, CO_2 u. Wasserdampf bestehendes Gasgemisch wird bei 200^0 über einen Katalysator aus akt. Braunkohlenschwelkoks geleitet, welcher als Nebenprod. bei der Synthesegaserzeugung in einem Braunkohlenbrikettgenerator gewonnen wurde. (**D. P. [DDR] 15 432** Kl. 12 i vom 9/11. 1955, ausg. 30/9. 1958 [Wirtschaftspatent]. **Zusatz zu D. P. [DDR] 12 805; C. 1957. 10848.**) W. WITTHOLZ. H 253

Alfons Zieren, Niedermarsberg, Westfalen, *Kühlen und Waschen von SO_2-haltigen Gasen* bei der Herst. von H_2SO_4, dad. gek., daß die Kühl-Fl., mit der das Gas direkt behandelt wird, auch direkt gekühlt wird, z. B. durch Verdampfen von W. im Vakuum oder mittels kalter Luft. — Vgl. auch E. P. 744 465; C. **1956.** 12433. (**It. P. 487 857** vom 27/3. 1952. D. Prior. 23/4. 1951.) K. KOEBKE. H 253

Olin Mathieson Chemical Corp., New York, N. Y. (Erfinder: **George Eugene MacWood**, Columbus, Ohio), V. St. A., *Gewinnung von reinem Diboran aus einem Diboran–Äthan-Gemisch.* Das Gemisch wird mit Pyridin behandelt, das Äthan von den bei der Behandlung mit Pyridin sich bildenden Pyridin–B_2H_6-Komplexverbb. durch fraktionierte Dest. entfernt, worauf der Komplex mit BF_3 unter Freisetzung von B_2H_6 umgesetzt u. das gasförmige, noch BF_3 enthaltende B_2H_6 mit 1.4-Dioxan (I) unter Bldg. einer 1.4-Diboran–B_2H_6-Komplexverb. behandelt u. das zusammen mit B_2H_6 über Kopf abgezogene I fraktioniert kondensiert wird. (**D. A. S. 1 052 965** Kl. 12i vom 28/2. 1957, veröff. 19/3. 1959.) K. WOLK. H 258

Union Carbide Corp., New York, N. Y. (Erfinder: **Lynn Brooks**, Bay City, Mich.), V. St. A., *Entfernung von Bor und anderen Verunreinigungen aus Kohle oder Graphit* als verdampfbare Halogenverbb. durch Erhitzen des Ausgangsmaterials mit einem gasförmigen, die Fluorierung bewirkenden Mittel, dad. gek., daß die Fremdstoffe durch Erhitzen auf eine höhere Temp. als jene, bei der der C u. das F in nennenswertem Maße miteinander reagieren, bes. auf eine Temp. zwischen 2200 u. 2600^0, als Halogenide verdampft u. hierdurch entfernt werden. Als Fluorierungsmittel werden durch F-substituiertes Methan oder Äthan, als Trägergas N_2, NH_3 oder He verwendet. — Vorr., Temperaturdiagramm. (**D. A. S. 1 036 233** Kl. 12i vom 11/8. 1955, veröff. 14/8. 1958.) E. MIESSGANG. H 260

Godfrey L. Cabot, Inc., V. St. A., *Gewinnung von Ruß* aus den Rückstandsgasen von der Rußfabrikation. Die den prim. Abscheider verlassenden Restgase werden durch ein Beutelfilter geleitet, das aus Glasfasern hergestellt ist. — 6 Zeichnungen. (**F. P. 1 136 644** vom 30/11. 1955, ausg. 16/5. 1957. E. Priorr. 13/12. 1954 u. 3/5. 1955.) M. F. MÜLLER. H 260

Columbian Carbon Co. (Erfinder: **Carl William Sweitzer**), V. St. A., *Herstellung von Ruß* durch therm. Zers. von KW-stoffen im ununterbrochenen Verf. in Ggw. eines inerten Gases, z. B. N_2 oder ein von Wasserdampf, O_2 u. CO_2 befreites Brenngas. Arbeitstemp. $1371-1565^0$. — Man geht z. B. aus von CH_4 u. zers. dieses in Ggw. von N_2 im Verhältnis 1:6 bis 1:16 Volumen. — 2 Zeichnungen. (**F. P. 1 136 025** vom 15/9. 1955, ausg. 7/5. 1957. A. Prior. 10/6. 1955.) M. F. MÜLLER. H 260

Metallgesellschaft Akt.-Ges. (Erfinder: **Franz Schytil** und **Wilhelm Würth**), Frankfurt/M., *Herstellung feinteiliger Metallverbindungen*, bes. *Oxyde*, aus Metall u. einem gasförmigen Reaktionspartner, bes. O_2 bzw. Luft, in Metallstaubflammen. Die Zündung am Austritt der Düse, durch die ein Strahl des Reaktionsgemisches dem Verbrennungsraum zugeleitet wird, erfolgt durch punktförmige, als Kranz an der Strahlperipherie angeordnete Heizquellen hoher Temperatur. Es wird in einer laminaren Flamme gearbeitet, die eine vollständige Verbrennung gewährleistet u. die bes. heiß ist, so daß mit dem Metall zusätzlich eingeführte, nichtbrennbare Stoffe (I) mitverdampft werden können, wobei die I als hochdisperse Pulver erhalten werden. — Zeichnungen. (**D. B. P. 969 532** Kl. 12g vom 1/11. 1949, ausg 12/6. 1958. Anmeldung bekanntgemacht 13/9. 1951.) H. Kobs. H 270

Soc. Solumeta, Paris (Erfinder: **Paul Rehm,** Grenoble), Frankreich, *Herstellung feinstteiliger anorganischer Oxyde*, wie SiO_2, TiO_2, Al_2O_3, MgO, BeO, ZrO_2, SnO_2, durch Red. einer Ausgangsmischung aus Oxyd u. C unter Verflüchtigung der entstehenden Reduktionsprodd. (I) in einem geschlossenen Lichtbogenofen u. anschließende Verbrennung der I in einer gesonderten Kammer, dad. gek., daß die dem Ofen zugeführte Stromstärke durch Einführen eines inerten Gases (II) in gesteuerter Menge geregelt wird, derart, daß beim zu starken Ansteigen der Stromstärke der Zufluß des II erhöht wird u. umgekehrt. Die I strömen dadurch am Ofenausgang in konstanter Menge ab. — Vorr., Zeichnungen. (**D. A. S. 1 030 313** Kl. 12g vom 27/5. 1955, veröff. 22/5. 1958. **Schwz. P. 333 497** vom 26/5. 1955, ausg. 15/12. 1958. Beide F. Prior. 28/5. 1954.) H. Kobs. H 270

Ernest S. Nossen, Fairlawn, N. Y., V. St. A., *Herstellung von reinen Metalloxyden beziehungsweise Metallen und reiner Salpetersäure* durch therm. Zers. von Nitraten der Metalle der II. bis VIII. Gruppe des Period. Syst., die N_2O_5 als prim. gasförmiges Zersetzungsprod. abgaben, dad. gek., daß man eine Lsg. von unreinen Metalloxyden oder Metallen der II. bis VIII. Gruppe in HNO_3 nach Abtrennung vom unlösl. Rückstand in Ggw. von so viel W., daß das frei werdende N_2O_5 in statu nascendi zu HNO_3 umgesetzt wird u. vor weiterer Zers. geschützt ist, mindestens auf die Zersetzungstemp. des Nitrates erhitzt, die HNO_3-Dämpfe aus der Reaktionszone entfernt, zu HNO_3 kondensiert u. gegebenenfalls erneut in den Reaktionscyclus zurückführt, während man die festen Zersetzungsprodd. isoliert. — Beispiele: Nitrate von Al, Fe, Zn, Co, Ni, Cr, Pb, Bi, bes. Mn. — Vgl. F. P. 1 106 033; C. **1959.** 918. (**D. A. S. 1 039 501** Kl. 12i vom 12/6. 1954, veröff. 25/9. 1958.) E. Miessgang. H 270

Max Ziegler, Göttingen, *Extraktion von Salzen des Eisens, Palladiums, Urans, Kobalts, Chroms und Molybdäns* aus ihren wss. Lsgg. mittels aromat. KW-stoffe, deren Halogensubstitutionsprodd. oder den Halogensubstitutionsprodd. aliphat. KW-stoffe. Man setzt dabei den Lsgg. zur Erreichung der Extrahierbarkeit wasserlösl. Rhodanide, Cyanate oder Azide u. Amine oder deren Salze zu, bes. Tripropyl-, Tributyl- oder Triamylamin oder deren Salze. (**D. A. S. 1 057 078** Kl. 12n vom 10/6. 1955, veröff. 14/5. 1959.) H. Nebelsiek. H 270

Commonwealth Scientific & Industrial Research Organisation (Erfinder: **Donald Eric Weiß** und **Everard Arthur Swinton**), *Kontinuierliches Extrahieren von Uran aus einer gelöstes Uran enthaltenden Flüssigkeit*, indem man die Fl. in pulsierender Bewegung durch ein Bett eines Ionenaustauscherharzes leitet, die ausgelaugte Fl. am oberen Ende des Bettes u. eine Aufschlämmung von mit U beladenem Harz am unteren Ende abzieht, das U aus dem Harz durch Elution abtrennt u. das regenerierte Harz in die Extraktionskolonne zurückführt. (**Aust. P. 205 608** vom 4/1. 1955, ausg. 21/2. 1957.) K. Demmler. H 339

VI. Silicatchemie. Baustoffe.

Shoji Tsuchihashi, Eiichi Sekido und **Yoshiyuki Nakatani,** *Oberflächenchemische Untersuchungen an polierten Oberflächen schwerer Krongläser.* Zwei opt. Gläser unterschiedlicher Chemikalienbeständigkeit (mit 39,5 bzw. 48,6% BaO, 37,1 bzw. 30,4% SiO_2, 15,7 bzw. 15,9 (%) B_2O_3, 5,3 bzw. 1,6 Al_2O_3 u. 0,4 bzw. 0,5 Na_2O) werden mit Wasserdampf, feuchtem CO_2, HCl u. SO_2 sowie mit 1n-Lsgg. von HCl, H_3PO_4, Na_2CO_3 u. NH_4Cl behandelt. Die Oberfläche wird mittels Phasenkontrast- u. Elektronenmikroskop u. Elektronenbeugung untersucht, die Trübung wird gemessen. Als Neubildungen werden beobachtet: $Ba(OH)_2 \cdot 8\,H_2O$, $BaCO_3$, $BaCl_2 \cdot 2\,H_2O$ u. $BaSO_4$. Bei Einw. von Fl. wird auf der Beilby-Schicht ein dünner Film mit der Struktur von α-Quarz gebildet, der teilweise mit Ba-Salzen vermischt ist. Obwohl hierbei Interferenzfarben beobachtet werden, ist die Trübung unbedeutend. Eine sichtbare Trübung tritt erst ein, wenn sich infolge Auslaugung der Kationen an der Oberfläche eine SiO_2-reichere Schicht bildet. (J. ceram. Assoc., Japan [Yogyo Kyokai Shi.] **66.** Nr. 10. 233—43. 1958. Kobe University, Fac. of Sci., Dep. of Chem. [Orig.: japan.; Auszug: engl.]) P. Ney. 6200

G. C. Robinson und **J. J. Keilen**, *Strangpressen unter Zugabe von Wasser, Beeinflussung der Menge durch oberflächenaktive Mittel.* Es ist möglich, innerhalb eines weiten Bereiches mit Wasserzugabe verschied. Höhe strangzupressen. Die Wassermenge beeinflußt: die Preßgeschwindigkeit, die Preßkraft, die Trockenfestigkeit u. die Brennfestigkeit. Eine genaue Kontrolle der Wassermenge ermöglicht Optimalwerte der genannten Eigenschaften. Die Wassermenge für Optimalwerte kann beeinflußt werden durch oberflächenakt. Stoffe, z. B. erlaubt Na-Lignosulfonat eine Reduzierung des W. bei gleich konstant bleibender Preßkraft. Mit dem getesteten Material wurde eine Zunahme der Preßgeschwindigkeit um 77% erreicht. Das Na-Lignosulfonat kann die Trockenfestigkeit verdoppeln, wenn es in Mengen von 0,4% benutzt wird, die Brennfestigkeit wird erhöht, wenn um 0,2% zugegeben wird. (Brit. Clayworker **67.** 267—69. Jan. 1959.) M. RABES. 6216

Riccardo Masaniello Corelli, *Keramisch-metallische Materialien, keramische Materialien und Schutzverkleidungen für Strahltriebwerke bei hohen Temperaturen.* Krit. u. vergleichende Übersicht u. Unters. über die neuesten Materialien für betriebswichtige Teile der bei höheren Tempp. arbeitenden Strahltriebwerke (Exo- u. Endoreaktoren), Richtlinien u. Herstellungsmethoden, Zus., mechan. u. physikal. Daten, Anwendungsbedingungen, -möglichkeiten u. -verff., erreichte Ergebnisse u. Unterteilung in 1. keram.-metall. (Cermets) u. 2. keram. Materialien u. 3. Schutzverkleidungen mit Abbildungen u. Tabellen. Schließlich wird auf die Zukunftsaussichten dieses bes. Zweiges der Technologie von Materialien im Flugwesen hingewiesen, deren Entw., trotz der von der Beschaffenheit der Materialien selbst abhängigen Begrenzung, einen bestimmenden Fortschrittsfaktor auf dem Gebiet der „Verbrennungschemie“ darstellt. — 27 Literaturhinweise. (Aerotecnica **38.** 71—87. April 1958. Roma, Univ., Scuola d'Ing. aeronaut.) G. PLATZER. 6220

Robert Philleo, *Einige physikalische Eigenschaften von Beton bei hohen Temperaturen.* Der Ausdehnungskoeff. von Kiesbeton erfährt beim einmaligen Erhitzen auf Temp. zwischen 260 u. 420° etwa eine Verdoppelung. Der Zementleim dehnt sich beim Erhitzen bis auf 150° zunächst relativ wenig aus u. schwindet dann bis 550° stark. Bei längerem Erhitzen von Beton bei 550° wird das gesamte Wasser ausgetrieben; im Zuschlag enthaltenes CO_2 entweicht erst bei noch höherer Temperatur. Beim Erhitzen auf 760° wird der Elastizitätsmodul auf weniger als die Hälfte seines Wertes bei 20° verringert. (J. Amer. Concrete Inst. **29.** Proc. **54.** 857—64. April 1958. Chicago, Ill., Portland Cement Association.) P. NEY. 6224

S. B. Holmquist, **T. F. Berry** und **L. Zwell**, *Quantitative Röntgenanalyse von Kieselsäuremineralen.* Es wird eine röntgenograph. Schnellmeth. angegeben, die die Best. von Quarz, Tridymit u. Cristobalit in SiO_2-Materialien gestattet. Durch einmalige Herst. von Standardpräpp. (reiner Quarz, Tridymit u. Cristobalit) ist es möglich, die gesamte prozentuale Best. der 3 obengenannten Minerale mit einer Aufnahme innerhalb 1 Std. durchzuführen. Der Gang der Analyse wird wie folgt angegeben: Darst. der Standardpräparate. 1. Säuregewaschener Quarz mit einem Geh. von 99,96% SiO_2. 2. Darst. von Tridymit aus einer Mischung von 85% Quarz u. 15% Na_2WO_4, erhitzen auf 1370°, erkalten lassen, auswaschen u. trocknen. Das erhaltene Prod. enthält keinen Quarz u. weniger als 1% Cristobalit. 3. Cristobalitherst. durch Brennen von Quarz bei 1550° 5 Tage lang. Alle 3 Proben werden gemörsert u. gesiebt. Die Arbeiten wurden ausgeführt mit einem Spektrometer von GENERAL ELECTRIC mit Co-Strahlung (Fe-Filter), 50 kV u. 5,5 mA. Die Intensität der Reflexe ist ein direktes Maß für den Geh. der 3 SiO_2-Modifikationen, da alle 3 Substanzen den gleichen Massenabsorptionskoeff. besitzen. Im einzelnen werden die Reflexe diskutiert, die bes. für die Auswertung geeignet sind, da wegen der Überlappung nicht alle Reflexe ausgewertet werden können. — Die Reproduzierbarkeit dieser Meth. ist sehr gut. Es wurden im Mittel weniger als 3% Abweichung von den Standardpräpp. beobachtet. Quarz kann bei einem Geh. von 1% in einer Probe noch bestimmt werden. (Amer. ceram. Soc. Bull. **37.** 317—21. Juli 1958. Monroeville, Pa., United States Steel Corp. Res. Center; Kearny, N. J., United States Steel Corp.) K. MEYER. 6240

J. C. Neerman und **F. R. Bryan**, *Probenahme und Analyse von Blasen im Glas durch Massenspektrometrie.* Es wird eine App. zur Analyse von Gasblasen im Glas beschrieben. Diese enthalten, auf 1 at umgerechnet, 0,01 bis zu 1—2 μl Gas. Bei der Best. ist ein Blindwert aus 2 Bestimmungen vom Analysenwert abzuziehen. Diese Blindbestimmungen erfolgen vor Zerstörung der Blase sowie nach der Analyse, ohne daß dabei die App. geöffnet wird. 5 Bestandteile treten auf, u. zwar CO_2, N_2, SO_2, Ar, O_2, davon O_2 nur sehr wenig. Die einzeln untersuchten Blasen eines Glases gleicher Zus. u. Vorbehandlung zeigten sehr wechselnde Bestandteile. SO_2: 0—98%; N_2: 0—82%; CO_2: 2—70%; O_2 0 bis 2% (innerhalb Fehlergrenze); CO u. W. waren nicht nachweisbar. Die kleinste meßbare Menge an SO_2 war $< 10^{-10}$ gMol. Eine prinzipielle Grenze in der Erfassung kleiner Mengen stellt die Größe des Blindwertes dar. Bei kleinen Blasen können die absol. Fehler bis zu 10% betragen, ohne daß aber entsprechende Fehler der relativen Mengen auftreten. (Analytic. Chem. **31.** 532—35. April 1959. Dearborn, Mich., Sci. Labor., Ford Motor Co.) FRIEDRICH WOLF/Berlin. 6242

W. I. Panassjuk, Sch. K. Aschratowa, R. A. Jaroschewitsch und **A. W. Schirokowa,** *Die Analyse der Chargen von Opalglas, Borsilicatglas und einigen anderen Gläsern.* Es werden folgende Analysenverff. beschrieben: Titrimetr. Best. der Basizität von Borsilicatgläsern, umgerechnet auf Na_2CO_3; Titration des $CaCO_3$ mit Trilon B; getrennte H_3BO_3-Best. im säurelösl. u. säureunlösl. Teil durch direkte Titration mit NaOH nach Zusatz von Mannit; Best. von $CaCO_3$ + $MgCO_3$ mit Trilon B, des Trockenrückstandes bei 250° u. des Glührückstandes. (Легкая Промышленность [Leicht-Ind.] **18.** Nr. 12. 19—23. Dez. 1958.) G. PRETZSCHNER. 6242

W. Lieber, *Die quantitative Bestimmung von Kalium mit Natriumtetraphenyloborat.* Anwendung der von FLASCHKA, HOLASEK u. AMIN (C. **1955.** 2034) u. FLASCHKA u. ABDINE (C. **1956.** 3118) vorgeschlagenen titrimetr. Meth. zur Best. von K mit Kalignost auf die Analyse von Rohstoffen u. Prodd. der Zementindustrie. SiO_2 muß vor der Best. abgetrennt werden. Zur Titration der nach $KB(C_6H_5)_4 + 4\,HgCl_2 + 3\,H_2O = 4\,C_6H_5HgCl + KCl + H_3BO_3 + 3\,HCl$ freigesetzten HCl wird ein Mischindicator aus 1 (Teil) 0,2% ig. alkoh. Methylrotlsg. u. 3 0,1% ig. alkoh. Bromkresolgrünlsg. vorgeschlagen (Umschlag bei p_H 5—5,5 von Rot nach Grün). Die Ergebnisse stimmen befriedigend mit den flammenphotometr. Werten überein. (Zement-Kalk-Gips **10 (46).** 61—62. Febr. 1957. Hauptlab. der Portlandzementwerke Heidelberg A.G.) P. NEY. 6252

Vereinigte Großalmeroder Thonwerke, Großalmerode (Erfinder: **Hans Hausner,** Starnberg), *Wannenöfen für die Glasfabrikation* mit hoher Feuerfestigkeit werden hergestellt aus ungebrannten Steinen, die außer SiO_2 10—23% Al_2O_3 enthalten. Beispiel: 33,3% ungebrannter Ton, 33,3% gebrannter Ton, 33,3% Quarzmehl werden mit 15% W. gemischt, geformt, getrocknet u. nach dem Aufbau zu einer Wanne auf die spätere Betriebstemp. aufgeheizt. (**D. A. S. 1 037 664** Kl. 32a vom 12/5. 1956, veröff. 28/8. 1958.) G. FRIKELL. 6173

Riedel-de-Haën Akt.-Ges. (Erfinder: **Alfred Wakenhut**), Seelze b. Hannover, *Herstellung luminescierender Emailüberzüge.* Auf den zu emaillierenden Gegenstand werden nacheinander ein Grundemail, ein SiO_2- u. Al_2O_3-reiches Weißemail von hoher Einbrenntemp. u. ein Leuchtemail (I) aufgetragen u. eingebrannt. I besteht aus 30 bis 50 (Gewichtsteilen) SiO_2, 20—30 Na_2CO_3, 5—10 CaO, 5—10 B_2O_3, 1—3 Al_2O_3, 3—7 ZnO, 3—7 ZnF_2, 3—7 K_3PO_4 u. 30—40 luminescierendem ZnS u./oder ZnS·CdS. (**D. B. P. 971 245** Kl. 48c vom 2/6. 1955, ausg. 31/12. 1958. Anmeldung bekanntgemacht 22/11. 1956.) HANS HOFFMANN. 6213

Wiedes Carbidwerk Freyung m. b. H. (Erfinder: **August Monath,** Augsburg, und **Emanuel Ancot**), Freyung vorm Wald, *Herstellung von hochhitzebeständigen Körpern.* Zur Herst. von Körpern aus über 1500° schm. Metallen u. über 1800° schm. Oxyden, bes. Al_2O_3 u. W oder Mo, werden die Gemische aus Oxyden u. Metallen geformt u. die Formlinge rasch auf etwa die Schmelztemp. des Oxyds erhitzt. (**D. A. S. 1 056 525** Kl. 80b vom 9/9. 1953, veröff. 30/4. 1959.) F. REINHART. 6219

Soc. des Fours Industriels et Métallurgiques „S.O.F.I.M.“, Seine, Frankreich, *Schutz oxydierbarer Werkstücke aus zum Beispiel Kohle oder Graphit während des Brennens.* Die Werkstücke werden mit einer Vorr. aus poröser Keramik umgeben, die mit Reduktionsmitteln, wie Koksstaub, Holzkohle oder anderen Stoffen, die durch unvollständige Verbrennung eine reduzierende Atmosphäre erzeugen, gefüllt ist. — 4 Zeichnungen. (**F. P. 1 110 526** vom 10/9. 1954, ausg. 14/2. 1956.) O. KAYSER. 6219

Charles Antoine Daneyrolle, Rhône, Frankreich, *Porzellanartige Keramik* (weiß, durchscheinend, hart), die bei 1000—1150° verglast. 26 (Teile) $CaSO_4$, 16 H_3BO_3, 52 SiO_2 u. 6 weißer Ton werden mit W. gemischt, bis auf 5—6% Wassergeh. getrocknet u. gelagert. Vor der Verformung wird angefeuchtet, u. Petroleum oder Terpentinöl werden zugesetzt. Der Formling wird schnell auf 500° erhitzt u. dann in üblicher Weise weitergebrannt, wobei sich Bor-Calciumglas bildet, das dann mit den anderen Bestandteilen der Mischung, wie SiO_2 u. Al_2O_3, in Wechselwrkg. tritt. (**F. P. 1 125 076** vom 20/4. 1955, ausg. 23/10. 1956.) O. KAYSER. 6221

Marcel Gallai-Hatchard, England, *Zementartige Paste* aus naß gemahlener Schaumschlacke, bes. nach F. P. 1 068 810; C. **1950/54.** 4225 S; hergestellter Schaumschlacke, u. einem Abbindebeschleuniger. (**F. P. 1 127 716** vom 16/7. 1955, ausg. 24/12. 1956.) O. KAYSER. 6223

Augusta Uccelli, Como, Italien, und **Luzius Alig,** Chur, Schweiz, *Mauerputz* für Holz, Glas, Fe, Ziegel, Zement u. Asbestzement, der hart, kratzfest, bis 1600° beständig, fest gegen anorgan. u. organ. Säuren, abwaschbar u. wasserdicht ist. Es werden trocken $CaCO_3$, $BaSO_4$ u./oder BaO mit Quarzsand gemischt u. mit K oder Na-Wasserglaslsg. zu einer Paste angerührt. Beispiel: 28 kg einer Mischung aus 50 (Gewichtsteile) $BaSO_4$, 25 BaO, 25 $CaCO_3$ (Marmor) u. 3 TiO_2 werden mit 70 kg Quarzsand u. 4 Asbestfasern gemischt u. mit einer Lsg. aus 35 (kg) W., 35 Na_4SiO_4 (oder Na_2SiO_3), 35 K_4SiO_4 u. 2,5 Glycerin angerührt. (**E. P. 798 196** vom 17/2. 1956, ausg. 16/7. 1958. Schwz. Prior. 17/2. 1955.) G. FRIKELL. 6227

Jules Antoine Chapelle und **Francis Jean Diernat,** Corrèze, Frankreich, *Herstellung eines hydraulischen Bindemittels* aus natürlichen (Puzzolane) oder synthet. Rohstoffen, deren Hauptbestandteil Anorthit, Mullit (oder Gehlenit, nur bei Abwesenheit von Ca-Silicaten oder Aluminaten) ist u. die bei der Hydrolyse Kalk in Freiheit setzen, durch Hydrolyse in Ggw. von 15 (%) $CaSO_4$ u. Kalk. — Z. B. 25 Portlandzement mit geringem C^3A-Geh., 15 Gips u. 60 Puzzolane. — 38 Puzzolane, 40 granulierte Schlacke, 7 Fettkalk u. 15 Gips. (**F. P. 1 127 402** vom 26/6. 1953, ausg. 17/12. 1956.) O. KAYSER. 6227

Roger Blenet & Cie., Yonne, Frankreich, *Formstücke,* wie Tischplatten, Fußbodenbeläge usw. 100 (Volumenteile) Sägespäne werden mit 0,8—1 Na-Silicat, 10—15 W. u. 8—12 Zement gemischt. Nach 24 Std. Absitzen werden 50 der Mischung mit 18—30 Zement, 18—25 Sand u. 25—30 Anmachwasser (30 Liter W., 0,6—0,8 $BaCO_3$, 0,3—0,4 $CaCl_2$ u. 1,4—1,7 $Na_2S_2O_4$) gemischt u. in Formen eingerüttelt. (**F. P. 1 117 308** vom 23/12. 1954, ausg. 22/5. 1956.) O. KAYSER. 6229

Grünzweig & Hartmann Akt.-Ges., Ludwigshafen/Rh. (Erfinder: **Fritz Muthmann,** Haßloch/Pfalz), *Verwendung von Silicatfasern bei der Herstellung von zementgebundenen Formstücken.* Neben oder an Stelle natürlicher anorgan. Fasern, wie Asbest, werden witterungsbeständige, hochelast. Silicatfasern oder -fäden zur Armierung zementgebundener Gegenstände verwendet. Die Silicatfasern sollen bis 1,5 (Gew.-%) CaO, < 1 Na_2O + K_2O sowie 40—65 SiO_2, 15—40 MgO u. 5—24 Al_2O_3 als Grundbestandteile enthalten. (**D. A. S. 1 040 444** Kl. 80b vom 27/3. 1954, veröff. 2/10. 1958. **Zusatz zu D. A. S. 1 026 928; C. 1958. 14495.**) HANS HOFFMANN. 6229

Ludwig Sedlmayr, München, *Herstellung von Kunststeinplatten mit natursteinähnlicher poröser Oberfläche.* In eine Form wird ein in Ggw. von W. gasbildender Stoff, z. B. CaC_2, eingestreut, worauf eine feuchte Kunststeinmasse, z. B. Beton, nachgefüllt wird. (**D. A. S. 1 040 443** Kl. 80b vom 29/6. 1955, veröff. 2/10. 1955.) HANS HOFFMANN. 6229

August Henke, Vlotho/Weser, *Herstellung von dreischichtigen Platten unter Verwendung von Zement.* Platten hoher Zug-, Druck- u. Abschleiffestigkeit mit glatter glasharter Oberflächenstruktur werden hergestellt aus 3, nacheinander in eine Form eingebrachten Schichten I, II u. III. I besteht aus Zement, Quarzmehl, Quarzsand, Kaolin u. Mineralfarbe u. wird gießfähig mit W. angerührt. II wird als trockenes W. aufsaugendes Gemisch aus Zement u. Sand u. III als erdfeuchte Mischung aus Zement u. Kies hergestellt. Anschließend wird wenige Sek. mit 200 at gepreßt. — Beispiel: Die Zus. von I ist 100 (kg) Weißzement, 50 Quarzsand, 50 Quarzmehl, 7 Kaolin, 4,5 Farbe; für II u. III wird Grauzement mit Sand bzw. Kies verwendet. (**D. A. S. 1 054 369** Kl. 80b vom 19/4. 1955, veröff. 2/4. 1959.) G. FRIKELL. 6229

Malise Graham Mackeurtan, Südafrikanische Union, *Imprägnieren und Undurchlässigmachen von Bodenschichten, Mauerwerk, Beton und Steinen* unter Verwendung einer Na-Resinatlsg. u. Nachbehandlung mit einem Fällungsmittel, z. B. mit Al-Sulfat, K_2CO_3, Al-Carbonat. (**F. P. 1 093 938** vom 26/2. 1954, ausg. 10/5. 1955.) M. F. MÜLLER. 6229

Marcel Jamet, Frankreich, *Herstellung einer Wandbekleidungsplatte* aus einer Paste aus z. B. 25 (kg) Holzmehl (Kork), das mit Wasserglaslsg. (20° Bé) angefeuchtet worden ist, 25 Korund (Schmirgel, Carborund, Sillimanit), 50 MgO, 1 Mineralöl, 5% Pigment u. Sulfat–Chlorid-Lsg. von 20° Bé ($MgCl_2$ + Zn-, $FeSO_4$), die bei 30° zugesetzt wird. (**F. P. 1 087 403** vom 28/7. 1953, ausg. 23/2. 1955.) O. KAYSER. 6229

Robert Holer, Seine, Frankreich, *Herstellung von Schleifscheiben* usw., bes. für dentalmedizin. Zwecke u. die Metallbearbeitung, aus 10—30 (Teilen) metall. Schleifmittel, wie W- oder WC-Körner, u. 90—70 pulverförmigen metall. Bindemitteln, wie Al, durch Pressen u. Erhitzen auf Temp. $\geq$ F. des Bindemittels, gegebenenfalls in reduzierender Atmosphäre. (**F. P. 1 091 009** vom 9/10. 1953, ausg. 6/4. 1955.) O. KAYSER. 6239

—, Technologie des Glases, 2. verb. u. erw. Aufl. Berlin; Verl. Technik. 1959. (720 S. m. 299 Abb. u. 84 Taf.) 8°. DM 30,—.

VII. Agrikulturchemie. Schädlingsbekämpfung.

János Szolnoki, *Untersuchung des enzymatischen Saccharoseabbaus im Stallmist. 1. Mitt. Wirkung des p_H-Wertes und der Temperatur auf die Enzymaktivität.* Die im Stallmist tätigen Mikroorganismen beeinflussen während der Fermentation auch die Bldg. u. Wrkg. der Enzyme. Der Enzymgeh. ist infolge der heterogenen Mikroflora keineswegs einheitlich. Für die einzelnen Komponenten dieses Enzymgemisches sind möglicherweise unterschiedliche Incubationsbedingungen optimal, so daß statt der Saccharaseaktivität nur ein enzymat. Saccharoseabbau bestimmt werden kann. Die Aktivität der die Saccharose abbauenden Enzyme ist bei 50—60° bes. im fermentierten Dünger höher, als bei niedrigerer Temp., u. die Enzyme werden auch bei längerer Incubation bei 60° nicht inaktiviert. Diese Enzyme sind also thermostabil. Die Thermostabilität beeinflußt die Rk. des Mediums, ein weniger saures Medium inaktiviert weniger als ein stärker saures. (Agrokémia és Talajtan [Agrochem. u. Bodenkunde] **5.** 461—70. Dez. 1956. Sopron, Forsch.-Labor. für Bodenbiologie.) J. PLANK. 6294

János Szolnoki, *Die Einwirkung von markiertem Phosphor auf die Mikroben von Stallmist.* (Vorläufige Mitt.) Feuchter Stallmist wurde mit 2% ^{32}P enthaltendem Superphosphat vermischt u. 7 Tage bei 28° incubiert. Zur Best. der aeroben Mikrobenzahl wurde der Düngerauszug mit Agar mittels des Plattengießverf. verdünnt. Die anaerobe Mikrobenzahl wurde in BURRY-Röhren bestimmt. Weiter wurde mit 2% ^{32}P enthaltender KH_2PO_4-Lsg. eine Suspension 1:10 mit Stallmist-Suspension (1:10), hergestellt in obiger Weise, behandelt. Es zeigte sich, daß die Mikrobenzahl allg. schon durch geringe Mengen strahlender Materie abnimmt, u. zwar die Zahl der anaeroben weniger als die der aeroben. Nach längerer Incubation nahm die Mikrobenzahl (nach einer beträchtlichen Verminderung im Anfang) bemerkenswert zu. Es kann angenommen werden, daß die im Stallmist anwesenden verschied. Mikroben sich gegen Bestrahlung nicht gleich verhalten. (Agrokémia és Talajtan [Agrochem. u. Bodenkunde] **6.** 233—36. Nov. 1957. Budapest, Agrochem. Forsch.-Inst.) J. PLANK. 6294

Gábor Szász, *Die Einwirkung von Bodenverschiedenheiten auf das Bestandklima der Wintergerste.* Vf. untersuchte, wie verschied. Bodentypen durch ihre physikal. Struktur das Bestandklima der Wintergerste beeinflussen. Die Verhältnisse wurden an 2 Bodentypen untersucht: ein Sandboden von schlechter Wärmeleitfähigkeit u. lockerer Struktur u. ein Steppenboden von guter Wärmeleitfähigkeit u. schwerer Struktur. Der Luftraum über dem Sandboden ist wärmer, als der über dem Steppenboden. Die beiden Böden haben verschied. Wärmehaushalte. Die Änderung der Temp. der oberen Bodenschicht tagsüber ist beim Sandboden viel extremer. Der Luftraum über dem Sandboden ist trockener. Der Bestand erhöht diese Unterschiede. Der auf Sandboden wachsende Bestand verfügt gegenüber einer pflanzenlosen Bodenoberfläche über einen bedeutend größeren Wärmeüberschuß während der ganzen Vegetationszeit, als der Bestand auf Steppenboden. Diese Unterschiede sind zur Zeit der Stengelbldg. noch klein, werden aber bis zur Reife immer größer. Die Lufttemperaturunterschiede, abgesehen in der Zeit zwischen Stengel- u. Ährenbldg., sind statist. signifikant. Die Bodentemperaturunterschiede in 5 cm Tiefe sind zu jeder Zeit signifikant. Die Bestände vermindern die Schwankung der Bodentemperatur. (Agrokémia és Talajtan [Agrochem. u. Bodenkunde] **5.** 471—84. Dez. 1956. Debrecen, Univ., Meteorolog. Inst.) J. PLANK. 6302

Lambert Wiklander und **Kaarel Vahtras**, *Der kontinuierliche Ionenaustausch.* Vff. verstehen unter kontinuierlichem Ionenaustausch einen in vielen Systemen (Bodenlsg.-Bodenkoll., Bodenlsg.-Wurzel, Bodenkoll.-Wurzel) ablaufenden Umtausch sorbierter Ionen, der durch geringe Austauschvoll., geringe Umtauschgeschwindigkeit bei niedriger Konz. austauschbarer Ionen charakterisiert ist. Es wird eine Gleichung für den kontinuierlichen Ionenaustausch angegeben, welche zur Kennzeichnung der Affinität der einzelnen Ionen zum Austauscher den Selektivitätskoeff. enthält. Experimentelle Unterss. mit 2 verschied. Austauschern (Amberlite u. Kaolin) werden zur Prüfung der theoret. Überlegungen durchgeführt. (Soil Sci. **84.** 269—72. Okt. 1957. Uppsala, Royal Coll. of Agric.) WILFRIED WERNER. 6304

Joseph A. Schufle, *Die Wirkung von Komplexbildnern auf die Reihenfolge des Kationenaustausches bei Kaolinit.* Es wird die Reihenfolge des Austausches verschied. Kationen in einem Cs-gesätt. Kaolinit untersucht. — In Abwesenheit eines komplexbildenden Anions nimmt die Austauschstärke in der schon von GIESEKING u. JENNY (Soil Sci. **42.** [1936.] 273) festgestellten Reihenfolge ab: Th $>$ La $>$ Ca $>$ K. In Ggw. von 0,01 n Citrat- bzw. Fluoridlsg. findet der Austausch genau in umgekehrter Stärke statt: K $>$ Ca $>$ La $>$ Th. — Auf Grund der Ergebnisse wird vermutet, daß im Boden organ. Humusstoffe u. anorgan. Komplexbildner in gleicher Richtung wirken, d. h., daß

z. B. eine K-Düngung bei Anwesenheit von Komplexbildnern wirksamer genutzt werden kann. (Soil Sci. **84.** 323—28. Okt. 1957. Socorro, New Mexico, Inst. of Mining and Technol.) WILFRIED WERNER. 6304

R. Brewer und **A. D. Haldane,** *Vorläufige Untersuchungen über die Entwicklung der Tonorientierung in Böden.* In Laboratoriumsverss. wurde natürlicher Ton auf verschied. Weise u. in unterschiedlichem Verhältnis in Grobsand, Feinsand u. Schluff eingebracht, um den Verlauf der Orientierung der Tonpartikeln in diesen Systemen zu verfolgen. — Es zeigte sich, daß die Tonpartikel bei kapillarem Aufstieg einer Suspension unabhängig von ihrer Kationenbelegung stark orientierte Hüllen um die Sandkörner bilden. An der Oberfläche der Sandsäulen bildeten sich Illuvialzonen, die bei K- u. Na-Belegung des Tones scharf nach unten abgesetzt waren, bei Ca- u. Mg-Sättigung dagegen diffus nach unten in den Sand überführten, bei H^+-Aufladung eine Mittelstellung einnahmen. — Der Orientierungsgrad wurde durch 2 Faktoren deutlich vermindert: a) durch einen hohen Geh. der Mischung an grob ausgeflocktem Ton u. b) durch die Ggw. von größeren Mengen Schluff in der Sand-Tonmischung. (Soil Sci. **84.** 301—09. Okt. 1957. Canberra, Commonwealth Scientific and Ind. Res. Org., Div. of Soils.) WILFRIED WERNER. 6304

Ichiro Kanno, Yoshio Honjo und **Shizuoki Arimura,** *Tonminerale von rotgelben, aus Pleistozänsedimenten entstandenen Böden in Japan.* Röntgenograph., differentialthermoanalyt., chem. u. elektronenmkr. Unterss. der Tonfraktion von 4 rotgelben, aus Pleistozänsedimenten hervorgegangenen Böden von Nordkyushu u. Zentraljapan zeigten, daß die dominierenden Tonminerale Halloysit u. hydratisierter Halloysit sind, mit wechselnden Mengen an Gibbsit, amorphen Al-Silicaten u. kristallinem Eisenoxydhydrat. In den Kano- u. Takashiharaböden herrschte Gibbsit vor. Illit u. Vermiculit wurden in allen Proben gefunden, Chlorit lediglich im Kanoboden. (Soil Plant Food [Tokyo] **2.** 220—28. März 1957. Chikugo, Fukuoka Pref., Kyushu Agric. Exp. Stat. [Orig.: engl.]) WILFRIED WERNER. 6304

Mitsuru Harada, *Radioaktivität der granitischen Böden im mittleren Gebiet der Tottoriprovinz.* Die untersuchten Gesteine u. Böden wiesen folgende Radioaktivitäten auf: Unverwitterter Aplit 0,32($\cdot 10^{-10}$ Curie/g), verwitterter Aplit 0,09—0,24, aplit. Böden 0,09—0,14, Biotitböden 0,04—0,19, Andesitboden ca. 0,02 u. Schieferboden 0,03. — Demnach nimmt die Radioaktivität mit fortschreitender Verwitterung ab. Entsprechend der Aktivität der Böden zeigten die auf diesen Böden gewachsenen Pflanzen unterschiedl. Aktivitäten, welche bes. niedrig in Pflanzen der Andesit- u. Schieferböden waren. (Soil Plant Food [Tokyo] **2.** 185—89. März 1957. Tottori Univ., Dep. of Liberal Arts.) WILFRIED WERNER. 6304

Seiichi Sasaki und **Yoshiaki Ishizuka,** *Über die vulkanischen Ascheböden im Tokachidistrikt der Insel Hokkaido, Japan.* Das Profil des vulkan. Aschebodens bestand aus 9 Horizonten, welche einzeln im Hinblick auf physikal. Eigg. sowie mineralog. u. chem. untersucht wurden. — Die Horizonte werden als Sand bzw. sandiger Lehm klassifiziert. Das spezif. Gewicht schwankte zwischen 2,10 u. 2,59, der p_H-Wert zwischen 5,58 u. 6,95, die Austauschacidität zwischen 2,3 u. 24,1. Die hydrolyt. Acidität lag bei ca. 30 u. stieg nur in den humusreichen Horizonten auf 60 bzw. 95 an. Die Gehh. an Al_2O_3 sind in den mittleren u. tiefen Horizonten am höchsten, der Geh. an CaO im Oberboden. Die Gehh. an K_2O lagen im gesamten Profil bei ca. 1%, wovon durchschnittlich nur ca. 10—15% in 10%ig. HCl lösl. waren. Der Geh. an lösl. MgO ist im Oberboden gering u. steigt in den tieferen Schichten an, der Geh. an lösl. MnO ist durchweg sehr niedrig. Relativ hohe Anteile des Gesamtgeh. an Fe_2O_3, Al_2O_3 u. CaO sind in 10%ig. HCl löslich. — Die Tonfraktion ($< 2\,\mu$) der Horizonte wurde mittels Röntgenanalyse, Differentialthermoanalyse sowie elektronenmkr. untersucht. Sie bestand überwiegend aus Allophanen, hydratisiertem Halloysit, Gibbsit, Goethit, Boehmit u. Quarz. Der T-Wert der Tonfraktion schwankte in den verschied. Horizonten zwischen 55,6 u. 88,5 mVol/100 g. (Soil Plant Food [Tokyo] **2.** 177—84 März 1957. Hokkaido Univ., Fac. of Agric. [Orig.: engl.]) WILFRIED WERNER. 6304

László Gerei und **Ferenc Máté,** *Das Vorkommen eisenhaltiger Konkretionen in den Böden Ungarns.* Vff. untersuchten aus Alkali-, Wiesen-, Moor- u. Waldböden gesammelte Fe-haltige Konkretionen. Solche Konkretionen kommen in Bodentypen vor, bei deren Dynamik Reduktions- u. Degradationsprozesse eine große Rolle spielen. Farbe, Struktur u. Zus. sind sehr verschieden, bezeichnend ist der hohe Fe-Gehalt. In manchen Konkretionen wurde ein bedeutender Mn-, in anderen ein hoher Cu-Geh. gefunden. (Agrokémia és Talajtan [Agrochem. u. Bodenkunde] **6.** 43—50. Mai 1957. Gödöllő, Agrarwiss. Univ., Budapest, Agrochem. Forschungsinst.) J. PLANK. 6304

Julian Tokarski, *Untersuchungen der Kolloide leichter Böden in Polen.* 1. Mitt. In tonhaltigen Sandböden mit Hilfe der Thermoanalyse gefundenen Montmorillonit-

(MK), Kaolinit- u. Illitkomplexe verhalten sich, wie Adsorptionsmessungen mit Methylenblau zeigen, abweichend von den Standardkomplexen (MK u. Kaolin von Siedlerböden). Durch rationelle Analyse wurden alle bekannten Komplexe mit Ausnahme der „reinen“ Komponenten Kaolinit, Montmorillonit, Nontronit u. Saponit gefunden. Alle MK unterscheiden sich nach der rationellen Analyse von den Standardkomplexen durch einen erhöhten SiO_2-Gehalt. Tetragonal koordiniertes Al^{3+} ersetzt in vielen Komplexen in einem größeren Ausmaß, als es bisher bekannt war, Si, also in einem Verhältnis >1. (Roczniki Nauk rolniczych, Ser. A **76.** 413—66. 1957.) F. URBAN. 6304

István Szabolcs und **Lajos Ábrahám,** *Die Alkaliböden am Neusiedler-See.* Vff. untersuchten die Alkaliböden von Laszlómajor unweit vom Neusiedler-See in West-Ungarn. Diese Böden neigen zur Bldg. von Mikroaggregaten. Ihre Lehmfraktion ist sehr klein. Das Profil ist bandartig mit vielen gut abgetrennten Schichten, deren Farbe, Dichtigkeit, Feuchtigkeit u. Kalkgeh. sehr verschieden ist. Obwohl die Schichten in verschied. Zeiten entstanden, können sie nicht als genet. Schichten betrachtet werden. Der Salzgeh. nahe der Oberfläche ist, wie im Seewasser, sehr hoch, erreicht in den obersten Schichten 0,5% u. besteht hauptsächlich aus $NaHCO_3$, Na_2SO_4 u. NaCl. In jeder Schicht ist eine bedeutende Menge $CaCO_3$ vorhanden. Die Böden sind dem Solontschaktyp zuzuordnen. Die Basenaustauschkapazität ist gering, obwohl der Boden mit Na-Ionen beinahe gesätt. ist. Dies ist durch die Alkalität p_H u. den Na-Ionengeh. bedingt. Die Bldg. des Alkalibodens steht im Zusammenhang mit dem hohen Salzgeh. des Seewassers, welches als Grundwasser mit dem Boden in Berührung steht. (Agrokémia és Talajtan [Agrochem. u. Bodenkunde] **6.** 99—108. Sept. 1957. Budapest, Agrochem. Forschungsinst.) J. PLANK. 6304

Katalin Darab, *Sekundäre Alkalisierung der bewässerten Wiesenböden östlich der Theiss.* Vf. untersuchte die infolge Bewässerung entstandene Salzanhäufung auf Alkaliböden östlich der Theiss. In manchen Fällen geschieht die Anhäufung in solchem Maße, daß das auf der Oberfläche erscheinende Salz jede Vegetation verhindert. Das Grundwasser steht hoch, die Salze sind größtenteils neutrale Na-Salze. Um diese Boden zu verbessern, ist es erforderlich, das Niveau des Grundwassers zu senken, die lösl. Salze zu entfernen u. eine chem. Melioration durchzuführen. In anderen Fällen findet keine Salzanhäufung an der Oberfläche statt. Bei einem derartigen Boden überwiegen die wenig lösl. Ca- u. Mg-Salze. In manchen Böden ist die Salzanhäufung trotz des naheliegenden Grundwassers nicht groß, aber die austauschbare Na-Menge steigt an. Bei einem derartigen Boden machte $NaHCO_3$ einen wesentlichen Teil der lösl. Salze aus u. auch der Bodenauszug enthält verhältnismäßig viel $NaHCO_3$. Durch Bewässerung ändert sich die Menge des HCO_3^- im Bodenprofil u. damit die austauschbare Na-Menge, d. h. es erfolgt eine sek. Solonezisierung des Bodens. (Agrokémia és Talajtan [Agrochem. u. Bodenkunde] **7.** 53—64. 1958. Budapest, Agrochem. Forschungsinst.) J. PLANK. 6304

I. N. Antipov-Karatájev und **L. Ja. Mamaeva,** *Die Rolle des austauschbaren Magnesiums bei den solonezischen Eigenschaften von Böden.* Die strukturellen u. mechan. Eigg. von mit verschied. Kationen gesätt. Böden wurden untersucht. Es wurde humusreicher Boden (Schwarzerde) u. humusfreier Lehmboden zwecks Feststellung der spezif. Wrkg. bei der Ausbldg. der Eigg. von Mg- u. anderen Böden studiert. Die Best. des dispersen Anteils, der Quellung u. Schwindung der mit verschied. Kationen gesätt. Böden ergab, daß diese Eigg. bei humusfreien Mg-Böden etwas größer sind als bei gleichen, aber mit Ca gesätt. Böden. Bei humusreichen Böden sind die Unterschiede prägnanter. Noch viel auffallender sind sie bei mit Na u. K gesätt. Böden. Zwecks Best. der Wrkg. der untersuchten beiden Bodentypen auf das Wachstum von Pflanzen (bzw. die Entw. des Wurzelsyst., wenn die Böden austauschbares Ca u. Mg in verschied. Verhältnissen enthalten, wurde Gerste verwendet. Das Wurzelsyst. zeigte nach 15—20 Tagen auffallende Unterschiede, wenn in Schwarzerde die Menge des austauschbaren Mg 40 bis 60% der Adsorptionskapazität überschreitet. Bei 90% hört die Entw. der Wurzeln beinahe u. bei 100% ganz auf. Im Lehmboden wirkt Mg weniger hindernd. Es wurde angenommen, daß Mg-Humat in großer Konz. tox. wirkt, was durch auf Sandböden ausgeführte Verss. bestätigt werden konnte. Ein hoher Mg-Geh. ist auch wegen der großen Löslichkeit von Mg-Humat u. der verminderten Wasserabgabefähigkeit ungünstig. (Agrokémia és Talajtan [Agrochem. u. Bodenkunde] **7.** 1—14. 1958. Moskau, Inst. für Bodenkunde.) J. PLANK. 6304

Dániel Györi, *Der Spurenelementgehalt einiger Bodentypen.* Vf. bestimmte den Spurenelementgeh. einiger ungar. Bodentypen spektrograph. u. stellte fest, daß derselbe mit Grundgestein, Humusgeh., Lehmgeh. u. p_H im Zusammenhang steht. Bei einigen Bodentypen weist der geringe Spurenelementgeh. darauf hin, daß bei Bebauung mit Mangelkrankheiten der Kulturen zu rechnen ist. (Agrokémia és Talajtan [Agrochem. u. Bodenkunde] **7.** 97—110. Juni 1958. Budapest, Agrochem. Forschungsinst.) J. PLANK. 6304

A. Pflugmacher und **H. Beck,** *Über den Molybdängehalt von Böden.* Vff. bestimmten spektralanalyt. den Gesamt-Mo-Geh. von 33 Böden (Ackerböden mit n. Wachstum aus dem Aachener Raum, Galmeiböden aus dem Stolberger Bezirk, kultivierte Moorböden aus dem Hohen Venn, Mo-Mangelböden aus dem Odenwald, auf denen die Erscheinung der Whiptail-Krankheit beobachtet worden war). Den höchsten Mo-Geh. hatten die Galmeiböden [3,7—5,1 (p.p.m.)]. Auf ihnen gewachsene Getreideproben enthielten 0,4—0,6 Mo. Bei den Mo-Mangelböden wurden 0,4—0,7 Mo gefunden. Auf ihnen gewachsene Getreideproben wiesen Mo-Gehh. von 0,04—0,07 auf. (Z. Pflanzenernähr., Düng., Bodenkunde **77 (122)**. 218—23. 1957. Aachen, Rhein.-Westfäl. Hochschule, Inst. für Anorgan. Chem. u. Elektrochem.) M. WINIKER. 6304

I. W. Guljakin und **A. W. Korowkina,** *Die Aufnahme des Phosphors von Düngemitteln durch die Pflanzen in Abhängigkeit vom Zeitpunkt ihrer Anwendung und von den Bodeneigenschaften.* In wasserlösl. P-Verbb. der Dünger werden in sauren Böden um so mehr festgehalten, je größere Mengen von beweglichen Sesquioxyden die Böden enthalten. In Abhängigkeit von der Dauer der Rk. zwischen Boden u. Düngung kann sich deren Ausnutzung durch die Pflanzen wesentlich vermindern. Im Versuchsboden ging wasserlösl. P im Laufe von 40 Tagen in säurelösl., hauptsächlich in den in 0,5n HCl lösl., über. Kalkung des Bodens verminderte die Festlegung der wasserlösl. P-Verbb. u. deren Überführung in schwerlösl. Formen. Bei Kalkung ist die Dauer der Rk. des Düngers mit dem Boden von weniger großer Bedeutung. Aus diesem Grunde ist auch der Zeitpunkt der Düngergabe auf den gekalkten Böden von nicht so großer Bedeutung wie auf den nichtgekalkten. Auch Stallmist erhöhte die Zugänglichkeit des P der Düngemittel für die Pflanzen bedeutend. (Известия Тимирязевской Сельскохозяйственной Академии [Nachr. landwirtsch. Timirjasew-Akad.] **1958**. Nr. 3. 91—104.) M. GORDIENKO. 6304

F. A. Judin, *Steigerung der Wirksamkeit von Phosphaten durch Anwendung von Kalk und Hochofenschlacke auf verschiedenen Bodentypen. Kalk* u. *Hochofenschlacke* bewirken eine bessere Verwertung des *P* durch die Pflanzen u. erhöhen den Ertrag, jedoch hängt ihre Wrkg. von den Bodeneigg. ab. Die Wrkg. war groß auf Roterde, geringer auf Gelberde u. am geringsten auf lehmigen Grasnarbe-Podsolboden. Auf den mittelmäßig sauren Podsolböden erwies sich als optimal eine Kalk- bzw. Hochofenschlackegabe in einer Höhe, die der hydrolyt. Acidität der Böden entsprach, auf stark saurer Roterde eine solche in Höhe der doppelten hydrolyt. Acidität. Auf Roterde war die Wrkg. der Hochofenschlacke um das 1,5—2,0fache höher als die von Kalk. Gleichzeitig äußerte sich die Wrkg. der Hochofenschlacke mehr in einer Erhöhung des Kornertrages (Hafer) als in der Erhöhung der gesamten Pflanzenmasse. Dies zeigt, daß die Wrkg. der Hochofenschlacke mit dem Einfl. der Kieselsäure auf die Phosphate im Zusammenhang steht, die bei der Rk. der Schlacke mit saurem Boden frei wird. Die Wrkg. der Phosphate auf stark sauren Böden steigt wesentlich, wenn neben der Kalkung oder der Gabe von Hochofenschlacke organ. Düngung gegeben wird. (Известия Тимирязевской Сельскохозяйственной Академии [Nachr. landwirtsch. Timirjasew-Akad.] **1958**. Nr. 3. 127—36.) M. GORDIENKO. 6304

P. M. Smirnow, *Die Aufnahme von Stickstoff und Phosphor durch Winterweizen in Abhängigkeit vom Zeitpunkt der Frühjahrskopfdüngung.* Bei frühzeitiger Gabe im Frühjahr von Superphosphat (**I**) bzw. von **I** mit NH_4NO_3 (**II**) als Kopfdüngung zu Winterweizen waren der Gesamtgeh. an P in den Pflanzen, deren Gewicht u. der Eiweißgeh. im Korn höher als bei späten Gaben. Die bessere Verwertung von P des Superphosphats bei frühzeitiger Gabe wird hauptsächlich durch den höheren Feuchtigkeitsgeh. des Bodens bedingt, wodurch P in größeren Mengen u. auch in größere Tiefe des Bodens zu gelangen vermochte. **II**, gegeben mit **I**, verminderte zunächst die P-Aufnahme durch die Pflanzen (im Vgl. zur Variante mit Gaben von **I** allein). Im weiteren aber beeinflußte es die P-Aufnahme positiv. Kopfdüngung mit **II** im Frühjahr übte auf den N-Geh. in den Pflanzen sowie auf deren Wachstum keinen Einfl aus. (Известия Тимирязевской Сельскохозяйственной Академии [Nachr. landwirtsch. Timirjasew-Akad.] **1958**. Nr. 3. 117 bis 126.) M. GORDIENKO. 6304

I. W. Guljakin und **L. G. Sseljutina,** *Die Reaktion des Mais auf die periodische Versorgung mit Stickstoff, Phosphor und Kalium.* Unterss. mit Wasser- u. Sandkulturen zeigten, daß bei Mais die krit. Periode der P-Versorgung ca. 2 Wochen nach der Saat, in der Phase der Bldg. des 3.—4. Blattes, beginnt. Bei P-Mangel zu diesem Zeitpunkt vermindert sich der Ertrag an vegetativer M. u. es bilden sich keine Kolben; wenn sich diese bilden, geht ihre Entw. nicht bis zur Milchreife. Auf den P-armen Böden kann der P-Bedarf bei Mais durch eine kleine Superphosphatgabe bei der Aussaat gedeckt werden. Eine weitere wichtige Periode in der P-Versorgung des Mais ist die Bldg. des 5.—8. Blattes u. von reproduktiven Pflanzenteilen. Bei ausreichender P-Versorgung im Laufe dieser Periode können reproduktive Pflanzenteile später teilweise durch Verwertung des in den vegetativen Teilen vorhandenen P gebildet werden. In der Periode nach dem Keimen bis zur Bldg. des 9. Blattes zeigt der Mais erhöhten Bedarf an N. Beim N-Mangel sinkt der Ertrag an vegetativer M. sowie das Kolbengewicht. Bei starkem N-Mangel bilden sich überhaupt keine Kolben. Der durch den N-Mangel in dieser Periode verursachte Schaden kann nicht durch spätere N-Gaben beseitigt werden. Obwohl der N-Bedarf in späteren Entwicklungsphasen geringer ist, ruft N-Mangel auch zu dieser Zeit eine beträchtliche Ertragsminderung hervor. Durch N-Gaben vor der Saat u. frühzeitige Kopfdüngung kann der Maisertrag wesentlich erhöht werden. (Известия Тимирязевской Сельскохозяйственной Академии [Nachr. landwirtsch. Timirjasew-Akad.] **1958**. Nr. 3. 105–16.) M. GORDIENKO. 6304

D. F. Paton, *Auswirkung von Kalium, Molybdän und Superphosphat auf Futtermittel auf Cressy Shaley Ton–Lehm-Boden.* Zur Erzielung optimalen Wachstums von Futterpflanzen auf Cressy Shaley Ton–Lehm hat sich bei Böden, die bereits längere Zeit kultiviert waren, eine Düngung mit *K*, *Mo* u. *Superphosphat* in höheren Erträgen ausgewirkt. Jungfräulicher Boden sprach dagegen nur auf Superphosphat an. (Tasmanian J. Agric. **27**. 329–38. Nov. 1956.) W. KNÖPKE. 6304

Martti Salonen, *Vergleich der Wirkung verschiedener Stickstoffdüngemittel. Ergebnisse von Feldversuchen aus den Jahren 1952—1956.* Aus den Ergebnissen von 141 Feldverss. in Finnland werden für die verschied. N-Düngemittel folgende Wertverhältniszahlen abgeleitet: *Kalksalpeter* 100, *Oulu-Kalkammonsalpeter* u. *Ammonsalpeter* 99, *Montansalpeter* u. $(NH_4)_2SO_4$ 92. (Valtion Maatalouskoetoiminnan Julkaisuja **1958**. Nr. 169. 1–24. Tikkurila, Maatal. tutkimuskeskus, Maanviljelyskemian ja-fysiikan laitos.) S. BECKMANN. 6304

D. E. Smika und **F. W. Smith,** *Die Beeinflussung der Keimung von Weizen durch Biuretverunreinigung im Harnstoff.* Bei der Herst. von gekörntem Harnstoff durch Erhitzen im trockenen Luftstrom entsteht aus 2 Mol $CO(NH_2)_2$ ein Mol. Biuret (I) unter gleichzeitiger Abspaltung von 1 Mol NH_3. Vff. untersuchen, ob die Keimung von Weizensamen durch I tox. beeinflußt wird; die in Gewächshausverss. getesteten Harnstoffprodd. enthielten neben 45(%) N 8,87 bzw. 5,04, 2,15 u. 0,08 I. Es zeigte sich, daß bei Plazierung des Düngers in Kontakt mit den Samen die prozentuale Keimzahl mit steigender Harnstoffanwendung u. steigendem I-Geh. herabgesetzt wird, wobei sich ein erhöhter I-Geh. schädlicher auswirkte als eine Steigerung der Anwendungsmenge. Schon bei einem I-Geh. von 2,5% war die Keimung bei einer Harnstoffgabe von 7,5 lbs./acre um 30% vermindert. (Soil Sci. **84**. 273–82. Okt. 1957. Kansas Agric. Exp. Stat.) WILFRIED WERNER. 6304

A. G. Winter und **F. Schönbeck,** *Untersuchungen über den Einfluß von Stickstoff auf den Abbau von Hemmstoffen aus Getreidestroh und -stoppeln.* Der Einfl. von *N*-Düngung auf den Abbau von Hemmstoffen aus Stroh u. Ernterückständen des Getreides wurde in Gefäß- u. Freilandverss. untersucht. Hierbei zeigte sich, daß geringe N-Gaben den Abbau fördern, während durch starke N-Düngung zunächst eine Verzögerung u. dann erst eine Stimulierung des Hemmstoffabbaus bewirkt wird. Die Beeinflussung der Hemmstoffzers. durch N erfolgt über eine Aktivierung der mikrobiellen Tätigkeit im Boden. Unter natürlichen Bedingungen ist somit eine N-Düngung nur dann auf den Abbau der Hemmstoffe von Einfl., wenn sie rechtzeitig, d. h. im Sommer oder Spätsommer verabfolgt wird. (Z. Pflanzenernähr., Düng., Bodenkunde **79** (**124**). 132–42. Dez. 1957. Bonn u. Köln-Merheim.) M. WINIKER. 6304

G. Pálfi, *Biologische Untersuchung der mineralischen Ernährung des Winterweizens nach der Gründüngung als Stoppelfrucht.* Vf. untersuchte Winterweizen nach verschied. Gründüngung [Platterbse (**a**), Weißer Senf (**b**), Sonnenblume (**c**)], indem er im Pflanzensaft in verschied. Entwicklungsstadien der Pflanzen den Nährstoffgeh. feststellte. Die beste Versorgung mit N (Gesamtgeh. an N im Pflanzensaft) zeigten die Pflanzen auf den mit **a**, schlechtere auf den mit **b** u. **c** gedüngten Parzellen; Brache (Kontrollparzelle) nahm in dieser Hinsicht eine mittlere Stellung ein. Die beste P-Versorgung wurde mit etwa gleichen Werten nach **a** u. in Brachland ermittelt. Das gleiche Ergebnis zeigte sich auch in bezug auf die K-Ernährung. Im ganzen assimilierte der Weizen im Verlauf der Vegetationsperiode etwa die gleichen Mengen von N u. K, von P nur $^1/_3$ davon. Bei **a** war die von Weizen aufgenommene N + P + K-Menge am größten, danach folgte Brache. Die Erträge zeigten eine Übereinstimmung mit den aufgenommenen Gesamtmengen von N u. den summierten Mengen an N, P u. K. (Acta agronom. Acad. Sci. hung. **8**. 17–30. 1958. Szeged.) M. GORDIENKO. 6304

István Láng, *Untersuchung des gesamten Blattgrüngehaltes bei Wintergetreide nach Untergrunddüngung.* Auf durch Untergrunddüngung verbessertem kalkigem Sandboden wuchsen die Pflanzen besser u. waren intensiver grün gefärbt als auf ungedüngtem oder mit Stallmist oberflächlich gedüngtem Boden. Unters. an Wintergetreide nach Untergrunddüngung ergaben eine bedeutend größere Grünblattfläche. Der Korn- u. Stroh-ertrag wurde durch Untergrunddüngung bedeutend erhöht, beim Winterweizen auf das 3,3fache, bei der Wintergerste auf das 3fache, beim Winterroggen auf das 1,5fache. (Agrokémia és Talajtan [Agrochem. u. Bodenkunde] **6.** 69—78. Mai 1957. Budapest, Agrochem. Forschungsinst.) J. PLANK. 6304

W. Jahn-Deesbach, H. Koriath und **G. Schmidt,** *Ertrag und Mineralstoffgehalt von Wiesenschwingel (Festuca pratensis) auf Niedermoor bei unterschiedlichen* p_H*-Werten.* In einem Gefäßvers. wurde die ansäuernde Wrkg. von H_2SO_4 u. $(NH_4)_2SO_4$ auf die Ertragsbldg. eines kalkreichen Niedermoorbodens verfolgt. Es zeigte sich, daß durch H_2SO_4 (ohne jede weitere Düngung) Ertragssteigerungen bis $>800\%$ erzielt werden können. N-Düngung führte trotz des N-Reichtums des Niedermoors in jedem Falle zu einer Erhöhung des Ertrages; $(NH_4)_2SO_4$ wirkte besser als $Ca(NO_3)_2$. Durch die saure Düngung [reine H_2SO_4 bzw. physiol. sauer wirkendes $(NH_4)_2SO_4$] wurden gewisse Anteile des P_2O_5-, Ca-, Mg- u. Mn-Geh. dieses kalkreichen Niedermoors mobilisiert. (Phosphorsäure **18.** 243—54. 1958. Berlin, Humboldt-Univ., Inst. für Acker- u. Pflanzenbau.) M. WINIKER. 6304

H. J. Haas, *Der Einfluß von Düngemitteln, des Alters und der Zersetzung auf das Gewicht der Graswurzeln sowie von Gras und Luzerne auf den Stickstoff- und Kohlenstoffgehalt des Bodens.* Mehrere Grasarten wurden mit N in Form von $NaNO_3$, $(NH_4)_2SO_4$ u. NH_4NO_3 mit P in Form von *Superphosphat* (20% P_2O_5) u. *Tripelsuperphosphat* (ca. 45% P_2O_5) sowie mit K in Form von *KCl* gedüngt. Bei 3 Grasarten nahm mit steigenden N-Gaben (0, 30, 60 u. 90 pounds/acre) die Wurzelmasse zu. P in einer Menge von 30 pounds P_2O_5/acre kombiniert mit N, zeigte nur geringe Wrkg.; bei 60 pounds P_2O_5/acre konnte jedoch eine stärkere Zunahme der Wurzelmasse festgestellt werden. K-Gaben blieben wirkungslos. In den ersten 3—4 Jahren nach der Aussaat war die Zunahme der Wurzelmasse am größten. 2½ Jahre nach dem Umpflügen waren bis zu einer Tiefe von 6 inches 75—95% der Wurzeln zersetzt. In größeren Tiefen trat ein geringerer Zerfall ein. Mit Gras u. Luzerne bewachsene Böden wiesen 5 Jahre nach der Aussaat sowie 5 Jahre nach dem Umpflügen nur geringe Veränderungen in ihrem N- u. C-Geh. auf. — 21 Literaturangaben. (Agronomy J. **50.** 5—9. Jan. 1958. Mandan, N. Dak., Western Soil and Water Management, Res.Branch, Soil and Water Conservat. Res. Div.; ARS, USDA, Northern Great Plains Field Stat.) W. KREIPE. 6304

Forrest A. Sneva, Donald N. Hyder und **C. S. Cooper,** *Der Einfluß von Ammoniumnitrat auf das Wachstum und den Ertrag von Agropyron cristatum auf der Oregon-Hochwüste.* Agropyron cristatum wurde mit *Ammoniumnitrat* entsprechend 10, 20, 30 u. 40 pounds N/acre gedüngt. In allen Fällen trat eine Ertragserhöhung gegenüber den Kontrollen ein. Die Frühjahrserträge waren bei der Düngung mit 30 pounds N/acre mehr als doppelt so hoch als die der Kontrollen u. standen in direkter Beziehung zu den im April u. Juni herrschenden Tempp., aber im umgekehrten Verhältnis zu der Niederschlagsmenge im Herbst u. Winter. Die jährlichen Erträge wurden direkt von der Düngermenge sowie der Niederschlagsmenge zwischen November u. Juni beeinflußt. Im 2. Jahr nach der Düngung war die Nachwrkg. bei den mit 20 pounds N/acre gedüngten Pflanzen am größten, wobei der Ertrag beider Jahre 25 pounds, bezogen auf 1 pound N, mehr betrug als der der Kontrollen. Auch in der trockensten Zeit wurde in keinem Falle eine Schädigung bei den N-behandelten Pflanzen beobachtet, jedoch konnte ein erhöhter Rohproteingeh. in den Gräsern nur in dieser Zeit festgestellt werden. — 12 Literaturangaben. (Agronomy J. **50.** 40—44. Jan. 1958. Burns, Oreg., Squaw Butte-Harney Range and Livestock Exp. Stat.) W. KREIPE. 6304

G. I. Jarowenko, *Einfluß der Form des Stickstoffdüngers auf den Haushalt von Nitrat- und Ammoniakstickstoff in Grauerdeböden.* Laboratoriumsverss. über den Einfl. von NH_4NO_3 (**I**), $(NH_4)_2SO_4$ (**II**), $CaCN_2$ (**III**), Erbsenmehl (**IV**), Gemischen aus **I** u. **III**, aus **II** u. **III**, aus **IV** u. **III** u. aus **I** bzw. **II** u. 12% Hexachloran (**V**) in Grauerdeböden auf die NH_4^+ u. NO_3-Verhältnisse ergaben, daß bei Zusatz geringer Mengen **III** oder **V** der Nitrifizierungsprozeß u. die Anreicherung von NH_3–N stark unterdrückt werden. In den physikal.-chem. u. biol. Umwandlungen der fl. u. festen N-Düngemittel zeigte sich kein Unterschied. Auf Baumwollfeldern wurden **I** u. fl. NH_3 fast genau so rasch nitrifiziert wie im Laboratorium. Am 8. Tag nach der Einbringung von fl. NH_3 u. **I** konnte im Boden nur Nitrat-N festgestellt werden. (Доклады Академии Наук УзССР [Ber. Akad. Wiss. UsbekSSR] **1958.** Nr. 10. 41—44. Akad. der Landwirtsch.-Wiss. der Usbek-SSR.) OTTO MAIER. 6304

W. W. Jones, T. W. Embleton und **M. L. Steinacker,** *Die Stickstoffdünger und ihre Beziehung zu Qualität und Ertrag von Orangen.* Durch zu niedrige *N*-Düngung wurden

bei Valencia-Orangen die Erträge vermindert. Andererseits stellten sich bei N-Düngung, die über ein gewisses Optimum hinausging, negative Auswrkgg. auf die Qualität der Früchte (sehr dicke Schale, niedriger Vitamin-C-Geh., verminderte Saftigkeit) ein. (Calif. Citrograph. **43.** 3. 12. Nov. 1957. Univ. of California, Citrus Exp. Stat.)
M. Winiker. 6304

P. Vidal und **P. Bonnet,** *Düngung von Cinchona ledgeriana Moens in Baumschulen und in Plantagen.* Auf granit. Böden in Französ.-Guinea bewährte sich zur Anzucht von Cinchona ledgeriana Moens Düngung mit N u. K, während bei Plantagen die besten Erfolge mit NPK-Düngung erzielt wurden. (Agronom. tropicale **13.** 429—47. Juli/Aug. 1958.) M. Winiker. 6304

L. B. MacLeod, *Das Kalken eingedeichter Neulandböden.* Zu 3 verschied. Mustern von Neulandböden (Oberboden, Unterboden u. Mischung derselben) wurden verschied. Zusätze an dolomit. u. calcit. Kalkstein gemacht. Beide Arten von Kalkstein hatten gleiche ertragssteigernde Wrkg. auf Hafer u. Klee. (Canad. J. Soil Sci. **38.** 69—76. Aug. 1958. Nappan, Nova Scotia, Canada, Dep. of Agric.) H.-G. Krey. 6304

A. Musierowicz und **J. Krzysztofowicz,** *Düngewirkung von Kalksteinen verschiedener geologischer Formationen in Abhängigkeit vom Vermahlungsgrad.* Es wurden Topfverss. mit Rotklee u. Gerste bei Anwendung von $CaCO_3$-Gaben entsprechend 75% der Bodenacidität durchgeführt. Devon-, Jura- u. Kreidekalkstein zeigen nach Vermahlen auf $<$0,25 mm die gleiche Düngewrkg., die aber die Wrkg. von chem. reinem $CaCO_3$ nicht übertrifft. Bei Korngrößen $>$ 0,25 mm wirkt Kreidekalkstein auf leichten Sand–Ton-Böden am besten. (Roczniki Nauk rolniczych, Ser. A **76.** 467—80. 1957. Warszawa, SGGW, Zakł. Glebozn., Chem. roln.) F. Urban. 6304

M. Górski und **L. Kuszelewski,** *Untersuchungen über die Anwendung von Stallmist.* 1. Mitt. *Der Einfluß des Einbringens von Stallmist in den Boden auf die Kartoffelernte.* In leichten, nährstoffarmen Böden bringt das Unterbringen von Stallmist in Reihendüngung von unten mehr Ertrag als andere Verteilung im Boden. Der Stärkegeh. der Knollen wird durch die Düngungsmeth. nicht beeinflußt. (Roczniki Nauk rolniczych, Ser. A **76.** 481—527. 1957. Warszawa, SGGW, Zakł. Chem. roln.)
F. Urban. 6304

Andrés García Cabezón, *Der Magnesiummangel der Kulturböden der Canarischen Inseln.* Auf den Canar. Inseln macht sich Mg-Mangel durch hellgrüne Färbung der Maisblätter mit roten Rändern, gelbe oder braune Flecken auf den unteren Blättern der Tomate u. violette Färbung der unteren Blätter der Baumwollpflanze bemerkbar. Abhilfe wird durch Düngung mit *$MgSO_4$* (300—500 kg/ha) unter weitgehender Red. der K-Düngung geschaffen. *Dolomit* ist wegen des oft schon bestehenden Kalküberschusses meist nicht zu empfehlen. (Agricultura [Madrid] **27.** 666—69. Dez. 1958.)
R. K. Müller. 6304

H.-H. Seiffert und **J. Wehrmann,** *Düngungsversuche zur Kupfer- und Kobaltaufnahme der Futterpflanzen auf einer Podsol- und einer Braunerdeweide in Schleswig-Holstein.* Vff. untersuchten den Einfl. von niedriger u. hoher *NPK*-Düngung sowie von *Cu*- u. *Co*-Gaben in Verbindung mit einer starken NPK-Düngung auf den Cu- u. Co-Geh. von Weidefutter auf einer Podsol- u. einer Braunerdeweide. Hinsichtlich der Erträge wurde im Falle starker NPK-Düngung eine Verdoppelung erzielt, während Cu- u. Co-Gaben ohne merklichen Einfl. blieben. Auf der Cu-reichen Braunerde wurde durch die hohe NPK-Düngung in den Frühjahrsschnitten des Weidefutters eine Zunahme des Cu-Geh. bewirkt, auf dem Cu-armen Podsol hingegen eine Abnahme. Die Cu–Co-Düngung bewirkte nur auf dem Podsol eine Steigerung des Cu-Geh. des Futters. Im Falle der Braunerde blieb sie prakt. ohne Wirkung. Was die Co-Gehh. des Futters betrifft, so wurden dieselben durch Cu–Co-Düngung auf dem Podsol stärker erhöht als auf der Braunerde. (Z. Pflanzenernähr., Düng., Bodenkunde **79 (124).** 142—54. Dez. 1957. Kiel, Inst. für Pflanzenernährung u. Bodenkunde.) M. Winiker. 6304

J. D. Downes, R. Heslip und **S. Honma,** *Die Wirkung von Polyäthylenmulchungen, Starterlösung und Umpflanzungsart auf die Erträge von Süßpfeffer.* Eine Bodenbedeckung mit schwarzen Polyäthylenfolien bzw. einer Al-pigmentierten Polyäthylenfolie (zur Wärmeabsorption u. Verminderung der Wasserverdunstung) führte in einem Vers. mit rotem Pfeffer zu keiner Erhöhung des Gesamtertrages (bei einer Stimulierung der vegetativen Entw.), an einem anderen Standort dagegen zu einer deutlichen Ertragssteigerung. Die Wrkg. der Mischung war unabhängig von der Art der Umpflanzung u. der Anwendung einer Starternährlsg. zum Zeitpunkt des Umpflanzens. (Michigan State Univ. Agric. appl. Sci., agric. Exp. Stat., quart. Bull. **41.** 641—47. Febr. 1959.)
Wilfried Werner. 6304

István Szabó, *Beiträge zur Kenntnis der antibiotischen Aktivität der Strahlenpilzflora ungarischer Böden.* Es konnte festgestellt werden, daß die antibiot. wirkenden Strahlenpilzstämme in ungar. Böden nicht gleichmäßig verbreitet sind. Man kann in dieser heterogenen Verteilung eine bestimmte Tendenz beobachten, insofern, als Ackerböden eine aktivere Mikroflora besitzen als jungfräuliche Böden verschiedensten Typs. Die bearbeiteten sandigen Waldböden bei Gödöllő zeichnen sich durch einen besonderen Reichtum an akt. Strahlenpilzen aus. Die untersuchten Alkaliböden enthielten die aktivsten Strahlenpilzstämme in Böden ungünstigsten physikochem. Zustandes. Allg. wurden akt. antibiot. wirkende Strahlenpilze in solchen Böden vorgefunden, in welchen die Tätigkeit dieser Mikroorganismen im Dynamismus des Bodenlebens kräftiger zur Geltung kommt (intensiv bearbeitete Äcker, neutrale jungfräuliche Waldböden usw.), oder wo sie die Biodynamik des Bodens während des Jahres beherrschen (Alkaliböden ungünstigen physikochem. u. biol. Zustandes, in erster Linie in Solontschak übergegangene Soloneze usw.). (Agrokémia és Talajtan [Agrochem. u. Bodenkunde] **5.** 433—56. Dez. 1956. Sopron, Bodenbiol. Labor.) J. PLANK. 6306

C. A. Hamsher, *Verschiedene Pesticide in Düngemitteln.* Allg. Hinweise für die Anwendung u. Wirkungsweise von Pesticiden, kombiniert mit Düngemitteln, werden gegeben. Am meisten Verwendung finden Kombinationen mit Aldrin u. in etwas geringerem Maße mit Heptachlor. Begrenzt ist der Gebrauch von BHC, Lindan, Chlordan, DDT u. Dieldrin. Bei Zusätzen von 2.4-D u. ihren Estern sind deren Kombinationen mit N-Lsgg. bes. vorsichtig anzuwenden. (Agric. Chemicals **13.** 32—34. Jan. 1958.) W. KREIPE. 6312

Shigeo Yoneda, *Methoden zur Bestimmung der Festigkeitsgrenzen und -konstanten des Bodens.* Folgende physikal. Bodeneigg. werden hinsichtlich ihrer Brauchbarkeit zur Charakterisierung eines schwer bearbeitbaren schweren Tonbodens untersucht: Plastizitätsgrenze, Feuchtigkeitsgrenze, Durchlässigkeitsgrad, Festigkeitsgrad des trockenen Bodens, Kohäsion bei wechselnder Feuchtigkeit. Methoden zur Best. dieser Eigg. im Labor. werden angegeben. — Nach Behandlung des Bodens mit Gips oder Krilium konnte die mittels der angeführten Größen charakterisierbare Bearbeitungsfähigkeit des schweren Tonbodens verbessert werden. (Soil Plant Food [Tokyo] **2.** 206—10. März 1957. Okayama, Univ., Fac. of Agric. [Orig.: engl.]) WILFRIED WERNER. 6324

M. József Csapó, *Angaben zum Wasserhaushalt von Böden. Zusammenhang zwischen den Hygroskopizitätsindices von Kuron und Sik.* Früher wurde in Ungarn zur Charakterisierung der Hygroskopizität von Böden der Index hy von KURON (ermittelt mittels 50% ig. H_2SO_4) benutzt. Heutzutage wird vielfach dem Index hy_1 von SIK (ermittelt mittels $CaCl_2 \cdot 6\,H_2O$) der Vorzug gegeben. Vf. stellte fest, daß zwischen beiden Indices die Beziehung $hy = 1{,}0415\,hy_1$ besteht. Vor- u. Nachteile beider Methoden werden diskutiert. (Agrokémia és Talajtan [Agrochem. u. Bodenkunde] **5.** 405—10. Dez. 1956. Cluj-Kolozsvar, Lehrstuhl für Bodenkunde, Univ.) J. PLANK. 6324

Béla Szekrényi, *Wasserhaushaltsindex.* (Vgl. vorst. Ref.) Zur Charakterisierung des Wasserhaushalts von Sandböden erscheint der *hy*-Wert am geeignetsten, da zwischen ihm u. der Kolloidfraktion ein enger Zusammenhang besteht. Der Sinn des *hy*-Wertes ist ziemlich abstrakt, daher empfiehlt Vf., den Wert $hy = 1{,}2$ gleich 100 zu setzen u. dann die jeweiligen *hy*-Werte in % auszudrücken. Die so erhaltenen Prozentwerte werden als „Wasserhaushaltindices" bezeichnet u. gelten strenggenommen nur für Sandböden. (Agrokémia és Talajtan [Agrochem. u. Bodenkunde] **6.** 79—85. Mai 1957. Budapest, Staatl. Landwirtsch. Güteuntersuchungsinst.) J. PLANK. 6324

Andor Klimes-Szmik, *Bemerkung zur Arbeit von B. Szekrényi über den „Wasserhaushaltsindex".* (Vgl. vorst. Ref.) Vf. ist der Ansicht, daß zur Beurteilung des Wasserhaushalts des Bodens der *hy*-Wert allein nicht genügt. Im Hinblick auf die landwirtschaftliche Bodennutzung sind Bodenschichtung, Dicke der Schichten sowie ihre Reihenfolge im Bodenprofil bei der Beurteilung mit zu berücksichtigen. Ein Sandboden mit dem *hy*-Wert 1,2 ist schon ein sehr guter Boden mit meistens über 1% Humusgeh., somit ist die Anwendung von 1,2 als Grenzwert richtig. Fraglich ist aber, ob die Einführung einer Verhältniszahl nützlich ist, da diese dem Fachmann nicht mehr als den ursprünglichen Wert angibt. (Agrokémia és Talajtan [Agrochem. u. Bodenkunde] **6.** 86. Mai 1957.) J. PLANK. 6324

Imre Babos, *Bemerkung zur Arbeit von B. Szekrényi über den „Wasserhaushaltsindex".* (Vgl. vorvorst. Ref.) Zur Beurteilung von Böden hinsichtlich ihrer Eignung zur Aufforstung ist die Best. des *hy*-Wertes, wie auch der Lehm–Humus-Fraktion umständlich u. erfordert Arbeit im Laboratorium. In der Praxis gibt das Bodenprofil u. die Umgebung genügend Aufschluß, ob der Boden geeignet ist. Der *hy*-Wert bzw. der Wasserhaushaltindex kann allerdings die Entscheidung erleichtern, welche Baumart am besten angepflanzt werden sollte. Vf. meint aber, daß es in diesem Fall nützlich wäre, den Index für die Bodenschichten separat in 100, 150 u. 200 cm Tiefe anzugeben. (Agrokémia és Talajtan [Agrochem. u. Bodenkunde] **6.** 87. Mai 1957. Budapest, Forstwiss. Forschungsinst.) J. PLANK. 6324

Zoltán Járó, *Bemerkung zu der Arbeit von B. Szekrényi über den „Wasserhaushaltsindex“.* (Vgl. vorst. Ref.) Vf. meint, daß die Angabe des *hy*-Wertes einfacher ist als der empfohlene Index, da letzterer Umrechnung erfordert. (Agrokémia és Talajtan [Agrochem. u. Bodenkunde] **6.** 88. Mai 1957. Budapest, Forstwiss. Forschungsinst.) J. PLANK. 6324

Károly Botvay, *Bemerkung zur Arbeit von B. Szekrényi über den „Wasserhaushaltsindex“.* (Vgl. vorst. Ref.) Der empfohlene Wasserhaushaltsindex kann bzgl. der physikal. Eigg. von Sandböden eine gute Orientierung geben, wegen seiner engen Beziehung zum Kolloidgehalt. Die Erfahrung zeigte, daß bei Akazien der Index sehr begrenzt anwendbar ist. (Agrokémia és Talajtan [Agrochem. u. Bodenkunde] **6.** 89—92. Mai 1957. Sopron, Forsting.-Hochschule.) J. PLANK. 6324

D. Collier, Louis Gachon und **M. Robelin,** *Über die Bedeutung des Zustandes des Untergrundes für die Bewertung der Eignung von Böden für den Pflanzenanbau.* Beispiele (Zahlentafel) zeigen den Einfl. des Untergrundes auf Eigg. u. Ertrag von Anbauböden. Wenn eine ausreichende Menge von einwandfreien, statist. Angaben über den Ertrag von Böden unter verschied. klimat. u. Nutzungsbedingungen vorliegt, lassen sich Wechselbeziehungen aufstellen; jedoch haben die Schlußfolgerungen nur Wert, wenn die Unterlagen keine systemat. Fehler enthalten. (C. R. hebd. Séances Acad. Agric. France **45.** 218—21. 1959.) W. WESLY. 6324

Giuseppina Merli, *Der im Boden in labiler Bindung vorliegende Stickstoff.* Die wss. Bodensuspension wird einmal nach Zusatz einer starken Base, $Ca(OH)_2$, u. einmal nach Zusatz einer schwachen Base, $Mg(OH)_2$, destilliert. Das hierbei überdest. NH_3 wird mit NESZLERS Reagens colorimetr. bestimmt. Die Differenz beider Bestimmungen gibt den Geh. an „labilem N“ des Bodens (ausgedrückt in mg/N/100 g) an. (Ann. Staz. chim.-agrar. sperim. Roma [3] 1955; Pubbl. Nr. **109.** 1—8.) E. VEVERA. 6324

István Szabolcs und **Andor Szeder,** *Neue Methode zur Untersuchung des fünfprozentigen alkalischen Bodenauszuges.* Zur Analyse des alkal. Bodenauszuges empfiehlt Vf. statt der klass. gravimetr. Methoden die photometr. Best. von SiO_2 u. Al_2O_3. Der durch organ. Substanz gefärbte Auszug wird mittels Kohle geklärt. In einem Anteil der filtrierten Lsg. wird *Si* colorimetr. mittels $(NH_4)_2MoO_4$ u. in einem Anteil der Lsg. wird *Al* colorimetr. mit *Aluminon* bestimmt. (Agrokémia és Talajtan [Agrochem. u. Bodenkunde] **6.** 51—54. Mai 1957. Budapest, Agrochem. Forschungsinst.) J. PLANK. 6324

Hideaki Saeki und **Kazuo Fujii,** *Die Anwendung einer chromatographischen Methode und einer Hochfrequenzapparatur zur Bestimmung von K und Na im Bodenextrakt.* Es wurden 2 Methoden zur mikrochem. Best. von Na u. K in Bodenextrakten entwickelt: 1. Direkte Meth.: Die chromatograph. Trennung erfolgt eindimensional durch aufeinanderfolgende Entw. mit 1n HCl:A. = 1:9 sowie W.:A. = 1:9. Auf dem Chromatogramm werden Na u. K mittels der Hochfrequenztechnik unter Anwendung einer besonderen Elektrode direkt besimmt; 2. Titrationsmeth.: Nach chromatograph. Trennung werden Na u. K mit heißem W. eluiert, die Eluate bei 450° eingedampft, mit 10 ml W. aufgenommen u. der Geh. an K bzw. Na durch Hochfrequenztitration mit n/1000 $AgNO_3$-Standardlsg. bestimmt. Bei Verf. 1 liegt die Fehlergrenze für Na u. K bei ca. 10%, bei Verf. 2 für K bei 5—10%, während hier bei der Best. von Na Fehler bis zu 44% auftraten. — Vff. empfehlen daher ,Na nach chromatograph. Trennung direkt zu bestimmen (Meth. 1), dagegen K durch Titration im Eluat (Meth. 2). (Soil Plant Food [Tokyo] **2.** 190—94. März 1957. Hyogo, Univ. of Agric., Labor. of Soil Sci. [Orig.: engl.]) WILFRIED WERNER. 6324

E. Q. Laws, *Die Bestimmung von Phosdrin in Pflanzen. Phosdrin* (**I**) kann nach demselben Verf. wie Methyldemeton bestimmt werden (vgl. LAWS u. WEBLEY, C. **1959.** 8289). Beim Eindampfen der Chloroformlsg. muß jedoch Vorsicht angewendet werden, damit die Substanz nicht teilweise verflüchtigt wird. Der **I**-Geh. von Feldfrüchten ist nach dem Besprühen bis zum ersten Regen wegen anhaftender Tropfen auf der Blätteroberfläche hoch u. sinkt danach langsam ab. Die **I**-Bestimmungen bei in einem gewöhnlichen Eisschrank aufbewahrten Pflanzen gaben zu niedrige Werte, während bei der Aufbewahrung in Tiefkühltruhen die Ergebnisse mit sofort nach der Ernte vorgenommenen Bestimmungen übereinstimmten. — Vf. nimmt an, daß das aktivere Isomere in der Pflanze zuerst zerstört wird, so daß Vergleichsmessungen nach der *Anticholinesterase*-Meth. in den späteren Stadien zu niedrige Werte geben. (Analyst **84.** 323—24. Mai 1959.) E. DEHMLOW. 6328

VIII. Metallurgie. Korrosion.

G. Chaudron, *Die Reinheit der Metalle und einige der neuesten Fortschritte in der Metallurgie.* Zusammenfassender Bericht über die Unterss. des Labor. von Vitry, wobei bes. auf die Ergebnisse bei *Al* eingegangen wird. — 45 Literaturzitate. (Alluminio **28.** 109—14. März 1959. Paris, Univ.) K. RUMPF. 6350

R. Przybylki und **G. Hedrich,** *Die Zinnerzlagerstätte von Altenberg. — Geologie und Bergbau.* Allg. geolog. Verhältnisse des Gesamtgebietes, eingehende Beschreibung des Zwitterstockes u. des Abbaus desselben. (Bergbautechnik **6.** 188—94. April 1956. Altenberg.) M. GEHLEN-KELLER. 6354

Ferenc Varga, Lajos Kálmán und **Rezsö Sima,** *Betriebserfahrungen mit dem basischen Kupolofen.* Der Vgl. der Abnützung von bas. u. saurem Futter in Kupolöfen zeigte die Vorteile des bas. Futters. Obwohl die bas. Futtermaterialien teurer sind als saure Stampfmassen oder Schamotteformsteine u. hierdurch die Kosten pro t größer sind, gleicht sich dieser Unterschied durch die Güteverbesserung des Gußeisens aus. Die Verminderung des S-Geh. ist bedeutend u. bes. beim Kokillenguß wichtig. (Kohászati Lapok **12 (90).** Nr. 10. Öntöde **8.** 204—07. Okt. 1957.) J. PLANK. 6370

H. Bates, *Der Einfluß einer Undichtigkeit an einem Sinteranlagelüfter.* Untersucht wird der Einfl. einer Luftundichtigkeit eines Ventilators an einer Sinteranlage auf die Luftströmung durch das Sinterbett u. auf die Sinterleistung. (J. Iron Steel Inst. **184.** 428—33. Dez. 1956. Normanby, Middlesbrough, England.) H. HOCHSTEIN. 6378

P. K. Gledhill und **C. Lang,** *Sinterkennwerte von einem Cleveland-Eisenstein.* Ein zufriedenstellender Hochofensinter wird aus einem Cleveland-Eisenstein von der Zus. 35,74(%) *FeO*, 2,28 Fe_2O_3, 14,5 SiO_2, 5,35 *CaO*, 11,63 Al_2O_3, 3,96 *MgO*, 0,42 *MnO*, 0,52 *S*, 0,96 P_2O_5, 19,14 CO_2 u. 4,74 gebundener Feuchtigkeit bei einem Rohgemisch aus 66(%) Erz, 30 Rücklauf u. 4 Koks bei einer Gesamtfeuchtigkeit von 11% erhalten. Es werden Angaben über den Luftbedarf je t Rohsintergemisch gemacht. Über 80% des im Rohgemisch vorhandenen S wird beim Sintern entfernt. Bei einer Vorwärmung wird 1% des Kokssatzes eingespart, jedoch die Sinterzeit erhöht. Der Ersatz von 12% Eisenstein durch Kalkstein im Sintergemisch ergibt eine verbesserte Durchlässigkeit nach der Zündung sowie eine kürzere Sinterzeit. Hierbei wird der Luftbedarf je t Rohgemisch verringert, die Sinterleistung jedoch erhöht. (J. Iron Steel Inst. **184.** 434—37. Dez. 1956.) H. HOCHSTEIN. 6390

Robert L. Bennett, Robert E. Hagen und **Morris V. Mielke,** *Sinterung von Eisenerzen und Konzentraten in Extaca.* (Blast Furnace, Coke Oven, raw Mater. Committee Iron Steel Divis., Amer. Inst. Mining metallurg. Engr., Proc. **15.** 256—75. 1956. — C. **1958.** 11357.) H. HOCHSTEIN. 6390

M. A. Schapowalow, *Sauerstoff bei der Hochofenschmelze.* Bei der Verwendung von angereicherter Gebläseluft (25—26% O_2) erhöht sich die Produktivität von Hochöfen bei der Gewinnung von *Roheisen* um 3,5—4% für jedes % O_2-Geh. über 21%. Die Gesamtmenge der Gebläseluft sinkt von ca. 4,6 auf 4,0 m^3/kg Koks. Der Verbrauch an Koks bleibt unverändert. Bei Zusatz reduzierender Gase (Kokereigas, Erdgas usw.) steigt die Gesamtgasmenge stark an; bei gleichzeitiger Verwendung von angereicherter Luft (30% O_2) bleibt sie jedoch n.; der Koksverbrauch sinkt dabei bedeutend; die Produktivität wird erhöht. Bei Verwendung von Gebläseluft mit 31% O_2 erhöht sich die Produktivität bei der Herst. von Ferromangan um 80—90%, von Ferrosilicium um 53% (bezogen auf red. Si), Der Koksverbrauch sinkt um 15%. Silicomangan (49,6% Mn, 10,8% Si, 3,0% C) kann nicht mit gewöhnlicher Gebläseluft gewonnen werden; gute Ergebnisse wurden dagegen mit angereicherter Luft mit 35% O_2 erzielt. (Кислород [Sauerstoff] **11.** Nr. 4. 1—11. 1958.) H. HUBER-EMDEN. 6400

W. A. Chromow, *Der Einfluß der Anreicherung des Gebläsewindes mit Sauerstoff auf die Temperatur im Herd des Hochofens.* Die Verwendung von angereichertem Gebläsewind (bis 33,5% O_2) verändert die mittlere Temp. im Herd des Hochofens nicht wesentlich. Dagegen ändert sich die Temperaturverteilung in der Ebene der Windformen: Die Temp. in den zentralen Teilen des Herdes wird geringer, während das Temperaturmaximum entsprechend höher wird u. weiter nach außen wandert. Zwischen dem Abstand S des Temperaturmaximums von den Windformen u. dem Quotienten E/C_F besteht eine lineare Beziehung (E = kinet. Energie/Sek. des Gebläsewindes, C_F = Verbrauch an Kohlenstoff an den Windformen/Sek.). Es wird ein Verf. zur Berechnung der für eine optimale Temperaturverteilung günstigen Windformendurchmesser bzw. der Größe S angegeben. Die mittlere Temp. in der Windformenebene steigt linear mit der Wärmemenge (kcal/kg Roheisen) an, die mit der Schlacke abgeführt wird. (Кислород [Sauerstoff] **11.** Nr. 4. 11—20. 1958.) H. HUBER-EMDEN. 6400

N. N. Popowa und **N. A. Krawtschenko,** *Methodik zur Prüfung der Neigung von Gußeisen zum Wachsen.* In einem zu diesem Zweck gebauten, mit Dampf geheizten App. werden Gußstücke von 100 mm Länge u. 15 mm Durchmesser bis zu 5000 Std. auf 300—350° erwärmt, wobei sich langsame Erhöhung der Länge um 0,13 mm u. des Gewichts um 0,02 g ergaben. Auch die Mikrostruktur zeigte Änderungen. (Заводская Лаборатория [Betriebs-Lab.] **23.** 817—18. 1957. Charkow, Turbinenfabrik „Kirow".) J. V. SCHROEDER. 6402

John Allan, *Bekämpfung von Schrumpfungsmängeln in Gußeisen.* Übersicht über Arten, Ursachen u. Bekämpfung von Schrumpfungen in Gußeisen. (Canad. Metals **19.** Nr. 11. 36. 38. 42. Nov.; Nr. 12. 36—40. Dez. 1956. St. Catharines, Ontario, Brass Works Ltd.) W. WESLY. 6402

M. Ss. Kurtschatow, *Über die Möglichkeit einer direkten Stahlerzeugung im Hochofen und einige Vorteile der Schmelzführung unter Reduktion mit festem Kohlenstoff.* Auf Grund früherer Arbeiten (vgl. C. **1958.** 6380) wird vom Vf. ein neues technolog. Schema der Hochofenschmelzführung vorgeschlagen, bei dem hauptsächlich die Red. der Erze mit festem C durchgeführt u. dabei die Möglichkeit einer direkten Stahlerzeugung erhalten wird. Hierbei kann die Schmelzung nicht nur mit gutem Hüttenkoks, sondern auch mit weniger hochwertigen Brennstoffen, wie mit nicht oder nicht gut verkokenden Kohlen, Schwelkoks, Braunkohlen u. Anthrazit, durchgeführt werden. (Доклады Болгарской Академии Наук [C. R. Acad. bulg. Sci.] **11.** Nr. 1. 41—44. Jan./Febr. 1958. Chem. Inst. der Bulg. Akad. der Wiss.) H. HOCHSTEIN. 6408

G. V. Smith, E. J. Dulis und **B. W. Royle,** *Die Einwirkung der Vorbehandlung von Martensit auf die nachfolgende Graphitbildung bei 1200° F.* Unterss. an eutektoidem, mit *Al* desoxydiertem Stahl mit 0,79 (%) *C*, 0,62 *Mn*, 0,011 *P*, 0,01 *Ti*, 0,069 *Al*, 0,004 Al_2O_3, 0,025 *S*, 0,23 *Si*, 0,02 *Ni*, 0,02 *Cr*, 0,03 *Cu*, 0,01 *Zr*, 0,005 *N* zeigen, daß dieser bei 1200° F viel mehr Graphitknollen bildet, wenn er erst einer Temp. von 800—1000° F ausgesetzt worden ist. In 100 Tagen wurde der Stahl vollständig graphitisiert. (Welding J. **34.** Nr. 8. Welding Res. Council Engng. Foundat. 374s—378s. Aug. 1955. Kearny, N. J., United States Steel Corp., Fundamental Res. Labor.) W. WESLY. 6408

Hermann Schenck, Eugen Schmidtmann und **Peter Schmithals,** *Beitrag zur Frage des Umwandlungsverhaltens von Stahl in Einsatzschichten.* Untersucht wird die Nachprüfbarkeit des Umwandlungsverh. von Stahl in Einsatzschichten durch Vergleichsverss. an entsprechend legierten Modellstählen. Proben aus Stahl mit rund 0,15 (%) *C* u. 1,25 *Mn* wurden 6 Std. bei 870°, 10 Std. bei 930° oder 20 Std. bei 950° aufgekohlt, n. geglüht, bei 930° austenitisiert u. danach isotherm. bei Tempp. im Perlit- u. Zwischenstufenbereich umgewandelt. Die Proben wurden metallograph. untersucht u. das Gefüge der Randzonen mit den C-Gehh. verglichen. Entsprechend wurden nicht aufgekohlte Stähle mit rund 0,2—0,9 C u. 1,1—1,2 Mn untersucht. Nach den Zeit–Umwandlungs-Kurven wurden Zeit–Temp.–Umwandlungs-Schaubilder in Abhängigkeit vom C-Geh. gezeichnet. In den aufgekohlten Schichten mit rund 0,8—0,9 C beginnt u. endet die Umwandlung früher als in den Modellstählen. Die aufgekohlten Schichten mittleren u. niedrigen C-Geh. benötigen längere Zeiten als die Modellstähle. Es ergeben sich teils Abweichungen der Umwandlungszeiten von über 1000%. Die Umwandlungsdauer der Modellstähle nimmt stetig mit dem C-Geh. zu. In den Einsatzschichten treten Höchstwerte der Umwandlungsdauer bei mittleren C-Gehh. auf. Mit beginnender Umwandlung bildet sich im Kern der aufgekohlten Proben ein Bereich mehrachsigen Drucks, der sich allmählich zum Rand hin ausdehnt. Infolgedessen herrschen in den Randzonen starke Zugspannungen, die erst nach u. nach abgebaut werden. Die Beschleunigung der Umwandlung in den Randzonen höheren C-Geh. läßt sich auf diese Zugspannungen zurückführen, während der Spannungszustand im Kern eine Verzögerung bewirkt. Die Umwandlungsgeschwindigkeiten bei der Halbwertzeit (v_{50}) weichen ebenfalls voneinander ab. Die Temperaturabhängigkeit von v_{50} läßt sich nicht durch eine einfache Exponentialfunktion beschreiben. Die Ursache hierfür wird in den starken Umwandlungsspannungen der Einsatzschichten gesehen. Zur Klärung dieser Frage wurden aufgekohlte Ringproben mit einem Außendurchmesser von 25 mm u. Innendurchmessern von 8—20,7 mm austenitisiert u. bei 400° umgewandelt. Die Wanddicke hatte einen deutlichen Einfl. auf die Umwandlungszeiten. Beginn u. Ende der Umwandlung wichen bis zu 100% voneinander ab. An einer für die Aufstellung der Zeit–Temp.–Umwandlungs-Schaubilder verwendeten aufgekohlten Probe wurde ferner die Gefügeorientierung nach Umwandlung in der unteren Zwischenstufe statist. ermittelt: In den Randzonen mit hoher Zugspannung u. hohen C-Gehh. waren die Nadeln bevorzugt unter 45° zur Spannungsachse ausgerichtet. In Zonen mit C-Gehh. unter 0,7% wurde keine Vorzugsrichtung beobachtet. Die Verwendung von Modellstählen zur Beschreibung des Umwandlungsverh. von Einsatzschichten kann somit zu erheblichen Fehlern führen. Die durch die ungleichmäßige Umwandlung in den Einsatzschichten verursachten Zugspannungen dürfen nicht vernachlässigt werden. (Arch. Eisenhüttenwes. **30.** 153—60. März 1959. Aachen, TH.) H. HOCHSTEIN. 6408

R. W. Nichols, *Die Härte von einigen unlegierten und niedriglegierten Stählen bei niedrigen Temperaturen.* Diskussion zu der C. **1957.** 10322 referierten Arbeit. (J. Iron Steel Inst. **184.** 452—56. Dez. 1956.) H. HOCHSTEIN. 6408

Hideji Hotta, *Untersuchung über Werkstoffe für Federn.* 6. Mitt. Untersucht wird ein 5-Phasen-*Matrizenstahl* (I) mit 0,22 (%) *C*, 1,82 *Cr*, 8,97 *W* u. 0,65 *V* u. *Si-Mn-Stahl* (II) mit 0,28 *C*, 1,94 *Si* u. 0,81 *Mn*. I gibt beste Eigg. bei 1100°-Glühen u. Erhitzen auf 600° in einem Bad konstanter Temperatur. Bei **II**, nach dem üblichen Schema des Glühens u. Anlassens hergestellt, bringt Behandlung bei höherer Temp. eine damit linear verlaufende Erniedrigung der Hochtemperaturschlaghärte. (Tetsu to Hagane [J. Iron Steel Inst. Japan] **41.** 343—44. März 1955. Kumamoto Univ. [Orig.: japan.]) L. SCHULER. 6408

Hideji Hotta, *Untersuchung über Werkstoffe für Federn.* 7. Mitt. (6. vgl. vorst. Ref.) Unterss. über die Eigg. von Stahl A mit 0,28 (%) *C*, 1,94 *Si*, 0,81 *Mn* u. Stahl B mit 0,22 C, 0,14 Si, 0,52 Mn, 1,82 *Cr*, 8,97 *W*, 0,65 *V* zeigen: Die höchste Härte zeigt A nach Abschrecken bei 900° u. Tempern bei 350°. Die Schlagzahl nach dem IZOD-Verf. ist bei Raumtemp. in B (bei 600° warmbadgehärtet) höher als in A. Im Dauerermüdungsvers. ist B (bei 600° warmbadgehärtet) A überlegen. Die maximale Torsionsbeanspruchung von B wird durch 1 std. isotherm. Behandlung bei 600° u. Abschrecken von 1100° ermittelt. (Tetsu to Hagane [J. Iron Steel Inst. Japan] **44.** 38—42. Jan. 1958. [Orig.: japan.; Auszug: engl.]) W. WESLY. 6408

Allen C. Gilbraith, *Eine neue Ausscheidungshärtung von nichtrostendem Stahl.* Der neue nichtrostende Stahl *PH 15-7 Mo* ist eine Abwandlung der *Cr-Ni*-Stähle. Er besitzt einen hohen Elastizitätsmodul, hohe Dauerfestigkeitseigg. u. hohe Zugfestigkeit neben erhöhter Korrosionsbeständigkeit. Dieser Stahl wird entweder im geglühten Zustand oder nach einer Kaltwalzung geliefert. Es werden für den Glühzustand (1065 ± 14°) mit Luftabkühlung mit nachfolgender Ausscheidungshärtung (1½ Std. bei 760° u. Abkühlung auf 6° in 80 Min.) mit u. ohne nachfolgende Erhitzung auf 565° sowie nach einer Abschreckung des bei 1065° geglühten Stahles auf eine Temp. unter 0° die Werte der Zugfestigkeit u. Streckgrenze angegeben. *PH 15-7 Mo* besitzt nach einem Kaltwalzen hohe Festigkeitseigg., eignet sich aber nicht zur Herst. schwieriger Teile aus flachgewalztem Blech oder Band wegen seiner hohen Elastizität. Durch eine 1 std. Glühbehandlung bei 482° an der Luft kann die Festigkeit noch erhöht werden. (Metal Treatment Drop Forging **26.** 91—94. März 1959.) H. HOCHSTEIN. 6410

A. Choquet, V. N. Krivobok und **G. Welter,** *Zug-Schlag-Eigenschaften von austenitischen, rostfreien Stählen bei Zimmer- und niedrigerer Temperatur.* Stat. u. dynam. Eigg. von 4 Stählen mit 15,64—17,12 (%) *Cr*, 0,93—7,82 *Ni*, 1,15—17,17 *Mn*, 0,08 bis 0,097 *C*, 0,025—0,031 *P*, 0,006—0,030 *S*, 0,32—0,50 *Si* als Grundwerkstoffe u. in stumpfgeschweißten Konstruktionen. (Welding J. **34.** Nr. 8. Welding Res. Council Engng. Foundat. 361s—373s. Aug. 1955. Montreal, École Polytechn.; New York, N. Y., Internat. Nickel Co., Stainless Steel and Heat Resistant Alloys Sect.) W. WESLY. 6410

L. Colombier, *Die gegen Schwefelsäure und Salzsäure beständigen Stähle und Legierungen.* Zus., Eigg. u. Anwendung der gegen H_2SO_4 u. HCl beständigen Werkstoffe *Hastelloy B* (*Ni-Mo*), *Hastelloy C* (*Ni-Cr-Mo*) u. *Hastelloy F* (*Ni-Cr-Fe-Mo*). (Métallurgie Construct. mécan. **91.** 155—62. März. 249—59. April 1959. C. A. F. L., Sect. de Rech.) W. WESLY. 6410

Einar Mattsson und **Franz Schückher,** *Eine Untersuchung der Wasserstoffversprödung in Kupfer.* Untersucht werden die Desoxydation u. die H-Versprödung von O-haltigem Cu durch Glühverss. im Bereich von 400—700°. Die Einfll. des H-Drucks, der Glühtemp. u. -zeit wurden ermittelt. Zu Beginn der Glühung findet nicht durch Rißbldg. begleitete Desoxydation infolge einer Diffusion des O zur Oberfläche hin statt, wobei die Aktivierungsenergie in ca. 42 kcal/g-Atom beträgt. Nach dieser Incubationsperiode tritt unter Rißbldg. eine Desoxydation infolge des H-Eindringens in das Metall hinein auf. Hierdurch bestätigen die Ergebnisse quantitativ die Hypothese von RANSLEY. Der die Geschwindigkeit bestimmende Schritt für das H-Eindringen scheint entweder die Übertragung der H-Atome von der Oberfläche ins Innere oder die Diffusion dieser Atome in das Metall zu sein. Das industrielle Blankglühen muß innerhalb der Incubationszeit ausgeführt werden. Die Höchstwerte der Glühtemp. u. der H-Konz.

sind für eine Incubationsperiode von 1½ Std. bestimmt worden. — 31 Literaturangaben. (J. Inst. Metals **87**. 241—47. April 1959. Västerås, Schweden, Svenska Metallverken.) H. HOCHSTEIN. 6432

René Loiseau, *Das Schmelzen von Kupferlegierungen.* Überblick über die zum Schmelzen von Cu-Legierungen geeigneten Öfen u. die Schmelzführung. (Fonderie **1959**. 3—12. Jan.) K. HILLINGER. 6432

Norman L. Deuble, *Große Barren aus Molybdän durch Lichtbogengießen.* Beschrieben wird die Herst. von Mo-Pulver hoher Reinheit u. von Abschmelzelektroden aus diesem Pulver sowie das Lichtbogengießen von Mo-Barren unter hohem Vakuum. (Metal Progr. **67**. Nr. 4. 87—90. April 1955. New York, N. Y., Climax Molybdenum Co.) F. VIER. 6440

W. E. Pearson und **T. E. Leontis,** *Eine neue Magnesiumlegierung für bessere Gußstücke.* Die Legierung *AZ 81 A* mit 7,0—8,1 (%) *Al*, 0,40—1,0 *Zn*, $\geq$0,13 *Mg* zeichnet sich durch geringe Neigung zu Mikroporosität, gutes Verh. bei Wärmebehandlung, gute Gießbarkeit u. mechan. Eigg. aus. (Iron Age **178**. 127—29. 13/12. 1956. Midland, Mich., Dow Chemical Co., Metallurg. Labor., Casting Sect.) W. WESLY. 6444

R. G. Wilkinson, *Die Warmverformung von Magnesiumlegierungen.* Mg-Legierungen mit einem dicht gepackten, hexagonalen Kristallgitter können nur eine begrenzte Kaltverformung ertragen u. werden daher meist bei erhöhter Temp. verformt. Übersicht über Ausführung u. Zubehör des Verf. zur Warmverformung von Mg-Legierungen, Zus. u. (mechan.) Eigg. der wichtigsten Mg-Legierungen u. ihre Beeinflussung durch Wärmebehandlung. — Diskussion. (J. Inst. Metals **84**. 217—28. März. 483—500. Aug. 1956. Manchester, Clifton Junction, Magnesium Electron Ltd.) W. WESLY. 6444

W. R. D. Jones, *Die mechanischen Eigenschaften von binären und ternären lithiumhaltigen Magnesiumlegierungen.* Mg-Legierungen mit Li bieten wünschenswerte Möglichkeiten, da sie eine geringere Dichte als Mg selbst besitzen, u. weil eine körperzentrierte kub. Struktur, vorzugsweise Walzstruktur, in einer solchen Legierung mit ca. 70 At.-% Mg erhalten werden kann. Obgleich die bin. Legierung in Guß- u. Walzzustand nicht eine bes. hohe Festigkeit besitzt, ist ihre Verformbarkeit, bes. in β-Phase-Legierungen, sehr bemerkenswert. Die Untersuchungsergebnisse ermutigen zu weiteren Verss. der Entw. von nutzbaren, sehr leichten Legierungen auf Mg–Li-Basis. Untersucht wurde auch der Einfl. des Zusatzes eines dritten Metalles zwecks Verbesserung der Festigkeit u. der Kaltverfestigungseigg., ohne Verschlechterung der Verformbarkeit. Hierbei zeigte sich, daß Legierungen mit *Cd*, *Zn* oder *Al* günstigste Eigg. im Guß- u. Walzzustand besitzen, daß sie aber bei n. Temp. nicht stabil sind. Legierungen mit *Ag*, *Cu*, *Sn* oder *Ce* (auch Mischmetall) haben weniger gute mechan. Eigg., doch weisen sie nicht die gleiche Instabilität auf. *Mn*, *Zr* u. *B* bilden mit Li-haltigem Mg Legierungen nur schwierig oder überhaupt nicht. (J. Inst. Metals **84**. 364—78. Juni 1956. Cardiff, Univ.) H. HOCHSTEIN. 6444

Ved Prakash und **K. M. Entwistle,** *Der Einfluß der Probengröße auf die Aushärtung einer Aluminiumlegierung mit 3,8% Kupfer.* Massive Proben einer sehr reinen Al-Legierung mit 3,8% Cu zeigen eine viel geringere Härtungsgeschwindigkeit während der ersten Stufe der Aushärtung als bei dünnen Proben. Es wird über Verss. berichtet, die zu dem Schluß führen, daß die Erscheinung, in größeren Proben Leerstellen zurückzubehalten, die Ursache der geringeren Härtungsgeschwindigkeit ist. (J. Inst. Metals **87**. 262—64. April 1959. Manchester, Univ. u. Jamshedpur, Indien.) H. HOCHSTEIN. 6446

R. L. P. Berry und **E. Swainson,** *Herstellung von Titan und seinen Legierungen.* Überblick. (Tidsskr. Kjemi, Bergves. Metallurgi **17**. 87—92. 108—12. 1957. Birmingham, Imp. Chem. Ind. Ltd.) F. VIER. 6448

R. Lignon, *Über die Reinigung des Titans nach dem Jodidverfahren.* Der Verlauf der Bldg. der Ti-Jodide durch direkte Einw. von J in Dampfphase auf Ti wird erörtert. Die kennzeichnenden Kurven dieser Rk. sind aufgenommen worden. Die Unters. der Dissoziation dieser Jodide in Berührung mit dem heißen W-Draht der Versuchsapp. nach VAN ARKEL führte zur Entw. eines thermoelektr. Meßverfahrens. Ein W-Draht dient dabei als Gegenelektrode zum Ti-Draht. Die Eichkurve des Thermoelementes Ti–W wurde aufgenommen; seine Spannung bleibt unterhalb 0,1 mV bis zu 150°, erreicht aber 25 mV für 1400°, was eine Korrektur der Kaltlötstelle überflüssig macht. Unabhängig von diesen Ergebnissen wird ein Nd. von gereinigtem Ti auf einer induktiv erhitzten Metallhülse erzeugt. — Diskussion. (Rev. Métallurgie **53**. 503—09. Juli 1956.) H. HOCHSTEIN. 6448

F. R. Schwartzberg, *Wirkungen von hohen Verformungsgeschwindigkeiten und schnellem Aufheizen auf die Zugeigenschaften von Titanlegierungen.* Fließ- u. Zugfestigkeit nimmt mit steigender Verformungsgeschwindigkeit zu. Dieses Verh. ist bei hohen Tempp. bes. ausgeprägt, wie Verss. an Blechen von 0,040 in. Dicke aus *Ti, Ti–8 Mn, Ti–5 Al–2,5 Sn, Ti–2 Fe–2 Cr–2 Mo* u. *Ti–6 Al–4 V* zeigen. Duktilität nimmt im allg. ab mit steigender Verformungsgeschwindigkeit. Der Elastizitätsmodul wird dagegen nicht beeinflußt. Haltezeiten haben keinen Einfl. auf die Zugeigg. der Ti-Legierungen mit Ausnahme von durch Oxydbldg. bei hohen Tempp. hervorgerufener Abnahme der Dehnung. (Light Metal Age **17.** Nr. 1/2. 11—12. Febr. 1959.) F. VIER. 6448

A. W. Demmler jr., M. J. Sinnott und **L. Thomassen,** *Kerbermüdungseigenschaften einiger Titanlegierungen.* (Vgl. C. **1959.** 8700.) Die Kerbermüdungseigg. von 3 handelsüblichen Ti-Legierungen (*Ti–75 A, RC–130 B* u. *RC–A–110 AT*) u. von 2 Versuchslegierungen mit 6 (%) *Al* (α-Legierung) u. mit 30 *Mo* (β-Legierung) wurden untersucht. Dabei wurde der Einfl. der Art u. der Form der Einkerbung auf die Eigg. ermittelt. Maschinell angebrachte Kerbe vermindern die Ermüdungseigg. unter den zu erwartenden Wert. Walzen der Kerbe nach der Formung scheint die die Festigkeit vermindernde Wrkg. der Kerbe aufzuheben. — Diskussion. (Proc. Amer. Soc. Testing Mater. **56.** 1051—62. 1956. Michigan, Univ.) F. VIER. 6448

I. E. Newnham, *Zirkonium für Kernreaktoren.* Vf. entwickelte ein neues Verf. zur Gewinnung von *Hf*-armem Zr für Reaktorzwecke. Die leichtere Reduzierbarkeit der Zr-Tetrahalogenide gegenüber den Hf-Tetrahalogeniden zu den Trihalogeniden mit Al bzw. Zr wird zur Abtrennung des Hf benutzt. Rohes $ZrCl_4$ wird im KROLL-Zr-Reduktionsofen mit Zr zu *$ZrCl_3$* red., wobei sich das schwerflüchtige $ZrCl_3$ im Reduktionstiegel abscheidet. Der Hf-reiche Restdampf von $ZrCl_4$ wird auf auswechselbaren Kühlspiralen abgeschieden. Durch Erhitzen des $ZrCl_3$ über 420° tritt Disproportionierung in *$ZrCl_4$* u. schwerflüchtiges *$ZrCl_2$* ein. Das Hf-freie $ZrCl_4$ wird auf Kühlspiralen abgeschieden u. in einem zweiten KROLL-Ofen mit Mg zu Zr reduziert. Da $ZrCl_2$ gegenüber $ZrCl_4$ u. $HfCl_4$ dasselbe spezif. Reduktionsvermögen besitzt wie Zr, ist eine Zugabe von Zr nur zur Einleitung des Reduktionscyclus nötig, später ist für die Aufrechterhaltung des Kreislaufes nur Zugabe des rohen $ZrCl_4$ nötig. Neben Hf werden auch die übrigen störenden Verunreinigungen (*Fe, Si* u. *Al*) auf diese Weise in ausreichendem Maße entfernt. Ein Nachteil des Verf. besteht darin, daß sich $ZrCl_3$ in Form eines festen Kuchens auf dem Reduktionstiegel abscheidet u. eine weitere Red. des $ZrCl_4$ verhindert; durch Vergrößerung der Zr-Oberfläche kann die Behinderung ausgeschaltet werden. Die wirtschaftlichen Vorteile des neuen Verf. gegenüber den bisher üblichen werden diskutiert. (Research **10.** 424—28. Nov. 1957. Melbourne, C.S.I.R.O., Div. of Ind. Chem.) W. KARCHER. 6448

R. S. Kemper jr. und **W. S. Kelly,** *Wirkung der Neutronenbestrahlung auf die mechanischen Eigenschaften von Zirkonium.* Zur Unters. der Wrkg. der Kaltbearbeitung mit folgender Neutronenbestrahlung auf die Zugeigg. u. die Härte von im Lichtbogen erschmolzenem Zr wurden Proben geglüht u. nach 10-, 20-, 30-, 40- u. 50%ig. Querschnittsverminderung durch Kaltschmieden bestrahlt. Die Ergebnisse von Zugprüfungen der bei 250, 300 u. 350° nach der Neutronenbestrahlung im Vakuum geglühten Proben wird angegeben. Die Zunahme der Härte u. der Fließfestigkeit durch Neutronenbestrahlung ist bei den geglühten Proben ausgeprägter als bei den kaltbearbeiteten, bei denen sie mit zunehmender Kaltbearbeitung geringer wurde. Die Bruchfestigkeit nahm bei allen Proben gleichmäßiger zu u. ebenso die Duktilität ab. (Proc. Amer. Soc. Testing Mater. **56.** 823—33. 1956. Richland, Wash., General Electric Co.) F. VIER. 6448

Jacques Boghen, Donald Whitwham und **Jean Hérenguel,** *Kaltbearbeitung und Erholung im Verlauf der Warmverformung: Zirkonium.* In Fortsetzung früherer Unterss. von HÉRENGUEL u. Mitarbeitern (vgl. C. **1958.** 6475) u. von BERGHEZAN u. HÉRENGUEL (vgl. C. **1956.** 13347) berichten Vff. über weitere Verss. an Zr. Zr-Platten mit Dicken von 12, 6, 3 u. 1,5 mm, die ½ Std. bei 800° angelassen worden waren, wurden bei 20, 200 u. 350° auf eine Dicke von 1 mm ausgewalzt, um für jede Temp. Verformungen von 50, 200, 500 u. 1100% zu erzielen. Von diesen Proben wurden bei gewöhnlicher Temp. die Zugfestigkeit (R) u. die Verlängerung beim Bruch (A) gemessen. Für die bei 20 u. 350° ausgewalzten Proben wurden außerdem zur Best. von R u. A Zugverss. bei 350° durchgeführt. Bei der ersten Versuchsreihe wurde festgestellt, daß die Kaltbearbeitung unabhängig von der Verformungstemp. ist, vorausgesetzt, daß eine Erholung infolge des Haltens der Probe bei dieser Temp. keine Erweichung hervorruft. Diese Erweichung wächst mit dem Grad der Verformung. Aus den Messungen der mechan. Eigg. bei 350° ging hervor, daß der Unterschied bei den beiden Reihen, d. h. den bei 20 u. 350° ausgewalzten Proben nur sehr gering ist. Außerdem wurde gefunden, daß R nur etwa halb so groß ist wie bei den Messungen bei 20°, A dagegen größer. Aus den Verss. folgt, daß die Verformung des Zr bei Tempp. $>20°$ u. unterhalb der Rekristallisationstemp.

zahlreiche prakt. Vorteile bietet. So kann man ohne Zwischenanlassen beträchtliche Verformungen erreichen u. durch Auswalzen bei 200 oder 300° Zugwiderstände erhalten, die bisher nicht erreichbar waren, einschließlich hohen A-Werten. Man kann außerdem durch Verformung bei mittleren Tempp. eine Reihe halbharter Zustände herstellen. (C. R. hebd. Séances Acad. Sci. **246.** 3344—47. 16/6. 1958.) C. GOTTFRIED. 6448

Louis A. Waldman und **Paul Cohen,** *Reibverschleiß von Zircaloy-2-Pellets in Wasser bei hoher Temperatur.* Es wird ein Verf. zur Best. der Geschwindigkeit des Reibverschleiß von mit Zircaloy-2 überzogenen Pellets aus UO_2 angegeben, die als Brennstoffelement in Druck-W.-Reaktorkernen verwendet werden. Es wird gezeigt, daß weder eine Aktivitätsfreigabe noch eine Durchdringung der Überzugsschicht durch Reibverschleiß verursacht wird. (Proc. Amer. Soc. Testing Mater. **56.** 891—902. 1956. Pittsburgh, Pa., Westinghouse Electric Corp.) F. VIER. 6448

Friedrich Eisenkolb und **Heinz-Eberhard Röllig,** *Beitrag zur Entwicklung zunderbeständiger Werkstoffe auf Ni–Al-Grundlage.* (Neue Hütte **3.** 721—31. Dez. 1958. Dresden. — C. **1959.** 8702.) F. VIER. 6474

G. Arthur, *Die Porosität und Durchlässigkeit von heißverpreßtem Kupferpulver.* (Vgl. C. **1956.** 10111.) Untersucht wird der Einfl. von Preßdruck u. Temp. auf die Gasdurchlässigkeit u. Porosität von heißverpreßtem Cu-Pulver. Für jeden von drei untersuchten Größenbereichen wird eine Beziehung zwischen der Durchlässigkeit u. den miteinander in Verbindung stehenden porösen Stellen erhalten. Diese Beziehung liegt mitten zwischen den früher für die Durchlässigkeit u. Porosität von locker gesintertem u. kaltverdichtetem Pulver der gleichen Form u. Größe ermittelten Beziehungen. Bei einer gegebenen D. sind die Beträge der offenen u. geschlossenen Poren im heißverpreßtem Material dieselben, wie sie zuvor im locker gesinterten Material gefunden wurden. Dies steht im Widerspruch mit der Arbeit von MURRAY über keram. Oxyde. Die Stabilität der heißverpreßten Proben beim nachfolgenden Sintern wird ebenfalls untersucht. Solche Proben zeigen größere Änderungen in der Porosität u. Durchlässigkeit als die locker gesinterten, ähnlich behandelten Proben mit gleicher Dichte. (J. Inst. Metals **84.** 327—32. Mai 1956. Bonnybridge, Schottland, John G. Stein & Co. Ltd.) H. HOCHSTEIN. 6474

L. Northcott und **H. G. Baron,** *Durch wiederholte Wärmespannungen verursachte Rißbildung von Metallen.* Überblick über Veröffentlichungen sowohl über die prakt. als auch grundsätzlichen Gesichtspunkte der Rißbldg. u. über Vorverss. zur Erzeugung solcher Rißbldg. in Stählen mit hohen Oberflächentempp. von über 700°. Hierbei wird eine kleine Probe verwendet u. eine Oberflächenseite derselben intermittierend durch eine Hochfrequenzbehandlung erhitzt, während der Hauptkörper der Probe kontinuierlich mit W. gekühlt wird. Die hierbei erhaltenen Ergebnisse werden erörtert u. graph. dargestellt. Diese Darstellungen zeigen die ungefähren Spannungen u. Beanspruchungen, die in einem niedriglegierten Stahl während verschied. Temperaturwechsel erzeugt werden. — 40 Schrifttumsstellen. — Diskussion. (J. Iron Steel Inst. **184.** 385—408. Dez. 1956. Discussion **187.** 126. Okt. 1957. Armament Res. and Developm. Establ.) H. HOCHSTEIN. 6480

D. Hadfield, *Die magnetische Messung der Härte von Metallen.* Übersicht über die Beziehung zwischen den magnet. u. mechan. Eigg. der Metalle, Ableitung einer Formel für die magnet. Best der Härte u. die inneren Spannungen u. Übersicht über die in den letzten 20 Jahren entwickelten Verff. u. Geräte zur magnet. Best. der Härte von Metallen u. ihre Anwendung. — 100 Schrifttumshinweise. (Metal Treatment Drop Forging **22.** 91—97. März. 153—59. April. 219—24. Mai. 239—44. Juni 1955. Sheffield, Swift Levick and Sons Ltd.) W. WESLY. 6480

Carl-Georg Nestler und **Frank Walter Günther,** *Elektronenmikroskopische Untersuchungen an Stahlbruchflächen.* Nach bisherigen Ergebnissen mikrofraktograph. Unterss. werden Brüche in der Hauptsache in interkristalline u. transkristalline eingeteilt. Rein interkristalline Brüche sind sehr selten; meist handelt es sich um transkristalline Bruchformen. Diese können in zähe Verformungsbrüche u. spröde kristalline Spaltbrüche untergliedert werden. Als Verformungsbrüche werden mit Gleitvorgängen verbundene Scher-, Faser- u. Grübchenbrüche bezeichnet. Als Spaltbrüche werden solche Brüche angesehen, bei denen der Riß entlang kristallograph. definierter Ebenen verläuft. Hierbei treten auf den Spaltflächen Flüsse u. Zungen auf. An bei Raumtemp. gebrochenen Proben aus unlegiertem Stahl *C 75 W 3* mit ca. 0,8% *C*, der durch unterschiedliche Wärmebehandlung mit Perlit-, Martensit- oder Anlaßgefüge vorlag, wurden eigene Bruchunterss. mit dem Elektronenmikroskop durchgeführt. Die Abdrücke wurden nach dem C-Aufdampfverf. gewonnen. Einige Bilder wurden nach Ätzen des Bruchreliefs aufgenommen. Die Ergebnisse von PITSCH, PLATEAU, HENRY u. CRUSSARD konnten im wesentlichen bestätigt werden. Darüber hinaus wurde ein Zusammenhang zwischen Carbidausscheidungsdichte u. Bruchart beobachtet. Bei reichlichen Ausscheidungen traten grübchenartige Verformungsbrüche auf, während Spaltbrüche an Stellen mit wenig Ausscheidungen gefunden wurden. Im spannungsfreien Gefüge wurden häufig Spaltrisse entlang der (1 0 0)-Ebene des α-Fe beobachtet. In vorgespannten Gittern (Martensit- oder Anlaßgefüge) traten fast nur Verformungsbrüche auf. Mit sinkender Bruchtemp. nimmt die Neigung zum echten Spaltbruch zu. Dies wird durch das Bruchaussehen eines bei -196^{0} gebrochenen Stahls *90 Mn V 8* mit ca. 0,9 (%) C, 2 Mn u. 0,1 V bestätigt. (Arch. Eisenhüttenwes. **30.** 161—67. März 1959. Karl-Marx-Stadt, Ingenieurschule für Werkstofftechnik.) H. HOCHSTEIN. 6480

M. Ja. Fuks und **Ss. I. German,** *Messung von Restspannungen in großen Schweißkonstruktionen nach der Methode der Elektrotensometrie.* Der Spannungszustand in großen Schweißobjekten kann ermittelt werden, indem man aus der Probe ein Stück ausfräst u. die dabei entstehende Verformung durch Elektrotensometrie mißt. Bei Unterss. an geschweißten C-Stahl werden hohe Zugspannungen beobachtet, die der Fließgrenze des Grundmetalls nahekommen. Zu berücksichtigen sind die Restspannungen, die in einer dünnen Oberflächenschicht des Metalls bei seiner mechan. Bearbeitung vor dem Schweißen schon vorgelegen haben. (Заводская Лаборатория [Betriebs-Lab.] **23.** 346—49. 1957. Charkow, Kirow-Turbinenfabrik.) R. K. MÜLLER. 6480

A. M. Ssamarin und **M. Ss. Fomitschew,** *Radioaktive Isotope und Kernstrahlungen in der Technik.* Kurze Übersicht über die Unterss. u. deren Ergebnisse in verschied. Ländern bei Verwendung von Radioisotopen, u. zwar im Gebiet der γ-Defektoskopie der Metalle, der Abnutzung von Maschinenteilen bei Anwendung von Schmiermitteln, beim Bau von Bohrmaschinen, in der Technologie der Metalle sowie bei der Schürfung nach Metallen, bes. nach *Lanthaniden,* u. a. Arbeitsgebieten. (Вестник Академии Наук СССР [Nachr. Akad. Wiss. UdSSR] **28.** Nr. 11. 22—27. Nov. 1958.) A. V. WILPERT. 6484

H. N. Steiger und **T. Westermark,** *Untersuchungen über die γ- und Röntgenstrahlung von ^{170}Tm für die Dickenmessung.* ^{170}Tm ist wegen seines γ-Strahlenbereichs von 50—80 keV für Dickenmessung beispielsweise von heißen Stahlstreifen geeignet. Es zerfällt mit einer Halbwertzeit von 129 Tagen in zwei negative β-Komponenten: zu 76% in ^{170}Yb im Grundzustand (Energiemaximum 968 keV), zu 24% in angeregtes ^{170}Yb (884 keV), das γ-Strahlen (Energie 84,229 keV) aussendet. Für die Unterss. wurden 44 mg Tm_2O_3 in eine zylindr. Al-Kapsel von 2,5 mm Höhe u. 2,5 mm Durchmesser gepreßt u. 20 Tage lang mit einem Neutronenfluß von $4 \cdot 10^{13}$ Neutronen/cm^2 sec bestrahlt. Eine Gesamtaktivität von 1700 mC wurde erreicht. Für den Nachw. der Absorption der Strahlung von Tm durch verschied. Metalle (Al, Cu, Pb, Fe) wurden ein GEIGER-MÜLLER-Zähler mit Ar/A.-Füllung (für Al, Cu, Fe, Pb) u. ein Scintillationsdetektor mit NaJ(Tl)-Kristalle (für Fe u. Cu) verwendet. Für Messungen in „prakt.“ Geometrie kam eine spezielle Ionisationskammer mit Methyljodidfüllung (Druck 272 Torr) in Anwendung. Als positive Elektrode diente eine aufgedampfte dünne Goldschicht, als negative ein 2 mm starker Stab aus rostfreiem Stahl — Als annähernd wahre Absorptionskurve kann nur die Scintillationskurve betrachtet werden. Die Ionisationskammerkurve hat den steilsten Abfall, da mit zunehmender Dicke des Absorbers die Strahlung härter u. deshalb mit abnehmender Wirksamkeit registriert wird. Eisenlegierungen unterscheiden sich hinsichtlich der Absorption kaum von reinem Fe. Für die relative Empfindlichkeit u. die relative Genauigkeit als Funktionen der Absorberdicke werden Gleichungen abgeleitet. Es zeigte sich, daß Stahlprobendicken von 0,1—7 mm mit hoher Präzision u. niedrigen Zeitkonstanten gemessen werden können, wenn ^{170}Tm-Quellen benutzt werden, die stärker als einige hundert mC (elektr. Strahlung) sind. (Kungl. Tekn. Högskolans Handl. 1957. **118.** 1—30. Stockholm, Royal Inst. of Technol., Div. of Phys. Chem., Labor. of Nucl. Chem.) S. NEUE. 6484

E. A. W. Müller, *Das Betatron und seine Bedeutung für die Materialprüfung.* Übersicht über die allg. Lage auf dem Gebiete der Durchstrahlungsprüfung, die Wrkg. eines Betatrons, die physikal. Eigg. energiereicher Röntgenstrahlen, der Aufbau u. die Anwendung eines tragbaren Betatrons zur Werkstoffprüfung. (Werkstatt u. Betrieb **88.** 235—38. Mai 1955. Erlangen.) W. WESLY. 6484

A. A. Moore und **J. A. Gusack,** *Autographischer Lagerfestigkeitstest und seine Ergebnisse an einigen Magnesiumlegierungen bei Raum- und erhöhten Temperaturen.* Ein vereinfachtes Verf. zum Messen der Hohlraumdehnung bei der Lagerprüfung von Metallen u. eine entsprechende Vorr. wird beschrieben. Die Lagereigg. einiger Mg-Legierungen bei Raum- u. erhöhten Tempp. werden angegeben. (Proc. Amer. Soc. Testing Mater. **56.** 834—41. 1956. Midland, Mich., Dow Chemical Co.) F. VIER. 6484

T. G. Perry, *Biegen und Formpreßverfahren.* Erörterung der beim Biegen, Walzen u. Bördeln auftretenden metallurg. Faktoren u. Aufstellung von empir. Beziehungen für die Leistung von Walzmaschinen u. für Knickkennwerte beim Biegen unter Verwendung des Kalthärtungsexponenten. — Diskussion. (J. Inst. Metals **84.** 211—16. März. 483—500. Aug. 1956. Crawley, Sussex, A.P.V. Co. Ltd.) W. WESLY. 6490

W. Johnson, *Untersuchung über einige Metallpreß- und -formverfahren.* Theoret. u. prakt. Unterss. über das Ziehen u. Weiterziehen von zylindr. Schalen unter Berücksichtigung der Einw. von Schmierung, Ziehgeschwindigkeit u. anderen äußeren Einfll. u. Messung der Restspannungen. — Diskussion. (J. Inst. Metals **84.** 165—79. März. 483—500. Aug. 1956. Sheffield, Univ.) W. WESLY. 6490

F. Proksa, *Plastisches Biegen von Blechen.* Das Blechbiegen bei starr-ideal-plast. Material u. bei Berücksichtigung der Kaltverfestigung wird mathemat. behandelt. Die Ergebnisse werden mit Versuchsmessungen verglichen. — 18 Literaturangaben. (Stahlbau **28.** 29—36. Febr. 1959. Hannover.) F. VIER. 6490

E. Griffin, *Kaltwalzformung und Handhabung von Profilen mit kleinen Querschnitten.* Übersicht über Ausführung u. Zubehör (Maschinen) des Verf. zur Massenherst. von Profilen durch Kaltwalzen u. Berechnung des Energiebedarfs. — Diskussion. (J. Inst. Metals **84.** 181—97. März. 483—500. Aug. 1956. Oldbury, Birmingham, Metal Sections Ltd.) W. WESLY. 6490

Ss. Ja. Weiler und **W. I. Lichtman**, *Wirkung von Schmiermitteln bei der Druckbearbeitung von Metallen.* (Vgl. C. **1959.** 5620.) Die Druckwrkg. beim Ziehen von Draht oder Metallblech setzt sich zusammen aus der Volumenverformung F_2 u. der Schubdeformation F_1 der äußeren Metallschichten. Auf F_2 sind Schmiermittel, wie Octan, Octylalkohol, Ölsäure, Paraffin, nur von geringem Einfl., während bei F_1 der Einfl. in dieser Richtung wächst. $F_1 + F_2$ wurde gemessen beim Ziehen durch feststehende Walzen, F_2 beim Ziehen durch bewegliche Walzen, F_1 ergibt sich aus der Differenz. Die Spannung hängt auch von der Beschaffenheit der Metalloberfläche (Oxydschicht, Reinheit) ab. So zeigen verzinnte Oberflächen von Cu oder Messing die Eigg. von reinem Sn. Ebenso verringert eine Oxydschicht die Spannung. Schon nach 24 Std. kann eine reine Metalloberfläche so weit verändert sein, daß ihre Spannung beim Ziehen um 50% verringert ist; Schmiermittel verringern diese um weitere ca. 50%. Bei verkupferten Oberflächen liegt das Minimum der Spannung bei einer Schichtdicke von ca. 0,1 μ (auch bei Anwendung aller Schmiermittel). Zugabe von oberflächenakt. Substanzen vergrößert die Wrkg. der Schmiermittel. (Журнал Технической Физики [J. techn. Physik] **28.** 2025—34. Sept. 1958. Moskau, Inst. für physik. Chem. der Akad. der Wiss. der UdSSR.) J. v. SCHROEDER. 6490

Emil Stutz, *Plastische Schutzfilme als Hilfsmittel in der Ziehtechnik.* Übersicht über Grundzüge u. Ausführung des Verf. der Anwendung von plast. Schutzfilmen in der Ziehtechnik als Mittel gegen die zwischen dem Werkstück u. dem Werkzeug auftretenden Reibungskräfte. (Werkstatt u. Betrieb **88.** 259—60. Mai 1955. Winterthur.) W. WESLY. 6490

M. Renouard und **J. Navarro**, *Einige metallurgische Gesichtspunkte der Härtung drahtförmiger Erzeugnisse aus Leichtmetallegierungen.* Der Härtungsprozeß setzt sich zusammen aus dem Lösungsvorgang der Zusatzelemente u. nachfolgender schneller Abkühlung. Hierbei muß die Wärmebehandlung eine ausreichende Homogenisierung der Legierung gewährleisten u. dabei die besondere Textur der kaltgezogenen drahtförmigen Legierungen möglichst gut erhalten bleiben, da die Beibehaltung der Textur für die Eigg. der zu verwendenden Drähte von Bedeutung ist. Um erhöhte mechan. Eigg. zu erreichen, muß die Abkühlung sehr energ. sein, wobei störende Eigenspannungen auftreten können. Es ist schwierig, diese Spannungen zu verhindern, ohne gleichzeitig die mechan. Eigg. der Drähte beträchtlich zu verschlechtern. (Rev. Métallurgie **53.** 522—28. Juli 1956.) H. HOCHSTEIN. 6492

P. Zuffa, *Elektrolytisches Schweißen und Hartlöten.* Theoret. Grundlagen u. Arbeitsbedingungen für das elektrolyt. Schweißen u. Hartlöten. — Auszug aus Zváranie **3.** [1954.] 304. (Welding J. **34.** Nr. 8. Welding Res. Council Engng. Foundat. 378s. Aug. 1955.) W. WESLY. 6506

—, *Weitere Anwendungsgebiete des Kohlensäureschweißens.* (Metal Progr. **75.** Nr. 2. 110—14. 170. 172. 176. 178. Febr. 1959.) F. VIER. 6506

D. C. Smith und **W. G. Rinehart**, *3 neue Eisenpulverelektroden mit niedrigem Wasserstoffgehalt.* Die Elektroden bestehen aus einem Kern aus *Flußeisen* mit einer Ummantelung mit niedrigem H-Geh., der die gewünschte Zus. der Schweiße ergibt. Die Unterss. ergeben eine hohe Festigkeit u. Härte der Schweiße bei Tempp. zwischen 450 u.

1250° F. (Metal Progr. **75**. Nr. 2. 102—07. Febr. 1959. Milwaukee, Wis., Harnischfeger Corp.) F. VIER. 6506

B. I. Medowar, *Über den Mechanismus der Bildung von interkristallinen Rissen in der Nähe der Schweißnähte beim Schmelzschweißen.* Vf. untersucht die Beziehung zwischen der Zus. des geschmolzenen Schweißmetalls (SM) u. dem Auftreten von Rissen in der der Hitze ausgesetzten Zone des festen Grundmetalls (GM). Diese Risse können durch das Eindringen von fl. SM entlang den Korngrenzen des GM entstehen u. eine Fortsetzung von interkristallinen Rissen sein, die beim Erstarren des SM auftreten. Beim Schweißen von C-armem Stahl mit Cu-Elektrode dringt Cu in das GM ein u. bildet eine Fe–Cu-Legierung, die sich entlang den Korngrenzen des Stahls ausbreitet. Ebenso kann sich das beim Schweißen mit S-reichem SM entstehende Fe–S-Eutektikum ausdehnen. Diesen Vorgängen liegt eine Wanderung u. ein Festigkeitsverlust durch Adsorption zugrunde (REHBINDER-Effekt), wie in einem schemat. Diagramm gezeigt wird. Beim Schweißen von C-armem Stahl unter Zusatz von ca. 1% eines oberflächenakt. Elements wie B in das SM dringt das entstehende niedrigschm. Fe–B-Eutektikum in das GM ein. Ein ähnlicher Effekt tritt beim Schweißen von Ni mit einer Zr-Legierung als SM auf. Beim Schweißen von austenit. Cr–Ni–Mo-Stahl führt ein Zusatz von 3% Cu oder S zum SM zur Bldg. von interkristallinen Rissen; bei 15% Cu-Zusatz in SM werden die Risse durch Cu-Phase verschlossen. (Журнал Технической Физики [J. techn. Physik] **27**. 1571—74. Juli 1957. Kiew, Akad. der Wiss. der UkrainSSR, Paton-Inst. für Elektroschweißen.) R. K. MÜLLER. 6506

A. A. Alow und **W. Ss. Winogradow,** *Der Einfluß der Elektrodenvibration auf den Prozeß der Lichtbogenschweißung und die Eigenschaften der Schweißnähte.* Untersucht wird der Einfl. einer Elektrodenvibration von 5—80 Schwingungen/Sek. auf das Abschmelzen der Elektroden u. die Metallübertragung durch den Lichtbogen, die Bldg. der Schweißnaht, die chem. Zus., Struktur, Neigung zur Porenbldg. in den Stählen sowie auf die Festigkeitseigg. der Schweißnähte. Infolge der Metallübertragung in sehr feiner Tropfenform wird die Stabilität des Lichtbogens erhöht, die Metallüberhitzung verringert, die Schweißnahtbldg. verbessert, die Schweißung von Gegenständen geringer Dicke erleichtert. Die Struktur des Metalls bleibt beim Lichtbogenschweißen mit Elektrodenvibration feinkörniger u. gleichmäßiger. Die Vibration ergibt bei allen Methoden der Schmelzschweißung einen günstigen Einfluß. Bes. bei der Ar-Lichtbogenschweißung wird durch die Elektrodenvibration infolge des Fehlens anderer Mittel der metallurg. Beeinflussung auf die metall. Schweißnaht eine günstige Einw. beobachtet. Dasselbe trifft bei einer Schweißung in einer CO_2-Atmosphäre für die vollständigere Entschlackung u. Entfernung der sich bildenden Oxyde sowie bei der elektr. Schlackenschweißung für die Verminderung der Dendritengröße zu. (Сварочное Производство [Schweisstechn. Betr.] **1958**. Nr. 9. 19—22. Sept. Moskau, Flug-Technolog. Inst.) H. HOCHSTEIN. 6506

A. A. Rossoschinski, *Beurteilung der relativen Größe der Inhomogenität des inneren Kornes von Schweißnähten.* Die Dendritinhomogenität (DI) von elektr. Schweißnähten läßt sich am Relief der elektrolyt. polierten Nähte als prim. Gefüge beobachten. An Mikroaufnahmen der Interferenzbanden im Abstand von 3—5 u. ca. 30 μ von der Verschmelzlinie ist die mit der Tiefe fortschreitende Kornvergröberung sichtbar. Schnell gekühlte Schweißnähte zeigen geringere DI als langsamer gekühlte. (Заводская Лаборатория [Betriebs-Lab.] **23**. 311—13. 1957. Akad. der Wiss. der UkrainSSR, Paton-Inst. für elektr. Schweißen.) R. K. MÜLLER. 6506

H. M. Meyer, *Einwirkung von Zwischengitterelementen auf die Schweißbarkeit von Blechen aus Titanlegierungen.* 1. Mitt. (2. vgl. C. **1958**. 9338.) An Blechen aus Ti-Legierungen mit 5 (%) *Al*, mit 7 Al u. 3 *Mo* u. mit 25 *V* ausgeführte Schweißverss. zeigen, daß *C*, *N* u. *O* die Schweißbarkeit beeinträchtigen. — Diagramme. (Welding J. **34**. Nr. 8. Welding Res. Council Engng. Foundat. 379s—393s. Aug. 1955. Watertown, Mass., Arsenal Labor., Metals Res. Branch.) W. WESLY. 6506

Josef Němec, *Zur Frage der Bewertung der Schweißbarkeit von mit Niob stabilisierten Chrom–Nickel-Stählen zur Verwendung bei hohen Temperaturen.* Die große Bruchneigung der Schweißverbindungen von mit Nb stabilisiertem 347-Stahl hängt von der Struktur, der Spannung beim Schweißen, der Wärmebehandlung nach dem Schweißen wie auch bes. von der Warmbehandlung des Grundwerkstoffes ab. Die spröde σ-Phase u. die Seigerungen an den Grenzen des austenit. Kornes haben ungünstigen Einfl.; Schweißmaterial mit Ferritgeh. führt nicht zur Behebung der Bruchgefahr. (Hutnické Listy **12**. 788—94. Sept. 1957. Kladno, SONP.) E. ROTTER. 6506

Paul Charlon und **Eugène Darmois,** *Elektrolytische Passivierung einiger Aluminiumlegierungen.* Für die Herst. elektrolyt. Ventile wurden statt reinem Al Al-Legierungen benutzt; es kann dabei mit neutralen Elektrolyten oder z. B. $(NH_4)_2HPO_4$ u. Wechselstrom gearbeitet werden. Gute Ergebnisse wurden mit *Duralumin AU 4G* (bis zu 12% Cu) u. mit *Zicral* (8 Zn; 2,5 Mg; 1,5 Cu; 0,2 Cr) erzielt, es konnten damit 300 V bei effektiven Stromdichten von 1,10 bis zu 30 A/cm² überschritten werden (Deckschicht ca. 1 μ dick). Der zeitliche Verlauf der Passivierung wurde in der Impedanzerhöhung bei gleichbleibender Stromdichte (I) verfolgt, es wurden Kurven mit ausgeprägten Knickpunkten erhalten. Bis zum ersten Knickpunkt ergibt sich linearer Zusammenhang zwischen Zeit u. 1/D. (Z. Elektrochem., Ber. Bunsenges. physik. Chem. **62.** 794—95. 1958. Paris, Fac. des Sci., Labor. de Phys.) W. KARCHER. 6530

André Guilhaudis, *Verhalten von Aluminium und seinen Legierungen in verschiedenen Atmosphären.* Untersucht wird das korrosive Verh. von Al u. seinen Legierungen im Kontakt mit Fremdmetallen, nämlich Stahl mit u. ohne elektrolyt. aufgebrachte Schutzschichten, rostfreiem Stahl, Messing u. Leichtmetallen in verschied. Atmosphären durch Bewitterungsversuche. Bei der Unters. der Korrosionsbeständigkeit von Al-Legierungen in verschied. Atmosphären im Kontakt mit Zement wurden bei der Legierung A-G5 gute Ergebnisse erzielt, jedoch muß eine Berührung mit Eisen oder Stahl vermieden werden. Rostfreier Stahl dagegen beschleunigt die Korrosion nicht. Anod. Oxydation mit anschließender Bichromatbehandlung zur Porenabdichtung gibt guten Schutz im Meeresklima auch bei Auftreten von Rissen. Industrieluft, saure oder alkal., kann eine Veränderung der Oxydschichten bewirken, sei es durch Auflösen oder Streifenbildung. (Rev. de l'Aluminium **35.** 1111—18. Nov. 1271—78. Dez. 1958. Montpellier, Univ.) F. VIER. 6538

W. G. Richards, *Hochtemperaturkorrosion durch Schwefelverbindungen in der Erdölraffination.* H_2S ist das wirksamste korrodierende Mittel in Erdölraffinerien über 260°. Nur rostfreie, hochlegierte Stähle sind widerstandsfähig. Es wird über die Unters. von 3 Korrosionsfällen an stabilisiertem 18-8-Cr-Ni-Stählen berichtet, bei denen interkristalline Korrosion auftrat, die auf der Bldg. der σ-Phase beruhen dürfte, die gegen Hochtemperatur-S-Korrosion empfindlich ist. Mkr. Unterss. zeigen, daß sich die σ-Phase aus dem δ-Ferrit nicht nur an den Korngrenzen, sondern möglicherweise auch innerhalb der austenit. Körner gebildet hat. Das Vorliegen von Spannungskorrosion konnte durch die Verss. ausgeschlossen werden. (Werkstoffe u. Korrosion **10.** 74—77. Febr. 1959. Sunbury-on-Thames, British Petroleum Co.) F. VIER. 6538

W. A. Mueller, *Anodischer Schutz von alkalischen Zellstoffkochern.* Unterss. über den anod. Schutz eines alkal. Zellstoffkochers aus Stahl (Aufnahme der Polarisationskurven) zeigen, daß die zur Passivierung nötige Strommenge vermindert wird durch Erhöhung des Zusatzes an Schwarzlauge, Anwendung der direkten Verdampfung, Ersatz von nichtoxydierter durch oxydierte Schwarzlauge u. Verminderung der Konz. an nichthydrolysiertem Na_2S. (Pulp Paper Mag. Canada **60.** Nr. 1. T 3—T 8. Jan. 1959. Pulp and Paper Res. Inst. of Canada.) W. WESLY. 6538

F. E. Hutton, *Untersuchung korrosionsbeständiger Werkstoffe für Verwendung in Hochtemperaturaufbereitungsanlagen für Kraftschwarzlauge.* Unters. verschied. Werkstoffe unter Betriebsbedingungen. Folgende Korrosionsgeschwindigkeiten wurden gefunden: Im Temperaturgebiet von 850—950° F: *Croloy-2* 0,0136 (inch/Jahr), *Croloy-5* 0,032, *Croloy-9* 0,0236, *AlSl-304* 0,0041; bei 950—1050° F: *Croloy-2* 0,0747, *Croloy-5* 0,0816, *Croloy-9* 0,1729 u. *AlSl-304* 0,0041. (Tappi **41.** 130A—131A. Mai 1958. New York, N. Y., Babcock & Wilcox Co.) H. SPINDLER. 6538

Foundry Services Ltd., Birmingham, England (Erfinder: **Voya Kondic**), *Zusammenbringen einer flüchtigen chemischen Substanz mit geschmolzenem Metall.* Die Substanz, z. B. *Hexachloräthan*, wird in einen Behälter gebracht, der mit einem Rohr versehen ist, welches in eine Schmelze, z. B. aus *Mg*, *Al*, *Cu* oder *Fe*, taucht. Durch die Hitze des geschmolzenen Metalls wird die Substanz verflüchtigt u. kommt durch das Rohr in Berührung mit der Schmelze. Die Menge der verdampfenden Substanz wird durch die Entfernung des Behälters von der Metalloberfläche bestimmt. — Apparatur. (**E. P. 761 550** vom 12/6. 1953, ausg. 14/11. 1956.) C. GÖTZE. 6381

Gebrüder Junghans Akt.-Ges., Schramberg (Erfinder: **Werner Köster,** Stuttgart), *Herstellung einer Feder, insbesondere einer Triebfeder,* ist dad. gek., daß sie aus einer Legierung hergestellt wird, die mindestens 22 (%) *Fe*, 35—55 *Co* u. einem *V*-Geh. aufweist, der zwischen 5 u. (0,6 · % Co—10)% liegt. Bes. soll die Legierung aus 40—55 Co u. über 7 V, z. B. 13 V, Rest Fe bestehen. Auch kann die Legierung noch bis zu 8% wenigstens eines der Elemente *Cr*, *Mo* oder *W* enthalten. Neben 0,01—0,4 *C* soll die Legierung noch bis zu 2% mindestens eines Desoxydationsmittels enthalten. Bes. wird sie oberhalb von 900° geglüht, dann abgekühlt u. abschließend bei 350—700° angelassen. (**Schwz. P. 330 913** vom 12/10. 1953, ausg. 15/8. 1958. D. Prior. 11/10. 1952.) H. HOCHSTEIN. 6435

Climax Molybdenum Co., New York, N. Y. (Erfinder: **John Lowell Ham**, Dearborn, **Frederick Peter Bens, Alvin John Herzig**, Detroit, und **George Ansel Timmons**, Ferndale, Mich.), V. St. A., *Herstellung von warmverformbaren Gußstücken* aus *Mo*- u./oder *W*-Legierungen, die bis 30 (%) mindestens eines der Metalle *V, Ta, Ti, Zr, Nb, Ni, Fe, Co* u. *Cr* enthalten, unter Zusatz einer *C*-Menge, die notwendig ist, um den *O*-Geh. auf unter 0,005% der Legierung zu verringern u. einen verbleibenden C-Geh. von 0,01—0,25 in der Legierung zu erzielen. (**D. B. P. 960 930** Kl. 40b vom 26/3. 1952, ausg. 28/3. 1957. Anmeldung bekanntgemacht 9/8. 1956. A. Priorr. 30/3. u. 6/10. 1951. **Zusatz zu D. B. P. 854 852; C. 1953. 5407.**) C. GÖTZE. 6441

Daniel Gardner, New York, N. Y., V. St. A., *Magnesiumlegierung* besteht aus 95,00 (%) *Mg* 0,10 *Ti*, 4,60 *Si*, 0,15 *Ni* u. 0,15 *Cr*. Diese Legierung besitzt im Vgl. zu Mg verbesserte physikal. u. chem. Eigg., bes. einen höheren F. u. eine erhöhte Verschleiß- u. Rißfestigkeit. (**A. P. 2823996** vom 3/8. 1953, ausg. 18/2. 1958.) H. HOCHSTEIN. 6445

Deutsche Gold- & Silberscheideanstalt vormals Roessler, Frankfurt/M. (Erfinder: **Joseph Leuser**, Pforzheim), *Legierungen für zahntechnische Zwecke* bestehen aus 50 bis 60 (%) *Au*, 5—15 *Pt*, weniger als 9 *Cu*, 0,1—5 *Zn*, Rest *Ag*, wobei bis 2 Pt durch *Pd* ersetzt sein kann. (**D. B. P. 961 214** Kl. 40b vom 25/5. 1940, ausg. 4/4. 1957. Anmeldung bekanntgemacht 24/4. 1952.) C. GÖTZE. 6463

Erich Fitzer, Wien, Österreich, *Herstellung von Sinterkörpern*. Das pulverförmige Ausgangsmaterial wird mit solchen Hilfsmetallen vermischt, die bei der Preßtemp. fl. sind u. bei Sintertemp. verdampfen. Diesen Hilfsmetallen werden zur besseren Benetzung der Preßpulver Metalle zugegeben, die eine größere Affinität als das fl. Hilfsmetall zu dem Preßpulver haben. So wird z. B. *Fe*-Pulver mit *Zn-Amalgam* verpreßt u. gesintert. (**Oe. P. 189 400** vom 26/2. 1953, ausg. 25/3. 1957.) C. GÖTZE. 6475

Erich Fitzer, Wien, Österreich, *Herstellung von Sinterkörpern*. Das pulverförmige Ausgangsmaterial wird in Formen aus einem Metall gepreßt, das bei der Sintertemp. des Pulvers schm. bzw. als Metall oder Verb. verdampft, worauf der Formkörper samt der umgebenden Form der Sinterung unterworfen wird. Für Sinterkörper hoher Porosität kann dem Ausgangsmaterial Pulver des bei der Sinterung verdampfenden Metalls, aus dem die Preßform besteht, zugesetzt werden. (**Oe. P. 189 401** vom 26/2. 1953, ausg. 25/3. 1957.) C. GÖTZE. 6475

Gregory Jamieson Comstock, New York, N. Y., V. St. A., *Zusammengesetzte Körper aus Metallpulver*. Metallpulver von verschied. Sintertempp. werden einzeln mit einem pulverförmigen Bindemetall oder Bindemetallegierung vermischt, deren Sinter- oder Schmelztemp. unterhalb derjenigen des Hauptbestandteils liegt. Die Gemische werden darauf mit unterschiedlichem Querschnitt zusammengefügt u. bei Tempp. verpreßt, bei denen das Bindemetall sintert oder schmilzt. So kann z. B. ein Körper aus *Fe* u. *Cu* mit dem Bindemetall *Ni* oder *Co* oder mit einer Legierung aus *Ag, Cu* u. *Cd* hergestellt werden. (**E. P. 762 662** vom 21/4. 1953, ausg. 5/12. 1956.) C. GÖTZE. 6475

Erich Fitzer, Wien, Österreich, *Herstellung von Sinterkörpern*, welche ganz oder teilweise aus Hartstoffen der allg. Formel AB_2 bestehen, worin A ein Übergangsmetall der IV.—VI. Gruppe des Period. Syst. der Elemente u. der Buchstabe B *Si* oder *B* bedeutet, dad. gek., daß im Ausgangsmaterial der Hartstoffanteil in Mengen von 50 bis 95 (Vol.-%), vorzugsweise 75—95, als Verb. der allg. Formel AB_2 vorliegt, während der Rest in Form der Elemente A u. B vorliegt, die sich während des auf das Pressen folgenden Sintervorganges zu dem Hartstoff der Formel AB_2 umsetzen. (**Oe. P. 188 515** vom 26/2. 1953, ausg. 25/1. 1957.) C. GÖTZE. 6477

Birmingham Small Arms Co. Ltd., Birmingham, England, *Herstellung von Gegenständen aus Hartmetall*. Da die nach Holl. P. 76 979 verwendete M. oft für das dort beschriebene Verf. zu fein ist, wird sie vor dem Pressen gesintert u. dann vermahlen, bis die Teilchen eine Größe zwischen 40 u. 250 μ aufweisen. (**Holl. P. 89 122** vom 30/9. 1955, ausg. 15/9. 1958. E. Prior. 2/10. 1954. **Zusatz zu Holl. P. 76 979; C. 1958. 7343.**) F. BÖHM. 6477

Chicago Metallic Mfg. Co., übert. von: **Robert I. Fredrickson**, Chicago, Ill., V. St. A., *Oberflächenbehandlung von Zinn* zur Entw. hitzeabsorbierender, dauerhafter, nichtreflektierender Schichten. Das Werkstück wird in einem 120—180° F heißen Elektrolytbad aus 2—3,5 (oz/gall. W.) in W. lösl. Alkalien u. 0,5—5 eines in W. lösl. Chromates als Anode geschaltet, mit W. gespült u. während ½—3 Std. auf 300—450° erhitzt. — Beispiel: 3 *NaOH* u. 1 $Na_2Cr_2O_7$, 180° F, Stromdichte 25 A/f^2), Behandlungsdauer 5 Minuten. Nach dem Spülen 30—45 Min. auf 425° F erhitzen. (**A. P. 2 820 747** vom 4/1. 1952, ausg. 21/1. 1958.) G. FRIKELL. 6513

Walter Eckhoff, Bad Oeynhausen, *Beizlösung für Eisenbleche vor der Emaillierung* mit erheblich verkürzter Einwirkungszeit unter Fortfall eines Wasser- u. Neutralisationsbades. Abspülen mit W. u. kurzes Abkochen im Alkalibad genügt zur Vermeidung des Nachrostens. Den bekannten Beiz-Lsgg. werden Alkaliborofluoride u./oder Borofluoride von Metallen zugesetzt. — Z. B. werden in einem Bad aus 2 Teilen W.; 1 *HCl* (31% ig), 1 $NaBF_4$ u. 1 $Ni(BF_4)_2$ durch Glühen entfettete Bleche 5 Min. bei 20° gebeizt, in W. gespült u. getrocknet. (**D. A. S. 1 033 480** Kl. 48d vom 7/11. 1952, veröff. 3/7. 1958.) G. FRIKELL. 6513

Food Machinery & Chemical Corp., San José, Calif., V. St. A. (Erfinder: **Paul Henry Margulies**), *Verbesserung der Haftfähigkeit von Überzügen auf Stahloberflächen.* Diese werden mindestens 20 Sek. lang mit einer Lsg. behandelt, die 20 bis 65 (Gew.-%) H_2O_2 u. 25—70 H_3PO_4 oder H_2SO_4 oder deren Gemische in einem solchen Verhältnis enthält, daß die Summe an H_2O, H_2O_2 u. Säuren 100% ergibt, u. dann gespült. Beispiele: 1. 35 (%) H_2O, 7,5 H_2O_2, 57,5 H_3PO_4. 2. 40 H_2O, 42 H_2SO_4, 18 H_2O_2. 3. 45,5 H_2O, 7,3 H_2O_2, 34,4 H_3PO_4, 12,8 H_2SO_4. (**E. P. 802 298** vom 28/9. 1956, ausg. 1/10. 1958. **F. P. 1 166 259** vom 11/2. 1957, ausg. 4/11. 1958. A. Prior. 13/4. 1956.) H. BAUR. 6513

Khe-Beng Chiong, San Diego, Calif., V. St. A., übert. von: **Bo-Shin Ro,** Tokio, Japan, *Elektrolytisches Polieren von Schnellschneidstählen.* W enthaltende Stähle, die wegen ihrer Härte schwer poliert werden können, werden 60 Sek. lang in einem Bad, das aus 100 (Teilen) HNO_3 (D. 1,52), 4 *HF* (mindestens 50% ig) u. 2 $K_2Cr_2O_7$ besteht, bei einer Temp. von 15°, 15 V u. 120 A/dm² unter Anwendung einer Kathode aus rostfreiem Stahl behandelt u. erhalten spiegelblanke Flächen. (**A. P. 2 762 766** vom 15/4. 1952, ausg. 11/9. 1956.) G. FRIKELL. 6515

William G. Farin, Milwaukee, Wis., **Paul F. Duddy** und **Glenn A. Nelson,** Warren, Pa., V. St. A., *Elektropolieren von Innenflächen an Hohlkörpern.* Das Auftreten von Verätzungen u. anderen Unregelmäßigkeiten wird verhindert durch Anwendung einer umgewälzten u. dabei gekühlten Elektrolyt-Fl. bei hoher Stromdichte u. großer Gleichmäßigkeit der Stromspannung u. -menge. (**A. P. 2 764 540** vom 10/9. 1952, ausg. 25/9. 1956.) G. FRIKELL. 6515

General Motors Corp., Detroit, übert. von: **Elmer R. Breining, Cleveland F. Nixon,** Detroit, und **William R. Vincent,** Birmingham, Mich., V. St. A., *Antimonbad.* Fest haftende, glatte u. nichtbrüchige galvan. Abscheidung von Sb wird erzielt in Bädern, die ca. 20—165 (g/Liter) *Sb* u. 20—300 sulfoniertes *Brenzcatechin* zur Bldg. eines Sb-Komplexes mit einem Fünfring enthalten. Nach dem zweiten Patent wird die Wrkg. durch Zugabe geringer Mengen eines Kations, wie *Al, Zr, Mg, Ni* oder *Cu* verbessert. — Beispiel: 220 g/Liter SbF_3, 237 I, 300 NaOH. Temp. des Bades 70—165° F, Stromdichte 10—25 A/ft². p_H 1—5; 125 SbF_3, 81,0 I, 175 NaOH, 10 $Al_2(SO_4)_3$, Temp. 115—125°, 15—25 A/ft², p_H 1—4. (**A. PP. 2 817 628** vom 16/10. 1953, ausg. 24/12. 1957, u. **2 823 176** vom 30/11. 1953, ausg. 11/2. 1958.) G. FRIKELL. 6517

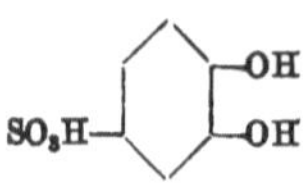

I

N. V. Metallic Industry, Loodsrecht, Holland, *Verkupfern von Eisen oder Eisenlegierungen.* Um das bei nachfolgendem elektrolyt. Vernickeln schädliche „Kontaktkupfer" zu entfernen, badet man in einer wss. Lsg. eines Alkali- oder Erdalkalicyanids. (**It. P. 492 447** vom 8/8. 1952. Holl. Prior. 5/7. 1952.) K. KOEBKE. 6517

Kurt P. A. Eulner und **Joseph F. Mueller,** Louisville, Ky., V. St. A., *Galvanisch hergestellte Kupferüberzüge auf Druckwalzen.* Die zu ätzenden Cu-Schichten werden in einem sauren Bad, das feinkrist. Ndd. liefert, auf einem rotierenden polierten Grundzylinder abgeschieden, wobei gleichzeitig mittels einer Messingborstenbürste eine Politur erfolgt. Das Verf. liefert in vereinfachter Weise spiegelblanke, gleichmäßige u. relativ harte Oberflächen. (**A. P. 2 776 256** vom 19/3. 1953, ausg. 1/1. 1957.) G. FRIKELL. 6517

Ralph William Furness, England, *Aufbringen einer elektrolytischen Abscheidung auf Nichtleitern,* bes. für elektr. oder radiotechn. Armaturen. Auf den aufgerauhten Nichtleiter wird zunächst eine dünne elektr. leitfähige Substanz aufgebracht; z. B. wird aus ammoniakal. Ag-Lsg. durch Red. metall. *Ag* abgeschieden. Nach dem Trocknen wird unter Aussparung der zu behandelnden Stellen ein säurebeständiger Lack oder Firnis aufgebracht, die galvan. Behandlung vorgenommen, z. B. schichtweise Abscheidung von *Cu, Sn* u. *Pb* u. die Lackschicht wieder entfernt. (**F. P. 1 139 958** vom 3/1. 1956, ausg. 9/7. 1957. E. Priorr. 7/1. u. 21/11. 1955.) G. FRIKELL. 6517

Daimler-Benz Akt.-Ges. (Erfinder: **Friedrich Nallinger**), Stuttgart, *Herstellung von Mehrschichtenlagern* unter Einw. von Schwingungen, dad. gek., daß eine Metallschicht unter Ultrabeschallung aufgebracht wird, z. B. wird die Laufschicht oder die Zwischenschicht für die Laufschicht auf die gesinterte Metallschicht der Lagerstützschale unter Ultraschallbehandlung aufgebracht. (**D. A. S. 1 044 554** Kl. 48b vom 13/6. 1952, veröff. 20/11. 1958.) F. VIER. 6517

Erie Resistor Corp., Erie, Pa., V. St. A., *Metallüberzüge auf Keramik*, die lötbar sind, wie Cu, werden hergestellt durch Aufbringen einer therm. zersetzbaren $Ni(CO)_4$-Schicht. Auf die so erzeugte dünne Ni-Schicht wird galvan. eine weitere Ni-Schicht u. darauf ebenfalls elektrochem. eine *Cu*-Schicht abgeschieden. (**E. P. 788 763** vom 26/10. 1955, ausg. 8/1. 1958. A. Prior. 16/12. 1954.) G. FRIKELL. 6517

Dansk Industri Syndikat Comp. Madsen A/S (Erfinder: **Joseph Claces**), Kopenhagen, Dänemark, *Anwendung der thermischen Nachbehandlung hartverchromter Teile* bei Tempp. von 400—800° auf Läufe von Schußwaffen. (**D. A. S. 1 044 553** Kl. 48a vom 24/2. 1956, veröff. 20/11. 1958.) H. HÄNLE. 6519

General American Transportation Corp., Chicago, Ill., V. St. A., *Bad zur chemischen Vernickelung*, bestehend aus einer wss. Lsg. von Ni-Salzen u. *Hypophosphiten* unter Zusatz eines Komplexbildners u. eines Beschleunigers, dad. gek., daß der Beschleuniger eine einfache, gesätt., aliphat. Monocarbonsäure mit 3—5 C-Atomen u./oder eines ihrer Salze ist. Der Komplexbildner kann eine NH_4-Verb. oder ein chelatbildendes Mittel sein. (**Oe. P. 198 584** vom 29/12. 1955, ausg. 10/7. 1958. **Zusatz zu Oe. P. 195 205; C. 1959. 8327.**) F. VIER. 6521

C. C. Corp., übert. von: **William S. Pearson**, Baltimore, Md., V. St. A., *Verfahren zur Rückgewinnung überschüssigen Zinks* an frisch verzinkten Gegenständen. Unmittelbar nach dem Verzinken wird in einem geschlossenen Raum mittels überhitztem Dampf der Überschuß abgeblasen u. zur Vermeidung der Oxydation in eine porenfreie M. verpreßt, so daß der Luftsauerstoff nicht mehr angreifen kann. (**A. P. 2 758 944** vom 9/2. 1951, ausg. 14/8. 1956.) G. FRIKELL. 6523

E. I. du Pont de Nemours & Co., Wilmington, Del., übert. von: **Donald A. Swalheim**, Niagara Falls, N. Y., V. St. A., *Galvanische Bandverzinnung*. Es wird unter starkem mechan. Rühren u. Einblasen eines N_2-haltigen, inerten Gases ein Bad verwendet, das aus 37,5—150 (g/Liter) *Alkalifluorid* u. 37,5—150 $SnCl_2$ besteht. Das Bad arbeitet nach der Gleichung p_H = [k (Mol MF)]/[Mol $SnCl_2$]. Der p_H-Wert liegt bei 2—4. k hat einen Wert von ca. 0,3—0,7, MF bedeutet Alkalifluorid u. das Mol-Verhältnis MF/$SnCl_2$ beträgt ca. 3—12. Das stat. Lösungspotential von Sn im Bad liegt in V etwa zwischen p_H —0,055 bis —0,265 u. p_H —0,055 bis —0,370. Der in das Bad eingeführte N soll weniger als 5% O enthalten, um den O-Geh. des gelösten u. dispergierten Gases unter 10% zu halten. Schlammbldg. wird verhindert u. die kathod. Stromausbeute erhöht. — Abbildung. (**A. P. 2 758 075** vom 15/10. 1951, ausg. 7/8. 1956.) H. HÄNLE. 6525

Jack F. Govan und **Roy H. Govan**, übert. von: **Carl A. M. Rex**, Hoboken, N. J., V. St. A., *Schutzüberzug für Metalle* gegen Oxydation bei hohen Temperaturen. Poröse Oberflächen von *Fe, Cr, Ni, Cu, Al, Ag, Sn, Zn, Mo, W, Mg, Ti* u. *rostfreiem Stahl* werden mit einer wss. Suspension aus 1 (Teil) keram. M., wie *Glaspulver, Ton* u. *Oxyde* u. 2 *Cr*-Pulver überzogen. Nach dem Trocknen wird bei etwa der Schmiedetemp. des Grundmetalls heiß geschmiedet. Der poröse Grundkörper kann durch kaltes Pressen von Metallpulver hergestellt werden. (**A. P. 2 826 512** vom 14/8. 1953, ausg. 11/3. 1958.) G. FRIKELL. 6529

Raymond H. Comyn, Silver Spring, Md., V. St. A., *Schutzüberzug für pyrotechnische Metallpulver* gegen Veränderung ihrer Eigg. durch atmosphär. Einfl. beim Lagern. Metallpulver, wie *Co* u. *Mn* werden in einer 5%ig. Lsg. von $Na_2Cr_2O_7$ bei 70—95° ca. 30 Min. mit einem Schutzfilm überzogen. Das gewaschene u. getrocknete Prod. wird dann mit in Ae. oder CCl_4 gelöster Stearinsäure behandelt. (**A. P. 2 832 704** vom 1/7. 1952, ausg. 29/4. 1958.) G. FRIKELL. 6529

Soc. Continentale Parker, Frankreich, *Aufbringen von hitzbeständigen Schichten zur Isolation auf Eisen und Stahl*, bes. zum Isolieren von Magnetblechen. Das Blech wird durch eine wss. Lsg. hindurchgeführt, die zusätzlich zu therm. zersetzbaren Salzen der H_3PO_4 mit NH_3 oder einem NH_3-Deriv. Erdalkaliphosphate, bes. Monophosphate, bes. des *Ca*, in solcher Menge enthält, daß der P_2O_5-Geh. der Lsg. 200—400 g/Liter beträgt. Es können auch andere therm. zersetzbare Verbb. der H_3PO_4, deren mit der H_3PO_4 verbundener Rest rückstandslos verdampft oder verbrennt, verwendet u. Borate, Silicate u./oder Polyphosphate u. Netzmittel zugesetzt werden. Nach Hindurchführen des Bleches durch die Lsg. wird der darauf verbleibende Film der Lsg. bei Tempp. von 250 bis 800°, bes. 400—500°, aufgebrannt. (**F. P. 68 921** vom 4/8. 1955, ausg. 23/7. 1958. E. Prior. 10/8. 1954. **Zusatz zu F. P. 1 097 846; C. 1957. 5699.**) H. BAUR. 6533

DEHYDAG Deutsche Hydrierwerke G. m. b. H., Deutschland, *Verfahren zum Schützen von Metallen gegen sauren Angriff*. Beim Beizen von *Fe, Stahl, Al, Mg* u. ihren Legierungen vor ihrer Behandlung in sauren galvan. Bädern werden als Korrosionsschutzmittel oberflächenakt. Stoffe, bes. Netzmittel, verwendet. Geeignet sind nichtionogene, anion. u. in gewissen Fällen auch kation. Verbindungen. Zus. einer Beizlsg.: Je

1 Liter 2n H_2SO_4 werden 5 g eines *Alkanolphenol–Polyglykoläthers* zugesetzt. (**F. P. 68 296** vom 22/8. 1955, ausg. 28/4. 1958. D. Prior. 19/10. 1954. **Zusatz zu F. P. 1 127 418; C. 1958. 1695.**) G. Frikell. 6539

Comp. de Construction de Gros Matériel Électro Mécanique, Paris, Frankreich, übert. von: **Alexandre Maurin**, *Schutz für Kupfer gegen Angriff von Seewasser*, z. B. bei Kondensatoren auf Schiffen. Zur Verhinderung der Korrosion wird durch Einw. einer wss. *$KMnO_4$*-Lsg. auf dem Cu ein brauner Schutzfilm aus einem *MnO_2–CuO*-Komplex niedergeschlagen. Außerdem wird das fließende Seewasser, ehe es in die Cu-Röhren eintritt, durch eine Elektrolysezone mit einer Kathode u. einer Fe-Anode geleitet, wodurch ein alkal. Kathodeprod. u. ein Fe-haltiges Anodenprod., Fe_3O_4, gebildet wird. Korrosionshindernde Wrkg. durch Fe_2O_3-Ablagerung. (**A. P. 2 784 156** vom 29/6. 1954, ausg. 5/3. 1957. F. Prior. 3/8. 1953.) G. Frikell. 6539

IX. Organische Industrie.

Fumio Kasahara, *Regenerieren von Mannit aus Mannit–Kupfer-Komplex.* Der bei der Alginsäuredarst. als Nebenprod. erhaltene Mannit–Cu-Komplex wird mit 0,7 Mol H_2SO_4/Mol Cu zers. u. die Fl. zur Entfernung des Cu mit Na_2CO_3 bei niedrigen Tempp. ($< 20^0$) behandelt. Beim Abkühlen der eingeengten Lsg. fällt in ca. 70%ig. Gesamtausbeute *Mannit* aus. (J. chem. Soc. Japan, ind. Chem. Sect. [Kōgyō Kagaku Zassi] **61.** 1497—1500. Nov. 1958. Tokyo-Tiyoda, Kimitu-Kagaku. [Orig.: japan.]) E. Maekawa. H 580

A. A. Pertschenko, *Der Einfluß der Katalysatorkonzentration auf die Geschwindigkeit der Oxydation von Paraffin und die Qualität der gewonnenen Säuren.* Untersucht wurde der Einfl. der Konz. (umgerechnet auf Gew.-% Mn) einer $KMnO_4$ (**I**)-Lsg. u. einer wss. Suspension von MnO_2 (**II**) auf die Geschwindigkeit der Paraffinoxydation u. die Qualität der erhaltenen Säuren. Die Oxydation erfolgte durch Luft bei 107—130° bis zur Bldg. von 36—38% in W. unlösl. Fettsäuren. Die geringste Oxydationsdauer wurde mit 0,07—0,1% **I** (16—16½ Std.) u. mit 0,1—0,28% **II** (16—21,8 Std.) erreicht. Säuren mit den besten Kennzahlen wurden bei mindestens 0,1% **I** (SZ. 189,0; VZ. 223,5; EZ. 34,4; Carbonylzahl 11,5) u. bei 0,14% **II** (190,8; 217,8; 27,8 u. 11,7) erhalten. Das mittlere Mol.-Gew. der in W. unlösl. Fettsäuren ist bei Anwendung von **I** oder **II** gleich groß. Bei Steigerung der Konz. auf 0,14% **I** u. 0,35% **II** steigt die Oxydationsdauer auf 27½ Stunden. (Маслобойно-Жировая Промышленность [Öl- u. Fett-Ind.] **25.** Nr. 2. 22—24. 1959. Allunions Fettforsch.-Inst.) Otto Maier. H 810

Z. Leszczyński, H. Radoniewicz und **A. Teichert**, *Die Phenol- und Acetonsynthese nach der Cumolmethode.* 3. Mitt. *Die Oxydation von Cumol zu Cumolhydroperoxyd in Emulsion.* (2. vgl. C. **1959. 5444.**) Das Verhältnis Cumol : W.-Emulsion kann maximal 2 betragen, ohne daß die Oxydationsgeschwindigkeit sich ändert. Nichtumgesetztes Cumol kann wieder eingesetzt werden, wenn das in ihm enthaltene Phenol durch NaOH-Wäsche entfernt wird. Phenol u. ungesätt. Verbb. bis zur JZ. 3,7 wirken bei der Oxydation des Cumols kettenabbrechend. (Przemysł chem. **13** (**36**). 703—08. Dez. 1957.) F. Urban. 1060

Zbigniew Leszczyński, *Die Phenol- und Acetonsynthese nach der Cumolmethode.* 4. Mitt. *Die Oxydation vom Cumol zum Cumolhydroperoxyd in Gegenwart fester Katalysatoren.* (3. vgl. vorst. Ref.) Die Oxydation von Cumol (**I**) zum Hydroperoxyd mit O_2 verläuft in Ggw. von Cu-Spänen, -Spiralen oder Raney-Cu 3—4mal so schnell wie mit der Emulsionsmethode. Voraussetzung für die Katalyse mit festen Katalysatoren ist eine hohe Reinheit des **I**. Die Reaktionsgeschwindigkeit kann weiter erhöht werden durch Anwendung von oxydierten Cu-Katalysatoren oder durch Oxydation im Wirbelbett mit Raney-Cu oder CuO-Pulver sowie bei Zusatz von Na_2CO_3. (Przemysł chem. **37.** 30—34. Jan. 1958.) F. Urban. 1060

Andrzej Teichert, Zbigniew Leszczyński und **Hanna Radoniewicz**, *Die Phenol- und Acetonsynthese nach der Cumolmethode.* 5. Mitt. *Die Zersetzung von Cumolhydroperoxyd zu Phenol und Aceton.* (4. vgl. vorst. Ref.) Die Anwendung des Kationenaustauschers Wofatit P erhöht die Phenolausbeute bei der Zers. des Cumolhydroperoxyds mit H_2SO_4 von 90 auf 95%. Der Austauscher darf nur wenig W. (3%) enthalten u. soll in Aceton gequollen sein. Die Wirksamkeit des Katalysators ist von seiner Austauscherwrkg. unabhängig. (Przemysł chem. **37.** 98—102. Febr. 1958.) F. Urban. 1060

Badische Anilin- & Soda-Fabrik Akt.-Ges. (Erfinder: **Helmut Krome, Ludwig Raichle** und **Georg Kling**), Ludwigshafen/Rh., *Betrieb von Syntheseanlagen* in Verbindung mit einer Konvertierungsanlage, die mit Kreislaufwasser (I) zwischen einem Sättiger (S) für das Frischgas u. einem Rieselkühler (K) für das Konvertgas arbeitet u.

der gegebenenfalls eine Wäsche mit Kupferlauge (II) zur Entfernung von CO-Resten nachgeschaltet ist. Von dem aus K ablaufenden I wird nur der dem Sättigungsbedarf entsprechende Teil zum S geführt; der Rest dient dazu, der II die zur Regeneration nötige Wärme zuzuführen u./oder die für die Aufarbeitung der Prodd. aus der Syntheseanlage erforderliche Wärme zu liefern; von dort wird das W. vorteilhaft im Kreislauf zum K zurückgeleitet. — Zeichnungen. (**D. B. P. 968 362** Kl. 12g vom 6/4. 1952, ausg. 6/2. 1958. Anmeldung bekanntgemacht 2/2. 1956.) H. KOBS. H 500

Socony Mobil Oil Co., Inc., New York, N.Y. übert. von: **Joe E. Peniek,** Augusta, Kans., und **Carvel C. Stapleford,** Woodbury, N. J., V. St. A., *Alkylieren von Isoparaffinen.* Ein Isoparaffin wird zusammen mit einem Olefin in eine im oberen Teil eines Reaktors gelegene Zone eingebracht. Gleichzeitig wird fl. HF von bestimmter Konz. in dieser Zone eingeleitet. Nach erfolgter Alkylierung werden die Reaktionsprodd. abgezogen u. in eine Säurephase sowie eine KW-stoffphase getrennt. Die Säurephase wird in einer unterhalb der Alkylierungszone im Reaktor angeordneten Abstreifzone, in der Gase nach oben strömen u. dabei mit HF beladen werden, abgezogen. Der verbrauchte HF wird aus der Abstreifzone abgezogen. Die KW-stoffphase gelangt nach der Abtrennung von der Säurephase in eine unter der Abstreifzone im Reaktor gelegene Fraktionierzone, worin die KW-stoffe u. HF verdampft werden. Diese Dämpfe werden durch die Abstreifzone u. Alkylierungszone geleitet u. nach dem Durchgang kondensiert. Vom Kondensat wird der größere Anteil als Rückfluß der Alkylierungszone zugeführt, während das alkylierte Prod. aus dem tiefer gelegenen Teil des Reaktors abgezogen wird. — Zeichnungen. (**A. P. 2 817 692** vom 7/8. 1953, ausg. 24/12. 1957.) E. KAHLES. H 510

Farbwerke Hoechst Akt.-Ges., vormals Meister Lucius & Brüning (Erfinder: **Heinz Späthe, Heinrich Haunschild** und **Karl-Heinz Kasten**), Frankfurt/M., *Spalten von Kohlenwasserstoffen* erfolgt mit indirekt vorgeheizten Kokswärmeträgern, die im Fließbett im Kreislauf geführt werden, bei 500—900°. Ein verhältnismäßig geringer Teil der zur Spaltung benötigten Wärmemenge wird in der Nähe der Mischstelle der zu spaltenden KW-stoffe mit den Wärmeträgern durch Verbrennen von Brennstoffen, bes. eines Teiles des fl. Ausgangsstoffes u./oder der entstehenden Spaltprodd. (oder H_2, Restgase, schwere KW-stoffe, techn. KW-stoffrückstände, Dieselöle), mit eingeblasenem O_2 oder diesen enthaltenden Gasen, wie Luft, erzeugt. Die O_2-Zufuhr soll so erfolgen, daß der Koks als Wärmeträger nicht berührt wird. — Durch Verbrennen von Erdöl werden 14,4% *Äthylen* u. 12,4% *Propylen* erhalten. (**D. A. S. 1 048 910** Kl. 12o vom 18/4. 1957, veröff. 22/1. 1959.) G. KRAUSS. H 520

Alfred Lorenz, Merseburg, *Herstellung isomerer Chlorbutene* aus Butadien-(1.3) (I) durch Anlagerung von HCl aus konz. wss. HCl mit mindestens 40% HCl, wobei diese Konz. durch Nachdrücken von HCl konstant gehalten wird u. wobei man in Ggw. von Hg-, Fe-, Cu-, Bi- oder Zn-Chlorid u. bei Tempp. von —10 bis 0° arbeitet. Dabei entstehen *1-Chlorbuten-(2)* (II) u. *3-Chlorbuten-(1)* (III); sie können zu Homologen des Glycerindichlorhydrins chlorhydriniert werden u. zum Aufbau von Epoxyharzen dienen. Bei Verseifung der Chlorbutene kommt man zu α.β-ungesätt. Alkoholen, die u. a. als Veresterungskomponente für die Herst. von Lösungs- u. Extraktionsmitteln dienen können. — 60 Liter techn. konz. HCl werden mit HCl auf 42% HCl gebracht, 90 g CuCl zugegeben u. auf —2 bis —6° gekühlt. In 80 Min. werden 2 cm³ I eingeleitet, dann wird wieder HCl bis zur Konz. von 42% eingeleitet u. danach wieder I, bis 6 m³ I eingeführt sind. Man erhält II u. III. (**D. P. [DDR] 16 744** Kl. 39c vom 4/5. 1957, ausg. 8/4. 1959 [Wirtschaftspatent].) M. PANKOW. H 520

John Happel, Yonkers, und **Charles J. Marsel,** New York, N. Y., V. St. A., *Acetylene und Olefine* erhält man durch therm. Cracken von aliphat. tert.-Alkoholen u. Glykolen bei 800—900° in Ggw. von wenigstens 50, bes. 80—90, Mol.-% Wasserdampf bei einer Verweilzeit von 0,005—5 Sekunden. Anschließend werden die Reaktionsgase durch Eindüsen von kaltem W. oder Öl abgeschreckt u. in bekannter Weise aufgearbeitet. Nach dem anderen Verf. werden tert.-Butylalkohol u. Isobutylen bei 850—1050° bei einer Verweilzeit von 0,001—10 Sek. in Ggw. der vorst. Menge Wasserdampf gecrackt. Nach einem weiteren Verf. werden Isomonoolefine bei 800—900° u. einer Verweilzeit von 0,01—10 Sek. gecrackt. — Aus 10 Mol.-% tert.-Butanol u. 90 Mol-% Wasserdampf erhält man bei 850—900° u. 0,05—5 Sek. Verweilzeit 5,9 *Methylacetylen* neben der gleichen Menge *Allen.* — Methylbutinol → *Diacetylen.* Weitere Ausgangsstoffe sind: Pinakon, Dimethylhexindiol, Isobutylen. — Diagramm, Vorr., 2 Zeichnungen. (**A. PP. 2 719 872** vom 29/9. 1952, ausg. 4/10. 1955, **2 752 405** vom 10/12. 1952, ausg. 26/6. 1956 u. **2 763 703** vom 29/9. 1952, ausg. 18/9. 1956.) G. KRAUSS. H 520

Stanolind Oil & Gas Co., übert. von: **Alfred Steitz jr.,** Tulsa, Okla., V. St. A., *Reinigen von Alkoholen,* bes. solcher mit 3—25 Gew.-% Alkoholgeh., mit einer wss. Lsg.

von Sulfiten oder Bisulfiten mit p_H ca. 6—8 u. anschließender Dest. des reinen Alkohols als Azeotrop. Die Sulfite oder Bisulfite werden in Mengen von ca. 0,01—1 Gew.-%, auf Trockenbasis bezogen, angewendet. — Skizze. (**A. P. 2 783 190** vom 17/9. 1951, ausg. 26/2. 1957.) G. KÖNIG. H 550

Union Carbide & Carbon Corp., New York, N. Y., übert. von: **Howard R. Guest**, Charleston, und **Harry A. Stansbury**, South Charleston, W. Va., V. St. A., *Halogenierte Acetale* der Formel I erhält man bei der Rk. von trockenen oder wasserfreien 1.2-Alkylenhalogenhydrinen der Formel II mit α.β-ungesätt. aliphat. Aldehyden der Formel III, in Ggw. oder Abwesenheit eines sauren Katalysators (HCl, $H_2 \cdot SO_4$, H_3PO_4, Oxalsäure, Toluolsulfonsäure) bei dem angewandten Aldehyd entsprechenden Reaktionstempp., gegebenenfalls in Ggw. eines inerten Lösungsmittels.

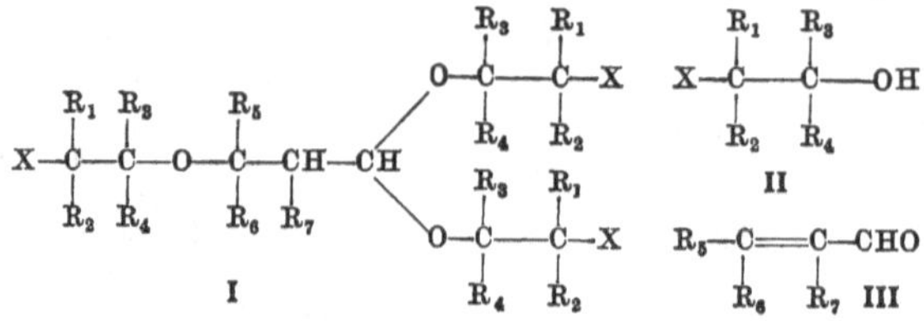

R_1, R_2, R_3, R_4 u. R_5 = H oder niedrige Alkylgruppen, R_6, R_7 = H, Cl, Br oder niedrigmol. Alkylgruppen, X = Cl oder Br. — 20 (Mol) wasserfreies Äthylenchlorhydrin, 15 cm^3 37% ig. HCl werden bei 40—47° mit 4 Acrolein (95% ig) umgesetzt. Nach 1 Std. gibt man bei 40° wasserfreies Na-Acetat zu u. dest. fraktioniert im Vakuum. Man erhält *3-(2'-Chloräthoxy)-propionaldehyd*, $Kp._{10}$ 81°, $D.^{20}_{20}$ 1,153 ,n_D^{30} 1,4444, *1.1.3-Tris-(2'-chloräthoxy)-propan*, $Kp._5$ 155°, $D.^{20}_{20}$ 1,250, n_D^{30} 1,4714. Es werden ferner hergestellt: *3-(2'-Chlorisopropoxy)-butyraldehyd*, $Kp._3$ 65°, $D.^{20}_{20}$ 1,061, n_D^{30} 1,4719; *1.1.3-Tris-(2'-chlorisopropoxy)-butan*, $Kp._2$ 138°, $D.^{20}_{20}$ 1,331, n_D^{30} 1,4650; *3-(2'-Bromäthoxy)-propionaldehyd*, $Kp._3$ 88—91°, $D.^{20}_{20}$ 1,5640, n_D^{20} 1,4975; *1.1.3-Tris-(2'-bromäthoxy)-propan*, $Kp._3$ 140—145°, $D.^{20}_{20}$ 1,6930, n_D^{20} 1,5152; *3-(2'-Chloräthoxy)-2-chlorpropionaldehyd*, $Kp._3$ 81—83°, $D.^{20}_{20}$ 1,345, n_D^{20} 1,4874; *2-Chlor-1.1.3-tris-(2'-chloräthoxy)-propan*, $Kp._5$ 162—170°, $D.^{20}_{20}$ 1,321, n_D^{20} 1,486. Lösungsmittel für Schmieröle u. Schmierfette, Zwischenprodd. für synthet. Gummimassen des Polysulfidtyps. (**A. P. 2 802 879** vom 11/3. 1953, ausg. 13/8. 1957.) G. KÖNIG. H 550

Chempatents, Inc., New York, übert. von: **Ralph Landau**, East Hills, N. Y., V. St. A., *Äthylenoxyd* erhält man bei der Oxydation von C_2H_4 in Ggw. eines Ag-Katalysators bei 150—400° unter Zugabe von 0,5—500 Teilen pro Million, bezogen auf die Gesamtmischung, einer flüchtigen organ. Si-Verb. aus der Gruppe der Alkylsilicone oder Alkylsilane, bes. Methylsilicon oder Tetramethylsilan. (**A. P. 2 785 186** vom 10/4. 1953, ausg. 12/3. 1957.) G. KÖNIG. H 570

Heyden Newport Chemical Corp., New York, N. Y., übert. von: **Sylvio A. De Lorenzo**, Trenton, N. J., V. St. A., *Trimethyloläthan* (**I**) wird aus der wss. Reaktionslsg. mittels Äthylacetat extrahiert u. scheidet sich bei Kühlung ab. Der Nd. wird unter Erwärmen erneut in Äthylacetat gelöst u. durch Abkühlen wird krist. I erhalten. Die Mutterlauge kann konz. u. durch Kühlung kann weiteres I gewonnen werden. I wird durch Kondensation von CH_2O mit Propionaldehyd in wss. Medium in Ggw. von starkem Alkali (NaOH) erhalten. — Skizze. (**A. P. 2 806 892** vom 2/6. 1954, ausg. 17/9. 1957.) G. KÖNIG. H 580

California Spray-Chemical Corp., Richmond, übert. von: **Joseph Nils Ospenson**, Concord, Calif., V. St. A., *Organische Sulfenylbromide* der allg. Formel R—S—Br (R = Alkyl, Aryl) entstehen durch Behandlung von organ. Sulfenylchloriden der Formel R—S—Cl mit wss. HBr bei —10 bis +130°, nötigenfalls unter Druck. — Aus Monochlormethansulfenylchlorid (hergestellt nach Chem. Ber. **83.** [1950.] 87), $D.^{20}_4$ 1,5; n_D^{21} 1,5385; u. 48% ig. wss. HBr zuerst bei 5—10, dann bei 15—18° → *Monochlormethansulfenylbromid*, D. 1,89; n_D^{27} 1,600. — 2.4-Dinitrobenzolsulfenylchlorid, F. 94—96°, in CCl_4 unter Rückfluß → *2.4-Dinitrobenzolsulfenylbromid*, aus CCl_4 gelborange Kristalle, F. 105—107°. — Trichlormethansulfenylchlorid → *Trichlormethansulfenylbromid*, $D.^{20}_4$ 2,05; n_D^{20} 1,5842; $Kp._{1,6}$ 40,5°; Ausbeute 90—95%; als Nebenprodd. *Monobromdichlormethansulfenylbromid*, $Kp._{1,1}$ 46,6°; $D.^{20}_4$ 2,38; n_D^{20} 1,6297; *Dibrommonochlormethansulfenylbromid*, $Kp._{0,6}$ 55,8°; $D.^{20}_4$ 2,67; n_D^{20} 1,6714; u. *Tribrommethansulfenylbromid*, $Kp._{0,4}$ 63,6°; $D.^{20}_4$ 3,01; n_D^{20} 1,72. — *Zwischenprodukte*. (**A. P. 2 824 136** vom 14/10. 1955, ausg. 18/2. 1958.) G. KRAUSS. H 600

Consortium für elektrochemische Industrie G. m. b. H. (Erfinder: **Jürgen Smidt**, **Walter Hafner**, **Josef Sedlmeier**, **Reinhard Jira**, München, und **Rudolf Rüttinger**, Deisenhofen), *Carbonylverbindungen* erhält man durch Oxydation von Olefinen mit O_2 oder diesen enthaltenden Gasen bei bes. 50—300° u. 0,1—20 at in Ggw. von W. u. Verbb. der Pt-Metalle, bes. Pd, die auf Träger aufgebracht werden (Aktivkohle, Tonerde, Kieselerde,

Bimsstein, Silicate) u. entweder noch hygroskop. sein oder in verschied. Wertigkeitsstufen übergehende Metallsalze ($CaCl_2$, $FeCl_3$) enthalten können. — Aus einem bei 40° mit Wasserdampf gesätt. Gasgemisch aus 86 (%) C_2H_4, 8% O_2 u. 6% H_2 erhält man in Ggw. von 5%ig. Pd-Kohle (mit 1n HCl gewaschen u. 15 Std. über $CaCl_2$ getrocknet) bei 40° *Acetaldehyd*, Umsatz 3,1%, die nicht umgesetzten Anteile werden im Kreislauf geführt. — Propylen → *Aceton*. — 1-Butylen → *Methyläthylketon*. — Ferner sind noch folgende Katalysatormischungen verwendbar: 10 (Teile) $PdCl_2$, 15 $CaCl_2$, 10 $FeCl_3$, 100 granulierte Kohle. — 0,1 $PdCl_2$, 0,5 $CuCl_2$, 0,3 $MnCl_2$ u. 10 Kohle. — 0,3 $PdBr_2$, 0,5 $Fe(NO_3)_3$, 0,75 $CuBr_2$ u. 10 Kohle. — 0,2 $PdCl_2$, 0,4 $FeCl_3$, 1 $CuCl_2$, 1 H_3PO_4 (D. 1,7) u. 10 Kohle. — 0,1 $PdCl_2$, 0,7 $CuSO_4$, 0,4 $Fe_2(SO_4)_3$ u. 5 Kohle. — 1,6 $PtCl_2$, 3 $FeCl_3$, 17 Kohle. — 1,8 Rh-Oxydhydrat u. 21,1 SiO_2-Gel. — Weitere brauchbare Metalle sind: Ir, Ru. (**D. A. S. 1 049 845** Kl. 12o vom 4/1. 1957, veröff. 5/2. 1959.) G. KRAUSS. H 650

Pan American Petroleum Corp., Del., übert. von: **Kent R. Barnard**, Tulsa, Okla., V. St. A., *Trennung von wässerigen Carbonsäuregemischen*, die zum kleineren Teil aus wasserlösl. gesätt. (C_2 u. C_3) u. zum größeren Teil aus öllösl. (> C_4) Säuren bestehen u. zunächst in Form ihrer Salze vorliegen, erfolgt durch fraktionierte Dest., deren Vorr. an Hand einer Zeichnung beschrieben wird. (**A. P. 2801212** vom 9/11. 1950, ausg. 30/7. 1957.) O. MÜLLER-MEININGEN. H 810

Monsanto Chemical Co. (Erfinder: **Milton Kosmin** und **Samuel Allen Heininger**), *β-Chlorpropionsäurealkylester*. Man schickt bei —10 bis +90° gasförmiges HCl durch ein wasserfreies Gemisch aus Acrylnitril (I) u. einem Fettalkohol mit 2—18 C-Atomen bis ca. 2 (Mol) HCl pro 1 I in das Gemisch eingeführt sind, mischt dann das Reaktionsgemisch bei 25—95° mit W. u. trennt den Ester ab. — So erhält man *β-Chlorpropionsäure(II)-Tridecylester*, $Kp._{0,7}$ 140—145°, n_D^{25} 1,4502, aus I u. Tridecanol (aus der Oxosynth.). Ferner ist die Herst. beschrieben von II-*Nonylester*, $Kp._{28}$ 148—150°, n_D^{25} 1,4412, aus I u. Nonylalkohol der Oxosynth. [hauptsächlich 3.5.5-Trimethylhexanol-(1)]; II-*Äthylester*, $Kp._{30}$ 70—75°, n_D^{25} 1,4228. (**Aust. P. 207 326** vom 25/11. 1954, ausg. 2/5. 1957. A. Prior. 27/11. 1953.) O. ROICK. H 810

H. Wilhelm Schaumann (Erfinder: **Helmut Meyer**), Hamburg, *Herstellung von wasserunlöslichen, feinkörnigen Seifen* mehrwertiger Metalle mit höhermol. gesätt. Fettsäuren durch Fällung aus wss. Lsgg., dad. gek., daß man zuerst die Fettsäure (I) mit einem, bes. 2—10%ig., Überschuß an Alkalicarbonat bei einer 10—30° über dem F. („Titer") der I liegenden Temp. verseift, die erhaltene Seifenlsg. mit einer angesäuerten (p_H bes. 3—5) wss. Salzlsg. des mehrwertigen Metalls unter Rühren versetzt, den erhaltenen Nd. abtrennt, mit W. wäscht u. trocknet, wobei man den Filterkuchen bei einem Wassergeh. von 10—50% mechan. auflockert. — Beispiele zur Herst. von *Mg-Stearat, Zn-Stearat, Cu-Palmitat*. — Vorr., Zeichnung. (**D. A. S. 1 054 446** Kl. 12o vom 16/11. 1957, veröff. 9/4. 1959.) O. MÜLLER-MEININGEN. H 810

Chemische Werke Hüls Akt.-Ges. (Erfinder: **Gottfried Bankwitz**), Marl, *Herstellung von Glycidsäureestern* durch Rk. von α-Halogencarbonsäureestern mit Carbonylverbb. in Ggw. von Alkalialkoholaten (I), dad. gek., daß man I solcher prim. oder tert., gegebenenfalls verzweigten Alkohole mit mindestens 5 C verwendet, die in W. schwer lösl. oder prakt. unlösl. sind. — Beispiele: 1 (Mol) Monochloressigsäure-2-äthylhexylester (II) + 1 $(CH_3)_2CO$ (V) + Na-2-Äthylhexylat (III) → 75 (%) *β.β-Dimethylglycidsäure-2-äthylhexylester*, $C_{13}H_{24}O_3$, $Kp._{0,6}$ 92—96°, n_D^{20} 1,4380. II + Cyclohexanon (IV) → 93,4 *β.β-Pentamethylenglycidsäure-2-äthylhexylester*, $C_{16}H_{28}O_3$; n_D^{20} 1,4598. Monochloressigsäurecyclohexylester + IV + Na-Cyclohexylat → 80,2 *β.β-Pentamethylenglycidsäurecyclohexylester*, $Kp._{0,05}$ 100—103°; n_D^{20} 1,4830. $CH_2Cl \cdot COOC_2H_5$ (VI) + IV + III → 70,2 *β.β-Pentamethylenglycidsäure-2-äthylhexylester*, $Kp._{0,2}$ 112—122°; n_D^{20} 1,4606. V + VI + III → 61 *β.β-Dimethylglycidsäure-2-äthylhexylester*, $Kp._{0,8}$ 96—101°; n_D^{20} 1,4376. IV + Monochloressigsäurenonylester + Na-Nonylat → 86,8 *β.β-Pentamethylenglycidsäurenonylester*, $Kp._{0,2}$ 136—142°; n_D^{20} 1,4610. Ferner die *2-Äthylhexylester* folgender Säuren: *α-Methyl-β.β-pentamethylenglycidsäure*, $Kp._{0,5}$ 135—136°; n_D^{20} 1,4600. *β-Phenylglycidsäure*, $Kp._{0,5}$ 152—154°; n_D^{20} 1,4980. *β-[n-Hepten-(3)-yl-(3)]-glycidsäure*, $Kp._{0,5}$ 145—147°. *β-[n-Heptyl-(3)]-glycidsäure*, $Kp._{0,3}$ 138—143°; n_D^{20} 1,4464, u. *β.β-Pentamethylenglycidsäure* (VII)-*n-hexylester*, $Kp._{0,5}$ 105—110°. VII-*2-Äthylbutylester*, $Kp._{0,05}$ 95—96°. VII-*3-Methylhexylester*, $Kp._{0,6}$ 121—126°. VII-*n-Octylester*, $Kp._{0,2}$ 120 bis 125°; n_D^{20} 1,4576. — Weichmacher, Lösungsmittel, Zwischenprodukte. (**D. A. S. 1 051 839** Kl. 12o vom 7/11. 1957, veröff. 5/3. 1959.) O. MÜLLER-MEININGEN. H 850

Werner Schwarz und **Gottfried Meyer**, Leipzig, *Herstellung von 4(„3")-Oxopimelinsäureestern* aus Alkoholen u. Furylacrylsäure (I) bei erhöhter Temp. in Ggw. von 8—10% einer aus einem Sulfogruppen oder Carboxylgruppen enthaltenden Kondensationsprod. (H-Ionenaustauscher) bestehenden Festsäure. — 8std. Kochen von 1 (Mol) I mit 8 bis

10 Vorlauffettalkoholen C_{4-6} bzw. C_{7-9} u. 8—10% des H-Ionenaustauschharzes liefert die entsprechenden Ester in 75% ig. Ausbeute: *C_{4-6}-Ester*, $Kp._3$ 160—190°; $D.^{20}$ 1,0087; n^{20} 1,4506; Viscosität 15,5 cP. *C_{7-9}-Ester*, $Kp._3$ 175—220°; $D.^{20}$ 0,9583; n^{20} 1,4547; Viscosität 22,2 cP. (**D. P. [DDR] 14 973** Kl. 12o vom 31/5. 1956, ausg. 3/7. 1958 [Wirtschaftspatent].) H.-J. NITZSCHKE. H 870

État Français représenté par le Secrétaire d'État à le Défense et aux Forces Armées (Direction des Poudres), Frankreich (Erfinder: **Jean Issoire**), *Herstellung von Dimethylnitrosamin* (I), dad. gek., daß man eine wss. Lsg. von Dimethylaminhydrochlorid in Essigsäure mit $NaNO_2$ umsetzt, neutralisiert u. in einer Kolonne ein azeotrop. Gemisch I-W. mit 20—25% I destilliert. (**F. P. 1 165 675** vom 24/1. 1957, ausg. 28/10. 1958.) S. BÖTTCHER. H 910

Usines Chimiques des Laboratoires Français (U.C.L.A.F.), Frankreich (Erfinder: **Gaston Amiard, René Heymes** und **Leon Velluz**), *Herstellung von L-Glutathion*, dad. gek., daß man Cysteindiäthylaminsalz in A. oder Ae. mit Tritylchlorid umsetzt zu *N.S-Ditritylcystein, Diäthylaminsalz*, $[\alpha]_D^{20}$ +71 ± 1° (c = 2%; Chlf.), aus dem man durch Ansäuern u. Extrahieren *S-Trityl-L-cystein*, F. 202—205°, $[\alpha]_D^{20}$ +19 ± 1° (c = 2%; n/10 NaOH) neben *N.S-Ditrityl-L-cystein* gewinnt. Letzteres wird mit Glycinmethyl-, -äthyl- oder -benzylester in CH_2Cl_2 in Ggw. von Dicyclohexylcarbodiimid umgesetzt zu *N.S-Ditrityl-L-cysteinylglycinester*, den man zu *S-Trityl-L-cysteinylglycinhydrat*, F. 120°, $[\alpha]_D^{20}$ +17,5° (c = 2%; n/10 NaOH in 90%ig. Methanol) detrityliert u. verseift. Aus N-Trityldibenzylglutamat stellt man durch Hydrogenolyse *Trityl-L-glutaminsäure* (I) her, $[\alpha]_D^{20}$ +27,5° (c = 2%; Methanol). *Triäthylaminsalz*, F. 100°, $[\alpha]_D^{20}$ —312° (c = 2%; Chlf.). I wird mit S-Trityl-L-cysteinylglycinäthylesterhydrochlorid kondensiert zu *N.S-Ditrityl-L-glutathion*, das zu *S-Trityl-L-glutathion* u. *L-Glutathion* detrityliert wird. (**F. P. 1 164 519** vom 23/12. 1955, ausg. 10/10. 1958.) S. BÖTTCHER. H 950

Usines Chimiques des Laboratoires Français (U.C.L.A.F.), Frankreich (Erfinder: **Gaston Amiard, René Heymes** und **Leon Velluz**), *Herstellung von γ-Glutamylpeptiden*, dad. gek., daß man N-Trityl-L-glutaminsäure (I) bzw. ihr Triäthylaminsalz in CH_2Cl_2 bei Raumtemp. mit Dicyclohexylcarbodiimid (II) u. einem Aminosäureester umsetzt, verseift u. detrityliert. — 3,85 (g) L-Tyrosinäthylester u. 3,8 II werden in CH_2Cl_2 mit 8,8 I-Triäthylaminsalz versetzt. Nach Stehenlassen über Nacht wird auf 0° abgekühlt, filtriert, mit CH_2Cl_2 gewaschen, mit n/2 HCl angesäuert, über $MgSO_4$ getrocknet, in A. gelöst, mit 1n NaOH 10 Min. auf 60° erwärmt u. nochmals mit Eis u. 1n HCl versetzt. Man erhält *N-Trityl-γ-L-glutamyl-L-tyrosin·2C_2H_5OH*, F. 145°, $[\alpha]_D^{20}$ +34° (c = 1%; 0,06% NaOH in 75%ig. Methanol), das man durch Erwärmen mit Essigsäure detrityliert zu *γ-L-Glutamyl-L-tyrosin*, F. 265—270°, $[\alpha]_D^{20}$ +26° (c = 2%; W.). — Beschrieben wird ferner die Herst. von *γ-L-Glutamyl-L-leucin*, F. 221—222°, $[\alpha]_D^{20}$ —17° (c = 2%; W.), *-L-methionin*, F. 228—231°, $[\alpha]_D^{20}$ —9° (c = 1,4%; W.) u. *-glycin*, über *N-Trityl-γ-L-glutamyl-L-leucin*, F. 141—144°, $[\alpha]_D^{20}$ —35° (c = 2%; Chlf.), *-L-methionin*, F. ca. 140°, u. *-glycin*, F. ca. 145°, ferner die Herst. von I aus Dibenzyl-L(+)-glutamathydrochlorid u. dem Chlorid u. die Hydrogenolyse von N-Trityl-L-glutaminsäuredibenzylester. (**F. P. 1 164 520** vom 30/12. 1955, ausg. 10/10. 1958.) S. BÖTTCHER. H 950

Union Carbide & Carbon Corp., übert. von: **Victor Bird Jex,** Kenmore, und **Donald Leroy Bailey,** Snyder, N. Y., V. St. A., *Alkoxysilylpropylamine* der Formel $H_xN-[CH_2CH_2CH_2SiR'_{(y)}(OR)_{3-y}]_{3-x}$ (R = Alkyl; R' = H, Alkyl, Aryl; y = 0—2; x = 0—2) erhält man durch Rk. von 1—20 Mol NH_3 mit 1 Mol γ-Chlorpropylalkoxysilan, wie γ-Chlorpropyltriäthoxysilan (I), bei wenigstens 90° u. Überdruck. — 72,2 g I u. 51 g fl. NH_3 werden 12 Std. bei 100° gehalten, bei n. Druck u. Temp. mit A. versetzt, filtriert u. dest.: *Mono-[triäthoxysilylpropyl]-amin*, $Kp._3$ 79—80°; n_D^{25} 1,4895; $Kp._{20}$ 108—110°. *Bis-[triäthoxysilylpropyl]-amin*, $Kp._1$ 145—150°; n_D^{25} 1,4280. *Tris-[triäthoxysilylpropyl]-amin*, $Kp._1$ 200—205°; n_D^{25} 1,4322. — 100 g Triäthoxysilylpropylamin werden mit 300 g W. ½ Std. unter Rückfluß unter A.-Entfernung gekocht: Glasartige wasserlösl. oder spröde Masse. Man verwendet die erhaltenen Amine zum *Appretieren* von *Glasfasern*. (**F. P. 1 140 301** vom 20/1. 1956, ausg. 19/7. 1957. **D. A. S. 1 023 462** Kl. 12o vom 20/1. 1956, veröff. 30/1. 1958. **E. P. 795 894** vom 16/1. 1956, ausg. 4/6. 1958. Alle A. Prior. 21/1. 1955. **A. P. 2 832 754** vom 21/1. 1955, ausg. 29/4. 1958.) M. PANKOW. H 980

Union Oil Co. of California, Los Angeles, übert. von: **William D. Schaeffer,** Ontario, und **William Smith Dorsey,** Fullerton, Calif., V. St. A., *Gewinnung von aromatischen Kohlenwasserstoffen durch Zerlegung von Einschlußverbindungen mit Werner-Komplexsalzen*, wobei das Komplexsalz ein Metall mit einer Ordnungszahl > 12 u. 4 Mol einer flüchtigen heterocycl. N-Base enthält, mittels Dampf, wobei das Komplexsalz zurückbleibt, während die Aromaten abdestillieren. Als N-Basen dienen Pyridin, γ-Picolin oder 4-Äthylpyridin. Beispiel zur Abtrennung von *p-Xylol* von isomeren C_8-Aromaten (App.). — Zeichnungen. (**A. P. 2 798 102** vom 25/10. 1952, ausg. 2/7. 1957.) E. KAHLES. H 1010

N. V. de Bataafsche Petroleum Mij., s' Gravenhage, Holland, *Herstellung von mehrwertigen phenolischen Verbindungen* nach Holl. P. 81 775; C. **1959.** 8421, dad. gek., daß man eine mehrwertige phenol. Verb., z. B. 2.2-Bis-(4-hydroxyphenyl)-propan, u. ein aromat. Hydroperoxyd der Formel Ar—C(R_1)(R_2)—O—OH, worin Ar eine Aryl- oder Alkylarylgruppe, R_1 ein H-Atom oder eine Alkylgruppe u. R_2 eine Alkylgruppe darstellt, z. B. Cumolhydroperoxyd, unter der katalyt. Einw. von HCl zusammen reagieren läßt. (**Holl. P. 85 028** vom 13/12. 1951, ausg. 15/5. 1957.) K. DEMMLER. H 1060

Distillers Co. Ltd., England, *Herstellung von m- und/oder p-Diisopropylbenzolhydroperoxyd*, dad. gek., daß man Bzl. mit Propylen alkyliert unter Zusatz von 0,1 bis 12 (Mol-%) nichtaktiviertem u. 0,3—0,8 aktiviertem $AlCl_3$ bei 60—80°, wobei entstehendes o-Diisopropylbenzol isomerisiert wird. Das Reaktionsgemisch wird in fl. Phase in der Wärme mit O_2 umgesetzt u. das Hydroperoxyd mit verd. wss. Alkali extrahiert. (**F. P. 68 616** vom 22/4. 1955, ausg. 5/5. 1958. E. Prior. 24/4. 1954. **Zusatz zu F. P. 1 093 454; C. 1958. 7339.**) S. BÖTTCHER. H 1070

Distillers Co. Ltd., Edinburgh, übert. von: **David James Hadley**, Epsom Downs, und **Barrie Wood**, Hull, England, *Aromatische Nitrile und Amide* erhält man aus der Mischung von alkylierten aromat. KW-stoffen oder deren Monohalogenverbb. mit NH_3 u. O_2 in Ggw. von Vanadinoxyd auf aktiviertem Al_2O_3 in der Dampfphase bei 300—450°, bes. 330—420°, u. einer Kontaktzeit von 0,25—20 Sek. in über 70%ig. Ausbeute. — Beispiele für Terephthalo-, p-Tolunitril. (**A. P. 2 838 558** vom 20/9. 1956, ausg. 10/6. 1958. E. Prior. 27/9. 1955.) L. STADELMANN. H 1200

Soc. Rhodiaceta, Frankreich, *Wiedergewinnung von Terephthalsäure* aus Polymethylenterephthalaten, dad. gek., daß man diese unter Druck bei 230—250° mit W. hydrolysiert u. das Prod. bei 80° filtriert. (**F. P. 1 166 204** vom 8/2. 1957, ausg. 4/11. 1958.) S. BÖTTCHER. H 1220

Institut Français du Pétrole, des Carburants et Lubrifiants, Frankreich (Erfinder: **Balaceanu**), *Herstellung von o-Carboxyhydrozimtsäure*, F. 167,5—168,1° (*Äthylester*, F. 81°; *Diäthylester*, Kp.$_{14}$ 172—183°), dad. gek., daß man Tetralol (hergestellt durch Red. von Tetrahydronaphthalinperoxyd) in fl. Phase in Ggw. von NH_4-Vanadat oder -Molybdat bei ca. 80—105° mit HNO_3 (D. 1,2) oxydiert, wobei außerdem *Phthalsäure* entsteht. (**F. P. 1 163 215** vom 7/12. 1956, ausg. 23/9. 1958.) S. BÖTTCHER. H 1220

E. I. du Pont de Nemours & Co., übert. von: **Walter D. Smutz,** Wilmington, Del., V. St. A., *Aromatische Isocyanate* (I) erhält man durch Einführung eines aromat. Monoamins, z. B. Anilin (**II**), oder eines alkyl- oder halogensubstituierten **II** in ein inertes Lösungsm., welches einen Überschuß an $COCl_2$ (**III**) über die zur **I**-Bldg. erforderliche Menge enthält, unter Aufrechterhaltung eines **III**-Rückflusses u. einer Temp. unterhalb der Zersetzungstemp. des entstehenden aromat. Carbamylchlorids (**IV**) u. anschließendes Erhitzen der M. über die Zersetzungstemp. des **IV**, jedoch nicht über 150°, wobei der **III**-Rückfluß aufrechterhalten wird. (**A. P. 2 795 597** vom 24/4. 1953, ausg. 11/6. 1957. **E. P. 789 265** vom 24/1. 1956, ausg. 15/1. 1958.) F. KREIS. H 1290

Josef Vonkennel, Köln (Miterfinder: **Fritz Schönhöfer,** Wuppertal), *Herstellung von 1-Amino-2-alkoxy-5-nitrobenzolen* (I), dad. gek., daß man 2-Alkoxy-5-nitro-1-benzoesäureazide nach dem CURTIUSschen Abbau mittels Alkoholen in die entsprechenden Urethane überführt u. diese durch Behandlung mit anorgan. Säuren oder Basen in I umwandelt oder 2-Alkoxy-5-nitro-1-benzoesäuren nach der SCHMIDTschen Rk. mittels N_3H in die entsprechenden Aminoverbb. überführt. Es werden hergestellt: aus 2-Propyloxy- (bzw. 2-Chlor)-5-nitro-1-benzoylchlorid (Kp.$_{15}$ 215° bzw. F. 59—60°) u. NaN_3 in Aceton bzw. Dioxan die entsprechenden *-benzoesäureazide* (F. 204° bzw. kein F.) u. daraus nach Erwärmen mit A. bzw. Na u. n-Propanol (II) u. Erhitzen mit konz. HCl → *2-Propyloxy-5-nitro-1-aminobenzol*; *Hydrochlorid*, F. 167 bis 170°; *freie Base*, F. 54—55°. Verwendet man an Stelle von **II** n-Heptanol, so entsteht *2-Heptoxy-5-nitro-1-aminobenzol*, F. 56—58°. Nach der SCHMIDTschen Rk. aus 2-Propyloxy-5-nitro-1-benzoesäure (F. 128—129°), gelöst in Chlf., konz. H_2SO_4 u. NaN_3, → *2-Propyloxy-5-nitro-1-aminobenzol*, F. 54—55°, mit weniger guter Ausbeute. — Die neuen Verbb. sind u. a. Süßstoffe, Desinfektionsmittel, Anästhetica u. Fungicide. (**D. A. S. 1 046 629** Kl. 12q vom 5/8. 1955, veröff. 18/12. 1958.) W. HEYER. H 1320

Farbenfabriken Bayer Akt.-Ges., Leverkusen (Erfinder: **Georg Brinkmann,** Leverkusen, und **Heinz Wollthan,** Webster Groves, Miss., V. St. A.), *Trocknen von Phosgen*, in dem feuchtes $COCl_2$ über getrocknete Aktivkohle geleitet wird u. zur Anzeige des Durchbruches von Wasserdampf durch die Kohleschicht in die Ableitung hinter der Kohleschicht eine blanke Metallfolie sichtbar angebracht wird. — Vgl. E. P. 747 280; C. **1957.** 7494 u. A. P. 2 773 898; C. **1957.** 10879. (**D. B. P. 944 850** Kl. 12i vom 25/1. 1953, ausg. 28/6. 1956. Anmeldung bekanntgemacht 15/12. 1955.) R. ZIMMERMANN. H 1680

John J. McCabe jr. und **Hans S. Mannheimer**, V. St. A., *Herstellung von Cycloimidinverbindungen* der allg. Formel **I**, worin R u. R' einen Alkylrest mit > 4 C-Atomen, R_2 u. R_2' eine Alkylenkette mit 1—4 C-Atomen, R_3 H oder (auch substituierte) Alkylreste mit 1—8 C-Atomen, R_4 einen aliphat., aromat. oder Aralkylrest (auch substituiert) mit 1—12 C-Atomen, X eine SO_3- oder OSO_3-Gruppe u. M ein Alkalimetall bedeuten, dad. gek., daß man Verbb. der Formel **II** u. **III** bei 38—93° in saurem Medium umsetzt. — Beschrieben wird die Herst. der Verbb. **IV, V, VI, VII, VIII, IX, X**,

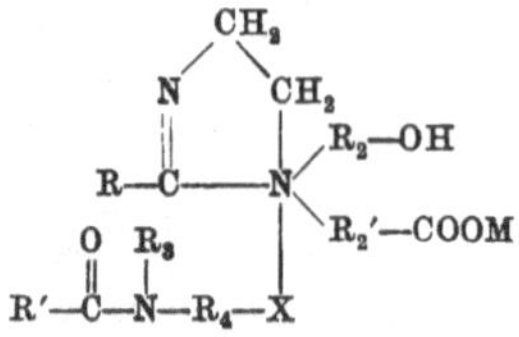

I

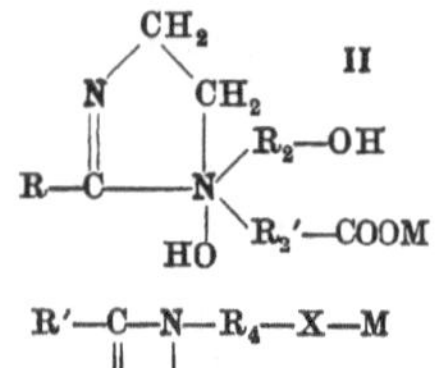

II III

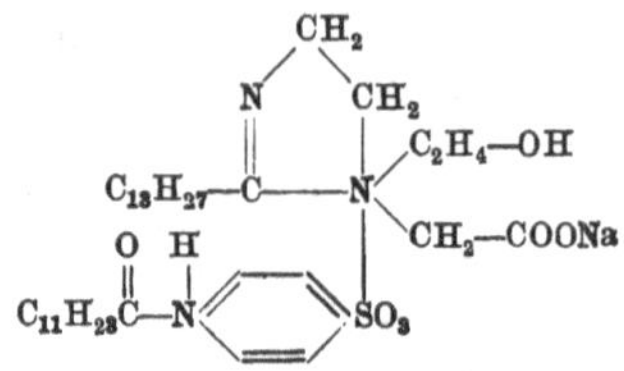

X

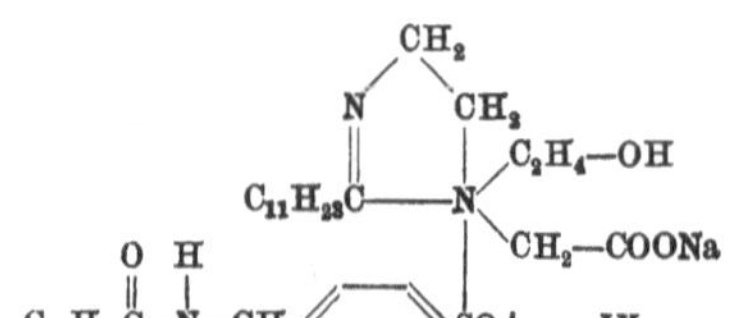

IX

wobei als Ausgangsprodd. ein Cycloimidat nach A. P. 2 528 378; C. **1952**. 4223 u. Lauroylmonoäthanolamin-Na-sulfat, N-Methyl-N-lauroyl-Nataurat, Oleyldiäthanolamin-Na-sulfat, Lauroylaminotriäthoxy-Na-sulfat, N-Hydroxyäthoxyäthyllauroylaminoäthyl-Na-sulfat, Na-Lauroylsulfanilat u. Lauroylaminomethylmethylhydroxyphenyl-Na-sulfonat verwendet werden. — Die Prodd. sind *oberflächenaktiv*. **IV**: $R' = R = C_{11}H_{23}$, $R_2 = C_2H_4$, $R_2' = CH_2$, $R_3 = H$, $R_4 = C_2H_4$, $X = -OSO_3$; **V**: $R' = R = C_{11}H_{23}$, $R_2 = C_2H_4$, $R_2' = CH_2$, $R_3 = CH_3$, $R_4 = C_2H_4$, $X = SO_3$; **VI**: $R = C_9H_{19}$, $R_2 = C_2H_4$, $R_2' = CH_2$, $R_3 = C_2H_4OH$, $R' = C_{17}H_{33}$, $R_4 = C_2H_4$, $X = OSO_3$; **VII**: $R' = R = C_{11}H_{23}$, $R_2 = C_2H_4$, $R_2' = CH_2$, $R_3 = H$, $R_4 = (C_2H_4O)_3$, $X = SO_3$; **VIII**: $R' = R = C_{11}H_{23}$, $R_2 = C_2H_4$, $R_2' = CH_2$, $R_3 = C_2H_4OC_2H_4OH$, $R_4 = C_2H_4OC_2H_4$, $X = OSO_3$. (**F. P. 1 154 654** vom 24/2. 1955, ausg. 15/4. 1958. A. Prior. 2/3. 1954.)

S. BÖTTCHER. H 3122

Farbenfabriken Bayer Akt.-Ges., Leverkusen, übert. von: **Wilhelm Ehm**, Dormagen, *Amin–Sulfit–Acetessigsäureamid-Addukte* erhält man durch Rk. von 1 Mol eines Acetessigsäureamids der allg. Formel CH_3COCH_2CONHR (R = Phenyl, Chlorphenyl, Alkylphenyl, Naphthyl u. p-Amino-p-diphenylyl) mit je 1 Mol eines aromat. Amins (Alkylaniline, Naphthylamin, Benzidin), SO_2 u. wenigstens 1 Mol Wasser. — Aus Anilin u. der 15—20fachen Menge W. u. Diketon → Acetessigsäureanilid; daraus mit Anilin u. SO_2 → *Anilinsulfitacetessigsäureanilid*, $(C_6H_5NH_2)\cdot(H_2SO_3)\cdot(CH_3COCH_2CONHC_6H_5)$, F. 114—118°; Ausbeute quantitativ; unlösl. in Aceton, nicht kristallisierbar aus heißen organ. Lösungsmitteln, jedoch kristallisierbar aus Methylenchlorid–Methanol beim Kühlen. — *2.5-Dimethylanilinsulfitacetessigsäureanilid*, F. 100° (Zers.). — *2.3-Dimethylanilinsulfitacetessigsäureanilid*, F. 102° (Zers.). — *4-Chloranilinsulfitacetessigsäureanilid*. — *3-Chloranilinsulfitacetessigsäureanilid*, F. 92° (Zers.). — *3.5-Dichloranilinsulfitacetessigsäureanilid*, F. 113° (Zers.). — *3-Chloranilinsulfitacetessigsäure-3-chloranilid*, F. 139° (Zers.). — *Anilinsulfitacetessigsäure-2-chloranilid*, F. 115° (Zers.). — *2.3-Dimethylanilinsulfitacetessigsäure-2-chloranilid*, F. 122° (Zers.). — *3-Chloranilinsulfitacetessigsäure-2.5-dimethylanilid*, F. 114° (Zers.). — *2.5-Dimethylanilinsulfitacetessigsäure-2.5-dimethylanilid*, F. 124° (Zers.). — *4-Chloranilinsulfitacetessigsäure-4-chloranilid*, F. 115° (Zers.). — *α-Naphthylaminsulfitacetessigsäureanilid*, F. 148° (Zers.). — *α-Naphthylaminsulfitacetessigsäure-2-chloranilid*. — *α-Naphthylaminsulfitacetessigsäure-α-naphthylamid*. — *Polybenzidinsulfitacetessigsäurebenzidid*, $[(H_2NC_6H_4C_6H_4NH_2)\cdot 2(H_2SO_3)\cdot(CH_3COCH_2CONHC_6H_4C_6H_4NHCOCH_2COCH_3)]_x$. — *p-Aminobenzoesäuresulfitacetessigsäure-p-carboxyanilid*, $HOOCC_6H_4NH_2\cdot H_2O\cdot SO_2\cdot CH_3COCH_2CONHC_6H_4COOH$, F. 221° (Zers.). — *Anilinsulfitacetessigsäure-p-carboxyanilid*, F. 223° (Zers.). — *p-Aminobenzoesäuremethylestersulfitacetessigsäure-p-carbomethoxyanilid*, F. 125° (Zers.); Schmelze wird bei 185—186° klar; aus dem Filtrat nach Zusatz von SO_2 u. Erhitzen mit Triäthylphosphat auf 130—140° → *p-Carbomethoxyphenylaminocrotonsäure-p-carbomethoxyanilid*, $CH_3OOCC_6H_4HNC(CH_3){=}CHCONHC_6H_4COOCH_3$. Die Addukte zers. sich mit Alkalihydroxyden u. Säuren in Amine, Amide u. H_2SO_3; sie lassen sich in Ggw. von Phenolphthalein titrieren, geben beim Erhitzen in Ggw. von P-Verbb. Pyridone, z. B. aus 2.3-Dimethylanilinsulfitacetessigsäureanilid → *N-Phenyl-2-pyridon-4.6-dimethyl-5-*

carbonsäureanilid; *entfärben* Fuchsin-Lsgg. u. *oxydieren* H_2S zu S. — *Zwischenprodd.*, bes. zur Herst. von *Pyridonen*. — Vgl. D. B. P. 925 470; C. **1955**. 7322. (**A. P. 2 744 933** vom 29/9. 1953, ausg. 8/5. 1956. D. Prior. 30/9. 1952.) G. KRAUSS. H 3231

Chemische Fabrik Promonta G. m. b. H. (Erfinder: **Rolf Kallischnigg**), Hamburg, *Herstellung von basischen, tricyclischen Diazepinabkömmlingen* der Formel I (R = gesätt. oder ungesätt. aliphat. oder cycloaliphat. KW-stoffrest, Aryl- oder Aralkylrest; Phenylkern des Benzodiazepinkörpers kann durch Alkyle u./oder Alkoxygruppen u./oder Hydroxygruppen u./oder Halogen substituiert sein), dad. gek., daß man ein unsubstituiertes oder C-substituiertes o-Phenylendiamin mit einem N-substituierten Piperidon-(4)-carbonsäure-(3)-alkylester unter Erwärmen in einem inerten organ. Lösungsm. miteinander kondensiert. — Beispiel: Eine Lsg. von o-Phenylendiamin in trocknem Xylol wird bis zum langsamen Destillieren des Xylols erhitzt. Man läßt im Lauf von 5—6 Std. eine Lsg. von 1-Methylpiperidon-(4)-carbonsäure-(3)-äthylester in Xylol zutropfen, wobei laufend Xylol abdestilliert. Die Restlsg. wird mit Kohle behandelt, heiß filtriert u. abgekühlt, wobei *1'-Methyl-1'.2'.5'.6'-tetrahydropyrido-[3'.4':3.4]-1.5-benzodiazepinon-(2)* auskrist., das aus A. umkrist. wird, F. 182 bis 184°; *Hydrochlorid*, F. 252—254°. Analog werden folgende *1'.2'.5'.6'-Tetrahydropyrido-[3'.4':3.4]-1.5-benzodiazepinone-(2)* hergestellt: *1'-Äthyl-*, F. 139—140°. *1'-n-Butyl-*, F. 146—147°. *1'-Allyl-*, F. 144—145°. *1'-Phenyl-*, F. 248—250°. *1'-Cyclohexyl-*, F. 127 bis 128°. *1'-Benzyl-*, F. 165—166°. *1'-β-Phenyläthyl-*, F. 183—184°. *1'-Benzyl-7(8)-methyl-*, *Isomeres A*, F. 129—130°; *Isomeres B*, F. 117—118°. *1'-Methyl-7.8-dimethoxy-*, F. 173—174°. *1'-Phenyl-7(8)-chlor-*, *Isomeres A*, F. 219—220° (Zers.); *Isomeres B*, F. 233—235°. (**D. A. S. 1 036 858** Kl. 12p vom 29/8. 1956, veröff. 21/8. 1958.) I. LERCH. H 3354

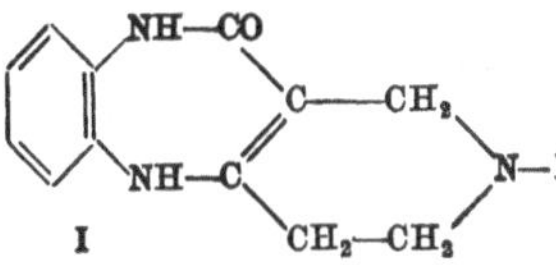

I

Stamicarbon N. V., Heerlen, Holland, *Reinigen von Lactamen*, bes. *Caprolactam*, dad. gek., daß man die rohe, höchstens 30%ig. wss. Lactamlsg. mit einem Anionenaustauscher (hochmol. quaternäre Ammoniumbasen, wie „Dowex-2") u. einem Kationenaustauscher (sulfonierte Polystyrole, wie „Dowex-50") in beliebiger Reihenfolge oder im Mischbett behandelt, die Rohlsg. vor der Ionenaustauscherbehandlung gegebenenfalls noch oxydiert ($KMnO_4$) u. vor oder nach der Ionenaustauscherbehandlung gegebenenfalls noch mit einem Adsorptionsmittel (Aktivkohle, Bleicherde) behandelt, um die nichtionogenen Verunreinigungen zu binden. Durch Neutralisation u. Eindampfen der gereinigten Lsg. erhält man ein reines, farbloses, stabiles Lactam. (**E. P. 762 879** vom 11/11. 1953, ausg. 5/12. 1956. Holl. Prior. 15/11. 1952.) R. LINK. H 3370

Usines Chimiques des Laboratoires Français (U.C.L.A.F.), Paris, Frankreich, *Desmethylcolchiceinamide* (Tropaminone) der allg. Formel I (R u. R' = H, Alkyl, Hydroxyalkyl, die beide zusammen mit dem N auch einen heterocycl. Ring bilden können) erhält man durch Erhitzen von 2-Desmethylcolchicin mit einem prim., sek. oder heterocycl. Amin der Formel RNHR', bes. auf 50—100°, in Ggw. eines Lösungsm. (W., Alkohole). — Aus 2-Desmethylcolchicin in W. u. 16,3 1n NH_4OH bei 20° nach 20 Std. → *2-Desmethylcholchiceinamid*, $C_{20}H_{22}N_2O_5$ (I; R u. R' = H), F. 275°; schwerlösl. in W.; unlösl. in Chlf., Ae. u. Bzl.; sehr wenig in Aceton; leicht in Methanol, A., verd. HCl u. NaOH; 70% (Ausbeute). — Methylamin → *N-Methyl-2-desmethylcolchiceinamid*, $C_{21}H_{24}N_2O_5$ (I; R = H; R' = CH_3), gelbe Prismen, F. 271—282°; $[\alpha]_D^{20}$ —70° (c = 1%, Chlf.); 100%; unlösl. in W., A., Ae., Bzl. u. verd. wss. Säuren; leicht lösl. in Chlf. u. n-NaOH. — Dimethylamin → *N.N-Dimethyl-2-desmethylcolchiceinamid*, $C_{22}H_{26}N_2O_5$ (I; R u. R' = CH_3), aus Chlf.-Aceton schmale Prismen oder rechteckige Lamellen, F. 268°; $[\alpha]_D^{20}$ +486° (c = 1%, Chlf.) bzw. —230° (c = 1%, 1n NaOH); 70%; schwach lösl. in Chlf.; unlösl. in W., A., Aceton, Ae., Bzl.; lösl. in 1n NaOH. — Äthylamin → *N-Äthyl-2-desmethylcolchiceinamid*, $C_{22}H_{26}N_2O_5$ (I; R = H; R' = C_2H_5), gelbe, rechteckige Prismen, F. 265 bis 270°; $[\alpha]_D^{20}$ +723 ± 5° (c = 1%, n-NaOH); 75%; unlösl. in W., verd. Säuren, Bzl.; wenig in Chlf., A., Methanol, Ae. u. Aceton; leicht in verd. Alkalien. — Diäthylamin → *N.N-Diäthyl-2-desmethylcolchiceinamid*, $C_{24}H_{30}N_2O_5$ (I; R u. R' = C_2H_5); aus A.-Ae. (1:1) dunkelgelbe Prismen, F. 197—200°; $[\alpha]_D^{20}$ +116° (c = 0,9%, n-NaOH), bzw. +67° (c = 0,9%, Methanol) bzw. +595° (c = 0,9%, Chlf.); lösl. in A., Chlf. u. wss. verd. Alkalien; schwach in W. u. verd. Säuren; unlösl. in Ae., Bzl. u. Aceton. — Monoäthanol-

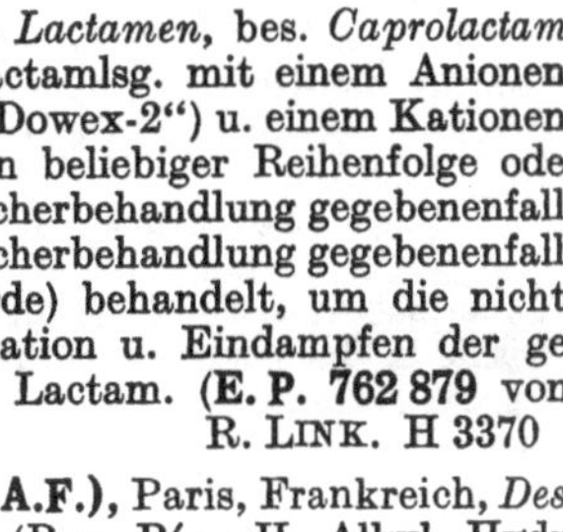

I

amin → *N-β-Hydroxyäthyl-2-desmethylcolchiceinamid*, $C_{22}H_{26}N_2O_6$ (I; R = H; R' = C_2H_4OH); aus Chlf.-A. (1 : 1), F. 180—257°; $[\alpha]_D^{20}$ —187° (c = 1%, Methanol); 86%; unlösl. in W., Ae., Bzl., Chlf.; schwach in absol. A. u. Aceton; lösl. in Mischung aus Chlf. u. A., verd. wss. Säuren u. verd. wss. Alkalien. — n-Propylamin → *N-(n-Propyl)-2-desmethylcolchiceinamid*, $C_{23}H_{28}N_2O_5$ (I; R = H; R' = $CH_2CH_2CH_3$); aus warmem Aceton, F. 255°; verliert bei 120° im Vakuum 4,2 Gew.-%; $[\alpha]_D^{20}$ —237° (c = 1%, Methanol); 77%; unlösl. in W., wss. Säuren, Ae., Bzl., Chlf.; lösl. in 1n NaOH, A. u. Aceton. — n-Butylamin → *N-(n-Butyl)-2-desmethylcolchiceinamid*, $C_{24}H_{30}N_2O_5$ (I; R = H; R' = $[CH_2]_3CH_3$); aus Aceton, F. 155—160°; $[\alpha]_D^{20}$ —256° (c = 0,9%, Methanol) 90%; verliert bei 100° 9,4 Gew.-%; lösl. in wss. Alkalien, A., Chlf.; schwach in Aceton; unlösl. in Ae., Bzl. u. verd. Säuren. — n-Amylamin → *N-(n-Amyl)-2-desmethylcolchiceinamid*, $C_{25}H_{32}N_2O_5$ (I; R = H; R' = $[CH_2]_4CH_3$); aus Aceton, F. 155—165°; $[\alpha]_D^{20}$ —395° (c = 1%, 1n NaOH); gelbe Prismen oder Lamellen; unlösl. in W., verd. Säuren, Ae., Bzl., Chlf.; lösl. in 1n NaOH, A., Aceton; verliert bei 120° 3,4 Gew.-%. — n-Hexylamin → *N-(n-Hexyl)-2-desmethylcolchiceinamid*, $C_{26}H_{34}N_2O_5$ (I; R = H; R' = $[CH_2]_5 \cdot CH_3$); aus Aceton–Ae., F. 168°; $[\alpha]_D^{20}$ —223° (c = 1%, Methanol); unlösl. in W., verd. Säuren, Ae., Bzl.; lösl. in A., Chlf., Aceton u. verd. Alkalien; 75%. — Morpholin → *2-Desmethylcolchiceinmorpholid*, $C_{24}H_{28}N_2O_6$ (I; R u. R' = $CH_2CH_2OCH_2CH_2$); aus Aceton, F. 182—185°; $[\alpha]_D^{20}$ —248° (c = 1%, Methanol); 74%; verliert bei 100° 4,3 Gew.-%; unlösl. in Ae., Bzl.; schwach in Aceton, Chlf.; lösl. in W., verd. Säuren, Alkalien, A. u. Methanol. — Piperidin → *N.N-Cyclopentamethylen-2-desmethylcolchiceinamid*, $C_{25}H_{30}N_2O_5$, aus Aceton, F. 255°; $[\alpha]_D^{20}$ —195° (c = 1%, Methanol); rechteckige Prismen; unlösl. in W., verd. Säuren, Ae., Bzl.; schwach in Aceton, Chlf.; lösl. in A. u. verd. Alkalien; verliert bei 100° 2,1 Gew.-%; 84%. — *Mittel* zur *Herst. von Polyploiden*. — Vgl. E. P. 739 944; C. **1958**. 11025. (**E. P. 749 810** vom 3/11. 1954, ausg. 30/5. 1956. F. Prior. 12/11. 1953.) G. KRAUSS. H 3500

National Cylinder Gas Co., Chicago, Ill., übert. von: **Robert R. Bottoms**, Crestwood, Ky., V. St. A., *Reinigen von synthetischem Menthol* (I). In I enthaltene geometr. Isomere werden durch Oxydation mit 6wertigen Cr-Verbb. im sauren Medium in *Menthone* übergeführt u. abgetrennt. — Beispiel. (**A. P. 2 827 497** vom 27/4. 1955, ausg. 18/3. 1958.) H. MÖLLERING. H 3600

Glaxo Laboratories Ltd., London (Erfinder: **Thomas Eric Holt**, Bushey Heat, und **William Sabel**, Harrow), England, *Reinigung eines rohen, sapogeninhaltigen Materials*, das durch Hydrolyse von natürlichem saponinhaltigem Material erhalten wurde u. das gefärbte Verunreinigungen enthält, dad. gek., daß man das rohe saponinhaltige Material mit einer Lsg. eines Alkalialkoholats eines Alkanols mit 1—5 C-Atomen in einem Alkohol mit 1—5 C-Atomen bis zu einer wenigstens teilweisen Hydrolyse der gefärbten Verunreinigungen erhitzt, das Reaktionsgemisch zur Fällung wenigstens eines Teils der gefärbten Verunreinigungen mit Erdalkaliionen behandelt u. die das Sapogenin enthaltende alkanol. Lsg. abtrennt. Als Alkanole eignen sich bes. Methanol oder Butanol. Die erhaltenen Sapogenine sind sehr rein; so wird z. B. *Diosgenin*, F. 199—203°; $[\alpha]_D$ —129°, erhalten. — *Zwischenprodd.* für die Synth. von *Steroidhormonen*. (**D. A. S. 1 040 543** Kl. 12o vom 5/12. 1956, veröff. 9/10. 1958. E. Prior. 7/12. 1955. **E. P. 799 047** vom 7/12. 1955, ausg. 30/7. 1958.) U. SIEVERS. H 3650

Anheuser-Busch, Inc., übert. von: **Henry J. Buehler**, St. Louis, Mo., V. St. A., *Extraktion von Sterinen*, z. B. aus Hefe, durch partielle Hydrolyse mit wss. Alkalilsg., Filtrieren u. Behandlung des Rückstandes mit einem Alkali, das in einem aliphat. Alkohol mit 4—6 C-Atomen gelöst ist, um gleichzeitig die konjugierte Doppelbindung zu verseifen u. die Sterine zu extrahieren. Nach Abtrennung des Rückstandes fügt man zu der Lsg. zwecks Ausfällung der Sterine W. zu, erhitzt auf 80—90°, kühlt allmählich auf ca. 25° ab u. trennt die ausgefallenen Sterine ab. (**A. P. 2 837 540** vom 28/9. 1954, ausg. 3/6. 1958.) H. NEBELSIEK. H 3700

Merck & Co., Inc., Rahway, N. J., V. St. A., *Halogenierung von 3-Ketosteroiden* in 4-Stellung. Man läßt diese bei —30 bis —70° in Ggw. eines organ. Lösungsm. u. zweckmäßig in Ggw. eines sauren Katalysators mit Cl_2 oder Br_2 reagieren. — Z. B. erhält man aus *Pregnandiol-(17α.21)-trion-(3.11.20)-acetat-(21)* (I), Br_2 u. HBr in Chlf. in Ggw. von Essigsäure bei —55 bis —60° 4 *Brom*-**I** in 98,2%ig. Ausbeute. (**Holl. P. 88 725** vom 6/6. 1955, ausg. 15/7. 1958. A. Prior. 22/6. 1954.) F. BÖHM. H 3700

Ruhrchemie Akt.-Ges., Oberhausen, *Herstellung von Polymeren aus 1-Alkoxy-1-alkenen*. Bei der Polymerisation von 1-Alkoxy-1-alkenen, wie 1-Propoxy-1-propen, die in üblicher Weise, z. B. mit BF_3 als Katalysator, durchgeführt wird, geht man von der reinen cis- oder trans-Verb. aus. Die cis-Polymerisate besitzen niedrigeren F. u. bessere Löslichkeit als die trans-Polymerisate. (**Holl. P. 86 306** vom 31/3. 1955, ausg. 16/9. 1957.) F. BÖHM. H 4010

X. Färberei. Organische Farbstoffe.

M. C. Zuber und **M. A. Baron**, *Durch eine neue Superpolyamidfaser, Rilsan, entstandene färberische Probleme.* (Teintex **21.** 771—85. 15/10. 1956. — C. **1957.** 3398.)
K. MAYER. 7020

Heinz Blättermann, *Schwarz auf Polyamidfaser.* Es wird ein Verf. beschrieben durch welches man eine Färbung mit *Telonechtschwarz PE/Bayer* mittels Nachbehandlung mit 3% CH_2O wesentlich in den Naßechtheiten u. durch Diazotieren mit 2 g $NaNO_2$/Liter + 5 g konz. HCl/Liter u. anschließendem Kuppeln mit Entwickler AN (blaustichig) oder H (tiefschwarz) die Naßechtheiten sehr weit erhöhen kann. Ferner wird die Färbung mit Telonchromschwarz C/BAYER u. eine Kombination von Telonechtmarineblau R, -kupferrot RL u. Benzolichtgelb G (BAYER) zur Erzielung eines tiefen Schwarz auf Nylon beschrieben, welches durch eine Tannin–Brechweinstein-Nachbehandlung in den Naßechtheiten verbessert werden kann. (Bayer Colorist **1955.** Nr. 1. 20—21.)
W. BERNARD. 7020

J. Eibl, *Phthalogene im Rahmen der Phthalocyanine.* 3. Mitt. (2. vgl. C. **1959.** 2971.) Phthalogenfarbstoffe sind Ausgangs- oder Zwischenprodd. der Phthalocyaninsynthese. Es lassen sich aus diesen Prodd. sowohl unveränderliche als auch mit farbtonverschiebenden wasserlösl. Gruppen versehene Phthalocyanine auf der Faser erzeugen. Beschrieben werden die verschied. Gruppen der Phthalogenfarbstoffe sowie deren färber. Eigg. u. deren Anwendungsmöglichkeiten behandelt. (Melliand Textilber. **39.** 772—75. Juli 1958.)
P. ECKERT. 7020

A. J. M. Verhulsdonck, N. Oude Wolbers und **Th. J. Lieven,** *Das Färben, Bedrucken und Veredeln von synthetischen Fasern.* Übersicht über die Vorbehandlung von synthet. Fasern (SF), die Bindung von Farbstoffen an SF, das Färben von SF, bes. bei Tempp. $>100^0$. (De Tex **16.** 1179—1210. 15/9. 1347—76. 15/10. 1957.) W. WESLY. 7020

Franciszek Kacprzak, *Das auf der Faser durch Oxydation entwickelte Schwarz.* Druckschwarz A (I) wird durch Oxydation des Na-Salzes der Diphenylamin-p-sulfaminsäure auf der Faser erhalten. Seine Vorteile sind: kein Grünstich, keine Minderung der Faserhaltbarkeit, Fortfall der Chromatoxydation, Unempfindlichkeit beim Dämpfen. Der Film-, Direkt- u. Reservedruck mit **I** wird durch Rezepte u. Beschreibung erläutert. **I** kann allein oder mit Küpen-, Phthalogenfarbstoffen u. Pigmenten zusammen eingesetzt werden. Die Echtheit der Färbungen gegen Licht, W., Abrieb, Lösungsm. entspricht der von Küpenfarbstoffen. (Przegląd włokienniczy **12.** 551—55. Nov. 1958.)
E. PASCHKE. 7022

H. Zukriegel, *Der Xenonhochdruckstrahler — eine Universallampe für Farbvergleich, Lichtechtheitsteste, Ultraviolett- und Infrarotstrahlungen.* (Prakt. Chem. Wien **7.** 124—27. April 1956. Wien, Bundeslehr- u. Versuchsanst. für chem. Ind. u. Gewerbe.)
M. WINIKER. 7028

Badische Anilin- & Soda-Fabrik Akt.-Ges., Ludwigshafen/Rh., *Textil- und Färbereihilfsmittel.* Am N nichtsubstituierte Caprolactame, wie ε-Caprolactam (I) oder C-Methylcaprolactam, beschleunigen die Auflsg. von Mercerisier- u. Netzmitteln sowie von Kupplungskomponenten von Azofarbstoffen u. die Dispergierung von Acetatfarbstoffen. Die Egalisierung u. Durchfärbung, z. B. bei S- u. Küpenfarbstoffen, wird verbessert. — Man löst z. B. ein Gemisch von 90 (Teilen) einer Kupplungskomponente mit 10 I. (**E. P. 770 460** vom 16/6. 1954, ausg. 20/3. 1957. D. Prior. 15/7. 1953. **Zusatz zu E. P. 668 961; C. 1955. 6190.**)
F. BÖHM. 7007

Badische Anilin- & Soda-Fabrik Akt.-Ges., Deutschland, *Färben und Bedrucken von natürlichen und synthetischen Textilstoffen* durch Behandeln mit wss. Dispersionen von Küpenfarbstoffen, bes. Küpensäuren, mit einer Teilchengröße von wenigstens 100 mμ, erhältlich nach F. P. 1 066 981; C. **1955.** 6629, dad. gek., daß die Behandlung bei einer Temp. über 100°, zweckmäßig bei 110—130°, erfolgt, worauf, vorzugsweise nach Einw. einer alkal. Hyposulfitlsg., getrocknet wird. (**F. P. 1 115 347** vom 10/12. 1954, ausg. 23/4. 1956. D. Prior. 19/12. 1953.)
G. HOPPE. 7021

Ciba Soc. An., Schweiz, *Färben von Polyestern aromatischer Dicarbonsäuren* nach der Dispersionsmeth., dad. gek., daß Azofarbstoffe ohne löslichmachende Gruppen der Formel $R_1—N{=}N—R_2$ verwendet werden, worin R_1 u. R_2 Benzol- oder Naphthalinreste bedeuten, die eine NO_2- u. eine NH_2-Gruppe jeweils in p-Stellung zur Azogruppe enthalten, bes. solche aus diazotierten 4-Nitro-1-aminobenzolen, die in 2-Stellung Alkyl, Alkoxy, OH oder Cl enthalten, u. 1-Aminobenzolen, die gegebenenfalls in 3-Stellung einen Substituenten, bes. Alkoxy, enthalten, z. B. die Farbstoffe (Farbtöne auf Polyäthylenterephthalat): p-Nitranilin → 1-Amino-3-methoxybenzol (I), braunorange;

1-Amino-2-chlor-4-nitrobenzol (**II**) → 1-Amino-3-methylbenzol, braunorange; **II** → 1-Amino-2-methoxy-5-methylbenzol, rubinrot; **II** → **I**, braunorange; **II** → Anilin, gelborange. (**F. P. 1 116 681** vom 30/12. 1954, ausg. 9/5. 1956. Schwz. Prior. 11/1. 1954.) G. HOPPE. 7021

Interchemical Corp., V. St. A., *Bedrucken von Textilien* mit einer Paste, bestehend aus einem Pigment, das in einer wss. Lsg. (p_H 5—11) dispergiert ist, die höchstens 2% eines oder mehrerer wasserlösl. Salze von hydrophilen, synthet. Polymeren oder Copolymeren mit verzweigten Bindungen, z. B. Polymere von Acrylsäure oder Maleinanhydrid mit Allylsucrose, u. gegebenenfalls darin emulgiert ein flüchtiges, mit W. nicht mischbares organ. Lösungsm. enthält. Die Paste kann auch noch auf 1 Teil Pigment 0,25—2,5 Teile eines lösl., wärmehärtbaren Harzes oder bis 15% eines feinverteilten wasserunlösl., linearen Polymeren enthalten. (**F. P. 1 119 835** vom 18/1. 1955, ausg. 26/6. 1956. A. Prior. 20/1. 1954.) G. HOPPE. 7023

Ciba Soc. An., Schweiz, *Färben und Bedrucken von Superpolyamidfasern* durch Aufbringen von wasserlösl. Farbstoffen mit Affinität für Wolle, eines in der Wärme Säure abspaltenden Mittels (NH_4-Salze), eines Quellmittels (Phenol), eines Äthers eines mehrwertigen aliphat. Alkohols, z. B. Monoäthylglykol, u. eines Esters einer aliphat. Dicarbonsäure, z. B. Diäthyltartrat, u. darauffolgendes Dämpfen. (**F. P. 1 108 631** vom 28/9. 1954, ausg. 16/1. 1956. Schwz. Prior. 2/10. 1953.) G. HOPPE. 7023

Ciba Soc. An., Schweiz, *Erzeugung von farbigen Schrumpf- oder Kreppeffekten auf Superpolyamidgeweben* durch Bedrucken mit einer wss. Paste, die 15—30% eines Quellmittels (Phenol), ein Pigment, z. B. Bronzepulver, u. ein in W. unlösl. Klebmittel (**K**) enthält. Als **K** werden Polymere von Verbb. mit der Atomgruppierung $H_2C{=}C{=}$, bes. wss. Dispersionen von Mischpolymerisaten von Acrylestern, Acrylnitril u. Acrylsäure, verwendet. (**F. P. 1 115 710** vom 4/10. 1954, ausg. 27/4. 1956. Schwz. Prior. 12/10. 1953.) G. HOPPE. 7023

General Aniline & Film Corp., New York, N. Y., übert. von: **David I. Randall**, Easton, Pa., und **Tellis A. Martin**, Evansville, Ind., V. St. A., *Nitro- und Amino-N-alkylmethansulfonsäureanilide* der allg. Formeln **I** u. **II** (R = Alkyl) erhält man

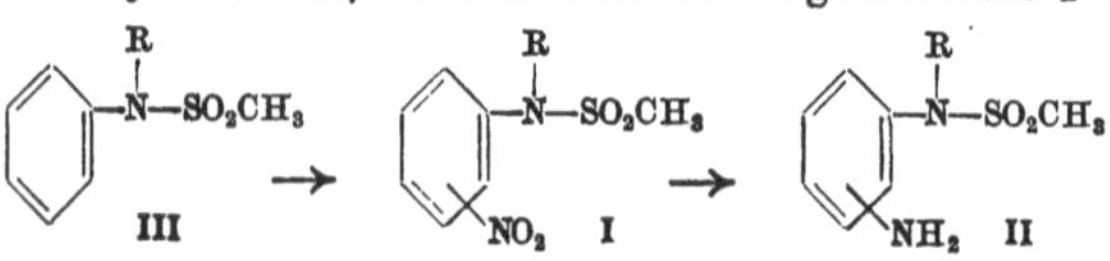

durch Behandeln von N-Alkylmethansulfonsäureaniliden der Formel **III** (hergestellt nach J. Amer. chem. Soc. **51**. [1929.] 1272) mit 1 (Teil) HNO_3 u. 2 H_2SO_4 bei 0—5° u. Red. der Nitrogruppe zur Aminogruppe in üblicher Weise. — Aus 37 N-Methylmethansulfonsäureanilid in 552 96% ig. H_2SO_4 u. Mischung aus 38 HNO_3 + H_2SO_4 (1 : 2) bei 0—5° → **I**, *R* = CH_3; $C_8H_{10}N_2O_4S$, aus A., F. 91—95°; daraus in absol. Methanol mit H_2 in Ggw. von PtO_2 bei 45—48° → *Amino-N-methylmethansulfonsäureanilid*, $C_8H_{12}N_2O_2S$, F. 100—103°. — N-Äthylmethansulfonsäureanilid → *Nitro-N-äthylmethansulfonsäureanilid*, $C_9H_{12}N_2O_4S$, aus 70% ig. A., F. 94—98°, → *Amino-N-äthylmethansulfonsäureanilid*, $C_9H_{14}N_2O_2S$, aus A. oder W., F. 130—132°. — *Zwischenprodd.* zur Herst. von *Farbstoffen*. Ferner sind **I** u. **II** herstellbar, in denen R = *n-Propyl, Isopropyl, n-Butyl* u. *Isobutyl* ist. (**A. P. 2 794 834** vom 28/1. 1954, ausg. 4/6. 1957.) G. KRAUSS. 7049

Celanese Corp. of America, New York, N. Y., V. St. A., *Farbstoffe der Nitrodiphenylaminreihe* der Zus. **I** oder **II**, die wasserunlösl. sind, aber mit geeigneten Di-

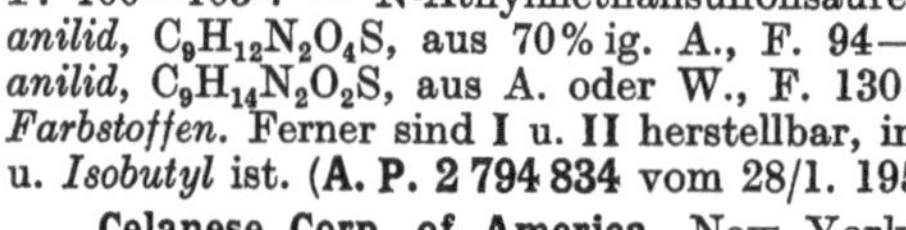

I

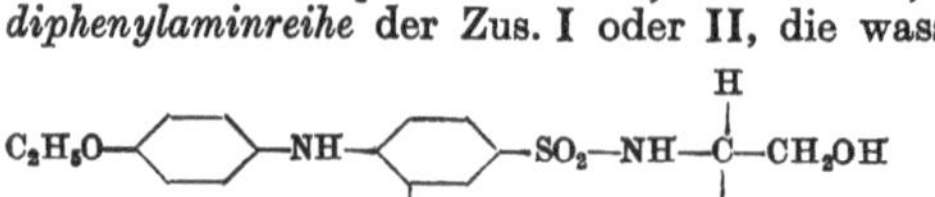

II

spergierungsmitteln leicht wss. Färbebäder geben, aus denen Acetatkunstseide sehr wasch- u. lichtecht in orangegelben Tönen gefärbt werden kann, u. deren Färbungen durch Behandlung mit Harnstoff- oder Triazin–Formaldehyd-Kondensaten in der Waschechtheit verbessert werden können, erhält man durch Rk. von 4-Chlor-3-nitrobenzolsulfonylchlorid (**III**) mit 3-Amino-2-butanol (**IV**) oder 2-Amino-1-butanol (**V**) u. Umsetzen der erhaltenen Zwischenprodd. mit p-Phenetidin (**VI**). — 16 (Gewichtsteile) **III**, 1 Diisobutylnaphthalinsulfonsäure u. 60 W. rührt man gründlich zusammen, gibt 40 W. hinzu, macht mit $NaHCO_3$ gegen Brillantgelb alkal., gibt anteilweise 10 **IV** in 60 W. zu dem Gemisch, hält die Temp. 3 Std. bei 25—30° u. eine weitere Std. bei 50° kühlt, filtriert, wäscht mit W. u. trocknet. Von den 16 erhaltenen 4-Chlor-3-nitrobenzolsulfon-α-methyl-β-hydroxypropylamid (**VII**) erhitzt man 6 **VII**, 4 **VI**, 2 Na_2CO_3 u. 100 W.

15—20 Std. unter Rühren, kühlt, verd. mit 400 wenig HCl enthaltendem W., filtriert, wäscht mit W. u. trocknet. Man erhält 7 *4'-Äthoxy-2-nitrodiphenylamin-4-sulfon-α-methyl-β-hydroxypropylamid*, Kristalle aus A., F. 119°. Analog erhält man mit V *4'-Äthoxy-2-nitrodiphenylamin-4-sulfon-α-hydroxymethylpropylamid*, orangegelber Farbstoff, F. 137 bis 139°. — Färbebeispiele. (**E. P. 794 176** vom 16/5. 1955, ausg. 30/4. 1958. A. Prior. 17/5. 1954.) O. ROICK. 7051

XIa. Farben. Anstriche. Lacke. Naturharze.

H. Pfau und **A. Großmann,** *Über den Einfluß von Lackrohstoffen auf die Schwimmfähigkeit von Aluminiumpigmenten.* Schwimmfähige Al-Pigmente, sogenannte Leafing-Typen, sind von großer Bedeutung für Außenanstriche mit hohem Reflexionsvermögen. Vff. untersuchen eine Reihe wichtiger Lösungsmittel u. Lackharze in Hinsicht auf ihren Einfl. auf das Schwimmvermögen von Al-Pigmenten. Sie bedienten sich dabei des sogenannten EDWARDschen Spateltestes. Von den KW-stoffen weisen die Aromaten u. Dekalin bes. günstige Eigg. auf; Ketone u. Äther nehmen eine Mittelstellung ein; Lösungsmittel mit prim. OH-Gruppe sind ungünstig. Bei den Harzen besteht kein eindeutiger Zusammenhang zwischen dem chem. Aufbau u. dem Schwimmvermögen des Al-Pigmentes. Nur bei den verschied. Alkydharzen ist ein deutlicher Einfl. der SZ. festzustellen. (Farbe u. Lack **65.** 179—84. April 1959. Nürnberg, Carl Schlenk A.-G., Labor.) H. JÖRDER. 7092

J. P. Helme und **J. Molines,** *Beitrag zum Studium der Herstellung und Anwendung von Glycerinphthalatharzen und modifizierten Sojaölen.* Eingehend behandelt werden Herst. u. Anwendung von Maleinat–Sojaölen, Glycerinphthalatharzen u. deren Prüfung auf Trockenfähigkeit, Glanzbeständigkeit usw. — 15 Literaturzitate. (Pitture e Vernici **14.** 713—21. Sept. 803—10. Okt. 1958. Dieppe u. Paris, Établ. Robbe Frères.) B. SCHEIFELE. 7096

W. Schwarz, *Neue Erfahrungen über die Verbreiterung der Anwendungsmöglichkeit von Spachtelmassen.* Innenflächen von Kohle- u. Abraumwaggons erhielten zu Versuchszwecken einen Belag mit folgenden Spachtelmassen: Grundspachtel aus Vinalit D 50, 25% Weichmachergemisch Trikresylphosphat–Clophen A 60 1:1, 80% Flugasche (beide Angaben auf Trockensubstanz Vinalit D 50 bezogen) u. Deckspachtel aus Vinalit D 50, 25% Weichmachergemisch Trikresylphosphat/Dekalinchlorid 1:1, 60% Kaolin. Es wurden der Abrieb des Belages durch die n., während des 4monatigen Betriebs auftretenden Beanspruchungen sowie der Schutz der Wandungen gegen Anfrieren der Kohle bzw. des Fördergutes untersucht. Die Ergebnisse waren erfolgversprechend u. die Verss. werden fortgesetzt (Variierung der Zus. der Spachtelmassen). (Plaste u. Kautschuk **5.** 424—25. Nov. 1958. Leipzig, Inst. für Chem. u. Technol. der Plaste.) H. SONTAG. 7096

Bernhard F. H. Scheifele, *Über das Verhalten von Lackierungen gegen Licht und Wärme. Lichtechte und wärmebeständige Anstriche.* (Vgl. C. **1956.** 11078.) Zusammenfassender Überblick über die Veränderungen, welche Lackierungen bei der Übertragung von Licht- u. Wärmeenergie erleiden können. — 12 Literaturhinweise. (Ind.-Lackier-Betr. **23.** 49—51. März. 77—78. April 1955.) M. WINIKER. 7106

D. E. Wilbur, *Zinkreicher Anstrich. Ein Überzug für hochbeanspruchte Oberflächen.* Bis zu 95% feinverteiles Zn soll ein neuartiger Anstrich in der angetrockneten Schicht enthalten, die durch Aufstreichen, Tauchen oder Aufspritzen hergestellt werden kann. Dieser Anstrich ist korrosionsbeständig u. haftet fest selbst auf mit Walzenzunder versehenem Stahl. (Iron Age **178.** Nr. 6. 82—84. 9/8. 1956. Brighton, Mass., Wilbur & Williams Co.) H. HOCHSTEIN. 7106

Hans Reininger, *Pulverkaltspritzschichten.* Vf. bespricht das Verf. des Pulverkaltspritzens, geeignet für metall. Überzüge aus Sn, Zn, Cu, Pb, Messing u. anderen pulverisierbaren Metallen sowie für nichtmetall. Überzüge aus Glas, Porzellan, Basalt, Gummi u. a. in beliebigen Schichtdicken u. auf jeden Untergrund mit Anwendungsgebieten. (Dtsch. Farben-Z. **12.** 437—42. Nov. 1958. Bad Schandau.) L. KEMPF. 7106

C. P. A. Kappelmeier und **J. Mostert,** *Bestimmung der Polyalkohole in Anstrichbindemitteln.* Die als Anstrichbindemittel verwendeten Alkydharze enthalten verschied. mehrwertige Alkohole. Mittels Aminolyse unter Verwendung von β-Phenyläthylamin wird Pentaerythrit von Trimethyloläthan getrennt, während Trimethylolpropan in Glycerin gelöst bleibt. (Peintures, Pigments, Vernis **34.** 309—10. Juli 1958. Katwijk-aan-Zee, Holland, Kunstharsfabriek Synthese N. V., Analysenlabor.) B. SCHEIFELE. 7154

W. Funke, D. Wapler und **R. Haug,** *Vergleichende Untersuchungen über Kurz- und Freibewitterung von Anstrichen.* Vff. behandeln das Problem der künstlichen Bewitterung von Anstrichen im Vgl. zur Freibewitterung an Hand eigener Verss., die ausführlich beschrieben werden, mit dem Ergebnis, daß sich zwar relative Unterschiede der Bewitterungsbeständigkeit feststellen lassen, nicht aber auf die Lebensdauer von Anstrichen im Freien geschlossen werden kann. — 24 Literaturangaben. (Dtsch. Farben-Z. **12.** 478—84. Dez. 1958. Stuttgart, Forschungsinst. für Pigmente u. Lacke.)

L. KEMPF. 7158

Kunst im Druck Obpacher Akt.-Ges., München, *Herstellung von originalgetreuen Reproduktionen von Ölgemälden.* Zur Erfassung der Oberflächenunebenheiten (z. B. Pinselstriche) wird auf das Original zunächst ein härtbares Material aufgetragen u. hieraus eine Druckplatte gefertigt. Auf eine mit einer Lackschicht überzogene Leinwand wird ein vielfarbiger Negativdruck auf einem geeigneten Papier (Druckfläche zur Lackschicht) aufgebracht; der Lack ist so eingestellt, daß er sich mit der Druckfarbe mischt. Dann werden die Papierfläche auf die unebene Fläche der Druckplatte gelegt u. durch Pressen bei einem Druck von 20—60 atü während 1½—3 Min. bei 80—95° die Unebenheiten übertragen. Nach dem Kühlen u. Entfernen der Druckplatte wird das Papier abgelöst. Die Druckplatte kann für weitere Reproduktionen verwendet werden. (**E. P. 782 703** vom 28/3. 1955, ausg. 11/9. 1957. D. Priorr. 30/4. 1954 u. 19/3. 1955.)

P. KRUG. 7091

Columbia-Southern Chemical Corp. (Erfinder: **Edward Merle Allen**), V. St. A., *Herstellung von SiO_2-haltigen Pigmenten.* In ein mit einem Wirbelrührer versehenes zylindr. Gefäß werden 17000 Liter einer 2,13% Na_2O enthaltenden Na_2SiO_3-Lsg. eingetragen u. bei 65—67° werden 3480 Liter 12,2n HCl-Lsg. eingeleitet. Wenn der p_H-Wert der entstandenen Suspension ca. 7,0 beträgt, wird noch 1 Std. gekocht. Der p_H-Wert beträgt danach 8,5. Nach dem Abkühlen werden 8516 Liter HCl zugesetzt: p_H 8,2. Danach wird die Suspension konz., u. durch Zusatz einer kationenakt. quaternären NH_4-Verb. in Mengen von 0,225 Gew.-% wird SiO_2 gefällt. Das Prod. besitzt eine Oberflächenausbreitung von 121 m^2 pro g. — 2 Zeichnungen. (**F. P. 1 134 178** vom 2/9. 1955, ausg. 8/4. 1957. A. Prior. 5/11. 1954.) M. F. MÜLLER. 7093a

Esso Research and Engineering Co., V. St. A., übert. von: **Anthony H. Gleason,** *Herstellung trocknender Öle* durch Na-Polymerisation von Butadien-(1.3) mit 50—100% eines indifferenten KW-stoffes mit Kp. —10 bis +200° (Solventnaphtha, Varsol, weniger gut aromat. KW-stoffe) u. 10—300% eines offenkettigen Äthers mit 3—8 C-Atomen oder cycl. Diäthers mit 4—8 C-Atomen (1.4-Dioxan, Ae., Methylal, Äthylal, Methylacetal, tert.-Butylmethyläther. Vinyläthyläther, -isobutyläther, Dihydropyran, Phenetal verbessern nur die Farblosigkeit des Polymerisats; Dimethyläther, Dibutyläther u. Tetrahydrofuran erhöhen nur die Reaktionsgeschwindigkeit, während die zuerst genannten Äther beide Wrkgg. ausüben. 1.3-Dioxan, Dioxolan, Paraldehyd, Äthylidenglykoldiacetal, Furan hemmen die Polymerisation) bei 25—95°. Die Polymeren werden mit den üblichen Trockenmitteln, wie Co-Naphthenat, verarbeitet; Zusatz geringer Mengen von Modifizierungsmitteln, wie Maleinsäureanhydrid, Arcrylnitril, Vinylacetat, Acrylsäureester, Thioglykolsäure, Thiosalicylsäure, verbessert ihre Eigenschaften. — Man mischt 100 (Teile) Butadien, 100 Varsal (Kp. 150—200°), 100 mittelschweres Bzn., **30** 1.4-Dioxan, 0,3 Isopropanol u. 1,5 Na (Teilchengröße 30—50 μ) in 100 Varsol, hält in der Bombe 20 Std. bei 50°, zers. mit 9 Essigsäure, neutralisiert, filtriert u. dickt zu einer 50%ig. Lsg. ein. (**F. P. 1 136 288** vom 20/5. 1955, ausg. 10/5. 1957. A. Prior. 1/7. 1954.)

M. PANKOW. 7097

Meyercord Co., Chicago, Ill., übert. von: **Herbert L. Barnebey,** Gibsonia, Pa., V. St. A., *Schnelles Härten oder Trocknen von Überzügen.* Die mit Ölen oder Harzlsgg. überzogenen Gegenstände werden durch eine Kammer geführt, wo sie mit SCl_2-Dämpfen behandelt werden. Zur Entfernung noch vorhandener SCl_2-Spuren kann im Anschluß an das Passieren der Desodorierungszone noch mit NH_3 neutralisiert werden. (**A. P. 2 810 662** vom 18/11. 1953, ausg. 22/10. 1957.) P. KRUG. 7107

American Cyanamid Co., New York, N. Y. (Erfinder: **John Harald Daniel jr.,** Old Greenwich, Conn.), V. St. A., *Für Einbrennzwecke geeignetes wässeriges Überzugsmittel,* dad. gek., daß es als Bindemittel ein Gemisch von 50—10 (Gew.-%) eines wasserlösl., wärmehärtbaren, Aminoplastharz bildenden Reaktionsprod. (I) u. 50—90 eines wasserlösl. NH_4-Salzes eines Mischpolymerisats, das aus 50—5 einer $\alpha.\beta$-äthylen. ungesätt. Carbonsäure u. 50—95 eines Alkylesters einer gleich ungesätt. Monocarbonsäure hergestellt ist, enthält. I sind z. B. die Umsetzungsprodd. von Aldehyden mit Harnstoff, Dicyandiamid u. Aminotriazinen, wie Melamin; sie können noch alkoh. modifiziert sein. (**D. A. S. 1 053 696** Kl. 22g vom 17/8. 1956, veröff. 26/3. 1959. A. Prior. 18/8. 1955.)

P. KRUG. 7107

N. V. de Bataafsche Petroleum Mij., Den Haag (Erfinder: **Pieter Bruin**, Amsterdam), Holland, *Härtbare, ein Epoxydharz und einen Novolak enthaltende Gemische.* Zur Härtung von Gemischen aus einem Epoxyharz, das pro Mol. durchschnittlich >1 Epoxygruppe u. pro 100 g mindestens 0,1 Epoxyäquivalent enthält, u. einem Novolak mit mindestens 2 phenol. OH-Gruppen im Mol. verwendet man als Katalysator Verbb., die die Gruppe $=N-C(NH_2)=N-$ enthalten, bes. *Dicyandiamid.* Nach Holl. P. 89 336 kann man auch Amine, wie *Piperidin, Triäthylamin, Triäthanolamin* u. *n-Butylamin*, in Form ihrer Salze mit starken Säuren, wie Trichloressigsäure, HCl oder H_2SO_4, verwenden. Gemische, die solche Katalysatoren enthalten, sind bei n. Temp. unbeschränkt haltbar. (**Holl. PP. 89 335** u. **89 336** vom 30/8. 1956, ausg. 15/10. 1958.) F. BÖHM. 7107

Ransburg-Electro-Coating Corp., übert. von: **Edwin M. Ransburg**, Indianapolis, Ind., V. St. A., *Überziehen von Gegenständen mit einem lösungsmittelhaltigen Überzugsmittel.* Der zu überziehende Gegenstand wird zunächst durch eine Heizkammer geführt u. dort auf eine Temp. oberhalb des Kondensationspunktes des Lösungsm. erhitzt, dann in heißem Zustand in das Bad mit dem Überzugsmittel getaucht u. nach dem Passieren einer Kühlzone zur Entfernung des Lösungsm. anschließend in die Heizkammer zum Einbrennen des Überzugs zurückgeführt. (**A. P. 2 812 269** vom 24/3. 1952, ausg. 5/11. 1957.) P. KRUG. 7107

Wheeling Steel Corp., Wheeling, W. Va., V. St. A., *Kontinuierliches Überziehen von Metallstreifen mit einem Schutzüberzug.* Die mit einem Metallüberzug versehenen (galvanisierten) Streifen aus Stahl werden mit einem fl. Überzugsmittel (mit plast. oder nichtplast. Substanzen) zweckmäßig mittels Walzen überzogen u. dann durch eine Trockenzone mit elektr. Induktionserhitzung geführt. (**E. P. 785 572** vom 18/10. 1955, ausg. 30/10. 1957. A. Prior. 23/3. 1955.) P. KRUG. 7107

Gustav Moller und **Hermann Corzilius**, Dortmund, *Herstellen von Schutzüberzügen auf metallischen, hölzernen oder steinernen Untergründen.* Auf die Oberfläche wird zunächst eine Schicht aus einem kalthärtenden synthet. Harz aufgesprüht u. dann ein pulverförmiges Metall mittels eines Gases unter hohem Druck trocken eingespritzt. (**E. P. 767 399** vom 17/4. 1953, ausg. 6/2. 1957.) P. KRUG. 7107

Elio Rella, Rom, Italien, *Kunstharzlack*, bes. für Kraftfahrzeuge, der bei niedriger Temp. trocknet, enthält neben Glyptalharz, Pigmenten u. Harnstoffharzen eine die Polymerisation beschleunigende Säure, z. B. 1(%) Oxalsäure oder 0,2 HCl. Die Säure wird vor der Zugabe in einem wasserfreien Lösungsm., wie Xylol, gelöst. (**It. P. 494 104** vom 5/3. 1952.) K. KOEBKE. 7107

Key & Kramer Asphalt Ruberoid N. V., Maasluis, Holland, *Gegen Rost schützende Überzüge für Schiffsdecks.* Nach Entfernung des Rostes wird zunächst eine Grundierung (z. B. einer Lsg. von geblasenem Asphalt in Naphtha, Bzn. oder anderem Lösungsm.) aufgebracht, dann folgt eine Schicht aus geblasenem Asphalt (in einer Stärke von ca. 2—3 mm). Gegen mechan. Beschädigungen wird eine imprägnierte Dachpappe aufgelegt u. diese wiederum mit einer Deckschicht aus geblasenem Asphalt mit mineral. Füllstoffen überzogen. (**E. P. 776 115** vom 26/8. 1955, ausg. 5/6. 1957. Holl. Prior. 10/9. 1954.) P. KRUG. 7107

XIb. Plaste (Kunstharze. Plastische Massen).

Herman F. Mark, *Aktuelle Probleme in Wissenschaft und Technik der Polymeren.* Auf dem Gebiet der Synth. werden als neue Fortschritte genannt: die Entdeckung geeigneter Katalysatoren zur Gewinnung stereoregulärer Polymerer (entweder — hinsichtlich ihrer Polymerisationswrkg. — schwacher ZIEGLER-NATTA-Katalysatoren oder Li-Alkyle oder -Aryle) u. eine Meth. zur Synth. von Polyestern, -amiden, -urethanen u. anderen Polykondensationsprodd. durch Rk. von Aryldichloriden mit Diolen, Diaminen, Diiminen oder anderen bifunktionellen Monomeren. Der heutige Stand der experimentellen Möglichkeiten der Strukturforschung wird umrissen. Als bereits techn. ausführbare Neuentww. werden aufgeführt: Veredlung von Vinyl- u. Acrylpolymeren mit Naturkautschuk u. Polybutadien, Herst. von reinem cis-Polybutadien u. von Mischpolymeren aus Äthylen mit Propylen, Äthylen mit Butylen u. Äthylen, Propylen u. Butylen. (SPE Journal **14**. Nr. 11. 47—48. 58. Nov. 1958. Brooklyn, Polytechn. Inst.) H. SONTAG. 7170

Samuel Zweig, *Verpressen von Plastisolen in Rotationsmaschinen.* Vf. beschreibt ein Verf. zur Herst. von Gegenständen aus Kunststoffplastisolen, vornehmlich aus *PVC*, durch ein Rotationsverfahren. Das Sol wird in Formen gefüllt, die in einer Trommel in Rotation versetzt u. beheizt werden können. Durch die Bewegung wird das Sol gegen die Wände gedrückt, wo dann ein Gelfilm entsteht, der nach Abkühlen den Formen entnommen werden kann. Das Verf. eignet sich bes. zur Herst. von Hohlkörpern. (Mod. Plastics 33. Nr. 1. 123—33. Sept. 1955.) F. Schipke. 7170

H. Schwarz, *Das Wärmespritzen (Flammspritzen) von Plasten und verwandte Verfahren.* Beschreibung von 2 Gerätetypen zum Wärmespritzen von Plasten (Pulver u. Pasten) mit Angabe ihrer Leistungs- u. Verbrauchswerte. Die Eignung verschied. Werkstoffe für den Auftrag wärmegespritzter Kunststoffilme wird erörtert u. aus den Erfahrungen der bisherigen Praxis arbeitstechn. Hinweise für Vorbehandlung der zu bespritzenden Flächen, Durchführung des Verf., Kontrolle der Haftfestigkeit der Filme u. konstruktive Gestaltung der bespritzten Werkstücke gegeben. Die besonderen Gefahren bei der Durchführung von Wärmespritzverff. werden aufgezeigt u. auf entsprechende Arbeitsschutzmaßnahmen hingewiesen. Vf. bringt eine Zusammenstellung der zum Wärmespritzen geeigneten Kunststoffe u. geht dabei ausführlich auf das Wärmespritzverh. u. die spezif. Einsatzgebiete von *Weich-PVC, Polyamid B* (Basis: Caprolactam), *Rilsan* (Ricinuspolyamid), *Polyäthylen* u. pulverisiertem *Bitumen* ein. (Plaste u. Kautschuk 5. 455—61. Dez. 1958. Halle/Sa., Zentralinst. für Schweißtechnik der DDR.) H. Sontag. 7170

A. Destable, *Polyäthylenwachse von niedrigem Molekulargewicht.* Kennzahlen u. Verwendungseigg. von lösl. u. emulgierbaren niedermol. Polyäthylenwachsen. (Ind. Plastiques 8. 4. 21—22. April 1956.) B. Scheifele. 7172

André Destable, *Emulsionen und Lösungen auf der Grundlage von Polyäthylen von sehr niedrigem Molekulargewicht.* (Vgl. vorst. Ref.) Physikal. Eigg., Verträglichkeit u. Anwendung von lösl. u. emulgierbaren niedermol. Polyäthylen. (Peintures, Pigments, Vernis 32. 601—03. Juli 1956.) B. Scheifele. 7172

G. M. Reiner, *Organische Pigmente und PVC.* Neben den bekannten Faktoren, welche die Wahl eines *Pigments* (I) zur Einfärbung von PVC beeinflussen, wird in diesem Zusammenhang bes. über die Anforderungen berichtet, die an die Thermostabilität der I u. an die Zusätze, wie Stabilisatoren u. Weichmacher, zu stellen sind. In Tabellen werden die Arbeitsbedingungen für die Herst. von gefärbten Preßteilen, wie Temp., Druck u. Zeit (im Mischer bzw. in der Presse) zugleich mit dem Verh. der verwendeten organ. I dargelegt. Aufzählung der in Frage kommenden organ. u. anorgan. I u. ihrer Einsatzmöglichkeiten. Metall. Verunreinigungen in den organ. I, wie Fe, Cu oder Zn, beeinflussen die Wärmestabilität der Färbungen negativ. Mengenrezepte für durchsichtige u. opake Gegenstände. Die einzelnen I selbst, fener verschieden gefärbte PVC-Proben vor u. nach UV-Bestrahlung u. Einfl. der Konz. des I im PVC, werden colorimetr. untersucht u. die Ergebnisse in Diagrammen festgehalten. (Materie plast. 24. 239—48. März 1958. Torino, Labor. Ric. SILO.) G. Piekarski. 7172

Howard E. Hoyt, H. W. Keuchel und **R. B. Dean,** *Thermische Instabilität von Novolakharzen.* Durch Umsetzung von Formaldehyd mit Phenol in Ggw. eines Säurekatalysators dargestellte Novolake sind im wesentlichen lineare Polymere aus Phenolkernen, die durch Methylenbindungen an o- u. p-Stellung verknüpft sind. Die Stabilität der Harze ist durch die Flüchtigkeit des Säurekatalysators bedingt. Während Schwefel- u. Phosphorsäure im Harz verbleiben, werden Salz- u. Oxalsäure mit dem überschüssigen Phenol ausgetrieben. Die nichtflüchtigen Säuren bewirken eine Rk. unter Abspaltung von Phenol, wobei das Mol.-Gew. des Harzes ansteigt, bis Gelierung erfolgt. Die Zunahme des Mol.-Gew. unter Verlust von Phenol stellt eine besondere Art von Friedel-Crafts-Alkylierung dar, wobei das Alkylierungsmittel aus einem substituierten Benzyl- (Phenylcarbonium-) Ion besteht. — 20 Literaturzitate. (Paint Varnish Product. 48. Nr. 13. 33—36. Dez. 1958. Bainbridge, N. Y., Borden Chemical Co.) B. Scheifele. 7176

John Delmonte und **Kenneth Cressey,** *Verbesserung der elektrischen Eigenschaften von Epoxyden.* Durch jeweilige Best. ihres Einfl. auf die Größe der DK., des dielektr. Verlustfaktors u. des elektr. Widerstandes wurde die Wrkg. folgender Faktoren auf die elektr. Eigg. von Epoxyden festgestellt (zur Unters. gelangte ein fl., aus Bisphenol A u. Epichlorhydrin hergestelltes Epoxyharz, das unter Verwendung von 6 verschied. Verbb. gehärtet wurde): Menge u. Typ des Härters, Absorption von W., chem. Konst. des Härters u. Hitze (1 wöchige Lagerung bei 150°). Die Ergebnisse sind tabellar. zusammengestellt u. werden an Hand graph. Darstellungen eingehend erörtert. (SPE Journal 14. Nr. 11. 29—32. Nov. 1958. Furane Plastics, Inc.) H. Sontag. 7176

R. M. McClintock, *Verhalten von plastischen Schaumstoffen bei niederen Temperaturen.* Es gelangten je ein handelsübliches geschäumtes Polystyrol u. Epoxyd zur Untersuchung. E-Modul u. Versteifung dieser Schaumstoffe wurden bei Tempp. zwischen 20 u. 300° K — also unterhalb der Versprödungstemp. der analogen, nichtgeschäumten Polymeren — bestimmt. Der Einfl., den D. der Schaumstoffe u. Richtung der Zugbeanspruchung auf diese Eigg. ausüben, wird aufgezeigt. Nach den vorliegenden Ergebnissen wird die Reißfestigkeit der Schaumstoffe durch Anzahl, Größe u. Form der sich an den Stellen des Zusammentreffens von Zell- bzw. Porenwandungen bildenden Kerben weitgehend bestimmt. (SPE Journal **14**. Nr. 11. 36—38. Nov. 1958. Nat. Bur. of Stand., Cryogen. Engng. Labor.) H. SONTAG. 7176

E. F. Carlston und **F. G. Lum,** *Polyamidharze aus m-Xylylendiamin.* m-Xylylendiamin (I) bildet mit zweibas. Säuren von gerader C-Zahl krist., mit zweibas. Säuren ungerader C-Zahl amorphe Polymere, deren FF. zwischen denen der Polyamide aus Pentamethylendiamin (II) u. Hexamethylendiamin (III) liegen. Die Dichten der aus I hergestellten Polyamide liegen höher als die der aus II u. III hergestellten, z. B. mit Sebacinsäure bei 1,15 gegenüber 1,08 u. 1,09. (Ind. Engng. Chem. **49**. 1239—40. Aug. 1957. Richmond, Calif., California Res. Corp.) F. VOHWINKEL. 7180

J. W. Case, *Rohre aus verstärkten Plasten.* (Vgl. C. **1957**. 9227.) Krit. Überprüfung der derzeitigen Situation auf dem Gebiet der *glasfaserverstärkten Kunststoffrohre* (I). Die Herst. von I kann im Prinzip nach 2 Methoden erfolgen: 1. Umhüllung einer Walze mit *Kunststoff getränktem Glasfasergewebe* (II), mit verschied. Varianten, wie Walze aus Stahl mit Einrichtungen zur Zuführung von Wärme, Verwendung von „Seelen" aus Kunststoff, die dann einen Teil des Rohres selbst bilden, verschied. Einrichtungen zur Verteilung u. zur Aushärtung des II usw.; 2. Eingießen von II in ein sich schnell drehendes Rohr durch Zentrifugalwirkung. Tabellar. Übersichten über die derzeitigen Produzenten von I in den USA mit dem jeweiligen Verwendungszweck u. über die Eigg. von I in Abhängigkeit von der Herstellungsmeth. u. der Zusammensetzung. Die Schwierigkeit zu einheitlichen Normen u. Typen zu gelangen, ergibt sich aus mindestens 15 Variablen, die dem Produzenten bei der Herst. von I zur Verfügung stehen. (Materie plast. **24**. 76—83. Jan. 1958.) G. PIEKARSKI. 7204

W. D. Besugly und **W. N. Dmitrijewa,** *Anwendung der polarographischen Methode zur Untersuchung einiger plastischer Massen.* Es wurden Bestimmungsmethoden für *Methyl-, Äthyl-, Butyl-* u. *Allylmethacrylat* u. *Acrylsäurenitril* sowie für *Dibutylphthalat, Salol* u. *Benzoyl-* u. *Hydrochinonperoxyd,* die als indizierende Reagentien u. Inhibitoren benutzt werden, ausgearbeitet. Die Meth. gestattet jedoch nicht die Best. der Methacrylate in in ihren Polymeren. Die untersuchte Methacrylsäureester geben auf den Untergrund von 0,1n Li_2SO_4 in 10%ig. Methanol u. in 0,02n $N(CH_3)_4J$ in 92%ig. Methanol gut ausgeprägte polarograph. Wellen Die Methacrylsäure wird an der Hg-Tropfelektrode nicht reduziert. Die erhaltenen polarograph. Wellen der Methacrylsäureester verwendet Vf. zur polarograph. Analyse von *Plexiglas,* des Emulsionspulvers, der Reaktionsmasse u. anderen Materialien. Für Acrylsäurenitril erhielt Vf. auf dem Untergrund von $N(CH_3)_4J$ $E_{1/2}$ —2,08 V in bezug auf die gesätt. Kalomelelektrode. Die polarograph. Halbwelle des Benzoylperoxyds liegt im Gebiet der positiven Potentialwerte ($E_{1/2}$ +0,2 V), während die Potentiale des Methylmethacrylats u. Dibutylphthalats negative Werte —1,88 u. 1,77 V aufweisen. Salol wird ebenfalls an der Hg-Tropfelektrode red. u. hat die Halbwelle $E_{1/2}$ — 1,91. Die Wellenhöhe ist der Konz. des Salols proportional. Vf. gelang es auf dem Untergrund der 2% NH_4NO_3 in einer Mischung aus 80% CH_3OH u. 20% C_6H_6, gut ausgeprägte Wellen für Benzoylperoxyd zu erhalten. Zum Polarographieren verwendete er die Anoden-Kathoden-Polarisation, da das Benzoylperoxyd im positiven Gebiet der Potentialwerte red. wird. $E_{1/2}$ +0,27 V. Hydrochinon, das als Inhibitor bei der Polymerisation verwendet wird, wird ebenfalls im positiven Gebiet der Potentialwerte reduziert. $E_{1/2}$ +0,43 V. Zur polarograph. Best. im Methylmethacrylat ist das beste Medium eine Mischung aus 4,5 (Teilen) CH_3OH, 2,5 W. u. 3 Methylmethacrylat. Diese Mischung muß 2% NH_4OH enthalten. Zum Schluß weist Vf. noch auf die Möglichkeit einer polarograph. Identifizierung von Polymeren hin. Hierbei wird die therm. Depolarisation oder die Zerstörung der Polymere angewendet. (Заводская Лаборатория [Betriebs-Lab.] **24**. 941—47. 1958. Charkow, Betrieb für zahnärztl. Materialien.) E. STEINBERG. 7210

René Imbert und **Pierre de Vinzelles,** Marokko, *Kontinuierliches Polymerisationsverfahren zur Herstellung profilierter Gegenstände.* Die einen Polymerisationsbeschleuniger enthaltende Mischung läuft zwischen Elektrodenpaaren, etwa in Form von ein oder mehreren Walzenpaaren, durch u. passiert dabei ein Hochfrequenzfeld oder deren mehrere. — Zeichnungen solcher Anordnungen. (**F. P. 1 134 871** vom 22/7. 1955, ausg. 18/4. 1957. Marokkan. Prior. 29/7. 1954.) M. PANKOW. 7171

Ruhrchemie Akt.-Ges., Oberhausen (Erfinder: **Hans Feichtinger,** Dinslaken, und **Siegfried Puschhof,** Duisburg), *Herstellung von Derivaten der 4.5.6.7.10.10-Hexahalogen-4.7-endomethylen-4.7.8.9-tetrahydrophthalane* (I). Man setzt 1-Brom-I mit Alkalisalzen von O.O-Dialkylestern der H_3PO_4, H_3PSO_3, $H_3PS_2O_2$ oder Alkalisalzen von Dialkyl-

estern der H_3PO_3 oder den phosphorigsauren Estern selbst um. Hergestellt werden („*4.7-endomethylen-4.7.8.9-tetrahydrophthalan*" = **II**): *O.O-Diäthylphosphorsäureester von 4.5.6.7.10.10-Hexachlor*-**II**, n_D^{20} 1,5502; *O.O-Diäthyldithiophosphorsäureester von 4.5.6.7-10.10-Hexachlor*-**II**; *O.O-Diäthylthiophosphorsäureester von 4.5.6.7.10.10-Hexachlor*-**II**, n_D^{20} 1,5580; *O.O-Dipropylphosphorsäureester von 10.10-Difluor-4.5.6.7-tetrachlor*-**II**, n_D^{20} 1,5352; *O.O-Diäthyldithiophosphorsäureester von 10.10-Difluor-4.5.6.7-tetrachlor*-**II**, n_D^{20} 1,5563; *O.O-Dibutyldithiophosphorsäureester von 10.10-Difluor-4.5.6.7-tetrachlor*-**II**, n_D^{20} 1,5405. — *Weichmacher für Polyvinylchlorid, Polyvinylacetale, Polyester, Polyamide* u. *Celluloseacetat*. (**D. A. S. 1 060 869** Kl. 12q vom 22/5. 1958, veröff. 9/7. 1959.)
K. FABEL. 7171

Imperial Chemical Industries Ltd., London, England (Erfinder: **Leslie Seed**), *Äthylenpolymerisation* bei >500 at u. >15° erfolgt in Ggw. von Estern der untersalpetrigen Säure, z. B. Äthyl-, Isopropyl-, Isobutyl-, Benzyl- u. Allylhyponitrit, bes. bei 15—50° u. 1000—2000 at Druck. Hochpolymere feste Prodd. in guter Ausbeute u. bes. höherer D. u. Steifheit. — Mengenbeispiele. (**E. P. 796 728** vom 4/8. 1955, ausg. 18/6. 1958.)
H. SCHINDLER. 7173

Imperial Chemical Industries Ltd. (Erfinder: **William George Oakes**), *Plastische Masse*, enthaltend ein hochkrist., festes Äthylenpolymerisat (**I**) u. eine geringere Menge eines elast. Polymerisats, wie Polyisobutylen (**II**), Polyvinylchlorid, Natur- oder Synthesekautschuk. Ein Film aus 87,5% **I** u. 12,5% **II** ist wesentlich schlagfester als ein Film aus **I** allein. (**Aust. P. 211 527** vom 13/7. 1956, ausg. 12/12. 1957. E. Prior. 28/7. 1955.)
J. MÜHLEISEN. 7173

Farbwerke Hoechst Akt.-Ges., vormals Meister Lucius & Brüning (Erfinder: **Werner Ehmann**), Frankfurt/M., *Teilweise Polymerisation von Vinylverbindungen*, bes. von Vinylestern. Die Polymerisation von Vinylverbb. durch therm. Zers. der die Polymerisation bewirkenden Katalysatoren, wie Dibenzoylperoxyd, kann abgebrochen werden u. damit die Nachteile einer Abstoppung durch Zusatz von Fremdstoffen vermieden werden. Zweckmäßig wird das in Rk. befindliche Monomeren–Polymeren-Gemisch kurzzeitig auf eine über dem Zersetzungspunkt des Katalysators liegende Temp. gebracht. Zur Zerstörung des Katalysators ist nur eine kurze Zeitspanne nötig. Die in dieser Zeit ablaufende Nachpolymerisation ist unbedeutend u. übt keine schädigende oder nachteilige Wrkg. auf die Produktqualität aus. (**D. A. S. 1 029 564** Kl. 39c vom 10/11. 1956, veröff. 8/5. 1958.)
H. NEBELSIEK. 7173

Dow Chemical Co., Midland, Mich., V. St. A., *Polymerisierbare Kunstharzmischung*, enthaltend vornehmlich eine monomere aromat. Vinylverb., wie Styrol, 0,5—10(%) eines ungesätt. Alkydharzes mit der längs der Polyesterkette wiederholten Gruppierung $-CO-\overset{|}{C}=\overset{|}{C}-CO-$ vom Mol.-Gew. >500, u. 2—50 eines polymeren aliphat. KW-stoffes, wie Polyisobutylen, Polybutadien, Polyäthylen. Man kann noch 1—10 eines polymerisierbaren Polyolefins [Divinylbenzol (**I**), Diallylphthalat, Allylacrylat, Glykoldiallyläther), ferner 10—60 eines Chlordiphenylharzes zugeben. — Beispiel: 85 (Teile) Styrol, 3 ungesätt. Alkydharz, 6 Buna S, 6 **I**. — Isoliermaterial für Hochfrequenztechnik. (**It. P. 494 109** vom 26/6. 1952.)
K. KOEBKE. 7173

Interchemical Corp., New York, übert. von: **Harry Biletch**, Union Turnpike, N. Y., V. St. A., *Herstellung von 2.5-Endomethylen-Δ^3-tetrahydrobenzylacrylat* der Formel **I**, Kp.$_{2-5}$ 78°, durch Alkoholyse von Äthylacrylat mit 2.5-Endomethylen-Δ^3-tetrahydrobenzylalkohol. — Die Verb. ist *polymerisierbar*. (**A. P. 2 838 479** vom 6/4. 1956, ausg. 10/6. 1958.)

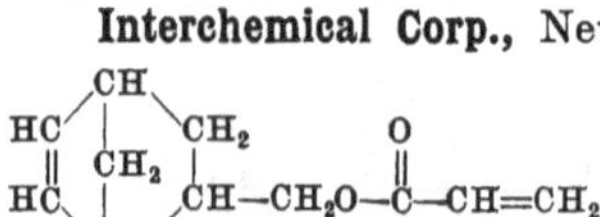
I

H. NEBELSIEK. 7173

Esso Research and Engineering Co., Del., übert. von: **Egi V. Fasce**, Baton Rouge, La., V. St. A., *Herstellung von Harzen* durch Rk. von dampfgecrackten KW-stofffraktionen (**I**) mit Maleinsäureanhydrid (**II**). — Die in einer von 93—300° sd. **I** enthaltenen Paraffine u. Olefine werden zunächst als Harnstoffaddukte entfernt u. dann die verbliebenen verzweigten Olefine u. Diolefine mit **II** bei 20—200° in ein bei oberhalb 200° schm., wenig gefärbtes Harz übergeführt. Die Prodd. eignen sich als Lacke u. Überzugsmittel, in die Säurechloride oder Ester umgewandelt, als Weichmacher oder Schmieröle. — Beispiele, Tabellen. (**A. P. 2 824 859** vom 18/3. 1953, ausg. 25/2. 1958.)
H. SCHINDLER. 7177

Gevaert Photo-Producten N. V., Belgien, *Herstellung linearer aromatischer Polyester und Copolyester*. Man polykondensiert Dicarbonsäurehydroxyalkylester in Ggw. eines Katalysators, den man durch Erhitzen von Sb_2O_3 oder B_2O_3 mit Äthylenglykol erhält. — 100 g Sb_2O_3 u. 800 cm³ Glykol werden gekocht, bis sich bei 125—150° kein

Wasserdampf mehr bildet. Aus der heißen Lsg. erhält man beim Abkühlen Kristalle, die aus wasserfreiem Glykol die Verb. $Sb_2(O\cdot CH_2CH_2\cdot O)_3$ (I) ergeben. Entsprechend aus B_2O_3 u. Glykol die Verb. $B_2(OCH_2CH_2O)_3$, F. 163°. Beide Prodd. sind in Glykol u. Butandiol-(1.4) leicht löslich. — 100 (Teile) Dimethylterephthalat u. 75 Äthylenglykol werden mit 0,015 Zn-Acetat bis 200° erhitzt, nach 90 Min. CH_3OH-Abspaltung werden 0,044 I zugegeben, u. es wird weiter kondensiert. (**F. P. 1 143 969** vom 17/3. 1956, ausg. 8/10. 1957. E. Prior. 18/3. 1955.) M. PANKOW. 7177

Union Carbide Corp., New York, N. Y. (Erfinder: **A. E. Montagna, D. G. Kubler** und **J. J. Bresinski**), V. St. A., *Polymerisatherstellung* aus einer heterocycl. Verb. der Formel **A** (R = Alkyl, Aryl, Aralkyl; R_1—R_8 = R oder H; X = R oder H oder Alkoxy oder Carbalkoxy) u. Keten, wobei Verbb. der Formel **B** entstehen (m + n sind für X = Alkoxy 0 oder 1, für die anderen X-Reste = 0). Als Katalysatoren nimmt man solche vom FRIEDEL-CRAFTS-Typ oder ähnliche, z. B. $ZnCl_2$, $AlCl_3$,

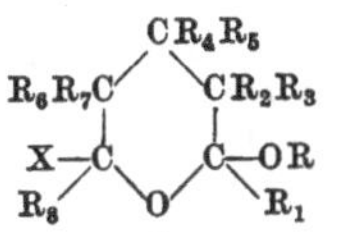

A

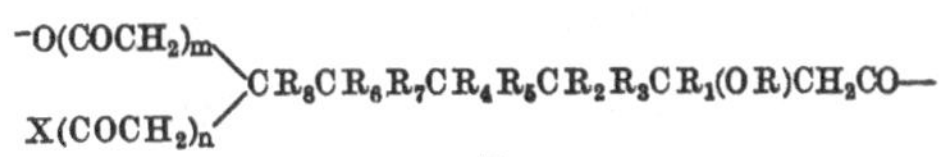

B

$FeCl_3$, H_2SO_4, BF_3. — Man gibt 87 g Keten mit 17,4 g/Std. bei —9 bis +1° zu einer Lsg. von 651 g 2-Äthoxytetrahydropyran u. 20,3 cm³ einer 32%ig. äther. Lsg. von B-Fluoridkatalysator, neutralisiert mit Na-Acetat, verd. mit 1100 cm³ Diisopropyläther, trennt die organ. Schicht ab, extrahiert mit W., dest. W., den Ae. u. nichtumgesetztes Ausgangsmaterial bei 127° u. 2 mm ab u. erhält das *2-Äthoxytetrahydropyran–Keten-Additionsprod.* als Öl vom Mol.-Gew. 1600 vermutlich der Formel $-[-OCH_2CH_2CH_2CH_2CH(OC_2H_5)CH_2CO-]_x-$ (x = 9,3). — 172 g eines solchen Additionsprod. (Mol.-Gew. 1420) werden mit 70,1 g KOH, 400 cm³ A. u. 200 cm³ W. 11 Std. unter Rückfluß erhitzt, nach Wasserentfernung u. Neutralisation wird die Lsg. 3-mal mit 300 cm³ Ae. extrahiert. Hieraus *3-Äthoxy-7-hydroxyheptansäure* als Öl, die mit A. zu *3-Äthoxy-7-hydroxyheptansäureäthylester*, $Kp._{0,7-1}$ 126—130°, verestert werden kann. (**Jap. A. S. 1 645/1958** vom 19/6. 1956, veröff. 8/3. 1958. A. Prior. 21/6. 1955.) M. PANKOW. 7177

Goodyear Tire & Rubber Co. (Erfinder: **Henry Alexander Pace**), *Herstellung von flexiblen Schaumstoffen.* Man stellt aus einem Polyester mit akt. H-Atomen, einem Mol.-Gew. von 750—2250 u. einer SZ. <5 u. einem Diisocyanat, z. B. Hexamethylendiisocyanat, im mol. Verhältnis 1:0,9—1,1 ein Vorpolymerisat her, in dem man die exotherme Rk. durch Abkühlen unterbricht, gibt W., ein Polyisocyanat, N-Methylmorpholin u. ein Kondensationsprod. aus 1 (Mol) Anilin u. ca. 4 Butyraldehyd zu u. führt die unterbrochene Rk. zu Ende. (**Aust. P. 205 410** vom 5/12. 1955, ausg. 7/2. 1957. A. Prior. 1/9. 1955.) C. LÜTTGEN. 7181

Dunlop Rubber Co. Ltd., London (Erfinder: **Frederick Arthur Jones,** Castle Bromwich, **Wilfrid Cooper,** Erdington, und **Ronald Horace Shrimpton,** Hilton), England, *Herstellung von vernetzten elastischen Polyurethanen.* Ein in der Wärme plast. Gemisch aus Teilchen eines durch Rk. eines Polyäthers oder eines Polykondensationsprod. mehrbas. Carbonsäuren u. mehrwertiger Alkohole, Aminoalkohole u./oder Diamine mit einem Überschuß an organ. Polyisocyanat oder Polyisothiocyanat gebildeten festen Reaktionsprod. (I) u. einem thermoplast., mit einem die Lagerfähigkeit erhöhenden sauren Mittel (0,1—1,0% organ. Säurechlorid, Sauerstoffsäure des P, deren saure Ester oder Nitroarylsulphenylhalogenid) versetzten Reaktionsprod. (II) der gleichen Art wird verformt u. in der Hitze ausgehärtet. — Z. B. wird das I wie folgt hergestellt: 100 (Teile) Polyäthylenglykoladipat (**III**; Mol.-Gew. 2000) werden mit 18 Naphthylendiisocyanat-(1.5) (**IV**) 12 Min. bei 125° zu einem Sirup umgesetzt. Nach Zusatz von 0,8 W. geht das Prod. in eine trockene, grobkrümlige M. über, die pulverisiert wird. Das **II** wird gebildet durch Rk. von 250 heißem entwässertem **III** (Mol.-Gew. 1650; SZ. 1,4) mit 45 **IV** unter Erreichen der Höchsttemp. von 130° u. Vernetzen mit 5 Butandiol-(1.4) sowie Einrühren von 1 p-Nitrobenzoylchlorid. Die M. wird 24 Std. bei 110 bis 115° unter Verschluß gehalten. 50 **I** u. 50 **II** werden verwalzt unter Einmischen von 0,5 Diphenylamin, gegebenenfalls auch von Ruß. Das Fell wird verpreßt u. 24 Std. bei 110—115° ausgehärtet. Die Mischung läßt sich auch auf Strangpressen verarbeiten. Die gehärteten Prodd. zeigen geringe bleibende Verformung u. einen geringen Abfall des Kompressionsmoduls bei dynam. Beanspruchung. (**D. A. S. 1 046 302** Kl. 39b vom 23/7. 1956, veröff. 11/12. 1958. A. Prior. 28/7. 1955.) G. TEWES. 7181

Dunlop Rubber Co. Ltd., London (Erfinder: **Peter Merriman,** Birmingham), England, *Herstellung von elastischen Polyurethanschaumstoffen.* Ein fl. Reaktionsprod.

aus einem Polyester, Polyesteramid oder Polyäther mit mindestens 2 austauschbaren H-Atomen u. aus einem Überschuß an organ. Polyisocyanat oder Polyisothiocyanat wird unter Druck (7—70 atü) mit einem Vernetzungsmittel (OH- oder COOH-Gruppen aufweisende fl. Polyester, OH-Gruppen aufweisende Polyäther, polymere Fettsäureester, z. B. geblasenes Ricinusöl, u. polymere Kohlensäureester) mit Mol.-Gew. >200 u. mit einer zum Aufschäumen unter n. Druck ausreichenden Menge Inertgas (CO_2) vermischt u. die M. nach Druckminderung verschäumt u. in bekannter Weise verfestigt, z. B. durch Wärmezufuhr (Anlegen eines elektr. Wechselfeldes). Zusätzlich können verflüssigte Gase oder leichtflüchtige organ. Lösungsmittel als Treibmittel verwendet werden. Der Mischvorgang kann in einem Wärmeaustauscher mit Homogenisiervorr. erfolgen. Die Prodd. verhalten sich *ähnlich wie Naturlatexschaum*. (**D. A. S. 1048407** Kl. 39b vom 7/6. 1956, veröff. 8/1. 1959. E. Prior. 22/6. 1955.) G. TEWES. 7181

Semtex Ltd. und **Francis George Mottershaw,** Reading, **Leslie Herbert Griffiths** und **Walter Saul,** Basingstoke, England, *Kitt für Dehnungsfugen und Rohrmuffen,* bestehend aus einem thermoplast. Gemisch aus Kohlenteer u. 5—40% einer Polyvinylverb., bes. Polystyrol. (**E. P. 581 368** vom 10/7. 1943, ausg. 2/11. 1946.) C. LÜTTGEN. 7205

Semtex Ltd. (Erfinder: **Leslie Herbert Griffiths** und **William John Evans**), London, England, *Plastische Masse,* bestehend aus einer bei 50° nicht fließenden Mischung von Teer (Viscosität 250 Sek./25°), 5—50 (%) Styrol (mindestens 50)-Butadien-Mischpolymerisat u. Korkklein. — Die zweite Komponente kann auch aus 40—60 Polyvinylchlorid, -acetat, Polystyrol oder Mischpolymerisaten mit einem Zusatz von Dialkylphthalat u. $Ca(OH)_2$ bestehen. — Fugenfüllmittel. (**E. PP. 737 022** vom 14/3. 1953, ausg. 21/9. 1955 u. **738 322** vom 13/3. 1953, ausg. 12/10. 1955. **Zusätze zu E. P. 581 368; s. vorst. Ref.**) G. SALZMANN. 7205

XII. Kautschuk.

D. M. Ssandomirski und **I. I. Schmurak,** *Konzentrierung von Latex durch Elektrodekantieren.* Nicht konzentrierter *Naturkautschuklatex* (**I**), *Qualitex* (**II**; zentrifugiertes verd. Konzentrat) u. *Revultex* (**III**; vulkanisiertes verd. Konzentrat) werden durch Elektrodekantieren konzentriert. Als Geschwindigkeitskriterium v wird die Zeit bis zur Abscheidung eines 55%ig. Latex angesehen; v nimmt mit der Stromstärke u. dem Spannungsgradienten ab u. ist abhängig von der Viscosität des Latex. Durch Zwischenschalten von durchlässigen Diaphragmen wird v erhöht, u. zwar um so mehr, je geringer der Abstand zwischen den Diaphragmen ist. Die Anreicherung der Globularpartikel erfolgt an der Anode an der Oberfläche, bes. im obersten $^1/_3$ des Gefäßes (die genaue Verteilung wird angegeben). Für die 3 untersuchten Proben ergibt sich folgende v-Reihe: II > I > III. (Каучук и Резина [Kautschuk u. Gummi] **17.** Nr. 12. 8—10. Dez. 1958. Lomonossow-Inst. für chem. Feintechnol.) O. KRAMM. 7222

H. Herbert, *T.-C.-Kautschuk.* Vortrag, der einen Überblick über die Bedeutung von *T.-C.*-(techn. klassifiziertem) *Kautschuk* bei der Gummiwarenherst. vermittelt. (Prakt. Chem. [Wien] **6.** 153—54. Juni 1955. Bregenz.) M. WINIKER. 7222

C. Pinazzi und **R. Chéritat,** *Die Verstärkung von Kautschuk durch synthetische Harze.* 2. Mitt. *Modifikationen des Resorcin–Formaldehyd-Harzes.* (1. vgl. C. **1959.** 6314.) Vff. berichten über Verss., aus deren Ergebnissen hervorgeht, daß der Modul von Vulkanisaten aus Latex–Harz-Mischungen bei schwacher Dehnung wie folgt verbessert werden kann: a) Einmischen (als Dispersion) von Substanzen, die eine verstärkende Wrkg. ausüben, bes. cyclisierter Kautschuk u. Butadien–Styrol-Copolymeren mit hohem Styrolgehalt. b) Chem. Veränderung des Harzes durch Härtemittel, z. B. polyfunktionelle Aldehyde. c) Anregung gewisser Kautschuk–Harz-Bindungen durch Einführung ungesätt. Aldehyde oder von Substanzen mit OH-Gruppen, die die Bldg. von Wasserstoffbindungen begünstigen. (Rev. gén. Caoutchouc **33.** 1019—27. Nov. 1956. engl. Fassung: **34.** 813—20. Aug. 1957.) M. WINIKER. 7222

Joaquin Pla y Benosa, *Die synthetischen Kautschuke.* Allg. Überblick. — 24 Literaturhinweise. (Goma [3] **2.** 14. Juni 1955.) M. WINIKER. 7224

F. L. Kilbourne jr., Clinton M. Doede und **Keistutis J. Stasiunas,** *Das Mischen von Siliconkautschuk.* 3. Mitt. (2. vgl. Ind. Engng. Chem. **45.** [1953.] 1297.) Durch hydrophobierte Kieselsäure werden zwar Zugfestigkeit u. Dehnung von Siliconkautschukvulkanisaten verbessert, jedoch erfolgt gleichzeitig eine beträchtliche Steigerung der Vernetzung. Diese unerwünschte Nebenwrkg. kann durch Antioxydantien (Diphenylamin, Hydrochinonmonobenzyläther, 2.6-Di-tert.-butyl-4-methylphenol, Di-tert.-alkylhydrochinone) weitgehend eingeschränkt werden. (Rubber Wld. **132.** 193—200. Mai 1955. New Haven, Conn., Connecticut Hard Rubber Co.) M. WINIKER. 7224

I. L. Kaplan, *Zur Frage der Intensivierung der Vulkanisation von Gummischuhen.* Vf. entwickelt thermodynam. Überlegungen zur Intensivierung der Vulkanisation von Gummischuhen. Die Temp. der Wärmequelle bzw. der Koeff. der Wärmeleitung muß erhöht werden. Letzteres kann prakt. nur durch Erhöhung der Kernvektion des Wärmeträgers (Luft) geschehen, da die Strahlungswärme zu gering ist. Hierzu werden ausführliche Verss. an Schuhzeug unter Berücksichtigung der verschied. Wandstärke (2—6 mm) ausgeführt. Um Übervulkanisation zu vermeiden, ist nur eine beschränkte Temperaturerhöhung zulässig; auch die Strömungsgeschwindigkeit der Luft darf nicht zu hoch werden (Lackverletzungen). So ergibt sich für eine kontinuierliche Anlage eine Temp. der Wärmequelle von 160° bei einem Wärmeleitfähigkeitskoeff. von 150 kcal/m²·Grad·Stunde. (Каучук и Резина [Kautschuk u. Gummi] **17.** Nr. 12. 23—27. Dez. 1958. Werk „Rotes Dreieck".) O. KRAMM. 7230

G. Ebert, *Abrieb und Schlupf. Eine Stellungnahme.* Krit. Bemerkungen zu der C. **1958.** 1440 referierten Arbeit von VIEHMANN. (Kautschuk u. Gummi **10.** WT 122 bis WT 124. Mai 1957.) M. WINIKER. 7248

W. Viehmann, *Erwiderung zu der Stellungnahme von Dr. Ebert.* Die an seinen Ausführungen geübte Kritik (vgl. vorst. Ref.) wird vom Vf. zurückgewiesen. (Kautschuk u. Gummi **10.** WT 124—WT 125. Mai 1957.) M. WINIKER. 7248

H. G. Dawson, *Ein Zinkoxydviscositätstest für Hevealatex.* Ein Verf. wird aufgezeigt, die ZnO-Stabilität von Hevealatex (gleichbedeutend mit der chem. Stabilität) nach Behandlung mit Seife, Sensibilisator (Ammonsulfat) u. ZnO durch Best. der Viscositätszunahme zu erfassen. Dieser sogenannte ZnO-Viscositätstest gestattet Voraussagen zu treffen über das Verh. von Hevealatex bei der Herst. von Schaumgummi u. anderen Gummiprodukten. (Rubber Wld. **135.** 239—44. Nov. 1956. Akron, Ohio, Firestone Tire & Rubber Co.) H. STRAUCH. 7248

C. M. Robertson, *Schnellbestimmung von Zink, Calcium und Magnesium in Kautschukvulkanisaten.* Eine Schnellmeth. (geeignet für Routineunterss.) zur Best. von Zn, Ca u. Mg in der Asche von vulkanisiertem Kautschuk wird beschrieben. Nach Abtrennung anderer (störender) Elemente werden 3 Titrationen mit Äthylendiamintetraessigsäure (Complexone oder Versene) bei folgenden Bedingungen durchgeführt: 1. p_H-Wert 10 mit Eriochrome Black T als Indicator zur Best. der Gesamtkonz. an 2-wertigen Metallen, 2. in Ggw. von KCN (zur Überführung von Zn in komplexe Form) zur Best. von Ca u. Mg u. 3. ebenfalls in Ggw. von KCN u. p_H-Wert 12 mit Ammoniumpurpurat als Indicator zur Best. von Ca. (Trans. Proc. Instn. Rubber Ind., Trans. **33.** T 97—T 100. Juni 1957. Kidbrooke, Ministry of Supply, Chem. Insp.) R. SCHÄFF. 7248

Goodyear Tire & Rubber Co. (Erfinder: **Donald Webb Peabody** und **Thomas Henry Rogers**), *Elastomere Zusammensetzungen.* Man fügt zu einem Gemisch aus W. u. einem *Polyester* ein oberflächenakt. Mittel (I) enthaltendes Toluoldiisocyanat. Den Polyester (Durchschnitts-Mol.-Gew. 1000—5000 u. SZ. nicht >5) erhält man durch Vermischen von Diäthylenglykol u. Adipinsäure mit W. u. N-Methylmorpholin. Als **I** dient ein polyoxyäthyliertes Pflanzenöl. — Die Polyester- u. Polyisocyanat-Lsgg. werden nach dem Vermischen bis zum Beginn des Schäumens tüchtig gerührt u. dann in eine Form geschüttet, in der die M. 30 Min. auf 160° F erhitzt wird. Man erhält so ein biegsames, zellförmiges, elastomeres Prod., das weder Risse noch Fehlstellen (Lunker) zeigt. (**Aust. P. 206 404** vom 7/10. 1955, ausg. 21/3. 1957. A. Prior. 22/6. 1955.) H. NEBELSIEK 7225

Polymer Corp. Ltd., Canada, *Sproßpolymerisation polymerisierbarer Verbindungen an Polymere und die dabei erhaltenen Produkte.* Das Polymere wird oxydiert u. dann mit der polymerisierbaren Verb. polymerisiert. Man leitet z. B. zur Oxydation O_2 oder O_3 durch einen Polymerisatlatex, entfernt das Oxydationsmittel mit N_2 u. setzt die polymerisierbare Verb. (z. B. Butadien, Styrol, Acrylnitril, Divinylbenzol oder deren Mischungen) zu u. polymerisiert. — 100 (Gewichtsteile) Butadien (1.3)–Styrol (65:35), 200 W., 5,10 80%ig. Dresinate 214 (K-Harzseife), 0,1 Daxad 11 (CH_2O-Na-β-Naphthalinsulfonat), 0,5 Na_3PO_4, 0,23 Mercaptanmischung (C_{12}:C_{14}:C_{16} = 3:1:1), 0,005 $FeSO_4 \cdot 7\,H_2O$, 0,029 Formopon (CH_2O–Na-Sulfoxylat), 0,25 KCl, 0,063 Diisopropylbenzolhydroperoxyd, 0,0058 Sequestrene AA (Äthylentetraessigsäure), 0,003 50%ig. NaOH, 0,1 40%ig. Goodrite 3955 (Na-Dimethyldithiocarbamat + Na-Polysulfid) werden gemischt u. polymerisiert. Durch 370 g des Latex leitet man pro Äquivalent 127 mg O_3, spült mit N_2, gibt eine Mischung aus 51,1 g **A**, 0,147 g des genannten Mercaptans in 2 cm³ Bzl., 3,5 cm³ **B** u. 64 g Styrol zu u. polymerisiert 10 Std. bei 12,8°. **A** erhält man, wenn man 105,7 g 87%ig. Dresinate 214, 2,2 g Daxad 11, 11 g Na_3PO_4 u. 5,5 g KCl in 1526 g W. löst; **B**, wenn man 1,14 g CH_2O–Na-Sulfoxylat, 0,2 g $FeSO_4 \cdot 7\,H_2O$, 0,24 g

Äthylendiamintetraessigsäure u. 0,24 g 50% ig. NaOH in 100 g W. löst. (**F. P. 1 146 871** vom 2/3. 1956, ausg. 15/11. 1957.) M. PANKOW. 7225

Imperial Chemical Industries Ltd. (Erfinder: **George Arthur Rooke Matthews** und **Hugh James Spencer-Palmer**), *Herstellen eines synthetischen kautschukähnlichen Materials*, indem in Ggw. eines bas. Katalysators, z. B. eines Alkoxydes oder eines Oxydes bzw. Hydroxydes von Ca, Ba, Be, Li oder Na, ein synthet. Harz auf ca. 120 bis 160° erhitzt wird, das erhalten wird durch Rk. von überschüssigem, bifunktionellem Isocyanat, z. B. Toluyldiisocyanat, mit einem oder mehreren linearen Polyäthern der Formel $X(RO)_a \cdot RX$, worin R gleiche oder verschied., aliphat. KW-stoffreste, X ein mit einer Isocyanatgruppe reaktionsfähiger Rest u. a eine Zahl >1000 bedeuten, die das durchschnittliche Mol.-Gew. des Polyäthers angibt. Die Polyäther werden z. B. durch Polymerisieren von Tetrahydrofuran unter Verwendung von $HFSO_3$ als Katalysator erhalten. Die kautschukähnlichen Endprodd. weisen z. B. eine Zugfestigkeit von 4000 lbs./sq.in., eine Ausdehnungsfähigkeit von 720% u. eine Reißfestigkeit von 680 lbs./sq.in. auf. (**Aust. P. 205 520** vom 21/7. 1955, ausg. 14/2. 1957.) K. DEMMLER. 7225

Columbia-Southern Chemical Corp., V. St. A., übert. von: **Franklin Strain** und **William Richard Dial**, *Füllstoff für Kautschuk* aus Kieselsäure, die der Formel $H_2O \cdot (SiO_2)_x$ (X = ganze oder gebrochene Zahl von 3—85) entspricht, deren mittlere Teilchengröße $<0,1$ Mikron u. deren Oberflächenausdehnung 25—250 m^2/g beträgt u. die neben geringen Mengen Na_2O noch Oxyde des Ca, Ba, Sr, Mg, Al, Zn enthalten kann. Diese Kieselsäure wird mit einem oder mehreren Polysiloxanen (Organosiloxane oder polymere Silanole) gemischt u. zu Kautschuk gegeben. — In 64345 Liter Na-Silicatlsg. mit 20,3 g Na_2O pro Liter Lsg. leitet man bei 75° eine Mischung aus N_2 oder Luft mit 10—10,8% CO_2 von 46—63° mit 35 m^3 CO_2/Min.; nach 8 Std. verringert man auf 11 m^3/Min., kocht 1½ Std. u. stellt mit HCl neutral. 2 kg des erhaltenen Pigments werden mit 5,89 kg Toluol angepastet, 0,92 kg einer 25% ig. Lsg. von Vinylpolysiloxanharz in Toluol u. 100 g einer Lsg. von 2 g Triäthanolamin in n-Butanol zugegeben, u. das Toluol wird entfernt. Das Pigment wird in Mengen von 20—80 Gew.-% in Kautschuk oder GR-S oder Perbunan verwendet. (**F. P. 1 143 701** vom 13/12. 1955, ausg. 4/10. 1957. A. Prior. 14/12. 1954.) M. PANKOW. 7227

Deutsche Gold- & Silberscheideanstalt vormals Roessler, Deutschland, *Verbesserung von Ruß*, bes. für die Verarbeitung mit *Kautschuk*. Der Ruß wird mit überhitztem Wasserdampf bei 150—400° unter Zuführung von Luft im Drehrohr behandelt. Als Katalysator werden bis zu 1% NH_3, Cl_2 oder HCl zugesetzt. Nach dem Abkühlen wird der Ruß mit N_2 oder H_2 nachbehandelt. (**F. P. 1 138 213** vom 26/12. 1955, ausg. 11/6. 1957. D. Prior. 7/1. 1955.) M. F. MÜLLER. 7227

DEHYDAG Deutsche Hydrierwerke G. m. b. H. (Erfinder: **Konrad Höpfner** und **Ernst Götte**), Düsseldorf, *Erweichen von Kautschuk*, dad. gek., daß die durch Umsetzung äquimol. Mengen von kation. oberflächenakt. u. anion. oberflächenakt. Verbb. erhaltenen organ. Elektroneutralsalze (I) als Zusatzstoffe verwendet werden, z. B. des I aus Dimethylcyclohexyldodecylammoniumchlorid u. Dodecylnatriumsulfat. (**D. A. S. 1 058 248** Kl. 39b vom 15/12. 1952, veröff. 27/5. 1959.) W. OVERBECK. 7227

Dainihon Cellophane Co. Ltd., Takatsuki-City, Osaka, Japan, *Herstellung von Kautschuk*, mit erhöhter Beständigkeit gegen Alterung u. Bestrahlung mit UV-Strahlen. Man gibt zu einer sd. Lsg. von 4,5 (kg) Kautschuk in 4,5 Bzl. allmählich 35 g $SnCl_2$. Nach ca. 3 Std. gibt man ca. 5 einer wss. Lsg. zu, die 22 g NaOH enthält, emulgiert u. dest. das Bzl. mit Wasserdampf ab. An Stelle von NaOH kann auch KOH, oder NH_4OH verwendet werden. — Geeignet zur Beschichtung von Cellophan u. Papier. (**It. P. 493 311** vom 4/10. 1951.) K. KOEBKE. 7227

B. F. Goodrich Co., New York, N. Y. (Erfinder: **Roger Alfred Mathes**, Akron, Ohio), V. St. A., *Gummipräparat*. Als *Alterungsschutzmittel* für Kautschuk dienen Verbb. der Formel I (n = 1—10; R = substituierter Alkylrest mit 4—10 C-Atomen, ein R kann auch H sein). Die Alterungsschutzmittel blühen nicht aus u. verfärben die Mischungen nicht. — 67,2 g 1.1-Bis-[3-methyl-4-hydroxyphenyl]-cyclohexan (**III**), ca. 200 cm^3 Bzl. u. 3 g starke H_2SO_4 werden bei ca. 70° gerührt. Durch den Bodenteil des Reaktionsgefäßes wird 3 Std. Isobutylen (2 Mol pro Mol **III**) eingeleitet, die Lsg. des Reaktionsprod. in Bzl. mit 10% ig. Sodalsg. u. dann mit 10% ig. Salzwasser gewaschen: *1.1-Bis-[3-methyl-4-hydroxy-5-(tert.-butyl)-phenyl]-cyclohexan*; daneben geringe Mengen Mono-[tert.-butyl]-bis-o-kresolcyclohexan, das auch als Alterungsschutzmittel wirkt. — Aus **III** u. Diisobutylen *1.1-Bis-[3-methyl-4-hydroxy-5-(tert.-octyl)-phenyl]-cyclohexan*; aus **III** u. Styrol *1.1-Bis-[3-methyl-4-hydroxy-6-(α-phenyläthyl)-phenyl]-cyclohexan*. — Eine andere Gruppe von Alterungsschutzmitteln besteht aus Kondensationsprodd.

von Bis-o-kresolalkanen mit Ketonen: Feste Harze der Formel **A** (XCX = Alkyliden mit 3—10 C-Atomen oder eine gesätt. cycl. KW-stoffgruppe mit 4—12 C-Atomen; n ⋝ 2). — Eine Mischung aus 38,4 (g) 2.2-Bis-[3-methyl-4-hydroxyphenyl]-propen (**II**), 17,4 Aceton, 150 cm³ 37%ig. HCl u. 4 β-Mercaptopropionsäure wird 3 Std. bei 56° gehalten: Reaktionsprod. der Formel **B**, F. 113—120°. — Aus **II** u. Cyclohexanon

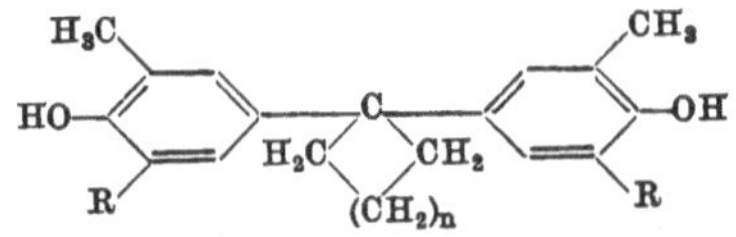

I

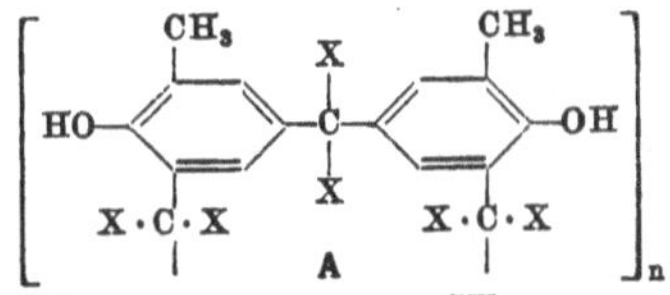

A

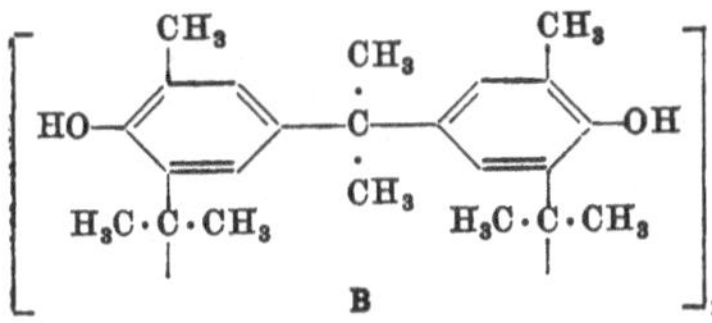

B

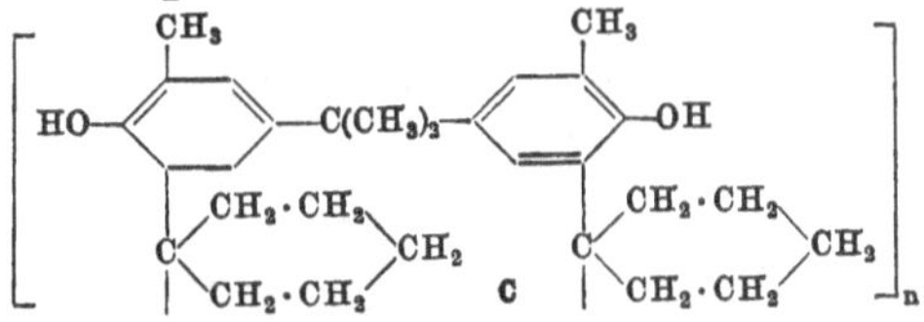

C

entsteht ein Harz der Formel **C**. — Weiter sind Verbb. der Formel **IV**, worin C eine gesätt. cycl. KW-stoffgruppe u. RH oder einen Alkylrest mit 4—10 C-Atomen bedeuten, genannt. — 40 (g) 1.1-Bis-[4-hydroxyphenyl]-cyclohexan, 250 cm³ Bzl. u. 2 BF_3-Ätherat werden

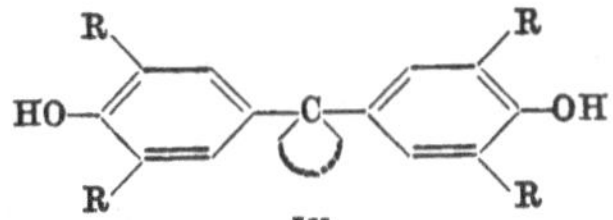

IV

langsam mit 42 g Isobutylen bei 50—70° in 3 Std. vermischt: Brauner Sirup nach Entfernung von Katalysator u. flüchtigen Stoffen (u. a. Triisobutylen), dessen Hauptbestandteil *1.1-Bis-[3.5-di-(tert.-butyl)-4-hydroxy-phenyl)-cyclohexan* ist; daneben mono- u. dibutylierte Bis-phenolcyclohexane. — Mit Styrol erhält man einen Sirup, der als Hauptanteil *1.1-Bis-[3.5-di-(2-phenyläthyl)-4-hydroxyphenyl]-cyclohexan* enthält. (**Jap. A. S. 1140/1958** vom 31/3. 1956, veröff. 21/2. 1958. A. Prior. 1/4. 1955. **F. PP. 1 147 527** u. **1 147 528** vom 29/2. 1956, ausg. 26/11. 1957. A. Prior. 1/3. 1955.)
M. PANKOW. 7227

Johns-Manville Corp., New York, N. Y., übert. von: **George P. Leistensnider**, Somerville, N. J., V. St. A., *Dichtungspackungen*, bestehend aus einer warmvulkanisierten, 30—86 (%) Füllstoffe enthaltenden Mischung eines Chlorbutadienpolymerisates mit 50—100 (auf Polymerisat) Palmöl. — Beispiele: 1. 35 Asbestfasern (**I**), 41 Graphit(**II**), 12 Polychlorbutadien (**III**) u. 12 Palmöl (**IV**); 2. 23 **I**, 30 **II**, 8 **III**, 6 **IV** u. 33 Pb-Draht (19 mm). (**A. P. 2 813 084** vom 6/11. 1953, ausg. 12/11. 1957.) W. OVERBECK. 7231

XIII. Ätherische Öle. Parfümerie. Kosmetik.

W. I. Schpota, *Allylreiche Senf-Raps-Hybriden.* Als Ausgangsmaterial für die Kreuzung dienten Samen von Brassica juncea Czern. mit 0,60—0,99% Allylsenföl (**I**) u. Brassica napus s. oleifera Metzg. mit 0,10—0,35% **I**. In der 3. Generation wurden durch wiederholte Auslese 282 Elitepflanzen mit 1,00—1,52% **I** erhalten (darunter 21 mit 1,31—1,52%). Bei den Hybriden mit hohem Geh. an fetten Ölen fehlt eine Korrelation zwischen dem Geh. an fetten Ölen u. **I**; es wurden Pflanzen isoliert, deren Samen 1,38% äther. Öle u. bis zu 47,3% fette Öle enthielten. Allerdings gab es auch Hybriden mit hohen Geh. an äther. Ölen u. niedrigem Geh. an fetten Ölen in den Samen. Aus der 3. u. 4. Generation wurden 78 Proben isoliert von denen 28 für die Gewinnung von fettem Öl u. hochwertigem Senfpulver bestimmt waren (1,04—1,06% **I** u. 44,4—46,1% Öl) u. 50 nur für die Gewinnung von Senfpulver (1,21—1,28% **I** u. 40,3—41,1% Öl). (Маслобойно-Жировая Промышленность [Öl- u. Fett-Ind.] **25.** Nr. 1. 20—22. 1959.)
OTTO MAIER. 7260

Paolo Rovesti, *Ökologische Studien über die Zusammensetzung ätherischer Öle. 5. Mitt. Das ätherische Öl aus Cymbopogon connatus (Hochst.) Chinv. aus der Tiefebene des westlichen Abbessiniens.* (4. vgl. C. **1959.** 5318.) Aus der Pflanze *Cymbopogon connatus (Hochst.) Chinv.* werden mittels Wasserdampfdest. 1,5—1,8% äther. Öl mit nachfolgenden Konstanten erhalten: $D.^{15}$ 0,9355, $[\alpha]_D^{20}$ — 54° 31′, n_D^{20} 1,4651, SZ. 0,13, EZ. 5,32, EZ. nach Acetylierung 138,13, freie Alkohole (bereits als $C_{10}H_{18}O$) 41,73%, Löslichkeit in 70%ig. A. 1:2,1. Ausbeute, Geruch u. Löslichkeit sind am besten, wenn die Pflanzen im November geerntet werden, Pflanzen, die in feuchteren Abschnitten wachsen, liefern

ein terpenreiches Öl, das zugleich geringen Geh. an Alkoholen aufweist. Das Öl ist als Ersatz für Gingergrassöl geeignet. (Riv. ital. Essenze, Profumi, Piante officin., Olii veget., Saponi **40.** 349–51. 15/8. 1958. Milano, Ist. di Richerche sui Deriv. vegetal.)
H. P. FIEDLER. 7262

M. I. Gorjajew, M. G. Pugatschew und **I. M. Schabanow,** *Ätherische Öle von Drachenkopf* (*Dracocephalum stamineum Kar. et Kir.*). Bei der Wasserdampfdest. von 250 kg während des Blütenansatzes gesammeltem *Dracocephalum stamineum* (80% Feuchtigkeit) werden nach der Dest. 200 g eines auf das Nervensyst. betäubend wirkenden u. Übelkeit hervorrufenden äther. Öles erhalten, das mit fuchsinschwefliger Säure, mit Br_2 in Chlf. sowie mit 50%ig. $NaNO_2$-Lsg. in 25%ig. HCl positiv reagiert, mit $Na_2[Fe(CN)_5NO]$ keine Keton-Rk. gibt u. mit $NaHSO_3$ einen Nd. liefert. Aus diesem konnte nach Zers. mit 20%ig. $NaHCO_3$ u. Dest. mit Wasserdampf *β-Citral* (**I**; *Neral*) als *2.4-Dinitrophenylhydrazon* isoliert werden. Wie durch Rk. mit Hydroxylaminhydrochlorid u. Semicarbazid nachgewiesen wird, enthält das Öl 34,13% *α-Citral* (**II**) u. 11,6% **I** u. gibt mit 2.4-Dinitrophenylhydrazin die entsprechenden *2.4-Dinitrophenylhydrazone* (**III**; FF. 96 bzw. 108–110°) sowie wenig **III** vom F. 116–117°, das nicht näher untersucht wurde, aber vermutlich einer anderen Citralform entspricht. **II** bildet mit $NaHSO_3$ kein Salz. Aus dem Öl werden mit wasserfreiem $CaCl_2$ 35,35% *Geraniol* (**IV**), davon 13,35% durch Verseifung von Geranylestern mit KOH, isoliert u. nach Oxydation mit $Na_2Cr_4O_7/H_2SO_4$-Gemisch als **III**, F. 95–100°, nachgewiesen. Verss., aus dem nach Abtrennung von **IV** verbleibenden Öl Nerol, das aus dem **I** entstanden sein muß, als Tetrabromid zu erhalten, blieben erfolglos. Bei der Extraktion des Öles mit 40–50%ig. A. wird nach der Isolierung von **IV** *Linalool* über den Phthalsäureester erhalten. Das von vorst. Carbonylverbb. u. Alkoholen befreite Öl liefert bei der Dest. noch *α-Pinen* u. *Azulene.* (Известия Академии Наук Казахской ССР, Серия Химическая [Nachr. Akad. Wiss. KasachSSR, Ser. Chem.] **1956.** Nr. 9. 55–60.) W. KURTZMANN. 7262

Lester I. Conrad, Kalmen Motiuk und **Henry F. Maso,** *Solubilisation mit Hilfe von Lanolinderivaten.* (Vgl. C. **1959.** 8341.) Unter *Solubilisation* verstehen Vff. die Bldg. klarer scheinbarer wss. Lsgg. aus wasserunlösl. Substanzen durch deren Einhüllung mit wss. oberflächenakt. koll. Agentien. Als letztere wurden in fast 1000 Verss. Lanolinderivv. [Äther aus Lanolinalkoholen (**I**) mit 8, 16, 20 u. 28 Mol Äthylenoxyd (**II**) u. Ester–Äther aus Lanolin (**III**) mit 20 Mol **II**, acetylierte **II**-Derivv. (9 Mol) von **I** u. Hydroxyester (**IV**) u. teilweise acetyliertes **II**-Deriv. (11 Mol) von **I** u. **IV**] gemischt im Verhältnis 3, 6 bzw. 9:1 mit **III**, fl. **III**, acetyliertem **III**, acetylierten **I**, **I**-Linoleat, einem Parfümöl, *Vancide 89 Re*, Mineralöl, Hexachlordihydroxydiphenylmethan (Hexachlorophen) mit Propylenglykol als 2. Lösungsm., Vitamin A-Palmitat oder einem Extrakt aus verschied. **I**, notfalls auf 80° erwärmt u. mit W. zu einer 50%ig. Lsg. aufgefüllt. An 6 Schaubildern wird der Zustand der Lsgg. u. ihrer schrittweisen Verdünnung bis zu 3,13% nach klar, opalisierend u. trübe aufgezeigt. Die Äther mit 8 Mol **II** erwiesen sich als unwirksam, am besten waren die mit 16 Mol **II** u. die acetylierten Ester–Äther mit 9 u. 11 Mol **II**. Da sowohl die zu lösende als auch die lösende Substanz die kosmet. wertvollen Eigg. des **III** besitzen, gibt ihre Kombination ebenso wie die Einverleibung pharmazeut. wichtiger Substanzen die Möglichkeit zur Herst. neuer wirkungsvoller Präparate. — 5 Tabellen. (Drug Cosmet. Ind. **83.** 160–61. 232. 234–39. Aug. 1958. Edison, N. J., Amer. Cholesterol Prods., Inc., Res. Labor.)
H. MÜHLMEISTER. 7284

W. Zarncke, *Der flüssige Sorbit F in der Kosmetik.* Hinweise auf die Eigg. u. Verwendungsmöglichkeiten der wss. *Sorbit*-Lsgg. (**I**; *Karion flüssig F*). Die in den verschied. Zubereitungen zweckmäßig einzusetzenden **I**-Mengen u. einige Rahmenrezepte werden zur Erläuterung der Ausführungen angegeben. (Riv. ital. Essenze, Profumi, Piante officin., Olii veget., Saponi **40.** 462–64. 15/10. 1958.)
H. P. FIEDLER. 7284

Karl Rothemann, *Hormone in kosmetischen Präparaten.* (Vgl. C. **1954.** 11322; C. **1955.** 10642.) (Vortrag.) Vf. weist an Hand bisher vorliegender Erkenntnisse auf die Vorteile hin, die sich aus dem Einsatz von Hormonen auch in der kosmet. Behandlung gegebenenfalls ergeben können. Bes. hingewiesen wird auf die Wirkstoffe *Peröstron* (Diäthylstilböstrol), *Epidermin* u. *Placentaliquid.* (Riechstoffe u. Aromen **5.** 214–16. Juli. 247–48. Aug. 1955.) H. P. FIEDLER. 7284

Karl Rothemann, „*Hormonkosmetik*". Ident. mit vorst. Referat. (Parfümerie u. Kosmet. **36.** 519–22. Okt. 1955.) H. P. FIEDLER. 7284

Luigi Maggesi, *Badetabletten und -salze.* Allg. über die Herst. von Badetabletten u. -salzen unter Berücksichtigung der hierfür geeigneten Rohstoffe. (Riv. ital. Essenze, Profumi, Piante officin., Olii veget., Saponi **40.** 465–68. 15/10. 1958.)
H. P. FIEDLER. 7284

L. Givaudan & Cie. Soc. An., Vernier, Genf, Schweiz (Erfinder: **Marion S. Carpenter**, Nutley, **William M. Easter jr.**, Hasbrouck Heights, und **Thomas F. Wood**, Little Falls, N. J., V. St. A.), *Alkylsubstituierte Hydrindacenone* erhält man durch Kondensation von alkylsubstituierten Indanen mit β-Halogenpropionylhalogeniden u. Cyclisierung der erhaltenen Indanyl-β-halogenäthylketone mit H_2SO_4 unter Austritt von Halogenwasserstoff. — Z. B. fügt man eine äther. Lsg. von 132 (g)4-Methyl-4-phenylpentan-2-on unter Rühren zu einer äther. Lsg. von Methylmagnesiumjodid (hergestellt aus 116 CH_3J u. 20 Mg-Spänen), gießt das Reaktionsgemisch auf Eis u. verd. HCl u. erhält aus der Ätherschicht durch Dest. 118 *2.4-Dimethyl-4-phenylpentan-2-ol*, farbloses Öl, $Kp._1$ 83°; $D.^{25}$ 0,9590; n_D^{20} 1,5152. — 110 davon werden bei 0° zu 200 zu auf 0—2° gekühlter 93%ig. H_2SO_4 gegeben, das Gemisch wird dann auf Eis gegossen, die Ölschicht abgetrennt, neutral gewaschen u. dest.; man erhält 91 *1.1.3.3-Tetramethylindan*, farbloses Öl, $Kp._{1,5}$ 47°; F. 16°; $D.^{25}$ 0,8966; n_D^{20} 1,5023. — 20 davon u. 16 β-Chlorpropionylchlorid werden unter Rühren zu einer Suspension von 19 wasserfreiem $AlCl_3$ in 100 Äthylendichlorid bei 25—30° gegeben, das Gemisch wird nach beendeter HCl-Entw. auf Eis gegossen, die Äthylendichloridlsg. neutral gewaschen u. das Lösungsm. abdest.; man erhält 30 rohes *1.1.3.3-Tetramethylindanyl-(5)-β-chloräthylketon* als gelbes Öl. — Dieses wird zu 480 93%ig. H_2SO_4 gegeben, das Gemisch auf 60° erwärmt, nach beendeter HCl-Entw. auf Eis gegossen, mit Bzl. extrahiert, die Benzollsg. neutral gewaschen u. dest.; man erhält 15 *5.5.7.7-Tetramethyl-symm.-hydrindacen-1-on*, $Kp._2$ 138—140°; F. ca. 100°. — Analog werden hergestellt: *1.1.3.3.5-Pentamethylindan* (I), $Kp._5$ 76—78°; $D.^{25}$ 0,8940. — *1.1.3.3.5-Pentamethylindanyl-(6)-β-chloräthylketon*, bernsteinfarbenes Öl. — *4.6.6.8.8-Pentamethyl-asymm.-hydrindacen-3-on*, farblose Kristalle, F. (aus A.) 91—92°. — *1.1.2.3.3.5-Hexamethylindan*, $Kp._{1,5}$ 72—78°; $D.^{25}$ 0,902. — *1.1.2.2.2.5-Hexamethylindanyl-β-chloräthylketon*, rötliches Öl. —*4.6.6.7.8.8-Hexamethyl-asymm.-hydrindacen-3-on*, farbloses, viscoses Öl, $Kp._2$ 155—160°. — *1.1.2.2.3.3.5-Heptamethylindan*, $Kp._3$ 113°; F. (aus A.) 65—66°. — *4.6.6.7.7.8.8-Heptamethyl-asymm.-hydrindacen-3-on*, farblose Kristalle, F. 102—103°. — I kann auch durch Rk. von p-Cymol u. Isobuten in Ggw. von 93%ig. H_2SO_4 bei —5 bis +5° erhalten werden. — Licht- u. alkalibeständige *Moschusriechstoffe*. (**D. A. S. 1 020 625** Kl. 12o vom 21/4. 1956, veröff. 21/12. 1957. **E. P. 789 576** vom 23/4. 1956, ausg. 22/1. 1958. Beide A. Prior. 10/5. 1955. **A. P. 2 815 381** vom 10/5. 1955, ausg. 3/12. 1957.) R. LINK. 7277

XIV. Zucker. Kohlenhydrate. Stärke.

D. Kramer, *Zusammensetzung der Abwässer von Zuckerfabriken.* Es werden 3 Abwassergruppen unterschieden: Die Preß- u. Diffusionswässer (I), die Wasch- u. Schwemmwässer (II) u. die Fall- u. Kondenswässer (III). I fallen in Mengen des doppelten Rübengewichts an u. enthalten viele organ. Stoffe u. ca. 54—62% der Gesamtabwasserverschmutzung. II fallen in Mengen von 8—10 m^3/t Rüben an, enthalten organ. Substanzen ähnlich wie häusliche Abwässer u. stellen 20—30% der Gesamtabwasserverschmutzung. III fallen in Mengen vom 4—5fachen der Rübenverarbeitung an u. sind in der Regel als erhitztes Reinwasser zu bewerten. Bei Wiederverwendung der Abwässer zum gleichen Zweck im Kreislauf werden die Mengen erheblich verkleinert, doch steigt der Geh. an mineral. u. organ. Stoffen stark an. Im Hinblick auf die Abwasserreinigung kommt der Wiederverwendung der I ohne technolog. Nachteile größte Bedeutung zu. — Tabellen über die Zus. der Verunreinigungen. — Zahlreiche Literaturhinweise. (Zucker **12.** 13—19. 1/1. 1959. Berlin, Inst. für W.-Wirtschaft.) A. GRADL. 7400

K. Zaleski, T. Grela und **Wł. Horówna,** *Versuche zur Bekämpfung der Blattfleckenkrankheit der Zuckerrüben (Cercospora beticola Sacc.) mit Hilfe verschiedener Spritzmethoden mit 1%iger Bordeauxbrühe (1950—1951).* Die Bekämpfung der Blattfleckenkrankheit der Zuckerrüben durch Bespritzen der Blätter mit Cu-Präpp. nur von oben ist unwesentlich weniger wirksam als beidseitiges Bespritzen, aber um 30% billiger. (Roczniki Nauk rolniczych, Ser. A **72.** 115—40. 1955. Gorzow, Inst. Ochrony Roslin.) F. URBAN. 7406

Piotr Kolago, *Unterschiede in der Färbung des Zuckerrübenfleisches bei Luftzutritt und damit verbundene Unterschiede in der chemischen Zusammensetzung.* Die Geschwindigkeit, mit der sich das Fruchtfleisch der Rüben verfärbt, ist bei den einzelnen Exemplaren verschieden. Chem. Analysen des Fleisches u. des Zuckerrübensaftes vor u. nach der 1. Defäkation zeigen, daß Rüben mit starker Neigung zur Verfärbung mehr N-Verbb., mehr schädlichen N u. mehr Asche enthalten. Außerdem ist ihr Geh. an Enzymen der Oxydase- u. Peroxydasegruppe größer. N-Düngung verstärkt die Neigung, einseitige K-Düngung vermindert sie. — 69 Literaturangaben. (Roczniki Nauk rolniczych, Ser. A **72.** 55—114. 1955.) F. URBAN. 7406

P. Naffa und **Y. André**, *Umwandlung von Saccharose in festem Zustand in der Wärme unter der Einwirkung von übererhitztem Wasserdampf oder von HCl-Dämpfen.* Die Einw. von Luft oder trockenem Wasserdampf auf krist. Saccharose in festem Zustand bewirkt eine nur geringe Veränderung unter Bldg. von etwas Dextrose u. Lävulose. Dagegen ist der Einfl. von HCl-Dämpfen schon bei 100° bedeutend. Reaktionsprodd. sind neben 28% reduzierenden Zuckern ca. 12% 5-Hydroxymethylfurfurol u. etwas Caramel. Beschrieben werden Versuchsapparaturen sowie Analysenmethoden für die Reaktionsprodukte. Das Verf. ist von industrieller Bedeutung, da 5-Hydroxymethylfurfurol als Ausgangsstoff zur Synth. von Adipinsäure u. damit zur Herst. plast. Massen dient. (Sucrerie franç. **99.** 165—72. Juni. 198—204. Juli. 229—32. Aug. 1958.) G. HOFER. 7438

K. Täufel, H. Ruttloff und **R. Friese**, *Studien zur „nichtenzymatischen Bräunungsreaktion" unter dem Einfluß kinetischer und thermischer Energie.* Äquimol. Mengen von *Monosacchariden* u. *Glycin* (I) wurden gemischt u. auf 100° erhitzt, oder in der Schwingmühle gemahlen. Papierchromatograph. Unterss. der Reaktionsprodd. ergab, daß in der Schwingmühle eine ähnliche Umsetzung der Pentosen u. Hexosen mit I erfolgt, wie beim Erhitzen. Kartoffelstärke läßt in Ggw. von I auch bei 72 Std. Vermahlung keine Bräunungs-Rk. erkennen. Die in der Schwingmühle eintretende Wechselwrkg. zwischen Saccharid u. I wird von Vff. als „MAILLARD"-Rk. gedeutet. (Ernährungsforschung **3.** 536—45. 1958. Potsdam-Rehbrücke, Inst. für Ernährung.) M. ULMANN. 7442

W. Kempf, *Neue Erfahrungen mit dem Strahlsieb in der Weizenstärkeindustrie.* Verss. mit dem Strahlsieb bei der Siebung der Rohmilch in der Weizenstärkeindustrie ergaben, daß der hierbei erzielbare Effekt denjenigen der bisher verwendeten Schüttelsiebe erheblich übertrifft. Neben einer Erhöhung der Ausbeute u. einer Verbesserung der Stärkequalität spart man beim Strahlsieb an Platz u. an Wartung. (Stärke **10.** 157—60. Okt. 1958. Detmold, Bundesforschungsanst. für Getreideverarb.) M. ULMANN. 7448

Alan W. Davies, *Verwendung der Nebenprodukte der Weizenstärkeindustrie.* Unter den Nebenprodd. der Weizenstärkeindustrie spielt der *Kleber* (I) eine besondere Rolle. Während I früher mehr als Abfallprod. betrachtet wurde, ist I jetzt ein unentbehrliches Prod. der Backindustrie. Vf. weist auf die Wichtigkeit hin, I so zu trocknen, daß die nativen u. physikal. Eigg. erhalten bleiben. (Stärke **10.** 170—74. Okt. 1958. London, Nutrex Ltd.) M. ULMANN. 7448

Ss. F. Skorbilin, *Die Grenzen der Genauigkeit bei der Analyse des Saturationssaftes und der Futtermelasse.* Es wird festgestellt, daß bei der Analyse des Saturationssaftes mit Hilfe des Refraktometers u. des Polarimeters die mittlere Abweichung der Reinheit $\pm 0{,}3-0{,}4$, die maximale ca 0,6 beträgt. Bei den Analysen von Sirup u. Melasse soll der Geh. an Trockensubstanz durch Refraktometrierung des Prod. selbst bestimmt werden, der Geh. an Zucker durch Polarimetrie im 100 ml-Kolben. Die Abweichungen betragen: für Trockensubstanz $\pm 0{,}4$, für Zucker $\pm 0{,}25$ u. für die Reinheit $\pm 0{,}6$. Bei der Analyse der Füllmasse soll die Meth. der Verdünnung 1:1 angewandt werden. (Сахарная Промышленность [Zucker-Ind.] **32.** Nr. 11. 49—51. Nov. 1958.) OTTO MAIER. 7470

József Hadi, *Neues Reagens für den Saccharosenachweis.* Als neues Reagens zum Nachw. von Saccharose empfiehlt Vf. eine 1%ig. Campherlsg. in konz. H_2SO_4. Wird 1 ml Zucker enthaltendes W. mit 1—1,5 ml Reagenslsg. vorsichtig vermischt u. gekühlt, so färbt sich die Lsg. rot u. die Farbtiefe ist der Zuckerkonz. proportional. Erfassungsgrenze 0,05 mg/ml, die quantitative Best. im Photo- oder Colorimeter soll 5 Min. nach dem Vermischen geschehen. Der Nachw. ist empfindlicher u. einfacher als mit α-Naphthol. Die Meth. ist bes. zur Prüfung des Kessel- u. Abwassers von Zuckerfabriken geeignet. (Cukoripar **11.** 225—26. Sept. 1958. Zuckerfabrik Sárvár.) J. PLANK. 7488

XV. Gärungsindustrie.

Rudolf Freitag, *Neues über Kunststoffanstriche.* Überblick über neue Anstrichmittel u. -verff. in Hinblick auf die Erfordernisse der Gärungsindustrie. Bes. erwähnt werden Lacke mit W. als Lösungsm., lösungsmittelfreie Lacke, Epoxypolyester, Emulsionsanstriche aus bestimmten Kunstharzen, bes. Acrylharz, mit W. verdünnbare Kautschuklatexfarben, Kunststoffdispersionen in W. aus Polyvinylacetat, Polyacrylsäureester, Polyvinylpropionat u. -copolymerisaten aus Styrol u. Butadien, Kunststoffpolymerisat in Pulverform, Siliconharzlacke, Alkydharzlacke aus Mischestern von Phthalsäure, Polyalkohol u. trocknenden Ölen u. endlich Titananstriche. (Alkohol-Ind. **71.** 157—59. 17/3. 1958.) W. KREIPE. 7500

E. E. Bruchmann, *Enzymatische Untersuchungen über Schimmelpilzgärungen. 1. Mitt. Über den Einfluß von Hemmstoffen für Sulfhydrylenzyme auf die submerse Citronensäurebildung und einige Fermente des Kohlenhydratstoffwechsels bei Aspergillus niger.* Die submerse Citronensäurebldg. durch Aspergillus niger NRRL 567 ließ sich durch m/200 u. m/500 Jodacetat (I) stark hemmen. Als mehr oder weniger empfindlich gegen I erwiesen sich von den untersuchten Teilfermenten des Zuckerumsatzes in Aspergillus niger NRRL 567: Phosphoglycerinaldehyddehydrogenase, Aldolase, Brenztraubensäuredecarboxylase u. Aconitase. Durch I ließen sich nicht beeinflussen: α-Glycerophosphatdehydrogenase, Milchsäuredehydrogenase, Hexokinase, Adenosintriphosphatase u. Isocitronensäuredehydrogenase. Alle genannten Fermente, ob gegen I empfindlich oder unempfindlich, wurden in ihrer Wrkg. durch p-Chlormercuribenzoat (II), zumeist sehr stark gehemmt. Daß Fermente von I nicht beeinflußt werden, schließt ihren Sulfhydrylcharakter nicht aus, da in vielen dieser Fälle das spezif. SH-Reagens II inhibierend wirkt. — 10 Literaturangaben. (Branntweinwirtschaft **80.** 201—02. 10/5. 1958. Berlin, Inst. für Gärungsgewerbe.) W. KREIPE. 7508

B. K. Gratschew, *Erfahrungen bei der Verarbeitung von Zuckerrüben in der Brennerei Lipezk.* Ausführliche Beschreibung der Konstruktion u. Arbeitsweise einer App. zur halbkontinuierlichen u. kontinuierlichen Verarbeitung von Zuckerrüben (zerkleinerter) zu Alkohol. Mit der Heferasse „M" wurden die besten Gärerfolge erzielt. Der erhaltene Roh-A. enthält in Vol.-%: 87,2 A., 0,05 Aldehyde u. 254 (mg/Liter) Ester u. 21 Säuren. Der gereinigte A. entspricht den Standardvorschriften. (Спиртовая Промышленность [Spirituosen-Ind.] **24.** Nr. 8. 21—22. 1958.) OTTO MAIER. 7536

Rolf Hiefner, *Die Verwendung von Rückluft in der Kastenmälzerei.* In einer Entgegnung auf den gleichnamigen Aufsatz von BECKER (C. **1959.** 7318) führt Vf. mehrere Argumente auf, um zu beweisen, daß sein „echtes Rückluftverf." grundlegend neu ist. (Brauwelt, Ausg. B **98.** 1156. 8/8. 1958. Oberhaunstadt.) K. SCHAUERTE. 7540

Adolf Becker, *Stellungnahme zu vorstehender Entgegnung.* Vf. sucht die Argumente des vorst. Aufsatzes zu widerlegen u. zu beweisen, daß das Verf. von HIEFNER das gleiche ist, wie das vom Vf. in den 30er Jahren entwickelte Rückluftverfahren. (Brauwelt, Ausg. B **98.** 1157. 8/8. 1958. Braunschweig.) K. SCHAUERTE. 7540

Robert E. Larsen, *Yakima-Hopfen.* Vf. berichtet über die Entw. des diesjährigen Hopfens im Yakimatal u. zeigt, daß eine unerwartete Wetterlage alle Prognosen zunichte machen kann. Er gibt dem Brauer ein Bild von den Pflichten u. Sorgen des Hopfenzüchters u. von dem Fortschritt der Mechanisierung u. Schädlingsbekämpfung im Hopfenanbau. (Amer. Brewer **89.** Nr. 6. 52—80. Juni. Nr. 7. 48—49. Juli. Nr. 8. 59—60. Aug. 1956. Washington, White Swan.) K. SCHAUERTE. 7540

A. Juillerat, *Die Behandlung der Würze vor der Gärung.* Vf. bespricht verschied. Methoden der Abkühlung u. Filtration der Würze u. zeigt die Vorteile der Würzefiltration in chem. u. technolog. Hinsicht. Er empfiehlt die Kaltfiltration für Biere vom Pilsnertyp, dagegen verträgt ein dunkles Bier keine scharfe Filtration seiner Würze. (Schweiz. Brauerei-Rdsch. **70.** 1—5. Jan. 1959. Schaffhausen.) K. SCHAUERTE. 7544

Paul Kolbach, *Dosenbier bei der DLG-Tropen- und Exportprüfung 1958.* Ident. mit der C. **1959.** 3668 referierten Arbeit. (Brauwelt, Ausg. B **98.** 1053—54. 18/22. 7. 1958. Berlin.) K. SCHAUERTE. 7550

A. B. Mindler, W. T. Grundner und **Pierre Seltz,** *Ionenaustausch bei der Weinbehandlung.* Ergebnisse über die Anwendung von Ionenaustauschern bei der Herst. von Wein werden dargestellt. Bes. bewährt hat es sich, das K des Weins mit Kationenaustauschern zu entfernen, um die unerwünschte Ausscheidung von Weinstein zu verhindern. Durch Kationenaustausch wird der Wein geschmacklich nicht verändert oder sogar verbessert. Entsäuerung mit Anionenaustauschern kann dagegen zu Veränderungen von Farbe u. Geschmack führen, so daß die bisher übliche Entsäuerung mit $CaCO_3$ vorzuziehen ist; überschüssiges Ca kann dann anschließend mit Kationenaustauschern entfernt werden. (Wines and Vines **39.** Nr. 9. 27—30. Sept. 1958.) F. RADLER. 7554

A. Ss. Lenschin, *Die schwarze Eberesche als Rohstoff für die Weinherstellung.* Die probeweise eingeführte schwarze Eberesche hat sich im Altaigebiet gut bewährt. Die reife Frucht enthält bis zu 10,29% Zucker, 0,43% Gerbstoffe u. 12 g/Liter Titriersäure. Die aus der Frucht gewonnenen Weine haben folgende Kennwerte: starker Wein 18 Vol.-% A., 10% Zucker u. 7 g/Liter Titriersäure; Dessertwein 16, 16 u. 7; Süßwein 16, 20 u. 7,5. Bes. hohe organolept. Kennzahlen hat der Süßwein. (Виноделие и Виноградарство СССР [Weinbereit. Weinbau UdSSR] **18.** Nr. 4. 53—54. 1958.) OTTO MAIER. 7556

Jean Albert Gautier, Jean Renault und **Habib Ghadichah,** *Untersuchung und Bestimmung von Dehydracetsäure in Getränken.* Zur Identifizierung von *Dehydracetsäure* (I) in Weinen u. Bieren schlagen Vff. folgende Methoden vor: 1. Rk. von I mit Salicylaldehyd u. colorimetr. Auswertung der Farb-Rk. bei 540 mμ (folgende Substanzen können infolge einer ähnlichen Rk. mit Salicylaldehyd stören: Acetaldehyd, Diacetyl u. Fructose; 2. mkr. Unters. der durch Sublimation isolierten I-Kristalle u. F.-Best. (F. 108–109°) unter dem Mikroskop; 3. mkr. Unters. des *Cu-Salzes von* I (uncharakterist.; Empfindlichkeit ca. 200 μg) u. 4. Bldg. von I-*2.4-Dinitrophenylhydrazon* (II) (Empfindlichkeit 5 μg). – Meth. 3. wird von Vff. als die sicherste Meth. empfohlen. Ausführliche method. Einzelheiten bzgl. Extraktion von I aus Weinen u. Bieren, Herst. der Reaktions-Lsgg. usw. vgl. Original; 3 Mikrophotos über die Kristallstrukturen von I u. II. (Ann. Falsificat. Fraudes **49.** 7–21. Jan. 1956. Paris, Fac. de Pharmacie, Chaire de Chim. Analyt.) H. Kockert. 7606

Georg Seelmann, Lichtenfels, *Herstellung von Sauermalz* unter Verwendung von Malzkeimextrakten zur Sauergutbereitung mittels Milchsäurebakterien, dad. gek., daß in mit Milchsäurebakterien versetzten Malzkeimextrakten von höherer Konz. als sie durch Ausziehen von 60 Gewichtsteilen Malzkeimen mit 1000 W. erreicht wird, Malz oder Grünmalz eingeweicht u. in üblicher Weise 1–2 Tage bei ca. 45–50° der Säuerung überlassen wird, wonach nach Ablassen der überschüssigen Säurelsg. das Malz getrocknet wird. (**D. A. S. 1 054 403** Kl. 6a vom 21/12. 1954, veröff. 9/4. 1959.) J. Kettner. 7541

Miles Laboratories, Inc., Elkhart, Ind., V. St. A., *Biotechnische Herstellung von Citronensäure* aus kohlenhydrathaltigem Material durch Entionisieren der wss. Lsg. auf eine Ionenkonz. von 5–10 p.p.m. NaCl, Ansäuern der Lsg. bis p_H 2,2–2,8, submerse Vergärung mittels citronensäurebildender Schimmelpilze, Abfiltrieren des Mycels, Konzentrieren der vergorenen Fl. durch Erwärmen u. Abkühlen zur Auskrist. der Citronensäure. – Vgl. D. A. S. 1 018 374; C. **1958.** 7911. (**E. P. 799 752** vom 24/1. 1955, ausg. 13/8. 1958. A. Prior. 12/2. 1954.) J. Kettner. 7579

XVI. Nahrungs-, Genuß- und Futtermittel.

Karl Schmorl und **K. Achim Schmorl,** *Eiweiß in den Müllerei- und Brauereirohstoffen.* Da der tier. Körper Eiweiß nicht selbst durch Umlagerung bilden kann, muß es ihm zugeführt werden. Eiweißarten sind biol. nicht gleichwertig. Milcheiweiß ist als vollwertig anzusehen, es folgen absteigend Fleisch-, Fisch-, Getreide- u. Hülsenfrüchteeiweiß. Natürlich vorkommende Eiweiße sind meist Gemische mehrerer Einzelbestandteile, trennbar mittels Ultrazentrifuge, Elektrophorese u. Papierchromatographie. Vff. teilen Eiweißstoffe nach Mol.-Größe u. nach Löslichkeit ein. Besprochen werden die Eiweißbausteine (Aminosäuren), das Getreideeiweiß (Kleber), der Voreiweißkörper Glutation, das Gersten- u. Hefeeiweiß. Die Bedeutung des Tryptophans bei der Bldg. von Nicotinsäureamid wird hervorgehoben. (Mühle **96.** 87–88. 12/2. 1959.) G. Hofer. 7670

J. A. Shellenberger, Donald Miller, E. P. Farrell und **Max Milner,** *Die Wirkung des Weizenalters auf die Lagerungseigenschaften des Mehls.* Verss. mit Mehlen aus Sommer- u. Winterweizen der Ernten 1952 u. 1955 ergaben, daß das Alter des Weizens ohne Wrkg. auf die Güte des Mehls ist. – 14 Literaturhinweise. (Food Technol. **12.** 213–21. Mai 1958. Kansas, Kansas State Coll.) I. Keinert. 7670

Kurt Hess und **Ingeborg Kater,** *Zusammensetzung der für Teig- und Brotbildung spezifischen Komponenten im Weizenmehl.* Das durch Aceton bei –4° aus Weizenmehl extrahierbare phosphatid- u. proteidfreie Fett ist für Teig- u. Backeigg. nur von untergeordneter Bedeutung. Entscheidend für die Verarbeitung des Weizenmehls ist die durch anschließendes Perkolieren mit A. zu entziehende Mehlkomponente. Nachgewiesen wurden in dem A.-Extrakt Lecithin, ein Proteinkomplex, der bis auf Cystin dieselben Aminosäuren enthält wie die alkoholunlösl. Proteine. Ferner ergab die weitere Unters. des A.-Extrakts die Ggw. eines Zuckerkomplexes, dem als Trisaccharid Raffinose, als Disaccharide Saccharose, Maltose u. Lactose u. als Monosaccharide Glucose, Fructose u. Galaktose angehören. Die Zucker sind mit dem Lipoproteid eng vergesellschaftet u. gehen in den Kleber über. Die Extraktion von Lipoproteid u. Zucker wird mit Methanol/A. (1:1) bei Raumtemp. durchgeführt, die Best. von Cholin erfolgt nach der Druckhydrolyse mit 25%ig. HCl durch Fällung mit J u. die Best. der Aminosäuren chromatograph. nach der Hydrolyse mit 6n HCl bei 100°. Es werden Analysenergebnisse für 4 handelsübliche Mehle mitgeteilt. (Mühle **96.** 111. 26/2. 1959. Hannover, Labor. für Mehl- u. Eiweißforschung.) H. Haevecker. 7670

B. Thomas und **E. Anders,** *Untersuchungen über die Teigbildung in Abhängigkeit vom Rohstoff.* Verss. zur Herst. von *Teigwaren* (**a**) optimaler Qualität aus Weichweizen führten zu folgenden Feststellungen: Mit steigendem Stärkegeh. nimmt die Kochfestigkeit der a ab. Durch Erhöhung des Klebergeh. wird zwar auch die Kochfestigkeit verbessert, doch wird gleichzeitig die Farbe der a dunkler, u. außerdem wird die Kochzeit verlängert. Hartweizenkleber trägt zur Verringerung der Kochverluste bei (im Vgl. zu Weichweizenkleber). Entscheidend für die Strukturfestigkeit ist die Klebermenge. Der Ausmahlungsgrad wirkt sich relativ wenig aus. — Auf Grund von Vergleichen der Qualitätsmerkmale von a aus Hart- u. Weichweizen wurde eine Theorie über die Quellvorgänge u. Strukturverhältnisse in den einzelnen Phasen der Teigbldg., Trocknung u. Zubereitung entwickelt. Für die prakt. Bedeutung dieser Theorie werden Beispiele gegeben. (Brot u. Gebäck **13.** 65—69. April 1959. Potsdam-Rehbrücke, Inst. für Ernährung.) M. WINIKER. 7672

A. Rotsch und **A. Menger,** *Erfahrungen mit einer kleinen halbautomatischen Teigwarenpresse in der Laboratoriumspraxis.* (Brot u. Gebäck **13.** 70—73. April 1959. Detmold, Bundesforschungsanst. für Getreideverarbeitung.) M. WINIKER. 7672

I. A. Melzer und **Ju. N. Kuramschin,** *Schaumverhütungsmittel aus Gemischen von Ölsäure und Vaselinöl.* Der Verbrauch von Ölsäure als Schaumverhütungsmittel bei der Hefezucht beträgt 6—7 kg/t Hefe. Um die hohen Kosten herabzusetzen, kann eine Mischung von 5% Ölsäure u. 95% techn. Vaselinöl verwendet werden. In einem korrosionsbeständigen Gefäß mit Rührwerk (150—200 U/Min.) wird 30 Min. gemischt. Der Verbrauch von reiner Ölsäure in % zur gewonnenen Hefe beträgt 0,621, der Verbrauch des Gemischs nur 0,029 (bezogen auf Ölsäure). (Хлебопекарная и Кондитерская Промышленность [Brot- u. Konditorei-Ind.] **3.** Nr. 3. 18. März 1959. Wiss. Forschungsinst. für die Brotind. der UdSSR.) H. TREUMANN. 7674

Sharon R. Ehle, N. L. Hause und **D. E. Paul,** *Bewertung von Geschmack und Porung in Backprodukten, die mit Lysin versetzt wurden.* Zur Verbesserung der Proteineigg. zugesetztes Lysinmonohydrochlorid ergibt keine Veränderung im Geschmack der Backprodd., lediglich die Kruste wird etwas dunkler. (Cereal Sci. today **4.** 74—76. März 1959.) H. HAEVECKER. 7674

W. M. Honsch, *Bäckerkleber in Australien.* Nach Schilderung der Gewinnung von Bäckerkleber in histor. u. wirtschaftlicher Hinsicht bringt Vf. Farino- u. Extensogramme, welche den Einfl. derselben auf die Brotverbesserung beleuchten. (Stärke **10.** 284—88. Dez. 1958. Adelaide.) M. ULMANN. 7674

L. B. Ssossnowski, *Die Verwendung neuer Gallertbildner und Schaumbildner in der Konditoreiindustrie.* In der Konditoreiindustrie der UdSSR werden als Gallert- u. Geleebildner Agar, Pektine u. Agaroide verwendet. Agar kann in wesentlichen Mengen gespart werden, wenn die Rückstände wiederverwertet werden. Dies geschieht durch Kochen im Vakuum unter Zusatz von 0,2% Na_2HPO_4 (40 Min. bei 90—100° bis zu einem Feuchtigkeitsgeh. von 26—27%). Gutes, gallertbildendes Pektin wird in der UdSSR aus Sonnenblumenköpfen u. Rübenrückständen gewonnen (neben der üblichen Gewinnung aus Früchten). Agaroide werden als Algen u. Tang des Schwarzen Meeres gewonnen, wirken jedoch bedeutend weniger gallertbildend als Agar u. Pektin. Sie sind sehr säureempfindlich. Ein Zusatz von 0,1% Na_2HPO_4 zum Agaroid-Rübenmelasse-Gemisch hat sich bewährt. Als Schaumbildner werden natürliches Eiweiß, aber auch Hydrolysate des Eiweißes von Sojabohnen oder von Milch verwendet, die dem natürlichen Eiweiß in der Schaumbldg. nicht nachstehen. (Хлебопекарная и Кондитерская Промышленность [Brot- u. Konditorei-Ind.] **3.** Nr. 3. 13—15. März 1959. Wiss. Forschungsinst. der Konditorei-Ind. der UdSSR.) H. TREUMANN. 7674

Heinrich Kreipe, *Zur Grießigkeit der Backhefe.* Erfahrungsbericht über das Zustandekommen der Grießigkeit von Backhefe vom Standpunkt des Technologen. (Brot u. Gebäck **13.** 73—75. April 1959. Berlin, Inst. für Gärungsgewerbe.) M. WINIKER. 7674

Jett C. Arthur jr. und **T. A. McLemore,** *Einfluß der Verarbeitungsbedingungen auf die chemischen Eigenschaften eingedoster Süßkartoffeln.* Der Einfl. von Verarbeitungsbedingungen (ohne Schale bei verschied. Schälbedingungen, Kochzeit 50—90 Min. bei 250° F) auf die chem. Eigg. von Süßkartoffeln wurde untersucht. Der Geh. an *β-Carotin* war verhältnismäßig stabil. Das Trockengewicht der gekochten Kartoffeln enthielt ca. 80% Zucker. Der Geh. an *Ascorbinsäure* ging während der Verarbeitung zurück. (J. agric. Food. Chem. **5.** 863—67. Nov. 1957. New Orleans, La., US Dep. of Agric., Southern Reg. Res. Labor.) PH. FRESENIUS. 7678

D. T. Zonew, *Untersuchung des Gehaltes der wichtigsten Aminosäuren in den Eiweißstoffen der Bohne.* Die aus der *Bohne* mit HCl bei p_H 4,5—5,0 ausgefällten Eiweißstoffe enthalten nach 3maligem Umfällen, auf aschefreie Trockensubstanz bezogen,

15,12—15,55% N. Sie werden mit schwach sd. 6n HCl 24 Std. hydrolysiert, nach Entfernen der HCl im Vakuum der Rückstand in 0,2n HCl gelöst. Die Aminosäuren werden papierchromatograph. (aufsteigendes Verteilungsverf.) untersucht; Entw. mit wassergesätt. Phenol u. mit Butanol-Ameisensäure-W. (75:15:15). Mittelwerte (%): *Arginin* 12,9, *Histidin* 5,3, *Lysin* 7,8, *Phenylalanin* 1,9, *Tyrosin* 1,4, *Tryptophan* 1,6, *Threonin* 2,9, *Leucin* (+ Alanin) 5,4, *Isoleucin* 3,9, *Valin* 2,1. In 2 Proben wird *Glutaminsäure* (15,0—18,0), in 3 Proben *Asparaginsäure* (6,2—6,9) gefunden. Die Präpp. sind in ihrer Aminosäurezus. wertvoller als Phaseolin; gegenüber Fleisch fällt nur ein Mangel an Leucin ins Gewicht. (Доклады Академии Наук СССР [Ber. Akad. Wiss. UdSSR] **120.** 368—71. 11/5. 1958. Sofia, Landwirtsch. Dimitroff-Inst.) R. K. MÜLLER. 7684

J. E. Hubbard, F. R. Earle und **F. R. Senti,** *Feuchtigkeitsbeziehungen in Weizen und Mais.* Vff. berichten über das Feuchtigkeitsgleichgewicht zwischen Weizen u. Mais einerseits u. umgebender Luft andererseits bei verschied. Tempp. u. relativer Feuchtigkeit. (Cereal Chem. **34.** 422—33. Nov. 1957. Peoria, Ill., Northern Utilization Res. and Developm. Div.) H. HAEVECKER. 7686

D. F. Houston, R. P. Straka, I. R. Hunter, R. L. Roberts und **E. B. Kester,** *Umwandlungen im Rohreis verschiedenen Feuchtigkeitsgehalts während der Lagerung bei bestimmten Temperaturen.* Untersucht wurden Feuchtigkeit, Geruch, Lebensfähigkeit, müller. Ausbeute, freie Säure, Monocarbonylverbb., Gesamt- u. reduzierender Zucker, Anzahl der Schimmelbakterien, Hefen, Actinomyceten, der aeroben u. anaeroben Bakterien. Der Wechsel in den Charakteristika ging schneller u. in größerem Ausmaß vor sich, wenn Feuchtigkeitsgeh. oder Temp. stiegen. Oxydative Veränderungen wurden nicht beobachtet. Bes. stark wurden durch den Feuchtigkeitsgeh. beeinflußt der %-Geh. der Keimung u. der Geh. an nichtreduzierenden Zuckern u. freier Säure. (Cereal Chem. **34.** 444—56. Nov. 1957. Albany, Calif., US Dep. of Agric., Agric. Res. Serv.)
H. HAEVECKER. 7686

R. C. Nicholas, I. J. Pflug und **R. N. Costilow,** *Auswirkung von Gefäßgröße, (Art der) Aufgußflüssigkeit und dem Verhältnis Produkt zu Flüssigkeit auf die Eigenschaften von frisch eingedostem Essiggemüse beim Erhitzen.* Tabellen geben Auskunft über die Auswrkg. der Gefäßgröße u. der Flüssigkeitsmenge auf die Erhitzung von Gurkenscheiben u. -stäbchen. Prodd. in Sirup benötigen eine längere Erhitzungszeit als solche in Salzlake. (Food Technol. **11.** 488—90. Okt. 1957. East Lansing, Mich., Michigan State Univ., Dep. of Agric. Engng. and Microbiol. and Public Health.)
E. WIEHR. 7690

J. D. Ponting, D. W. Sanshuck und **J. E. Brekke,** *Kontinuierliche Geleefabrikation.* Es wird ein Verf. zur kontinuierlichen Geleeherst. aus Fruchtsaftkonzentraten beschrieben. Bei dem Verf. wird nur der Zuckersirup auf höhere Tempp. erhitzt, wodurch Fruchtgeschmack u. -farbe erhalten bleiben. (Food Technol. **12.** 252—54. Mai 1958. Albany, Calif., Western Regional Res. Labor.) I. KEINERT. 7704

Margaret J. Tims und **Betty M. Watts,** *Schutz von gekochtem Fleisch durch Phosphate* Bei gekochtem Fleisch erwiesen sich *Na-Pyrophosphate*, $Na_2H_2P_2O_7$ u. $Na_4P_2O_7$, *Na-Tripolyphosphat*, $Na_5P_3O_{10}$ u. *Na-Hexametaphosphat*, $Na_6P_6O_{18}$, als antioxydativ wirksam, nicht aber *Na-Orthophosphat*, Na_2HPO_4 u. NaH_2PO_4. Durch Ascorbinsäure wurde diese Wirksamkeit verstärkt. Sämtliche geprüften Phosphate bewirkten eine Verminderung der Kochverluste. (Food Technol. **12.** 240—43. Mai 1958. Tallahassee, Florida State Univ., Dep. of Food and Nutrit.) I. KEINERT. 7750

Saeed A. Husaini und **G. E. Cooper,** *Fraktionierung von Holzrauch und Vergleich der chemischen Zusammensetzung des Rauches von verbrennendem Sägemehl und des durch Reibung erzeugten Rauches.* Rauch, der durch Verbrennung von Sägemehl, u. Rauch, der durch Reibung einer rotierenden Metallscheibe gegen Ahornholz erhalten wurde, wurden bei —80° kondensiert u. analysiert. Nach der Wasserdampfdest. enthält das Destillat die meisten Bestandteile des Rauchgeschmacks u. -geruchs. Essig- u. Ameisensäure machten den Hauptanteil der flüchtigen Säuren aus. Der durch Reibung erzeugte Rauch enthielt 4mal mehr flüchtige Säuren, 8mal mehr flüchtige Ketone u. Aldehyde u. auch mehr phenol. Bestandteile als der Rauch des Sägemehls. Der nicht mit Wasserdampf flüchtige Anteil beider Raucharten wirkte sich auf Bacon ungünstig aus. (Food Technol. **11.** 499—502. Okt. 1957. Waterloo, Iowa, Rath Packing Comp.)
E. WIEHR. 7750

A. M. Mullins, G. G. Kelley und **D. E. Brady,** *Die Wirkung verschiedener Zusätze auf die Stabilität von geräuchertem Schinken.* Vff. stellten fest, daß *Na-Ascorbat* (I) u./oder *Na-Hexametaphosphat* (II) oder Ca-Lactat-Milchsäure-Gemisch die Durchdringung der Schinken mit Pökellauge nicht verbesserten, noch deren Farbe vereinheitlichten. Die Verfärbung wurde beachtlich verzögert durch Bespritzen der Schinkenscheiben mit 5% ig. I-Lsg. oder Eintauchen in eine Lsg. eines I-Nitrit-Gemischs. Hingegen hatten I u./oder II keinen Einfl. auf die Verfärbung, wenn sie der Pökellake zugesetzt waren. (Food Technol. **12.** 227—30. Mai 1958. Columbia, Mo., Agric. Exp. Stat., Food Proc. Labor.) I. KEINERT. 7750

A. F. Novak, E. A. Fieger und **M. E. Bailey,** *Chlortetracyclin zum Konservieren von Golfaustern.* Organolept. u. bakteriol. Unterss. zeigten, daß eine Konservierung mit Chlortetracyclin (20 p.p.m.) im Vgl. zur Gefrierlagerung bzw. der Lagerung auf Eis gewisse Vorteile bietet. (Food Technol. **12.** 237—39. Mai 1958. Baton Rouge, Louisiana State Univ., Agric. Exp. Stat.) I. KEINERT. 7752

János Walger, Imre Takács und **János Szászi,** *Änderung des Nährwertes von Maisstengel und -kolben von der Wachsreife bis zur Vollreife.* Vff. untersuchten die Zus. von Maisstengel u. -kolben in verschied. Reifestadien. Die Menge der Trockensubstanz des Stengels bleibt bis zur Wachsreife nahezu gleich, steigt dann bis zur Vollreife um ca. 10%. Im Kolben ist der Anstieg gleichmäßig. Der Aschegeh. des Stengels steigt gleichmäßig an, der des Kolbens nimmt etwas ab. Im Kolben ändert sich der Rohproteingeh. unwesentlich, im Stengel nimmt er mit zunehmender Reife ab. Der Rohfettgeh. der Kolben steigt bis zur Wachsreife an u. bleibt dann unverändert, der des Stengels fällt nach der Milchreife rapide ab. Die Rohfasermenge nimmt im Kolben stetig ab, im Stengel zu. Der Stärkegeh. des Stengels ist prakt. vernachlässigbar, der des Kolbens steigt stetig an. Das verdauliche Protein sinkt während der Reife, jedoch ergibt sich wegen der Gewichtsabnahme der Pflanze eine geringe Zunahme. Der Stärkewert des Kolbens u. auch der ganzen Pflanze zeigt einen langsamen Anstieg. Aus den Ergebnissen geht hervor, daß das Abbrechen der Kolben zur Zeit der Wachsreife einen Verlust von 12,7% an verdaulicher Stärke bzw. 22,4% an Stärkewert verursacht. Hinsichtlich des Nährwerts der ganzen Pflanze ist zu sagen, daß man einen bedeutend höheren Stärkeertrag erreichen könnte. Da jedoch in diesem Reifestadium der Feuchtigkeitsgeh. 40—50% beträgt, so müßte für künstliche Trocknung gesorgt werden. (Agrokémia és Talajtan **6.** 143—54. Sept. 1957. Budapest, Orsz. Mezőgazd. Minöségvizsg. Int.) J. PLANK. 7782

M. Witt, *Verwendung von Stärkeeinheiten oder Futtereinheiten.* Vf. vertritt die Ansicht, daß keine Veranlassung dazu besteht, die in Deutschland übliche Bewertung der Futtermittel (nach Stärkeeinheiten) durch die in Dänemark gebräuchliche (nach Futtereinheiten) zu ersetzen. (Mitt. dtsch. Landwirtschafts-Ges. **74.** 240—42. 26/2. 1959. Mariensee.) M. WINIKER. 7788

I. Hlynka, *Berichtigte Daten zur Arbeit von Hlynka und Barth* (1. Mitt.). Berichtigung zu der C. **1959.** 10092 referierten Arbeit. (Cereal Chem. **33.** 392—93. Nov. 1956.) M. WINIKER. 7800

J. Koch, *Die Viscosität der Schokolade. (Ihre) Messung mittels eines Fallkugelgeräts.* Beschreibung eines vom Vf. speziell für die Messung der Viscosität von Schokoladenmassen entwickelten Fallkugelviscosimeters u. seiner Arbeitsweise. — Abbildung. (Confect. Product. **24.** 209. 211. 213. 216. März 1958.) M. WINIKER. 7832

M. K. Michailow, *Zur Methodik der quantitativen Bestimmung der Flavonoide des Tabaks.* Um die *Flavonoide* des Tabaks quantitativ zu bestimmen, trocknet man 0,13—0,17 g Tabakpulver 12—15 Std. bei 50—55°, extrahiert zwecks Entfernung des Hauptanteils an Pigmenten u. Harzen 2—3 Std. mit Chlf. u. darauf 10—15 Min. mit 30 ml 90% ig. Äthanol. Man dekantiert, behandelt den Rückstand noch 2mal mit A., gibt den extrahierten Tabak zur alkoh. Lsg. u. filtriert. Zu 5 ml des gelblichen Filtrats gibt man 3 ml 0,1mol. $AlCl_3$ (2,41 g $AlCl_3 \cdot 6\,H_2O$ in 100 ml W.) u. 5 ml K-Acetat (9,81 g CH_3COOH in 100 ml W. oder 90% ig. A. + 0,5 ml Essigsäure). Die sich hierbei intensiv gelbfärbende Lsg. wird nach $^1/_4$std. Stehen unter Verwendung eines S_4-Filters photometr. untersucht u. mit der Änderung der Extinktion alkoh. Rutin-Standard-Lsgg. (1—10 mg/100 ml A.) verglichen. (Табак [Tabak] **19.** Nr. 4. 36—38. 1958. Plowdiw, Bulgarien, Inst. für Lebens- u. Genußmittelind.) W. KURTZMANN. 7836

Susumu Horie und **Yutaka Sekine,** *Methode zur Bestimmung der Frische von Fischfleisch mit Trimethylamin.* Vff. haben verschied. Fischsorten nach Lagerung auf den Geh. auf *Trimethylamin* (I) untersucht u. festgestellt, daß bei weißfleischigen Fischen mittels I-Best. zwar die Genußtauglichkeit, nicht aber der Grad des Verderbs ermittelt werden kann. Weißfleischige Fische mit einem I-N-Geh. $>$10 mg% sind als genußuntauglich anzusehen. (J. Tokyo Univ. Fisheries **42.** 25—31. Febr. 1956.) V. FROBOESE. 7852

W. Pudelkiewicz, L. M. Potter, L. D. Matterson und **E. P. Singsen,** *Eine halbquantitative Bestimmungsmethode von N.N'-Diphenyl-p-phenylendiamin in Hühnerfett und -eiern.* Vff. fanden, daß im Eigelb (Bildungsdotter) u. im Depotfett von Hühnern *N.N'-Diphenyl-p-phenylendiamin* (I) gespeichert wird, während im Eiweiß oder im Blutplasma der Hühner dieser Stoff nicht nachzuweisen ist. Diese Erscheinung wird auf die hohe Affinität von I zu den Fettzellen zurückgeführt. (Poultry Sci. **35.** 959—60. Juli 1956. Stors, Univ. of Connecticut, Dep. of Poultry Sci.) G. MAYR. 7854

Richard Schober, Walter Christ und **Willy Niclaus,** *Qualitative Charakterisierung der niedermolekularen Stickstoffbestandteile der Milch durch Hochspannungsionophorese.* Vff. beschreiben die Isolierung der Aminosäure- u. Peptidfraktion der Milch u. deren Abtrennung von Milchzucker u. Salzen mittels Ionenaustauschchromatographie sowie die Auftrennung in Aminosäure- u. Peptidfraktionen durch Hochspannungsionophorese. (Milchwissenschaft **12.** 55—58. Febr. 1957. Wangen/Allg., Staatl. Milchwirtschaftl. Lehr- u. Forschungsanst.) M. WINIKER. 7856

Kurt Damaschke und **Fritz Tödt,** *Haltbarkeitskontrolle der Milch durch Messung der Keimzahl und der Katalaseaktivität mittels der elektrochemischen O_2- und H_2O_2-Meßmethode.* Beschreibung von Verss., aus deren Ergebnissen hervorgeht, daß es grundsätzlich möglich ist, die Haltbarkeit der Milch über das Wachstum der Bakterien zu kontrollieren. Der durch die Vermehrung bedingte stärkere O_2-Verbrauch bei der Atmung kann durch elektrochem. O_2-Messung rasch erfaßt werden u. spricht eher an als eine p_H-Wertänderung oder die Veränderung des Säuregrads. Weiter wurde festgestellt, daß mit der Vermehrung der Bakterien die Zunahme der Katalaseaktivität parallel geht. Letztere ist durch Messung der Halbwertszeit des H_2O_2-Zerfalls gut erfaßbar. Diese Messung dauert allerdings bei frischer Milch länger als die Atmungsmessung. (Milchwissenschaft **12.** 89—92. März 1957. Berlin-Dahlem, Bundesanst. für Materialprüfung.) M. WINIKER. 7856

Josef Effern, *Über die Bestimmung des Fremdwassergehaltes in geronnenen Milchproben.* 2. Mitt. (1. vgl. C. **1958.** 7627.) Zur Best. des Fremdwassergeh. in geronnenen Milchproben empfiehlt Vf. die indirekte Gefrierpunktsbest. aus der Refraktion des Pb-Serums u. dem Geh. an Chloriden. — Arbeitsvorschrift. (Milchwissenschaft **12.** 97—98. März 1957. **13.** 179—80. April 1958. Offenburg, Staatl. Lebensmitteluntersuchungsanst.) M. WINIKER. 7856

Olof Claesson, *Eine modifizierte gravimetrische Methode zur Bestimmung des Trockensubstanzgehalts der Milch.* Bei einem transportierbaren u. einem stationären Gerät (Abb.) werden in Reihen angeordnete Kapseln mit je 1 ml Milch (mit Cornwall-Spritze bei 20° abgemessen) auf Transportband durch einen IR-Trockner geführt, dann auf einer Waage mit opt. Skala gewogen. In 1 Std. können ca. 100 Proben untersucht werden. (Nord. Mejeri-Tidsskr. **24.** 165—67. 1958. Wiad, Eldtomta.) R. K. MÜLLER. 7856

Max Erich Schulz und **Gerhard Sydow,** *Die Anwendung des Brabender-Plastographen in der Buttereiforschung.* Beschreibung des Geräts u. der Untersuchungstechnik für die Prüfung des Verformungswiderstands von Butter. (Milchwissenschaft **12.** 78—84. März 1957. Kiel, Bundesforschungsanst. für Milchwirtschaft, Chem. Inst.) M. WINIKER. 7858

H. S. R. Desikachar, M. V. Patwardhan, L. V. L. Sastry, M. Srinivasan und **V. Subrahmanyan,** *Nachweis der Beimischung von Vanaspati zu Ghee.* 2. Mitt. *Messung der Trübungstemperatur mit Benzylalkohol–Glycerin als Lösungsmittel.* Um den Verschnitt von Ghee-Butter (**a**) mit Vanaspati (**b**) zu erkennen, schlagen Vff. folgendes Verf. vor: 17,1 g Glycerin werden in 100 ml Benzylalkohol (Kp. 206°) gelöst. In ein Reagensglas zu 1 ml des zu prüfenden wasserfreien Fettes 2 ml des Lösungsm. geben, in das Gemisch ein Thermometer (0—150°) einsetzen, das Gemisch über einer kleinen Flamme unter Schütteln bis zum Klarwerden der Lsg. erwärmen, unter gelegentlichem Schütteln erkalten lassen u. die Temp. ermitteln, bei welcher eine Eintrübung erfolgt, nochmals erwärmen u. abermals die Eintrübungstemp. (ET) bestimmen. Folgende ETT wurden ermittelt: **a** 95°; **a** + 20% **b** 104°; **a** + 40% **b** 109°; **a** + 60% **b** 114°; **a** + 80% **b** 120°. Ist die ermittelte ET $>100°$, so liegt offensichtlich ein Verschnitt vor, Tempp. $<100°$ weisen mit großer Wahrscheinlichkeit auf reines **a** hin. Freie Fettsäuren erniedrigen die ET, weshalb bei hoher SZ. eine Vorbehandlung empfohlen wird: Schütteln mit 0,1n NaOH in 70%ig. A., Zentrifugieren u. nachfolgendes 2maliges Waschen des Rückstands mit neutralem 70%ig. A., dann Trocknen der Probe im Wasserbad, dann im Trockenschrank (100—105°; 1 Std.). Wasserhaltige Proben setzen die ET herauf. Verschnitt von **a** mit Cocosnußöl red. die ET von **a**; es kann durch Extraktion mit A. bei 30° entfernt u. identifiziert werden. In Ggw. von **b** ist der Nachw. von Cocosnußöl erschwert. (J. sci. ind. Res. [New Delhi], Sect. B **16.** 216—19. Mai 1957. Mysore, Central Food Technol. Res. Inst.) H. P. FIEDLER. 7858

Ettore Bottini und **Francesco Campanello,** *Die Bestimmung von hydriertem Walöl in Butter mit Hilfe der Papierchromatographie.* Hydriertes Walöl enthält 1,06 (%) *Butter-*

säure (I), 7,78 *Isovaleriansäure* (II) u. 3,48 *Capronsäure* (III), während Butter prakt. frei von letzterer ist. Für die Best. von Walöl in Butter trennt man diese wasserdampfflüchtigen Säuren ab u. stellt von jeder eine 1%ig. wss. Lsg. her. Man verwendet für die aufsteigende, eindimensionale Chromatographie mit 1%ig. wss. Oxalsäure vorbehandelte Papierstreifen (WHATMAN Nr. 1), trägt 2,5 cm vom Streifensaum 4—5 mm^3 der zu untersuchenden Lsg. auf u. entwickelt die Streifen 14 Std. bei 17—19° mit n-Butanol (mit 1,5n NH_4OH gesätt.); man macht I (R_F ca. 0,21), II (0,42) u. III (0,55) mit Bromphenolblau (50 mg u. 200 mg Citronensäure in 100 cm^3 W.) sichtbar, wobei die Flecken deutlich voneinander unterscheidbar sind. Die Meth. ermöglicht es, noch 3% Walöl zu ermitteln. — 11 Literaturzitate. (Ann. Sperimentaz. agrar. [N. S.] **9.** 11—20. 1955. Torino, Staz. Chim.-Agrar. sperim.) G. PLATZER. 7858

Walter Mohr, *Sind Rückschlüsse aus der Relation von Jodzahl zu Schnittfestigkeit (bei 15°) zum Nachweis von Mischbutter möglich?* Vf. führt weitere Gründe für die bereits früher (C. **1958.** 10227) von ihm vertretene Ansicht, daß die Relation der Meßwerte von Schnittfestigkeit zu JZ. nicht als analyt. Meth. zum Nachw. von Mischbutter anzusehen ist, an. (Milchwissenschaft **12.** 61—62. Febr. 1957.) M. WINIKER. 7858

Maria Łuczak und **Celina Barska,** *Festlegung der Genauigkeit der Bestimmungsmethoden für Fett in Milch und Molkereiprodukten.* Aus einem Vgl. der Analysenergebnisse folgt, daß die genaueste butyrometr. Meth. zur Fettbest. in Rahm das Verf. von GERBER, für Käse das von VAN GULIK ist. Die KÖHLER-Meth. kann verbessert werden, wenn nach Auflösen des Rahms Amylalkohol vor dem Zentrifugieren zugesetzt wird. (Prace Inst. Przemysłu mleczarskiego **4.** Nr. 1 (10). 54—69. 1957. Warszawa.) F. URBAN. 7860

Jerzy Jakubowski und **Franciszek Bijok,** *Normung des Fettgehaltes in Käse in Abhängigkeit von der chemischen Zusammensetzung der Milch.* Die mittlere Abweichung bei der Fettbest. nach der Formel von KOROLEW (a) beträgt 0,085, nach SCHULZ u. KAY (b) 0,082 u. nach JAKUBOWSKI (c) 0,078. Die Berechnungen erfolgen auf Grund der Werte für fettfreie Trockenmasse (a), Gesamteiweiß (b) oder Casein (c) in der Ausgangsmilch. Die Genauigkeit beträgt 1,4%, bezogen auf Fett in der Käsetrockenmasse. (Prace Inst. Przemysłu mleczarskiego **5.** Nr. 2 (13). 9—18. 1958. Warszawa.) F. URBAN. 7860

Jerzy Jakubowski und **Franciszek Bijok,** *Bestimmung der Käseausbeute in Abhängigkeit von der chemischen Zusammensetzung der Milch.* Die Ausbeute an Käse läßt sich auf Grund des Geh. der Milch an fettfreier Trockenmasse nach RINCKLEBEN oder Casein nach JAKUBOWSKI mit 1% Genauigkeit vorausbestimmen. (Prace Inst. Przemysłu mleczarskiego **5.** Nr. 2 (13). 19—30. 1958. Warszawa.) F. URBAN. 7860

D. M. Walker und **W. R. Hepburn,** *Normal-Säure-Faser: Ein Vorschlag für eine Analyse zur Bewertung von Rauhfutter.* 1. Mitt. *Die Analyse von Rauhfutter durch die Normal-Säure-Faser-Methode und ihre Anwendung zur Bestimmung der Verdaulichkeit des Rauhfutters für Schafe.* Vff. schlagen zur Beurteilung der Güte von Rauhfutter (Heu, Stroh) eine Zerstörung der Substanz mit n. Säure u. die Bewertung nach der verbleibenden Faser vor. Die Probe wird im SOXHLET-App. mit A.–Bzl. extrahiert u. der verbleibende Rückstand mit n. H_2SO_4 zum Kochen erhitzt. Nach Waschen werden die verbleibenden Fasern bei 100° bis zum konstanten Gewicht getrocknet. Die Differenz zum Rückstand nach Veraschung ergibt die Normal-Säure-Faser. (Agric. Progr. **30.** 118—28. 1955. Bucksburn, Aberdeen, Rowett Res. Inst.) W. KNÖPKE. 7866

J. R. Johnson, J. R. Schubert und **P. H. Weswig,** *Laboratoriumsmäßige Ermittlung der verdaulichen Nährstoffe als Methode zur Bestimmung der gesamtverdaulichen Nährstoffe.* Die von THURMANN u. WEHUNT mitgeteilte Meth. zur Best. verdaulicher Nährstoffe, die darauf beruht, daß das Untersuchungsmaterial im Autoklaven mit verd. HCl behandelt, das Trockengewicht des unlösl. Rückstands festgestellt u. die prozentuale Differenz zum Ausgangsmaterial, die mit dem gesamtverdaulichen Nährstoffwert übereinstimmt, ermittelt wird, wurde bei 15 verschied. natürlichen Futtermitteln angewandt, deren gesamtverdaulicher Nährstoffwert mit Hilfe der üblichen Digestion bereits bekannt war. Diesen Werten gegenüber ergaben sich jedoch Unterschiede zwischen +3,55 u. —20,23% (im Mittel —8,95%), so daß Vff. eine Verbesserung dieser Meth. empfehlen, durch die befriedigende Ergebnisse gewährleistet werden. (Agronomy J. **50.** 51—52. Jan. 1958. Corvallis, Ore., Oregon State Coll., Dep. of Agric. Chem.) W. KREIPE. 7866

R. H. Bunnell, *Der Nachweis von N.N'-Diphenyl-p-phenylendiamin im Tierfutter.* Vf. beschreibt eine von ihm ausgearbeitete Meth. zur Best. von *N.N'-Diphenyl-p-phenylendiamin* (I) in Futtermitteln, die auf der Auswertung der von I mit konz. Salpetersäure gebildeten Farbtönung (rot) beruht. (Poultry Sci. **35.** 960—61. Juli 1956. Storrs, Univ. of Connecticut, Dep. of Poultry Science.) G. MAYR. 7868

Chester A. Luhman, *Bericht über Furazolidon und Bifuran in Futtermitteln.* Ein Verf. zur chromatograph. Trennung von *Furazolidon* (I) u. *Nitrofurazon* (II) an Al_2O_3 aus Futterextrakt in Dimethylformamid u. zur photometr. Best. des Geh. an I bzw. *Bifuran* (Gemisch aus I u. II) bewährte sich nicht. Dagegen erhält man nach der früher beschriebenen Meth. (C. **1959.** 7896) brauchbare Werte. Dieses Verf. wird zur amtlichen Einführung empfohlen. (J. Assoc. off. agric. Chemists **41.** 333—37. Mai 1958. Sacramento, Calif., California Dep. of Agric., Feed Control Labor.)

PH. FRESENIUS. 7868

XVII. Fette. Seifen. Wasch- u. Reinigungsmittel. Wachse. Bohnermassen usw.

M. P. Gertschuk und **W. M. Iwanowa,** *Die Synthese von Nordihydroguajaretsäure und ihre Anwendung zur Erhöhung der Resistenz von Nahrungsfetten gegen das Ranzigwerden.* Die Synth. von *Nordihydroguajaretsäure* (I) wird wir folgt durchgeführt: Durch Behandlung von Brenzcatechin mit Allylbromid wird der Monoallyläther erhalten, der sich bei 180° zu 3.4-Dihydroxyallylbenzol isomerisieren läßt u. aus dem beim Durchleiten von HBr 1-Brom-1-[3.4-dihydroxybenzyl]-äthan entsteht. Bei weiterer Behandlung mit Mg u. J_2 wird dieses in I übergeführt; F. 184—185°. Die Stabilität von Schweinefett wird durch Zusatz von 0,01 Gew.-% I auf das 4fache gesteigert. Auf Dorschfett wirken 0,02—0,05% I stabilisierend. Die Oxydation von Milchfett wird durch I stark gehemmt. Vff. schlagen vor, die Produktion von I mit der Synth. von Safrol, dem Ausgangsprod. für die Gewinnung von Duftstoffen, zu verbinden u. Safrol aus 3.4-Dihydroxyallylbenzol (Ausgangsprod. für I) zu gewinnen. (Маслобойно-Жировая Промышленность [Öl- u. Fett-Ind.] **24.** Nr. 6. 44—45. 1958. Moskau, Plechanow-Inst. für Volkswirtschaft.)

OTTO MAIER. 7878

V. V. R. Subrahmanyam und **K. T. Achaya,** *Weniger bekannte indische Pflanzenfette.* 1. Mitt. *Ölsäurereiche Fette.* Von 5 ölsäurereichen Samenfetten ind. Ursprungs mit einer JZ. von 60—100 von der Seifennuß (I), Papaya (II), Brechnuß (III), süßer Mandel (IV) u. Guava (V) wurden die Fettsäurekomponenten durch Esterfraktionierung bestimmt. Die Fette wurden aus frischen Samen im SOXHLET mit PAe. extrahiert; der Fraktionierung der Methylester folgt eine Pb-Salztrennung aus Äthylalkohol. Ergebnis: Fett im Samen in %: I 14,5, II 24,9, III 4,2, IV —, V 10,1; Fett im Kern in %: I 45,4, II 50,1, III—, IV 50,0, V —; JZ. des Fettes: I 60,4, II 68,3, III 71,9, IV 95,6, V 98,7; Sap. equiv. des Fettes: I 300,5, II 290,7, III 330,4, IV 293,4, V 291,3; Wassergeh. des Samens in %: I 8,4, II 8,6, III 8,3, IV —, V 5,6; Fettsäurezus.: Myristinsäure (I —, II 0,2, III 0,9, IV 0,2, V 1,2; Palmitinsäure: I 5,4, II 17,2, III 12,6, IV 8,9, V 8,9; Stearinsäure: I 8,5, II 3,6, III 6,6, IV 4,0, V 4,8; Arachidonsäure: I 20,7, II —, III 7,0, IV —, V —; Behensäure: I 2,1, II —, III 1,7, IV —, V —; Hexadecensäure: I —, II 1,3, III —, IV —, V —; Ölsäure: I 55,1, II 77,3, III 62,0, IV 62,5, V 53,9; Linolsäure: I 8,2, II 0,4, III 9,2, IV 24,4, V 29,2; Linolensäure: I—IV —, V 1,1. I wird zur Herst. von Seifen oder als Ausgangsmaterial zur Gewinnung von Ölsäure oder Arachidonsäure empfohlen, II kann zur Gewinnung reiner Ölsäure dienen oder nach Raffination als Salatöl, III ist für die Seifenherst., IV für Kosmetica geeignet. (J. Sci. Food Agric. **8.** 657—62. Nov. 1957.)

J. BÖSS. 7892

V. V. R. Subrahmanyam und **K. T. Achaya,** *Weniger bekannte indische Pflanzenfette.* 2. Mitt. *Linolsäurereiche Fette.* (1. vgl. vorst. Ref.) 4 linolsäurereiche Samenfette ind. Ursprungs von der süßen Orange (I), Kaffee (arab. Sorte; II), Kaffee (robuste Sorte; III) u. Teav (IV) wurden mittels Esterfraktionierung analysiert. Ergebnis: Fett in Samen in %: I 39,8, II 11,8, III 10,0, IV 2,0; Fett im Kern in %: I 48,2, II 13,4, III 12,0, IV 44,5; JZ. des Fetts: I 102,1, II 96,1, III 97,5, IV 107,5; Sap. equiv. des Fettes: I 287,8, II 314,0, III 309,1, IV 288,4; W. im Samen in %: I 5,3, II 8,3, III 10,5, IV —; Samenfett: Farbe (Lovibond $^1/_4$ in. cell): I 1,5 R, 25,0 Y, II 4,9 R 8,0 Y, II 1,8 R, 5,5 Y, IV 26,0 R, 4,0 Y; n_D^{25}: I 1,4685, II 1,4790, III 1,4776, IV 1,4692; SZ.: I 4,1, II 2,0, III 1,7, IV 1,6; Fettsäurezus. in %: Myristinsäure: I 0,5, II 2,0, III 2,3, IV 0,2; Palmitinsäure: I 19,0, II 28,8, III 23,3, IV 11,0; Stearinsäure: I 8,0, II 4,5, III 6,5, IV 10,2; Arachidonsäure: I 0,8, II 1,6, III 2,5, IV 2,3; Behensäure: I —, II 0,2, III —, IV —; Hexadecensäure: I 0,8; Ölsäure: I 32,7, II 18,9, III 17,4, IV 29,5; Linolsäure: I 32,1, II 44,0, III 48,0, IV 46,4; Linolensäure: I 6,1, IV 0,4. Vff. schließen aus obigen Ergebnissen, daß fast alle ind. Samenfette mehr gesätt. Fettsäuren enthalten als die gleichen Fette in kühleren Gegenden, mit Ausnahme der ind. Kaffeesamenfette, die einen höheren Linolsäuregeh. u. einen geringeren Stearinsäuregeh. haben als die brasilian. oder nordamerikan. Arten. (J. Sci. Food Agric. **8.** 662—68. Nov. 1957.)

J. BÖSS. 7892

J. M. Martinez Moreno, C. Gomez Herrera und **C. Janer del Valle,** *Das Brechen der Ölemulsionen. Arbeiten über die Olivenpasten.* Unter Zusammenfassung eigener bereits

veröffentlichter Arbeiten über die physikal.-chem. Probleme, die bei der Extraktion des Olivenöls anstehen, werden an Hand eines Vortragsberichtes eingehendere Ausführungen gemacht. Behandelt werden die Beschaffenheit u. das Verh. der nativen Olivenpasten u. die auf die Extrahierbarkeit des Öls Einfl. nehmenden Faktoren, z. B. die präzipitierend wirkenden Agentien, der Effekt von Enzymen, der Wärme, von oberflächenakt. Stoffen (Alkyl-Aryl-Sulfonat), von weiteren öligen bzw. proteinigen Faktoren. (Oléagineux **14**. 21—25. Jan. 1959. Sevilla, Spanien, Inst. de la Grasa.)
K. TÄUFEL. 7894

E. Kellens, *Bleichung von Palmöl in der Lebensmittel- und in der Seifenindustrie.* Zusammenfassende Ausführungen über Palmöl u. die Verff. zu seiner Bleichung. Es werden eingehend erörtert die in der Seifenindustrie angewendeten Verff., die sich der Red. bzw. der Oxydation bedienen, ferner die adsorptiven Verff. hinsichtlich ihrer einzelnen Stufen. Gesondert wird die Durchführung der Bleichung bei Palmöl für den menschlichen Genuß dargestellt; es handelt sich dabei zumeist um die adsorptive Wrkg. von aktivierten Bleicherden; Ausführungen über die Gewinnung der Ölrückstände in den Erden u. ihre Wiederaktivierung. (Oléagineux **13**. 885—88. Dez. 1958. Brüssel.)
K. TÄUFEL. 7894

P. Blaizot und **J. Poliakoff,** *Die Ölkuchen und ihre Proteide.* Zusammenfassende Ausführungen über die bei der Pressung bzw. bei der Extraktion mit den verschied. Lösungsmitteln zurückbleibenden Ölkuchen u. ihren Einsatz, vor allem als Futtermittel; in Form von Tabellen werden Angaben gemacht über die Zus. der Ölkuchen von Erdnuß, Soja, Sonnenblume, Baumwolle, Lein, Raps, Sesam, Copra, Ölpalme, Mohn, Ricinus, Carité, Cacao, Olive, Lallemantia usw.; in Tabellenform werden die konstituierenden Aminosäuren der Proteine der wichtigsten Ölkuchen nach Art u. Menge mitgeteilt. (Oléagineux **14**. 39—46. Jan. 1959. Paris, I.R.H.O.) K. TÄUFEL. 7894

A. Finizia und **P. Cuizzetti,** *Klassifikation der Oberflächenaktiven.* Überblick über die Klassifikation der modernen oberflächenakt. Reinigungsmittel: anion. u. kationakt. Prodd. (sulfonierte Fettalkohole, sek. aliphat. Alkohole, Alkyl- u. Alkylarylsulfonate) u. ionogene Prodd. (Alkyl- u. Alkylarylpolyglykoläther). (Riv. ital. Essenze, Profumi, Piante officin., Olii veget., Saponi **39**. 575—81. 15/11. 1957.) G. PLATZER. 7912

E. Q. Laws und **W. Hancock,** *Einige Natriumalkylarylsulfonate als Standardsubstanzen in der Netzmittelchemie.* Als Standardsubstanzen für die Unters. kommerzieller Netzmittel werden von Vff. die reinen Na-Salze von *n-Tetradecyl-, n-Dodecyl-, n-Decyl-, n-Octyl-, n-Hexyl-, n-Butyl-* u. *α-Dimethyldecylbenzolsulfonsäure* dargestellt. Untersucht werden das papierchromatograph. Verh. (R_F-Werte) u. die Farb-Rkk. mit *Methylenblau* nach LONGWELL u. MANIECE (vgl. C. **1956**. 1409). (Nature [London] **183**. 1473—74. 23/5. 1959.) HERBERT MÜLLER. 7912

A. Seher, *Über die Bestimmung der Peroxydzahl.* Wird die Best. der *Peroxydzahl* nach dem Prinzip der Red. der Peroxyde mit Jodidionen u. Titration des gebildeten J_2 unter Verwendung der von SCHMIDT beschriebenen, vereinfachten App. vorgenommen, so können nach den neuerlichen Unterss. des Vf. objektive Werte erhalten werden, die mit den theoret. berechneten gut übereinstimmen. (Fette, Seifen, Anstrichmittel **60**. 264—67. April 1958. Münster/Westf., Dtsch. Inst. für Fettforsch.)
H. P. FIEDLER. 7932

T. N. Mehta, B. I. Rao, S. M. Abhyankar und **B. H. Alase,** *Harnstoffaddukte von Fettsäuren.* 10. Mitt. *Erkennung von Verfälschungen bei Senföl durch Leinsaat- und Erdnußöl.* (9. vgl. C. **1958. 14476**.) Die Best. der chem. Kennzahlen gibt wenig Auskunft über Ölverfälschungen. Der Anteil von Erucasäure im Senföl zur Abschätzung der Verfälschung mit Leinsaat- u. Erdnußöl wird durch Bldg. eines Harnstoffadduktes festgestellt. Das durch Verseifung u. anschließende Spaltung gereinigte Senföl wurde in verschied. Konz. mit Lein- u. Erdnußöl versetzt u. im Verhältnis 1:3:12 (bzw. 20) aus Öl:Harnstoff:Alkohol gebildet. In den wechselnden Modellmischungen lassen sich die Anteile gesätt. u. ungesätt. Fettsäuren von C_{22} u. C_{18} berechnen. (J. Indian chem. Soc., ind. News Edit. **19**. 39—47. 1956. Univ. Nagpur, Inst. für Technol.)
H. STACHE. 7932

J. C. Riemersma und **Wil Stoutjesdijk,** *Über die Papierchromatographie von Sterinen aus Tier- und Pflanzenfetten.* Bericht über gute Erfahrungen mit der von SULSER u. HÖGL (C. **1959**. 984) angegebenen Arbeitsweise. Es wird jedoch darauf hingewiesen, daß Molybdatophosphorsäure als Sprühmittel vorteilhafter ist als $SbCl_3$. — *Stigmasterin* kann neben anderen Phytosterinen nachgewiesen werden, indem man die Bromide der Acetate chromatographiert. (Mitt. Gebiete Lebensmittelunters. Hyg. [Bern] **49**. 115—20. 1958. Leiden, Rijkszuivelstation.) M. WINIKER. 7932

N. I. Ladyshnikowa, *Die Anwendung der Chromatographie bei der Analyse synthetischer Fettsäuren.* 10 g der zu untersuchenden Lsg. des Säuregemischs werden in einer mit 100 g Silicagel ASK beschickten Kolonne sorbiert; danach erfolgt eine fraktionelle Desorption bei 35°, indem man durch die Kolonne nacheinander folgende Fll. fließen läßt (2 ml/Min.): 300 ml Bzl. (I), 300 ml Bzl.-A.-Gemisch (II; 200 ml mit 95% Bzl. u. 5% A. + 100 ml mit 90% Bzl. u. 10% A.) u. 300 ml A. (III). Von jeder Fraktion werden 10—40 ml entnommen, das Desorbens im Strom eines inerten Gases verdampft, gewogen u. die SZ. bestimmt. In den Fraktionen I u. II sind ca. 75% der Gesamtsäuremenge, hauptsächlich gesätt. Monocarbonsäuren, enthalten. Die Säuren dieser Fraktionen enthalten kein Carbonyl; sie besitzen eine geringe JZ. u. eine weiße Farbe. Sie sind in I u. II so verteilt, daß sie mit den hochmol. beginnen u. mit Säuren endigen, die 11—12 C-Atome haben. Jede Fraktion stellt ein Säuregemisch dar, In der Fraktion III sind ca. 25% der Gesamtsäuren enthalten, die aus niedrigmol. Monocarbonsäuren bestehen. Dieses Säuregemisch ist dunkelbraun gefärbt u. hat hohe Jod- u. Carbonylzahlen u. enthält Ketosäuren, O-haltige nicht verseifbare Prodd. u. andere. Die Adsorptionsanalyse der üblichen Fraktionen von industriellen synthet. Fettsäuren u. der Fettsäuren aus Cocosöl ergab, daß die Fraktion C_{10}—C_{16} den Fettsäuren aus Cocosöl sehr ähnlich ist. (Маслобойно-Жировая Промышленность [Öl- u. Fett-Ind.] **24.** Nr. 9. 28—30. 1958.) OTTO MAIER. 7936

R. Bennewitz, *Bestimmung des Ionentyps capillaraktiver Stoffe mittels Farbindicatoren.* Die „scheinbare p_H-Verschiebung" sowie die spektrale Veränderung von p_H-Indicatoren durch anion. u. kation. capillarakt. Verbb. kann zu deren Nachw. auch in Anwesenheit nichtionogener Äthylenoxydaddukte analyt. verwendet werden. Die nichtionogenen capillarakt. Äthylenoxydaddukte lassen sich auf diese Weise ebenfalls nachweisen, sofern sie nicht im Gemisch mit anion- oder kationakt. Substanzen vorliegen. An Hand von Arbeitsvorschriften wird die Durchführung der Meth. prakt. erläutert. (Fette, Seifen, Anstrichmittel **58.** 832—33. Okt. 1956. Karl-Marx-Stadt, VEB Fettchemie.) GERD RICHTER. 7942

Dansk Sojakagefabrik A/S, Kopenhagen, Dänemark, *Verminderung des Gehaltes an Isothiocyanatverbindungen in Raps- und Senfsamen.* Die vermahlenen Samen werden auf 5—18% Wassergeh. gebracht u. bei 20—40° einem *fermentativen* Prozeß unterworfen. Die hierbei freigelegten Isothiocyanate werden zusammen mit dem Öl entfernt. (**Dän. P. 81 487** vom 6/11. 1953, ausg. 30/7. 1956.) K. H. KÄHLER. 7895

Procter & Gamble Co. (Erfinder: **Wayne Lloyd St. John**), Cincinnati, Ohio, V. St. A., *Wasch- und Reinigungsmittel,* enthaltend im wesentlichen mindestens ein anionakt. Mittel vom Sulfat- oder Sulfonattyp sowie ein Alkylharnstoffglucosid der allg. Formel I, in der R ein höherer Alkylrest mit ca. 10—15 C-Atomen u. R′ einen Monosaccharid- oder reduzierenden Disaccharidrest bedeuten, u. gegebenenfalls Alkalitripolyphosphat (I), z. B. 17,5 (%) Polypropylenbenzolsulfonat, 32,5 Na_2SO_4, 47 I u. 3 Dodecylharnstoff-N′-glucosid, -galaktosid oder -lactosid. (**D. A. S. 1 041 189** Kl. 23e vom 19/1. 1957, veröff. 16/10. 1958. A. Prior. 20/1. 1956.) C. LÜTTGEN. 7913

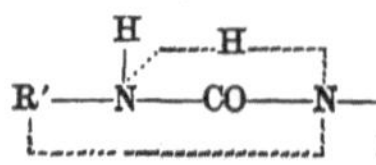

I

Henkel & Cie. G. m. b. H. (Erfinder: **Valentin Habernickel,** Bergheim, und **Friedrich Weldes**), Düsseldorf, *Herstellung von kristallwasserfreiem Ammoniummetaboratdiperhydrat* der Zus. $NH_4BO_2 \cdot 2H_2O_2$, dad. gek., daß man Borsäure, > 30%ig. H_2O_2 u. NH_3 im Mol-Verhältnis 1 : (2—6) : (1,05—3) zur Rk. bringt, wobei NH_3 in Form einer wss., bes. konz. Lsg. nach Vermischen der beiden anderen Komponenten hinzugefügt wird u. die Umsetzung mit 40—70%ig. H_2O_2 bei 0—30° erfolgt. — Verwendung als *bleichender* Bestandteil in *Grobwaschmitteln.* (**D. A. S. 1 058 027** Kl. 12i vom 22/2. 1958, veröff. 27/5. 1959.) K. DEMMLER. 7913

N. V. de Bataafsche Petroleum Mij., Den Haag, Holland, *Herstellung basischer, mehrwertiger Metallsalze von Sulfonsäuren* durch allmähliches Zufügen einer Alkalihydroxydlsg., eines aliphat. Alkohols mit 1—3 C-Atomen oder eines Gemisches des Alkohols mit W. zu einer Lsg. eines Metallsulfonats u. eines wenigstens z. T. in einem Alkohol mit 1—3 C-Atomen gelösten mehrwertigen Metalls. — In eine Isopropanollsg. des Na-Salzes der Monosulfonsäure eines Monoalkylnaphthalingemisches, in dem die Alkylgruppen eine gerade Kette von 14—18 C-Atomen haben, führt man unter Rühren $CaCl_2$ ein, fügt bei n. Temp. eine alkoh. KOH-Lsg. innerhalb ca. 20 Min. zu, zentrifugiert das Gemisch u. erhält dabei eine fl. Ca-Sulfonatphase. Aus den festen Komponenten, die aus einem Gemisch von bas. Ca-Sulfonat, $Ca(OH)_2$ u. NaCl bestehen, extrahiert man das bas. Sulfonat mit Hilfe von Gasolin, Kp. 60—80°. — Vgl. F. P. 1 096 346; C. **1958.** 13396. (**Aust. P. 164 353** vom 16/2. 1954, ausg. 11/8. 1955. Holl. Prior. 17/2. 1953.) H. NEBELSIEK. 7913

Unilever N. V., Rotterdam, Holland (Erfinder: **Charles Henry Schramm**, Hillsdale, N. J., V. St. A.), *Reinigungsmittel*, bestehend aus seifenfreien waschakt. Stoffen, bes. Alkylsulfat oder Alkylarylsulfonat, gek. durch den Geh. an einem N-Tris-(hydroxymethyl)-methylamid der Formel $R \cdot CO \cdot NH \cdot C(CH_2OH)_3$, in der R eine gesätt. C_9—C_{15}-Alkylgruppe oder eine ungesätt. C_9—C_{17}-Alkylgruppe bedeutet, bes. N-Tris-(hydroxymethyl)-methyllauramid; zur Verbesserung des Schaumvermögens. (**D. A. S. 1 033 827** Kl. 23e vom 25/1. 1957, veröff. 10/7. 1958. A. Prior. 31/1. 1956.) C. LÜTTGEN. 7917

Thomas Hedley & Co. Ltd., Newcastle, England, *Reinigungsmittel in Stückform*, bestehend aus 15—55 (%) Alkylglyceryläthersulfonat (I), 5—50 Seife u. 20—70 Bindemittel u./oder Füller. I kann bis 75% andere Sulfate oder Sulfonate enthalten. (**E. P. 791 415** vom 29/3. 1956, ausg. 5/3. 1958. A. Prior. 31/3. 1955.) C. LÜTTGEN. 7917

Shell Development Co., New York, N. Y., übert. von: **Karekin G. Arabian** und **Norman E. Duncan**, Houston, Texas, V. St. A., *Verbesserung der Glanzstabilität von kristalline Paraffinwachse enthaltenden Mischungen.* Es wird hierzu ein Selektivextrakt mit einer Viscosität von 400—900 SSU bei 210° F (gewonnen aus einem Petroleumschmieröl durch Extraktion mit Aromaten) bes. in einer Menge von 0,2—5 Gew.-% den Wachsmischungen zugesetzt. (**A. P. 2 848 385** vom 10/10. 1955, ausg. 19/8. 1958.) P. KRUG. 7925

Krupp Kohlechemie G. m. b. H. (Erfinder: **Walter Lagodny** und **Karl-Heinz Ziesecke**), Wanne-Eickel, *Wachse mit großer Ölaufnahmefähigkeit* werden durch Versetzen von oxydierten Paraffinen (I), bes. der FISCHER-TROPSCH-Synth., mit z. B. SZ. < 30, die gegebenenfalls mit $< 2\%$ $Ca(OH)_2$ neutralisiert sind, mit solchen Alkaliverbb. (NaOH u. LiOH) in geringer Menge, die sich mit Fettsäuren umzusetzen vermögen, u. gegebenenfalls Verdampfen vorhandenen W. erhalten. — Unter Rühren werden 1 kg I (SZ. 30; VZ. 58) bei 130—140° mit 50 cm^3 einer 20% ig. NaOH umgesetzt, bis das W. verdampft ist. — Verwendung für *Fußboden-* u. *Lederpflegemittel.* (**D. A. S. 1 046 308** Kl. 39b vom 21/5. 1953, veröff. 11/12. 1958.) G. TEWES. 7927

XVIIIa. Holz. Cellulose. Zellstoff. Papier. Papierdruck. Celluloid. Linoleum.

M. D. Bywschich, *Der Einfluß von Temperatur und Feuchtigkeit von Holz auf dessen elastisch-plastische Eigenschaften.* Verss. im Hinblick auf die beim Trocknungsprozeß sich ausbildenden Spannungszustände wiesen auf einen engen Zusammenhang mit der elastisch-plast. Deformation hin. Mit Erhöhung der Temp. u. Holzfeuchtigkeit findet bei tangentialer Dehnung eine Verkleinerung des Festigkeitsgrenzwertes u. des Elastizitätsmoduls u. eine Vergrößerung der elastisch-plast. Deformation statt. (Деревообрабатывающая Промышленность [Holzverarb. Ind.] 8. Nr. 2. 13—15. Febr. 1959.) M. ULMANN. 7952

B. A. Asstafjew, Je. I. Belowa und **P. M. Smirdin**, *Das Trocknen von mit Kochsalzlösung getränktem Holz.* Die Behandlung von Buchenholz nach Durchdämpfen bei 0,2 at für 4—5 Min. in einer 25% ig. Kochsalzlsg. bei Zimmertemp. ermöglicht eine viel kürzere Trocknungsdauer, wobei Risse im Holz kaum auftreten u. Fäulniserscheinungen nicht zu befürchten sind. (Деревообрабатывающая Промышленность [Holzverarb. Ind.] 8. Nr. 3. 9—10. März 1959. Nerechta, Stiefelabsatzfabrik.) M. ULMANN. 7952

L. A. Gusskow, *Über Petrolatumtrocknung und antiseptische Behandlung von Holz.* Kurze Schilderung der Vorzüge einer Petrolatumbehandlung von Sägematerialien für den Häuserbau, was zu wesentlichen Ersparnissen an Kosten u. Energie führt u. eine bes. antisept. Behandlung überflüssig macht. (Деревообрабатывающая Промышленность [Holzverarb. Ind.] 8. Nr. 12. 17—18. Febr. 1959.) M. ULMANN. 7952

Chester H. Haydel, Jeuel F. Seal, Hermann J. Janssen und **Henry L. E. Vix**, *Dekristallisierung von Baumwollcellulose.* Zwei Verff. zur Entfernung des zur Dekristallisation von Baumwollcellulose dienenden Monomethylamins werden untersucht. Die Extraktion mit Hexan führt zu Prodd., die in den verbleibenden Kristallzonen noch Cellulose I u. III enthalten u. erfordert auf Grund der Löslichkeitsverhältnisse mehrmaliges Auswaschen, außerdem eine anschließende Trennung des Hexan–Methylamin-Gemisches durch fraktionierte Destillation. Die Meth. der Entfernung des Methylamins durch Verdampfen mit Hilfe kalten oder erhitzten N_2-Gases erfordert lediglich die einfache Trennung des Methylamin–W.-Gemisches. Der Gitteraufbau der entstandenen Prodd. ist hier von der Geschwindigkeit des Verdampfungsprozesses abhängig. (Ind. Engng. Chem. 50. 74—75. Jan. 1958. New Orleans, La., U S Dep. of Agriculture, Southern Utilization Res. and Dev. Div.) R. SCHÖLLHORN. 7954

Hiroshi Asaoka, *Alkalibehandlung von Buchenzellstoff.* Es wurde angenommen, daß die Abnahme des DP. bei der Alkalibehandlung von Buchenzellstoff rascher verläuft als bei der Alkalibehandlung von Rotkieferzellstoff. Nun wurde festgestellt, daß die Abnahme des DP. in beiden Fällen etwa mit der gleichen Geschwindigkeit erfolgt. Die erhaltenen Ergebnisse stimmen gut mit den nach der Theorie von OKAMURA errechneten überein. (J. Soc. Textile Cellulose Ind., Japan [Sen-i Gakkaishi] **13.** 855—60. Dez. 1957. Tokio, Univ., Fac. of Engin., Engin. Res. Inst. [Orig.: japan., Auszug: engl.]) A. SEUFFERT. 7956

E. J. Bugg und **A. J. Pearson,** *Herstellung von Zellstoff aus Eucalyptus-Hölzern durch Aufschluß mit kalter Sodalösung.* Beschreibung einer Anlage u. deren Arbeitsweise. (Paper Trade J. **142.** Nr. 51. 18—24. 22/12. 1958.) A. SEUFFERT. 7958

Hiroshi Sobue, Tokumi Koshizawa und **Kazuhiko Tsuboshima,** *Untersuchung über die Löslichkeit von Zellstoff.* 8. Mitt. *Die morphologische Umwandlung von Holzcellulosefaser während der Sulfitkochung und Reinigung in der Wärme mit Alkali und Hypochloritbleiche.* (7. vgl. J. Soc. Textile Cellulose Ind., Japan [Sen-i Gakkaishi] **13.** [1957.] 81.) Bei denselben Proben wie in der 5., 6. u. 7. Mitt. beschrieben, wurde die morpholog. Umwandlung von Holzfaser während des Sulfitaufschlusses u. der Reinigung in der Wärme durch Alkali u. der Hypochloritbleiche geprüft. Es ergaben sich folgende Resultate: 1. Der Quellungs- u. Lösungszustand der Cellulosefaser nach dem Sulfitaufschluß, untersucht in Phosphorsäure, verbesserte sich mit der Abnahme des Durchschnittspolymerisationsgrades während der Sulfitkochung. 2. Durch die nachfolgende Chloreinw., Reinigung in der Wärme durch Alkali u. Hypochloritbleiche wurde Löslichkeit u. Quellung weiter verbessert. (J. Soc. Textile Cellulose Ind., Japan [Seni- Gakkaishi] **13.** 842—51. Dez. 1957. Tokio, Univ., Fac. of Engin; Tokio, Kokoku Rayon and Pulp Co. Ltd. [Orig.: japan., Auszug: engl.]) A. SEUFFERT. 7962

Bogdan Burczyk, *Die Möglichkeiten der industriellen Verwendung von Tallöl.* Zus. des Tallöls; seine Verwendung zur Herst. von Seifen, Metallseifen, Lacken, Reinigungsmitteln, Flotationshilfsmitteln, Sterinen u. verschied. Hormonen. (Przegląd Papierniczy **15.** 22—25. Jan. 1959. Wrocław, Politechn., Kat. Techn. Przem. Organ.) E. PASCHKE. 7966

Elias Klein und **James E. Snowden,** *Ersatz von Hydroxylgruppen in Baumwollcellulose.* Die Einführung von Sulfonsäuregruppen in Baumwollcellulose als Zwischenverb. u. deren Ersatz durch Amide, Halogenide u. Thioverb. auf Grund der leichten Hydrolyse wird beschrieben. Herst. der Sulfonsäurecelluloseester erfolgt entweder in einem inerten Lösungsm. mit Soda, Cellulose u. dem Sulfonylchlorid oder mit Sulfonylpyridiniumhalogeniden, wobei die Cellulose vorgequollen wird. Sulfonsäurereste, die mit einer sek. alkoh. Hydroxylgruppe verestert sind, vermögen infolge WALDENscher Umkehr nicht ohne Öffnung des Glucoseringes zu hydrolysieren. Gleichzeitige Einführung von Acetylgruppen aktiviert die Sulfonsäurereste, vergrößert ihre Labilität u. erleichtert damit den Ersatz durch andere Gruppen. (Ind. Engng. Chem. **50.** 80—82. Jan. 1958. New Orleans, La., U. S. Dep. of Agriculture, Southern Regional Res. Labor.) R. SCHÖLLHORN. 7970

C. J. Malm, K. T. Barkey, E. B. Lefferts und **R. T. Gielow,** *Kettenlängenverringerung von Cellulose durch essigsaure Lösungen von Wasser und Schwefelsäure.* Vor der Acetylierung wird Cellulose, die gewöhnlich einige % W. enthält, mit Essigsäure behandelt, um eine einheitliche Reaktionsfähigkeit zu erzielen u. außerdem zur Verringerung der Kettenlänge in ein H_2SO_4–Essigsäuregemisch gebracht. Gefrierpunkts- u. Leitfähigkeitsbestimmungen verschied. tern. Gemische des Syst. H_2SO_4–H_2O–Essigsäure zeigten eine Störung des Gleichgewichts bei Zusatz von Cellulose, da diese selektiv H_2SO_4 adsorbiert. Der Umfang der Kettenlängenverkleinerung erwies sich als von der Menge u. Gleichmäßigkeit der H_2SO_4-Adsorption abhängig. Vorbehandelte, gleichmäßig reaktive Cellulose zeigte im Syst. H_2SO_4–Essigsäure bei Zusatz von W. einen verringerten Kettenabbau infolge Bldg. von Hydraten der H_2SO_4. Bei ungleichmäßiger Reaktivität der Cellulose dagegen bewirkt beschränkter Wasserzusatz eine vergrößerte gleichmäßigere Diffusion der H_2SO_4 in die Cellulose u. damit einen verstärkten Abbau. (Ind. Engng. Chem. **50.** 103—06. Jan. 1958. Rochester 4, N. Y., Eastman Kodak Co., Cellulose Acetate Dev. Div.) R. SCHÖLLHORN. 7970

Zbigniew Kikiewicz, *Vergleichende Untersuchungen über die Arbeitsweise eines Hydrofiners, einer Jordan-Mühle und eines kontinuierlich arbeitenden Holländers.* Unter optimalen Arbeitsbedingungen werden ein Hydrofiner, eine JORDAN-Mühle u. ein kontinuierlich arbeitender Holländer bei der Zerfaserung finn. u. poln. Cellulose verglichen (Energieverbrauch, Mahlgrad, Fasereigg.). Am günstigsten wird der Einsatz einer Kombination eines Hydrofiners mit einer JORDAN-Mühle beurteilt. Als Einzelmaschine wird dem Hydrofiner der Vorzug gegeben. (Przegląd Papierniczy **15.** 3—9. Jan. 1959. Łodź, Polytechn. Kat. Papiern. i Masz. Papiern.) E. PASCHKE. 7976

George W. Jorgensen, *Bedruckbarkeitsprüfung von Papieren mittels einer Druckpresse.* Es werden genaue Angaben zur Durchführung von Bedruckbarkeitsprüfungen von Buchdruckpapieren gegeben. Unter festgelegten Arbeitsbedingungen wird ein Testbild auf die zu untersuchenden Papiere gedruckt u. die Bildqualität auf Korngröße u. Bildschärfe visuell u. mit Meßmethoden geprüft. Bei kleinen Abänderungen in der Drucktechnik kann diese Prüfmeth. auch für andere Papiere angewendet werden. (Tappi **41.** 646—49. Nov. 1958. Chicago, Ill., Lithographic Technical Foundation.) H. Meyer. 7984

Ieyasu Ichikawa, *Rheologische Eigenschaften der Druckfarben.* Übersicht. — 49 Literaturangaben. (J. Oil Chemists' Soc. Japan **7.** 501—11. Dez. 1958. Tokyo, Ôkurasyô-Insatukyoku. [Orig.: japan.]) E. Maekawa. 7990

L. I. Koselzew, *Die Bestimmung der Feuchtigkeit von Holzteilchen und des Trocken-Rückstandes von Harz.* Zur Feuchtigkeitsbest. von Faserplatten u. deren Ausgangsmaterial (Holzspäne u. Bindemittel) wird vorteilhaft IR-Strahlung angewandt. Abstand zwischen Strahler u. Material (1—2 g) 14 cm, Bestrahlungsdauer 15 Minuten. (Деревообрабатывающая Промышленность [Holzverarb. Ind.] **8.** Nr. 2. 18. Febr. 1959.) M. Ulmann. 8004

J. Szymański und **J. Zieliński,** *Methoden zur Schwefelbestimmung in den Abgasen von Sulfatzellstoffabriken.* Im Hinblick auf die Abgaszus. bei Sulfatzellstoffabriken werden die Methoden der S-Best. durch Titration, Fällung, Colorimetrie, Potentiometrie u. Verbrennung erörtert. Verbrennungs- u. Fällungsmethoden sind am besten für laufende S-Best. in Abgasen geeignet. (Przegląd Papierniczy **14.** 279—83. Sept. 1958.) E. Paschke. 8006

J. Gelo und **B. Wasiak,** *Die Bestimmung von Na_2S, $NaOH$ und Na_2CO_3 in den Laugen des Sulfatprozesses nach der Kochung.* Es wird eine Meth. zur Best. von Na_2S, NaOH u. Na_2CO_3 in der Schwarzlauge des Sulfatprozesses beschrieben. Na_2S wird jodometr. titriert, nachdem zuvor die organ. Verbb. mit wss.-alkoh. Lsg. von $BaCl_2$ entfernt wurden. NaOH u. Na_2CO_3 werden gegen 0,5n HCl titriert. Zuvor wird Na_2S mit 0,1n $ZnSO_4$-Lsg. entfernt u. 1%ig. Phenolphthaleinlsg. als Indicator benutzt. Die Meth. wurde an künstlichen Lsgg. u. Laugen des Sulfatprozesses vor u. nach der Kochung überprüft u. wird als einfache, schnelle u. genaue Meth. zur Analyse von Laugen in Sulfatzellstoffabriken empfohlen. (Przegląd Papierniczy **14.** 265—68. Sept. 1958.) E. Paschke. 8006

Ss. P. Wenediktow, W. A. Landyschewa und **S. A. Rogowin,** *Eine neue Methode zur Bestimmung der chemischen und physikalischen Uneinheitlichkeit der acetonlöslichen Acetylcellulose.* Die zur Unters. gelangenden Proben von *sek. Acetylcellulose* (I) müssen erst durch geeignete Vermahlung auf gleichmäßige Teilchengröße gebracht werden. Die niedermol. Fraktion wird bestimmt durch Behandlung von I mit einer 55%ig. wss. Lsg. von Aceton bei 20° (1 Std.) u. Ausfällen, die höhermol. Fraktion durch Behandlung von I mit einer 58%ig. wss. Lsg. von Aceton bei 60° u. 2std. Stehenlassen bei 20°, wonach die Fraktion ausflockt. Niedriger acetylierte Fraktionen von I bestimmt man durch Bearbeitung des Materials mit A. bei 78° u. Ausfällen, höher acetylierte Fraktionen durch Behandlung mit Methylenchlorid bei 43°, Abkühlen auf 20° u. Abdampfen von 100 ccm der Lösung. Die Unters. verschied. techn. I wies darauf hin, daß eine viel größere Gleichmäßigkeit derselben angestrebt werden muß. (Химическая Промышленность [Chem. Ind.] **1958.** 470—72. Dez.) M. Ulmann. 8008

Rayonier, Inc., Shelton, Wash., V. St. A., *Herstellung von Alkalicellulose* durch Tauchen von Cellulose, die bis zu 0,35% mit Ae. extrahierbare Stoffe enthält, in NaOH unter Zusatz von oberflächenakt. Stoffen der allg. Formel $HO(CH_2CH_2O)_x[CH(CH_3)\cdot CH_2O]_y(CH_2CH_2O)_xH$, wobei $x = 3{,}3—106$ u. $y = 19—31$ ist. Bes. verwendet man ein Blockmischpolymerisat mit $x = 15{,}5$ u. $y = 28$. — Vgl. F. P. 1 122 729; C. **1958.** 6426. (**E. P. 785 890** vom 12/4. 1955, ausg. 6/11. 1957. A. Prior. 19/4. 1954.) K. Fabel. 7971

Claber Bi-Metal Plate Co., Inc., New York, N. Y., übert. von: **William F. Alexander,** Cleveland, Ohio, V. St. A., *Bimetallhochdruckplatte,* bestehend aus einer Mg-Platte mit dünnem Zn-Überzug, der Eigg. des Mg bes. beim Ätzen verbessert. (**A. P. 2 768 076** vom 14/9. 1954, ausg. 23/10. 1956.) K. Kittler. 7989

Radio Corp. of America, übert. von: **Harold Grey Greig,** Princeton, N. J., V. St. A., *Herstellung elektrostatischer Drucke* unter Verwendung eines photokonduktiven Materials, in dem die photokonduktive Substanz (I) in einem Filmbildner dispergiert ist. Nach dem Entwickeln u. Fixieren des elektrostat. Bildes wird I mit einem Lösungsm. herausgelöst, das weder den Filmbildner, noch das Bildpulver angreift. (**A. P. 2 857 272** vom 28/9. 1954, ausg. 21/10. 1958.) K. Kittler. 7989

Plastik-Verpackung G. m. b. H., Haßloch, *Druckfarben zum Bedrucken von Flächen- oder Raumgebilden aus Polyäthylen,* dad. gek., daß diese aus einer Paste oder Anreibung von öl- oder fettlösl. Farbstoffen, z. B. Sudanfarbstoffen, in natürlichen oder künstlichen äther. Ölen oder deren Gemischen oder solche äther. Öle aufbauende Verbb., gegebenenfalls unter Zusatz von Lösungs- oder Verdünnungsmitteln oder Fixateuren, besteht. (**D. A. S. 1 024 531** Kl. 15l vom 3/3. 1956, veröff. 20/2. 1958.) A. SEELIG. 7991

A. B. Dick Co., Niles, übert. von: **Edward J. Igler,** Carpentersville, und **Clarence J. Shoemaker,** Elmhurst, Ill., V. St. A., *Schablonendruckfarbe,* bestehend aus einer W.-in-Öl-Emulsion mit 50—90 (Gewichtsteilen) Öl u. 50—10 wss. Pigmentdispersion, in der 0,2—0,5 Gew.-% Al-Stearat enthalten ist. Dem Öl können Harze zugesetzt sein. (**A. P. 2 839 412** vom 21/9. 1956, ausg. 17/6. 1958.) K. KITTLER. 7991

E. I. du Pont de Nemours & Co., Wilmington, Del., übert. von: **Robert Otto Osborn,** Snyder, N. Y., V. St. A., *Viscoseschwamm.* Man vermischt Viscose, Hanf- u. Jutefasern, Na_2SO_4 u. Al-Pulver der Teilchengröße 44—420 μ u. bringt die M. in Formen. Nachdem die M. dort infolge des sich entwickelnden H_2 ihr größtes Vol. angenommen u. sich dann gesetzt hat, wird sie durch Erhitzen koaguliert, worauf man wäscht, bleicht u. trocknet. (**A. P. 2 836 503** vom 22/3. 1954, ausg. 27/5. 1958.) R. SCHWECHTEN. 8001

Alexander A. Imschenezki, Mikrobiologie der Cellulose. Berlin: Akademie-Verl. 1959. (X + 466 S. m. 121 Abb., 66 Tab. u. 38 Taf.) 8°. DM 45,—.

—, 1. EUCEPA-Symposium. Aktuelle Fragen bei der Analyse cellulosehaltiger Stoffe. Darmstadt: Verein Zellstoff- u. Papier-Chemiker u. -Ingenieure. 1958. (XV + 333 S. m. Abb.) 8° = Schriften des Vereins der Zellstoff- u. Papier-Chemiker u. -Ingenieure. Bd. 27. DM 69,—.

XVIIIb. Textilfasern.

Karol Ramaszéder, *Der Einfluß des Trocknens auf die Qualität der geschlichteten Garne.* Es werden die Besonderheiten des Trockenvorganges an geschlichteten Garnen diskutiert. Die Dehnung u. die Scheuerfestigkeit sind von den Trocknungsbedingungen abhängig. (Przegląd włókienniczy **12.** 41—44. Jan. 1958.) E. PASCHKE. 8030

Robert M. Reinhardt, J. David Reid und **Terrence W. Fenner,** *Oxydation partiell verätherter Baumwolle.* Prodd. von guter Alkalilöslichkeit werden bei der Chromsäureoxydation partiell verätherter Baumwolle erhalten. Die Größe der Löslichkeit ist abhängig von der chem. Natur der eingeführten Substituenten, die als lösungsvermittelnde Gruppen wirken u. von der Meth. der Verätherung, von der die Intensität der Auflockerung der krist. Bereiche der Cellulose abhängt, die wiederum Einheitlichkeit u. Umfang der Oxydation bestimmt. Hydrophile Äthergruppen erhöhen stark die Löslichkeit der in der Alkalilsg. vorhandenen Cellulosebruchstücke, die bereits mit wesentlich größerer Kettenlänge in Lsg. gehen als diejenigen unverätherter Cellulose. Kombinationen geeigneter Verätherungsmethoden mit entsprechenden Substituenten ergeben fast völlige Löslichkeit. Ein Zusatz von Oxalsäure, der auf der Beobachtung einer stark beschleunigten Oxydation von Cellulosematerialien mit Chromsäure bei gleichzeitiger Oxydation einer dritten Substanz im Syst. beruht, ergab eine starke Verkürzung der Reaktionszeit. (Ind. Engng. Chem. **50.** 83—86. Jan. 1958. New Orleans, La., U. S. Dep. of Agric., Southern Utilization Res. and Developm. Division.) R. SCHÖLLHORN. 8044

Helmut Zahn, *Neuere Anschauungen über Vorgänge beim Veredeln von Wolle.* In einer zusammenfassenden Abhandlung bespricht der Vf. die neueren Anschauungen über die Vorgänge bei der Seifen–Soda-Wäsche von Schweißwollen (Disulfidaustausch, Lanthioninbldg.), bei der Filzfreiausrüstung von Maschenware, beim Carbonisieren sowie die vorteilhafte Anwendung der chem. Teste (Alkali-, Säure- u. Harnstoff–Bisulfit-Löslichkeit, Cystin- u. Tryptophangeh. sowie p_H) bei der Materialprüfung von Wolle. — 8 Tabellen, 25 Literaturhinweise. (Z. ges. Textilind. **61.** 172—76. März 1959.) Aachen, Deutsches Wollforschungsamt.) H. G. FRÖHLICH. 8060

T. Eeg-Olofsson, *Einige mechanische Eigenschaften von Viscosereyongeweben.* Um festzustellen, welche elementaren Eigg. geprüft werden müßten, um die komplexen Deformationen getragener Gewebe untersuchen zu können, wird ein bes. hergestelltes Gewebe auf Biegung, Biegesteifigkeit, Biegeerholung, Scherung u. Beulung untersucht. Die verwendeten Geräte werden kurz beschrieben. Von den Ergebnissen wird nur wenig mitgeteilt. (Textile Manufacturer **84.** 566—67. Nov. 1958.) H. STEFFENS. 8074

Kisou Kanamaru, Noboru Tokita und **Susumu Noyama,** *Stabilisierung von Viscosereyon durch Wärmebehandlung.* (Vgl. C. **1958.** 8223.) Viscosezellwolle, die vorher mit verd. Lsgg. von H_2SO_4 (p_H 2,4—5,1) behandelt waren, wurden in einem Paraffinbad verschied. Tempp. (60—200°) ausgesetzt. Aus Beobachtungen an Röntgendiagrammen der so erhaltenen Fasern wird die Folgerung gezogen, daß die Wärmebehandlung den

Anteil der ungeordneteren Bereiche verringert, während der Anteil der geordneten erhöht wird. (J. Polymer Sci. **31.** 359—82. Sept. 1958. Ookayama, Tokyo, Tokyo Inst. of Techn., Dep. of Chem. Eng; Tokyo, Waseda Univ., Dep. of Appl. Phys.; Yamaguchi, Japan, Res. Labor. of Teikoku Rayon Co., Ltd.) A. SEUFFERT. 8074

H. Hopff und **G. Greber,** *Zur Kenntnis der Polyamid- und Polyesterfasern.* Übersicht über das makromol. Aufbauprinzip faserbildender Stoffe — Polykondensation u. Polyaddition. (Przegląd włókienniczy **12.** 600—04. Dez. 1958.) E. PASCHKE. 8080

H. Hopff und **G. Greber,** *Die Herstellung von Polyamid- und Polyesterfasern.* (Vgl. vorst. Ref.) Übersicht: Fadenherst., Recken von Fäden, Chemie u. Technik der Herst. von Polyamiden u. Polyestern. (Przegląd włókienniczy **12.** 604—08. Dez. 1958.) E. PASCHKE. 8080

Stefan Lewandowski, *Die Polyvinylalkoholfaser, ihre Eigenschaften und Anwendungen.* Übersicht: Herst., Eigg. u. Verwendungsmöglichkeiten von Polyvinylalkoholfasern. (Przegląd włókienniczy **12.** 7—11. Jan. 1958.) E. PASCHKE. 8080

W. Schefer, *Die photochemische Schädigung der Polyesterfasern.* Polyesterfasern (Polyäthylenglykolterephthalatfasern) zeigen bei 285 u. 310 mμ ein Absorptionsmaximum u. werden daher von UV-Licht in diesem Wellenlängenbereich stark geschädigt. Die mechan. Eigg. (Zugfestigkeit, Bruchdehnung, Scheuerfestigkeit u. anderes) nehmen zu Anfang schnell, später langsam ab. Diese Veränderungen sind mit einer Zunahme der Carboxylendgruppen u. Abnahme des Mol.-Gew. verbunden, während die zwischenmol. Wasserstoffbrücken kaum beeinflußt werden. Luftfeuchtigkeit, Temp., Farbstoffe, Mattierungsmittel, Rückstände von Säuren u. Oxydationsmitteln haben im Wellenlängenbereich von 270—340 mμ keinen Einfl. auf die photochem. Schädigungen. Fensterglas stellt einen weitgehenden Schutz dar. Bei kurzwelligem UV-Licht von 254 mμ ist auch die O_2-Konz. u. die Anwesenheit von Farb- u. Begleitstoffen von Einfluß. Luftgeschädigte Fasern sind mkr. an einer auffallenden Rißbldg. in der Faseroberfläche erkennbar u. geben, wenn sie ungefärbt sind, mit konz. HCl in der Hitze eine Braunfärbung. (Textil-Rdsch. [St. Gallen] **13.** 336—45. Juni. 396—411. Juli 1958. St. Gallen, Eid. Material-Prüfungs- u. Versuchsanstalt, Hauptabteilung C.) H. STEFFENS. 8080

C. G. Cannon, *Anwendungen der Infrarotspektroskopie in der chemischen Industrie. Anwendungen bei Textilproblemen.* Sammelreferat mit 25 Zitaten, das sowohl die spezielle IR-Technik für Textilfasern (Reflektionsmikroskop, IR-Spektren mit polarisierter Strahlung, Spektren deuterierter Prodd.) als auch Anwendungsbeispiele zum Studium zwischenmol. Kräfte, der Kristallinität, der Orientierung funktioneller Gruppen in der Faser, qualitative u. quantitative Analyse von Mischpolymerisaten jeweils kurz bespricht. (Chem. and Ind. **1957.** 29—33. 12/1. Pontypool, Brit. Nylon Spinners Ltd., Res. Labor.) A. REUTER. 8096

Herbert Sommer und **Friedrich Winkler,** *Zur Bestimmung des Trockengewichts im Heißluftstrom bei der Ermittlung des Handelsgewichts. Ein Beitrag zur Normung der Trockenluftbeschaffenheit.* Die zur Trockengewichtsbest. von Textilfasern verwendete Trockenluft schwankt in ihrem Feuchtigkeitsgehalt. Da die Fasern nicht weiter getrocknet werden können, als bis ihr Wasserdampfpartialdruck dem der verwendeten Trockenluft gleich ist, u. folglich so das „absolute Trockengewicht" nicht erreichbar ist, machen Vff. Vorschläge, zu Normvorschriften für den Trockenprozeß, wonach eine einheitliche Temp. u. eine Trockenluft von einem absol. Wassergeh. von 10 $\pm$ 3 g/kg trockener Luft verwendet werden soll. (Faserforsch. u. Textiltechn. **9.** 391—96. Sept. 1958. Teltow-Seehof, Inst. für Faserstoff-Forschung, Dtsch. Akad. der Wiss.) H. STEFFENS. 8096

H. Zahn, *Chemische Analysen an carbonisierter Wolle.* Zur Ermittlung von Schädigungen an carbonisierter Wolle wurde 18 Wollmuster chem. getestet (Alkali- u. Harnstoff-Bisulfitlöslichkeit, Tryptophan, p_H-Wert u. Gesamtsulfat). Die hierbei erhaltenen Ergebnisse sind in einer Tabelle zusammengestellt. (Z. ges. Textilind. **61.** 153. März 1959. Aachen, Deutsches Wollforschungsinst.) H. G. FRÖHLICH. 8108

Bela Mihalik und **Joseph Hornung,** *Die in der Textilindustrie angewandten Untersuchungsmethoden zur Bestimmung des Fettgehaltes in der Wolle.* Übersicht über die Methoden zur Wollfettbest. unter bes. Berücksichtigung ihrer Eignung für die industrielle Betriebskontrolle. (Przegląd włókienniczy **12.** 421—26. Sept. 1958.) E. PASCHKE. 8108

General Aniline & Film Corp., New York, N. Y., übert. von: **Louis E. Craig,** Pryor, Okla., V. St. A., *Amino-2.3-diphenylindole* der allg. Formeln **I** u. **II**, in denen R = Alkyl, Aryl, Arylalkyl, Halogen, Acylamido, Hydroxy, Alkoxy, Amino oder Alkylamino (R, R_1, R_2 gleich oder verschieden), R_1 u. R_2 = H,Alkyl, Aryl, Arylalkyl, substituierte Alkyle, wie Hydroxyäthyl, Cyanäthyl, Alkoxyäthyl, R_2 aber außerdem auch Halogen, Hydroxy, Alkoxy, Amino, Alkylamino, Acylamino, Carbalkoxy, Cyan bedeuten können, lassen sich durch Kondensation von gegebenenfalls substituiertem Benzoin mit a) Aminoacylaniliden oder b) Phenylendiamin in Ggw. eines Katalysators

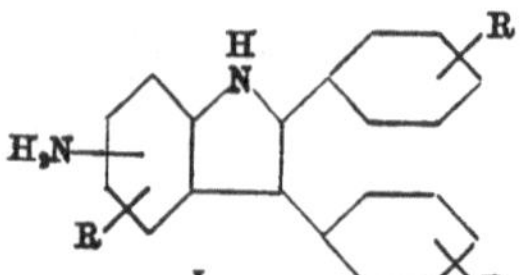

I

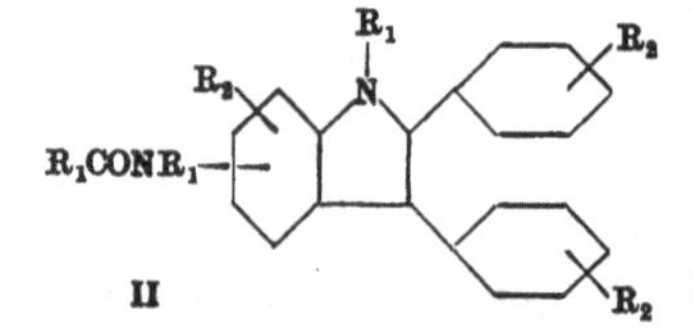

II

durch Rückflußkochen in inerter Atmosphäre (N_2 oder CO_2) u. bei gleichzeitigem Abdest. des Reaktionswassers gewinnen. — Beispiele nach b): 22 g m-Phenylendiamin + 42 g Benzoin + 5 g p-Toluolsulfonsäuremonohydrat in 85 g Xylol (unter N_2 gekocht) → 7,7 g W. + 46 g eines Gemisches von *6-Amino-2.3-diphenylindol* (**IV**) (27 g), F. 172—175°, u. dem doppelten Umsetzungsprod. 2.3.5.6-Tetraphenyl-1.7-dihydrobenzol-[1.2:b;5.4:b']-dipyrrol der Formel **III**. Die Trennung der beiden gelingt mit 50%ig. wss.

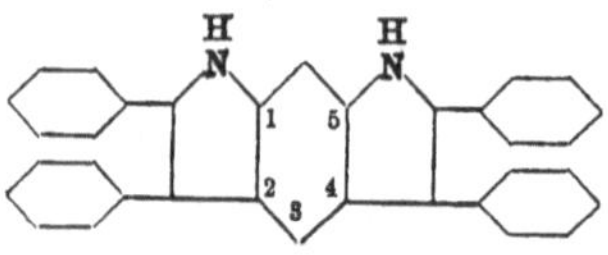

III

Essigsäure, aus der **IV** beim Abkühlen auskristallisiert. Aus Essigsäureanhydrid wird das *6-Acetamido-2.3-diphenylindol*, F. 282—283° (aus A.), erhalten. — Wird nach Durchführung der Rk. im vorigen Beispiel nicht mit 60 g Bzl., sondern mit 150 PAe. verd., so werden bis zu 75% Ausbeute an **IV** erzielt. — Setzt man p-Phenylendiamin ein, so erhält man *5-Acetamido-2.3-diphenylindol*, F. 242—243°. Die Verbb. nach **I** zeigen in starker Verdünnung, z. B. 0,000156 g/Liter Motoröl, A., Ketone usw., eine stark blaue Fluorescenz beim Bestrahlen mit UV-Licht. Die 5-Aminoverb. zieht substantiv auf Nylon u. Acetatfaser auf. — Beispiele zu a): 30 g m-Aminoacetanilid + 38 g Benzoin + 3 g p-Toluolsulfonsäure in 120 g Nitrobenzol (unter N_2) → *6-Acetamido-2.3-diphenylindol*, F. 282—283° (aus A.; 22,5 g Ausbeute). — Folgende *2.3-Diphenylindole* wurden dargestellt: *5-Acetylmethylamino-*, F. 350 bis 353°; *5-Acetamido-7-methyl-*, F. 220—223°. — Als inerte Lösungsmittel sind solche zu verwenden, die >140°, bes. bei 180—200° sd., als Säurekatalysatoren auch Mineralsäuren, Aryl- u. Alkansulfonsäuren, sowie $ZnCl_2$, $AlCl_3$, $SnCl_2$ oder BF_3. — *6-Acetamido-2.3-diphenylindol* war einer der 2 besten Fluorescenzlicht strahlenden Aufheller, der ebenfalls auf Nylon u. Acetatseide substantiv aufziehen kann. — *Opt. Aufheller.* (**A. PP. 2 845 436** u. **2 845 437** vom 21/6. 1956, ausg. 29/7. 1958.) K. GÄBELEIN. 8033

Chemische Fabrik Joh. A. Benckiser G. m. b. H., Ludwigshafen/Rh. (Erfinder: **Oskar Polhaus**, M.-Gladbach), *Entfernung kationaktiver Präparationen von unverarbeitetem Textilgut.* Die im Hauptpatent angegebene Behandlung des Gutes mit polymere Phosphate enthaltenden alkal. Flotten erfolgt nun auch in der Hitze. — Ein mit Decyltrimethylammoniumchlorid avivitiertes vergilbtes Gewirke aus Polyamidfäden wird mit einer NaOH-Lsg. (p_H 12) mit einem Geh. von 0,4% *Na-Hexametaphosphat* bei 95° behandelt, gespült, abgesäuert u. wieder gespült. Das entgilbte Gut kann gleichmäßig gefärbt werden. — Vgl. F. P. 66 658; C. **1958**. 7925. (**D. A. S. 1 031 269** Kl. 8k vom 7/7. 1953, veröff. 4/6. 1958. **Zusatz zu D. A. S. 1 023 003; C. 1959. 8386.**) H. MÖLLERING. 8039

Zschimmer & Schwarz Chemische Fabrik und **Gerbstoffwerk Oberlahnstein Akt.-Ges.**, Oberlahnstein/Rh. (Erfinder: **Hermann Behncke, Heinz-Herbert Kähne**, Frankfurt/M., und **Klaus Wollmann**, Eschhofen), *Carbonisieren von Mischgeweben,* die neben *Wolle* Polyamidfasern u. gegebenenfalls vegetabil. u./oder halbsynthet. Fasern, wie Celluloseacetatfasern, enthalten. Durch Behandlung mit fl. oder gasförmigem SO_2Cl_2 werden die nicht aus Wolle bestehenden Anteile zerstört. — Z. B. behandelt man 15 Min. bei 50° mit einer Lsg. von 10 (Gewichtsteilen) SO_2Cl_2 in 90 Trichloräthylen, quetscht ab u. erwärmt 30 Min. auf 90°. (**D. A. S. 1 047 987** Kl. 29b vom 11/1. 1958, veröff. 31/12. 1958.) F. BÖHM. 8061

Corn Products Refining Co., New York, N. Y., übert. von: **Clifford J. McDowell**, Tenaffy, N. J., V. St. A., *Herstellung von Fäden, Filmen und dergleichen aus natürlichem eiweißhaltigem Material.* Als Ausgangsmaterial verwendet man getrockneten Kleber mit einem Eiweißgeh. von 50—70%. Zuerst erhitzt man eine wss. Aufschlämmung desselben mit einem p_H von 6,8—7,2 ca. 1 Std. auf 55—60°, wäscht durch wiederholtes Dekantieren u. Mischen mit W., löst dann in wss. NaOH bei 60° u. verspinnt die erhaltene Lsg., die ein p_H von 10,5—11,5 besitzt, in ein saures Bad. (**A. P. 2 854 345** vom 2/5. 1956, ausg. 30/9. 1958.) F. BÖHM. 8079

Dow Chemical Co. (Erfinder: **Richard J. Annesser**), *Gewinnung von Fäden und Fasern aus polymerem Material.* Man versieht einen zusammenlaufenden u. nichtorientierten Film, z. B. aus einem Polymerisat aus 97(%) Vinylidenchlorid u. 3 Acrylnitril, mit jeweils einem Knick zwischen einer mit kaltem W. gekühlten Walze mit glatter Oberfläche u. einer ca. 150° heißen Walze, die an der Außenfläche dicht gelagerte, parallele, enge, kreisförmige Rillen besitzt, u. übt dabei auf die letztere einen solchen Druck aus, daß der Film wenigstens zur Hälfte seiner Stärke eingekerbt wird. Dann streckt man ihn, um eine Längsorientierung zu bekommen u. teilt das gestreckte Prod. längs der Kerblinien in *Fäden*. (**Aust. P. 210 217** vom 25/10. 1955, ausg. 3/10. 1957.) H. NEBELSIEK. 8081

Shell Development Co., New York, N. Y., übert. von: **Rupert C. Morris**, Berkeley, **Vernon W. Buls**, Walnut Creek, und **George W. Conklin**, Oakland, Calif., V. St. A., *Herstellung von Polyestern* durch Polykondensation von mehrkernigen Polycarbonsäuren (I) mit mehrwertigen Alkoholen mit 3—6 OH-Gruppen u. höchstens 12 C-Atomen, z. B. Polyäthylenglykol, 1.5-Pentandiol, Thiopropanol oder Glycerin. Die I sollen mindestens 3 6gliedrige, durch nur C—C-Bindungen aufweisende 2wertige Reste getrennte Kerne enthalten, wie z. B. Bis-[carboxybenzyl]-benzol der Formel $COOH(C_6H_4)—CH_2—(C_6H_4)—CH_2—(C_6H_4)\cdot COOH$, hergestellt aus 4-Chlormethylbenzoesäure, Bzl. u. $FeCl_3$, F. 260—280°. Entsprechend Bis-[carboxyäthylphenyl]-isopropylbenzol, F. $>280°$. Die aus den Endprodd. erhaltenen *Fasern* werden in der Kälte verstreckt u. sind sehr hitzebeständig, F. über 375° (Zers.). — Mengenbeispiele. (**A. P. 2 823 197** vom 1/7. 1954, ausg. 11/2. 1958.) H. SCHINDLER. 8081

Soc. Rhovyl, Paris, Frankreich, *Thermische Stabilisierung von Polyvinylchloridfäden*. Man läßt die Fäden zunächst bei einer Temp. über dem Erweichungspunkt, z. B. bei 100°, in gespanntem Zustand langsam mindestens 10%, jedoch nicht bis zum Endwert, schrumpfen, u. dann in spannungslosem Zustand. — Vgl. auch F. PP. 1 081 987 u. 1 082 732; C. **1950/54.** 2938 S. (**Holl. P. 85 343** vom 24/6. 1953, ausg. 15/6. 1957. F. Prior. 18/5. 1953.) F. BÖHM. 8081

XIX. Brennstoffe. Erdöl. Mineralöle.

Lucjan Czerski, Andrzej Korta, Mieczysław Lasoń und **Janina Tymińska**, *Einfluß der Konzentration von wässerigen p-Kresollösungen auf die Geschwindigkeit, mit welcher sie von Steinkohlen verschiedener Sorten aufgenommen werden*. Gepulverte Steinkohle nimmt aus wss. Lsgg. p-Kresol (I) um so schneller auf, je höher die I-Konz. der Lsg. ist. Die Geschwindigkeitskurven genügen nicht der WASHBURN-Gleichung. Vff. schließen daraus, daß durch Adsorption von I an den Capillarwänden der Kohle die Benetzungsspannung abnimmt. Die Aufnahmegeschwindigkeit von I ist außerdem abhängig von der Kohlenart. Kohlen mit mittlerem Inkohlungsgrad (Kokskohle) nehmen I am langsamsten auf. Diese Erscheinung deckt sich mit der Adsorptionsfähigkeit von Kokskohlen u. mit ihrer Benetzbarkeit u. Feuchtigkeitsaufnahme im lufttrockenen Zustand. (Arch. Górnictwa **3.** 79—91. 1958.) F. URBAN. 8126

H. Kirsch und **W. Pruß**, *Mineralogische und physikalisch-chemische Untersuchungen an Ölschlacken*. Bei der Verbrennung schwerer Heizöle in Großkesseln entstehen Schlacken, die sich von Kohlenschlacken durch ihren hohen V-Geh. unterscheiden, der gewerbehygien. infolge Erkrankung der Atemwege bedenklich ist. Die Kristallstruktur bestimmt diese Eigg. u. wurde deshalb eingehend mineralog. untersucht, ebenso wie die Wrkg. auf die Ausmauerungssteine des Feuerraums u. die Rkk. zwischen V_2O_5 u. Additiven. Von diesen scheinen Dolomit, $CaSO_4$, $MgSO_4$, Kaolinit u. Chrysotil erfolgversprechend. Da sie auch in Kohlenschlacken vorkommen, dürfte die gleichzeitige Verfeuerung von Öl u. Kohle ratsam sein. — 8 farbige Mikroschliffe, 2 Abbildungen, 5 Diagramme, 1 Tabelle. (Mitt. Vereinig. Großkesselbesitzer **1958.** 329—38. Okt. Essen, Bergbau-Forschungsanstalt des Steinkohlenbergbauvereins.) H. MÜHLMEISTER. 8128

A. I. Chalturin und **Ss. T. Omarow**, *Schwelung und Verkokung von Ekibastus-Kohlen*. Zur Schwelung eignet sich von Ekibastus-Kohlevork. am besten die Schicht 1a der Lage I. Sie liefert 7,9—9,3(%) Urteer. Dieser enthält >50 neutrale Öle (aromat., Paraffin-, ungesätt. u. Polymethylen-KW-stoffe) u. 10—11 Phenole. Der bei der Verkokung gewonnene Koks besitzt gute mechan. Eigg., eignet sich wegen des hohen P-Geh. der Kohle (0,13—0,25) jedoch nur für die Buntmetallurgie. Das anfallende Kokereigas enthält 38,3 H_2 u. 40,8 Methan + Homologe. (Известия Академии Наук Казахской ССР, Серия Химическая [Nachr. Akad. Wiss. KasachSSR, Ser. Chem.] **1957.** Nr. 2. 98—110.) H. HUBER-EMDEN. 8140

Ryszard Szczepanik, *Über die Wirkung der nach dem Naphthalin übergehenden Fraktion als zusammengesetztes Azeotropisierungsmittel für den Verlauf der Abtrennung* *höher siedender Fraktionen aus Hochtemperatursteinkohlenteer.* Der Stand der Forschung über die nach dem Naphthalin übergehende Fraktion als zusammengesetztes Azeotropisierungsmittel bei der Naphthalinabtrennung aus höher sd. Steinkohlenteerfraktionen wird diskutiert. Das zusammengesetzte Azeotropisierungsmittel bewirkt das Übergehen des Naphthalins als scharfe Fraktion u. außerdem das scharfe Übergehen höher sd. Teerölfraktionen mit Anreicherung von neutralen u. alkal. Substanzen. Auf Grund von Destillationsverss. werden optimale Bedingungen zur Abtrennung alkal. Fraktionen angegeben. Die Möglichkeiten der Bldg. tern. Azeotrope aus 2-Methylnaphthalin, sauren Komponenten u. Chinolin sowie ihre Auswrkg. auf die Abtrennung von Mono- u. Dimethylnaphthalin werden aufgezeigt. (Chem. stosowana **2.** 51—108. 1958. PAN Inst. Chem. Fiz.) E. Paschke. 8176

M. Berthier, *Die Verarbeitung des Gases von Lacq.* Das entspannte Erdgas (75 kg/cm², 15°) besteht aus 1 Gasphase u. 2 fl. Phasen (W. u. KW-stoffe). Das Gas enthält 15,30(%) H_2S, 9,60 CO_2, 69,52 CH_4, 3,20 C_2H_6, 1,42 C_3H_8, 0,40 C_4H_{10}, 0,46 andere KW-stoffe, 0,10 S-haltige Verunreinigungen u. wird durch Waschen mit Äthanolaminen entschwefelt u. von CO_2 befreit (Gewinnung von S). Das mit Propan von den KW-stoffen befreite Gas enthält 95,3(%) CH_4, 3,45 C_2H_6, 0,65 C_3H_8, 0,40 schwere KW-stoffe. Die wss. Phase (30 m³ je 10^6 m³ Gas) besteht aus W. u. Kondensat u. enthält ca. 2,5 g/Liter S-haltige Verbindungen. Zus. der Fl.: 13,046(%) Cl, 13 KW-stoffe (C_2—C_5), 12 Paraffine, 0,39 organ. S, 7,5 Toluol, 1 Äthylbzl., 7 Xylol, 33 H_2S, 8 CO_2. (Chim. et Ind. **81.** 49—55. Jan. 1959. Soc. Nat. des Pétroles d'Aquitaine.) W. Wesly. 8186

Benjamin T. Brooks, *Einige offene Fragen über den Ursprung des Erdöls.* Als Tatsache für die Bldg. von Erdöl durch die Einw. von sauren Katalysatoren u. Carboniumionen-Rkk. führt Vf. aus: Die komplexe Zus. von Erdöl; die Abwesenheit von Olefinen in straight run-Bzn. u. in alkyliertem Bzn.; die Bldg. von aromat. KW-stoffen bei niederen Tempp.; die Bldg. von Cycloparaffinen; die Verschiedenheit in der Zus. von Erdöl des gleichen Alters, was auf die Verschiedenheit des im Kontakt mit dem Öl befindlichen Gesteinscharakter zurückgeführt wird. Weiterhin die Tatsache, daß schwere Erdöle von geolog. jüngeren Typen in nichtkatalyt. Kalksteinreservoirs gefunden wurden, z. B. Öle aus dem Arbuckle-Kalk u. bestimmte schwarze Wyoming-Erdöle. In dem Green River-Schiefer kann die Bldg. von Erdöl durch Einw. von sauren Silicatkatalysatoren nicht erwartet werden, da diese Schiefer hauptsächlich aus Mg-Mergel bestehen u. viel Na_2CO_3 enthält. Die Ablagerungen von Torf, Braunkohle u. Kohle werden unter gleichen Gesichtspunkten besprochen. Die Tatsache des Vorhandenseins von Montanwachs u. anderen Wachsen in Kännel- u. ähnlichen Kohlen wird auf die Abwesenheit von sauren katalyt. wirkenden Silicatmineralien zurückgeführt. — Zahlreiche Literatur. (J. Inst. Petroleum **45.** 42—45. Febr. 1959. New York, N. Y., Consulting Chemist.) K. O. Müller. 8188

Beveridge J. Mair, Shirley P. Davidson, Ned C. Krouskop und **Frederick D. Rossini,** *Aromatische Kohlenwasserstoffe in der Fraktion von 170—180° des Erdöls.* Vff. untersuchen durch reguläre u. azeotrop. Dest. sowie Adsorption u. mittels IR-Spektroskopie die Zus. des zwischen 170 u. 180° sd. aromat. Anteils im Erdöl des API. 7 verschied. KW-stoffe (0,35% des Erdöls) wurden gefunden: *1.2.3-Trimethyl-*, C_9H_{12}, $Kp._{760}$ 176,08°; 54,5%; *1-Methyl-3-isopropyl-*, $C_{10}H_{14}$, $Kp._{760}$ 175,14°; 22,6%; *1-Methyl-4-isopropyl-*, $C_{10}H_{14}$, $Kp._{760}$ 177,10°; 12,1%; *sek.-Butyl-*, $C_{10}H_{14}$, $Kp._{760}$ 173,30°; 5%; *1-Methyl-2-isopropyl-*, $C_{10}H_{14}$, $Kp._{760}$ 178,15°; 2,5%; *Isobutylbenzol*, $C_{10}H_{14}$, $Kp._{760}$ 172,76°; 2,4%; *Indan*, C_9H_{10}, Kp. 177,8°; 0,9%. (Analytic. Chem. **30.** 1814—17. Nov. 1958. Pittsburgh, Pa., Carnegie Inst. of Technol., Chem. and Petroleum Res. Labor.) R. Unger. 8188

James R. White und **Albert T. Fellows,** *Thermische Durchflußleistung und Trennung von flüssigen Erdölfraktionen.* Bei der Trennung von 2 Testgemischen, u. zwar Cetan mit 1.1.2.2-Tetrachloräthan u. 1 Methylnaphthalin finden Vff., daß die beschriebenen gleichen Durchlaufkolonnen mit der gleichen Durchsatzleistung arbeiten. Ausführliche Beschreibung der Arbeitsweise an Hand eines bebilderten Berichtes mit rechner. Ableitungen u. Ergebnissen. (Ind. Engng. Chem. **49.** Nr. 9. [Part I.] 1409—18. Sept. 1957. Paulsboro, N. J., Socony Mobil Oil Co., Inc., Res. and Developm. Labor.) K. O. Müller. 8192

Roland Rammler, *Untersuchungen zur Leistungssteigerung von Koppers-Synthesegaserzeugern unter Berücksichtigung der Briketteigenschaften.* Die Ansichten über die Frage, wie eine starke Voroxydation des Brikettiergutes die Ofenstandfestigkeit der Briketts beeinflußt, sind geteilt. Vf. vertritt auf Grund von Betriebsergebnissen in der Gaserzeugung des Synthesewerks Schwarzheide die Meinung, daß voroxydierte Kohle weniger standfeste Briketts ergibt. An Hand von Beispielen wird aufgezeigt, daß die

Betriebsweise der Brikettfabrik von wesentlicher Bedeutung für das Betriebsergebnis nachgeschalteter Vergasungsanlagen ist. Als eine der Ursachen für die erhöhten Betriebsschwierigkeiten wegen Brikettzerfalls im Vergaser während der Wintermonate wird die in dieser Jahreszeit verminderte Nachverdampfung der Briketts auf dem Transport vom Pressenmaul bis zum Vergaser nachgewiesen. Im weiteren Verlauf der Arbeit wird durch Betriebs- u. Laboratoriumsunterss. die Frage geklärt, auf welchem Wege man innerhalb des Gaserzeugungsbetriebes dem Zerfall der Briketts im Vergaserschacht mit der größten Aussicht auf Erfolg entgegenzutreten vermag. Es wird festgestellt, daß die Trocknung gegenüber der Schwelung die für die Anlagenleistung bedeutungsvollere Vorstufe des eigentlichen Vergasungsprozesses ist. (Bergakademie [Freiberg] **9.** 576—77. Nov. 1957.) K. O. MÜLLER. 8200

—, *Hydrierende Vergasung von Erdölrückständen und bituminöser Kohle zu erdgasähnlichen Produkten.* Die verschied. Verff. der Gaserzeugung werden mit dem oben angeführten verglichen. Wirtschaftliche Erwägungen lassen dieses bei Vorhandensein billigen Wasserstoffes u. der Nichtanwesenheit von Erdgas rentabel erscheinen. — 48 Literaturstellen. (Ind. Engng. Chem. **48.** 894—95. Mai 1956.) R. MAHRWALD. 8200

Eugene B. Shultz jr. und **H. R. Linden,** *Hydrierende Spaltung von Erdölen und Erdölrückständen.* (Vgl. vorst. Ref.) Es wird über die hydrierende Spaltung von Erdölfraktionen in gasförmige KW-stoffe unter hohem Druck (220—240 atü) bei Tempp. von 649—732° berichtet. Der Vorteil dieses Verf. gegenüber früheren Verss. liegt in der Anwendung einer um 150—230° höheren Temp., einer längeren Reaktionsdauer u. einem höheren H_2-Initialdruck. Der Temperaturanstieg vergrößert die Geschwindigkeit der Vergasung, während die längere Reaktionsdauer noch zusätzlich die Gaszus. beeinflußt. Reaktionsprodd. sind vornehmlich CH_4 (90%) neben wenig C_2H_6, einigen höheren KW-stoffen u. inerten Gasen. Für drei Einsatzprodd., Dieselöl, Erdölrückstand u. Bunkeröl werden die erhaltenen Ergebnisse tabellar. u. in Diagrammen mitgeteilt sowie eine Versuchsanordnung (Schüttelreaktor) beschrieben. (Ind. Engng. Chem. **48.** 895—99. Mai 1956. Chicago, Ill., Inst. of Gas Technol.) R. MAHRWALD. 8200

T. J. Wilkinson und **D. G. Clarke,** *Fragen, welche bei der Verwendung hochschwefelhaltiger Heizöle im Kraftwerk Marchwood auftreten und Erfahrungen mit chemischen Zusätzen.* Bei der Verwendung von Heizölen mit ca. 4,5% S traten an den Kesseln des Kraftwerks folgende Schwierigkeiten auf: Korrosionen an den Tieftemperatur-, Luftvorwärmern nach bereits 3—5 Wochen Betriebszeit, starke Zerstörungen an den Betonwänden der Abscheider u. an den Isolierkörpern, Blockierung des Staubfilters, Korrosionen in den Rohren u. saure Ablagerungen im Schornstein. Es wurden Verss. mit verschied. chem. Zusätzen durchgeführt, um die Wrkg. auf ihre Reaktionsfähigkeit mit Ablagerungen, welche aus Bestandteilen der Ölasche u. aus H_2SO_4 gebildet wurden u. die Bldg. eines Schutzüberzuges auf den Rohren oder die Möglichkeit der Verminderung des Rest-SO_3 in den Abgasen zu untersuchen. An verschied. Teilen der Kessel wurden zugesetzt: NH_3, zwei im Betrieb entwickelte pulverförmige Zusätze, Dolomit, Pyridin, $MgCO_3$ u. CO in Form von Stadtgas. Ferner werden Abänderungen an den Kesseln zur Verbesserung der Verbrennungsbedingungen sowie die allg. Vorzüge der Zusätze u. der in Verbindung mit den Unterss. entwickelten Apparate beschrieben. (J. Inst. Fuel **32.** 61—72. Febr. 1959.) H. SCHÖBERL. 8216

D. L. Pratt, G. M. Christie, E. F. Coxon und **J. R. Lodwick,** *Kraftstoffe und Schmiermittel für die Transantarktikexpedition.* Bebilderter Bericht mit graph. u. tabellar. wiedergegebenen Ergebnissen über Verbrauch u. Verh. von Kraftstoffen u. Schmierölen bei der Überquerung des Südpolgebietes. Das Verh. der Betriebsmittel in den Traktoren, Flugzeugen, Dieselgeneratoren u. allen übrigen Geräten, einschließlich der Koch- u. Enteisungsvorrichtungen, wird ausführlich geschildert, wobei auch über das Verh. der Geräte in der großen Kälte Aussagen gemacht werden. — Diskussion. (J. Inst. Petroleum **45.** 19—41. Febr. 1959. Transantarctic Expedit.; Brit. Petroleum Co. Ltd.) K. O. MÜLLER. 8220

F. Bloemink und **E. Petermann,** *Bitumenadditive für den Straßenbau.* Um die schädliche Wrkg. des W. beim Auftragen des Bindemittels auf das Gestein auszuschalten, wurden Haftmittel entwickelt, die auf Grund ihrer Polarität auf das Gestein aufgezogen werden u. hierdurch das Gestein bindemittelfreundlich einstellen. Die Zusätze sind z. T. kationenakt., die äußerst hydrophob wirken. Durch die hervorragende Wrkg. solcher Haftmittel zur Umwandlung hydrophiler Oberflächen in solche mit wasserabstoßender Wrkg. ist es möglich, den Arbeitsgang auch bei strömendem Regen oder unter W. vorzunehmen. Angaben über die Arbeitsweise mit den Additiven u. Prüfung ihrer Wirksamkeit. (Bitumen, Teere, Asphalte, Peche verwandte Stoffe **10.** 9—11. Jan. 1959.) F. ROSENDAHL. 8236

Th. Temme, *Die Auswirkung von Kornform, Korngröße und Oberflächenrauhigkeit der Gesteinsanteile auf die Festigkeitseigenschaften bituminöser Baugemische.* Zusammenfassender Bericht über Unterss. von VALLERGA, SEED, MONISMITH u. COOPER mit Schlußfolgerungen daraus. (Bitumen, Teere, Asphalte, Peche verwandte Stoffe **9.** 286—89. Sept. 1958. Köln.) F. ROSENDAHL. 8240

Peter O. Krumin und **Karl Svanks,** *Vier Methoden zur Bestimmung von Kohlendioxyd in festen Brennstoffen.* Es wird über die Best. von CO_2 ($CaCO_3$) in festen Brennstoffen nach einem gravimetr., volumetr., gasvolumetr. u. manometr. Verf. berichtet. Beim gravimetr. Verf. erfolgt die Zers. mit 5n HCl, die Absorption der freigesetzten CO_2 an Ascarit. Bei der volumetr. Meth. erfolgt die Zers. mit verd. Mineralsäure, die Absorption in $Ba(OH)_2$ u. die Rücktitration des Überschusses mit 0,1n HCl gegen Phenolphthalein. Die nach dem gasvolumetr. Verf. erhaltenen Werte liegen allg. zu niedrig, die manometr. Meth. eignet sich für hohe u. niedrige CO_2-Gehh., ebenso das gravimetr. Verfahren. Die titrimetr. Meth. ist für Gehh. von 6 mg CO_2 u. darunter brauchbar. — 5 Abb., 17 Literaturangaben. (ASTM Bull. **1958.** Nr. 227. 51—57. Jan. 1958. Columbus, Ohio, Ohio State Univ.) PH. FRESENIUS. 8246

N. N. Das Gupta, D. Mukherjee und **S. N. Sinha,** *Mikromethode zur Ermittlung der Kokshärte.* Die Meth. der NORTHERN COKE RES. COMITTEE u. die verbesserte TUMPLER-Meth. (ähnlich der A.S.T.M.-Meth. für die Kohleunters.) wurde an laboratoriumsmäßig bzw. betriebsmäßig erzeugten Kokssorten vergleichsweise angewandt. Der Vgl. ergab eine schlechte Übereinstimmung u. Reproduzierbarkeit, was von Vff. auf die kleinen Versuchsproben zurückgeführt wird. Diese Meth. ermittelte mehr die anfängliche, d. h. eigentliche u. endliche Kokshärte als die Härte der Koksstücke u. ist daher ungeeignet zur Bewertung der physikal. Eigg. von handelsüblichem Koks. Ausführliche Vergleichsversuche. (J. sci. ind. Res. [New Delhi], Sect. A **16.** 419—23. Sept. 1957. Jealgora, Bihar, Central Fuel Res. Inst.) K. O. MÜLLER. 8246

Philipp Hofmann, *Ein neuer Dichtemesser für Gas.* Beschreibung eines schnell u. genau arbeitenden u. billigen Gerätes zur Messung der D. von Gasen mit Dichten über 3 (bezogen auf Luft = 1). Das Gerät arbeitet nach dem Ausströmungsprinzip u. ist eine Weiterentw. des Gerätes nach LEHR (Gas- u. Wasserfach, Ausg. Gas **81.** [1936.] 435). (Gas- u. Wasserfach, Ausg. Gas **99.** 549—52. 6/6. 1958. Augsburg, Gaskokerei.) GERHARD GÜNTHER. 8250

R. W. Klipp und **J. E. Barney II,** *Bestimmung von Schwefelspuren in Erdölen durch Verbrennung in einer Lampe und durch Spektrophotometrie.* Zur Best. von 1 bis 400 p.p.m. *S* in Erdölen werden 10 g im ASTM-Lampenverbrennungsapp. verbrannt u. in 1,5%ig. H_2O_2 absorbiert. Darauf wird Acetatpuffer (0,02 mol. Acetatlsg., 0,02 mol. Essigsäure, p_H 4,6 ± 0,1), A. u. festes Ba-Chloranilat zugegeben. Nach 15 Min. unter öfterem Schütteln wird filtriert u. bei 530 mμ (40—400 p.p.m. S) oder 330 mμ (0 bis 40 p.p.m. S) spektrophotometr. gemessen. Die Meth. ist empfindlicher als das Verf. der Trübungsmessung zur S-Bestimmung. (Analytic. Chem. **31.** 596—97. April 1959. Whiting, Ind., Standard Oil Co., Res. Dep.) E. DEHMLOW. 8252

A. R. Achundow, *Kontrolle von Ergebnissen der chemischen Analyse der Wässer von Erdöllagerstätten.* Zur Kontrolle der Ergebnisse der chem. Analyse der Wässer von Erdöllagerstätten wird vorgeschlagen, die Größen $D.^{20}{}_4$ mit der Summe der im W. festgestellten Kationen u. Anionen (Σ_{k+a} ausgedrückt in Milligramäquivalent auf 100 g W.) zu vergleichen, da zwischen beiden Größen eine direkte Abhängigkeit besteht. In 236 benutzten Analysen mit $D.^{20}{}_4$ 1,0100—1,100 betrug Σ_{k+a} im Mittel 0,0465 bis 0,4535. (Доклады Академии Наук Азербайджанской ССР [Ber. Akad. Wiss. AserbaidshanSSR] **14.** 227—30. 1958. Akad. der Wiss. der AserbaidshanSSR.) OTTO MAIER. 8252

S. I. Geller und **Ju. L. Rasstorgujew,** *Die Anwendung der „regulären Bedingung" bei der Untersuchung der Wärmeleitfähigkeit von Erdölprodukten.* Unter „regulärer Bedingung" ist die von KONDRATJEW entwickelte Arbeitsweise (Die reguläre Wärmebedingung, 1954) zur Best. der Wärmeleitfähigkeit von Erdölprodd. zu verstehen. Als App. zur Best. dient ein Kugelbicalorimeter; es folgt eine ausführliche Beschreibung der entsprechenden Anlage. Die Unters. bestätigte, daß das Verf. benutzt werden kann. Die Genauigkeit der Meth., die in Forschungs- u. Werkslaborr. Verwendung finden kann, beträgt bei sorgfältiger Arbeit 2—3%. (Химия и Технология Топлив и Масел [Chem. Technol. Brennstoffe Öle] **3.** Nr. 10. 40—44. Okt. 1958. Grosny, Erdölinst.) E. V. PEZOLD. 8252

Rütgerswerke Akt.-Ges., Frankfurt/M., *Kontinuierliches Verkoken von bituminösen Stoffen.* Die heißen, fließfähigen Ausgangsstoffe (Kohlenteerpech u. Erdölrückstände) werden direkt in eine von außen beheizte Verkokungsretorte eingeführt, auf die eine als Rektifizierkolonne ausgebildete Abtreibkammer (I) aufgesetzt ist. Durch die I werden möglichst viel flüchtige Bestandteile entfernt, ohne daß außenliegende Leitungen erforderlich sind. — Abbildung. — Vgl. D. B. P. 966 054; C. **1958.** 8803. (**Holl. P. 83 225** vom 9/4. 1951, ausg. 15/11. 1956. D. Prior. 8/5. 1950.) G. TEWES. 8143

Didier Werke Akt.-Ges., Wiesbaden (Erfinder: **Wilhelm Zankl** und **Franz Dzuba,** Essen), *Erzeugung von Gas aus Kohlenwasserstoffen in Koksöfen,* dad. gek., daß in die in Entgasungskammern u./oder Heizzüge u./oder Abhitzekanäle bzw. in einzelne dieser Koksofenteile eingebauten KW-stoffspaltvorrichtungen die zu spaltenden KW-stoffe eingeführt u. gespalten werden u. dazu den Spaltvorrichtungen für die Spaltung erforderliche Wärme aus den Beheizungsvorrichtungen der Koksöfen zugeführt wird. — Vorr., Zeichnungen. (**D. A. S. 1 053 132** Kl. 26a vom 26/2. 1958, veröff. 19/3. 1959.) E. KAHLES. 8149

Zimmermann & Jansen G. m. b. H. (Erfinder: **Fritz Finger**), Düren, *Aufbereiten von Gasen, insbesondere Kohlendestillationsgasen,* in Mehrstufenwaschern, dad. gek., daß in jeder Stufe die für den Waschvorgang günstigste Temp. dadurch aufrechterhalten wird, daß die in jeder Stufe umgewälzte Wasch-Fl. durch in Stufen angeordnete Wärmeaustauscher gekühlt oder erwärmt wird. (**D. A. S. 1 019 794** Kl. 26d vom 24/3. 1952, veröff. 21/11. 1957.) A. HEINSEN. 8165

Gebrüder Stumm G. m. b. H., Zeche Minister Achenbach (Erfinder: **Friedrich Müller, Hasso Döring** und **Werner Rathje**), Brambauer/Westf., *Entschwefelung von Kohlendestillationsgasen* in H_2S–NH_3-Verbundwäsche (I) mit Rückführung von gasförmigem NH_3 in die I, dad. gek., daß Rückführungs-NH_3 mit H_2S aus dem beladenen Waschwasser abgetrieben u. in einer mit Monoäthanolamin geführten Selektivwäsche von H_2S vollständig befreit wird. (**D. A. S. 1 017 738** Kl. 26d vom 21/9. 1954, veröff. 17/10. 1957.) A. HEINSEN. 8173

Dow Chemical Co., Midland, Mich., übert. von: **John K. Henderson, Robert B. Rosene** und **Caleb M. Stout,** Tulsa, Okla., V. St. A., *Behandlung von Erdölbohrungen,* bei denen Erdteilchen mit der Produktions-Fl. ausgetragen werden. Um dieses Austragen zu verhindern, werden zerkleinerte Walnußschalen mit einem Film eines adhäsiven Materials, das diese Teilchen hart macht u. zementiert, überzogen. Es sollen jedoch nicht mehr als 10% der feinen Teilchen das Sieb Nr. 100 passieren. Als härtbare Stoffe dienen fl. synthet. Harze u. als Träger-Fl. ein Mineralöl. Diese mit dem adhäsiven Material versehene Fl. wird in die Erdformation eingepumpt. Es trennen sich dann die Feststoffe von der Träger-Fl. u. verhindern durch ihre Abscheidung an den Wandungen durch Filterwrkg. das Mitreißen der feinen Erdteilchen in die Produktionsöle. (**A. P. 2 823 753** vom 27/12. 1955, ausg. 18/2. 1958.) W. HAUSWALD. 8191

Shell Development Co., New York, N. Y., übert. von: **Kenneth A. Ring,** Corpus Christi, Texas, V. St. A., *Hydraulisches Aufbrechen von Erdölformationen.* In die Bohrung wird ein fl., niedrigviscoser KW-stoff u. eine gelbildende Tallölseife eingeführt. Dieses Gemisch, das mindestens 120 cP aufweist, wird in eine der aufzubrechenden Formationen benachbarte Zone gepumpt, dann der Druck der eingeführten Mischung erhöht bis zum Aufbrechen. Die Mischung verbleibt dann in der Formation, bis die Viscosität durch die Formationstemp. wesentlich verringert ist. Hierauf setzt die Ölproduktion ein. (**A. P. 2 825 409** vom 13/9. 1954, ausg. 4/3. 1958.) W. HAUSWALD. 8191

Esso Research and Engineering Co., übert. von: **Charles E. Jahnig,** Rumson, N. J., V. St. A., *Verkoken von schweren Kohlenwasserstoffen,* wobei *Saatkoks* hergestellt wird. Die schweren KW-stofföle werden zerstäubt (CONRADSON-Zahl höher als die des verkokten Einsatzgutes) u. dabei Tröpfchen vom Durchmesser 150—600 μ erhalten. Dieses zerstäubte Öl wird mit einem heißen Gas, welches aus einer getrennten Heizzone abgezogen wird, bei 1000—2500° F u. einer Raumgeschwindigkeit von 1—4 Fuß/Sek. in Kontakt gebracht. Hierbei werden Koksteilchen von 5—150 μ Durchmesser gebildet. Die Koksteilchen werden aus dieser Trockenzone abgezogen u. in die Verkokungszone geleitet, in der das schwere KW-stofföl verkokt wird. — Zeichnung. (**A. P. 2 846 374** vom 4/5. 1954, ausg. 5/8. 1958.) E. KAHLES. 8193

Esso Research and Engineering Co., übert. von: **John Frederick Moser jr.,** Baton Rouge, La., V. St. A., *Zweistufenverkoken von Rückstandsölen.* In jeder der beiden Reaktionszonen befindet sich ein Wirbelbett von inerten Feststoffteilchen. Das Öl wird in der 1. Stufe bei 850—1200° F mit dem Wirbelbett in Kontakt gebracht, wobei die Öle unter Bldg. von dampfförmigen Prodd. u. Koks umgewandelt werden. Die dampfförmigen Prodd. werden unter Gewinnung einer schweren Gasölfraktion vom Kp. 650 bis 1000° u. einer schweren Rückstandsfraktion vom Kp. >1000° F zerlegt. Die schwere Rückstandsfraktion wird in die 1. Zone zurückgeleitet. Die schwere Gasölfraktion dagegen wird der 2. Stufe zugeführt u. dort mit einem dichten Wirbelbett bei 1000—1200° F auf die Dauer von 1—40 Sek. in Kontakt gebracht. — Zeichnung. (**A. P. 2 853 434** vom 15/11. 1955, ausg. 23/9. 1958.) E. KAHLES. 8193

Metallgesellschaft Akt.-Ges., Frankfurt/M. (Erfinder: **Wilhelm Herbert, Karl-Heinz Eisenlohr,** Frankfurt/M., und **Karl Bratzler,** Gonzenheim bei Bad Homburg v. d. Höhe), *Katalytische raffinierende Hydrierung von Kohlenwasserstoffen,* die bei erhöhter Temp. u. unter Druck gasförmig oder fl. vorliegen, in Ggw. von Leuchtgas, Kokereigas, Schwelgas, also H_2-haltigen Gasen an S-festen Katalysatoren, wobei die Gase vor ihrem Eintritt in die hydrierende Raffination durch hydrierend wirkende Katalysatoren bei 50—450° geschickt werden, wobei die Katalysatorbelastung bei der Vorbehandlung der H_2-haltigen Gase wesentlich mehr als 100 Nm^3, bis zu ca. 5000 Nm^3 Gas u. mehr je m^3 Katalysator beträgt. (**D. A. S. 1 047 354** Kl. 23b vom 5/4. 1957, veröff. 24/12. 1958. **Zusatz zu D. B. P. 958 496; C. 1957. 9553.**) P. UNGER. 8195

Sun Oil Co., Philadelphia, Pa., übert. von: **Frank W. Bowen,** Toledo, Ohio, V. St. A., *Zugabe von Feststoffen zu einem Kohlenwasserstoffumwandlungssystem.* Körnige Feststoffe werden durch eine Reaktionszone in einem abwärts fließenden KW-stoffstrom geführt. Vom Boden des Syst. werden die Feststoffe nach oben befördert u. gleichzeitig ein Teil der am Boden des Syst. befindlichen Feststoffe abgezogen u. in eine Wirbelzone geleitet, in der sie im Gegenstrom zu einem Wirbelgas herabfallen. Hierdurch werden die feinen Feststoffteilchen vom Gas mitgerissen. Die herabfallenden Feststoffteilchen werden in ein in einer Sammelzone befindliches Feststoffbett eingeleitet. Von diesem Bett aus fließen die Feststoffe zum Boden des Syst. zurück. — Vorr., Zeichnungen. (**A. P. 2 760 914** vom 6/3. 1952, ausg. 28/8. 1956.) E. KAHLES. 8197

Sun Oil Co., Philadelphia, übert. von: **Hans G. Shimp,** Springfield, Pa., V. St. A., *Umwandlung von Kohlenwasserstoffen.* Feinverteiltes Kontaktmaterial wird in 2 Portionen geteilt. Die 1. Portion strömt in dem oberen Teil der Umwandlungszone unter seiner Schwere bei Umwandlungstemp. nach unten als kompakte M., die prakt. frei von fl. Anteilen ist. Den 2. Teil läßt man in eine 2. Zone, die von der 1. Zone umgeben ist, einfallen. Gleichzeitig wird in diese Zone der fl. KW-stoff in feinster Verteilung eingesprüht. Aus dem oberen Teil der Kontaktzone fließen die Kontaktteilchen der 1. Portion seitlich um die 2. Zone herum nach unten. Die beiden Kontaktmaterialströme werden unten abgezogen u. werden nach unten durch eine tiefer gelegene Kontaktzone geleitet. Die dabei entstehenden Dämpfe werden nach oben durch die Kontaktteilchen geführt u. dabei umgewandelt. Oben werden die umgewandelten Prodd. aus dem oberen Teil der Umwandlungszone abgezogen, während das Kontaktmaterial unten aus der tiefer gelegenen Kontaktzone abgeführt wird. — Vorr., Zeichnungen. (**A. P. 2 766 189** vom 1/12. 1950, ausg. 9/10. 1956.) E. KAHLES. 8197

Socony Mobil Oil Co., Inc., New York, N. Y., übert. von: **Raymond R. Halik,** Pitman, N. J., V. St. A., *Einführen von gasförmigen Kohlenwasserstoffen bei einem Fließbettkohlenwasserstoffumwandlungsverfahren.* Bei der kontinuierlichen Umwandlung von gasförmigen KW-stoffen in Ggw. eines Fließbettes aus körnigen Feststoffen werden mindestens 75% der gesamten Feststoffe der Umwandlungszone in eine Mischzone geleitet. Die Gesamtmenge der gasförmigen KW-stoffe werden gleichfalls in die Mischzone mit einer Temperaturdifferenz von mindestens 50° F gegenüber der Temp. der Kontaktstoffe eingeleitet. Nach dem Mischen der gasförmigen KW-stoffe mit den Feststoffen in der Mischzone wird das Gemisch abwärts durch eine Leitung auf die Oberfläche eines Fließbettes geführt, wobei in der Umwandlungszone die gewünschte Umwandlung der KW-stoffe erreicht wird. — Vorr., Zeichnungen. (**A. P. 2 773 016** vom 25/2. 1953, ausg. 4/12. 1956.) E. KAHLES. 8197

Esso Research and Engineering Co., übert. von: **Allen L. Chaney** und **John F. Moser jr.,** Baton Rouge, La., V. St. A., *Abtrennen von Verkokungsprodukten,* d. h. schweren Rückstandsölen der therm. Spaltung. Bei der Verkokung von Rückstandsölen unter Anwendung von vorerhitzten Feststoffteilchen werden die heißen Produktdämpfe, die geringe Mengen mitgerissene Feststoffteilchen enthalten, bei 750—825° F durch Hinzufügen eines 350—600° F heißen KW-stofföles so weit abgekühlt, daß sich die darin enthaltenen hochsd. Anteile niederschlagen. Die fl. u. festen, in den Dämpfen noch enthaltenen Prodd. werden in einem Cyclon abgetrennt. Das Kondensat wird auf 500—700° F gekühlt. — Zeichnung. — Vgl. D. B. P. 955 889; C. **1957.** 6636. (**A. P. 2 776 931** vom 21/7. 1953, ausg. 8/1. 1957.) E. KAHLES. 8197

Esso Research and Engineering Co., übert. von: **Ralph M. Hill,** Mountainside, und **Arthur W. Langer jr.,** Nixon, N. J., V. St. A., *Umwandlung von Kohlenwasserstoffölen.* Schwere Öle werden bei 850—1100° F durch Kontakt mit heißen fluidisierten Feststoffen verkokt, die Verkokungsprodd. werden in eine Trennzone geleitet, wo mittels

Dest. u. Vakuumdest. ein über 1015° F sd. Rückstand erhalten wird. Dieser wird mit 0,2—2 Vol.-% eines H_2-Donators versetzt, welcher bei 430—650° F sd., u. das Gemisch in fl. Phase gecrackt. Die verbrauchte Donatorfraktion wird zurückgewonnen u. teilweise katalyt. hydriert, während die beim Cracken erhaltenen leichteren Fraktionen zu der Trennzone geleitet werden. — Zeichnung. (**A. P. 2 843 529** vom 17/8. 1954, ausg. 15/7. 1958.) E. Kahles. 8197

Esso Research and Engineering Co., Elizabeth, N. J., übert. von: **Hampton G. Corneil** und **Edward F. Wadley**, Baytown, Texas, V. St. A., *Herstellung hochmolekularer Aromaten.* Man crackt katalyt. eine Erdöl-Gasöl-Fraktion bei 800—1100° F, dest. das Prod. u. trennt davon eine Destillatfraktion (Kp. >650° F) ab u. behandelt sie mit einem verflüssigten, normalerweise gasförmigen, KW-stoff, wobei sich eine Asphaltfraktion abscheidet, die cycl. u. nichtcycl. Bestandteile enthält. Man dest. die abgetrennte Asphaltfraktion u. erhält eine Destillatfraktion, die ausschließlich aus cycl. Verbb. besteht. — Zeichnung. (**A. P. 2 843 531** vom 15/7. 1954, ausg. 15/7. 1958.) P. Unger. 8197

Esso Research and Engineering Co., übert. von: **John F. Moser jr.**, Baton Rouge, La., V. St. A., *Verkoken von schweren Erdölfraktionen.* In das in der Verkokungszone auf 950—1200° F erhitzte Koksbett werden die KW-stofföle eingebracht. Von den abziehenden dampfförmigen Verkokungsprodd. werden Fraktionen vom End-Kp. 600 bis 950° F u. eine Rückstandsfraktion von >950—1150° F erhalten, wovon die Rückstandsfraktion in die Verkokungszone zurückgeleitet wird. Die schwere Destillatfraktion wird bei 600—850° F in einer Crackzone therm. gecrackt. In der Crackzone wird gleichfalls ein fluidisiertes Koksbett aufrechterhalten. Der Koks aus der Verkokungszone u. der Crackzone fließt im Kreislauf durch diese Zonen u. eine Erhitzungszone. — Zeichnung. (**A. P. 2 847 357** vom 21/6. 1954, ausg. 12/8. 1958.) E. Kahles. 8197

Esso Research and Engineering Co., übert. von: **Bradford E. Bailey**, Elizabeth, N. J., V. St. A., *Erhitzen von Kohlenwasserstoffströmen.* Ein KW-stoffstrom wird durch eine Konvektionsheizzone geleitet u. dabei auf eine bestimmte Temp. erhitzt. Dann wird das erhitzte Öl durch den oberen Teil der Strahlungszone geführt u. dort rasch weiter erhitzt. Hierauf leitet man den KW-stoffstrom durch ein im unteren Teil der Strahlungszone befindliches Wirbelbett von heißen Feststoffteilchen, um die Erhitzung des Öles zu beschleunigen, wobei die Temp. kontrolliert wird. — Vorr., Zeichnung. (**A. P. 2 848 383** vom 20/10. 1954, ausg. 19/8. 1958.) E. Kahles. 8197

Sinclair Refining Co. (Erfinder: **Euphime Veniaminovitch Bereslavsky**), New York, N. Y., V. St. A., *Treibstoff für Verbrennungsmotoren mit Funkenzündung* mit einem Kompressionsverhältnis >7,5 : 1, bestehend aus einem Bzn. einer Octanzahl >85, Bleitetraäthyl u. einem Trialkylphosphin oder Trialkylphosphingemisch, wobei die Alkylgruppen gleiche oder verschied. C_1- bis C_3- bzw. prim. oder sek. C_4- u. C_5-Gruppen sind, in einer Menge von 0,05—0,3 cm^3/Liter Treibstoff. (**D. A. S. 1 051 566** Kl. $46a^6$ vom 29/5. 1956, veröff. 26/2. 1959. A. Prior. 31/5. 1955. **A. P. 2 797 153** vom 31/5. 1955, ausg. 25/6. 1957.) E. Drews. 8205

N. V. de Bataafsche Petroleum Mij. (Erfinder: **Peter van t'Spijker**, Den Haag, und **Edward Sweep**, Amsterdam), Holland, *Herstellung von Motorenbenzin* mit einer Octanzahl von mindestens 95 u. einem Geh. an bei 100° sd. Bestandteilen von mindestens 30 Vol.-%. Es wird aus der durch katalyt. Crackung von Bzn. erhaltenen Fraktion eine schwere, von 130—135° sd. Fraktion abgeschieden, u. diese wird je (Volumenteil) mit 0,8—1,5 eines hellen, bei 110—115° sd. Teils des durch Cracken erhaltenen Bzn. vermischt. Daneben mischt man noch 5—20 Vol.-% (berechnet auf das Endgemisch) eines in dem oben genannten Temperaturbereich sd. KW-stoffgemisches dazu, das aus Propan- u./oder Butenpolymeren u./oder aus einem Alkylat von Isobutan mit Propen, Buten u./oder Penten besteht u. das zwischen 100 u. 130° siedet. (**Holl. P. 87 997** vom 22/11. 1955, ausg. 15/4. 1958.) H. Nebelsiek. 8205

Esso Research and Engineering Co., übert. von: **James F. Black, Donald A. Guthrie**, Cranford, **George A. Weisgerber**, Iselin, und **John J. Heigl**, Short Hills, V. St. A., *Stabilisierung von Erdöldestillaten* (Mittelöle vom Kp. 300—750° F) durch Behandeln mit γ-Strahlen eines Radioisotopen (I) u. Blasen mit einem O_2-haltigen Gas. Dabei kommt das Destillat nicht in direkten Kontakt mit dem I. Man gibt eine Strahlungsdosis von 50000—20000000 r/Std. bis zu 100000—100000000 r, bis eine weitere Bestrahlung des Destillates kein weiteres ölunlösl. Sediment abscheidet. Man trennt das ölunlösl. Sediment u. hochsd. öllösl. Harze von dem bestrahlten Material ab u. gewinnt so ein stabilisiertes Destillat. — Zeichnung. (**A. P. 2 845 388** vom 29/8. 1955, ausg. 29/7. 1958.) P. Unger. 8215

Shell Development Co., New York, N. Y., übert. von: **Theodore R. Lusebrink**, Concord, und **Webster M. Sawyer jr.**, Orinda, Calif., V. St. A., *Treib- und Heizöl* vom Kp. < 600°. Dieses enthält zur Verhinderung des Durchleckens durch Cellulosedichtungen einen Zusatz an C_{1-7}-Polysiloxan (I), das mindestens zu 1 Gew.-% in Toluol lösl. ist u. eine Viscosität von 0,65—60000 cSt/25° aufweist, u. an einer Verb. der allg. Formel $P \cdot X_a(OR)_bR_c$ (II), in der X ein Chalkogen (AZ. 8—16), R ein einwertiger Rest, der 1—10 C-Atome, H-Atome u. nicht mehr als 1 Cl-Atom enthält, a gleich 0 oder 1, b u. c gleich 0, 1, 2 oder 3; b + c gleich 3 ist. Das Gewichtsverhältnis von II : I liegt bei 10 : 1 bis 1000 : 1, die Konzz. von I u. II im Öl betragen 0,00001—0,5 bzw. 0,0001 bis 1 Gew.-%. — Beispiel: Zusatz von 0,01 (Gew.-%) Trikresylphosphat u. 0,0005 Dimethylpolysiloxan (Viscosität 500 cSt/25°). (**A. P. 2 765 221** vom 12/12. 1955, ausg. 2/10. 1956.) E. DREWS. 8217

Pure Oil Co., Chicago, übert. von: **George R. Cook**, Chrystalk Lake, und **Allan Manteuffel**, Union, Ill., V. St. A., *Schneidöl.* Dasselbe besteht aus einem lösl. Öl folgender Zus.: 9—50 (Gew.-%) Na-Mahoganysulfonat, 0,5—2,5 Diäthylenglykol, 0,25 bis 2,5 W., 0,01—1 Alkali, 50—90 Phenolextrakt aus der Solventraffination eines neutralen Midcontinent-Schmieröls. Das Schneidöl hat eine Neutralisationszahl von 6 bis zu einer SZ. von 3 u. ergibt stabile Emulsionen mit hartem u. weichem Wasser. (**A. P. 2 764 549** vom 30/12. 1952, ausg. 25/9. 1956.) E. DREWS. 8221

Standard Oil Co., übert. von: **Ellis K. Fields**, Chicago, Ill., V. St. A., *Schmieröl.* Dasselbe enthält als Antioxydationsmittel ein Reaktionsprod. aus einem Alkohol, Phenol, Mercaptan oder Thiophenol (I) u. einem nicht neutralisierten P-Sulfidumsetzungsprod. (II) eines Olefinpolymeren vom Mol.-Gew. 150—50000 (erhalten aus monomeren Olefinen mit weniger als 6 C-Atomen) in Gewichtsteilen von I:II = 1:5—10:1. — Beispiel: Prod. aus 200 (g) Reaktionsprod. aus P_2S_5 u. Isobutylenpolymeren (Mol.-Gew. 330) u. 45,7 2-Butyl-2-äthyl-1.3-propandiol. — Zusatzmenge 0,01—5 Gew.-%. (**A. P. 2 768 954** vom 30/12. 1952, ausg. 30/10. 1956.) E. DREWS. 8221

Standard Oil Co., übert. von: **Ellis K. Fields**, Chicago, Ill., und **Roger W. Watson**, Highland, Ind., V. St. A., *Mineralschmieröl.* Dasselbe enthält als Antikorrosionsmittel 0,001—10 Gew.-% eines bei 200—450° F erhaltenen, olefinfreien Umsetzungsprod. eines P-Sulfids mit einer Fraktion (200—650° F) der fl., aus der CO-Synth. erhaltenen KW-stoffe, die mindestens 60% KW-stoffe neben oxydierten Prodd. aufweist. — Beispiel: 180 cm³ einer zwischen 280 u. 410° F sd. Fraktion der CO-Synth., erhalten durch Red. von CO über Alkali-Fe-Katalysatoren nach A. P. 2 527 846; C. **1953.** 7704, werden mit 66 g P_2S_5 2 Std. bei 300—320° F behandelt. Zu einem Mineralschmieröl gibt man 0,75% des Reaktionsprod. u. als Mittel zur Verhinderung der Schlammabscheidung ein mit $Ba(OH)_2$ neutralisiertes Reaktionsprod. von P_2S_5 mit Polyisobutylen. (**A. P. 2 760 932** vom 30/3. 1953, ausg. 28/8. 1956.) E. DREWS. 8221

Standard Oil Co., Chicago, Ill., übert. von: **Peter Fatis**, Highland, und **Donald L. Esmay**, Munster, Ind., V. St. A., *Katalysator für Äthylenpolymerisation* zu festen Prodd., bestehend aus LiH, das auf inerte Träger wie SiO_2, Al_2O_3, TiO_2, ZrO_2, A-Kohle oder Salze, z. B. NaCl, aufgetragen ist. Das Verf. wird bes. bei 35—350 atü u. 100—350° in Ggw. von KW-stoffen, die keine α-ständigen H-Atome enthalten, z. B. tert.-Butylbenzol, u. in sorgfältig gereinigtem Lösungsm. durchgeführt. — Wachsartige Prodd. zur *Viscositätserhöhung von Schmierölen.* (**A. P. 2 829 136** vom 30/9. 1954, ausg. 1/4. 1958.) H. SCHINDLER. 8221

Badische Anilin- & Soda-Fabrik Akt.-Ges., Ludwigshafen/Rh. (Erfinder: **Adolf Hrubesch**, Ludwigshafen/Rh., und **Herbert Friederich**, Worms), *Thioverbindungen mit der Gruppe* $>C{=}S$ erhält man durch Rk. von N- u. O-Vinylverbb. mit S bei ca. 120 bis 250, bes. 150—200° unter n. oder erhöhtem Druck, zweckmäßig in Ggw. eines Lösungsm. (PAe., Dichlorbenzol, Bzl., Toluol, Xylol). — Aus 100 (Teilen) N-Vinylpyrrolidon, 85 S u. 2 Hydrochinon in einem Schüttel- oder Rührgefäß bei 160—170° nach 6—8 Std. → dunkles nicht krist. *Dimeres* des *N-Thioacetopyrrolidons*, C_6H_9NOS, F. ca. 48—93°; wasserlösl.; spaltet mit verd. H_2SO_4 oder 20%ig. methanol. HCl beim Erhitzen H_2S ab, wodurch nach 8 Std. Essigsäure u. γ-Hydroxybuttersäure entstanden sind. — N-Vinylcarbazol → *N-Thioacetocarbazol*, $C_{14}H_{11}NS$, F. 108—135°; leicht lösl. in Tetrahydrofuran; schwer lösl. in n-Butanol; gibt beim Erhitzen mit H_2SO_4 oder 20%ig. butanol. HCl → H_2S + Essigsäure. — Octadecylvinyläther → *S-haltige Verb.* mit 3 Atomen S, wachsartig. Ferner können umgesetzt werden: Butylvinyläther, Butandiolvinyläther u. Stearylvinyläther. — *Zusatzmittel bes. für Hochdruckschmiermittel*; Vulkanisationsbeschleuniger; Polymerisationsregler für Kunststoffe; Zusatzmittel zu trocknenden Ölen. (**D. A. S. 1 042 574** Kl. 12o vom 19/6. 1956, veröff. 6/11. 1958.) G. KRAUSS. 8223

California Research Corp., San Francisco (Erfinder: **Bruce W. Hotten**, Orinda), Calif., V. St. A., *Terephthalsäureamidester* der allg. Formel ROOC—C_6H_4—CO—NH—R' (R = gerad- oder verzweigtkettiger, gesätt. oder ungesätt. KW-stoffrest; R' = gesätt. oder ungesätt. Alkyl) erhält man durch Kondensation von Terephthalsäuremonohalogenidestern mit einem prim. aliphat. Amin mit 2—30 C-Atomen in Ggw. eines 2wertigen Metalloxyds oder -hydroxyds u. bes. eines Lösungsm. (Bzl., Toluol, Xylol, Heptan, Octan, Dodecan, Erdölschmiermittel, Sebacinsäureester, Isopropyläther oder deren Mischungen) bei ca. 21—121°. — Aus 1 Mol einer Aminmischung, bestehend aus 25 (%) Hexadecylamin, 71 Octadecylamin u. 5 Octadecenylamin, bekannt als „Armeen HT", 0,5 Mol $Ca(OH)_2$, 1 Mol Terephthalsäuremonochloridmethylester in 700 cm^3 Toluol u. 100 cm^3 W. unter Selbsterwärmung auf 71°, dann erhitzen auf 80° → *Terephthalamidsäuremethylester*, VZ. 453; Ausbeute 97. Weitere Ausgangsstoffe sind: Terephthalsäuremonochloridäthylester, -monochloridpropylester, -monochloridbutylester, -monochloridoctylester, -monochloridhexylester, -monochloridcetylester; Butyl-, Hexyl-, Octyl-, Decyl-, Dodecyl-, Tetradecyl-, Eicosyl-, Docosylamin. — *Schmierfettverdickungsmittel.* — Vgl. auch A. P. 2 808 427; C. **1959.** 4672. (**D. A. S. 1 028 985** Kl. 12o vom 20/6 1956, veröff. 30/4. 1958. **E. P. 793 405** vom 20/6. 1956, ausg. 16/4. 1958. Beide A. Prior. 23/6. 1955.) G. KRAUSS. 8223

Esso Research and Engineering Co., Elizabeth, N. J., V. St. A., *Entparaffinieren von Erdölen* durch Lösen eines wachshaltigen Erdöls in Propan, Einführen der Lsg. in eine Kühlzone, Abkühlen der Lsg. durch Verdampfen eines Teiles des Lösungsm. unter Durchblasen eines inerten Gases, Abziehen des gekühlten Schlammes aus der Kühlzone u. Abtrennen des Wachses von dem Schlamm, z. B. durch Filtrieren. Das inerte Gas wird während der Kühlung durch Entspannen mit einer solchen Geschwindigkeit durch die Lsg. geleitet, daß die während der Kühlung eingeführte Gasmenge, bezogen auf Normalbedingungen, 0,5—1,5 Vol.-% der Menge des aus der Lsg. während des Kühlvorganges verdampften Lösungsmitteldampfes beträgt. Inerte Gase: CO_2, CH_4 oder N_2. — Zeichnung. (**D. A. S. 1 052 038** Kl. 23b vom 27/3. 1957, veröff. 5/3. 1959. A. Prior. 9/4. 1956.) P. UNGER. 8227

Esso Standard (Soc. An. Française), Seine, Frankreich (Erfinder: **L. Hemmer** und **L. Valla**), *Verbesserung der Stabilität von Bitumenemulsionen.* Man oxydiert Destillationsrückstände von Rohölen (Penetration ASTM bei 25° größer als 350) im Vakuum, denen man vor oder während der Oxydation Hydroxyfettsäuren oder ein Gemisch solcher Säuren mit aliphat. Fettsäuren zugesetzt hat. — Z. B. versetzt man eine Fraktion von Aramcorohölrückstand (Viscosität 35° ENGLER bei 100°) mit 1% Ricinusölfettsäuren u. oxydiert das Gemisch 3 Std. bei 280°. Die Penetration ASTM des erhaltenen Bitumens bei 25° betrug 188. Es wurde mit 0,24%ig. NaOH-Lsg. zu einer 50%ig. Emulsion verarbeitet, deren Sedimentation nach 14tägiger Lagerung ca. 2% betrug. (**F. P. 63 616** vom 18/12. 1952, ausg. 30/9. 1955. **Zusatz zu F. P. 1 057 551; C. 1950/54. 4363. S.**) T. OPPERMANN. 8231

XXI. Leder. Gerbstoffe.

D. Burton, *Die Methoden und der Mechanismus beim Enthaaren.* An Hand der Literatur (53 Zitate) werden die verschied. Methoden der Haarlockerung besprochen u. der sich hierbei abspielende Chemismus aufgezeigt. (J. Soc. Leather Trades' Chemists **42.** 403—14. Dez. 1958. Leeds, Univ., Dep. of Leather Ind.) H. G. FRÖHLICH. 8334

N. L. Holmes und **H. G. Wollenberg,** *Einige Untersuchungen über die Geschwindigkeit beim Gerben von Sohlleder.* 2. Mitt. *Der Einfluß der Temperatur und der Stelle der Probeentnahme auf die aufgenommene Gerbstoffmenge aus 80° und 140° Bk.-Brühen.* (1. vgl. C. **1959.** 4351.) Es werden Blößenstücke, die aus verschied. Stellen eines entkälkten Blößencroupons entnommen wurden bei Temp. von 8, 18, 28 u. 38° während 56 Tagen gegerbt. Der Gerbstoffgeh. der in der Hauptsache aus Mimosa- u. Myrobalan bestehenden Brühen (80° u. 140° Bk.) lag bei 10,7% u. 21%. Die hierbei erhaltenen Ergebnisse zeigen, daß mit steigender Temp. die Gerbstoffaufnahme als auch die Gerbgeschwindigkeit zunehmen. So wurde die Durchgerbung durch Erhöhung der Temp. von 8 auf 38° von 17 bzw. 13 auf 6 Tage herabgesetzt. (J. Soc. Leather Trades' Chemists **42.** 268—78. Aug. 1958. Beverley, Yorks., R. Hodgson & Sons Ltd.) H. G. FRÖHLICH. 8336

N. L. Holmes und **H. G. Wollenberg,** *Einige Untersuchungen über die Geschwindigkeit beim Gerben von Sohlleder.* 3. Mitt. *Eine Bemerkung über den Hautsubstanzgehalt vegetabilisch gegerbter Leder.* (2. vgl. vorst. Ref.) Es wird der N-Geh. entkälkter Blößenstücke u. hieraus hergestellter vegetabil. gegerbter Leder ermittelt u. verglichen. Hierbei wurde gefunden, daß der N-Geh. der gegerbten Hautstückchen durch die Aufnahme N-haltiger Substanzen deutlich erhöht wird, so daß die Best. der Hautsubstanz nach der KJELDAHL-Meth. fraglich wurde. Die Erhöhung bei der Hautsubstanz durch die Aufnahme N-haltiger Substanzen lag im Durchschnitt bei 3,5%. Dieser Befund wird im Zusammenhang mit der Lederanalyse diskutiert u. darauf hingewiesen, daß auf diese Weise erhebliche Fehler entstehen können. (J. Soc. Leather Trades' Chemists **42.** 278—81. Aug. 1958.) H. G. FRÖHLICH. 8336

F. H. Kroch, R. Nowak, W. Pense und **C. E. Retzsch,** *Symposium über die Fortschritte beim Fetten von Leder mit Fettlicker.* Es wird ein ausführlicher Bericht über den augenblicklichen Stand der Technik des Fettens von Leder unter Verwendung von Fettlicker gegeben. — 21 Literaturzitate. (J. Soc. Leather Trades' Chemists **42.** 297—304. Sept. 1958. Eccles, Manchester, Lankro Chem. Ltd. Bentcliffe Works.) H. G. FRÖHLICH. 8338

G. Reich und **F. Stather,** *Über den Wasserhaushalt vegetabilisch-synthetisch gegerbter Leder.* Vegetabil.-synthet. gegerbte Leder weisen einen geringeren Feuchtigkeitsgeh. als rein vegetabil. gegerbtes Leder auf, während die Wasseraufnahme höher ist. Ausführliche Unterss. über die Wasserdampfaufnahme, die Wasseraufnahme u. Hydratationswärme deuten darauf hin, daß die höhere Wasseraufnahme der vegetabil.-synthet. gegerbten Leder auf die SO_3H-Gruppen der synthet. Gerbstoffe zurückzuführen ist. (Leder **9.** 249—53. Okt. 1958. Freiberg/Sa., Deutsches Lederinst.) H. G. FRÖHLICH. 8340

E. Quendt, *Über Ursachen von Vergilbungserscheinungen an weißen Ledern.* Vf. zeigt, daß Vergilbungen irreversibler Natur an weißen Ledern entweder durch Gerbstoffverfärbung unter Lichteinw. oder bei Abdeckung der Leder mit lichtechten Weißpigmenten durch Diffusion gefärbter Stoffe an die Lederoberfläche hervorgerufen werden. Vergilbungen, die bei dunkel gelagerten weißen Schuhen beobachtet werden u. bei Lichteinw. wieder verschwinden, werden auf bestimmte Lederklebemittel zurückgeführt. (Leder **9.** 241—46. Okt. 1958. Stuttgart, Chem. Fabrik Schill & Seilacher.) H. G. FRÖHLICH. 8340

V. Zitko, *Colorimetrische Bestimmung des Endpunkts der Titration von Gerbstoffen nach der Löwenthalschen Methode.* Es wurde eine colorimetr. Meth. der Best. des Endpunktes der Titration von Gerbstoffen nach LÖWENTHAL ausgearbeitet. Die Abhängigkeitskurve der Extinktion, gemessen mit dem LANGE-Colorimeter mit dem Interferenzfilter IF 465 bezogen auf ml der zugesetzten 0,1n $KMnO_4$-Lsg. im Gebiet des Endpunktes (der visuell dem Übergang Grün—Gelb entspricht), besitzt die Gestalt zweier Geraden, die sich im Endpunkt schneiden. Vor Erreichung des Endpunktes sinkt die Extinktion linear mit den $KMnO_4$-Zusätzen, nach Überschreitung jedoch nicht mehr. Die colorimetr. Indikation des Endpunkts gewährleistet eine 3mal größere Reproduzierbarkeit der Ergebnisse gegenüber der visuellen Titration. Ferner wird die Fehlergröße untersucht, die durch Schwankung in der Geschwindigkeit der Zugabe des Reagens u. beim Ansäuern entstehen kann. Weiter wird die lineare Abhängigkeit des Verbrauchs von der Tanninkonz. im Intervall 0—7 mg/100 ml bestimmt. Die Gleichung der angeführten Abhängigkeit lautet $V = 0{,}242T + 0{,}416$, wo V ml 0,1n $KMnO_4$ u. T = mg Tannin bedeutet. (Chem. Zvesti **12.** 533—42. Sept. 1958. Bratislava, Chemický ústav Slovenskej akad. vied. [Orig.: slowak.; Auszug: deutsch.]) J. SCHNEIDER. 8364

Pekka Kontio, *Ein neues Prüfgerät zur Untersuchung und Bewertung der Wasserbeständigkeit von Schuhwerk und Sohlleder.* Beschreibung einer einfachen Gehmaschine, die die n. Gehbeanspruchung nachahmt, zur Prüfung der Wasserdichtigkeit von Schuhen u. Sohlleder. — Abbildung. (Leder **9.** 246—49. Okt. 1958. Valtion tekn. Tutkimuslaitos, Sarja IV [State Inst. techn. Res., Ser. IV] **1958.** Nr. 18. 1—11. Helsinki, Staatl. Techn. Forsch.-Anst.) G. TREWENDT. 8368

E. Markušovská und **A. Blažej,** *Die Titrationsbestimmung von Magnesium- und Calciumanteilen in der Asche von Leder.* Zur Best. von Mg u. Ca wird die komplexometr. Titrationsmeth. vorgeschlagen u. diskutiert. (Kožařství **8.** 133—35. Mai 1958. Bratislava, Ústav koželužstva.) E. L. SCHMELING. 8368

Imperial Chemical Industries Ltd., London, England, *Schellack–Phenol-Aldehydharzklebmittel* für *Schuhleder.* Ein Gemisch aus 20—40 (Gew.-%) Schellack, 20—40 Phenolharz, 5—12 Weichmacher (Dibutylphthalat, Trikresylphosphat) u. 30—38 Lösungsm. wird als Film auf beide zu verbindenden Teile aufgebracht, nach dem Trocknen zwecks Aktivierung auf 80—110° erhitzt u. unter Druck von 20—100 lbs./sq.in. 20—120 Sek. zusammengepreßt. — Vgl. E. P. 753 469; C. **1958.** 8808. (**Aust. P. 167 184** vom 30/3. 1954, ausg. 22/3. 1956. E. Prior. 1/4. 1953.) G. FRIKELL. 8341

Julien Dungler, Frankreich, *Herstellung von Schuhspitzen- und Schuhkappensteifen* sowie von Steifeinlagen für die Orthopädie aus Gewebeteilen aus natürlichem oder künstlichem Fasermaterial sowie aus Papier, Cellulosematerial usw. durch Imprägnieren mit einer gesätt. Lsg. eines härtbaren Harnstoff–Formaldehyd-Kondensationsprod., die als Zusatz ein Alginat oder eine Polyäthylen- oder Polyvinylverb. enthält. Das Imprägniermittel wird durch Behandlung mit NH_4NO_3 oder HCOOH oder Al-Chlorit als Katalysator zum Erhärten gebracht. Durch Bestrahlung mit IR-Licht wird die Härtung beschleunigt. (**F. P. 1 146 566** vom 28/9. 1955, ausg. 13/11. 1957.) M. F. MÜLLER. 8353

XXII. Leim. Klebstoffe usw.

F. N. Reckless, *Moderne Klebmittel.* 3. Mitt. *Rezepte für Stärke, Dextrine und natürliche Gummis.* (2. vgl. Soap, Perfum. Cosmet. **29.** [1956.] 1249; 1. vgl. C. **1957.** 12348.) 2 Rezepte für mit NaOH + H_3PO_4 oder NaOH + H_2O_2 behandelte Stärke, 6 für Dextrine, die aus Stärke durch Ansäuern u. Rösten oder Rösten allein bei 200° erhalten werden u. möglichst wenig unveränderte Stärke wie Glucose enthalten sollen, werden mit genauer Herstellungsvorschrift, den je nach Verwendungszweck u. Haltbarkeit erzielbaren Eigg. u. dafür zweckmäßigen besonderen Zusätzen erläutert. Wichtig ist die Verwendung eines Gemisches von Stärken verschied. Herkunft, um ihre jeweils besten Eigg. auszunutzen. Für die natürlichen Gummis *Gummi arabicum, Traganth* u. *Senegalgummi* u. die Harze *Kolophonium* u. *Schellack* werden 7 Rezepte mit Arbeitsweise u. besonderen Zusätzen, auch mit Fischleim u. Dextrinen, gegeben. (Soap, Perfum. Cosmet. **30.** 77—79. Jan. 1957.) H. MÜHLMEISTER. 8380

F. N. Reckless, *Moderne Klebmittel.* 4. Mitt. *Kautschuk, synthetischer Kautschuk und andere synthetische Grundlagen.* (3. vgl. vorst. Ref.) Für „Trockenkleber" u. elast. Packungen wird natürlicher Kautschuk als Latex oder in Lösungsm. gelöster Krepp, synthet. Kautschuk (Neopren, Butadienacrylnitrilcopolymere u. a.) in Lösungsmittelgemischen in Verb. mit Casein u. a. verwendet. 5 Rezepte. Nitrocellulose, am billigsten als Filmschnitzel, in Lösungsmittelgemischen ist ein guter Klebstoff für überzogene Gewebe u. lackierte Oberflächen. — 1 Rezept. (Soap, Perfum. Cosmet. **30.** 216. 218. Febr. 1957.) H. MÜHLMEISTER. 8380

F. N. Reckless, *Moderne Klebmittel.* 5. Mitt. *Synthetische Klebstoffe auf der Grundlage von Cellulose und Polyvinylalkohol.* (4. vgl. vorst. Ref.) Celluloseacetatbutyrat dient wie Äthylcellulose als Klebstoff unter Druck, Carboxymethylcellulose zum Tapezieren im Gemisch mit Stärke, Dextrinen u. anderen. Von den Polyvinylverbb. werden Polyvinylalkohole, -chlorid, -acetat-, ihre Copolymere, -äther, -acetal u. -pyrrolidon mit Herst., den durch den Polymerisationsgrad u. die Beimischungen zu beeinflussenden Eigg., Anwendungsbeispielen u. 11 Rezepten für Klebstoffe besprochen. (Soap, Perfum. Cosmet. **30.** 303—05. März 1957.) H. MÜHLMEISTER. 8380

F. N. Reckless, *Moderne Klebmittel.* 6. Mitt. *Wärmehärtende Klebstoffe und Schlußbemerkungen.* (5. vgl. vorst. Ref.) Die wärmehärtenden Klebstoffe werden in einem fl. Zwischenstadium verwendet u. härten durch Wärme u. Katalysatoren zu harten unschmelzbaren Massen; sie werden hergestellt als Harze aus Formaldehyd mit Phenol, Harnstoff oder Melamin. Weiter kommen als Klebstoffe in Frage Epoxy-, Alkyd- u. Polystyrolharze. Ihre Herst., Anwendung u. Eigg. werden besprochen. Zum Bekleben von siliconharzbehandelten Behältern ist der Zusatz von NH_4HF_2 zu Stärke u. Dextrinen vorteilhaft. Zum Haltbarmachen von Klebstoffen dienen β-Naphthol, Na-Pentachlorphenolat, p-Chlor- u. Dichlor-m-xylenol oder Monochlorisothymol, auch mit Zusatz von Formaldehyd, zum Parfümieren Sassafras- oder Lemongrasöl bzw. geeignete Kompositionen. (Soap, Perfum. Cosmet. **30.** 395—97. April 1957.) H. MÜHLMEISTER. 8380

Konrad Hornschuh Akt.-Ges., Weißbach/Württ., *Schutzpapiere oder Schutzfolien zum Abdecken der Haftseite von selbstklebenden Plastikfolien, -bändern und -platten,* die vor Gebrauch leicht entfernt werden können, dad. gek., daß sie mit einer das Anhaften verhindernden Schicht versehen sind, die im wesentlichen aus einem Gemisch von Siliconharz u. -kautschuk, bes. im Verhältnis 1:1, besteht. (**D. A. S. 1 036 428** Kl. 22i vom 7/12. 1956, veröff. 14/8. 1958.) C. LÜTTGEN. 8381

Gummed Products Co., übert. von: **Paul W. Herrlinger,** Troy, Ohio, V. St. A., *Gummiertes Papier.* Man beschichtet Folien oder Streifen mit einer Lsg. von tier. Leim, dem gegebenenfalls wasserlösl. Harze zugemischt sein können, bricht die Gummierung nach dem Trocknen in drei Richtungen, wodurch ein Werfen der Papiere beim Lagern oder Bedrucken vollkommen verhindert wird. — Zeichnung. (**A. P. 2 815 297** vom 25/6. 1954, ausg. 3/12. 1957.) C. LÜTTGEN. 8385

Armstrong Cork Co., Lancaster, Pa., V. St. A., *Herstellung von Erdalkalisalzen von öllöslichen Phenol-Aldehydharzen,* die zunächst in unpolaren Lösungsmitteln, z. B. Toluol, gelöst u. dann mit z. B. MgO versetzt werden. Die Rk. verläuft in Ggw. einer wss. 28—30%ig. NH_3-Lsg. in kurzer Zeit. Die Salze dienen, gegebenenfalls in Verb. mit

z. B. Neopren, als wärmefeste *Klebstoffe.* — Mengenbeispiele, Tabelle. (**E. P. 793 074** vom 28/11. 1955, ausg. 9/4. 1958. A. Prior. 29/11. 1954.) H. SCHINDLER. 8389

Farbenfabriken Bayer Akt.-Ges., Leverkusen (Erfinder: **Walter Noll,** Leverkusen, **Klaus Damm,** Opladen, und **Albrecht Zappel,** Bergisch-Neukirchen), *Siliconklebemittel,* bestehend aus einem Gemisch von 40—90 (%) eines polymeren Diorganopolysiloxans mit einer Viscosität von 100000—5000000 cSt u. 60—10 eines aus $(CH_3)_3SiO$- -u. SiO_2-Einheiten bestehenden Methylpolysiloxans, dad. gek., daß es bis zu 10 eines Kieselsäureesters u. bis zu 10 eines Amins, bes. Diäthylamin, enthält. (**D. A. S. 1 027 826** Kl. 22i vom 19/1. 1957, veröff. 10/4. 1958.) C. LÜTTGEN. 8389

Air Reduction Co., Inc., New York, N. Y., übert. von: **Louise Speers Croix,** Summit, und **Alio J. Buselli,** New Providence, N. J., V. St. A., *Fluorvinyläther* der allg. Formel I erhält man durch Rk. von Polyfluoräthylen der allg. Formel II mit Alkalialkoholaten der allg. Formel III in Ggw. eines inerten Lösungsm. (Bzl., Toluol, Xylol, Dioxan, Tetrahydrofuran, Diisopropyläther, Dibutyläther) unter Ausschluß von Feuchtigkeit, bes. bei —20 bis +150°, nach dem Reaktionsschema: ROM(III) + $CF_2 = CXX'$ (II) → ROCF = CXX' (I) + MF (R = Alkyl, Fluoralkyl, Phenyl; M = Alkalimetall; X u. X' = H, F, Cl). — Aus über P_2O_5 getrocknetem Trifluoräthanol u. K → K-Trifluoräthylat u. 1.1-Difluor-2-chloräthylen in Toluol bei —10° u. dann 10 Std. bei 110° → *2.2.2-Trifluoräthyl-1'-fluor-2'-chlorvinyläther,* $C_4H_3ClF_4O$, Kp. 84°; n_D^{20} 1,3426. — Na-Äthylat + 1.1-Difluor-2.2-dichloräthylen bei 100—125° u. 12—25 lbs./sq. in. → *1-Fluor-2.2-dichlorvinyläthyläther,* $C_4H_5Cl_2FO$, Kp. 121°; n_D^{20} 1,4202. — K-Trifluoräthylat + 1.1-Difluor-2.2-dichloräthylen → *2.2.2-Trifluoräthyl-1'-fluor-2'.2'-dichlorvinyläther,* $C_4H_2Cl_2F_4O$, Kp. 154°; n_D^{20} 1,3605. — 1.1.2-Trifluor-2-chloräthylen → *2.2.2-Trifluoräthyl-1'.2'-difluor-2'-chlorvinyläther,* $C_4H_2ClF_5O$, Kp. 75°; n_D^{20} 1,3253. — Na-Äythlat + 1.1.2-Trifluor-2-chloräthylen → *Äthyl-1.2-difluor-2-chlorvinyläther,* $C_4H_5ClF_2O$, Kp. 80,5°; n_D^{20} 1,3701. — 1.1-Difluoräthylen → *2.2.2-Trifluoräthyl-1'-fluorvinyläther,* $C_4H_4F_4O$, Kp. 43°; n_D^{20} 1,298. — 1.1-Difluor-2-chloräthylen + Na-Äthylat → *Äthyl-1-fluor-2-chlorvinyläther,* C_4H_6ClFO, Kp. 89°; n_D^{20} 1,3944. — 1.1-Difluor-2.2-dichloräthylen + K-Phenolat → *Phenyl-1-fluor-2.2-dichlorvinyläther,* $C_8H_5Cl_2FO$, $Kp._{55}$ 121°; n_D^{20} 1,5114. — Zwischenprodd., bes. zur Herst. von therm. beständigen als *Klebestoffe* u. *Überzugsmassen* verwendbaren *Harzen;* Lösungsm.; einige Verbb. sind *anästhet.* wirksam. (**A. P. 2 799 712** vom 26/10. 1954, ausg. 16/7. 1957.) G. KRAUSS. 8389

Connecticut Hard Rubber Co., übert. von: **John J. McCarthy,** New Haven, und **Henry N. Homeyer,** Woodbridge, Conn., V. St. A., *Gegen Chemikalien festes Klebband,* bestehend aus einem Film aus halogeniertem Polyäthylen, bes. Polytrifluorchloräthylen u. Polytetrafluoräthylen, der eine Klebmasse auf Basis Siliconkautschuk (I) trägt. Diese ist mit dem Film durch eine Zwischenschicht verankert, die durch Aufschmelzen eines TiO_2 u. $FeCl_3$ enthaltendem I erzeugt wurde. (**A. P. 2 824 026** vom 22/11. 1954, ausg. 18/2. 1958.) C. LÜTTGEN. 8389

XXIV. Photographie.

R. Matejec, *Ionen- und Elektronenleitfähigkeit von Halogensilberkristallen.* Vf. gibt eine Zusammenstellung der Bedingungen, unter denen an *Halogensilber*-Kristallen neben der Ionenleitfähigkeit noch elektron. Leitfähigkeitsanteile auftreten. Ursprünglich sind in reinen Halogensilberkristallen nur FRENKEL-Fehlstellen im Silberionenteilgitter als bewegliche Ladungsträger vorhanden. Unter verschied. Bedingungen kann man aber an Halogensilberkristallen neben der auf diese ion. Ladungsträger zurückzuführenden Ionenleitfähigkeit auch noch elektron. Leitfähigkeitsanteile beobachten. Diese werden dann jedoch entweder durch die Meßanordnung oder durch Fremdstoffe in den Kristall gebracht. — Wären in den reinen Halogensilberkristallen bereits von vornherein bewegliche Leitungselektronen neben beweglichen Silberionen vorhanden, so müßten sich in diesen Kristallen bereits im Dunkeln Silberkeime bilden. Die Kristalle müßten dann auch ohne Belichtung durch photograph. Entwickler entwickelbar sein, d. h. sie müßten verschleiern. Wenn dagegen in den reinen Kristallen von vornherein bewegliche Defektelektronen vorhanden wären, so würden diese mit Silberkeimen unter Bldg. von Silberionen reagieren, d. h. unter diesen Umständen wären latente Bildkeime an den Halogensilberkristallen gar nicht haltbar. Die Tatsache, daß erst bei einer Belichtung der Halogensilberkristalle stabile latente Bildkeime entstehen, ist ein Argument dafür, daß in den reinen Kristallen von vornherin weder bewegliche Leitungselektronen, noch bewegliche Defektelektronen in nennenswertem Maß vorhanden sind. (Photogr. Korresp. **94.** 187—90. Dez. 1958. Leverkusen, AGFA AG, Wiss.-Photograph. Labor.) W. GÜNTHER. 8600

W. West, *Über die optische Sensibilisierung des photographischen Prozesses.* Bei der opt. Sensibilisierung wird durch Licht, das von der am Halogensilberkristall adsorbierten Farbstoffschicht adsorbiert wird, ein Elektronenübergang ausgelöst. Diese Erscheinung hängt von der Struktur des Farbstoffes ab, dennn nichtkoplanare Farbstoffe sind unwirksam. Man hat für den Energietransport vom Farbstoff zum Kristall zwei Möglichkeiten diskutiert: 1. den direkten Übergang des Elektrons, wobei sich vorübergehend ein freies Radikal bildet; 2. einen Energieübergang. Bis jetzt war es experimentell noch nicht möglich, den Beweis für einen der beiden Mechanismen zu erbringen. Neuere Unterss. über die Unterschiede der Photovoltpotentiale u. des Kontaktes zwischen Farbstoffen u. Metallen bzw. Halogensilber scheinen in gutem Einklang mit der Annahme des Elektronenübergangs zu stehen. Dagegen konnte bei den neuesten Unterss. in keinem Fall eine paramagnet.-elektron. Resonanz beobachtet werden, wenn man bei n. Temp. belichtet, woraus geschlossen wird, daß ein bei n. Temp. erzeugtes freies Radikal eine Lebensdauer haben muß, die unter einigen Millisekunden liegt. Unter gewissen Sensibilisierungsbedingungen beobachtet man einen Excitonenübergang in der Farbstoffschicht. In diesen Fällen können Fremdmoleküle, indem sie als Fallen für die Excitonen auftreten, die Wirksamkeit des Elektronenübergangs ins Halogensilber beträchtlich erhöhen, wobei man von Übersensibilisierung spricht, oder erniedrigen, wie im Fall der Antisensibilisierung. — 36 Literaturhinweise. (J. Chim. physique Physico-Chim. biol. **55**. 672—79. Sept. 1958. Eastman Kodak Company, Research Laborr.)

W. GÜNTHER. 8604

E. I. du Pont de Nemours & Co., Wilmington, Del. (Erfinder: **Comer Drake Shacklett**, Roselle, N. J.), V. St. A., *Herstellung von Additionsmischpolymerisaten* mit einer größeren Zahl von wiederkehrenden intralinearen Einheiten der Formeln **I**, **II** u. **III**, in denen R, R″ u. R‴ je 1 H, 1 Alkyl (C_{1-3}), Phenyl oder Cyclohexyl sind, R_1 ein gesätt., bivalenter, aliphat. KW-stoffrest (C_{2-6}) ist, R_2 u. R_3 je ein Radikal (C_{1-3}) sind, R′ ein gesätt. bivalenter, aliphat. KW-stoffrest (C_{1-3}) ist, Q′ u. Q″ je 1 H oder 1 Alkyl (C_{1-3}) sind, m = 0–4, n = 0 oder 1 u. m + n mindestens = 1 ist, dad. gek., daßman mindestens 1 ungesätt. Amid der allg. Formel **IV** oder ein hydroly-

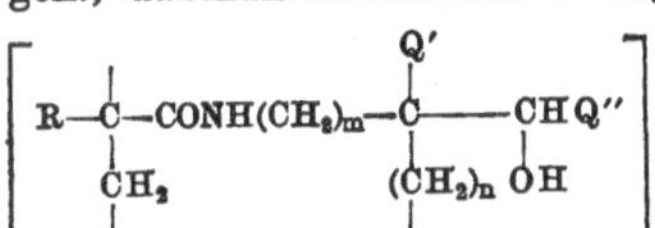

I

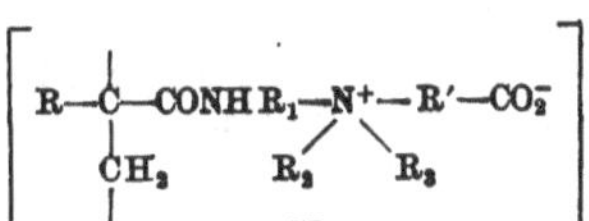

II

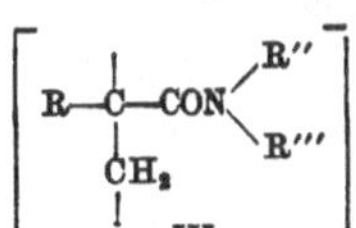

III

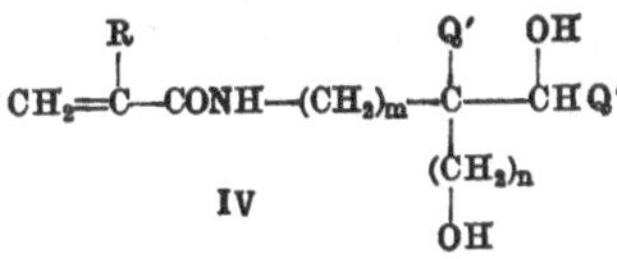

IV

sierbares Acetal desselben, welches von einem Ketaldon (C_{1-6}) stammt, mindestens 1 ungesätt. Amid der allg. Formel $CH_2 = C(R)-CONH-R_1-N^+\cdot(R_2)(R_3)-R' - COO^-$ oder ein hydrolysierbares Esterhalogenderiv. davon, das ein solches Amid durch Hydrolyse liefert, u. mindestens 1 Verb. der allg. Formel $CH_2 = C(R)-CO-N(R'')(R''')$ miteinander mischpolymerisiert. Nach der Mischpolymerisation kann jede Acetal- u. jede Estergruppe hydrolysiert werden. Das Verf. wird in fl. Medium bei 40—70° durchgeführt, u. die Prodd. werden durch Zusatz von z. B. Aceton gefällt. Im einzelnen kann das Symbol R′ die Gruppe $-CHR_5\cdot CHR_6-$ bedeuten, in der R_5 u. R_6 je 1 H oder 1 Methyl- oder Äthylgruppe sind. Die 2. reagierende Substanz hat die allg. Formel $CH_2 = C(R)-CONHR_1-N^+(R_2)(R_3)(X^-)\cdot CHR_4-COOR_7$, in der R_4 u. R_7 je 1 H oder Methyl- oder Äthylgruppe sind u. die anderen Symbole obige Bedeutung haben. Die Estergruppen $-COOR_7$ werden hydrolysiert, das hydrolysierte Mischpolymerisat koaguliert u. das Additionsmischpolymerisat isoliert. Als 3. reagierende Substanz wird Methacrylamid (**V**) verwendet. Das Mischungsverhältnis der Ausgangsstoffe soll so gewählt werden, daß im Endprod. 5—60 (Mol.-%) **I**-, 5—60 **II**- u. 30—90 **III**-Einheiten enthalten sind. — Als Ausgangsstoffe für die Mischpolymerisation werden z. B. gewählt: N-2.3-Dihydroxypropylmethacrylamid (**VI**), N-2-Methacrylamidoäthyl-N. N-dimethyl-β-aminopropionatbetain u. **V**; **VI**, N-3-Methacrylamidopropyl-N.N-dimethyl-β-aminopropionatbetain (**VII**) u. **V**; N-2.3-Dihydroxypropylacrylamid (**VIII**), N-3-Acrylamidopropyl-N.N-dimethyl-β-aminopropionatbetain u. **V**; **VIII**, N-2-Acrylamidoäthyl-N.N-dimethyl-β-aminopropionatbetain u. **V**; **VIII**, **VII** u. **V**. — 43 Mengenbeispiele. Als Katalysator ist α.α′-Azo-bis-(isobutyramidin)-hydrochlorid, als Reaktionstemp. 40—70° genannt. Die Endprodd. haben hohes Mol.-Gew., sind als wasserdurchlässige Kolloide verwendbar u. dienen zur Herst. *photograph. Ag-Halogenemulsionen* von hoher Lichtempfindlichkeit für Negativ- u. Röntgenemulsionen. — Vgl. E. P. 765 893; C. **1958**. 14463. (**D. A. S. 1046318** Kl. 39c vom 9/2. 1955, veröff. 11/12. 1958. A. Prior. 9/3. 1954. **A. P. 2834758** vom 9/3. 1954, ausg. 13/5. 1958.)

H. SCHINDLER. 8601

Eastman Kodak Co., übert. von: **Richard J. Hellmann** und **William F. Fowler jr.**, Rochester, N. Y., V. St. A., *Mit wässerigen Gelatinelösungen mischbare Hydrosole von Polymerisaten* erhält man durch Polymerisation eines Gemisches von mindestens 8 (%) Acrylsäure, mindestens 50 eines 2-Alkoxyäthylacrylats (I) u. mindestens 14 Acrylnitril in W. bei ca. 15 Min. langer Erwärmung auf 80°. Nach Einstellung des p_H-Wertes auf 6 erhält man klare Lsgg., die sich in jedem Verhältnis mit Gelatine-Lsgg. (II) mischen lassen u. zu klaren Schichten auftrocknen, wobei die II auch Halogensilber enthalten können. Der Alkoxyrest in I kann eine Methoxy-, Äthoxy-, Propoxy-, Butoxy- oder Methoxymethoxygruppe sein, an seine Stelle kann auch ein Tetrahydrofurfurylrest treten, u. die Polymerisation wird zweckmäßig in Ggw. von Netzmittel, wie Na-Laurylsulfat, durchgeführt. (**A. P. 2 768 080** vom 18/2. 1954, ausg. 23/10. 1956.) A. KALIX. 8603

Eastman Kodak Co., übert. von: **William F. Fowler jr.**, Rochester, N. Y., V. St. A., *Halogensilberschichten aus homogenen Gemischen von Gelatine und Kunststoffpolymerisaten.* Eine Gelatinelsg. wird mit einem Hydrosol gemischt, das folgende Komponenten enthält: 1 (Teil) Styrol, Acrylnitril, Alkyl-, Halogen-, Nitro-, Amino- oder Cyanstyrol, oder halogeniertes Acrylnitril; $1^1/_2$—5 Alkylacrylat (mit 2—10 C-Atomen), oder Alkylmethacrylat (mit 4—10 C-Atomen); 1—8% Acrylsäure. Das Gemisch wird auf einen p_H-Wert von 3 eingestellt u. der Emulsionspolymerisation unterworfen, wobei Lsgg. entstehen, die sich zu wasserklaren Schichten vergießen lassen. Das Halogensilber kann darin zu einem beliebigen Zeitpunkt ihrer Herst. ausgefällt werden. (**A. P. 2 772 166** vom 11/2. 1953, ausg. 27/11. 1956.) A. KALIX. 8603

Agfa Akt.-Ges. für Photofabrikation (Erfinder: **Adolf Leubner** und **Edith Weyde**), Leverkusen, *Silbersalzdiffusionsverfahren.* Als *Entwickler* für das Primärbild wird eine Lsg. verwendet, die außer den üblichen Bestandteilen ein Verdickungsmittel enthält. — Beispiel: Zu 1 Liter einer 5% ig. Lsg. von Na-Polyacrylat werden zugegeben: 12 g Hydrochinon, 30 g Na_2SO_3 (wasserfrei), 20 g NaOH. (**Schwz. P. 312 984** vom 19/9. 1952, ausg. 30/4. 1956. D. Prior. 10/10. 1951.) A. KALIX. 8619

Haloid Co., übert. von: **Michael A. Insalaco**, Rochester, N. Y., V. St. A., *Entfernung von Entwicklerpulver von xerographischen Se-Schichten.* Die nach der Übertragung eines xerograph. Bildes auf eine andere Unterlage auf der Se-Schicht zurückgebliebenen Reste von Entwicklerpulver werden quantitativ entfernt, wenn die Schicht mehrfach mit einem (trockenem) Gemisch aus $BaSO_4$ (I) u. $Zn(PO_3)_2$ (II) bestrichen wird. Das Gewichtsverhältnis von I:II soll ca. 1:1 bis 3:2 betragen, die Korngröße von I soll ca. 1—4 μ sein, die von II so, daß die Partikel zu 98% durch ein 20-Maschensieb u. 80% durch ein 35-Maschensieb hindurchgehen. An Stelle von II können auch $Al(PO_3)_3$ oder andere unlösl. Metaphosphate verwendet werden. (**A. P. 2 772 991** vom 14/12. 1954, ausg. 4/12. 1956.) A. KALIX. 8625

Hans-Henning Heunert, Praxis der Mikrophotographie. 2. verb. Aufl. Berlin, Göttingen, Heidelberg: Springer. 1959. (VII + 96 S. m. 80 Abb.) 8°. DM 19,80.

REDAKTIONSSCHLUSS: 4. September 1959.

Herausgeber: Prof. Dr. Heinrich Bertsch, Berlin, u. Prof. Dr. Dr. h. c. Wilhelm Klemm, Münster. Chefredakteure und verantwortlich für den Inhalt: Dr. Eugen Klever, Berlin SW 61, Dessauer Straße 28—31, Fernsprecher: 66 54 21. Dr. Heinz Walter, Berlin N 4, Schiffbauerdamm 19, Fernsprecher: 42 55 71.

©

Verlag: Akademie-Verlag GmbH, Berlin W 1, Leipziger Str. 3-4 (Fernsprecher: 22 04 41, Postscheckkonto Berlin 350 21), und Verlag Chemie, GmbH, Weinheim/Bergstr. (Fernsprecher: Weinheim 3635 [Sammelnummer]; Fernschreiber: 04 65516 chemieverl wnh; Postscheckkonten Frankfurt/M. 145314 u. Berlin [West] 7430). Bestellnummer: 1007/130. Das Chemische Zentralblatt erscheint wöchentlich. Preis des Jahrganges einschl. Autoren-, Patent-, Sach- u. Formelregister: DM 960,—; einseitig bedruckte Ausgabe: DM 1050,—. Abgabe der Zeitschrift nur mit sämtlichen Registern. Abbestellungen nur bis spätestens 6 Wochen vor Ablauf des Kalenderjahres.

Satz u. Druck: VEB Leipziger Druckhaus, Leipzig, III/18/203. XI. 59.
Veröffentlicht unter der Lizenznummer ZLN 5002 des Ministeriums für Kultur, Hauptverwaltung Verlagswesen.
Printed in Germany.

FSC
www.fsc.org
MIX
Papier | Fördert gute Waldnutzung
FSC® C083411

Zeitfracht Medien GmbH
Ferdinand-Jühlke-Straße 7
99095 Erfurt, Deutschland
produktsicherheit@kolibri360.de